Springer-Lehrbuch

Kai-Ingo Voigt

Industrielles Management

Industriebetriebslehre
aus prozessorientierter Sicht

 Springer

Prof. Dr. Kai-Ingo Voigt
Universität Erlangen-Nürnberg
Betriebswirtschaftliches Institut
Lehrstuhl für Industriebetriebslehre
Lange Gasse 20
90403 Nürnberg
Deutschland
voigt@industriebetriebslehre.de

ISBN 978-3-540-25648-9   e-ISBN 978-3-540-69009-2

DOI 10.1007/978-3-540-69009-2

Springer-Lehrbuch ISSN 0937-7433

Bibliografische Information der Deutschen Nationalbibliothek
Die Deutsche Nationalbibliothek verzeichnet diese Publikation in der Deutschen Nationalbibliografie;
detaillierte bibliografische Daten sind im Internet über http://dnb.d-nb.de abrufbar.

© 2008 Springer-Verlag Berlin Heidelberg

Herstellung: le-tex Jelonek, Schmidt & Vöckler GbR, Leipzig
Einbandgestaltung: WMX Design GmbH, Heidelberg

Gedruckt auf säurefreiem Papier

9 8 7 6 5 4 3 2 1

springer.de

Vorwort

Die Industrie ist das „Rückgrat" einer jeden höher entwickelten Volkswirtschaft. Sie ist auch verantwortlich für den nachhaltigen ökonomischen Erfolg deutscher Unternehmen auf den internationalen Märkten.

Industrieunternehmen sind auf die Herstellung und Vermarktung von Sachgütern spezialisiert. Sie sind Träger der anwendungsnahen Forschung und Entwicklung und versorgen die Märkte mit (technologischen) Innovationen. Industriegüter sind zugleich die notwendige Voraussetzung für das Angebot zahlreicher, oft innovativer Dienstleistungen und forcieren damit den fortschreitenden Wandel hin zu einer Dienstleistungswirtschaft.

Der Industriebetrieb ist nicht „irgendein" Unternehmen, sondern zeigt ganz bestimmte Merkmale und Strukturen auf. Die Industriebetriebslehre hat sich zum Ziel gesetzt, das Wirtschaften in Industriebetrieben – das „industrielle Management" – zu erklären und mit geeigneten Modellen, Methoden und Lösungsansätzen, die den speziellen Problemanforderungen des Industriebetriebs gerecht werden, zu unterstützen.

Das vorliegende Lehrbuch geht dabei von einer neuen, modernen Sichtweise des Geschehens in Industriebetrieben aus: der prozessorientierten Betrachtung. Zentraler Grundgedanke des Lehrbuchs ist es, dass im Industriebetrieb im Wesentlichen vier hierarchisch gegliederte Prozesse identifiziert werden können, auf deren Gestaltung sich das industrielle Management konzentriert, und zwar:

1. der strategische Managementprozess,
2. der Innovationsprozess,
3. der Betriebsbereitschaftsprozess und
4. der operative Leistungsprozess.

Nach einem einführenden Teil (Kapitel 1) werden diese vier Prozesse mit den darin zu lösenden Planungs- und Gestaltungsaufgaben ausgiebig betrachtet und in ihren Zusammenhängen analysiert. Das strategische Management im Industriebetrieb nimmt – auch hinsichtlich der industrie-typischen Funktionalstrategien – dabei einen besonderen Raum ein. Die vorgeschlagenen Methoden werden stets an Beispielen angewendet und auf ihren Nutzen hin kritisch reflektiert.

Angesprochen werden alle industriellen Branchen, allerdings bildet die Automobilindustrie – auch wegen ihrer hohen Bedeutung für die deutsche Volkswirtschaft – in diesem Lehrbuch einen besonderen Schwerpunkt. Da der Industriebetrieb mit seinen Wertschöpfungsprozessen in vielfältiger Weise auf technologischen und technischen Voraussetzungen aufbaut, zielen die folgenden Ausführungen auf eine integrative Sicht von Ökonomie und Technik.

Das vorliegende Lehrbuch gibt insgesamt einen umfassenden Überblick über die aktuellen (auch ökologischen) Planungs- und Gestaltungsprobleme in Industrieunternehmen und ihren Lösungsmöglichkeiten auf strategischer, taktischer und operativer Ebene. Es ist für Studierende von wirtschafts- und ingenieurwissenschaftlichen Studiengängen wie auch für interessierte Praktiker gleichermaßen geeignet.

Der Autor dankt zunächst und ganz besonders seinen beiden akademischen Lehrern, Herrn Professor Dr. Dr. h.c. mult. Herbert Jacob und Herrn Professor Dr. Karl-Werner Hansmann, die sein Interesse für die Besonderheiten des Industriebetriebs geweckt und gefördert und die ihrerseits mit ihren Lehrbüchern zur Industriebetriebslehre maßgeblich zur Ausbildung ganzer Managementgenerationen in Deutschland beigetragen haben. Herrn Professor Dr. Heinrich v. Pierer schuldet der Autor Dank für zahlreiche interessante Diskussionen und intensive Einblicke in das strategische Management internationaler Technologieunternehmen.

Unvergessen sind die zahlreichen, überaus wertvollen Ideen und Beiträge meiner früheren Kollegen, die in nicht geringem Ausmaß in dieses Lehrbuch eingeflossen sind. Mein Dank geht insbesondere an Professor Dr. Günter Czeranowsky, Dr. Hans-Lüder Haas, Dr. Joachim Krink und Dr. Harald Strutz. Dank schuldet der Autor ferner seinen „Mitarbeitern der ersten Stunde", Dr. Stefan Landwehr, Dr. Marcus Thiell und Dr. Roland Weber, die maßgeblich zu der hier verwendeten Strukturierung des umfangreichen Stoffgebiets beigetragen haben. Herrn Dr. Ulrich Dörrie verdanke ich zudem manches nützliche Praxisbeispiel sowie vielfältige inspirierende Anregungen.

Dieses Lehrbuch wäre nicht entstanden ohne die engagierte Mithilfe meiner derzeitigen Mitarbeiterinnen und Mitarbeiter: Sascha Schorr und Michael Saatmann haben mich überaus kompetent und vorbildlich in jeder Phase der Entstehung dieses Buches unterstützt, Tabea Tressin und Jens-Rainer Schultz haben den Text und die zahlreichen Abbildungen mit großem Fleiß in eine veröffentlichungsreife Form gebracht. Allen sei für ihren unermüdlichen Einsatz herzlich gedankt!

Auch Lothar Czaja (insbesondere für seine Beiträge zum operativen Leistungsprozess), Christian Scheiner, Stefanie John, Christina Schwarze und Dr. Alexander Brem bin ich für ihre Mitwirkung bei der Entstehung dieses Lehrbuchs sehr verbunden. Dank gebührt nicht zuletzt Frau Dr. Martina Bihn vom Springer Verlag für die hervorragende editorische Betreuung.

Für alle verbliebenen Fehler und Unklarheiten übernehme ich als Autor die alleinige Verantwortung. So konnten trotz intensiver Recherche leider nicht für alle verwendeten Abbildungen die Originalquellen aufgespürt werden. Hinweise, Anregungen und Verbesserungsvorschläge sind mir unter www.industriebetriebslehre/lehrbuch von allen Lesern hoch willkommen!

Nürnberg, im Dezember 2007   Kai-Ingo Voigt

Inhaltsverzeichnis

1 Grundlagen und Grundbegriffe des industriellen Managements 1
1.1 Der Industriebetrieb 1
   1.1.1 Merkmale und Abgrenzung des Industriebetriebs 1
   1.1.2 Historische Entwicklung der Industriebetriebe und der
      Industrialisierung 5
   1.1.3 Heutige Bedeutung und Struktur der Industrie 7
   1.1.4 Typen und Typologien von Industriebetrieben 12
1.2 Industriebetriebslehre als wirtschaftswissenschaftliche
   Disziplin 14
   1.2.1 Inhalt und Einordnung in die Betriebswirtschaftslehre 14
   1.2.2 Aussagen und Modelle der Industriebetriebslehre 16
   1.2.3 Entstehung und Entwicklung der Industriebetriebslehre 18
1.3 Industriebetriebslehre aus prozessorientierter Sicht 23
   1.3.1 Grundlagen und Bedeutung von Prozessen in
      Unternehmen 23
   1.3.2 Die vier Prozesse des Industriebetriebs 25

2 Der strategische Managementprozess 29
2.1 Einführung und Überblick 29
   2.1.1 Warum „strategisch"? 29
   2.1.2 Von der strategischen Planung zum strategischen
      Managementprozess 38
   2.1.3 Entwicklungen und Meilensteine der Theorie des
      strategischen Managements 48
2.2 Phase 1: Definition strategischer Ziele 50
   2.2.1 Merkmale, Ausprägungen und Beziehungen von
      Unternehmenszielen 50
   2.2.2 Shareholder- versus Stakeholder-Ansatz 57
   2.2.3 Neuere Zielgrößen des „wertorientierten Managements" 59
      2.2.3.1 Shareholder Value 59
      2.2.3.2 Weitere Zielgrößen des "wertorientierten
         Managements" 62
   2.2.4 Corporate Governance als Folge und Notwendigkeit des
      „wertorientierten Managements"? 68
   2.2.5 „Unternehmensethik" als normativer Rahmen 69

2.2.6 Potenzial- und Lückenanalyse zur Verdeutlichung des
    strategischen Handlungsbedarfs 72
2.3 Phase 2: Strategische Analyse 73
    2.3.1 Aufgabe und Analysefelder im Überblick 73
    2.3.2 Strategische Analyse auf Geschäftsfeldebene 74
        2.3.2.1 Definition strategischer Geschäftsfelder als
            Strukturierungsaufgabe 74
        2.3.2.2 Umweltanalyse auf Geschäftsfeldebene 75
        a) Überblick 75
        b) Abgrenzung der Branche bzw. der "strategischen
            Gruppe" 76
        c) Branchenanalyse nach Porter 79
        d) Strategische Marktanalyse 86
        2.3.2.3 Interne Analyse des Geschäftsfeldes 91
        a) Ergebnisse und allgemeine Daten 92
        b) Stärken/ Schwächen-Analyse, SWOT-Analyse 93
        c) Analyse der Kernkompetenzen 95
        d) Analyse des Geschäftssystems 96
        2.3.2.4 Integration der Ergebnisse im Rahmen eines
            Management-Informationssystems (MIS) 104
    2.3.3 Strategische Analyse auf Funktionsbereichsebene 106
    2.3.4 Strategische Analyse auf Gesamtunternehmensebene 109
        2.3.4.1 Vorbemerkung 109
        2.3.4.2 Umweltanalyse auf Gesamtunternehmensebene 109
        2.3.4.3 Interne Analyse auf Gesamtunternehmensebene 112
2.4 Phase 3: Formulierung alternativer Strategien 115
    2.4.1 Überblick 115
    2.4.2 Formulierung alternativer Strategien auf
        Geschäftsfeldebene 116
        2.4.2.1 Optimierung der bestehenden Geschäftsfelder 116
        a) Generische Wettbewerbsstrategien nach Porter 116
        b) "Hybride" Wettbewerbsstrategien 128
        c) Weitere geschäftsfeldbezogene "Strategiebausteine" 130
        2.4.2.2 Aufbau bzw. Aufnahme neuer Geschäftsfelder
            (Diversifikationsstrategien) 136
        a) Begriff und Arten 136
        b) Ziele und Motive 140
        c) Messung des Diversifikationsgrads 143
    2.4.3 Formulierung alternativer Strategien auf
        Funktionsbereichsebene 145
        2.4.3.1 Einordnung und Überblick 145
        2.4.3.2 Strategische Optionen im Technologiemanagement 146

a) Definition und Klassifikation von Technologien.............. 146
b) Entscheidungstatbestände der Technologiestrategie 149
c) Unterstützende Methoden (I): Konzept der S-Kurve......... 156
d) Unterstützende Methoden (II): Technologie-Portfolio...... 162
e) Unterstützende Methoden (III):
    Technologiefrüherkennung und Technologiebilanz 169
f) Unterstützende Methoden (IV): Roadmapping als
    Verknüpfung von Technologie- und Innovationspfaden ... 174
g) Fazit 178
2.4.3.3 Strategische Optionen im Beschaffungsmanagement.... 179
a) Aufgabe und strategische Bedeutung 179
b) Strategische Optionen in Hinblick auf das Maß und die
    Träger der Wertschöpfung 181
c) Strategische Optionen in Hinblick auf die Anzahl der
    Bezugsquellen (Lieferantenkonzepte) 189
d) Strategische Optionen in Hinblick auf die Komplexität
    der Inputfaktoren (Objektkonzepte)............................ 192
e) Strategische Optionen in Hinblick auf die geografische
    Ausdehnung der Beschaffungsmärkte (Arealkonzepte) 194
f) Strategische Optionen in Hinblick auf den Zeitpunkt der
    Bereitstellung der Inputfaktoren (Zeitkonzepte)............... 198
g) Strategische Optionen in Hinblick auf das
    Beschaffungsobjekt (Subjektkonzepte).......................... 200
h) Unterstützende Methoden (I): ABC-Analyse................... 204
i) Unterstützende Methoden (II): Strategische
    Lieferantenanalyse... 208
j) Unterstützende Methoden (III): Portfolio-Konzepte 209
k) Fazit 215
2.4.3.4 Strategische Optionen im Produktionsmanagement 217
a) Aufgaben und strategische Gestaltungsfelder der
    Produktion im Industriebetrieb 217
b) Strategische Optionen in Hinblick auf die
    Fertigungstiefe.. 218
c) Strategische Optionen in Hinblick auf die
    Fertigungstechnologien 221
d) Strategische Optionen in Hinblick auf die
    Organisationsformen der Fertigung 227
e) Strategische Optionen in Hinblick auf den
    geografischen Ort der Wertschöpfung (Industrielle
    Standortplanung).. 236
f) Managementkonzepte als Optionen der
    Produktionsstrategie.. 259

g) Fazit 261
2.4.3.5 Abstimmung der Funktions- und
Geschäftsfeldstrategien 261
2.4.4 Formulierung alternativer Strategien auf
Unternehmensgesamtebene 263
2.4.4.1 Zwei Ansätze der Erzielung "übernormaler" Gewinne:
ressourcenorientierter versus marktorientierter Ansatz. 263
2.4.4.2 Strategische Optionen zur Portfolio-Planung und
-optimierung 270
a) Das Marktanteil- und Marktwachstum-Portfolio 270
b) Das Marktattraktivität-Geschäftfeldstärken-Portfolio 276
c) Empirische Überprüfung der Portfolio-Strategien durch
das PIMS-Programm 281
2.4.4.3 Strategische Optionen für externes Wachstum 285
a) Überblick 285
b) Kooperationen bzw. "Strategische Allianzen" 286
c) Joint Ventures 290
d) Fusionen und Akquisitionen ("Mergers and
Acquisitions", M&A) 291
2.4.4.4 Strategische Optionen der Internationalisierung bzw.
Globalisierung der Unternehmenstätigkeit 307
a) Strategische Grundpositionen 307
b) Weitere Optionen der internationalen Geschäftstätigkeit .. 313
2.4.5 Integration strategischer Optionen zu schlüssigen
Alternativstrategien 317
2.5 Phase 4: Bewertung und Auswahl alternativer Strategien 321
2.5.1 Aufgabe und Problematik 321
2.5.2 Methoden zur Strategiebewertung und -auswahl 322
2.5.2.1 Bereits betrachtete "strategische Planungsmethoden" ... 322
2.5.2.2 Methoden zur Strategieauswahl unter Unsicherheit
bzw. Risiko 325
2.5.2.3 Der Realoptionsansatz und seine Beiträge zur
Strategiebewertung und -auswahl 328
2.5.3 Strategiebewertung und -auswahl in der Praxis 336
2.6 Phase 5: Strategieimplementierung 338
2.6.1 Kennzeichnung der Aufgabe 338
2.6.2 Die „Balanced Scorecard" (BSC) als Instrument der
Strategieimplementierung und des Strategiecontrollings 340
2.6.3 Die Rolle der Unternehmenskultur bei der
Strategieimplementierung 342
2.6.3.1 Grundlagen 342
2.6.3.2 Kulturbewusstes Management 345

2.7 Phase 6: Strategische Kontrolle 353
  2.7.1 Aufgabenfelder der strategischen Kontrolle 353
  2.7.2 Methodik, Organisation und Weiterentwicklungs-
      möglichkeiten der strategischen Kontrolle 355
2.8 Fazit: Der strategische Managementprozess und seine
    Auswirkungen auf die taktischen und operativen Prozesse 357

3 Der Innovationsprozess **369**
  3.1 Einführung und Überblick 369
    3.1.1 Definitorische Eingrenzung 369
    3.1.2 Arten von Innovationen 371
    3.1.3 Struktur des Innovationsprozesses 378
    3.1.4 „Strategische" Prämissen für den Innovationsprozess 379
    3.1.5 Organisatorische Aspekte 381
      3.1.5.1 Aufbauorganisation 381
      3.1.5.2 Ablauf- und Prozessorganisation 385
  3.2 Phase 1: Ableitung des Innovationsbedarfs 387
  3.3 Phase 2: Ideenfindung, -bewertung und -auswahl 392
    3.3.1 Aufgabe und Methoden der Ideenfindung 392
    3.3.2 Kriterien, Methoden und Probleme der Ideenbewertung
        und -auswahl 401
      3.3.2.1 Bewertungskriterien und Auswahlmethoden 402
      3.3.2.2 Das Prognose- und Expertenproblem 405
  3.4 Phase 3: Produkt- und Prozessentwicklung 411
    3.4.1 Überblick 411
    3.4.2 Vorentwicklung 412
    3.4.3 Serienentwicklung 416
      3.4.3.1 Prozessüberblick 416
      3.4.3.2 Technische und methodische Unterstützung des
          Entwicklungsprozesses 422
      a) CAD-/CAE-Systeme 422
      b) Rapid Prototyping 422
      c) Conjoint Analyse bzw. Conjoint Measurement 422
      d) Quality Function Deployment (QFD) bzw. "House of
          Quality"-Konzept 425
      e) Fehlermöglichkeits- und einflussanalyse (FMEA) 428
      f) Design for Manufacture and Assembly (DFMA) 428
      g) Normung und Typung 428
      h) Target Costing 429
      i) Product Lifecycle Management (PLM) 429
    3.4.4 Prozessentwicklung und ihre Abstimmung mit dem
        Produktentwicklungsprozess 430

3.5 Phase 4: Produktionshochlauf (Ramp-up) 432
    3.5.1 Begriff und Problem 432
    3.5.2 Handlungsfelder zur Gestaltung der Hochlaufphase 437
3.6 Phase 5: Markteinführung 439
    3.6.1 Überblick 439
    3.6.2 Timing der Markteinführung (Pionier- vs. Folgerposition)... 441
        3.6.2.1 Formen und Determinanten des "Zeitwettbewerbs" 441
        3.6.2.2 Vorteile, Erfolgsbedingungen und Risiken der
                Pionier-Position 442
        3.6.2.3 Vorteile, Erfolgsbedingungen und Risiken der
                Folger-Position 444
    3.6.3 Bestimmung der Markreihenfolge (simultane vs.
          sequentielle Markteinführung) 445
    3.6.4 Innovationsorientierte Preis- und Konditionenpolitik 446
    3.6.5 Innovationsorientierte Distributionspolitik 447
    3.6.6 Innovationsorientierte Marktkommunikation 448
3.7 Prozessbegleitendes Innovationscontrolling 450
3.8 „Open Innovation" – ein neues Paradigma für den
    Innovationsprozess? 454
3.9 Exkurs: Das Innovationsverhalten in der Automobilindustrie 457
    3.9.1 Überblick 457
    3.9.2 Prozess- und organisatorische Innovationen 458
    3.9.3 Produktinnovationen 459
    3.9.4 Ausblick 463
3.10 Fazit 464

4 Der Betriebsbereitschaftsprozess 471
    4.1 Einführung und Eingrenzung 471
    4.2 Phase 1: Anlagen- bzw. Investitionsplanung 474
        4.2.1 Planungsprämissen aus vorgelagerten Prozessen 474
        4.2.2 Beurteilung der Vorteilhaftigkeit einer einzelnen
              Investition 475
            4.2.2.1 Vorbemerkung 475
            4.2.2.2 Kapitalwertmethode 476
            4.2.2.3 Annuitätenmethode 477
            4.2.2.4 Interne-Zinsfluß-Methode 478
        4.2.3 Wahlentscheidung zwischen mehreren
              Investitionsobjekten 479
        4.2.4 Investitionsdauerentscheidungen (optimale
              Nutzungsdauer und Ersatzproblem) 480
            4.2.4.1 Bestimmung der optimalen Nutzungsdauer 481

4.2.4.2 Bestimmung des optimalen Ersatzzeitpunktes
(Ersatz-Problem)..482
a) Lösung bei begrenzten Planungszeiträumen......................482
b) Lösung bei unbegrenzten Planungszeiträumen 486
4.2.5 Planung von ein- und mehrperiodigen
Investitionsprogrammen 489
4.2.5.1 Problem und Überblick..489
4.2.5.2 Einperiodige Investitions- und Finanzplanung
("Dean-Modell")..489
4.2.5.3 Mehrperiodige Investitions- und Finanzplanung mit
Hilfe der Linearen Programmierung ("Integrations-
modell")..492
a) Kennzeichnung der Planungssituation..............................492
b) Lösungsansatz (Integrationsmodell)..................................493
c) Einbeziehung und Wirkung des technischen Fortschritts..497
4.3 Phase 2: Anlagenbeschaffung und -inbetriebnahme....................503
4.3.1 Bildung von Anlagekategorien..503
4.3.2 Beschaffung einzelner Anlagen bzw. Anlagenteile..............504
4.3.3 Beschaffung komplexer Anlagen 505
4.4 Phase 3: Anlageninstandhaltung..507
4.4.1 Begriff, Aufgabe und Bedeutung der Instandhaltung im
Betriebsbereitschaftsprozess 507
4.4.2 Instandhaltungsmaßnahmen und -strategien........................510
4.4.3 Planungsmethoden und Instandhaltungskonzepte 518
4.4.3.1 Stochastische Optimierungsmodelle der
Instandhaltungsplanung..518
4.4.3.2 "Total Productive Maintenance" (TPM) als
übergreifendes Instandhaltungs-Managementkonzept ..519

5 Der operative Leistungsprozess..523
5.1 Einführung und Überblick 523
5.1.1 Zusammenfassung der durch die vorausgegangenen
Prozesse gesetzten Prämissen 523
5.1.2 Phasen des operativen Leistungsprozesses und
organisatorische Zuständigkeit 524
5.2 Phase 1: Absatzplanung..527
5.2.1 Kennzeichnung und Aufgabe 527
5.2.2 Absatzplanung bei Auftragsfertigung....................................527
5.2.3 Absatzplanung bei Massenfertigung für den „anonymen
Markt"..528
5.3 Phase 2: (Kurzfristige) Produktionsprogrammplanung 532
5.3.1 Aufgabe und Überblick 532

5.3.2 Produktionsprogrammplanung ohne
    Kapazitätsbeschränkung 533
5.3.3 Produktionsprogrammplanung bei einem eindeutigen
    Engpass 535
5.3.4 Produktionsprogrammplanung bei mehreren möglichen
    (programmabhängigen) Engpässen 536
    5.3.4.1 Kennzeichnung der Planungssituation 536
    5.3.4.2 Nur ein Verfahren je Stufe einsetzbar 537
    5.3.4.3 Mehrere Verfahren je Stufe einsetzbar 541
    5.3.4.4 Berücksichtigung absatzwirtschaftlicher
        Verflechtungen der Produkte 545
5.3.5 Programmplanung bei Kuppelproduktion 546
5.3.6 Programmplanung bei Auftragsfertigung 548
    5.3.6.1 Kennzeichnung der Planungssituation 548
    5.3.6.2 Auswahl von Aufträgen unter Markt- und
        Kundengesichtspunkten 548
    5.3.6.3 Programmplanung unter Berücksichtigung
        zukünftiger (noch unbekannter) Aufträge 550
5.3.7 Die zeitliche Verteilung des Produktionsprogramms
    („Emanzipationsproblem") 553
5.4 Phase 3: Materialbedarfsplanung 561
    5.4.1 Aufgabe und Überblick 561
    5.4.2 Bedarfsauflösung mithilfe der Stücklisten 561
    5.4.3 Brutto-Netto-Rechnung 565
    5.4.4 Losgrößenplanung 569
        5.4.4.1 Problem und Bestimmungsfaktoren 569
        5.4.4.2 Klassische Losgrößenformel (Andler-Harris-Modell) ... 570
        5.4.4.3 Der Wagner-Whithin-Algorithmus 575
        5.4.4.4 Heuristische Verfahren 578
        a) Gleitende wirtschaftliche Losgröße 578
        b) Stückperiodenausgleich 580
        c) Silver-Meal-Verfahren 582
        d) Effizienzvergleich der Verfahren 583
        5.4.4.5 Modell zur simultanen mehrstufigen
        Losgrößenplanung 584
        5.4.4.6 Zukünftige Bedeutung der Losgrößenplanung 586
    5.4.5 Bestellmengen- und Lagerhaltungsplanung 587
        5.4.5.1 Problem und Prozess 587
        5.4.5.2 "Klassische" Bestellmengenplanung (Andler-Harris-
        Modell) 589
        5.4.5.3 Optimale Bestellmenge bei kontinuierlichem Rabatt 591
        5.4.5.4 Optimale Bestellmenge bei Stufenabatt 593

5.4.5.5 Optimale Bestellmenge mit Sonderbestellung 597
5.4.5.6 Optimale Bestellmenge bei schwankender
        Bedarfsintensität 602
5.4.5.7 Optionen umfassender Bestell- und
        Lagerhaltungspolitiken 602
5.4.5.8 "Just-in-Time"-Beschaffung 608
5.5 Phase 4: Zeit-, Kapazitäts- und Aufteilungsplanung 610
    5.5.1 Kennzeichnung und Interdependenz der Teilaufgaben 610
    5.5.2 Maßnahmen zur kurzfristigen Kapazitätsanpassung 611
        5.5.2.1 Überblick 611
        5.5.2.2 Zeitliche und quantitative Anpassung bei einstufiger
                Fertigung (Typ1) 613
        5.5.2.3 Zeitliche, quantitative und intensitätsmäßige
                Anpassung (Typ 2) 613
        5.5.2.4 Kombinierte Anpassung bei mehrstufiger Fertigung 616
5.6 Phase 5: Realisierung und Steuerung der Produktion 619
    5.6.1 Aufgabe und Überblick 619
    5.6.2 Auftragsfreigabe 620
    5.6.3 Maschinenbelegungsplanung 623
    5.6.4 Kapazitäts- und Auftragsüberwachung sowie
          Betriebsdatenerfassung 628
    5.6.5 Moderne Konzepte zur Produktionssteuerung 629
        5.6.5.1 Just-in-Time-Produktion 630
        5.6.5.2 Das KANBAN-Konzept 632
    5.6.6 Integration der Produktionsplanung und -steuerung in
          einem PPS-System 635
5.7 Phase 6: Distribution und Vertrieb 639
    5.7.1 Aufgabenfelder 639
    5.7.2 Prämissen der Liefer- und Vertriebspolitik 640
    5.7.3 Distributions- und Warenlogistik 641
    5.7.4 „Supply Chain Management" als umfassendes Konzept
          des Versorgungsmanagements 642
5.8 Phase 7: Angebot von After Sale-Services 645
    5.8.1 Arten und Überblick 645
    5.8.2 Besonderheiten der Dienstleistungsproduktion 648
        5.8.2.1 Begriff und Merkmale von Dienstleistungen 648
        5.8.2.2 Struktur und Ablauf der Dienstleistungsproduktion 651
5.9 Phase 8: Produktrücknahme (Reverse Logistics) und
    -entsorgung 658
    5.9.1 Aufgabe und Notwendigkeit 658
    5.9.2 Entscheidungstatbestände der Entsorgungslogistik
          (Reverse Logistics) 661

5.9.2.1 Überblick 661
5.9.2.2 Entscheidungsmodell zur Gestaltung industrieller
        Rücknahme- und Entsorgungssysteme am Beispiel
        der Altautoentsorgung 664
5.9.2.3 Demontageplanung 673
5.10 Prozessbegleitendes Qualitätsmanagement 675
    5.10.1 Qualitätsbegriff und Aufgaben des
            Qualitätsmanagements 675
    5.10.2 Aspekte des „Total Quality Management" 678
        5.10.2.1 Statistische Qualitätsmethode 678
        5.10.2.2 Qualitätsphilosophien 680
        5.10.2.3 Qualitätsnormen 680
        5.10.2.4 Realisierung des TQM 681

6 Was wir behandelt haben ... und was nicht 687

Abbildungsverzeichnis

Kapitel 1

Abb. 1-1.   Der Betrieb bzw. das Unternehmen in der Kreislaufwirtschaft 2

Abb. 1-2.   Industriebetriebe im System der Wirtschaftseinheiten 4

Abb. 1-3.   Industrie- und Dienstleistungsbetrieb 4

Abb. 1-4.   Industrie- und Handwerksbetriebe 5

Abb. 1-5.   Bruttowertschöpfungsanteile des Produzierenden Gewerbes und des Dienstleistungssektors 8

Abb. 1-6.   Die Industriebebetriebslehre als wirtschaftswissenschaftliche Teildisziplin 15

Abb. 1-7.   Industriebetriebslehre (IBL) und Produktionswirtschaftslehre 16

Abb. 1-8.   Reale Entscheidungsmodelle im industriellen Management 18

Abb. 1-9.   Wurzeln und Entwicklung der Betriebswirtschaftslehre 19

Abb. 1-10.   Prägende Persönlichkeiten der Entwicklung der Industriebetriebslehre in Deutschland im 20. Jahrhundert 20

Abb. 11a.   Fritz Schmidt und seine „Schüler" 22

Abb. 11b.   Erich Gutenberg und seine „Schüler" 23

Abb. 1-12.   Prozess als Kombination von Aktivitäten 24

Abb. 1-13.   Die vier Prozesse des Industriebetriebs 25

Kapitel 2

Abb. 2-1.   Sukzessivplanung 31

Abb. 2-2.   Hierarchische Planung 33

Abb. 2-3.   Strategischer Planungsprozess im System der hierarchischen Planung 35

Abb. 2-4.   Intendierte und realisierte Strategie 38

Abb. 2-5.   Strategisches Management 39

Abb. 2-6.   Unternehmens-, Geschäftsfeld- und Funktionsstrategien ... 41

Abb. 2-7.   Der strategische Managementprozess 43

Abb. 2-8.   Methodeneinsatz im strategischen Management (Stand: 1999) 45

Abb. 2-9a.   Zeitliche Struktur des strategischen Managements Beispiel 1: Siemens AG im Jahr 1999 46

Abb. 2-9b.   Zeitliche Struktur des strategischen Managements Beispiel 2: Hoechst AG, Stand 1997 47

Abb. 2-9c.   Zeitliche Struktur des strategischen Managements Beispiel 3: Lufthansa Cargo AG im Jahr 2005 47

Abb. 2-10.   Zielbeziehungen im Zielsystem der Unternehmung
(Beispiel) 53
Abb. 2-11.   Herkunft und Verwendung des Cashflows 60
Abb. 2-12.   Ausgewählte Bezugsfelder der Unternehmensethik 70
Abb. 2-13.   Potenzial- und Lückenanalyse 72
Abb. 2-14.   Abgrenzung strategischer Geschäftsfelder (SGF) 75
Abb. 2-15.   Umwelt- und Branchenanalyse 76
Abb. 2-16a.   Strategische Gruppen in der Automobilindustrie auf Basis
der Clusteranalyse 78
Abb. 2-16b.   Strategische Gruppen in der Automobilindustrie als
Ergebnis eines Image-Positionierungsmodells (MDS) 78
Abb. 2-17.   Branchenanalyse nach Porter 79
Abb. 2-18.   Analyse und Prognose des Verhaltens der Konkurrenten .. 82
Abb. 2-19.   Konzept des „Marktlebenszyklus" 87
Abb. 2-20.   Marktsegmentierung bei der BMW AG (Stand: 1999) 91
Abb. 2-21.   Aufgabenfelder der internen Analyse des Geschäftsfelds .. 92
Abb. 2-22.   Stärken/Schwächen-Profil einer strategischen
Geschäftseinheit 93
Abb. 2-23.   Analyse der Kernkompetenzen 95
Abb. 2-24.   Das Konzept der Wertschöpfungskette nach Porter 97
Abb. 2-25.   Vergleich der Geschäftssysteme (Wertschöpfungsketten)
verschiedener Branchen (Beispiele) 98
Abb. 2-26a.   Vergleich der Geschäftssysteme (Wertschöpfungsketten)
innerhalb der Textilbranche 98
Abb. 2-26b.   Vergleich der Geschäftssysteme (Wertschöpfungsketten)
innerhalb der Automobilindustrie 99
Abb. 2-27a.   Verknüpfung von Kernkompetenzen- und
Geschäftsfeldanalyse am Beispiel der Automobilindustrie 101
Abb. 2-27b.   Geschäftssystem, Kernkompetenzen und strategische
Bausteine eines Unternehmens aus der pharmazeutischen
Industrie 102
Abb. 2-28.   Wertschöpfungsarchitekturen und Geschäftsmodelle als
strategische Optionen 103
Abb. 2-29.   Geschäftsfeldübersicht im Rahmen eines
geschäftsfeldbezogenen MIS (Beispiel: Siemens AG,
Stand 1999) 105
Abb. 2-30.   Modell der Szenario-Technik 110
Abb. 2-31.   Konzept des „Parenting Advantage" 113
Abb. 2-32.   Formulierung alternativer Strategien (Überblick) 116
Abb. 2-33.   „Generische" Wettbewerbsstrategien 117
Abb. 2-34.   Darstellung der Erfahrungskurve 118
Abb. 2-35.   Zusammenhang zwischen Marktanteilen und
Gewinnspannen der Konkurrenten A, B, C und D 119
Abb. 2-36.   Erfahrungskurveneffekt und Preisentwicklung im
Wettbewerb 121

Abb. 2-37.   Die sieben Arten der Verschwendung im KAIZEN-
             Konzept 122
Abb. 2-38.   KVP-Workshop zur Realisation von
             Kostensenkungspotenzialen 123
Abb. 2-39.   Konstituierung von Wettbewerbsvorteilen im Rahmen der
             Differenzierungsstrategie 125
Abb. 2-40.   Differenzierungsrelevante Wettbewerbsfaktoren 125
Abb. 2-41.   Dimensionen des Wettbewerbsfaktors „Zeit" 126
Abb. 2-42.   Analyse von Differenzierungsmöglichkeiten anhand der
             Wertschöpfungskette 127
Abb. 2-43.   Beziehung zwischen Rentabilität und Marktanteil nach
             Porter 128
Abb. 2-44.   Hybride Wettbewerbsstrategien (Outpacing-Ansatz) 129
Abb. 2-45:   Preisstrategische Optionen 133
Abb. 2-46.   Produktfeld-Markt-Strategien im Überblick 136
Abb. 2-47.   Lebenszyklusorientierte Technologieklassifikation 148
Abb. 2-48.   Das Konzept der S-Kurve und die Modellierung eines
             möglichen Technologiewechsels 157
Abb. 2-49a. Empirische S-Kurven verschiedener Gewebe zur
             Verwendung als Karkasse von (Auto-)Reifen 158
Abb. 2-49b. S-Kurven-Situationen im Bereich „Textverarbeitung" im
             Jahr 1985 158
Abb. 2-50.   „Disruptiver" Technologiewandel, „Innovators's
             Dilemma" und „Incumbent Inertia" im Kontext der S-
             Kurve 161
Abb. 2-51.   Technologie-Portfolio und Normstrategien nach Pfeiffer .. 163
Abb. 2-52.   Technologische Alternativen für die Identifizierung und
             Autorisierung Zugangssuchender im Funktionalmarkt
             „Sicherheit" 164
Abb. 2-53.   Technologieportfolio für den Funktionalmarkt
             „Sicherheit/Zugangskontrolle" aus der Sicht eines
             etablierten Herstellers mechanischer Schließsysteme 166
Abb. 2-54.   Technologie-Portfolio-Positionen und daraus abgeleitete
             Handlungsprogramme für die funktional äquivalente
             Technologien A, B, C und D 167
Abb. 2-55.   F&E-Programm unter Berücksichtigung von Technologie-
             und Marktaspekten 168
Abb. 2-56.   Technologie-Wettbewerbs-Portfolio 169
Abb. 2-57.   Technologiebilanz und Handelsbilanz 172
Abb. 2-58.   Technologiebilanz und daraus abgeleitete Technologie-
             Kennzahlen 173
Abb. 2-59.   Technologie-Roadmap und ihre Bestandteile 175
Abb. 2-60.   Technologie-Roadmap eines Automobilherstellers in
             Bezug auf die Kompaktklasse/Europa (Stand: 2003) 176
Abb. 2-61.   Produkt-Prozess-Roadmap von PHILIPS in Bezug auf das
             Produktfeld „Schnurlose Telefone" (Stand: 1995) 177

Abb. 2-62. Technologie-Roadmap für Mobiltelefone (Stand: 2001) 178
Abb. 2-63. Steigender Entwicklungs- und Wertschöpfungsanteil von
            Lieferanten in der Automobilindustrie 179
Abb. 2-64 . Hohe und niedrige Wertschöpfungstiefe 182
Abb. 2-65. Formen des Outsourcings 187
Abb. 2-66. Methoden zur Unterstützung der Outsourcing-
            Entscheidung 188
Abb. 2-67. Typische Leistungsumfänge von Lieferanten bei
            unterschiedlichen Objektkonzepten 194
Abb. 2-68. Vertikale und horizontale Beschaffungskooperationen 201
Abb. 2-69. Entscheidungsprozess horizontaler
            Beschaffungskooperationen 203
Abb. 2-70. Partnerspezifische Erfolgsfaktoren von horizontalen
            Beschaffungskooperationen im Produzierenden Gewerbe 204
Abb. 2-71. Ergebnis der ABC-Analyse (Beispiel) 208
Abb. 2-72. Die Einkaufs-Portfolio-Matrix nach Kraljic 212
Abb. 2-73. Wertigkeits-Risiko-Portfolio nach Arnold 214
Abb. 2-74. Materialkostenreduzierung und vergleichbare
            Umsatzsteigerung bei einer Umsatzrendite von 5 % 215
Abb. 2-75. Produktion als gelenkter Kombinationsprozess von
            Produktionsfaktoren 218
Abb. 2-76. Geringer und hoher Automatisierungsgrad 225
Abb. 2-77. Produktionstypen in der Praxis 231
Abb. 2-78. Verknüpfung von Produktionstypen mit Organisations-
            und Prozesstypen der Fertigung 232
Abb. 2-79. Werkstattfertigung (Beispiel) 233
Abb. 2-80. Fließfertigung (Beispiel) 233
Abb. 2-81. Gemeinsame Produktion und Fertigungssegmentierung 234
Abb. 2-82. Standortstrategien 237
Abb. 2-83. Standort-Portfolio und Normstrategien 237
Abb. 2-84. Geometrische Darstellung des Steiner-Weber-Problems ... 242
Abb. 2-85. Beziehungen zwischen S_i und den Standortkoordinaten x
            und y 243
Abb. 2-86. Struktur des einfachen Transportproblems 246
Abb. 2-87. Beziehungen zwischen Funktionsbereichs- und
            Geschäftsfeldstrategien 262
Abb. 2-88. Marktorientierter Ansatz: das Structure-Conduct-
            Performance-Paradigma des strategischen Managements .. 264
Abb. 2-89. Die „Outside-in"-Perspektive des marktorientierten
            Ansatzes 264
Abb. 2-90. Ressourcenorientierter Ansatz: das Ressources-Conduct-
            Performance-Paradigma des strategischen Managements .. 265
Abb. 2-91: Die „Inside-out"-Perspektive des ressourcenorientierten
            Ansatzes 265
Abb. 2-92: Eigenschaften strategischer Ressourcen 266
Abb. 2-93. Marktanteil-Marktwachstum-Portfolio (Beispiel).............. 272

Abb. 2-94.   Marktlebenszyklus und Erfahrungskurve als theoretische
              Grundlagen des Marktwachstum-Marktanteil-Portfolios ...   273
Abb. 2-95.   Unausgewogene Ist-Portfolios   274
Abb. 2-96.   Soll-Portfolio (Beispiel)   275
Abb. 2-97.   Ist-Portfolio (Beispiel)   279
Abb. 2-98.   Normstrategien des Mehrfaktoren-Portfolios   280
Abb. 2-99.   Portfolio-Positionierung und Geschäftswert   281
Abb. 2-100.   Beziehung zwischen Marktanteil und ROI nach dem
              PIMS-Programm   283
Abb. 2-101.   Cashflow der SGF-Kategorien des Zweifaktoren-
              Portfolios   284
Abb. 2-102.   Strategische Optionen des externen Wachstums   286
Abb. 2-103.   Kooperationsformen zwischen „Markt" und „Hierarchie"   287
Abb. 2-104.   Kooperationsformen nach Wertschöpfungsaktivitäten   289
Abb. 2-105.   Joint Venture (Gemeinschaftsunternehmen)   290
Abb. 2-106.   Fusion (Beispiel)   291
Abb. 2-107.   Akquisition (Beispiele)   292
Abb. 2-108.   „Parenting advantage" und „Conglomerate discount".........   297
Abb. 2-109.   Motive für M&A-Transaktionen   297
Abb. 2-110.   Motive für M&A-Transaktionen   302
Abb. 2-111.   Gründe für das Scheitern von Transaktionen   303
Abb. 2-112.   Prozess der Unternehmensakquisition   303
Abb. 2-113.   Frühphasen des Akquisitionsprozesses   304
Abb. 2-114.   Unterschiedliche Integrationsgrade im Rahmen der „Post-
              Merger-Integration"   306
Abb. 2-115.   Organisation der „Post-Merger-Integration" bei
              DaimlerChrysler   306
Abb. 2-116:   Strategische Grundpositionen der internationalen
              Unternehmenstätigkeit   308
Abb. 2-117:   Dezentrales Organisationsmodell bei „Multinationaler
              Strategie"   310
Abb. 2-118:   Zentralisierte „Knotenpunktstruktur" bei Verfolgung der
              „Globalstrategie"   311
Abb. 2-119:   Netzstruktur der „Transnationalen Strategie"   312
Abb. 2-120:   Markteintritts- und Präsenzalternativen bei internationaler
              Geschäftstätigkeit   314
Abb. 2-121:   „Wasserfall-" und „Sprinklerstrategie" des Markteintritts   316
Abb. 2-122.   Morphologischer Kasten zur Ableitung widerspruchsfreier
              Gesamtstrategien aus strategischen Optionen (Beispiel)   318
Abb. 2-123.   Prognoseproblem und „strategische Vorsteuergrößen"   322
Abb. 2-124.   Kriterien der Technologieattraktivität als „strategische
              Vorsteuergrößen"   323
Abb. 2-125.   Die PIMS-Erfolgsfaktoren als „strategische
              Vorsteuergrößen"   324
Abb. 2-126.   Abbruchsoptionen in der strategischen Maßnahme
              „Gründung eines Biotech-Unternehmens"   330

Abb. 2-127.   Alternative Marktvolumina des neuen SGF (Beispiel) 332

Abb. 2-128.   Wertpapier als „beste Alternative" zur Bestimmung des
Kalkulationszinsfußes 333

Abb. 2-129.   Zustandsabhängige Endwerte der Aufschubsoption am
Ende der Periode 2 334

Abb. 2-130.   Unternehmenswert und Realoptionen 336

Abb. 2-131.   Ausdrucksformen der Unternehmenskultur 343

Abb. 2-132.   Einfluss der Unternehmenskultur bei der
Strategieimplementierung 344

Abb. 2-133.   Abstimmung von Strategie und Kultur im Zeitablauf 352

Abb. 2-134.   Konzept der strategischen Kontrolle 354

Abb. 2-135.   Vom klassischen Controlling zum „Performance
Measurement" 357

Kapitel 3

Abb. 3-1.   Welche (Produkt-)Innovationen generiert die Praxis? 373

Abb. 3-2.   Innovationsaufwand und Innovationserfolge in
verschiedenen Industriezweigen 374

Abb. 3-3.   Bedürfnishierarchie („Bedürfnispyramide") nach Maslow   376

Abb. 3-4.   Das Internet und das dadurch adressierte Bedürfnisbündel   377

Abb. 3-5.   Der Innovationsprozess 378

Abb. 3-6.   Der Innovationsprozess im Spannungsfeld zwischen
„Technologiedruck" und „Marktsog" 380

Abb. 3-7.   Einordnung der F&E-Aktivitäten in die
Aufbauorganisation 383

Abb. 3-8.   Hierarchische und nicht-hierarchische Koordination im
Innovationssystem 386

Abb. 3-9.   Idealisierter Produktlebenszyklus 389

Abb. 3-10.   Typischer Lebenszyklus eines PKW-Modells der oberen
Mittelklasse 390

Abb. 3-11a.   Ideensuche: „Lösung sucht Problem" 394

Abb. 3-11b.   Ideensuche: „Problem sucht Lösung" 395

Abb. 3-12.   Vereinfachtes Positionierungsmodell für den
Flugzeugmarkt (>100 Sitze) 397

Abb. 3-13.   Hub-and-Spoke-Prinzip und Direktverbindungen im
Airline-Geschäft 398

Abb. 3-14.   Ideenmanagement als Bestandteil des
Innovationsmanagements 399

Abb. 3-15.   Der „Ideentrichter" zur Veranschaulichung des
sequentiellen Ideenauswahlprozesses 401

Abb. 3-16.   Der Innovationsprozess als sequentieller Auswahlprozess   402

Abb. 3-17.   Mögliche Wettbewerbsvorteile von Innovationsideen 404

Abb. 3-18.   Fehlprognosen in Bezug auf IuK-Technologien 407

Abb. 3-19.   Tatsächliche Ölpreisentwicklung ab 1970 („Actual") und
Prognosen 408

Abb. 3-20.   Einfluss des Betrachtungshorizonts auf die ökonomische   409
              Bewertung neuer Technologien ....

Abb. 3-21.   Delphi-Prognose zu bedeutenden Entwicklungen der
              Automation (Stand: Anfang der 70er Jahre)   410

Abb. 3-22.   Produkt- und Prozessentwicklung als Teilphase(n) im
              Innovationsprozess   412

Abb. 3-23.   Ziele und Aufgaben der Serienentwicklung   413

Abb. 3-24.   Einordnung der Vorentwicklung in den
              Innovationsprozess   414

Abb. 3-25.   Projektabhängige und projektunabhängige
              Vorentwicklung   415

Abb. 3-26.   Vor- und Serienentwicklung am Beispiel der
              Kolbenschmidt GmbH   416

Abb. 3-27.   Phasen des Produktentwicklungsprozesses
              (Serienentwicklung)   417

Abb. 3-28.   Zeitvorteile durch die Überlappung bzw. Parallelisierung
              von Entwicklungsphasen   421

Abb. 3-29.   „House of Quality" – Konzept am Beispiel einer Autotür   427

Abb. 3-30.   Veränderte Bedeutung von Produkt- und
              Prozessinnovationen eines Industriezweigs im Zeitablauf   431

Abb. 3-31.   Inbetriebnahme und Produktionshochlauf   432

Abb. 3-32.   Relevanz der Hochlaufproblematik in verschiedenen
              Industriezweigen   434

Abb. 3-33.   Fehlerentdeckung und -bearbeitung im Hochlaufprozess ..   436

Abb. 3-34.   Geplante und reale Hochlaufkurve   436

Abb. 3-35.   Wirkung der Maßnahmen zur Optimierung des Hochlaufs   438

Abb. 3-36.   Diffusionsverlauf: Zahl der Adaptoren („Übernehmer")
              im Zeitablauf   440

Abb. 3-37.   Vom F&E-Controlling zum integrierten
              Innovationscontrolling   451

Abb. 3-38.   Die Entwicklungskosten in Abhängigkeit der
              Entwicklungszeit   452

Abb. 3-39.   Integration unternehmensinterner und -externer Beteiligter
              in das Innovationscontrolling   453

Abb. 3-40.   The Closed Innovation Model   455

Abb. 3-41.   The Open Innovation Model   455

Abb. 3-42.   Das Konzept der Systeminnovation   460

Abb. 3-43.   „Innovationswürfel" zur Darstellung des Neuheitsgrades
              technologischer Systeminnovationen   460

Kapitel 4

Abb. 4-1.   Der Betriebsbereitschaftsprozess und seine Teilphasen   473

Abb. 4-2.   Interdependenz zwischen Innovations- und
              Betriebsbereitschaftsprozess   475

Abb. 4-3.   Grundstruktur und Daten einer Investition   476

Abb. 4-4.   Wirkung des Wiedergewinnungsfaktors (WGF)   478

Abb. 4-5.   Planungssituation des Ersatzproblems (Beispiel)   483
Abb. 4-6.   Alternative Investitionsketten (Beispiel)   484
Abb. 4-7.   Einperiodige Investitions- und Finanzplanung (Beispiel) ..   491
Abb. 4-8.   Prozess der Anlagenbeschaffung und -inbetriebnahme bei
              einzelnen Anlagen bzw. Anlagenteilen   505
Abb. 4-9.   Beispielhafte Struktur eines Betreibermodells   506
Abb. 4-10.   Prozess der Anlagenbeschaffung und -inbetriebnahme bei
              Anlagenkomplexen (Anlagen- oder Systemgeschäft)   507
Abb. 4-11.   Elementare Instandhaltungsstrategien   512
Abb. 4-12.   Entscheidungsvariablen der betrachteten zehn
              Instandhaltungsstrategien   517

Kapitel 5

Abb. 5-1.   Der operative Leistungsprozess und seine Teilphasen   525
Abb. 5-2.   Prognose mit Hilfe der Methode der gleitenden
              Mittelwerte (n = 4)   529
Abb. 5-3.   Prognose mit Hilfe der exponentiellen Glättung ($\alpha = 0,2$)   531
Abb. 5-4.   Grafische Bestimmung des gewinnoptimalen
              Produktionsprogramms (Beispiel)   540
Abb. 5-5.   Emanzipation und Synchronisation der Produktion   554
Abb. 5-6.   Partielle Emanzipation oder Stufenprinzip   555
Abb. 5-7.   Die Materialbedarfsplanung als Teilprozess des
              operativen Leistungsprozesses   561
Abb. 5-8.   Erzeugnisbäume der Fräsmaschinen P1 und P2   562
Abb. 5-9.   „Gozintograf" der Fräsmaschinen P1 und P2   563
Abb. 5-10.   Vorlaufzeit und Vorlaufverschiebung   565
Abb. 5–11.   Die optimale (= kostenminimale) Losgröße   570
Abb. 5-12.   Entwicklung des Lagerbestandes bei linearem
              Lagerabgang   571
Abb. 5-13.   Der operative Beschaffungsprozess   588
Abb. 5-14.   Optimale Bestellmenge   590
Abb. 5-15.   Stufenrabatt und entsprechende Kostenverläufe   593
Abb. 5-16.   Optimale Bestellmenge mit Sonderbestellung   598
Abb. 5-17.   Die tx-Politik   604
Abb. 5-18.   Die sx-Politik   605
Abb. 5-19.   Die ts-Politik   605
Abb. 5-20.   Die sS-Politik   606
Abb. 5-21.   Die tsS-Politik   607
Abb. 5-22.   Die tsx-Politik   607
Abb. 5-23.   Kapazitätsplanung bzw. Kapazitätsabgleich   611
Abb. 5-24.   Gesamt- und Grenzkosten bei zeitlicher und quantitativer
              Anpassung   613
Abb. 5-25.   Grenzkostenfunktion bei kombinierter Anpassung (Typ 2)   614
Abb. 5-26   Lineare und vernetzte Produktionsstrukturen (Beispiel)   616
Abb. 5-27.   Produktionssteuerung als Teilprozess   619
Abb. 5-28.   Trichtermodell einer Betriebsmittelgruppe   622

Abb. 5-29.   Gantt-Diagramme bei Anwendung der FCFS-, SPT- und
LPT-Regel (Beispiel) 626

Abb. 5-30.   Just-in-Time-Produktion von Fahrwerk- und
Karosserieteilen in der Automobilindustrie 631

Abb. 5-31.   Just-in-Time-Produktion in der Automobilindustrie 631

Abb. 5-32.   Material- und Informationsflüsse bei Realisierung des
KANBAN-Konzepts 633

Abb. 5-33.   Struktur eines PPS-Systems 636

Abb. 5-34.   Aufgabenbereich von MRPII-Systemen und ergänzender
Konzepte 638

Abb. 5-35.   Zusammenspiel von APS und ERP-Systemen 644

Abb. 5-36.   Umsatzanteile produktbegleitender Dienstleistungen 645

Abb. 5-37.   Strukturierung von After-Sales-Leistungen im
Industriegüterbereich 646

Abb. 5-38.   Die konstitutiven Merkmale von Dienstleistungen aus
prozessorientierter Sicht 648

Abb. 5-39.   Vor- und Endkombination im Dienstleistungsprozess 652

Abb. 5-40.   Formen der Entsorgung bzw. des Recyclings 660

Abb. 5-41.   Darstellung der Entscheidungssituation 665

Abb. 5-42.   Optimale Lösungen für unterschiedliche Kostensätze der
Fremdversorgung (Modell I) 670

Abb. 5-43.   Alternative Konzepte der Altautoverwertung 671

Abb. 5-44.   Struktur und Entscheidungsvariablen des
Demontageprozesses (Beispiel) 673

Abb. 5-45.   Aspekte und Entwicklungslinien des TQM 677

Kapitel 6

Abb. 6-1.   Die vier Prozesse des Industriebetriebs mit ihren
Teilschritten bzw. Handlungsfeldern 684

Tabellenverzeichnis

Kapitel 1

Tabelle 1-1. Wirtschaftliche Bedeutung verschiedener Industriezweige 9
Tabelle 1-2. Ausgewählte Kennzahlen der 10 umsatzstärksten
Industrieunternehmen in Deutschland (2004) 10
Tabelle 1-3. Die zehn umsatzstärksten Unternehmen der Welt (2006) .. 11
Tabelle 1-4. Meilensteine in der Entwicklung der
Industriebetriebslehre in Deutschland 20

Kapitel 2

Tabelle 2-1. Zwei Sichtweisen der Strategieentstehung 37
Tabelle 2-2. Gestaltungsvariablen des strategischen Managements 44
Tabelle 2-3. Beispiele für „Missions" von Unternehmen 50
Tabelle 2-4. Stakeholder- versus Shareholder-Ansatz 57
Tabelle 2-5. Anspruchsgruppen und deren Interessen im Rahmen des
„Stakeholder"-Ansatzes 58
Tabelle 2-6. Wertorientierte Zielgrößen in den Geschäftsberichten der
DAX-Unternehmen 67
Tabelle 2-7. Auszug der Ethikrichtlinien der BAYER AG 71
Tabelle 2-8. Aufgabenfelder der strategischen Analyse 73
Tabelle 2-9. Branchenrentabilität in Abhängigkeit von Eintritts- und
Austrittsbarrieren 82
Tabelle 2-10. Die Branchenanalyse nach Porter vs. „heroische"
Annahmen der Wirtschaftstheorie 86
Tabelle 2-11. Markt- bzw. Branchenlebenszyklus und die
Branchenanalyse nach Porter 89
Tabelle 2-12. Kriterien für die Kunden- und Marktsegmentierung in
Konsum- und Investitionsgütermärkten 90
Tabelle 2-13. SWOT-Analyse eines europäischen
Verteidigungsunternehmens 94
Tabelle 2-14. Strategische Geschäftseinheiten und Kernkompetenzen 96
Tabelle 2-15. Grundtypen des Benchmarking 100
Tabelle 2-16. Prozess des Benchmarking 100
Tabelle 2-17. Beschreibung der strategischen Grundpositionen in Bezug
auf die Wertschöpfungsarchitektur 104
Tabelle 2-18a. Strategische Analysefelder der Funktionsbereiche
Technologie, Beschaffung und Produktion 107
Tabelle 2-18b. Strategische Analysefelder der Funktionsbereiche
Marketing/Vertrieb, Personalwirtschaft und Finanzierung 108
Tabelle 2-19. Maßnahmen zur Synergieerschließung 114
Tabelle 2-20. Argumente für externes und internes Wachstum 138

Tabelle 2-21.   Diversifikationstypologie von Ansoff 139

Tabelle 2-22.   Geschäftsfeldergebnisse bei Unsicherheit (Beispiel) 141

Tabelle 2-23.   Risikominderung durch Diversifikation 142

Tabelle 2-24.   Systematisierung von Technologiearten im Überblick 149

Tabelle 2-25.   Entscheidungstatbestände der Technologiestrategie 151

Tabelle 2-26.   Lebenszyklusphasen im Konzept der S-Kurve 159

Tabelle 2-27.   Dimensionen und Kriterien des Technologie-Portfolios
nach Pfeiffer 162

Tabelle 2-28.   Matrix zur Bewertung der anwendungsfeldspezifischen
Technologieattraktivität im Funktionalmarkt
„Sicherheit/Zugangskontrolle" 165

Tabelle 2-29.   Beschaffungsobjekte und funktionale Zuständigkeit im
Industriebetrieb 180

Tabelle 2-30.   Kriterien zur Bestimmung der Wertschöpfungstiefe 185

Tabelle 2-31.   Vor- und Nachteile eines „Multiple Sourcing" 190

Tabelle 2-32.   Vor- und Nachteile eines „Single Sourcing" 191

Tabelle 2-33.   Vorteile einer Systembeschaffung für das nachfragende
Unternehmen 193

Tabelle 2-34.   Arealkonzepte als strategische Beschaffungsoption 194

Tabelle 2-35.   Kritische Beurteilung des Global Sourcing 197

Tabelle 2-36.   Ausgangsdaten der ABC-Analyse (Beispiel) 206

Tabelle 2-37.   Rangbildung der Materialarten nach
Jahresverbrauchswerten (Beispiel) 206

Tabelle 2-38.   Festlegung der Klassengrenzen und Identifikation der A-,
B, und C-Materialien (Beispiel) 207

Tabelle 2-39.   Kriterien der strategischen Lieferantenanalyse 209

Tabelle 2-40.   Portfolio-Ansätze im strategischen
Beschaffungsmanagement 210

Tabelle 2-41.   Kriterien zur Bewertung der Lieferanten- und
Nachfragemacht 211

Tabelle 2-42.   Normstrategien und ihre Gestaltungsvariablen im
Beschaffungsportfolio 213

Tabelle 2-43.   Traditionelle und moderne Sicht der
Beschaffungsfunktion 216

Tabelle 2-44.   Organisationsformen der Fertigung 228

Tabelle 2-45.   Quantitative und qualitative Standortfaktoren 238

Tabelle 2-46.   Nutzwertanalyse zur Standortplanung (Beispiel) 240

Tabelle 2-47.   Managementkonzepte als Bestandteile der
Produktionsstrategie 260

Tabelle 2-48.   Ressourcen und strategische Wettbewerbsvorteile 267

Tabelle 2-49.   Ressourced-based view, capability-based view and
knowledge-based view of strategic management 269

Tabelle 2-50.   Markt- und ressourcenorientierter Ansatz im Vergleich 270

Tabelle 2-51.   Geschäftsfeldbezogene Normstrategien des Zweifaktoren-
Portfolios 274

Tabelle 2-52.   Bestimmung der Positionen im Mehrfaktoren-Portfolio
(Beispiel) 278

Tabelle 2-53.   Erfolgsfaktoren als Ergebnisse des PIMS-Programms 282

Tabelle 2-54.   Kooperationsformen nach der marktlichen Beziehung 288

Tabelle 2-55.   Morphologischer Kasten zur Bestimmung von
Kooperationsformen 290

Tabelle 2-56.   Akquisitionsarten nach der marktlichen Bezeichnung 293

Tabelle 2-57.   Vor- und Nachteile von Akquisitionen (gegenüber
Kooperationen) 294

Tabelle 2-58.   M&A-Wellen im historischen Zeitablauf 295

Tabelle 2-59.   Reale, spekulative und Managementmotive für M&A-
Transaktionen 298

Tabelle 2-60.   Strategische und organisatorische Voraussetzungen der
Akquisitionsstrategien 301

Tabelle 2-61.   Elemente und Meilensteine während der Auswahl- und
Transaktionsphase 305

Tabelle 2-62.   Potenzielle Kosten- und Differenzierungsvorteile bei
internationaler Unternehmenstätigkeit 309

Tabelle 2-63.   Strategische Programme in den Geschäftsberichten der
DAX-Unternehmen (Stand 2003) 320

Tabelle 2-64.   Triviale „Entscheidungsmatrix" (Beispiel) 326

Tabelle 2-65.   Nicht-triviale Entscheidungssituation (Beispiel) 326

Tabelle 2-66.   Anwendung von Entscheidungsregeln und -prinzipien bei
der Strategieauswahl (Beispiel) 327

Tabelle 2-67.   Finanz- und Realoptionen 329

Tabelle 2-68.   Übersicht über verschiedene Klassifikationen von
Realoptionsarten in der Literatur 331

Tabelle 2-69.   Balanced Scorecard eines Unternehmens der
Softwarebranche 341

Tabelle 2-70.   Einfluss der Unternehmenskultur auf die
Strategieimplementierung 345

Tabelle 2-71.   Mögliche Typologie der Unternehmenskultur 346

Tabelle 2-72.   Vor- und Nachteile „starker" Unternehmenskulturen 348

Tabelle 2-73.   Strategische Optionen und „Soll-Kultur" 349

Tabelle 2-74.   „Passende" Führungseigenschaften für Portfolio-
Strategien 350

Kapitel 3

Tabelle 3-1.   Technology-push- versus Market-pull-Innovationen 375

Tabelle 3-2.   Systematisierung von Innovationen nach Markt- und
Technologieaspekten 375

Tabelle 3-3.   Morphologischer Kasten zum Auffinden neuer PKW-
Varianten (Beispiel) 396

Tabelle 3-4.   Bewertungskriterien im Ideenauswahlprozess 402

Tabelle 3-5.   Historische Fehlprognosen von Experten 405

Tabelle 3-6.   Phasen der Produktentwicklung in verschiedenen
                industriellen Branchen 420
Tabelle 3-7.   Befragungsergebnis als Ausgangspunkt der Conjoint-
                Analyse (Beispiel) 424
Tabelle 3-8.   Contrasting Principles of Closed and Open Innovation 456

Kapitel 4

Tabelle 4-1.   Kapitalwerte und Gewinnannuitäten 479
Tabelle 4-2.   Anschaffungsausgabe, Ergänzungsüberschüsse und
                Liquidationserlöse einer Investition (in Millionen €) 481
Tabelle 4-3.   Kapitalwerte (in Millionen €) für i = 0,1 481
Tabelle 4-4.   Gewinnannuitäten und Kapitalwerte bei unendlicher
                identischer Wiederholung (in Millionen €) für i = 1 482
Tabelle 4-5.   Planungsrelevante Daten (Beispiel) 483
Tabelle 4-6.   Zahlungsreihen und Kapitalwerte der Investitionsketten
                (Beispiel) 484
Tabelle 4-7.   Zahlungsreihen und Kapitalwerte (Fall a) 485
Tabelle 4-8.   Zahlungsreihen und Kapitalwerte (Fall b) 485
Tabelle 4-9.   Ausgangsdaten (Beispiel) 490
Tabelle 4-10.   Planungsrelevante Daten 498
Tabelle 4-11.   Entwicklung der Produktionskoeffizienten bei Anlagetyp
                2 498
Tabelle 4-12.   Daten der Produktionsanlage 499
Tabelle 4-13.   Ergebnisse der Fälle 1-3 500
Tabelle 4-14.   Ergebnisse der Fälle 4 und 5 500
Tabelle 4-15.   Haupt- und Unterziele der Instandhaltung 509
Tabelle 4-16.   Elemente einer Instandhaltungsstrategie 515
Tabelle 4-17.   Stochastische Optimierungsmodelle der Instandhaltung 519

Kapitel 5

Tabelle 5-1.   Prognose mit Hilfe der Methode der gleitenden
                Mittelwerte (n = 4) 529
Tabelle 5-2.   Prognose mit Hilfe der exponentiellen Glättung
                1.Ordnung (α = 0,2) 530
Tabelle 5-3.   Problemtatbestände im Rahmen der
                Produktionsprogrammplanung 533
Tabelle 5-4.   Planungsdaten (Beispiel) 534
Tabelle 5-5.   Optimales Produktionsprogramm (Beispiel) 535
Tabelle 5-6.   Optimales Produktionsprogramm bei einem eindeutigen
                Engpass (Beispiel) 536
Tabelle 5-7.   Planungsrelevante Fälle 537
Tabelle 5-8.   Daten 538
Tabelle 5-9.   Daten (neu) 543
Tabelle 5-10.   Mögliche Aufträge (Beispiel) 549
Tabelle 5-11.   Variable Stückkosten (Beispiel) 549
Tabelle 5-12.   Bestimmung der Größen b_i (Beispiel) 552

Tabelle 5-13.   Nachfragemengen (Beispiel) 557

Tabelle 5-14.   Planungsdaten (Beispiel) 558

Tabelle 5-15.   Modelllösung (Beispiel) 559

Tabelle 5-16.   Baugruppen und Teilebedarf je Endprodukt (Beispiel) 564

Tabelle 5-17.   Primärbedarfe für P1 und P2 laut
Produktionsprogrammplanung (Beispiel) 566

Tabelle 5-18.   Vorlaufverschiebungen (Beispiel) 566

Tabelle 5-19.   Brutto-Netto-Rechnung (Beispiel) 568

Tabelle 5-20.   Nettobedarf für P1 laut Brutto-Netto-Rechnung 572

Tabelle 5-21.   Angepasste Lösung nach der Andler-Harris-Formel
(Beispiel) 573

Tabelle 5-22.   Nettobedarf für P1 laut Brutto-Netto-Rechnung 576

Tabelle 5-23.   Ergebnisvergleich der Verfahren zur Losgrößenplanung ... 584

Tabelle 5-24.   Symbole der Modelle der Bestellmengenplanung 589

Tabelle 5-25.   Variablen der Bestellpolitik 603

Tabelle 5-26.   Zwei-elementige Optionen der Bestellpolitik 603

Tabelle 5-27.   Falltypen der „kombinierten" Anpassung 612

Tabelle 5-28.   Maschinenfolgen und Auftragsbearbeitungszeiten 626

Tabelle 5-29.   Vergleiche der Prioritätsregeln 627

Tabelle 5-30.   Vergleich der Prioritätsregeln anhand der Liegezeiten 627

Tabelle 5-31.   Abdeckungsbereiche von MRPII- und ERP- Systemen 639

Tabelle 5-32.   Funktionen des Produktionsverbindungshandels (PVH) 641

Tabelle 5-33.   Nutzenpotenziale des After-Sales-Services für das
anbietende Unternehmen 647

Tabelle 5-34.   Unterschiede von Sach- und Dienstleistungen 649

Tabelle 5-35.   Herausforderungen für die Dienstleistungserstellung 657

Tabelle 5-36.   Gründe bzw. Argumente für Eigen- und Fremdentsorgung
von Altprodukten 672

Tabelle 5-37.   Ausschussquoten der Stichproben (Beispiel) 678

Tabelle 5-38.   Ökonomische Konsequenzen der Six-Sigma-Philosophie
anhand eines Beispiels der TQU AG 679

Abkürzungsverzeichnis

ABWL	Allgemeine Betriebswirtschaftslehre
AP	Anbietender Produzent
APS	Advanced Planning System
BCG	Boston Consulting Group
BDE	Betriebsdatenerfassung
BEA	Bearbeitungszentrum
BOA	Belastungsorientierte Auftragsfreigabe
BSC	Balanced Scorecard
BWL	Betriebswirtschaftslehre
CAD	Computer Aided Design
CAE	Computer Aided Engineering
CAPM	Capital Asset Pricing Model
CFROI	Cash Flow Return on Investment
CNC	Computer Numerical Controlled
DB	Deckungsbeitrag
DFMA	Design for Manufacture and Assembly
DIN	Deutsches Institut für Normung
DLZ	Durchlaufzeit
DNC	Direct Numerical Controlled
EBIT	Earnings Before Interests and Taxes
EBITDA	Earnings Before Interests, Taxes, Depreciation and Amortization
ECR	Efficient Consumer Responce
EDD	Earliest Due Date
EDI	Electronic Data Interchange
ERP	Enterprise Ressource Planning
EVA	Economic Value Added
F&E	Forschung und Entwicklung
FCF	Free-Cashflow
FCFS	First come, first serve
FMEA	Fehlermöglichkeits- und -einflussanalyse
GE	Geldeinheit
GWB	Geschäftswertbeitrag
IBL	Industriebetriebslehre
ISO	International Organization of Standardization
KD	Kapitaldienst

KF	Kürzester Fertigungstermin
KOZ	Kürzeste Operationszeit
Krw-/AbfG	Kreislaufwirtschafts- und Abfallgesetz
KVP	Kontinuierlicher Verbesserungsprozess
LOT	Längste Operationszeit
LP	Lineare Programmierung
LPT	Longest processing time
M&A	Mergers and Acquisitions
MDS	Multidimensionale Skalierung
ME	Mengeneinheit
MIS	Management-Informationssystem
MRPII-System	Manufacturing Ressource Planning Systems
MRPI-System	Material Requirements Planning System
MVA	Market Value Added
NACE-Code	Nomenclature générale des activités économiques dans les Communautés Européennes
NC	Numerical controlled
NNB	Nicht-Negativitätsbedingungen
NOA	Net Operating Assests
NOPAT	Net Operating Profit After Taxes
NP	Nachfragender Produzent
PIMS	Profit Impact of Market Strategies
PK	Produktionskanban
PLM	Product Lifecycle Management
PP	Planperiode
PPS	Produktionsplanung und -steuerung
PVH	Produktionsverbindungshandel
QFD	Quality Function Deployment
ROCE	Return on Capital Employed
ROI	Return on Investment
SBU	Strategic Business Unit
SCM	Supply Chain Management
SGE	Strategische Geschäftseinheit
SGF	Strategisches Geschäftsfeld
SHV	Shareholder Value
SIC	Standard Industry Classification
SPT	Shortest processing time
SSC	Smallest set-up costs
SWOT	Strengths, Weaknesses, Opportunities and Threats
TK	Transportkanban
TKA	Technologiekostenanalyse
TP	Teilperiode

TPM	Total Productive Maintenance
TQM	Total Quality Management
TWORK	Total work
WACC	Weighted Average Cost of Capital
WGF	Wiedergewinnungsfaktor
ZE	Zeiteinheit

1 Grundlagen und Grundbegriffe des industriellen Managements

1.1 Der Industriebetrieb

1.1.1 Merkmale und Abgrenzung des Industriebetriebs

Gegenstand der Industriebetriebslehre bzw. des industriellen Managements ist ein spezieller Typ von Unternehmen: der Industriebetrieb. Bevor wir uns mit diesem Unternehmenstyp näher befassen, sei zunächst der Frage nachgegangen, was überhaupt unter einem „Unternehmen" bzw. einer „Unternehmung" zu verstehen ist.

Ein **Unternehmen** ist eine von Menschen geschaffene Einrichtung, innerhalb derer betriebliche Produktionsfaktoren – objektbezogene und dispositive Arbeit, Betriebsmittel, Werkstoffe und immaterielle Güter – derart miteinander kombiniert werden, dass dadurch Sachgüter (Produkte) und/oder Dienstleistungen entstehen, die für den fremden Bedarf produziert und auf dem Absatzmarkt abgesetzt werden, und zwar zu einem Preis, der mindestens der Summe der Werte der eingesetzten Produktionsfaktoren entspricht, möglichst aber darüber liegen sollte. Unternehmen bezwecken also, von wenigen Ausnahmen abgesehen,[1] die Erzeugung eines (Mehr-)Wertes – sie sind „Wertegeneratoren". Dabei steht diese Institution „Unternehmen" zwischen den Beschaffungsmärkten, auf denen die benötigten und noch nicht vorhandenen Produktionsfaktoren (dazu zählen – obwohl es etwas abstrakt, wenn nicht gar lieblos klingt – auch die menschlichen Arbeitsleistungen) beschafft werden, dem Finanzmarkt, auf dem das (z.B. für Investitionen) benötigte Kapital beschafft wird, und „dem" Ab-

---

[1] Z.B. öffentliche Unternehmen, die vorrangig eine bestimmte Sachaufgabe zu erfüllen haben, aber auch darauf achten müssen, kostendeckend (d.h. nicht unwirtschaftlich) zu arbeiten.

satzmarkt, aus dem heraus letztlich Geldflüsse entspringen, mit denen **alle** eingesetzten Faktoren (einschließlich des Kapitals) entlohnt werden müssen (siehe Abbildung 1-1).

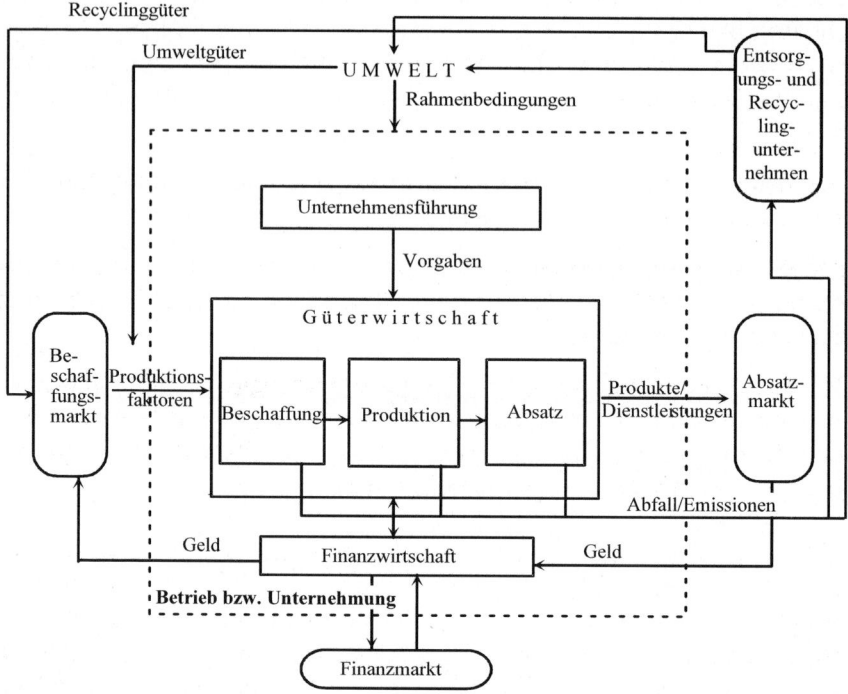

Abb. 1-1. Der Betrieb bzw. das Unternehmen in der Kreislaufwirtschaft (Quelle: in Anlehnung an Steven 1998, S. 2)

Allerdings ist von vornherein zu beachten, dass ein Unternehmen auch für den „unerwünschten Output", z.B. Abfall und Staub- oder Lärmemissionen, sowie für die Produktrückstände (z.B. Verpackungen und Altprodukte) die Verantwortung trägt, die – soweit technisch möglich, ökologisch sinnvoll sind und wirtschaftlich vertretbar – direkt oder über Dritte wieder in die Stoffkreisläufe zurückzuführen sind (siehe dazu Abschnitt 5.9 dieses Lehrbuchs).

Der Begriff „Betrieb" benennt die Stätte der Leistungserstellung (so ist ein Zweigwerk ein Betrieb, aber nicht notwendigerweise eine Unternehmung), der Begriff „Unternehmung" dagegen die wirtschaftlich-rechtliche Einheit, die – nach Erich Gutenberg – dann entsteht, wenn zu einem Betrieb autonomes Handeln und die Gewinnerzielungsabsicht hinzukommen (vgl. Gutenberg 1983, S. 510).

Es ist faszinierend, der Frage nachzugehen, warum überhaupt Unternehmen existieren (wo doch Märkte angeblich so wirkungsvolle Steuerungsmechanismen zur Allokation knapper Ressourcen sind), was ihre Größe und Ausdehnung bestimmt und warum sich einige Unternehmen nachhaltig besser im Wettbewerb behaupten als andere. Zur Beantwortung dieser Fragen sind Unternehmenstheorien entwickelt worden, die jeweils aus unterschiedlichen Perspektiven argumentieren (vgl. Osterloh 2007, Sp. 1858):

- aus der Governance-Perspektive (auf Basis des Transaktionskostenansatzes oder von Vertragstheorien) bzw.

- aus der Kompetenzperspektive (auf Basis des ressourcen- und wissensbasierten Ansatzes, auf den wir im 2. Kapitel dieses Lehrbuchs noch zurückkommen werden).

Wir können die oben gestellten Fragen an dieser Stelle jedoch nicht weiter verfolgen und nehmen Unternehmungen zunächst als Erfahrungsobjekte und damit als „gegeben" hin. Was aber ist ein Industriebetrieb und was unterscheidet ihn von anderen Unternehmen?

Ein **Industriebetrieb** ist ein Unternehmen, das überwiegend – wenn auch nicht ausschließlich – Sachgüter produziert und vertreibt (dies unterscheidet ihn vom Dienstleistungsbetrieb), und zwar unter vorherrschendem Einsatz maschineller Anlagen, bei weitgehender Arbeitsteilung und Spezialisierung der Beschäftigten (dies unterscheidet ihm vom Handwerksbetrieb).

Ein Industriebetrieb kann seine Produkte in Großserien- oder Massenprodukte für anonyme Endkunden produzieren (wie z.B. in der Konsumgüterindustrie üblich), aber auch in Kleinserien- oder gar Einzelfertigung Produkte für ganz konkrete Kunden erstellen (wie z.B. im Großmaschinen- und Anlagenbau).

Aber nicht nur Unternehmen, die Stoffe be- und verarbeiten, sondern auch Stoffgewinnungsbetriebe zählen zu den Industriebetrieben (vgl. Abbildung 1-2).

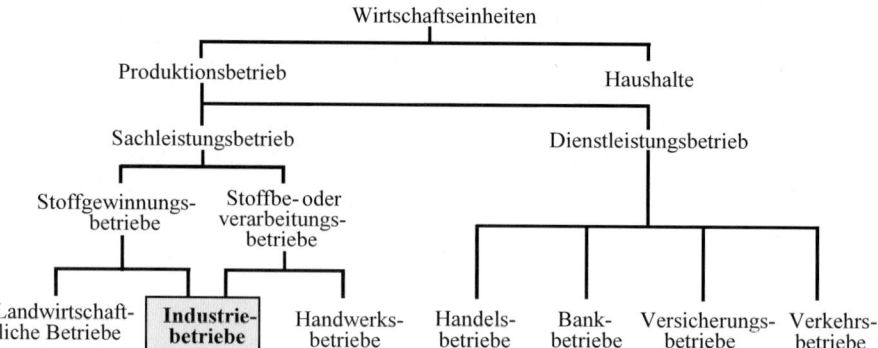

Abb. 1-2. Industriebetriebe im System der Wirtschaftseinheiten (Quelle: Hansmann 2006, S. 6)

Der scheinbar klare Unterschied zwischen Sach- und Dienstleistungsbetrieben erweist sich bei näherer Betrachtung weniger als dichotome Ausprägung, sondern eher als Kontinuum (siehe Abbildung 1-3).

Wir sprechen aber stets dann von einem „Industriebetrieb", wenn die Sachgüter nicht von Dienstleistungen dominiert werden. Den Unterschied zwischen Sach- und Dienstleistung werden wir im Abschnitt 5.8 des Lehrbuches noch ausführlich beleuchten.

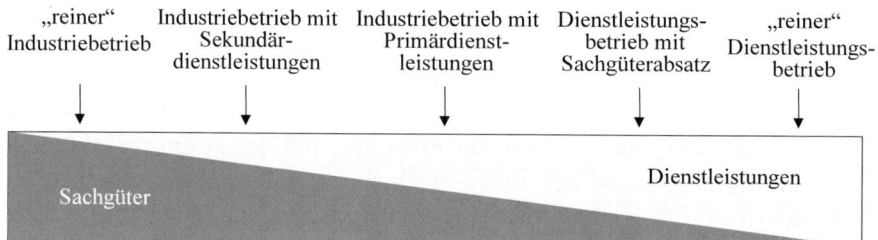

Abb. 1-3. Industrie- und Dienstleistungsbetrieb

Handwerksbetriebe weisen bei näherer Betrachtung noch weitere Unterschiede zu Industriebetrieben auf, die wir in Abbildung 1-4 auf einen Blick zusammengefasst haben.

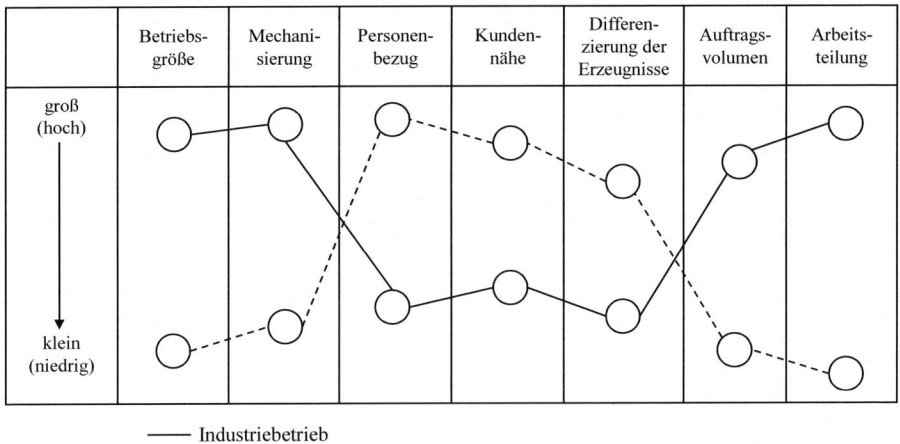

Abb. 1-4. Industrie- und Handwerksbetriebe (Quelle: Schweitzer 1994, S. 21)

Da der Industriebetrieb sich evolutorisch aus dem Handwerksbetrieb heraus entwickelt hat, sei ein kurzer Blick auf die historische Entwicklung der Institution „Industrieunternehmen" sowie auf das damit verbundene Phänomen der Industrialisierung geworfen.

1.1.2 Historische Entwicklung der Industriebetriebe und der Industrialisierung

Der Begriff „Industrie" entstammt dem lateinischen „industria" (= Fleiß, Betriebsamkeit). Obwohl es schon in der Antike industrieähnliche Strukturen (z.B. im Bergbau, im Schiffsbau und in der Bauwirtschaft) gegeben hat, wird allgemein das sich um 1500 n. Chr. herausbildende **Verlagssystem** als Vorläufer der heutigen Industrie angesehen. Hierunter versteht man die Zusammenarbeit zwischen mehreren unselbstständigen Handwerkern und einem Kaufmann, der Kapital „vorlegte", Rohstoffe beschaffte und die Fertigerzeugnisse abnahm und an Käufer absetzte. Hieraus entwickelte sich die **Manufaktur** (lat. „manu facere" = mit der Hand machen), in der Lohnarbeiter in Werkstätten tätig waren, und zwar bereits unter Anwendung des Prinzips der Arbeitsteilung. Der Begriff der Manufaktur hat sich gerade für Industriebetriebe mit einem hohen Anteil an Handarbeit (z.B. bei Porzellanwaren, Musikinstrumenten und Luxusartikeln) bis heute erhalten.

Evolutorisch wurden die Manufakturen jedoch im 19. Jahrhundert mit zunehmender Maschinisierung von **Fabriken** verdrängt. Da die Maschinen nicht nur Handarbeit erleichterten, sondern teilweise auch ersetzten, wurde die Entwicklung nicht immer begrüßt (was sich an der Tatsache der „Maschinenstürmer" ablesen und im Schauspiel „Die Weber" von Gerhard Hauptmann nachlesen lässt). Durch den umfangreichen Einsatz von maschinellen Produktionsanlagen in der Fabrik stieg die Bedeutung des Kapitals und der Kapitalbindung ebenso, wie sich die Tätigkeiten durch die immer stärkere Arbeitsteilung vereinfachten und durch an- oder ungelernte Arbeitskräfte, die als „Industrieproletariat" im Zuge der Landflucht in die Städte zogen und nicht selten zu unter dem Existenzminimum liegenden Löhnen und unter harten Bedingungen arbeiteten, verrichtet wurden – Erscheinungsformen der geschichtlichen Epoche des Kapitalismus, die z. B. von Karl Marx in seinen Arbeiten nicht ganz zu unrecht kritisiert wurden. Interessant ist, dass die vor allem in der zweiten Hälfte des 19. Jahrhunderts zu verzeichnende **Industrialisierung** heute als Resultat verschiedener, sich beeinflussender und ergänzender Entwicklungen gesehen werden kann, die vor allem in der ersten Hälfte des 19. Jahrhunderts ihren Anfang nahmen, vor allem (vgl. Gurland 1960, S. 291 ff.; Hansmann 2006, S. 17)

- Erfindungen bestimmter Maschinen und Produktionsverfahren (insbesondere: die Dampf- und Spinnmaschine, der mechanische Webstuhl, das Puddle-Verfahren zur Gewinnung von schmied- und walzbarem Roheisen) als **technologische Vorraussetzungen,**

- die Einführung der Gewerbefreiheit (1807/1810), die Bauernbefreiung (1816) und die Gründung des Deutschen Zollvereins (1834) als **politische Vorraussetzungen** und

- der Ausbau des Eisenbahn-, Straßen-, und Binnenschifffahrtsnetzes als **infrastrukturelle Vorraussetzungen** der dann tatsächlich eintretenden rasanten industriellen Entwicklung.

Diese Entwicklung lässt sich z.B. an der Roheisengewinnung in Deutschland ablesen, die von 1837 bis 1842 bei 100.000 jährlich verharrte, bis 1847 auf 230.000 Tonnen anstieg, 1860 bereits eine halbe Millionen und 1876 dann 1,8 Millionen Tonnen betrug (vgl. Gurland 1960, S. 311). Interessant sind auch die im Laufe der Industrialisierung erfolgten Strukturveränderungen. Während 1850 rund die Hälfte aller Industriearbeiter in der Textilindustrie beschäftigt war, verlagerten sich die Schwerpunkte im Verlauf der (durch Krisen unterbrochenen) industriellen Entwicklung bis zum Ausbruch des Ersten Weltkriegs mehr und mehr in andere industriellen Bereiche, vor allem in die Metall- und die (sich erst entwickelnde) Elektroindustrie. Im Jahr 1959 waren hier rund 34 % aller Beschäftigten in Industrie und Handwerk tätig, während der Beschäftigtenanteil der Textilindustrie auf 15 % abgesunken war (vgl. Hansmann 2006, S. 19).

Die frühkapitalistischen Erscheinungsformen innerhalb der Fabriken wurden – glücklicherweise – schließlich überwunden, nicht zuletzt durch eine schon unter Bismarck einsetzende Sozialgesetzgebung und den Einfluss starker Arbeitnehmervertretungen bzw. Gewerkschaften, aber auch durch eine wachsende unternehmensethische Verantwortung der Unternehmensleitung selbst, die schon in früheren Zeiten bei Unternehmenspersönlichkeiten – Werner von Siemens oder Robert Bosch, um Beispiele zu nennen – nicht eben schwach ausgeprägt war (vgl. z.B. Feldenkirchen/Posner 2005).

Moderne Industriebetriebe sind gesuchte Arbeitgeber und die dort angebotenen Arbeitsplätze verlangen eine hohe Qualifikation – ein Tatbestand, der in einem andauernden Facharbeiter- und Ingenieursmangel zum Ausdruck kommt. Beschäftigte sind heute oft an „ihren" Unternehmen beteiligt, z.B. in Form von Mitarbeiteraktien, so dass der alte (Interessen-) Gegensatz zwischen Unternehmern und Arbeitnehmern auch in der Industrie mehr und mehr an Bedeutung zu verlieren scheint.

Fassen wir zusammen: Die Entstehung der Industriebetriebe mit dem noch heute anzutreffenden Strukturmerkmalen geht auf die im 19. Jahrhundert erfolgte Industrialisierung bzw. **„industrielle Revolution"** zurück, die als Phase bedeutender technischer, ökonomischer und sozialer Veränderungen (Übergang von der Agrar- zur Industriegesellschaft) etwa 1785 in Großbritannien einsetzte und mit zeitlicher Verzögerung auch die deutschen Länder erfasste. Im Zuge der seit Mitte des 20. Jahrhunderts anwachsenden Automatisierung der industriellen Produktion wird auch von der **„zweiten industriellen Revolution"** gesprochen, während der zunehmende industrielle Einsatz von Mikroprozessoren, wie er aktuell zu beobachten ist, zuweilen als **„dritte industrielle Revolution"** bezeichnet wird.

Welche Bedeutung und welche Struktur der industrielle Sektor heute in Deutschland aufweist, wollen wir jetzt anhand einiger statistischer Daten näher beleuchten.

1.1.3 Heutige Bedeutung und Struktur der Industrie

Während 1960 in Deutschland noch 53 % der Bruttowertschöpfung (= Gesamtwert der im Produktionsprozess erzeugten Waren und Dienstleistungen (Produktionswert), abzüglich den Vorleistungen, also der Wert der im Produktionsprozess verbrauchten, verarbeiteten oder umgewandelten Waren und Dienstleistungen durch den Produzierenden Sektor und 41% durch den Dienstleistungssektor erbracht wurden, lagen die Anteile im Jahr 2006 bei 26,0 % für das Produzierende Gewerbe und 69,2 % für den Dienstleistungssektor (siehe Abbildung 1-5). Der Prozess der „Tertiärisierung" ist also auch in der deutschen Volkswirtschaft deutlich zu erkennen, zumal auch im Produzierenden Sektor der Anteil der produktionsnahen und übrigen Dienstleistungen an den insgesamt ausgeübten Tätigkeiten sich kontinuierlich vergrößert. (vgl. Hennchen 2006).

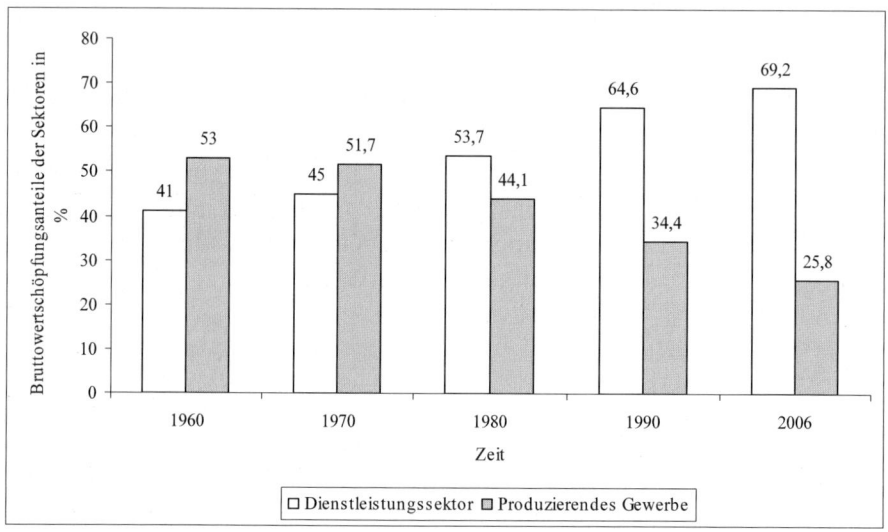

Abb. 1-5. Bruttowertschöpfungsanteile des Produzierenden Gewerbes und des Dienstleistungssektors (Quelle: Statistisches Bundesamt)

Ein Vergleich zu den USA, die einen Bruttowertschöpfungsanteil des Produzierenden Gewerbes von rund 14 % (Stand 2003) aufweisen, zeigt, dass die Industrie in Deutschland (noch) eine vergleichsweise hohe Bedeutung hat. Dieser Eindruck wird unterstrichen durch die Tatsache, dass der Erfolg des „Exportweltmeisters Deutschlands" auf den Weltmärkten[1] vor allem von Sachgütern und damit Industriebetrieben getragen wird. Dennoch ist auch in Deutschland ein Trend von der industriellen zur „postin-

---

[1] Der IWF stellt in seinem Deutschlandbericht vom Januar 2006 fest, dass Deutschland den größten Weltmarktanteil, preisbereinigt gemessen, an den Exporten hat, noch vor den USA.

dustriellen" (Informations-)Gesellschaft,[1] von materiellen zu immateriellen Marktleistungen unverkennbar, der sich aber nicht nur als intersektoraler, sondern auch als intrasektoraler Strukturwandel, als „Tertiarisierung" der Industrie im Sinne eines immer größeren Anteiles industrieller Dienstleistung darstellt. Dieser Prozess ist jedoch nicht mit einer „De-Industrialisierung" gleichzusetzen, da gerade industrielle Dienstleistungen den Industriebetrieben neue Wachstumschancen und stabile Wettbewerbsvorteile eröffnen und die Sachgüterangebote i. d. R. nicht verdrängen, sondern vielmehr deren Absatzchancen unterstützen (vgl. Haupt 2007, Sp. 713).

Tabelle 1-1. Wirtschaftliche Bedeutung verschiedener Industriezweige (Quelle: Statistisches Jahrbuch 2007)

Klassifi-kation	Wirtschaftsgliederung (H. v. = Herstellung von)	Unternehmen	Beschäftigte	Lohn- und Gehaltsumme	Umsatz	Investitionen
		Anzahl	1 000	Mill. EUR		
C	Bergbau und die Gewinnung von Steinen und Erden	643	81	2.887	14.591	1.094
D	Verarbeitendes Gewerbe	38.298	5.989	229.219	1.527.822	44.646
15	Ernährungsgewerbe	5.245	605	14.878	134.307	4.244
16	Tabakverarbeitung	23	12	608	20.446	134
17	Textilgewerbe	872	88	2.486	12.956	393
18	Bekleidungsgewerbe	402	42	1.182	9.251	88
19	Ledergewerbe	180	16	418	2.882	38
20	Holzgewerbe (ohne H. v. Möbeln)	1.316	84	2.412	15.802	519
21	Papiergewerbe	827	138	4.938	32.529	1.542
22	Verlags-, Druckgewerbe, Vervielfältigung	2.515	244	9.167	41.478	1.232
23	Kokerei, Mineralölverarbeitung, H. v. Brutstoffen	52	22	1.105	116.079	711
24	H. v. chemischen Erzeugnissen	1.397	442	20.340	149.656	5.427
25	H. v. Gummi- und Kunststoffwaren	2.687	341	11.019	57.551	2.088
26	Glasgewerbe, H. v. Keramik, Verarbeitung von Steinen und Erden	1.778	197	6.582	33.004	1.647
27	Metallerzeugung und -bearbeitung	904	245	9.710	79.361	2.073
28	H. v. Metallerzeugnissen	6.258	568	18.560	84.177	2.951
29	Maschinenbau	6.014	943	38.300	174.562	4.318
30	H. v. Büromaschinen, Datenverarbeitungsgeräten und -einrichtungen	164	36	1.928	16.252	138
31	H. v. Geräten der Elektrizitätserzeugung, -verteilung u. Ä.	1.954	453	20.080	94.219	2.414
32	Rundfunk-, Nachrichtentechnik	559	127	5.563	43.089	2.119
33	Medizin-, Mess-, Steuertechnik, Optik, H. v. Uhren	2.112	222	8.375	35.143	961
34	H. v. Kraftwagen und Kraftwagenteilen	1.007	854	40.212	313.346	9.775
35	Sonstiger Fahrzeugbau	313	132	5.990	31.428	1.070
36	H. v. Möbeln, Schmuck, Musikinstrumenten, Sportgeräten usw.	1.555	166	5.024	26.162	628
37	Recycling	164	12	372	4.142	136
E	Energie- und Wasserversorgung	1.188	272	12.107	182.720	8.506
F	Baugewerbe	12.392	644	18.128	77.434	1.563

---

[1] Dies spiegelt sich z.B. auch in den Zuwachsraten der absoluten Beträge der Sektoren zum Bruttoinlandsprodukt in Deutschland von 1991 bis 2006 wieder (vgl. IW Köln 2007, S. 20):
- Land- und Forstwirtschaft: + 5 %
- Industrie: + 27 %
- Handel und Verkehr: + 53 %
- Öffentliche und Private Dienstleister: + 71 %

Mit Tabelle 1-1 werfen wir nun einen genauen Blick auf die wirtschaftliche Bedeutung verschiedener Industriezweige innerhalb des Verarbeitenden Gewerbes in Deutschland, gemessen an der Zahl der Unternehmen und Beschäftigten sowie an der Lohn-/Gehaltssumme, dem Umsatz und den getätigten Investitionen.

Fragt man nach den – gemessen an dem Umsatzvolumen – fünf wichtigsten Industriezweigen im Verarbeitenden Gewerbe in Deutschland, so ergibt sich demnach folgende Reihung (in Klammern: Umsatz 2004 in Mrd. €)

1. Automobil- und Automobilzuliefererindustrie (297 Mrd. €)

2. Maschinen- und Anlagenbau (261 Mrd. €)

3. Chemie- und Kunststoffindustrie (197 Mrd. €)

4. Nahrungs- und Genussmittelindustrie (156 Mrd. €)

5. Metallindustrie (148 Mrd. €)

Die umsatzstärksten Industrieunternehmen in Deutschland (bezogen auf das Geschäftsjahr 2004) sind – mit einigen weiteren ausgewählten Kennzahlen – in Tabelle 1-2 aufgeführt.

Tabelle 1-2. Ausgewählte Kennzahlen der 10 umsatzstärksten Industrieunternehmen in Deutschland (2004) (Quelle: Haupt 2007, Sp. 711 f.)

Industrie-unternehmen	Umsatz (Mio. €)	Beschäftigte (1.000)	Jahres-überschuss (Tsd. €)	Umsatz pro Beschäftigten .Tsd. €)	Umsatz-rendite (%)
DaimlerChrysler	142.059	384,7	2.444,0	369,3	1,7
Volkswagen	88.963	342,5	716,0	259,8	0,8
Siemens	75.176	419,2	3.571,0	179,3	4,8
E.On	44.745	69,7	4.339,0	642,0	9,7
BMW	44.335	106,0	2.222,0	418,3	5,0
RWE	40.996	97,8	2.414,0	419,2	5,9
Bosch	40.007	242,3	1.675,0	165,1	4,2
ThyssenKrupp	39.342	187,7	904,0	209,6	2,3
BASF	37.537	82,0	2.014,0	457,8	5,4
Bayer	29.758	113,0	600,0	263,4	2,0

Unter den im Geschäftsjahr 2006 zehn umsatzstärksten Unternehmen der Welt befinden sich immerhin noch neun Industrieunternehmen, darunter sechs Mineralöl- und drei Automobilunternehmen (siehe Tabelle 1-3).

Tabelle 1-3. Die zehn umsatzstärksten Unternehmen der Welt (2006) (Quelle: Fortune Global 500)

Rang	Unternehmen	Land	Umsatz 2006 in Mrd. US-$
1.	ExxonMobil	USA	339
2.	Wal-Mart	USA	315
3.	Royal Dutch Shell	NL	306
4.	BP	GB	267
5.	General Motors	USA	192
6.	Chevron	USA	189
7.	DaimlerChrysler	D	186
8.	Toyota Motors	J	185
9.	Ford	USA	177
10.	Conoco Phillips	USA	166

Für eine **zukunftsfähige Industrie** sind nach allgemeiner Auffassung auch in Deutschland bestimmte **unternehmerische Voraussetzungen** notwendig und gegebenenfalls durch politischen Einfluss zu stärken. Hierzu zählen:

- Unternehmergeist („Cooperate Entrepreneurship") und Innovationsfähigkeit,
- die effiziente Organisation und Beherrschung der Wertschöpfungsprozesse,
- eine optimale Arbeitsteilung zwischen den am Wertschöpfungsprozess beteiligten Unternehmen,
- die Bildung von Netzwerken und Allianzen,
- der effiziente Einsatz intelligenter, produktionsnaher Dienstleistungen im Wertschöpfungsprozess,
- die Kundenorientierung durch den Einsatz produktbegleitender Dienstleistungen,
- die Nutzung des technologischen Potenzials aus Forschung und Unternehmen,
- die schnelle und konsequente Umsetzung von technologischen Neuerungen in marktfähige Produkte und
- die Wahrnehmung unternehmerischer Chancen auf den Weltmärkten.

Auch ist weiterhin auf die Bereitstellung der **notwendigen Ressourcen** für eine zukunftsfähige Industrie zu achten, insbesondere (vgl. Wimmers 2002, S. 7)

- ausreichend **Kapital** (Zugang zu den Kapitalmärkten),

- leistungsfähige **Infrastrukturen** (Administrations-, Informations-, Kommunikations-, und Verkehrsnetze),
- ausreichend **Personal** (adäquat ausgebildet, flexibel, leistungsfähig und leistungsbereit),
- ausreichende **Produktionsmittel** (Rohstoffe, Technologien, IuK-Technik, Software),
- relevantes **Wissen** (Forschungsergebnisse, Produktions-Know-how, Marktdaten) und
- industriefreundliche **Standorte** (Gewerbeflächen, einfache Genehmigungsverfahren, tragbare Auflagen, Akzeptanz).

Allerdings gehört zu einer zukunftsfähigen Industrie auch ein zukunfts-orientiertes Management, das neue Chancen und Herausforderungen (z.B. „Megatrends", ökologische Veränderungen) rechtzeitig erkennt und die Industriebetriebe unter Nutzung der gleichfalls durch das Management beeinflussten Flexibilität darauf ausrichtet.

1.1.4 Typen und Typologien von Industriebetrieben

Für alle Industriebetriebe sind zwar die in Abschnitt 1.1.1 genannten Merkmale, also

- Produktion von Sachgütern,

- Einsatz maschineller Anlagen (Mechanisierung und Automation) und

- weitgehende Arbeitsteilung und Spezialisierung der Beschäftigten,

typisch, dennoch handelt es sich hier nicht um eine völlig homogene Gruppe von Unternehmen. Industriebetriebe weisen Unterschiede auf, und zwar nicht nur hinsichtlich der **Art der produzierten Güter**, wie aus der in Tabelle 1-1 verwendeten Klassifikation[1] des verarbeitenden Gewerbes zu ersehen ist, sondern auch in Bezug auf zahlreiche weitere **Merkmale**, z.B. (vgl. Schäfer 1978; Kilger 1986, S. 16 ff.; Schweitzer 1994, S. 23 ff.; Weber 1999, S. 29 ff.)

- Rechtsform und Eigentümerstruktur (z.B. Familienunternehmen),

- Betriebsgröße,

- Stellung in der Wertschöpfungskette (naturnahe, zuliefernde oder konsumnahe Industriebetriebe),

---

[1] Diese orientiert sich an der „International Standard Industrial Classification" (ISIC).

- vorherrschende Einsatzgüter (material-, arbeits-, kapital- und energieintensive Industriebetriebe),

- Art der Stoffverwertung (durchlaufend, analytisch, synthetisch, veredelnd bzw. verformend) und Produktionsaufgabe (Gewinnungs-, Verarbeitungs- und Recyclingbetriebe),

- vorherrschende (Prozess-)Technologie (z.B. mechanische oder chemische Fertigungstechnologien) und Grad der Automatisierung,

- Organisationsform der Fertigung (Werkstatt-, Reihen- oder Fließfertigung) sowie relative Produktionsmenge (Massenfertigung, intermittierende Fertigung wie Serien- oder Sortenfertigung, Einzelfertigung),

- Absatz- und Marktbeziehung (Produktion auf Basis konkreter Bestellungen bzw. Kundenaufträge oder Vordisposition bis hin zur Produktion „auf Lager" bzw. „für den anonymen Markt"),

- Grad und Richtung der Spezialisierung (fokussierte oder diversifizierte Industriebetriebe; material-, verfahrens- oder bedarfsgebundene Spezialisierung),

- Kostenstruktur (Fixkostenintensität; anlagen-, lohnkosten-, materialkosten-, energiekosten- und abschreibungsintensive Industriebebetriebe) usw.

Auf Basis dieser und gegebenenfalls noch weiterer Merkmale können nun bestimmte **Typen** von Industriebetrieben gebildet und voneinander abgegrenzt werden, und zwar entweder – wie Erich Schäfer es vorschlägt – „durch Probieren und durch schematisch-systematisches Zusammenordnen von Merkmalen zu ´Typen` ... auf deduktiv-konstruierendem Weg" (Schäfer 1978, S. 331) oder unter Verwendung mathematisch-statistischer Verfahren wie der Clusteranalyse (vgl. Hansmann 2006, S. 8 ff.). Wir wollen den Weg der Typenbildung und -beschreibung von Industrieunternehmen hier jedoch bewusst **nicht** weiter beschreiten, also weder die schon vorgeschlagenen Typologien näher betrachten noch eine eigene entwickeln, und zwar aus zwei Gründen:

- Alle bisher vorgeschlagenen Typologien erweisen sich nicht nur als „**unscharf**" und **anfechtbar**[1], sondern offensichtlich auch als wenig praktikabel, da sie in Theorie und Praxis kaum oder gar nicht verwendet werden.

---

[1] Diese Unschärfe „... ist bei keiner Klassifikation einer heterogenen Grundmenge ganz zu vermeiden" (Hansmann 2006, S. 11).

- Eine Typologie ist für die weiteren Ausführungen unseres Lehrbuchs zudem auch gar **nicht notwendig,** da wir die Industriebetriebslehre hier weniger als institutionsorientierte-deskriptive, sondern problemorientiert-deduktive Disziplin verstehen und uns mit Problemen und Lösungsansätzen beschäftigen wollen, die für **alle Industriebetriebe** typisch und gegeben sind. Dort, wo Differenzierungen unumgänglich sind – z.B. bei der Betrachtung des operativen Leistungsprozesses im Kapitel 5 –, werden wir die Unterschiede in den Problemen und Lösungsansätzen anhand der dann jeweils relevanten Merkmale herausarbeiten und darstellen.

Wir sind damit gedanklich schon bei der Industriebetriebslehre als wissenschaftliche Disziplin bzw. als Lehre vom Management in Industriebetrieben angekommen.

1.2 Industriebetriebslehre als Wirtschaftswissenschaftliche Disziplin

1.2.1 Inhalt und Einordnung in die Betriebswirtschaftslehre

Die Industriebetriebslehre ist Teil der Betriebswirtschaftslehre, die sich mit dem Wirtschaften von Betrieben bzw. Unternehmen unter Einbeziehung der Wechselwirkungen mit anderen Betrieben und „der Umwelt" an sich beschäftigt.

Während sich die „Allgemeine Betriebswirtschaftslehre" (ABWL) mit den Fragen befasst, die in allen Betriebsarten in gleicher Weise auftreten, stellt die Industriebetriebslehre (IBL) eine „Spezielle Betriebswirtschaftlehre" dar, die sich generell auf die Fragen des Wirtschaftens einzelner Wirtschaftsbetriebe (entweder Institutionen oder Funktionen) mit ihren individuellen Besonderheiten und spezifischen Problemen konzentrieren, wobei sich die IBL, wie unschwer erkennbar, als Institutionenlehre versteht (siehe Abbildung 1-6).

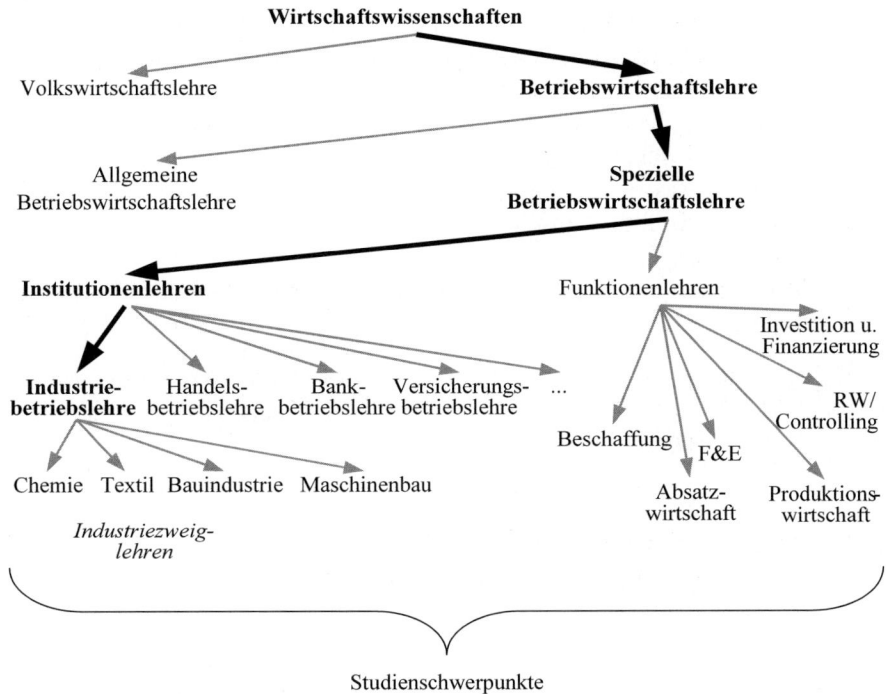

Abb. 1-6. Die Industriebebetriebslehre als wirtschaftswissenschaftliche Teildisziplin

Dabei wollen wir die Industriebetriebslehre hier und im Folgenden, wie schon betont, bewusst als abstrakte Lehre von den Tatbeständen, Problemen und Lösungsansätzen, die für alle Industriebetriebstypen relevant sind, verstehen und nur dort, wo eine Differenzierung z.B. nach bestimmten Industriezweigen unumgänglich ist, weitere Unterscheidungen vornehmen. Wir können damit die **Industriebetriebslehre** wie folgt definieren:

> Die Industriebetriebslehre ist eine wirtschaftswissenschaftliche Disziplin, die wissenschaftliche Erkenntnisse über das Wirtschaften in Industrieunternehmen – im Folgenden als „industrielles Management" bezeichnet – umfasst.

Die Industriebetriebslehre betrachtet also die unterschiedlichen Funktionsbereiche des (Industrie-)Unternehmens in ihrer Gesamtheit und unterscheidet sich damit von der Produktionswirtschaftslehre, die sich auf den Aspekt der Leistungserstellung – und das nicht nur in Industriebetrieben – konzentriert (vgl. Abbildung 1-7).

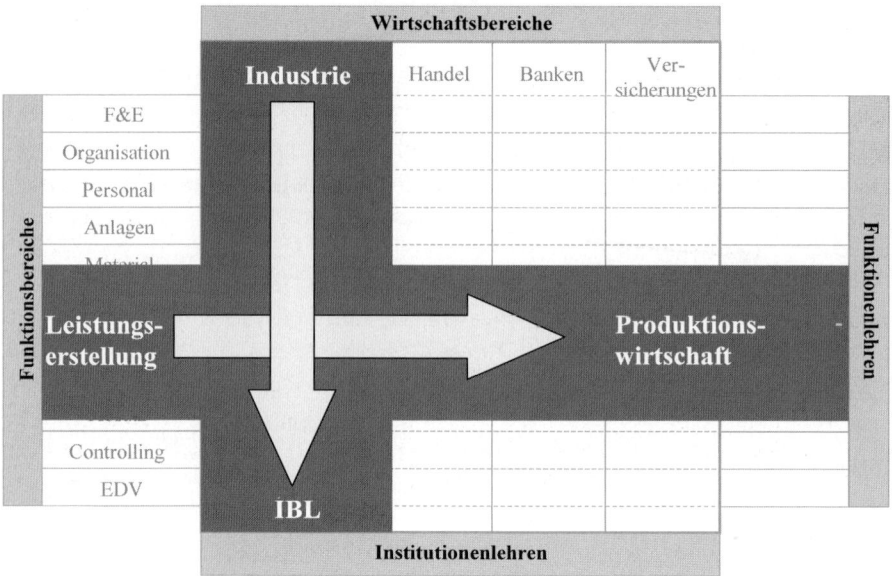

Abb. 1-7. Industriebetriebslehre (IBL) und Produktionswirtschaftslehre

1.2.2 Aussagen und Modelle der Industriebetriebslehre

Im Rahmen der Industriebetriebslehre geht es nun darum, wissenschaftliche Erkenntnisse über das Wirtschaften in Industrieunternehmen zu gewinnen und Aussagen über das industrielle Management zu treffen, die in die folgenden Kategorien eingeordnet werden können (vgl. Schweitzer 1994, S. 48 ff.):

- **Deskriptive Aussagen** über das Wirtschaften in Industriebetrieben:

    Hierbei geht es um die adäquate Beschreibung des Industriebetriebs und der für ihn typischen Merkmale, Strukturen und Prozesse durch Aussagen, die auf empirisch erhobenen Daten beruhen und nach den Grundsätzen der empirischen Wirtschaftsforschung, vor allem unter Anwendung statistischer Methoden und Verfahren, gewonnen bzw. hergeleitet werden.

- **Theoretische Aussagen** über das Wirtschaften in Industriebetrieben:

Diese dienen der wissenschaftlichen Erklärung von Sachverhalten, indem nomologische Hypothesen oder Gesetzmäßigkeiten – als logische Folgerungen aus einem vorgegebenen oder ebenfalls zu schaffenden Axiomensystem – mithilfe bestimmter Deduktionsregeln über den zu erklärenden Tatbestand abgeleitet werden. Neben Erklärungen haben Theorien auch das Wissenschaftsziel der Prognose, d.h. die Ableitung von Wahrscheinlichkeitsaussagen über das Auftreten von Ereignissen in der Zukunft, die auf Beobachtungen und theoretischen Aussagen beruhen. Bei der Aufstellung betriebswirtschaftlicher Theorien sind die Mindestanforderungen – Widerspruchsfreiheit, Allgemeingültigkeit, empirischer Gehalt und faktische Überprüfbarkeit – zu beachten. Solche Theorien können dann im Hinblick auf den Bewährungsgrad, den Geltungsbereich und die Axiomatisierung mit anderen konkurrierenden Ansätzen verglichen werden.

- **Pragmatische Aussagen** über das Wirtschaften in Industriebetrieben:

Diese Aussagen dienen der konkreten Gestaltung von Strukturen und Prozessen in Industriebetrieben im Sinne der praktisch-normativen Betriebswirtschaftslehre und sollen dabei helfen, die gesetzten Ziele des Unternehmens bestmöglich zu erreichen.

Die letztgenannten Aussagen lassen sich z.B. dadurch gewinnen, dass man die Ergebnisse theoriebasierter **Modelle** auf die Bedingungen des konkret betrachteten Unternehmens überträgt. Ein Modell ist dabei als stets vereinfachte Abbildung eines Wirklichkeitsausschnitts, als isomorphe (strukturgleiche) oder homomorphe (strukturähnliche) Abbildung eines Teilzusammenhangs aus einem Betrachtungsgegenstand – hier: des Industriebetriebs – zu verstehen. Dabei sind nicht nur Erklärungs- und Prognose-, sondern vor allem (reale) **Entscheidungsmodelle** für das Industrielle Management von Interesse, die die Ableitung von Aussagen erlauben, die sich explizit auf ein konkretes Zielsystem beziehen und die sowohl als „exakte" bzw. Optimierungsmodelle als auch als „Näherungs-" oder heuristische bzw. Simulationsmodelle formuliert sein können (siehe Abbildung 1-8). Wir werden in unserem Lehrbuch zahlreiche solcher Entscheidungsmodelle aller genannten Kategorien kennen lernen.

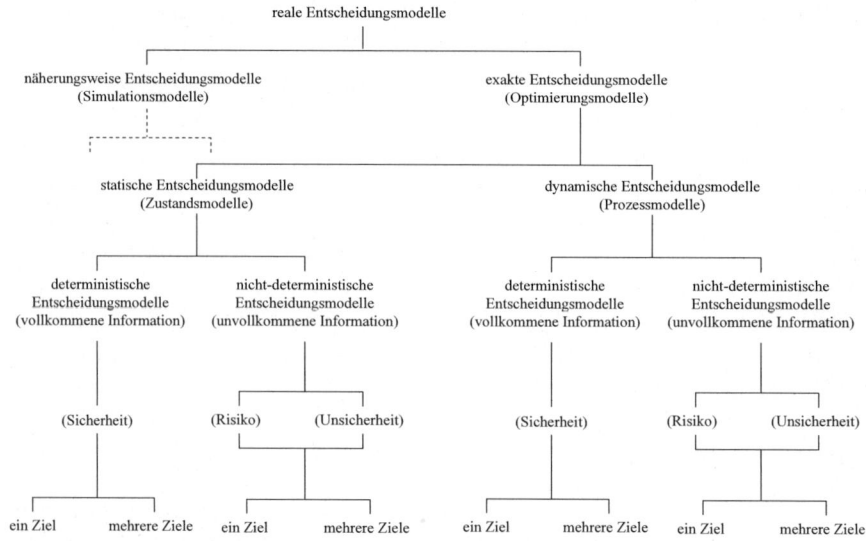

Abb. 1-8. Reale Entscheidungsmodelle im industriellen Management (Quelle: Schweitzer 1994, S. 58)

1.2.3 Entstehung und Entwicklung der Industriebetriebslehre

Die Entwicklung der Industriebetriebslehre als wirtschaftswissenschaftliche Disziplin ist eng mit der Entwicklung der Betriebswirtschaftslehre verbunden (vgl. z.B. Schneider 2001).

Beide Wissenschaften bzw. Wissenschaftsfelder haben Wurzeln, die z.T. sogar bis in die Antike (Ökonomik als „Hausherrenlehre"), in die Zeit des Merkantilismus (Ökonomik als „Handelsherrenlehre" bzw. „Handlungswissenschaft") und in die klassische Nationalökonomie (J. Turgot, J. H. v. Thünen und andere) zurückreichen, auch wenn allgemein die Gründung erster Handelshochschulen im Jahr 1898 als „Geburtsstunde" der modernen Betriebswirtschaftlehre in Deutschland gilt (siehe Abbildung 1-9).

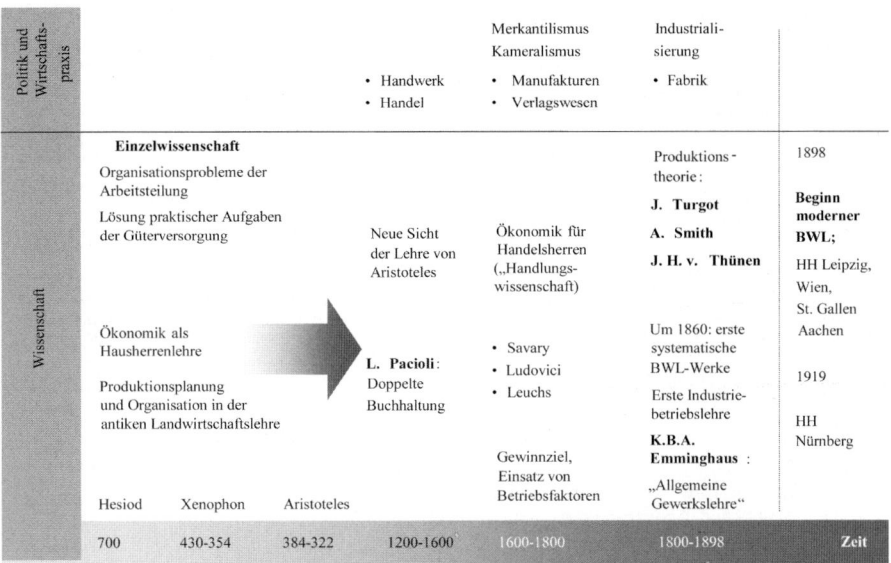

				Merkantilismus Kameralismus	Industriali-sierung	
Politik und Wirtschaftspraxis			• Handwerk • Handel	• Manufakturen • Verlagswesen	• Fabrik	

Wissenschaft

Einzelwissenschaft

Organisationsprobleme der Arbeitsteilung

Lösung praktischer Aufgaben der Güterversorgung

Neue Sicht der Lehre von Aristoteles

Ökonomik für Handelsherren („Handlungs-wissenschaft")

Produktions-theorie: 1898

J. Turgot   **Beginn moderner BWL;**

A. Smith

J. H. v. Thünen   HH Leipzig, Wien, St. Gallen

Ökonomik als Hausherrenlehre

Produktionsplanung und Organisation in der antiken Landwirtschaftslehre

L. Pacioli: Doppelte Buchhaltung

• Savary
• Ludovici
• Leuchs

Um 1860: erste systematische BWL-Werke   Aachen

Erste Industrie-betriebslehre   1919

K.B.A. Emminghaus: HH Nürnberg

Gewinnziel, Einsatz von Betriebsfaktoren

„Allgemeine Gewerkslehre"

Hesiod   Xenophon   Aristoteles

700	430-354	384-322	1200-1600	1600-1800	1800-1898	**Zeit**

Abb. 1-9. Wurzeln und Entwicklung der Betriebswirtschaftslehre

Als „Gründungsväter" der Industriebetriebslehre im deutschsprachigen Raum gelten Richard Lambert (1846-1929) und Albert Calmes (1881-1967), die als ehemalige Handelslehrer an die neu gegründeten Handels-hochschulen in Leipzig bzw. St. Gallen berufen wurden und deren Schüler und „Enkel" die Industriebetriebslehre in Deutschland im 20. Jahrhundert entscheidend mitgeprägt haben (siehe Abbildung 1-10, hier insbesondere die dunkel markierten Namen).

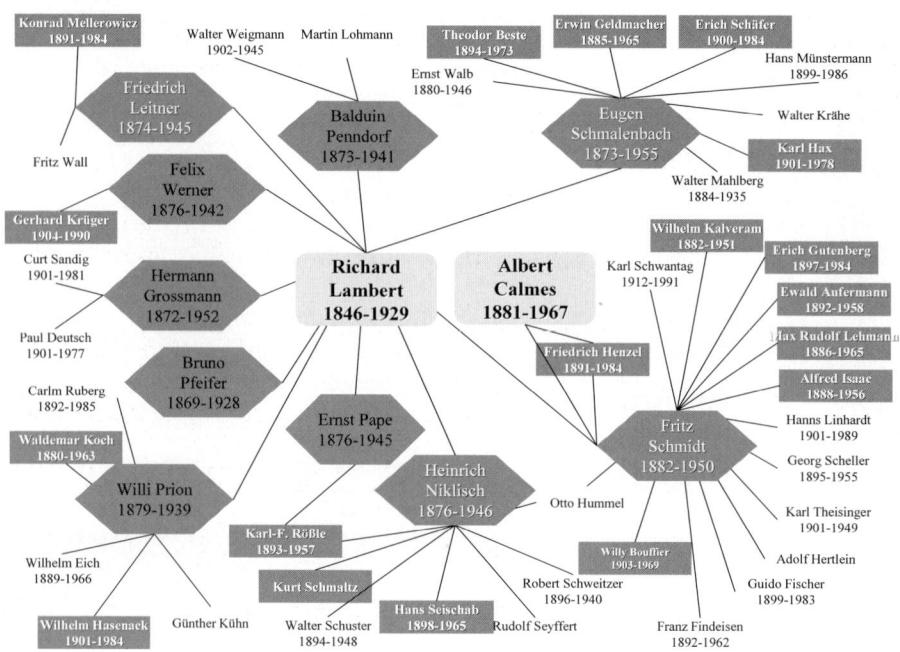

= Wissenschaftler mit wichtigen Beiträgen zur Entwicklung der IBL

Abb. 1-10. Prägende Persönlichkeiten der Entwicklung der Industriebetriebslehre in Deutschland im 20. Jahrhundert (Quelle: nach Klein-Blenkers et al. 1992)

Es ist leider unmöglich, auf alle in Abbildung 1-10 genannten Personen und ihre wissenschaftlichen Beiträge ausführlich einzugehen. Die folgende Tabelle 1-4 fasst wichtige Meilensteine der Industriebetriebslehre (Monografien und Lehrbücher) auf einen Blick zusammen.

Tabelle 1-4. Meilensteine in der Entwicklung der Industriebetriebslehre in Deutschland

Jahr	Person	Ereignis
1898		Gründung der ersten Handelshochschulen ⇨ „Handelsbetriebslehre", zunächst keine Berücksichtigung der industriellen Produktion
1906	Albert Calmes	Der Fabrikbetrieb, St. Gallen 1906 (7. Aufl. Leipzig 1922) Die Fabrikbuchhaltung, Leipzig 1909 Die Statistik im Fabrik- und Warenhandelsbetrieb, Leipzig, 1911
1911	Frederic W. Taylor	The Principles of Scientific Management (dt. „Die Grundlagen wissenschaftlicher Betriebsführung", 1912)

1912	Heinrich Niklisch	Allgemeine kaufmännische Betriebslehre als Privatwirtschaftslehre des Handels und der Industrie, Stuttgart 1912
1923	Alfred Weber	Industrielle Standortslehre, Tübingen 1923
	Max Rudolf Lehmann	Der Industriebetrieb, Berlin 1923; Die industrielle Kalkulation, Berlin/Wien 1925; Industrielle Betriebsvergleiche, Wiesbaden 1958
1928	Karl-Wilhelm Hennig	Betriebswirtschaftslehre der Industrie, Berlin 1928
	Balduin Penndorf	Industriebetriebslehre, Berlin 1928
	Erich Kosiol	Theorie der Lohnstruktur, Stuttgart 1928
1930	Alfred Isaac	Industriebetriebslehre, Leipzig 1930
1931	Karl Rößle	Einführung in die Industriebetriebswirtschaftslehre, Leipzig 1931
1933	Theodor Beste	Die optimale Betriebsgröße als betriebswirtschaftliches Problem, Leipzig 1933
1944	Friedrich Leitner	Wirtschaftslehre des Industriebetriebes, Frankfurt 1944
1948	Wilhelm Kalveram	Industriebetriebslehre, Wiesbaden 1948; Industrielles Rechnungswesen, 3 Bände, Wiesbaden 1948-51
1951	Erich Gutenberg	Grundlagen der Betriebswirtschaftslehre, Band 1: Produktion, Berlin et al. 1951, (24. Aufl. 1984)
1958	Wolfgang Kilger	Produktions- und Kostentheorie, Wiesbaden 1958, Industriebetriebslehre Band I, Wiesbaden 1986
1959	Theodor Ellinger	Ablaufplanung, Stuttgart 1959
1961	Konrad Mellerowicz	Betriebswirtschaftslehre der Industrie, Freiburg 1961
	Liesel Beckmann	Einführung in die Industriebetriebslehre, Stuttgart 1961
1964	Ludwig Pack	Optimale Bestellmenge und optimale Losgröße, Wiesbaden 1964
1969	Erich Schäfer	Der Industriebetrieb, Band 1 (1969), Band 2 (1971), (2. Aufl. 1978)
1970	Werner Kern	Industrielle Produktionswirtschaft, Stuttgart 1970
1972	Herbert Jacob	Industriebetriebslehre in programmierter Form, zwei Bände, Wiesbaden 1972 (4. Aufl. in einem Band, 1990)
	Edmund Heinen	Industriebetriebslehre, Wiesbaden 1972 (9. Aufl. 1991)
	Peter Mertens	Industrielle Datenverarbeitung, Band 1-2, Wiesbaden 1972 (7. Aufl. 1988)

1973	Marcell Schweitzer	Einführung in die Industriebetriebslehre, Berlin/New York 1973; Industriebetriebslehre, München 1994, (2. Aufl.)
1976	Dietrich Adam	Produktionspolitik, Wiesbaden 1976; Produktionsmanagement, (3. Aufl. 1998)
1982	Günther Zäpfel	Produktionswirtschaft, Berlin et al. 1982
	Jürgen Bloech/ Wolfgang Lücke	Produktionswirtschaft, Stuttgart et al. 1982
1984	Heinz Strebel	Industriebetriebslehre, Stuttgart et al. 1984
	Karl-Werner Hansmann	Industriebetriebslehre, 1. Aufl., München/Wien 1984, (8. Auflage 2006)
1985	Helmut Kurt Weber	Industriebetriebslehre, Heidelberg 1985, (3. Auflage 1999)
2000	Reinhard Haupt	Industriebetriebslehre, 1. Aufl., Wiesbaden 2000

Ohne die Leistung anderer mindern zu wollen, kann doch gesagt werden, dass die Entwicklung der Industriebetriebslehre in Deutschland besonders nachhaltig von Fritz Schmidt und seinen „Schülern", hier insbesondere von Erich Gutenberg, geprägt wurde, dessen Schülerkreis nicht nur zur Theorie der Unternehmung, sondern auch zur „Theorie des Industriebetriebs" entscheidende Beiträge geleistet haben (siehe Abbildung 1-11a und 1-11b).

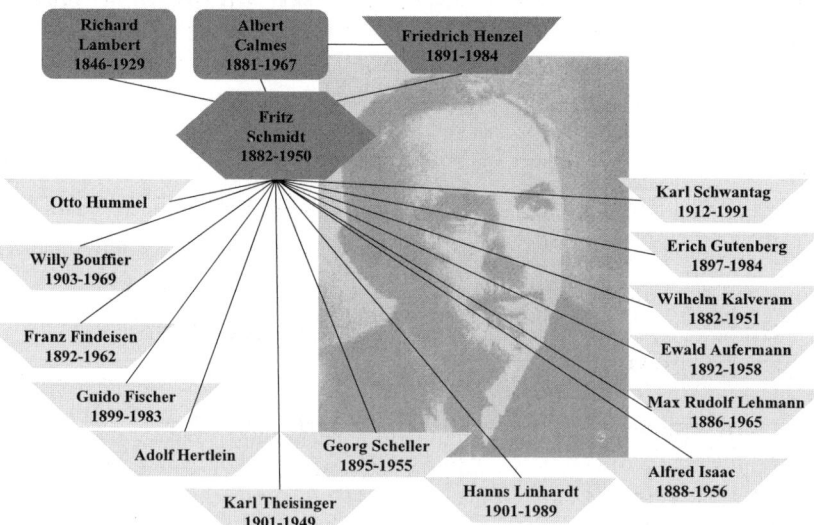

Abb. 1-11a. Fritz Schmidt und seine „Schüler" (Quelle: in Anlehnung an Klein-Blenkers et al. 1992)

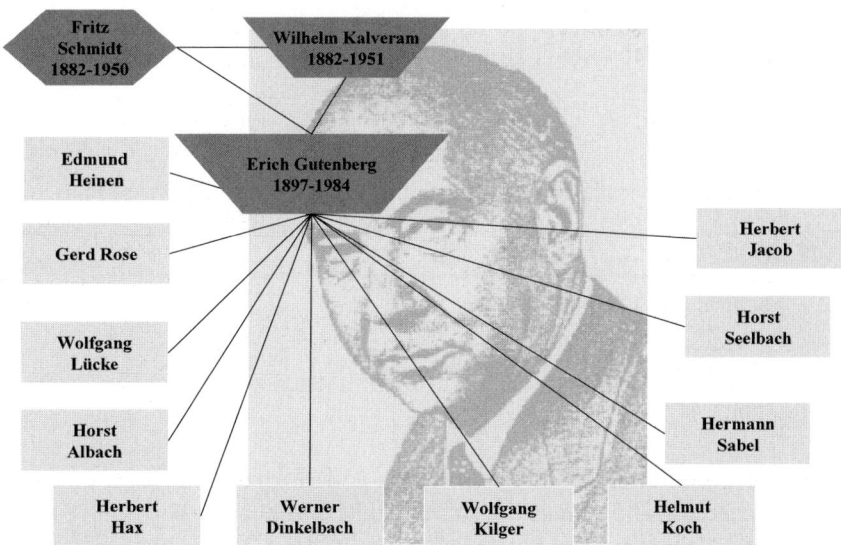

Abb.1-11b. Erich Gutenberg und seine „Schüler" (Quelle: in Anlehnung an Klein-Blenkers et al. 1992)

Auch das vorliegende Lehrbuch steht (wie sein Autor) in gewisser Hinsicht in dieser Traditionslinie – und versucht dennoch, einen nicht nur aktuellen, sondern auch innovativen Blick auf das Geschehen in Industriebetrieben zu werfen: die **Industriebetriebslehre aus prozessorientierter Sicht**. Die Bedeutung von Prozessen für das heutige Unternehmensgeschehen und damit der gewählte Strukturansatz dieses Lehrbuchs seien kurz näher erläutert und begründet.

1.3 Industriebetriebslehre aus prozessorientierter Sicht

1.3.1 Grundlagen und Bedeutung von Prozessen in Unternehmen

Das Unternehmensgeschehen – auch in Industriebetrieben – vollzieht sich letztlich durch zielgerichtete Einzelvorgänge oder „Aktivitäten". Diese Aktivitäten stehen jedoch in der Regel in Beziehung zu logisch und chronologisch vor- und nachgelagerten Aktivitäten und ergeben erst in diesem Kontext einen sinnvollen Zielbeitrag. Dieser Kontext wird als **„Prozess"** bezeichnet. Ein Prozess ist also durch die zielgerichtete Kombination und Koordination von Aktivitäten charakterisiert, wobei der Output einer vorgelagerten Aktivität zum Input der nachfolgenden Aktivität wird, zu deren Ausführungen aber jeweils noch weitere Ressourcen benötigt werden (vgl. Abbildung 1-12).

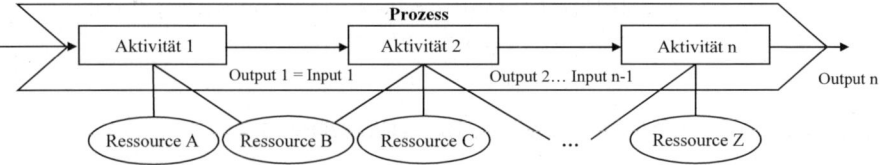

Abb. 1-12. Prozess als Kombination von Aktivitäten (Quelle: in Anlehnung an Ljunberg 2002, S. 258)

Aus der Zusammenfassung mehrerer (Teil-)Prozesse können umfassendere Prozesse oder „Prozessketten" entstehen, unter Berücksichtigung der Kreislaufwirtschaft (siehe nochmals Abbildung 1-1), in dem sich Unternehmen und insbesondere Industriebetriebe eingebunden sehen, kann sogar von „Prozesskreisläufen" gesprochen werden (vgl. Baumgarten 1996, Sp. 1673 f.)

In Unternehmen – also auch in Industriebetrieben – kommt es letztlich auf die Erstellung von Produkten und Leistungen und deren erfolgreiche Vermarktung an. Dieses ist wiederum nur als koordinierte Aneinanderreihung von Aktivitäten – also in Form von (Geschäfts-)Prozessen – möglich, die alle indirekt oder direkt auf die Generierung von Werten, auf die Honorierung der Prozessergebnisse durch die Kunden ausgerichtet sind oder sein sollten.

Während die klassisch-funktionale Betrachtung des Unternehmens und auch des Industriebetriebs[1] die Aktivitäten nach Ähnlichkeiten „bündelt", diese aber aus ihrem Prozesskontext herauslöst, wollen wir hier und im folgenden die **Prozessperspektive** beibehalten.

Es ist vorgeschlagen worden, im Unternehmen Kernprozesse mit unmittelbarem Anteil an der Wertschöpfung und Unterstützungsprozesse mit nur mittelbarem Einfluss auf die Wertschöpfung zu unterscheiden (vgl. Porter

---

[1] Diese klassisch-funktionale Gliederung liegt auch den Lehrbüchern von Jacob (1990), Heinen (1991), Schweitzer (1994) und Weber (1999) zu Grunde. Bei Hansmann (2006) wird zwar auf den hierarchischen Ansatz (aber ohne explizite Prozesssicht) Bezug genommen, bei Haupt dagegen auf den Lebenszyklus eines Industriebetriebs als „Makroprozess" ohne Bezug auf die Hierarchie.

1985, S. 33 ff.). Wir wollen dieser Einteilung aber bewusst nicht folgen – schon weil sie eine implizite Wertung enthält, aber vor allem auch deshalb, weil sie auf die (noch zu begründende) Hierarchie des Unternehmens keinen Bezug nimmt. Wir wählen deshalb einen anderen Ansatz und identifizieren **vier hierarchisch angeordnete, aber „gleichwertige" Prozesse** im Industriebetrieb, anhand derer sich das gesamte Unternehmensgeschehen erklären, erforschen und schließlich auch gestalten lässt.

1.3.2 Die vier Prozesse des Industriebetriebs

Um Produkte und Leistungen zu erstellen und erfolgreich zu vermarkten (sowie die Produktrückstände anschließend wieder zurückzunehmen), sind die folgenden vier Prozesse im Industriebetrieb notwendig (siehe Abbildung 1-13).

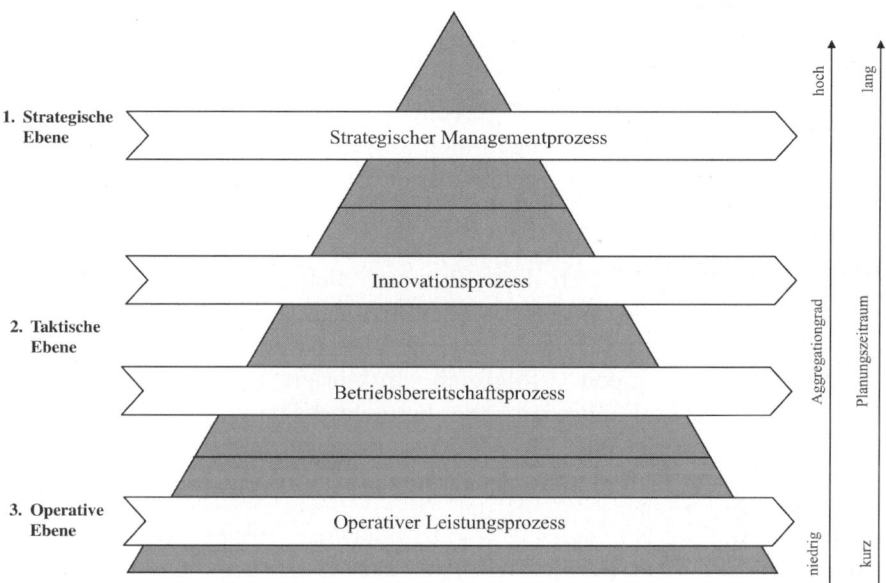

Abb. 1-13. Die vier Prozesse des Industriebetriebs

In dem **strategischen Managementprozess** (Kapitel 2 des Lehrbuchs) werden – aus noch darzulegenden Gründen – zunächst die konstitutiven Grundlagen für das weitere Unternehmensgeschehen gelegt. Die mit der Unternehmensstrategie gesetzten Prämissen gehen in die nachfolgenden Prozesse ein und werden durch diese konkretisiert und schließlich in Tathandeln umgesetzt.

Im **Innovationsprozess** (Kapitel 3) geht es darum, auf Basis der Unternehmensstrategie konkrete Produkte bzw. Leistungen und die zu ihrer Realisierung notwendigen Prozesse zu gestalten.

Im **Betriebsbereitschaftsprozess** (Kapitel 4) wird die (produktive) Infrastruktur – vor allem der Produktionsapparat – aufgebaut und in einem einsatzfähigen Zustand gehalten, so dass die benötigten Kapazitäten für die operative Leistungserstellung uneingeschränkt verfügbar sind.

Der **operative Leistungsprozess** (Kapitel 5) ist als einziger „unmittelbar wertschöpfend", da hier nun – aufbauend auf den Ergebnissen der drei vorgelagerten Prozesse – die konkreten Produkte und Leistungen erstellt und an die Kunden abgesetzt (und eventuelle Rückstände wieder zurückgenommen und in die Stoffkreisläufe zurückgeführt) werden, wofür die Kunden letztendlich ihr Entgelt entrichten. In diesem Prozess werden zwar tatsächlich erst die (monetären) Werte „geschöpft", aber es wäre dennoch völlig verfehlt, den drei vorgelagerten Prozessen lediglich „unterstützenden" Charakter zuzumessen. Auf alle vier Prozesse kommt es an, wenn der Industriebetrieb seinem Zweck gerecht werden und seine Ziele erreichen will. Alle vier Prozesse bedingen sich gegenseitig und sind – obwohl sie sich im Unternehmen auf verschiedenen Hierarchieebenen vollziehen – „gleichwertig".

Aus welchen Aktivitäten diese Prozesse sich jeweils zusammensetzen und in welchen Teilphasen sie sich vollziehen, aber auch, wie dadurch sukzessiv der eigentlich gewaltige Gestaltungs- und Entscheidungsbedarf im Industrieunternehmen erfolgreich strukturiert und bewältigt werden kann, wollen wir im Folgenden näher betrachten.

Beginnen wir mit dem Prozess des strategischen Managements.

Literatur

Baumgarten, H.: Prozesskettenmanagement, in: Kern, W./Schröder, H.-H./Weber, J. (Hrsg.): Handwörterbuch der Produktionswirtschaft, 2. Auflage, Stuttgart 1996, Sp. 1669-1682.

Feldenkirchen, W./Posner, E.: Die Siemens-Unternehmer: Kontinuität und Wandel 1847-2005: Zehn Portraits, München 2005.

Fortune: Fortune Global 500, http://money.cnn.com/magazines/fortune/global500/ 2007/.

Gurland, A.R.L.: Wirtschaft und Gesellschaft im Übergang zum Zeitalter der Industrie, in: Mann, G. (Hrsg.): Propyläen Weltgeschichte, Band 8: Das neunzehnte Jahrhundert, Frankfurt am Main 1960, S. 279-336.

Gutenberg, E.: Grundlagen der Betriebswirtschaftslehre, Band 1: Die Produktion, 24. Auflage, Berlin/Heidelberg/New York 1983.

Hansmann, K.-W.: Industrielles Management, 8. Auflage, München/Wien 2006.

Haupt, R.: Industriebetriebe, in: Köhler, R./Küpper, H.-U./Pfingsten, A. (Hrsg.): Handwörterbuch der Betriebswirtschaft, 6. Auflage, Stuttgart 2007, Sp. 704-714.

Heinen, E.: Industriebetriebswirtschaftslehre – Entscheidungen im Industriebetrieb, 9. Auflage, Wiesbaden 1991.

Institut der deutschen Wirtschaft Köln (IW Köln): Deutschland in Zahlen 2007, Köln 2007.

Jacob, H.: Die Planung des Produktions- und des Absatzprogramms, in: Jacob, H. (Hrsg.): Industriebetriebslehre: Handbuch für Studium und Prüfung, 4. Auflage, Wiesbaden 1990, S. 405-590.

Kilger, W.: Industriebetriebslehre I, Wiesbaden 1986.

Klein-Blenkers, F./Deges, F./Hartwig, R.: Die Hochschullehrer der Betriebswirtschaftslehre in der Zeit von 1898-1955, 2. Auflage, Köln 1992.

Ljunberg, A.: Process Measurement, in: An International Journal of Distribution & Logistics Management, Vol. 32 (2002), Nr. 4, S. 254-287.

Porter, M.E.: Competitive Advantage, New York 1985.

Osterloh, M.: Unternehmenstheorien, in: Köhler, R./Küpper, H.-U./Pfingsten, A. (Hrsg.): Handwörterbuch der Betriebswirtschaft, 6. Auflage, Stuttgart 2007, Sp. 1857-1866.

Schäfer, E.: Der Industriebetrieb: Betriebswirtschaftslehre der Industrie auf typologischer Grundlage, Wiesbaden 1978.

Schneider, D.: Betriebswirtschaftslehre, Band 4, Geschichte und Methoden der Wirtschaftswissenschaft, München/Wien 2001.

Schweitzer, M.: Einführung in die Industriebetriebslehre, 2. Auflage, München 1994.

Hennchen, O.: Strukturdaten zum Verarbeitenden Gewerbe, in: Statistisches Bundesamt (Hrsg.) Wirtschaft und Statistik 7/2006, Wiesbaden 2006, S. 734-746.

Statistisches Bundesamt: Statistisches Jahrbuch, Wiesbaden 2007.

Steven, M.: Produktionstheorie, Wiesbaden 1998.

Weber, H.K.: Industriebetriebslehre, 3. Auflage, Berlin 1999.

Wimmers, S.: Stellungnahme des Deutschen Industrie- und Handelskammertages (DIHK) zum geplanten Kommuniqué der Europäischen Kommission über die künftige Industriepolitik und zur Wettbewerbsfähigkeit der Europäischen Industrie, Berlin 2002.

2 Der strategische Managementprozess

2.1 Einführung und Überblick

2.1.1 Warum „strategisch"?

Das industrielle Management beginnt mit der Konzipierung und Implementierung der Unternehmensstrategie des Industriebetriebs – ein Prozess, der gemeinhin als „strategisches Management" bezeichnet wird. Bevor auch wir diesen Weg weiter verfolgen, wollen wir kurz innehalten und der Frage nachgehen, warum eigentlich ein „strategisches" Management erforderlich ist. Was ist eigentlich das Spezifische am strategischen Ansatz?

Eine Antwort auf die Frage finden wir, wenn wir uns zunächst auf eine der wichtigsten Funktionen des Managements konzentrieren: die **Planung**. Planung wird allgemein als Denkhandeln definiert, das zukünftige Umweltentwicklungen und zukünftiges Tathandeln vorwegnimmt mit dem Ziel, das eigene Handeln, das noch in der Zukunft liegt, schon jetzt möglichst zielgünstig festzulegen. Planung umfasst also mehr als nur die Prognose zukünftiger Ereignisse, sie impliziert auch eine Entscheidung über das künftig zu realisierende Maßnahmenprogramm, mit dem die bestmögliche Erreichung der gesetzten Ziele bewirkt werden soll.

An dieser Stelle ließe sich fragen, warum man überhaupt schon „heute" das Maßnahmenprogramm von „morgen" festlegen muss. Warum lässt man die Dinge nicht einfach auf sich zukommen und entscheidet „zeitnah"? Die Antwort auf diese Frage liegt in den zeitlichen Friktionen, den notwendigen Vorbereitungszeiten begründet. Wirtschaftliches Handeln ist – entgegen mancher Annahmen in wirtschaftheoretischen Modellen – eben nicht durch eine „unendliche Reaktionsgeschwindigkeit" gekennzeichnet, sondern erstreckt sich über die Zeit. Wer „morgen" ein neues Produkt auf den Markt bringen will, muss „heute" zwischen mehreren

Produktideen entscheiden und mit der Produktentwicklung beginnen. Wer „morgen" in einem Low-cost-Land produzieren will, muss „heute" den Standort auswählen und die benötigten Produktionskapazitäten aufbauen. Ein weiterer Grund für die planungstypische Festlegung zukünftigen Tathandelns liegt in den zeitlich-vertikalen Interdependenzen begründet, auf die wir gleich zu sprechen kommen.

Nichts im Unternehmen sollte „zufällig" oder unreflektiert bzw. „aus Gewohnheit" geschehen. Vielmehr sollten alle Maßnahmen daraufhin überprüft werden, ob sie der Erreichung der gesetzten Ziele dienen. Das Unternehmensgeschehen ist kein sich „zwangsläufig" in bestimmter Weise vollziehender Prozess. Vielmehr sind im Prinzip alle Maßnahmen im Unternehmen gestaltungsfähig und auch gestaltungsbedürftig.[1] Folglich benötigt man eine **Unternehmensgesamtplanung** aller der Zielerreichung notwendigen Maßnahmen im Industriebetrieb, bei funktionaler Sicht also in den Bereichen

- Forschung und Entwicklung,
- Beschaffung,
- Produktion,
- Absatz und Vertrieb,
- Finanzierung,
- Personal usw.

Die Aufgabe, in allen diesen Feldern Pläne zu entwerfen, wird jedoch dadurch erschwert, dass diese Tätigkeitsbereiche (und damit ihre Pläne) voneinander abhängig, also **interdependent** sind. Wie kann man die Produktionsmenge eines Produktes planen, ohne sich gleichzeitig über die Absatzmöglichkeiten Gedanken zu machen? Wie kann man den Absatz des Produktes planen, ohne zu wissen, ob und in welchen Mengen es produziert wird? Solche wechselseitigen Abhängigkeiten (Interdependenzen) bestehen – bei näherem Hinsehen – zwischen allen genannten Planungsbereichen des Industriebetriebs: So kann z.B. über die Finanzierung (Mittelherkunft) nicht entschieden werden, ohne sich zuvor über eine mögliche Mittelverwendung (z.B. für Entwicklungsprojekte oder Investitionen in Produktions- und Vertriebskapazitäten) Gedanken gemacht zu haben – und umgekehrt. Im Endeffekt sind **alle** Bereiche im Unternehmen, wenn auch mehr oder weniger stark, durch solche Interdependenzen miteinander verbunden. Diese Interdependenzen lassen sich einteilen in

---

[1] Ausgenommen sind solche Maßnahmen, die durch frühere Entscheidungen bereits determiniert sind, z.B. ein in der Vergangenheit geschlossener Vertrag, der auch in Zukunft bestimmte Maßnahmen "erzwingt".

- indirekte oder sachliche Interdependenzen (bedingt durch begrenzte, gemeinsam beanspruchte Potenziale, z.B. finanzielle Mittel),

- direkte oder Erfolgsinterdependenzen (z.B. Synergieeffekte) und in zeitlicher Hinsicht in

- zeitpunktbezogene („zeitlich-horizontale") und zeitübergreifende („zeitlich-vertikale") Interdependenzen.

Kommen wir auf unser Planungsproblem zurück, dann lässt sich Folgendes feststellen: Die Interdependenzen erfordern „eigentlich" eine simultane Gesamtplanung aller zur Zielerreichung notwendigen Maßnahmen im Industriebetrieb. Jedoch wird schnell klar, dass eine solche Unternehmensgesamtplanung nur eine theoretische, aber wenig praxisrelevante Lösung des Problems darstellt: Die zentrale Planungsabteilung stünde schon bei der Datenermittlung und -übertragung vor unüberwindlichen Problemen, um von der Unmöglichkeit, ein Unternehmenstotalmodell zu formulieren (Komplexitätsproblem) und zu lösen (Lösungsproblem), erst gar nicht zu reden. Unternehmen in der Praxis verzichten deshalb auf das (unerreichbare) Optimum und verwenden stattdessen einen heuristischen Ansatz zur Unternehmensgesamtplanung, der im Ergebnis eine Gesamtheit „möglichst gut" aufeinander abgestimmter Teilpläne liefern soll. Zwei dieser Planungsheuristiken wollen wir näher betrachten.

- **Erster Ansatz: die Sukzessivplanung**

Hier wird die komplexe Gestaltungsaufgabe in Teilaufgaben und der Unternehmensgesamtplan in Teilpläne zerlegt, die schrittweise (sukzessiv) und zeitlich nacheinander erstellt werden, wobei der Plan eines vorgelagerten Bereichs (z.B. der Absatzplan) als Prämisse in die Planung des nächsten Bereichs (z.B. der Produktion) eingeht (siehe Abbildung 2-1).

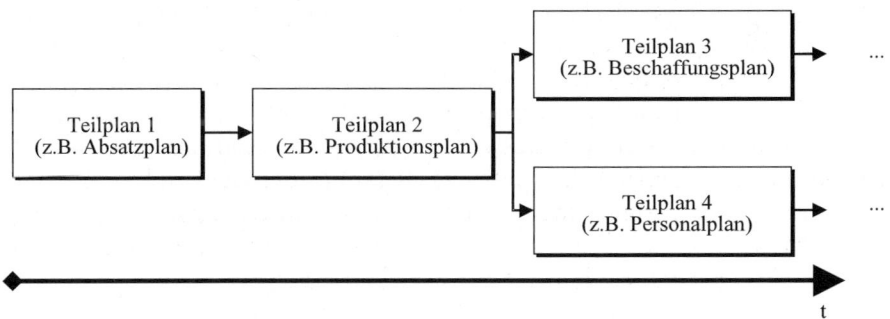

Abb. 2-1. Sukzessivplanung

Folgt man diesem Ansatz, dann ist nur noch die Reihenfolge zu klären, in der die Teilbereiche geplant werden sollen. Nach dem „Engpassgesetz der Planung", wie Erich Gutenberg es formuliert hat, ist derjenige Bereich an die erste Stelle zu setzen, der für das Unternehmensgeschehen vermutlich zum Engpass wird, also am stärksten restriktiv wirkt. Dass Unternehmen, die diesem Ansatz folgen, meistens mit dem Absatzplan beginnen, steht dazu nicht im Widerspruch, da „der Markt" (d.h. die nicht beliebig ausdehnbaren Absatzmöglichkeiten) oft die engste Restriktion darstellt.

Die Sukzessivplanung hat jedoch ihre spezifischen Probleme: Oft sind die Teilpläne noch immer zu komplex, um simultan geplant zu werden, und müssen weiter unterteilt werden. Auch sind (zeit-)aufwändige „Korrekturschleifen" zur besseren Abstimmung der Teilpläne notwendig. Gravierender jedoch ist, dass die Sukzessivplanung auf die in fast allen Unternehmen bestehende Unternehmenshierarchie keinerlei Bezug nimmt. Deshalb präferieren Industriebetriebe oft die zweite Planungsheuristik:

- **Zweiter Ansatz: die hierarchische Planung**

Auch hierbei handelt es sich im Grunde um eine Sukzessivplanung, aber mit einem entscheidenden Unterschied zum eben dargestellten Ansatz: Die vielen Planungsvariablen werden zunächst **aggregiert**, also zu wenigen überschaubaren Maßnahmen oder Optionen verdichtet. Nehmen wir beispielsweise an, ein Automobilhersteller erwägt, künftig auch Motorräder zu produzieren und anzubieten. Ohne bereits auf alle Einzelheiten einzugehen, wird zunächst entschieden, ob das strategische Geschäftsfeld (SGF) „Motorräder" in das „Portfolio" des Unternehmens aufgenommen werden soll – eine Entscheidung, die das Unternehmen längerfristig binden würde. Fällt die Entscheidung für das „Geschäftsfeld Motorräder" positiv aus, kann diese jedoch nicht sofort in Tathandeln umgesetzt werden. Vielmehr muss die strategische Entscheidung zunächst „desaggregiert", d.h. in Teilpläne zerlegt werden, die nun konkreter formuliert werden müssen. So erhält z.B. die Entwicklungsabteilung den Auftrag, wettbewerbsfähige Motorräder zu entwickeln, die Produktionsabteilung dagegen den Auftrag, die notwendigen Produktionskapazitäten aufzubauen, während sich die Marketingabteilung an die Arbeit macht, um eine zugkräftige Marke, eine passende Werbung und die „richtige" Preispolitik auszuarbeiten.

Indem die komplexe Aufgabe von Stufe zu Stufe desaggregiert und immer stärker in Teilprobleme zerlegt wird, erhält man am Ende – auf der Stufe der „operativen Planung" – eine Gesamtheit von gut aufeinander abgestimmten Teilplänen, die nun konkret umgesetzt, also „realisiert" werden können. Abbildung 2-2 verdeutlicht noch einmal das skizzierte Prinzip der hierarchischen Planung.

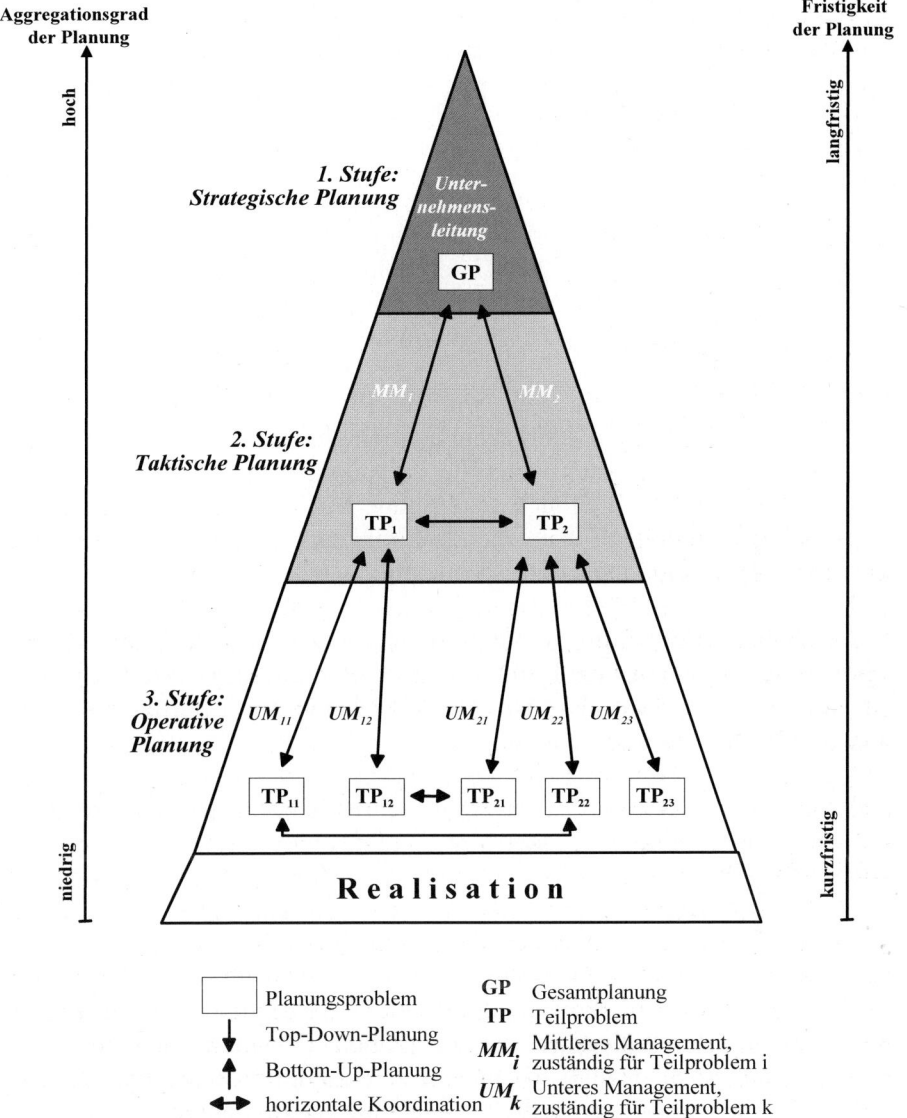

Abb. 2-2. Hierarchische Planung

Die **strategische Planung** ist somit, wie aus Abbildung 2-2 ersichtlich, Bestandteil der hierarchischen Planung, die wiederum einen Lösungsansatz zur Bewältigung des fundamentalen Gestaltung- und Komplexitätsproblems im Unternehmen darstellt. In diesem Kontext lassen sich folgende formale Kennzeichen der strategischen Planung ableiten. Sie ist

- die 1. Ebene im Rahmen der hierarchischen Planung,

- umfassend bzw. gesamtunternehmensbezogen,

- langfristig (übliche Planungszeiträume: 3-5 Jahre, in manchen Branchen auch deutlich länger),

- hochaggregiert und

- liegt im Verantwortungsbereich des Top-Managements, d.h. der obersten Unternehmensleitung (bei Unternehmensstrategien), eventuell auch der Geschäftsbereichsleitung (bei Geschäftsfeldstrategien) bzw. der Funktionsbereichsleitung (bei Funktionsstrategien).

Die strategische Planung stellt, wie jede Planung, einen Prozess dar, also eine über die Zeit sich erstreckende Aneinanderreihung von Teilaufgaben bzw. -tätigkeiten. Auch wenn die Teilaufgaben der Planung meistens nicht streng sukzessiv und auch selten ohne Rückkopplungen „abgearbeitet" werden, besteht doch weitgehende Einigkeit darüber, in welchen Teilschritten sich ein Planungsprozess vollzieht:

Nach der Zieldefinition benötigt man Daten, die zunächst beschafft werden müssen, bevor man Handlungsalternativen ausarbeiten und bewerten kann. Die Auswahl des Plans mit dem höchsten Zielerreichungsgrad beendet den Prozess der Planung.

Die genannten Teilschritte des strategischen Planungsprozesses und deren Eingliederung in das System der hierarchischen Planung verdeutlicht Abbildung 2-3.

Das wesentliche Kennzeichen der strategischen Planung ist der hohe Aggregationsgrad der Planungsvariablen, und zwar auf sachlicher Ebene (betrachtet werden z.B. Produkt- und Geschäftsfelder und nicht Einzelprodukte, ganze Produktionswerke statt einzelner Fertigungslinien oder -maschinen, Märkte bzw. Markteintritte als Bündel verschiedener Marketingmaßnahmen) und in zeitlicher Hinsicht (z.B. Jahresmengen bzw. -umsätze statt Monats- oder Wochendaten).

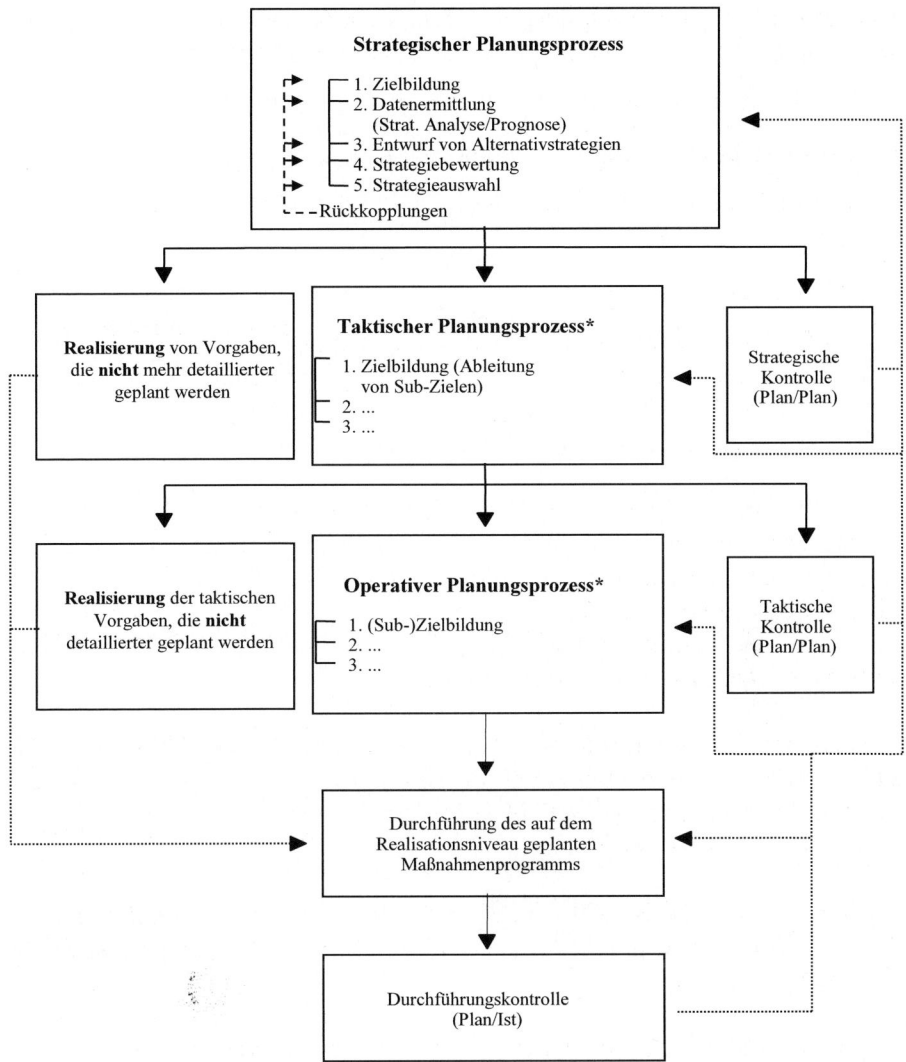

Abb. 2-3. Strategischer Planungsprozess im System der hierarchischen Planung (Quelle: Voigt 1992, S. 261).

Die **Unternehmensstrategie** ist demzufolge ein hoch aggregierter, langfristiger (und langfristig bindender) Unternehmensgesamtplan, der aussagt, was unter Berücksichtigung der künftigen Umweltbedingungen (insbesondere des zu erwartenden Konkurrenz- und Kundenverhaltens) und der unternehmensseitigen Möglichkeiten und Grenzen getan werden soll, um die gesetzten Ziele (z.B. Steigerung des Unternehmenswertes um x % oder y Geldeinheiten) zu erreichen.

Die Unternehmensstrategie hat, rein formal betrachtet, durchaus Ähnlichkeit mit einer Strategie im militärischen Bereich, der den Strategiebegriff überhaupt erst geprägt hat. Denn auch eine Militärstrategie bezog und bezieht sich stets auf aggregierte Größen (früher: Infanterie, Artillerie, Kavallerie; heute z.B. Land-, See-, und Luftstreitkräfte mit entsprechenden Unterteilungen) und gab bzw. gibt an, was „im Groben" und unter Beachtung der Umweltbedingungen (vor allem der Aktionen und Reaktionen des „Gegners", aber auch unter Nutzung topografischer Besonderheiten wie Flüsse, Sümpfe, Berge) getan werden soll, um eine militärische Auseinandersetzung zu gewinnen.

Damit können wir direkt auf die eingangs gestellte Frage „Warum strategisch?" zurückkommen. Eine Strategie ist immer dann sinnvoll und notwendig, wenn man sich einem komplexen und/oder sich über die Zeit erstreckenden Gestaltungsproblem konfrontiert sieht, das es unmöglich macht, alle Handlungen zur Zielerreichung gleich im Einzelnen zu planen bzw. festzulegen. Die Vielzahl der Handlungsmöglichkeiten wird deshalb verdichtet oder aggregiert zu wenigen überschaubaren strategischen Optionen, zwischen denen man sich entscheidet. Die gewählte Strategie wird nun schrittweise wieder desaggregiert und in Teilpläne zerlegt, geht aber als Prämisse in alle nachfolgenden Planungen ein und mündet auf operativer Ebene in eine Gesamtheit von dezentral erstellten, aber aufeinander abgestimmten, unmittelbar realisierbaren Maßnahmeplänen ein. Ist ein Unternehmen aber so klein, dass es auf operativer (= detaillierter) Ebene noch vollständig erfasst und gestaltet werden kann, dann braucht es keine hierarchische und keine „strategische" Planung – ein einstufiges Management genügt.

In der managementorientierten Literatur sind wiederholt Anforderungen an eine Unternehmensstrategie formuliert worden. So wird z.B. gefordert, eine Unternehmensstrategie solle

• konsistent sein (sie sollte in sich keine Widersprüche aufweisen),

• konsonant sein (d.h. mit den Umweltentwicklungen in Übereinstimmung stehen),

• einen möglichst dauerhaften Wettbewerbsvorteil konstituieren und

• realisierbar sein (vgl. Pettigrew/Whipp 1992).

Dass diese und andere (aus Sicht der Praxis formulierte) Anforderungen zu der hier vertretenen Sichtweise – Strategie und strategische Planung als 1. Stufe der hierarchischen Planung zur Lösung des Komplexitätsproblems – nicht im Widerspruch stehen, sondern gleichermaßen Gültigkeit haben, ist offensichtlich. Allerdings machen es die in der Praxis sich stellenden Probleme, z.B. die Unvorhersehbarkeit von Entwicklungen auf Kunden- und Wettbewerbsseite oder die Widersprüchlichkeit von relevanten Aspekten, nicht immer leicht, die oben genannten Anforderungen zu erfüllen. Manche Kritiker gehen noch weiter und bezweifeln grundsätzlich die Möglichkeit, eine Strategie überhaupt formal-rational planen und „top-down" implementieren und so in gewolltes Tathandeln überführen zu können. Eine Strategie würde sich vielmehr „bottom-up" ergeben, durch die schrittweise Aggregation der Handlungen und Verhaltensweisen der Mitarbeiterinnen und Mitarbeiter zu Handlungsmustern – der „emergenten" Strategie des Unternehmens. Eine Strategie werde folglich auch nicht formuliert, sondern sie „formiert" sich (siehe Tabelle 2-1).

Tabelle 2-1. Zwei Sichtweisen der Strategieentstehung

Emergente/ formierte Strategie:		Geplante/ formulierte Strategie:
nicht beeinflussbar/ nicht gestaltbar	**Unternehmensge-schehen**	gestaltbar
Gesamtheit vieler kleiner, dezentral getroffener Entscheidungen	**Auffassung von Strategie**	Rahmen-/ Prämissenentscheidung des Top-Managements
nur „ex post"	**Erkennbarkeit der Strategie**	von Anfang an
braucht nicht implementiert zu werden	**Implementie-rungsaspekte**	Implementierungs-notwendigkeit und -probleme
Strategischer Entstehungsprozess	**Forschungs-gegenstand**	Strategischer Planungs-prozess: 1. Zielbildung 2. strategische Analyse 3. Entwurf von Alternativstrategien 4. Strategiebewertung 5. Strategieauswahl
Mintzberg, Quinn u.a.	**Hauptvertreter**	Ansoff, Andrews, Hahn u.v.a.

Zur Theorie der „emergenten" Strategien ist zunächst zu sagen, dass sie fast täglich falsifiziert wird. Zu häufig sind die Fälle, in denen bestimmte strategische Entscheidungen – der Aufbau eines neuen Geschäftsfelds, eine Akquisition, eine Fusion – von der Unternehmensleitung beschlossen, „top-down" heruntergebrochen und so realisiert werden. Das bedeutet jedoch nicht, dass die Kritik völlig haltlos wäre. Es kann sein, dass Teile der „intendierten" Strategie nicht realisiert werden, weil die Planung von falschen Prämissen ausging oder die Implementierung auf überraschende Probleme oder Widerstände stößt. Andererseits kann die tatsächlich beobachtbare Strategie eines Unternehmens „emergente", d.h. nicht geplante Elemente oder Facetten enthalten. Den Fall, dass die „gewollte" Strategie im Wesentlichen auch zur „realisierten" Strategie wird, schließt dies jedoch nicht aus (siehe Abbildung 2-4).

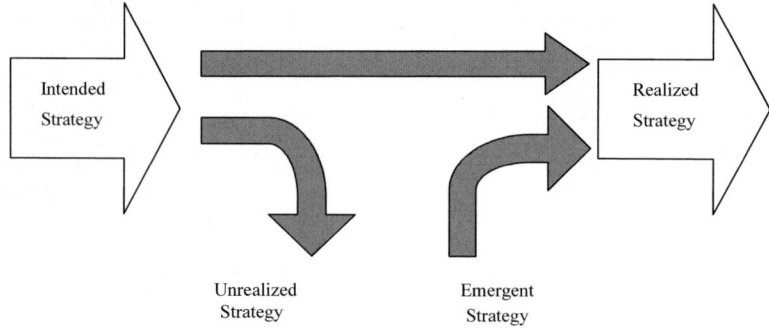

Abb. 2-4. Intendierte und realisierte Strategie (Quelle: Mintzberg/Waters 1985)

Wir folgen also hier und im Folgenden dem Grundgedanken, dass eine geplante, „intendierte" Strategie möglich und sinnvoll ist. Diese erfordert jedoch nicht nur eine strategische Planung, sondern ein erweitertes Tätigkeitsspektrum: ein strategisches Management.

2.1.2 Von der strategischen Planung zum strategischen Managementprozess

Management umfasst nach einem allgemein akzeptierten Verständnis die folgenden Aufgaben (vgl. Steinmann/Schreyögg 2005, S. 9 ff.):

- Planung (Entwurf einer Soll-Ordnung),
- Organisation (Schaffung eines zielgerichteten Handlungsgerüsts),

- Personaleinsatz (Besetzung der Stellen mit kompetentem Personal),

- Führung (zielgerichtete Ausrichtung der Einzelhandlungen) und

- Kontrolle (Soll-Ist-Vergleich).

Verbleiben wir zunächst auf der strategischen Ebene, so umfasst das **strategische Management** die Aufgaben der strategischen Planung, der Strategieimplementierung und der strategischen Kontrolle (siehe Abbildung 2-5).

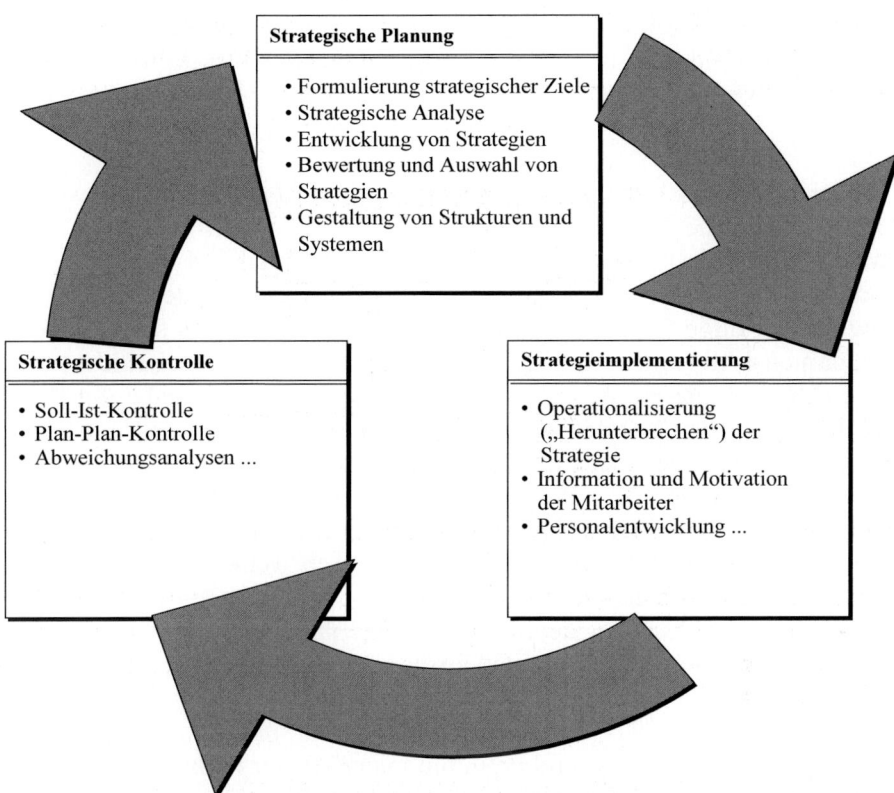

Abb. 2-5. Strategisches Management

Die **strategische Planung** lässt sich, wie schon erwähnt, als (Teil-)Prozess darstellen, der von der Formulierung strategischer Ziele über die strategische Analyse und die Entwicklung, Bewertung und Auswahl von Strategien bis zur vorbereitenden Gestaltung von Strukturen (z.B. formale Organisation) und Systemen (z.B. dem IT-System) reicht.

Unter „**Strategieimplementierung**" ist zunächst der oben schon beschriebene Prozess der Detaillierung, Konkretisierung und Differenzierung
strategischer Vorgaben bis hin zu operativen Plänen über die verschiedenen Ebenen der Unternehmenshierarchie hinweg zu verstehen. Wie später
noch erläutert wird, kann ein und dieselbe Strategie „gut" oder „schlecht"
implementiert werden und damit zu deutlich unterschiedlichen Ergebnissen führen. Deshalb gehört es zum Aufgabenspektrum des Top-
Managements, den Prozess der Strategieimplementierung vorzubereiten,
zu initiieren und zu steuern. Auch die **strategische Kontrolle** gehört zu
den Aufgaben des strategischen Managements. Schon hier wird deutlich,
dass aufgrund der relativ langen Zeitspanne zwischen der Strategieplanung
und dem Eintritt der bezweckten Ergebnisse die „klassische" Soll-Ist-
Kontrolle zwar nicht ersetzt, aber um weitere Kontrollansätze ergänzt werden muss.

Wichtig für das Verständnis des strategischen Managements ist weiterhin die Unterscheidung in Unternehmens-, Geschäftsfeld- und Funktionsstrategien, aber auch das Erkennen der Abhängigkeiten und Wechselbeziehungen zwischen ihnen (siehe Abbildung 2-6). Die in der Regel sehr
langfristig gültige Grundlage des Unternehmensgeschehens stellt die **Unternehmensphilosophie** dar. Sie ist die „paradigmatische Leitidee" des
Unternehmens, die meistens die elementare produktive Aufgabe mit Blick
auf die wichtigsten Kunden, Bedürfnisse und Märkte zum Ausdruck bringt
(etwa: „Wir verstehen uns als Hersteller von x-Geräten". „Wir sind der
Experte zur Lösung von y-Problemen". „Wir erfüllen die z-Wünsche unserer Kunden"). Die Unternehmensphilosophie, oft zu sogenannten „Mission
Statements" verdichtet, kann im Einzelfall durch weitere normative Aussagen ergänzt werden.

„Mission Statements" ausgewählter Unternehmen

BMW:
"To be the most successful premium manufacturer in the industry."

Grundig:
"Kreation von attraktiven und technologisch begehrenswerten Lösungen
für Fahrer und Insassen als europäische Alternative zu asiatischen Marken."

Conti Teves:
"Our Mission Statement is to provide the safest test and development environment necessary to meet your business objectives!"

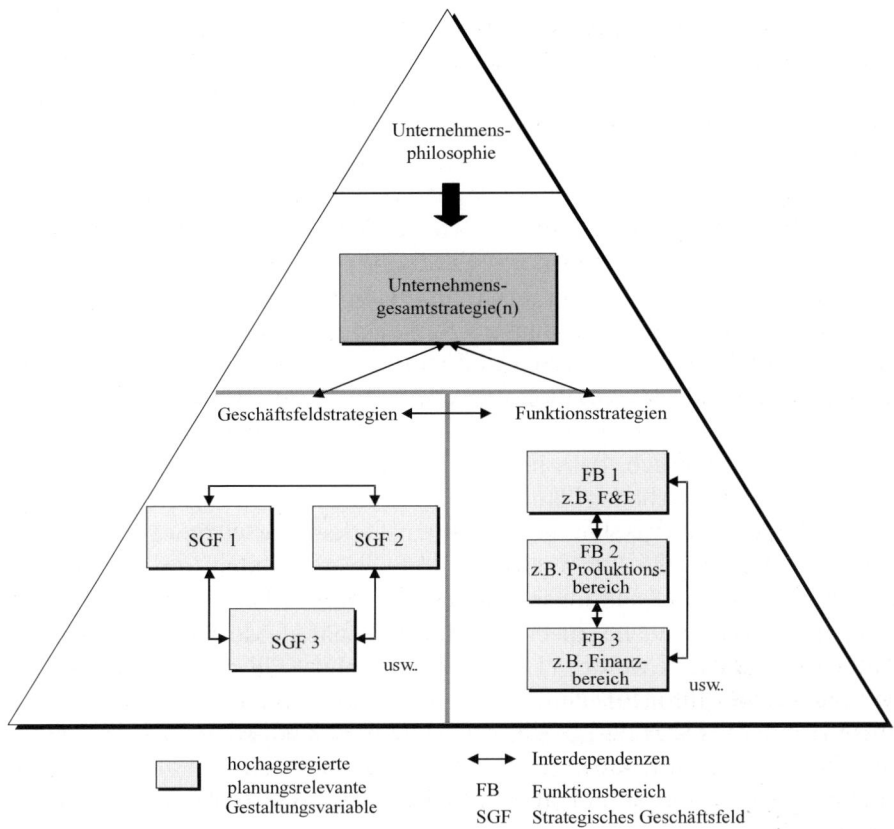

Abb. 2-6. Unternehmens-, Geschäftsfeld- und Funktionsstrategien

Die **Unternehmensstrategie** betrifft das Unternehmen als Ganzes und bringt zum Ausdruck, wohin sich diese Institution in den nächsten drei, fünf oder zehn Jahren entwickeln soll. Soll sie eigenständig bleiben oder wird eine Fusion angestrebt? Wie soll sich das Portfolio der Geschäftsfelder verändern? Welche Funktionen sollen im Unternehmen auf- oder ausgebaut, welche an andere Unternehmen ausgelagert werden?

Die **Geschäftsfeldstrategien** beziehen sich auf einzelne strategische Geschäftsfelder (= Produktfeld-Markt-Kombinationen) und sagen aus, auf welche Weise und gegebenenfalls mit welchen Veränderungen und mit welchem Kapitalbedarf hier künftig Beiträge zur Erreichung der Unternehmensziele erbracht werden sollen.

Die **Funktionsstrategien** bündeln hochaggregierte und langfristige Entscheidungen in Bezug auf bestimmte Unternehmensfunktionen, z.B.

- Technologiestrategien und Innovationspfade,

- Beschaffungsstrategien,

- Produktionsstrategien,

- Vertriebsstrategien usw.

Wer Geschäftsberichte von veröffentlichungspflichtigen Unternehmen aufmerksam liest, wird hierin stets auch auf funktionsstrategische Aussagen stoßen (z.B. „Wir wollen unsere Innovationskraft steigern und den Anteil der Produkte, die jünger sind als fünf Jahre, von x % auf y % erhöhen". „Wir forcieren Global Sourcing und wollen den Anteil des Beschaffungsvolumens aus Asien und Indien von x % auf y % steigern").

Es ist offensichtlich, dass innerhalb und zwischen diesen Strategiekategorien vielfältige Abhängigkeiten und Wechselbeziehungen bestehen, die im Zuge des strategischen Managements erkannt und bewältigt werden müssen: So setzt die Unternehmensstrategie einerseits Vorgaben für die Geschäftsfeld- und Funktionsstrategien, andererseits muss sie aber hin und wieder aufgrund von Impulsen aus den Geschäftsfeldern bzw. Funktionsbereichen verändert werden. Um ein bestimmtes SGF auf- oder auszubauen, müssen bestimmte Technologien und Produktionskapazitäten bereitgestellt und gegebenenfalls auch andere Funktionen angepasst werden usw.

Auf die hier angesprochenen Strategiekategorien und ihre Interdependenzen werden wir im Folgenden noch ausführlich eingehen.

Versuchen wir, das bisher Gesagte wie folgt zusammenzufassen: Die Planung und mit ihr das gesamte Management des Unternehmens (Industriebetriebs) vollzieht sich auf verschiedenen Ebenen, die sich durch den Aggregations- und Abstraktionsgrad sowie die Länge des Planungs- bzw. Betrachtungszeitraums unterscheiden.

Das strategische Management ist hochaggregiert, langfristig und liegt im Verantwortungsbereich der Unternehmensleitung. Es lässt sich als Prozess darstellen, der die folgenden, nun näher zu betrachtenden Teilaufgaben umfasst (siehe Abbildung 2-7).

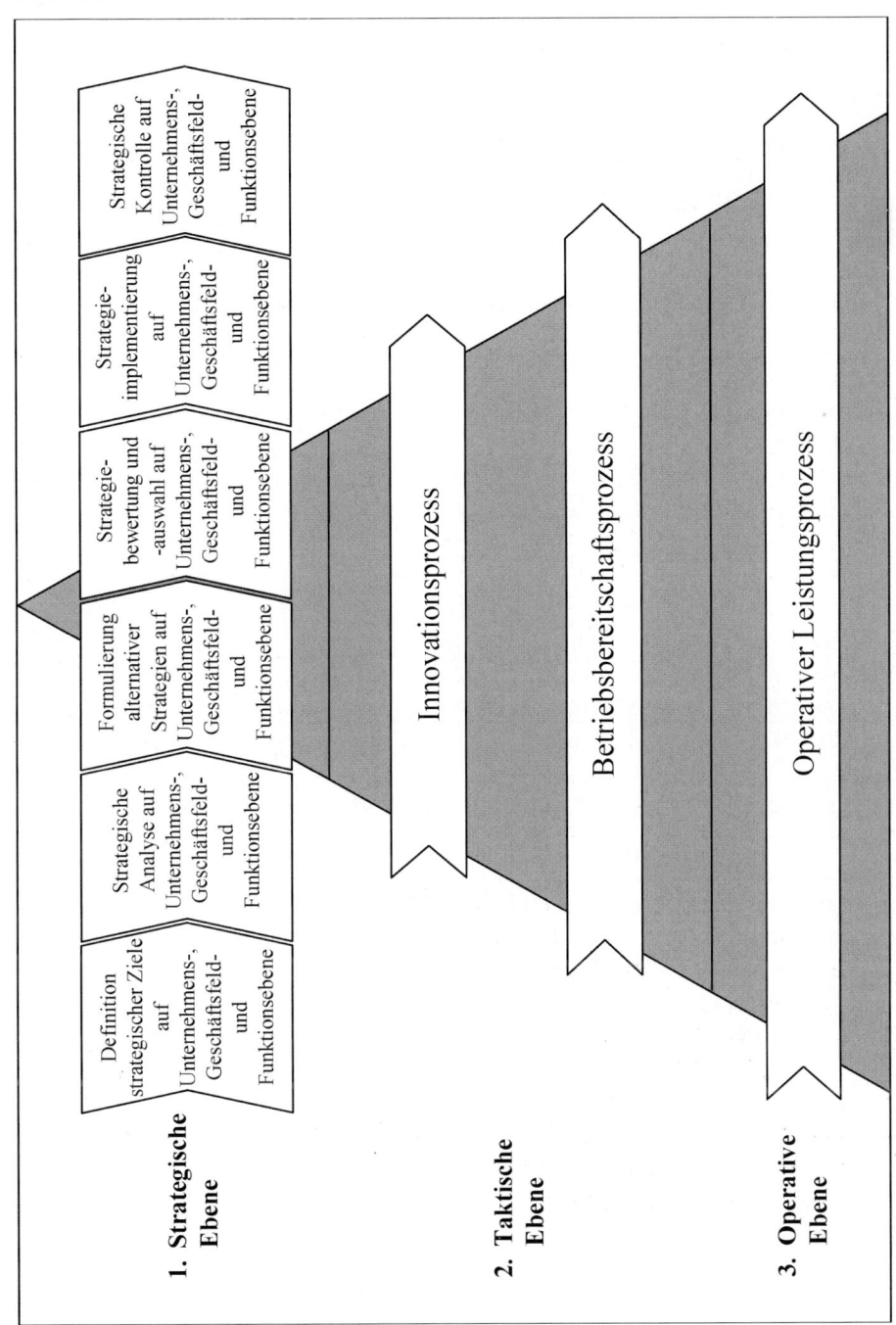

Abb. 2-7. Der strategische Managementprozess

Obwohl in der Theorie wie in der Unternehmenspraxis im Wesentlichen Einigkeit über den Zweck und die Grundstruktur des strategischen Managements besteht, ist der zugehörige Prozess im Einzelfall durchaus gestaltungsfähig und auch gestaltungsbedürftig, d.h. auf die Bedingungen des konkreten Industriebetriebs anzupassen. Tabelle 2-2 gibt einen Überblick über die wichtigsten Gestaltungsvariablen und ihre möglichen Ausprägungen.

Tabelle 2-2. Gestaltungsvariablen des strategischen Managements (Quelle: Müller-Stewens/Lechner 2005, S. 79)

Variablen-gruppe	Variablen	mögliche Ausprägungen	
Ort: Wo?	Kontext	rigid	offen
	Verantwortlichkeit	zentral	dezentral
	Einflussrichtung	top-down	bottom-up
Beteiligte: Wer?	Beteiligungsgrad	elitär	breit gestreut
	Perspektivenmix	homogen	heterogen
	Fähigkeitenmix	monodisziplinär	interdisziplinär
Timing: Wann?	Dauer	kurz	lang
	Auslöser	terminorientiert	ereignisorientiert
	Horizonte	kurzfristig	langfristig
Mittel: Womit?	Ressourceneinsatz	gering	hoch
	Methodeneinsatz	spärlich	reichhaltig
Vorgehen: Was?	Arbeitsweise	analytisch	intuitiv
	Darstellungsweise	quantitativ	qualitativ
	Strukturierungsgrad	fein	grob
Zusammen-arbeit: Wie?	Konfliktintensität	niedrig	hoch
	Entscheidungsform	patriarchalisch	demokratisch
	Transparenz	gering	hoch

Es ist an dieser Stelle weder möglich noch nötig, auf alle diese Gestaltungsvariablen detailliert einzugehen. Wir werden bei der folgenden Prozessbetrachtung aber immer wieder auf diese Variablen zurückkommen. Gestaltungsfreiheit besteht im Übrigen auch hinsichtlich der eingesetzten **Planungsmethoden**. Eine empirische Untersuchung über die im Jahr 1999 von Unternehmen verwendeten Methoden im strategischen Management zeigt, dass sich hier noch kein „Standardinstrumentarium" herausgebildet hat, sondern offensichtlich fallweise entschieden werden muss (siehe Abbildung 2-8).

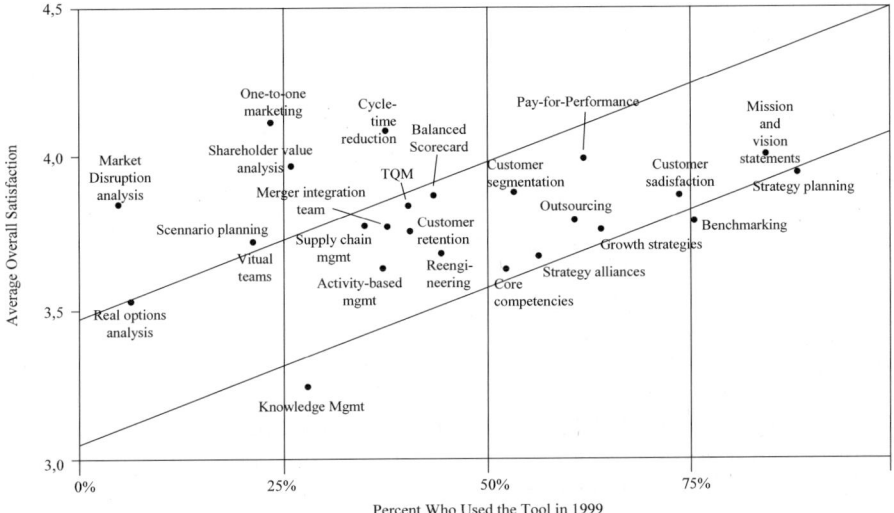

Abb. 2-8. Methodeneinsatz im strategischen Management (Stand: 1999) (Quelle: Bain & Company 1999)

Ähnliches gilt auch für die **zeitliche Strukturierung** des strategischen Managementprozesses, was an drei Beispielen kurz erläutert sei.

Für die Siemens AG war Ende der 90er Jahre die in Abbildung 2-9a dargestellte zeitliche Struktur maßgebend.

Auf Basis der gesetzten Basisziele (Rendite- und Wertsteigerungsziele) und der strategischen Optionen aus den 17 Bereichen und 115 Geschäftsgebieten wurden Ende September/Anfang Oktober mit dem Zentralvorstand Plandurchsprachen durchgeführt, die in einen verbindlichen Beschluss über Ziele, Strategien und Budgets auf Unternehmens- und Bereichsebene einmündeten. Regelmäßige Quartalsgespräche sowie fallweise angesetzte geschäftspolitische Durchsprachen, Regionaldurchsprachen und Genehmigungen von Investitionssondervorhaben durch den Zentralvorstand ergänzten das formelle Planungssystem.

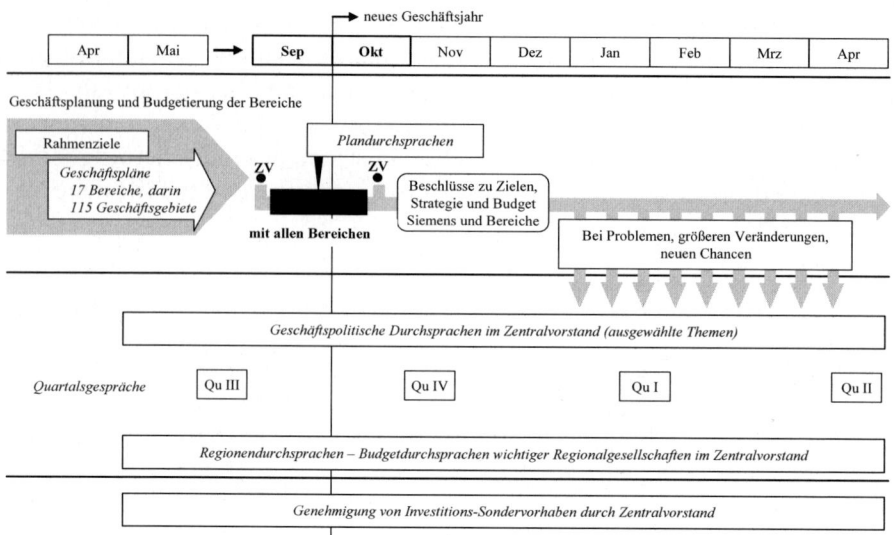

Abb. 2-9a. Zeitliche Struktur des strategischen Managements
Beispiel 1: Siemens AG im Jahr 1999 (Quelle: Mirow 2000, S. 353)

Eine ähnliche Struktur zeigte 1997 die strategische Planung der Hoechst AG (siehe Abbildung 2-9b). In einer „Strategiewoche" ließ sich der Vorstand die strategischen Optionen der einzelnen Konzerngesellschaften vortragen, und zwar unter Verwendung der folgenden Kriterien:

- Geschäftsdefinition,
- Geschäftssegmentierung,
- strategische Marktanalyse,
- Definition strategischer Optionen,
- Finanzzahlen pro Option,
- Meilensteinplan,
- Ressourcenplan,
- Performance im Vergleich zu Wettbewerbern,
- Szenarios/Sensitivitäten,
- beteiligte Funktionsstrategien (Technologie, Emerging Markets, Logistik etc).

Diese Daten bildeten die Grundlage für einen Portfolioworkshop, in dessen Rahmen der Vorstand die künftige Strategie des Unternehmens verbindlich festlegte und schließlich dem Aufsichtsrat zur Genehmigung vorlegte.

Modellablauf einer Strategiewoche

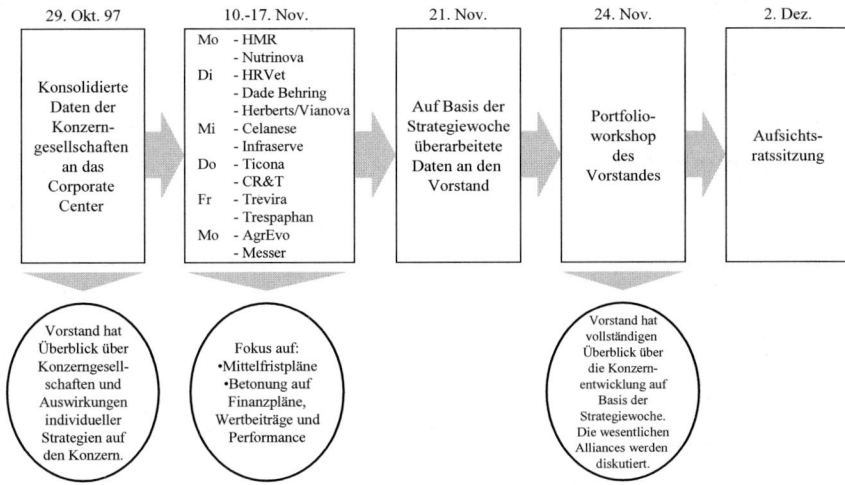

Abb. 2-9b. Zeitliche Struktur des strategischen Managements
Beispiel 2: Hoechst AG, Stand 1997 (Quelle: Sommer/Kaschnez 2000)

Bei der Lufthansa Cargo AG, unserem dritten Beispiel, wird zudem der Zusammenhang zwischen strategischer und operativer Planung, Budgetierung und kurzfristiger (Gegen-)Steuerung deutlich (siehe Abbildung 2-9c).

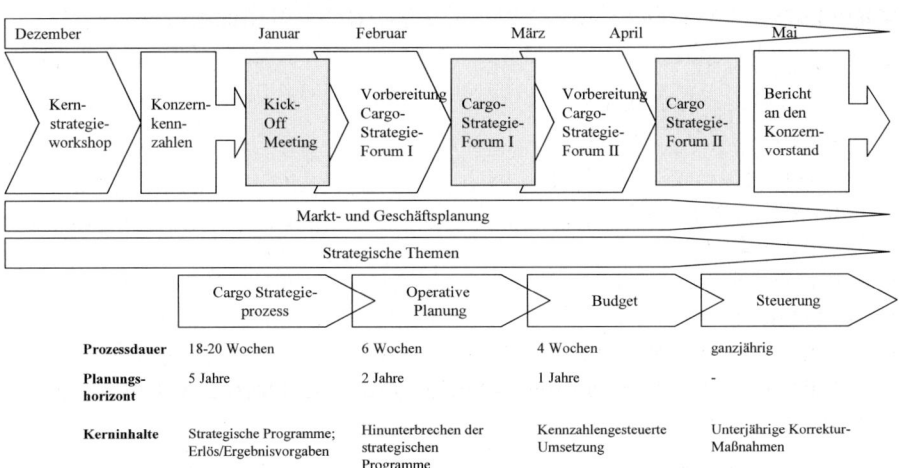

Abb. 2-9c. Zeitliche Struktur des strategischen Managements
Beispiel 3: Lufthansa Cargo AG im Jahr 2005, (Quelle: Müller-Stewens/Lechner 2005, S. 97)

Nach diesen eher praxisbezogenen Überlegungen wollen wir noch einen kurzen Blick auf die Entwicklung der Theorie des strategischen Managements werfen.

2.1.3 Entwicklungen und Meilensteine der Theorie des strategischen Managements

Die Strategie als Bestandteil eines elementaren menschlichen Lösungsprinzips zur Bewältigung komplexer Probleme (der hierarchischen Planung) ist keine Erfindung des 20. Jahrhunderts. Im militärischen Bereich fand es, wie angedeutet, seit jeher Anwendung. Gegenstand der wirtschaftswissenschaftlichen Theorie ist das strategische Management jedoch erst seit Mitte des 20. Jahrhunderts. Vorläufer ist die etwa seit den 30er bis in die 50er Jahre diskutierte **(kurzfristige) Finanzplanung** des Unternehmens. Die Bestimmung von Jahresbudgets und die Erstellung kurzfristiger Pläne bei vorrangiger Ausrichtung auf finanzielle Größen waren vorherrschende Themen. Im Übrigen galt ein „omnipotenter" Spitzenmanager oder „Stratege" als Garant für den Unternehmenserfolg.

Erst in den 60er Jahren weitete sich die Betrachtung zu einer **Langfristplanung** aus. Mehrjahres-Budgets, die Ermittlung und Fortschreibung von Trends, Abweichungsanalysen und die Gestaltung formaler Planungssysteme standen jetzt im Mittelpunkt des wissenschaftlichen Interesses, ebenso wie das Verhältnis von Strategie und Organisationsstruktur (Chandler). Kennzeichnend für diese Phase ist auch die Gründung der Fachzeitschrift „Long Range Planning".

Die 70er Jahre waren das Jahrzehnt der **strategischen Planung** mit einer ganzen Reihe von wissenschaftlichen Errungenschaften: Szenario- und Frühwarnsysteme, Segmentierung und Portfoliokonzepte (z.B. BCG-Portfolio), die Erfahrungskurve (Henderson), Bedeutung und Arten der Diversifikation (Ansoff), integrierte Planungs- und Kontrollsysteme (im deutschsprachigen Bereich z.B. von Hahn, Koch), Möglichkeiten und Grenzen der Strategieformulierung (Mintzberg), Umweltanalysen, Ziele und Zielstrukturen (z.B. Heinen) und anderes mehr.

In den 80er Jahre weitete sich der Betrachtungshorizont abermals zum **strategischen Management**. Die bisher schon gewonnnen Erkenntnisse zur strategischen Planung wurden jetzt ergänzt um Themen wie das Denken in Wertschöpfungsketten, die Suche nach Wettbewerbsvorteilen (Porter), die empirische Erfolgsfaktorenforschung („7-S-Modell" von McKinsey, PIMS-Programm usw.), Strategieimplementierung, die Bedeutung der Unternehmenskultur, geschäftsfeldbezogene Strategieinhalte, der strategische Managementprozess an sich, die Möglichkeit und Notwendigkeit einer spezifischen „strategischen" Kontrolle und vieles mehr.

Seit den 90er Jahren wird das Feld immer weiter ausdifferenziert und zugleich an einer umfassenden Theorie der **strategischen Führung** gearbeitet. Dabei wurden und werden z.B. die folgenden Aspekte und Themen beleuchtet: die Unterscheidung zwischen Geschäftsfeld- und Unternehmensstrategien, die Unterscheidung zwischen markt- und ressourcenorientiertem Ansatz des strategischen Managements und damit die Bedeutung der Kernkompetenzen für das Unternehmen, Fusionen und Akquisitionen („M&A") als strategische Handlungsvariablen, das Denken in Wertschöpfungsnetzwerken, die wertorientierte Unternehmensführung (Rappaport u.a.), die Balanced Scorecard (Kaplan/Norton), Möglichkeiten und Grenzen der Realoptionstheorie bei der Strategiebewertung, die strategische Bedeutung von Technologien und Innovationen und der „lernenden" Organisation usw.

Der aus wissenschaftlicher Sicht eigentlich erfreulichen Tatsache, dass immer mehr Teilaspekte des strategischen Managements entdeckt und erforscht werden, steht allerdings der Nachteil gegenüber, dass man sich damit von einer geschlossenen Theorie des strategischen Managements eher wieder entfernt. So gesehen überrascht es nicht, dass mittlerweile wieder eine „… Konsolidierung und Rückbesinnung auf das, was als Kern des strategischen Managements gelten kann" (Hungenberg 2006, S. 66), gefordert wird.

Damit wollen wir den kurzen Überblick über die Notwendigkeit, Struktur und Entwicklung des strategischen Managements beenden. Kommen wir nun zur näheren Betrachtung des in Abbildung 2-7 dargestellten strategischen Managementprozesses und seiner Teilphasen.

Wie beginnen mit der Zieldefinitionsphase.

2.2 Phase 1: Definition strategischer Ziele

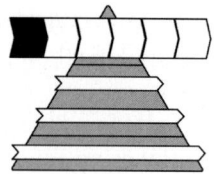

2.2.1 Merkmale, Ausprägungen und Beziehungen von Unternehmenszielen

Der strategische Managementprozess beginnt notwendigerweise mit der Definition der zu verfolgenden Ziele, getreu der Maxime: „Wer den Hafen nicht kennt, dem ist jeder Wind der richtige."

Die gesetzten Ziele entscheiden letztlich darüber, ob bestimmte strategische Maßnahmen „richtig" (d.h. zieladäquat) sind oder nicht. Die Ziele, die ein Unternehmen verfolgt, sagen aus, was mit dieser Institution überhaupt erreicht werden soll. Die Unternehmensziele geben damit auch eine Antwort auf die Frage nach dem „Warum?" des gesamten Unternehmensgeschehens. Verdichtet man die elementaren Unternehmensziele zu **einer** Aussage über den (produktiven) Unternehmenszweck, wird, wie schon erläutert, von der „Mission" des Unternehmens gesprochen. In Tabelle 2-3 sind einige Beispiele aus der Praxis zusammengefasst.

Tabelle 2-3. Beispiele für „Mission Statements" von Unternehmen (Quelle: Müller-Stewens/Lechner 2005, S. 237)

Unternehmen	„Mission"
AT & T	To bring people together anytime and anywhere
Marks & Spancer	To raise standards for the working man
Merck	To preserve and improve human life
Network Shipping	To built great ships
Nike	To experience the emotion of competition, winning, and crushing competitors
Telecare	To help people with mental impairments realize their full potential
The Body Shop	To give cosmetica that don't hurt animals or the environment
Wal-Mart	To give ordinary folk the chance to buy the same things as rich people
Walt Disney	To make people happy

Die **strategischen Ziele** stimmen mit den Unternehmenszielen inhaltlich überein, weisen jedoch die für die strategische Managementebene typischen Eigenschaften auf. Strategische Ziele sind demnach

- hochaggregiert,
- langfristig (sie erstrecken sich auf einen relativ langen Zeitraum) und
- gesamtunternehmensbezogen/umfassend.

Für die nachfolgenden Ebenen (taktisches/operatives Management) müssen diese Ziele „heruntergebrochen" werden, um handlungsleitend zu wirken.

So wird das strategische Ziel „Steigerung des Shareholder Value", um ein Beispiel zu nennen, kaum als Vorgabe für die Mitarbeiterinnen und Mitarbeiter einer Endmontagelinie in der Automobilindustrie geeignet sein. Nur dann, wenn es in operative Zielvorgaben „heruntergebrochen" wird, die zu dem strategischen Oberziel in einem komplementären Verhältnis stehen (z.B. „Steigerung der fertig gestellten Fahrzeuge pro Schicht um x %" oder „Verringerung der Bandstillstandszeiten um y %"), kann es die Entscheidungen und Handlungen der Betroffenen tatsächlich beeinflussen und bestimmen.

Durch das „Herunterbrechen" der strategischen Ziele entsteht ein Zielsystem, in dem die Beziehungen der Ziele zueinander – auf der gleichen Ebene wie auch zwischen den Ebenen – beachtet werden müssen.

Ganz generell können Ziele **komplementär** (z.B. „Gewinn" und „Unternehmenswert"), **konkurrierend** (z.B. „Gewinnerzielung" und „Umweltfreundlichkeit") oder **indifferent** zueinander sein. Im Falle konkurrierender Ziele – hier liegt ein Zielkonflikt vor – ist ein Zielkompromiss zu finden.

Das Problem jedoch ist, potenzielle Zielkonflikte und damit die Struktur des Zielsystems insgesamt überhaupt zu erkennen. So sind die Beziehungen der elementaren Ziele „Absatz", „Umsatz" und „Gewinn" selbst im einfachsten ökonomischen Modell, das Modell des Angebotsmonopols, nicht trivial (siehe nachfolgenden Exkurs).

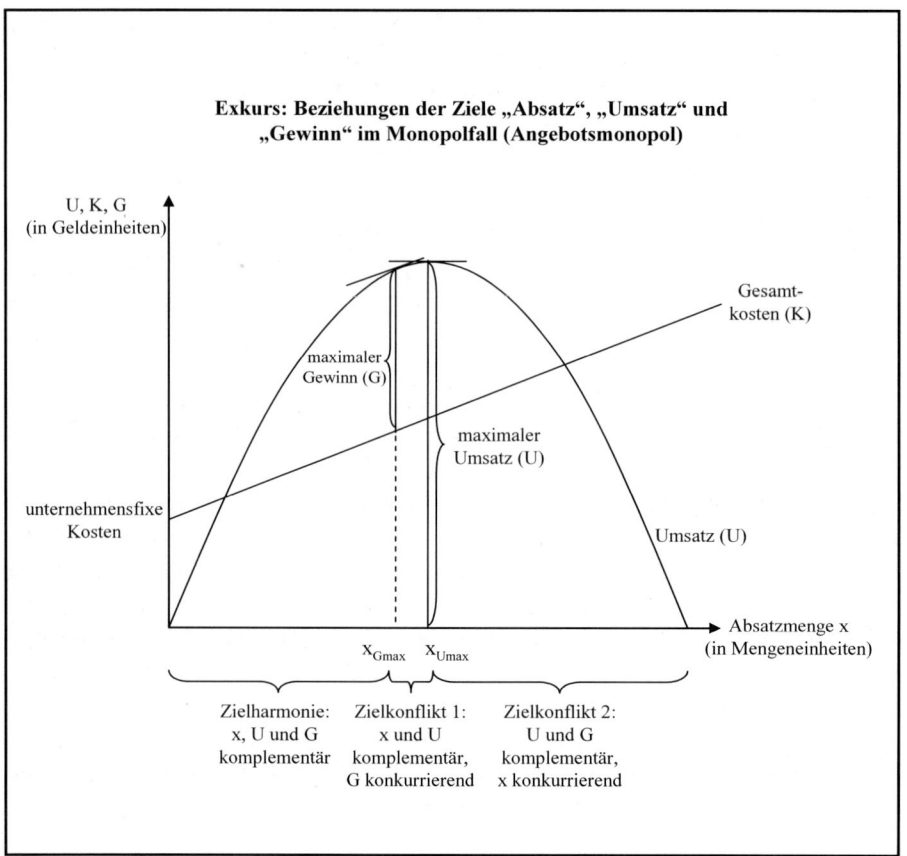

Nehmen wir z.B. ein Industrieunternehmen, das die beiden Ziele „Gewinnstreben" und „Umweltfreundlichkeit" verfolgt. Kann mit der Produktion eines ökologischen Produkts nicht nur die Umwelt geschont, sondern auch eine Preisprämie erzielt und damit der Gewinn gesteigert werden, sind die Ziele offensichtlich komplementär. Ist die Produktrendite dagegen geringer als bei einem konventionellen, d.h. weniger umweltfreundlichem Produkt, liegt ein Zielkonflikt vor.

Die Unternehmensleitung muss in diesem Fall entscheiden, ob sie die Realisierung des „Umwelt-Zieles" mit der in diesem Fall gegebenen Gewinneinbuße „bezahlen" will oder nicht.

Abbildung 2-10 bringt den Zusammenhang noch einmal grafisch zum Ausdruck.

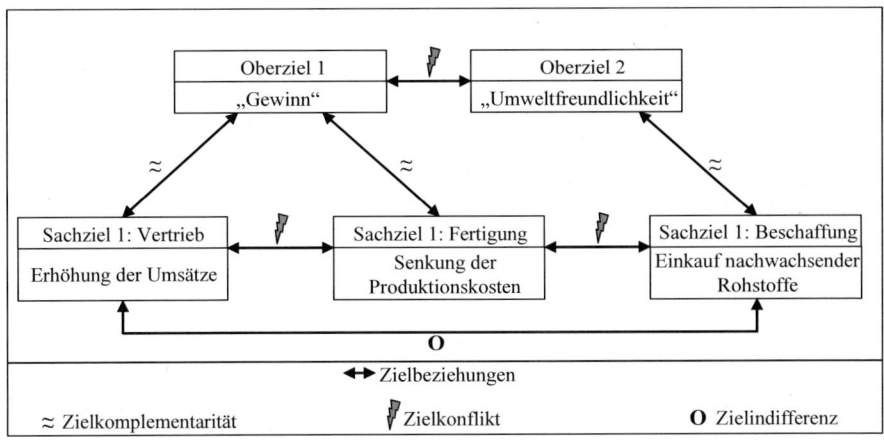

Abb. 2-10. Zielbeziehungen im Zielsystem der Unternehmung (Beispiel)

Auch die strategischen Ziele auf Geschäftsfeld- und Funktionsebene stellen in gewisser Hinsicht schon Konkretisierungen der strategischen Unternehmensziele dar (siehe nochmals Abbildung 2-6). Wird für das gesamte Unternehmen z.B. eine bestimmte Kapitalrendite als Zielmarke definiert, so gilt das Ziel im Prinzip auch für die strategischen Geschäftsfelder (SGF). Jedoch ist es nicht unüblich und auch sinnvoll, die Renditevorgaben für die SGF an die jeweils unterschiedlichen Markt- und Konkurrenzbedingungen sowie Geschäftsrisiken anzupassen.

Auch die strategischen Funktionsbereichsziele stellen Konkretisierungen der Unternehmensgesamtziele dar, jedoch mit deutlichem Bezug auf die jeweiligen Aufgabenfelder. Lautet das strategische Ziel auf Unternehmensebene z.B. „Steigerung der Gesamtkapitalrendite von x % auf y %", so könnten die komplementären strategischen Funktionsbereichsziele etwa wie folgt lauten:

- für den **Technologiebereich**: Baldiger Wechsel von der „älteren" auf die „neue" Produktionstechnologie bzw. Forcierung des Wechsels auf die leistungsfähigere Fertigungstechnologie;

- für die **Innovationsbereich**: Erlangung eines „Innovatorimages" durch Erhöhung des Anteils „neuer" Produkte ($\leq$ x Jahre) am Produktportfolio auf y %;

- für den **Beschaffungsbereich**: Erhöhung des wertmäßigen Beschaffungsvolumens in den „Emerging Markets" auf x %;

- für den **Produktionsbereich**: Verringerung der Wertschöpfungstiefe durch Outsourcing auf y %; Errichtung einer neuen Produktionskapazität im Land z;

- für den **Marketing- und Vertriebsbereich**: Intensivierung der Vertriebsaktivitäten auf den etablierten Märkten; Beginn des Vertriebs auf den neuen Märkten x und y; Verringerung der Zahl der Vertriebspartner um z %;

- für den **Personalbereich**: Abbau oder Verlagerung von x Stellen bis zum Jahr y; Verstärkung der Aktivitäten in Aus- und Weiterbildung sowie Personalentwicklung;

- für den **Finanzbereich**: Vorgaben für eine Kapitalerhöhung oder -senkung bzw. für eine Veränderung der Kapitalstruktur usw.

Liest man die Geschäftsberichte von publikationspflichtigen Unternehmen einmal genauer, so wird man feststellen, dass darin nicht nur über das vergangene Geschäftsjahr Rechenschaft abgelegt, sondern auch über die strategischen Ziele, die in Zukunft erreicht werden sollen, Auskunft gegeben wird – und zwar oft auch über die Ziele auf Geschäftsfeld- und Funktionsbereichsebene.

Ein Unternehmensziel sollte – gleichgültig, auf welcher Ebene – möglichst **vollständig** formuliert, d.h. hinsichtlich

- Art,
- Ausmaß/Umfang,
- Zeitpunkt/Zeitraum,
- Sicherheit der Eintretens und
- Zuständigkeit für die Verfolgung

präzisiert werden. Kommen wir auf die strategischen Ziele zurück, so stellt sich die Frage, wer zur Definition dieser Ziele eigentlich berechtigt bzw. für diese Aufgabe verantwortlich ist. Zunächst liegt es nicht fern, davon auszugehen, dass die Eigentümer des Unternehmens bestimmen können, welche Ziele sie (im Rahmen des rechtlich Zulässigen) mit „ihrem" Unternehmen verfolgen. Diese prinzipielle Definitionsfreiheit der Eigentümer im Hinblick auf die Unternehmensziele wird jedoch in mindestens dreifacher Hinsicht eingeschränkt:

- 1. Einschränkung: Beachtung des ökonomischen Basisziels
  Ein Unternehmen ist auf die Dauer nur dann überlebensfähig, wenn die Umsätze mindestens so hoch sind wie die Wertsumme aller eingesetzten Produktionsfaktoren. Unter Wachstums- und Risikogesichtspunkten ist

sogar ein Überschuss der Umsätze über die Kosten notwendig. Dieses „ökonomische" Basisziel kann nicht beliebig missachtet werden.

- 2. Einschränkung: Interessen der „Stakeholder"
  Die Interessen der über die Eigentümer hinausgehenden Beteiligten können nicht unberücksichtigt bleiben, ohne das Unternehmen in seiner Existenz zu gefährden (siehe Abschnitt 2.2.2).

- 3. Einschränkung: Unternehmensethische Grundsätze
  Auch innerhalb des rechtlich Legitimen kann es geboten sein, bestimmte ethische Grenzen nicht zu überschreiten (siehe Abschnitt 2.2.5).

Auch aus empirischer Sicht scheint die Definitionsfreiheit der Eigentümer in der Unternehmenspraxis eher eingeschränkt zu sein. So dominieren in der Praxis meist (Mindest-)Vorgaben für folgende strategische Ziele: Wertsteigerung, Gesamtkapitalrentabilität, Eigenkapitalrentabilität, Umsatzrentabilität, Umsatzwachstum, Marktanteile, Cashflow.

Diese Formalziele werden meist noch ergänzt um grundlegende strategischen Sachziele bzw. -aussagen, z.B. im Hinblick auf die zu beachtenden Produktfelder und Märkte, die zu erfüllenden Kundenbedürfnisse, die zu bedienenden Käufersegmente, die geografisch zu bearbeitenden Regionen usw.

Dabei hängt das Ausmaß der Formal- und Sachziele im strategischen Zielsystem und die „Strenge" ihrer Formulierung auch vom Unternehmenstyp bzw. der Unternehmensstruktur ab.

So wird ein Unternehmen, das sich als Finanzholding versteht und primär darauf achtet, „... daß die Rendite stimmt", diese Sachziele (wenn überhaupt) weniger restriktiv definieren als z.B. ein Unternehmen der Maschinenbauindustrie, das für sich normativ festlegt, auch weiterhin „... bei seinen Kernkompetenzen zu bleiben", also z.B. Großanlagen der Art x für die Kundengruppen y und z weltweit anzubieten.

Exkurs: „Langfristiges Überleben" als strategisches Ziel?

Für gewöhnlich wird das „Überleben" im Zielsystem des Unternehmens nicht explizit thematisiert, sondern hat eher den Charakter einer stillschweigend gesetzten Prämisse. Erst dann, wenn die Unternehmensexistenz – z.B. durch ein besonders aggressives Konkurrenzverhalten, einen überraschend starken Nachfragerückgang oder eine drohende „feindliche Übernahme" – bedroht erscheint, gewinnt das „Überlebensziel" an Bedeutung und kann zeitweise sogar zur dominierenden Maxime werden.

Doch so einfach und klar dieses Ziel zunächst erscheinen mag, so schwierig ist es zu operationalisieren. Denn im Unterschied zur biologischen Sphäre, in der das Überleben (von Organismen) an bestimmte physiologische Grundtatbestände und -funktionen (z.B. Atmung, Herzschlag) gekoppelt ist, ist das Überlebensziel bei der Institution „Unternehmung" nicht so eindeutig zu definieren und muss durch ökonomische Sub-Ziele „übersetzt" werden, z.B.:

- Sicherung der Zahlungsfähigkeit (als Schutz vor Illiquidität),

- Begrenzung der Fremdkapitalaufnahme (als Schutz vor Überschuldung),

- Anpassungsfähigkeit bzw. Flexibilität (als Überlebensfähigkeit unter sich verändernden Umweltbedingungen),

- Wettbewerbsfähigkeit (als Fähigkeit, seine Ziele auch unter Konkurrenzdruck zu erreichen),

- Erhaltung der rechtlichen und wirtschaftlichen Selbstständigkeit (als Schutz vor einer „feindlichen" Übernahme) etc.

Das „Überlebensziel" einer Unternehmung ist also i.d.R. ein mehrdimensionales, im Einzelfall noch zu definierendes und zu präzisierendes Konstrukt.

Welche strategischen Ziele tatsächlich gesetzt werden, obliegt den Zielsetzungsberechtigten, in aller Regel der Unternehmensleitung. Dabei muss auch festgelegt werden, ob und in welchen Maß den Interessen der Eigentümer („Shareholder Value") vor den Interessen der übrigen „Stakeholder" Priorität eingeräumt werden soll oder nicht. Die dahinter stehenden normativen Grundpositionen – Shareholder- versus Stakeholder-Ansatz – seien kurz näher beleuchtet.

2.2.2 Shareholder- versus Stakeholder-Ansatz

Das Konzept des Shareholder Value (vgl. z.B. Rappaport 1995, S. 54 ff.) geht von der Annahme aus, dass den Eigentümerinteressen in der Theorie und vor allem in der Praxis noch zu wenig Beachtung geschenkt wurde. Immerhin seien es die Eigentümer, die das notwendige (Eigen-)Kapital bereitstellen und das Risiko trügen. Diese für ein Untenehmen elementaren Leistungen begründen den Gewinnanspruch, der vorrangig zu erfüllen sei. Die Vernachlässigung des Shareholder Value behindere zudem, so wird weiter argumentiert, den Zugang zu neuem Eigenkapital und erschwere damit zukünftiges Wachstum. Schließlich führe die Vernachlässigung des Shareholder Value zu einer Unterbewertung des Unternehmens und damit zu der Gefahr, durch eine (feindliche) Übernahme die unternehmerische Selbstständigkeit zu verlieren.

Der „Stakeholder Value" strebt dagegen der gleichmäßige Erfüllung der Ansprüche aller am Unternehmensgeschehen beteiligten Interessengruppen an (siehe Tabelle 2-4).

Tabelle 2-4. Stakeholder- versus Shareholder-Ansatz (Quelle: Hungenberg 2006, S. 30)

	Stakeholder-Ansatz	Shareholder-Ansatz
Hintergrund	Das Unternehmen existiert, um Ansprüche aller Interessengruppen umzusetzen	Das Unternehmen existiert, um das Vermögen der Eigentümer zu mehren
Erfolgsmaßstab	Maximierung der Differenz zwischen den Anreizen und Beiträgen aller Gruppen	Maximierung der zukünftigen diskontierten Zahlungen an die Eigentümer
Beurteilung	Nicht operational, da auf interpersonalen Nutzvergleichen aufbauend; pluralistisch	Operational, da auf Markt und Ressourceneffizienz ausgerichtet; monistisch
Unternehmensziel	„Stakeholder Value"	„Shareholder Value"

Verfolgt man den Stakeholder-Ansatz – trotz seiner Probleme bei der Operationalsierung – zunächst weiter, geht es erst einmal darum, sich einen Überblick über alle diejenigen Gruppen zu verschaffen, die ein Interesse an der Existenz und dem Wohlergehen des Unternehmens haben (siehe Tabelle 2-5).

Tabelle 2-5. Anspruchsgruppen und deren Interessen im Rahmen des „Stakeholder"-Ansatzes (Quelle: Müller-Stewens/Lechner 2005, S. 181)

Anspruchsgruppen	Erwartungen der Anspruchsgruppen
Mitarbeiter	Einkommen, Arbeitsplatzsicherheit, Status, Sozialbeziehungen, Sinn, Identität, Selbstverwirklichung
Management	Kontrolle/Macht, Einkommen/Beteiligung, Umsatzwachstum/Gewinn, Sicherheit der Stellung, Job Design, Status
Aufsichtsrat	Kontrolle/Macht, Delegation von Aufgaben, Kompetenzen, Verantwortung, Information, Kompetenz/Leistung, Loyalität, Beziehungen
Aktionäre	Kontrolle/Macht, Information, Wertsteigerung, Investitionen, Steuerrate, Dividende, Kursgewinn, Loyalität
Kunden	Abnehmermacht, Produktqualität, Preiswürdigkeit, Konditionen, Image, Liefersicherheit, Flexibilität
Lieferanten	Macht, Abnahmesicherheit, Image
Banken	Bonität, Macht, kalkulierbares Risiko
Öffentlichkeit	Arbeitsplätze, Spenden/Stiftungen, Umweltschutz, Einhaltung von normativen Werten
Staat	Steuern/Gebühren, Aufgabenentlastung, Einhaltung von Rechtsvorschriften, Prosperität der Privatwirtschaft

Bei der Ermittlung der relevanten internen und externen Anspruchgruppen und ihrer Interessen kann man sich konkret z.B. von den folgenden Fragen leiten lassen (vgl. Müller-Stewens/Lechner 2005, S. 178):

1. Gibt es Gruppierungen, von denen Aktionen in Zusammenhang mit der Unternehmenspolitik bzw. -strategie ausgehen (z.B. Streiks)?

2. Welche Gruppierungen spielen eine formelle/informelle Rolle bei der Formulierung der Unternehmenspolitik bzw. -strategie (z.B. Vorstand)?

3. Wer verschafft sich – bezogen auf das Unternehmen und seine Geschäfte – lautstark Gehör (z.B. Bürgerinitiativen)?

4. Lassen sich Anspruchsgruppen aufgrund demografischer Kriterien benennen (z. B. Alter, Geschlecht, Beruf, Religion)?

5. Gibt es Organisationen, zu denen enge Beziehungen unterhalten werden und die das Unternehmen beeinflussen könnten (z.B. Verbände)?

6. Wer besitzt, nach Meinung von Experten, relevante Interessen bezüglich des Unternehmens und seiner Geschäfte (z. B. Kartellbehörde)?

Welcher Zielkompromiss tatsächlich gefunden und wie der Widerspruch zwischen Shareholder und Stakeholder Value letztendlich aufgelöst wird, ist eine normative Entscheidung, wird allerdings auch durch die Machtposition der beteiligten Interessengruppen (mit-)bestimmt. In der Praxis finden sich zahlreiche Belege für die These, dass gerade Unternehmen, die schon auf eine lange Existenz zurückblicken können, immer und im besondern Maße darauf geachtet haben, die Interessen aller Stakeholder zu einem Ausgleich zu bringen. Interessant sind allerdings auch neuere empirische Untersuchungen, die darauf hindeuten, dass das Konzept des Shareholder Value gar keinen Zielkonflikt begründet (vgl. z.B. Copeland/Koller/Murrin 2005). Wie dem auch sei – für die folgenden Überlegungen wollen wir von dem folgenden, insgesamt nicht unrealistischen Zielkompromiss ausgehen:

> Maximierung des SHV unter strenger Beachtung bestimmter Mindestansprüche der übrigen Stakeholder (Kunden, FK-Geber, Mitarbeiter, Lieferanten etc.)

Dies führt uns zu der Frage, was unter dem „Shareholder Value" genau zu verstehen ist. Wir wollen diese und einige weitere Zielgrößen im Kontext des „wertorientierten Managements" kurz näher betrachten.

2.2.3 Neuere Zielgrößen des „wertorientierten Managements"

2.2.3.1 Shareholder Value

Der „Shareholder Value", also der Wert des Eigenkapitals, das in dem Unternehmen steckt, ergibt sich zunächst als Differenz zwischen Unternehmenswert und Fremdkapital:

> **Shareholder Value** = Unternehmenswert - Fremdkapital

Der Unternehmenswert berechnet sich nach diesem Ansatz wie folgt:

> **Unternehmenswert =**
> Gegenwartswert der betrieblichen Cashflows während der Prognoseperiode
> + Residualwert
> + Marktwert börsenfähiger Wertpapiere

Die hier anzusetzenden Cashflows der Prognoseperiode können wie folgt bestimmt werden:

Cashflow = Einzahlungen - Auszahlungen =
[(Umsatz des Vorjahres) · (1 + Wachstumsrate des Umsatzes) ·
(betriebliche Gewinnmarge) · (1 - Cash-Gewinnsteuersatz)]
- (Zusatzinvestitionen ins Anlage- und Nettoumlaufvermögen)

Maßgebend für die Berechnung des „Shareholer Value" ist dabei der
„Free Cashflow" des Unternehmens, der in Abbildung 2-11 bildlich dargestellt ist.

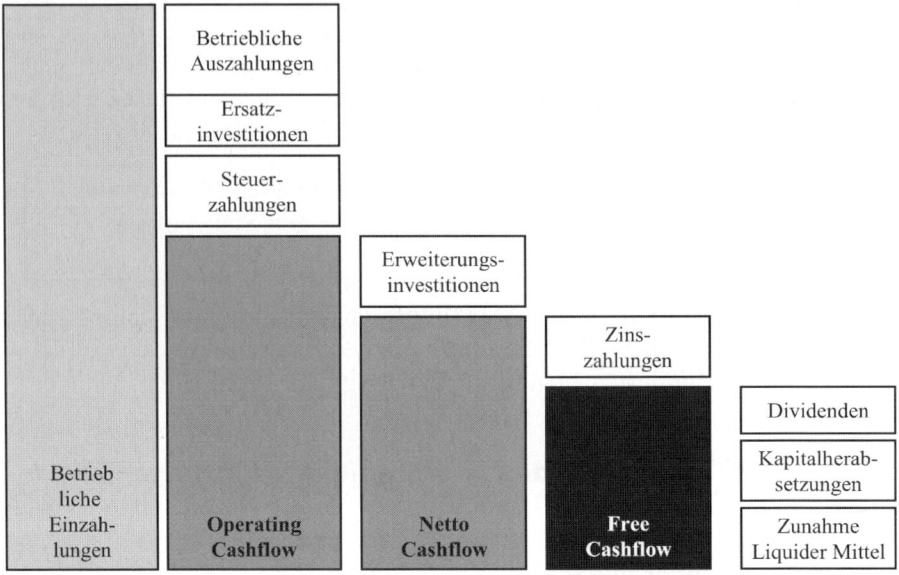

Abb. 2-11. Herkunft und Verwendung des Cashflows (Quelle: Jansen 1998, S.
114)

Der Residualwert ist als Liquidations- oder Fortführungswert anzusetzen. Für den realistischeren Fall, dass das Unternehmen auch über die
Prognoseperiode hinaus fortgeführt wird, ergibt sich der Residualwert aus
dem auf das Ende der Prognoseperiode bezogenen Barwert aller zukünftiger Free-Cashflows (FCF):

Residualwert:

Liquidationswert oder

Fortführungswert: $\text{Residualwert} = \dfrac{FCF_n\,(1+g)}{i_{SHV} - g}$ (g = jährliche Wachstumsrate)

Als Diskontierungssatz i_{shv} ist der gewichtete Kapitalkostensatz zu verwenden.

Gewichtete Kapitalkosten „WACC" (Diskontierungssatz i_{SHV}) =
Eigenkapitalkosten · Eigenkapitalanteil
+ Fremdkapitalkosten · Fremdkapitalanteil

Der heranzuziehende Eigenkapitalkostensatz ergibt sich nach dem „Capital Asset Pricing Model" schließlich wie folgt:

Eigenkapitalkosten *(nach dem Capital Asset Pricing Model (CAPM))* = risikofreier Zinssatz + Risikoprämie des Eigenkapitals = ("realer" Zinssatz + erwartete Inflationsrate) +		
β	· (erwartete Marktrendite -	risikofreier Zinssatz)
systematisches Risiko des Unternehmens: • β<1 ⇨ unterdurchschnittliches Risiko • β>1 ⇨ überdurchschnittliches Risiko	Verzinsung des Marktportfolios	Zinssatz für risikolose Anleihen
	„Risikoprämie" für systematisches Risiko des Marktes	
„Risikoprämie" für systematisches Risiko des Unternehmens		

Fasst man alles Gesagte noch einmal zusammen, dann ergibt sich der „Shareholder Value" also wie folgt:

$$SHV = \sum_{t=0}^{T}(FCF_t)\cdot(1+i_{SHV})^{-t} + Re_T\cdot(1+i_{SHV})^{-T} + WP - FK$$

FCF_t = Free-Cashflows zum Zeitpunkt t

i_{SHV} = Kapitalkostensatz

Re_T = Residualwert zum Zeitpunkt T

WP = Marktwert börsenfähiger Wertpapiere

FK = Fremdkapital

Anhand dieser Formel lassen sich nun die „Werttreiber" des SHV identifizieren und im Rahmen eines Simulationsmodells auch deren Einfluss auf den SHV numerisch bestimmen. Wichtige Werttreiber sind:

- Umsatzwachstum,
- Cash-Gewinnsteuersatz,
- Gewinnmarge,
- Investitionen ins Umlaufvermögen,
- Investitionen ins Anlagevermögen,
- Kapitalkosten,
- Dauer der Wertsteigerung.

Der so bestimmte Wert des Eigenkapitals sollte eigentlich mit dem „Marktwert" des Unternehmens – bei einer AG bestimmt als Produkt aus Aktienkurs, multipliziert mit der Anzahl an Aktien – identisch sein. Dass es hier jedoch immer wieder zu erheblichen Abweichungen kommen kann, liegt meist in den spekulativen Motiven und den entsprechenden Aktienkäufen bzw. -verkäufen von kurzfristigen Anlegern begründet.

2.2.3.2 Weitere Zielgrößen des „wertorientierten Managements"

Zunächst liegt es nahe, den vom Unternehmen zu erwirtschaftenden Wertbeitrag am Gewinn zu messen, der den Eigentümern als Entlohnung für das von ihnen zur Verfügung gestellte Eigenkapital zusteht. Aus Gründen der besseren Vergleichbarkeit und der Vermeidung verzerrender Sondereffekte wird jedoch mehr und mehr zu den Zielgrößen EBIT und EBITDA übergegangen:

EBIT (**E**arnings **B**efore **I**nterests and **T**axes) =
Gewinn vor Steuern und Zinsaufwand

- gemeint ist der Gewinn bzw. das operative Ergebnis vor Zinsen und Steuern

- wird verwendet, um die Geschäftsergebnisse international vergleichbar zu machen

- Problem der unterschiedlichen internationalen Besteuerungsregelungen und Zinsbedingungen wird damit eliminiert

---

Während EBIT lediglich die ergebnisrelevanten Effekte unterschiedlicher Steuer- und Zinssätze eliminiert, ist EBITDA zudem eine abschreibungsneutrale Zielgröße.

EBITDA (Earnings Before Interests, Taxes, Depreciation and Amortization) = Abwandlung des EBIT

- EBITDA = EBIT vor Abzug von Abschreibungen auf Sachanlagen und immaterielle Vermögensgegenstände

- die Zielgröße erfasst das abschreibungsneutrale Betriebsergebnis und dient als Maßgröße für die Innenfinanzierungskraft des Unternehmens, ist aber wissenschaftlich umstritten

---

Es liegt nahe, ein Periodenergebnis nicht absolut, sondern am durchschnittlich eingesetzten (Gesamt-)Kapital zu messen. Insofern hat der ROI (Return on Investment) auch als strategische Zielgröße eine Berechtigung. Seine Anwendung auf bestimmte strategische Entscheidungen setzt jedoch voraus, dass Ergebnisbeitrag und Kapitaleinsatz dieser strategischen Maßnahme zugerechnet werden können.

ROI (Return on Investment)

ROI = Umsatzrendite · Kapitalumschlag

$$ROI = \frac{\text{Periodenergebnis (Gewinn)}}{\text{durchschnittliches Gesamtkapital}} \cdot 100$$

Sucht man eine Zielgröße, die die Zeitdauer des finanziellen Engagements (z.B. in einer bestimmten strategischen Geschäftseinheit) explizit mit erfasst, kann der CFROI-Ansatz der Boston Consulting Group herangezogen werden:

CFROI (Cash Flow Return on Investment)

$$CFROI = \frac{\text{(Brutto Cashflow} - \text{ökonomische Abschreibung)}}{\text{Bruttoinvestition}}$$

- ökonomische Abschreibung =

$$\frac{\text{WACC}}{(1 + \text{WACC})^n - 1} \cdot \text{abschreibbare Aktiva}$$

- Bruttoinvestitionen = investiertes Kapital (ohne nichtverzinsliches Fremdkapital)

Der CFROI entspricht damit dem internen Zins einer Investition. Als Zielvorgabe – im Sinne einer „Hurdle-Rate" – benennt er diejenige Rendite, die mindestens erzielt werden muss, damit das strategische Engagement sich lohnt.

Der ermittelte CFROI kann nun mit den realen Kapitalkosten verglichen werden. Ist der CFROI höher als der ermittelte Kapitalkostensatz, ist eine (strategische) Investition wertsteigernd, im umgekehrten Fall wertvernichtend.

Im wertorientierten (strategischen) Management werden „Residualgewinne", also absolute Nettogewinne nach Abzug der Kapitalkosten für das eingesetzte Gesamtkapital, als Zielgrößen immer üblicher. Der „Economic Value Added" (EVA), in Deutschland auch als „Geschäftswertbeitrag" (GWB) bezeichnet, stellt eine solche Zielgröße dar:

EVA (Economic Value Added)

EVA = NOPAT - WACC · NOA oder gleichbedeutend

EVA = (ROCE - WACC) · NOA

- NOPAT = Net Operating Profit After Taxes (Jahresüberschuss nach Steuern und vor Finanzierungskosten)

- WACC = Weighted Average Cost Of Capital (gewichteter Mittelwert von Fremd- und Eigenkapitalkosten)

- NOA = Net Operating Assets (investiertes Kapital bzw. betriebsnotwendige Vermögensgegenstände)

- ROCE = NOPAT/NOA = Return On Capital Employed (Investitionsrendite eines Unternehmens oder Geschäftsfelds; um zusätzlichen Wert zu schaffen, muss diese höher sein als die Kapitalkosten)

Der EVA bzw. Geschäftswertbeitrag bringt zum Ausdruck, dass es nicht genügt, lediglich die (Mindest-)Anforderungen der Kapitalgeber zu erfüllen. Ein (zusätzlicher) Wert wird erst dann geschafften, wenn die erzielte Gesamtkapitalrendite größer ist als der gewichtete Kapitalkostensatz.

Mit welchen „Werttreibern" eine solche Wertsteigerung erreicht werden kann, ergibt sich aus dem nachfolgenden Auszug aus dem Geschäftsbericht der Siemens AG.

Geschäftswertbeitrag (Siemens AG)

Am 01.10.1997 haben wir die neue, wertorientierte Führungsgröße Geschäftswertbeitrag (GWB) eingeführt. Seit 01.10.1998 ist sie im gesamten Unternehmen die verbindliche Führungsgröße.

Der GWB ist das Geschäftsergebnis (vor Finanzierungszinsen und nach Steuern) nach Abzug der Kapitalkosten auf das Geschäftsvermögen.

Die Kapitalkosten sind die Mindestrendite, die die Anleger für das investierte Eigen- und Fremdkapital erwarten. Die Kapitalkosten werden u.a. vom Zinssatz für langfristige Wertpapiere und von der Risikoprämie für Anlagen in Aktien bestimmt. Für Siemens rechnen wir derzeit mit einem Kapitalkostensatz von 8,5% nach Steuern. Für die Geschäftsbereiche gelten risikospezifische Kapitalkostensätze.

Das Geschäftsergebnis wird aus dem Jahresüberschuss vor Zinsen abgeleitet, das Geschäftsvermögen aus der Bilanz. Dabei werden jedoch Anpassungen zur handelsbilanziellen Rechnungslegung vorgenommen. Mathematisch umgeformt, zeigt der GWB die wichtigsten Wege zur Wertsteigerung.

Die drei Haupttreiber des GWB

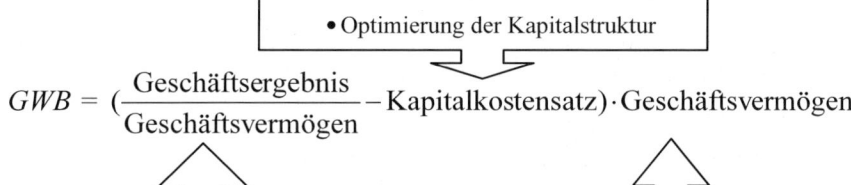

$$GWB = (\frac{\text{Geschäftsergebnis}}{\text{Geschäftsvermögen}} - \text{Kapitalkostensatz}) \cdot \text{Geschäftsvermögen}$$

• Optimierung der Kapitalstruktur

- Höhere Rendite auf Geschäftsvermögen erwirtschaften
- Produktivitätssteigerung
- Profitables Wachstum

- Investition in wertschaffende Geschäfte
- Abzug von Geschäftsvermögen aus wertvernichtenden Geschäften; Asset Management

Quelle: Siemens AG (Geschäftsbericht 1998), S. 49

Entwicklung des GWB bei Siemens (in Mio. €)		
Jahr	2005	2006
Siemens weltweit (aus fortgeführten Aktivitäten)	1.311	1.324

Quelle: Siemens AG (Geschäftsbericht 2006), S. 120

Der „Market Value Added" (MVA), als Erweiterung des EVA-Konzepts, repräsentiert in der Terminologie der Unternehmensbewertung schließlich die Höhe des originären Geschäfts- oder Firmenwertes und ergibt sich als Summe aller diskontierten zukünftigen EVA-Beiträge eines Unternehmens oder Unternehmensteils.

MVA (Market Value Added)

$$MVA = \sum \text{aller zukünftigen diskontierten EVA}$$

Die in Tabelle 2-6 dargestellte Übersicht zeigt, dass die meisten der hier vorgestellten wertorientierten Zielgrößen in der Praxis tatsächlich bereits Verwendung finden.

Tabelle 2-6. Wertorientierte Zielgrößen in den Geschäftsberichten der DAX-Unternehmen (Quelle: Fischer/Rödl 2003, S. 11)

Unter-nehmen	Basis	Verwendete Kennzahlen	Kapitalkostensatz	
			Konzern	Bereiche
Allianz	Ergebnis	EVA ®	Keine Angabe	
Altana	Ergebnis	Kapitalrendite, relativer Wertbeitrag, Absoluter Wertbeitrag	8 %, ohne Berech-nung	Chemie: 8% Pharma: 8%
BASF	Ergebnis	Kapitalkosten + X	Keine Angabe	
Bayer	Cashflow	UBCF, CFRoI	Keine Angabe	
Daimler Chrysler	Ergebnis	RONA (Konzern und UB), Wertbeitrag (Konzern), Wertbeitrag (UB), ROE (FDL)	8% n. St., 9,2 v. St., ohne Berechung	Industrie: 13% Finanz-DL: 14%
Deutsche Börse	Ergebnis	ROCE	8,6% n. St., 8,8 % v. St., mit Berechnung	Keine Angabe
E.ON	Ergebnis	ROCE, Value Added	6,2% n. St., 9,5% v. St, mit Berechnung	Energie: 9,9% Powergen: 8,6% Chemie: 12% Immobilien: 7,6%
Fresenius	Ergebnis	ROOA, ROIC	Keine Angabe	
Henkel	Ergebnis	ROCE, EVA®	8% n. St., 12% v. St., ohne Berechnung	Keine Angabe
Linde	Ergebnis	ROCE (Konzern), ROCE (UB)	Keine Angabe	
Lufthansa	Cashflow	CVA	8,7%, ohne Berechnung	Passage: 8,7% Logistik: 9% Technik: 8,5% Catering: 7,9% IT Services: 9%
MAN	Ergebnis	Rendite auf das eingesetzte Kapital (ROI)	Keine Angabe	
Metro	Ergebnis	EVA ®, Delta-EVA, ROCE	7,3%, ohne Berechnung	Keine Angabe
RWE	Ergebnis	ROCE, absoluter Wertbeitrag, relativer Wertbeitrag	9,5% v. St., mit Berechnung	Strom: 10% Gas: 10,7% Wasser: 8,0% Umwelt: 10%
Siemens	Ergebnis	Geschäftswertbeitrag (Konzern, Operativ, Finanz / Immobilien)	Keine Angabe	8-10 %, ohne Berechnung
Thyssen-Krupp	Ergebnis	ROCE, Wertbeitrag	9%, ohne Berechnung	Steel: 10% Automotive: 9,5% Elevator: 9% Technologies: 10% Materials: 9% Serv: 9% Real Estate: 7,5%
TUI	Ergebnis	Gesamtkapitalrendite, Eigenkapitalrendite	Keine Angabe	
Volks-wagen	Ergebnis	ROI, Wertbeitrag	Keine wertorien-tierte Konzernsteu-erung	Automobile: 7,7%, mit Berechnungs-daten

2.2.4 Corporate Governance als Folge und Notwendigkeit des „wertorientierten Managements"?

Unter „Corporate Governance" versteht man ein Gesamtkonzept zur Führung und Überwachung von Unternehmen, das auf gesetzliche und quasigesetzliche Rahmenbedingungen für unternehmerische Entscheidungen abzielt. Ausgangspunkt der seit Mitte der 90er Jahre geführten Corporate-Governance-Diskussion waren Managementskandale im In- und Ausland (z.B. „Enron-Pleite"), die zeigten, dass die bis dahin geltenden Vorschriften zur Führung und Überwachung von Unternehmen offensichtlich nicht ausreichten, um ein gravierendes Fehlverhalten von Managern zu verhindern. Die im Rahmen des Corporate-Governance-Konzepts formulierten Grundsätze betreffen einerseits die wesentlichen gesetzlichen Regelungen zur Unternehmensführung und -überwachung, andererseits aber auch bloße Empfehlungen, etwa zur Rechnungslegung und Abschlussprüfung oder zur Arbeit des Vorstandes und der Aufsichtsgremien (z.B. des Aufsichtsrats) von Unternehmen.

In Deutschland wurde das Thema „Corporate Governance" aufgrund von Änderungen des Aktiengesetzes (bspw. Reform von Aktien- und Bilanzrecht, KonTragG) und einer breiten gesamtgesellschaftlichen Diskussion aktuell.

Der „Deutsche Corporate Governance Kodex", erstellt durch eine Kommission unter Vorsitz von Gerhard Cromme, gliedert sich in sieben Teile:

1. Präambel

2. Aktionäre und Hauptversammlung

3. Zusammenwirken von Vorstand und Aufsichtsrat

4. Vorstand

5. Aufsichtsrat

6. Transparenz

7. Rechnungslegung und Abschlussprüfung

Die darin enthaltenen Empfehlungen zielen vor allem auf eine verbesserte Informationsgrundlage für internationale Investoren bzw. des allgemeinen Kapitalmarkts aufgrund der bisherigen Schwachpunkte ab (vgl. dazu auch Lehner/Nicolas 2005):

- mangelhafte Ausrichtung auf Aktionärsinteressen,

- duale Unternehmensverfassung mit Vorstand und Aufsichtsrat,

- mangelnde Transparenz deutscher Unternehmensführung,

- mangelnde Unabhängigkeit deutscher Aufsichtsräte,

- eingeschränkte Unabhängigkeit der Abschlussprüfer.

Der Corporate Governance Kodex orientiert sich damit vor allem an den Interessen der Anleger bzw. „Shareholder". Es stellt sich die Frage, ob es für die (strategische) Zielfindung und damit für das gesamte Unternehmensgeschehen – unabhängig von den Partikularinteressen bestimmter „Stakeholder" – auch einen allgemeinverbindlichen normativen Rahmen diesseits der rechtlichen Bestimmungen gibt bzw. geben sollte. Eine bejahende Antwort auf diese Frage stellt die Unternehmensethik dar.

2.2.5 „Unternehmensethik" als normativer Rahmen

Mit dem Begriff „Unternehmensethik" wird die Frage gestellt, ob es für ein erfolgsorientiertes Unternehmen, das z.B. nach Erhöhung des Gewinns oder Shareholder Value strebt, neben dem geltenden Recht noch ein weiteres Regulativ für das unternehmerische Handeln gibt oder geben sollte, das auf den in einer Gesellschaft geltenden Werten, Normen und Haltungen („gut", „richtig", „falsch") beruht. Diese Unternehmensethik manifestiert sich somit in

- **Werten** (Ideen und Wertvorstellungen die von Personen/ Gruppen/ Institutionen, die als wichtig und erstrebenswert angesehen werden),

- **Normen** (Handlungsregelungen, die den Rahmen dessen beschreiben, was als geltende Ordnung anzunehmen ist bzw. der Normalität entspricht, und die sich in Geboten oder Verboten niederschlagen) und

- **Haltungen** (diese drücken die moralischen Überzeugungen und persönlichen Werte von Individuen aus).

Diese Unternehmensethik bezieht sich vor allem auf alle Fälle, in denen das Unternehmen bzw. die in ihm Beschäftigen mit anderen in Kontakt treten (siehe Abbildung 2-12). Aber auch die Art und Weise des Umgangs der Mitarbeiterinnen und Mitarbeitern im Unternehmen ist Ausdruck der gültigen Wert- und Normvorstellungen.

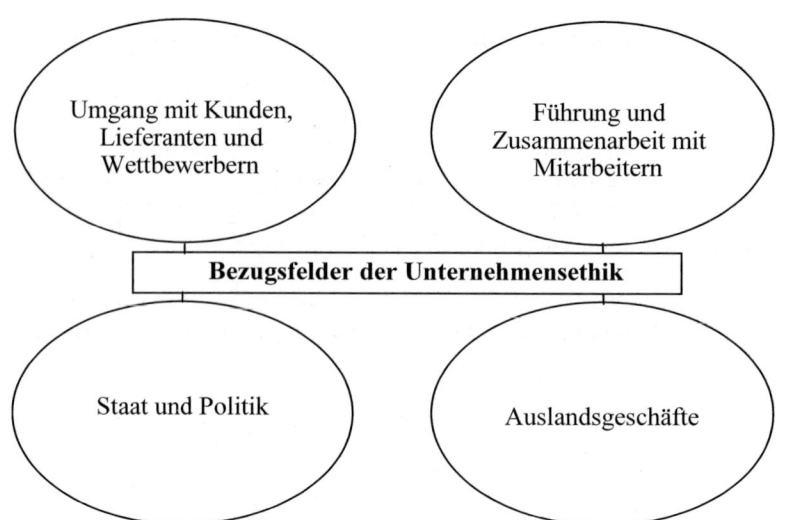

Abb. 2-12. Ausgewählte Bezugsfelder der Unternehmensethik

So besteht, um ein Beispiel zu nennen, in westlichen Kulturkreisen weitgehend Einigkeit darüber, dass ein gewinnorientiertes Unternehmen auf (billige) Kinderarbeit verzichten sollte. In vielen anderen Fällen – beim Einsatz ökologisch bedenklicher Produktionsverfahren, bei der Produktion gesundheitsgefährdender Produkte (z.B. Genussmittel), beim Einsatz bestimmter Vermarktungstechniken usw. – ist jedoch noch konkret zu entscheiden, wie das Unternehmen den Zielkonflikt zwischen Gewinnorientierung und ethischen Normen und Geboten löst. Dabei versteht sich die Unternehmensethik nicht als eine Ansammlung konkreter Normen und Wertvorstellungen („Moral"), wie sie z.B. die 10 Gebote darstellen, sondern beschäftigt sich vielmehr damit, **wie** solche Normen und Werte entstehen bzw. Gültigkeit erlangen sollten.

So versteht sich die Unternehmensethik als Vernunftsethik, d.h. für die Gültigkeit bestimmter Normen sollten „gute Gründe" angegeben werden können. Weiterhin wird empfohlen, ethische Wertvorstellungen und Normen nicht einfach zu „setzen", sondern in einem Dialog mit den Stakeholdern des Unternehmens zu erarbeiten („Diskursethik").

Es ist üblich, die auf diesem oder einem anderen Weg entstandenen ethischen Grundsätze des Unternehmens, die eine Selbstverpflichtung darstellen, im Sinne eines „codes of ethics" zu dokumentieren und damit sichtbar zu machen (siehe Tabelle 2-7).

Tabelle 2-7. Auszug der Ethikrichtlinien der BAYER AG (Quelle: BAYER AG)

Keine verbotenen Kartellabsprachen
Die Bayer AG bekennt sich ohne Ausnahme zum Wettbewerb mit fairen Mitteln und insbesondere zur strikten Einhaltung des Kartellrechts. Auch der Anschein wettbewerbsbeschränkenden Verhaltens ist zu vermeiden.

Umgang mit sensiblen Stoffen
Ob Arzneimittel, Betäubungsmittel oder Gefahrstoffe: alle Regularien, Sicherheitsbestimmungen und technischen Regeln müssen zuverlässig eingehalten werden.

Arbeitssicherheit
Jeder Mitarbeiter ist für die Arbeitssicherheit in seinem Bereich mitverantwortlich. Alle Vorschriften zum Umwelt- und Arbeitsschutz sowie zur Arbeitssicherheit sind strikt anzuwenden.

Anlagensicherheit
Sorgfalt bei Planung und Betrieb vermeiden am wirkungsvollsten Betriebsstörungen, Unfälle oder Störfälle.

Produktsicherheit
Die Grundsätze des „product stewardship" verlangen die Übernahme von Verantwortung über den gesamten Produktzyklus.

Schutz der Umwelt
Bayer hat sich nach den Regeln der Responsible-Care-Initiative selbst verpflichtet, die Leistungen zum Schutz der Umweltmedien kontinuierlich zu verbessern.

Einhaltung des Völker- und internationalen Handelsrechts
Die Vorschriften des Chemiewaffenübereinkommens und des Exportkontrollrechts sind verpflichtend insbesondere für unsere Mitarbeiter in Forschung und Entwicklung.

Gentechnik
Die Gentechnik ist für Bayer eine unverzichtbare Methode zur Entwicklung neuer Produkte und Problemlösungen. Sie darf nur unter Beachtung aller einschlägigen Rechtsvorschriften eingesetzt werden.

Gewerbliche Schutzrechte
Erfindungen, Patente und sonstiges Know-how sind für die Zukunft unseres Unternehmens von überragender Bedeutung. Auf ihren Schutz verwenden wir dieselbe Sorgfalt wie auf die Respektierung entsprechender Rechte Dritter.

2.2.6 Potenzial- und Lückenanalyse zur Verdeutlichung des strategischen Handlungsbedarfs

Gehen wir davon aus, dass die strategischen Ziele (unter Beachtung der unternehmensethischen Werte und Normen) nun definiert sind. Gelegentlich wird vorgeschlagen, den strategischen Handlungsbedarf, der sich aus diesen Zielsetzungen ergibt, anhand der sogenannten Potenzial- und Lückenanalyse zu verdeutlichen (vgl. Abbildung 2-13).

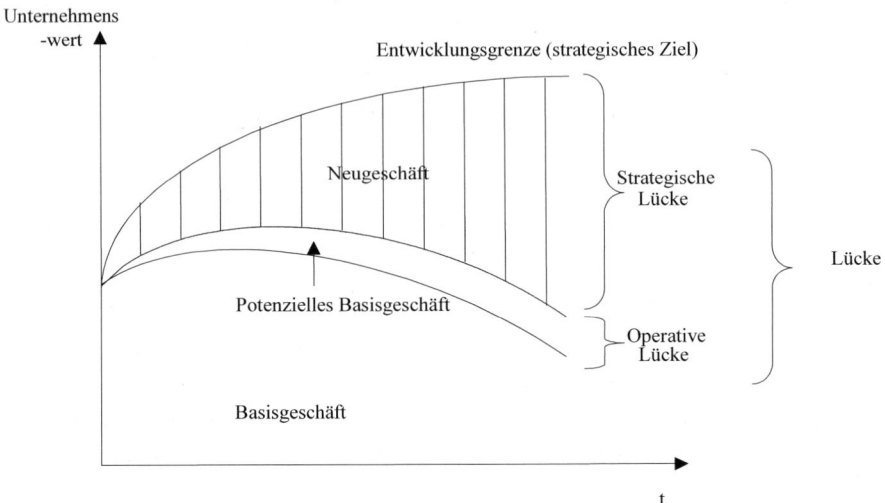

Abb. 2-13. Potenzial- und Lückenanalyse (Quelle: Kreikebaum 1997, S. 113 ff., und die dort angegebene Literatur)

Dem strategischen Ziel (z.B. im Hinblick auf einen bestimmten Unternehmenswert), auch als „Entwicklungsgrenze" des Unternehmens bezeichnet, wird diejenige Zielentwicklung gegenübergestellt, die auf Basis der in der Vergangenheit getroffenen strategischen Entscheidungen („Basisgeschäft") selbst unter bester Ausschöpfung des verbleibenden operativen Handlungsspielraums („potenzielles Basisgeschäft") zu erwarten ist. Während in der unmittelbaren Zukunft hier noch kaum Abweichungen zu befürchten sind, ergibt sich mittel- bis langfristig eine „strategische Lücke", die sich nur durch ein „Neugeschäft" (z.B. die Aufnahme weiterer SGF in das Portfolio des Unternehmens) decken lässt – also durch strategische Maßnahmen, über die aufgrund des relativ langen Zeitraums bis zum Eintritt der gewünschten Zielwirkungen aber **schon jetzt** zu entscheiden ist.

Um nun konkret die Frage zu beantworten, wie die strategische Lücke gefüllt werden kann, müssen Daten beschafft und die Rahmenbedingungen geklärt werden, die Gültigkeit haben, wenn die Strategie realisiert wird. Dies geschieht in der 2. Phase des strategischen Managementprozesses.

2.3 Phase 2: Strategische Analyse

2.3.1 Aufgabe und Analysefelder im Überblick

Wer planen und gestalten will, benötigt Daten und Fakten. Dies ist auch auf der Ebene des strategischen Managements der Fall. Die Aufgabe der strategischen Analyse ist es, die strategische Ausgangssituation und die zukünftig zu erwartenden planungsrelevanten Daten zu ermitteln. Im Laufe der Zeit ist eine ganze Reihe von spezifisch strategischen Analyseinstrumenten entwickelt worden, auf die im Folgenden kurz eingegangen werden soll. Wie in Abbildung 2-6 bereits angedeutet, bezieht sich das strategische Management auf Unternehmensgesamt-, Geschäftsfeld- und Funktionsstrategien. Berücksichtigt man weiter, dass bei jedem dieser Bezugssysteme sowohl unternehmensinterne als auch -externe, also auf die relevanten Umfelder bezogene Daten, Fakten und Entwicklungen zu eruieren sind, ergeben sich insgesamt sechs Aufgabenfelder (siehe Tabelle 2-8; die Zahlen verweisen auf die entsprechenden Abschnitte des Lehrbuchs).

Tabelle 2-8. Aufgabenfelder der strategischen Analyse

| | | *Analysefeld* | |
		extern (Umwelt)	intern (Unternehmen)
Bezugssystem	**Geschäftsfeld 2.3.2.1**	2.3.2.2	2.3.2.3
	Funktions- bereich	2.3.3	2.3.3
	Gesamt- unternehmen 2.3.4.1	2.3.4.2	2.3.4.3

2.3.2 Strategische Analyse auf Geschäftsfeldebene

2.3.2.1 Definition strategischer Geschäftsfelder als Strukturierungsaufgabe

Bevor strategische Geschäftsfelder – auch: Strategische Geschäftseinheiten (SGE); Strategic Business Units (SBU) – analysiert werden können, müssen diese, sofern noch nicht geschehen, erst einmal gebildet werden. Dabei handelt es sich um eine wichtige Strukturierungsaufgabe im Rahmen des strategischen Managements.

Ein **strategisches Geschäftsfeld (SGF)** wird nach allgemein akzeptierter Auffassung definiert durch

- eine klar abgrenzbare Produktgruppe bzw. ein Produktfeld, die/das sich gedanklich auf ein gemeinsames Grundprodukt zurückführen lässt (dies gilt analog auch für Dienstleistungen), welche(s)

- auf einem bestimmten geografischen Marktgebiet oder in einem in geeigneter Weise definierten Marktsegment angeboten wird,

- zur Profilierung gegenüber ganz bestimmten Konkurrenten dient und/oder

- die Erfüllung einer eigenständigen Marktaufgabe (z.B. die Lösung von Kundenproblemen oder die Befriedigung bestimmter Bedürfnisse) zur Aufgabe hat.

Fasst man es noch kürzer, so lässt sich ein SGF als **Produktfeld-Markt-Kombination** kennzeichnen. Ein SGF kann z.B. „Haushaltsgeräte für den westeuropäischen Markt" zum Inhalt haben (und konkret Kaffeemaschinen, Toaster, Mikrowellengeräte und Herde umfassen), ein anderes „Automobile für den chinesischen Markt", ein drittes „Unternehmensberatungs-Leistungen für deutsche Geschäftskunden". Ein SGF kann mit einer bestehenden Organisationseinheit oder einer Tochtergesellschaft identisch sein, muss es aber nicht. In jedem Fall handelt es sich bei den SGF um **aggregierte Größen**, da sie i.d.R. mehrere Einzelprodukte und -varianten (dies gilt entsprechend für Dienstleistungen) umfassen und auch „der Markt" letztlich ein Aggregat aus verschiedenen Käufergruppen bzw. Einzelkunden und geografischen Absatzgebieten darstellt. In den SGF spiegelt sich also die besondere Eigenheit des strategischen Managements – der Umgang mit aggregierten Größen – sehr deutlich wider. Dass es sich bei der Definition bzw. Abgrenzung der SGF um eine „ergebnisoffene" Strukturierungsaufgabe handelt, wird durch Abbildung 2-14 noch einmal zum Ausdruck gebracht.

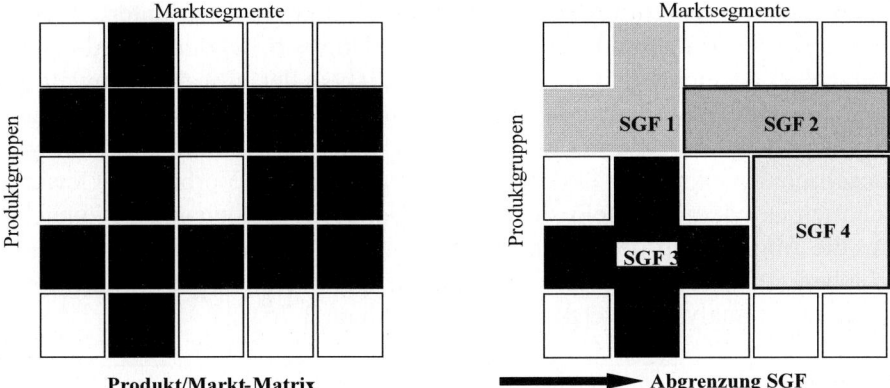

Abb. 2-14. Abgrenzung strategischer Geschäftsfelder (SGF) (Quelle: Müller-Stewens/Lechner 2005, S. 161)

2.3.2.2 Umweltanalyse auf Geschäftsfeldebene

a) Überblick

Zunächst wollen wir eine kurze Reflexion über das Konstrukt „Umweltanalyse" anstellen: Als „Umwelt" wird allgemein die spezifische Umgebung einer Lebenseinheit oder eines Systems (z.B. der Unternehmung) verstanden, die in physische, technische und soziale Umwelt untergliedert werden kann. Die Umwelt scheint damit „objektiv vorgegeben" zu sein und kann einer mehr oder weniger „technischen" Analyse (z.B. durch die Planungsabteilung) zugeführt werden.

Bei näherer Betrachtung zeigt sich jedoch, dass alle Unternehmensmitglieder – und damit das Unternehmen insgesamt – mit der Umwelt in Kontakt stehen und mit ihr interagieren. Ein „Umweltzugang" ergibt sich demnach als Kombination aus Analyse, Beurteilung und aktives wie reaktives Handeln (vgl. z.B. Pettigrew/Whipp 1992). So ist z.B. das Marktpotenzial für ein bestimmtes Produkt oder eine Produktgattung keine exogen vorgegebene Größe, sondern (auch) das Resultat der eigenen absatzpolitischen Maßnahmen. Aber auch wenn ein menschlicher Einfluss zunächst ausgeschlossen erscheint, ist zu bedenken, dass die beobachtete Umwelt sich anders verhalten kann als eine unbeobachtete. Damit gibt es Gründe genug, die Ergebnisse einer Umweltanalyse stets noch einmal kritisch zu hinterfragen.

Die zu analysierende Umwelt eines SGF kann zunächst unterteilt werden in die „globale" und die „spezifische" Umwelt. Letzteres wird als die „Branche" bezeichnet. Während bei der Analyse der globalen Umwelt die heutigen und vor allem zukünftigen Einflüsse und Rahmenbedingungen aus den Bereichen Politik und Recht, (Volks-)Wirtschaft, Technologie, Gesellschaft, Ökologie und anderer „Stakeholder" (Verbände, Gewerkschaften usw.) zu ermitteln sind, geht es bei der Branchenanalyse zunächst um die Abgrenzung der Branche, bevor die sie kennzeichnenden Einflussgruppen (Abnehmer, aktuelle und potenzielle Konkurrenten, Lieferanten usw.) näher analysiert werden (siehe Abbildung 2-15).

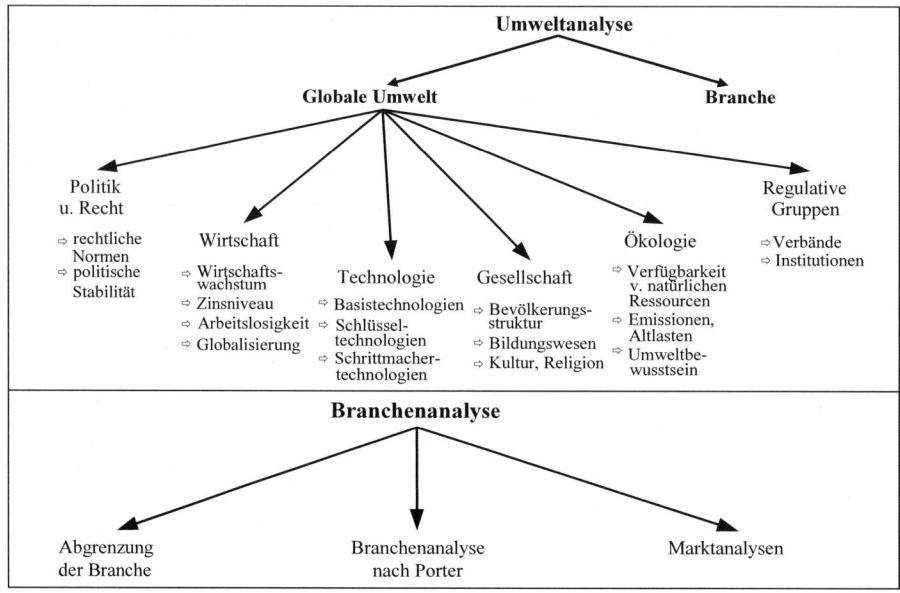

Abb. 2-15. Umwelt- und Branchenanalyse

b) Abgrenzung der Branche bzw. der „strategischen Gruppe"

Die Branche (Wirtschafts- oder Geschäftszweig), in der das SGF tätig ist, wird zunächst einmal durch die Art der erstellten und vertriebenen Produkte bzw. Leistungen bestimmt (z.B. Automobilbranche, Maschinenbau, Chemische Industrie, Lebensmitteleinzelhandel). Der für ein SGF relevante Teil einer Branche kann jedoch durchaus kleiner sein und lässt sich mithilfe der **Kreuzpreiselastizität** abgrenzen:

$$\eta_{AB} = \frac{\dfrac{\Delta\mu_A}{\mu_A}}{\dfrac{\Delta p_B}{p_B}} = \frac{\text{relative Mengenänderung bei A}}{\text{relative Preisänderung bei B}}$$

Nehmen wir an, ein Automobilhersteller A, der ausschließlich preisgünstige Kleinwagen und Fahrzeuge der Kompaktklasse anbietet, vergleicht sich mit dem Sportwagenhersteller B (z.B. „Porsche"). Eine Preissteigerung bei Porsche dürfte bei A keine Absatzsteigerung bewirken (schon weil es kaum Kunden geben wird, die den Kleinwagen von A und den Sportwagen von Porsche als Alternativen abwägen). Zwischen A und B besteht, obwohl beide formal der Automobilbranche angehören, keine direkte Konkurrenzbeziehung – sie gehören somit unterschiedlichen Segmenten an. Halten wir fest: Nur Unternehmen, die eine „spürbar positive" Kreuzpreiselastizität verbindet, gehören zur Gruppe der relevanten Wettbewerber.

Der Grundgedanke, dass ein Teil der Wettbewerber eines Unternehmens oder SGF von besonderer Relevanz ist, liegt auch dem Konzept der **„strategischen Gruppe"** zugrunde.

Hiermit ist die Gruppe von Unternehmen (oder SGF) gemeint, die im Hinblick auf die strategischen Erfolgsfaktoren ähnlich ausgeprägt sind. Es hat sich gezeigt, dass der zukünftige Erfolg maßgeblich von diesen „gruppenspezifischen" Erfolgsfaktoren abhängt und dass der Wettbewerb innerhalb der strategischen Gruppe oft härter ist als zwischen Unternehmen oder SGF unterschiedlicher Gruppen (oder in statistischer Hinsicht formuliert: Die Varianz der Ergebnisgrößen innerhalb der Gruppe ist größer als die zwischen den Gruppen). Der Wettbewerb wird auch dadurch gefördert, dass ein „Ausstieg" aus der strategischen Gruppe durch Mobilitätsbarrieren be- oder verhindert wird.

Zur Abgrenzung der „strategischen Gruppe" kann auf multivariable Analysemethoden zurückgegriffen werden (vgl. Backhaus et al. 2006), z.B. die hierarchische Clusteranalyse. Abbildung 2-16a zeigt eine denkbare Abgrenzung strategischer Gruppen in der Automobilindustrie anhand von nur zwei Kriterien (Durchschnittspreis und Produktprogrammbreite), Abbildung 2-16b dagegen eine Abgrenzung auf Basis der Multidimensionalen Skalierung (MDS):

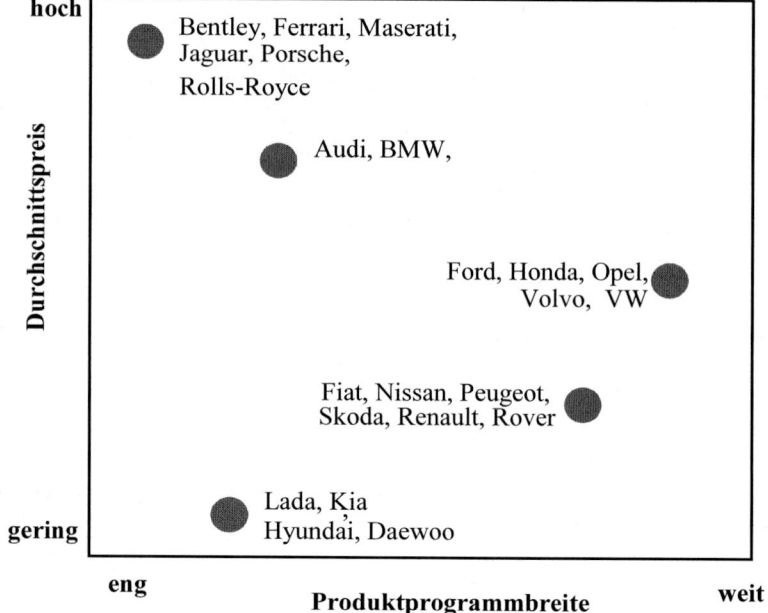

Abb. 2-16a. Strategische Gruppen in der Automobilindustrie auf Basis der Cluster
-analyse (Quelle: Müller-Stewens/Lechner 2005, S. 196)

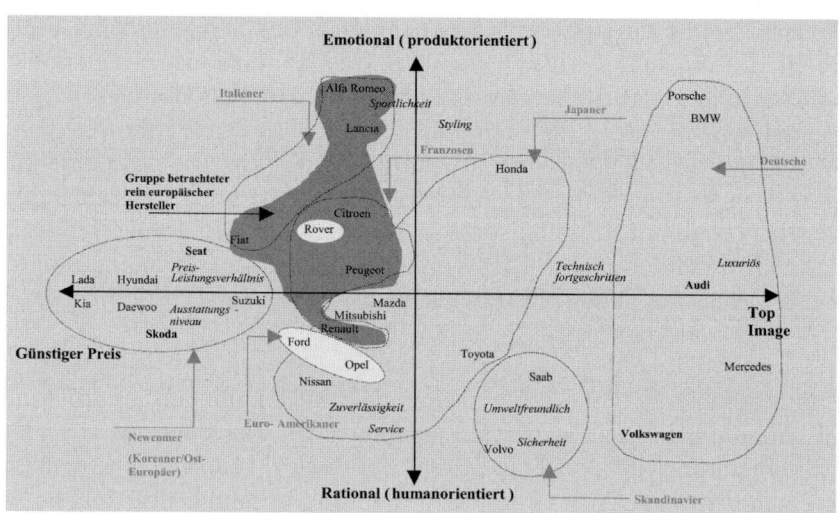

Abb. 2-16b. Strategische Gruppen in der Automobilindustrie als Ergebnis eines
Image-Positionierungsmodells (MDS) (Quelle: Biastoch 1997)

c) Branchenanalyse nach Porter

Um die Frage zu beantworten, ob ein Unternehmen oder ein SGF in der Branche, in der es tätig ist, auch zukünftig die Chance hat, seine Ertragsziele zu erreichen, kann die Branchenstrukturanalyse von Porter angewendet werden (siehe Abbildung 2-17).

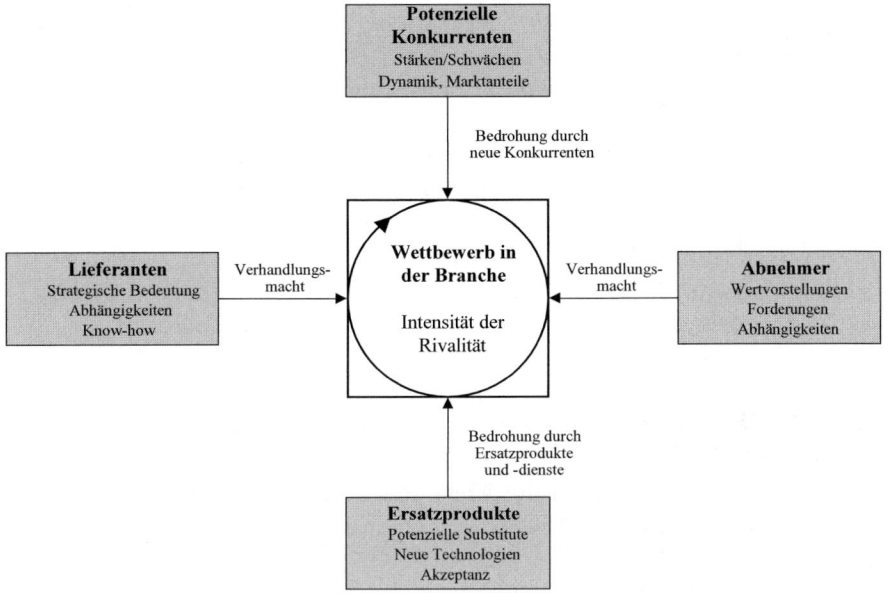

Abb. 2-17. Branchenanalyse nach Porter (Quelle: Porter 1990, S. 26)

Dieser auf der Industrieökonomik beruhende Ansatz geht davon aus, dass die künftige Erreichung der Ertrags- oder Wertsteigerungsziele eines Unternehmens oder SGF vor allem von fünf Faktoren abhängt: der Intensität des Wettbewerbs der schon auf dem Markt tätigen Konkurrenten (Mitte), der Verhandlungsmacht der Lieferanten und Kunden und der Gefahr, dass neue Konkurrenten bzw. neue Produkte den Wettbewerb weiter verschärfen.

Die waagrechte Achse modelliert im Grunde die Wertschöpfungskette und stellt damit die Frage, wie sich der insgesamt geschaffene Wert zwischen den Lieferanten, den betrachteten Unternehmen/SGF (und seinen Konkurrenten) sowie den Abnehmern (z.B. in Form der „Konsumentenrente") verteilt. Die senkrechte Achse stellt dagegen die aktuelle bzw. potenzielle Konkurrenzsituation dar.

Um das Konzept von Porter anzuwenden, ist jeder dieser fünf Faktoren anhand von Sub-Kriterien näher zu untersuchen, bevor der Versuch gemacht werden kann, die gewonnenen Erkenntnisse zu einem Gesamturteil in Hinblick auf die Ertragsperspektiven in dieser Branche (z.B. „sehr günstig", „günstig" oder „schwierig") zu verdichten. Bei der Analyse können die folgenden Einzelkriterien herangezogen werden:

1. Verhandlungsmacht der Lieferanten
- Starke Konzentration auf Seiten der Lieferanten
- Keine Alternativen zu den Lieferantenprodukten
- Branche ist für den Lieferanten relativ unwichtig
- Lieferantenprodukt ist für die Branche sehr wichtig
- Hohe Produktwechselkosten bei den Lieferantenprodukten etc.

2. Verhandlungsstärke der Abnehmer
- Starke Konzentration auf der Abnehmerseite
- Hoher Anteil der Branchenprodukte an den Gesamtkosten der Abnehmer
- Geringe Standardisierung/ hohe Differenzierung des Angebots
- Niedrige Umstellungskosten
- Gefahr der Rückwärtsintegration
- Branchenprodukt ist für die Abnehmer relativ unwichtig
- Hoher Informationsgrad der Abnehmer etc.

3. Grad der Rivalität in der Branche
- Langsames Branchenwachstum/Marktanteilskämpfe
- Zahlreiche gleich ausgestattete Wettbewerber
- Hohe Fix- und Lagerkosten
- Geringe Produktdifferenzierung/ hohe Umstellungskosten
- Starke Kapazitätserweiterungspläne
- Hohe strategische Einsätze/ hohe Austrittsbarrieren
- Schnelligkeit und Heftigkeit der Reaktionen auf Konkurrentenmaßnahmen etc.

4. Druck durch Ersatzprodukte
- Existieren Produkte mit der gleichen Funktion wie das eigene Produkt oder sind solche zu erwarten?
- Wie attraktiv ist das Preis-/Leistungsverhältnis der Substitutionsprodukte?
- Erzielen die Hersteller von Substitutionsprodukten hohe Gewinne?
- Wie stark ist die Bereitschaft zu kollektiven Gegenmaßnahmen? usw.

5. Gefahr des Markteintritts neuer Konkurrenten

- **Eintrittsbarrieren**
  - Economies-of-scale-Barrieren (Kostenvorteile etablierter Wettbewerber)
  - Rechtlich-politische Barrieren (beschränkter Marktzutritt)
  - Kompatibilitätsbarrieren (Nachfrager hätten „product-switching-costs" bei Lieferantenwechsel)
  - Mobilitätsbarrieren (Unlust der Käufer, alternative Angebote auszuprobieren etc.)
  - Kapitalbedarf
  - Zugang zu günstigen Produktions- und Vertriebsstandorten
  - Größenunabhängige Nachteile für Newcomer (z.B. Know-how-Defizite)
  - Referenzbarrieren (Image- und Bekanntheitsvorteile der etablierten Unternehmen)
  - Produktdifferenzierungsbarrieren (alle Marktnischen durch die etablierten Wettbewerber bereits „besetzt")
  - Staatliche Reglementierungen (im Zuge von Deregulierungs- und Freihandelsbestrebungen immer weniger restriktiv)
  - Distributionsbarrieren (kein Zugang zu limitierten Distributionskanälen, z.B. Lieferungs- und Regalplatzpolitik im Einzelhandel)
  - Informationsbarrieren (Know-how-Defizite im Hinblick auf Technologien, „den Markt") etc.

- **Erwartete „Vergeltungsmaßnahmen" durch die etablierte Wettbewerber**
  - Harte Reaktionen in der Vergangenheit
  - Umfangreiche Vergeltungsmittel (z.B. Kapitalreserven)
  - Lange Branchentradition der Etablierten
  - Langfristige Kapitalbindung als Austrittsbarriere
  - Langsames Branchenwachstum, dadurch Verschärfung der Marktanteilskämpfe etc.

Gerade beim letztgenannten Kriterium spielen nicht nur die Markteintritts- und Marktaustrittsbarrieren für sich genommen, sondern ihr Verhältnis zueinander eine Rolle (siehe dazu Tabelle 2-9). So führen hohe Markteintritts- und Marktaustrittsbarrieren zwar zu hohen, aber oft unsicheren Erträgen.

Tabelle 2-9. Branchenrentabilität in Abhängigkeit von Eintritts- und Austrittsbarrieren (Quelle: Porter 1997, S. 48)

		Austrittsbarrieren	
		Niedrig	Hoch
Eintrittsbarrieren	Niedrig	Niedrige, stabile Erträge	Niedrige, unsichere Erträge
	Hoch	Hohe, stabile Erträge	Hohe, unsichere Erträge

Bei der Branchenanalyse ist das Verhalten der etablierten und potenziellen Konkurrenten von besonderer Bedeutung. Um deren Verhalten zu analysieren und zu prognostizieren, kann von den in Abbildung 2-18 genannten Kriterien ausgegangen werden.

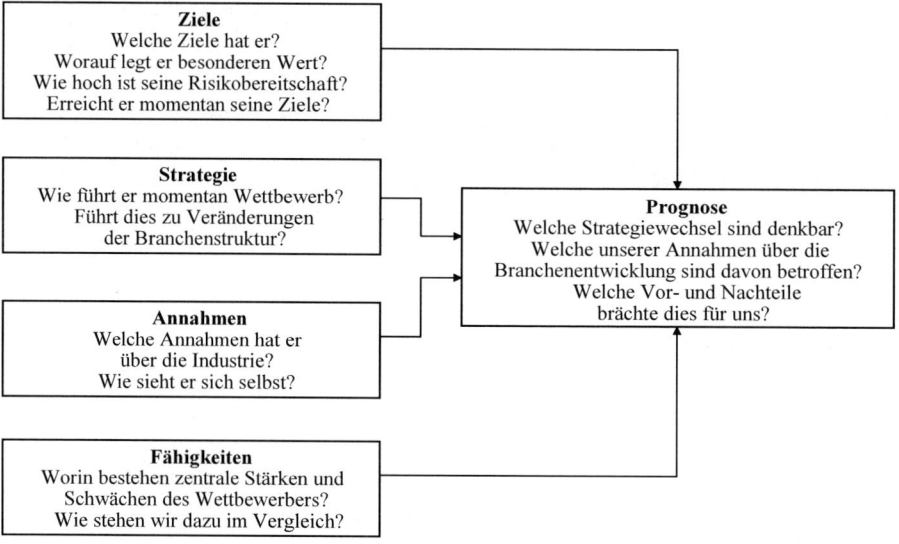

Abb. 2-18. Analyse und Prognose des Verhaltens der Konkurrenten (Quelle: Müller-Stewens/Lechner 2005, S. 197)

Die einzelnen Analyseergebnisse können z.B. mithilfe der noch zu betrachtenden Nutzwertanalyse (siehe Abschnitt 2.4.3.4 e) auf **eine** Attraktivitätskennzahl der Branche verdichtet werden. Da der „Informationsmehrwert" durch die „Zwangsquantifizierung" der zahlreichen qualitativen Daten und Analyseergebnisse aber mit Recht zu bezweifeln ist, kann man es, wie gleich gezeigt wird, auch bei einer rein verbalen Auswertung und Synopse der Analyseergebnisse belassen.

Im Folgenden soll die Anwendung der Branchenanalyse nach Porter am **Beispiel der Automobilindustrie** illustriert werden. Aus Sicht eines international tätigen europäischen Automobilherstellers ergibt sich typischerweise das folgende Bild:

- **Branchenanalyse am Beispiel der Automobilindustrie**

    1. **Verhandlungsstärke der Lieferanten**

Stärke der Konzentration der Lieferanten	Teilweise gering; einige Technologieführer (z.B. Bosch); verstärkte Konzentration in der Zukunft erwartet
Keine Alternativen zu den Lieferantenprodukten	Alternativen meistens vorhanden durch „Dual Sourcing"-Strategien
Branche für den Lieferanten relativ unwichtig	Nein
Lieferantenprodukt für die Branche sehr wichtig	Ja
Hohe Differenzierung/Umstellungskosten bei den Lieferantenprodukten	Teilweise ja

   2. **Verhandlungsstärke der Abnehmer**

Starke Konzentration auf der Abnehmerseite	Nein (Ausnahme: Autovermietungen, Firmenkunden)
Hoher Anteil der Branchenprodukte an den Gesamtkosten der Abnehmer	Teilweise
Geringe Standardisierung/ hohe Differenzierung	Ja
Niedrige Umstellungskosten	Ja
Gefahr der Rückwärtsintegration	Nein
Branchenprodukt ist für die Qualität/Leistung der Abnehmer unwichtig	Nein
Hoher Informationsgrad der Abnehmer	Ja

3. Grad der Rivalität in der Branche

Langsames Branchenwachstum/Markt-anteilskämpfe	Ja
Zahlreiche gleich ausgestattete Wettbewerber	Ja
Hohe Fix-/Lagerkosten	Ja
Teilweise geringe Produktdifferenzierung/hohe Umstellungskosten	Ja
Starke Kapazitätserweiterungspläne	Nein (Überkapazitäten)
Heterogene Wettbewerbertypen	Teilweise
Hohe strategische Einsätze/Austrittsbarrieren	Ja

4. Druck durch Ersatzprodukte[1]

Existieren Produkte mit der gleichen Funktion wie das eigene Produkt?	Kaum
Wie attraktiv ist das Preis-/Leistungsverhältnis der Substitutionsprodukte?	Gering
Erzielen die Hersteller von Substitutionsprodukten hohe Gewinne?	Nein
Wie stark ist die Bereitschaft zu kollektiven Gegenmaßnahmen?	Groß

5. Gefahr des Markteintritts neuer Konkurrenten

• Eintrittsbarrieren

Economies of scale	Ja
Produktdifferenzierung	Ja
Kapitalbedarf	Hoch
Zugang zu Vertriebskanälen	Schwer bis leicht (Segmentspezifisch)
Größenunabhängige Nachteile für den New-comer	Ja
Staatliche Reglementierungen	Nein

---

[1] Siehe hierzu auch Abschnitt 3.9 dieses Lehrbuchs („Das Innovationsverhalten der Automobilindustrie").

• Erwartete Vergeltung durch die etablierten Wettbewerber

Harte Reaktionen in der Vergangenheit	Ja
Umfangreiche Vergeltungsmittel	Ja
Lange Branchentradition der Etablierten	Ja
Langfristige Kapitalbindung	Ja
Langsames Branchenwachstum	Ja

Die Branchenanalyse unter Anwendung des Porter-Konzepts führt hier zu folgendem **Ergebnis**:

> Die Automobilbranche ist also – alles in allem gesehen – durch relative starke Lieferanten und schwache Abnehmer, eine hohe Intensität des Wettbewerbs und hohe Marktein- und -austrittsbarrieren gekennzeichnet, wobei Substitutionsprodukte, die das Automobil an sich ersetzen bzw. bedrohen könnten, kurz- und mittelfristig kaum in Sicht sind.

Damit ist die Automobilindustrie für die bestehenden Wettbewerber aus der Ertragsperspektive durchaus **weiterhin attraktiv**, während es neue Unternehmen bzw. SGF in dieser Branche vergleichsweise schwer hätten oder haben, sich zu etablieren.

Die Branchenanalyse von Porter stellt – trotz einiger Schwächen (z.B. der Vernachlässigung des ressourcenorientierten Ansatzes oder der Möglichkeit zur Wertsteigerung durch Kooperationen) – ein wertvolles Instrument der strategischen Analyse dar, und zwar nicht zuletzt auch deshalb, weil es die „heroischen" Annahmen der Wirtschaftstheorie durch eine realistische Betrachtung der Bedingungen der Wirtschaftspraxis ersetzt (siehe Tabelle 2-10).

Tabelle 2-10. Die Branchenanalyse nach Porter vs. „heroische" Annahmen der Wirtschaftstheorie

„Heroische" Annahmen der Wirtschaftstheorie	vs.	Realistische Bedingungen der Wirtschaftspraxis
Vollkommene Konkurrenz		Porters Industrial Organisation Paradigma
Unendlich viele Anbieter und Nachfrager		Verhandlungsmacht der Anbieter und Nachfrager
Homogene Güter		Substitutionsprodukte/ Differenzierung
Perfekte Information		Graduell abgestufte Rivalität
Unendliche Reaktionsgeschwindigkeit		Eintritts- und Austrittsbarrieren
Freier Zutritt und Austritt		Unterschiedliche Wertketten
„optimale" Produktionsfunktion		

d) Strategische Marktanalyse

Es ist sinnvoll, den ein SGF kennzeichnenden Markt und damit das zukünftig zu erwartende Absatz- oder Umsatzpotenzial noch näher zu analysieren. Dabei kann das Modell des „Marktlebenszyklusses" hilfreich sein.

Dieses Modell geht davon aus, dass nicht nur Einzelprodukte und Produktgruppen, sondern auch ganze Märkte wachsen, reifen und degenerieren können (siehe Abbildung 2-19). So ist der Markt für Telekommunikation (Geräte und Dienstleistungen) noch im Wachsen begriffen, während der Automobilmarkt in Europa stagniert und der Absatzmarkt für Zigaretten hier sogar schrumpft.

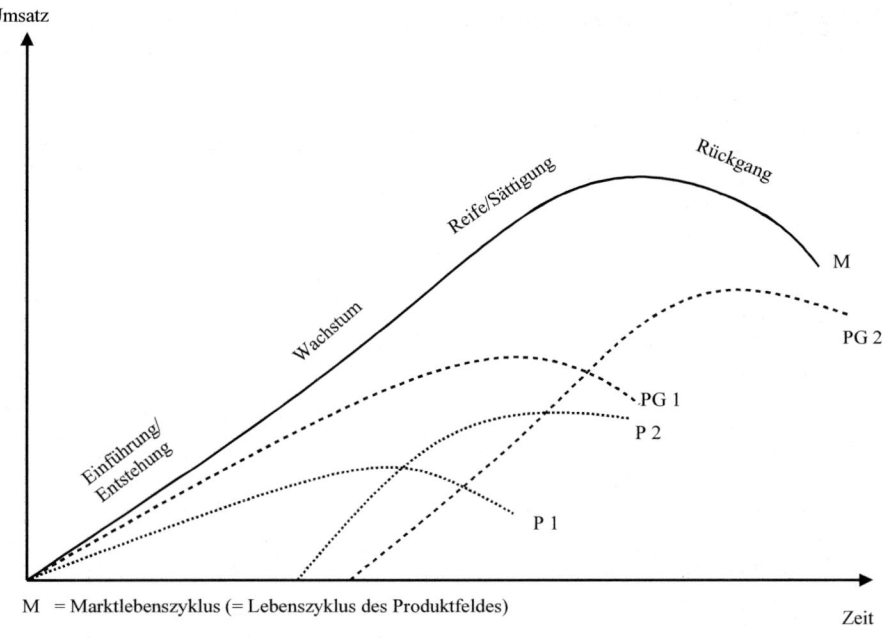

Umsatz

M = Marktlebenszyklus (= Lebenszyklus des Produktfeldes)

PG = Lebenszyklus der Produktgruppe

P = Produktlebenszyklus

Zeit

Abb. 2-19. Konzept des „Marktlebenszyklus"

Zur Prognose des Marktlebenszyklus ist die Anwendung eines quantitativen Prognoseverfahrens, z.B. der logistischen Funktion, nicht ausgeschlossen (vgl. dazu z.B. Hansmann 2006, S. 80 ff.). Die Kenntnis der Phase, in der sich der Markt eines SGF befindet, ist schon deshalb wichtig, weil sich, wie noch gezeigt wird, die strategischen Maßnahmen je nach Phase oft unterscheiden.

Zur Identifikation und Abgrenzung der Lebenszyklus-Phasen können die folgenden Kriterien herangezogen werden:

Einführung/Entstehung: „junger Markt"

- Beispiele: Brennstoffzellen, Biotechnologie, Nanotechnologie,
- (noch) wenige Wettbewerber,
- unterschiedliches Angebot,
- (noch) schwache Anbieter-Abnehmer-Beziehung,
- niedrige Eintrittsbarrieren usw.

Wachstum: „wachsender" Markt

- Beispiele: Multimediaprodukte und -dienstleistungen, Tourismus, Mobiltelefonie,
- mehr Wettbewerber,
- höhere Markteintrittsbarrieren,
- steigende Konkurrenzintensität,
- zunehmende „Kundentreue",
- Kapazitätsausbau und technologische Verbesserungen usw.

Reife/Sättigung: „stagnierender" Markt

- Beispiele: Automobile, Haushaltsgeräte, Bekleidung und Textilien, Fernseher, Festnetztelefonie,
- höchste Konkurrenzintensität,
- hohe Markteintrittsbarrieren und Marktaustrittsbarrieren,
- Angebotsdifferenzierung,
- Ausscheiden von Konkurrenten ohne Wettbewerbsvorteile (Produkt/Kosten) usw.

Rückgang: „schrumpfender" Markt

- Beispiele: Zigaretten (in Europa), Schreibmaschinen, CD-Player, Faxgeräte,
- wenige Wettbewerber,
- häufige Marktaustritte bei hohen Austrittsbarrieren,
- Konzentration der Marktanteile,
- Bedürfnisverschiebungen der Konsumenten,
- Überkapazitäten,
- stagnierende Technologie usw.

Setzt man die Lebenszyklusphasen eines Marktes mit der Branchenanalyse nach Porter in Beziehung, ergibt sich das in Tabelle 2-11 zusammengefasste, differenzierte Bild. Erst durch Kombination der Branchen- mit der Marktanalyse sind qualifizierte Gesamtaussagen zur strategischen Ausgangssituation in einem Geschäftsfeld möglich.

Tabelle 2-11. Markt- bzw. Branchenlebenszyklus und die Branchenanalyse nach Porter (Quelle: Müller-Stewens/Lechner 2005, S. 146)

Lebenszyklusphase	Einführung	Wachstum	Reife	Rückgang
Bedrohung durch neue Wettbewerber	Unsicherheit und Risiko der Innovation als Eintrittsbarriere	Eintritt vieler neuer Wettbewerber	Neueintritt nur unter günstige Kostenbedingungen	Eintritt ist relativ unattraktiv
Verhandlungsmacht der Lieferanten	gering	ansteigend	hoch	gering
Verhandlungsmacht der Abnehmer	hoch	gering	ansteigend	hoch
Bedrohung durch Substitutionsprodukte	hoch	gering	ansteigend	hoch
Rivalität unter den etablierten Wettbewerbern	gering, da Ungewissheit sehr groß ist	zunehmend, aber es können sich noch alle verbessern	oligopolistisches Verhalten kein Wettbewerbskampf	ist Austritt oder Verlagerung nicht möglich, folgt hohe Rivalität
Schwerpunkt des strategischen Verhaltens	Forschung & Entwicklung	Marketing	Effektivität in Produktion und Absatz	Kostenkontrolle
Ergebnis	niedrig	hoch	normal	zunehmender Druck

Eine weitere Aufgabe im Rahmen der strategischen Marktanalyse ist die **Kunden- bzw. Marktsegmentierung**. In welche Marktsegmente bzw. Kundengruppen ein Markt unterteilt werden kann, ist meistens nicht „natürlich vorgegeben", sondern ergibt sich erst als Ergebnis einer gedanklichen Strukturierungsarbeit. Aber selbst in Fällen, in denen sich die Marktsegmente scheinbar durch Konventionen „verfestigt" haben, kann eine Neudefinition der Marktsegmente der Ausgangspunkt einer innovativen Strategie sein. Dass sich die Segmentierungskriterien zwischen Investitions- und Konsumgütermärkten unterscheiden (können), verdeutlicht Tabelle 2-12:

So beruht z.B. der ökonomische Erfolg der Körperpflege- und Kosmetikmarke „Nivea" des Unternehmens Beiersdorf AG nicht nur auf einer konsequent verfolgten Differenzierungsstrategie unterhalb dieser Dachmarke, sondern auch und ganz wesentlich auf einer geschickten Segmentierung des Gesamtmarktes in z.T. neue Segmente („Die reife Haut", „Kosmetik für Männer" usw.).

Tabelle 2-12. Kriterien für die Kunden- und Marktsegmentierung in Konsum- und Investitionsgütermärkten (Quelle: Müller-Stewens/Lechner 2005, S. 187)

Art des Kriteriums	Konsumgütermarkt	Investitionsgütermarkt
Eigenschaften von Menschen/ Organisationen	• Alter, Geschlecht, Rasse • Kaufkraft • Familiengröße • Lebenszyklus • Persönlichkeit und Lebensstil (wie Sicherheitsstreben, Genussorientierung)	• Branchenzweig • Lage • Größe • Technologie • Profitabilität • Management
Kauf/ Benutzungssituation	• Kaufvolumen • Markentreue • Nutzungszweck • Kaufverhalten (Kaufhäufigkeit Einkaufsstättenwahl) • Bedeutung des Kaufs • Auswahlkriterien	• Verwendung • Bedeutung des Kaufs • Volumen • Einkaufsfrequenz • Kaufprozess • Auswahlkriterien • Vertriebskanäle
Bedürfnis und Charakteristika der Leistung	• Produktähnlichkeit • Preispräferenzen • Markenpräferenzen • Produkteigenschaft • Qualität	• Leistungsanforderungen • Lieferantenunterstützung • Markenpräferenzen • Eigenschaften • Qualität • Serviceanforderungen

Die bei der BMW AG vorgenommene Marktsegmentierung anhand eines (kritisch zu hinterfragenden) sozialen „Schichtenmodells" und der verschiedenen Wertorientierungen der Automobilkunden ergab, wie in Abbildung 2-20 dargestellt, eine Unterteilung in 11 Kundengruppen oder Marktsegmente, von denen nach eigenen Aussagen nur zwei („Upper Conservative" und „Social Climber") die Zielgruppen von BMW bilden, möglicherweise inzwischen ergänzt um die Gruppe der „Upper Liberal" (bei der Marke „New Mini").

Es fällt nicht schwer, auch andere Automarken und -typen den hier abgegrenzten Marktsegmenten zuzuordnen – sofern diese sich überhaupt für das Autofahren interessieren.

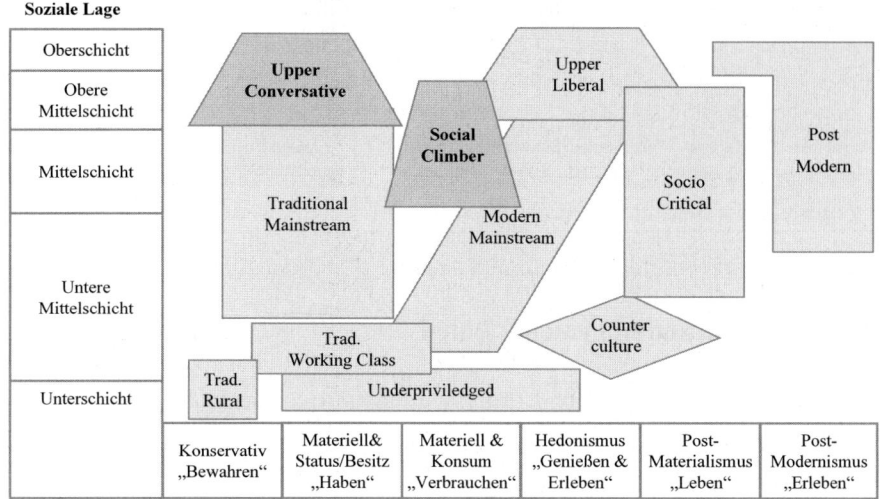

Soziale Lage

Oberschicht							
Obere Mittelschicht							
Mittelschicht							
Untere Mittelschicht							
Unterschicht							

Konservativ „Bewahren"	Materiell& Status/Besitz „Haben"	Materiell & Konsum „Verbrauchen"	Hedonismus „Genießen & Erleben"	Post-Materialismus „Leben"	Post-Modernismus „Erleben"

Wertorientierung

Abb. 2-20. Marktsegmentierung bei der BMW AG (Stand: 1999) (Quelle: BMW AG)

2.3.2.3 Interne Analyse des Geschäftsfelds

Im Rahmen der geschäftsfeldbezogenen strategischen Analyse ist letztendlich von Interesse, inwieweit die SGF – das Bestehen von Ergebnisverantwortung (d.h. auch die Lösung der Zurechenbarkeitsproblematik) vorausgesetzt – zum Erreichen der gesetzten Unternehmensziele, z.B. Umsatz- und Kapitalrenditen, Gewinn- und Wertsteigerungsziele, beigetragen haben und auch künftig beitragen werden.

Während die Ermittlung der bisherigen Geschäftsergebnisse eher unproblematisch erscheint, wird man bei der Prognose der zukünftigen Zielbeiträge zunächst danach fragen, wie das SGF bei den erfolgsrelevanten Faktoren „aufgestellt" ist und welche Stärken und Schwächen (bzw. Chancen und Risiken) sich hier im Vergleich zu anderen (eigenen wie fremden) SGF ergeben. Hierfür ist auch eine vertiefte Analyse des Geschäftssystems und der Kernkompetenzen der SGF notwendig.

Die nachfolgend näher betrachteten Analysefelder sind in Abbildung 2-21 noch einmal auf einen Blick zusammengefasst.

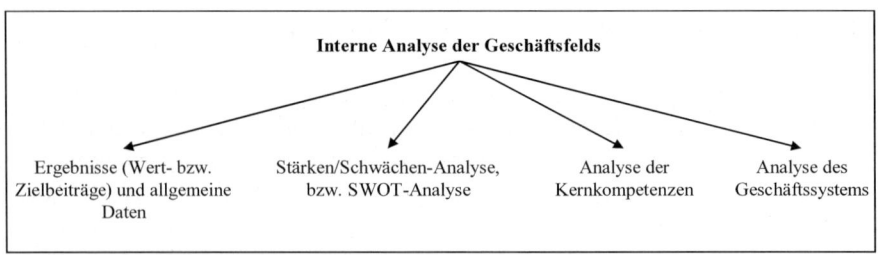

Abb. 2-21. Aufgabenfelder der internen Analyse des Geschäftsfelds

a) Ergebnisse und allgemeine Daten

Zunächst geht es darum, die Ergebnissituation des Geschäftsfelds, insbesondere

- Cashflow,
- Gewinn bzw. Geschäftswertbeitrag,
- Gesamtkapitalrendite,
- Umsatzrendite,
- Gewinn- oder EBIT-Marge,
- Kostensituation und Marktanteil(e),

zu erfassen und darüber hinaus weitere Daten zu erheben, um die gegenwärtige Situation des Geschäftsfels einzuschätzen, z.B.

- Breite des Produkt- und Leistungsangebots,
- Durchschnittsniveau der Verkaufspreise,
- Qualitätsniveau des Produkt- und Leistungsangebots,
- Marketingausgaben, insbesondere für Außendienst, Werbung, Verkaufsförderung, Kundendienst,
- Technologieposition und Innovationsstärke,
- Kapazitätsauslastung,
- Produktivität,
- Standortqualität,
- Versorgung mit wichtigen Rohstoffen /Komponenten / Energie /Dienstleistungen,
- Finanzreserven und Kreditwürdigkeit,
- Personalsituation (Anzahl, Altersstruktur, Ausbildungsstand etc.),
- Produkt-/Unternehmensimage,
- Qualität der Führungskräfte,
- Führungs- und IT-Systeme u.a.m.

b) Stärken/Schwächen-Analyse, SWOT-Analyse

Erst durch eine Interpretation der gewonnenen Daten, z.B. durch einen Vergleich mit einem Referenz-Geschäftsfeld, zeigt sich, bei welchen Faktoren das SGF „stark" oder „schwach" ausgeprägt ist. Das Ergebnis kann dann in Form eines Stärken/Schwächen-Profils visualisiert werden (siehe Abbildung 2-22).

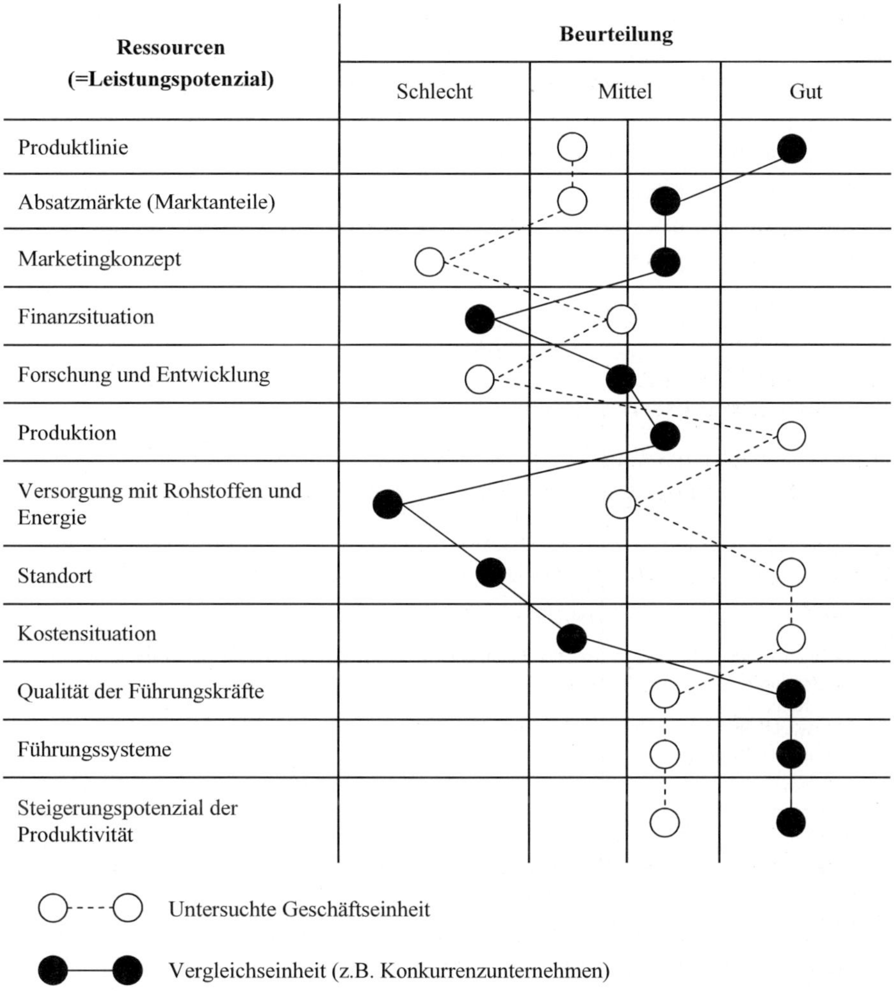

Ressourcen (=Leistungspotenzial)	Beurteilung		
	Schlecht	Mittel	Gut
Produktlinie		○	●
Absatzmärkte (Marktanteile)		○ ●	
Marketingkonzept	○	●	
Finanzsituation	●	○	
Forschung und Entwicklung	○ ●		
Produktion		●	○
Versorgung mit Rohstoffen und Energie	●	○	
Standort	●		○
Kostensituation	●		○
Qualität der Führungskräfte		○	●
Führungssysteme		○	●
Steigerungspotenzial der Produktivität		○	●

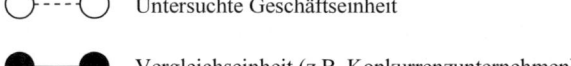

○----○   Untersuchte Geschäftseinheit

●——●   Vergleichseinheit (z.B. Konkurrenzunternehmen)

Abb. 2-22. Stärken/Schwächen-Profil einer strategischen Geschäftseinheit (Quelle: Hinterhuber 1996, S. 55)

Auf einen Blick wird deutlich, dass das untersuchte SGF zwar Stärken in den „vorgelagerten" Wertschöpfungsaktivitäten (Beschaffung, Produktion), aber deutlich Defizite bei den markt- und kundennahen Aktivitäten aufweist. Zudem besteht Handlungsbedarf bezüglich der Führungskräfte und Führungssysteme des Geschäftsfelds. Die Stärken/Schwächen-Analyse ist also insgesamt ein guter Ausgangspunkt für die Generierung strategischer Maßnahmen.

Die sogenannte „SWOT-Analyse" (als Abkürzung der Begriffe Strengths, Weaknesses, Opportunities, Threats) verknüpft die Ergebnisse der internen und der externen Geschäftsfeldanalyse (Umweltanalyse) und geht sogar noch einen Schritt weiter in Richtung Strategieentwicklung, indem die (zunächst leere) Matrix dazu auffordert, über strategische Maßnahmen nachzudenken, die bei dem Zusammentreffen der jeweiligen Stärken/Schwächen- mit den Chancen/Risiken-Positionen zieladäquat sind. Tabelle 2-13 verdeutlicht dies an einem Beispiel.

Tabelle 2-13. SWOT-Analyse eines europäischen Verteidigungsunternehmens (Quelle: Müller-Stewens/Lechner 2005, S. 225)

Umweltfaktoren / Unternehmensfaktoren	Opportunities	Threats
	1. Neue Verteidigungsmärkte in Osteuropa 2. Zugang zu vielen Märkten (Dual use-products) 3. Verstärkt pan-europäische Projekte (z.B. Eurofighter)	1. Reduktion der Militärbudgets 2. Neue Konkurrenten aus europäischen Ländern 3. Konzentrationstendenzen in der Branche
Strengths 1. Technologische Führerschaft 2. Gute Kontakte zu Militärbehörden 3. Starke Cash-Positionen	**SO-Strategien** • Entwicklung neuer Produkte (Satellitennavigation) und Dienstleistungen (Flughafenbefeuerung) • Expansion in osteuropäische Märkte	**ST-Strategien** • Kooperationen oder Akquisitionen in Europa • Intensivierung der Marketingaktivitäten
Weaknesses 1. Hohe Produktionskosten 2. Unflexible Aufbau- und Ablauforganisation 3. Nationale Vertriebspräsenz 4. Teilweise fehlende kritische Masse	**WO-Strategien** • Gründung von Vertriebseinheiten im Ausland • Expansion von New Ventures in Teilbereichen • Gründung von Joint Ventures	**WT-Strategien** • Schließung oder Outsourcing unrentabler Bereiche • Erhöhung der Effizienz (BPR-Projekte)

c) Analyse der Kernkompetenzen

Wenn ein SGF einen möglichst hohen (Mehr-)Wert durch seine unternehmerische Tätigkeit erzielen will, liegt es nahe, das Tätigkeitsspektrum auf diejenigen Wertschöpfungsaktivitäten zu konzentrieren, die es „besser" (z.B. in qualitativer Hinsicht) oder „effizienter" (also kostengünstiger) ausführen kann als die Konkurrenten, und die gegebenenfalls noch benötigten Leistungen „über den Markt" zu beschaffen. Zur Identifikation derjenigen Wertschöpfungsaktivitäten, die in einem SGF integriert werden sollten, ist das Konstrukt der **„Kernkompetenzen"** hilfreich (vgl. Hamel/ Prahalad 1990). Diese Kernkompetenzen, mit denen sich das SGF im Wettbewerb von den Konkurrenten abheben kann, können in spezifischen Fähigkeiten, aber auch im besonderen Zugang zu materiellen und immateriellen Ressourcen begründet liegen (siehe Abbildung 2-23).

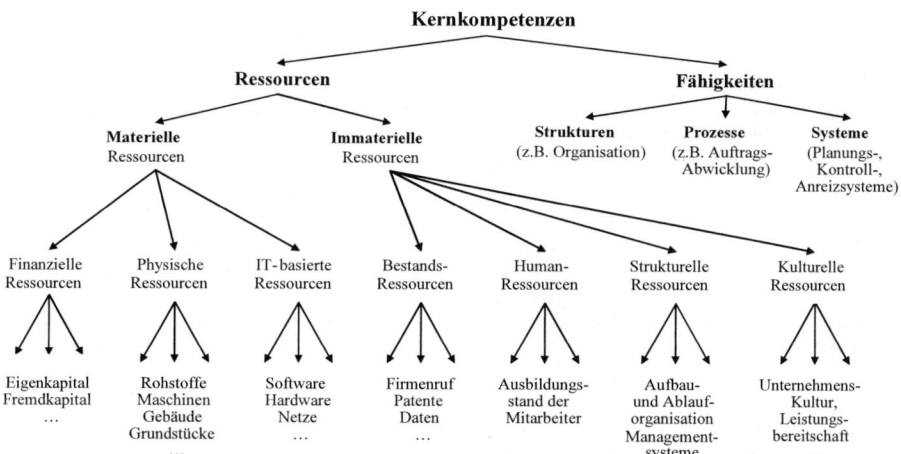

Abb. 2-23. Analyse der Kernkompetenzen (Quelle: Müller-Stewens/Lechner 2005, S. 214)

So ist, um einige Beispiele zu nennen, die Fähigkeit zur schnellen Abwicklung von Kundenaufträgen im Versand- und Onlinehandel ein kritischer Erfolgsfaktor, der jedoch nicht von allen Wettbewerbern im gleichen Maße beherrscht wird. Alle Unternehmen bzw. SGF, die ihren Erfolg (auch) einer starken Marke verdanken, haben nicht nur eine wichtige immaterielle Ressource, sondern offensichtlich auch die Fähigkeit zur erfolgreichen Markenpolitik.

Im stationären Einzelhandel ist dagegen der Standort der Vertriebsstätte – und damit eine physische Ressource – ein wichtiger, nahezu dominanter Erfolgsfaktor. Schon hier wird deutlich, dass Kernkompetenzen die Grundlage für die gesamte Strategie eines Unternehmens oder Geschäftsfelds bilden können. Wir kommen darauf bei der Betrachtung des ressourcenorientierten Ansatzes („ressource-based view") noch zu sprechen (siehe Abschnitt 2.4.4.1). Festzuhalten bleibt, dass die Kernkompetenzen eines SGF im Rahmen der strategischen Analyse identifiziert werden müssen, bevor sie „genutzt", ausgebaut oder erweitert werden können. Dass die Betrachtung der Kernkompetenzen die strategische Analyse des Geschäftsfelds um wichtige Aspekte ergänzt, aber auch über die rein geschäftsfeldbezogene Betrachtung hinausgeht, verdeutlicht noch einmal die folgende Tabelle 2-14.

Tabelle 2-14. Strategische Geschäftseinheiten und Kernkompetenzen (Quelle: Hamel/Prahalad 1990, S. 86)

Kriterium	Strategische Geschäftseinheit	Kernkompetenz
Konkurrenzgrundlage	Wettbewerbsfähigkeit der gegenwärtigen Produkte	Unternehmensinterner Wettbewerb zum Aufbau von Kompetenzen
Unternehmensstruktur	Portfolio von strategischen Geschäftseinheiten	Portfolio von Kompetenzen, Kernprodukten und Geschäftseinheiten
Status der Geschäftseinheit	unantastbar autonom; der SGE »gehören« sämtliche Ressourcen (liquide Mittel ausgenommen)	die SGE als potenzieller Speicher von Kernkompetenzen
Ressourcenverteilung	gesonderte Analyse jeder strategischen Geschäftseinheit; Investitionsmittel werden jeder SGE einzeln zugeteilt	Gegenstand der Analyse sind SGE und Kompetenzen; die Unternehmensleitung teilt liquide Mittel und begabte Mitarbeiter zu
Wertstiftender Beitrag des Top-Managements	Optimierung der Geschäftserträge durch abwägende Mittelverteilung auf die einzelnen SGE's	Formulierung eines strategischen Gesamtkonzeptes und Schaffen von Kompetenzen zur Zukunftssicherung

d) Analyse des Geschäftssystems

In Verbindung mit der Analyse der Kompetenzbasis steht auch die Analyse des Geschäftssystems. Hierunter versteht man die Gesamtheit an wertschöpfenden Aktivitäten, die ein Unternehmen oder ein SGF ausführt oder ausführen muss, um Produkte und Leistungen für seine Kunden zu erstellen und dadurch die angestrebten Wertbeiträge zu erwirtschaften.

Grundlage der Analyse des Geschäftssystems ist das Modell der Wert-schöpfungskette (siehe Abbildung 2-24). Dieses verdeutlicht, dass nur durch die erfolgreiche Ausführung bestimmter, logisch aufeinander fol-gender Aktivitäten (also Eingangslogistik einschließlich Materialwirt-schaft, „Operationen" oder besser: Produktion, Marketing, Vertrieb usw.), begleitet von funktionsübergreifenden, unterstützenden Aktivitäten, eine dem Kundenwunsch entsprechende Leistung und schließlich der ge-wünschte Wertbeitrag (hier: Gewinnspanne) erzielt wird.

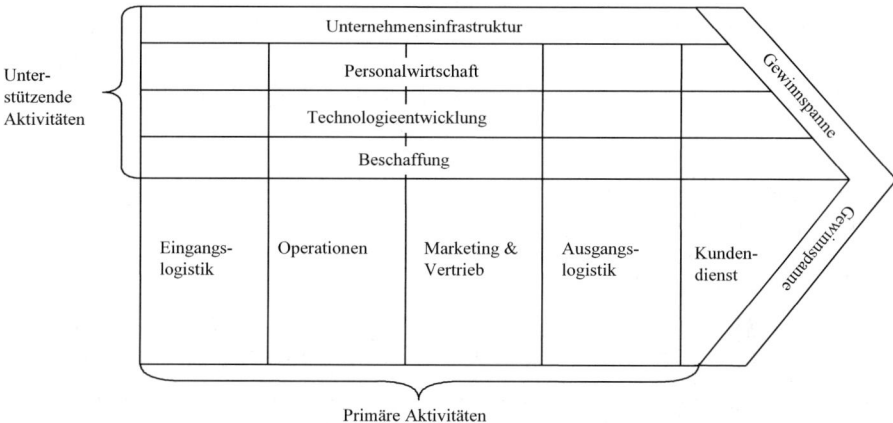

Abb. 2-24. Das Konzept der Wertschöpfungskette nach Porter (Quelle: Porter 1989, S. 62)

Anhand des Modells der Wertschöpfungskette lassen sich die Ge-schäftssysteme verschiedener Branchen kennzeichnen und gegeneinander abgrenzen (Abbildung 2-25).

Relevanter für die strategische Geschäftsfeldanalyse ist nun aber der Vergleich der Geschäftssysteme innerhalb der jeweiligen Branche. Es zeigt sich, dass durchaus unterschiedliche Geschäftskonzepte innerhalb einer Branche möglich sind und dass die (Neu-)Gestaltung des Geschäftssys-tems zu den strategischen Maßnahmen des Innovationsmanagements zäh-len kann.

Die Abbildungen 2-26a und 2-26b verdeutlichen dies anhand der Textil- und Automobilbranche.

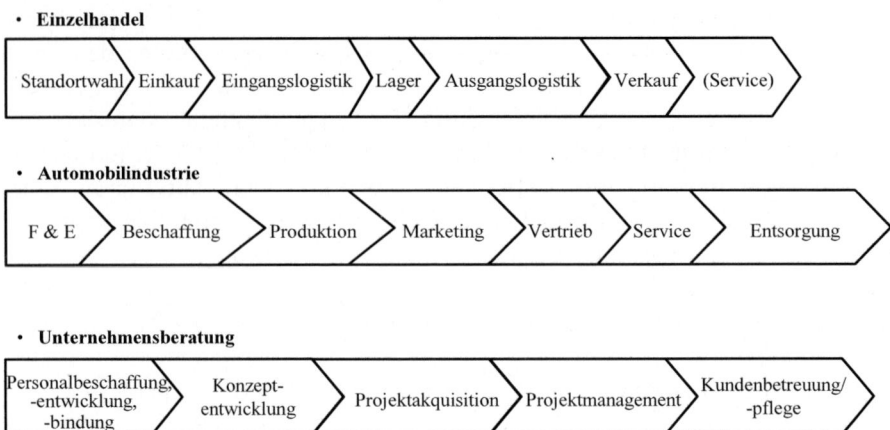

Abb. 2-25. Vergleich der Geschäftssysteme (Wertschöpfungsketten) verschiedener Branchen (Beispiele)

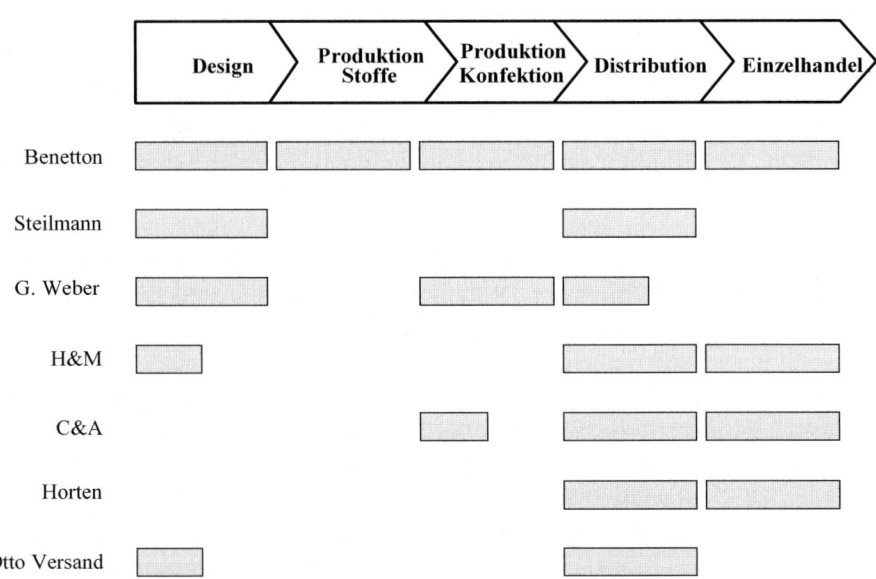

Abb. 2-26a. Vergleich der Geschäftssysteme (Wertschöpfungsketten) innerhalb der Textilbranche (Quelle: Müller-Stewens/Lechner 2005, S. 380)

* **Betrachtetes Unternehmen**

* **Konkurrent A (Lizenzproduktion)**

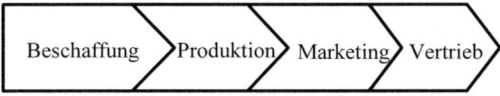

* **Konkurrent B (mit ausgeprägtem Serviceanteil an der Wertschöpfung)**

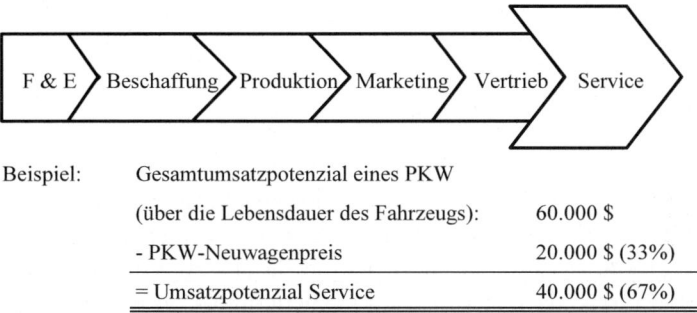

Beispiel:	Gesamtumsatzpotenzial eines PKW	
	(über die Lebensdauer des Fahrzeugs):	60.000 $
	- PKW-Neuwagenpreis	20.000 $ (33%)
	= Umsatzpotenzial Service	40.000 $ (67%)

Abb. 2-26b. Vergleich der Geschäftssysteme (Wertschöpfungsketten) innerhalb der Automobilindustrie

Zum zweiten Fall noch folgende Erklärung: Während der betrachtete Automobilhersteller ein eher „branchenübliches" Geschäftssystem aufweist, hat Konkurrent A als Lizenzproduzent, der von anderen OEM z.B. zwecks Erfüllung von Local-content-Auflagen oder aus Gründen der Kapazitätserweiterung und -flexibilisierung beauftragt wird, eine um F&E und Service „verkürzte" Wertschöpfungskette. Konkurrent B hat dagegen das mit dem Service verbundene Umsatzpotenzial voll erkannt und legt hierauf (im Unterschied zur Konkurrenz) einen besonderen Schwerpunkt.

Schon hier zeigt sich, dass die Geschäftssystemanalyse unmittelbar Anlass für strategische Maßnahmen sein kann – dass die strategische Analyse und die Konzipierung strategischer Maßnahmen eng verzahnt sind. Gleichzeitig wird deutlich, dass die vergleichende Analyse der Geschäftssysteme ein Anwendungsfall des **Benchmarking** darstellt, wobei hier internes, wettbewerbsorientiertes und funktionales Benchmarking (siehe Tabelle 2-15) in Kombination zum Einsatz kommen.

Tabelle 2-15. Grundtypen des Benchmarking (Quelle: Pieske 1994, S. 20)

Typ	Vorteile	Nachteile
Internes Benchmarking	• Relative einfache Datenerfassung • Geeignet für diversifizierte Unternehmen	• Begrenzter Blickwinkel • Interne Vorurteile
Wettbewerbsorientiertes Benchmarking	• Geschäftsrelevante Informationen • Vergleichbarkeit von Produkten und Prozessen • Relativ hohe Akzeptanz • Bestimmung der Wettbewerbsposition	• Schwierige Datenerfassung • Gefahr des branchenorientierten Kopierens
Funktionales Benchmarking (mit Externen)	• Hohes innovatives Potenzial • Vergrößerung des Ideenspektrums	• Schwieriger Transfer von Wissen in ein anderes Umfeld • Zeitaufwändige Analyse • Probleme der Vergleichbarkeit

Dabei ist es das Ziel des Benchmarking, nicht nur Unterschiede in der Art der Geschäftssysteme, sondern auch im Leistungsniveau der einzelnen Wertschöpfungsaktivitäten festzustellen und der Frage nachzugehen, wie mögliche Defizite gegenüber dem jeweils höchsten Leistungsniveau des Wettbewerbers, das als Referenzpunkt („benchmark") herangezogen wird, ausgeglichen werden können. Den in der Praxis dafür empfohlenen Prozess haben wir in Tabelle 2-16 zusammengefasst.

Tabelle 2-16. Prozess des Benchmarking

Schritte des Benchmarking

1. Feststellung der betroffenen Funktionen

2. Suche der Benchmarkingpartner

3. Zusammenstellung des Datenmaterials

4. Bestimmung der Leistungslücke

5. Beurteilung der zukünftigen Leistungsfähigkeit

6. Kommunikation und Akzeptanz der Studie

7. Aufstellung von Regeln

8. Erstellen von Aktionsplänen

Es liegt nahe, die Geschäftssystem- mit der Kernkompetenzanalyse zu verknüpfen. Nur so kann die eingangs gestellte Frage beantwortet werden, ob es (weiterhin) günstig ist, eine bestimmte Wertschöpfungsaktivität selbst auszuführen oder ob sie anderen Kompetenzträgern überlassen und gegebenenfalls „über den Markt" eingekauft werden sollte. Die Verknüpfung beider Analysen zeigt auch, ob dauerhafte Wettbewerbsvorteile – in Form bestimmter Ressourcen und besonderer Fähigkeiten – in den einzelnen Wertschöpfungsaktivitäten vorhanden sind oder nicht. Dieser Gedanke wird in Abbildung 2-27a nochmals am Beispiel der Automobilindustrie illustriert.

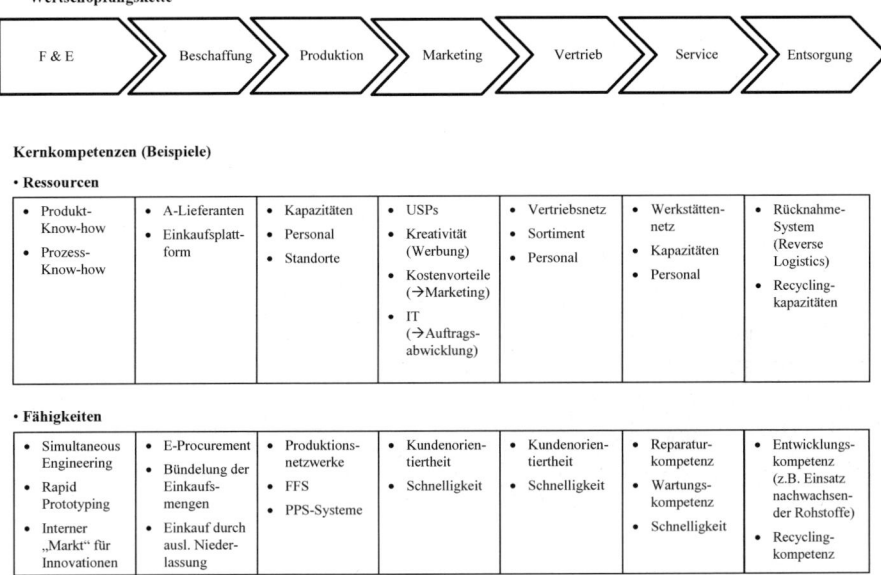

Abb. 2-27a. Verknüpfung von Kernkompetenzen- und Geschäftsfeldanalyse am Beispiel der Automobilindustrie

Dass die Kernkompetenz- und Geschäftsfeldanalyse ebenfalls mit der Generierung strategischer Maßnahmen eng verknüpft ist, zeigt das zweite Beispiel (Abbildung 2-27b) aus der pharmazeutischen Industrie, in dem mit Bezug auf die Wertschöpfungsaktivitäten nicht nur die spezifischen Stärken, sondern auch die zu erreichenden Ziele und zugewiesen Budgetanteile integriert sind.

So haben die Produktion und der Vertrieb der Produkte hier die höchsten Budgetanteile. Die Produktion vollzieht sich in einem weltweiten Produktionsnetzwerk mit hohem Automatisierungsgrad, während die Vertriebsfunktion auf die Geschäftseinheiten aufgeteilt ist.

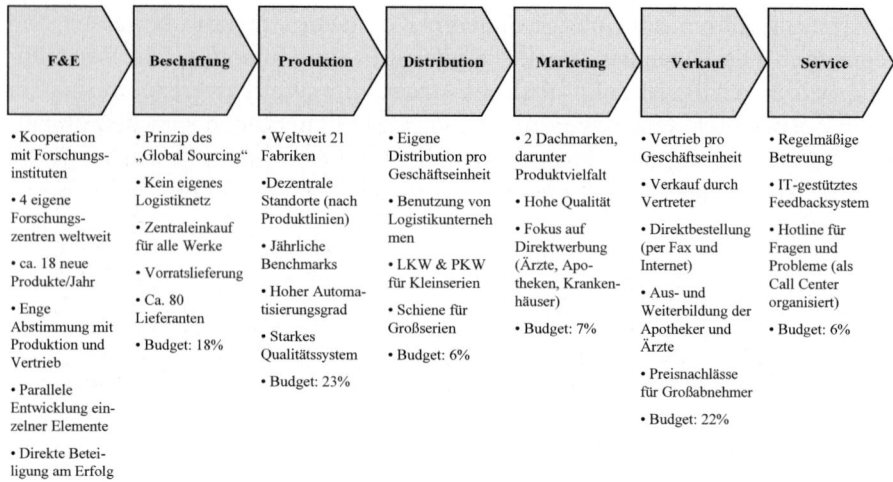

F&E	Beschaffung	Produktion	Distribution	Marketing	Verkauf	Service
• Kooperation mit Forschungs-instituten	• Prinzip des „Global Sourcing"	• Weltweit 21 Fabriken	• Eigene Distribution pro Geschäftseinheit	• 2 Dachmarken, darunter Produktvielfalt	• Vertrieb pro Geschäftseinheit	• Regelmäßige Betreuung
• 4 eigene Forschungs-zentren weltweit	• Kein eigenes Logistiknetz	•Dezentrale Standorte (nach Produktlinien)	• Benutzung von Logistikunterneh men	• Hohe Qualität	• Verkauf durch Vertreter	• IT-gestütztes Feedbacksystem
• ca. 18 neue Produkte/Jahr	• Zentraleinkauf für alle Werke	• Jährliche Benchmarks	• LKW & PKW für Kleinserien	• Fokus auf Direktwerbung (Ärzte, Apo-theken, Kranken-häuser)	• Direktbestellung (per Fax und Internet)	• Hotline für Fragen und Probleme (als Call Center organisiert)
• Enge Abstimmung mit Produktion und Vertrieb	• Vorratslieferung • Ca. 80 Lieferanten	• Hoher Automa-tisierungsgrad	• Schiene für Großserien	• Budget: 7%	• Aus- und Weiterbildung der Apotheker und Ärzte	• Budget: 6%
• Parallele Entwicklung ein-zelner Elemente	• Budget: 18%	• Starkes Qualitätssystem • Budget: 23%	• Budget: 6%		• Preisnachlässe für Großabnehmer	
• Direkte Betei-ligung am Erfolg					• Budget: 22%	
• Budget: 18%						

Abb. 2-27b. Geschäftssystem, Kernkompetenzen und strategische Bausteine eines Unternehmens aus der pharmazeutischen Industrie (Quelle: Müller-Stewens/ Lechner 2005, S. 383)

Das Konstrukt der Wertschöpfungskette (oder allgemeiner: der Wert-schöpfungsarchitektur) dient letztlich auch dazu, die strategische Grundpo-sition eines Geschäftsfelds zu definieren. In Betracht kommen in diesem Zusammenhang vier Optionen (Abbildung 2-28):

• Schichtenspezialist („Layer Player"),

• Pionier („Market Maker"),

• Orchestrator und

• Integrator.

Während der „Layer Player" sich unternehmensübergreifend als Experte für eine bestimmte Wertschöpfungsaktivität versteht (z.B. ein international tätiges Logistikunternehmen), beeinflussen die „Orchestratoren" die ge-samte Wertschöpfungskette, obwohl sie selbst nur einen (kleinen) Teil der Wertschöpfung abdecken (Beispiel: OEM in der Automobilindustrie). Die Integratoren haben, wie etwa in der chemischen Industrie, einen hohen ei-genen Wertschöpfungsanteil. „Market Maker" entdecken dagegen „neue" Wertschöpfungsaktivitäten und bieten diese evtl. sogar in verschiedenen Geschäftsfeldern an (z.B. Call Center und andere Dienstleistungsunter-nehmen).

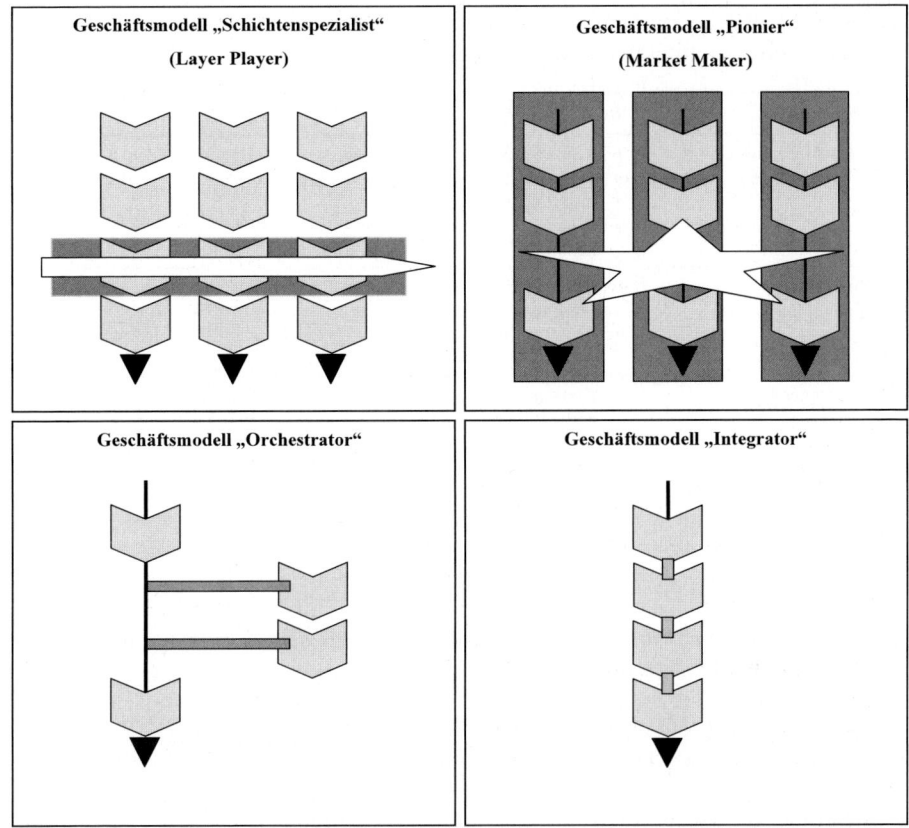

Abb. 2-28. Wertschöpfungsarchitekturen und Geschäftsmodelle als strategische Optionen (Quelle: in Anlehnung an Heuskel 1999)

Die Besonderheiten dieser Optionen sind in der Tabelle 2-17 zusammengefasst. Die darin enthaltenen Beispiele belegen, dass die verschiedenen strategischen Grundpositionen auch tatsächlich in der Praxis erfolgreich „gelebt" und umgesetzt werden.

Tabelle 2-17. Beschreibung der strategischen Grundpositionen in Bezug auf die Wertschöpfungsarchitektur (Quelle: Heuskel 1999, S. 58 ff.)

Wertschöpfungsarchitektur	Beschreibung
Schichtenspezialist „Layer Player"	• Konzentration auf eine oder wenige Wertschöpfungsstufen • Horizontaler Transfer auf andere Wertketten • z.B. Procter & Gamble • Wissens-, Größenvorteile und Eigentumsrechte werden mehrfach genutzt
Pioniere „Market Maker"	• Einfügen zusätzlicher Stufen in die bestehende Wertkette mit eigenem Standard • Schaffung eines eigenen Marktes durch nachhaltige Innovationen • z.B. Sabre (Buchungssystem für Flüge)
„Orchestratoren"	• Konzentration auf einen Bereich der Wertschöpfung und Koordination anderer Wertschöpfungsstufen • z.B. Nike, Adidas, Reebok, Dell
Integratoren „Integrators"	• Wertkette unter eigener Führung • Kaum Fremdbezug • Optimierung der Transaktionskosten

2.3.2.4 Integration der Ergebnisse im Rahmen eines Management-Informationssystems (MIS)

Ein Management-Informationssystem (kurz: MIS) ist ein Instrument zur Gewinnung, Verarbeitung und Weitergabe der für die Unternehmensführung notwendigen Informationen, das i.d.R. auf einer Hardware-/Software-Konfiguration beruht, aber auch – z.B. bei jungen Unternehmen – ohne jegliche EDV-Unterstützung denkbar ist. Ein MIS besteht aus vier Komponenten, die zielgerichtet zusammenwirken müssen (vgl. Mertens/Griese 2005, S. 14 ff.):

- einem **Planungs- und Kontrollsystem**, in dem sowohl die Sollzustände als auch die (erwarteten oder tatsächlichen) Zielabweichungen festgehalten sind,

- einem **Dokumentationssystem**, in dem der bisherige Geschäftsverlauf und -erfolg dokumentiert werden,

- einer **Datenbasis**, in der alle notwendigen Daten (z.B. Kundendaten, Informationen über Konkurrenten, aber auch alle „internen" Daten) gesammelt und gespeichert sowie den Organisationsmitgliedern nach bestimmten Regeln zugänglich gemacht werden, und

- einer **Methoden- und Modellbasis** mit den notwendigen Instrumenten zur Informationsverarbeitung und -auswertung.
  Ein MIS sollte derart umfassend und flexibel sein, dass es in der Lage

ist, das Management auf der strategischen, taktischen und operativen Ebene zu unterstützen. Hierfür sind, analog zu unseren eingangs angestellten Überlegungen (siehe Abschnitt 2.1), auch Regeln zur Aggregation und Desaggregation sowie zur Anpassung der Planungs- bzw. Betrachtungszeiträume nötig. Auf der strategischen Ebene sollte (unabhängig von der organisatorischen Ausgestaltung und Eigenständigkeit des SGF) eine Zusammenfassung und Integration der geschäftsfeldspezifischen Informationen – der Analyseergebnisse wie auch der noch zu betrachtenden geschäftsfeldstrategischen Entscheidungen – möglich sein.

Auf Einzelheiten eines solchen geschäftsfeldbezogenen MIS kann an dieser Stelle nicht eingegangen werden. Das in Abbildung 2-29 dargestellte Beispiel gibt einen Eindruck davon, welche Informationen in einer Geschäftsfeldübersicht erfasst und ausgewertet werden können.

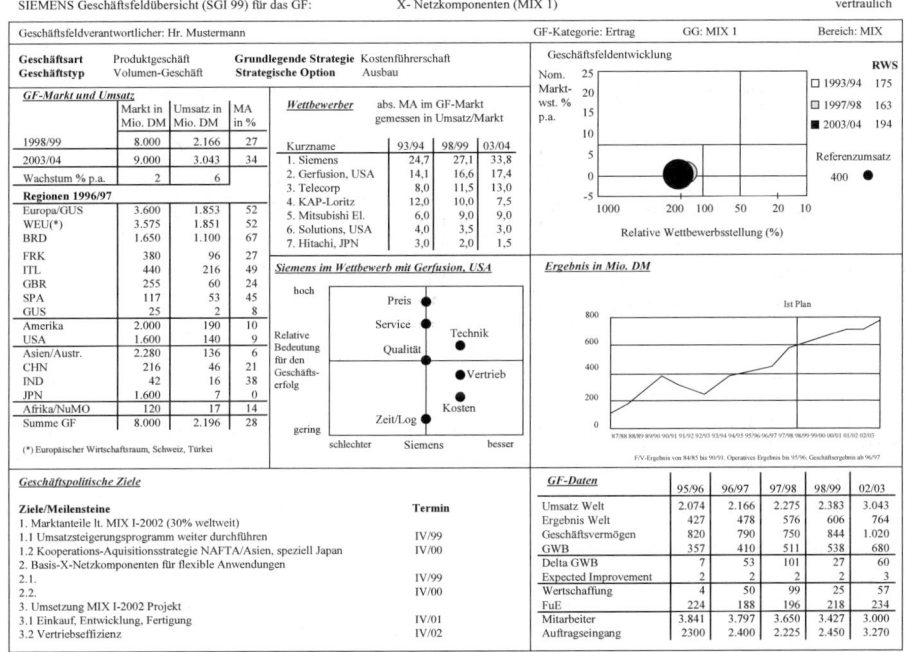

Abb. 2-29. Geschäftsfeldübersicht im Rahmen eines geschäftsfeldbezogenen MIS (Beispiel: Siemens AG, Stand 1999) (Quelle: Mirow 2001, S. 356)

2.3.3 Strategische Analyse auf Funktionsbereichsebene

Auch zur Vorbereitung der funktionsstrategischen Entscheidungen ist eine externe und interne Analyse „auf strategischer Ebene" notwendig. Dabei ist der Informationsbedarf in Art und Umfang sowohl bei der Analyse der Ausgangssituation als auch bei der Prognose der entscheidungsrelevanten Daten stark von der jeweiligen funktionsstrategischen Entscheidung geprägt:

Bei der Entscheidung über die „richtige" Form des Technologieerwerbs sind andere Informationen relevant als bei der Konzipierung von Sourcing-Strategien, bei der Suche nach dem „richtigen" Produktionsstandort wiederum andere als für die Überarbeitung der Preis- und Vertriebsstrategie.

Aus den wenigen genannten Beispielen wird bereits deutlich, dass hier durchaus auch auf Informationen und Daten der Geschäftsfeldanalyse (z.B. bezüglich der Verhandlungsmacht der Lieferanten und Kunden nach dem Porter-Modell, bezüglich der Kernkompetenzen in den einzelnen Wertschöpfungsaktivitäten) zurückgegriffen werden kann, die gegebenenfalls ergänzt und über die Geschäftsfelder hinweg zusammengefasst werden müssen.

Auf einige der sich in diesem Kontext anbietenden Analysemethoden kommen wir im Abschnitt 2.4 noch näher zu sprechen, da die meisten dieser Methoden über die reine Analyse hinaus auch zur Generierung strategischer Handlungsalternativen anwendbar sind.

Die folgenden Tabellen 2-18a und 2-18b geben einen Überblick über wichtige Informationen, die zur Konzipierung der jeweiligen Funktionsstrategien sowohl durch eine Umwelt- als auch eine Unternehmensanalyse ermittelt werden müssen.

Tabelle 2-18a. Strategische Analysefelder der Funktionsbereiche Technologie, Beschaffung und Produktion

Bereich / Analysefeld	Technologiestrategie	Beschaffungsstrategie	Produktionsstrategie
Extern (Umweltanalyse)	• Technologiefrüherkennung und -prognose (Technologietrends) • Technologische Risiken • Technologische Konkurrentenanalyse • „Marktbedingungen" des externen Technologieerwerbs • Technologie-Kooperationspartner • „Marktbedingungen" der externen Technologieverwertung usw.	• Lieferantenanalyse: Potenziale und Verhandlungsstärke • Beschaffungsrisiken • Beschaffungsbezogene Konkurrenzanalyse • Attraktivität geographischer Beschaffungsmärkte • Preisstrukturen • Marktorganisationsformen • Beschaffungslogistik usw.	• Trends im Bereich der Produktionstechnologie • Potenzielle Standorte einschließlich aller Standortfaktoren • Externe Logistikkapazitäten und -kosten • Produktionsorientierte Konkurrenzanalyse • Fertigungskompetenzen der Lieferanten usw.
Intern (Unternehmen)	• Identifikation der Kern- und Randkompetenztechnologien bei Produkt- und Prozesstechnologien • Möglichkeiten und Restriktionen der internen Technologieentwicklung • Technologische Ressourcenstärke (Know-how, Finanzmittel) • Ist-Technologieportfolio usw.	• Beschaffungsvolumina und Bedarfsentwicklung • Verbrauchsstruktur (ABC-Analyse) • Beschaffungsbezogene Kernkompetenzen • Möglichkeiten zur Eigenfertigung (allgemeiner: zur Realisierung aller Sourcingstrategien) • Kostenstruktur	• Technologisches Prozess-Know-how • Quantität und Qualität der aktuellen Produktionskapazitäten • Kapazitätsauslastung und -reserven • Kostensituation • Produktionsflexibilität • Aktuelle Produktionsstrandorte • Interne Logistikkapazitäten und -kosten usw.
Strategische Entscheidung (Beispiel)	Erschließung der Technologie x durch „Kauf", Kooperation oder Eigenentwicklung	Bestimmung des zieloptimalen Sourcing-Strategie-Mix	Standortentscheidung für ein neues Produktionswerk

Tabelle 2-18b. Strategische Analysefelder der Funktionsbereiche Marketing/ Vertrieb, Personalwirtschaft und Finanzierung

Bereich / Analysefeld	Marketing- und Vertriebsstrategie	Human-Ressource-Strategie	Finanzierungsstrategie
Extern (Umweltanalyse)	• Analyse des Käuferverhaltens • Marketingbezogene Konkurrenzanalyse • Verhandlungsstärke der Vertriebspartner • Potenzielle Vertriebspartner • Analyse neuer (geographischer) Märkte • Technologische Trends • Neue Marktorganisationsformen usw.	• Analyse des nationalen und internationalen Arbeitsmarkts • Trendentwicklungen der Personalkosten • Verhandlungsstärke der potenziellen Arbeitnehmer und Gewerkschaften • Personalpolitische Konkurrenzanalyse • Analyse von Personaldienstleistern und Intermediären • Möglichkeiten der externen Weiterbildung	• Analyse der nationalen und internationalen Finanzmarkts • Trendprognosen der Finanzierungskosten (Zinsen) • Verhandlungsstärke der Banken und anderer Finanzdienstleister • Verfügbare Finanzierungspotenziale • Finanzpolitische Konkurrenzanalyse • Innovative Finanzierungsinstrumente • Gesetzliche und andere normative Regelungen (z.B. Basel II)
Intern (Unternehmen)	• Produktions- und Absatzprogramm • Sortimentsbreite und -tiefe • Marketing und Vertriebs-Know-how • Marketing- und Vertriebskapazitäten • Komplementäre finanzielle und personelle Ressourcen usw.	• Stand und Entwicklung der Arbeitsanforderungen • Quantität und Qualität des Humanvermögens • Aktuelle Personalkosten • Arbeitszeitmodelle • Grundsätze der Entlohnungspolitik • Personalentwicklungen, interne Weiterbildung und -qualifizierungen usw.	• Derzeitiger und zukünftiger Finanzierungsbedarf • Risikostruktur und -präferenz • Eigene Verhandlungsstärke • Ökonomische Attraktivität für Kapitelgeber (EK/FK) • Finanzpolitisches Know-how usw.
Strategische Entscheidung (Beispiel)	Änderung der Preisstrategie und Umstellung auf Direktvertrieb	Personalpolitische Rationalisierungsstrategie/ Personalfreisetzung	Kapitalerhöhung durch Börsengang (IPO)

2.3.4 Strategische Analyse auf Gesamtunternehmensebene

2.3.4.1 Vorbemerkungen

Die strategische Analyse auf Gesamtunternehmensebene betrachtet keine völlig anderen Analysefelder als die Geschäftsfeld- und Funktionsbereichsanalyse, sondern stellt – analog zu dem in Abbildung 2-6 dargestellten Aufbau – zunächst eine höher aggregierte Betrachtung der strategierelevanten externen und internen Gegebenheiten dar. Geschieht die Aggregation auch in zeitlicher Hinsicht, kann der Betrachtungs- bzw. Prognosezeitraum hier noch länger sein als bei der Geschäftsfeld- bzw. Funktionsbereichsanalyse. Die strategische Analyse auf Unternehmensebene bemüht sich jedoch **zusätzlich** um eine **Integration** der Analyseergebnisse, also konkret um

- eine Integration über die **Geschäftsfelder** hinweg, wie es z.B. die Portfolio-Analyse ermöglicht, und

- eine wertorientierte Integration über die **Funktionen** hinweg, wie es das Modell der Wertschöpfungskette oder komplexere Varianten, z.B. das Wertschöpfungsnetzwerk ermöglichen.

Die Wertschöpfungskette haben wir bereits betrachtet (siehe Abschnitt 2.3.2.3), auf die Portfolio-Methoden, deren Nutzen über die reine Analyse weit hinausgeht, kommen wir in Abschnitt 2.4 ausführlich zu sprechen. Es bleiben jedoch noch einige weitere Besonderheiten der strategischen Analyse auf Unternehmensebene festzuhalten. Beginnen wir mit der Umweltanalyse.

2.3.4.2 Umweltanalyse auf Gesamtunternehmensebene

Auch hier ist zunächst ein Überblick über die Stakeholder und deren Ansprüche, die sie an das Unternehmen stellen, zu gewinnen (siehe nochmals Tabelle 2-5). Weiterhin sind die Segmente der globalen Umwelt des Unternehmens, wie wir sie in Abbildung 2-14 bereits dargestellt haben, auf für das Gesamtunternehmen wichtige Entwicklungen und Einflüsse zu hinterfragen.

Eine Zusammenfassung der einzelnen Informationen zu alternativ denkbaren, aber in sich „stimmigen" Gesamtentwicklungen der globalen Unternehmensumwelt ist mithilfe der **Szenario-Technik** möglich. Diese Technik schließt zwar den Einsatz qualitativer und quantitativer Prognosemethoden nicht aus, zwingt aber die Anwender – im Unterschied zu diesen

– von Anfang an, in **alternativen**, mehr oder weniger wahrscheinlichen Zukunftsbildern zu denken. Innerhalb der durch die (eher unwahrscheinlichen) Extremszenarios begrenzten Bandbreite sind etliche zukünftige Entwicklungen der relevanten Umwelt denkbar, von denen das Trendszenario die höchste Eintrittswahrscheinlichkeit aufweist. Auch können „Störereignisse" größerer Bedeutung („Diskontinuitäten") betrachtet und die Konsequenzen eigener Gegenmaßnahmen nachvollzogen werden (siehe Abbildung 2-30).

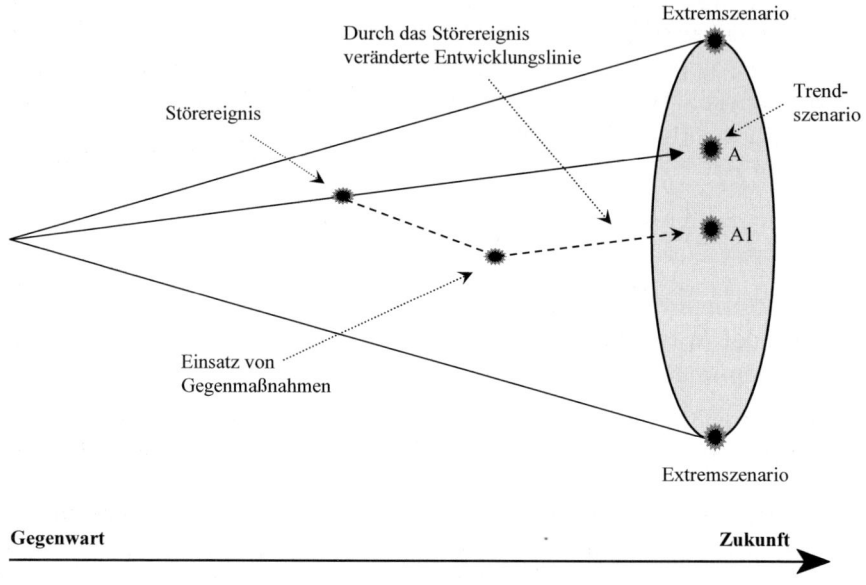

Abb. 2-30. Modell der Szenario-Technik (Quelle: Reibnitz 1987, S. 30)

Die Ermittlung von Szenarios erfolgt nun in drei Schritten: Zunächst sind die relevanten Einflussfaktoren zu bestimmen. Im 2. Schritt erfolgt dann eine (Delphi-)Prognose der zukünftigen Entwicklungen dieser Einflussfaktoren. Im 3. Schritt werden schließlich die Einzelprognosen zu „stimmigen" Gesamtentwicklungen unter Beachtung der zwischen den Faktoren bestehenden Beziehungen bzw. Korrelationen zusammengefasst.

Ein kleines Beispiel mag die Vorgehensweise verdeutlichen:

Die zukünftige Entwicklung der globalen Gesamtemissionsmenge eines Schadstoffs (z.B. CO_2) sei zu bestimmen. Dabei wird angenommen, dass sich die Schadstoffmenge pro Jahr E als Produkt der folgenden drei Einflussgrößen ergibt:

E = S · Y · B   [Schadstoffeinheit/Jahr]

E = Gesamtemissionsmenge pro Jahr
S = Schadstoffmenge pro Einheit des Sozialproduktes
Y = Sozialprodukt pro Kopf und Jahr (Lebensstandard)
B = Bevölkerungszahl

Durch Logarithmieren der obigen Gleichung ergibt sich:

$$\frac{dE}{E} = \frac{dS}{S} + \frac{dY}{Y} + \frac{dB}{B}$$

Ergebnis:

Die Gesamtemissionsrate ist die **Summe** aus den jährlichen Wachstumsraten von

- Schadstoffintensität,

- Lebensstandard und

- Bevölkerungszahl.

Während die Schadstoffintensität durch weitere gesetzliche Regelungen, ein wachsendes Umweltbewusstsein der Verbraucher und neue, auch ökonomisch interessante Umweltschutztechnologien sinken wird, ist auf der anderen Seite mit einem weiterhin hohen Bevölkerungswachstum und vor allem mit einer deutlichen Erhöhung des Lebensstandards gerade in Schwellen- und Entwicklungsländern zu rechnen. Eine zukünftig hohe und sogar noch steigende Gesamtemissionsrate des Schadstoffs ist daher ein realistisches Szenario. Eine langfristige Senkung der Gesamtemissionsmenge als „optimistisches" Szenario würde dagegen voraussetzen, dass die Senkung der Schadstoffintensität größer ist als die Summe der Wachstumsraten des Lebensstandards und der Bevölkerungszahl – ein weiterer „in sich plausibler", aber (leider) wenig wahrscheinlicher Entwicklungspfad.

Neben den explorativen Szenarien („Forward-Approach"), wie sie eben skizziert wurden, sind auch **antizipative Szenarien** („Backward-Approach") möglich. Hierbei kehrt sich der in Abbildung 2-30 skizzierte Trichter im Grunde um: Von einem bestimmten, in der Zukunft liegenden Zustand ausgehend, wird gefragt, auf welchen (alternativen) Wegen man zu dem gewünschten Zustand gelangen kann. Aus einem antizipativen Szenario ist abzulesen, was wann und in welcher Weise geschehen muss, um den zukünftig angestrebten Zustand zu erreichen. Diese in der Zukunft liegenden „Referenzpunkte" können Formalziele sein (z.B. „Umsatzverdopplung in 5 Jahren") oder auch Sachziele (z.B. „marktreifes 1-Liter-Auto im Jahr 2015"). In jedem Fall müssen nun in sich schlüssige (alternative) Handlungsketten entworfen werden, um das angestrebte Ziel zu erreichen.

2.3.4.3 Interne Analyse auf Gesamtunternehmensebene

Auch bei der internen Analyse sind vor allem diejenigen Sachverhalte relevant, die nicht nur für bestimmte Geschäftsfelder und Funktionsbereiche, sondern für das Unternehmen als Ganzes von Bedeutung sind. Dies ist dann der Fall, wenn sich

- die Stärken und Schwächen der SGF zu einem schlüssigen **Stärke/Schwächen-Profil** des Unternehmens integrieren lassen und/oder

- die **Kernkompetenzen**, also die spezifischen und für die Wertgenerierung wichtigen Ressourcen und Fähigkeiten auch für das Unternehmen insgesamt als typisch angesehen werden können.

So werden sich bei einem Automobilkonzern, auch wenn er (etwa in Form verschiedener Konzernmarken) diversifiziert ist, i.d.R. unternehmensweite Stärken/Schwächen und auch Kernkompetenzen identifizieren lassen. Anders liegt der Fall bei einer Finanzholding, die in ihren SGF sehr unterschiedliche Kernkompetenzen und Stärken/Schwäche-Profile aufweisen kann und als Konzernzentrale vor allem die Fähigkeit besitzen muss, die SGF anhand finanzwirtschaftlicher und wertorientierter Ziele zu führen, während das operative Geschäft (einschließlich der dafür notwendigen Kompetenzen) bei den SGF verbleibt.

Aufgabe der internen Analyse auf Unternehmensebene ist es, sich einen Überblick über die Ziel- bzw. Wertbeiträge der einzelnen Geschäftsfelder zu verschaffen.

Da die SGF in aller Regel nicht völlig unabhängig voneinander sind, sondern direkte und indirekte, zeitlich-horizontale und -vertikale Interdependenzen zwischen ihnen bestehen, ist im Rahmen der internen Analyse auf Unternehmensebene danach zu fragen, ob durch das gezielte **Zusammenspiel** von Geschäftsfeldern, aber auch Funktionen im Unternehmen ein „Mehrwert" erzielt werden kann oder ob eher das Gegenteil der Fall ist.

Als Ausdruck diesen Mehrwerts haben sich in der Praxis die Konstrukte „Parenting Advantage" und „Synergieeffekte" herausgebildet, die beide kurz beleuchtet seien.

- **Konzept des „Parenting Advantage"**

Ein „Parenting Advantage" (vgl. Goold/Campbell/Alexander 1994) ist ein Mehrwert, der dadurch entsteht, dass ein SGF in dem betrachteten Unternehmen (und nicht in einem anderen) eingebunden ist und der auch bei Verselbstständigung des SGF (z.B. durch Ausgründung oder „Verkauf an der Börse") entfallen würde. Für ein Unternehmen, das aus drei SGF (A, B und C) besteht, stellt sich die Situation zum Beispiel wie folgt dar:

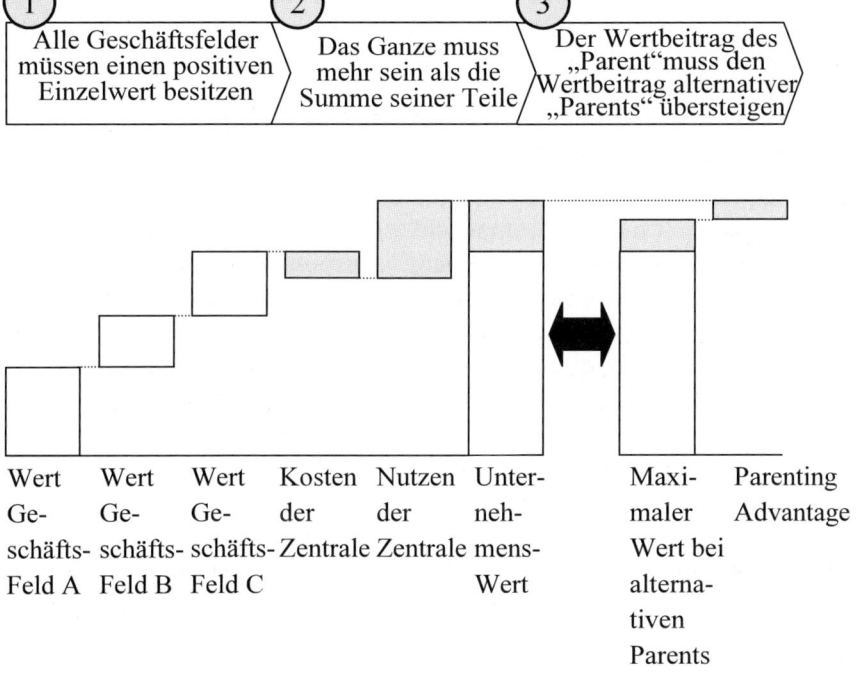

Abb. 2-31. Konzept des „Parenting Advantage" (Quelle: Hungenberg 2006, S. 403)

Ein „Parenting Advantage" entsteht hier als dadurch, dass das Unternehmen durch die Integration der drei SGF einen (Netto-)Nutzen generieren kann, der höher ist als bei alternativen Parents. Da dieser Vergleich jedoch in der Praxis oft schwierig anzustellen ist, kann man auch so vorgehen, den Gesamtwert der (hier: drei) SGF mit dem sich „aus Marktperspektive" ergebenen Unternehmenswert zu vergleichen. Ist letzterer höher als die Wertsumme der SGF, generiert die Unternehmenszentrale offensichtlich einen Netto-Nutzen, im umgekehrten Fall liegt ein **„Conglomerate Discount"** vor.

Fragt man nun danach, wodurch ein solcher (Netto-)Nutzen der Zentrale bewirkt werden kann, so kann man auf das Konzept der Synergieeffekte zurückgreifen.

• **Synergieeffekte**

Unter „Synergieeffekten" versteht man „überlineare" Ergebniswirkungen, also eine Wertsteigerung oder auch Risikoreduzierung, die durch ein geschicktes Zusammenwirken von Unternehmensteilen (SGF, Tochterunternehmen, aber auch Funktionen) erreicht werden können.[1] Dabei werden „Kostensynergien" (auch: Verbundvorteile oder „economies of scope" nach der Maxime „2 + 2 = 3") und „Ertragssynergien" (überlineare Erlössteigerungen nach der Maxime „2 + 2 = 5", z.B. eine Umsatzsteigerung durch komplementäre Produktangebote der SGF) unterschieden. Synergieeffekte stellen sich nicht „automatisch" ein, sondern müssen aktiv herbeigeführt werden („Synergiemanagement"), insbesondere durch Koordination, Transfer (z.B. von Know-how und anderen immateriellen Wirtschaftsgütern) und Zusammenlegung („economies of scale"). In Tabelle 2-19 finden sich einige Beispiele für Maßnahmen zur Synergieerschließung auf den genannten Feldern.

Tabelle 2-19. Maßnahmen zur Synergieerschließung

	Koordination	Transfer	Zusammenlegung
Kostensynergien	Kostensenkung durch Normung, Typung, Standardisierung	Kostensenkung durch Know-how-Transfer (z.B. Entwicklungs-, Produktions-, Vertriebs-Know-how)	Kostensenkung durch gemeinsam genutzte Infrastruktur (z.B. Rechnungswesen, IT, Logistikkapazitäten)
Ertragssynergien	Umsatzsteigerung durch „Sortimentseffekt", komplementäre Produktangebote	Umsatzsteigerung durch Übertragung einer Marke	Umsatzsteigerung durch gemeinsamen Vertrieb, gemeinsamen Messeauftritt usw.

---

[1] Siehe dazu auch Abschnitt 2.4.2.2

Im Rahmen der internen strategischen Analyse auf Unternehmensebene geht es noch nicht um die Entscheidung über diese Maßnahmen, wohl aber darum, die **Möglichkeit** für die Erzielung von Synergieeffekten zu eruieren.

Damit wollen wir die Betrachtung der Analysephase im strategischen Managementprozess abschließen. Im nächsten Schritt geht es darum, strategische Handlungsalternativen zu finden oder herauszuarbeiten, die zu „stimmigen" Gesamtstrategien auf Geschäftsfeld-, Funktionsbereichs- und Unternehmensgesamtebene integriert werden können.

2.4 Phase 3: Formulierung alternativer Strategien

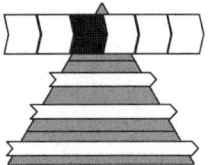

2.4.1 Überblick

Gehen wir weiter von der (nicht unrealistischen) Prämisse aus, das Unternehmen strebe nach einer Wertsteigerung, allerdings unter Beobachtung der (Mindest-)Ansprüche aller übrigen Stakeholder.

Im strategischen Managementprozess sind nun, auf Basis der Ergebnisse der strategischen Analyse, diejenigen strategischen Maßnahmen zu finden bzw. zu erarbeiten, die zur Erreichung des Ziels beitragen können.

Da eine Entscheidung nur dann möglich ist, wenn Alternativen zur Wahl stehen, wollen wir hier und im Folgenden von alternativen Strategien ausgehen, die aus bestimmten Strategiebausteinen zusammenzusetzen bzw. zu konzipieren sind.

Im Folgenden werden zunächst solche Bausteine auf Geschäftsfeld-, dann auf Funktionsbereichs- und schließlich auf Gesamtunternehmensebene betrachtet.

Abbildung 2-23 gibt zunächst einen Überblick über die nachfolgend näher betrachteten Optionen.

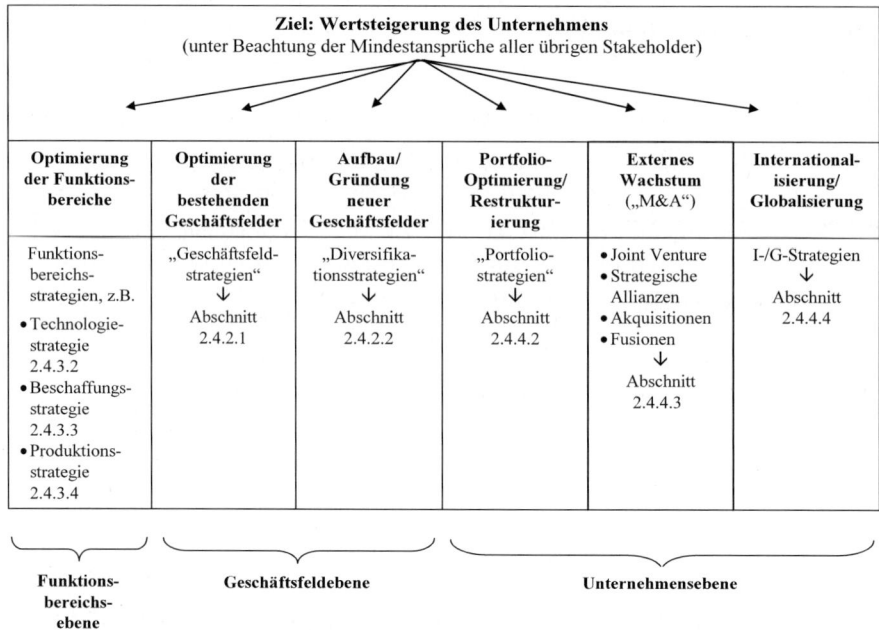

Abb. 2-32. Formulierung alternativer Strategien (Überblick)

2.4.2 Formulierung alternativer Strategien auf Geschäftsfeldebene

2.4.2.1 Optimierung der bestehenden Geschäftsfelder

a) Generische Wettbewerbsstrategien nach Porter

Grundlage einer Wettbewerbsstrategie ist die Suche nach einem **Wettbe-werbsvorteil**, durch den sich das SGF von den Konkurrenten abheben kann. Erst durch einen Wettbewerbsvorteil, so wird postuliert, seien „strategische Übergewinne" und damit die gesetzten Wertsteigerungsziele zu erreichen. Umgekehrt formuliert bedeutet das: Ein SGF ohne Wettbewerbsvorteil kann bestenfalls ein „brachenübliches" Ergebnis – z.B. bei der Rendite – erzielen.

Zur Erreichung eines Wettbewerbsvorteils unterscheidet Porter zwei „idealtypische" (oder „generische") Strategiealternativen, die entweder branchenweit oder in einem bestimmten Marktsegment umgesetzt werden können (siehe Abbildung 2-33).

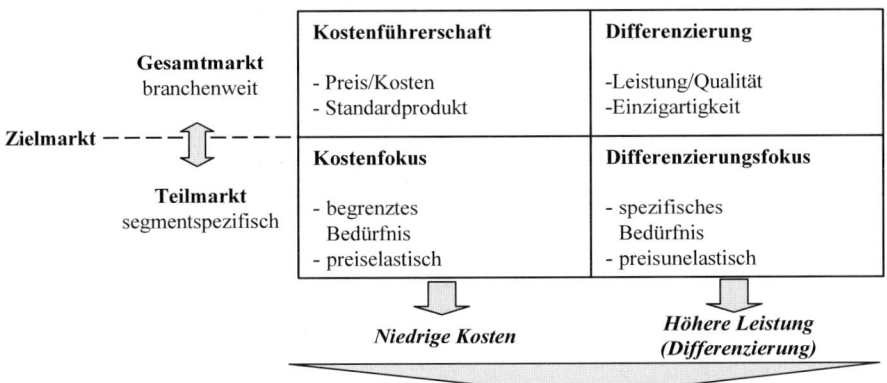

Abb. 2-33. „Generische" Wettbewerbsstrategien (Quelle: Porter 1980)

Auf beide Strategiealternativen – Kostenführerschaft und Differenzierung – wollen wir kurz näher eingehen:

• **Kosten-/Preisführerschaft**

Diese Strategievariante baut auf dem Phänomen der Erfahrungskurve auf, das wiederum auf der schon in den 40er Jahren des 20. Jahrhunderts entdeckten „Lernkurve" beruht. Diese besagt: Je öfter eine (sich wiederholende) Tätigkeit ausgeübt wird, desto besser wird sie beherrscht und desto niedriger sind die dafür aufzuwendenden Kosten. Da „Erfahrung" speicherbar ist, gilt dieser Effekt auch langfristig und lässt sich auf alle Bereiche des Unternehmens übertragen (und nicht nur „in" der Produktion feststellen). In letzter Konsequenz postuliert der **Erfahrungskurveneffekt** Folgendes:

> „Mit der Verdopplung der im Zeitablauf kumulierten Produktionsmenge sinken die realen Stückgesamtkosten potenziell um einen konstanten Prozentsatz, üblicherweise um 20-30 Prozent."

Bei einer Kostenreduktion von 30% und einem Ausgangswert der Stückkosten von 10 Geldeinheiten (GE) hat die „Erfahrungskurve" den folgenden Verlauf (für die Achsen wird hier ein doppelt-logarithmischer Maßstab verwendet):

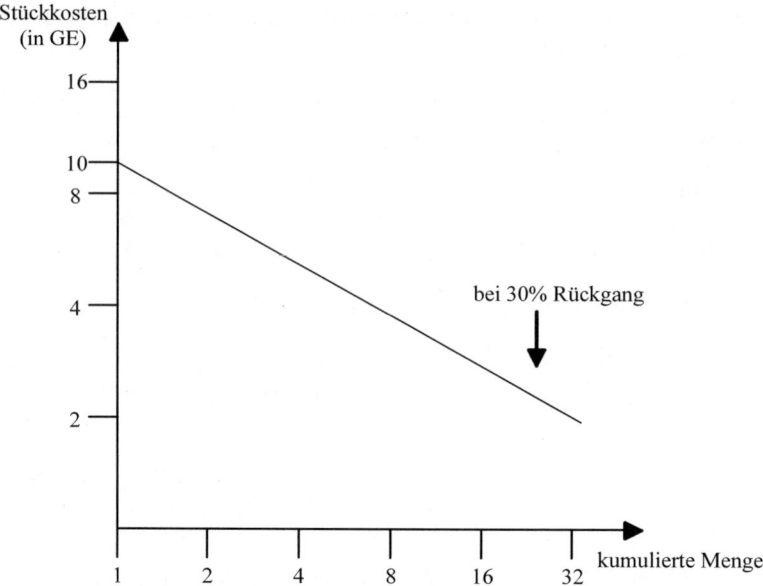

Abb. 2-34. Darstellung der Erfahrungskurve

Bei einer Ausgangsmenge M_0 und einem Ausgangswert der Stückkosten k_0 ergibt sich unter Berücksichtigung der Periodenmengen M_t bis zur Periode n der folgenden Wert für die Stückkosten k_n:

$$k_n = k_0 \cdot \left(\frac{M_0}{\sum_{t=0}^{n} M_t} \right)^b + k_e$$

k_e = durch Lerneffekte nicht veränderbare Teile der Stückkosten

Beispiel: 20%-Kostensenkung bei Verdopplung der kumulierten Menge von 5 auf 10:

$$k_n = 100 \cdot \left(\frac{5}{10} \right)^{0,321928} = 100 \cdot 0,8 = 80 \, GE / ME$$

Als mögliche Ursachen für diesen in der Praxis vielfach bestätigten Effekt kommen in Betracht:

- **Lernkurveneffekte**, also Übungsgewinne durch wiederholte Arbeitsverrichtung,

- **Degressionseffekte** durch steigende Skalenerträge, Senkung der Stückfixkosten und/oder Einsatz kostengünstigerer (da z.B. höher automatisierter) Produktionsverfahren bei Ausdehnung der Periodenmenge,

- **Rationalisierung** betrieblicher Strukturen und Prozesse und

- „autonomer" **technischer Fortschritt**, soweit er (z.B. durch Verbesserungen der Produktionstechnologie) eine kostengünstigere Herstellung erlaubt.

Der Erfahrungskurveneffekt legt eine rasche Ausdehnung der kumulierten Menge (und damit des **Marktanteils**) nahe, und zwar aus mehreren Gründen: Eine errungene „Kostenführerschaft" (= niedrigste Stückkosten im Wettbewerb) ist schon wegen der damit verbundenen hohen Gewinnspanne reizvoll (siehe Abbildung 2-35). Unternehmen A ist hier aber in doppelter Hinsicht im Vorteil: wegen der hohen Deckungsspanne **und** des hohen Marktanteils. Beides führt dazu, dass A deutlich höhere Gesamtgewinne erzielt als die Wettbewerber.

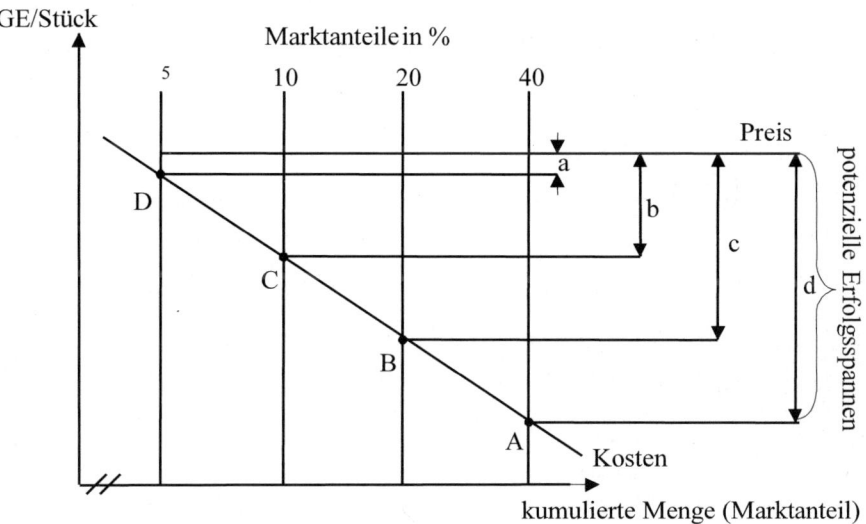

Abb. 2-35. Zusammenhang zwischen Markanteilen und Gewinnspannen der Konkurrenten A, B, C und D (Quelle: Kreikebaum 1989, S. 81)

Bei hoher bzw. steigender Wettbewerbsintensität wird sich Wettbewerber A jedoch nicht auf seine günstige Kostenposition „ausruhen", sondern diese als **„Waffe"** gegen die bestehenden Wettbewerber (und als **Eintrittsbarriere** gegen weitere, potenzielle Konkurrenten) einsetzen, indem er die Preise senkt und so einen allgemeinen Preisdruck erzeugt, mit dem er z.B. den „Neuling" D mit seiner relativ schlechten Kostenposition den Verbleib in der Branche erschwert, ihn sogar langfristig zum Aufgeben zwingen und potenzielle Wettbewerber wirksam von einem Markteintritt abschrecken kann (Limit-Price-Konzept).

Limit-Price-Konzept: Der Preis der Eintrittsbarriere

- Der Limit-Price ist der Preis, bei dem die Erträge (in Einschätzung des Newcomers, also die prognostizierten Erträge) gerade den erwarteten Kosten (aus den strukturellen Eintrittsbarrieren und drohenden Vergeltungsmaßnahmen) entsprechen.

- Der Limit-Price ist damit der für den Eintritt und den Verbleib in der Branche mindestens benötigte, also „kritische" Preis und spiegelt die Höhe der preisbedingten Eintrittsbarriere aus Sicht des Unternehmens wider.

- Prognostiziert ein Newcomer, dass der Marktpreis nach dem Eintritt über seinen hypothetischen Limit-Price liegt, so wird er nach diesem Modell in den Markt eintreten. Im umgekehrten Fall wirkt der Marktpreis als Eintrittsbarriere.

Die langfristig in einer Branche sich ergebende Preis- und Kostenentwicklung, die sich aus dem eben skizzierten Wettbewerbsverhalten ergibt, ist in Abbildung 2-36 noch einmal typisiert dargestellt.

Während das Kostenniveau in der Branche – gemäß der Erfahrungskurve – stetig sinkt, baut sich bei unverändertem Preisniveau ein „Preisschirm" auf, der wegen der damit verbundenen hohen Gewinnspannen neue Wettbewerber „anlockt".

Der sich verschärfende Wettbewerb, aber vor allem die „bewusste" Preissenkung der schon in der Branche tätigen Unternehmen führt in relativ kurzer Zeit zu einem deutlichen Preiseinbruch, der Grenzanbieter zum

Aufgeben zwingen und weitere Anbieter wirksam von einem Markteintritt abschrecken soll.

In der dann folgenden Phase der Stabilität folgen die Preise den Stückkosten – die erzielten Erfahrungskurveneffekte werden „an die Kunden weitergegeben."

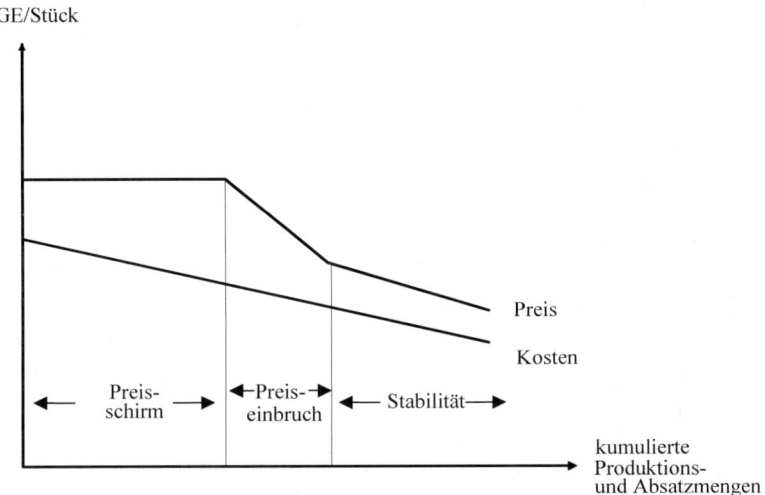

Abb. 2-36. Erfahrungskurveneffekt und Preisentwicklung im Wettbewerb (Quelle: Dunst 1983, S. 75)

Wichtig ist: Die von dem Erfahrungskurveneffekt postulierten Kostensenkungen mit Ausdehnung der kumulierten Produktionsmenge stellen sich nicht „von selbst" ein. Die sich bietenden Kostensenkungspotenziale müssen vielmehr gesucht und konsequent umgesetzt werden, verlangen also ein aktives **Kostenmanagement**.

Hilfreich bei der konkreten Realisierung von Kostensenkungspotenzialen in Industriebetrieben ist die Idee des „Kontinuierlichen Verbesserungsprozesses" (KVP), die in Japan unter dem Namen **„KAIZEN"** entwickelt wurde.[1] Ziel eines KVP-Programms ist es, die Quellen der Verschwendung – Aktivitäten und Ressourcenverbräuche, für die der Kunde nicht zu zahlen bereit ist – zu erkennen und zu beseitigen (siehe Abbildung 2-37).

---

[1] Siehe hierzu auch Tabelle 2-47 dieses Lehrbuchs.

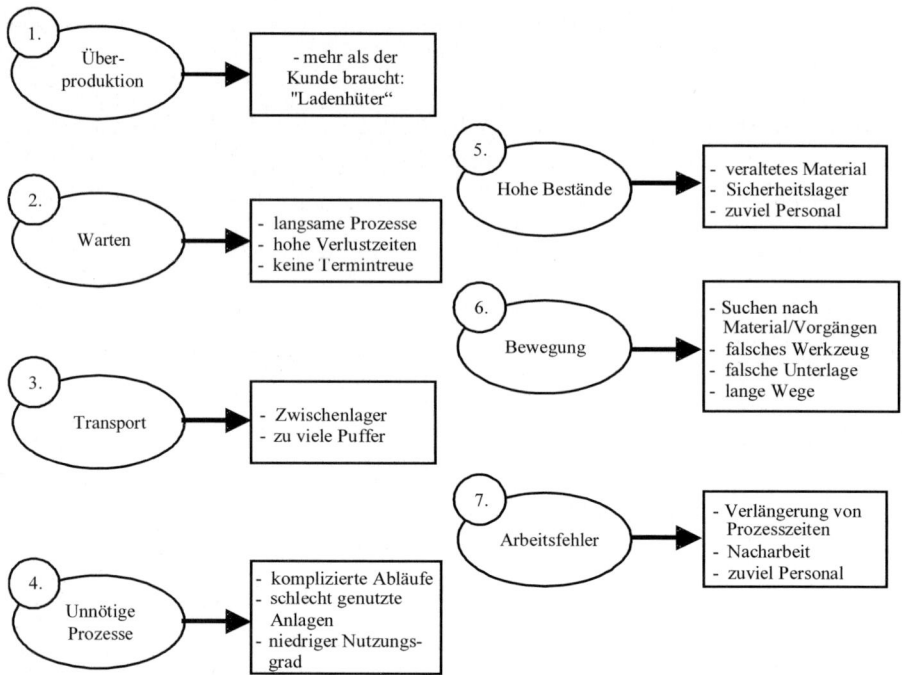

Abb. 2-37. Die sieben Arten der Verschwendung im KAIZEN-Konzept (Quelle: In Anlehnung an Imai 1992, S.120)

Die Suche nach Kostensenkungsmöglichkeiten erfolgt ganz konkret in einer Abteilung (z.B. „Vertrieb Osteuropa") oder in einem Teilprozess (z.B. „Endmontagelinie x"), und zwar im Rahmen eines meist einwöchigen **Workshops** mit allen Mitarbeiterinnen und Mitarbeitern bzw. weiteren Beteiligten (z.B. Lieferanten). Abbildung 2-38 zeigt den typischen Verlauf eines solchen KVP-Workshops, an dessen Ende die Präsentation und Umsetzung kostensenkender Verbesserungsmaßnahmen stehen.

Unternehmen versuchen jedoch, nicht nur durch die Optimierung der bestehenden Prozesse Kostenssenkungspotenziale zu realisieren, sondern auch durch weitere strategische Maßnahmen wie:

• Auslagerung von Wertschöpfungsaktivitäten an Dritte (Outsourcing, Offshoring),

• höhere Automatisierung von Prozessen und Funktionen und

• Produktionsverlagerungen in Niedriglohnländer.

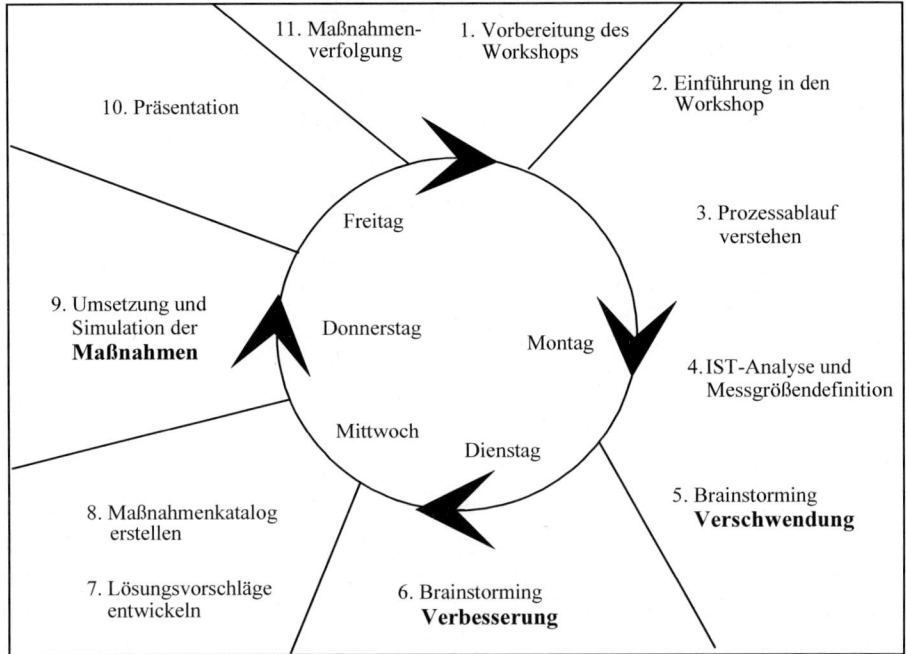

Abb. 2-38. Typischer KVP-Workshop zur Realisation von Kostensenkungspotenzialen

Die Strategie der Kostenführerschaft ist in allen Branchen von besonderem Interesse, in denen der Wettbewerb primär oder ausschließlich „über den Preis" erfolgt. So ist das Unternehmen Aldi im Lebensmitteleinzelhandel – einer gerade in Deutschland äußerst preissensiblen Branche – für die konsequente Umsetzung der Kostenführerstrategie (hier heißt sie: „Discount-Geschäft") bekannt.

Auch in industriellen Branchen, z.B. der Grundstoff- und der Metallindustrie, verfolgen Unternehmen die Kostenführerstrategie. Von Automobilzuliefern ist bekannt, dass sie nur dann langfristige Abnahmeverträge mit den Automobilherstellern abschließen können, wenn sie sich zu künftigen Preissenkungen verpflichten – was den Druck in Richtung auf strategische Kostensenkungsmaßnahmen weiter erhöht.

Bei Anbietern von Geräten der Unterhaltungselektronik ist gerade dann, wenn die betreffende Produktkategorie (z.B. DVD-Player) in die Reifephase mündet, die konsequente Umsetzung der Kostenführerschaftsstrategie unter Umständen erfolgsentscheidend.

Die Verfolgung der Kostenführerschafts-Strategie ist jedoch auch mit besonderen **Risiken** und **Nachteilen** verbunden, die hier nicht unerwähnt bleiben dürfen:

- Die Fokussierung auf die Ausweitung der Produktionsmenge (im Sinne der Erfahrungskurve) führt zu großen Kapazitäten, die das Unternehmen inflexibel und (z.B. bei gravierenden Diskontinuitäten wie Nachfrageverschiebungen) besonders verwundbar machen.

- Bei konstanter Periodenmenge dauert es immer länger, bis sich das kumulierte Produktionsvolumen verdoppelt. Die mengenabhängigen Kostensenkungsmöglichkeiten sind also nur „zu Beginn" deutlich spürbar, ebben aber schnell ab und werden schließlich bedeutungslos.

- Durch die Fokussierung auf die Ausdehnung der Produktionsmenge bei den bisherigen Produkten wird zudem die Entwicklung neuer Produkte (Produktinnovationen) vernachlässigt.

- Die Kostenvorteile sind möglicherweise „imitierbar" bzw. nicht an die Ausdehnung der Produktionsmenge gebunden. Neue Wettbewerber müssen sich – anders als in Abbildung 2-35 unterstellt – dann nicht mühsam „die Erfahrungskurve hinunterarbeiten", sondern können sehr schnell konkurrenzfähige Kostenniveaus erreichen.

Kommen wir damit zur Betrachtung der zweiten „generischen" Wettbewerbsstrategie in der Klassifikation nach Porter:

- **Differenzierungsstrategie**

Die Strategie der Differenzierung zielt auf einen vom Kunden wahrgenommenen Leistungsunterschied bei den Produktionseigenschaften und/oder den sonstigen kaufrelevanten Faktoren gegenüber der Konkurrenz.

Es genügt also nicht, „besser" zu sein als die Wettbewerber, sondern erst durch einen vom Kunden wahrgenommenen Leistungsunterschied entsteht ein differenzierungsspezifischer Wettbewerbsvorteil (siehe Abbildung 2-39). „Differenzierung" ist also die Erzielung eines vom Kunden wahrgenommenen und gewollten Unterschieds im Produkt- bzw. Leistungsangebot.

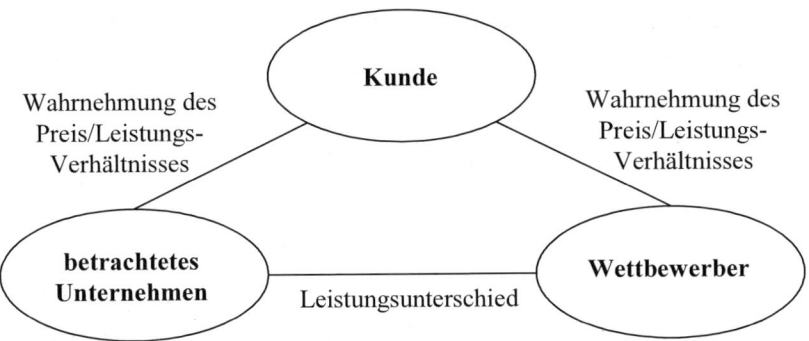

Abb. 2-39. Konstituierung von Wettbewerbsvorteilen im Rahmen der Differenzierungsstrategie

Um in den Augen der Kunden ein attraktives und präferiertes (oder sogar „einzigartiges") Preis-Leistungs-Verhältnis zu offerieren, kann mit den in Abbildung 2-40 dargestellten Wettbewerbsfaktoren gearbeitet werden, die (wie es die Abbildung andeutet) für gewöhnlich „in Kombination" zum Einsatz kommen und die wir nachfolgend etwas näher betrachten wollen.

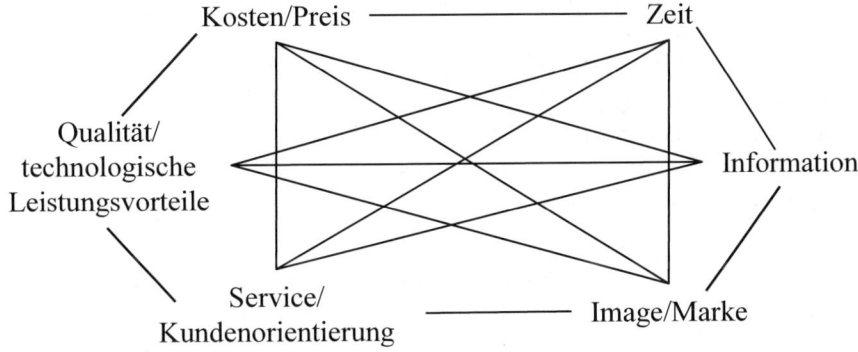

Abb. 2-40. Differenzierungsrelevante Wettbewerbsfaktoren

Die Bedeutung des Wettbewerbsfaktors **„Kosten/Preis"** wurde im Rahmen der Betrachtung der Kostenführerschaftsstrategie schon beleuchtet. Ein Angebot kann sich weiterhin durch **Qualität** bzw. **technologische Leistungsvorteile** positiv unterscheiden. Die Liste der Möglichkeiten reicht von einer höheren Materialqualität, Produktzuverlässigkeit und -haltbarkeit über das Angebot zusätzlicher bzw. innovativer Funktionen (z.B. „Lichtassistent" beim Automobil) bis hin zu einer höheren Umweltfreundlichkeit über alle Phasen des Lebenszyklus hinweg (Entstehung, Verwendung, Entsorgung). Die Erzielung solcher Wettbewerbsvorteile ist eng mit dem Innovationsprozess des Unternehmens verknüpft (siehe Kapitel 3 dieses Lehrbuchs). Eine Differenzierung ist weiterhin durch ein höheres Maß an **Service- und Kundenorientierung** möglich, etwa durch die Einbindung von Kunden in den Entwicklungsprozess, durch Kunden-Hotlines, ein zuverlässiges Service-Netzwerk, ein aktives Beschwerdemanagement usw. Ein Wettbewerbsvorteil kann sich auch in einem vorteilhaften **Image** des Unternehmens, Geschäftsfelds oder Produktangebots manifestieren – man denke nur an das Preisimage von Aldi im deutschen Lebensmitteleinzelhandel oder das (durch empirische Untersuchungen bestätigte) Qualitätsimage des Automobilherstellers Toyota. Starke **Marken** (z.B. Coca-Cola, Microsoft, Porsche, Nivea) sind Differenzierungsvorteile und damit wertvoll – auch und gerade deshalb, weil sich in ihnen jahre-, wenn nicht jahrzehntelanges erfolgreiches Marketing „kondensiert" und Marken (im Unterschied zu manchen technologischen Produkteigenschaften) nicht „über Nacht" kopiert werden können[1]. Ob **Information** ein Wettbewerbsfaktor mit zunehmender Relevanz ist, wird kontrovers diskutiert. Fest steht aber, dass Unternehmen (z.B. durch Statusberichte bei Kundenaufträgen, Tracking-Systeme bei Logistik-Dienstleistungen) immer stärker versuchen, sich durch eine besondere Erfüllung des Informationsbedürfnisses der Kunden zu differenzieren.

Dass „**Zeit**" ein Wettbewerbsfaktor mit wachsender Bedeutung ist, wurde Ende der 80er/Anfang der 90er Jahre des 20. Jahrhunderts erkannt und eingehend untersucht (vgl. dazu auch Voigt 1998). Dabei lassen sich mindestens zwei wichtige Dimensionen dieses Wettbewerbsfaktors unterscheiden (siehe Abbildung 2-41):

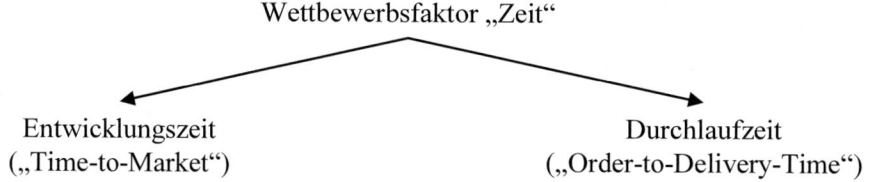

Wettbewerbsfaktor „Zeit"

Entwicklungszeit   Durchlaufzeit
(„Time-to-Market")   („Order-to-Delivery-Time")

Abb. 2-41. Dimensionen des Wettbewerbsfaktors „Zeit"

Offensichtlich gibt es ein Bedürfnis der Kunden, möglichst früh in den Genuss der Vorteile zu gelangen, die neue Produkte bzw. Leistungen offerieren, und die Käufer belohnen dies oft mit einer Preisprämie. Dies macht die **Entwicklungszeit** und das **Timing der Markteinführung** einer Inno-

---

[1] Von der gesetzeswidrigen Markenpiraterie sei hier einmal abgesehen.

vation zu einem wichtigen Wettbewerbsfaktor. Ob tatsächlich die First-
bzw. Pionierstrategie gegenüber einem bewussten Abwarten – der Strategie des (frühen) Folgers – vorteilhaft ist, hängt aber von den jeweiligen
Bedingungen ab und muss im Einzelfall geprüft werden. Wir kommen bei
der Betrachtung des Innovationsprozesses in Kapitel 3 ausführlich auf diese Frage zurück. Tatsache ist, dass der Kunde auch bei der Erteilung konkreter Aufträge immer ungeduldiger wird und ungern auf die Leistungser-
füllung wartet. Deshalb ist die **Auftrags-Durchlaufzeit** („order-to-
delivery-time") ein weiterer Wettbewerbsfaktor, der sich zur Differenzierung eignet. Bei einer telefonischen Pizza-Bestellung wird der Kunde
kaum nach der Anzahl der Salami-Scheiben als Belag fragen – wohl aber
nach der Lieferzeit. Versandhäuser wollen sich mit einem „24-Stunden-
Lieferservice" im Wettbewerb differenzieren. Ob in der Automobilindustrie das „5-Tage-Auto" (bei kundenspezifisch konfigurierten Fahrzeugen)
tatsächlich eine Präferenz der Kunden (und damit ein potenzieller Wettbewerbsfaktor) ist, wird kontrovers diskutiert (vgl. kritisch dazu: Bretzke
2006). Auf die Durchlaufzeit kommen wir bei der Betrachtung des operativen Leistungsprozesses (Kapitel 5) noch einmal zu sprechen.

Um Quellen für Differenzierungsvorteile zu finden, kann nicht nur am
Produkt bzw. der Leistung, sondern auch an dem dahinter stehenden Wertschöpfungsprozess angesetzt werden. In Abbildung 2-42 sind einige auf
die einzelnen Wertschöpfungsaktivitäten bezogene, aber von den Kunden
erkennbare Differenzierungsmöglichkeiten aufgeführt.

Abb. 2-42. Analyse von Differenzierungsmöglichkeiten anhand der Wertschöpfungskette (Quelle: in Anlehnung an Hungenberg 2006, S. 240)

Porter ging ursprünglich davon aus, dass die hier skizzierten „generischen" Wettbewerbsstrategien – Differenzierung und Kostenführerschaft –

sich ausschließende Alternativen darstellen und dass eine Zwischenstellung („zwischen den Stühlen") mit einer schlechten Rentabilität bestraft werden würde (siehe Abbildung 2-43). Ein Blick in die Automobilbranche scheint diese These zu bestätigen: Die weltweit profitabelsten Unternehmen sind der eine Volumenstrategie verfolgende Marktführer (Toyota) und ein Nischenanbieter mit verschwindend geringem Marktanteil (Porsche), während etliche Automobilhersteller „dazwischen" tatsächlich mit Renditeproblemen zu kämpfen haben.

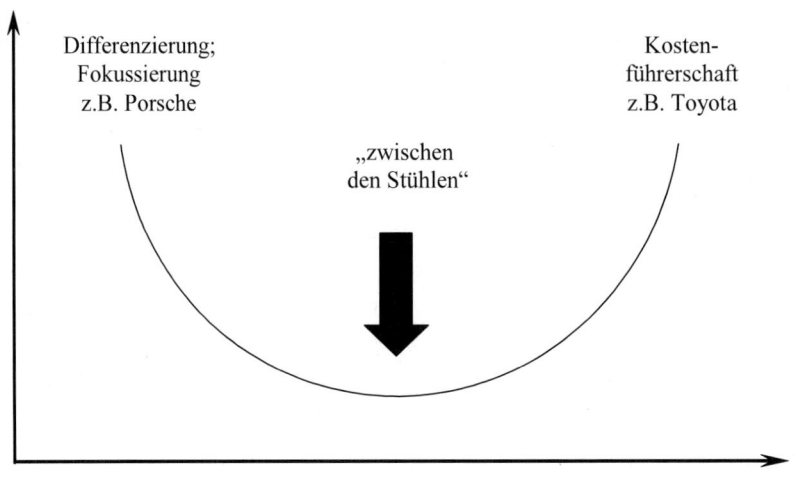

Abb. 2-43. Beziehung zwischen Rentabilität und Marktanteil nach Porter (Quelle: in Anlehnung an Porter 1980, S. 43)

Dennoch ist die Frage diskutiert worden, ob es möglich ist, beide Strategieansätze – Differenzierung und Kostenführerschaft – sinnvoll miteinander zu verknüpfen. Die dadurch entstehenden „hybriden" Wettbewerbsstrategien seinen kurz näher beleuchtet.

b)   „Hybride" Wettbewerbsstrategien

Die intelligente Verknüpfung von Kosten- und Differenzierungsvorteilen ergäbe in der Tat eine „Überholer"-Position – deshalb wird in der Literatur diesbezüglich auch von der „Outpacing"-Strategie gesprochen (vgl. z.B. Gilbert/Strebel 1987). Eine in der Praxis beobachtbare Möglichkeit scheint die sequentielle Verfolgung der beiden Strategien zu sein (siehe Abbildung 2-44).

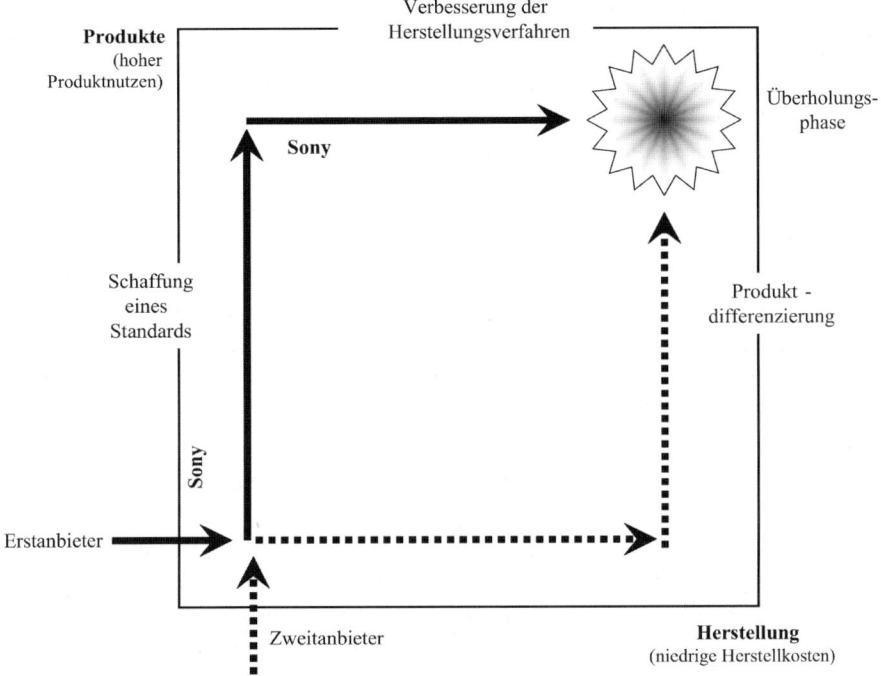

Abb. 2-44. Hybride Wettbewerbsstrategien (Outpacing-Ansatz) (Quelle: in Anlehnung an Gilbert/Strebel 1987)

So hat Sony in der Branche „Unterhaltungselektronik" zunächst die Differenzierungsstrategie (z.B. mit dem innovativen Produkt „Walkman") verfolgt und erst dann – durch Prozessinnovationen – die Kostenposition verbessert. Ein alternativer Weg wäre gewesen, zunächst (mit vergleichsweise standardisierten Produkten) eine Volumenstrategie mit dem Ziel niedrigere Herstellungskosten zu realisieren, um anschließend nach Möglichkeiten einer (kundenspezifischen) Produktdifferenzierung zu suchen, ohne die erreichte günstige Kostenposition zu verlassen. Dass auch dieser Weg tatsächlich versucht wird, belegt die Diskussion um das Konzept der **„Mass Customization"** (vgl. z.B. Piller 2006). Hierunter versteht man die Möglichkeit, kundenspezifisch konfigurierte Produkte unter (Kosten-)Bedingungen der Massenproduktion herzustellen. Ein geschickter Einsatz von Gleichteilen bzw. des Baukastenprinzips trägt ebenso dazu bei wie der Einsatz moderner Informations- und Produktionstechnologien. Diese ermöglichen es z.B. in der Automobilindustrie, dass der Kunde sein Wunschfahrzeug individuell konfigurieren (also aus einer kaum überschaubaren Variantenzahl sein gewünschtes Modell auswählen) kann und dieses dennoch „nach den Gesetzen der Massenproduktion" produziert wird.

Eine „Outpacing"-Strategie ist aber auch dann möglich, wenn die Erreichung von Kostenvorteilen nicht (wie die Erfahrungskurve es postuliert) an große Produktionsmengen gekoppelt ist.

So fertigt z.B. Porsche trotz Verfolgung der Differenzierungsstrategie seine vergleichsweise kleinen Stückzahlen durch eine geschickte Adaption der Prinzipien des Toyota-Produktionssystems (siehe dazu Abschnitt 3.9) – hier heißt es „Porsche-Produktionssystem" – auf wettbewerbsfähigem Kostenniveau, was letztendlich die hohe Profitabilität dieses Unternehmens erklärt. Eine „hybride" Wettbewerbsstrategie erscheint also durchaus als erstrebenswerte Alternative.

c)   Weitere geschäftsbezogene „Strategiebausteine"

Die Erfahrung zeigt, dass sich die geschäftsfeldbezogenen strategischen Optionen nicht auf die Entscheidung „Differenzierung und/oder Kostenführerschaft" beschränken, sondern noch weitere „Strategiebausteine" umfassen können, von denen hier einige, als typisch anzusehende Strategieoptionen stichwortartig genannt seien:

- **Ausbau durch Marktdurchdringung**

Beide Dimensionen des Geschäftsfelds – Produktfeld und Markt – bleiben unverändert, jedoch soll der Markt intensiver bearbeitet und das noch verbleibende Umsatzpotenzial erschlossen werden. Hier ist vor allem das Marketing gefordert (intensive Werbung, aktive Preispolitik, verstärkter Einsatz der „Sales Promotions" usw.).

- **Ausbau durch Marktentwicklung**

Die Marktdimension des Geschäftsfelds soll um weitere geografische Märkte erweitert werden. Anfang der 90er Jahre hatte die „Eroberung" der osteuropäischen Märkte bei vielen deutschen Unternehmen Priorität im Rahmen der Geschäftsfeldstrategien, derzeit stehen „Emerging Markets" wie China und Indien im Vordergrund (siehe dazu auch Abschnitt 2.4.4.3).

- **Ausbau durch Differenzierung innerhalb des Geschäftsfelds**

Hier geht es um eine (weitere) Differenzierung des Produktfelds, also das Angebot zusätzlicher Produkte/Varianten für bisher schon bearbeitete oder neue Marktsegmente, aber auch die Verknüpfung von Einzelprodukten zu Systemangeboten, die Verknüpfung von Produkten und Dienstleistungen oder das Auflösen eines bisherigen Komplettangebots in Einzelkomponenten („Unbundling"). Als vorbildliches Beispiel für eine erfolgreiche Differenzierungsstrategie innerhalb eines Geschäftsfelds sei noch einmal die Kosmetiksparte des Unternehmens Beiersdorf AG genannt, in der die Marke „Nivea", ausgehend von einer kaum vorhandenen Differenzierung (nur Creme in wenigen Packungsgrößen), auf Basis einer intensiven Marktsegmentierung erfolgreich zu einer beeindruckenden Produkt- und Variantenvielfalt ausgebaut wurde.

- **Erhaltung des Status quo**

Nicht immer sind Wachstumsperspektiven gegeben. Dann kann der Erhalt des Status quo eine strategische Option sein. Konkret bedeutet dies z.B.: keine Veränderungen im Produktfeld, keine aggressiven Konkurrenzmaßnahmen, nur Ersatzinvestitionen (keine Erweiterungsinvestitionen) usw.

- **Konsolidierung/Konzentration des Geschäftsfelds**

Bei dieser „Kontraktions"-Option geht es um das „Gesundschrumpfen" eines zu breit aufgestellten Geschäftsfelds, also z.B. um die Bereinigung des Leistungsprogramms, die Beschränkung auf bestimmte Marktregionen oder Käufergruppen usw. Diese Variante ist oft mit Desinvestitionen, Unternehmensteil-Verkäufen, Betriebsstilllegungen und/oder Personalabbau verbunden. Strategisches Ziel dieser Option ist jedoch die **Stärkung der Ertragskraft** des (verkleinerten) Geschäftsfelds.

- **Wandel der Produkt- oder Produktionstechnologie**

Gemeint sind hier nicht permanente technische Verbesserungen, sondern radikale Veränderungen der Produkttechnologie (z.B. der Wechsel von der analogen zur digitalen Technologie in der Unterhaltungselektronik) und der Produktionstechnologie (wie in der Automobilindustrie z.B. die Einführung des Fließbands, die Vollautomatisierung im Karosseriebau oder die Umstellung auf lösungsmittelfreie Lackierungen). Auf Technologien als funktionsstrategische Optionen kommen wir in Abschnitt 2.4.3.2 noch ausführlich zu sprechen.

- **Veränderungen (i.d.R. Erhöhung) der Qualität**

Auch hier sind nicht „laufende", sondern gravierende Veränderungen der Produkt- bzw. Leistungsqualität im betreffenden Geschäftsfeld gemeint. So war die Anhebung der Produktqualität auf den konzernweiten Standard eine wichtige strategische Maßnahme nach der Akquisition des Geschäftsfelds „Škoda" durch die Volkswagen AG.

- **Erhöhung oder Verminderung der Wertschöpfungstiefe**

Die bewusste und deutliche Veränderung der Wertschöpfungstiefe – z.B. durch Outsourcing ganzer Aktivitäten oder Abschnitte der Wertschöpfungskette des Geschäftsfelds – stellt eine weitere strategische Maßnahme dar. Wir kommen in Abschnitt 2.4.3.3 noch darauf zurück.

- **Geografische Umverteilung von Wertschöpfungsaktivitäten**

Auch diese Maßnahmen sind (geschäftsfeld-)strategischer Natur, sei es, dass die Produktion nach China, die Software-Entwicklung nach Indien, die Endmontage nach Tschechien oder das Call-Center in die Türkei verlegt werden. Eine geografische Konzentration und die strategische Rückverlagerung von Wertschöpfungsaktivitäten gehören ebenfalls in diese Kategorie.

- **Kooperationen bezüglich bestimmter Wertschöpfungsaktivitäten**

Unter einer Kooperation versteht man die freiwillige, meist vertraglich geregelte Zusammenarbeit zwischen rechtlich und wirtschaftlich selbstständig bleibenden Unternehmen in Bezug auf bestimmte Wertschöpfungsaktivitäten, z.B. Forschung und Entwicklung, Beschaffung, Produktion, Vertrieb, Service. Solche Kooperationen werden nicht nur auf Unternehmens-, sondern auch auf Geschäftsfeldebene vereinbart und gehören insofern zu den geschäftsfeldstrategischen Optionen (siehe Abschnitt 2.4.4.3b).

- **Änderungen der Preisstrategie im Geschäftsfeld**

Bei der Preisstrategie handelt es sich um ein langfristig orientiertes, schlüssiges Konzept in Hinblick auf das preispolitische Verhalten des Unternehmens in dem jeweiligen Produktfeld. Die Optionen reichen von über die Zeit konstant gehaltene, aber in der Höhe unterschiedliche Preiskonzepte (Premium-, Mittel-, Niedrigpreisstrategie) bis zu dynamischen Strategievarianten, die eine bewusste Preisänderung im Zeitablauf vorsehen (Skimming-, Penetrationsstrategie, siehe Abbildung 2-45).

Die Definition bzw. Änderung der Preisstrategie gehört zu den geschäftsfeldbezogenen „Strategiebausteinen", muss jedoch im Zusammenhang mit der Art und Qualität des Produkt- und Leistungsangebots gesehen werden. So ist eine Premium-Preis-Strategie nur bei Vorliegen entsprechender materieller oder immaterieller Produktvorteile (wie z.B. Luxusmarken) möglich.

Die Skimming-Strategie setzt ein innovatives Produktangebot voraus, auf das die Käufer „ungeduldig" warten und bei dem eine „Konsumentenrente" abgeschöpft werden kann, während die Penetrations-Strategie dann angewendet wird, wenn „Kaufwiderstände" zu erwarten sind, „Kauflust" und Markenpräferenzen durch einen bewusst niedrig gehaltenen Einführungspreis also erst geschaffen werden müssen (vgl. im einzelnen bei Voigt 2003, S. 710 ff.).

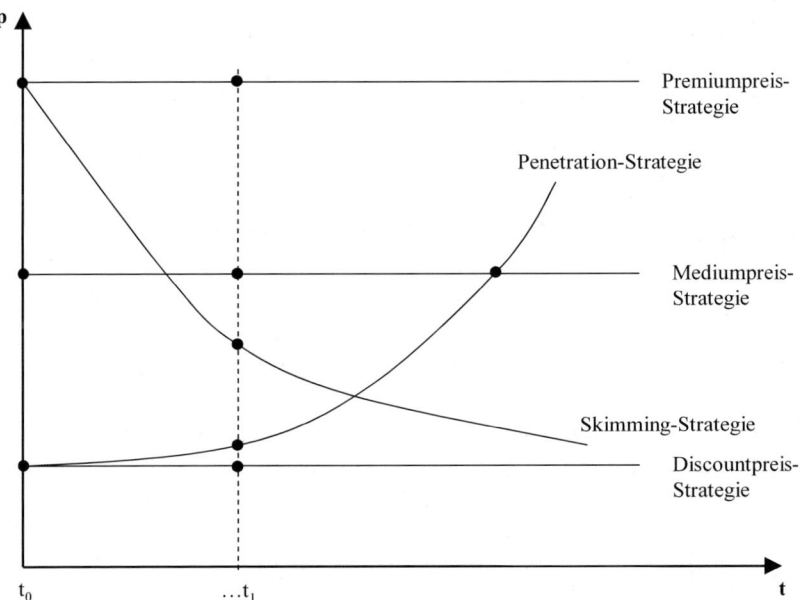

Abb. 2-45: Preisstrategische Optionen (Quelle: Voigt 2003, S. 711)

- **Änderung des Verhaltens gegenüber der Konkurrenz**

Gemeint sind bewusste und deutliche Veränderungen im Verhalten gegenüber der Konkurrenz, z.B. der Wechsel von einem defensiven zu einem aggressiven Verhalten (oder umgekehrt). Hin und wieder wird versucht, Wettbewerber mit einem „Preiskrieg" aus dem Markt zu verdrängen oder ihnen mit einer „Produktoffensive" Marktanteile abzujagen – mit einer entsprechend aggressiven Preis-, Produkt- und Kommunikationspolitik des Geschäftsfelds. Bevor derartige Auseinandersetzungen begonnen werden, sollte die Situation jedoch genau geprüft werden – denn von einem Preiskrieg profitiert zunächst einmal nicht der „Angreifer", sondern die Kunden. Auch sind Fälle bekannt, in denen sich ein einmal „herunterkonkurriertes" Preisniveau nach Beendigung der Auseinandersetzung nur schwer wieder auf ein profitables Niveau anheben ließ – denn an nichts gewöhnen sich die Kunden bzw. Konsumenten erfahrungsgemäß so gern und so schnell wie an sinkende Preise. Die Ähnlichkeit solcher antagonistischer Wettbewerbssituationen mit militärischen Auseinandersetzungen erklärt im Übrigen die Popularität militärstrategischer Werke, z.B. „Vom Kriege" von Carl v. Clausewitz oder „die Kunst des Krieges" von Sun Tzu, auch im ökonomischen Bereich. Dass es bei der Unternehmens- und Geschäftsfeldstrategie aber i.d.R. um mehr geht als nur darum, einen Gegner zu „schlagen", haben wir in Abschnitt 2.1.1 schon hinreichend deutlich gemacht.

- **Befolgung oder Missachtung der „Spielregeln der Branche"**

Unternehmen und Geschäftsfelder können außerordentlich erfolgreich sein, indem sie ein neues Geschäftsmodell realisieren und damit die (bisherigen) „Spielregeln" der Branche bewusst missachten. So hatte das Geschäftsmodell von IKEA bei seiner Entstehung zahlreiche innovative Aspekte, die die „Spielregeln" der Möbelbranche nicht unerheblich beeinflusst haben. Mittlerweile ist das ungewöhnlich erfolgreiche Geschäftsmodell von IKEA in Teilen und als Ganzes mehrfach kopiert worden.

Weitere Beispiele für das Missachten der „Spielregeln" der Branche bzw. die Schaffung innovativer Geschäftskonzepte sind amazon.com im Buchhandel, Consors im Wertpapierhandel und DELL bei der Produktion und dem Vertrieb von PCs und Notebooks.

Innovative Aspekte des IKEA-Geschäftsmodells bei seiner Einführung

- Neuartiges Möbeldesign („Schwedenmöbel"; zunächst abwertend: „Apfelsinenkisten");

- Design in Schweden, Produktion in Niedriglohnländern;

- sofortige Mitnahme der Möbel (ermöglicht durch entsprechendes Produkt- und Verpackungsdesign); Transport durch den Kunden;

- „Endmontage" der Möbel zu Hause durch den Kunden, dadurch

- Kostenvorteile, die als Preisvorteile an den Kunden weitergegeben werden; dadurch

- „Erfindung" des weltweit erfolgreichen Discountmöbel-Segments;

- erfolgreiche Verlagerung des Umsatzschwerpunkts auf Mitnahmeartikel (Haushaltswaren, Heimtextilien, Pflanzen, Lampen etc.);

- Restaurantbetrieb;

- Kinderfreundlichkeit; Möbelhausbesuch als „Familienereignis" usw.

- **Verwirklichung von Synergien zwischen Geschäftsfeldern**

Die bereits angesprochenen Kosten- und Ertragssynergien (siehe nochmals Tabelle 2-19) stellen sich nicht von selbst ein, sondern müssen aktiv gesucht und durch entsprechende Maßnahmen realisiert werden. Auch dies kann zu den geschäftsfeldbezogenen Maßnahmebündeln gehören.

- **Aufgabe des Geschäftsfelds**

Es ist nicht ungewöhnlich, dass Geschäftsfelder nicht weitergeführt werden, weil sie aus Markt-, Kompetenz-, Ressourcen- oder Ertragsgründen nicht mehr länger in das Portfolio des Unternehmens passen. Diese „Aufgabe" des SGF erfolgt jedoch in aller Regel durch Verkauf an andere Unternehmen oder Verselbstständigung bzw. Ausgründung (auch: Management-Buyout) und ist nur in Ausnahmefällen tatsächlich eine „Schließung" des Geschäftsfelds mit Betriebsstilllegungen und einer Entlassung des gesamten Personals. Bekannte, aber auch umstrittene Beispiele für diese Option finden sich im Rahmen der 2006/2007 erfolgten Portfolio-Bereinigung der SIEMENS AG.

Damit wollen wir die Betrachtung von Strategien zur Optimierung bestehender Geschäftsfelder abschließen. Abbildung 2-46 fasst noch einmal die wichtigsten Produktfeld-Markt-Strategien zusammen.

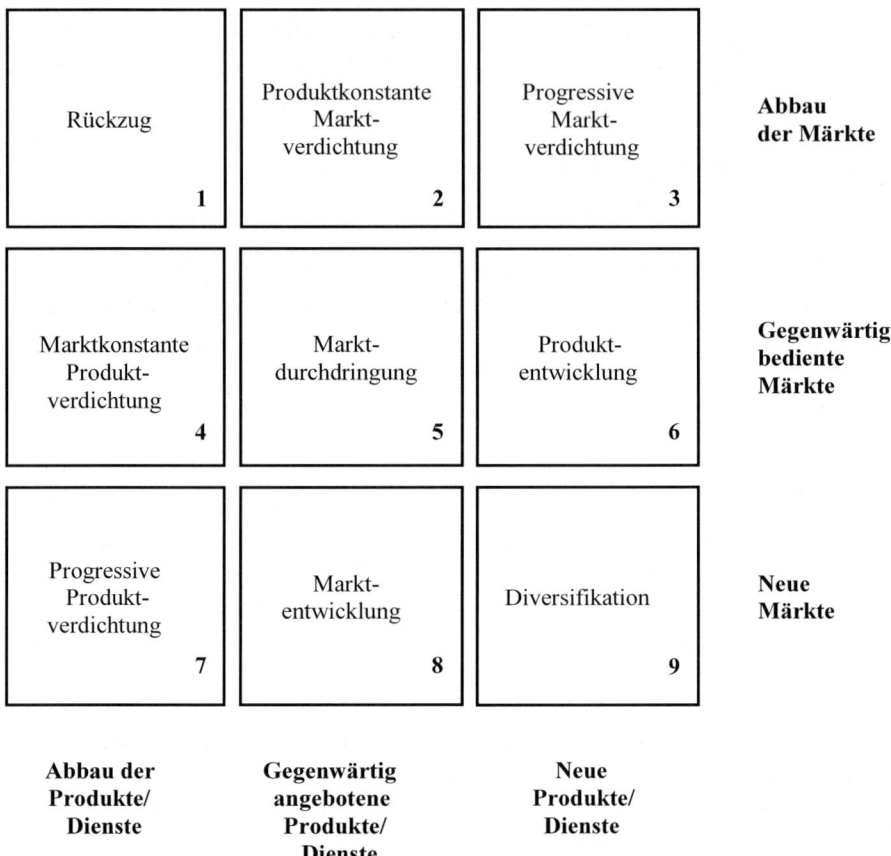

Abb. 2-46. Produktfeld-Markt-Strategien im Überblick (Quelle: Müller-Stewens/ Lechner 2005, S. 257)

Geschäftsfeldstrategische Entscheidungen beziehen sich jedoch nicht nur auf bestehende Geschäftsfelder, sondern umfassen gewöhnlich auch Entscheidungen über den Aufbau und/oder den Zukauf neuer Geschäftsfelder.

2.4.2.2 Aufbau bzw. Aufnahme neuer Geschäftsfelder (Diversifikationsstrategien)

a)   Begriff und Arten

Selbst bei Optimierung der bisherigen Geschäftsfelder werden deren Gewinnpotenziale sich letztendlich als begrenzt erweisen. Deshalb liegt es nahe, auch über den Aufbau bzw. die Aufnahme neuer Geschäftsfelder nachzudenken. Der Begriff **„Diversifikation"** erfasst dabei den Tatbestand, dass das Unternehmen aus mehreren Geschäftsfeldern besteht, die sich notwendigerweise in bestimmten Kriterien unterscheiden.

Beim Übergang zu neuen bzw. weiteren Geschäftsfeldern stellt sich grundsätzlich die Frage, ob das SGF selbst aufgebaut werden (**„internes Wachstum"**) oder ob die Diversifikation durch Akquisition eines bestehenden Geschäftsfelds oder Unternehmens erfolgen soll (**„externes Wachstum"**).

Während man im zweit genannten Fall bereits von einer bestehenden Struktur und einer „funktionierenden" Wertschöpfungskette ausgehen kann, die jedoch meistens noch in bestimmter Hinsicht angepasst und integriert werden muss, sind die strukturellen Voraussetzungen bei internem Wachstum erst einmal zu schaffen, und das bedeutet: Produkte müssen entwickelt, Märkte erschlossen, Produktions- und Vertriebskapazitäten aufgebaut werden usw.

Beide Optionen – externes und internes Wachstum – sind in der Praxis üblich, manchmal werden sogar beide Wege zu ein und demselben Zweck „ausprobiert". So hat die BMW AG zwecks Portfolioergänzung „am unteren Rand der Modellpalette" zunächst die Akquisition von Rover vorgenommen (externes Wachstum) und diese Option dann durch internes Wachstum (Entwicklung, Produktion und Vertrieb des 1er-BMW mit neu aufgebauter Produktionskapazität in Leipzig) ersetzt.

Offensichtlich ist es notwendig, die Gründe und Erfolgsbedingungen für externes und internes Wachstum im Einzelfall sorgfältig gegeneinander abzuwägen (siehe Tabelle 2-20).

Tabelle 2-20. Argumente für externes und internes Wachstum (Quelle: Jansen 1998, S. 86)

Gründe für **externes Wachstum** und ... für **internes Wachstum:**	
• schnellere Erreichung strategischer Ziele durch Unternehmensakquisitionen (Zeitfaktor relevant bei sich beschleunigenden Produktlebenszyklen, Amortisierung der F&E-Kosten etc.),	• grundsätzlich dann, wenn Gründe für externes Wachstum nicht vorliegen,
• Synergiepotenziale schneller nutzbar,	• Entwicklung eines passgenauen Objektes hinsichtlich der Standortwahl, des Personals, der Produktstruktur, der Organisation,
• Überwindung von Markteintrittsbarrieren,	• Verminderung von Risiken (Vertragsrisiken, Altlastenrisiken),
• Verminderung des Innovationsrisikos bei „First Mover-Strategie" durch Aufkauf vorhandener Erfolge, Märkte bzw. Marktanteile des Akquisitionsobjektes,	• Einflusssicherung des Managements, • Integrationsprobleme und die damit verbundenen Kosten entstehen in vermindertem Maße,
• Übernahme der vorhandenen Kapazitäten, so dass die Gesamtkapazität auf dem Markt konstant bleibt und somit keine Wettbewerbsverschärfung eintritt,	• Finanzierung der Eigenentwicklung kann nach Mittelverfügbarkeit erfolgen, d.h. Aufbau richtet sich nach der Mittelverfügbarkeit,
• Wettbewerbsberuhigung durch den Aufkauf von Konkurrenten (mit ggf. Stilllegung der Kapazitäten),	• Imagesicherung, • Angst vor Fehlakquisitionen,
• keine Rekrutierung von entsprechend qualifiziertem Personal für Eigenentwicklung.	• Imitationsschutz durch Eigenentwicklung.

Auf die Besonderheiten des „externen Wachstums" kommen wir in Abschnitt 2.4.4.3 noch ausführlich zurück.

Bei näherer Betrachtung der strategischen Option **„Diversifikation"** sind hier zunächst die verschiedenen Arten von Interesse. Hierfür kann auf eine Typologie von Igor Ansoff zurückgegriffen werden (siehe Tabelle 2-21).

Tabelle 2-21. Diversifikationstypologie (Quelle: Ansoff 1965, S. 132)

	Produkte		
Produkte Kunden- gruppe	verwandte Technologie	⟷	unverwandte Technologie
Kunden gleiche Kundengruppe	horizontale Diversifikation		
Eigenbedarf	vertikale Diversifikation		
ähnliche Kundengruppe	konzentrische Diversifikation		
neue Kundengruppe			konglomerate Diversifikation

Von **„horizontaler Diversifikation"** wird gesprochen, wenn (im Prinzip) eine schon von einem Unternehmen bediente Kundengruppe mit dem neuen Geschäftsfeld angesprochen wird. In einem etwas weiteren Sinne werden Diversifikationen in der gleichen Branche als „horizontal" bezeichnet. So hat die Volkswagen AG ihr Portfolio im Laufe der Zeit über die „Kernmarke VW" hinaus um weitere Automobilmarken erweitert (Audi, Seat, Škoda, Lamborghini usw.), was jeweils eine horizontale Diversifikation darstellte.

Eine **„vertikale Diversifikation"** ist eine Erweiterung um Geschäftsfelder, die vor- oder nachgelagerte Wertschöpfungsaktivitäten der Wertschöpfungskette zum Inhalt haben. Erweitert ein Automobilhersteller sein Portfolio um ein Geschäftsfeld, das die Reifenproduktion zum Ziel hat, handelt es sich um eine vertikale Diversifikation in einem vorgelagerten Bereich der Wertschöpfungskette, betreibt ein Textilunternehmen sogenannte „Factory Outlets", um eine Diversifikation in einem nachgelagerten (da kundennahen) Bereich, nämlich den Vertrieb an Endkunden. Da es bei der vertikalen Diversifikation aber zunächst darum geht, den eigenen Anteil an der Wertschöpfung zu erhöhen, spricht Ansoff hier von „Eigenbedarf".

Die **„konzentrische Diversifikation"** entfernt sich inhaltlich schon von den bisherigen Geschäftsfeldern, weist aber über die Kundengruppe und/oder die Technologie noch Ähnlichkeiten zu diesen auf. Die **„konglomerate Diversifikation"**, in der Literatur auch als **„laterale Diversifikation"** bezeichnet, stellt den weitestgehenden Schritt dar, da sowohl die Kunden als auch die Produkte bzw. Technologien für das Unternehmen neu sind, also kaum oder gar keine Ähnlichkeiten zum bisherigen Produkt- und Leistungsprogramm des Unternehmens bestehen. Als (historische) Beispiele für solche „lateralen" Diversifikationen seien der Eintritt des Mannesmann-Konzerns in den Mobilfunkbereich und der Preussag AG in die Tourismusbranche genannt.

Es ist darauf hingewiesen worden, dass die **„Rolle" der Unternehmensleitung bzw. -zentrale** (auch) davon abhängt, welcher der genannten Diversifikationstypen im Unternehmen vorherrscht (vgl. Rumelt/Schendel/ Teece 1994): Bei **verbundenen Geschäften**, also horizontalen Diversifikationen, hat sich die Zentrale zum Ziel gesetzt, „Economies of Scope", also Verbundvorteile, zu realisieren. Hierfür empfiehlt sich eine relativ enge Steuerung der Geschäftsfelder, auch durch Sachziele. Bei **unverbundenen Geschäften**, d.h. einem Vorherrschen von konglomeraten bzw. lateralen Diversifikationen, zielt das Unternehmen dagegen auf die Kompensation von „Kapitalmarktversagen", nicht aber auf die Realisation von Verbundvorteilen bzw. Synergieeffekten ab. Derartige Unternehmen, meist als Finanzholdings organisiert, zeichnen sich durch dezentrale Strukturen und relativ selbstständig agierende Geschäftsfelder aus, die primär oder allein anhand finanzwirtschaftlicher Erfolgsmaßstäbe gesteuert werden.

b)   Ziele und Motive

Schon hier wird deutlich, dass sich nicht nur die „Rollen" der Unternehmensleitungen, sondern auch die **Ziele bzw. Motive** bei den einzelnen Diversifikationsarten unterscheiden:

Bei der „vorsichtigen" Form, der horizontalen Diversifikation, geht es (ganz nach dem Motto: „Schuster, bleib' bei Deinen Leisten!") vor allem darum, markt- und marketingbezogene sowie technologische Kernkompetenzen zu nutzen. So hat z.B. ein Unternehmen der Automobilindustrie, das in ein weiteres Automobil-Geschäftsfeld diversifiziert, die Vorteile, den Markt, also die Kunden und die Wettbewerber, zu kennen, aber auch die „automobile Wertschöpfungskette" insgesamt, die Lieferanten, die notwendigen Produkt- und Prozesstechnologien usw.

Einer vertikalen Diversifikation liegen andere Motive zugrunde: Entweder will das Unternehmen von den bisher ausgelagerten Wertschöpfungsaktivitäten selbst profitieren oder Beschaffungs- und Absatzrisiken durch die Sicherung von Bezugsquellen bzw. eine direkte Steuerung von Absatzaktivitäten verringern. Allerdings ist bei dieser Form der Diversifikation aus Sicht der Kernkompetenzen kritisch zu hinterfragen, ob dem Unternehmen nicht wesentliche Fähigkeiten bzw. Ressourcen für eine erfolgreiche Ausführung der „neuen", vor- oder nachgelagerten Wertschöpfungsaktivitäten fehlen.

„Konglomerate" bzw. „laterale" Diversifikationen werden dagegen oft als reine Finanzinvestitionen gesehen und unterliegen damit primär einem Ertragsmotiv. In den 70er und 80er Jahren wurde zudem das Potenzial konglomerater/lateraler Diversifikationen **zur Senkung des Unternehmensgesamtrisikos** diskutiert. Betrachten wir dazu folgendes vereinfachtes Beispiel (vgl. dazu auch Jacob 1979, S. 52 ff.):

Ein Unternehmen stehe vor der Frage, ein gegebenes Investitionsbudget zum Aufbau von SGF A zu verwenden oder das Budget auf die SGF B und C zu „streuen", also zu diversifizieren. Da Unsicherheit herrscht, werden fünf alternativ mögliche Absatzsituationen bzw. -szenarios für eintrittsmöglich gehalten. Die zu erwartenden Ergebnisse (z.B. „Discounted Cashflows") der SGF sind in der Tabelle 2-22 zusammengefasst:

Tabelle 2-22. Geschäftsfeldergebnisse bei Unsicherheit (Beispiel) (Quelle: in Anlehnung an Jacob 1979, S. 59)

Absatzszenarios	Ergebnisse		
	SGF A	SGF B	SGF C
1	-22	-11	-11
2	-10	-5	-5
3	+4	+2	+2
4	+26	+13	+13
5	+42	+21	+21

Bei Annahme der Gleichwahrscheinlichkeit der Absatzszenarios und bei Definition der Gesamtchance (des Gesamtrisikos) als Summe der gewichteten positiven (negativen) Ergebnisse ergeben sich bei Konzentration auf SGF A bzw. bei Diversifikation durch Aufbau der SGF B und C die in Tabelle 2-23 aufgezeigten Zielwirkungen.

Tabelle 2-23. Risikominderung durch Diversifikation (Quelle: in Anlehnung an Jacob 1979, S. 54 ff.)

Strategie	Fall	Gesamt-chance	Gesamt-risiko	Gewinn-erwartungs-wert
Konzen-tration	Nur SGF A	14,40	6,40	8
Diversi-fikation	SGF B = SGF C • vollständig negative Korrelation	8,00	0,00	8
	• teilweise negative Korrelation	8,40	0,40	8
	• Unabhängigkeit	11,52	3,52	8
	• teilweise positive Korrelation	14,13	6,13	8
	• vollständig positive Korrelation	14,40	6,40	8

Es zeigt sich, dass eine Risikominderung durch Diversifikation (gegen-über der Variante „Konzentration auf SGF A") eintritt, sofern die SGF B und C in ihren Absatzsituationen **nicht vollständig positiv** korreliert sind. Schon eine nur teilweise positive Korrelation oder Unabhängigkeit der Ergebnisse bei B und C genügt, um gegenüber SGF A (bei gleichem Gewinnerwartungswert) das Gesamtrisiko zu reduzieren.

Diese theoretisch zunächst einleuchtende Argumentation führte in den 70er und 80er Jahren in der Praxis zu zahlreichen „lateralen" Diversifikationen in Geschäftsfelder, die möglichst wenig mit dem bisherigen Kerngeschäft zu tun hatten und die vorrangig darauf abzielten, das Unternehmensgesamtrisiko zu senken. Zu dieser Zeit erwarb z.B. VW den Schreibmaschinenhersteller Triumph-Adler, wurde Daimler-Benz zum (inhaltlich heterogenen) „Technologiekonzern" ausgeweitet, erwarb der Zigarettenhersteller BAT die Kaufhauskette Horten – um nur einige Beispiele zu nennen. Dass solche lateralen, aus Risikogründen vorgenommenen Diversifikationen jedoch meistens **nicht erfolgreich** waren und deshalb auch fast alle wieder rückgängig gemacht wurden, lag oft in einem „falschen" Rollenverständnis der Unternehmenszentralen begründet: Anstatt, wie schon beschrieben, die neuen SGF „an der langen Leine", also allein anhand finanzwirtschaftlicher Ertrags- und Risikogrößen zu führen, bestand man darauf, in die Strategie und das operative Geschäft der neuen SGF einzugreifen – obwohl hierfür oft die Erfahrung und die notwendige Managementkapazität fehlten. Auf diese Weise wurden die Gewinnpotenziale der neuen Geschäftsfelder nicht optimal genutzt, nicht selten kam es „zu Fehleinschätzungen". Aber es wurde auch eine „Lektion gelernt": Heute sind rund 80 % der Akquisitionen „horizontale" Diversifikationen, 10 % „vertikale" und 10 % „laterale". Letztere können – auch unter Risikogesichtspunkten – nach wie vor erfolgreich sein, wenn die Unternehmenszentralen ihnen auf richtige Weise, mit der richtigen „Rolle" begegnen.

c)   Messung des Diversifikationsgrads

Ein mehr akademisches denn praktisches Problem ist die Frage, wie der Diversifikationsgrad eines Unternehmens gemessen und gegebenenfalls auch mit dem anderer Unternehmen verglichen werden kann.

Selbst wenn man sich – z.B. unter Rückgriff auf die US-amerikanische „Standard Industry Classification" (SIC-Code) oder den europäischen NACE-Code – darauf einigt, wann überhaupt von einem SGF bzw. einer eigenständigen Aktivität des Unternehmens gesprochen werden kann, führen reine **Zählverfahren** (z.B. bis 3 SGF: gering diversifiziert; ab 3 SGF: hoch diversifiziert) nicht zum Ziel, da sie von der unterschiedlichen Größe der SGF völlig abstrahieren. Vorteilhafter sind die folgenden drei Diversifikationsmaße, die jeweils eine Gewichtung der Geschäftsfelder vornehmen (siehe dazu auch: Wulf 2007, S. 48 ff.):

Diversifikationsmaß nach Gort

$$D_G = 1 - \frac{LS_H}{LS_G - LS_{VI}}$$

LS_H = Lohnsumme in der Produktgruppe mit dem höchsten Lohnanteil

LS_G = Lohnsumme aller Produktgruppen (Gesamtunternehmen)

LS_{VI} = Lohnsumme in vertikal integrierten Bereichen

Dieses Diversifikationsmaß schwankt zwischen 0 (= nicht diversifiziert) und 1 (= hoch diversifiziert). Der Diversifikationsgrad ist um so geringer, je höher die Bedeutung der Produktgruppe mit dem höchsten Lohnanteil und je höher das Unternehmen – ebenfalls gemessen an der Lohnsumme – vertikal integriert ist. Allerdings hängen die Lohnsummen stark von der

Kapitalintensität der jeweiligen Branche ab, was den branchenübergreifenden Vergleich erschwert. Auch findet die Verteilung der „kleineren" Produktgruppen unterhalb der Produktgruppe mit dem höchsten Lohnanteil keine explizite Berücksichtigung.

Diversifikationsmaß nach Berry

$$D_B = 1 - \sum_{i=1}^{n} p_i^2$$

p_i = Umsatzanteil von Produktgruppen bzw. Branche i am Gesamtumsatz

n = Anteil der Produktgruppen bzw. Branchen, in denen das Unternehmen tätig ist

---

Auch der Berry-Index hat Ausprägungen von 0 (= nicht diversifiziert) bis 1 (= hoch diversifiziert). Allerdings haben SGF mit kleinen Umsatzanteilen durch die quadratische Gewichtung nur einen geringen Einfluss auf den Diversifikationsgrad.

Entropie-Maß

$$D_E = \sum_{i=1}^{n} p_i \cdot \ln\left(\frac{1}{p_i}\right)$$

p_i = Umsatzanteil von Produktgruppe bzw. Branche i am Gesamtumsatz

n = Anzahl der Segmente, in denen das Unternehmen tätig ist

Das Entropie-Maß reicht von 0 (= nicht diversifiziert) bis ∞ (= hoch diversifiziert), ist also – im Gegensatz zu den beiden zuvor genannten Maßgrößen – nach oben nicht begrenzt. Der Diversifikationsgrad eines Unternehmens ist hier umso höher, je mehr Geschäftseinheiten es besitzt **und** je gleichmäßiger die Umsätze verteilt sind. In der Diversifikationsforschung wird das Entropie-Maß häufig verwendet. Allen drei vorgestellten Maßgrößen ist jedoch gemein, dass sie den Grad der Verwandtschaft – die Homogenität oder Heterogenität der Geschäftsfelder – vernachlässigen. In der Praxis wird man aber einem Unternehmen einen umso höheren Diversifikationsgrad zumessen wollen, je stärker es – bei gleicher Verteilung der Umsätze oder Lohnsummen – „lateral" und je weniger es „horizontal" diversifiziert ist. Bei der Beurteilung des Diversifikationsgrads ist es deshalb nach wie vor sinnvoll, auf qualitative Aspekte nicht ganz zu verzichten.

Damit wollen wir die Betrachtung der geschäftsfeldbezogenen Strategieoptionen – Optimierung bestehender und Aufbau neuer Geschäftsfelder – abschließen. Wie eingangs erwähnt, sind „unterhalb" der Unternehmensgesamtstrategie auch funktionsstrategische Entscheidungen und Festlegungen üblich (siehe dazu nochmals Abbildung 2-6). Diesen wollen wir uns jetzt zuwenden.

2.4.3 Formulierung alternativer Strategien auf Funktionsbereichsebene

2.4.3.1 Einordnung und Überblick

Im strategischen Managementprozess des Industriebetriebs werden, wie bereits erwähnt, auch Entscheidungen getroffen, die die grundsätzliche Ausrichtung bestimmter **Funktionsbereiche** betreffen. Diese Entscheidungen können als Funktionsbereichsstrategien (zuweilen auch: „Funktionalstrategien") bezeichnet werden, wenn sie die für die strategische Managementebene typischen Eigenschaften – hochaggregiert, langfristig, umfassend, im Verantwortungsbereich des Top-Managements liegend – aufweisen. Während Geschäftsfeldstrategien die zukünftig zu bearbeitenden Produktfeld-Markt-Kombinationen bestimmen, werden durch die Funktionsbereichsstrategien weitere konstitutive Grundlagen für das künftige Unternehmensgeschehen gelegt, etwa

- die grundsätzlich einzusetzenden Technologien (als Produkt- und/oder Prozesstechnologien),
- elementare Leitlinien für die Funktion „Beschaffung",
- Grundsatzentscheidungen über Struktur und Prozess der Leistungserstellung,
- Marketing- und Vertriebsstrategien (sofern diese nicht allein auf Geschäftsfeldebene bestimmt werden),
- strategische Vorgaben für den Finanzbereich usw.

Im Folgenden wollen wir uns auf einige **für den Industriebetrieb** wesentliche Funktionsbereichsentscheidungen konzentrieren und hier die wichtigsten strategischen Optionen näher beleuchten und zwar:

- **Technologiestrategien:** Gerade für Industrieunternehmen gehören Technologien bzw. technologisches Know-how zu den wichtigsten strategischen Kernkompetenzen. Im strategischen Technologiemanagement ist darüber zu entscheiden, welche Produkt- und Prozesstechnologien künftig zum Einsatz kommen sollen. Technologien bilden zugleich die Grundlage für den in Kapitel 3 näher beleuchteten Innovationsprozess.

- **Beschaffungsstrategien:** Die Versorgung des Industriebetriebs mit den für die betriebliche Leistungserstellung benötigten Inputfaktoren hat sich von einer ehemals rein operativen „Hilfsfunktion" zu einer strategisch wichtigen Aufgabe gewandelt. Durch die „Verschlankung" der Wertschöpfungsketten und ein zunehmendes Maß an Outsourcing verlagern sich mehr und mehr Wertschöpfungsaktivitäten auf die Zulieferer. In der Automobilindustrie betrug der Wertschöpfungsanteil der Lieferanten im Jahr 2005 bereits ca. 70 %, ihr Entwicklungsanteil lag bei ca. 43 % (vgl. Mercer 2004) – mit weiterhin ansteigender Tendenz. Dieser auch in anderen Industriezweigen feststellbare Trend macht es erforderlich, die grundsätzliche Beziehung zu den Lieferanten auf strategischer Ebene zu gestalten.

- **Produktionsstrategien:** Im Industriebetrieb steht die Sachgüterproduktion eindeutig im Vordergrund. Damit hat die Gestaltung der (physischen) Leistungserstellung mit ihren Strukturen und Prozessen eine strategische Dimension – bis hin zur Auswahl geeigneter Produktionsstandorte und der Gestaltung globaler Produktionsnetzwerke.

2.4.3.2 Strategische Optionen im Technologiemanagement

a)   Definition und Klassifikation von Technologien

Unter einer „Technologie" versteht man ganz allgemein das wissenschaftlich fundierte Wissen über Mittel-Zweck-Beziehungen, das ein Lösungspotenzial für praktische Probleme darstellt. Eine „Technologie" ist also das Know-how über die Art und Weise, wie man bestimmte Ziele oder Wirkungen erreicht. In einem etwas engeren Sinne ist der Technologiebegriff auf das Wissen über naturwissenschaftlich-technische Zusammenhänge beschränkt.

Im Gegensatz dazu bezeichnet **„Technik"** die tatsächliche Anwendung von Technologien in Produkten und/oder Verfahren zur Lösung konkreter praktischer Probleme.

So umfasst z.B. die Gentechnologie das Wissen darüber, wie Gene und deren Regulatoren isoliert, analysiert, verändert und wieder in Organismen „eingebaut" werden können, während eine gentechnisch veränderte Pflanzensorte und deren Saatgut konkrete Anwendungen dieser Technologie darstellen.

Die Lasertechnologie, um ein weiteres Beispiel zu nennen, ist das Wissen um eine Lichtverstärkung durch induzierte (stimulierte) Strahlungsemission, während eine Laser-Schweißmaschine als Anwendung dieser Technologie, dem Bereich „Technik" zuzuordnen ist.

Fragt man nach einer möglichen Systematisierung von Technologiearten, so kann zunächst die an der Lebenszyklusphase orientierte Einteilung in Schrittmacher-, Schlüssel-, Basis- und verdrängte Technologien genannt werden (siehe Abbildung 2-47). So ist die klassische Mechanik heute als Basis-, die Mechatronik dagegen als Schlüssel- und die Mikrosystemtechnik als Schrittmachertechnologie einzustufen.

Eine ähnliche und in der Praxis übliche Klassifikation ist die (oft nicht präzise definierte) Einteilung in **Hoch- oder Spitzentechnologie** (englisch: „High Tech") auf der einen und in **Niedrigtechnologie** auf der anderen Seite.

Einem Vorschlag der OECD zufolge gelten nur Industriezweige, deren Unternehmen im Durchschnitt mehr als 4 % des Umsatzes für Forschungs- und Entwicklungsaufwendungen ausgeben, als „High Tech-Branchen". Jedoch erweist sich diese Klassifikation bei näherer Betrachtung als nicht unproblematisch (vgl. dazu Gerpott 2005, S. 19 ff.)

Einen Überblick über weitere Klassifikationskriterien, mit deren Hilfe Technologien systematisiert und eingeteilt werden können, gibt die auf der übernächsten Seite dargestellte Tabelle 2-24.

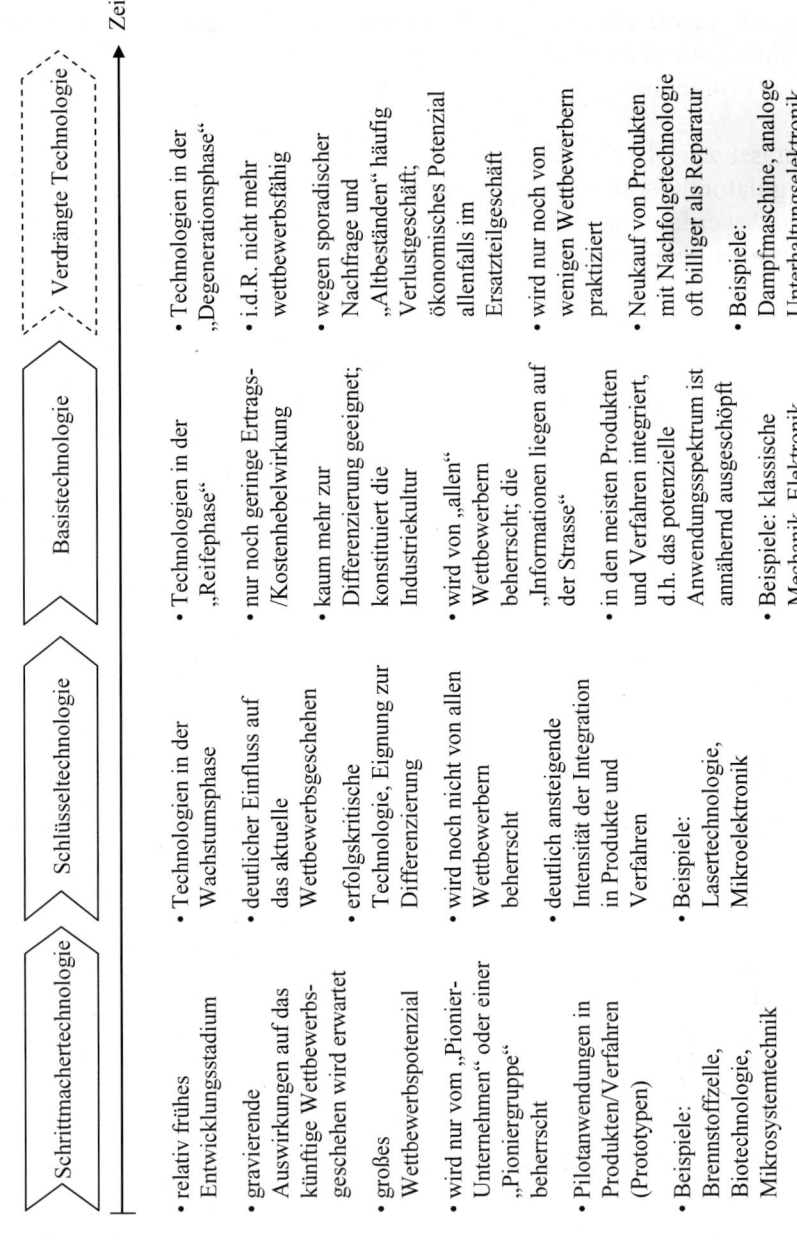

Abb. 2-47. Lebenszyklusorientierte Technologieklassifikation

Tabelle 2-24. Systematisierung von Technologiearten im Überblick (Quelle: in Anlehnung an Gerpott 2005, S. 26 f.)

Kriterium	Kriterienausprägungen	Erläuterungen
Entstehungs-impuls	▪ potenzialorientiert	Entstehung aus neu gewonnenem oder vorhandenem Know-how-Potenzial des Unternehmens
	▪ bedarfsorientiert	Generierung als Antwort auf Marktanforderungen
Einsatzgebiet	▪ Produkttechnologien	sind in der verkauften Leistung enthalten
	▪ Prozesstechnologien	werden zur Leistungserstellung genutzt, sind aber nicht direkt Teil der Leistung
	▪ Werkstofftechnologien	beziehen sich auf den Einsatz neuer Werkstoffe
Interdependenzen	▪ Komplementärtechnologie	ergänzen sich bei der Lösung eines Kundenproblems
	▪ Substitutions-/ Konkurrenztechnologien	lösen ähnliche Kundenprobleme durch unterschiedliche Mittel
	▪ Systemtechnologien	entstehen durch Integration verschiedener Technologien
	▪ Einzeltechnologien	werden isoliert von anderen Technologien eingesetzt
Relation zu vorhandenen Technologien	▪ neue Technologie	erst kürzlich gefundene Ziel-Mittel-Wirkungskette
	▪ verbesserte Technologie	auf bekannter Ziel-Mittel-Wirkungskette aufbauende Technologie mit marginalen Leistungszuwächsen
	▪ verdrängte Technologie	nicht/kaum mehr am Markt eingesetzte, leistungsschwächere frühere Technologie
Anwendungsbreite	▪ Querschnittstechnologie	branchenübergreifend einsetzbare Technologie, auf der oft andere Technologien basieren
	▪ branchenspezifische Technologie	branchenbezogen nutzbare Technologie
	▪ naturwissenschaftlich-technische Bereiche	Chemie, Biologie, Mechanik, Optik etc.
unternehmensinterne Anwendungsbreite/ Wettbewerbs-potenzial	▪ Kernkompetenztechnologie	über Geschäfts-/Produkt-Marktfelder hinweg einsetzbare, schwer imitierbare Technologie mit hohem Potenzial zur Erringung von nachhaltigen Wettbewerbsvorteilen
	▪ Randkompetenztechnologie	in bestimmten Geschäfts-/Produkt-Marktfeldern einsetzbare Technologie ohne hohe Relevanz für die Entwicklung des Gesamtunternehmens
Grad des Produktbezugs	▪ Kerntechnologie	Technologie, die im Produkt selbst enthalten ist
	▪ Unterstützungstechnologie	Technologie zur Erleichterung der Nutzung des eigentlichen (Haupt-)Produktes
rechtliche Schützbarkeit	▪ rechtlich schützbare Technologien	Steuerung der Nutzung neuer Technologien durch Dritte über Schutzrechte (Patente, Gebrauchsmuster)
	▪ ungeschützte Technologien	allgemein verfügbares industrielles Problemlösungswissen

b)   Entscheidungstatbestände der Technologiestrategie

Im Rahmen der Technologiestrategie ist letztlich zu entscheiden, welche Technologien das Unternehmen zukünftig (und gegebenenfalls als Ersatz bestimmter Vorgänger-Technologien) in Produkten und/oder Prozessen einsetzen will, um die gesetzten Ziel zu erreichen. Bei näherer Betrachtung verbirgt sich hinter dieser Frage eine ganze Reihe von strategischen Aufgaben:

Zunächst sind die **in Frage kommenden Technologien** zu finden bzw. zu „entdecken" – eine Aufgabe, bei der auch die (noch zu betrachtende) technologische Frühaufklärung eine Rolle spielt.

Zur **Erschließung der Technologien** gibt es für gewöhnlich mehrere Möglichkeiten, die von der Eigenentwicklung über die kooperative Entwicklung, bis zur Fremdentwicklung bzw. einem Tehnologiezukauf reichen.

Die Entscheidung hängt hier auch von der beabsichtigten **Breite** und **Tiefe** der Technologie, von der **Intensität** und dem angestrebten **Technologieniveau** sowie vom **Timing** der Technologieerschließung und des Technologieeinsatzes ab.

Da alle genannten Optionen auch finanzielle Auswirkungen haben, ist die grundsätzliche **Investitionsbereitschaft** in Bezug auf die Technologie zu klären, ebenso wie die Bereitschaft zur Übernahme technischer und ökonomischer **Risiken**.

Weil die Technologien, über die ein Unternehmen verfügt, nicht immer und ausschließlich in Form der Eigennutzung zur Anwendung kommen müssen, ist über alternative Formen der **Technologieverwertung** nachzudenken.

Tabelle 2-25 fasst die genannten Entscheidungstatbestände und Optionen der Technologiestrategie noch einmal auf einen Blick zusammen.

Tabelle 2-25. Entscheidungstatbestände der Technologiestrategie

Entscheidungs-tatbestand	mögliche Ausprägungen				
Technologieart bzw. -inhalt	z.B. Biotechnologie, Nanotechnologie, RFID etc.				
Technologieerschließung	Interne F&E	Auftrags-forschung	Kooperation	Lizenz-nahme	Kauf/ Akquisition
Bedeutung der Technologie für den Unternehmenserfolg	A-Technologie		B-Technologie		C-Technologie
Breite	Systemtechnologie			Einzeltechnologie	
	branchenübergreifende Technologie			branchenspezifische Technologie	
Tiefe	Kernkompetenztechnologie			Randkompetenztechnologie	
Intensität	hohes Ausmaß des Technologieeinsatzes im Wertschöpfungsprozess			geringes Ausmaß des Technologieeinsatzes im Wertschöpfungsprozess	
angestrebtes Technologieniveau	Technologieführerschaft			„durchschnittliches" Technologieniveau	
Timing	Pionierposition		früher Folger		später Folger
Investitionsbereitschaft	Wachstums-investitionen		Erhaltungs-investitionen		Desinvestitionen
Budget/ Ressourceneinsatz	oberste Priorität			Rountineprojekt	
Risikobereitschaft (techn. Risiken, Marktrisiken)	hoch			niedrig	
Technologieverwertung	Eigennutzung	gemeinschaft-liche Nutzung		Lizenzvergabe	Technologie-verkauf

Einige dieser Entscheidungstatbestände seien kurz näher erläutert. Wir beginnen mit den **Optionen der Technologierschließung**, die kurz charakterisiert und mit ihren Vor- und Nachteilen gegeneinander abgegrenzt werden sollen (vgl. dazu auch Wolfrum 1994, S. 324 ff.; Gerpott 2005, S. 251 ff.):

- **Eigene, unternehmensinterne F&E:**

Charakteristik:
- Strategische Ressource zur Erreichung von Wettbewerbsvorteilen,
- erfordert den Einsatz eigener finanzieller, materieller und personeller Ressourcen,
- zumindest temporärer Schutz der Ergebnisse muss gegeben sein,
- ideal bei Technologiefeldern, in denen das Unternehmen eine hohe technologische Kompetenz aufweist, denen ein hohes Differenzierungs- bzw. Kostensenkungspotenzial innewohnt, deren Entwicklung für die Wettbewerbsposition kritisch ist, deren Dringlichkeit in Bezug auf den Abschluss des Projekts nur gering ist, die ein hohes Weiterentwicklungspotenzial besitzen und nur geringe (Entwicklungs-)Risiken aufweisen.

Vorteile:
- Kontrolle über den gesamten technologischen Entwicklungsprozess,
- Realisierung einer weitgehenden technologischen Unabhängigkeit,
- Exklusivität des technologischen Know-hows,
- Möglichkeit zur konkreten Ausrichtung des F&E-Vorhabens auf die spezifischen Unternehmensbedürfnisse.

Nachteile:
- Hohe Kosten,
- hoher Zeitbedarf,
- das technologische Risiko muss ganz vom jeweiligen Unternehmen getragen werden (Realisationsrisiko, Zeitrisiko).

- **Auftragsforschung:**

Charakteristik:
- Auftragnehmer bedingt durch das hohe Risiko meist nur im Rahmen von Dienstverträgen und nicht Werkverträgen tätig; das bedeutet: Auftraggeber ist nicht in der Lage, die Risiken abzuwälzen; erfordert den Einsatz eigener finanzieller, materieller und personeller Ressourcen,
- Aufträge werden meist vergeben, wenn die eigene Kompetenz noch nicht ausreicht, die interne Entwicklung zu lange dauern würde oder nur geringe Synergien zum eigenen F&E-Schwerpunkt zu erwarten sind.

Vorteile:
- Gerade für kleine und mittlere Unternehmen der einzige Weg, unternehmensspezifische Forschung mit der Zielsetzung einer technologischen Führungsrolle selbst zu initiieren, da im eigenen Unternehmen meist nur Ressourcen für anwendungsorientierte Entwicklungsvorhaben vorhanden sind.

Nachteile:
- Verzicht auf Erwerb von Know-how aus dem Forschungsprozess (Lerneffekte),
- fehlende Vertrautheit externer Forscher mit unternehmensinternen und marktlichen Gegebenheiten der Auftraggeber.

- **Kooperation:**

Charakteristik:
- Fünf Grundtypen: Kooperativer Ergebnisaustausch, Erteilung eines gemeinschaftlichen Forschungsauftrags an Dritte, koordinierte, kooperative Einzelforschung und -entwicklung mit Ergebnisaustausch, arbeitsteilige Zusammenarbeit der F&E-Abteilungen, gemeinschaftliche F&E-Unternehmen (Joint Ventures).

Vorteile:	• Nur geringe eigene Ressourcen nötig,
	• Möglichkeit zur Reduktion der individuellen F&E-Aufwendungen entweder durch Aufteilung oder über Mengendegression über die Partner hinweg,
	• Verteilung des hohen Entwicklungsrisikos auf mehrere Partner.
Nachteile:	• Mögliche Interessengegensätze,
	• Verzicht auf Entscheidungsspielräume,
	• leichtes Entstehen von dauerhaften Abhängigkeiten zwischen strukturell ungleichen Partnern.

- **Lizenznahme**:

Charakteristik:	• Erwerb eines zumeist zeitlich befristeten Nutzungsrechts gegen Entgelt,
	• einfache Lizenzen vorrangig bei Querschnittstechnologien bzw. Technologien mit geringer Wettbewerbsrelevanz,
	• exklusive Lizenzen können die Grundlage einer temporären Monopolstellung bilden.
Vorteile:	• Einfache Schließung technologischer Lücken,
	• Zeitgewinn,
	• geringes Risiko.
Nachteile:	• Not-invented-here-Syndrom (Implementierungsprobleme einer „fremden" Technologie),
	• genaue und aufwändige Vertragsgestaltung notwendig,
	• Schwierigkeit, geeignete Lizenzgeber zu finden; hohe Transaktionskosten.

- **Technologiekauf**:

Charakteristik:
- Käufer erwirbt das Eigentum und damit das alleinige Nutzungsrecht,
- der Kauf setzt eine bereits vorhandene Technologie voraus und stellt damit ex defintione eine Strategie der Inventionsfolgerschaft dar,
- i.d.R. bei speziellen technologischen Problemlösungen interessant,
- Sonderform: Abwerbung technischen Personals von anderen Unternehmen.

Vorteile:
- Rasche Verfügbarkeit der Technologie,
- gut kalkulierbares Risiko.

Nachteile:
- Probleme der Implementierung des technologischen Wissens im Unternehmen,
- keine Grundlage für dauerhaft haltbare Wettbewerbsvorteile,
- Transaktionskosten.

- **Unternehmensakquisition:**

Charakteristik:
- Eignet sich für Technologiebereiche mit geringer eigener Kompetenz, mit hoher Komplementarität zu den eigenen technologischen Aktionsfeldern, in denen der Aufbau eigener Kapazitäten aufwändig und langwierig wäre, die eher eine hohe Wettbewerbsrelevanz besitzen und in denen gezielte Lizenznahmen nicht möglich sind.

Vorteile:
- Kostenvorteile (Zentralisierungsvorteile, Mengendegression, geringe Logistik- und Anpassungskosten),
- bessere Kontrolle über das ökonomische Umfeld des akquirierten Unternehmens,
- höhere Gewinnmargen aus umfassenderer Wertschöpfung.

Nachteile:
- Inflexibilitäten durch Konglomeratsbildung,
- wachsender Koordinationsbedarf,
- Transaktionskosten und -zeiten.

In den **Optionen der Technologieverwertung** mit den Varianten Eigennutzung, gemeinschaftliche Nutzung, Lizenzvergabe und Technologieverkauf spiegeln sich die eben genannten Argumente. Bei der Entscheidung über die „richtige" Form der Technologieverwertung kann man sich von den folgenden Fragen leiten lassen:

- Wie ist die Technologie unter Wettbewerbsgesichtspunkten zu bewerten?

- Welche Rolle spielt die Technologie im eigenen Unternehmen?

- Wie hoch sind die Kosten, die im Rahmen einer Verwertung der Technologie entstehen?

- Haben wir geeignete Ressourcen, um die Technologie in Produkte bzw. Prozesse überführen zu können?

- Bei welcher Form der Technologieverwertung entsteht der höchste (monetäre) Nutzen?

Die in Tabelle 2-25 genannten Optionen des **Technologietimings** sind im Wesentlichen identisch mit denen des Innovationstimings, auf die wir im Rahmen des Innovationsprozesses noch ausführlich zu sprechen kommen (siehe Abschnitt 3.6.2).

Nachfolgend seien noch einige Methoden betrachtet, die im Rahmen des Technologiemanagements zur Generierung strategischer Handlungsalternativen (und auch darüber hinaus) eingesetzt werden können.

c)   Unterstützende Methoden (I): Konzept der S-Kurve

Das von der Unternehmensberatung McKinsey vorgeschlagene S-Kurven-Konzept postuliert, dass die Funktion der „Leistungsfähigkeit" einer Technologie, die sich z.B. unter Zuhilfenahme eines Scoring-Modells aus verschiedenen Einzelkriterien aggregieren und somit ordinal messen lässt, in Abhängigkeit der zur Weiterentwicklung der Technologie aufgewendeten F&E-Ausgaben einem S-förmigen Verlauf folgt (siehe Abbildung 2-48).

Während in der Frühphase des Technologielebenszyklus – denn ein solcher wird durch die S-Kurve letztendlich modelliert – eine Steigerung des kumulierten F&E-Aufwands nur relativ geringe Verbesserungen der Leistungsfähigkeit zur Folge hat, lassen sich in der anschließenden „Wachstumsphase" mit gleichem Zusatzaufwand deutlich höhere Steigerungen der Techologie-Leistungsfähigkeit erreichen.

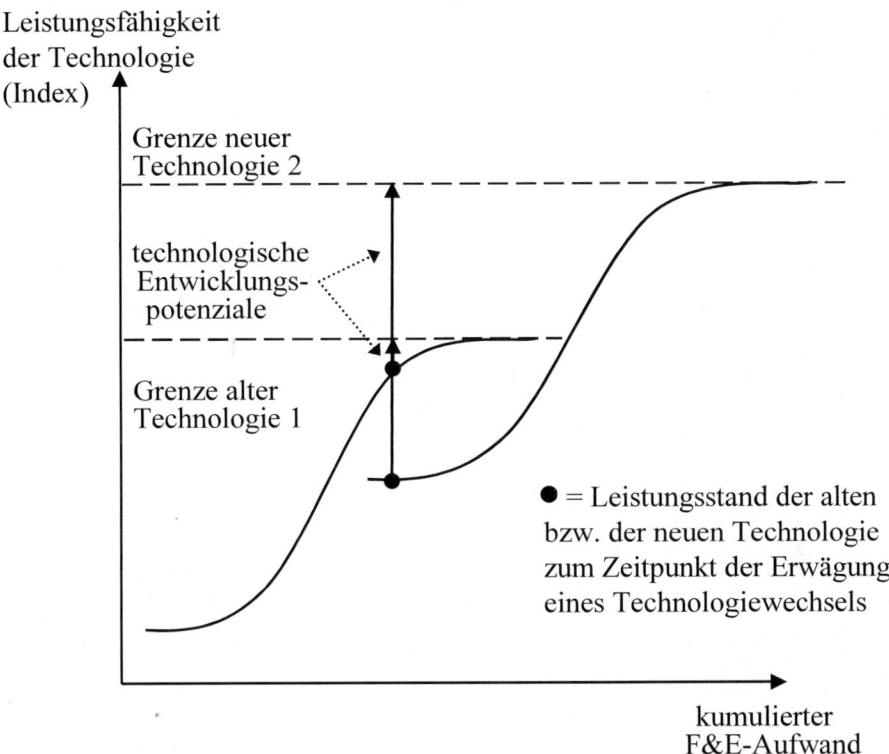

Abb. 2-48. Das Konzept der S-Kurve und die Modellierung eines möglichen Technologiewechsels (Quelle: in Anlehnung an Gerpott 2005, S. 118)

Ist die Technologie „ausgereift", mündet die Entwicklung wieder in eine Phase geringer Technologiedynamik ein. Spätestens in dieser Phase ist die Frage berechtigt, ob ein gegebenes F&E-Budget noch zur (marginalen) Leistungsverbesserung der „alten" Technologie oder stattdessen zum Aufbau einer „neuen" Technologie verwendet werden sollte, was einen Technologiewechsel („Sprung auf die neue S-Kurve") voraussetzt.

Dabei sollte man sich durch die zunächst geringere Leistungsfähigkeit der neuen Technologie nicht irritieren lassen – nur mit ihr ist langfristig eine signifikante Steigerung der Leistungsfähigkeit, eine Überwindung der Grenzen der alten Technologie möglich (siehe auch die in den Abbildungen 2-49a und 2-49b dargestellten Beispiele). Wie das erstgenannte Beispiel zeigt, ist daher auch der Fall, dass eine neue Technologie (hier: „Polyester") von Anfang an eine gegenüber den Vorgängertechnologien überlegene Leistungsfähigkeit aufweist, nicht ausgeschlossen.

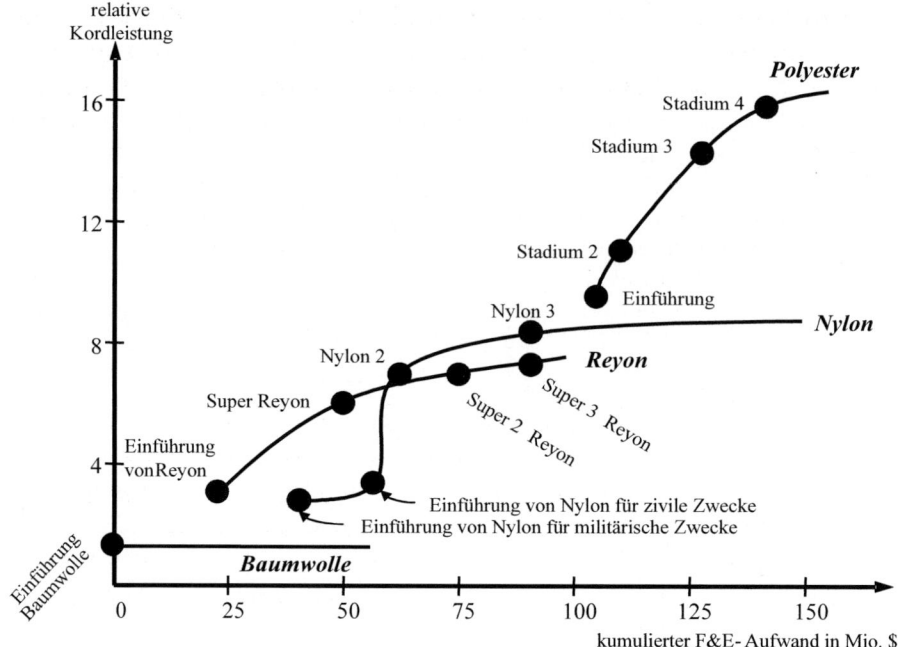

Abb. 2-49a. Empirische S-Kurven verschiedener Gewebe zur Verwendung als Karkasse von (Auto-)Reifen (Quelle: Foster 1986, S. 135)

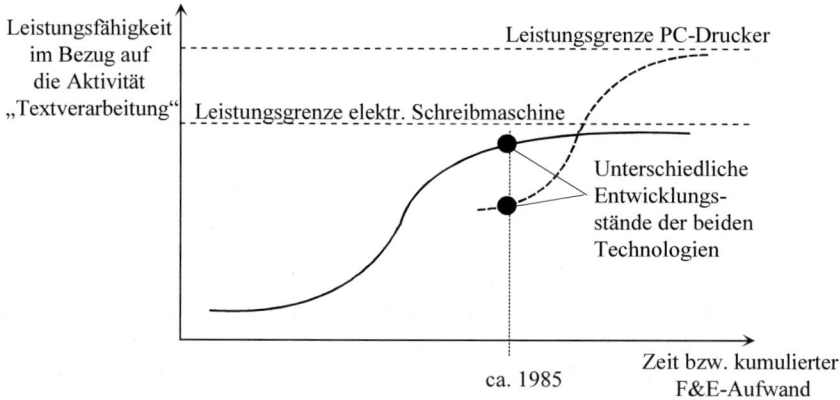

Abb. 2-49b. S-Kurven-Situationen im Bereich „Textverarbeitung" im Jahr 1985 (Quelle: in Anlehnung an Pfeiffer et al. 1997, S. 19)

Die Technologie-S-Kurve ist also zunächst ein **Analyseinstrument**, das zur Beantwortung der Frage aufruft, in welcher „Lebenszyklusphase" sich eine bestimmte Technologie befindet und welche Leistungssteigerungen sich durch weitere Investitionen in diese Technologie noch erreichen lassen. Zur Analyse des aktuellen Entwicklungsstadiums können auch die in Tabelle 2-26 aufgeführten Indikatoren verwendet werden.

Tabelle 2-26. Lebenszyklusphasen im Konzept der S-Kurve (Quelle: in Anlehnung an Gerpott 2005, S. 115 f., und die dort angegebene Literatur)

Indikator	Entstehung-phase	Wachstumsphase	Reifephase	Altersphase
Unsicherheit über technologische Leistungsfähigkeit	hoch	mittel	niedrig	„sicher"
Anzahl der Anwendungsgebiete	unbekannt	zunehmend	stabil	abnehmend
Investitionen in Technologieentwicklung	mittel (Grundlagen)	hoch (Anwendungen)	niedrig (Kostensenkung)	sehr niedrig
Auswirkungen auf Kosten/-Leistungs-verhältnis	sekundär	maximal	abnehmend	marginal
Anzahl der Patentanmeldungen	zunehmend, sehr groß	hoch, groß	abnehmend, klein	abnehmend, sehr klein
Typ der Patente	Konzept-patente	Produkt-patente	Verfahrens-patente	--
Zugangsbarrieren	F&E-Fähigkeiten	Personal	Lizenzen	Anwendungs-Know-how
Ausschöpfungsgrad des Wettbewerbspotenzials	sehr gering	mittel	hoch	sehr hoch
Technologietyp	Schrittmacher-technologie	Schlüssel-technologie	Basistechnologie, ggf. bereits „verdrängte" Technologie	

Von noch größerem Nutzen ist die S-Kurve allerdings – trotz ihrer Grenzen[1] – als **Instrument zur Ableitung strategischer Optionen**, indem

---

[1] Als generelle Grenzen und Anwendungsprobleme werden genant, dass die realen Verläufe oft von dem idealtypischen Verlauf abweichen, das Leistungskriterium unterschiedlich operationalisiert werden kann und wichtige Aspekte (z.B. Kompatibilität der Technologie mit anderen Technologien, Einbettung in Umsysteme, aber auch die Vermarktungsfähigkeit und mögliche Umstellungskosten der Anwender) vernachlässigt, die Abschätzung der Leistungsgrenze problematisch ist u.a.m. Die S-Kurve ist deshalb eher „… im Sinne eines Denkansatzes bzw. als Instrument zur Problemerkennung und zur Sensibilisierung der Entscheidungsträger zu verstehen" (Lehmann 1994, S. 26).

sie dazu zwingt, über mögliche Nachfolgetechnologien nachzudenken, und eine Entscheidung darüber verlangt, ob und ggf. wann ein Technologiewechsel stattfinden soll. Dieser „disruptive" Übergang auf eine neue Technologie ist nach aller Erfahrung leichter gesagt als getan, und das aus mehreren Gründen: Zum einen ist die neue Technologie oftmals (wenn auch nicht immer, siehe z.B. „Reyon" und „Polyester" in Abbildung 2-49a) zunächst weniger leistungsfähig als die bisherige Technologie, was sie als inferiore Alternative erscheinen lässt. Dementsprechend groß ist der **Widerstand** der Verfechter der alten Technologie im Unternehmen, die mit allen möglichen „Killerargumenten" (z.B. „Das funktioniert nie!" „Das zahlt der Kunde nicht!" „Geben Sie mir eine Garantie, dass die Technologie sich durchsetzt, und Sie bekommen das Geld!") versuchen werden, den Technologiewechsel zu verhindern (vgl. dazu auch Hauschildt/Salomo 2007, S. 173 ff.).

Gewinnt der Widerstand die Oberhand, kommt es oft zum so genannten „Saling-Ship-Effekt", d.h. zu dem Versuch, die eigentlich schon veraltete Technologie in ihrer Leistungsfähigkeit noch einmal deutlich zu steigern (wie im 19. Jahrhundert bei Segelschiffen angesichts der Bedrohung durch die neue Dampfantriebs-Technologie geschehen). So haben die Hersteller mechanischer Rechenmaschinen auf die Bedrohung durch elektronische Rechner dadurch zu reagieren versucht, dass sie die Handhebel durch einen Elektromotor ersetzten. Sie konnten den Technologiewandel damit aber ebenso wenig verhindern wie die Hersteller von Schreibmaschinen durch nochmalige Produktverbesserungen (Display, externe Speichermedien) den in Abbildung 2-49b dargestellten Wandel.

Ein weiterer Grund dafür, warum ein radikaler Technologiewandel gerade für etablierte Unternehmen („Incumbents") eine schwierig zu bewältigende Aufgabe darstellt, ist das als **„Innovator's Dilemma"** bekannte Phänomen (vgl. Christensen 2003): Die derzeit dominierenden Wettbewerber haben ihren Erfolg der Umsetzung der „alten" Technologie zu verdanken und insofern keine Veranlassung, ein erprobtes und (noch) erfolgreiches Geschäftsmodell durch ein neues zu ersetzen. Darüber hinaus sind die Strukturen und Prozesse sowie die Unternehmenskultur der etablierten Wettbewerber ganz auf die alte Technologie ausgerichtet, was oft dazu führt, dass diese den technologischen Wandel primär als Bedrohung interpretieren und darauf auch mit einer eigentümlichen Starrheit bzw. Trägheit (**„Incumbent Inertia"**) reagieren (vgl. z.B. Gilbert 2005).

Die S-Kurve stellt also nicht nur die Frage, ob und wann der radikale Technologiewandel vollzogen werden soll, sondern (indirekt) auch die

Frage, wie man als „etablierter" Wettbewerber die damit verbundenen Probleme löst – z.B. durch eine bewusste organisatorische Trennung und Verselbstständigung des mit der neuen Technologie verbundenen Geschäftsmodells. Abbildung 2-50 fasst die genannten Aspekte noch einmal auf einen Blick zusammen.

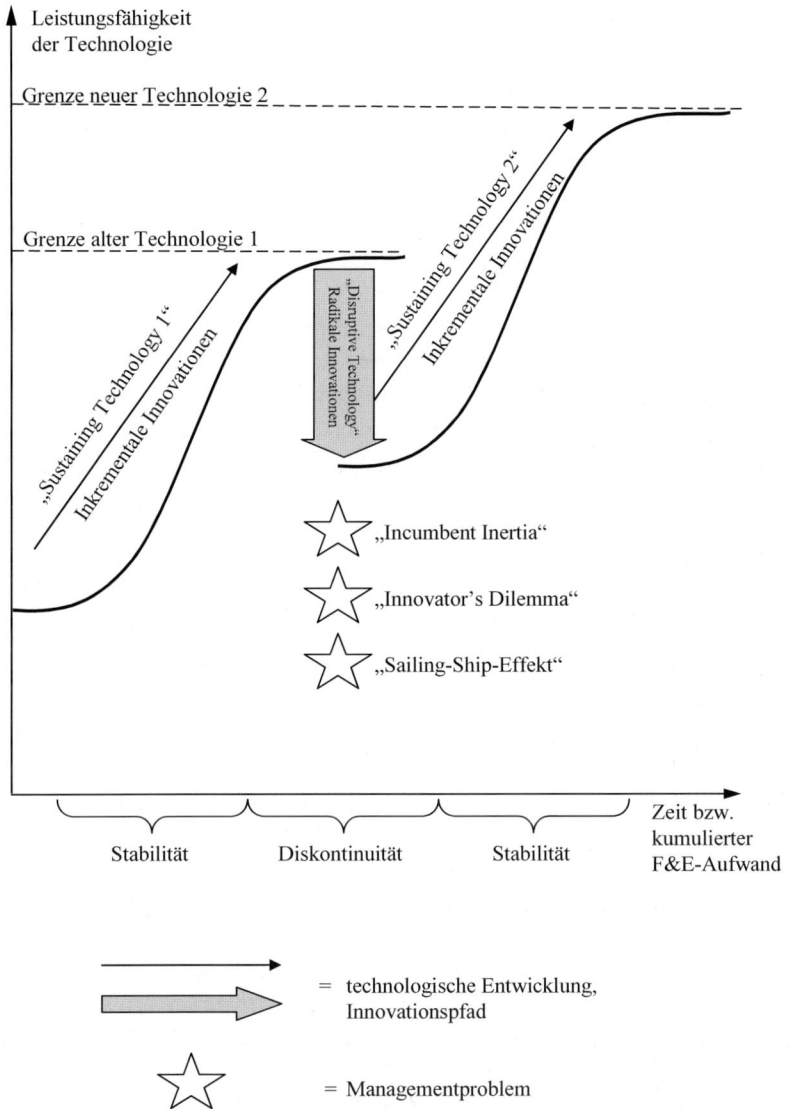

Abb. 2-50. „Disruptiver" Technologiewandel, „Innovators's Dilemma" und „Incumbent Inertia" im Kontext der S-Kurve

d)   Unterstützende Methoden (II): Technologie-Portfolio

Auch das Technologie-Portfolio ist – wie schon die S-Kurve – in erster Linie ein Instrument zur Ist-Analyse der vom Unternehmen bearbeiteten Technologiefelder. Erst auf Basis der Ist-Positionierung erlaubt das Technologie-Portfolio die Ableitung strategischer Handlungsempfehlungen („Normstrategien") für die einzelnen Technologiefelder und damit für die zielgerichtete Ausgestaltung des F&E-Programms.

Wie bei einem Portfolioansatz üblich (vgl. dazu auch Abschnitt 2.4.4.2), erfolgt die Bewertung von „Objekten" – hier: Technologien – anhand von zwei (gegebenenfalls aus Subkriterien aggregierten) Dimensionen oder Hauptkriterien, von denen eine(s) die marktseitige und eine(s) die unternehmensseitige Vorteilhaftigkeit misst. In dem Technologie-Portfolio von Werner Pfeiffer, das hier zunächst betrachtet sei (vgl. Pfeiffer et al. 1982 mit späteren Auflagen), sind es die Kriterien „Technologieattraktivität" (als Umweltdimension) und „Ressourcenstärke" (als Unternehmensdimension), die sich jeweils aus mehreren Subkriterien zusammensetzen (siehe Tabelle 2-27) und unter Anwendung der Nutzwertanalyse bzw. eines Scoring-Modells aggregiert werden können.

Tabelle 2-27. Dimensionen und Kriterien des Technologie-Portfolios nach Pfeiffer

Umweltdimension (Technologieattraktivität)	Unternehmensdimension (Ressourcenstärke)
bedarfsseitige Faktoren	**Know-how-Stärke**
• Anwendungsbreite	• Know-how-Stand
⇨ Anzahl der Anwendungen	• Stabilität des Know-hows
potenzialseitige Faktoren	**Finanzstärke**
• Weiterentwicklungspotenzial	• Budgethöhe
⇨ Position auf der S-Kurve: Schrittmacher-, Schlüssel-, Basistechnologie	• Kontinuität des Budgets
• Kompatibilität	
⇨ Integrations- und Systemfähigkeit der Technologie	

Je nach Bewertung der Technologien bzw. Technologiefelder anhand dieser Kriterien und der anschließenden Positionierung im Ist-Portfolio werden nun unterschiedliche Normstrategien vorgeschlagen (siehe Abbildung 2-51), wobei hier besonderes Augenmerk auf die Investitionsstrategien als Teil der Technologiestrategie gelegt wird.

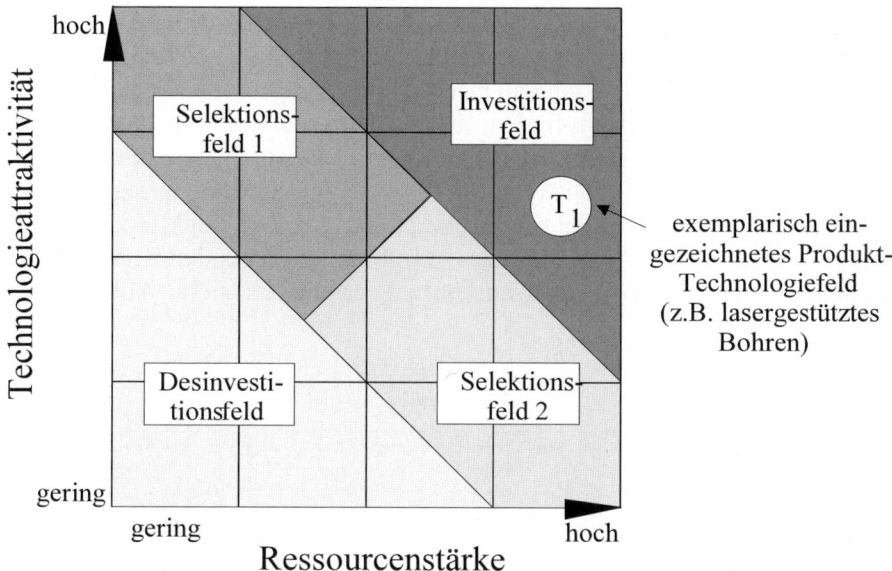

Abb. 2-51. Technologie-Portfolio und Normstrategien nach Pfeiffer (Quelle: Pfeiffer et al. 1982, S. 99)

Während Technologien mit hoher Attraktivität und Ressourcenstärke (z.B. T_1) bei den Investitionen priorisiert und ihre technologischen Positionen gestärkt werden sollten, ist bei Technologien im unteren linken Dreieck eine Desinvestition zu erwägen, sofern keine weiteren Gründe für einen Verbleib dieser Technologien im Portfolio sprechen. Dies kann z.B. gegeben sein, wenn eine Technologie im Desinvestitionsfeld eine wichtige Komplementärtechnologie zu T_1 darstellt, ohne die ein Anwendungssystem nicht funktioniert. Im Selektionsfeld 1 wird eine „offensive Aufholjagd" empfohlen, was wegen der damit verbundenen (finanziellen) Anstrengungen nicht für alle, sondern nur für die besonders Erfolg versprechenden bzw. dringend benötigten Technologien realisiert werden kann. Auch sind im Selektionsfeld 1 Technologiekooperationen zu erwägen, um die eigene Ressourcenschwäche (z.B. Know-how-Lücken) auszugleichen. Im Selektionsfeld 2 wird dagegen ein defensives Halten des Leistungsvorsprungs gegenüber den Wettbewerbern empfohlen, was „Erhaltungsinvestitionen" einschließt. In dieser Situation könnte auch über eine Einbringung der offensichtlich hohen technologischen Kompetenz in eine Technologiekooperation diskutiert werden.

Die Anwendung des Technologie-Portfolios sei kurz an einem **Beispiel** erläutert (vgl. Pfeiffer et al. 1997, S. 163 ff.): Betrachtet wird ein Unternehmen, das Schließsysteme herstellt und vertreibt. Um technologische Alternativen zu den seit langem hergestellten und angebotenen mechanischen Schließsystemen zu finden, hat das Unternehmen die **„Funktionalmarktanalyse"** verwendet, also nach den grundsätzlichen „Funktionen" (Grund-/Zusatznutzen-Konstellation für die Verwender) gefragt und gezielt technologische Alternativen zur Erfüllung dieser Funktionen, bei der Identifizierung und Autorisierung von Zugangssuchenden z.B. die Anknüpfung an biometrische Eigenschaften, erarbeitet (siehe Abbildung 2-52).

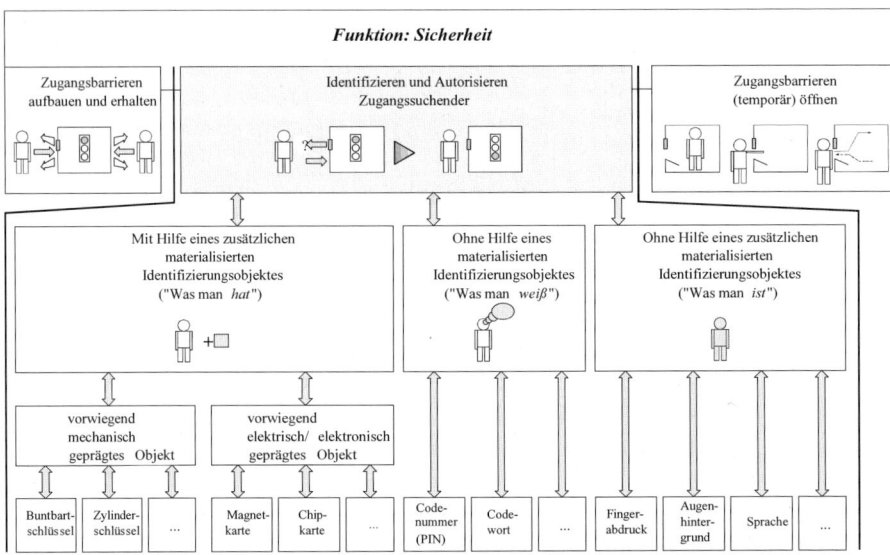

Abb. 2-52. Technologische Alternativen für die Identifizierung und Autorisierung Zugangssuchender im Funktionalmarkt „Sicherheit" (Quelle: Pfeiffer et al. 1997, S. 168)

Als Ergebnis dieses ersten Analyseschritts ergeben sich drei funktional äquivalente Technologien, und zwar

- Mechanische Schließsysteme (MS),

- Chipkartensysteme (CK) und

- Biometrische Systeme (BS).

Im nächsten Schritt werden nun die Technologieattraktivität und die Ressourcenstärke des Unternehmens hinsichtlich dieser drei Technologien eingeschätzt, und zwar die derzeitigen **und** die zukünftigen (z.B. in fünf Jahren zu erwartenden) Ausprägungen.

Da es nicht um eine „generelle", sondern anwendungsspezifische Beurteilung der Technologieattraktivität geht, verwendet das Unternehmen dafür die in Tabelle 2-28 genannten Kriterien.

Tabelle 2-28. Matrix zur Bewertung der anwendungsfeldspezifischen Technologieattraktivität im Funktionalmarkt „Sicherheit/Zugangskontrolle" (Quelle: Pfeiffer et al. 1997, S. 177)

Bewertungs- bzw. Vergleichsmerkmale			funktional-äquivalente Potenziale		
Eignungs-dimensionen	Operationalisierung	*Bewertungs-skala*	Mechanische Schlüssel-Schloss-Sys.	Chipkarten-Systeme	Biometrische Systeme
technisch-funktionale Eignung	• personenspezif Zugang • zeitspezif. Zugang	*Ja/Nein* *Ja/Nein*			
	'Sicherheitsqualität' • False Acceptance Rate • False Reject Rate • Fälschungssicherheit • verlorene Schlüssel = Risiko?	*%* *%* *Ja/Nein*			
	• Flexibilität Übertragbarkeit	*Ja/Nein*			
	• Handhabung				
	• Störanfälligkeit				
	• Zeitbedarf	*Sek.*			
	• zusätzliche Funktionen • Dokumentation (z.B. Nachprüfbarkeit von Zugängen) • Personalisierung (z.B. im Kfz)				
Integrations-eignung	• geometrisch-räumliche Integration				
	• Informatorische Integration (z.B. mit weiteren Infor-mationssystemen im Kfz)				
Ökonomische Eignung	• einmalige Kosten	*Geld-einheiten*			
	• laufende Kosten	*Geld-einheiten*			

Durch Eintragung der sich „heute" und „zukünftig" ergebenden Positionen der drei Technologien ergibt sich das in Abbildung 2-53 dargestellte Technologieportfolio:

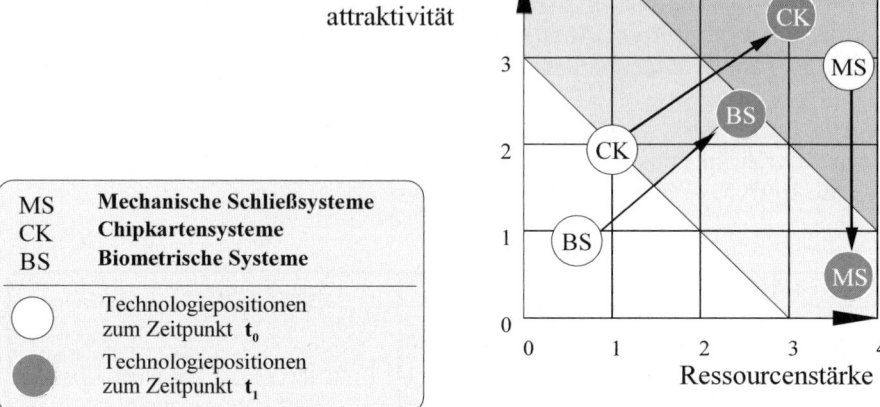

Abb. 2-53. Technologieportfolio für den Funktionalmarkt „Sicherheit/Zugangskontrolle" aus der Sicht eines etablierten Herstellers mechanischer Schließsysteme (Quelle: Pfeiffer et al. 1997, S. 184)

Während die mechanischen Schließsysteme „heute" noch die dominierende Technologie darstellen, werden diese in Zukunft aus technologischer Sicht stark an Attraktivität verlieren. Vielmehr ist zu erwarten, dass zum Zeitpunkt t_1 (z.B. in fünf Jahren) die Chipkartensysteme die Schlüssel-Technologie und biometrische Systeme die Schrittmacher-Technologie darstellen. Aus der Gegenüberstellung der beiden Positionierungen (t_0 und t_1) können nun z.B. folgende strategische Optionen hergeleitet werden:

- MS: Investitionen allenfalls zum Erhalt des Know-hows; Optionen zur Auslagerung, zur Übertragung auf andere Anwendungsfelder bzw. Einbringung der technologischen Kompetenz in eine Kooperation prüfen;

- CK: Wachstumsinvestitionen zum Ausbau der technologischen Kompetenz (1. Priorität); Erlangung der Technologieführerschaft prüfen;

- BS: Wachstumsinvestitionen zum Ausbau der Ressourcenstärke und zur Erhöhung der Technologieattraktivität (2. Priorität); in t_1 nochmalige Entscheidung über die zu setzenden Prioritäten.

Die **Normstrategien** des Technologieportfolios sind – wie bei jedem Portfolioansatz – nicht als „zwingend zu realisierende Handlungsanweisungen", sondern als strategische Optionen zu verstehen, über deren Vorteilhaftigkeit noch diskutiert und entschieden werden muss. Dass sich aus den Positionierungen im Technologieportfolio auch technologiespezifische **Handlungsprogramme**, die sich über einen längeren Zeitraum erstrecken

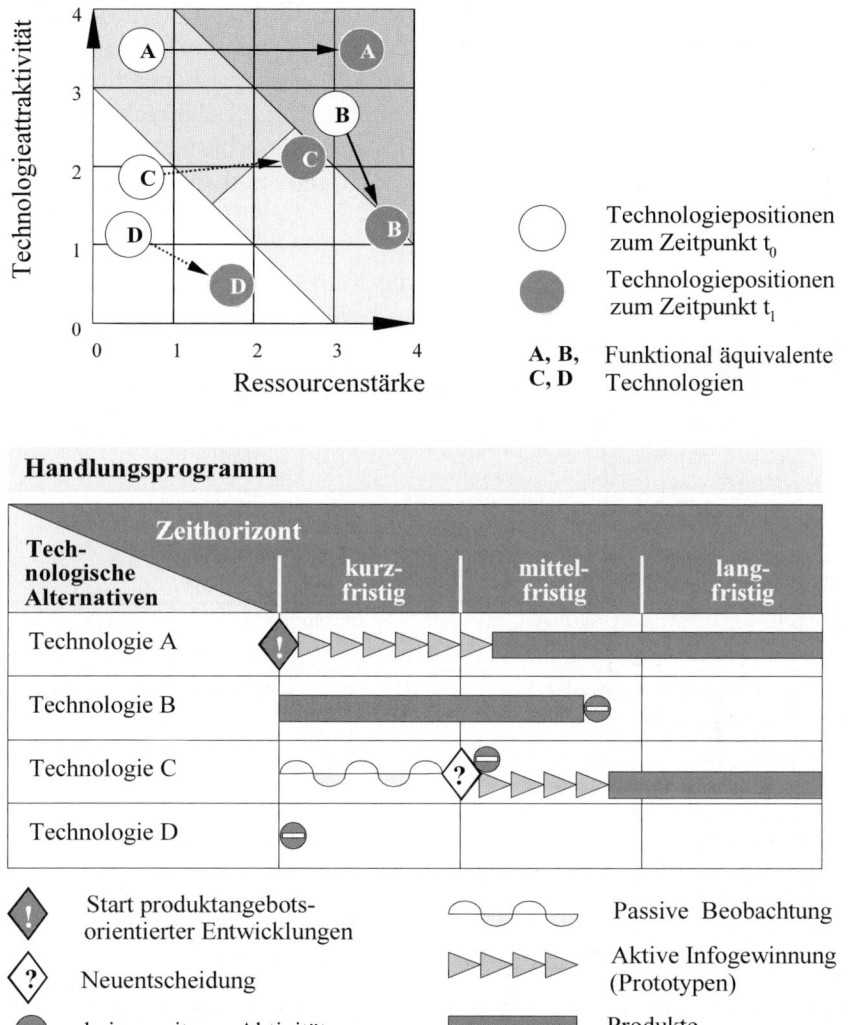

können, ableiten lassen, verdeutlicht das Beispiel in Abbildung 2-54.

Abb. 2-54. Technologie-Portfolio-Positionen und daraus abgeleitete Handlungsprogramme für die funktional äquivalente Technologien A, B, C und D (Quelle: Pfeiffer et al. 1997, S. 160)

Zuweilen wird kritisiert, dass das hier vorgestellte Technologie-Portfolio darauf verzichte, das Umsatz- oder Gewinnpotenzial einer Technologie direkt zu bewerten. Bei näherer Betrachtung zeigt sich jedoch, dass die klassischen ökonomischen Kalküle zur Überprüfung der Vorteilhaftigkeit (z.B. Kapitalwerte oder Renditen) bei Investitionen in Technologien schon wegen der gewöhnlich langen Lebensdauer, aber auch aus anderen Gründen nicht anwendbar sind. Das Technologie-Portfolio behilft sich deshalb mit „Vorsteuergrößen" oder „Vorlaufindikatoren" für den (späteren) ökonomischen Erfolg. Bei einer Technologie, die z.B. wegen einer hohen Anwendungsbreite attraktiv ist **und** vom Unternehmen gut beherrscht wird, werden Investitionen empfohlen, weil Aussicht besteht, dass diese Technologie noch über einen längeren Zeitraum und im spürbaren Maße zum Unternehmenserfolg beitragen wird.

Gleichwohl gibt es Überlegungen, die Markt- und Wettbewerbsintensität explizit im Technologie-Portfolio zu berücksichtigen. In dem **Technologie-Portfolio von Möhrle** wird dem „Technologiedruck" deshalb ein „Marktsog" gegenübergestellt (siehe Abbildung 2-55).

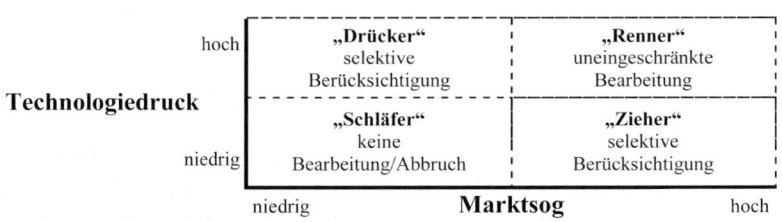

Technologiedruck	Marktsog
Originäre Technologiekriterien ▪ Art der Technologie ▪ Einsatzspektrum der Technologie ▪ technischer Standard (Durchsetzbarkeit) **Konvergenzkriterien** ▪ F&E-Know-how vs. Projekt-Know-how ▪ technologische Kongruenz: Projekt im Vergleich zu anderen Projekten ▪ Plan-Konvergenz: Ist vs. Plan **Projektkriterien** ▪ Neuheit des Projektes ▪ Komplexität des Projektes ▪ Projekt-Promotor	**Ertragskriterien** ▪ Produkterträge ▪ Opportunitätskosten **Marktkriterien** ▪ Marktanteil ▪ Marktwachstum **Wettbewerbskriterien** ▪ Vorsprung vor Konkurrenz ▪ Wettbewerbsrelevanz

Abb. 2-55. F&E-Programm unter Berücksichtigung von Technologie- und Marktaspekten (Quelle: Möhrle 1988, S. 13 ff.)

Die zur Messung des „Marktsogs" verwendeten Kriterien scheinen jedoch eher für konkrete Entwicklungsprojekte, weniger dagegen für die Grundlagenforschung bzw. Technologieentwicklung geeignet zu sein.

Das **Technologie-Portfolio von Arthur D. Little** bezieht sowohl die Wettbewerbsposition der Technologie als auch ihre Position im Lebenszyklus explizit mit ein und ist auch deshalb interessant, weil es bei den Normstrategien Optionen der Technologieerschließung und -verwertung einschließt (siehe Abbildung 2-56).

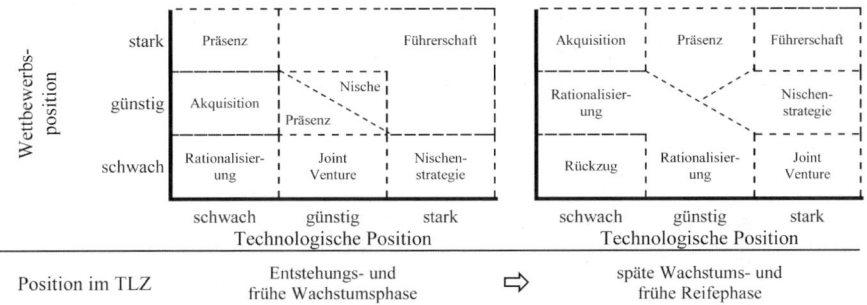

Abb. 2-56. Technologie-Wettbewerbs-Portfolio (Quelle: Little 1991)

Es gibt also – zusammenfassend gesagt – nicht „das" Technologie-Portfolio, vielmehr handelt es sich dabei um ein Rahmenkonzept, das individuell auf die Besonderheiten des Einzelfalls ausgerichtet werden kann. Als Strukturierungs- und Visualisierungsinstrument dient es zur Ableitung strategischer Optionen und damit zur Vorbereitung der Formulierung der Technologiestrategie. Dabei sollten jedoch die mit der Portfolio-Methode generell verbundenen Schwächen – z.B. die unterstellte Unabhängigkeit der positionierten „Objekte", hier also die völlige Vernachlässigung der zwischen den Technologien bestehenden Beziehungen (z.B. Verbundeffekte bzw. Synergien) – nicht übersehen werden (vgl. dazu auch Gerpott 2005, S. 164 f.).

e)   Unterstützende Methoden (III): Technologiefrühaufklärung und Technologiebilanz

Technologien gehören zu den konstitutiven Grundlagen des Industriebetriebs. Die Entscheidung über die zukünftig zu bearbeitenden bzw. zu beherrschenden Technologien und Technologiefelder ist eine der Aufgaben, die im strategischen Managementprozess zu bewältigen sind. Dabei ist es jedoch wichtig, rechtzeitig Hinweise auf neue technologische Entwicklungen und deren Auswirkungen auf das Wettbewerbsgeschehen zu erhalten. Dies ist die Aufgabe der **Technologiefrühaufklärung** oder **-früherkennung** (vgl. Liebl 1996; Lichtenthaler 2005).

Hier geht es grundsätzlich um die Beschaffung und Auswertung von Informationen über (neue) Technologien und die Chancen und Risiken, die technologische Veränderungen für die Wettbewerbsposition des eigenen Unternehmens mit sich bringen (können). Bei neuen Technologien sollen die in einer Technologieanwendung liegenden Erfolgspotenziale und Gefährdungen rechtzeitig erkannt und „Anpassungsmaßnahmen" abgeleitet werden. Umgekehrt müssen aber auch die gesellschaftlichen, rechtlichen, politischen, ökologischen usw. Umfelder des Unternehmens ständig auf Veränderungen, die die Attraktivität von Technologien beeinflussen können, untersucht werden.

Als (sich nicht ausschließende) Methoden der Technologiefrühaufklärung werden das sogenannte „Monitoring" und „Scanning" eingesetzt, unterstützt durch weitere Instrumente wie Expertenbefragungen, Szenarioanalyse, Technologiefolgeabschätzungen (Technology Assessment), Technologielebenszyklus bzw. S-Kurve und andere mehr.

Monitoring und Scanning als zentrale Methoden der Technologiefrühaufklärung

- **Monitoring**: gerichtete Beobachtung von Indikatoren, z.B.:
  - Publikationsanalyse
  - Patentanalyse
  - Unbefriedigte Kundenwünsche (Anfragen, Beschwerden etc.)
  - Wachstum bestimmter Unternehmen bzw. Sektoren, die für bestimmte Technologien stehen
  - Ressourceneinsatz
  - Substitutionstendenzen bestehender Technologien usw.

- **Scanning**: ungerichtete Suche nach Anzeichen für gravierende Veränderungen der relevanten Rahmenbedingungen, z.B.:
  - Neue Anwendungen bestehender Technologien
  - Veränderte Relevanz vorhandener technologischer Kompetenzen
  - Aufkommen neuer Technologien
  - Veränderungen der Technologienachfrage
  - Veränderungen bei Lieferanten usw.

Als problematisch bei der Technologiefrühaufklärung erweist sich jedoch die Beherrschung und Auswertung der großen Datenmengen, die gerade bei der ungerichteten Suche ohne feste Struktur anfallen. Auch sind die Betrachtungszeiträume aufgrund der u.U. recht langen „Lebenszyklen" von Technologien beträchtlich.[1] Schließlich gilt es, die Technologiefrühaufklärung auf unterschiedliche Bereiche und Ebenen des Unternehmens, eventuell sogar auf das gesamte Wertschöpfungsnetzwerk auszudehnen und zu koordinieren.

Ein interessanter und für die Alternativengenerierung im strategischen Technologiemanagement hilfreicher Ansatz stellt auch die **Technologiebilanz** dar (vgl. Hartmann 1998).

In Analogie zur Handelsbilanz, die Mittelherkunft und -verwendung gegenüberstellt und auf eine Einschätzung der finanziellen Attraktivität des Unternehmens zielt, stellt die Technologiebilanz Technologieherkunft (Passivseite) und Technologieverwendung (Aktivseite) gegenüber und erlaubt so nicht nur eine Abbildung der technologischen Lage eines Unternehmens in einem vertrauten Ordnungssystem, sondern in Kombination mit dem traditionellen internen und externen Rechnungswesen eine qualitativ bessere, umfassend-zukunftsorientierte Unternehmensbeurteilung (siehe Abbildung 2-57).

---

[1] So hätte Rudolf Diesel selbst unter Verwendung kühnster Prämissen wohl nicht zu prognostizieren gewagt, welche ökonomische Bedeutung die von ihm im Jahr 1892 entwickelte Technologie – der Dieselmotor – mehr als hundert Jahre später haben würde. Wäre er in der Lage gewesen, die Folgen seiner Erfindung richtig vorauszusehen, dann ist anzunehmen, dass er selbst ein weniger trauriges Ende gefunden hätte.

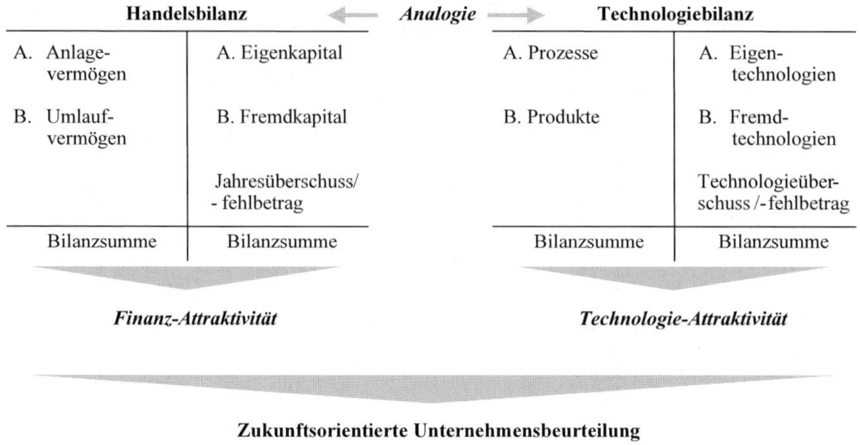

| Handelsbilanz | ← *Analogie* → | Technologiebilanz |

Handelsbilanz		Technologiebilanz	
A. Anlage- vermögen	A. Eigenkapital	A. Prozesse	A. Eigen- technologien
B. Umlauf- vermögen	B. Fremdkapital	B. Produkte	B. Fremd- technologien
	Jahresüberschuss/ - fehlbetrag		Technologieüber- schuss /-fehlbetrag
Bilanzsumme	Bilanzsumme	Bilanzsumme	Bilanzsumme

Finanz-Attraktivität   *Technologie-Attraktivität*

Zukunftsorientierte Unternehmensbeurteilung

Abb. 2-57. Technologiebilanz und Handelsbilanz (Quelle: Hartmann 1998, S. 1014)

Geht man einmal davon aus, dass alle Messungs- und Bewertungsfragen befriedigend gelöst werden können, dann lassen sich aus der Technologiebilanz – auch hier besteht eine enge Analogie zur Handelsbilanz – Technologie-Kennzahlen ableiten, aus denen wichtige Hinweise auf strategische Maßnahmen im Technologiemanagement gewonnen werden können (siehe Abbildung 2-58).

So könnte, um ein Beispiel zu nennen, die „technologische Verschuldungsquote" als zu hoch empfunden werden, woraus sich die strategische Vorgabe ableiten lässt, die Eigenentwicklung von Technologien künftig stärker zu forcieren.

Ein „zu geringer" Produktvorsteuerungsgrad weist dagegen auf Defizite in der Produktentwicklung hin, ebenso eine „zu niedrige" technologische Elastizität usw.

Obwohl die Aufstellung einer Technologiebilanz heute noch die Ausnahme und nicht die Regel darstellt, so wird dennoch deutlich, dass dieses Instrument nicht nur zur Analyse der technologischen Situation des Unternehmens, sondern auch zur Ableitung strategischer Optionen im Technologiemanagement eingesetzt werden kann.

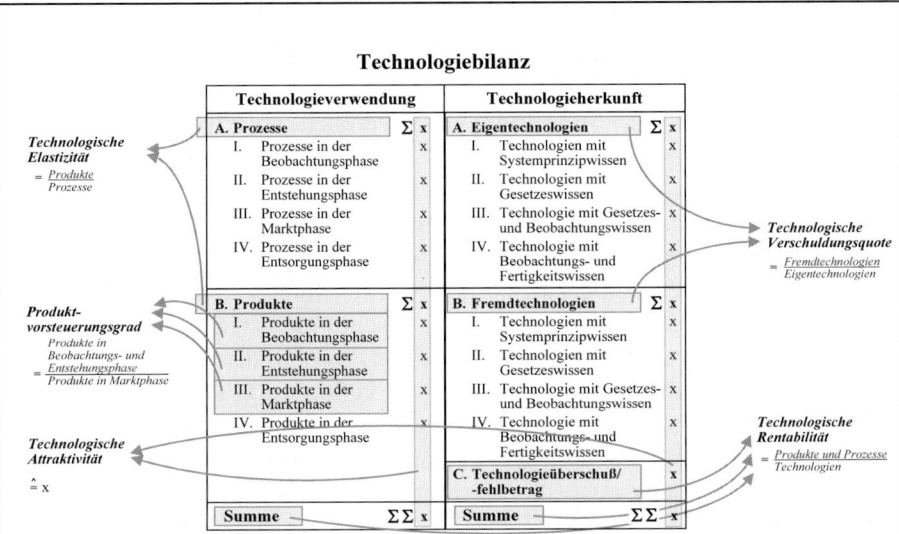

- **Technologische Elastizität**
  = Maß für das Verhältnis von Produkttechnologien zu Prozesstechnologien

- **Technologische Verschuldungsquote**
  = Maß für die Abhängigkeit eines Unternehmens von fremdem Know-how

- **Produktvorsteuerungsgrad**
  = Maß für die FuE-Arbeitsintensität an neuen Produkten

- **Technologische Rentabilität**
  = Maß für die ökonomische Anwendung von Technologien in Produkten und Prozessen

- **Technologie-Attraktivität**
  = Summe der technisch-wirtschaftlichen Vorteile, die durch Ausschöpfung der in einem Technologiegebiet steckenden strategischen Weiterentwicklungsmöglichkeiten gewonnen werden können

Abb. 2-58. Technologiebilanz und daraus abgeleitete Technologie-Kennzahlen (Quelle: Hartmann 1998, S. 1020 ff.)

**f)   Unterstützende Methoden (IV): Roadmapping als Verknüp-
fung von Technologie- und Innovationspfaden**

Technologien sind kein Selbstzweck – sie dienen, sofern keine grundsätzlich anderen Verwertungsformen (z.B. Lizenzierung) angestrebt werden,
vor allem dazu, in Produkten und/oder Prozessen des Unternehmens einzu-
fließen und auf diese Weise einen Nutzen zu stiften. Hierfür ist es notwendig, eine Beziehung zwischen den Technologien und ihren Anwendungen
in Produkten/Prozessen herzustellen, und zwar nicht nur eine globale, zeitpunktbezogene Beziehung (wie in der Technologiebilanz), sondern eine
spezifische und zeitlaufbezogene. Diesem Zweck dient die sogenannte
Technologie-Roadmap (vgl. Specht et al. 2000; Voigt/Weber 2005). Diese stellt gewissermaßen die „technologische Straßenkarte" des Unternehmens in die Zukunft dar und ist typischerweise durch folgende Elemente
gekennzeichnet (siehe auch das schwarz umrandete Feld in Abbildung 2-
59):

- eine **Zeitachse**, da die Betrachtung sich über einen längeren Zeitraum
  (z.B. 10-15 Jahre) erstreckt,

- einen oder mehrere **Technologiepfade**, aus denen ersichtlich ist, wann
  welche Technologien durch neue technologische Lösungen ersetzt werden sollen,

- einen oder mehrere **Produkt- bzw. Innovationspfade**, auf denen die
  verschiedenen „Produktgenerationen" zeitlich positioniert sind, und

- (grafische) **Beziehungen** zwischen Technologie- und Innovationspfaden, die angeben, welche Technologien in welche Produktgenerationen
  bzw. -familien eingehen sollen.

Ob die Technologie-Roadmap – wie in Abbildung 2-59 geschehen –
noch um weitere Entwicklungspfade auf Marktseite (z.B. Megatrends,
neue Märkte bzw. Marktsegmente) und Technologieseite (hier: die Entwicklung der Kernkompetenzen, Ressourcen, F&E-Programme) ergänzt
wird, kann nach Zweckmäßigkeit entschieden werden. Wichtig ist: Technologie-Roadmaps sind **strategische Managementinstrumente** und der
Prozess ihrer Erstellung – das „Roadmapping" – ist Bestandteil des strategischen Managementprozesses. Denn die Entscheidung darüber, welche
Technologien zu welchem Zeitpunkt die heute eingesetzten ersetzen sollen, ist – wie schon bei der Betrachtung der S-Kurve erläutert wurde – eine
der wichtigsten Fragen des strategischen Technologiemanagements.

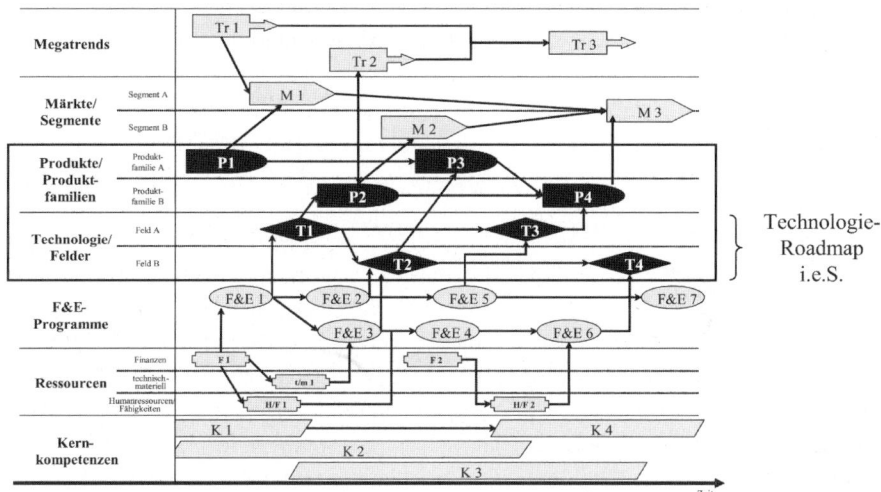

Abb. 2-59. Technologie-Roadmap und ihre Bestandteile (Quelle: Bucher 2002)

Dies gilt auch für die Entscheidungen, die zur Ausarbeitung des Produkt- bzw. Innovationspfads notwendig sind. Dabei ist die Vorgehensweise beim Technologie-Roadmapping **methodisch unspezifiziert**. Die Roadmap selbst ist zunächst nicht mehr und weniger als ein „strategischer Suchraum", der gefüllt werden muss. Das Technologie-Roadmaps dennoch die strategische Entscheidungsfindung unterstützen, zeigt die in Abbildung 2-60 dargestellte Roadmap eines Automobilherstellers in Bezug auf die Kompaktklasse und den europäischen Markt.

Das Automobil ist hier in vier Teilsysteme (Karosserie, Fahrwerk, Antrieb und Ausstattung) segmentiert worden. Als Ergebnis intensiver Diskussionen sind für jedes Teilsystem die wichtigsten technologischen Veränderungen für einen Planungszeitraum von über 10 Jahren festgelegt und diejenigen technologischen Neuerungen, die das Potenzial haben, die Wertschöpfungsarchitektur zu verändern, optisch hervorgehoben worden. Auch wenn darauf verzichtet wurde, die Produkte bzw. Produktgenerationen für den Planungszeitraum explizit abzubilden, handelt es sich hierbei um eine Technologie-Roadmap.[1]

---

[1] Interessant ist dabei die Tatsache, dass die Brennstoffzelle als alternative Antriebstechnologie, die Ende der 90er-Jahre von führenden Automobilherstellern als „nahezu marktreif" angekündigt worden war, hier nicht vor dem Jahr 2015 zum Einsatz kommt. Offensichtlich war die Automobilindustrie in Bezug auf diese Technologie zunächst zu optimistisch.

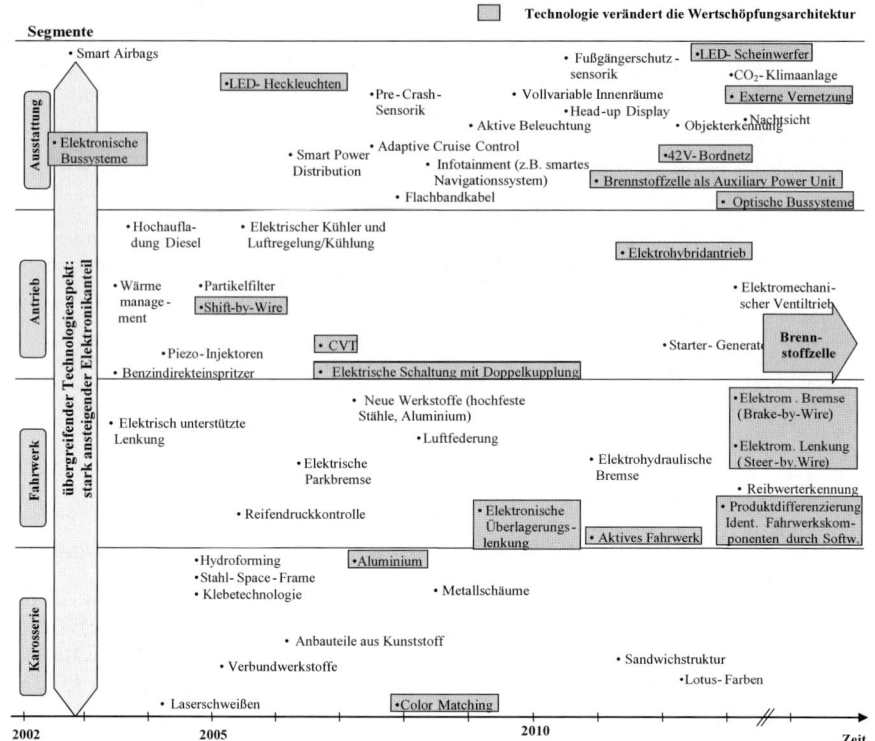

Abb. 2-60. Technologie-Roadmap eines Automobilherstellers in Bezug auf die Kompaktklasse/Europa (Stand: 2003) (Quelle: McKinsey/VDA 2003, S. 20)

Sind die Produkt- und Technologiepfade spezifiziert, können diese auf mögliche Inkonsistenzen hin überprüft werden. **Marktseitige Inkonsistenzen** liegen vor, wenn Anwendungen (Produkte und/oder Prozesse) für die zu diesem Zeitpunkt bereits vorhandenen Technologien fehlen. In diesem Fall muss über „passende" Innovationsprojekte, gegebenenfalls auch über eine „Fremdverwertung" der Technologien diskutiert und entschieden werden. **Technologieseitige Inkonsistenzen** bedeuten dagegen, dass für einige der geplanten Produkte die notwendigen Technologien nicht oder nicht termingerecht zur Verfügung stehen. In diesem Fall ist eine Beschleunigung der eigenen Forschung und Entwicklung, gegebenenfalls auch Optionen des externen Technologieerwerbs zu erwägen.

Dass die Roadmap zudem **Inkonsistenzen zwischen Produkt- und Prozesstechnologien** aufdecken kann, zeigt das in Abbildung 2-61 dargestellte Beispiel für die Produktfamilie „Schnurlose Telefone".

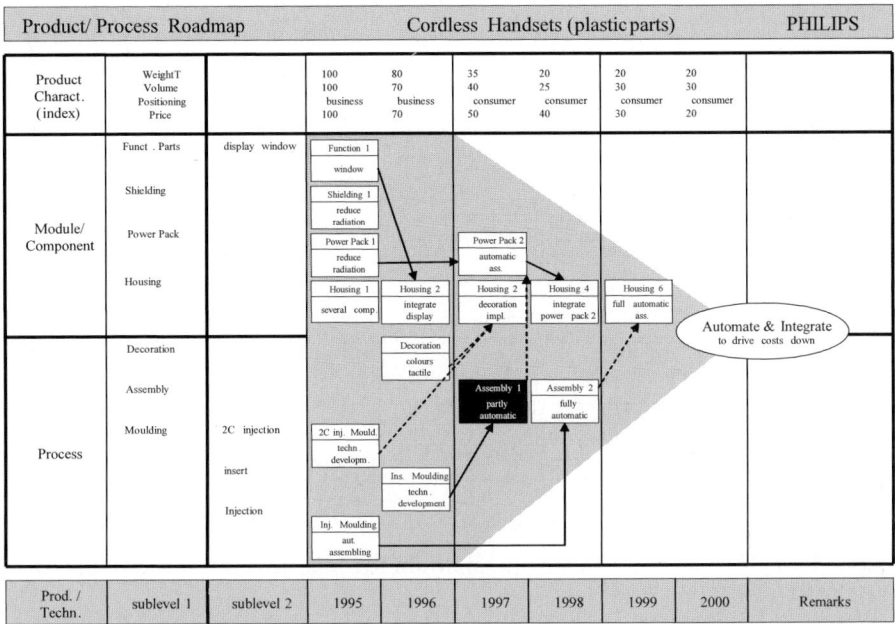

Abb. 2-61. Produkt-Prozess-Roadmap von PHILIPS in Bezug auf das Produktfeld „Schnurlose Telefone" (Stand: 1995) (Quelle: Groenveld 1997, S. 51)

In dieser Roadmap werden die verschiedenen Produktkomponenten mit den für ihre Herstellung notwendigen Fertigungstechnologien, z.B. im Kunststoff-Spritzguss und in der Montage, gegenübergestellt. Die Umstellung auf eine teilautomatische Montage erfolgt jedoch, wie die Roadmap verdeutlicht, zu spät, so dass entschieden werden muss, ob eine verzögerte Markteinführung des Produkts hingenommen oder aber die Entwicklung der Fertigungstechnologie forciert werden soll.

Interessant an dieser Roadmap ist zudem die Vorgabe von im Zeitablauf zu verbessernden Produkteigenschaften in der Kopfzeile, um den **Kundennutzen** bei der Planung von Produkt- und Prozesstechnologien nicht aus dem Blick zu verlieren.

Dass eine Technologie-Roadmap in der Lage ist, darüber hinaus noch weitere strategische wichtige Informationen zu vereinen (z.B. Form der Technologieerschließung, Finanzierung der Technologieentwicklung, strategische Bedeutung im Wettbewerb), verdeutlicht das in Abbildung 2-62 dargestellt Beispiel.

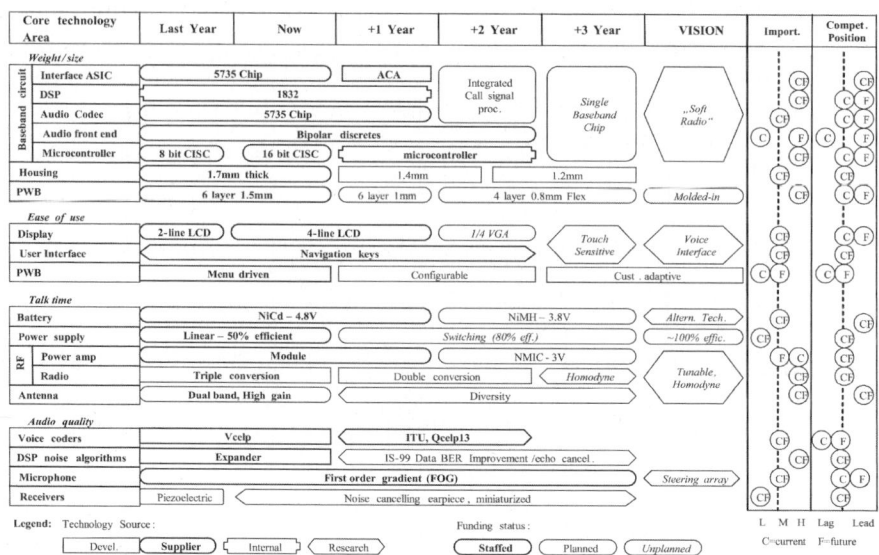

Abb. 2-62. Technologie-Roadmap für Mobiltelefone (Stand: 2001) (Quelle: Albright/Kappel 2003, S. 37)

Bei technisch komplexen Produkten, z.B. in der Automobilindustrie oder im Maschinenbau, kann es sich jedoch als schwierig erweisen, die zwischen den n Technologien und m Produkten bzw. Produktfamilien bestehenden n:m-Beziehungen über einen längeren Zeitraum vollständig in einer Roadmap darzustellen. Dies würde dem Charakter dieses Instruments als strategische Entscheidungshilfe ohnehin widersprechen. Die hier dargestellten Beispiele haben aber gezeigt, dass es möglich und sinnvoll ist, die Betrachtung auf die wesentlichen Produkte bzw. Komponenten und auf die wettbewerbskritischen Technologien zu beschränken. Eine in diesem Sinne eingesetzte Technologie-Roadmap ist in der Lage, die Ausarbeitung strategischer Optionen im Technologiemanagement gezielt zu unterstützen.

g)   Fazit

Gerade für Industrieunternehmen sind Technologien eine wichtige konstitutive Grundlage für das gesamte Unternehmensgeschehen und unmittelbarer Ausgangspunkt für den in Kapitel 3 näher beschriebenen Innovationsprozess. Die Ableitung funktionalstrategischer Optionen kann durch den Einsatz verschiedener Methoden des Technologiemanagements unterstützt werden. Für diese Methoden ist typisch, dass sie (wie z.B. im Fall des Technologieportfolios unmittelbar erkennbar) sowohl zur strategischen

Analyse als auch zur Alternativengenerierung und zur Entscheidungsunterstützung eingesetzt werden können.

Kommen wir damit zur Betrachtung strategischer Optionen in einem weiteren wichtigen Funktionsbereich des Industriebetriebs.

2.4.3.3 Strategische Optionen im Beschaffungsmanagement

a)   Aufgabe und strategische Bedeutung

Die **Aufgaben** der wertschöpfenden Funktion „Beschaffung" (in der Praxis auch: „Beschaffungswirtschaft", „Materialwirtschaft und Einkauf") ist es, das Unternehmen mit allen Faktoren zu versorgen, die es zur Erfüllung des Unternehmenszwecks – die Entwicklung, Herstellung und Verwertung von Produkten und Leistungen für den Fremdbedarf mit dem Ziel der Generierung von Werten – benötigt und über die es nicht bereits verfügt. Dies klingt zunächst nach einer rein operativen Aufgabe. Bei näherer Betrachtung zeigt sich jedoch, dass es aufgrund der Komplexität der Aufgaben im Funktionsbereich „Beschaffung" sinnvoll ist, auch hier zunächst langfristig gültige und hoch aggregierte – also strategische – Entscheidungen zu treffen, die den Rahmen für das operative Beschaffungsmanagement bilden. Die **wachsende strategische Bedeutung** der industriellen Beschaffungsfunktion resultiert auch aus dem steigenden Entwicklungs- und Wertschöpfungsanteil der Lieferanten in vielen Branchen, z.B. in der Automobilindustrie (siehe Abbildung 2-63).

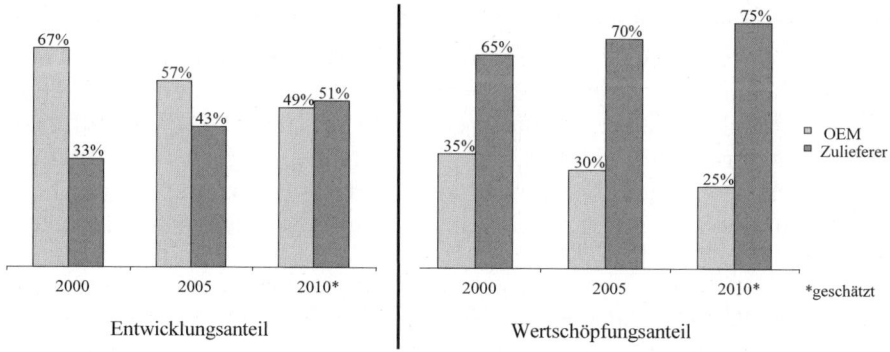

Abb. 2-63. Steigender Entwicklungs- und Wertschöpfungsanteil von Lieferanten in der Automobilindustrie (Quelle: Eigene Darstellung in Anlehnung an McKinsey/VDA 2003, S. 45 ff.)

Dennoch ist der Funktionsbereich „Beschaffung" im Industriebetrieb, einer sich seit langem herausgebildeten innerbetrieblichen Arbeitsteilung folgend, gewöhnlich nicht für alle, sondern nur für einen Teil der benötigten Einsatzfaktoren zuständig (siehe Tabelle 2-29).

Tabelle 2-29. Beschaffungsobjekte und funktionale Zuständigkeit im Industriebetrieb

Benötigte Faktoren	Funktionale Zuständigkeit für die Beschaffung
• Finanzielle Mittel/Kapital	• Finanzabteilung
• Humanressourcen	• Personalabteilung
• Immaterielle Güter, Rechte	• Rechtsabteilung, Technologiemanagement u.a.
• Dienstleistungen	• (meistens) diverse
• Informationen	• diverse
• Immobile Investitionsgüter	• Unternehmensleitung bzw. Stabsabteilung
• Mobile Investitionsgüter (Maschinen, Ausstattung, Fuhrpark etc.)	• Produktionsabteilung bzw. -werke, Unternehmensleitung, Anlagenwirtschaft, seltener: Beschaffungsabteilung
• Roh-, Hilfs- und Betriebsstoffe	• Beschaffungsabteilung
• Zulieferteile (Komponenten, Module, Systeme)	• Beschaffungsabteilung
• Handelswaren	• Beschaffungsabteilung

Mit den Besonderheiten der Beschaffung von Investitionsgütern werden wir uns im Rahmen des Betriebsbereitschaftsprozesses (Kapitel 4) noch näher beschäftigen. Aber selbst wenn wir hier die betriebliche Funktion „Beschaffung" zunächst auf die drei letzten in Tabelle 2-29 aufgeführten Faktorkategorien beschränken, bleibt die Notwendigkeit der Ableitung strategischer Optionen. Diese auch als **„Scoring-Konzepte"** bezeichneten beschaffungsstrategischen Optionen, die im Folgenden näher betrachtet werden sollen, beziehen sich auf

• das Maß und die Träger der Wertschöpfung,

• die Anzahl der Bezugsquellen,

• die Komplexität der beschaffenden Inputfaktoren,

• die geografische Ausdehnung der Beschaffungsmärkte,

- die zeitliche Disposition der Bereitstellung der Inputfaktoren und

- die beschaffenden Subjekte bzw. Institutionen.

Am Ende dieses Abschnitts werfen wir dann noch einen kurzen Blick auf einige Methoden, die die Alternativengenerierung im Beschaffungsbereich unterstützen können, u.a. auch Portfolio-Konzepte.

b)   Strategische Optionen in Hinblick auf das Maß und die Träger der Wertschöpfung

Hier geht es zunächst um die Bestimmung der **Wertschöpfungs- bzw. Leistungstiefe**, also um das strategisch „richtige" Maß an **Eigenfertigung und Fremdbezug** (Make-or-buy), was nur in enger Abstimmung mit dem Produktionsbereich festgelegt werden kann.

Die strategische Entscheidung über die Wertschöpfungstiefe (und damit auch über das Ausmaß des Beschaffungsvolumens) steht auf einer – gegenüber den anderen Sourcing-Strategien – zeitlich vorgelagerten Ebene und geht in diese als Prämisse ein.

Die Kernfrage bei der Bestimmung der Wertschöpfungstiefe lautet, welche „Objekte" (Sachgüter und Dienstleistungen) als Bestandteile der betrieblichen Gesamtleistung in welchen Quantitäten fremdbezogen und welche selbst erstellt werden sollen. Dabei lässt sich die Wertschöpfungstiefe wie folgt messen:

Wertschöpfungs- bzw. Leistungstiefe

$$= \frac{\text{Wertschöpfung}}{\text{Umsatz}}$$

$$= \frac{\text{Umsatz} - \sum \text{Vor - / Fremdleistungen}}{\text{Umsatz}}$$

$$= 1 - \frac{\sum \text{Vor - / Fremdleistungen}}{\text{Umsatz}}$$

Eine Faustregel zur Bestimmung der Wertschöpfungstiefe[1] lautet, dass das Unternehmen alle Wertschöpfungsaktivitäten, die es (bei vergleichbaren Kosten) „besser" oder (bei vergleichbarer Leistung) „kostengünstiger" erbringen kann als andere, selbst ausführen sollte (und umgekehrt). Die Wertschöpfungstiefe sollte sich also nach den **Kernkompetenzen** des Unternehmens richten.

Da das Unternehmen nicht bei allen Wertschöpfungsaktivitäten „Spitzenreiter" sein und auch nicht völlig ohne eigene Kernkompetenzen im Wettbewerb überleben kann, sind Wertschöpfungstiefen „nahe null" und „nahe 100 %" gleichermaßen unrealistisch (siehe Abbildung 2-64).

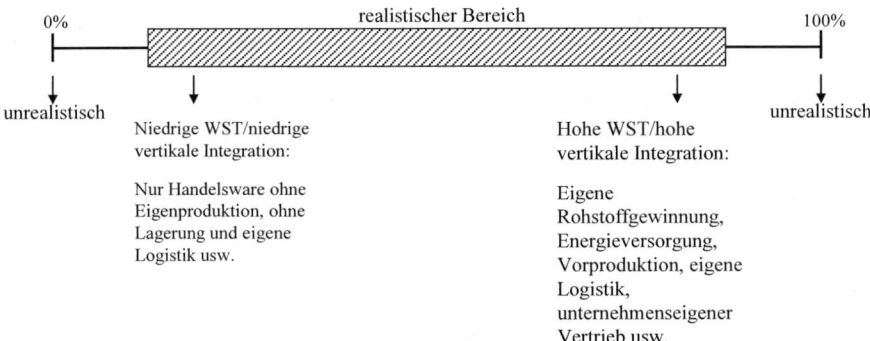

Abb.2-64. Hohe und niedrige Wertschöpfungstiefe

Die Wertschöpfungstiefe kann auch durch externe Umstände beeinflusst werden: So wiesen die Betriebe der ehemaligen DDR vor allem deshalb eine auffällig hohe Wertschöpfungstiefe auf, weil damit den für (kommunistische) Planwirtschaften typischen Beschaffungsunsicherheiten bei Vorprodukten und Einsatzmaterialien entgegengewirkt werden sollte.

Die Erklärung der Wertschöpfungstiefe ist gleichbedeutend mit einer Erhöhung des Grades an **vertikaler Integration**. Dies ist möglich durch

---

[1] Mit Bezug auf den Produktionsbereich wird auch von **Fertigungstiefe** gesprochen. Eine Beschränkung auf die Fertigungstiefe wäre hier jedoch zu eng, da sich die Frage „Eigen- oder Fremdleistung?" z.B. auch bei Vertriebs- und Serviceaktivitäten stellt.

- **Vorwärtsintegration** (Integration nachgelagerter Wertschöpfungsstufen, z.B. Handelsfunktionen, in das Unternehmen) und/oder
- **Rückwärtsintegration** (Integration vorgelagerter Wertschöpfungsstufen, z.B. Eigenfertigung von bisher fremdbezogenen Teilen).

Nehmen wir z.B. an, ein Unternehmen habe einen Umsatz von 200 Mio. € und beziehe Vorleistungen in Höhe von 100 Mio. € von Lieferanten. Sowohl eine stärke Vorwärts- als auch Rückwärtsintegration würde hier das Maß der Wertschöpfungstiefe erhöhen:

Vorwärtsintegration: Übernahme von Handelsfunktionen, dadurch Steigerung des Umsatzes von 200 auf 300 Mio. €:

$$\text{WST}_{\text{vorher}} = \frac{200 - 100}{200} = 0,5 \Rightarrow \text{WST}_{\text{nachher}} = \frac{300 - 100}{300} = 0,66$$

Rückwärtsintegration: Eigenfertigung bisher fremdbezogener Teile in Höhe von 50 Mio. €:

$$\text{WST}_{\text{vorher}} = \frac{200 - 100}{200} = 0,5 \Rightarrow \text{WST}_{\text{nachher}} = \frac{200 - 50}{200} = 0,75$$

Der allgemeine Trend bewegt sich jedoch in vielen Branchen (z.B. in der Automobilindustrie, siehe nochmals Abbildung 2-63) eher in die Richtung auf eine **vertikale Desintegration**, nicht zuletzt durch die Verfolgung der Strategie einer „Konzentration auf Kernkompetenzen" im Sinne des ressourcenbasierten Ansatzes (siehe Abschnitt 2.4.4.1).

Auch wenn die tatsächliche erreichte Wertschöpfungstiefe eines Unternehmens i.d.R. auch durch operative Entscheidungen (z.B. kurzfristige Fremdverlagerungen wegen akuter Kapazitätsengpässe) beeinflusst ist, wird das Unternehmen nicht auf eine grundsätzliche – also strategische – Entscheidung über das „richtige" Maß der Eigenleistung verzichten.

Bei dieser sich auf das Unternehmen insgesamt oder auf bestimmte strategischen Geschäftsfelder beziehenden Vorgabe sind jedoch die **Auswirkungen** solcher Wertschöpfungstiefen-Entscheidungen zu bedenken, und zwar auf:

- den Umfang der internen Entwicklungs- und Produktionsaufgaben (sowie ggf. Vertriebsaufgaben),

- die Quantität und Qualität des Einkaufsprogramms und damit die Kompetenzen und Qualifikationen der Einkaufsabteilung bzw. die Wahrnehmung der Beschaffungsfunktion insgesamt,

- das Ausmaß der Kapitalbindung (Kapitalbedarf, -struktur),

- die Anzahl der Mitarbeiter und das Beschäftigungsrisiko,

- die Höhe und Struktur der Kosten, insbesondere das Verhältnis zwischen fixen und variablen Kosten (Break-Even-Punkt),

- die Anforderungen an Fertigungsstandorte, Lager- und Fertigungsflächen, Produktionsorganisation, Prozessstruktur, Logistik,

- die produktionswirtschaftliche Flexibilität:

  - qualitative Veränderungen des internen Leistungsprogramms erfordern Umstellungen interner Kapazitäten,

  - qualitative Veränderungen der Zuliefererleistung sind i.d.R. einfacher durch Einflussnahme oder Lieferantenwechsel zu bewirken,

- die Verhandlungsposition gegenüber Marktpartnern u.a.m.

Auf der anderen Seite können die Gegebenheiten bei allen diesen Punkten auch restriktiv wirken, d.h. den Spielraum bei der Gestaltung der Wertschöpfungstiefe einengen.

So ist es denkbar, dass vorhandene und kurzfristig auch nicht abbaubare interne Kapazitäten eine eigentlich „fällige" Outsourcing-Entscheidung verzögern.

Bei der Bestimmung der „strategisch richtigen" Wertschöpfungstiefe kann man sich z.B. von den folgenden Kriterien leiten lassen (siehe Tabelle 2-30):

Tabelle 2-30. Kriterien zur Bestimmung der Wertschöpfungstiefe

Kriterium	Gründe für die **Erhöhung** der Wertschöpfungstiefe	Gründe für die **Verringerung** der Wertschöpfungstiefe

Kosten	• Einsparung von
	  – Lieferantengewinnen
	  – Außerbetriebliche Transport- und Verpackungskosten
	• Unabhängigkeit von ungerechtfertigten Preiserhöhungen wegen Monopolstellung der Lieferanten
	• Vermeidung von Transaktionskosten (Kosten für Lieferantensuche, Vertragsanbahnung, -abschluss usw.)
		• geringere Stückkosten durch Erfahrung, Spezialisierung und hohe Auslastung der Produktionsmittel der Lieferanten
		• geringere Stückkosten durch Standortvorteile
		  – Niedriglohnländer
		  – Subventionen
		  – Keine Auflagen zum Umweltschutz
		• Verlagerung von Teilen mit geringerem Beitrag zum finanziellen Unternehmenserfolg
		• geringere Entwicklungskosten
		• geringer Fixkostenanteil (Substitution durch variable Kosten)
		• geringere Lagerkosten

Kernkompetenzen/ Know-how	• Vermeidung von Know-how-Abfluss und Kompetenzverlust • Selbsterbringung der Wertschöpfungsaktivität ist wesentlicher Bestandteil des Kundennutzens bzw. des Unternehmensimages	• Möglichkeit der Konzentration auf Kernaufgaben und -fähigkeiten • Spezialisierung des Unternehmens auf Produkte/Leistungen mit wesentlichen Know-how-Anteil
Qualität	• enge Zusammenarbeit zwischen Konstruktion und Fertigung bei Neuentwicklungen und Verbesserungen • bessere Kontrolle der Qualität • Ausnutzung eigener Schutzrechte und Fertigungs-Know-how	• Gezielte Problemlösungen durch Spezialisierung im Entwicklungsbereich • Hohe Qualität durch Spezialisierung der Produktionsmittel • Ausnutzung fremder Schutzrechte • Nutzung von Qualitäts- und Imagevorteilen des Lieferanten

Zeit	• schnelle Reaktion bei
	  – Modellveränderungen
	  – Innovationen
	  – Produktionsschwankungen
	• Zeitersparnis durch kürzere Informations- und Organisationswege sowie die direkte Weisungsbefugnis
	• Wegfall von Transportzeiten
	• genaue Überwachung der Termineinhaltung
		• geringere Entwicklungszeit und kürzere Durchlaufzeiten wegen Spezialisierung und Komplexitätsreduktion
		• Abruf von Lieferungen nach Bedarf
		• Beseitigung von Terminengpässen in der eigenen Produktion

Komplexität	• Vermeidung der Komplexität durch Transaktionen mit den Zuliefern bei Anbahnung und Ausführung der Verträge	• Verringerung der Komplexität und der Komplexitätskosten, z.B. in der Produktion • Schnittstellenverminderung durch Systemlieferanten • erhöhte Flexibilität durch Ausgliederung
Kapazitäten	• Auslastung vorhandener Kapazitäten – Personal – Sachmittel	• Abbau von Kapazitätsengpässen und damit gleichmäßige Auslastung der eigenen Fertigung • Vermeidung der Unterauslastung von spezialisierten Produktionsmitteln
Investitionen/ Kapitalbedarf	• Verminderung steuerpflichtiger Gewinne durch Investitionen • Modernisierung und Spezialisierung des Sachmittelpotenzials	• Keine Kapitalbindung durch zusätzliche Investitionen • Konzentration der Finanzmittel auf wichtige Eigenfertigungsteile • Erhöhung der Gesamt- und Eigenkapitalrendite
Risiko	• Geheimhaltung des vorhandenen Know-hows vor der Konkurrenz • Verhinderung der Vorwärtsintegration von Lieferanten • Geheimhaltung von Neuentwicklungen • Vermeidung von Transportrisiken	• Risikostreuung durch Verteilung auf mehrere Lieferanten • geringeres Risiko bei Produktionsrückgang oder bei Entwicklungsfehlschlägen • kein Risiko durch Kauf ungeeigneter Produktionsmittel • kein Ausschussrisiko
Sonstige	• Keine geeigneten Zulieferer auf dem Markt vorhanden • Verstärken der Unternehmensautonomie durch Erweitern der Fertigungs- bzw. Wertschöpfungstiefe	• Abwicklung von Gegengeschäften • Reklamationsmöglichkeiten • kostengünstiger Bezug kleiner Stückzahlen

Die Entscheidung für oder gegen eine Erhöhung bzw. Verminderung der Wertschöpfungstiefe ist damit stark von den Gegebenheiten des Einzelfalls abhängig. Auch die noch zu betrachtenden **PIMS-Studien** (siehe Abschnitt 2.4.4.2 c) ergaben, dass

- bei niedrigem Marktanteil eine geringe Integration vorteilhaft ist („schlankes Unternehmen"),

- bei hohem Marktanteil auch eine hohe Wertschöpfungstiefe gewinngünstig sein kann („Profitieren von Kernkompetenzen"),

- generell aber eine **niedrigere** Integration zu einem **höheren** ROI führt (vgl. Buzell/Gale 1989, S. 12).

Als Maßnahme zur Reduzierung der Wertschöpfungstiefe hat sich inzwischen der Begriff **„Outsourcing"** (als Verschmelzung der Begriffe

„outside", „resource" und „using") etabliert, der als „... Übergang von der internen zur externen Inanspruchnahme von Ressourcen zur Erstellung einer in einem ökonomischen System benötigten Leistung" (Nagengast 1997, S. 53) definiert werden kann.

Zur Abwägung einer Outsourcing-Entscheidung können ebenfalls die in Tabelle 2-30 genannten Kriterien herangezogen werde, allerdings unter Beachtung weiterer, vom Unternehmen kaum oder gar nicht beeinflussbarer Rahmendaten. Hierzu zählen:

- Kundenanforderungen,

- rechtlicher Rahmen bzw. gesetzliche Vorschriften,

- Marktcharakteristika (Volumen, Dynamik, Entwicklung),

- Wettbewerbssituation usw.

Zu beachten ist, dass der Begriff „Outsourcing" neben der kompletten Auslagerung von Wertschöpfungsaktivitäten auch Formen der internen Verselbstständigung und der Ausgliederung umfasst (siehe Abbildung 2-65)

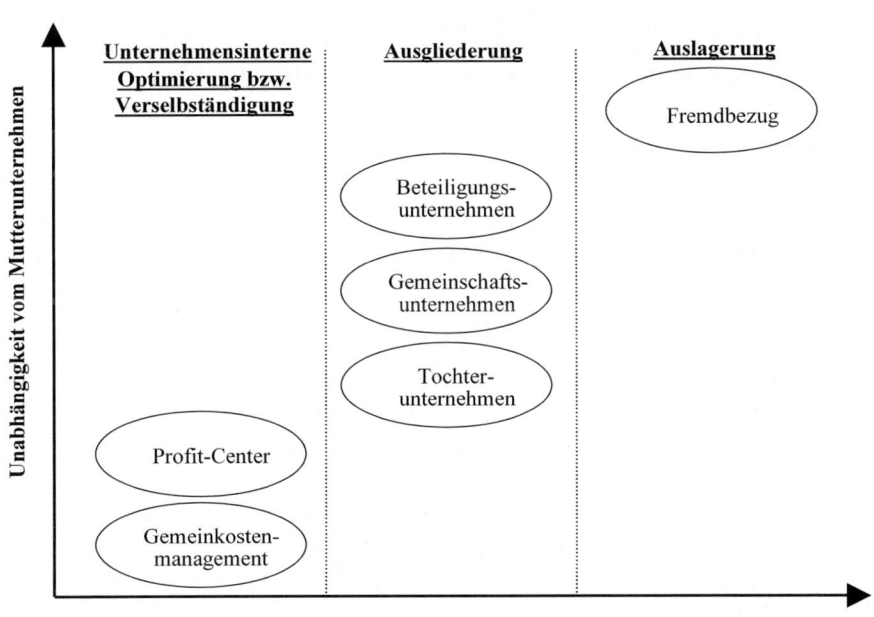

Abb. 2-65. Formen des Outsourcings

Dass für eine Outsourcing-Entscheidung nicht nur eine Vielzahl von Kriterien, sondern auch Methoden anwendbar sind, verdeutlicht die Abbildung 2-66. Zu beachten sind jedoch auch die mit einem Outsourcing verbundenen **Folgeprobleme** in Bezug auf:

- Neustrukturierung der Abläufe und Schnittstellen,

- Sicherung des Know-how-Bestandes,

- Gestaltung der Verträge,

- Gestaltung des Anreizsystems,

- Controlling der Beschaffung und des Lieferanten,

- Qualitätssicherung (Problem der Qualitätsmessung).

Die letztgenannten Probleme sind besonders bei einer grenzüberschreitenden Ausgliederung oder -lagerung von Wertschöpfungsaktivitäten – **„Nearshoring" und „Offshoring"** genannt – virulent und erfordern besondere Lösungsansätze (zum IT-Offshoring nach Indien vgl. Wildemann 2007).

Das Gegenteil von Outsourcing, also das bewusste „Zurückholen" von Wertschöpfungsaktivitäten in das Unternehmen, wird zuweilen auch als „Insourcing" bezeichnet. Hierbei ist zu beachten, dass sich die Beschaffungsvorgänge dann auf Einsatzfaktoren der vorgelagerten Wertschöpfungsstufe verschieben.

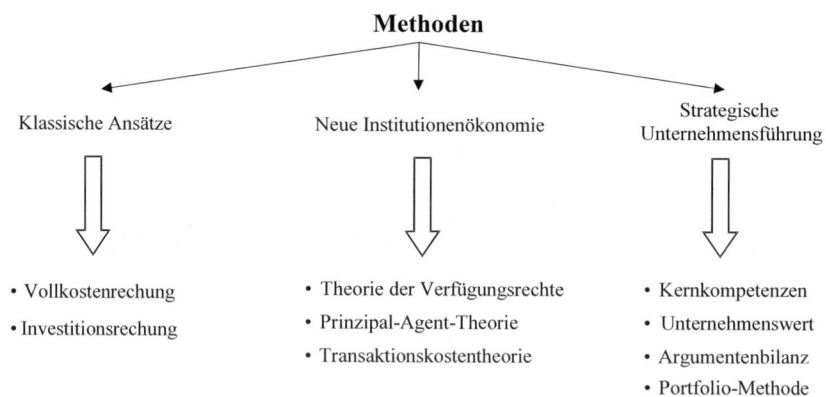

Abb. 2-66. Methoden zur Unterstützung der Outsourcing-Entscheidung

c)   **Strategische Optionen im Hinblick auf die Anzahl der Bezugs-quellen (Lieferantenkonzepte)**

Hier sollen zunächst die Optionen „Multiple Sourcing" und „Single Sourcing" gegenüber gestellt werden:

„Multiple Sourcing" ist gleichbedeutend mit Mehrquellenbezug und meist also die strategische Vorgabe, dass bestimmte Beschaffungsobjekte oder ganze Objektkategorien bewusst von mehreren Anbietern bezogen werden sollen.

Die damit bezweckten Wirkungen sind eine Verminderung des Versorgungsrisikos durch die Verteilung des Beschaffungsvolumens auf mehrere Lieferanten („order splitting"), aber auch die Aufrechterhaltung des Wettbewerbs zwischen den Anbietern, was sich sowohl in einer höheren Leistungsbereitschaft der Lieferanten als auch in niedrigen Einstandspreisen niederschlagen soll.

Allerdings ist die erfolgreiche Realisierung der „Multiple Sourcing"-Option an das Vorliegen bestimmter Erfolgsvoraussetzungen gebunden, z.B.

- Güter mit relativ hohem Standardisierungsgrad,

- Tolerierung kurzfristiger Lieferantenbeziehungen (auf die jeweilige Beschaffungstransaktion ausgerichtet),

- ausreichende Anzahl geeigneter Lieferanten am Markt,

- hohe Wettbewerbsintensität auf dem Anbietermarkt,

- hohe Markttransparenz,

- geringe Transaktionskomplexität.

Die mit der Option verbundenen Vor- und Nachteile, die im Einzelfall abgewogen werden müssen, sind in Tabelle 2-31 auf einen Blick zusammengefasst.

Tabelle 2-31. Vor- und Nachteile eines „Multiple Sourcing"

Vorteile	Nachteile
• geringere Abhängigkeit von Lieferanten (höhere Flexibilität) • Streuung von Risiken, vor allem Beschaffungsrisiken • Verringerung von entstehender Marktmacht einzelner Lieferanten durch größeren Anbieterwettbewerb • Aufspürung von Innovationen • Entwicklungsmöglichkeit kleinerer Lieferanten • geringere Austrittsbarrieren	• erhöhte Logistikkosten • erhöhter Kotrollaufwand und ggf. Inkaufnahme von Qualitätsvarianzen • u.U sehr komplexe Lieferbeziehungen

Ein „**Single Sourcing**" meint dagegen einen Einquellenbezug, also die bewusste Beschränkung der Beschaffung eines Beschaffungsobjekts oder einer Objektkategorie auf nur einen Anbieter. Das „single" bezieht sich damit zunächst auf den Nachfrager – der Lieferant kann bei dieser Option durchaus mehrere Abnehmer bedienen (eine Exklusiv-Lieferanten-Beziehung stellt eine eher seltene Ausnahme dar). Die mit einem „Single Sourcing" verfolgten Ziele sind vor allem eine

• Senkung der Komplexität der Lieferbeziehungen,

• Senkung der Kosten der Beschaffungsabwicklung,

• Senkung der Einstandspreise,

• Erhöhung der Transparenz des Beschaffungsprozesses,

• Erschließung von Innovationspotenzialen eines bestimmten Lieferanten,

• Differenzierung vom Markt.

Auch diese Option ist an bestimmte Erfolgsvoraussetzungen bzw. situative Bedingungen geknüpft, vor allem

• geringer Standardisierungsgrad der Güter (Module, Systeme),

• Bereitschaft zum Aufbau einer auf Dauer angelegten Partnerschaft zwischen Lieferant und Abnehmer mit langfristigen Rahmenverträgen,

• i.d.R. wechselseitige Abhängigkeit der Partner,

• Abstimmung der Organisationen,

• einsatzsynchrone Beschaffung (JiT-Sourcing),

- Übertragung von technischem Know-how auf den Lieferanten und/oder gemeinsame F&E,

- Austausch von Mitarbeitern,

- gemeinsame Investitionen,

- Höchstmaß an Kooperationsbereitschaft.

Auch hier sind Vor- und Nachteile abzuwägen, die mit einer Beschränkung auf nur eine Bezugsquelle verbunden sind (siehe Tabelle 2-32).

Tabelle 2-32. Vor- und Nachteile eines „Single Sourcing" (Quelle: in Anlehnung an Werner 2000, S. 95 f.)

Vorteile	Nachteile
• Ausschöpfung von Economies of Scale (Kostenreduzierung über Senkung der Einstandpreise) • Senkung der Logistikkosten • Reduzierung der bestellfixen Kosten (weniger Schnittstellen) • Förderung gleich bleibender Qualität, dadurch (im Idealfall) Wegfall der Wareneingangskontrolle • verbesserte Kommunikation • Reduzierung der Kapitalbindung (Berücksichtigung der JiT-Philosophie)	• Abhängigkeit der Partner (Ausfallrisiko; Produktionsunterbrechungen schlagen sich direkt nieder) • Wegfall des Wettbewerbs (die Vergleichbarkeit zu weiteren Lieferanten fehlt) • Vernachlässigung der Integration technischer Innovationen anderer Lieferanten • Schwierigkeit des Lieferantenwechsels („Switching-Costs"), hohe Austrittsbarrieren

Ist die Konzentration auf nur eine Bezugsquelle durch eine monopolitische Anbietersituation erzwungen, wird auch von „**Sole Sourcing**" gesprochen. In diesem Fall ist der beschaffungspolitische Spielraum stark eingeschränkt und das Maß der Abhängigkeit vom Lieferanten hoch. Um die Versorgung sicherzustellen, sind deshalb besondere Maßnahmen wie der Abschluss von Rahmenverträgen zu erwägen, aber auch eine aktive Suche nach Substitutionsgütern oder -technologien, die Mithilfe beim „Aufbau" eines neuen Lieferanten oder die Eigenfertigung des kritischen Beschaffungsobjekts. In jedem Fall wird das beschaffende Unternehmen bestrebt sein, zumindest über eine weitere (potenzielle) Beschaffungsquelle zu verfügen – denn „Macht hat, wer Alternativen hat" (Niklas Luhmann).

Die Option, jeweils mindestens zwei Bezugsquellen zur Auswahl zu haben, wird auch als „**Dual Sourcing**" bezeichnet und ist in der Praxis nicht selten anzutreffen. Dabei kann eine der Alternativen auch die (potenzielle) Eigenfertigung sein.

Die strategischen Lieferantenkonzepte beziehen sich jedoch nicht nur auf die Zahl der Bezugsquellen, sondern auch auf die Definition der **„Rolle" der Lieferanten** und auf Grundsatzentscheidungen zur **Lieferantenentwicklung** und **Lieferantenintegration**.

d)   Strategische Optionen im Hinblick auf die Komplexität der Inputfaktoren (Objektkonzepte)

Hiermit ist eine Grundsatzentscheidung gemeint, ob ganze Systeme und Module oder nur Komponenten und Einzelteile beschafft werden sollen, deren Integration bzw. Montage dann vom beschaffenden Industriebetrieb selbst vorgenommen wird.

Bei der Option **„System/Modular Sourcing"** erfolgt eine Bündelung der zu beschaffenden Leistungen in komplette, teilweise vormontierte und einbaufertige Funktionsgruppen. Als Beispiel sei das Lenkungsfunktionsmodul bzw. -system der Automobilindustrie genannt, das aus dem Lenkrad, der Lenkstange, Parallelelementen und dem Lenkgetriebe besteht. Das beschaffende Unternehmen erreicht durch ein „System" bzw. „Modular Sourcing" zweierlei: eine geringere Fertigungstiefe und eine geringere Lieferantenanzahl. Dabei lässt sich der Unterschied zwischen Systemen und Modulen wie folgt kennzeichnen:

- **Module**:
  Module werden vom Abnehmer maßgeblich entwickelt und konstruiert und vom Lieferanten gefertigt und komplettiert; Module werden vielfach über die Struktur definiert.

- **Systeme**:
  Der Lieferant übernimmt den überwiegenden Teil der Leistungen in der Entwicklung, der Produktion sowie der Logistik und i.d.R. auch die Koordination der ihm zuliefernden Subunternehmen (Systemführer); Systeme werden vielfach über die Funktion definiert.

Die **Vorteile** dieser strategischen Option für das beschaffende Unternehmen sind nicht nur in der Funktion „Beschaffung", sondern auch in den benachbarten Funktionen „F&E" und „Produktion/Logistik" feststellbar (siehe Tabelle 2-33). Allerdings sollte man auch die möglichen Nachteile eines „System/Modular Sourcing" nicht übersehen, insbesondere:

- eine hohe Abhängigkeit der Partner,

- eine notwendige Neuabstimmung der IuK-Technologien zwischen System-/Modul- und Sublieferant,

- der Verzicht auf Wettbewerb zwischen den Anbietern sowie der Verlust an Innovationspotenzialen für den Abnehmer und

- die Erschwernis eines Lieferantenwechsels (dieser ist nur langfristig möglich).

Tabelle 2-33. Vorteile einer Systembeschaffung für das nachfragende Unternehmen (Quelle: in Anlehnung an Wolters 1995, S. 98)

Funktionaler Bereich	Vorteile beim Abnehmer	Netto-Rationalisierungseffekt
Forschung & Entwicklung	• Spezialisierung auf Kernkompetenzen • weniger Änderungen (z.B. Werkzeuge) • schnellere Problemlösung • Abbau der Ingenieurkapazitäten	• kürzere Entwicklungszeit • ausgereiftere Produkte • geringere Entwicklungskosten • Reduzierung der Personalaufwendungen
Beschaffung	• Reduzierung der Lieferantenanzahl • vereinfachte Datenverwaltung • weniger Einkaufspersonal (im operativen Bereich)	• Reduzierung der Personalaufwendungen • Reduzierung der Materialkosten
Produktion & Logistik	• Abbau der Vormontage • weniger Fehlermöglichkeiten (Montage) • Abbau von Lagern • Reduzierung des Flächenbedarfs • Reduzierung der Logistikschnittstellen (z.B. Anlieferungen) und -kosten	• Economies of Scale • geringere Qualitätssicherungskosten • Reduzierung der Personalaufwendungen • Erfahrungskurveneffekte • geringere Kapitalbindungskosten • bessere Produkt- und Prozessqualität

Die Option „**Component Sourcing**" bezieht sich dagegen auf Komponenten, also Beschaffungsobjekte mit im Vergleich zu Modulen oder Systemen niedrigerer Wertschöpfung und Aggregation, die aber noch aus verschiedenen Einzelkomponenten zusammengesetzt sind (z.B. Scheinwerfer eines PKW). Teile, die die Beschaffungsobjekte der Option „**Parts Sourcing**" bilden, weisen bei der Lieferung i.d.R. noch keinen Montagezusammenhang auf und sind meist nicht weiter zerlegbar. Sie sind wenig komplex, haben häufig universelle, standardisierte Funktionen und einen geringen Innovationsanteil (Beispiele: Schrauben, Dichtringe, Isoliermaterial usw.). Dass die Leistungsprofile der Lieferanten sich bei den einzelnen strategischen Optionen unterscheiden (können), verdeutlicht die Abbildung 2-67.

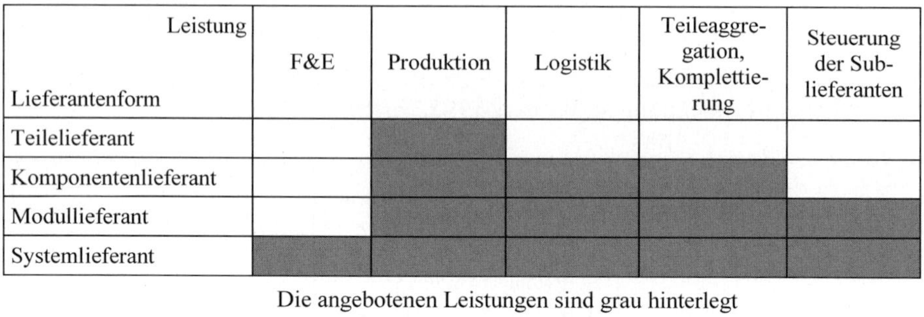

Leistung\n\nLieferantenform	F&E	Produktion	Logistik	Teileaggregation, Komplettierung	Steuerung der Sublieferanten
Teilelieferant		■			
Komponentenlieferant		■	■	■	
Modullieferant		■	■	■	
Systemlieferant	■	■	■	■	■

Die angebotenen Leistungen sind grau hinterlegt

Abb. 2-67. Typische Leistungsumfänge von Lieferanten bei unterschiedlichen Objektkonzepten (Quelle: in Anlehnung an Wolters 1995, S. 73)

e) Strategische Optionen im Hinblick auf die geografische Ausdehnung der Beschaffungsmärkte (Arealkonzepte)

Zu unterscheiden sind hier insgesamt vier strategische Beschaffungsoptionen: In Anhängigkeit des Ortes, an dem die Wertschöpfung des Lieferanten erbracht wird, unterscheidet man die Option **„External und Internal Sourcing"**, in Abhängigkeit der geografischen Ausdehnung der Beschaffungsmärkte dagegen die Optionen **„Local/Domestic"** und **„Global Sourcing"** (siehe auch Tabelle 2-34):

Tabelle 2-34. Arealkonzepte als strategische Beschaffungsoptionen

Kriterium	Strategische Optionen
Ort der Wertschöpfung des Lieferanten	External Sourcing vs. Internal Sourcing
Geografische Ausdehnung der Beschaffungsmärkte	Local/Domestic vs. Global Sourcing

Während beim **„External Sourcing"** die Wertschöpfung des Lieferanten – wie traditionell üblich – in dessen eigener Produktionsstätte erfolgt, also eine räumliche Trennung von Produktions- und Nutzungsort vorliegt, kennzeichnet der Begriff **„Internal Sourcing"** die Tendenz der räumlichen Annäherung des Zulieferers an oder Integration in das Gelände des Nachfragers. Als **Ausprägungsformen** können unterschieden werden:

(1) Ansiedlung von Kern-Lieferanten in der Nähe des Abnehmers (Industrieparks) mit den Vorteilen:
- stärkere (ggf. ausschließliche) abnehmerspezifische Fertigung,
- logistische Risiken sinken.

(2) Verlagerung von Fertigungsprozessen des Lieferanten in die Produktionsstätte des Nachfragers:
- Ähnlichkeit zu „Shop-in-the-Shop"-Konzepten des Handels (z.B. Tchibo),
- Betriebsmittel bleiben im Eigentum des Lieferanten,
- Mitarbeiter werden vom Lieferanten bezahlt.

(3) Umfasst (2) + Montage der Lieferantenteile in das Endprodukt durch den Lieferanten:
- vollständiger Übergang der Transaktionsrisiken auf den Lieferanten,
- Beispiel: MCC (Micro Compact Car)-Fabrik zur Herstellung des Smart im französischen Hambach:
  - 5 Zulieferer sind räumlich integriert,
  - Kombination des Smart aus wenigen Modulen,
  - Fertigungstiefe: < 20 %,
  - Produktionszeit: ca. 4,5 Stunden pro Fahrzeug.

In allen drei Fällen bleiben die beteiligten Unternehmen rechtlich selbstständig, jedoch entsteht eine relativ starke faktische bzw. wirtschaftliche Abhängigkeit der Partner. Aus Sicht des beschaffenden Unternehmens ist ein „Internal Sourcing" vor allem wegen folgender Wirkungen interessant:

- Senkung der Transaktionsrisiken (z.B. Kommunikation, Logistik) und -kosten,

- Konzentration auf bisherige Kernkompetenzen und Sicherung der Kernkompetenzen der Partner durch langfristige Bindungen,

- besserer Informationsfluss zwischen Lieferant und Kunde.

Den positiven Wirkungen stehen hier jedoch besondere Planungsprobleme gegenüber, vor allem:

- die Identifikation geeigneter Sourcing-Partner,

- die Bestimmung des Abhängigkeitsniveaus,

- die Sicherung des eigenen Know-hows,

- die Einbindung der Partner in die Unternehmenshierarchie und

- die Einbindung der Partner in die Prozessorganisation.

Dabei ist zu erwarten, dass die Relevanz dieser Aspekte mit zunehmendem Integrationsgrad der Lieferanten steigt.

Im Rahmen der Optionen, die die geografische Ausdehnung der Beschaffungsmärkte betreffen, wird die Bevorzugung von Beschaffungsquellen in räumlicher Nähe zum Abnehmer als **„Local"** bzw. (wenn der gesamte Inlandsmarkt in Betracht kommt) als **„Domestic Sourcing"** bezeichnet. Diese Optionen können – neben der eventuellen Erfüllung „patriotischer" Motive der Entscheidungsträger – auch handfeste ökonomische Vorteile bieten, z.B.

- rechtzeitige Bereitstellung des Beschaffungsobjektes am Bedarfsort,

- Vermeidung von Versorgungsrisiken, z.B. aufgrund von

  - unterschiedlichen Rechtssystemen und/oder Kultursystemen,

  - gesellschaftlichen und politischen Risiken,

  - Handelsbeschränkungen,

  - Transportrisiken,

- Imageeffekte („Made in Germany") und

- Vermeidung von Wechselkursrisiken.

Werden die Beschaffungsaktivitäten dagegen systematisch auf internationale Quellen ausgedehnt, kann von **„Global Sourcing"** gesprochen werden. Bei dieser in der industriellen Praxis immer stärker an Bedeutung gewinnenden Option stehen vor allem die folgenden Ziele im Vordergrund:

- Realisierung niedrigerer Einstandspreise,

- Erhöhung des Wettbewerbsdrucks auf der Anbieterseite,

- Schaffung neuer Absatzmärkte,

- strategische Frühaufklärung i.S. eines technologischen Horchpostens auf internationalen Märkten (Gewinnung wichtiger Informationen auch für F&E).

Um diese strategische Alternative erfolgreich implementieren zu können, müssen jedoch bestimmte externe Rahmenbedingungen (z.B. politische Stabilität, Handels- und Rechtssicherheit im Beschaffungsland) gegeben sowie interne Voraussetzungen erfüllt sein. Dazu zählen die Fähigkeit zur internationalen Beschaffungsmarktforschung, geeignetes, auch sprachlich qualifiziertes Personal sowie die Schaffung einer logistischen und datentechnischen Infrastruktur („Plattform"), um kompatible Abläufe bei nachfragenden und anbietenden Unternehmen sicherzustellen. Dass den potenziellen Vorteilen eines „Global Sourcing" auch spezifische Nachteile bzw. Risiken gegenüber stehen, verdeutlicht Tabelle 2-35.

Tabelle 2-35. Kritische Beurteilung des Global Sourcing (Quelle: in Anlehnung an Werner 2000, S. 943)

Vorteile	Nachteile
• Versorgung mit Gütern, die im Inland knapp oder nicht vorhanden sind • Ausnutzung internationaler Konjunktur- und Wachstumsunterschiede • Senkung der Einstandspreise (Druck auf inländische Lieferanten) • Verminderung der Abhängigkeit von inländischen Lieferanten • Schaffung neuer Absatzmärkte (neue Kontakte)	• Wechselkursrisiken • politische Risiken • Transportrisiken • Qualitätsrisiken (auch: Inkompatibilitäten der technischen Normen) • Kommunikationsschwierigkeiten • Steigerung der Transport- und Lagerkosten • geringere Lieferflexibilität und Liefersicherheit • i.d.R. höherer administrativer Aufwand

Eine Studie zur Beschaffung deutscher Maschinenbauunternehmen in China aus dem Jahr 2004 (vgl. Song 2004) legte z.B. deutliche Differenzen zwischen den Qualitätseinstellungen der deutschen Nachfrager und ihrer **chinesischen Lieferanten** offen, deren **Qualitätsverständnis** in folgenden Aussagen zum Ausdruck gebracht wurde:

- Sofern die Produkte in Größe, Maß, Form und Farbe ungefähr mit der Bestellung übereinstimmen, sieht der chinesische Lieferant sein Soll als erfüllt an.

- Solange die Qualitätsmängel die Grundfunktion der Produkte nicht beeinträchtigen, sind viele Chinesen eher bereit, gewisse Qualitätsmängel zu akzeptieren.

- Die Perfektion eines Produkts bzw. die Forderung mancher deutscher Techniker, dass alle Elemente oder Komponenten eines Produkts gewisse Qualitätsstandards erfüllen müssen, wird von vielen chinesischen Lieferanten und auch chinesischen Kunden als Verschwendung angesehen, weil dies zu kostspielig ist.

Ähnliche Divergenzen bzw. „Lücken" zeigen sich auch als Ergebnis einer aktuellen Studie zum Stand des IT-Outsourcings von Deutschland nach Indien (vgl. Wildemann 2007).

Trotz der genannten Probleme eines „Global Sourcing" sind strategische Vorgaben wie „Erhöhung des Beschaffungsanteils aus Schwellenländern auf x %" mittlerweile durchaus üblich.

f)   Strategische Optionen im Hinblick auf den Zeitpunkt der Bereitstellung der Inputverfahren (Zeitkonzepte)

Hier ist zwischen einem „Stock Sourcing" auf der einen und einem „Just-in-Time-Sourcing" auf der anderen Seite zu unterscheiden. Bei der Option **„Stock Sourcing"** erfolgt die Beschaffung zeitlich mehr oder weniger weit vor dem Termin der Inanspruchnahme der Ressourcen in beschaffenden Unternehmen, so dass ein Lagerbestand aufgebaut wird. Damit werden im Allgemeinen die folgenden **Ziele** verknüpft:

- hohe Versorgungssicherheit mithilfe von Lagerbeständen bzw.

- Schutz des Produktionsprozesses vor externen Störungen (z.B. Lieferantenausfall, Knappheitssituationen) durch Vorratshaltung,

- ebenfalls denkbar: Antizipation von künftigen Preissteigerungen (Spekulationsmotiv).

Die mit Lagerbeständen verbundenen (hohen) Kapitalbindungskosten lassen diese Option jedoch immer weniger reizvoll erscheinen. In bestimmten Fällen ist einer „Beschaffung auf Lager" auch aus anderen Gründen (z.B. Verderblichkeit der Ware, sicherheitstechnische Aspekte bei der Lagerung u.a.m.) Grenzen gesetzt.

Ein „Stock Sourcing" ist eher bei geringwertigen Materialien („C-Teilen", siehe dazu auch Unterabschnitt 2.4.3.3 h), Objekten mit geringer Vorhersagegenauigkeit und bei Einzelteilen bzw. Komponenten (und weniger bei Modulen und kompletten Systemen) zu beobachten.

Einer Beschaffung nach dem „Just-in-Time"-Prinzip (kurz: JiT) soll dagegen eine **spätestmögliche** Inanspruchnahme der Ressourcen ermöglichen, z.B. durch produktionssynchrone oder fertigungssequenzgenaue Anlieferung der Einsatzgüter (im letztgenannten Fall spricht man auch von „Just-in-Sequence" oder kurz „JiS"). Eine geeignete Übersetzung von „Just-in-Time" ist deshalb nicht „zum richtigen Zeitpunkt", sondern eher „auf den letzten Drücker".

Ein Unternehmen, das sich für die JiT-Beschaffung entscheidet, weist i.d.R. die folgenden **Kennzeichen** auf:

- bedarfsorientiertes Steuerungsverfahren mit zentraler Steuerung (Zeit- und Mengengenauigkeit der Bereitstellung),

- hohe Integration von Lieferant und Abnehmer,

- hohe Transportfrequenz,

- (langfristige) Rahmenverträge mit der Tendenz zum „Single Sourcing",

- Durchführung von Qualitätskontrollen beim Lieferanten.

Dabei werden vor allem die folgenden **Ziele** verfolgt:

- Bestandsvermeidung, dadurch
  - Kostensenkung durch Verringerung der Kapitalbindung und
  - Qualitätsverbesserungen (denn Bestände verdecken oft Fehler und Probleme in der Wertschöpfungskette),

- Reduzierung der Durchlaufzeit in der Wertschöpfungskette (Flexibilitätserhöhung).

Für die erfolgreiche Umsetzung der Option „JiT/JiS-Beschaffung" müssen jedoch, wie in der Literatur vor allem von Horst Wildemann recht früh analysiert (vgl. Wildemann 1986), bestimmte **Voraussetzungen** gegeben sein, vor allem:

- eine geringe räumliche Distanz zwischen Lieferant und Abnehmer (Begrenzung von Transport- und Logistikrisiken),

- ein wertschöpfungsstufenübergreifendes Informations- und Materialflusssystem (Synchronisation der Produktion),

- Qualitätssicherheit der Materialien,

- ein robuster Produktionsprozess beim Lieferanten und

- Flexibilität seitens des Lieferanten (u.U. Bewältigung kleiner Losgrößen).

Aus Sicht des beschaffenden Unternehmens ist die JiT-Option insbesondere für folgende **Beschaffungsobjekte** geeignet:

- hochwertige Materialien (A-Güter) vor allem wegen des hohen Implementierungs- und Koordinationsaufwands einer JiT-Beschaffung,

- montagebereite Module/Systeme,

- Beschaffungsobjekte mit hoher Vorhersagegenauigkeit.

Da diese Kennzeichen insbesondere in der Automobil- und der Automobilzulieferindustrie gegeben sind, verwundert es nicht, dass der Einsatz dieser Beschaffungsoption hier relativ weit verbreitet ist (vgl. auch 3.9.2).

g)   Strategische Optionen im Hinblick auf das Beschaffungssubjekt (Subjektkonzepte)

Hier geht es um die Frage, ob das Unternehmen unabhängig von anderen Nachfragern auf dem Beschaffungsmarkt auftreten und agieren (**„Individual Sourcing"**) oder stattdessen eine Beschaffungsmarktkooperation mit anderen Unternehmen angestrebt werden soll (**„Collective Sourcing"**).

Eine solche zwischenbetriebliche Kooperation stellt eine freiwillige Zusammenarbeit von rechtlich selbstständig bleibenden Unternehmen dar mit der Absicht, einen gegenüber dem individuellen Vorgehen jeweils höheren Grad der Zielerfüllung zu erreichen.

Einen generellen Überblick über die Gestaltungsvariablen einer Kooperation zwischen Unternehmen gibt Tabelle 2-54 in Abschnitt 2.4.4.3. An dieser Stelle ist wichtig, dass zwischenbetriebliche Beschaffungskooperationen horizontaler oder vertikaler Art sein können (siehe Abbildung 2-68), wobei wir uns im Folgenden auf **horizontale Beschaffungskooperationen** konzentrieren wollen.

Die mit einem **„Collective Sourcing"** verfolgten **Ziele** sind vor allem:

- Realisierung günstiger Preise und Konditionen,

- Erleichterung des Zugangs zu neuen Beschaffungsmärkten,

- Verringerung der Kosten bei der Erschließung neuer Beschaffungsmärkte,

- Erzielung von Transparenz auf den Beschaffungsmärkten,

- Verbesserung der Prozesseffizienz im Beschaffungsbereich,

- Verstärkung der Global-Sourcing-Aktivitäten und

- allgemeiner Erfahrungsaustausch.

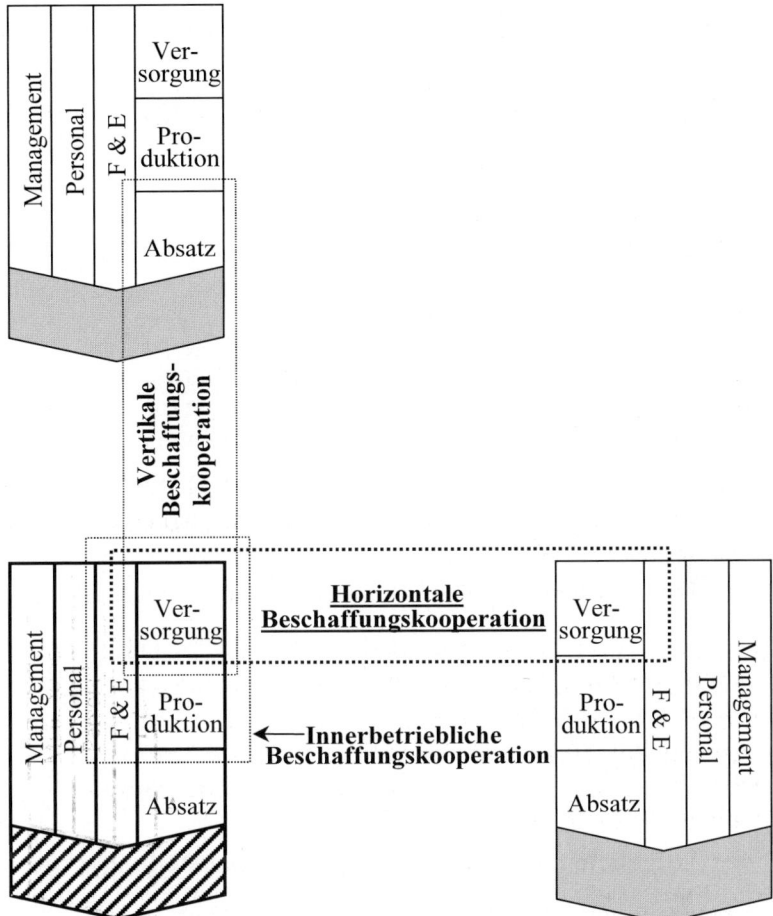

Abb. 2-68. Vertikale und horizontale Beschaffungskooperationen (Quelle: in An-lehnung an Arnold/Essig 1997, S. 9)

Bevor diese strategische Option gewählt wird, ist jedoch zu prüfen, ob die **Voraussetzungen** für eine zwischenbetriebliche Beschaffung, insbe-sondere

- ein homogenes Bedarfsspektrum der beschaffenden Unternehmen,
- zeitlich korrespondierende Bedarfe,
- die Bereitschaft zur Kooperation,
- die Einhaltung rechtlicher Rahmenbedingungen (§ 4 II GWB),

- strukturelle und informationstechnische Kompatibilität (z.B. gemeinsame Standards),

gegeben sind. Erst dann ist es sinnvoll, sich mit den **Gestaltungsentscheidungen** im Rahmen des „Collective Sourcing" zu beschäftigen, die sich auf die folgenden drei Aspekte beziehen:

1. Zeithorizont der Kooperation (Fristigkeit der Zusammenarbeit)

2. Kooperationsumfang:

- Gemeinsame Marktforschung:
  - Informationsaustausch der kooperierenden Unternehmen über die Beschaffungsmärkte und die auf ihnen tätigen Lieferanten,
  - Benchmarking von Preis- und Qualitätsinformationen zur Verbesserung der Grundlage individueller Verhandlungspositionen.

- Gemeinsamer Einkauf ausgewählter Beschaffungsobjekte:
  - gemeinsame Marktforschung,
  - Bündelung und gemeinsamer Bezug bestimmter Beschaffungsobjekte.

- Umfassende Beschaffungskooperation:
  - gemeinsame Marktforschung,
  - gemeinsame Lieferantensuche und -auswahl,
  - gemeinsame Vertragsgestaltung,
  - gemeinsame Lieferantenauditierungen.

3. Art der Aufgabenerfüllung (Ausmaß der Arbeitsteilung):

- Aufgabenerfüllung durch **alle Kooperationspartner**:
  Arbeitsgemeinschaft, bei der jeder Kooperationspartner sämtliche Teilaufgaben eines übergeordneten Projektes (in diesem Falle kooperative Beschaffung) übernimmt; dadurch größere zeitliche, räumliche und inhaltliche Flexibilitätsspielräume, aber auch die Inkaufnahme der Aufrechterhaltung aufwendiger Doppelstrukturen

- Aufgabenerfüllung durch **einen Kooperationspartner**:
  Erscheint ein Kooperationspartner aufgrund seiner Kompetenz bzw. Ressourcenausstattung für die Aufgabenerfüllung besonders geeignet, werden ihm die Beschaffungsaufgaben von den anderen Kooperationsmitgliedern hinsichtlich der zu beschaffenden Objekte vollständig übertragen.

- Aufgabenerfüllung durch **externe Dritte**:
  Die Kooperationsgemeinschaft beauftragt ein kooperationsfremdes Or-

gan (z.B. ein Dienstleistungsunternehmen mit Kompetenzen im Beschaffungsmanagement) mit der Aufgabenerfüllung, um den Zeit- und Koordinationsaufwand in der Beschaffungskooperation zu verringern.

- Aufgabenerfüllung bei **wechselseitiger Spezialisierung**:
Zur effizienten Nutzung von Know-how- und Kompetenzvorsprüngen zwischen den Kooperationspartnern konzentriert sich jeder Kooperationspartner auf eine oder mehrere Teilaufgaben (z.B. Beschaffungsmarktforschung, Einkauf bestimmter Warengruppen) der Gesamtbeschaffungsaufgabe.

- Aufgabenerfüllung durch ein **spezielles Kooperationsorgan**:
Hier wird entweder eine separate Gesellschaft (z.B. eine Einkaufs-GmbH) mit Einlagen aller Kooperationspartner gegründet oder es erfolgt die Einrichtung einer unternehmensübergreifenden Beschaffungsabteilung durch Zusammenfassung aller bisherigen Beschaffungsaktivitäten bei einem ausgewählten Kooperationspartner.

Dabei ist die funktionsstrategische Option „Konstituierung einer Beschaffungskooperation" bei näherer Betrachtung als Prozess zu verstehen, in dem sich eine Initiierungs-, Identifikations- und Konstituierungsphase unterscheiden lassen (siehe Abbildung 2-69).

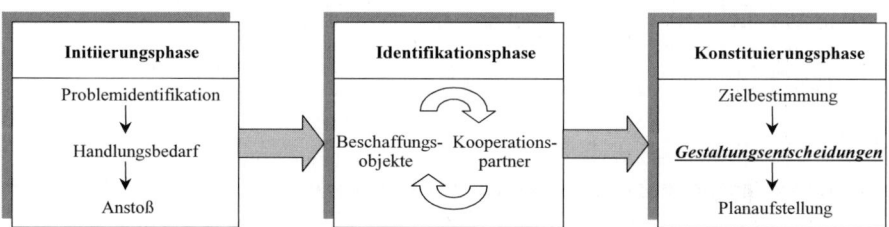

Abb. 2-69. Entscheidungsprozess horizontaler Beschaffungskooperationen (Quelle: Voigt/Schäfer/Thiell 2001, S. 8)

Eine **explorative Studie zum „Collective Sourcing"** (vgl. Voigt et al. 2001), befragt wurden 122 KMU des produzierenden Gewerbes, zeigte, dass die beteiligten Unternehmen von einer horizontalen Beschaffungskooperation vor allem

- günstige Preise und Konditionen,

- einen allgemeinen Erfahrungsaustausch und

- Transparenz der Beschaffungsmärkte

erwarten. Als managementbezogene Erfolgsfaktoren wurden vor allem

- die Auswahl geeigneter Beschaffungsobjekte,

- das Informationsmanagement und

- die Anzahl der Partner genannt.

In den partnerspezifischen Erfolgsfaktoren hat das Vertrauensverhältnis zwischen den Beteiligten absolute Priorität (siehe Abbildung 2-70)

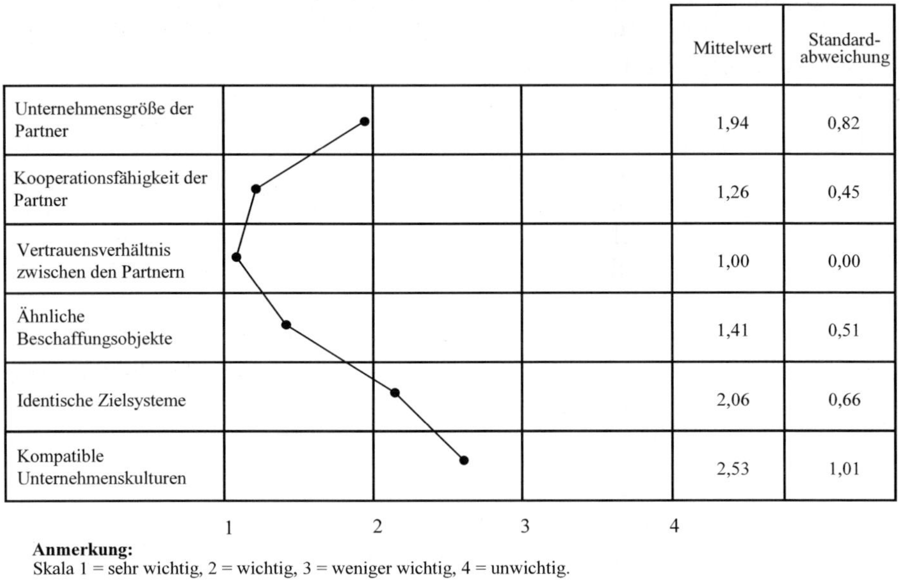

	Mittelwert	Standard-abweichung
Unternehmensgröße der Partner	1,94	0,82
Kooperationsfähigkeit der Partner	1,26	0,45
Vertrauensverhältnis zwischen den Partnern	1,00	0,00
Ähnliche Beschaffungsobjekte	1,41	0,51
Identische Zielsysteme	2,06	0,66
Kompatible Unternehmenskulturen	2,53	1,01

1   2   3   4

Anmerkung:
Skala 1 = sehr wichtig, 2 = wichtig, 3 = weniger wichtig, 4 = unwichtig.

Abb. 2-70. Partnerspezifische Erfolgsfaktoren von horizontalen Beschaffungskooperationen im produzierenden Gewerbe (Quelle: Voigt/Schäfer/Thiell 2001, S. 23)

h)   Unterstützende Methoden (I): ABC-Analyse

Für die Formulierung beschaffungsstrategischer Optionen ist es sinnvoll, wenn nicht gar notwendig, die Beschaffungsobjekte zu möglichst homogenen Objektgruppen zusammenzufassen und damit zu strukturieren. Hier kommen einfache und komplexe Klassifikationsmerkmale in Betracht.

- **Einfache Klassifikationsmerkmale**: Abgrenzung anhand eines einzigen Merkmals des Beschaffungsobjekts (z.B. Preis, Vorperiodenbedarf, Bezugshäufigkeit, Werkstoffe, Verwendungszweck);

- **Komplexe Klassifikationsmerkmale**: Diese beschreiben Wirkungszusammenhänge von mehreren einfachen Klassifikationsmerkmalen (z.B.

Versorgungsrisiko, technische Komplexität, Entwicklungsanteil der Lieferanten, Kostenpotenzial).

Die Verwendung komplexer Klassifikationsmerkmale und methodisch anspruchsvoller Verfahren (z.B. der hierarchischen Clusteranalyse) stellt in diesem Zusammenhang in der Praxis noch eher die Ausnahme dar. Ein methodisch einfacherer, in der Praxis weit verbreiteter Ansatz zur Analyse der Beschaffungsobjektstruktur ist die sogenannte **ABC-Analyse**: Sie dient der Abbildung der Beziehung zwischen den Verbrauchsmengen und Verbrauchswerten und ist methodisch eine Kombination aus Wert- und Mengenstrukturanalyse.

Ausgangspunkt der ABC-Analyse ist die Erfahrung, dass i.d.R. nur ein kleiner Teil der Materialarten bzw. der verbrauchten Güter einen überproportional hohen Anteil am Gesamtverbrauchswert hat. Ziel der ABC-Analyse ist eine Einteilung der Materialarten nach ihrem Anteil am Gesamtverbrauchswert in A-, B- und C-Güter, wobei die A-Güter mit einem Anteil von gewöhnlich 70-80 % des Gesamtverbrauchswerts einen besonderen Stellenwert einnehmen und im Fokus der beschaffungsstrategischen Optionen stehen sollten. Generell dient die Anwendung der ABC-Analyse den folgenden **Zielen**:

- Herausfiltern der verschiedenen Güterarten, insbesondere der „strategisch wichtigen" A-Güter,
- Herbeiführen von Kosteneinsparungen (in erster Linie bei A-Gütern),
- Abstimmung von Sourcing-Strategien und Beschaffungsinstrumenten auf die Gütertypen,
- Erleichterung der Beschaffungsplanung.

Dabei werden bei der Anwendung der ABC-Analyse die folgenden **Schritte** durchlaufen:

- Ermittlung des Jahresverbrauchswertes für jede Materialposition (Verbrauchsmengeneinheiten x Einzelpreis pro Mengeneinheit),
- Rangbildung und Sortierung der Jahresverbrauchswerte in absteigender Reihenfolge,
- für jede Materialart Errechnung des jeweiligen Anteils an der Summe der kumulierten Jahresverbrauchsmengen bzw. -werte,
- Addition der Mengen- und Werteverbrauchsanteile,
- Festlegung von Klassengrenzen für die Jahresverbrauchswerte.

Betrachten wir dazu das folgende **Beispiel**: In dem Industrieunternehmen wurden im abgelaufenen Geschäftsjahr zehn Materialarten mit den in Tabelle 2-36 dargestellten Jahresverbrauchsmengen eingesetzt:

Tabelle 2-36. Ausgangsdaten der ABC-Analyse (Beispiel)

Materialart Nr.	Verbrauch (ME)	Stückpreis (GE/ME)
1	6.000	50,-
2	4.000	112,50
3	4.000	375,-
4	4.000	112,50
5	2.000	75,-
6	4.000	900,-
7	4.000	1.725,-
8	6.000	75,-
9	2.000	75,-
10	4.000	262,50

Aus diesen Daten berechnet sich die in Tabelle 2-37 ausgewiesene Rangfolge:

Tabelle 2-37. Rangbildung der Materialarten nach Jahresverbrauchswerten (Beispiel)

Material-art Nr.	Jahres-verbrauchs-mengen (ME)	Jahres-verbrauchs-mengen (%)	Jahres-verbrauchs-werte (GE)	Jahres-verbrauchs-werte (%)	Rang
1	6.000	15	300.000	2	6
2	4.000	10	450.000	3	5
3	4.000	10	1.500.000	10	3
4	4.000	10	450.000	3	5
5	2.000	5	150.000	1	7
6	4.000	10	3.600.000	24	2
7	4.000	10	6.900.000	46	1
8	6.000	15	450.000	3	5
9	2.000	5	150.000	1	7
10	4.000	10	1.050.000	7	4
Summe	*40.000*	*100*	*15.000.000*	*100*	

Für die Grenzbestimmung der einzelnen Klassen gibt es keinen mathematischen Algorithmus. Dennoch lassen sich die Klassengrenzen meist – wie schon in diesem Beispiel – deutlich erkennen (siehe Tabelle 2-38).

Tabelle 2-38. Festlegung der Klassengrenzen und Identifikation der A-, B- und C-Materialien (Beispiel)

Rang	Material-art Nr.	Jahres-verbrauchs-mengen (%)	Jahres-verbrauchs-mengen kumuliert (%)	Jahres-verbrauchs-werte (%)	Jahres-verbrauchs-werte kumu-liert (%)	Klasse
1	7	10	10	46	**46**	A
2	6	10	20	24	**70**	
3	3	10	30	10	**80**	B
4	10	10	40	7	**87**	
5	8	15	55	3	**90**	C
6	4	10	65	3	**93**	
7	2	10	75	3	**96**	
8	1	15	90	2	**98**	
9	9	5	95	1	**99**	
10	5	5	100	1	**100**	
Summe		*100*		*100*		

Als **Ergebnis** der Analyse zeigt sich, dass nur zwei Materialen (7 und 6) bereits 70 % des Gesamtverbrauchswerts ausmachen und damit als A-Materialien einzustufen sind.

Bei zwei weiteren Materialien (3 und 10) entsprechen sich Mengen- und Wertanteile in etwa – dies ist typisch für B-Materialien.

Die restlichen sechs Materialien haben zwar einen Mengenanteil von 60 %, aber nur einen Wertanteil von 13 % und sind damit C-Teile (siehe auch Abbildung 2-71).

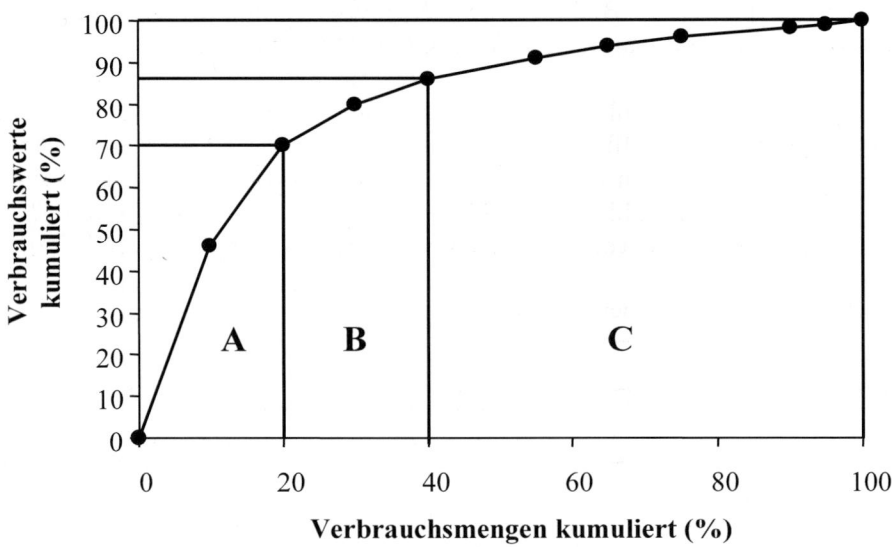

Abb. 2-71. Ergebnis der ABC-Analyse (Beispiel)

Die Klassifikation ist nun die Grundlage dafür, die strategischen Beschaffungsoptionen spezifischer auszuformulieren (z.B. „Just-in-Time-Beschaffung für A-Teile", „Beschaffung in China nur bei B- und C-Teilen" etc.).

Eine Erweiterung der ABC-Analyse stellt die sogenannte **XYZ-Analyse** dar, die (auch) Aussagen über die Art des **Verbrauchsverlaufs** und damit über die **Vorhersagegenauigkeit** des Materialverbrauchs trifft. Diese Eigenschaften sind für die Identifikation „strategisch wichtiger" Gütergruppen jedoch oft weniger wichtig. Deshalb wird auf eine Darstellung dieser Methoden hier verzichtet (vgl. dazu z.B. Arnolds/Heege/Tussing (2001, S. 43).

i)   Unterstützende Methoden (II): Strategische Lieferantenanalyse

Auch hier kann die **ABC-Analyse** (mit analoger Vorgehensweise), angewendet werden, nur dass hier nicht Beschaffungsgüter, sondern die Lieferanten nach ihrem Anteil am wertmäßigen Beschaffungsvolumen klassifiziert werden.

Im Ergebnis lassen sich A-Lieferanten identifizieren, die oft nur eine relativ kleine Gruppe darstellen, aber einen großen Anteil am Beschaffungsvolumen aufweisen. Es liegt nahe, die subjektbezogenen Optionen der Beschaffungsstrategie (z.B. langfristige Partnerschaften, vertikale Beschaffungskooperationen) auf die A-Lieferanten zu konzentrieren.

Sofern die Beschränkung der strategischen Lieferantenanalyse auf den Wertanteil am Beschaffungsvolumen zu eng erscheint, ist auf **weitere Kriterien** zurückzugreifen (siehe Tabelle 2-39). Da sich nun ein multikriterielles Bewertungsproblem stellt, kann z.B. die **Nutzwertanalyse** zur Bildung einer Rangfolge verwendet werden (siehe dazu Abschnitt 2.4.3.4 e).

Tabelle 2-39. Kriterien der strategischen Lieferantenanalyse

Kriteriengruppe	Einzelkriterien
Beschaffungsvolumen	• Höhe der Geldeinheiten • Bezug zu A-, B-, C-Teilen
Preis	• Verhalten am Markt • Preisgestaltung • Einhaltung des Abschlussdatums
Qualität	• Qualitätsaudit des Lieferanten • Produkt- und Servicequalität • Kooperationsfähigkeit und -bereitschaft (z.B. Übernahme von Qualitätskontrollen)
Logistik	• Lieferzuverlässigkeit und -flexibilität • Kooperationsfähigkeit und -bereitschaft (z.B. JiT-Beschaffung) • Logistik-Audit
Technik	• Innovationsfähigkeit und -bereitschaft • Einhaltung technischer Vorgaben

j)   Unterstützende Methoden (III): Portfolio-Konzepte

Auch für das strategische Beschaffungsmanagement sind Portfolio-Ansätze entwickelt worden, die – wie bei Portfolio-Methoden üblich – vor allem zwei Ziele haben: die Ist-Analyse und die Ableitung strategischer Optionen im jeweiligen Bereich.

Da es hier nicht möglich ist, alle relevanten Portfolio-Ansätze näher zu betrachten (siehe dazu auch Tabelle 2-40), wollen wir uns auf die Vorschläge von Kraljic (1986) und Arnold (1995) beschränken.

Tabelle 2-40. Portfolio-Ansätze im strategischen Beschaffungsmanagement
(Quelle: in Anlehnung an Sonnenberg 1996, S. 56)

Autor	Portfolio-Dimensionen	Normstrategien
Kraljic (1977/86)	Unternehmensstärke/ Stärke des Lieferantenmarktes	Abschöpfung; Abwägen; Diversifikation
Fieten (1979)	Anfälligkeit ggü. Versorgungs störungen/ Versorgungsrisiko	Abschöpfung; Abwägen; Investition
Heege (1981)	Risiko-Portfolio: Anfälligkeit ggü. Versorgungs störungen/ Versorgungsrisiko	Abschöpfung; Abwägen; Investition
Arnold (1982)	Potenzial des Unternehmens/ Potenzial des Lieferanten	Abschöpfung; Abwägen; Diversifikation & Investition
Lindner (1983)	Relativer Wettbewerbsvorteil/ Beschaffungsmarktattraktivität	Risikoabwehr; Übergang; Beschaffungsmarktbeeinflussung
Heege (1987)	Marktmachtportfolio: Stärke des Abnehmers/ Stärke des Lieferanten	Emanzipation; Geschäftsfreunde; Anpassung & Selektion; Chancenrealisierung
	Versorgungsrisiko-ABC-Portfolio: ABC- Ausprägung/ Versorgungsrisiko	Strategien für Schlüssel-, Hebel-, Engpassprodukte, unproblematische Produkte
Arnold (1995)	Wertigkeit (ABC)/ Versorgungsrisiko	Effizient abwickeln; Marktpotenziale ausschöpfen; Versorgung gewährleisten; vertikale Zusammenarbeit

In dem **Einkaufsportfolio von Kraljic** (vorgeschlagen 1977, überarbeitet 1986) werden, wie bei einem Portfolio üblich, zwei Kriteriengruppen betrachtet, und zwar

- die Lieferantenmacht (als unternehmensexterne Größe) und

- die Nachfragemacht des betrachteten Unternehmens.

Beide Hauptkriterien lassen sich aus den in Tabelle 2-41 genannten Einzelkriterien unter Anwendung der Nutzwertanalyse aggregieren.

Tabelle 2-41. Kriterien zur Bewertung der Lieferanten- und Nachfragemacht (Quelle: Kraljic 1986, S. 80 f.)

Kriterien zur Bewertung der Lieferantenmacht	Kriterien zur Bewertung der Nachfragemacht
• Marktgröße im Verhältnis zur Lieferantenkapazität • Marktwachstum im Verhältnis zur Kapazitätsausweitung • Kapazitätsauslastung/Engpassrisiko • Wettbewerbssituation • Rentabilität der Lieferanten • Kosten- und Preisstruktur • Gewinnschwellen-Stabilität • Einzigartigkeit des Produktes/technologische Stabilität • Eintrittsbarrieren • logistische Situation	• Beschaffungsvolumen im Verhältnis zur Kapazität der wichtigsten Produktionseinheiten • Bedarfsentwicklung im Verhältnis zur Kapazitätsausweitung • Kapazitätsauslastung der wichtigsten Produktionseinheiten • relativer Marktanteil • Ergebnisbeitrag der wichtigsten Fertigprodukte • Kosten- und Preisstruktur • Kosten bei Lieferausfall • Möglichkeit der Eigenfertigung • Eintrittskosten für neue Quellen im Verhältnis zu den Eigenproduktionskosten • logistische Absicherung

Weiterhin werden die Beschaffungsobjekte nach Gewinneinfluss und Beschaffungsrisiko (z.B. Abhängigkeit von einem Monopolanbieter, Möglichkeit der Eigenfertigung bzw. Materialsubstitution) in die nachfolgend genannten Objektklassen klassifiziert, um die „strategisch wichtigen" Gütergruppen zu identifizieren:

- **strategische Produkte:** großer Gewinneinfluss, hohes Beschaffungsrisiko,

- **Engpassprodukte:** geringer Gewinneinfluss, hohes Beschaffungsrisiko,

- **Hebelprodukte:** großer Gewinneinfluss, geringes Beschaffungsrisiko,

- **Normalprodukte:** geringer Gewinneinfluss, geringes Beschaffungsrisiko.

So sind z.B. Prozessoren für Hersteller von Notebook-Computern „strategische" Produkte, während Stahl und Öl aufgrund der weltweit steigenden Nachfrage oft zu „Engpassprodukten" werden.

Anschließend werden die „kritischen" Beschaffungsobjekte anhand der Portfolio-Kriterien bewertet und in der Portfolio-Matrix positioniert (siehe Abbildung 2-72).

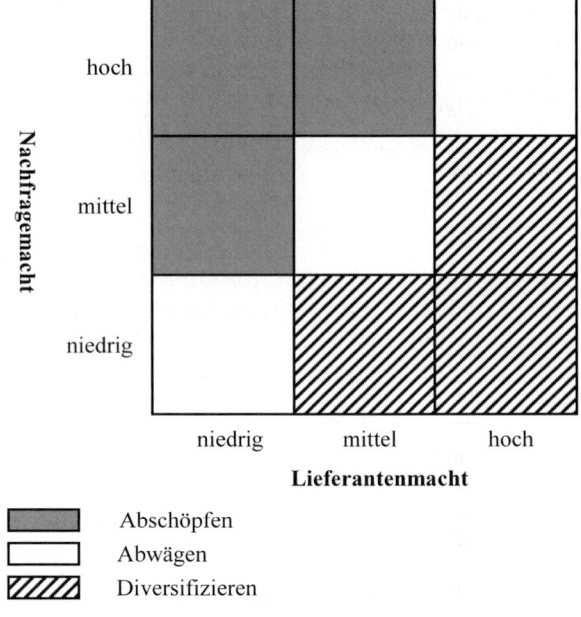

Abb. 2-72. Die Einkaufs-Portfolio-Matrix nach Kraljic (Quelle: Kraljic 1986, S. 84)

Für Beschaffungsobjekte, bei denen das nachfragende Unternehmen dominant ist, wird eine Abschöpfungsstrategie (= Ausnutzung der Nachfragemacht) empfohlen, bei umgekehrten Machtverhältnissen eine Diversifikationsstrategie (= Versuch der Befreiung aus der Abhängigkeitsposition). Die Abschöpfungsstrategie zielt dabei auf die ökonomische Nutzung der dominanten Nachfragerstellung, die Diversifikationsstrategie dagegen auf eine „Befreiung" aus der Abhängigkeit von dem hier dominierenden Lieferanten.

In allen anderen Fällen muss eine Strategie „zwischen den Extremen" abgewogen werden.

Einen Überblick über die einzelnen Gestaltungsvariablen der jeweiligen Beschaffungsstrategie gibt Tabelle 2-42.

Tabelle 2-42. Normstrategien und ihre Gestaltungsvariablen im Beschaffungsportfolio (Quelle: Kraljic 1986, S. 85)

Normstrategie Elemente	Abschöpfen	Abwägen	Diversifizieren
Menge	verteilen	halten oder leicht verändern	zentralisieren
Preis	Reduzierungen erzwingen	opportunistisch verhandeln	„schweigen"
vertragliche Absicherung	auf den Spotmärkten kaufen	Spotmarktkäufe und Vertragskäufe	Bedarf über Verträge sichern
neue Lieferanten	in Kontakt bleiben	ausgewählte Lieferanten	intensiv suchen
Bestände	niedrig halten	Puffer-Bestände	Bestandspolster aufbauen
Eigenfertigung	verringern bzw. nicht damit beginnen	selektiv entscheiden	verstärken bzw. neu anfangen
Substitution	in Kontakt bleiben	guten Gelegenheiten nachgehen	aktiv suchen
Wertanalyse	Lieferanten dazu zwingen	selektiv durchführen	ein eigenes Programm starten
Logistik	Kosten minimieren	selektiv optimieren	ausreichende Bestände aufbauen

Das **Wertigkeits-Risiko-Portfolio** von Arnold bewertet und positioniert die Beschaffungsobjekte nach dem von Experten zu bewertenden Versorgungsrisiko (externe Dimension) und der Wertigkeit der Objekte nach Maßgabe der ABC-Analyse (unternehmensinterne Dimension).

Berücksichtigt man bei beiden Dimensionen nur die dichotomen Ausprägungen „hoch" und „niedrig", ergeben sich die vier in Abbildung 2-73 dargestellten Felder und Normstrategien.

Die in den vier Feldern sich empfehlenden Normstrategien lassen sich dann wie folgt erläutern.

1. „Effizient abwickeln":
Häufig Normteile, die technisch ausgereift sind und standardisiert bezogen werden können; verbrauchsorientierte Beschaffung; das Beschaffungsmanagement sollte den Einsatz eigener Ressourcen vermeiden (ggf. auch Outsourcing dieser Beschaffungstätigkeiten) und stark Aspekte der Kosteneffizienz betonen.

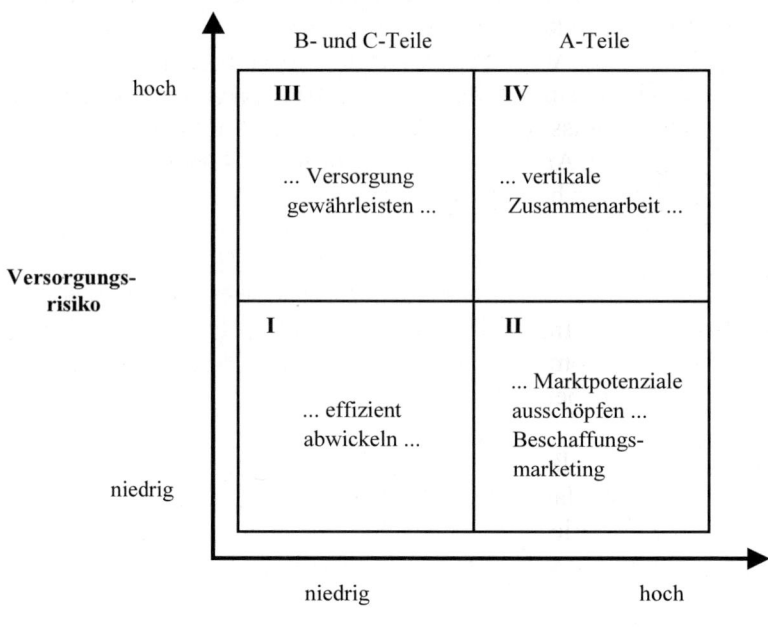

Abb. 2-73. Wertigkeits-Risiko-Portfolio nach Arnold (Quelle: Arnold 1997, S. 90)

2. **„Marktpotenziale ausschöpfen":**
Aufgrund der hohen Bedeutung für den Unternehmenserfolg müssen die Marktmöglichkeiten systematisch und aggressiv genutzt werden; Aufbau und Ausnutzung von Nachfragemacht; Stimulierung des Wettbewerbs unter den Anbietern; „Multiple Sourcing"-Strategien.

3. **„Versorgung gewährleisten":**
Lagerhaltung/Sicherheitsbestände zur Kompensation des Versorgungsrisikos (geringe Wertigkeit der Beschaffungsobjekte).

4. **„Vertikale Zusammenarbeit":**
Vertikale Abstimmung und technologische Kooperation mit wenigen, ausgewählten Lieferanten; „Single Sourcing"-Strategien; Partnerschaftliche Zusammenarbeit; Absicherung durch längerfristige Lieferverträge.

Die portfolio-gestützten Normstrategien sind also deshalb interessant, weil sie für gewöhnlich verschiedene – hier: beschaffungsstrategische – Optionen sinnvoll miteinander verknüpfen. Allerdings gelten die schon geäußerten Einwände (Vernachlässigung der Beziehungen zwischen den positionierten Objekten, keine Allgemeingültigkeit der relevanten Kriterien und Normstrategien, Angreifbarkeit der Aggregationsregeln für die Bestimmung der Dimensionsausprägungen usw.) auch im Fall des Beschaffungsportfolios, so dass sich der Wert dieser Methode auf hilfreiche Beiträge bei der Ist-Analyse, der Alternativengenerierung und der Entscheidungsfindung beschränkt.

g) Fazit

Die Beschaffung im Industriebetrieb hat sich von einer rein operativen Hilfsfunktion zu einem „Werttreiber" und damit zu einem „strategisch wichtigen" Funktionsbereich gewandelt.

So hat eine Materialkostenreduzierung von „nur" 2 % in einem Industriebetrieb, der einen Materialkostenvorteil von 40% und eine Umsatzrendite von 5 % aufweist, die gleiche absolute Gewinnsteigerung zur Folge wie eine Umsatzsteigerung von 16 % (siehe Abbildung 2-74).

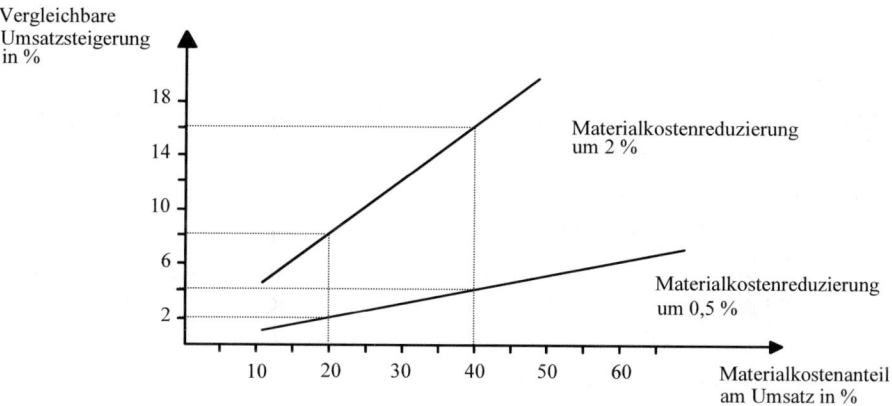

Abb. 2-74. Materialkostenreduzierung und vergleichbare Umsatzsteigerung bei einer Umsatzrendite von 5 % (Quelle: Grochla/Gaugler 1989, S. 20)

Hierzu folgendes Beispiel: Ein Unternehmen mit 100 Mio. € Umsatz und 40 Mio. € Materialkosten erreicht mit einer 2% Materialkostenreduzierung die gleiche Gewinnsteigerung (= 0,8 Mio. €), wie mit einer Umsatzsteigerung von 16% (16 Mio. € · 0,05 = 0,8 Mio. €).

Dieser (in der Praxis meist noch unterschätzte) „Ertragshebel" der Materialkostenreduzierung, verbunden mit einer immer stärkeren Verlagerung der Wertschöpfung auf die Lieferanten, unterstreicht die strategische Bedeutung des Funktionsbereichs „Beschaffung" und ist auch dafür verantwortlich, dass sich die Sichtweise dieser Funktion in den letzten Jahren erheblich gewandelt hat (siehe Tabelle 2-43).

Tabelle 2-43. Traditionelle und moderne Sicht der Beschaffungsfunktion (Quelle: in Anlehnung an Appelfeller/Buchholz 2005, S. 2)

Traditionelle Beschaffung	Moderne, zukunftsfähige Beschaffung
Beschaffung als Erfüllungsgehilfe - geringe Wertschätzung - operative und administrative Aktivitäten im Mittelpunkt - geringe Mitarbeiterqualifikation	**Beschaffung als Beitrag zur Wertschöpfung** - Beschaffung als Erfolgsfaktor und Kostengestalter - strategische Aktivitäten im Mittelpunkt
Ineffizienz - undifferenzierte Prozesse - geringe IT-Unterstützung	**Effizienzsteigerung** - optimierte Prozesse mit verschiedenen Varianten - höhere Mitarbeiterqualifikation, Schnittstellen-Know-how - verstärkter IT-Einsatz
Ad-hoc Beziehungen - intensive Preisverhandlungen - geringe gemeinsame Anstrengungen	**langfristige partnerschaftliche Beziehungen** - gemeinsame Anstrengungen zur Kostenreduktion - frühe Einbindung von Lieferanten - strategische Zusammenarbeit und Kooperationen
Beschaffung „traditionell"	**Beschaffung „modern"**
reines Vollzugsorgan, das produktions- und absatzpolitische Entscheidungen zu erfüllen hat („Erfüllungsgehilfe")	Managementgegenstand, um Kostensenkungs- und Leistungsverbesserungspotenziale auszuschöpfen
viele Lieferanten	wenige Lieferanten
Einzelteile	Module/Systeme
einfache Verhandlungen (Preis)	komplexe Verhandlungen (Preisprognose, Dienstleistungen usw.)
Einzelverträge/Preislisten	Rahmenverträge
kurze Vertragslaufzeiten	lange Vertragslaufzeiten
Bestellung durch Einkäufer	Abruf durch die Fertigung
kaum Lieferantenmanagement	Lieferantenmanagement
lokale/nationale Bezugsquellen	lokale/nationale/globale Bezugsquellen
geringe Beschaffungsmarktforschung	detaillierte Beschaffungsmarktforschung

Als Reaktion auf die gestiegene Bedeutung, aber auch angesichts der angewachsenen Komplexität im Beschaffungsbereich ist es sinnvoll, für diesen Teilbereich des Industriebetriebs funktionsstrategische Optionen („Sourcing-Strategien") zu formulieren und sinnvoll zu einer „Beschaffungsstrategie" (des Unternehmens bzw. des Geschäftsbereichs) zu verbinden. Dies kann methodisch durch die ABC-Analyse, die strategische Lieferantenanalyse und Portfolio-Methoden unterstützt werden.

Kommen wir damit zur Betrachtung funktionsstrategischer Optionen im Produktionsbereich des Industriebetriebs.

2.4.3.4 Strategische Optionen im Produktionsmanagement

a) Aufgabe und strategische Gestaltungsfelder der Produktion im Industriebetrieb

Wie im ersten Kapitel erläutert, ist der Industriebetrieb durch die Produktion von Sachgütern (gegebenenfalls ergänzt durch Dienstleistungen) unter Anwendung der Prinzipien Arbeitsteilung, Spezialisierung und Mechanisierung/Automatisierung der Leistungserstellung gekennzeichnet.

Da der Prozess der Leistungserstellung zu den Kernprozessen und das dafür notwendige Know-how zu den Kernkompetenzen des Industriebetriebs zählen, verwundert es nicht, dass im Rahmen des strategischen Managements für gewöhnlich auch Strategien für den Funktionsbereich „Produktion" geplant und implementiert werden.

Unter **„Produktion"** ist ganz allgemein der „… gelenkte Einsatz von Gütern und Diensten, d.h. von Produktionsfaktoren, zum Abbau von Rohstoffen oder zur Herstellung von Gütern bzw. zur Erzeugung von Dienstleistungen" (Bloech et al. 2003, S. 3) zu verstehen.

Konkret geht es um die Kombination der Elementarfaktoren Arbeitskräfte, Betriebsmittel und Werkstoffe (ob Information und Know-how eigenständige Produktionsfaktoren darstellen, ist umstritten) zur Erzeugung von Sachgütern und Dienstleistungen, wobei die Art und Weise dieser Kombination sowie die Ergiebigkeit des Prozesses durch „dispositive Produktionsfaktoren" – das Produktionsmanagement – beeinflusst werden. Zu beachten ist weiter, dass als Ergebnis neben dem gewünschten stets auch „unerwünschter" Output (Abfälle, Emissionen usw.) entsteht (siehe Abbildung 2-75).

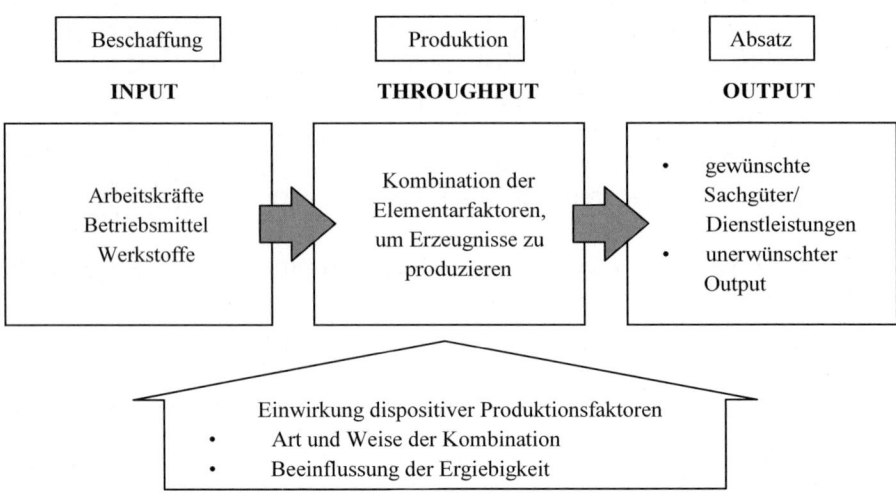

Abb. 2-75. Produktion als gelenkter Kombinationsprozess von Produktionsfaktoren (Quelle: Nebl 2007 S. 11)

Auch im Funktionsbereich „Produktion" werden hochaggregierte und langfristig bindende – also strategische – Entscheidungen getroffen, die zu den konstitutiven Grundlagen des Industriebetriebs zählen. Diese funktionsstrategischen Optionen beziehen sich insbesondere auf die folgenden Gestaltungsfelder:

- Bestimmung der Fertigungstiefe,

- Auswahl der Produktionstechnologien,

- Gestaltung organisatorischer Strukturmerkmale und

- Bestimmung des Orts der Wertschöpfung (Standortplanung).

Auf alle diese Gestaltungsfelder und die zur Wahl stehenden Optionen wollen wir in der gebotenen Kürze näher eingehen.

b) Strategische Optionen im Hinblick auf die Fertigungstiefe

Die Optionen und Entscheidungskriterien bei der Bestimmung der Fertigungstiefe entsprechen denen im Rahmen der Bestimmung der Wertschöpfungstiefe, die wir bereits betrachtet haben (siehe Abschnitt 2.4.3.3 b). Wiederholt sei auch der Hinweis, dass die Entscheidung „Eigenfertigung oder Fremdbezug" nicht auf einen Kostenvergleich beschränkt, sondern unter Heranziehung der in Tabelle 2-30 genannten Kriterien getroffen werden sollte, insbesondere auch der Kriterien

- Kernkompetenzen/Know-how,
- Qualität,
- Zeit,
- Komplexität und Flexibilität,
- Kapitalbedarf und
- Risiko.

Zu betonen ist weiterhin die **zeitliche Bindungswirkung** der Entscheidung. Betrachten wir z.B. einen Industriebetrieb, der für die Eigenfertigung eines auch durch Fremdbezug erhältlichen Teils eigens eine Produktionsanlage errichten müsste. Dabei sei unterstellt, dass die Bedarfsmengen im Zeitablauf bekannt sind, Lernkurveneffekte nur die variablen, stückbezogenen Ausgaben betreffen und die Entscheidung „Eigenfertigung und Fremdbezug" auf eine kostenorientierte Betrachtung beschränkt wird.[1] Hierfür sollen noch zwei Planungssituationen unterschieden werden (vgl. Adam 1998. S. 197 ff.):

- **Modell 1**: Reines Wahlproblem zwischen Eigenfertigung und Fremdbezug

$$C_0 = -A_0 + \sum_{t=1}^{n} \left[\underbrace{(M_t \cdot (q_t - k_t) - F_t) \cdot (1+i)^{-t}} \right] \Rightarrow max!$$

↓

Anschaffungs-   eingesparte mengenabhängige
ausgabe   Ausgaben

Dabei bezeichnet M_t die Produktionsmenge in Periode t. Im Übrigen gelten folgende **Daten**:

q_t = Fremdbezugspreis des Teils in Teilperiode t
A_0 = Anschaffungsausgabe der Produktionseinrichtung bei Eigenfertigung
k_t = variable Stückkosten bei Eigenfertigung (Auszahlung), in der Höhe vom Lernkurveneffekt abhängig
F_t = fixe Auszahlungen (Löhne, Gehälter, Wartung etc.)
i   = Kalkulationszinsfuss
n   = Ende des Planungszeitraums (= Ende der Lebensdauer der eigenen Produktionsanlage)
M_t = Produktionsmenge in Periode t
b   = Parameter (Lernexponent), abhängig von der Stärke des Lernkurveneffekts; (20 % $\Rightarrow$ b = 0,321928; 30 % $\Rightarrow$ b = 0,514573)

---

[1] Transaktionskosten zum Auffinden geeigneter Lieferanten und zur Gestaltung und Überwachung der Verträge bleiben ebenfalls unberücksichtigt.

Die variablen Stückkosten k_t berechnen sich nach der Maßgabe des Erfahrungs- bzw. Lernkurveneffekts wie folgt:

$$k_t = k_0 \cdot \left(\frac{M_0}{\sum\limits_{t=0}^{n} M_t} \right)^b + k_e$$

durch Lerneffekte nicht veränderbare Teile der variablen Stückkosten

Beispiel: 20 %-Kostensenkung bei Verdopplung

$$k_t = 100 \cdot \left(\frac{5}{10} \right)^{0,321928} = 100 \cdot 0,8 = 80 \text{ GE/ME}$$

Eine Integration, als Eigenfertigung des Teils, ist vorteilhaft, wenn $C_0 > 0$.

• **Modell 2**: Produktionsanlage für Eigenfertigung ist bereits vorhanden

In diesem Fall ist zu entscheiden, ob und gegebenenfalls wann die vorhandene Anlage veräußert und die Eigenfertigung durch Fremdbezug ersetzt wird. Als zusätzliche Daten werden benötigt:

R_t = Restverkaufserlös bei Verkauf der Produktionsanlage in t

T = Zeitpunkt, bis zu dem mit dem Verkauf der Anlage (und dem Übergang zum Fremdbezug) gewartet wird

Gesucht:

T = optimaler Zeitpunkt für die Ausgliederung des Teils (=Ersatz von Eigenfertigung durch Fremdbezug)

Das Entscheidungskriterium ist wie folgt zu modifizieren:

$$C_0^T = \sum_{t=1}^{T} \left[\left(M_t \cdot k_t + F_t \right) \cdot (1+i)^{-t} \right] - R_T \cdot (1+i)^{-T} + \sum_{t=T+1}^{n} M_t \cdot q_t \cdot (1+i)^{-t} \Rightarrow \min!$$

Produktionsausgaben bis zur Aufgabe der Eigenfertigung

Barwert des Liquidationserlöses

Fremdbezugsausgaben bis zum Ende des Planungszeitraums

Derjenige Ersatzzeitpunkt von Eigenfertigung durch Fremdbezug ist optimal, bei dem der Barwert der künftigen Auszahlungen am niedrigsten ist. Ist T mit dem Beginn (bzw. dem Ende) des Planungszeitraums identisch, ist sofort (bzw. im Planungszeitraum nicht) von Eigenfertigung auf Fremdbezug überzugehen.

c) Strategische Optionen im Hinblick auf die Fertigungstechnologie

Unter dem Begriff „Fertigungstechnologie" subsumiert man die Gesamtheit des zur Gewinnung und/oder Bearbeitung eines Materials bzw. Werkstücks erforderlichen Know-hows, wie es in den Betriebsmitteln, den Werkzeugen, der Arbeitsorganisation usw. zum Ausdruck kommt. Über das Technologiemanagement, das Fertigungstechnologien explizit mit einschließt, und die dabei anwendbaren Methoden haben wir in Abschnitt 2.4.3.2 bereits ausführlich gesprochen. So lässt sich der radikale Wandel in der Fertigungstechnologie ebenso mithilfe des S-Kurven-Modells darstellen, wie der der Produkttechnologie. Das Technologie-Portfolio lässt sich gleichfalls zur Ist-Analyse von Fertigungstechnologien verwenden. Dass sich die Technologie-Roadmap auch zur Abstimmung von Produkt- und Prozesstechnologien eignet, haben wir in Abbildung 2-61 schon beispielhaft verdeutlicht.

Strategisch relevant sind weniger die permanenten Verbesserungen der im Industriebetrieb bereits eingesetzten Fertigungstechnologien (also die Prozessinnovationen „auf der S-Kurve"), sondern der **radikale Technologiewandel** und damit der „Sprung auf eine neue S-Kurve", der oft (wenn auch nicht immer) durch einen entsprechend radikalen Wandel der Produkttechnologie erforderlich wird.

Die fertigungstechnologischen Optionen sind nun stark von der Sachleistungsart, die letztlich erstellt werden soll, abhängig, sind also bei der Energieproduktion andere als z.B. bei der Produktion von Fließgütern (z.B. Schüttgüter, Flüssigkeiten und Gase). Bei der Sachgüterproduktion stehen auf allen Stufen, also der Gewinnung von Rohstoffen (z.B. Eisenerz), der Produktion von Zwischenprodukten (z.B. Roheisen) und der Produktion von Endprodukten (z.B. Edelstahl), die folgenden **Grundverfahren der Verfahrenstechnik** zur Verfügung, die die Wandlung von Materie der **Art** nach bewirken:

- **Vereinigen**
  (1) Zusammenbringen von Stoffen beliebiger Zustandsform (fest = s(olid), flüssig = l(iquid), gasförmig = g(aseous))
  (2) Zusammenballen von Feingut zu kompakten dispersen Stücken
  ⇨ Mischen von (s,s)(l,l) (1); Zerstäuben (g,l) (1); Emulgieren (l,l) (1); Suspendieren (s,l) (1); Begasen (g,l) (1); Kneten (1); Agglomerieren, Palletieren (2)

- **Trennen**
  Zerlegen eines Stoffgemisches in einzelne Komponenten bzw. Phasen unter weitgehender Erhaltung der Stoffeigenschaft „Partikelgröße"
  ⇨ Sieben, Sichten, Klassieren, Flotieren, Sedimentieren, Filtrieren, Dekantieren, Zentrifugieren, Destillieren, Rektifizieren, Extrahieren, Kristallisieren, Absorbieren, Adsorbieren, Trocknen

- **Zerteilen**
  Zerlegen eines Stoffgemisches in Teile, d.h. Stoffeigenschaft „Partikelgröße" wird gezielt verändert
  ⇨ Mahlen, Brechen, Schneiden, Versprühen

- **Reagieren**
  Verändern der Stoffart; homogene Reaktion, heterogene Reaktion
  ⇨ Fermentieren, Gären, Oxidieren, Nitrifizieren

- **Wärmeübertragen**
  Verändern des Wärmeinhalts von Stoffen
  ⇨ **ohne** Aggregatzustandsänderung: Erwärmen, Abkühlen
  ⇨ **mit** Aggregatzustandsänderung: Schmelzen, Verdampfen, Kondensieren

- **Fördern**
  räumliche und/oder zeitliche Transformation des Zustands von Stoffen (gasförmig, flüssig, fest)
  ⇨ pneumatisch, hydraulisch, mechanisch, elektromagnetisch

Bei den zur Produktion von festen Körpern (Stückgütern) eingesetzten Technologien wird nicht von Verfahrens-, sondern von **Fertigungstechnik** gesprochen. Hier sind nach DIN 8580 die folgenden **fertigungstechnischen Hauptgruppen**[1] zu unterscheiden, die eine Wandlung von Materie

---

[1] Diese „Haupttechniken" werden durch „Hilfstechniken" ergänzt, z.B. Förder- und Informationstechnik, wobei der Informationstechnik auch durch ihre Integrationsfunktion im Produktionsbereich und darüber hinaus in den gesamten Wertschöpfungsprozessen eine immer größere Bedeutung zukommt (vgl. o.V. 2000, S. 2503).

der Form nach bewirken:

- **Urformen**
  Schaffung eines festen Körpers aus formlosem Stoff (flüssig, pulvriger Rohstoff oder plastische Masse) durch Herstellen des Zusammenhalts
  ⇨ Gießen, Sintern, Brennen, Backen

- **Umformen**
  Fertigen durch bildsames (plastisches) Ändern der Form eines Körpers, ohne Veränderung der Werkstoffmenge
  ⇨ Biegen, Ziehen, Drücken, Walzen

- **Trennen**
  Fertigen durch Änderung der Form eines festen Körpers, wobei der Zusammenhalt örtlich aufgehoben, d.h. im Ganzen vermindert wird; dabei ist die Endform in der Ausgangsform enthalten; Zerlegen zusammengesetzter Körper wird dazugerechnet
  ⇨ Drehen, Fräsen, Feilen, Waschen

- **Fügen**
  Zusammenbringen von zwei oder mehr Werkstücken oder von Werkstücken mit formlosem Stoff; Zusammenhalt wird örtlich geschaffen und im ganzen vermehrt
  ⇨ Schweißen, Löten, Kleben, Falzen, Flechten, Weben, Nähen, Nieten, Verschrauben, Verkeilen

- **Beschichten**
  Auftragen zumindest eines weiteren Stoffs auf einen „Träger" bei geringer Größendimension des aufgetragenen Stoffs
  ⇨ Aufdampfen, Drucken, Anstreichen, Bestäuben, galvanisch Beschichten

- **Stoffeigenschaft ändern**
  Abändern der Ausgangseigenschaft durch Umlagern, Aussondern, Einbringen von Stoffteilchen
  ⇨ Härten, Verdampfen, Gefrieren

Nicht selten steht eine Veränderung der Fertigungstechnologie im Zusammenhang mit einer Zunahme der **Automatisierung** der Produktion.

Um hier Alternativen zu generieren, ist es zunächst sinnvoll, das Produktionssystem in die folgenden **Teilfunktionen bzw. -systeme** zu untergliedern:

- **Arbeitssystem**
  Führt die konkrete Be- oder Verarbeitung aus, d.h. bewirkt die gewünschte Transformation des Inputs.
  Bei einer Drehmaschine besteht das Arbeitssystem z.B. aus dem Wirkpaar Rohling (Werkstück) und Drehmeißel (Werkzeug).

- **Antriebssystem**
  Stellt die zur Transformation erforderliche Energie in der adäquaten Weise zur Verfügung.
  Bei einer Drehmaschine werden die zur Spanung erforderlichen mechanischen (Druck-)Kräfte durch elektrische Antriebe erzeugt.

- **Bewegungssystem**
  Bewirkt die Lageveränderung der anderen Subsysteme im Rahmen des Transformationsprozesses.
  Bei einer Drehmaschine besteht das Bewegungssystem v.a. aus der sog. Spindel und dem Werkzeugschlitten, die sich relativ zueinander bewegen, um die Formänderung zu bewirken.

- **Steuersystem**
  Erhält den für die Transformation erforderlichen Informationsinput und gibt ihn in geeigneter Weise an die anderen Subsysteme weiter, so dass durch deren Zusammenwirken die Funktion erfüllt wird.
  Bei einer computergesteuerten Drehmaschine werden die anderen Subsysteme durch einen Steuerungscomputer gelenkt. Bei einer manuell geführten Drehmaschine ist der menschliche Bediener wesentlicher Teil des Steuersystems.

- **Werkstückhandhabungssystem**
  Positioniert die Werkstücke im Produktionssystem, d.h. beeinflusst den Materialfluss durch das Produktionssystem.
  Bei einer Drehmaschine kann die Werkstückhandhabung durch einen Roboter bzw. eine Automatisierungseinrichtung, durch den Bediener oder die Kombination von Bediener und Kran erfolgen.

- **Mess- und Prüfsystem**
  Gewinnt Informationen während des Transformationsprozesses und gibt sie in erster Linie an das Steuersystem weiter.
  Bei einer Drehmaschine besteht das Mess- und Prüfsystem v.a. aus Sensoren für die Position der einzelnen Elemente der Maschine.

Der **Automatisierungsgrad** ist nun umso höher, je mehr Teilfunktionen des Produktionsprozesses von Sachmitteln übernommen werden (siehe Abbildung 2-76).

Substitution durch techn. Entwicklung \ Subfunktionen	Material-bearbeitung	Energie erzeugen und umwandeln	Information Speichern, ein/ausgeben, verarbeiten	Material-handhabung	Überwachung
Stufe 1	Mensch				
Stufe 2	Sachmittel +Arbeitssystem	Mensch			
Stufe 3	Sachmittel + Antriebssystem + Bewegungssystem		Mensch		
Stufe 4	Sachmittel + Informationssystem + Steuersystem			Mensch	
Stufe 5	Sachmittel + Werkstückhandhabungssystem				Mensch
Stufe 6	Sachmittel + Meß- und Prüfsystem				

(Linke Achse: FUNKTIONSTRÄGERKOMBINATION — geringer Automatisierungsgrad ↑ ↓ hoher Automatisierungsgrad)

Abb. 2-76. Geringer und hoher Automatisierungsgrad

Häufig wird über den Automatisierungsgrad nicht „abstrakt", sondern mit Bezug auf die spezifische **Sachmittelkonfigurationen** entschieden, die sich z.B. in der mechanischen Bearbeitung wie folgt darstellen:

- **NC-Maschine**
  Als NC-Maschinen werden Maschinen zur Materialbearbeitung bezeichnet, deren Steuerung nicht mehr direkt durch den Menschen (Bediener) erfolgt, sondern die mittels informationstechnischer Einrichtungen gesteuert werden können. **NC** bedeutet „numerical controlled" und deutet auf die codierte Form der Steuerungsinformation hin. Früher wurde die NC-Information mittels Lochstreifen übertragen. Heute wird die Steuerung durch Computer realisiert. Ist der Computer in die NC-Maschine integriert, spricht man auch von einer **CNC**-Maschine (computer numerical controlled). Existiert ein zentraler Computer für mehrere NC-Maschinen, spricht man von einer **DNC**-Maschine (direct numerical controlled).

- **Bearbeitungszentrum**
  Als Bearbeitungszentrum (BEA) wird eine Maschine bezeichnet, auf der die Bearbeitung eines Werkstückes weitgehend komplett erfolgen kann und die mit einer automatischen Werkzeugwechseleinrichtung und mit einem Zugang zu einem Werkzeugspeicher ausgestattet ist. Bearbeitungszentren besitzen kein automatisiertes Materialflusssystem zwischen den Maschinen.

- **Flexible Fertigungszelle**
  Neben dem computergesteuerten (NC-gesteuerten) Bearbeitungszentrum besitzt eine flexible Fertigungszelle Speicher- und Wechseleinrichtungen für Werkstücke **und** Werkzeuge. Zusätzlich ist eine Logistikschnittstelle für den Werkstückwechsel, z.B. ein „Palettenbahnhof" vorhanden.

- **Flexibles Fertigungssystem/Fertigungsnetz**
  Als flexibles Fertigungsnetz wird ein System von verketteten, sich ergänzenden bzw. ersetzenden Fertigungszellen oder NC-Maschinen bezeichnet, die mit einem automatischen Informations- und Materialflusssystem miteinander verbunden sind.

- **Starre Transferstraße**
  Als eine starre Transferstraße wird eine Verkettung von Sondermaschinen für die jeweilige Bearbeitungsaufgabe in einem starren Takt in einer festen Reihenfolge bezeichnet. Starre Transferstraßen besitzen deshalb in der Regel kein automatisches Werkzeugwechselsystem und sind nur auf wenige unterschiedliche Teile ausgelegt.

- **Flexible Transferstraße**
  Bei flexiblen Transferstraßen (Fertigungslinien) werden mehrere automatische Fertigungsmittel hintereinander geschaltet und durch ein getaktetes System miteinander verbunden. Die Verkettung erfolgt in einer festen Reihenfolge. Durch die Möglichkeit, unterschiedliche Werkstücke bearbeiten zu können, ist kein fester Takt nötig.

d) Strategische Optionen im Hinblick auf die Organisationsformen der Fertigung

In der Praxis lassen sich einzelne Produktionsstufen oder sogar der gesamte Produktionsbereich des Industriebetriebs bestimmten „idealtypischen" Organisationsformen der Fertigung zuordnen. Die Auswahl und gegebenenfalls Veränderung dieser Organisationsform für den Produktionsbereich bzw. für produktive Einheiten (z.B. Zweigwerke) zählt ohne Zweifel zu den strategischen Optionen

Wenn man einmal von der handwerklichen Fertigung absieht, die – da sie nur ein geringes Maß an Arbeitsteilung und Spezialisierung aufweist – meist nur in Sonderfällen (z.B. im Modellbau in der Sonderfertigung) anzutreffen ist, sind es die folgenden **Organisationsformen**, deren Einrichtung bzw. Veränderung Gegenstand der Produktionsstrategie sein kann:

- Werkstattfertigung,

- Gruppenfertigung,

- Fließfertigung und

- Baustellenfertigung.

Die Eigenschaften, Vorzüge und Probleme der Optionen sowie Industriezweige, in denen diese Organisationsformen typischerweise angetroffen werden können, sind in Tabelle 2-44 zusammengefasst.

Tabelle 2-44. Organisationsformen der Fertigung

	Werkstattfertigung	Gruppenfertigung	Fließfertigung	Baustellenfertigung
Anordnung der Potenzialfaktoren	Verrichtungsorientierung	Objektorientierung		unbewegliche Erzeugnisse
Charakteristika	räumliche Zusammenfassung **gleichartiger** Funktionen und Arbeitsverrichtungen	räumliche Zusammenfassung verschiedener Betriebsmittel zu **Funktionsgruppen**	Anordnung von Betriebsmitteln und Arbeitsplätzen nach der **Prozessfolge**	**ortsfestes Arbeitsobjekt** und standortvariable Produktiveinheiten
häufiger Anwendungsbereich	Werkzeugmaschinenbau	Mischform zwischen WF und FF	Konsumgüterindustrie, Automobilindustrie	Bauwirtschaft, Großanlagenbau, Projektierungsgeschäft
Vorzüge	• hohe Flexibilität • geringe Umstellungszeiten und -kosten • relativ geringe Kapitalbindung im AV • größere Handlungs- und Entscheidungsspielräume der Arbeitskräfte	Vorzüge im Vgl. zur WF: • höhere Transparenz in der Fertigung • geringere Transportaufwendungen Vorzüge im Vgl. zur FF: • höhere Flexibilität	• geringere Transportaufwendungen • geringe Durchlaufzeiten • Arbeitsteilung und Spezialisierung • geringer Kapitalbedarf im UV	besondere Herausforderungen: • Planung und Bereitstellung der Baustelleneinrichtung • Vorfertigung an festen Produktionsstandorten • Realisierung der logistischen Abläufe (Terminengenauigkeit!) • Planung der technologischen Abläufe (z.B. Hochlauf)
Probleme	• schwierige Fertigungsplanung und -steuerung • Aufwand für innerbetrieblichen Transport • Bildung von Zwischenlagern und Beständen in der Fertigung • hohe Durchlaufzeiten • Kapazitätsauslastung ungleichmäßig		• hoher Kapitalbedarf für die Fertigungsmittel (AV) • starre Abläufe • hohe Sensibilität gegenüber Störungen und Ausfällen • geringer Verantwortungsspielraum für die Arbeitskräfte	

Nach dem Kriterium der Wiederholung der Fertigungsvorgänge können weiterhin die folgenden **Prozesstypen der Fertigung** unterschieden werden (vgl. Heinen 1991, S. 431 ff.):

Einzelfertigung:

- individuelle Produkte, einzelne Aufträge, hoher Planungs- und Steuerungsaufwand (z.B. Großmaschinen- und Anlagenbau).

Fertigungsvorgänge mehrfach hintereinander:

- sowohl auftrags- als auch marktorientiert,

- **Sortenfertigung**: einheitliches Ausgangsmaterial (z.B. Bekleidungsindustrie, Brauereien),

- **Kampagnenfertigung**: wegen hoher Umrüstkosten und langer Umrüstzeiten werden Sorten nur 2-3x pro Jahr gefertigt, so dass Kunden ggf. lange auf ihre Produkte warten müssen (Möbelindustrie),

- **Serienfertigung**: fertigungstechnische Besonderheiten der einzelnen Produktvarianten (z.B. Sonderserien in der Automobilindustrie),

- **Chargenfertigung**: Umfang der Produktionsmenge durch Produktionsanlage bestimmt, wobei Ausgangsbedingungen und/oder Prozess von Charge zu Charge nicht konstant bleiben und somit eine ungewollte Differenzierung in den Produkteigenschaften auftritt (z.B. pharmazeutische Industrie),

- **Partiefertigung**: beschaffungsbedingte Qualitätsunterschiede der Einsatzmaterialien (z.B. Lederwarenindustrie).

Massenfertigung:

- permanente Wiederholung eines festgelegten Standardablaufs; i.d.R. Marktorientierung (z.B. Konsumgüterindustrie).

Um nun die Frage zu beantworten, welche Organisationsformen mit welchen Prozesstyp zu sinnvollen produktionsstrategischen Gestaltungsoptionen kombiniert werden können, wollen wir auf eine Typologie produzierender Unternehmen zurückgreifen, die an den folgenden Kriterien anknüpft:

Komplexität der Produktionsaufgabe:

- Anzahl, Verschiedenartigkeit und Interdependenz der zu verknüpfenden Teilaufgaben bzw. Aufgabenelemente,

- stark beeinflusst durch das Produktionsprogramm,

- ähnlicher Begriff: Strukturiertheit.

Variabilität der Produktionsaufgabe:

- Anzahl und Vorhersehbarkeit von Veränderungen der Anforderungen, die an die Erfüllung der Produktionsaufgabe zu stellen sind,

- Änderungen i.S.v. Mengen, Terminen, Qualitäten und Werten,

- stark beeinflusst durch den Marktbezug,

- ähnliche Begriffe: Dynamik, Unsicherheit.

Anhand dieser Kriterien lassen sich letztlich drei praxisrelevante Produktionstypen unterscheiden (siehe Abbildung 2-77), und zwar:

a) Auftragsorientierte Einzelfertigung (Typ 1) mit den Kennzeichen:

- hohe Variabilität und Komplexität,

- individuelle Produkte von Auftrag zu Auftrag,

- Festlegung der Produktmerkmale auftragsspezifisch in enger Abstimmung mit dem Kunden,

- Wettbewerbsposition: Produktdifferenzierung, schnelles Reagieren auf Kundenwünsche,

- hoher Flexibilitätsbedarf in allen Phasen der industriellen Leistungserstellung, daher hohe Bedeutung von IuK-Technologien,

- Tendenz im Maschinen- und Anlagenbau und in der Elektrotechnik.

b) Gemischte Serienfertigung (Typ 2) mit den Merkmalen:

- auftragsorientierte Serienfertigung oder marktorientierte Serienfertigung,

- Komplexität und Variabilität kann bei Produkt oder Prozess relativ hoch sein.

c) Marktorientierte Massenfertigung (Typ 3) mit folgenden Charakteristiken:

- geringe Variabilität und „beherrschte" Komplexität,

- mittelfristig festliegendes und konstantes Produktionsprogramm,

- Festlegung der Produktmerkmale nach allgemeinen Bedürfnissen des anonymen Marktes,

- Notwendigkeit valider Prognosen,

- Wettbewerbsposition: Kostenführerschaft durch Skaleneffekte, Standardisierung in Produkt und Prozess,

- stabile Planungssituation,

- geringer Flexibilitäts- und Abstimmungsbedarf zwischen Produktion und Markt.

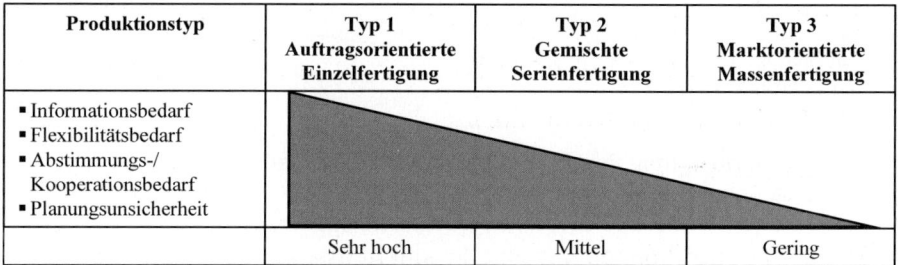

Abb. 2-77. Produktionstypen in der Praxis

In einem letzten Schritt bei der Generierung produktionsstrategischer Layout-Alternativen geht es nun darum, die Produktions-, Organisations- und Prozesstypen zu geeigneten strategischen Optionen zu verbinden (siehe Abbildung 2-78).

Hierbei zeigt sich, dass mit zunehmender Annäherung an die marktorientierte Massenfertigung der Grad der Arbeitsteilung zunimmt, während der Grad der Handlungsautonomie und die Einsatzmöglichkeiten für neue Formen der Arbeitsstrukturierung tendenziell abnehmen.

Produktionstyp ⇨	Typ 1	Typ 2	Typ 3
Merkmale ⇩	Auftragsorientierte Einzelfertigung	Gemischte Serienfertigung	Marktorientierte Massenfertigung
Leistungsprogramm	Individualprodukte	typisierte Erzeugnisse mit kundenspezifischen Varianten	Standardprodukte
Organisationstyp	Werkstattfertigung	Gruppenfertigung	Fließfertigung
Prozesstyp	Einzelfertigung	Serienfertigung	Massenfertigung
Grad der Arbeitsteilung	niedrig		hoch
Grad der Handlungsautonomie	hoch		niedrig
Freiheitsgrade für neue Formen der Arbeitsstrukturierung	hoch		niedrig
Job Rotation Job Enlargement Job Enrichment Autonome Gruppen	möglich		nicht möglich

Abb. 2-78. Verknüpfung von Produktionstypen mit Organisations- und Prozesstypen der Fertigung

Diese Optionen können auf eine Produktionsstufe, ein Produktionswerk oder auf den Fertigungsbereich insgesamt bezogen sein. Sie können beim Aufbau von Produktionskapazitäten, aber auch bei der gezielten organisatorischen Veränderungen von Fertigungsstätten in Betracht gezogen werden.

So mag sich ein Unternehmen des Großmaschinenbaus als auftragsorientierter Einzelfertiger (Produktionstyp 1) beim Aufbau eines neuen Zweigwerks gezielt für die in Abbildung 2-79 dargestellte Variante der Wertstattfertigung entschieden haben.

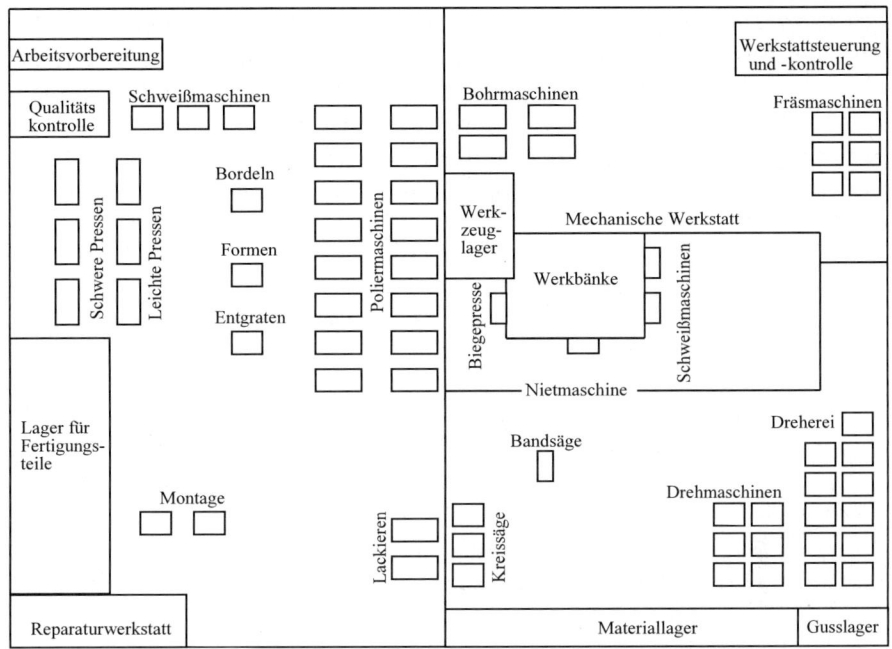

Abb. 2-79. Werkstattfertigung (Beispiel)

Ein Hersteller von standardisierten Unterhaltungselektronik-Geräten (= Produktionstyp 3) zieht für die Endmontage dagegen die in Abbildung 2-80 dargestellte Fließfertigung in Betracht.

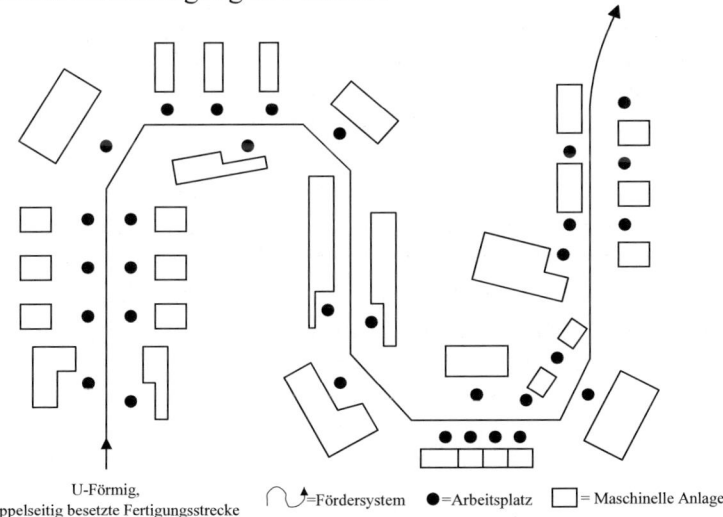

Abb. 2-80. Fließfertigung (Beispiel)

Eine weitere strukturelle strategische Option im Bereich der Fertigung ist die der **Fertigungssegmentierung** (vgl. z.B. Wildemann 1988): Hierbei geht es um die Zusammenfassung und Ausrichtung der Produktionseinheiten nach Produkten bzw. Produktfeldern, wobei innerhalb der so gebildeten Fertigungssegmente wiederum die oben genannten Organisationstypen (z.B. Werkstatt- oder Fließfertigung) zum Einsatz kommen können (siehe Abbildung 2-81).

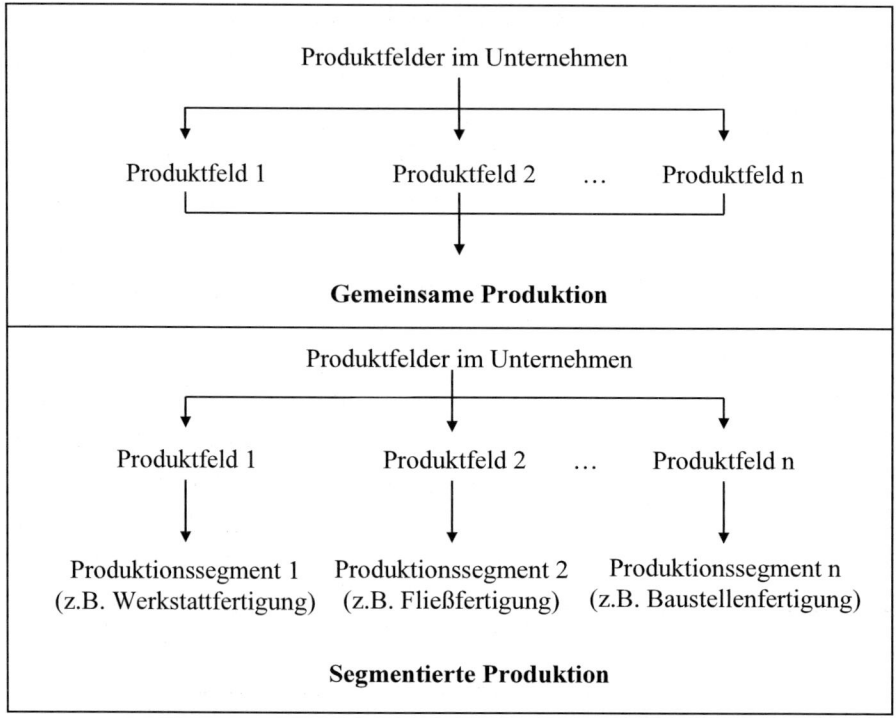

Abb. 2-81. Gemeinsame Produktion und Fertigungssegmentierung

Neben einer stärkeren Produkt(feld)orientierung ist die segmentierte Fertigung auch durch folgende Merkmale gekennzeichnet:

- **Markt- und Wettbewerbsausrichtung**: Fertigungssegmente bilden Produkt-Markt-Prozess-Kombinationen. Damit werden Fertigungsbereiche auf spezifische Wettbewerbsstrategien ausgerichtet. Produkte mit unterschiedlichen wettbewerbsstrategischen Schwerpunkten sollen nicht mehr ein und dieselbe Fertigung durchlaufen. Eine Kostenführerschaft lässt sich in der Regel nur durch spezialisierte Fertigungseinrichtungen (z.B. Fließfertigung) realisieren, während eine Differenzierungsstrategie eher flexible Fertigungssysteme verlangt, die höchste Qualität und kurze Durchlaufzeiten ermöglichen.

- **Komplexitätsreduktion**: Die Ausrichtung auf spezifische Produkte bedingt eine geringe Fertigungsbreite und – bei angestrebter Komplettbearbeitung – die gesamte wettbewerbsrelevante Fertigungstiefe. So lassen sich innerhalb der einzelnen Segmente Synergie- und Spezialisierungsvorteile sowie Autonomiespielräume realisieren. Zwischen den Segmenten sollen also möglichst geringe Leistungsverflechtungen bestehen. Durch die Produktorientierung soll insbesondere der Koordinationsaufwand reduziert werden.

- **Integration mehrerer Stufen der logistischen Kette eines Produktes**: Fertigungssegmente umfassen in der Maximalausprägung alle unternehmensinternen produktionswirtschaftlichen Wertschöpfungsstufen eines Produktes.

- **Übertragung indirekter Funktionen**: Ein hoher Autonomiegrad der Fertigung wird durch die Übertragung planender, ausführender und kontrollierender Tätigkeiten auf die Fertigungssegmente erreicht.

- **Kostenverantwortung**: Durch die Integration mehrerer Wertschöpfungsstufen sowie planender und indirekter Funktionen ergibt sich die Möglichkeit, Fertigungssegmente als Cost-Center auszulegen.

Die mit einer Fertigungssegmentierung angestrebten Zielwirkungen, deren Erreichung sich mittlerweile an zahlreichen Beispielen belegen lässt, sind vor allem:

- Produktivitätssteigerung, auch durch die fertigungstechnische Spezialisierung,

- Durchlaufzeitverkürzung,

- Bestandsreduzierung,

- Qualitätssteigerung und

- Erhöhung der Flexibilität.

Dabei kann die Gewichtung dieser Ziele (und damit die konkrete Realisierungsform der Option „Fertigungssegmentierung") je nach verfolgter Wettbewerbsstrategie unterschiedlich sein.

e) Strategische Optionen im Hinblick auf den geografischen Ort der Wertschöpfung (Industrielle Standortplanung)

Mit dem Begriff **„Standort"** ist der geografische Ort der Wertschöpfung gemeint, an dem der Industriebetrieb Güter und Leistungen erstellt und/oder verwertet. In einem etwas engeren Sinne werden darunter nur Produktionsstandorte (z.B. Zweigwerke) subsumiert. Von einer **Standortspaltung** wird gesprochen, wenn eine Dezentralisierung des betrieblichen Leistungsvollzugs an mehrere Standorte vorliegt, also Produktionskapazitäten an mehreren geografischen Orten existieren. Die wichtigsten Gründe für eine solche Standortspaltung sind:

- die Heterogenität des Produktionsprogramms (z.B. die Produktion länderspezifischer Varianten),

- begrenzte Möglichkeiten der Kapazitätserweiterung an bisherigen Standorten (Kapazitätsproblem),

- eine weite Ausdehnung des betrieblichen Absatzgebiets und/oder

- eine weite Ausdehnung des betrieblichen Beschaffungsgebiets.

Obwohl bereits die Planung konkreter Standorte auf der strategischen Managementebene einzuordnen ist, da hier konstitutive Grundlagen für das künftige Unternehmensgeschehen gelegt werden, kann es sinnvoll sein, zuvor Leitlinien für die langfristige Entwicklung der Betriebsstätten- und Standortstruktur – auch als „Standortstrategien" bezeichnet – festzulegen. Folgende Optionen kommen hier in Betracht (siehe auch Abbildung 2-82):

- **Expansionsstrategien**:
  Art und Weise der räumlichen Verteilung eines Zuwachses der Produktionskapazität;

- **Konzentrationsstrategien**:
  Vermeidung standortbedingter Kosten einer Unternehmung durch räumliche Umverteilung;

- **Kontraktstrategien**:
  Vermeidung standortbedingter Kosten einer Unternehmung durch Stilllegung von Produktionskapazitäten.

Die Entscheidung bezüglich der Standortstrategie lässt sich mithilfe eines **Portfolio-Modells** vorstrukturieren bzw. unterstützen, das als Umweltdimension die Standortattraktivität und als Unternehmensdimension das Erfolgspotenzial der am Standort produzierten Leistungen (z.B. gemessen am Marktanteil, Umsatz- oder Gewinnpotenzial) verwendet, wobei sich die Standortattraktivität noch unterteilen lässt in die:

- interne (endogene) Standortattraktivität, die durch die Unternehmung gestaltbar ist (z.B. F&E-Kapazität, Fabrik-Layout), und die

- externe (exogene) Standortattraktivität, die durch die Unternehmung nicht oder kaum gestaltbar ist (z.B. Lohnniveau, öffentliche Auflagen).

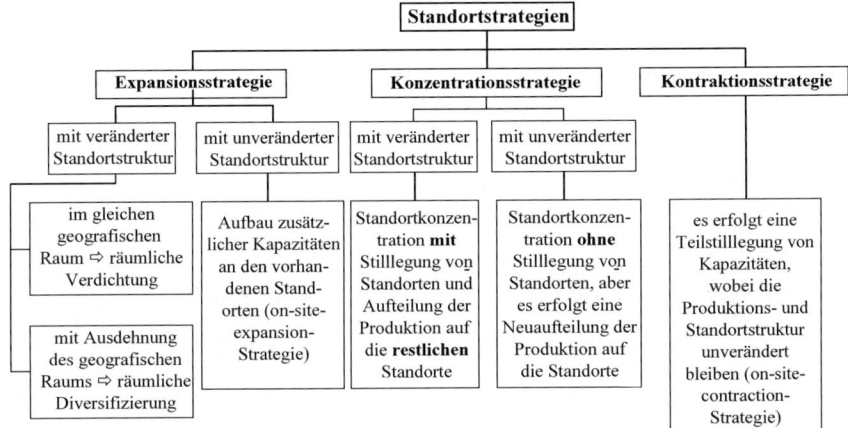

Abb. 2-82. Standortstrategien (Quelle: Corsten 2007, S. 397)

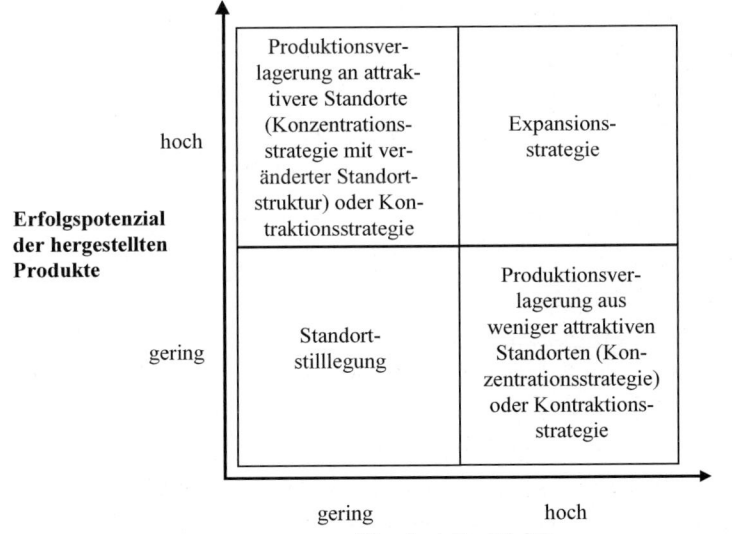

Abb. 2-83. Standort-Portfolio und Normstrategien (Quelle: Corsten 2007, S. 398)

Je nach Ausprägung der Potfolio-Dimensionen lassen sich wiederum vier Normstrategien differenzieren (siehe auch Abbildung 2-83).

Sind innerhalb einer gewählten Standortstrategie nun konkrete (neue) Standorte zu bestimmen, ist zunächst nach den relevanten Entscheidungskriterien oder **„Standortfaktoren"** zu fragen. Hier kann zwischen quantitativen und qualitativen Standortfaktoren unterschieden werden (vgl. Hansmann 2006, S. 108 f.), wie sie in Tabelle 2-45 beispielhaft aufgeführt sind.

Tabelle 2-45. Quantitative und qualitative Standortfaktoren

Quantitative Standortfaktoren	Qualitative Standortfaktoren
Beitrag zum Unternehmenserfolg ist direkt messbar	Beitrag zum Unternehmenserfolg ist nicht direkt messbar ⇨ subjektive Schätzung der Beiträge durch Planungs- und Entscheidungsträger notwendig
• Transportkosten der Produkte vom Standort zu den Absatzmärkten • Grundstückskosten (inkl. Erschließungskosten) • Kosten der Errichtung der Gebäude • Personalkosten • Beschaffungskosten der Materialien • standortabhängige Finanzierungskosten • regionale Förderungsmaßnahmen der Öffentlichen Hand (Investitionszuschüsse, Sonderabschreibungen, Finanzierungshilfen) • Grund- und Gewerbesteuer (Hebesätze!) • Gewinnsteuern (bei internationaler Betrachtung) • regionale Differenzierung der Absatzpreise	• Grundstück (Lage, Form, Beschaffenheit, Bebauungsvorschriften, Umgebungseinflüsse, Ausdehnungsmöglichkeiten) • Verkehrslage des Grundstücks (Verbindung zum Personen- und Güterverkehrsnetz) • Arbeitskräftebeschaffung (Bevölkerungsstruktur und -ausbildung, Arbeitskraftreserven, Konkurrenz auf dem Arbeitsmarkt) • Transportsektor (Speditionsunternehmen, Nähe eines Seehafens) • Absatzbereich (Branchen-Goodwill, Kaufkraft der Bewohner, Konkurrenz) • Investitions- und Finanzierungsbereich (Bankplatz, Kreditinstitute, Nähe von Anlagen- und Maschinenbaufirmen) • Infrastruktur des Standorts (Wohnraum, Krankenhäuser, Bildungs- und Kultureinrichtungen, landschaftliche Lage, Umgebung)

Da es sich hier offensichtlich um ein multikriterielles Entscheidungsproblem handelt, kann – um den „günstigsten" Standort zu finden oder eine Präferenzrangfolge unter den Alternativen aufzustellen – ein **Scoring-Modell** verwendet werden. Für diese auch als „Punktbewertungsverfahren" oder „Nutzwertanalyse" bekannte Methode sind folgende Teilschritte notwendig (vgl. Jacob 1980, S. 35 ff.):

- Bildung von Intensitätsklassen für jeden Faktor (z.B. sechs Klassen von „sehr ungünstig bzw. nicht vorhanden" bis „sehr günstig ausgeprägt");

- Zuordnung eines Punktwerts für jede dieser Klassen (z.B. von 0 = „sehr ungünstig" bzw. „nicht vorhanden" bis 5 = „sehr günstig");

- Gewichtung der Faktoren entsprechend ihrer Bedeutung für die Standortwahl; die Gewichte können so skaliert werden, dass sie in der Summe den Wert 1 ergeben;

- Bewertung jeder Standortalternative im Hinblick auf jeden Faktor (Ergebnis: ungewichtete Punktwerte);

- Multiplikation der ungewichteten Punktwerte mit den Kriteriengewichten (Ergebnis: gewichtete Punktwerte);

- Aggregation der gewichteten Punktwerte je Alternative zum „Gesamtnutzwert" je Alternative durch

   – Addition oder

   – Multiplikation der gewichteten Punktwerte oder

   – sonstige Aggregation, z.B. Addition innerhalb bestimmter Faktorengruppen, dann Multiplikation der in den Faktorengruppen gebildeten Summen.

Formal lässt sich die additive und multiplikative Bestimmung des Gesamtnutzwerts Z_i je Alternative i wie folgt ausdrücken:

Verknüpfungsregel 1: Additionsregel mit Mindestanforderung

$$Z_i = \begin{cases} 0 & \text{falls } \underset{j}{\text{Min}} \ R_{ij} = 0 \\[2ex] \sum_j R_{ij} & \text{sonst} \end{cases}$$

Verknüpfungsregel 2: Multiplikationsregel

$$Z_i = \prod_j R_{ij}$$

Dabei gilt:
i   Standortindex
j   Index der Standortfaktoren
S_i potenzieller Standort (i = 1, 2, …, n)
SF_j Standortfaktor (j = 1, 2, …, m)
g_j Gewichtungsfaktor
r_{ij} ungewichteter Punktwert
R_{ij} gewichteter Punktwert mit $R_{ij} = r_{ij} \cdot g_j$
Z_i Bewertungsziffer

Die Nutzwertanalyse sei an folgendem vereinfachten Beispiel demonstriert, wobei als Faktorausprägungen sechs Intensitätsklassen (von 0 bis 5) verwendet wurden (siehe Tabelle 2-46).

Tabelle 2-46. Nutzwertanalyse zur Standortplanung (Beispiel)

Standortfaktor SF_j	Gewichtungs- faktor g_i	Standortalternative i = 1		Standortalternative i = 2		Standortalternative i = 3	
		S_{1j}	R_{1j}	S_{2j}	R_{2j}	S_{2j}	R_{2j}
SF_1: Transportkosten	0,1	3	0,3	1	0,1	4	0,4
SF_2: Erschließungskosten	0,1	3	0,3	4	0,4	3	0,3
SF_3: Personalkosten	0,25	1	0,25	3	0,75	5	1,25
SF_4: Grundstückskosten	0,05	4	0,2	1	0,05	2	0,1
SF_5: Infrastruktur	0,2	3	0,6	2	0,4	3	0,6
SF_6: Fördermaßnahmen	0,15	3	0,45	5	0,75	0	0
SF_7: Steuersätze	0,15	2	0,3	4	0,6	5	0,75
Gesamtnutzwert z_i • Verknüpfungsregel 1 (additiv mit Mindest- anforderung)			2,4		3,05		0
• Verknüpfungsregel 2 (multiplikativ · $10^{4)}$			3,645		2,7		0

Wie an dem Beispiel ersichtlich ist, kann die Präferenzrangfolge von der Verknüpfungsregel abhängen. Während sich nach Regel 1 die Rangfolge $S_2 > S_1 > S_3$ ergibt, lautet die Rangfolge nach Regel 2 $S_1 > S_2 > S_3$. Regel 1 **ohne** Mindestanforderung ergäbe dagegen $S_3 > S_2 > S_1$. Bei additiver Verknüpfung bleibt die Verteilung der gewichteten Punktwerte unberücksichtigt, bei multiplikativer Verknüpfung erhalten Alternativen mit gleichmäßig verteilten Punktwerten (hier: S_1) gegenüber solchen mit stärker streuenden Punktwerten (hier: S_2) den Vorzug.

Gegen die Methode der Nutzwertanalyse sind allgemein und im Kontext der Standortplanung mancherlei **Einwände** erhoben worden, vor allem

- der Informationsverlust von quantitativen Daten durch Umrechnung in einen dimensionslosen Punktwert,

- die Möglichkeit subjektiv-verzerrender Einflüsse bei der Faktorenauswahl und -gewichtung, bei der Alternativenbewertung, der verwendeten Skalierung und Verknüpfungsregel,

- die unberücksichtigte Problematik der Standortspaltung usw.

In der Praxis erfreut sich diese Methode bei der Lösung der (recht häufig auftretenden) multikriteriellen Entscheidungsprobleme dennoch einer hohen Beliebtheit. In der Standortplanung dient sie aber primär dazu, die **Alternativenmenge einzugrenzen** und die verbleibenden Alternativen in eine Rangfolge zu bringen. Häufig wird so vorgegangen, die fünf oder zehn „besten" Standortalternativen, ermittelt durch die Nutzwertanalyse, einer eingehenden Analyse zu unterziehen, bevor die endgültige Entscheidung getroffen wird.

Im Folgenden seien noch **zwei weitere Verfahren** der Standortplanung betrachtet, die sich nicht nur im Lösungsalgorithmus, sondern auch in der betrachteten Alternativenmenge unterscheiden: den sogenannten Steiner-Weber-Ansatz und die lineare Programmierung.

Der **Steiner-Weber-Ansatz** – benannt nach dem Ökonomen Adolf Weber (vgl. Weber 1922), der auf eine Methodik des Mathematikers Jacob Steiner (1796-1863) zurückgriff – hat zum Ziel, den Standort **einer** Produktionsstätte so zu bestimmen, dass die Summe der Transportkosten von den „Fundorten" (= Lieferanten) zur Produktionsstätte und von dieser zu den „Konsumorten" (= Abnehmern) möglichst klein wird. Dabei geht der Ansatz von folgenden, recht einengenden Prämissen aus:

- Jeder Punkt der Erdoberfläche kann als Standort gewählt werden (die Anzahl der potenziellen Standorte wird als theoretisch unbegrenzt angesehen),

- Konsumorte sind bekannt,

- die Nachfrage nach dem produzierten Gut ist bekannt,

- Fundorte sind bekannt,

- Fund- und Konsumorte sind voneinander getrennt,

- der Bedarf an benötigten Materialien ist bekannt,

- Unabhängigkeit des Transportkostensatzes von der Entfernung (km) und der transportierten Menge (t) (Transportkostensatz ist konstant und auf Input- wie Outputseite identisch),

- nur ein Endprodukt,

- Homogenität des Territoriums,

- es handelt sich um ein transportkostenintensives Unternehmen, denn es wird nicht der kostenminimale, sondern der transportkostenminimale Standort gewählt,

- eine Standortspaltung wird nicht vorgenommen.

Das zu lösende Problem lässt sich grafisch wie folgt veranschaulichen, wobei die Fund- und Konsumorte P_i gegeben, der Standort S dagegen variabel und zu bestimmen ist (siehe Abbildung 2-84),

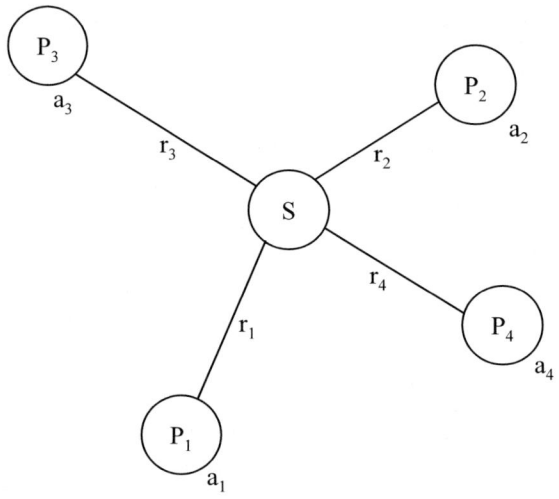

Abb. 2-84. Geometrische Darstellung des Steiner-Weber-Problems (Quelle: Hansmann 2006, S. 113)

Dabei gelten hier und im Folgenden die dargestellten **Symbole**:

r_i Entfernung vom Standort S zum Ort i (Variable)

a_i zu transportierende Menge (t) vom Standort S zum Ort i oder umgekehrt

P_i Fund- bzw. Konsumort i (i = 1, 2, ..., n)

S   zu bestimmender Standort des Industriebetriebs

c   Transportkostensatz pro km und t (konstant und für Material und Produkt gleich)

T   gesamte Transportkosten in der Planperiode

Zur Bedienung des optimalen Standorts gilt mithin die **Zielfunktion**:

$$T = c \cdot (a_1 \cdot r_1 + a_2 \cdot r_2 + \ldots + a_n \cdot r_n) \Rightarrow min!$$

$$= c \cdot \sum_{i=1}^{n} a_i \cdot r_i \Rightarrow min!$$

Die Erdoberfläche des betrachteten geografischen Gebiets wird nun als Gitternetz betrachtet, in dem sich jeder Punkt bzw. potenzielle Standort durch zwei Koordinatenwerte eindeutig bestimmen lässt, wobei

- der Standort S **variable** Koordinaten x und y erhält und

- die Fund- und Konsumorte P_i durch **feste** Koordinaten x_i und y_i gekennzeichnet sind.

Durch Anwendung des Satzes des Pythagoras ($a^2 + b^2 = c^2$) lassen sich die Variablen r_i auf lediglich zwei Variablen, die zu bestimmenden Koordinaten x und y des Standorts S, reduzieren (siehe Abbildung 2-85):

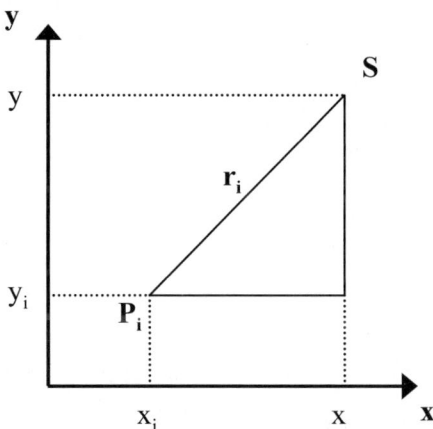

Abb. 2-85. Beziehungen zwischen S_i und den Standortkoordinaten x und y (Quelle: Hansmann 2006, S. 114)

Die Zielfunktion – Minimierung der Transportkosten – kann dann wie folgt umformuliert werden (vgl. auch Lüder 1990, S. 41 ff.):

$$T(x,y) = c \sum_{i=1}^{n} a_i \cdot \sqrt{(x - x_i)^2 + (y - y_i)^2} \Rightarrow min!$$

Die Koordinaten x, y des transportkostenminimalen Standorts ergeben sich, indem man die ersten partiellen Ableitungen der umformulierten Zielfunktion nach x und y gleich 0 setzt:

$$(1)\ \frac{\partial T}{\partial x} = c\sum_{i=1}^{n} \frac{a_i \cdot (x - x_i)}{\sqrt{(x - x_i)^2 + (y - y_i)^2}} = 0$$

$$(2)\ \frac{\partial T}{\partial y} = c\sum_{i=1}^{n} \frac{a_i \cdot (y - y_i)}{\sqrt{(x - x_i)^2 + (y - y_i)^2}} = 0$$

Aus diesem nicht-linearen Gleichungssystem lassen sich keine geschlossenen Ausdrücke für x und y gewinnen, d.h. man kann keine explizite formelmäßige Darstellung für die Koordinaten angeben. Zur Lösung wird deshalb folgendes **Iterationsverfahren** vorgeschlagen:

(1) und (2) werden so umformuliert, dass die im Zähler der Summen stehenden Variablen x und y isoliert werden. Man erhält:

$$(3)\ x = \frac{\displaystyle\sum_{i=1}^{n} \frac{a_i \cdot x_i}{\sqrt{(x - x_i)^2 + (y - y_i)^2}}}{\displaystyle\sum_{i=1}^{n} \frac{a_i}{\sqrt{(x - x_i)^2 + (y - y_i)^2}}}$$

$$(4)\ y = \frac{\displaystyle\sum_{i=1}^{n} \frac{a_i \cdot y_i}{\sqrt{(x - x_i)^2 + (y - y_i)^2}}}{\displaystyle\sum_{i=1}^{n} \frac{a_i}{\sqrt{(x - x_i)^2 + (y - y_i)^2}}}$$

Es ist sinnvoll (wenn auch nicht zwingend), die Iteration mit den Koordinaten des Schwerpunkts x^0 und y^0 zu beginnen:

$$x^0 = \frac{\displaystyle\sum_{i=1}^{n} a_i \cdot x_i}{\displaystyle\sum_{i=1}^{n} a_i} \qquad \text{und} \qquad y^0 = \frac{\displaystyle\sum_{i=1}^{n} a_i \cdot y_i}{\displaystyle\sum_{i=1}^{n} a_i}$$

Die Iteration ist nun wie folgt durchzuführen:

- diese Werte in die rechte Seite von (3) und (4) für x und y einsetzen,

- daraus neue Werte für x^1 und y^1 ausrechnen,

- diese Werte in die rechte Seite von (3) und (4) einsetzen usw.,

- Iteration so lange fortsetzen, bis die Differenzen $|x^{k+1}-x^k|$ und $|y^{k+1}-y^k|$ eine vorgegebene Genauigkeitsschranke ε unterschreiten.

Da die so gefundene Lösung – die Koordinaten x und y des Standorts S – keinerlei Bezug auf die realen Gegebenheiten (z.B. Topografie, Verkehrsanbindung, Verfügbarkeit von Arbeitskräften) nimmt, kann der tatsächliche Standort nun noch „feinjustiert" werden (vgl. auch das bei Hansmann 2006, S. 116 f. dargestellte Beispiel). Insgesamt gesehen scheint der Steiner-Weber-Ansatz jedoch nur als **erste Orientierung** bei der Behandlung des Standortproblems zu dienen und in der **Anwendbarkeit begrenzt** zu sein, da

- nicht der kostenminimale, sondern nur der transportkostenminimale Standort bestimmt wird,

- die Beziehungen zwischen Standort und Absatzseite vernachlässigt werden, da die Nachfrage, der Absatz und das Produktionsprogramm vorab bestimmt sind,

- die Strukturen des geografischen Raums und der Verkehrsverbindungen nicht berücksichtigt werden („Optimum im Himalaya"),

- eine Standortspaltung nicht einbezogen wird und

- einschränkende Nebenbedingungen (z.B. Grundstücksgröße) keine Berücksichtigung finden.

Die Aufhebung einiger dieser einengenden Prämissen – und damit eine problemadäquatere Lösung des Standortproblems – verspricht die Anwendung der **linearen Programmierung**.[1]

Im Folgenden werden fünf Modellansätze mit zunehmender Komplexität und Realitätsnähe betrachtet:

---

[1] Auf Einzelheiten dieser Methode kann an dieser Stelle nicht eingegangen werden. Es sei diesbezüglich z.B. auf Domschke/Drexl (2007) verwiesen.

- **Modell 1: Das einfache Transportproblem**

In diesem Fall stellt sich noch kein Standortproblem. Gesucht werden vielmehr diejenigen Transportmengen von gegebenen Lagerorten L_g zu gegebenen Bedarfsorten B_h, die die Transportkosten minimieren.

Die Problemstruktur verdeutlicht Abbildung 2-86:

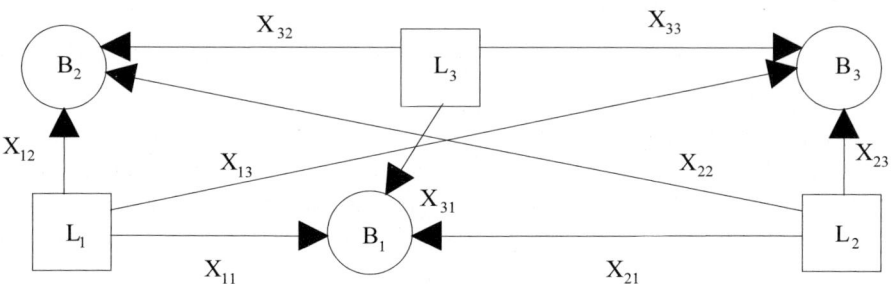

Abb. 2-86. Struktur des einfachen Transportproblems

Dabei gelten hier im Folgenden folgende Symbole:

g	Index der Lagerorte
h	Index der Bedarfsorte
X_{gh}	Transportmengen (Mengeneinheiten/Planperiode= ME/PP) = Variablen des Modells
T_{gh}	Transportkostensatz pro ME von g nach h (GE/ME)
M^0_h	Bedarfsmengen (ME/PP)
V_g	Vorratsmengen (ME/PP)

Es ergibt sich folgende Modellformulierung:

Zielfunktion:
$$K = \sum_g \sum_h T_{gh} \cdot X_{gh} = min!$$

Nebenbedingungen:

Bedarfsdeckung:
$$\sum_g X_{gh} = M^o_h \qquad\qquad \forall\, h$$

Vorratsverwendung:
$$\sum_h X_{gh} = V_g \qquad\qquad \forall\, g$$

NNB (Nicht-Negativitätsbedingungen):

$$X_{gh} \geq 0 \qquad\qquad \forall\, g, h$$

Wie leicht zu sehen ist, wird (noch) unterstellt, dass sich die Summen der Bedarfs- und der Vorratsmengen entsprechen. Aus der Lösung ist ersichtlich, welche Bedarfsorte von welchen Lagerorten beliefert werden – im Extremfall jeweils nur von einem.

- **Modell 2: Transportproblem und Produktionsaufteilung bei gegebenen Produktionsstandorten**

Die Lagerorte seien nun durch (gegebene) Produktionsstandorte ersetzt. Gefragt ist jetzt, an welchen Standorten welche Mengen des Produkts produziert und zu welchen Bedarfsorten transportiert werden sollen, um die entscheidungsrelevanten Kosten möglichst niedrig zu halten. Als zusätzliche Symbole werden benötigt:

k_g variable Stückkosten der Produktion (GE/ME)
c_g Produktionskoeffizienten; = benötigte Kapazität in Zeiteinheiten pro Mengeneinheit (Zeiteinheiten/ME = ZE/ME)
C_g verfügbare Kapazität in g (ZE/PP)

In diesem Fall lautet die Modellformulierung wie folgt:

Zielfunktion:

$$K = \sum_g \sum_h \left(T_{gh} + k_g\right) \cdot X_{gh} = \min!$$

Nebenbedingungen:

Bedarfsdeckung:

$$\sum_g X_{gh} = M_h^o \qquad\qquad \forall\, h$$

Kapazitätsgrenze:

$$c_g \cdot \sum_h X_{gh} \leq C_g \qquad\qquad \forall\, g$$

NNB:

$$X_{gh} \geq 0 \qquad\qquad \forall\, g, h$$

Bei der Optimierung wird z.B. auch berücksichtigt, dass die Lohnkostenvorteile von Standorten in Niedriglohnländern durch Transportkostennachteile relativiert werden können. In dieser Form ist der Modellansatz jedoch (noch) eine operative, keine strategische Entscheidungshilfe. Dies ändert sich dagegen mit der nun folgenden Erweiterung.

- **Modell 3: Standortplanung mit Standortspaltung und Errichtungskosten**

Über die zu errichtenden Produktionsstandorte ist zu entscheiden. Es wird davon ausgegangen, dass noch kein Produktionsstandort existiert. Die Kapazität der Produktionswerke sei vorgegeben. Zur Modellformulierung werden folgende zusätzliche Variablen und Parameter benötigt:

v_g	0/1-Variable	($v_g = 1$ bedeutet: Standort g wird gewählt, $v_g = 0$ bedeutet: g wird nicht gewählt)
E_g	Errichtungskosten	(in GE; anteilig auf den Planungszeitraum periodisiert)
L	Konstante	(„genügend große Zahl")

Da weiterhin die Bedarfsdeckung der „Bedarfsorte" unterstellt und damit das Absatzprogramm gegeben ist, gilt folgender Kostenminimierungsansatz:

Zielfunktion:

$$K = \sum_g \sum_h \left(T_{gh} + k_g\right) \cdot X_{gh} + \sum_g v_g \cdot E_g = \min!$$

Nebenbedingungen:

Bedarfsdeckung:

$$\sum_g X_{gh} = M_h^o \qquad \forall\, h$$

Kapazitätsgrenze:

$$c_g \cdot \sum_h X_{gh} \leq C_g \qquad \forall\, g$$

Steuerung der 0/1-Variablen:

$$\sum_h X_{gh} \leq v_g \cdot L \qquad \forall\, g; \qquad\qquad \text{mit}$$

$$L \geq \sum_h M_h^0$$

$$0 \leq v_g \leq 1 \qquad \text{ganzzahlig} \quad \forall\, g$$

NNB:

$$X_{gh} \geq 0 \qquad\qquad \forall\, g, h$$

Bei diesem Standortplanungs-Modell werden jedoch nur drei Standort-faktoren – die Höhe der Einrichtungs-, Produktions- und Transportkosten – explizit berücksichtigt. Die übrigen quantitativen und qualitativen Stand-ortfaktoren lassen sich jedoch durch Anwendung der Nutzwertanalyse **vor** der Optimierung berücksichtigen. Nur die „x" besten Alternativen gehen dann in die (endliche) Alternativenmenge dieses Modellansatzes ein und werden weiter berücksichtigt. Jedoch mag man es als störend empfinden, dass die Betriebsgrößen der potenziellen Standorte hier vorgegeben sind. Diesen „Mangel" korrigiert der nächste Modellansatz.

- **Modell 4: Standortmodell mit variabler Betriebsgröße als Kosten-optimierungsmodell**

Diese Modellvariante ist im Grunde ein Investitionsmodell, da über die Zahl der zu installierenden „Kapazitätseinheiten" (z.B. Fertigungslinien) je Standort zu entscheiden ist. Nur diejenigen Standorte, für die Investitionen vorgeschlagen werden, sind zu errichten. Für diese notwendigen Modell-änderungen werden folgende zusätzliche Symbole benötigt:

a_g Anzahl der in g zu investierenden Kapazitätseinheiten (z.B. Ma-schinen oder Fertigungslinien)

KD_g auf den Planungszeitraum entfallender Kapitaldienst pro Kapazi-tätseinheit

C_g Kapazität pro Kapazitätseinheit in g (ZE/PP)

Unter Vernachlässigung der über die Fertigungseinheiten hinausgehen-den Investitionen (z.B. Verwaltungsgebäude, Logistikkapazitäten)[1] ergibt sich folgende Modellformulierung:

Zielfunktion:

$$K = \sum_g \sum_h \left(T_{gh} + k_g\right) \cdot X_{gh} + \sum_g a_g \cdot KD_g = min!$$

Nebenbedingungen:

Bedarfsdeckung:

$$\sum_g X_{gh} = M_h^o \qquad\qquad \forall\, h$$

---

[1] Die Einbeziehung der diesbezüglichen Errichtungskosten ist ohne Probleme möglich, soll hier jedoch aus Gründen der Übersichtlichkeit unterbleiben.

Kapazitätsgrenze:

$$c_g \cdot \sum_h X_{gh} \le a_g \cdot C_g \qquad\qquad \forall\, g$$

NNB:

$$X_{gh} \ge 0 \qquad\qquad\qquad \forall\, g, h$$

$$a_g \ge 0 \qquad\qquad\qquad \forall\, g$$

Sofern das für die Investitionen verfügbare Kapital einen potenziellen Engpass darstellt, sind die Nebenbedingungen um eine Finanzrelation zu erweitern, die sicherstellt, dass das benötigte Kapital die verfügbaren Mittel nicht überschreitet.

In allen bisherigen Ansätzen wurde „volle Bedarfsdeckung" unterstellt. Es gibt jedoch gute Gründe dafür, die Bestimmung der Absatzmengen (und damit des gesamten Produktionsvolumens bei dem betrachteten Produkt bzw. Produktfeld) in das Entscheidungsproblem einzubeziehen. Da nun die produktive Aufgabe erst zu bestimmen ist, kann kein Kostenminimierungsmodell mehr verwendet werden. Der letzte betrachtete Modelltyp ist deshalb ein Gewinnmaximierungsmodell.

- **Modell 5: Gewinnmaximierungsmodell**

Für die Formulierung werden folgende zusätzliche Variablen und Parameter benötigt:

p_h Angebots- bzw. Marktpreis auf Markt h (GE/ME)

d_{gh} Deckungsbeitrag (GE/ME); mit $d_{gh} = p_h - T_{gh} - k_g$

M^0_h Absatzgrenze

R   Betrag der Finanzinvestition

j   Zinssatz der Finanzinvestition

A^*_g anteilige Anschaffungsausgabe pro Kapazitätseinheit (= auf den Planungszeitraum entfallende Abschreibung)

A_g volle Anschaffungsausgabe pro Kapazitätseinheit

B   Investitionsbudget

Für jeden „Bedarfsort" (z.B. geografischen Teilmarkt) gilt nun eine Absatzgrenze M^0_h, deren Höhe auch von dem gewählten Angebotspreis p_h abhängig ist.[1] Der Modellansatz verändert sich wie folgt:

---

[1] Von einer eventuell gültigen Preisabsatzfunktion wird hier also nur **eine** Preis-Mengen-Kombination berücksichtigt. Die Einbeziehung der Preispolitik in das Entscheidungsmodell ist durch entsprechende Modellveränderungen grundsätzlich möglich, soll hier aber aus Gründen der Übersichtlichkeit ebenfalls unterbleiben.

Zielfunktion:

$$G = \sum_g \sum_h d_{gh} \cdot X_{gh} - \sum_g a_g \cdot A^*_g + j \cdot R = max!$$

Nebenbedingungen:

Absatzgrenze:

$$\sum_g X_{gh} \le M^o_h \qquad \forall \, h$$

Kapazitätsgrenze:

$$c_g \cdot \sum_h X_{gh} \le a_g \cdot C_g \qquad \forall \, g$$

Finanzierungsbedingung:

$$\sum_g a_g \cdot A_g + R = B$$

NNB:

$$X_{gh} \ge 0 \qquad \forall \, g, h$$

$$a_g \ge 0 \qquad \forall \, g$$

Die im Modell integrierte Finanzinvestition ist kein „schmückendes Beiwerk", sondern für die Beurteilung der zu treffenden Investitionsentscheidungen im Gewinnmaximierungsmodell wichtig: Investiert wird nur dann an einem Standort, wenn die damit ermöglichten Deckungsbeiträge die anteiligen Anschaffungsausgaben (= den Werteverzehr) **und** die Zinsen (hier erfasst als Opportunitätskosten, also als Zinsentgang durch die dann nicht mehr möglichen Finanzinvestitionen) decken.

Aus der **Lösung** eines solchen Modells ist zu ersehen, welche Standorte aus der vorgeschlagenen Alternativenmenge tatsächlich realisiert und mit welchen Kapazitäten ausgestattet, welche Mengen dort produziert und auf welchen Absatzmärkten abgesetzt werden sollen. Trotz der bereits jetzt nicht geringen Modellkomplexität müsste der Lösungsansatz, wenn er in der Praxis angewendet werden soll, noch erweitert werden (z.B. Berücksichtigung mehrerer Produkte bzw. Produktfelder). Schon hier aber wird deutlich, dass die diskutierten Modellansätze, insbesondere Modell 5, **Vorteile gegenüber dem Steiner-Weber-Ansatz** bieten, und zwar:

- alle standortrelevanten Kosten- und Erlösgrößen werden berücksichtigt,
- Berücksichtigung konkreter Standortalternativen (keine geografisch „unsinnigen" Lösungen möglich),

- Standortspaltung bei variablen Betriebsgrößen berücksichtigt,
- kein vorgegebenes Produktions- und Absatzprogramm,
- weitere einschränkende Nebenbedingungen (z.B. begrenztes Investitionsbudget) können berücksichtigt werden.

Der Verbreitungsgrad von LP-Modellen in der Praxis ist jedoch bei der Standortplanung (wie auch in anderen, noch zu betrachtenden Anwendungsfeldern) als eher gering einzustufen. Damit erhebt sich die Frage, wie die **Standortplanung in der industriellen Praxis** derzeit tatsächlich erfolgt. Hierfür wird für gewöhnlich ein **mehrstufiger Entscheidungsprozess** durchlaufen, der sich wie folgt charakterisieren lässt:

1. Alternativengenerierung: Sammlung potenzieller Standortalternativen, die zur Deckung eines konkreten Bedarfs (z.B. Ausbau der Produktionskapazitäten) in Frage kommen; die Suche nach Alternativen kann aktiv und/oder passiv (z.B. in Form einer Ausschreibung oder eines ausgerufenen „Standortwettbewerbs") gestaltet werden;

2. Anwendung eines vereinfachten Scoring-Modells zwecks Eingrenzung der Alternativenmenge; nur die besten 10-15 Alternativen werden im Folgenden weiter betrachtet;

3. Anwendung eines detaillierten Scoring-Modells zur Bewertung der verbleibenden Alternativen; nur die besten 3-5 Alternativen werden im Folgenden weiter betrachtet;

4. Inspektion der verbleibenden 3-5 Standortalternativen „vor Ort"; Gespräche mit lokalen „Stakeholdern", z.B. Regierungen, Behörden, Arbeitnehmervertretungen usw.;

5. Ausarbeitung einer detaillierten Wirtschaftlichkeitsrechnung für jede Standortalternative unter Anwendung verschiedener Kriterien der Investitionsrechnung bzw. der wertorientierten Unternehmensführung (z.B. „Economic Value Added");

6. Entscheidung für die zu realisierende Standortalternative unter Würdigung aller vorliegenden quantitativen und qualitativen Informationen.

Einige dieser Schritte seien anhand eines **praktischen Beispiels** – der Standortsuche für die Produktionsstätte des „1er"-Modells der BMW AG in den Jahren 2000/2001 – näher illustriert: Der Standortbedarf wurde in einer Pressemitteilung der BMW Group vom 13. Juli 2000 wie folgt beschrieben:

Standortentscheidung für neue BMW Modellreihe:
Kapazitätserweiterung des BMW Werkverbundes notwendig

BMW wird bis zum Jahr 2004 eine völlig neue Modellreihe im oberen Bereich der unteren Mittelklasse auf den Markt bringen. Diese neue Modellreihe ist ein wichtiges Element in der Mitte März angekündigten Neuausrichtung des Unternehmens. Die Entwicklung der neuen BMW Modellreihe geht zügig voran, derzeit werden mehrere Konzepte verfolgt. Die BMW Group hat entschieden, die Produktion für die neue Modellreihe im Werk Regensburg anlaufen zu lassen. Die vorhandenen Kapazitäten innerhalb des BMW Werkverbundes reichen für das zusätzliche Produktionsvolumen jedoch nicht aus. BMW beabsichtigt daher, ein komplett neues Werk zu errichten. Eine Standortentscheidung ist von sehr langfristiger Natur und bedarf einer eingehenden und umfassenden Prüfung. Mit einer Entscheidung ist bis Mitte 2001 zu rechnen. Welche Modelle in diesem Werk produziert werden, steht noch nicht fest.

Dr. Norbert Reithofer, Produktionsvorstand der BMW Group, anlässlich der heutigen Betriebsversammlung im Werk Regensburg: „Das Werk Regensburg hat hervorragende Erfahrung in Produktionsanläufen und kann so von Anfang an beim neuen Modell die gewohnt hohe BMW Qualität sicherstellen. Die Flexibilisierung der Werkebelegung innerhalb des Werkverbundes wird in Zukunft eine noch größere Bedeutung erhalten und damit die Agilität des gesamten Unternehmens steigern."

Verschiedene Gründe waren für die Entscheidung des Produktionsanlaufes im BMW Werk Regensburg ausschlaggebend: Das aktive Nutzen des BMW Werkverbundes mit einheitlichen Arbeitsinhalten und -abläufen ist effizient und sichert den einzelnen Werken eine dauerhafte Auslastung. Die erhöhte Flexibilität in der Werkebelegung führt zudem für Kunden zu kürzeren Lieferfristen. Des Weiteren bedeutet der Produktionsanlauf eines neuen Modells in einem bestehenden Werk mit ausgewiesener Erfahrung einen deutlichen Zeitgewinn und ermöglicht ein intensives Training der neuen Mitarbeiter im neuen Werk.

In den letzten Wochen wurden die allgemeinen Anforderungen an einen möglichen neuen Standort konkretisiert. Neben einer ausreichenden Grundstücksgröße von mehr als 2 km², einer guten verkehrstechnischen Anbindung (Autobahn, Eisenbahn, Flughafen), qualifiziertem und qualifizierbarem Personal, der Anbindung an den BMW Werkverbund, der Attraktivität des lokalen Marktes und dem Gesamtkostenaspekt sind auch die politischen Rahmenbedingungen von entscheidender Bedeutung. Am neuen Standort sollen bei BMW wie auch bei Zulieferbetrieben mehrere Tausend Arbeitsplätze entstehen.

Im weiteren Planungsverlauf wurde ein „Standortwettbewerb" ausgerufen, in dessen Verlauf von den sich bewerbenden Städten bzw. Regionen Angaben zu den folgenden Entscheidungskriterien (Standortfaktoren) erbeten wurden:

1. Grundstückslage und -größe	2. Grundstückstopografie
• Land • Bundesland • Stadt/Gemeinde/Anschrift • Grundstücksfläche (200 – 250 ha in einer Fläche) [ha]	• Höhenlage über NN (min. & max.) [m] • Höhenlage über NN der Erschließungsstraße [m] • Höhenlage über NN des nächsten größeren Gewässers (Fluss, See) [m]
3. Technische Ver- und Entsorgung	4. Verkehrserschließung

• Distanz zur nächstmöglichen Stromentnahmestelle (110kV/40MW) [km]
• Distanz zur nächstmöglichen Gasanschlussstelle (6.600m^3/h) [km]
• Distanz zur nächstmöglichen Wasserentnahmestelle (450m^3/h) [km]
• Distanz zur nächstmöglichen Telekommunikationsanschlussstelle (2x PMA mit je 60AL; 12x Glasfaser mit je 34MB/sec) [km]
• Distanz zur nächsten Schmutzwasserkanalanschlussstelle (250m^3/h) Höhe über NN [km/m]
• Entsorgung Regenwasser durch Brunnen/Kanal/Gewässer; Höhe über NN [km/m]
• Entsorgung Abfälle
  • Feststoffe (2000 t/a) - Entsorgungsträger
  • Schlämme und Fette (1500 t/a) – Entsorgungsträger
  • Verdünner (95 t/a) – Entsorgungsträger
	• Distanz zum nächsten Bahnhof [km]
	• Distanz zum nächstgelegenen Gleisanschluss/Höhenlage über NN [km/m]
	• Widmung der unmittelbar am Grundstück anliegenden Straße
	• Bezeichnung der nächsten erreichbaren Autobahn [Bez.]
	• Länge Autobahnzubringer (ohne höhengleichen Bahnübergang)
	  • in Straßenkilometern [km]
	  • Fahrzeit [min]

5. Umgebungsbebauung	6. Distanz zum nächsten Flughafen
• Distanz (Luftlinie) zum nächsten Wohngebäude [m]	• national [Name/km/Fahrzeit] • international [Name/km/Fahrzeit]

- externe Einwirkung durch Rauch, Staub oder Schmutz auf das Grundstück [ja + Erläuterung/nein]
- Anlage mit Katastrophenpotenzial im Umkreis von 5 km [ja + Erläuterung/nein]

7. Grundstücksgeologie, Bebauungserschwernisse	8. Baurecht

- Bezeichnung des tragfähigen Untergrundes (z.B. Kies)/ca. Tragfähigkeit [Name/MN/m^2]
- Tiefe des tragfähigen Baugrundes unter GOK [m]
- Tiefe des höchsten Grundwasserspiegels unter GOK [m]
- Verdacht auf unterirdische Aushöhlungen oder Auffüllungen [ja + Beschreibung/nein]
- Verdacht auf archäologische Bedeutsamkeit [ja + Beschreibung/nein]
- Altlastenstatus/Kontaminierungen [Beschreibung]
- Erdbebenrisikoklassifizierung [Beschreibung]
- Benennung von ober- und unterirdischen Leitungen [Beschreibung]
- Benennung von vorhandenen Bauwerken, Denkmalschutz, etc. [Beschreibung]
	- derzeitiger baurechtlicher Status nach:
	  - Flächennutzungsplan [Beschreibung]
	  - Bebauungsplan [Beschreibung]
	  - Sonstiges [Beschreibung]
	- Baurecht mit GI verschaffbar bis [Datum]
	- zu erwartende GRZ/GFZ
	- zu erwartende Bauhöhe über GOK
	  - generell [m]
	  - Ausnahmen (z.B. Kamine)
	- zu erwartende Baugenehmigungsdauer ab Beantragung:
	  - für Erdarbeiten [Monate]
	  - für Hochbauarbeiten [Monate]
	- Besonderheiten, z.B. Ökologie, Naturschutz, Baumbestand [Beschreibung]

9. Beschäftigungsdaten, bezogen auf die Region:	10. Lebensumfeld
(Umkreis von ca. 50 km; bitte erläutern, auf welche(n) Kreis(e), Bezirke o.ä. sich die angegebenen Daten beziehen; Angabe der jeweils neuesten verfügbaren Daten mit Angabe des Bezugsjahres)	(Umkreis von ca. 50 km; bitte erläutern, auf welche(n) Kreis(e), Bezirke o.ä. sich die angegebenen Daten beziehen; Angabe der jeweils neuesten verfügbaren Daten mit Angabe des Bezugsjahres)

- Region [Bezeichnung]
- Bevölkerung nach Altersgruppen:
  - 0 - 5 Jahre [Anzahl]
  - 6 - 15 Jahre [Anzahl]
  - 16 - 25 Jahre [Anzahl]
  - 26 - 45 Jahre [Anzahl]
  - 46 - 65 Jahre [Anzahl]
  - 66 und mehr Jahre [Anzahl]
  - insgesamt [Anzahl]
- Bevölkerungsentwicklung
  - Geborene [Anzahl 1980, 1990 + 1999]
  - Gestorbene [Anzahl 1980, 1990 + 1999]
  - Überschuss der Geborenen (+) bzw. der Gestorbenen (-) [Anzahl 1980, 1990 + 1999]
- Bevölkerung nach Schulabschluss
  - ohne Schulabschluss [Anzahl + %]
  - Hauptschulabschluss [Anzahl + %]
  - Realschul-/gleichw. Abschluss [Anzahl + %]
  - Hochschulreife (FH/Uni) [Anzahl + %]
  - noch in schulischer Ausbildung [Anzahl + %]
- Bevölkerung nach Ausbildungsabschluss
  - ohne berufsbildenden oder Hochschulabschluss (Anzahl + %)
  - Berufsausbildung (Anzahl + %)
  - Meister/Techniker oder gleichw. Abschluss (Anzahl + %)
  - FH-/Uni-Absolventen (Anzahl + %)
  - noch in Ausbildung (Anzahl + %)

- Distanz zum nächsten Ort mit Grund-, Haupt- und weiterführenden Schulen [Name/km/Schularten]
- Distanz zum nächsten Ort mit Hochschulen (FH/Uni) [Ortsname/km/Art/Fachbereiche]
- Distanz zum nächsten Krankenhaus [km/Bettenzahl]
- Distanz zur nächsten Mittel-/Großstadt [Name - Einwohnerzahl - km]
- Medizinische Versorgung
  - Ärzte [je 100.000 Einwohner]
  - Zahnärzte [je 100.000 Einwohner]
  - Apotheken [je 100.000 Einwohner]
  - verfügbare Krankenhausbetten [Anzahl]
- Kriminalität (neueste Zahlen!) [Straftaten bezogen auf 100.000 Einwohner/Auflistung]
- Vorhandensein einer deutschen/internationalen Schule (→ gilt nur für Länder außerhalb der BRD) [Ort/km/Art + Name der Schule/Anzahl Schüler]

weitere Informationen
zur Region/Stadt
als Anlage beifügen!

- Schüler nach Schularten [Anzahl/Schulart]
- Schulabgänger
  - insgesamt [Anzahl 1980, 1990 + 1999]
  - davon ohne Hauptschulabschluss [Anzahl 1980, 1990 + 1999]
  - mit Hauptschulabschluss [Anzahl 1980, 1990 + 1999]
  - mit Realschulabschluss [Anzahl 1980, 1990 + 1999]
  - mit Hochschulreife [Anzahl 1980, 1990 + 1999]
  - Berufliche Schulen (Berufs-, Fach-, Fachoberschulen, etc.) und Weiterbildungsmöglichkeiten in technischen Berufen [Anzahl/Art + Anzahl Schüler]
- an Hochschulen/Universitäten immatrikulierte Studenten
  - an Universitäten [Anzahl Studenten]
  - an Fachhochschulen [Anzahl Studenten]
  - Studienfächer
    - Naturwissenschaften + Mathematik [Anzahl Studenten]
    - Ingenieurwissenschaften [Anzahl Studenten]
  - Beschäftigungsdaten
    - Arbeitslosigkeit [Anzahl/%]
    - tarifl. Arbeitszeit Metall- + Elektroindustrie
      - Wochenarbeitszeit
      - Jahresurlaubstage
      - Feiertage

<ul><li>Durchschnittliche Krankheitstage in der Industrie in Arbeitstagen pro Mitarbeiter/Jahr</li><li>Ausfalltage durch Arbeitskämpfe in der Industrie je 1000 Beschäftigte/Jahr</li></ul>	
<ul><li>Erwerbstätige nach Wirtschaftsbereichen</li><ul><li>Land- + Forstwirtschaft, Fischerei</li><li>Produzierendes Gewerbe [%/Absolut]</li><li>Handel, Gastronomie, Verkehr und sonstige Dienstleistungen</li><li>durchschnittlicher Bruttostundenlohn in der Industrie</li><li>durchschnittliches. Bruttomonatsgehalt in der Industrie</li><li>Personalzusatzkosten (gesetzlich + tariflich) in der Metall- + E-Industrie [in % des Entgelts für geleistete Arbeit]</li></ul></ul>	
11. Erwerbbarkeit des Grundstücks – Rechte Dritter	**12. Automobilzulieferfirmen mit einem Jahresumsatz von min. 10 Mio. DM**
<ul><li>Eigentumserwerb am Gesamtgrundstück von einem Eigentümer möglich [ja/nein]</li><li>zu übernehmende Grunddienstbarkeiten [Name-Beschreibung]</li><li>evtl. Restitutionsansprüche [ja/nein]</li><li>Flurstücksnummern des Gesamtgrundstücks [Anzahl]</li><li>Anzahl der Eigentümer am Gesamtgrundstück:</li><ul><li>Privatpersonen [Anzahl]</li><li>Landwirte [Anzahl]</li><li>Unternehmen [Anzahl] Öffentliche Hand [Anzahl]</li></ul></ul>	<ul><li>im Umkreis von 10 km [Name/Ort/km]</li><li>im Umkreis von 10 - 50 km [Name/Ort/km]</li><li>bekannte Ansiedlungsabsichten neuer Automobilzulieferfirmen im Umkreis von 50 km [Name/Ort/km/Umfang]</li></ul>

Am Ende eines mehrstufigen Entscheidungsprozesses, wie er oben bereits skizziert wurde, fiel die Entscheidung auf die Standortalternative „Leipzig", was in einer Presseveröffentlichung vom 18.07.2001 wie folgt kommentiert wurde:[1]

BMW baut neues Werk in Leipzig

Die zwei Milliarden Mark teure Fabrik soll 10.000 Arbeitsplätze schaffen. Ab 2005 wird der 3-er BMW gebaut.

Leipzig - Sachsen jubelt: BMW baut sein neues Werk in Leipzig und schafft damit rund 10.000 neue Arbeitsplätze in der Region. BMW-Chef Joachim Milberg sagte, BMW werde in das neue Werk rund eine Milliarde Euro (1,95 Milliarden Mark) investieren. In der Fabrik, in der ab dem Jahr 2005 die BMW 3-er-Reihe gefertigt werden soll, sollen fast 5.500 Arbeitsplätze entstehen, etwa noch einmal so viele in Zulieferfirmen in der Region.

Als Standort für das neue Werk hatten sich etwa 250 Städte in ganz Europa beworben. Neben Leipzig waren zuletzt noch Augsburg, Schwerin, das tschechische Kolin und das französische Arras übrig gewesen.

Für Leipzig gab nach Milbergs Worten ein ganzes Bündel von Argumenten den Ausschlag: Das 200 Hektar große Grundstück sei ideal und liege verkehrsgünstig an Autobahn und Bahn. Kaufpreis und Erschließungskosten seien günstig. Nach Angaben aus Bayern war das Grundstück in Augsburg eine halbe Milliarde Mark teurer.

Milberg wies auch auf die günstigen Lohnkosten hin. Mit den Gewerkschaften habe sich BMW auf ein flexibles Arbeitszeitmodell mit Arbeitszeit-Bausteinen und auf ein „standortbezogenes wettbewerbsfähiges Entgeltniveau geeinigt". Qualifiziertes Fachpersonal sei reichlich verfügbar. AP

(Quelle: o.V., 18.07.2001)

---

f)   Managementkonzepte als Optionen der Produktionsstrategie

Zuweilen wird auch die Entscheidung für den Einsatz bestimmter Managementkonzepte im Produktionsbereich als Bestandteil der Produktionsstrategie angesehen. Der Einsatz dieser Methoden kann jedoch oft auch dem taktischen bzw. operativen Management zugeordnet werden. Wir

---

[1] Aus Geheimhaltungsgründen wurde das geplante neue Modell – der 1er BMW – hier noch nicht explizit genannt.

kommen deshalb erst an späterer Stelle auf einige dieser Managementkonzepte zurück. Tabelle 2-47 gibt einen Überblick über die wichtigsten der in diesem Zusammenhang genannten Konzepte.

Tabelle 2-47. Managementkonzepte als Bestandteile der Produktionsstrategie (Quelle: in Anlehnung an Akca/Ilas 2005, S. 9)

Managementkonzept	Grundgedanke bzw. Ziel	Hauptautoren (Auswahl)
Lean Production/Lean Management	„Verschlankung" der Produktion (des Unternehmens) zur Erhöhung der Produktivität und zur Reduzierung von Zeit und Kosten	Krafcik (1988); Pfeiffer/Weiß (1993)
Just-in-Time-Produktion	Übertragung des Grundgedankens der spätestmöglichen Inanspruchnahme von Ressourcen auf die Produktion(sstufen)	Fandel/Francois (1989); Wildemann (1992)
Kanban	Dezentrale Materialflussplanung und -steuerung nach dem „Pull-Prinzip"	Shingo (1993)
Kaizen	Realisierung kontinuierlicher Verbesserungsprozesse	Imai (1986)
Total Quality Management (TQM)	Umfassender Ansatz für ein Qualitätsmanagement in Unternehmen	Ishikawa (1985)
Computer Integrated Manufacturing (CIM)	Gesamtkonzept der Integration aller Informationsflüsse im Industriebetrieb	Scheer (1987)
Supply Chain Management (SCM)	Integration aller Beschaffungs-, Produktions-, Transport- und Lageraktivitäten vom Zulieferer der Rohstoffe bis zum Endkunden	Wildemann (2000) Klaus (2002)
Mass Customization	Verknüpfung der Anforderung einer Produktion kundenindividueller Produktvarianten mit den „Gesetzen" der Massenproduktion	Piller (1998)

g)   Fazit

Auch im Funktionsbereich „Produktion" ist die Komplexität der einzelnen Maßnahmen und Entscheidungen derart hoch, dass es sinnvoll ist, das zukünftige Geschehen auf (wenige) „strategische" Optionen zu verdichten. Diese Optionen beziehen sich vor allem auf

- die Fertigungstiefe,

- die verwendete Fertigungstechnologie,

- die Organisationsform der Fertigung und

- den geografischen Ort der Wertschöpfung bzw. die Standorte für Produktionskapazitäten.

Auch die Entscheidung für den Einsatz bestimmter Managementmethoden kann Bestandteil der Produktionsstrategie sein.

Damit sei die Betrachtung der **funktionsstrategischen Optionen** des Industriebetriebs **abgeschlossen**. Bevor wir uns den strategischen Optionen auf Unternehmensebene zuwenden, sei kurz der Frage nach der Beziehung der Funktions- zu den Geschäftsfeldstrategien nachgegangen.

2.4.3.5 Abstimmung der Funktions- und Geschäftsfeldstrategien

Es ist offensichtlich, dass die Funktionsbereiche und die Geschäftsfelder des Industriebetriebs nicht völlig unabhängig voneinander sind und deshalb auch nicht ohne eine Abstimmung zwischen ihnen gestaltet werden können (vgl. dazu noch einmal Abbildung 2-6). Denn die Funktionsstrategien manifestieren sich letztendlich in den ökonomischen Handlungen der Geschäftsfelder, so wie auch die Geschäftsfelder nicht ohne Bezug auf die Funktionsstrategien geplant werden können. Beide Strategiebereiche sind also, wie in Abbildung 2-6 bereits angedeutet, interdependent – eine Interdependenz zwischen aggregierten Größen bzw. Bereichen, die zu berücksichtigen zum Aufgabenfeld des strategischen Managements gehört.

Fragt man nach der Struktur der Beziehungen zwischen Funktions- und Geschäftsbereichsstrategien, so sind drei Fälle zu unterscheiden (siehe Abbildung 2-87).

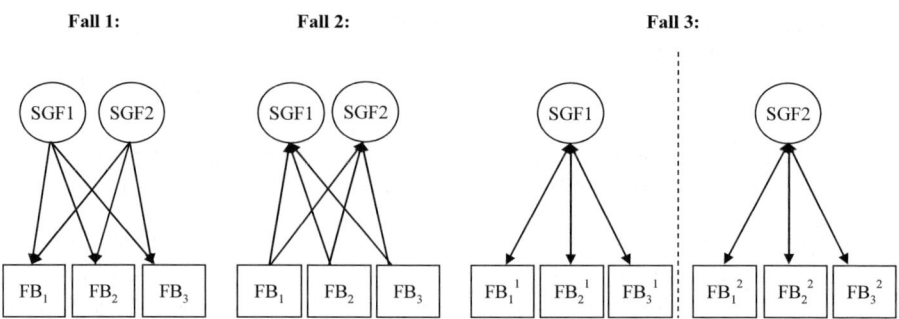

Abb. 2-87. Beziehungen zwischen Funktionsbereichs- und Geschäftsfeldstrategien

Zunächst ist denkbar, dass geschäftsfeldstrategische Optionen als Prämisse in die Funktionsbereichsstrategien eingehen (**Fall 1**). So impliziert die Option „Aufbau eines neuen Geschäftsfelds x" zum Beispiel die Erschließung neuer Technologien (FB_1), die Beschaffung neuer Materialien bei noch auszuwählenden Lieferanten (FB_2) und den Aufbau neuer Produktionskapazitäten (FB_3). Allerdings hat jeder Funktionsbereich die strategischen Prämissen aus verschiedenen Geschäftsfeldern zu beachten und gegebenenfalls abzustimmen.

Im **Fall 2** wirken die Funktionsstrategien als Prämissen der Geschäftsfeldstrategien (im Technologiebereich z.B. bei der Suche neuer Anwendungsfelder für vorhandene Technologien). Bei der Planung der Geschäftsfeldstrategien sind Prämissen und Restriktionen (z.B. Beschaffungs- und Kapazitätsengpässe) aus allen relevanten Funktionsbereichen zu berücksichtigen.

Im **Fall 3** ist die Situation insofern einfacher, als die Funktionsbereiche geschäftsfeldspezifisch differenziert sind, was für breit diversifizierte Unternehmen nicht untypisch ist.

Festzuhalten ist, dass sowohl Funktionsbereichs- als auch Geschäftsfeldstrategien Prämissen für die Strategieplanung des jeweils anderen Bereichs setzen und insofern Abstimmungsbedarf begründen können.

Kommen wir damit zur Betrachtung strategischer Optionen auf Unternehmensgesamtebene.

2.4.4 Formulierung alternativer Strategien auf Unternehmensgesamtebene

2.4.4.1 Zwei Ansätze der Erzielung „übernormaler" Gewinne: ressourcenorientierter versus marktorientierter Ansatz

Wie in Abschnitt 2.2 erläutert, gehen moderne Zielgrößen des wertorientierten Managements (z.B. EVA oder Geschäftswertbeitrag) davon aus, dass mehr als nur die branchenübliche Verzinsung des eingesetzten Kapitals erzielt werden sollte. Es herrscht weiter Einigkeit darüber, dass ein Unternehmen nur dann auf Dauer solche „übernormalen" Gewinne oder Wertbeiträge erzielen kann, wenn es sich im Wettbewerb positiv von den Konkurrenten abheben und die Kunden so dauerhaft für sich gewinnen kann. Bei der Frage, worin ein solcher Wettbewerbsvorteil begründet liegen kann, gehen die Meinungen jedoch auseinander. **Zwei Sichtweisen** der Erzielung von Wettbewerbsvorteilen (und damit zwei Ansätze zur Planung von Unternehmensgesamtstrategien) sind zu unterscheiden:

- **Marktorientierter Ansatz („market based view"):**

Eine nachhaltige Wettbewerbsposition mit dauerhafter strategiebedingter Rente wird erreicht durch Positionierung in attraktiven Produkt-Markt-Kombinationen.

- **Ressourcenorientierter Ansatz („resource based view"):**

Eine nachhaltige Wettbewerbsposition mit dauerhafter strategiebedingter Rente wird durch unternehmensspezifische Fertigkeiten, Fähigkeiten, (Kern-) Kompetenzen und Ressourcen ermöglicht.

Der **marktorientierte Ansatz** beruht auf den Erkenntnissen der Industrieökonomik, wie sie z.B. von Michael Porter in das Feld des strategischen Managements übertragen worden sind (vgl. Porter 1980). Ausgangspunkt ist die o.g. These, dass eine „gute" Positionierung des Unternehmens bzw. seiner Geschäftsfelder in attraktiven (z.B. wachsenden) Märkten der Schlüssel für den ökonomischen Erfolg seien. Bei genauerer Betrachtung hänge, so wird weiter ausgeführt, der Erfolg („Performance") eines Unternehmens von seinem Verhalten („Conduct") ab, das wiederum ganz maßgeblich durch die Struktur der Branche („Structure") beeinflusst wird. Ein Verständnis für die Branchenstruktur sei somit für eine „gute", wettbewerbsorientierte Strategie und damit für den Unternehmenserfolg elementar. Diese These erklärt auch die Bedeutung, die die Branchenstrukturanalyse (z.B. das Porter-Konzept, siehe Abbildung 2-16) im Rahmen des marktorientierten Ansatzes einnimmt.

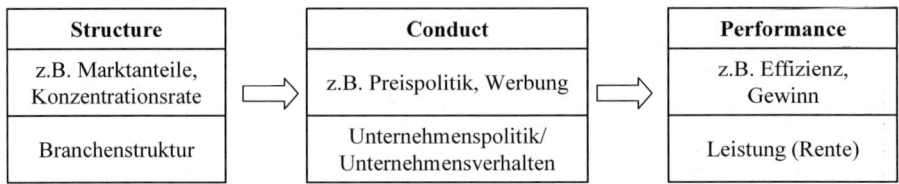

Structure	Conduct	Performance
z.B. Marktanteile, Konzentrationsrate	z.B. Preispolitik, Werbung	z.B. Effizienz, Gewinn
Branchenstruktur	Unternehmenspolitik/ Unternehmensverhalten	Leistung (Rente)

Abb. 2-88. Marktorientierter Ansatz: das Structure-Conduct-Performance-Paradigma des strategischen Managements

Auf der Suche nach Wettbewerbsvorteilen verfolgt der marktorientierte Ansatz gewissermaßen eine „Outside-in"-Perspektive, da es letztlich unternehmensexterne Gegebenheiten sind, die – auch in Abhängigkeit der strategischen Antworten des Unternehmens auf diese Gegebenheiten – darüber entscheiden, ob eine „dauerhafte strategiebedingte Rente" erzielt werden kann oder nicht (siehe Abbildung 2-89).

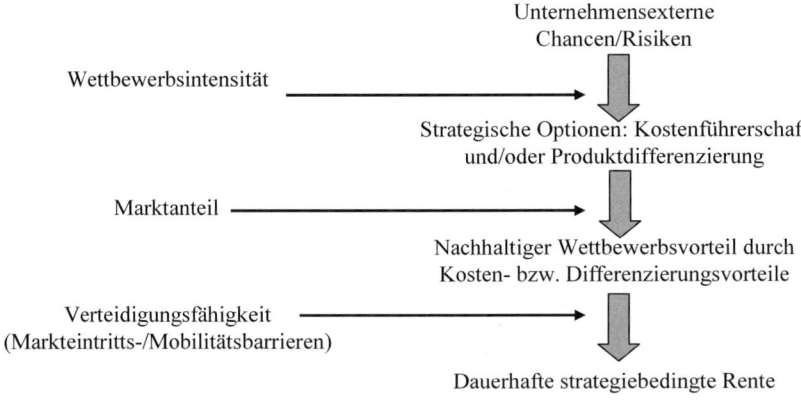

Abb. 2-89. Die „Outside-in"-Perspektive des marktorientierten Ansatzes (Quelle: in Anlehnung an Gaitanides/Sjurts 1995, S. 63.)

Im Laufe der Zeit stellte sich jedoch heraus, dass die marktorientierte Sichtweise einseitig ist. So ergab z.B. eine 1987 veröffentlichte Studie von Rumelt, der 1200 US-amerikanische Unternehmen über einen Zeitraum von 20 Jahren untersuchte, dass die Varianz der Rendite von Firmen **innerhalb** einer Branche etwa 3-5-mal höher ausfällt als die Varianz der Ergebnisse von Firmen verschiedener Branchen. Da die Branchenstruktur doch für alle Firmen einer Branche gleich ist, taugt sie offensichtlich nicht zur (vollständigen) Erklärung der Leistungsunterschiede zwischen Unternehmen. Diese Erkenntnis ließ die unterschiedliche Ressourcenausstattung von Unternehmen als möglichen Erfolgsfaktor in den Mittelpunkt der Betrachtung rücken.

Der **ressourcenorientierte Ansatz** (vgl. Wernerfeldt 1984, Grant 1991 u.v.a.) ist in der Tat als Kritik am marktorientierten Ansatz, der von der unterschiedlichen Ressourcenausstattung völlig abstrahierte, entstanden und folgt einem „Resources-Conduct-Performance"-Paradigma (siehe Abbildung 2-90).

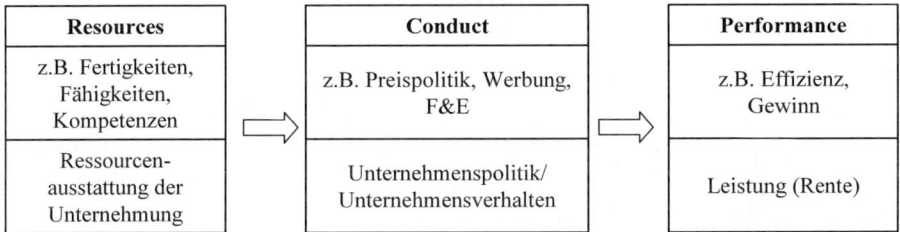

Abb. 2-90. Ressourcenorientierter Ansatz: das Resources-Conduct-Performance-Paradigma des strategischen Managements

In Umkehrung der „Outside-in"-Perspektive des marktorientierten Ansatzes wird nun eine „Inside-out"-Perspektive zur Erklärung eines dauerhaften, strategiebedingten Wertbeitrags eingenommen (siehe Abbildung 2-91).

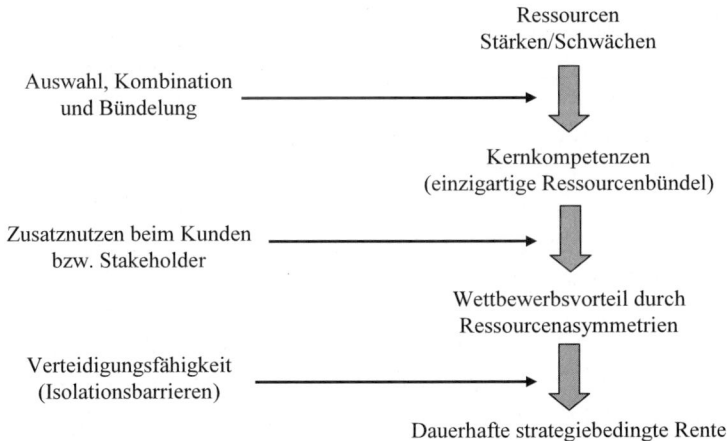

Abb. 2-91. Die „Inside-out"-Perspektive des ressourcenorientierten Ansatzes (Quelle: in Anlehnung an Rühli 1994, S. 43)

Auf die Bedeutung von Ressourcen für den Unternehmenserfolg sind wir in Abschnitt 2.3.2.3 („Analyse von Kernkompetenzen") bereits eingegangen, wollen diesen Aspekt hier jedoch noch weiter vertiefen. Um die Ressourcenausstattung zur Erklärung von Erfolgsunterschieden von Unternehmen einer Branche heranziehen zu können, müssen zunächst einmal folgende **Basisprämissen** erfüllt sein:

- Ressourcenheterogenität:
  Unternehmen einer Branche weisen tatsächlich eine asymmetrische Ressourcenausstattung auf;

- Ressourcenimmobilität:
  bestimmte Ressourcen verschließen sich einem Austausch zwischen Unternehmen.

Darüber hinaus sollten Ressourcen und Fähigkeiten, wenn sie „strategische Aktivposten" des Unternehmens im Sinne des ressourcenorientierten Ansatzes sein sollen, noch eine Reihe weiterer Eigenschaften aufweisen, die in Abbildung 2-92 zusammengefasst sind.

Bei etwas fokussierterer Betrachtung müssen „strategisch relevante" Ressourcen speziell die folgenden vier Eigenschaften aufweisen, nämlich

- Werthaltigkeit,
- Knappheit,
- Imitationsineffizienz und
- beschränkte Substituierbarkeit.

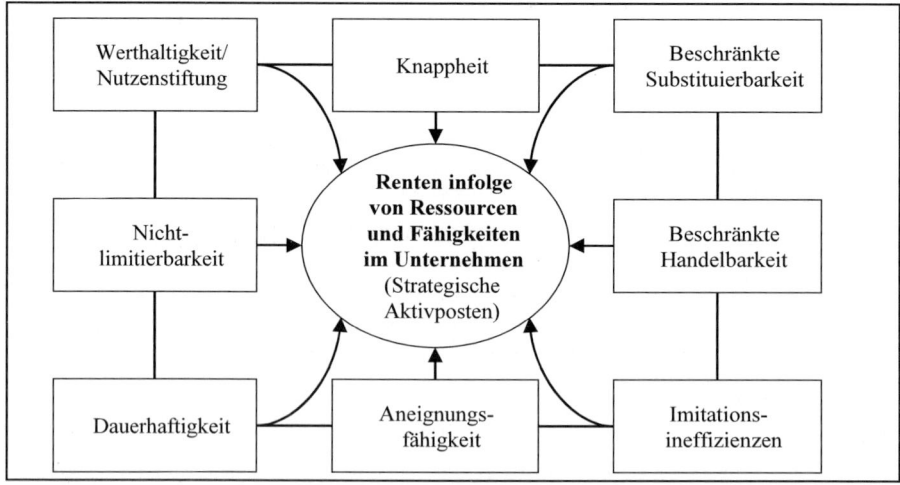

Abb. 2-92. Eigenschaften strategischer Ressourcen

Die Ausprägungen dieser Eigenschaften entscheiden darüber, ob überhaupt ein Wettbewerbsvorteil besteht und wie dauerhaft er ist (siehe Tabelle 2-48).

Tabelle 2-48. Ressourcen und strategische Wettbewerbsvorteile (Quelle: Barney 1992, S. 43)

Is a Ressource...

Valuable	Rare	Difficult to Imitate	Without Substitutes	Competitive Implications
No	-	-	-	Competitive disadvantage
Yes	No	-	-	Competetive parity
Yes	Yes	No	-	Temporary competitive advantage
Yes	Yes	Yes	No	Competitive parity
Yes	Yes	Yes	Yes	Sustained competitive advantage

Als konkrete Beispiele für strategisch wichtige Ressourcen kommen in erster Linie in Betracht:

- Humankapital,

- Intellektuelles Kapital, vor allem

- Technologien,

- Führungs- und Koordinationspotenzial,

- Sachkapital und nicht zuletzt

- Finanzmittel.

Ein strategisches Management nach dem ressourcenorientierten Ansatz hat vor allem drei Aufgaben zu bewältigen:

1. **Ressourcenidentifikation**, z.B. mithilfe der Instrumente[1]

  - Stärken-Schwächen-Analyse,

  - Benchmarking und Konkurrenzkostenschätzung,

  - Wertkettenanalyse.

---

[1] Siehe dazu Abschnitt 2.3.2.3 dieses Lehrbuchs.

2. Ressourcenentwicklung, insbesondere

- Veränderung vorhandener Ressourcen, z.B. durch Lern- und Verbesserungsprozesse[1],

- Neuaufbau fehlender Ressourcen bzw. „Zukauf".[2]

3. Ressourcennutzung, z.B. durch

- Nutzung von Know-how-Vorsprüngen im Technologie- und Innovationsmanagement,

- effektive Konzentration der Ressourcen auf die strategischen Schlüsselziele,

- Transfer bestehender Ressourcen bzw. Kernkompetenzen auf andere Produkte/Leistungen/Regionen/Kunden,

- Suche nach Synergiepotenzialen[3] und

- bestmögliche Bewahrung bzw. Wiedergewinnung von Ressourcen.

Interessant ist, dass sich zahlreiche „klassische" **strategische Optionen**, auch solche aus der Denkwelt des marktorientierten Ansatzes, **aus ressourcenorientierter Sicht** begründen lassen, z.B.

- Outsourcing bzw. Veränderungen der Wertschöpfungstiefe,

- Formen der zwischenbetrieblichen Zusammenarbeit wie Kooperationen und strategische Allianzen (vgl. dazu Hungenberg 2006, S. 531 ff.),

- Fusionen und Akquisitionen,

- Diversifikationsentscheidungen und

- Portfolio-Entscheidungen.

Im weiteren Verlauf der Diskussion wurde der ressourcenorientierte Ansatz weiter differenziert, z.B. indem (eher physisch gemeinte) „Ressourcen" noch stärker von „Fähigkeiten" und „Wissen" unterschieden wurden (siehe dazu auch Tabelle 2-49). An der grundsätzlichen Aussage änderte sich dadurch jedoch nichts.

---

[1] Siehe dazu Abschnitt 2.4.2.1 dieses Lehrbuchs.
[2] Siehe hierzu auch die in Abschnitt 2.4.3.2 betrachteten Optionen des Technologieerwerbs.
[3] Siehe dazu nochmals Tabelle 2-19.

Tabelle 2-49. Resourced-based view, capability-based view and knowledge-based view of strategic management (Quelle: Müller-Stewens/Lechner 2005, S. 364)

	RBV	**CBV**	**KBV**
Intellektuelle Wurzeln	Penrose, Selznick, Andrews, Wernerfelt, Barney	Penrose, Schumpeter, Chandler, Nelson, Winter, Teece	Nonaka, Grant, Spender, Liebeskind, v. Krogh
Sichtweise der Firma	Firmen sind einzigartige Ansammlungen von Ressourcen	Firmen sind Bündel von Fähigkeiten, die mit Ressourcen „hantieren"	Firmen sind soziale Entitäten von Wissen
Analyseeinheit	Ressource	Fähigkeit	Wissen
Ursache für Wettbewerbs-vorteile	Wertvolle, seltene, nicht-imitierbare und nicht-substituierbare Ressourcen	Die Fähigkeit, Ressourcen unter der Kontrolle der Firma nutzvoll einzusetzen	Firmenspezifisches Wissen und der Umgang damit
Mechanismus der Renten-generierung	Glück und „voraussehende" Wahl unterbewerteter Ressourcen	Akkumulation von Fähigkeiten durch interne Prozesse	Generierung, Transfer und Nutzung von Wissen
Zeitpunkt der Renten-generierung	Statisch: Vor der Akquisition einer Ressource	Prozessual: Während der Entwicklung der Fähigkeit	Prozessual: Während der Entwicklung des Wissens

Insgesamt gesehen hat der **ressourcenorientierte Ansatz** die Strategie-diskussion entscheidend bereichert, denn er lenkte die Aufmerksamkeit auf die Aspekte, die beim marktorientierten Ansatz wenig Bedeutung gefunden hatten.

Gegen eine Absolutsetzung dieser Sichtweise sprechen jedoch die folgenden **Kritikpunkte**:

- problematische Begriffsvielfalt (Ressourcen, Fähigkeiten, Kernkompetenzen, strategische Aktiva etc.);

- der Ansatz gibt keine Gestaltungsempfehlungen für die Nutzung bzw. „Umsetzung" strategischer Ressourcen;

- die Unterschätzung der externen Umwelt, z.B. Markt, Kunden, Konkurrenten, für die Unternehmensstrategie.

In der Praxis geht es folglich darum, bei der Formulierung von Unternehmensgesamtstrategien **beide** Sichtweisen angemessen zu berücksichtigen, die in Tabelle 2-50 noch einmal auf einen Blick gegenübergestellt werden.

Tabelle 2-50. Markt- und ressourcenorientierter Ansatz im Vergleich (Quelle: Krüger/Homp 1997, S. 63)

	Marktorientierter Ansatz	**Ressourcenorientierter Ansatz**
Denkfigur	Unternehmen als Portfolio von Geschäften	Unternehmen als Reservoir von Ressourcen und Fähigkeiten
Allgemeine Zielsetzung	Wachstum durch Cashflow-Balance im Laufe des strategischen Geschäftsfeld-Lebenszyklus	Nachhaltiges Wachstum durch Entwicklung, Nutzung und Transfer der Kernkompetenzen
Träger des Wettbewerbs	Geschäftseinheit gegen Geschäftseinheit	Unternehmen gegen Unternehmen
Konkurrenz-grundlage	Produktbezogene Kosten- oder Differenzierungsvorteile	Ausnutzung von unternehmensweiten Kompetenzen
Charakter des strategischen Vorteils	• Zeitlich befristet, erodierbar • Geschäftsspezifisch • Wahrnehmbar	• Nachhaltig, schwer angreifbar • Transferierbar in andere Geschäfte • Verborgen („implizites Wissen")
Strategiefokus	Tendenziell defensiv: Ausbau und Verteidigung bestehender Geschäfte; Anpassung der Strategie an die Wettbewerbskräfte	Tendenziell offensiv: Durch Kompetenztransfer Weiterentwicklung alter und Aufbau neuer Märkte; Beeinflussung der Wettbewerbskräfte
Rolle der Ge-schäftseinheit	Quasiunternehmung, „Besitzer" von Personen und Ressourcen (Profit Center)	Speicher von Ressourcen und Fähigkeiten (Center of Competence)
Aufgabe des Top Managements	Zuweisung von finanziellen Ressourcen an die strategischen Geschäftseinheiten	Integration der Ressourcen und Fähigkeiten auf Basis eines inhaltlichen Gesamtkonzepts

2.4.4.2 Strategische Optionen zur Portfolio-Planung und -optimierung

a)   Das Marktanteil-Marktwachstum-Portfolio

Die Aufgabe der Portfolio-Planung entspricht ganz dem Grundgedanken des marktorientierten Ansatzes und umfasst die Positionierung und Kombination der SGF eines jeweils relevanten Marktes, so dass eine nachhaltige, verteidigungsfähige Wettbewerbsposition erreicht und eine dauerhafte, strategiebedingte „Rente" erzielt wird.

Der Ursprung des Begriffs „Portfolio" liegt im Bankwesen und geht auf den Begriff „Portefeuille" zurück, worunter man zunächst ein Behältnis zur Aufbewahrung von Wertpapieren verstand, später dann das Wertpapierdepot an sich und – in einem noch umfassenderen Sinne – die Gesamtheit aller Vermögensanlageformen eines Investors.

Eingang in die betriebswirtschaftliche Literatur fand der Begriff durch die auf einen Ansatz von Markowitz beruhende „Portfolio Selection" (vgl. Markowitz 1959) – die optimale Mischung von Wertpapieren und Finanzanlagen unter Ertrags- **und** Risiko-Gesichtspunkten. Im strategischen Bereich wird das Portfolio dagegen als Gesamtheit der strategischen Geschäftsfelder eines Unternehmens verstanden. Die Analyse der derzeitigen Geschäftsfeldstruktur ist Gegenstand der **Portfolio-Analyse.**[1]

Ziel dieser Analyse ist es, die bestehenden SGF eines Unternehmens anhand von zwei Kriterien zu bewerten, wobei eines der Kriterien die Umwelt- und das andere die Unternehmensdimension (Wie günstig oder ungünstig ist die relevante Umwelt der SGF? Wie stark oder schwach ist es selbst ausgeprägt?) zum Ausdruck bringt. Im einfachsten Fall, dem von der Boston Consulting Group vorgeschlagenen Zweifaktoren-Portfolio, sind es die Kriterien

- **Marktwachstum** in % (als Umweltdimension) und

- **relativer Marktanteil** als Quotient des eigenen Marktanteils im Verhältnis zum Marktanteil des stärksten Konkurrenten (als Unternehmensdimension).

Verdichtet man beide Kriterien zu zwei groben Ausprägungen („hoch" und „niedrig"), erhält man die bekannte 4-Felder-Matrix (siehe Abbildung 2-93).

Die grafische Darstellung erlaubt auch eine Aussage über die relative Größe der Geschäftsfelder (z.B. gemessen am Umsatzvolumen) zueinander.

Wichtig ist der Hinweis, dass die hier verwendeten zwei Erfolgsfaktoren nicht zufällig, sondern mit Bedacht ausgewählt werden: Das Marktwachstum nimmt Bezug auf das schon betrachtete Konzept des Marktlebenszyklus und stellt, wie wir noch sehen werden, tatsächlich einen der aussagekräftigsten „externen" Erfolgsfaktoren dar.

---

[1] Die bereits betrachteten Varianten des Technologieportfolios (siehe Abschnitt 2.4.3.2) und des Beschaffungsportfolios (siehe Abschnitt 2.4.3.3) demonstrieren die Anwendbarkeit dieser Methode als Analyse- und Visualisierungsinstrument auch in anderen Feldern und haben zur Popularität dieses Ansatzes beigetragen.

Ein hohes Marktwachstum ist auch deshalb interessant, weil in wachsenden Märkten der Marktanteil oft „leichter" (d.h. mit weniger Widerstand seitens der Konkurrenten) ausgeweitet werden kann als in stagnierenden Märkten, in denen Umsatz- bzw. Absatzsteigerungen bei einem Konkurrenten stets zu absoluten Umsatz- bzw. Absatzrückgängen bei den anderen Unternehmen führen und entsprechende „Gegenmaßnahmen" provozieren.

Ist-Portfolio

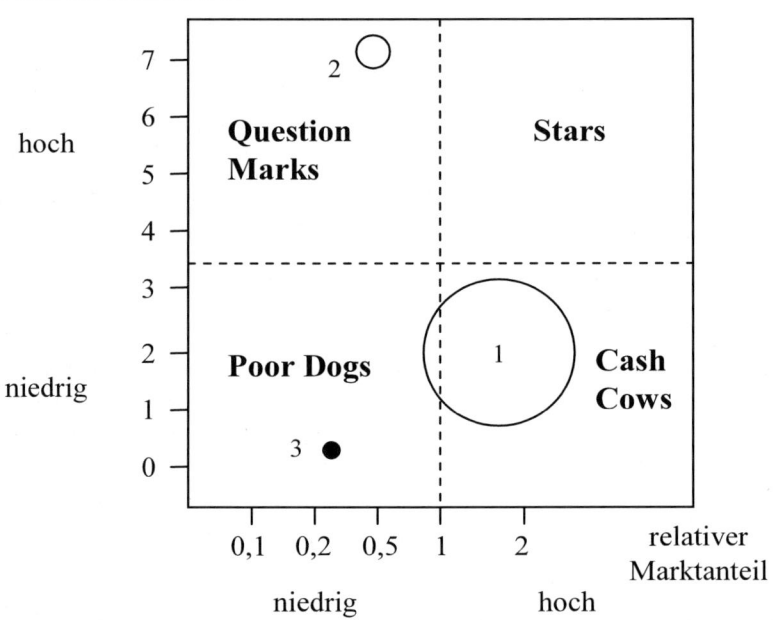

Abb. 2-93. Marktanteil-Marktwachstum-Portfolio (Beispiel) (Quelle: in Anlehnung an Hedley 1976)

Der relative Marktanteil rekurriert auf das schon betrachtete Erfahrungskurven-Konzept und bringt den doppelten Vorteil von Geschäftsfeldern mit hohem relativem Marktanteil (ein hoher Absatz **und** eine hohe Gewinnspanne dank günstiger Kostenposition) zum Ausdruck (vgl. Abbildung 2-94).

Darüber hinaus haben beide „Erfolgsfaktoren" den Charakter von Vorlaufindikatoren für die künftig zu erwartenden Wertbeiträge der Geschäftsfelder.

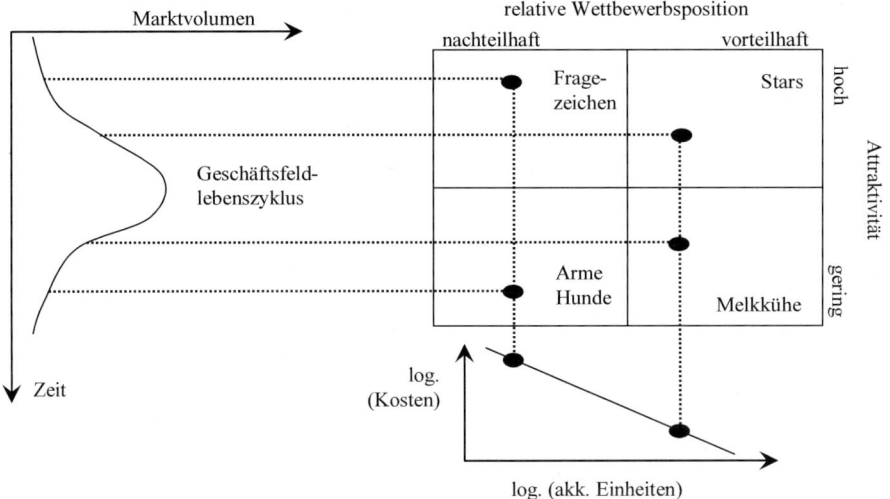

Abb. 2-94. Marktlebenszyklus und Erfahrungskurve als theoretische Grundlagen des Marktwachstum-Marktanteil-Portfolios (Quelle: Müller-Stewens/Lechner 2005, S. 305)

Für die Geschäftsfelder werden nun – abhängig von ihrer Position im Ist-Portfolio – bestimmte **Normstrategien** vorgeschlagen (siehe Tabelle 2-51), die für sich genommen jedoch in das Feld der Geschäftsfeldstrategien einzuordnen sind. Zu einem Instrument der Planung von **Unternehmensgesamtstrategien** wird der Portfolio-Ansatz hingegen erst durch seine Vorgabe bzw. „Normstrategie" für die Geschäftsfeldstruktur insgesamt: Anzustreben sei, so wird postuliert, ein **ausgeglichenes Portfolio**, und das bedeutet konkret:

- Es sollten „Cash Cows" vorhanden sein, deren Cashflow zum Auf- bzw. Ausbau anderer SGF benötigt werden.

- Es sollten „Stars" vorhanden sein, denn diese sind die „Cash Cows von morgen".

- Es sollten „Questionmark"-Geschäftsfelder existieren, die nach Prüfung ihrer Geschäftsaussichten zu Marktführern ausgebaut werden (und gegebenenfalls die Rolle der „Cash Cows von übermorgen" einnehmen) können.

- Das durch den Verkauf der „Poor Dogs" freigesetzte Kapital sollte ebenfalls in den Auf- und Ausbau der „Stars" und „Question Marks" investiert werden.

Tabelle 2-51: Geschäftsfeldbezogene Normstrategien des Zweifaktoren-Portfolios[1]

Produkttyp	Charakteristik	Normstrategie
Star-Einheiten *(Stars)*	Schnell wachsende Spitzenreiter, gute Gewinnerwartungen; hohes Investitionserfordernis, um Position weiter zu verbessern	Investieren und Wachsen, Verwendung des bei Cash Cows überschüssigen und bei den Poor Dogs freiwerdenden Cashflows
Cash-Einheiten *(Cash Cows)*	Überragende Marktstellung bei geringen Kosten; Gewinn, Rentabilität und Cashflow sind hoch, geringe Investitionsansprüche auf Grund geringen Wachstums	Position halten, Abschöpfung des Cashflows und dessen Transferierung für Star- und Nachwuchsprodukte
Nachwuchs-einheiten *(Question Marks)*	Hohe Investitionserfordernisse wegen starken Wachstums, geringe Mittelfreisetzung auf Grund geringer Marktanteile	Selektieren, chancenlose Produkte liquidieren und freiwerdende Mittel in andere chancenreiche Nachwuchs-Produkte oder Star-Produkte transferieren
Problem-einheiten *(Poor Dogs)*	Schlechte Marktposition sowie Kosten- und Ertragssituation. Kosten für Sicherung der Marktposition werden nicht wiedergewonnen	Desinvestieren, Bereitstellung freiwerdender Ressourcen (Finanz- und Sachmittel) für Star- und Nachwuchsprodukte

So erfüllen, wie leicht zu sehen ist, beide der in Abbildung 2-95 darge-stellten Ist-Portfolios die Normstrategie eines ausgeglichenen Portfolios nicht, wobei im Fall a) eher ein Innovationsdefizit, im Fall b) dagegen ein Finanzierungsdefizit zu konstatieren ist.

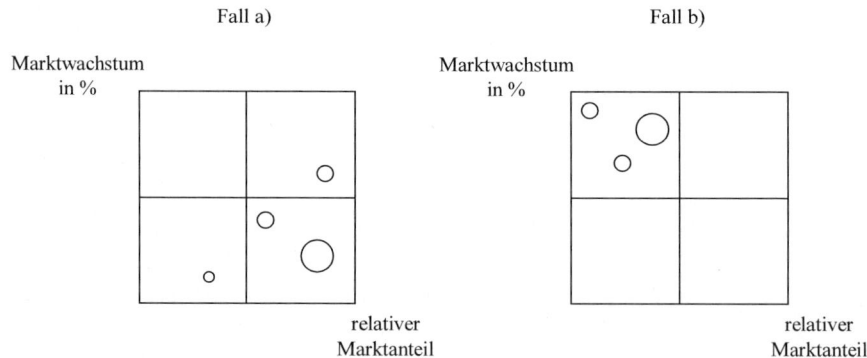

Abb. 2-95. Unausgewogene Ist-Portfolios

Unter Anwendung der geschäftsfeldbezogenen Normstrategien und der Maßgabe eines ausgeglichenen Gesamtportfolios ergibt sich für das in Ab-

---

[1] Die Aussagen dieser Tabelle sind der Einfachheit halber auf Produkte bezo-gen, lassen sich aber mühelos analog auf (für Geschäftsfelder eher typische) Pro-dukt**felder** übertragen.

bildung 2-93 beispielhaft dargestellte Unternehmen (mit drei Geschäftsfeldern) das in Abbildung 2-96 visualisierte **Soll-Portfolio** als strategische
Vorgabe.

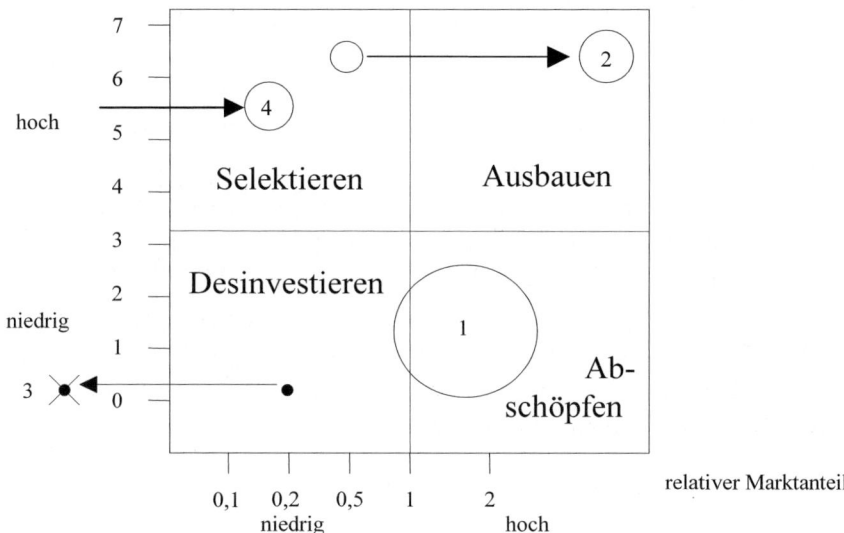

Soll-Portfolio
(Strategische Handlungsempfehlung)

Abb. 2-96. Soll-Portfolio (Beispiel)

SGF 2 soll zum Marktführer und „Star" ausgebaut, SGF 1 in seinem gegenwärtigen Zustand gehalten und SGF 3 – sofern keine weiteren Gründe
(z.B. komplementäre Ertragsbeziehungen zu SGF 1 oder SGF 2) für einen
Verbleib im Portfolio sprechen – herausgelöst, also z.B. verkauft werden.
Um die Vorgabe eines „ausgeglichenen Portfolios" zu erfüllen, ist über ein
neues Geschäftsfeld (SGF 4) nachzudenken und dieses, sofern eine entsprechende Alternative gefunden und favorisiert wird, konsequent aufzubauen. Einen Hinweis, in welcher Richtung dieses neue Geschäftsfeld zu
suchen ist, liefert das Portfolio-Modell hingegen nicht.

Trotz der unübersehbaren **Vorteile** des Zweifaktoren-Portfolios, die
strategische Ausgangssituation eines Unternehmens durch Abstraktion und
Aggregation auf leicht verständliche und nachvollziehbare Weise zum
Ausdruck zu bringen, wird an dem Ansatz häufig kritisiert, dass er

- eben nur zwei von vielen Erfolgsfaktoren berücksichtigt,

- nur ein qualitatives Analyseinstrument ist, das quantitative Planungsmethoden nicht ersetzen kann,

- von Risiken völlig abstrahiert,

- keine Interdependenzen (z.B. absatzmäßige oder ressourcenbedingte Verflechtungen) zwischen den SGF berücksichtigt,

- keine Hilfestellung bei der Auswahl neuer, aufzubauender SGF leistet und

- mit seinen Normstrategien auf Konzepte zurückgreift, die (wie etwa der Erfahrungskurveneffekt) ihrerseits Anlass zur Kritik geben.

So berechtigt diese auch kritischen Anmerkungen auch sind – die Beschränkung auf nur zwei Erfolgsfaktoren bei der Beurteilung von strategischen Geschäftsfeldern ist Schwäche **und Stärke** dieses Instruments zugleich, zumal es den „Konstrukteuren" dieses Portfolio-Modells offensichtlich gelungen ist, aus der nahezu unübersehbar großen Menge an potenziellen Erfolgsfaktoren zwei elementar wichtige herauszugreifen.

Dennoch hat die Beschränkung auf zwei Erfolgsfaktoren auch Anlass gegeben, die Betrachtung auf mehr als nur zwei Faktoren auszudehnen, ohne auf eine zweidimensionale Darstellung der Ist-Situation zu verzichten. Das Ergebnis dieser Bemühungen stellt das Mehrfaktoren-Portfolio dar, dem wir uns jetzt kurz zuwenden wollen.

b)   Das Marktattraktivität-Geschäftsfeldstärken-Portfolio

Dieses Mehrfaktoren-Portfolio geht von zwei verdichteten Kriterien aus, und zwar

- der **Markt- bzw. Branchenattraktivität** als Umweltdimension und

- der **Geschäftsfeldstärke** als Unternehmensdimension.

Beide „Marktkriterien" setzen sich wiederum aus einer Vielzahl einzelner, bei der Analyse von Geschäftsfeldern zu verwendender Erfolgsfaktoren zusammen, zum Beispiel:

- Marktattraktivität
  - Marktwachstum und -größe,
  - Marktqualität (z.B. Branchenrentabilität, Stellung im Marktlebenszyklus),

- Energie- und Rohstoffversorgung,
- Umweltsituation (z.B. Konjunkturabhängigkeit, Risiko staatlicher Eingriffe usw.).

• Geschäftsfeldstärke
  - relative Marktposition (z.B. relativer Marktanteil, Rentabilität, Marketingpotenzial),
  - relatives Produktionspotenzial (z.B. Kostenvorteile und Wirtschaftlichkeit, Kapazitätsausstattung),
  - relatives Forschungs- und Entwicklungspotenzial,
  - relative Qualifikation der Führungskräfte und Mitarbeiter.

Dabei ist jede der beiden Portfolio-Dimensionen durch Anwendung der Nutzwertanalyse[1] aus den Einzelkriterien zu verdichten. Zu diesem Zweck kann beispielsweise wie folgt vorgegangen werden:

• Bildung von Intensitätsklassen für jeden Faktor (z.B. fünf Klassen von „sehr ungünstig" bis „sehr günstig");

• Zuordnung eines Punktwertes für jede dieser Klassen (z.B. von „1" = sehr ungünstig bis „5" = sehr günstig);

• Gewichtung der Faktoren entsprechend ihrer Bedeutung für die jeweilige Bewertungsdimension (z.B. Gewichtung des Faktors „relativer Marktanteil" mit 0,3 im Rahmen des Kriteriums „Geschäftsfeldstärke"). Die Gewichte sind zweckmäßiger Weise so zu wählen, dass sie je Dimension in der Summe den Wert 1 ergeben.

• Bewertung jedes SGF im Hinblick auf jeden Faktor und Addition der gewichteten Einzelpunktwerte zur Gesamtausprägung des Kriteriums „Marktattraktivität" bzw. „Geschäftsfeldstärke".

Zu beachten ist, dass die sich am Ende ergebenden Nutzwerte als Maßgrößen für die Marktattraktivität und die Geschäftsfeldstärke (bzw. die relative Wettbewerbsposition) dimensionslos sind. Betrachten wir zur Verdeutlichung folgendes **Demonstrationsbeispiel**:

---

[1] Zu dieser Methode vgl. auch die im Rahmen der Standortplanung angestellten Überlegungen (Abschnitt 2.4.3.2 e dieses Lehrbuchs).

Tabelle 2-52. Bestimmung der Positionen im Mehrfaktoren-Portfolio (Beispiel) (Quelle: Voigt 1993, S. 123)

Kriterien	Gewicht	Punktwerte		
		SGF 1	SGF 2	SGF 3
1. Marktattraktivität				
1.1 Marktvolumen	0,1	5	3	1
1.2 Marktwachstum	0,3	1	4	1
1.3 Wettbewerbsintensität	0,3	1	4	2
1.4 Technologisches Niveau und Innovationspotenzial	0,2	3	5	1
1.5 Eintrittsbarrieren	0,1	2	5	1
Gesamtbewertung der Marktattraktivität		**1,9**	**4,2**	**1,3**
2. Geschäftsfeldstärke				
2.1 relativer Marktanteil	0,3	5	2	1
2.2 relative Preisstellung	0,1	5	2	1
2.3 relative Produktqualität	0,1	4	5	3
2.4 Know-how und F&E-Potenzial	0,3	3	5	2
2.5 Wirtschaftlichkeit der Produktion	0,2	5	2	1
Gesamtbewertung der Geschäftsfeldstärke		**4,3**	**3,2**	**1,5**

Innerhalb der Kriteriengruppe „Marktattraktivität" werden dem Marktwachstum und der Wettbewerbsintensität die höchsten Gewichte zugemessen, innerhalb der Kriteriengruppe „Geschäftsfeldstärke" dagegen dem relativen Marktanteil und dem Know-how bzw. F&E-Potenzial. Im betrachteten Beispiel werden die drei SGF des Unternehmens hinsichtlich der relevanten Kriterien bewertet und die Bewertungen dann mit Hilfe der Nutzwertanalyse verdichtet.

Damit ergibt sich das in Abbildung 2-97 dargestellte Ist-Portfolio des betrachteten Unternehmens.

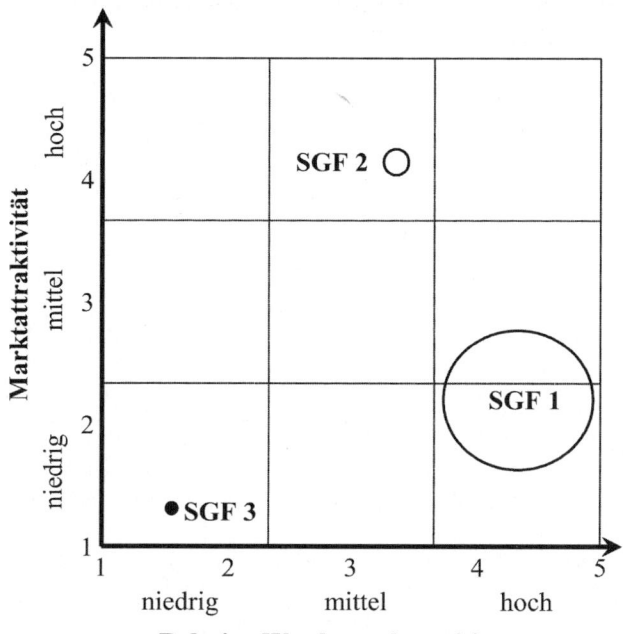

Abb. 2-97. Ist-Portfolio (Beispiel) (Quelle: Voigt 1993, S. 124)

In Abhängigkeit der Portfolio-Positionierung werden nun wieder bestimmte **Normstrategien** für die strategischen Geschäftsfelder empfohlen (vgl. z.B. Hinterhuber 1980, S. 74 ff.), und zwar:

- **Investitions- und Wachstumsstrategien** für die drei rechts oben liegenden Matrixfelder,

- **Selektive Strategien** (je nach Erfolgsaussichten Investition und Wachstum, Konsolidierung, Abschöpfen oder Desinvestition) für die drei auf der Diagonale von links oben nach rechts unten liegenden Felder und

- **Abschöpfungs- und Desinvestitionsstrategien** für die drei links unten liegenden Matrixfelder.

Eine etwas detailliertere Erläuterung der Normstrategien ist der Abbildung 2-98 zu entnehmen. Auf das oben betrachtete Beispiel angewendet, lauten die Normstrategien wie folgt:

- SGF 1: Gesamtposition halten, Cashflow „abschöpfen", Investitionen nur zur Instandhaltung;

- SGF 2: Marktposition ausbauen, eventuell Marktführerschaft anstreben; Erweiterungsinvestitionen zur Sicherung des Umsatzwachstums vornehmen;

- SGF 3: entweder stufenweise Desinvestitionen bei Abschöpfung der erzielbaren Gewinne oder sofortige Desinvestition und Aufgabe des Geschäftsfeldes.

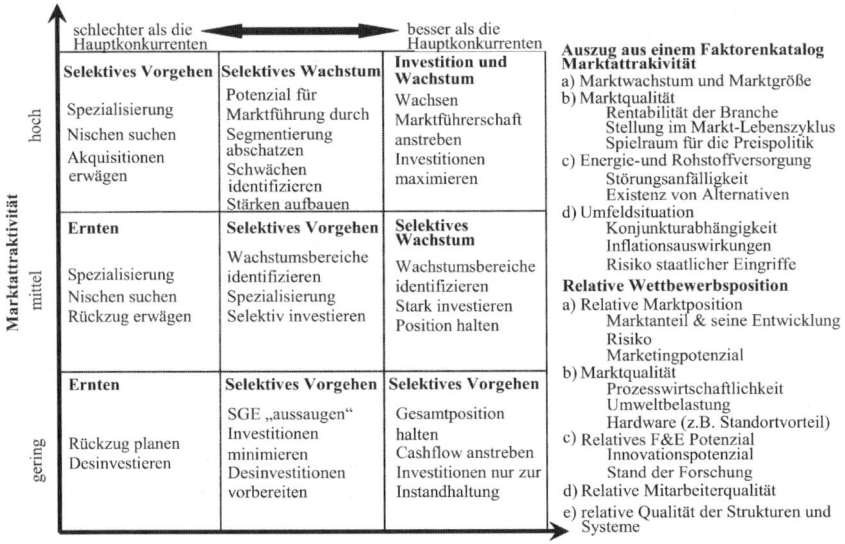

Abb. 2-98. Normstrategien des Mehrfaktoren-Portfolios (Quelle: in Anlehnung an Müller-Stewens/Lechner 2005, S. 303)

Ob das Mehrfaktoren-Portfolio gegenüber dem Zweifaktoren-Modell tatsächlich Vorteile bringt, ist umstritten. Zwar basiert die Positionierung auf einer breiteren Informationsgrundlage, die jedoch mithilfe der Nutzwertanalyse wieder (unter Inkaufnahme von Informationsverlusten, gegebenenfalls auch von nicht leicht zu durchschauenden subjektiven Einflüssen) auf zwei Dimensionen reduziert werden.

Jedoch gibt es Hinweise darauf, dass der Wert von Geschäftsfeldern bzw. ganzen Unternehmen mit den Dimensionen des Mehrfaktoren-Portfolios positiv korreliert ist (siehe dazu die in Abbildung 2-99 dargestellte Stichprobe aus dem Jahr 2000).

Marktattraktivität und Stärke bestimmen den Wert eines Unternehmens

M/U ≈ >10

hoch

Juniper	169	Qualcomm	16	Cabletron	3,7
Yahoo!	32	Sun	11	National Semi.	2,7
Cisco	21	SAP	6,6	3Com	1,6
Oracle	19	Nortel	6,3		
AOL	17	STM	5,8		
Mircosoft	12	Ericsson	4,2		
Intel	8,0	AMD	1,4		
Nokia	6,8				

M/U ≈ >2

$$M/U = \frac{Marktwert}{Umsatz}$$

Attraktivität der Branche aus Sicht der Investoren

mittel

Coca-Cola	7,2	Alcatel	3,8	NCR	0,6
GE*	4,3	IBM	2,0	Silicon Graphics	0,3
McDonalds	2,8	HP	1,9		
Tyco	2,8	Philips	1,6		
Procter&Gamble	2,7	Motorola	1,3		
Dell	2,5	EDS	1,2		
Micron	2,3	Siemens	1,2		
Lucent	1,9	Apple	0,9		

eher niedrig

Home Depot	2,0	Schneider	1,4	SCI Systems	0,5
Emerson	1,9	Invensys	0,7	Johnson Controls	0,3
ABB	1,2	Whirlpool	0,3		
Wal-Mart	1,1				
Compaq	1,1				
Honeywell	1,1				
Rockwell	0,8				
Electrolux	0,5				

M/U ≈ >1,5

M/U ≈ >0,8

stark   reicht zum Mitläufer   schwach

Marktposition, Stärke

Abb. 2-99. Portfolio-Positionierung und Geschäftswert (Beispiel)

Auf weitere Variationen des Portfolio-Modells, die im Laufe der Zeit vorgeschlagen wurden und zum Teil noch andere, bisher unberücksichtigt gebliebene Aspekte betonen (z.B. Länderportfolio, Produktlebenszyklus-Wettbewerbspositions-Portfolio), sei an dieser Stelle nicht weiter einge-gangen (vgl. dazu z.B. Hungenberg 2006, S. 469 ff.). Fragen wir stattdes-sen nach der empirischen Überprüfung der hier betrachteten Portfolio-Strategien, wie sie z.B. im Rahmen des sogenannten PIMS-Programms er-folgt ist.

c)   Empirische Überprüfung der Portfolio-Strategien durch das PIMS-Programm

„PIMS" ist ein Akronym und steht für „Profit Impact of Market Strate-gies", also etwa „Gewinnwirkungen von Markt- und Geschäftsfeldstrate-gien".

Ausgangspunkt dieses 1960 als interne Studie im Hause GE gestarteten Projekts war die Frage, was erfolgreiche von nicht erfolgreichen Ge-schäftsfeldern unterscheidet, wobei als Erfolgsmaßstäbe der ROI und der Cashflow herangezogen wurden. Die Untersuchung wurde dann institutio-nell verselbständigt und auf weitere Firmen, Branchen und Länder ausge-dehnt. Bis zum Ende des Projekts im Jahr 1999 wurden über 3.000 Geschäftsfelder aus 450 Unternehmen unterschiedlicher Branchen und Länder im Rahmen der Längsschnittanalyse, unter Anwendung der Methode der multiplen Regression, auf ihre Erfolgsfaktoren hin untersucht. In den leider nur spärlich veröffentlichten Ergebnissen – denn die gewonnenen Erkenntnisse wurden durch eine Unternehmensberatungsgesellschaft kommerzialisiert – wurden u.a. die folgenden **Erfolgsfaktoren** mit ihrer Wirkung auf den ROI und den Cashflow genannt (siehe Tabelle 2-53).

Tabelle 2-53. Erfolgsfaktoren als Ergebnisse des PIMS-Programms (Quelle: Buzzel/Gale 1989, passim)

unabhängige Variable \ abhängige Variable	Korrelation der unabh. Variable mit:	
	ROI	**Cashflow**
absoluter/relativer Marktanteil	stark positiv	stark positiv
Marktwachstum	neutral	negativ
Investitionsintensität	deutlich negativ	deutlich negativ
Produkt-/ Dienstleistungsqualität	stark positiv	positiv
Forschungs-/ Entwicklungsaufwand	positiv	positiv
Wertschöpfung je Beschäftigten	positiv	positiv
Vertikale Integration schnell wachsender/ schrumpfender/oszillierender Markt	negativ	negativ
stabiler Markt	positiv	positiv

So konnte das Postulat des Zweifaktoren-Portfolios, den (relativen) **Marktanteil** als wichtigen Erfolgsfaktor anzusehen, durch das PIMS-Programm eindeutig bestätigt werden. Im Durchschnitt war die Rentabilität bei Geschäftsfeldern mit einem Marktanteil > 50% dreimal so hoch wie bei Geschäftsfeldern mit einem Marktanteil < 10%. Der „Nettoeffekt" einer Marktanteilserhöhung wurde mit „… 3,5 Prozentpunkten des ROI pro 10 Prozentpunkte des Marktanteils" (Buzzel/Gale 1989, S. 8) angegeben.[1]

---

[1] An dieser Stelle scheint ein Widerspruch zu der von Michael Porter postulierten „u-förmigen" Beziehung zwischen Marktanteil und Rentabilität gegeben (siehe Abbildung 2-43). Dieser Widerspruch lässt sich jedoch auflösen, da die U-Kurve von Porter die kombinierte Wirkung mehrerer Erfolgsfaktoren, das PIMS-Programm zunächst die Nettowirkung des Marktanteils ausweist. Profitable Unternehmen mit kleinem Marktanteil (z.B. Porsche im Automobilmarkt) können den Nachteil des geringen Marktanteils offensichtlich durch andere Erfolgsfaktoren (z.B. Technologie, Image, Marke) mehr als kompensieren.

Im Gegensatz dazu konnte eine (unmittelbare) Renditewirkung des **Marktwachstums** nicht nachgewiesen werden, wohl aber der weiteren Faktoren, vor allem der **Produkt- und Dienstleistungsqualität** und des **F&E-Aufwands**. Die negative Wirkung der **Investitionsintensität** auf ROI und Cashflow spricht nicht generell gegen Investitionen, gibt aber Anlass, nach Wegen zu suchen, die Kapitalbindung je Geldeinheit des Umsatzes zu reduzieren. Auch sollte eine Erhöhung der **vertikalen Integration** eher in stabilen als in dynamischen Märkten angestrebt werden.

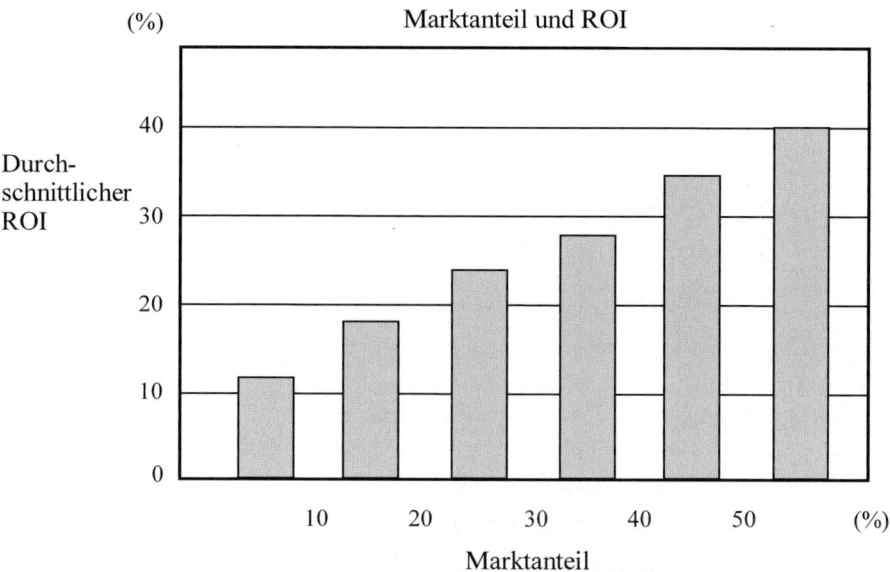

Abb. 2-100. Beziehung zwischen Marktanteil und ROI nach dem PIMS-Programm (Quelle: Buzzel/Gale 1989, S. 13)

Interessant ist weiterhin, dass die vom Zweifaktoren-Portfolio postulierten **Cashflow-Wirkungen** der Geschäftsfelder oft nicht der Wirklichkeit entsprechen:

So erzielte rund ein Viertel der in der PIMS-Datenbank erfassten „Cash Cow"-Geschäftsfelder keinen positiven Cashflows, während dies bei immerhin 54% der „Question Mark"-Geschäftsfelder der Fall war (siehe Abbildung 2-101).

**Prozentanteil der Geschäftseinheiten in der Marktwachstums/
Marktanteils-Matrix, die positive Cashflows erzielen**

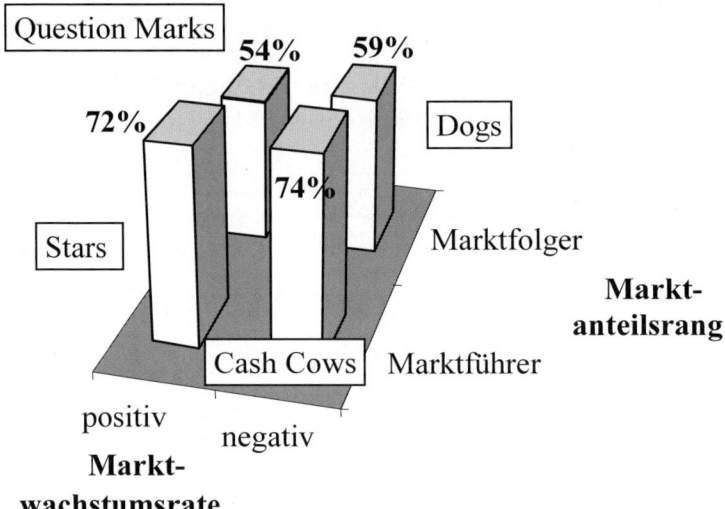

Abb. 2-101. Cashflow der SGF-Kategorien des Zweifaktoren-Portfolios (Quelle:
Buzzel/Gale 1989, S. 11)

An dem PIMS-Programm und seinen Ergebnissen ist mancherlei **Kritik**
geübt worden, insbesondere wegen

- der angeblich einseitigen (da von US-Firmen dominierten) Datenbasis,

- der Gleichsetzung von Korrelation und Kausalität,

- der de facto nicht gegebenen Unabhängigkeit der Erfolgsfaktoren und

- der Vergangenheitsbezogenheit der Analyse, die keine Extrapolation ihrer Ergebnisse in die Zukunft erlaube.[1]

Wir erwähnen das PIMS-Programm hier vor allem als Beispiel für die
empirische Erfolgsfaktorenforschung und ihre Möglichkeiten im Bereich
des strategischen Managements. So boten die Organisatoren der PIMS-
Studien auf Basis ihrer Daten und Ergebnisse die folgenden Leistungen an:

---

[1] Die Tatsache, dass die gefundenen Zusammenhänge über den relativ langen
Zeitraum der Studie weitgehend stabil blieben, scheint zumindest den letztgenannten Kritikpunkt zu entkräften.

- ein **Benchmarking**, also ein Vergleich des eigenen SGF mit ähnlich ausgeprägten Konkurrenzgeschäftsfeldern mit Einordnung in die Gewinner- bzw. Verlierer-Gruppe,

- Hinweise darauf, welche Ergebnisse (ROI/Cashflow) das SGF aufgrund seiner strategischen Situation erzielen sollte (**„PAR-Modell"**),

- **Simulationsanalysen**, also die voraussichtlichen Erfolgswirkungen bestimmter strategischer Maßnahmen, und

- **Optimierungsvorschläge** für ergebnissteigernde strategische Maßnahmen in den einzelnen Geschäftsfeldern.

Eine empirische Erfolgsfaktorenforschung, wie es das PIMS-Programm darstellte, kann das strategische Management also nicht nur bei der Alternativengenerierung, sondern auch und vor allem bei der Strategienbewertung und -auswahl unterstützen.

Kommen wir damit zu der Betrachtung weiterer strategischer Optionen auf Unternehmensgesamtebene.

2.4.4.3 Strategische Optionen für externes Wachstum

a)   Überblick

Gegenstand der Betrachtung dieses Abschnitts sind Strategien, bei denen das Unternehmen sein Basisziel – die Schaffung von Werten – nicht ohne die maßgebliche Mitwirkung weiterer Unternehmen erreichen kann. Da in diesem Fall in nicht unerheblichem Maße auf fremdes Know-how bzw. unternehmensexterne Kernkompetenzen zurückgegriffen wird, können wir diese Strategien unter dem Oberbegriff „externes Wachstum" subsumieren.

Im Folgenden wollen wir vier Formen der „Zusammenarbeit" von Unternehmen im Hinblick auf die Wertgenerierung unterscheiden und näher betrachten (siehe Abbildung 2-102).

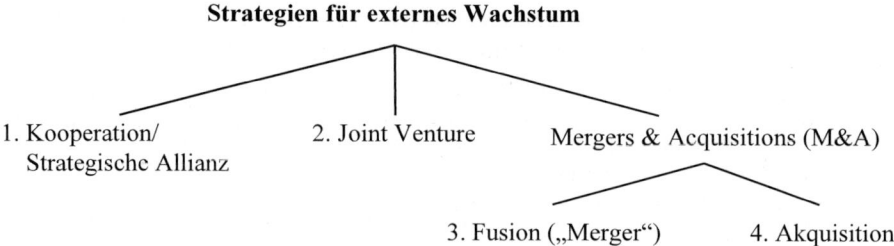

Strategien für externes Wachstum

1. Kooperation/   2. Joint Venture   Mergers & Acquisitions (M&A)
Strategische Allianz

3. Fusion („Merger")   4. Akquisition

Abb. 2-102. Strategische Optionen des externen Wachstums

b)   Kooperationen bzw. „Strategische Allianzen"

Unter einer **Kooperation** versteht man die (meist vertraglich geregelte) Zusammenarbeit von mindestens zwei rechtlich und wirtschaftlich selbstständigen Unternehmen in bestimmten Wertschöpfungsaktivitäten zwecks Steigerung der gemeinsamen Wettbewerbsfähigkeit. Dabei wollen wir davon ausgehen, dass nur solche Formen der Zusammenarbeit als strategische Optionen in Betracht kommen, die wettbewerbsrechtlich zulässig sind.[1]

Dabei steht die Kooperation zwischen der Koordination von Wertschöpfungsaktivitäten „über den Markt" (z.B. Beschaffung benötigter Materialien und Teile bei Lieferanten durch Abschluss von Kaufverträgen) und der ausschließlich internen Koordination innerhalb des Unternehmens („Hierarchie-Lösung") und kann unterschiedliche Grade der Intensität aufweisen, die von der (oft noch vertragslosen) Form eines Erfahrungsaustauschs über ein koordiniert arbeitsteiliges Vorgehen bis zum gemeinschaftlichen Vorgehen, gegebenenfalls in Form einer gemeinsam getragenen Organisation, reichen (siehe Abbildung 2-103).

Festzuhalten ist weiterhin, dass mit zunehmender „Enge" der Zusammenarbeit der Autonomiegrad der Partner sinkt und der Umfang der Koordination (mit entsprechendem Aufwand) steigt.

---

[1] Siehe dazu das relativ strikte Verbotsprinzip der §§ 1 und 15 GWB und das in § 25 Abs. 1 GWB formulierte Verbot aufeinander abgestimmter Verhaltensweisen, aber auch die in diesem Gesetz genannten Ausnahmen.

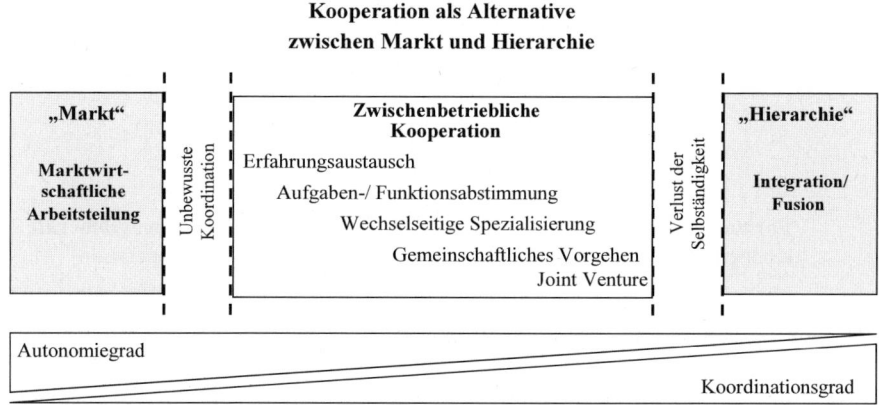

Abb. 2-103. Kooperationsformen zwischen „Markt" und „Hierarchie" (Quelle: in Anlehnung an Staudt et al. 1994, S. 18)

Eine Klassifikation der Kooperationsformen ist auch nach der marktlichen Beziehung der Kooperationspartner möglich, und zwar eine Einteilung in **horizontale Kooperationen** zwischen Wettbewerbern einer Branche (diese Form wird auch als „Strategische Allianz" bezeichnet), **vertikale Kooperationen** zwischen Unternehmen verschiedener Wertschöpfungsstufen und **laterale bzw. konglomerate Kooperationen** zwischen Unternehmen ohne marktliche Beziehung im klassischen Sinne (siehe Tabelle 2-54).

Eine Kooperation von Unternehmen ist, wie eingangs erwähnt, hinsichtlich unterschiedlicher Wertschöpfungsaktivitäten möglich (siehe Abbildung 2-104). So war die Gemeinschaftsentwicklung eines „Van"-Modells durch die Ford AG und die VW AG eine horizontale Entwicklungskooperation, da das entwickelte Modell getrennt produziert und mit unterschiedlichen Markennamen (Ford „Galaxy", VW „Sharan" und Seat „Alhambra") vertrieben wurde. Die Einrichtung der gemeinsamen Einkaufsplattform „Covisint" durch verschiedene Automobilhersteller[1] betrifft den Fall einer horizontalen Beschaffungskooperation, die enge Zusammenarbeit mit einem Systemlieferanten (ggf. unter Vereinbarung einer Just-in-Time-Belieferung) wäre dagegen eine vertikale Beschaffungskooperation.

---

[1] Der virtuelle Marktplatz wurde im Jahr 2000 von DaimlerChrysler, Ford, General Motors, Nissan und Renault gegründet.

Tabelle 2-54. Kooperationsformen nach der marktlichen Beziehung

Klassifikation der Kooperationen

horizontale Kooperation	**vertikale** Kooperation	**laterale/konglomerate** Kooperation
(Wettbewerber, inner- halb einer Branche) **„Strategische Allianz"**	(Unternehmen verschiedener Wertschöpfungsstufen, z.B. Produzent und Handel, Lieferant und Abnehmer)	(Unternehmen ohne direkte Konkurrenz- oder Wertschöpfungsbeziehung)

Ziele:
• Kostensenkung
• Risikoverteilung
• Bündelung der
  Wettbewerbskraft
 	
(rechtlich: Kartell,
z.B.: Preiskartell
Konditionenkartell,
Gebietskartell)
	Ziele:
	• Kostensenkung
	• Informations-
	  austausch
	• Optimierung der
	  Schnittstellen
	  zwischen
	  Wertschöpfungs-
	  stufen
	• Sicherung
	  komplementärer
	  Ressourcen
		Ziele:
		• Erfüllung
		  komplementärer
		  Kundenbedürfnisse
		  (z.B. Bahn/Hotels,
		  Airline/Autovermieter,
		  Waschmaschinen-
		  produzent/Waschmit-
		  telproduzent etc.)

Marketing- und Vertriebskooperationen sind sowohl horizontal (z.B. Eröffnung eines gemeinsamen Vertriebsbüros in China durch mehrere mittelständische Maschinenbauunternehmen) als auch vertikal (Werbung von Notebooks mit dem expliziten Hinweis „Intel inside") und lateral möglich.[1]

---

[1] Kooperationen als strategische Optionen können damit auch Bestandteile von Funktionsbereichsstrategien oder – vor allem bei der Option „Strategische Allianz" – von Geschäftsfeldstrategien sein. Da über Kooperationen i. d. R. aber in der obersten Geschäftsführung entschieden wird, haben wir sie bei den Optionen der Unternehmensgesamtstrategie eingeordnet.

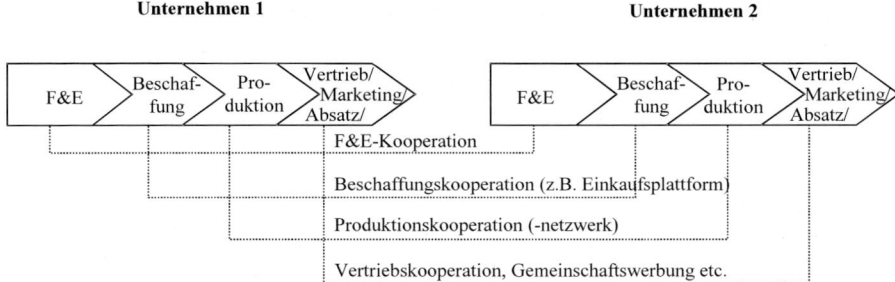

Abb. 2-104. Kooperationsformen nach Wertschöpfungsaktivitäten

So sind, um Beispiele zu nennen, F&E-Kooperationen in der Automobilindustrie keine Seltenheit (siehe etwa die gemeinsame Entwicklung des „Van"-Modells VW Sharan und Ford Galaxy oder die in der Motorenentwicklung bestehenden Kooperationen). Mit der Einkaufsplattform „Covisint" ist in dieser Branche zudem eine Beschaffungskooperation entstanden.

Interessant ist, dass Kooperationen sowohl aus der Sicht des **marktorientierten** als auch der des **ressourcenorientierten Ansatzes** begründbar sind (siehe Abschnitt 2.4.4.1):

Aus marktlicher Sicht haben Kooperationen – vor allem die als „Strategische Allianzen" bezeichneten horizontalen Kooperationen – das Ziel, die mit den Markt- und Wettbewerbsbedingungen verbundenen Unsicherheiten zu reduzieren und die Wettbewerbsintensität zu verringern, also über eine veränderte Struktur und ein entsprechend verändertes Verhalten („conduct") die Ergebnisse („performance") zu verbessern.

Aus ressourcenorientierter Sicht dienen Kooperationen hingegen dazu, Ressourcendefizite auszugleichen bzw. ein überlegenes Bündel an Kernkompetenzen zu begründen, wie es z.B. bei einer F&E-Kooperation mit Partnern, die komplementäres Know-how einbringen, der Fall ist.

Einen abschließenden Überblick über die wichtigsten Gestaltungsparameter von Kooperationen bietet Tabelle 2-55.

Tabelle 2-55. Morphologischer Kasten zur Bestimmung von Kooperationsformen (Quelle: in Anlehnung an Essig 1998, S. 47)

Kriterien	Ausprägungsformen			
Unternehmens-bereich	F&E	Produktion	Beschaffung	Marketing/Vertrieb
Marktliche Beziehung	horizontal		vertikal	konglomerat
Grad der Intensität	Austausch von Informationen und Ergebnissen	koordiniert arbeitsteiliges Vorgehen	Gemeinschaftliches Vorgehen	Bildung einer gemeinschaftlich getragenen Organisation
Raumaspekt	lokal	regional	national	international
Zeitaspekt	einmalig	sporadisch	regelmäßig	dauerhaft

c)   Joint Ventures

Das Joint Venture haben wir in Abbildung 2-103 schon als eine vergleichsweise enge Kooperationsform erwähnt (als welche sie interpretiert werden kann), es soll hier jedoch als in der Praxis nicht selten gewählte strategische Option des externen Wachstums noch etwas genauer betrachtet werden.

Von einem „Joint Venture" wird gesprochen, wenn zwei oder mehr Unternehmen, die rechtlich und wirtschaftlich selbständig bleiben, gemeinsam ein **neues Unternehmen** gründen (siehe Abbildung 2-105).

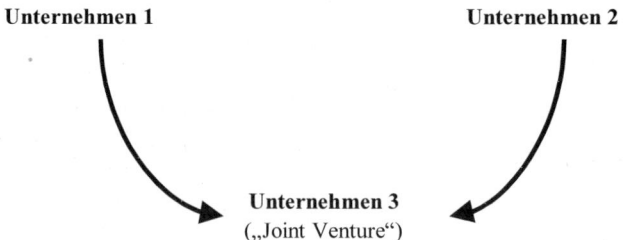

Abb. 2-105. Joint Venture (Gemeinschaftsunternehmen)

Dabei können die Kapitalanteile zwischen den beteiligten Unternehmen beliebig verteilt sein. In einem engeren Sinne wird von einem „Gemeinschaftsunternehmen" nur dann gesprochen, wenn die Kapitalanteile gleich verteilt sind (z.B. das 50:50-Joint Venture „Bosch Siemens Haushaltsgerä-te" der Robert Bosch GmbH und der Siemens AG). Die häufig mit dieser Kooperationsform verknüpften **Ziele** sind

- Realisierung von Innovationen (gemeinsame Entwicklung, Produktion und Vermarktung),

- Realisierung bestimmter (Groß-)Projekte und

- Internationalisierung von Unternehmensaktivitäten (Joint Venture als Markteintrittsform im Rahmen der Internationalisierungsstrategie, z.B. das im Jahr 1991 von der Volkswagen AG und der FAW gegründete Gemeinschaftsunternehmen FAW-Volkswagen in Changchun zur ge-meinsamen Produktion und Vermarktung von Automobilen in China).

Auch die Gründung von Joint Ventures lässt sich, da es sich letztlich um (enge) Kooperationen handelt, in bereits dargestellter Weise aus markt-und/oder ressourcenorientierter Sicht begründen.

d)   Fusionen und Akquisitionen („Mergers and Acquisitions", M&A)

Diese beiden strategischen Optionen bilden den eigentlichen Kern dessen, was gemeinhin unter „externem Wachstum" verstanden wird. Eine **Fusion** („Merger") bedeutet die Verschmelzung mehrerer Unternehmen (meist Kapitalgesellschaften) zu einer neuen rechtlichen und wirtschaftlichen Einheit, wie es z.B. die (inzwischen aber wieder aufgelöste) Fusion der Daimler Benz AG und der Chrysler Corporation zur DaimlerChrysler AG darstellte (siehe Abbildung 2-106).

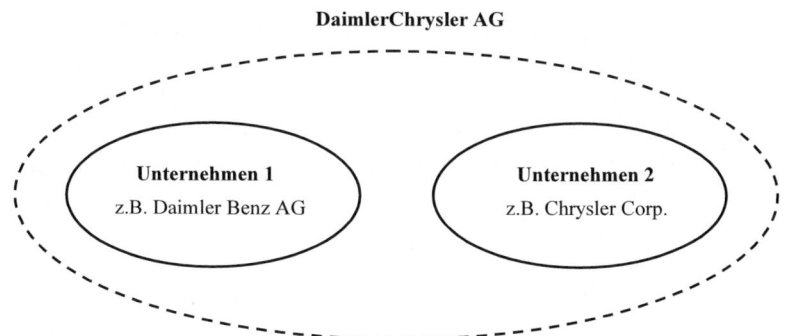

Abb. 2-106. Fusion (Beispiel)

Eine Fusion liegt aber auch dann vor, wenn nur ein Unternehmen (Rechtsträger) sein gesamtes Vermögen auf einen anderen, schon bestehenden Rechtsträger (ein anderes Unternehmen) überträgt und den Anteilseignern des übertragenden und erlöschenden Rechtsträgers eine Beteiligung an dem übernehmenden Unternehmen gewährt wird.

Eine **Akquisition** ist dagegen der Kauf eines anderen Unternehmens, wobei mindestens 50% der Anteile erworben werden müssen, um einen beherrschenden Einfluss auf das akquirierte Unternehmen ausüben zu können (siehe Abbildung 2-107).

Gelegentlich wird der Begriff „Akquisition" auf den Fall eingeengt, dass das Management des akquirierten Unternehmens mit dem Verkauf einverstanden ist, und damit einem „(hostile) Takeover" gegenübergestellt.[1]

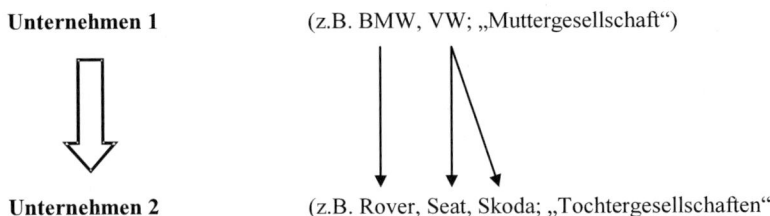

Unternehmen 1   (z.B. BMW, VW; „Muttergesellschaft")

Unternehmen 2   (z.B. Rover, Seat, Skoda; „Tochtergesellschaften")

Abb. 2-107. Akquisition (Beispiele)

Durch den Erwerb einer oder mehrerer Tochtergesellschaften entsteht ein **Konzern**, also die Zusammenfassung mehrerer rechtlich selbständig bleibender Unternehmen zu einer wirtschaftlichen Einheit unter einheitlicher Leitung (man beachte die Unterschiede zu einer Fusion und einem Kartell). Von einer **„Holding"** wird gesprochen, wenn sich die Muttergesellschaft auf die Funktion beschränkt, (Mehrheits-) Beteiligungen an Tochtergesellschaften zu halten (engl.: to hold), also den Konzern unter rein **finanzwirtschaftlichen Gesichtspunkten** zu führen und zu verwalten, während das strategische Management (überwiegend) und das operati-

---

[1] Anzumerken ist, dass es eine „feindliche" Übernahme zwar aus der Sicht des Managements des übernommenen Unternehmens geben kann, aber niemals aus Sicht der Mehrheit der Anteilseigner.

ve Management (vollständig) in den Händen der Tochtergesellschaften verbleiben (Beispiele: Haniel-Holding, Oetker-Holding, Metro-Holding).[1]

Auch bei Akquisitionen ist, wie schon bei Kooperationen, eine Einteilung in horizontale, vertikale und laterale/konglomerate Akquisitionen sinnvoll, wobei die horizontalen Akquisitionen in der Praxis eindeutig dominieren (siehe Tabelle 2-56).

Tabelle 2-56. Akquisitionsarten nach der marktlichen Bezeichnung

Klassifikation der Kooperationen

horizontale Kooperation	**vertikale** Kooperation	**laterale/konglomerate** Kooperation
(Wettbewerber, innerhalb einer Branche)	(Unternehmen verschiedener Wertschöpfungsstufen, z.B. Produzent und Handel, Lieferant und Abnehmer)	(Unternehmen ohne direkte Konkurrenz- oder Wertschöpfungsbeziehung)
„Strategische Allianz"		
Ziele:	**Ziele:**	**Ziele:**
• Kostensenkung • Risikoverteilung • Bündelung der Wettbewerbskraft	• Kostensenkung • Informationsaustausch • Optimierung der Schnittstellen zwischen Wertschöpfungsstufen • Sicherung komplementärer Ressourcen	• Erfüllung komplementärer Kundenbedürfnisse (z.B. Bahn/Hotels, Airline/Autovermieter, Waschmaschinenproduzent/Waschmittelproduzent etc.)
(rechtlich: Kartell, z.B.: Preiskartell Konditionenkartell, Gebietskartell)		

---

[1] Im Gegensatz dazu ist z.B. die Muttergesellschaft des VW-Konzerns nicht als „Holding" zu betrachten, da sie relativ stark in die Strategien der Tochtergesellschaften eingreift und diese im Sinne der Realisierung von Synergien (z.B. Plattformstrategien) zu koordinieren versucht. Während die Tochtergesellschaften einer Finanzholding oft unterschiedlichen Branchen angehören, sind die Tochtergesellschaften der VW AG alle in der Automobilbranche tätig.

Trotz der hier angedeuteten Ähnlichkeit von Kooperationen und Akquisitionen bestehen zwischen beiden Formen des externen Wachstums jedoch entscheidende Unterschiede, die bei der Beurteilung der strategischen Optionen zu berücksichtigen sind. So bieten Akquisitionen gegenüber Kooperationen zeitliche, wertmäßige und strukturelle Vorteile, aber u.U. auch Spezifitäts-, Flexibilitäts- und Integrationsnachteile, die in der nachfolgenden Tabelle 2-57 näher dargestellt sind.

Tabelle 2-57. Vor- und Nachteile von Akquisitionen (generell und gegenüber Kooperationen) (Quelle: Jansen 1998, S. 153)

Komparative Vorteile ...	und Nachteile von Akquisitionen
zeitliche Vorteile	**Spezifitätsnachteile**
• schnelle und umfassende Vergrößerung von Marktanteilen • rasche Erschließung von neuen Tätigkeitsbereichen bzw. Vordringen in neue (ausländische) Märkte	• Aufbau einer erhöhten Spezifität bei Akquisitionen • Erhöhung der Marktaustrittsbarrieren • höhere Fixkostenintensität als in Kooperationen
Kostenvorteile	**Flexibilität**
• gleichzeitige Übernahme von materiellen und immateriellen Gütern wie Patente, Lizenzen, Markennamen, Goodwill, Kundenkarteien etc. • eventuelle Veräußerungsgewinne, die den Kaufpreis bei Zerschlagung oder Weiterveräußerung übersteigen	• schlechtere Anpassung an Umweltturbulenzen als Kooperationen • niedrige Kapazitätsauslastung bei Bedarfsschwankungen
Beibehaltung der Marktstruktur	**Integrationsproblematik**
• Beruhigung des Wettbewerbs • kein Aufbau von neuen Kapazitäten in Branche wie bei Neugründung oder Joint Venture (insbesondere ein Vorteil in schrumpfenden Märkten)	• höhere Integrationskosten • höheres Integrationsrisiko • häufiger Weggang von Führungskräften

Dabei ist die **strategische Bedeutung** von Fusionen und Akquisitionen (im Folgenden kurz: M&A) seit langem bekannt.

So lassen sich in den letzten 130 Jahren – zumindest in den hoch industrialisierten Ländern, also vor allem in den USA und in Europa – mindestens sechs „M&A-Wellen" identifizieren, die jeweils auch als Reaktionen auf bestimmte Veränderungen der gesamtwirtschaftlichen Rahmenbedingungen verstanden werden können (siehe Tabelle 2-58).

Tabelle 2-58. M&A-Wellen im historischen Zeitablauf

Zeitraum	Zielrichtung
1880-1904	**1. Welle** Streben nach Marktdominanz und Errichtung von Monopolen durch horizontale Übernahmen
1925-1930	**2. Welle** Konsolidierung und vertikale Integration Differenzierung oder Eroberung des Weltmarktes (z.B. GM → Opel) Entstehung von Holdingstrukturen
1930-1935	„Defensive Merger" Eliminierung von Wettbewerbern durch Aufkauf und Schließung
um 1955	Konglomeratsbildung und vertikale Integration
60er Jahre	**3. Welle** • Wachstum „in die Breite" • Akquisition zusätzlicher Geschäftsfelder zum Stammgeschäft • Z.B. Veba, Siemens, Viag, chemische Industrie
70er Jahre	**4. Welle** • „antizyklisches" Portfolio, Konglomerate • Renditestreben und Diversifikation = Risikoausgleich
80er Jahre - Anfang 90er Jahre	**5. Welle** • Kapitalmärkte treiben Fusionen und Übernahmen, auch feindliche Übernahmen • Auflösung des „Conglomerate Discount" (Rendite- und Kurssteigerung durch Zerschlagung) • Konzentration auf Kerngeschäftsfelder, hier : Erreichung der (Welt-) Marktführerschaft (z.B. DC, Siemens, Aventis...)
Ende 90er Jahre	**6. Welle** • „Industrielle Restrukturierung" Aufbau betriebswirtschaftlich effizienter Unternehmen und volkswirtschaftlich effizienter Wirtschaftsstrukturen im globalen Umfeld (z.B. Refokussierung bei Siemens Globalisierung bei Allianz, Fusionen im Bankenbereich) • Akquisition im Zuge der „New Economy"-Entwicklung

Einige Indizien sprechen dafür, dass etwa seit dem Jahr 2005 eine **weitere M&A-Welle** ihren Anfang genommen hat. Immerhin hat sich das weltweite Transaktionsvolumen von Fusionen und Übernahmen im Jahr 2005 gegenüber dem Vorjahr um 900 Mrd. $ auf 2,9 Billionen $ gesteigert (Vgl. Fautz/Leuschner 2006, S. 180), auch wenn die größten Übernahmen, z.B.

- Adidas → Reebok   (3,1 Mrd. €)

- Deutsche Post World Net → Excel   (5,5 Mrd. €)

- Telefonica → O2   (26 Mrd. €)

oft nicht das Niveau von historischen „Mega-Transaktionen" wie

- Vodafone → Mannesmann   (131,2 Mrd. $)

erreichten. Als mögliche „Treiber" einer neuen M&A-Welle werden der anhaltende Trend zur Globalisierung, die Deregulierung bzw. Liberalisierung von Märkten, der Einfluss neuer Technologien und Wertschöpfungsstrukturen sowie die wachsende Zahl „reifer" bzw. stagnierender Märkte (mit ihrem Zwang zu Restrukturieren und zum Abbau globaler Überkapazitäten durch M&A-Aktivitäten) genannt.

Die anhaltende Bedeutung von M&A-Transaktionen als strategische Optionen ist Grund genug, hier noch etwas näher in die Details zu gehen. In den folgenden Ausführungen wollen wir uns mit

- den **Motiven** für M&A-Transaktionen,

- den **Akquisitionsstrategien** und ihren Erfolgsfaktoren sowie

- dem **Prozess** der Entscheidung und Realisierung einer solchen Transaktion

noch etwas genauer beschäftigen.

- **Motive für M&A-Transaktionen**

Im Sinne der wertorientierten Unternehmensführung geht es zunächst einmal darum, durch eine M&A-Transaktion, z.B. eine Akquisition, einen **zusätzlichen** Wert – den sogenannten „Parenting Advantage" – zu schaffen.

Bei Vorliegen ungünstiger Umstände, z.B. einer unerwartet hohen Preisprämie oder hohen Integrationskosten, kann jedoch der Netto-Vorteil in einen Netto-Nachteil, den „Conglomerate Discount", umschlagen, so dass aus Sicht des Käufers nicht Werte geschaffen, sondern vernichtet werden (siehe Abbildung 2-108).[1]

---

[1] Eine ähnliche Überlegung hatten wir bereits im Abschnitt 2.3.4.3 angestellt (siehe Abbildung 2-31), dort allerdings für strategische Geschäftsfelder (SGF).

„Parenting Advantage" und „Conglomerate Discount"

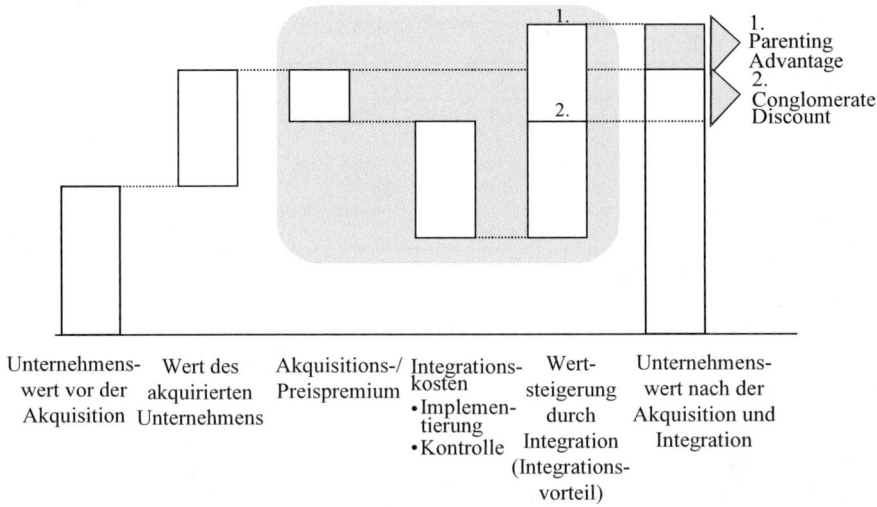

| Unternehmens- wert vor der Akquisition | Wert des akquirierten Unternehmens | Akquisitions-/ Preispremium | Integrations- kosten • Implemen- tierung • Kontrolle | Wert- steigerung durch Integration (Integrations- vorteil) | Unternehmens- wert nach der Akquisition und Integration |

Abb. 2-108. „Parenting Advantage" und „Conglomerate discount" (Quelle: in Anlehnung an Hungenberg 2006, S. 515)

In der Diskussion um M&A-Transaktionen und bei ihrer Begründung (z.B. gegenüber den Anteilseignern der beteiligten Unternehmen) werden jedoch gewöhnlich noch weitere Ziele bzw. Motive genannt, die überwiegend als komplementäre Sub-Ziele zur o.g. Wertsteigerung angesehen werden können (siehe Abbildung 2-109).

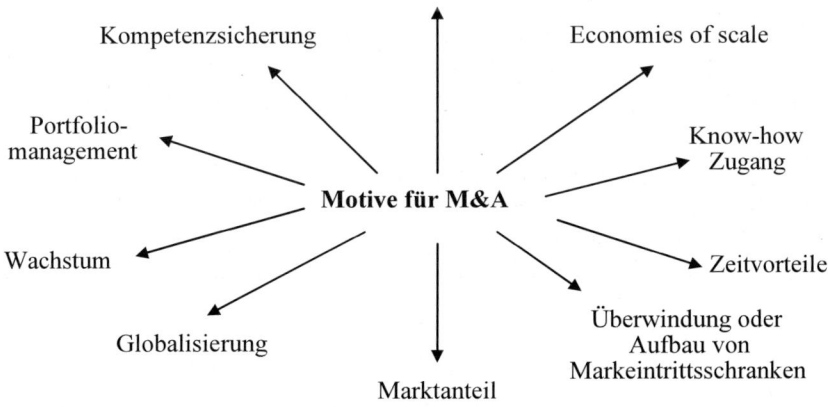

Abb. 2-109. Motive für M&A-Transaktionen

Tabelle 2-59. Reale, spekulative und Managementmotive für M&A-Trans-
aktionen (Quelle: in Anlehnung an Jansen 1998, S. 154)

1. Reale Motive für M&A
▪**Synergien**

1.Erhöhung der Marktmacht und des Marktanteils (PIMS: hohe Korrelation mit ROI; Porter: U-Kurve) Erhöhung der Markteintrittsbarrieren
    a)Strukturelle Markteintrittsbarrieren: Economies of scale - MEB als optimale Betriebsgröße, Patentschutz, natürliche Monopole, netzbedingte Fixkosten
    b)Strategische Markteintrittsbarrieren: Limitpreis, Überkapazitäten, F&E-Aufwendungen, Strategische Familien, Netzwerk mit Zulieferern und Kunden

1.Kostenreduktion Economies of scale Erfahrungskurveneffekte Bei konglomeraten Zusammenschlüssen: Systemlösung durch komplementäre Ressourcennutzung Gemeinkostenersparnisse: Beseitigung von Doppelarbeiten etc.
1.Zeitgewinn 2.Internationalisierung 3.Markt- und Ressourcenzugang 4.Systemkompetenz 5.Wettbewerbsberuhigung 6.Standardgenerierung
▪**Verbesserte Managementleistung durch „Market for Corporate Control"**
▪**Steuervorteile** Übernahme von Verlustvorträgen der zu übernehmenden Unternehmung zur Steuerersparnis des Käuferunternehmens
2. Spekulative Motive für M&A
▪**Unterbewertung** d.h. Marktpreis liegt unterhalb des realen Wertes eines Kaufobjektes
1.Marktunvollkommenheit: Korrelation Aktienpreis und Übernahme 2.Informationsasymmetrie: Kurssteigerung bei Unternehmenskauf (Option und neue Unternehmensbewertung)
▪**Gewinnträchtige Veräußerung der Einzelteile**
3. Managementmotive
▪**Agencytheorie: Trennung der Geschäftsführung vom Eigentum**
1.Macht und Prestigedenken: Größenmaximierungs-Hypothese: Vergütungssysteme häufig an Umsatz bzw. Marktanteil gemessen Zusammenhang mit Selbstüberschätzung i.S. der Hybris-Hypothese
1.Free Cash flow: Einbehaltung von Free Cash flows zur Verstetigung der Gewinnsituation Verwendung von hohen freien liquiden Mittel in diversifizierende Akquisitionen zur Einflussvergrößerung statt Ausschüttung an die Eigentümer
▪**Sammeln von Akquisitionserfahrung als eigener Kompetenzaufbau**

Jansen (1998, S. 154) nennt neben den schon betrachteten „realen Motiven" noch „spekulative" und „Managementmotive" für M&A-
Transaktionen und macht damit deutlich, dass solche Entscheidungen in
der Praxis meistens nicht „monokausal" auf ein Motiv zurückgeführt werden können (siehe Tabelle 2-59).

- **Akquisitionsstrategien und Erfolgsfaktoren**

Um eine Struktur in die Menge möglicher M&A-Transaktionen zu bringen, unterscheidet Porter in Abhängigkeit der konkret verfolgten Ziele und der dafür in Betracht gezogenen Objekte vier verschiedene Akquisitionsstrategien, und zwar (vgl. Porter 1987):

1. Portfoliomanagement

Ziele:

- Kauf von gesunden, attraktiven, aber unterbewerteten Unternehmen,
- neue Geschäftseinheiten bleiben weitgehend autonom,
- Kapital und Management-Know-how werden für die erworbenen Geschäftsfelder bereitgestellt.

Probleme:

- zunehmend entwickelte und effiziente Kapitalmärkte,
- kaum Synergien aufgrund der Selbständigkeit der Bereiche.

2. Sanierung

Ziele:

- Stärkung des neuen Geschäftsbereiches,
- Kauf von angeschlagenen, unterentwickelten oder stark gefährdeten Unternehmen/Betrieben,
- Einsatz eines neuen Managements für das erworbenen Unternehmen; auch Eingriff in das Tagesgeschäft.

Probleme:

- Ausfindigmachen von unterbewerteten Unternehmen bzw. unentdeckten Marktchancen,
- Sanierungskompetenz.

3. Know-how-Transfer

Ziele:

- Dauerhafter oder einmaliger Know-how-Transfer in den wettbewerbsrelevanten Unternehmensteilen,
- Austausch von Management- und funktionalem Know-how (F&E, Produktion, Marketing).

Voraussetzungen:

- Know-how muss einen Wettbewerbsvorteil beinhalten bzw. ermöglichen,
- Wertschöpfungsaktivitäten müssen Ähnlichkeiten besitzen.

4. Aufgabenzentralisierung

Ziele:

- Gemeinsame Wahrnehmung einzelner Wertschöpfungsaktivitäten von verschiedenen Geschäftseinheiten,
- Kosteneinsparung durch:
    - Vermeidung von Doppelarbeit,
    - höhere Kapazitätsauslastung,
    - ökonomische Größenvorteile,
    - Erfahrungskurveneffekte,
- höhere Produktdifferenzierung durch:
    - neue Produktmerkmale,
    - ergänzende Sach- oder Dienstleistungen.

Voraussetzungen:

- Zusammenlegung von wettbewerbsrelevanten Aktivitäten,
- Umsetzung der Synergien muss in der Realisierungsphase gelingen.

Für die erfolgreiche Umsetzung der genannten Strategievarianten müssen jeweils bestimmte strategische und organisatorische Voraussetzungen erfüllt sein (siehe Tabelle 2-60). Auch birgt jede Strategievariante spezifische Risiken, denen es zu begegnen gilt.

So kann das Aufdecken der stillen Reserven im Falle des Portfolio-Managements an bestimmtes Know-how gebunden sein. Eine geplante Sanierung kann ebenso fehlschlagen wie ein beabsichtigter Know-how-Transfer usw.

Tabelle 2-60. Strategische und organisatorische Voraussetzungen der Akquisitionsstrategien (Quelle: Porter 1987; Jansen 1998, S. 77)

	Portfolio-Management	Sanierung	Know-how-Transfer	Aufgaben-zentralisierung
Strategische Voraussetzungen	Kompetenz im Auffinden von unterbewerteten Unternehmen. Bereitschaft der Desinvestition von Verlustbringern. Begrenzung des Branchenspektrums (wegen Management-Know-how). Unterentwickelte Kapitalmärkte oder Firmen in Privatbesitz.	Kompetenz im Auffinden von sanierungsfähigen Unternehmen. Bereitschaft und Fähigkeit der fundamentalen Neugestaltung von übernommenen Firmen. Strukturelle Gemeinsamkeiten der Einheiten. Bereitschaft der Desinvestition zwecks Verlustbegrenzung. Verkauf bei gelungenem turn-around.	Wissens- und Erfahrungsvorsprung bei Aktivitäten der Wertkette mit Bedeutung für die Wettbewerbsvorteile. Fähigkeit des anhaltenden Know-how-Transfers zwischen den Einheiten. Akquisition von beachheads (Brückenköpfen) in neuen Geschäftsfeldern.	Gemeinsame Ausübung der Wertkettenaktivitäten mit den neuen Geschäftseinheiten. Nutzen der Aufgabenzentralisierung überwiegt die Kosten der Diversifikation. Neugründungen und Akquisitionen sind gleichberechtigte Instrumente der Diversifikation. Überwindung von organisationalen Widerständen gegen die Zusammenarbeit.
Organisatorische Voraussetzungen	Autonome Geschäftseinheiten. Kleine, günstige Stäbe in der Hauptverwaltung. Leistungsanreize anhand der SGE-Ergebnisse.	Autonome Geschäftseinheiten. Konzernleitung überwacht den turn-around und die strategische Neupositionierung akquirierter Einheiten. Leistungsanreize anhand der SGE-Ergebnisse.	Autonome, aber kooperierende Geschäftseinheiten. Aufgabe der Konzernleitung: Integration. Expertenteams als Schaltstellen des Know-how-Transfers. Leistungsanreize orientieren sich am Ergebnis des Gesamtunternehmen.	SGE werden zur innerbetrieblichen Kooperation ermutigt. Strategische Planung auf SGE-, Unternehmensbereichs- und Konzernebene. Aufgabe der Konzernleitung: Integration. Leistungsanreize orientieren sich an den Ergebnissen der Unternehmensbereiche und des Gesamtunternehmens.

Als **Hauptprobleme**, die einen Akquisitionserfolg generell verhindern, werden in der Praxis oft genannt:

- eine überoptimistische Einschätzung der Situation,

- ein unzureichender Analyse- und Planungsprozess sowie

- eine Unterschätzung der personellen, kulturellen und organisatorischen Integrationsprobleme.

Um so wichtiger scheint es zu sein, vor der M&A-Entscheidung die Attraktivität des zu akquirierenden Unternehmens und der jeweiligen Branche, die erwarteten „Eintrittskosten" und Synergien sowie die Kompatibilität (und gegebenenfalls die Flexibilität) der Unternehmenskulturen als wichtige **Erfolgsfaktoren** genauer zu untersuchen. Einer empirischen Studie mit 14 antwortenden Unternehmen aus dem Jahr 2006 zufolge (vgl. Ernst & Young 2006) führen rund 50% aller Übernahmen **nicht** zum beabsichtigten Erfolg (also nicht zu einem „Parenting Advantage" in erwarteter Höhe) oder sogar zu einer Vernichtung von Werten (also zu einem „Conglomerate Discount"). Einen Überblick über die tatsächlich verfolgten Motive der M&A-Transaktionen gibt Abbildung 2-110.[1]

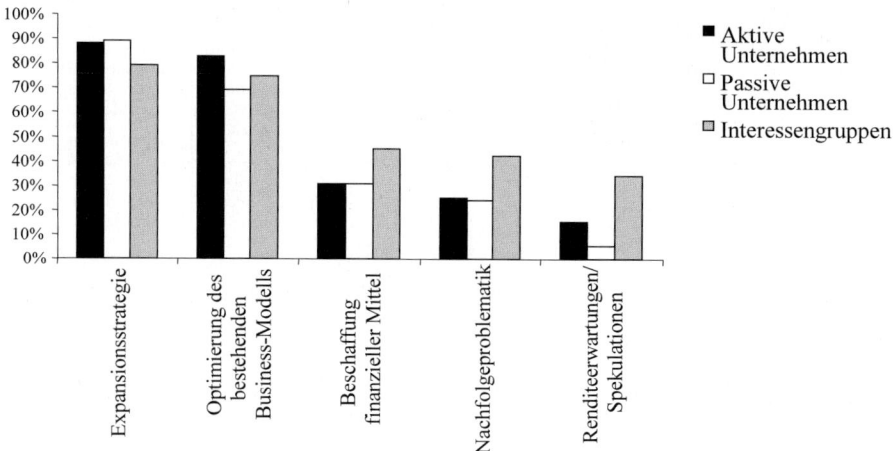

Abb. 2-110. Motive für M&A-Transaktionen (Quelle: Ernst & Young 2006, S. 15)

Als Gründe für das Scheitern von Transaktionen werden vor allem ein falsches Integrationsmanagement, aber auch Fehler bei der Transaktions- und Akquisitionsvorbereitung genannt (siehe Abbildung 2-111).

Auch stellen Transaktionen, die auf einen Kompetenztransfer abzielen, das Management vor größere Herausforderungen als solche, die „nur" die Realisierung von Kostensynergien zum Ziel haben.

Alles in allem scheinen horizontale und vertikale Akquisitionen erfolgreicher zu sein als laterale (konglomerate) Akquisitionen.

---

[1] Die in der Abbildung genannten Kategorien der Antwortenden bedeuten:
- Aktive Unternehmen = hohe Transaktionstätigkeit,
- Passive Unternehmen = geringe Transaktionstätigkeit,
- Interessengruppen = Analysten, Banken, Journalisten, Professoren, Private Equity Häuser und Venture Capital Gesellschaften.

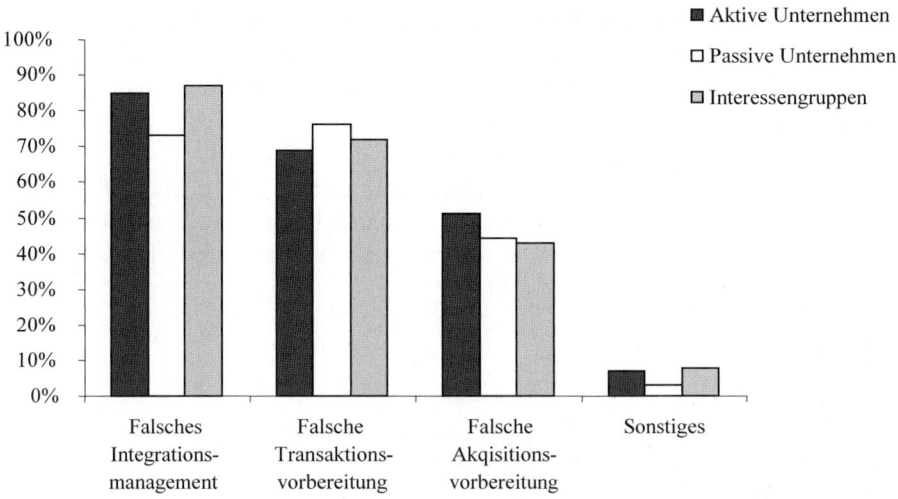

Abb. 2-111. Gründe für das Scheitern von Transaktionen (Quelle: Ernst & Young 2006, S. 20)

Zur Klärung der Fragen, in welchem Maße der Integrationsgrad, die Reorganisation des Zielunternehmens und der Know-how-Transfer zum Akquisitionserfolg beitragen, sind noch weitere empirische Forschungen notwendig.

- **Prozess der Unternehmensakquisition**

Betrachtet man die Unternehmensakquisition aus prozessualer Perspektive, so lassen sich drei charakteristische Phasen unterscheiden (vgl. Abbildung 2-112).

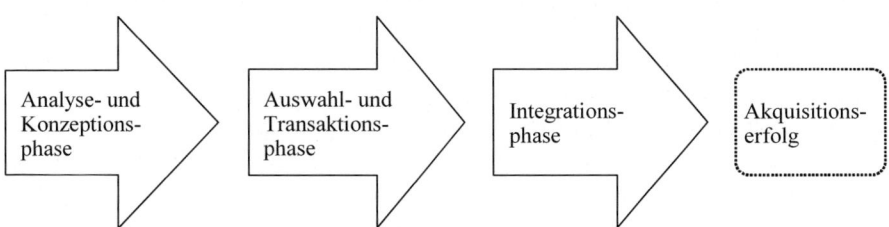

Abb. 2-112. Prozess der Unternehmensakquisition

In der **Analyse- und Konzeptionsphase** geht es vor allem darum, die Motive für die Akquisition zu klären, die Entscheidungskriterien zu präzisieren, das Akquisitionsteam zu bestimmen und das Akquisitionsumfeld zu analysieren.

Wie in Abbildung 2-113 beispielhaft dargestellt, gehen diese Tätigkeiten „organisch" in die **Auswahl- und Transaktionsphase** über, bei der es zunächst um die schrittweise Eingrenzung der Menge möglicher Akquisitionsobjekte bzw. -kandidaten geht.

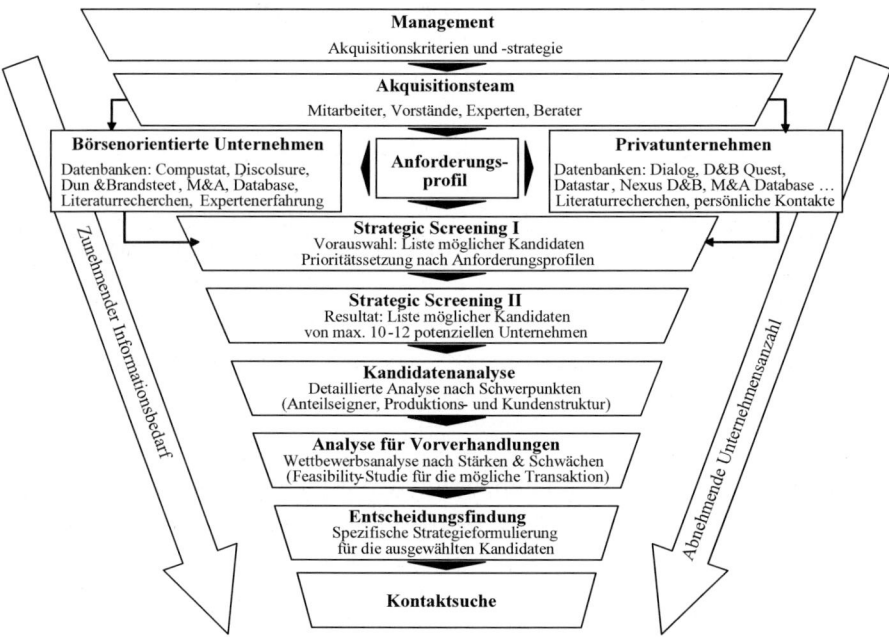

Abb. 2-113. Frühphasen des Akquisitionsprozesses (Quelle: Jansen 1998, S. 159)

Ist ein potenzielles Akquisitionsobjekt gefunden, beginnen die Kontaktaufnahme und der Verhandlungsprozess. Im weiteren Verlauf erfolgen die Unternehmensbewertung, die Kaufpreisfindung sowie die Klärung der Finanzierung. Sind diese Teilschritte erfolgreich durchlaufen, mündet der Prozess in die Phase der Vertragsgestaltung und der wettbewerbsrechtlichen Prüfung ein.

Die wichtigsten Begriffe und Meilensteine der Auswahl- und Transaktionsphase sind in Tabelle 2-61 noch einmal zusammengefasst.

Tabelle 2-61. Elemente und Meilensteine während der Auswahl- und Transaktionsphase

Confidential Agreement	Vertragliche Regelung, wer, wann, welche Infos an wen weitergeben darf
Letter of Intent	(Formlose) Fixierung bisheriger Verhandlungsergebnisse
Memorandum of Understanding	Detaillierter Vorvertrag als Strukturhilfe für die nachfolgenden Vertragsverhandlungen
Due Dilligence Umwelt DD rechtliche DD wirtschaftliche/ bilanzielle DD Human ressource DD steuerliche DD	Gründliche Prüfung des Akquisitionsobjekts

Nach der Vertragsunterzeichnung und dem sogenannten „Closing" beginnt die **Integrationsphase**, auch als „**Post-Merger-Integration**" bezeichnet. Hierfür sind die Festlegung des Integrationsgrades (siehe Abbildung 2-114) und die Planung des Integrationsprozesses und die dafür zuständigen Teams (siehe das in Abbildung 2-115 dargestellte Beispiel aus der DaimlerChrysler-Fusion) wichtig.[1]

Die Abwicklung des Integrationsprozesses erweist sich meistens als komplex, da organisatorische, strategische, operative, administrative, informationstechnische, finanzielle und auch kulturelle Aspekte zu berücksichtigen sind, die i.d.R. nur durch arbeitsteilig strukturierte Teams – mit entsprechenden Personalressourcen – bewältigt werden können.

Die Integrationsphase schließt auch eine **Erfolgskontrolle** („Post-Merger-Audit") ein, die i. d. R. über eine rein finanzielle Analyse hinausgeht und alle oben genannten Integrationsaspekte umfassen sollte.

---

[1]In diesem Fall wurden sowohl für die Integration der Produktpaletten als auch für die funktionelle Integration spezielle Teams gebildet.

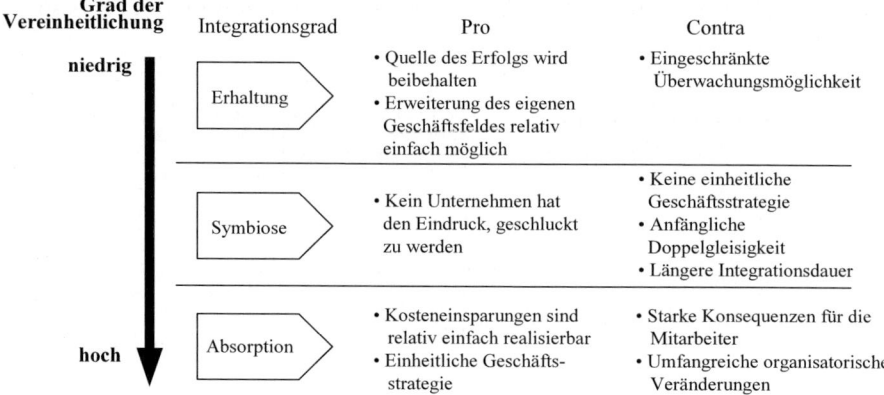

Abb. 2-114. Unterschiedliche Integrationsgrade im Rahmen der „Post-Merger-Integration" (Quelle: Werner 1999, S. 333)

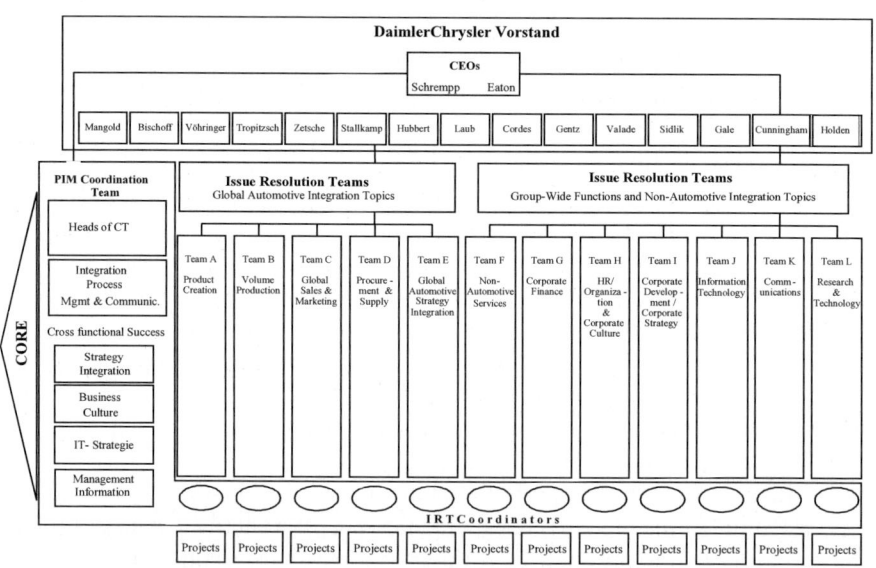

Abb. 2-115. Organisation der „Post-Merger-Integration" bei DaimlerChrysler (Quelle: Leitner/Ladage 1999, S. 343)

Damit sei die Betrachtung der strategischen Optionen des „externen Wachstums", die in der Praxis mehr und mehr an Bedeutung gewinnen, zunächst abgeschlossen. Es verbleiben noch strategische Optionen, die die **Internationalisierung bzw. Globalisierung** der Unternehmenstätigkeit betreffen und die – sofern sie nicht schon im Rahmen der Geschäftsfeldstrategien berücksichtigt und fixiert werden – auch Gegenstand der Unternehmensgesamtstrategie sein können.

2.4.4.4 Strategische Optionen der Internationalisierung bzw. Globalisierung der Unternehmenstätigkeit

a) Strategische Grundpositionen

In seltenen Fällen wird der Industriebetrieb ein „rein nationales" Unternehmen sein, das seine Wertschöpfungsaktivitäten (F&E, Beschaffung, Produktion, Absatz, Finanzierung usw.) ausschließlich in einem Land ausführt.

Von einem „**internationalen Unternehmen**" kann schon dann gesprochen werden, wenn wenigstens eine der Wertschöpfungsaktivitäten in mehr als nur einem Land erbracht wird. Der allgemeine Sprachgebrauch beschränkt diesen Begriff allerdings oft auf den Fall, dass ein Unternehmen im Inland produziert, die Produkte aber im In- **und** Ausland vertreibt.

Eine „**Multinationale Unternehmung**" verfügt dagegen über ein Netzwerk interdependenter Tochtergesellschaften oder Auslandsniederlassungen, von denen zumindest einige auch Produktionsaufgaben erfüllen. Sofern also nicht von vornherein eine Internationalisierung der Unternehmenstätigkeit ausgeschlossen wird, stehen dem Industriebetrieb vier strategische Grundpositionen als Option zur Wahl (siehe Abbildung 2-116).

Diese strategischen Optionen bewegen sich, wie in der Abbildung 2-116 angedeutet, im Spannungsfeld zwischen länderübergreifender (oder gar „globaler") Standardisierung und länderspezifischer Differenzierung der Unternehmensaktivitäten.

„Standardisierung" und „Differenzierung" sind aber kein Selbstzweck, sondern nehmen Bezug auf die schon betrachteten Ziele der Kosten- bzw. Differenzierungsvorteile zur Erreichung eines Wettbewerbsvorteils (siehe Abschnitt 2.4.2.1). So ist eine überregionale oder gar weltweite Standardisierung von Modulen, Komponenten und ganzen Produkten bzw. Systemen die Voraussetzung für die Erlangung von Kostenvorteilen, während die länder- oder regionenspezifische Anpassung des Produkt- und Leistungsangebots auf Differenzierungsvorteile (z.B. Absatzvorteile, Preisprämien) abzielt.

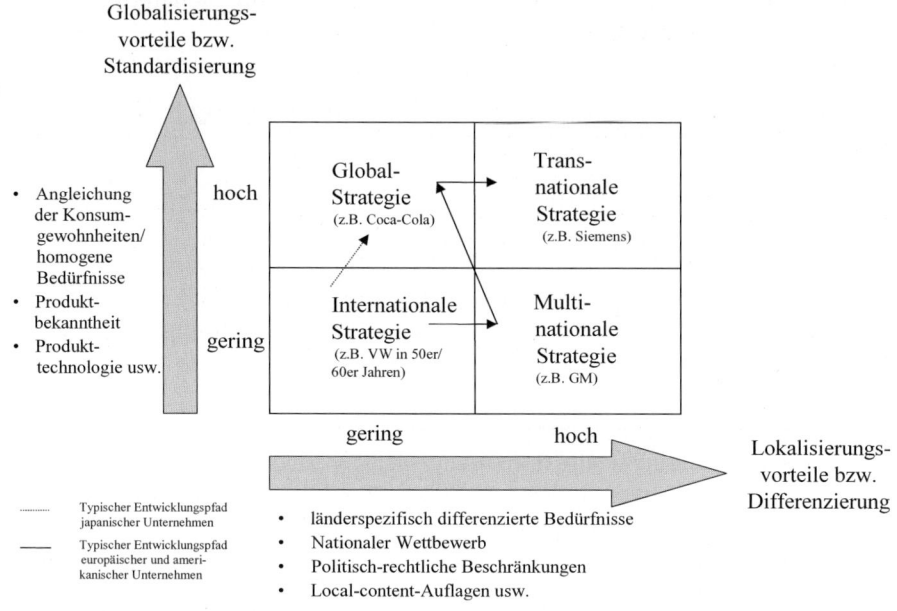

Abb. 2-116. Strategische Grundpositionen der internationalen Unternehmenstätigkeit (Quelle: Voigt 1998, S. 250, in Anlehnung an Porter 1989, S. 30 ff.)

Die Auswirkungen dieser verschiedenen Zielsetzungen auf die Konfiguration, Variationsbreite und Koordinierung der grenzüberschreitenden Aktivitäten sind in Tabelle 2-62 zusammengefasst.

Die vier strategischen Grundpositionen also,

- Internationale Strategie
- Multinationale Strategie
- Globalstrategie und
- Transnationale Strategie

wollen wir im Folgenden noch etwas näher betrachten (vgl. dazu auch Voigt 1998, S. 249 ff. und die dort angegebene Literatur).

Tabelle 2-62. Potenzielle Kosten- und Differenzierungsvorteile bei internationaler Unternehmenstätigkeit (Quelle: Voigt 1998, S. 249)

Kriterium	Wettbewerbsvorteil durch	
	Kostenvorteile	Differenzierungsvorteile
Konfiguration der Aktivitäten	Geographische Konzentration, z.B. • Produktion im Billiglohnland • Einrichtung eines F&E- Zentrums • zentrale Einkaufsorganisation	Geographische Streuung, z.B. • Produktionsstätten in versch. Ländern • mehrere F&E-Zentren • Einkaufsabteilungen in jeder Auslandsniederlassung
Variationsbreite der Aktivitäten	Standardisierung, z.B. • einheitliche Produktgestaltung • weltweit identische Absatzpolitik (Markenname, Vertriebskanäle, Preispolitik usw.)	Differenzierung, z.B. • länderspezifische Produktgestaltung • lokal angepasste Absatzpolitik
Koordinationsbedarf	Hoher Koordinationsbedarf: • Durchsetzung der „Einheitlichkeit" • Management des „globalen Verbundnetzes"	Geringer Koordinationsbedarf: • geringe Interdependenzen zwischen den geographisch gestreuten Aktivitäten
Entscheidungs- kompetenz bezüglich der Aktivitäten	• eher zentralisiert (Muttergesellschaft)	• eher dezentralisiert (Tochtergesellschaft)

Bei der „**Internationalen Strategie**" sind, wie in der Matrix der Abbildung 2-116 angedeutet, sowohl die Differenzierungs- als auch die Standardisierungsvorteile einer grenzüberschreitenden Tätigkeit eher gering. Insofern mag die klassische Exportstrategie, wie sie von vielen US-amerikanischen und europäischen Industrieunternehmen noch bis in die 70er Jahre hinein angewendet wurde, auch weiterhin ausreichen. Insgesamt gesehen tritt die Bedeutung dieser Strategie aber „…im Zuge der Globalisierung der Wirtschaft zunehmend in den Hintergrund" (Welge/Holtbrügge 2003, S. 129).

Die „**Multinationale Strategie**" empfiehlt sich, wenn die Differenzierungsvorteile groß und die „Zwänge" zur Standardisierung eher gering sind.[1] Deshalb wird „… in jedem Land (oder jeweils einer Gruppe benachbarter Länder) die komplette Wertekette angesiedelt und diese kaum miteinander koordiniert" (Porter 1989, S. 29). Die Auslandsniederlassungen haben in operativen Fragen nahezu völlige Entscheidungsfreiheit und au-

---

[1] Beispiele hierfür finden sich in der Konsumgüterindustrie (z.B. Nahrungs- und Körperpflegemittel), die mit gewöhnlich stark ausgeprägten länderspezifischen Geschmacks- und Verbrauchsgewohnheiten konfrontiert ist.

ßerdem maßgeblichen Anteil an den strategischen Entscheidungen auf Unternehmensgesamtebene.[1] Ihre vergleichsweise autonome Stellung gegenüber der Muttergesellschaft ist verantwortlich dafür, dass die Gesamtorga-
nisation eher einem „locker gewobenen Netz" gleicht (siehe Abbildung 2-
117) und die Muttergesellschaft ihr Portfolio an (relativ) unabhängigen
Tochtergesellschaften primär unter finanziellen Gesichtspunkten führt und
kontrolliert.

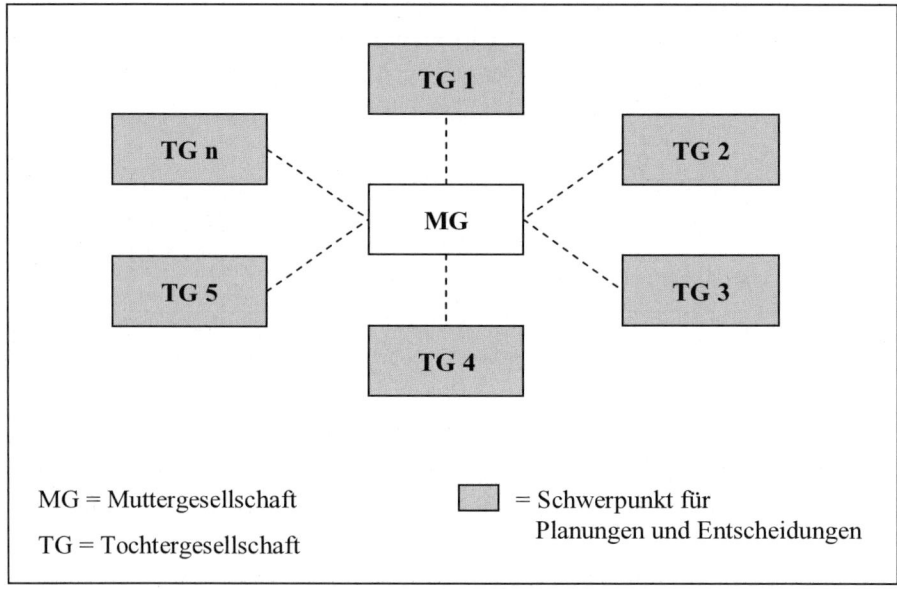

MG = Muttergesellschaft
TG = Tochtergesellschaft

☐ = Schwerpunkt für
Planungen und Entscheidungen

Abb. 2-116. Dezentrales Organisationsmodell bei „Multinationaler Strategie"
(Quelle: in Anlehnung an Bartlett 1989, S. 434)

Bei der „**Globalstrategie**" sind dagegen die Standardisierungsvorteile
groß, während die Notwendigkeit einer länderspezifischen Differenzierung
(z.B. wegen der weltweiten Angleichung der Bedürfnisse bzw. Konsum-
gewohnheiten in der betreffenden Branche) als gering anzusehen ist.

---

[1] In der Automobilindustrie zeigte General Motors bis in die 90er Jahre hinein
dieses Strategiemuster und hat bis heute mit der Adam Opel AG noch eine vergleichsweise autonome (deutsche) „Tochter".

Die hier verfolgte Strategie der Vereinheitlichung betrifft zunächst einmal das Produkt- und Leistungsangebot,[1] geht aber oft darüber hinaus und betrifft Strukturen, Systeme, Prozesse und Ressourcen. Da Standardisierung und Zentralisierung hier Hand in Hand gehen, hat die Muttergesellschaft gegenüber den Tochtergesellschaften eine dominante Stellung und die strategischen Entscheidungskompetenzen auf sich konzentriert, während die Tochtergesellschaft als eher isolierte[2] „Vollzugsorgane" fungieren (siehe Abbildung 2-118).

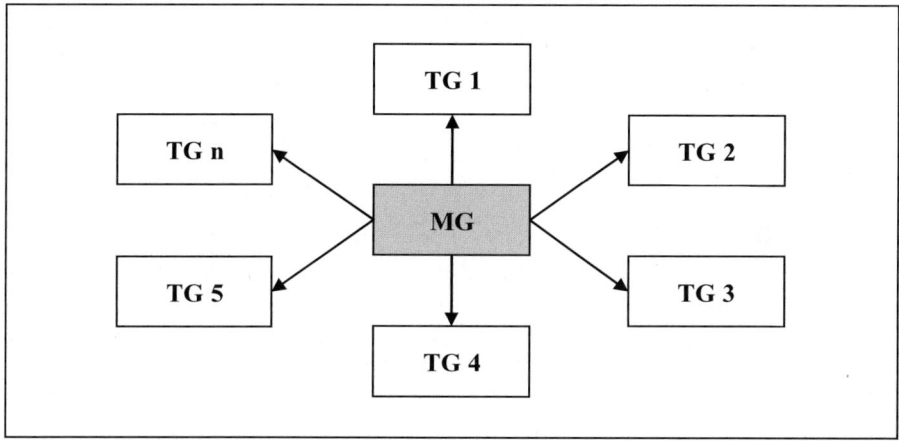

Abb. 2-118. Zentralisierte „Knotenpunktstruktur" bei Verfolgung der „Globalstrategie" (Quelle: in Anlehnung an Bartlett 1989, S. 435)

Von zunehmendem Interesse ist die **„Transnationale Strategie"**, die – ähnlich wie die schon betrachtete „hybride" Wettbewerbsstrategie – versucht, Standardisierungs- und Differenzierungsvorteile miteinander zu verbinden. Dies kann hier dadurch geschehen, dass bestimmte Wertschöpfungsaktivitäten in bestimmten Ländern angesiedelt werden, und zwar abhängig davon, wo die größten Kostenvorteile realisierbar bzw. die höchsten Kompetenzen für die betrachtete Aktivität vorhanden sind. Dadurch entsteht ein **Verbundnetz interdependenter Auslandsniederlassungen**, das mehr oder weniger straff – hier sind Gestaltungsspielräume gegeben –

---

[1] In der Nahrungsmittelindustrie z.B. Coca-Cola oder die „Standardprodukte" der Fast-Food-Ketten (Hamburger, Cheeseburger etc.), die weltweit mit Erfolg verkauft werden können. Die Strategie ist darüber hinaus auch in der Unterhaltungselektronik, in der Stahlindustrie, bei Softwareanbietern und anderen Unternehmen mehr zu beobachten.

[2] Der Güter- und Informationsaustausch zwischen den Tochtergesellschaften ist hier eher gering (vgl. Welge/Holtbrügge 2003, S. 130).

von der Zentrale aus gesteuert und koordiniert wird (siehe Abbildung 2-119).

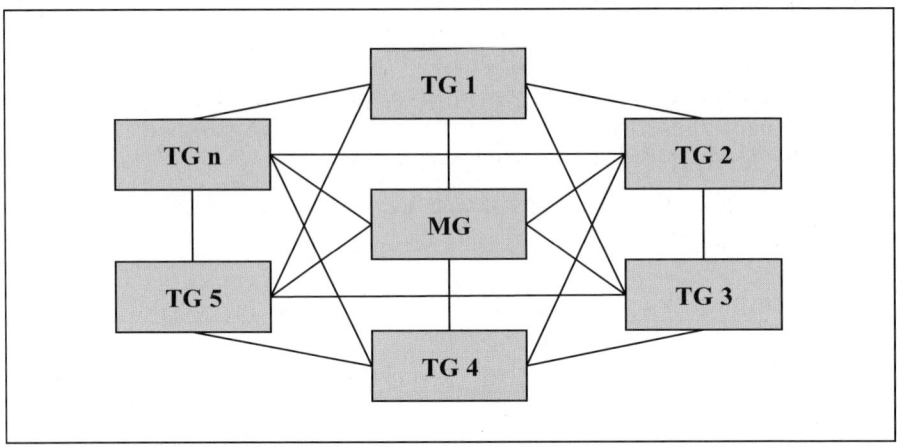

Abb. 2-119. Netzstruktur der „Transnationalen Strategie" (Quelle: in Anlehnung an Bartlett 1989, S. 442)

Unabhängig davon, wo die vorgelagerten Aktivitäten (z.B. F&E, Beschaffung, Produktion) nun konzentriert werden, erfolgt die Ausführung der nachgelagerten „kundennahen" Aktivitäten in den Auslandniederlassungen und damit nicht nur geografisch gestreut, sondern auch (soweit notwendig bzw. sinnvoll) länderspezifisch differenziert. Vor allem durch die Anpassung der Marketing- und Verkaufsaktivitäten an die regional unterschiedlichen Bedingungen erhofft man sich Differenzierungsvorteile (vgl. Porter 1989, S. 25).

Dabei kann die grenzüberschreitende Konfiguration der Wertschöpfungsaktivitäten auch zum Ergebnis haben**, dass innerhalb** einer Funktion bzw. Wertschöpfungsaktivität Differenzierungs- **und** Kostenvorteile angestrebt werden (im Produktionsbereich z.B. dadurch, dass die Herstellung von Baugruppen räumlich konzentriert wird und die Endmontage „vor Ort", also länderspezifisch differenziert erfolgt).

Wie in Abbildung 2-116 angedeutet, ist die „Transnationale Strategie" zugleich der (vorläufige) Endpunkt eines empirisch feststellbaren **Entwicklungspfades**, den vor allem US-amerikanische und auch europäische Unternehmen in den letzten Jahrzehnten durchschritten haben.

b) Weitere Optionen der internationalen Geschäftstätigkeit

Es ist zu beobachten, dass auf der obersten Unternehmensebene noch weitere strategische Entscheidungen in Hinblick auf die multinationale Geschäftstätigkeit gefällt werden, und zwar:

- die Auswahl zu bearbeitender Länder bzw. Regionen,

- die Auswahl der Markteintritts- und Präsenzalternativen und

- strategische Grundsatzentscheidungen zum Timing des Markteintritts.

Auf diese drei Entscheidungsfelder wollen wir in der gebotenen Kürze etwas näher eingehen.

- **Auswahl der zu bearbeitenden Länder bzw. Regionen**

Es mag sein, dass die Auswahl der Länder bzw. Regionen, in denen eine Geschäftstätigkeit entfaltet werden soll, ausschließlich auf der Ebene der Geschäftsfeld- und/oder Funktionsbereichsstrategien (z.B. im Rahmen der Standortwahl) erfolgt. Jedoch ist es nicht ungewöhnlich, dass auf der Ebene der Unternehmensgesamtstrategien entschieden wird, bestimmte Länder bzw. Regionen als bisher noch nicht bearbeitete Absatzmärkte zu bearbeiten oder aber zu meiden. Die für eine solche Entscheidung relevanten Kriterien unterscheiden sich nicht wesentlich von den bereits für eine Standortwahl betrachteten „Standortfaktoren" und umfassen insbesondere die folgenden **Kriterien** (vgl. auch Welge/Holtbrügge 2003, S. 90):

- natürlich-geografische Bedingungen,
- sozio-kulturelle Faktoren,
- politisch-rechtliche Bedingungen und
- ökonomisch relevante Faktoren.

Für eine Entscheidung, in bestimmten Ländern nicht oder nicht mehr tätig zu sein, ist das mit einer Geschäftstätigkeit verbundene **Risiko** ein weiterer wichtiger Einflussfaktor. Soweit man sich hier nicht allein auf eigene Erfahrungen und Erkenntnisse stützen möchte, bietet z.B. der mehrdimensionale „Business Environment Risk Index" (BERI) eine geeignete Entscheidungsgrundlage.

- **Wahl der Markteintritts- und Präsenzalternativen**

Auch in Hinblick auf den Markteintritt bzw. der Präsenzform in einem Drittland stellen sich unterschiedliche Alternativen, die sich z.B. bezüglich der Verteilung des Kapitalaufwandes zwischen Stamm- und Gastland unterscheiden (siehe Abbildung 2-120).

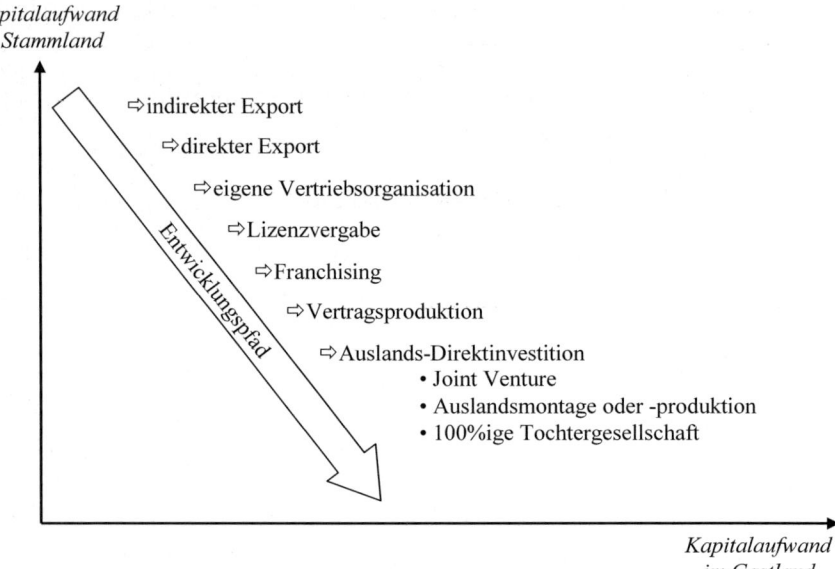

Kapitalaufwand im Stammland

⇨indirekter Export

⇨direkter Export

⇨eigene Vertriebsorganisation

⇨Lizenzvergabe

⇨Franchising

⇨Vertragsproduktion

⇨Auslands-Direktinvestition
• Joint Venture
• Auslandsmontage oder -produktion
• 100%ige Tochtergesellschaft

Entwicklungspfad

Kapitalaufwand im Gastland

Abb. 2-120. Markteintritts- und Präsenzalternativen bei internationaler Geschäftstätigkeit

Um die „richtige" Markteintritts- bzw. Präsenzstrategie zu finden, sind jedoch i.d.R. noch weitere **Kriterien** von Bedeutung, vor allem (vgl. Welge/Holtbrügge 2003, S. 106, und die dort angegebene Literatur):

- Höhe des Kapital- und Ressourcenbedarfs,
- Markteintrittsrisiko,
- Ertragspotenzial,
- Zeithorizont,
- Nutzung länderspezifischer Vorteile,
- Möglichkeit zur Nutzung von Standardisierungsvorteilen,
- Steuerungs- und Kontrollbedarf,
- Steuerungs- und Kontrollmöglichkeiten,
- Gefahr ungewollten Know-how-Transfers,
- Transaktionskosten usw.

Sofern tatsächlich Wertschöpfungsaktivitäten (mit entsprechender Infrastruktur) im Gastland angesiedelt werden, ist zudem über die Ansiedlungsform, also

- Akquisition bzw. Beteiligung oder

* Neugründung,

zu entscheiden. Wie in Abbildung 2-120 angedeutet, stellen die dort genannten Möglichkeiten keine sich ausschließenden Alternativen, sondern vielfach sogar (strategisch gewollte) Zwischenstufen im Rahmen eines bewussten Entwicklungspfades dar, der sich von einem ersten, vorsichtigen „Herantasten" mittels indirektem oder direktem Export in ein Gastland bis zur 100%igen Tochtergesellschaft vollziehen kann.

* **Timing des Markteintritts**

Sind die für eine internationale Geschäftstätigkeit in Betracht kommenden Länder bestimmt, stellt sich noch die Frage, ob der Markteintritt simultan oder (in noch zu bestimmender Reihenfolge) sukzessiv erfolgen soll. In der Literatur haben sich für diese Timing-Optionen des Markteintritts die Begriffe „Wasserfall-" und „Sprinkler-Strategie" etabliert (siehe Abbildung 2-121).

Die Frage des Timings des Markteintritts kann mit dem (noch zu betrachtenden) Timing der Markteinführung neuer Produkte zusammenfallen (siehe auch Abschnitt 3.6.2).

Von einem Produzenten von Unterhaltungselektronik-Geräten ist beispielsweise bekannt, dass er bei der Markteinführung technologischer Innovationen nicht die „Sprinkler-", sondern die „Wasserfall-Strategie" in der Reihenfolge Japan → USA → Europa wählt, mit dem Argument, dass in Japan die anspruchsvollsten Kunden beheimatet wären, deren Kaufverhalten (in positiver wie negativer Hinsicht) eine wichtige Indikatorfunktion auf das zu erwartende Kaufverhalten in den USA und in Europa erfülle.

Eine „Wasserfall-Strategie" ist beispielsweise auch bei der Markteinführung neuer Spielfilme zu beobachten, während bei anderen Produkten (z.B. Softwarepaketen von Microsoft, Mobiltelefonen, ein neuer „Harry-Potter"-Roman) weltweit einheitliche Markteinführungstermine gewählt wurden.

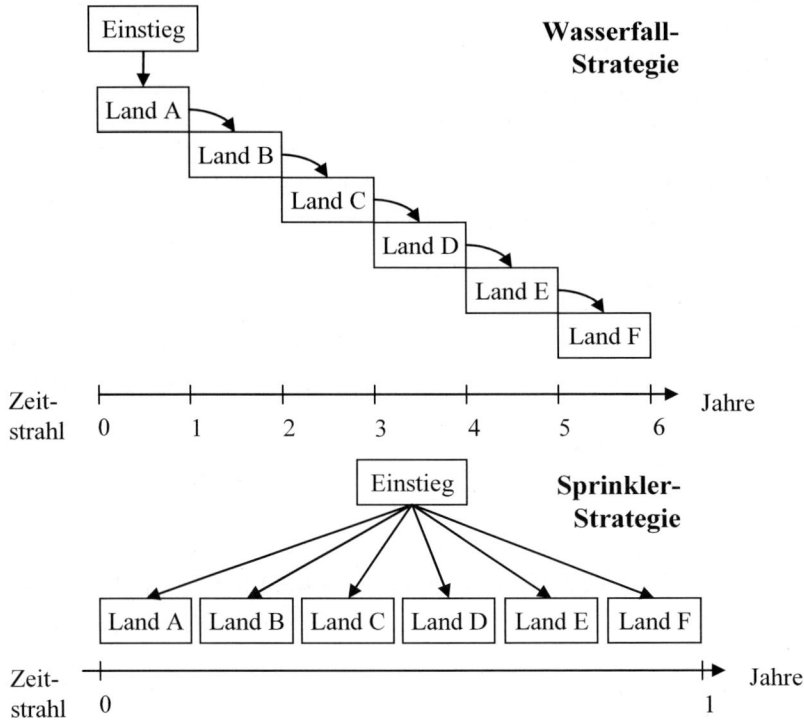

Abb. 2-121. „Wasserfall-" und „Sprinklerstrategie" des Markteintritts (Quelle: Kreutzer 1989, S. 238 ff., zitiert bei: Welge/Holtbrügge 2003, S. 148)

Fassen wir zusammen: Die Auswahl der Länder und die Entscheidung über die Art einer internationalen Geschäftstätigkeit sind zumindest Bestandteile der Geschäftsfeld- und Funktionsbereichsstrategien,[1] können aber auch eine derartig hohe strategische Bedeutung erlangen, dass hierüber auf oberster Unternehmensebene, also im Rahmen der Unternehmensgesamtstrategie, entschieden wird. Dies kann durch die Wahl einer Internationalisierungs-Normstrategie und/oder der strategischen Festlegung auf bestimmte Länder(-Cluster), Markteintritts- bzw. Präsenzformen und Timing-Positionen geschehen.

Damit wollen wir die Betrachtung einzelner strategischer Optionen beenden. Allerdings verdient die Frage, wie aus diesen Optionen nun tatsäch-

---

[1] Dies gilt für alle hier betrachteten Funktionsbereiche und damit (auch) für die Internationalisierung der Forschung und Entwicklung, der Beschaffung und der Produktion.

lich schlüssige Alternativstrategien aggregiert werden können, noch eine nähere Betrachtung.

2.4.5 Integration strategischer Optionen zu schlüssigen Alternativstrategien

Die bisher betrachteten strategischen Optionen müssen nun zu widerspruchsfreien Alternativstrategien integriert – und das bedeutet: sinnvoll aufeinander abgestimmt – werden. Zwar ist es, wie eingangs dargelegt, der Sinn eines strategischen Managements, die Vielzahl der zwischen den Gestaltungsbereichen und -variablen bestehenden Interdependenzen durch Abstraktion und Aggregation zu begrenzen. Jedoch bleiben selbst auf strategischer Ebene zahlreiche Wechselbeziehungen übrig, die einen Abstimmungsbedarf begründen.

Betrachten wir z.B. einen Industriebetrieb, der Haushaltsgeräte herstellt. Je nachdem, ob eine **Volumenstrategie** mit dem Ziel der Kostenführerschaft oder aber eine **Differenzierungsstrategie** gewählt wird, ergeben sich bestimmte Konsequenzen für die Geschäftsfelddefinition, die Wettbewerbsstrategie, die Internationalisierungs- und Produktionsstrategie (um nur einige Beispiele zu nennen), die beachtet werden müssen, damit die Gesamtstrategiealternativen widerspruchsfrei und in sich „stimmig" sind (siehe Abbildung 2-122).

Auch wenn sich das Problem dahingehend vereinfacht, dass die gewählten Optionen auf der Ebene der Unternehmensgesamtstrategien als Prämissen in die auf Geschäftsfeld- und Funktionsbereichsebene zu planenden Strategien eingehen,[1] so wird die Vielgestaltigkeit der Beziehungen zwischen den gleichzeitig zu berücksichtigenden Strategieoptionen jedoch i.d.R. noch so groß sein, dass die Ausarbeitung **expliziter** widerspruchsfreier Gesamtstrategien unmöglich ist.

---

[1] Beispiele: Die Entscheidung, „künftig auch in China tätig zu sein", hat Auswirkungen auf die Tätigkeit der Geschäftsfelder wie auch der Funktionsbereiche (z.B. Beschaffung, Produktion, Vertrieb). Die Portfolio-Entscheidung, „SGF x ausbauen", führt dazu, auf der Ebene der geschäftsfeldstrategischen Optionen nur die „Ausbauvarianten" zu betrachten. Die Entscheidung, ein „neues SGF z aufzubauen", hat dagegen Implikationen für die Technologiestrategie usw.

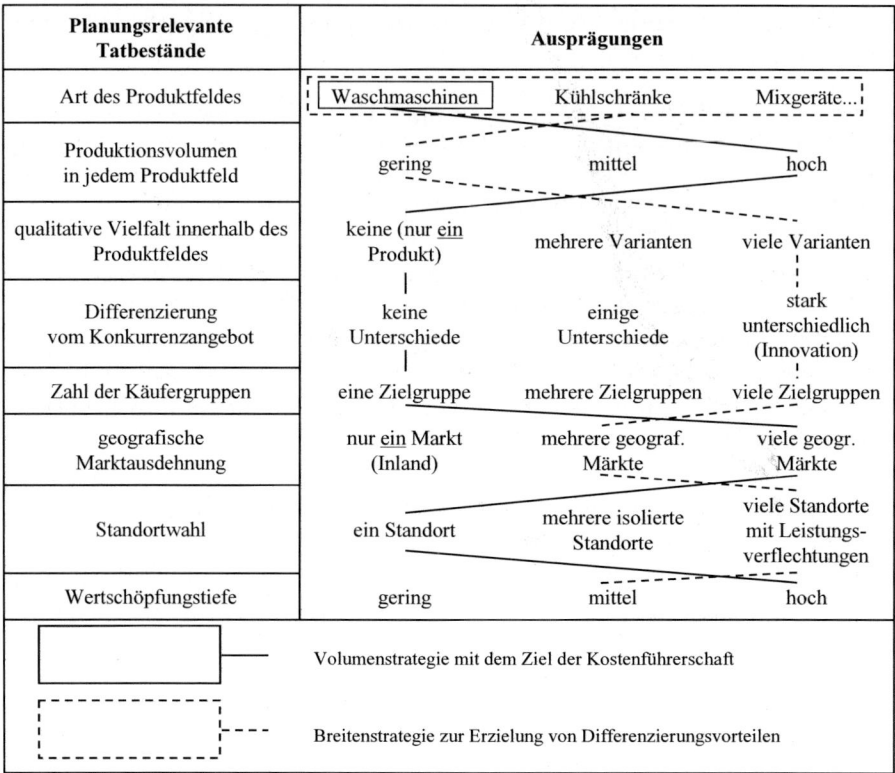

Planungsrelevante Tatbestände	Ausprägungen		
Art des Produktfeldes	Waschmaschinen	Kühlschränke	Mixgeräte...
Produktionsvolumen in jedem Produktfeld	gering	mittel	hoch
qualitative Vielfalt innerhalb des Produktfeldes	keine (nur ein Produkt)	mehrere Varianten	viele Varianten
Differenzierung vom Konkurrenzangebot	keine Unterschiede	einige Unterschiede	stark unterschiedlich (Innovation)
Zahl der Käufergruppen	eine Zielgruppe	mehrere Zielgruppen	viele Zielgruppen
geografische Marktausdehnung	nur ein Markt (Inland)	mehrere geograf. Märkte	viele geogr. Märkte
Standortwahl	ein Standort	mehrere isolierte Standorte	viele Standorte mit Leistungs-verflechtungen
Wertschöpfungstiefe	gering	mittel	hoch

Volumenstrategie mit dem Ziel der Kostenführerschaft

Breitenstrategie zur Erzielung von Differenzierungsvorteilen

Abb. 2-122. Morphologischer Kasten zur Ableitung widerspruchsfreier Gesamt-strategien aus strategischen Optionen (Beispiel)

In diesem Fall kann so vorgegangen werden, dass lediglich „Teilberei-che"[1] strategisch geplant werden, aber unter Berücksichtigung und gege-benenfalls Beantwortung der folgenden Fragen:

1. Welche anderen „Bereiche" (Geschäftsfelder, Funktionsbereiche etc.) werden durch die erwogene strategische Option im betrachteten Be-reich tangiert?

2. Liegt im Hinblick auf die Unternehmensziele eine komplementäre oder konkurrierende Wechselbeziehung vor?

3. Nur im Fall des Zielkonflikts: Wie sind die konkurrierenden strategi-schen Optionen aufeinander abzustimmen, so dass ein möglichst ho-her Zielerreichungsgrad sichergestellt ist? Konkreter: Welcher Be-reich muss welche Veränderungen vor- und welche Einbußen

---

[1] Geschäftsfelder, Funktionsbereiche, die Internationalisierungsstrategie usw.

hinnehmen, damit ein im Sinne der Zielerreichung „vernünftiger Kompromiss" erzielt wird?

Schon aus diesen wenigen Überlegungen wird deutlich, dass eine endgültige Abstimmung der „Strategiebausteine" **nicht ohne eine Bewertung** der strategischen Optionen in Hinblick auf die Unternehmensziele erfolgen kann – eine Aufgabe, der wir uns jetzt zuwenden wollen.[1]

Aus Praxissicht wollen wir abschließend anmerken, dass die (gewählten) Gesamtstrategien der Unternehmen nicht selten zu „strategischen Programmen" verdichtet werden, deren Aggregations- und Abstraktionsgrad jedoch zuweilen so hoch ist (z.B. „10-Punkte-Programm"), dass ihre Aussagen an die Grenzen der Beliebigkeit stoßen (auch wenn man ihre normative Kraft nicht unterschätzen sollte).

In Tabelle 2-63 sind einige reale Beispiele für solche „strategischen Programme" zusammengestellt.

---

[1] Es zeigt sich, dass die Phasen der Alternativengenerierung und -bewertung sich de facto überlappen (müssen) und in der Praxis eher zyklisch und nicht sukzessiv durchlaufen werden.

Tabelle 2-63. Strategische Programme in den Geschäftsberichten der DAX-Unternehmen (Stand 2003) (Quelle: Fischer/Rödl 2003, S. 7)

Unternehmen	Bezeichnungen strategischer Programme	Inhaltliche Erläuterung
Allianz	„Back to Basics"	Kostensenkungs- und Konsolidierungsprogramm
BASF	„Wachstum und Innovation"	Investitionen in renditestarke Bereiche und Wachstumsmärkte
Bayer	- „The New Bayer" - „Performance through People"	- Umstrukturierungsprogramm - Neuorganisationsprogramm
BMW	„Premium"	Aufbau von Premium-Segmenten und Premium-Marken
Commerzbank	- „5-Punkte-Programm" - „Play to Win" - „come one"	- Effizienzsteigerungen - Kosten- und Ertragsmaßnahmen im Privatkundenbereich - Restrukturierungsprogramm für comdirect
DaimlerChrysler	„EAC" (Executive Automotive Committee)	Koordination von Maßnahmen zur Steuerung des weltweiten Automobilgeschäfts
Deutsche Post	„STAR"	Integration und Wertsteigerung
Deutsche Telekom	- „6 plus 6" - „4 Säulen Programm"	- Programm für Entschuldung und Wachstum durch Generierung von 6 Mrd. € aus Verkauf von strategischen Beteiligungen und 6 Mrd. € aus FCF des operativen Geschäfts - Vier strategische Bereiche: T-Com, T-Mobile, T-Systems und T-Online
E.ON	„Fokussierung und Wachstum"	Konvergenz, Integration und gezielte Expansion mit Fokus auf Strom und Gas
Henkel	- „Strong for the Future" - „Qualität von Henkel" - „Gain 25"	- Sonderrestrukturierungsprogramm - Programm zum Ausbau der Marke - Kostensenkungprogramm im Geschäftsbereich Waschmittel
Infineon	- „Impact" - „Impact²" - „Agenda 5-to-1"	- Kostensenkungs- und Restrukturierungsprogramm - Effizienzsteigerungsprogramm - Konkretisierung langfristiger Erfolgsziele
Linde	„TRIM.100" (Total Reorganization of our International Multibrand-strategy)	Mehrmarkenstrategie im Bereich Material Handling zur Kostensenkung von 100 Mio. € in zwei Jahren
Lufthansa	- „D-Check" - „Triple-T" (Team-Target-Thomas Cook)	- Effizienzsteigerungsprogramm - Ergebnissicherungsprogramm mit Einsparungen
Siemens	- „Operation 2003" - „top+" - „10 Punkte Programm"	- Integrations- und Restrukturierungsprogramm - Business Excellence Programm mit Benchmarking, Asset Management - Portfoliomanagement
ThyssenKrupp	„ThyssenKrupp best"	Effizienzsteigerungsprogramm
TUI	„TOP" (TUI Optimizing Performance)	Effizienzsteigerung und Kostensenkung im operativen Bereich durch Integration
Volkswagen	„5000x5000"	Effizienzsteigerung und Arbeitsplatzsicherung am Standort Deutschland

2.5 Phase 4: Bewertung und Auswahl alternativer Strategien

2.5.1 Aufgabe und Problematik

Sofern man den Gedanken einer „rationalen" Strategieplanung, vom Top-Management initiiert und verantwortet, nicht gleich als „völlig unrealistisch" verwirft, sondern – wie wir es hier tun – weiter verfolgt, stellt sich als Nächstes die Aufgabe, die erarbeiteten Strategiealternativen im Hinblick auf die in Phase 1 definierten strategischen Ziele zu **bewerten** und gegebenenfalls unter Anwendung bestimmter Methoden, Verfahren oder Entscheidungsregeln auszuwählen. Hierbei stellen sich jedoch mindestens zwei Probleme:

- Reale Zielsysteme sind, wie in Abschnitt 2.2 bereits erwähnt, für gewöhnlich nicht nur auf ein Ziel (z.B. Gewinn oder Geschäftswertbeitrag) beschränkt. Strategische Alternativen müssen i.d.R. im Hinblick auf **mehrere Ziele** (z.B. ökonomische und ökologische Ziele) bewertet werden. Die Strategieauswahl ist damit meistens ein **multikriterielles Entscheidungsproblem** (unter Unsicherheit bzw. Risiko).

- Strategische Entscheidungen haben gewöhnlich eine **große zeitliche Reichweite** und stoßen damit in der Bewertung auf ein **Prognoseproblem**. Da es oft nicht möglich ist, die eigentlich relevanten, aber wegen des zeitlichen Vorlaufs und der langen „Wirkdauer" erst jenseits des Prognosehorizonts eintretenden Zielbeiträge (z.B. Geschäftswertbeiträge, Renditen) schon heute abzuschätzen, werden „strategische Vorsteuergrößen" als Indikatoren für den späteren, aber derzeit noch nicht seriös zu prognostizierenden Geschäftserfolg herangezogen (siehe Abbildung 2-123).

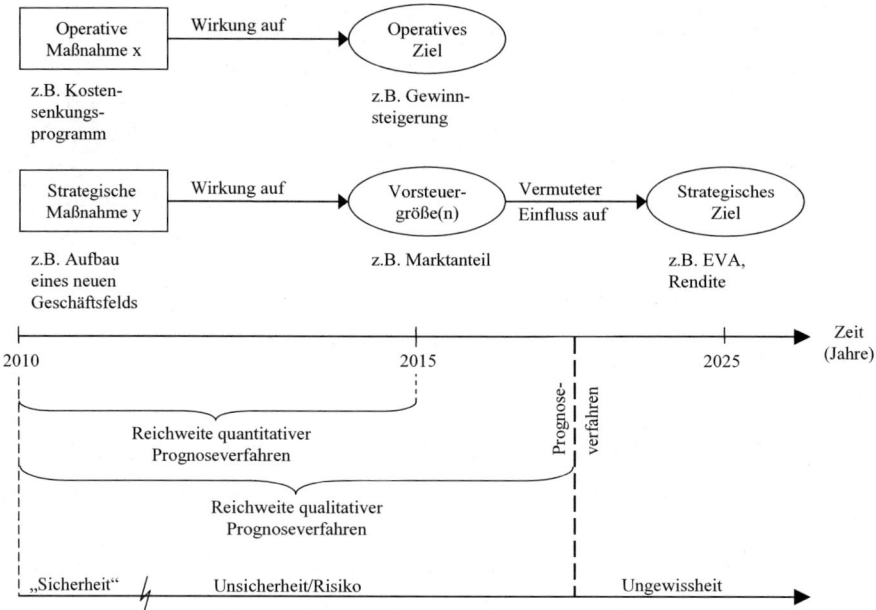

Abb. 2-123. Prognoseproblem und „strategische Vorsteuergrößen"

Im Folgenden wollen wir uns mit einigen „strategischen" Wertungsmethoden noch etwas näher beschäftigen und dabei auch fragen, welcher Beitrag zur Lösung der genannten Probleme dadurch ermöglicht wird.

2.5.2 Methoden zur Strategiebewertung und -auswahl

2.5.2.1 Bereits betrachtete „strategische Planungsmethoden"

Bei näherer Betrachtung zeigt sich, dass die meisten der bereits erwähnten Methoden zur strategischen Analyse (Phase 2) und zur Alternativengenerierung (Phase 3) auch Beiträge zur Strategiebewertung und -auswahl leisten. Hierfür seien beispielhaft genannt:

- das **Konzept der Erfahrungskurve**:
  Die Erfahrungskurve dient auch als Instrument zur Prognose der langfristigen Entwicklung der Stückkosten in Abhängigkeit der kumulierten Produktionsmenge eines Produkts oder Produktfelds.

- die **Portfolio-Methoden**:
  Die betrachteten Portfolio-Modelle – Geschäftsfeld-, Technologie- und Beschaffungsportfolio – dienen, wie ausführlich erläutert, nicht nur der

Ist-Analyse, sondern auch zur Ableitung von Normstrategien, die bei Vorliegen einer bestimmten Bedingungskonstellation als vorteilhaft und zieladäquat bewertet und empfohlen werden. Wichtig ist, dass die Portfoliodimension zumindest teilweise die Funktion „**strategischer Vorsteuergrößen**" erfüllen: So ist der **relative Marktanteil** als Dimension des Zweifaktorenportfolios auch ein Indikator für ein zukünftig profitables Geschäftsfeld, und zwar gerade dann, wenn aufgrund des nachlassenden Marktwachstums nicht mehr in „Wachstum" investiert werden muss, sondern Überschüsse „abgeschöpft" werden können. Noch deutlicher wird die Indikatorfunktion bei der „**Technologieattraktivität**" als Kriterium des Technologieportfolios: In Anbetracht der Tatsache, dass der ökonomische Nutzen von Technologien wegen ihrer langen Lebensdauer (die zukünftigen Produkte und Leistungen, in die die Technologien einfließen, sind jenseits eines bestimmten Prognosehorizonts noch völlig unbekannt), aber auch wegen der Zurechenbarkeits-Problematik („Welcher Teil des Erlöses entfällt auf Technologie x?") nicht exakt bzw. vollständig numerisch bestimmt werden kann, erfolgt die Messung der Technologieattraktivität (z.B. in dem Modell von Pfeifer) anhand der Kriterien:

- Anwendungsbreite,
- Weiterentwicklungspotenzial und
- Kompatibilität,

die alle drei auch den Charakter von Vorsteuergrößen für eine (erfolgreiche) künftige Nutzung der Technologie aufweisen (siehe auch Abbildung 2-124).

Technologie x:

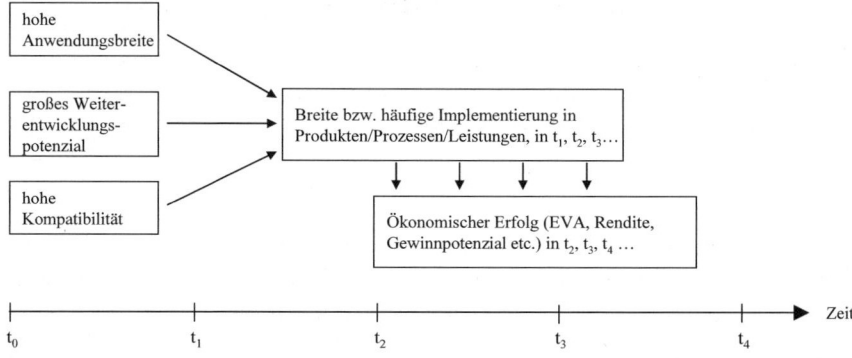

Abb. 2-124. Kriterien der Technologieattraktivität als „strategische Vorsteuergrößen"

- die **Technologie-S-Kurve**:
  Dieses „Instrument" kann, wie erläutert, zur Prognose der künftigen Entwicklung der Leistungsfähigkeit einer Technologie und zur Entscheidungshilfe bei radikalem Technologiewandel eingesetzt werden.

- das **PIMS-Programm** und seine Ergebnisse:
  Einerseits können die Ergebnisse des PIMS-Projekts, die sich über einen relativ langen Zeitraum als stabil erwiesen haben, noch immer direkt zur Bewertung strategischer Maßnahmen verwendet werden. Erinnert sei z.B. an die Erkenntnis, dass eine Erhöhung des Marktanteils um 10 Prozentpunkte zu einer Steigerung des ROI um 3,5 Prozentpunkte führt (vgl. Buzzel/Gale 1989, S. 8). Das PIMS-Programm erlaubt es auch, die Auswirkungen anderer strategischer Maßnahmen – z.B. die Erhöhung der Produktqualität, die Veränderung der Wertschöpfungstiefe, die Erhöhung des F&E-Aufwands – auf den ROI und den Cashflow und darüber hinaus auch die Entwicklung des langfristigen Unternehmenswerts quantitativ zu bestimmen (vgl. Buzzel/Gale 1989, S. 13).

Auch wenn man die Gültigkeit der Ergebnisse des 1999 beendeten PIMS-Programms inzwischen anzweifelt, so dient es doch als bleibendes Beispiel für den Nutzen der empirischen Erfolgsfaktorenforschung für die Strategiegenerierung, -bewertung und -auswahl.

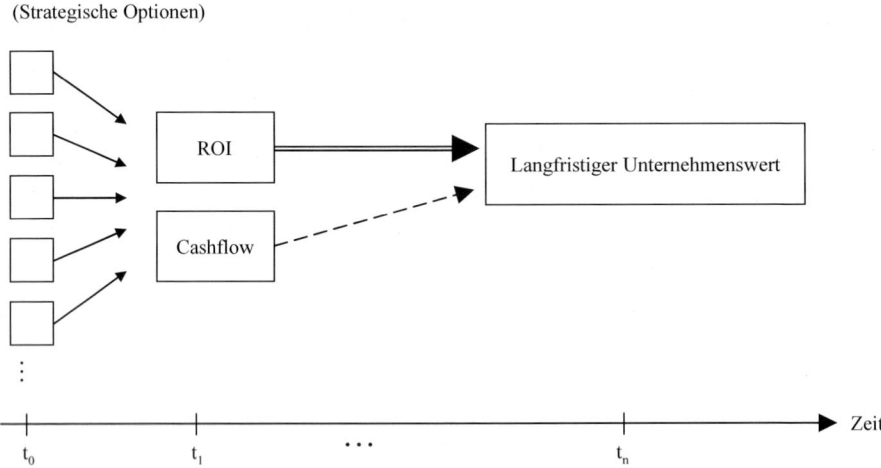

37 Erfolgsfaktoren
(Strategische Optionen)

ROI

Langfristiger Unternehmenswert

Cashflow

t_0 t_1 . . . t_n Zeit

Abb. 2-125. Die PIMS-Erfolgsfaktoren als „strategische Vorsteuergrößen"

- die **Nutzwertanalyse** (Scoring-Modell, Punktbewertungsverfahren):
  Diese im Rahmen der Standortplanung näher betrachtete Methode ist
  uneingeschränkt zur Lösung multikriterieller Entscheidungsprobleme
  (unter Sicherheit) geeignet und damit – in Grenzen – auch zur Strategiebewertung und -auswahl. Als Hauptkriterien für die Strategieauswahl
  Modells werden diskutiert (vgl. z.B. Hungenberg 2006, S. 266 ff.):

  - die **Plausibilität** der Strategie,

  - der **„Strategic Fit"**, vor allem die Harmonie mit den Anforderungen
    der Unternehmensumwelt, und

  - die **Machbarkeit** der Strategie als Kriterium für die interne Durch-
    führbarkeit und die Übereinstimmung mit den Ressourcen und Fähig-
    keiten des Unternehmens.

2.5.2.2 Methoden zur Strategieauswahl unter Unsicherheit bzw. Risiko

„Jede betriebliche Planung vollzieht sich notgedrungen zu einem erheblichen Teil auf der Grundlage unsicherer Daten" (Jacob 1974, S. 299) – dies
gilt auch und sogar im besonderen Maße für die strategische Planung, die
schon wegen des langen Planungszeitraums kaum von „gesicherten Pla-
nungsprämissen" ausgehen kann. Insofern sollte das **Risiko**, also die Gefahr, die gesetzten Ziele zu unterschreiten bzw. durch die künftige Unternehmenstätigkeit Werte zu vernichten anstatt zu schaffen,[1] explizit bei der
Strategiebewertung und -entscheidung berücksichtigt werden. Allerdings
ist festzustellen, dass nur die wenigsten der für das strategische Management entworfenen bzw. empfohlenen Methoden und Instrumente das mit
einer strategischen Option vorhandene Risiko explizit oder implizit berücksichtigen. Dabei ist eine „Entscheidungssituation", wie sie in Tabelle
2-64 dargestellt ist, nahezu trivial, da von verschiedenen Zukunftsentwicklungen der entscheidungsrelevanten Daten völlig abstrahiert wird.[2]

---

[1] Dem allgemeinen Sprachgebrauch folgend, wollen wir hier und im Folgenden
den Begriff „Risiko" nur für den Fall **negativer** Abweichungen von dem (im Mittel) erwarteten Zielerreichungsgrad bzw. für **negative absolute** Zielbeiträge (negative Geschäftswertbeiträge, Gewinne, Renditen etc.) verwenden. Selbst bei dieser Eingrenzung bleiben jedoch noch zahlreiche Möglichkeiten übrig, das
Konstrukt „Risiko" zu operationalisieren (vgl. Voigt 1992, S. 490 ff.)

[2] In der Praxis ist es nicht unüblich, eine solche Entscheidungssituation noch
weiter zu „vereinfachen", indem nur **eine** Alternative unter (vermeintlich) sicheren
Daten präsentiert und favorisiert wird.

Tabelle 2-64. Triviale „Entscheidungsmatrix" (Beispiel)

Alternativen	Zielwert (Gewinnpotenzial bzw. Shareholder-Value in Mio. €)
Strategie 1	100
Strategie 2	75

Anders liegt der Fall, wenn unterschiedliche Datenentwicklungen (Szenarien) explizit berücksichtigt werden, wie es in dem in Tabelle 2-65 dargestellten Beispiel geschehen ist. Dabei umfasst Szenario 1 eine „günstige" oder „optimistische" und Szenario 2 eine „ungünstige/pessimistische" Entwicklung der planungsrelevanten Daten.

Tabelle 2-65. Nicht-triviale Entscheidungssituation (Beispiel)

Alternativen	Zielwerte	
	Szenario 1	Szenario 2
Strategie 1 (starr)	100	-50
Strategie 2 (flexibel)	75	-10
Strategie 3 (robust)	30	30

Da hier keine der betrieblichen Strategiealternativen dominiert (d.h. eindeutig besser ist als die andere Alternative), ist eine Abwägung zwischen den Strategien, also eine „echte" Entscheidung, notwendig. Dabei ist Alternative 1 **„starr"** (da offensichtlich nur auf die günstigste Datenentwicklung hin konzipiert), Alternative 2 dagegen **„flexibel"** und dank ihrer Anpassungsfähigkeit im schlechtesten Fall (= Eintritt von Szenario 2) weniger verlustreich bzw. wertevernichtend als Alternative 1. Alternative 3 ist als **„robust"** zu bezeichnen, da ihre Ergebnisse von alternativen Umweltentwicklungen offensichtlich wenig tangiert werden.

Lässt sich die strategische Planungssituation tatsächlich derartig aufbereiten, wie es in Tabelle 2-65 geschehen ist, so lässt sich das Problem unter Anwendung „bewährter" Entscheidungsregeln und -prinzipien, die die Entscheidungstheorie bereithält,[1] lösen (siehe Tabelle 2-66).

---

[1] Vgl. z.B. Bamberg/Coenenberg 2006; Bitz 1981; Schneeweiß 1991. Auf die Darstellung und Anwendung weiterer, methodisch z.T. recht anspruchsvoller Entscheidungsprinzipien (z.B. das Bernoulli-Prinzip) sei hier verzichtet.

Tabelle 2-66. Anwendung von Entscheidungsregeln und -prinzipien bei der Strategieauswahl (Beispiel)

Alternativen	Maximax-Regel	Maximin-Regel	Laplace-Regel	Hurwicz-Regel $(\lambda = 0,6)$	GEW (w1 = 0,4/ w2 = 0,6)
Strategie 1	**100**	-50	50	40	10
Strategie 2	75	-10	**65**	**41**	24
Strategie 3	30	**30**	60	30	**30**

Wie leicht zu sehen ist, hängt es nun von der **(Risiko-) Präferenzstruktur** der Entscheidungsträger ab, welche Strategie tatsächlich gewählt wird. Die hemmungslosen Optimisten (Pessimisten) wählen offensichtlich Strategie 1 (Strategie 3), während die „Rationalisten", die alle Szenarien berücksichtigen und als gleichwahrscheinlich ansehen, sich für Strategie 2 entscheiden usw. Wichtig ist noch der Hinweis, dass sich durch die Kalküle der Entscheidungstheorie stets nur ein Teil der Unsicherheit – die entscheidungslogisch handhabbare Datenunsicherheit – erfassen und berücksichtigen lässt, während sich de facto auch völlig überraschende Datensituationen oder Ereignisse, unbekannte oder mehrdeutige Handlungsergebnisse sowie nicht erkannte oder „gefundene" Strategieoptionen nachteilig auswirken und insofern ein Risiko – wir könnten es „Informationsrisiko" nennen – induzieren könnten (vgl. auch Voigt 1993, S. 215). Um dieser Gefahr zu begegnen, ist über Maßnahmen

- zur **Verbesserung des Informationsstandes** (durch Einsatz von Verfahren der Langfristprognose; Einrichtung eines Frühwarn- bzw. Früherkennungssystems),

- zur **Einflussnahme auf unsichere (Umwelt-)Tatbestände** (z.B. durch Akquisition von Konkurrenzunternehmen zwecks Wettbewerbsberuhigung, soweit wettbewerbsrechtlich zulässig; durch Akquisition eines „unsicheren" Zulieferunternehmens),

- zur **kollektiven Bewältigung des Unsicherheitsproblems** (z.B. durch gemeinschaftliche Prognose und Früherkennung; durch eine branchenweite Versicherung gegen bestimmte, auch unvorhersehbare Risiken, wie es z.B. im Bankgewerbe üblich ist) und

- zur **Sicherstellung der Überlebensfähigkeit** auch bei unvorhergesehenen Diskontinuitäten (Verfügbarkeit finanzieller Mittel; Einhaltung einer „Basisliquidität" usw.)

nachzudenken (vgl. im einzelnen bei Voigt 1992, S. 559 ff.).

Hin und wieder wird auch der sogenannte Realoptionsansatz als Methode zur Strategiebewertung und -auswahl diskutiert. Dieser Ansatz sei hier kurz näher betrachtet.

2.5.2.3 Der Realoptionsansatz und seine Beiträge zur Strategiebewertung und -auswahl

Der Realoptionsansatz wurde in Analogie zu den Optionsmodellen im Finanzbereich entwickelt. Eine **Finanzoption** bietet das Recht, aber nicht die Pflicht, ein Wertpapier („Underlying"), z.B. eine Aktie, innerhalb eines bestimmten Zeitraums (Optionslaufzeit) zu einem bestimmten, ex ante festgelegten Kurs (Basispreis) zu kaufen (dies nennt man „Call-Option") oder zu verkaufen („Put-Option").

Nehmen wir z.B. eine Call-Option, dann ist eine Ausübung dieser Option sinnvoll, wenn der aktuelle Kurs über dem Basispreis liegt, bei der Put-Option ist es umgekehrt. Treten die eben genannten Kursentwicklungen nicht ein, wird die Option bis zum Ende der Laufzeit nicht ausgeübt – der Halter der Option verliert die für die Option gezahlte Prämie. Dem begrenzten und kalkulierbaren Risiko damit aber nahezu unbegrenzte Chancen gegenüber – eine Tatsache, die dafür verantwortlich ist, dass die Option bzw. der durch sie ermöglichte, lukrative Handlungsspielraum für sich genommen einen Wert hat, der sich durch (nicht ganz leicht zu durchschauende) Optionspreismodelle – z.B. das Black-Scholes-Modell – bestimmen lässt.

Optionsmodelle bewerten gewinnbringende Handlungsspielräume – hier lässt sich eine Brücke zu den **Realoptionen** schlagen. Auch Sachinvestitionen bzw. strategische Entscheidungen – z.B. die Entwicklung einer neuen Technologie oder der Aufbau eines neuen Geschäftsfelds – können während ihrer „Laufzeit" auf Basis neuer, veränderter Informationen mehr oder weniger gut verändert bzw. angepasst werden.

Deshalb liegt es nahe, den Wert der Anpassungsfähigkeit der strategischen Option – ihre „strategische Flexibilität" – bei der Strategiebewertung „gesondert" zu berücksichtigen, so wie die Finanzoption den Wert der Anpassungsfähigkeit beim Halten eines Wertpapiers misst.

In Tabelle 2-67 ist die Analogie zwischen Finanz- und Realoption noch einmal auf einen Blick zusammengefasst.

Tabelle 2-67. Finanz- und Realoptionen (Quelle: Peemöller/Beckmann 2001, S. 707)

	Finanzoption	**Realoption**
Optionsrecht	Recht, innerhalb einer bestimmten Frist ein Underlying zu einem bestimmten Preis zu kaufen (Call-Option) oder verkaufen (Put-Option)	Recht, innerhalb einer bestimmten Frist eine Investition gegen Zahlung einer Investitionssumme durchführen zu können und damit ein Bündel von zukünftigen Einzahlungsüberschüssen zu erwerben
Basiswert	Aktienkurs bzw. Wert des Underlying	Bruttobarwert der erwarteten Einzahlungsüberschüsse bei Durchführung des Investitionsprojektes
Basispreis	Fixierter Aktienkurs	Investitionssumme bzw. Barwert zukünftiger Auszahlungen, die im Zusammenhang mit der Investition stehen
Laufzeit	Optionslaufzeit	Zeitraum, bis zu dessen Ende mit der Investitionsentscheidung gewartet werden kann
Volatilität	Implizite, d.h. erwartete Aktienkursvolatilität	Schwankungsbreite der erwarteten Einzahlungen aus dem Investitionsprojekt
Zahlungen während der Laufzeit	Dividenden	z.B. entgangene Cashflows durch nicht sofortige Ausübung der Option bzw. Durchführung der Investition, eventuell auch durch Eintritt von Konkurrenten bedingt
Zinssatz	Risikoloser Zinssatz	Risikoloser Zinssatz

Betrachtet man die Anpassungsmöglichkeiten bei einer Realoption einmal genauer, so lassen sich mindestens vier verschiedene Anpassungs- und Optionsarten unterscheiden:

- die **Aufschubs- oder Lernoption**: Diese betrifft die Möglichkeit mit einer strategischen Maßnahme – z.B. einer Akquisition – noch zu warten und von der während der „Wartezeit" möglichen Verbesserung des Informationsstands zu profitieren, also letztlich eine „bessere" Entscheidung zu fällen. Auch hier stehen einem kalkulierbaren Opfer – den auf die Wartezeit entfallenden Gewinnentgang – unbegrenzte Chancen gegenüber.

- die **Abbruchsoption**: Das für die Realisierung einer strategischen Maßnahme – z.B. die Entwicklung einer neuen Technologie oder den Aufbau eines neuen Geschäftsfelds durch „internes Wachstum" – notwendige Kapital ist nicht gleich zu Beginn in voller Höhe fällig, sondern wird „über die Zeit" hinweg investiert bzw. gebunden. Insofern halten sich die Kapitalverluste bei Abbruch der Maßnahme, der vor dem Hintergrund neuer Informationen angeraten erscheint, in einem deutlich engeren Rahmen, als es bei sofortiger „voller" Zahlung der Investitionssumme der Fall gewesen wäre. Eine solche Abbruchoption verdeutlicht Abbildung 2-126 in Bezug auf ein Biotech-Start-up.

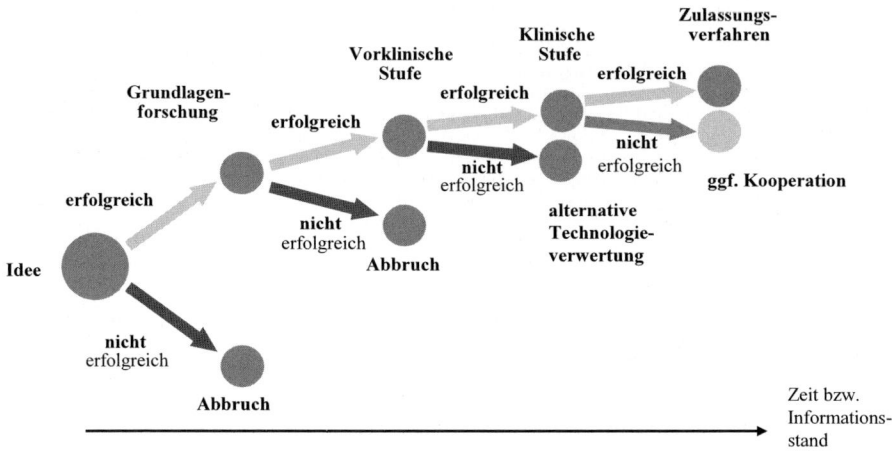

Abb. 2-126. Abbruchsoptionen in der strategischen Maßnahme „Gründung eines Biotech-Unternehmens"

- die **Wachstumsoption**: Dies betrifft die Möglichkeit der strategischen Maßnahme, erweitert zu werden, sofern die Rahmendaten dies wünschenswert erscheinen lassen. Nehmen wir an, zwei Unternehmen stehen als Akquisitionsobjekte eines Konzerns zur Wahl, von denen eines ein „Traditionsunternehmen" mit zentraler Stadtlage, umringt von Wohngebieten, ist und das andere ein relativ junges Unternehmen „auf der grünen Wiese", das sogar noch über unbebaute Flächen verfügt. Es liegt auf der Hand, dass das zweite Unternehmen für eine räumliche Ausdehnung viel besser vorbereitet ist als das Traditionsunternehmen, also einen höheren „Wachstumsoptionswert" besitzt.

- die **Änderungsoption**: Betrachten wir noch einmal die eben genannten Unternehmen, so stellt man z.B. fest, dass das Traditionsunternehmen einen „starren", ganz auf das Traditionsprodukt ausgerichteten Produktionsapparat besitzt, während die Produktion in dem jungen Unternehmen aus flexiblen Fertigungssystemen besteht, die sich gut an wechselnde Produktionsaufgaben anpassen lassen. Das junge Unternehmen hat also auch in dieser Hinsicht einen höheren Optionswert. Die Bandbreite der Änderungsoptionen ist aber z.B. auch bei der Entwicklung einer Technologie mit hoher Anwendungsbreite (als Bestandteil der Technologieattraktivität) letztlich größer als bei einer Technologie, die mit einer ganz bestimmten Anwendung „steht und fällt".

Tabelle 2-68 fasst die in der Literatur gebräuchlichen Synonyme für die hier betrachteten Optionsarten noch einmal auf einen Blick zusammen.

Tabelle 2-68. Übersicht über verschiedene Klassifikationen von Realoptionsarten in der Literatur

Autoren:	Leslie / Michaels (1997)	Peemöller / Beckmann (2001)	Hommel / Pritsch (1999)	Trigeorgis (1993)
	Aufschubsoption	Verzögerungs- option bzw. Lernoption	Lernoption	Option to Wait
	Abbruchsoption	Ausstiegsoption	Wachstumsoption	Option to Stage Investment
	Änderungsoption	Wachstumsoption	Versicherungs- option	Option to Abandon/Shut down
	Wachstumsoption	Flexibilitätsoption Switchoption		Option to Expand Switching Option Option to Innovate

Die Bedeutung des Realoptionsansatzes für die Strategiebewertung – wie sie aus den wenigen genannten Beispielen bereits deutlich wird – lässt sich wie folgt zusammenfassen:

- Strategiealternativen können als (Real-)Investition angesehen werden,

- durch Strategiealternativen ergeben sich unterschiedliche Optionen in Art und Ausmaß,

- diese besitzen einen – meist positiven – Wert,

- der Wert einer strategischen Alternative bestimmt sich damit aus: Summe des Geschäftsfeldwerts + Wert der Optionen, der aus dieser Alternative resultiert (sofern Optionen sich nicht ausschließen),

- alternative Strategien unterscheiden sich hinsichtlich ihrer Geschäftsfeldwerte und (meist) auch in der Höhe der Optionswerte.

Wir wollen dies an einem **Beispiel** noch etwas näher betrachten und daher den Optionswert auch numerisch mithilfe des Binominal-Modells bestimmen:

Ein Unternehmen steht vor der Frage, ob es ein neues strategisches Geschäftsfeld aufbauen soll oder nicht. Für die notwendigen F&E-Tätigkeiten

sind 120 Mio. € aufzuwenden, von denen angenommen werden soll, dass sie bereits zu Beginn der F&E-Arbeiten in voller Höhe fällig sind. Mit diesen Arbeiten kann entweder sofort oder am Ende der ersten bzw. zweiten Periode begonnen werden. Der durchschnittliche Deckungsbetrag der Produkte – es handelt sich hierbei um ein Massen-Konsumgut – liegt bei 1,- €. Sonstige Kosten fallen nicht an. Die notwendigen Entwicklungsarbeiten und die Marktvorbereitung können in relativ kurzer Zeit abgeschlossen werden. Die möglichen Marktvolumina des Produktfelds nach geplantem Verkaufsbeginn der Produkte, also am Ende der zweiten Periode, sind bekannt, ihre Höhe ist aber abhängig von den bis dahin eintretenden Umweltzuständen. In jeder Periode kann jeweils nur ein Umweltzustand („positiv" oder „negativ") mit gleicher Wahrscheinlichkeit auftreten. Ein positiver Umweltzustand wird durch (+), ein negativer Umweltzustand durch (-) gekennzeichnet. Die Bezeichnung C^{++} steht beispielsweise für den Wert einer amerikanischen Call-Option nach zwei Perioden, in denen jeweils ein positiver Umweltzustand eintrat.

Tritt nun in Periode 1 und in Periode 2 jeweils ein positiver Umweltzustand ein (Wahrscheinlichkeit w = 0,25), so ergibt sich ein Marktvolumen von M^{++} = 350 Mio. Produkteinheiten. Tritt lediglich einmal ein positiver Umweltzustand ein (Wahrscheinlichkeit w = 0,5), beträgt das Marktvolumen M^{+-} bzw. M^{-+} = 140 Mio. Produkteinheiten. Treten nur die negativen Umweltzustände ein, so wird nur mit einem Marktvolumen von M^{--} = 56 Mio. Produkteinheiten gerechnet (siehe auch Abbildung 2-127).

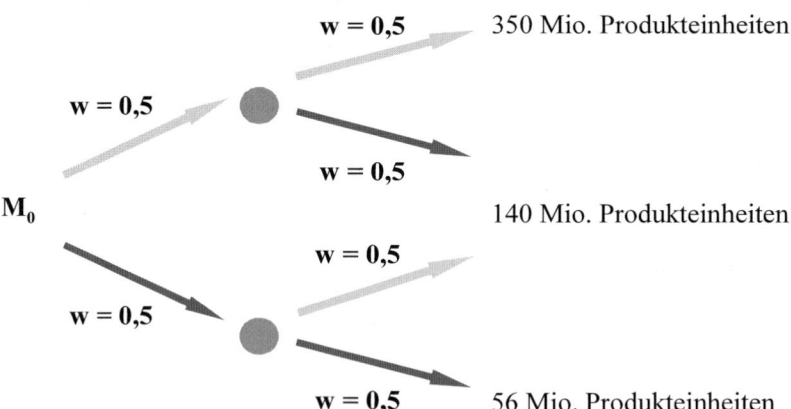

Abb. 2-127. Alternative Marktvolumina des neuen SGF (Beispiel)

Der erwartete Gesamtdeckungsbeitrag des SGF, bezogen auf das Ende der Periode 2, lässt sich aus den bisherigen Angaben leicht berechnen.[1] Er beträgt 0,25 · 350 Mio. € + 0,5 · 140 Mio. € + 0,25 · 56 Mio. € = **171,50 Mio. €.**

Ohne Berücksichtigung des Realoptionsansatzes lässt sich die Entscheidung, ob das Geschäftsfeld tatsächlich aufgebaut werden soll, mithilfe der **traditionellen Investitionsrechnung** beantworten:

Es wird angenommen, dass ein Wertpapier auf dem Kapitalmarkt existiert, das mit den Cashflows des neuen SGF perfekt korreliert. Der Aktienkurs entwickelt sich dabei folgendermaßen: Die Wahrscheinlichkeit für Kurssteigerungen und Kursverfall sei in beiden Perioden gleich (w = 0,5). Aus dem Zustandsbaum in der folgenden Abbildung 2-128 kann ein Kalkulationszinsfuß von 22,5% abgeleitet werden.

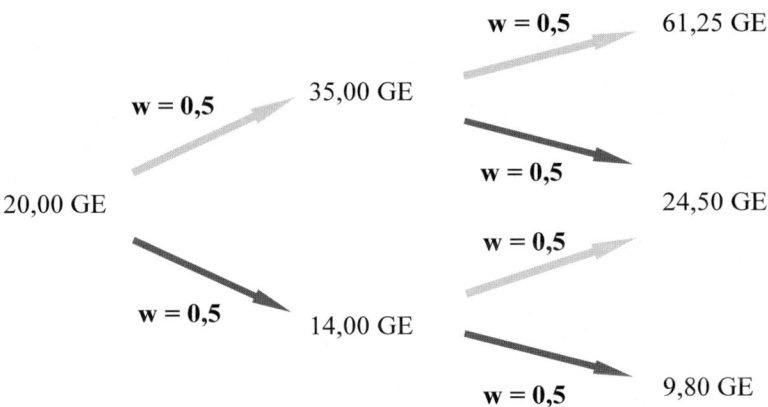

Abb. 2-128. Wertpapier als „beste Alternative" zur Bestimmung des Kalkulationszinsfußes

Bewertet man den Aufbau des neuen SGF nun mit dem Kapitalwert, so ergibt sich für dieses Projekt:

$$C_0 = -120 \text{ Mio. GE} + \frac{171{,}50 \text{ Mio. GE}}{1{,}225^2} \approx -5{,}71 \text{ Mio. €}$$

---

[1] Um das Beispiel zu vereinfachen, beziehen sich die Deckungsbeiträge auf das Ende der Periode 2. Sie sind als Barwerte der über die Lebensdauer der Produkte zu erwartenden Gesamtdeckungsbeiträge, bezogen auf das Ende der Periode 2, zu verstehen.

Nach der traditionellen Investitionsrechnung wird die strategische Maßnahme „Aufbau des neuen SGF" abgelehnt werden, da sie zu einem negativen Kapitalwert (Wertbeitrag) führen würde. Die mit der Maßnahme verbundene Möglichkeit oder Option, noch zu warten, um neue Umweltentwicklungen in die Entscheidung mit einfließen zu lassen, wäre dabei aber noch nicht berücksichtigt. Diese **Warte- oder Aufschubsoption** soll nun mithilfe des **Realoptionsansatzes** berücksichtigt werden:

Die beschriebene Aufschubsoption entspricht einer amerikanischen Call-Option ohne Dividendenzahlung. Die Bewertung erfolgt in diesem Beispiel mithilfe eines zweiperiodigen Binominalmodells. Die Endwerte des Calls am Ende der zweiten Periode sind in Abbildung 2-129 dargestellt.

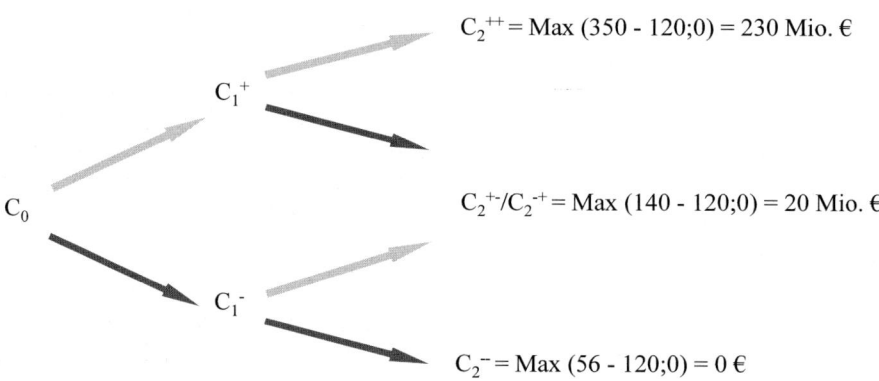

Abb. 2-129. Zustandsabhängige Endwerte der Aufschubsoption am Ende der Periode 2

Für die Berechnung des Aufwärtsfaktors u und des Reduktionsfaktors d wird wiederum die Aktie als Alternativinvestition herangezogen. Es ergeben sich die folgenden Werte

$$u = \frac{35}{20} = 1{,}75 \text{ und } d = \frac{14}{20} = 0{,}70 \,.$$

Mithilfe der Formel für den Zweiperiodenfall lässt sich der Wert für C_0 bestimmen. Die Formel lautet:

$$C_0 = \frac{p^2 \cdot C^{++} + (1-p) \cdot p \cdot C^{+-} + (1-p) \cdot p \cdot C^{-+} + (1-p)^2 \cdot C^{--}}{R^2}$$

mit $p = \dfrac{R-d}{u-d}$ und $R = 1 + r_f$ (der risikolose Zins beträgt hier 10%).

Für die Daten des Beispiels ergeben sich:

$$C_0 = \frac{(0,381)^2 \cdot 230 + (0,619) \cdot (0,381) \cdot 20 + (0,619) \cdot (0,381) \cdot 20 + (0,619)^2 \cdot 0}{1,1^2}$$

$$C_0 \approx 35,39 \ Mio. \ €$$

Die strategische Maßnahme „Aufbau eines neuen SGF" hat also unter Berücksichtigung der Aufschubsoption einen Wert von 35,39 Mio. €. Da die Kapitalwertmethode einen negativen Wert in Höhe von -5,71 Mio. € ergeben hat, beträgt der isolierte **Wert der Aufschubsoption** folglich **41,10 Mio. €**.

Unter Einbeziehung der Realoption besitzt die strategische Maßnahme somit einen positiven Wert. Es ist ratsam, mit der Produktentwicklung und der Vorbereitung der Markteinführung noch bis zur Periode 2 zu warten. Der Investitionsbetrag (hier: 120 Mio. €) könnte zwischenzeitlich risikolos angelegt werden. Stellt sich heraus, dass die negative Umweltentwicklung eingetreten ist und deshalb nur mit einem Marktpotenzial von 56 Mio. Produkteinheiten gerechnet werden kann, besteht noch die Möglichkeit, die strategische Maßnahme zu unterlassen – die Realoption schützt das Unternehmen hier also vor Verlusten.

Die mit Realoptionen gegebenen Handlungsspielräume können prinzipiell aber auch dazu genutzt werden, die Chancen des Unternehmens zu erhöhen und damit das Ertragspotenzial zu steigern.

Auch wenn mit dem Realoptionsansatz nicht alle Bewertungsprobleme strategischer Optionen gelöst werden können, so ruft er doch dazu auf, die mit strategischen Maßnahmen verbundenen Handlungsspielräume in die ökonomische Bewertung einzubeziehen, zumal diese Handlungsspielräume gerade auf der strategischen Ebene im besonderen Maße gegeben sind, denn:

• strategische Maßnahmen erstrecken sich, wie besprochen, stets über einen längeren Zeitraum und sind deshalb „über die Zeit" hinweg auch eher korrigierbar als unmittelbar wirksame operative Maßnahmen;

• strategische Maßnahmen sind hochaggregiert/abstrakt und haben auch in dieser Hinsicht einen „inhärenten" Anpassungsspielraum bis zur Umsetzung in konkretes Tathandeln.

Obwohl eine numerische Bestimmung des Werts der Realoption nicht immer möglich ist, lohnt es, bei der Bewertung strategischer Alternativen (auch) nach den mit ihnen verbundenen Realoptionen in Form von Aufschubs-, Abbruch-, Wachstums- bzw. Änderungsoptionen zu fragen. Dass diese Optionen letztendlich auch den Wert des gesamten Unternehmens beeinflussen können, verdeutlicht abschließend die Abbildung 2-130.

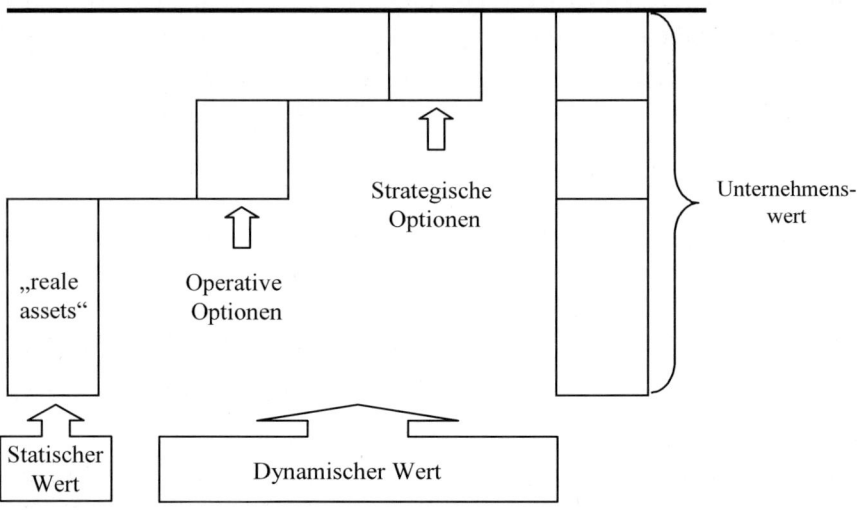

Abb. 2-130. Unternehmenswert und Realoptionen (Quelle: Peemöller/Beckmann 2001, S. 712)

2.5.3 Strategiebewertung und -auswahl in der Praxis

In Anbetracht der Tatsache, dass sich viele strategische Optionen bzw. Alternativstrategien einer quantitativen Bewertung in Hinblick auf die Unternehmensziele entziehen, erfolgt die Strategieauswahl in der Praxis oft qualitativ anhand von **Argumentenbilanzen**. Hierbei kann man sich z.B. von folgenden Beurteilungskriterien bzw. Fragen leiten lassen (vgl. Müller-Stevens/Lechner 2005, S. 324 ff.):

1. Angemessenheit

- Welche Stärken zeichnen die Strategieoption aus?
- Welche Schwächen zeigt die Strategieoption auf?

- Trägt die Strategie den Interessen der verschiedenen Anspruchsgruppen Rechnung?

- Ist die Strategie mit den Eigengesetzlichkeiten des Unternehmens vereinbar?

2. Akzeptanz

- Wird die strategische Entscheidung von den Mitarbeitern und Mitarbeiterinnen getragen?

- Ist mit nennenswerten internen Widerständen zu rechnen?

3. Durchführbarkeit

- Ist die Ressourcenbeanspruchung vertretbar?

- Ist die Veränderungsbereitschaft vorhanden?

4. Konsistenz/Plausibilität

- Ist die Strategie „in sich" stimmig und widerspruchsfrei?

- Ist ihre Wirkung auf die verfolgten Ziele von Zielharmonie oder von Zielkonflikten gekennzeichnet?

Die Strategieauswahl ist also i.d.R. keine Rechenaufgabe, sondern ein Diskussionsprozess, in dem die mit einer Strategie verbundenen Vor- und Nachteile gegeneinander abgewogen werden müssen. In die Argumentenbilanz sollten quantitative Daten, soweit sie vorliegen bzw. seriös prognostiziert werden können, einfließen. Gegebenenfalls ist zu prüfen, ob der Einsatz der **Nutzwertanalyse**, die zur Lösung multikriterieller Entscheidungsprobleme geeignet ist, auch bei der Strategieauswahl von Nutzen ist. In vielen Fällen zeigt sich jedoch, dass für die Wahl der „richtigen" Strategie auch Erfahrung und ein gutes „Gespür" wichtig sind – also Aspekte, die sich nicht immer formalisieren oder durch ein schematisches Auswahlverfahren ersetzen lassen. Hierzu abschließend ein **Beispiel**:

Das Unternehmen Beiersdorf AG stand Ende der 80er Jahre des vorigen Jahrhunderts vor der strategischen Entscheidung, ob es als Ersatz für seine vermeintlich „in die Jahre gekommene" Hauptmarke „Nivea" eine Ersatzmarke aufbauen oder stattdessen weiterhin im Körperpflegebereich ausschließlich in die Marke „Nivea" investieren solle. Die Alternative „Aufbau einer Ersatzmarke" – der geplante Name war „Java" – hätte dazu geführt, die Marke „Nivea" mittel- bis langfristig völlig aus dem Markt zu nehmen. Für beide sich offensichtlich (auch aus finanziellen Gründen) ausschließenden Alternativen gab es gute Argumente, die über „Zahlenmaterial" weit hinausgingen. Dem Gespür und der Erfahrung des späteren Vorstandsvorsitzenden, in der Branche auch „Mr. Nivea" genannt, ist es zu verdanken, dass sich das Unternehmen letztlich für ein Festhalten an der Marke „Nivea" und eine konsequente Differenzierungsstrategie **unterhalb** dieser Dachmarke entschieden hat – eine strategische Entscheidung, die sich bis heute als „richtig" und „erfolgreich" erwiesen hat.[1]

2.6 Phase 5: Strategieimplementierung

2.6.1 Kennzeichnung der Aufgabe

Ist die Unternehmensgesamtstrategie verabschiedet und mit den Geschäftsfeld- und Funktionsbereichsstrategien in Übereinstimmung gebracht worden,[2] geht es darum, die strategischen Pläne „herunterzubrechen", also in konkretes, strategiegeleitetes Handeln der Unternehmensmitglieder umzusetzen.[3] Die **Implementierung** einer Strategie umfasst damit

- die schöpferische Desaggregation der strategischen Vorgaben,

- das Ausfüllen der in der Strategie notwendigerweise verbleibenden Lücken,

- die Verkürzung des Planungszeitraums („je konkreter der Plan, desto kürzer der Planungszeitraum") und

---

[1] Dabei ist die Frage, ob die Zweitmarkenstrategie nicht noch erfolgreicher gewesen wäre, hypothetischer Natur und nicht beantwortbar. Fest steht aber, dass das Unternehmen mit der gewählten Strategie seine Wachstumsziele erreicht hat.

[2] Als Beispiele für die dafür notwendigen Prozesse siehe dazu nochmals die Abbildungen 2-9a-c.

[3] Diese Forderung gilt offensichtlich nur für die „top-down" bzw. im Gegenstromprinzip formulierten Strategien. Bei „formierten" bzw. „emergenten" Strategien entfällt dagegen die Implementierungsnotwendigkeit, da sie bereits „gelebt" werden.

- die horizontale Feinabstimmung von Teilplänen bzw. -strategien (z.B. Geschäftsfeldstrategien untereinander und mit bestimmten Funktionsbereichsstrategien bzw. -plänen) bei der Realisation.

Wichtig ist, dass die **Strategieimplementierung** als Aufgabe der Unternehmensführung nicht die konkrete „Umsetzung", das „Herunterbrechen" der Strategie selbst umfasst, sondern die Initiierung, Steuerung und Kontrolle dieses Prozesses. Es ist die Aufgabe der Unternehmensleitung, die für die Umsetzung wichtigen Einfluss- bzw. Erfolgsfaktoren zu gestalten und für die „richtigen" Rahmenbedingungen zu sorgen, insbesondere

- durch Gestaltung der Organisationsstruktur und Schaffung geeigneter Anreizsysteme,

- durch die „richtigen" Kommunikations- und Informationssysteme,

- durch die Beeinflussung der Unternehmenskultur (siehe dazu Abschnitt 2.6.3),

- durch passende Managementstile, -systeme, -methoden und

- durch die Auswahl des Personals, insbesondere der Führungskräfte, die sich mit der Strategie des Unternehmens identifizieren sollten.

Insbesondere beim letztgenannten Punkt klingt an, dass es bei der Strategieimplementierung nicht allein um bestimmte Sachaufgaben, sondern vor allem um eine **Führungsaufgabe** geht, nämlich darum, dafür Sorge zu tragen, dass die strategischen Entscheidungen, die für die nachfolgenden Managementebenen den Charakter von Entscheidungsprämissen haben, tatsächlich als solche akzeptiert und bei den auf taktischer bzw. operativer Ebene zu fällenden (Detail-)Entscheidungen berücksichtigt werden. Damit geht es letztlich auch um eine **verhaltensorientierte Durchsetzung** strategischer Maßnahmenprogramme, z.B. durch

- Vermittlung und Kommunikation „der Strategie", d.h. der durch sie gesetzten Prämissen,[1]

- Einweisung und Schulung der Mitarbeiter im Umgang mit diesen Vorgaben und

- Erzielung eines strategiebezogenen Konsenses (siehe Abschnitt 2.6.3).

---

[1] Diese Forderung steht in einem gewissen Spannungsverhältnis mit der ebenso berechtigten Forderung, strategische Vorhaben z.B. vor der Konkurrenz „geheim" zu halten. Festzuhalten ist aber: Eine Strategie, die „nur geheim" ist, kann nicht implementiert und umgesetzt werden.

Es ist also wichtig, dass die Strategie auf allen Ebenen der Unternehmenshierarchie „ankommt", in die Entscheidungen einfließt und auf operativer Ebene zu schlüssigem Verhalten und Handeln führt – denn erst hier wird sie letztlich „realisiert". Umgekehrt kann eine Strategie scheitern, wenn dies nicht gelingt, wenn auf operativer und taktischer Ebene z.B. folgende Meinung herrscht: „Strategie – das sind die Sandkastenspiele für ´die da oben`, und wir machen hier alles so weiter wie bisher!"

Es stellt sich die Frage, wie der Prozess der Strategieimplementierung methodisch unterstützt werden kann. Insbesondere die „Balanced Scorecard" scheint sich als Methode in dieser Phase des strategischen Managementprozesses besonders zu eignen.

2.6.2 Die „Balanced Scorecard" (BSC) als Instrument der Strategieimplementierung und des Strategiecontrollings

Ausgangspunkt der Balanced Scorecard – übersetzt etwa „ausgewogenen Kennzahlentafel" – ist die Kritik, dass existierende Kennzahlen und Berichtssysteme, z.B. das bekannte DuPont-Schema,

- zu kurzfristig angelegt,

- primär finanzwirtschaftlich orientiert seien und

- keine konzeptionelle Verbindung zur Strategieebene hätten.

Die Balanced Scorecard (im Folgenden: BSC) hat dagegen die Vorzüge, dass sie

- längerfristig angelegt ist (Planungszeitraum 3-5 Jahre für die Zielebene) und

- mehrdimensional aufgebaut ist, denn sie umfasst
  - die finanzielle Perspektive,
  - die Kundenperspektive,
  - die Perspektive der internen Geschäftsprozesse und
  - die Innovationsperspektive (vgl. im Einzelnen bei Kaplan/Norton 1997).

Die BSC ist gerade deshalb ein Instrument der Strategieimplemetierung, weil sie dazu aufruft, nach konkreten Messgrößen bzw. operativen Zielen zu suchen, die zu den strategischen Zielen in einem komplementären Verhältnis stehen und diese somit „operationalisieren", also „herunterbrechen". Dafür wird folgender Prozess empfohlen:

- Vereinbarung strategischer Ziele,

- Beschreibung der Zielinhalte,

- Ermittlung der Ursache-Wirkungs-Beziehungen zu konkreten Messgrößen,

- Vereinbarung konkreter Ausprägungen dieser Messgrößen („operationale Ziele") im Rahmen von Mitarbeitergesprächen.

Die BSC für ein Unternehmen der Softwarebranche hat z.B. die in Tabelle 2-69 aufgezeigte Struktur und Ausprägung.

Tabelle 2-69. Balanced Scorecard eines Unternehmens der Softwarebranche (Quelle: Horváth/Kaufmann 1998, S. 43)

	Strategisches Ziel	**Messgröße**	**konkrete Ausprägung**
Finanzielle Perspektive: Wie sollten wir aus Kapitalgebersicht dastehen?	• ROCE über dem Branchendurchschnitt • schneller als der Markt wachsen • Cashflow steigern	• Return on Capital Employed (ROCE) • Umsatzwachstum • Discounted Free-Cashflow	• ROCE über 24 % • Wachstumsrate von über 13 % • Zuwachs von 15 % p.a.
Kundenperspektive: Wie sollten wir aus Kundensicht dastehen?	• Innovatoren-Image • Preis-Leistungs-Verhältnis hervorragend • Vorzugslieferant sein	• Umsatzanteil neuer Produkte und Dienstleistungen • Kundenbewertung • Umsatzanteil durch Stammkunden	• Anteil von Leistungen, die jünger als 2 Jahre sind, über 60 % • Nummer eins bei mindestens 60 % der Kunden • Anteil über 50 %
Prozessperspektive: Bei welchen Prozessen müssen wir Hervorragendes leisten?	• frühes Einwirken auf die Kundenanforderungen • Entwicklung des Regionalmarktes A • schnelle Hardware-Installation • überragendes Projektmanagement	• Beratungsstunden für Kunden vor Eröffnung des Angebotprozesses • Anzahl Neukunden in Region A • Arbeitstage zwischen Auftragserteilung und Hardwareinstallation • Anteil Projekte ohne Kostenüberschreitung	• Anstieg um 5 % p.a. • Anstieg um 30 % p.a. • 90 % unter zehn Arbeitstagen • 90 %
Mitarbeiter-/ Lernperspektive: Wie können wir flexibel und verbesserungsfähig bleiben?	• kontinuierliche Verbesserung • hohe Mitarbeiterzufriedenheit • hohe Innovationsfähigkeit	• Halbwertszeitindexwert • Index Mitarbeiterzufriedenheit • Anzahl Verbesserungsvorschläge je Mitarbeiter	• jährliche Verbesserungen über 10 % • Zufriedenheitsindex über 80 % • mehr als 20 Vorschläge pro Mitarbeiter

Die BSC unterstützt also die (ansonsten methodisch eher schwach aus-gestaltete) Phase der Strategieimplementierung, ist aber zu Beginn nicht mehr und nicht weniger als eine fast leere „Kennzahlentafel", die im Zuge der Strategieimplentierung durch das „Herunterbrechen" der Strategie aus-gefüllt und ergänzt werden muss. Dabei ist – nach Horváth – auch darauf zu achten, die BSC nicht falsch zu interpretieren, denn sie ist

- **kein** reines Kennzahlensystem, sondern ein Managementinstrument und schließt die Vereinbarung von Strategien und strategischen Zielen sowie deren Kombination und Verknüpfung mit Steuerungsgrößen und kon-kreten Maßnahmen ein,

- **kein** Ersatz für diagnostische Feinsteuerungs- bzw. Controllinginstru-mente, sondern ein Instrument zur „Übersetzung" von Strategien in kon-krete Aktionen,

- **keine** Methode zur Strategieplanung, sondern zur Strategieimplementie-rung,

- **kein** einmaliges Projekt, sondern eine Daueraufgabe.

Vielmehr müsse die BSC, so wird gefordert,

- unternehmensindividuell konzipiert werden,

- die strategischen Ziele und Vorgaben **kommunizieren**,

- **top-down** initiiert und

- mit dem **Anreizsystem** des Unternehmens verknüpft werden (vgl. Hor-váth 1999).

2.6.3 Die Rolle der Unternehmenskultur bei der Strategieimplementierung

2.6.3.1 Grundlagen

Bei der „Unternehmenskultur" geht es zunächst nicht um die Frage, ob im Vorstandsbüro ein echter van Gogh hängt oder das Unternehmen Kultur-festspiele sponsert. Das Konstrukt „Unternehmenskultur" betrifft vielmehr – auf den einfachen Nenner gebracht – die Art und Weise, wie die Men-schen im Unternehmen denken, reden und handeln.

Die Unternehmenskultur ist damit die „… Grundgesamtheit gemeinsamer Wert- und Normvorstellungen sowie geteilter Denk- und Verhaltensmuster der Unternehmens-mitglieder" (Heinen/Dill 1990, S. 17). In Anlehnung an Schein (1984, 1985) lassen sich unterschiedliche, hierarchisch gegliederte, aktive und passive Anspruchsformen der Unternehmenskultur unterscheiden (siehe Abbildung 2-131).

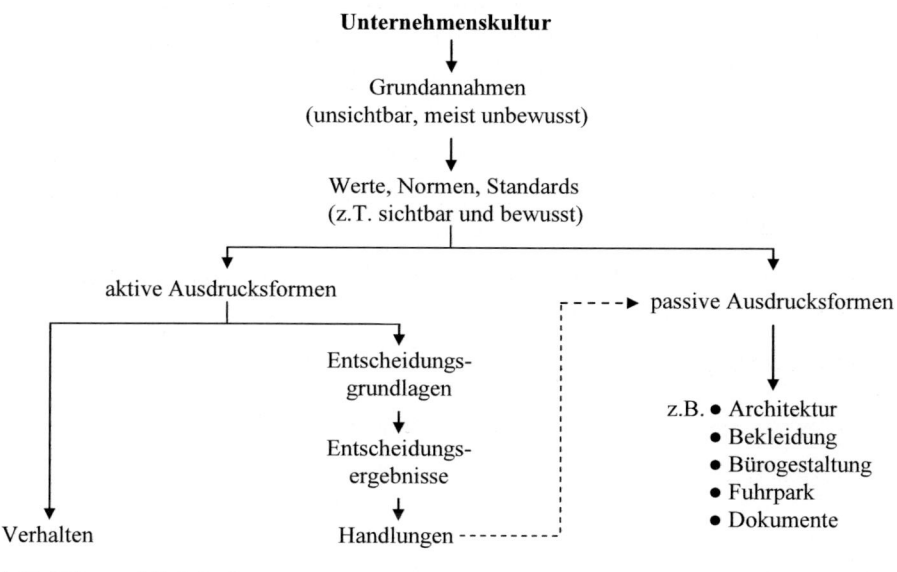

Abb. 2-131. Ausdrucksformen der Unternehmenskultur (Quelle: Voigt 1996, S. 45)

Während die Strategie auf hohem Abstraktionsniveau festlegt, **was** künftig geschehen soll, um die gesetzten Ziele zu erreichen, beeinflusst die Unternehmenskultur die Art und Weise, **wie** die strategischen Vorgaben „heruntergebrochen" und in konkretes Tathandeln umgesetzt werden. Ein und dieselbe Strategie kann damit zu höchst unterschiedlichen Tathandlungen und Ergebnissen führen, je nachdem, ob die Strategie „kongenial" operationalisiert und realisiert wird oder aber auf „unpassende" Denk- und Verhaltensmuster, auf Widerstand, Ablehnung oder Gleichgültigkeit stößt (siehe Abbildung 2-132).

So haben es ehemalige (Staats-)Monopolunternehmen regelmäßig schwer, in der Phase der Deregulierung eine „offensive Wettbewerbsstrategie" zu fahren, wenn die Unternehmenskultur – also die Denk- und Verhaltensweisen der Mitarbeiter – noch „hinterherhinkt". Ähnliches mag ein bisher ausschließlich inländisch tätiges Unternehmen erleben, wenn es plötzlich eine „Internationalisierungsstrategie" verfolgt.

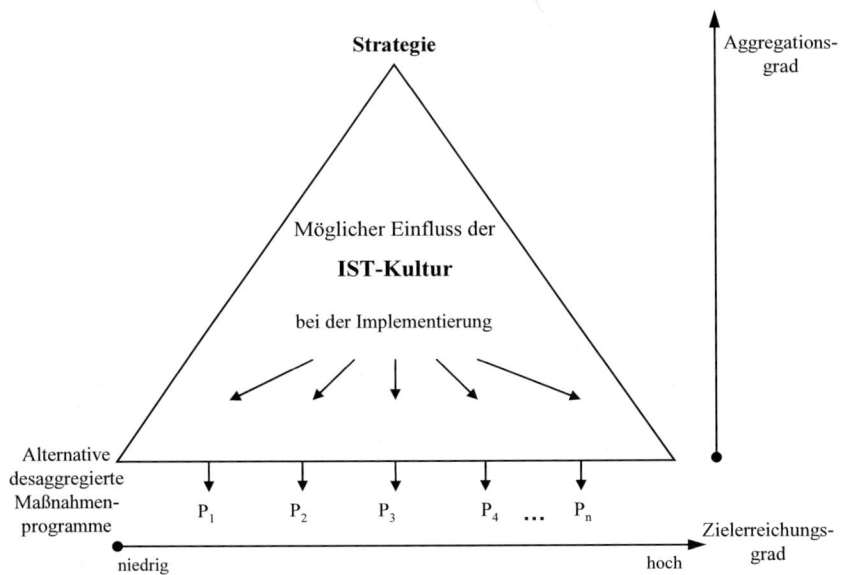

Abb. 2-132. Einfluss der Unternehmenskultur bei der Strategieimplementierung (Quelle: Voigt 1996, S. 67)

Auf der anderen Seite kann eine strategische Maßnahme, die auf kongeniale Denk- und Verhaltensweisen, auf Mitarbeiter „mit passender Wellenlänge" trifft, eine große Schlagkraft entfalten und zu erstaunlichen Ergebnissen führen. Weitere Beispiele, wie die Unternehmenskultur die Strategieimplementierung beeinflusst, sind in der folgenden Tabelle 2-70 zusammengefasst.

Die Unternehmenskultur als „strategischer Erfolgsfaktor" ist generell um so bedeutsamer, je größer der strategische Wandel – also das Ausmaß der verändernden bzw. innovativen Elemente im Rahmen der Unternehmensstrategie – ist.

Tabelle 2-70. Einfluss der Unternehmenskultur auf die Strategieimplementierung (Beispiele)

Strategische Entscheidung	Kultur-Ausprägung	Ergebnis
Diversifikation (Aufbau eines neuen, innovativen Geschäftsfelds)	„verkrustete" Denk- und Verhaltensstrukturen	**Misserfolg**
Akquisition eines Unternehmens	Integrationsprobleme wegen gegensätzlicher Kulturen	**Misserfolg**
	„passende" Kultur oder erfolgreiche Integration	**Erfolg**
Änderungen im Kerngeschäft (z.B. Wandel vom Produzenten zum Dienstleister)	kulturelle Flexibilität	**Erfolg**

Die Strategie und die Kultur eines Unternehmens können also (obwohl die Strategie streng genommen auch eine Ausdrucksform der Unternehmenskultur ist) zueinander in Konflikt stehen – eine Situation, die Handlungsbedarf begründet. Zu beachten ist aber, dass die Unternehmenskultur keine „Instrumentalvariable" des Managements darstellt. Eine bestimmte Unternehmenskultur ist nicht „machbar" und kann nicht einfach „angeordnet" werden, auf der anderen Seite ist sie aber auch nicht völlig unbeeinflussbar.

Wie Strategie und Kultur – also die Denk- und Verhaltensweisen der Mitarbeiterinnen und Mitarbeiter – miteinander harmonisiert werden können, ohne „Gewalt" auszuüben oder die Unternehmenskultur als „machbar" misszuverstehen, verdeutlicht das im Folgenden skizzierte Konzept des „kulturbewussten Managements".

2.6.3.2 Kulturbewusstes Management

In diesem Managementkonzept sind drei Schritte zu unterscheiden, und zwar:

- 1. Schritt: Diagnose der Ist-Kultur,

- 2. Schritt: Vergleich mit der Soll-Kultur,

- 3. Schritt: Anregung und Moderation des Kulturwandels als ergebnisoffenen Prozess.

Alle drei Schritte wollen wir hier noch näher betrachten:

1. Schritt: Diagnose der Ist-Kultur

„Welche Kultur haben wir eigentlich im Unternehmen?" Diese Frage ist leichter gestellt als beantwortet, schon weil es keine allgemein gültigen Beschreibungs- und Beurteilungskriterien dafür gibt. Es wird jedoch empfohlen, bei der Analyse der Ist-Kultur Aussagen hinsichtlich der **Art** und der **Stärke** der Unternehmenskultur zu machen.

Tabelle 2-71. Mögliche Typologie der Unternehmenskultur (Quelle: in Anlehnung an Deal/Kennedy 1982, S. 107 ff.)

Art der Unternehmenskultur	Markt		Kulturmerkmale
	Risiko	Feed-back	
tough guy/macho „Alles-oder-Nichts-Kultur"	hoch	rasch	• Starkult • Spielertypen • Individualismus • Unkonventionalität ⇨ Wert = Risiko und Erfolg Beispiel: Unternehmensberatung, Werbeagenturen, Unternehmensneugründung
work hard/play hard „Brot-und-Spiele-Kultur"	gering	rasch	• Teamarbeit • Kundenorientierung • Spielrituale • Umweltdynamik als Chance ⇨ Wert = Umsatz Beispiel: Verkaufsniederlassung
bet your company „Analytische-Projekt-Kultur"	hoch	langsam	• Methodenorientierung • Umweltdynamik als Bedrohung • Analyse- und Zahlenorientierung • Rationalität • Konferenzrituale ⇨ Wert = Erfahrung Beispiel: Konservatives Großunternehmen
process „Prozess-Kultur"	gering	langsam	• Bürokratiekultur • Dienstwegorientierung • Hierarchierituale ⇨ Wert = Kontinuität Beispiel: (Ehem.) Staatsbetrieb

Zur Analyse bzw. Datenerhebung können die folgenden Methoden – auch in Kombination – zum Einsatz kommen:

- schriftliche Befragungen (Fragebogen),
- Interviews (strukturiert/unstrukturiert),
- Beobachtung/Betriebsrundgänge,
- Bewertung sonstiger „Artefakte", vor allem der in Abbildung 2-131 erwähnten „passiven" Ausdrucksformen der Unternehmenskultur, die zugleich als sichtbare Zeichen des Unternehmensidentität, der „Cooperate Identity", interpretiert werden können.

Möglicherweise gelingt es, die im Unternehmen oder auch in der Branche anzutreffenden Unternehmenskulturen der Art nach zu kategorisieren, wie es z.B. in der **Typologie** von Deal/Kennedy (die die Unternehmenskulturen nach der Risikobereitschaft und der Schnelligkeit, mit der auf Marktimpulse reagiert wird, unterscheiden) geschehen ist (siehe Tabelle 2-71).

Sicherlich ist es sinnvoll, zur Erfassung der Art der Ist-Kultur noch weitere kulturtypische Merkmale zu berücksichtigen, so z.B. die folgenden, bi-polar ausgeprägten Eigenschaften:

offen/umweltorientiert	geschlossen/binnenorientiert
international ausgerichtet	national orientiert
änderungsfreundlich	änderungsfeindlich
basisorientiert	spitzenorientiert
nutzenorientiert	kostenorientiert
entwicklungsorientiert	instrumentell orientiert
technologieorientiert	marktorientiert
innovationsorientiert	imitationsorientiert
kommunikationsorientiert	verfahrensorientiert
Mensch als Individuum	…als Funktionsträger usw.

Zusätzlich können auch die Ergebnisse der vergleichenden Kulturforschung herangezogen werden, die z.B. zeigen, dass deutsche Unternehmen – insbesondere Industrieunternehmen – noch immer eine ausgeprägte „Ingenieurskultur" aufweisen und im internationalen Vergleich durch ein detailorientiertes und risikoaverses Management gekennzeichnet seien (vgl. Hofstede 2001, S. 166 ff.). Unter Zusammenfassung aller Analyseergebnisse scheint es jedoch nicht unmöglich zu sein, eine Aussage zur Art der im Unternehmen anzutreffenden Kultur(en) zu treffen.

Die **Stärke** der Kultur(en) kann dagegen anhand der folgenden Kriterien erfasst werden:

- Prägnanz (Wie klar?),

- Verbreitungsgrad (Wie viele Mitarbeiter?) und

- Verankerungstiefe (Wie tief überzeugt?)

der Werte und Normen im Unternehmen.

Eine starke (Einheits-)Kultur liegt vor, wenn alle Mitarbeiter im Unternehmen die gleichen Denk- und Verhaltensweisen an den Tag legen, die auf einem allgemein akzeptierten Werte- und Normenfundament beruhen.

Steht eine solche „starke" Unternehmenskultur mit der intendierten Strategie im Einklang, kann das Unternehmen einen hohen Wirkungsgrad und eine überragende Wettbewerbsstärke erreichen.[1] Problematisch wird es nur, wenn Strategie und Kultur nicht übereinstimmen – dann können starke Kulturen strategische Veränderungen deutlich behindern (siehe auch Tabelle 2-72).

Tabelle 2-72. Vor- und Nachteile „starker" Unternehmenskulturen

Vorteile	Nachteile
• gute Handlungsorientierung • reibungslose Kommunikation • schnelle Entscheidungsfindung • hohe Motivation und Teamgeist • Stabilität und Zuverlässigkeit	• Tendenz zur Abschließung („geschlossenes System") • Denken in Stereotypen • keine Entwicklung „echter" Alternativen • verzerrte Bewertung (schiefes/erstarrtes Weltbild) • Widerstand gegen Veränderungen
Beständigkeit und Effizienz, Einsparung von Koordinationskosten	Inflexibilität, Opportunitätskosten

---

[1] Wie empirische Untersuchungen zeigen, scheinen „starke" Unternehmenskulturen besonders in Branchen mit hoher Wettbewerbsintensität und standardisiertem Produkt-/Leistungsangebot erfolgswirksam zu sein, vor allem in der Textil-, Bekleidungs-, Automobilindustrie und bei Airlines (vgl. Kotter/Heskett 1992).

Gehen wir zunächst davon aus, dass sich die im Unternehmen anzutreffende(n) Ist-Kultur(en) nach Art und Stärke hinreichend genau erfassen lässt bzw. lassen.

2. Schritt: Vergleich mit der Soll-Kultur

Im nächsten Schritt geht es darum, ein Bild von der „insgesamt" oder in bestimmten Teilbereichen (z.B. Geschäftsfeldern oder Funktionalbereichen) gewünschten Soll-Kultur zu entwickeln. Hält man z.B. eine **„partnerschaftliche Soll-Kultur"** für erstrebenswert, so kann diese etwa wie folgt in ihren gewünschten Wertvorstellungen und Normen präzisiert werden:

- Vertrauen,
- Kommunikation, Offenheit, Transparenz,
- kooperative Konfliktbewältigung intern und extern (Interessenausgleich, Kompromiss),
- Beteiligung der Mitarbeiterinnen und Mitarbeiter an strategischen Entscheidungen,
- Freiräume für eigenverantwortliches Handeln; Mitbestimmung am Arbeitsplatz usw.

Dass die verschiedenen strategischen Optionen, die wir im Abschnitt 2.4 betrachtet haben, auf der Ebene der Unternehmenskultur spezifische Denk- und Verhaltensweisen erfordern, um erfolgreich implementiert und umgesetzt zu werden, verdeutlicht Tabelle 2-73.

Tabelle 2-73. Strategische Optionen und „Soll-Kultur"

Strategische Option	„Passende" Kulturmerkmale (Beispiele)
Kostenführerschaftsstrategie	Effizienzorientierung, Binnenorientierung, Analysedenken, Zahlenorientierung, effizienzorientiertes Wettbewerbsdenken …
Differenzierungsstrategie	Kundenorientierung, Extrovertiertheit, Kreativität, unkonventionelles Denken, innovationsorientierte Wettbewerbshaltung …
Internationalisierungsstrategie	Offenheit und Toleranz, „Anderssein" als Chance, Umweltorientierung, Anpassungsfähigkeit, Lernbereitschaft…
Akquisitionsstrategie	Synergieorientierung, Integrationsfähigkeit, (Know-how-)Transferfähigkeit, Wertorientierung…

Auch bei näherer Betrachtung der Portfolio-Strategien (siehe Abschnitt 2.4.4.2) zeigt sich, dass sich zur erfolgreichen Realisation der Normstrategien durchaus unterschiedliche Führungseigenschaften empfehlen (siehe Tabelle 2-74).

In seltenen Fällen wird die hier formulierte Soll-Kultur völlig mit der in Schritt 1 festgestellten Ist-Kultur übereinstimmen. Werden die Differenzen zwischen Ist- und Soll-Kultur jedoch als „zu groß" eingestuft, als dass sie hingenommen werden könnten, ist weiterer Handlungsbedarf in Hinblick auf einen „Kulturwandel" gegeben.

Tabelle 2-74. „Passende" Führungseigenschaften für Portfolio-Strategien (Quelle: Hinterhuber 1989, S. 141 f.)

Norm-Strategien	Typische Führungseigenschaften
1. Investitions- und Wachstums-strategien	• **Innovationsfähigkeit**: Formulierung und Entwicklung neuer Lösungen, die zu konkreten Resultaten führen • **Risikofähigkeit**: Fähigkeit, auf der Grundlage eines persönlichen, abgewogenen Urteils ein kalkulierbares Risiko einzugehen • **Vitalität und Aggressivität**: Fähigkeit, ein hohes Aktivitätsniveau zu entfalten • **Entscheidungsfähigkeit und Aktionsorientierung**: Schnelligkeit in der Bildung von Urteilen und im Fällen von Entscheidungen
2. Abschöpfungs- oder Desinves-titionsstrategien	• **Administrative Fähigkeiten**: Fähigkeiten, den Einsatz der verfügbaren, personellen, finanziellen und materiellen Ressourcen zu planen, koordinieren und kontrollieren, um die relativen Wettbewerbsvorteile zu erhalten • **Rationalisierungsfähigkeiten**: Möglichst rationelle Ausnutzung der verfügbaren Ressourcen, um die Produktions- und Distributionskosten zu senken • **Überzeugungskraft**: Fähigkeit, die Mitarbeiter von der Notwendigkeit des Aufgebens bestimmter Tätigkeiten zu überzeugen
3. Selektive Strategien	• **Offensivstrategien**: Unternehmerische Fähigkeiten und charismatische Führungseigenschaften, Offenheit gegenüber dem Wandel, hohes Durchsetzungsvermögen und Energieniveau, zielbewusste Führung und Initiative • **Defensivstrategien**: Fähigkeit zur Durchsetzung einer straffen Organisation und durchgreifenden Planung für die Erhaltung der Wettbewerbsvorteile der strategischen Geschäftseinheit, breiter Erfahrungshorizont mit vielseitigen anfänglichen Spezialisierungen

3. Schritt: Anregung und Moderation des Kulturwandels

Kulturwandel lässt sich nicht „anordnen", „durchsetzen" oder gar „erzwingen", denn dies wäre ebenso zum Scheitern verurteilt wie das Vorhaben, einen Ostfriesen „per Anordnung" Bayern umzuwandeln. Kulturwandel ist vielmehr ein **Lernprozess**, der vom Management initiiert, gefördert und auch beeinflusst werden kann – dies ist der Kern des „kulturbewussten Managements".

Als konkrete Maßnahmen stehen dem (Top-)Management folgende, sich keinesfalls ausschließende Optionen offen:

- neue Kultur „vorleben",

- Erarbeitung eines Leitbildes im Diskurs **mit** den Mitarbeiterinnen und Mitarbeitern,

- organisatorische Maßnahmen (Verflachung der Hierarchie, Dezentralisierung, Gruppenarbeit, Aufgabenintegration, Qualitätszirkel, KVP,…),

- Einrichtung kulturgerechter Anreiz-, Qualifikations- und Beförderungssysteme,

- Gewinn- und Kapitalbeteiligung der Mitarbeiter,

- Personaleinstellung/-entlassung,

- Schaffung neuer „Artefakte" (Dokumente, Büroausstattung, Gebäude) als Bestandteile der (neuen) „Cooperate Identity".

Das „kulturbewusste Management" geht auch einher mit einem neuen Führungsverständnis, das die Grenzen des Verfügens und direkten Steuerns mit strengen Vorgaben und scharfen Kontrollen erkennt. Der Manager ist vielmehr (auch) als Moderator und „Trainer" im Kulturentwicklungsprozess tätig. Die Mitarbeiterinnen und Mitarbeiter sind weniger „Befehlsempfänger" als vielmehr „mündige Organisationsbürger". Und wichtiger noch: Die Unternehmenskultur wird nicht nur als „Erfolgsfaktor" gesehen und zu beeinflussen versucht, sondern hat auch einen vom (Top-)Management respektierten „Eigenwert und Eigensinn".

Eine völlige Kongruenz von Ist- und Soll-Kultur ist deshalb in den meisten Fällen weder (kurzfristig) möglich noch überhaupt wünschenswert. Unter Berücksichtigung der Tatsache, dass „Kulturwandel" ein Prozess ist, der sich über die Zeit erstreckt,[1] kann es auch sinnvoll sein, die Strategie zunächst noch stärker an die bestehende Ist-Kultur anzupassen (d.h. „Kulturschock-Strategien" zu vermeiden) und erst dann, wenn die

---

[1] Dabei können Krisensituationen die Lernbereitschaft offensichtlich erhöhen und die Zeitdauer für einen notwendigen Kulturwandel drastisch verkürzen. Ein Manager hat dies einmal so ausgedrückt: „Mit dem Strick um den Hals lernt es sich schneller."

kulturelle Flexibilität[1] sich erhöht hat, Strategie und Kultur „parallel" wei-
terzuentwickeln (siehe Abbildung 2-133).

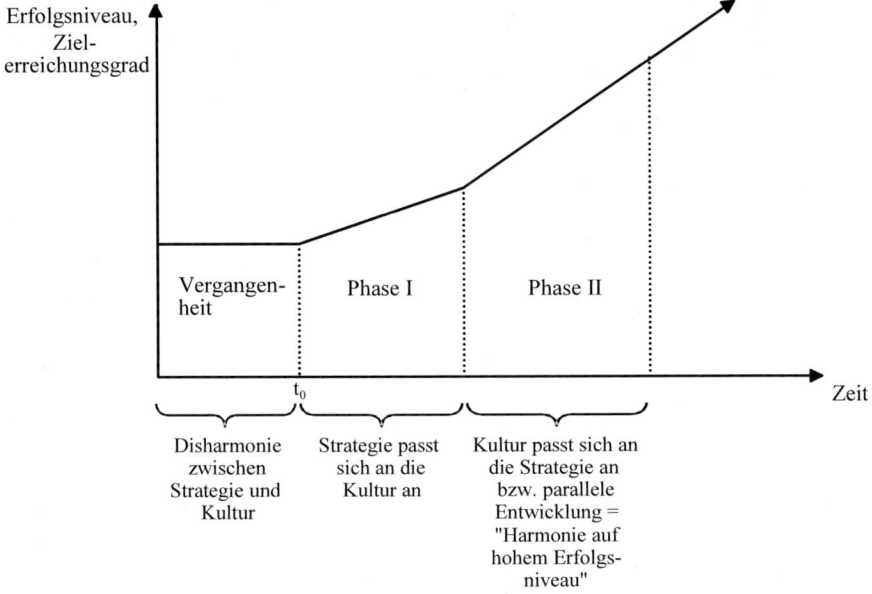

Abb. 2-133. Abstimmung von Strategie und Kultur im Zeitablauf (Quelle: Voigt
1996, S. 94)

Die **Hauptaufgaben eines „kulturbewussten Managements"** – nicht
nur bei der Strategieimplementierung, aber eben auch dort – lassen sich
wie folgt zusammenfassen:

- den Zusammenhang zwischen Strategie und Kultur erkennen;

- akzeptieren, dass die Unternehmenskultur nicht beliebig gestaltbar (keine reine Instrumentalvariable des Managements) ist; statt dessen

- Kulturwandel propagieren, initiieren, moderieren; neue Werte und
  Normen „vorleben"; Mitarbeiter nicht als Objekte, sondern als Träger
  des Kulturwandels sehen;

- kulturpolitische Maßnahmen durchführen (z.B. Aufbau- und Ablauforganisation, Personalpolitik) mit dem Ziel der Erhöhung der kulturellen
  Flexibilität; dabei auch

---

[1] Diese kommt z.B. im Ausmaß der kritischen Reflexion der Ist-Kultur und der
Bereitschaft der Mitarbeiterinnen und Mitarbeiter zum Umlernen zum Ausdruck.

- „Eigenwert" und „Eigensinn" der Unternehmenskultur respektieren.

Ob die Strategie und die Strategieimplementierung letztlich erfolgreich waren, lässt sich nur durch eine Erfolgsmessung („Performance Measurement") herausfinden. Wir sind damit bei der letzten Phase des strategischen Managementprozesses angelangt.

2.7 Phase 6: Strategische Kontrolle

2.7.1 Aufgabenfelder der strategischen Kontrolle

Wie bei jedem Managementprozess, so muss auch beim strategischen Managementprozess überprüft werden, ob die gesetzten Ziele tatsächlich erreicht werden. Auch müssen – wie bei jeder Kontrolle – Konsequenzen aus einer möglichen Nichterreichung der Ziele gezogen werden.

Der entscheidende Unterschied der „strategischen" gegenüber einer operativen Kontrolle ist aber, dass eine **Plan-Ist-Kontrolle** allein nicht ausreicht. Strategische Maßnahmen benötigen, wie ausführlich beschrieben, schon für die Operationalisierung und Implementierung einen nicht unerheblichen Zeitraum und haben dann für gewöhnlich noch eine lange, oft sich über Jahre erstreckende und zuweilen (z.B. bei Akquisitionen, Standortgründungen, Technologieentwicklungen) ex ante nicht begrenzte „Wirkdauer".

Wollte man warten, bis die strategischen Maßnahmen alle ihre Zielwirkungen gezeigt haben, wartet man also u.U. lange – und bringt sich um die Möglichkeit, rechtzeitig korrigierend einzugreifen.

Es wird deutlich, dass die Plan-Ist-Kontrolle im Konzept der strategischen Kontrolle dringend um eine **Plan-Plan-Kontrolle** ergänzt werden muss. Die verschiedenen, zu diesem Zweck vorgeschlagenen Modelle (vgl. z.B. Steinmann/Schreyögg 2005, S. 280 ff; Müller-Stewens/Lechner 2005, S. 689 ff.; Piser 2004; Hungenberg 2006, S. 391 ff.) lassen sich zu dem in Abbildung 2-134 skizzierten Konzept verdichten.

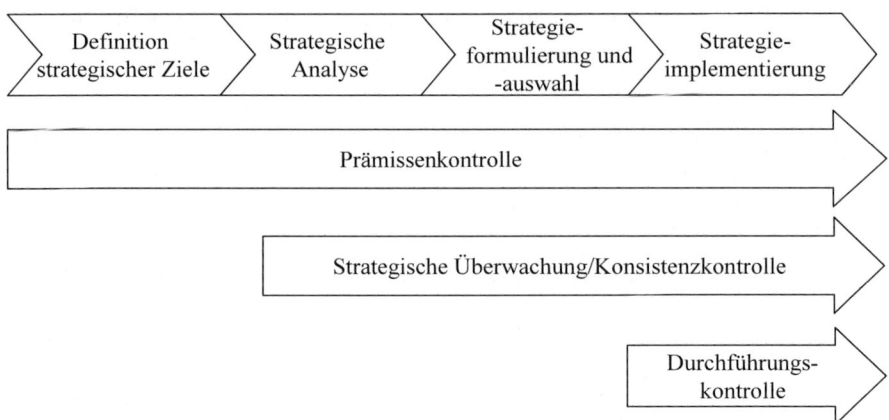

Abb. 2-134. Konzept der strategischen Kontrolle

Auf die drei genannten Aufgabenfelder wollen wir kurz näher eingehen:

- **Prämissenkontrolle**

Die Prämissenkontrolle entspricht am ehesten einer Plan-Plan-Kontrolle und meint das (permanente) Hinterfragen der Ausgangsannahmen, auf denen die strategische Planung beruht. Entwicklungen im Marktgeschehen oder im Wettbewerbsverhalten, die von den ursprünglich gesetzten Prämissen (deutlich) abweichen, erzwingen u.U. strategische Korrekturen, noch bevor die Strategieplanung bzw. -implementierung abgeschlossen ist. Die Prämissenkontrolle schließt ausdrücklich die Zielsetzungsphase ein: Erweisen sich bestimmte Sach- oder Formalziele (z.B. die Erreichung eines bestimmten Marktanteil, die Eroberung einer Pionier-Wettbewerbsposition, die Erzielung einer bestimmten Kapital- und Umsatzrendite) nachweislich als unerreichbar, ist eine Zielanpassung sinnvoll, um Frustrationen (bei den Mitarbeiterinnen und Mitarbeitern, im Top-Management, bei den Aktionären usw.) zu vermeiden.

- **Strategische Überwachung und Konsistenzkontrolle**

Die strategische Überwachung ist „… eine Antwort auf die prinzipielle Unabschließbarkeit des strategischen Entscheidungsfeldes der Unternehmung. Sie ist eine im Grundsatz ungerichtete Kontrollaktivität" (Steinmann/Schreyögg 2005, S. 281) und ist am ehesten gleichzusetzen mit der (permanenten) Prüfung, ob alle „strategisch wichtigen" Daten erfasst, alle relevanten Optionen gefunden, die richtigen Bewertungskriterien herangezogen, die besten Methoden eingesetzt wurden usw. Die Konsistenzkontrolle – die Prüfung der Widerspruchsfreiheit und „Stimmigkeit" der strategischen Optionen – haben wir in Abschnitt 2.4.5 schon näher betrachtet.

- **Durchführungskontrolle**

Hier sind wiederum zwei Teilaufgaben zu unterscheiden: „Durchführungskontrolle" aus Sicht des Top-Managements meint zunächst die Prüfung, ob der Prozess der Strategieimplementierung wie geplant abläuft, ob also die strategischen Entscheidungen auf den nachfolgenden Managementebenen akzeptiert und als Prämissen für die dort zu fällenden Detailentscheidungen übernommen werden. Weiterhin gilt es zu prüfen, ob die in der Strategie notwendigerweise verbleibenden Freiräume zieladäquat ausgefüllt werden (z.B. ob die Entscheidung „Aufbau eines neuen SGF x" zu interessanten, innovativen und wettbewerbsfähigen Produkt- und Leistungsangeboten geführt hat). Die Durchführungskontrolle im Sinne der **Implementierungskontrolle** lässt schließlich auch eventuelle „kulturelle Widerstände" gegen strategische Maßnahmen (siehe Abschnitt 2.6.3) erkennen.

Die Durchführungskontrolle ist schließlich auch als **Ergebniskontrolle** sinnvoll. Bei strategischen Maßnahmen, die eine längere (oder ex ante sogar unbegrenzte) „Wirkdauer" haben, kann dies in Form von Statusberichten erfolgen.[1] So hatte die Durchführungskontrolle sowohl im Fall der Akquisition von Rover durch die BMW AG als auch im Fall der DaimlerChrysler-Fusion, obwohl beide Maßnahmen im strengeren Sinne noch nicht „abgeschlossen" waren, einen voraussichtlichen Misserfolg signalisiert – beide Maßnahmen wurden schließlich abgebrochen bzw. rückgängig gemacht.

Halten wir damit fest: Die strategische Kontrolle ist i.d.R. ein mehrdimensionales, offenes und gestuftes Konzept. Sie begleitet und beschließt den Prozess des strategischen Managements und gibt im Sinne der Rückkopplung auch wichtige Anstöße für zukünftige Strategieprozesse.

2.7.2 Methodik, Organisation und Weiterentwicklungsmöglichkeiten der strategischen Kontrolle

Entsprechend der Vielgestaltigkeit der strategischen Kontrolle und der Mehrdimensionalität der dabei verwendeten Messgrößen können hier ver-

---

[1] Der in der Theorie bekannte „Totalerfolg" am Ende eines Unternehmens wird dagegen eher seltener berechnet, gehört aber auch in diesen Kontext.

schiedene **Methoden** zum Einsatz kommen – von (ungerichteten) Früh-
warn- bzw. Früherkennungssystemen, Szenario-Workshops und Experten-
gesprächen im Rahmen der Prämissenkontrolle bis hin zu operativen (und
mit quantifizierbaren Daten arbeitenden) Controllinginstrumenten bei der
Durchführungskontrolle (vgl. auch Piser 2004, S. 105). Interessant und
hilfreich ist der Hinweis, die Balanced Scorecard (siehe Abschnitt 2.6.2)
auch als Kontrollinstrument einzusetzen (vgl. Müller-Stewens/Lechner
2005, S. 710). Ernüchternd wirken dagegen die Ergebnisse empirischer
Studien, die zeigen, dass die strategische Kontrolle

- bei vielen Managern unbekannt ist,

- sich in der Praxis oft in einer implizit-intuitiven Vorgehensweise er-
  schöpft und

- stark von der Intuition und Informationsversorgung des Managements
  abhängig und insofern (zumindest potenziell) auch „verzerrenden Einflüssen" ausgesetzt ist.

Die **organisatorische Zuständigkeit** für die strategische Kontrolle liegt
– wie für das strategische Management insgesamt – zunächst bei der obersten Unternehmensleitung. Diese ist jedoch auf Daten, Statusberichte und
Ergebnismeldungen im Zuge des bottom-up-Prozesses angewiesen. Strategische Prämissen erweisen sich selten „rein abstrakt" als „falsch", sondern
entweder vor dem Hintergrund veränderter Umweltbedingungen oder angesichts von Implementierungsproblemen– in beiden Fällen ist das Management auf Impulse, die nicht aus der betreffenden Managementebene
kommen, angewiesen.

Dies gilt auch für die Kontrolle von Geschäftsfeld- und Funktionsbereichsstrategien, die zwar auf Prämissen der Unternehmensgesamtstrategie
aufbauen, aber auch an diese „rückkoppeln" müssen. Erweist sich z.B. die
Ausbau-Normstrategie für ein bestimmtes Geschäftsfeld als undurchführ-
bar, muss das Portfolio insgesamt überdacht und überarbeitet werden.
Ähnliches gilt auch für „Question Mark"-Geschäftsfelder, die auf neuen
Technologien aufbauen (sollen), die sich jedoch im Rahmen der Technologiestrategie als problematisch oder gar „unrealisierbar" erweisen können.

„If you can`t measure it, you can`t manage it!" Dieser in der Praxis ge-
bräuchliche Ausspruch unterstreicht noch einmal die Notwendigkeit, über
die Möglichkeiten und Probleme der Messung im Rahmen der strategischen Kontrolle nachzudenken. Die Überlegungen gehen auch in Richtung
eines umfassenden „Performance Measurement", das neben finanziellen
auch nicht-finanzielle, neben quantitativen auch qualitative, neben internen

auch externe und neben Vergangenheits- auch Prognosedaten und „schwache Signale" berücksichtigt (siehe Abbildung 2-135).

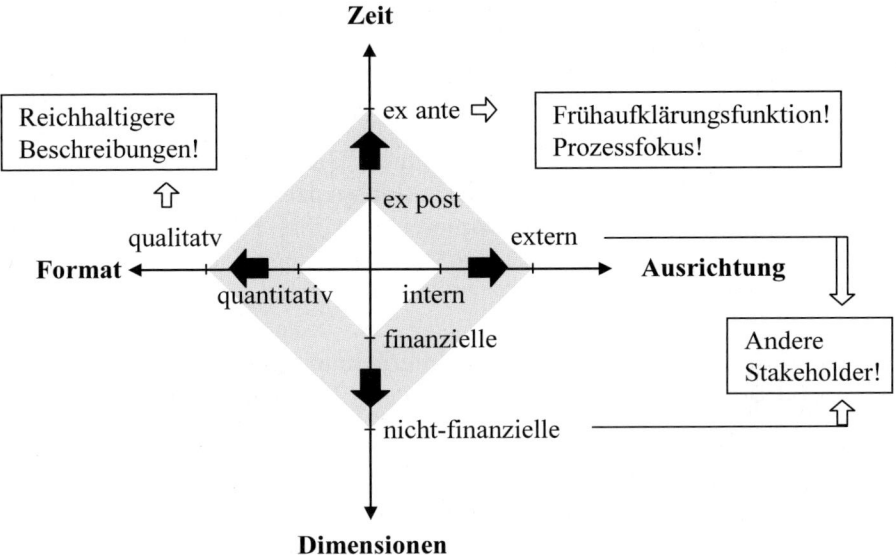

Abb. 2-135. Vom klassischen Controlling zum „Performance Measurement" (Quelle: Müller-Stewens/Lechner 2005, S. 703)

Damit sei die Betrachtung des strategischen Managementprozesses im Industriebetrieb abgeschlossen. Fassen wir hier kurz zusammen.

2.8 Fazit und Auswirkungen

Im Rahmen des strategischen Managementprozesses werden die konstitutiven Grundlagen für das künftige Unternehmensgeschehen des Industriebetriebs gelegt und „strategische" Prämissen gesetzt, die bei den nachfolgend zu treffenden Entscheidungen auf taktischer und operativer Ebene berücksichtigt werden müssen. Die konstitutiven Grundlagen bzw. strategischen Prämissen betreffen

- auf **Unternehmensgesamtebene** vor allem die zukünftige Struktur des Portfolios (der Gesamtheit der strategischen Geschäftsfelder) und die „strategisch wichtigen" Ressourcen und Fähigkeiten,

- auf **Geschäftsfeldebene** insbesondere die Ausrichtung der Wettbewerbsstrategie und

- auf **Funktionsbereichsebene** die technologischen Grundlagen sowie Grundsatzentscheidungen für die Beschaffung und die Leistungserstellung.

Mit den strategischen Entscheidungen ist aber noch kein Kundenwunsch erfüllt, kein Produkt produziert, keine Leistung abgesetzt – und damit auch noch kein tatsächlicher Wert geschaffen. Deshalb geht es jetzt darum, dem tatsächlichen Unternehmensgeschehen – dem unmittelbar wertschöpfenden Tathandeln – einen Schritt näher zu kommen. Dies geschieht auf taktischer Ebene nun zunächst durch den **Innovationsprozess**. In diesem sind die Produkte und Leistungen zu konzipieren und ihre Produktion und Vermarktung so vorzubereiten, dass die Voraussetzungen für den operativen Leistungsprozess gegeben sind.

Diesem zweiten Prozess, der für das Unternehmensgeschehen in Industriebetrieben elementar und kennzeichnend ist, wollen wir uns jetzt zuwenden.

Literatur

Kapitel 2.1

Bain & Company: Aktuelle Managementkonzepte, München 1999, veröffentlicht unter: www.bain.com.

Hungenberg, H.: Strategisches Management in Unternehmen: Ziele, Prozesse und Verfahren, 4. Auflage, Wiesbaden 2006.

Minzberg, H./Waters, J.A.: Of strategies, deliberate and emergent, in: Strategic Management Journal, Vol. 6 (1985), No. 3, S. 257-272.

Mirow, M.: Das Strategische Planungs- und Kontrollsystem der Siemens AG, in: Welge, M.K./Al-Laham, A./Kajüter, P. (Hrsg.): Praxis des strategischen Managements, Wiesbaden 2000, S. 347-361.

Müller-Stewens, G./Lechner, Ch.: Strategisches Management, Stuttgart 2005.

Pettigrew, A./Whipp, R.: Managing Change for Competitive Success, Oxford 1992.

Sommer, St./Kaschenz, M.: Grundzüge des strategischen Managementprozesses bei der Hoechst AG, in: Welge, M.K./Al-Laham, A./Kajüter, P. (Hrsg.): Praxis des strategischen Managements, Wiesbaden 2000, S. 333-345.

Steinmann, H./Schreyögg, G.: Management: Grundlagen der Unternehmensführung; Konzepte, Funktionen, Fallstudien, 6. Auflage, Wiesbaden 2005.

Voigt, K.-I.: Strategische Planung und Unsicherheit, Wiesbaden 1992.

Kapitel 2.2

Copeland, T./Koller, T./Murrin J.: Valuation: Measuring and Managing the Value of Companies, 4. Auflage, Hoboken 2005.

Fischer, T./Rödl, K.: Strategische und wertorientierte Managementkonzepte in der Unternehmenspublizität – Analyse der DAX 30-Geschäftsberichte in einer unternehmenskulturellen Perspektive, Ingolstadt 2003.

Hungenberg, H.: Strategisches Management in Unternehmen: Ziele, Prozesse und Verfahren, 4. Auflage, Wiesbaden 2006.

Jansen, St.A.: Mergers & Acquisitions, Wiesbaden 1998.

Kreikebaum, H.: Strategische Unternehmensplanung, 6. Auflage, Stuttgart 1997.

Lehner, U./Nicolas, H.: Corporate Governance – Handlungsbedarf beim Deutschen Modell?, in: Hungenberg, H./Meffert, J. (Hrsg.) Handbuch Strategisches Management, Wiesbaden 2005.

Müller-Stewens, G./Lechner, C.: Strategisches Management, Stuttgart 2005.

Rappaport, A.: Shareholder Value, Wertsteigerung als Maßstab für die Unternehmensführung, Stuttgart 1995.

Siemens AG, Geschäftsbericht 1998, München 1998.

Siemens AG, Geschäftsbericht 2006, München 2006.

Kapitel 2.3

Backhaus, K./Erichson, E./Wulff, P./Weiber, R.: Multivariate Analysemethoden: Eine anwendungsorientierte Einführung, 11. Auflage, Berlin 2006.

Biastoch, S.: Die Modellpolitik spricht für Mercedes-Benz, in: Frankfurter Allgemeine Zeitung, Ausgabe vom 14.11.1997.

BMW AG: Marktsegmentierung, München 1999.

Goold, M./Campbell, A./Alexander, M.: Corporate-Level Strategy: Creating Value in the Multibusiness Company, New York 1994.

Hamel, G./Prahalad, C.K.: The Core Competence of the Corporation. In: Harvard Business Review, Vol. 68 (1990), No. 3, S. 79-91.

Hansmann, K.-W.: Industrielles Management, 8. Auflage, München/Wien 2006.

Heuskel, D.: Wettbewerb jenseits von Industriegrenzen: Aufbruch zu neuen Wachstumsstrategien, Frankfurt am Main, 1999.

Hinterhuber, H.H.: Strategische Unternehmungsführung, Band I, 6. Auflage, Berlin/New York 1996.

Hungenberg, H.: Strategisches Management in Unternehmen: Ziele, Prozesse und Verfahren, 4. Auflage, Wiesbaden 2006.

Mertens, P./Griese, J.: Integrierte Informationsverarbeitung 2: Planungs- und Kontrollsysteme in der Industrie, 9. Auflage, Wiesbaden 2002.

Mirow, M.: Das strategische Planungs- und Kontrollsystem der Siemens AG, in: Welge, M.K./Al-Laham, A./Kajüter, P. (Hrsg.): Praxis des Strategischen Managements: Konzepte – Erfahrungen – Perspektiven, Wiesbaden 2000.

Müller-Stewens, G./Lechner, C.: Strategisches Management, Stuttgart 2005.

Pettigrew, A./Whipp, R.: Managing Change for Competitive Success, Oxford 1992.

Pieske, R.: Benchmarking. Das Lernen von anderen und seine Begrenzungen, in: IO Management, 1994, H. 6, S. 19-23.

Porter, M.E.: Wettbewerbsvorteile. Spitzenleistungen erreichen und behaupten, Frankfurt am Main 1989.

Porter, M.E.: Wettbewerbsstrategie, 6. Auflage, Frankfurt am Main 1990.

Porter, M.E.: Wettbewerbsstrategie, 9. Auflage, Frankfurt am Main 1997.

Prahalad, C.K./Hamel, G.: The Core Competence of the Corporation. In: Harvard Business Review Vol. 68 (1990), No. 3, S. 79-91.

Reibnitz, U. von: Szenarien: Optionen für die Zukunft, Hamburg 1987.

Kapitel 2.4

Adam 1998, D.: Produktions-Management, 9. Auflage, Wiesbaden 1998

Akca, N./Ilas, A.: Produktionsstrategien: Überblick und Systematisierung, Arbeitsbericht Nr. 28, Institut für Produktion und Industrielles Informationsmanagement, Fachbereich Wirtschaftswissenschaften, Universität GH Essen, Essen 2005.

Allbright, R.E./Kappel T.A.: Roadmapping in the Corporation, in: Research Technology Management, Vol. 46 (2003), Nr. 2, S. 31-40.

Ansoff, H.I.: Corporate Strategy, New York 1965.

Appelfeller, W./Buchholz, W.: Supplier Relationship Management: Strategie, Organisation und IT des modernen Beschaffungsmanagements, Wiesbaden 2005.

Arnold, U.: Beschaffungsmanagement, 2. Auflage, Stuttgart 1995.

Arnold, U./Essig, M.: Einkaufskooperationen in der Industrie, Stuttgart 1997.

Arnolds, H./Heege F./Tussing W.: Materialwirtschaft und Einkauf, 10. Auflage, Wiesbaden 2001.

Barlett, C.A./Gohsahl, S.: Managing Across Borders: The Transnational Solution , New York 1989.

Barney, J.B./Griffin, R.W.: The management of organizations - strategy, structure, behaviour, Boston 1992.

Bloech, J./Bogaschewsky, R./Götze, U./Roland, F.: Einführung in die Produktion, 5. Auflage, Berlin 2003.

Bretzke, W-R.: Das 5-Tage-Auto im Visier, in: Deutsche Logistik-Zeitung (DVZ), 59. Jg. (2006), H. 8, S.15.

Bucher, P.: The Innovation Architecture: Modelling the Cornerstones of Strategic Roadmapping, Vortrag bei Innovation Roadmapping Workshop, Las Vegas, April 2002.

Buzzel, R.D./Gale, B.T. (Hrsg.): Das PIMS-Programm: Strategien und Unternehmererfolg, Wiesbaden 1989.

Christensen, C.M./Raynor M.E.: The innovator's solution, Boston 2003.

Corsten, H.: Produktionswirtschaft. Einführung in das industrielle Produktionsmanagement, 11. Auflage, München 2007.

Domschke, W./Drexl, A.: Einführung in Operations Research, 7. Auflage, Berlin 2007.

Dürr, W./Kleihbohm, K.: Operations Research: Lineare Modelle und ihre Anwendungen, 3. Auflage, München/Wien 1992.

Dunst, K.H.: Portfolio Management, 2. Auflage, Berlin/New York 1983.

Ernst&Young: Handeln wider besseres Wissen – warum viele Transaktionen scheitern, ohne es zu müssen, Stuttgart 2006.

Eßig, M.: Cooperative Sourcing: Erklärung und Gestaltung horizontaler Beschaffungskooperationen in der Industrie, Frankfurt 1998.

Fautz, F./Leuschner, P.: Gute Perspektiven für 2006, in: M&A Review, Vol. 4 (2006), S. 180-184.

Fischer, T.M./Rödl, K.: Strategische und wertorientierte Managementkonzepte in der Unternehmenspublizität – Analyse der DAX 30-Geschäftsberichte in einer unternehmenskulturellen Perspektive, Katholische Universität Eichstätt-Ingolstadt, Ingolstadt 2003.

Foster, R.N.: Innovation – Die technische Offensive, Wiesbaden 1986.

Gaitanides, M./Sjurts. I.: Wettbewerbsvorteile durch Prozessmanagement: Eine ressourcenorientierte Analyse, in: Cortsen, H./Will. T.: Unternehmensführung im Wandel: Strategien zur Sicherung des Erfolgspotentials, Stuttgart 1995.

Gerpott, T.J.: Strategisches Technologie- und Innovationsmanagement, Stuttgart 2005.

Gilbert, C.G.: Unbundling the Structure of Inertia: Resource versus Routine Rigidity, Academy of Management Journal, Vol. 48 (2005), No. 5, S. 741-763.

Gilbert, X./Strebel, P.: Strategies to outpace the competition, in: Journal of Business Strategy, Vol. 8 (1987), No. 1, S. 28-36.

Grant, R.M.: The Resource-Based Theory of Competitive Advantage: Implications for Strategy Formulation, in: California Management Review, Vol. 34 (1991), No. 2, S. 114-135.

Grochla, E./Gaugler, E.: Handbook of German Business Management, Stuttgart 1989.

Groenveld, P.: Roadmapping integrates business and technology, in: Research Technology Management, Vol. 40 (1997), No. 5, S. 48-55.

Hansmann, K.-W.: Industrielles Management, 8. Auflage, München/Wien 2006.

Hartmann, M.: Theorie und Praxis technologischer Unternehmensbeurteilung, in: ZfB, 68. Jg. (1998), H. 9, S. 1009-1025.

Hauschild, J./Salomo, S.: Innovationsmanagement, 4. Auflage, München 2007.

Hedley, B.: Strategy and „Business Portfolio", in: Hahn, D./Taylor, B. (Hrsg.): Strategische Unternehmensplanung, 4. Auflage, Heidelberg/Wien 1986, S. 116-127..

Heinen, E. (Hrsg.): Industriebetriebswirtschaftslehre – Entscheidungen im Industriebetrieb, 9. Auflage, Wiesbaden 1991.

Hinterhuber, H.: Strategische Unternehmensführung, Berlin 1980.

Hungenberg, H.: Strategisches Management in Unternehmen: Ziele, Prozesse und Verfahren, 4. Auflage, Wiesbaden 2006.

Imai, M.: Kaizen, the key to Japan's competitive success, New York 1986.

Imai, M.: Kaizen, 6. Auflage, München 1992.

Ishikawa, K.: What is total quality control?: The Japanese way, Englewood Cliffs 1985.

Jacob, H.: Controlling und Finanzplanung, Wiesbaden 1979.

Jacob, H.: Quantifizierungsprobleme im Rahmen der strategischen Unternehmensplanung, in: Hahn, D. (Hrsg.): Führungsprobleme industrieller Unternehmungen, Festschrift für F. Thomée zum 60. Geburtstag, Berlin 1980, S. 19-45.

Jansen, S. A.: Mergers & Acquisitions, Wiesbaden 1998.

Kraljic,P.: Gedanken zur Entwicklung einer zukunftsorientierten Beschaffungs- und Versorgungsstrategie, in: Theuer, G./Schiebel, W./Schäfer, R.: Beschaffung – Ein Schwerpunkt der Unternehmensführung, Landsberg am Lech 1986.

Kraljic, P.: Zukunftsorientierte Beschaffungs- und Versorgungsstrategie als Element der Unternehmensstrategie, in: Henzler, H. A. (Hrsg.): Handbuch Strategische Führung, Wiesbaden 1988 , S. 477-497.

Kreikebaum, H.: Strategische Unternehmensplanung, Stuttgart 1989.

Kreutzer, R.: Global Marketing – Konzeption eines länderübergreifenden Marketing, Wiesbaden 1989.

Krüger, W./Homp, C.: Kernkompetenz Management: Steigerung von Flexibilität und Schlagkraft im Wettbewerb, Wiesbaden 1997.

Lehmann, A.: Wissensbasierte Analyse technologischer Diskontinuitäten, Wiesbaden 1994

Leitner, U./Ladage, N.: Den Merger als Katalysator nutzen, in: zfo, 68. Jg. (1999), Nr. 6, S. 342-347.

Lichtenthaler, E.: Methoden der Technologiefrüherkennung und Kriterien zu ihrer Auswahl, in: Möhrle, M. G./Isenmann, R. (Hrsg.): Technologie-Roadmapping - Zukunftsstrategien für Technologieunternehmen, 2. Auflage, Berlin 2005, S. 55-80.

Liebl, F.: Strategische Frühaufklärung: Trends - Issues - Stakeholders, München 1996.

Little, A.D.: Management der F&E-Strategie, Wiesbaden 1991.

Lüder, K.: Standortwahl. Verfahren zur Planung betrieblicher und innerbetrieblicher Standort, in: Jacob, H. (Hrsg.): Industriebetriebslehre, 4. Auflage, Wiesbaden 1990, S. 25-100.

Markowitz, H.: Portfolio Selection, New York 1959.

McKinsey/VDA: HAWK 2015 – Herausforderung Automobile Wertschöpfungskette, Frankfurt am Main 2003.

Mercer Management Consulting u. Fraunhofer-Instituten IPA u. IML: Future Automotive Industrie Structure (FAST) 2015 – die neue Arbeitsteilung in der Automobilindustrie, in: VDA – Materialien zu Automobilindustrie Nr. 32, Frankfurt 2004

Möhrle, M.G.: Das FuE-Programmportfolio — Ein Instrument für das Management betrieblicher Forschung und Entwicklung, in: Technologie & Management (1988), H. 4, S. 12–19.

Müller-Stewens, G./Lechner, C.: Strategisches Management, Stuttgart 2005.

Nagengast, J.: Outsourcing von Dienstleistungen industrieller Unternehmen: Eine theoretische und empirische Analyse, Hamburg 1997.

Nebl, T.: Produktionswirtschaft, 6. Auflage, München 2007.

o.V.: Produktionstechnik, in: Gabler Wirtschaftslexikon, 15. Auflage, Wiesbaden 2000, S. 2502-2503.

o.V.: BMW baut neues Werk in Leipzig, in: Die Welt, Ausgabe vom 18.07.2001.

Pfeiffer, W./Metze, G./Schneider, W./Amler, R.: Technologie-Portfolio zum Management strategischer Zukunftsgeschäftsfelder, 3. Auflage, Göttingen 1982.

Pfeiffer, W./Weiß, E./Volz, T./Wettengl, S.: Funktionalmarkt-Konzept zum strategischen Management prinzipieller technologischer Innovationen, Göttingen 1997.

Piller, F: Mass Customization: Ein wettbewerbsstrategisches Konzept im Informationszeitalter, 4. Auflage, Wiesbaden 2006.

Porter, M. E.: Competitive Strategy, Techniques for Analyzing Industries and Competitors, New York 1980.

Porter, M.E.: Wettbewerbsstrategie, 4. Auflage, Frankfurt am Main 1987.

Porter, M.E.: Wettbewerbsvorteile. Spitzenleistungen erreichen und behaupten, Frankfurt am Main 1989.

Rühli, E.: Die Resource-based View of Strategy – Unternehmerischer Wandel, Wiesbaden 1994.

Rumelt, R.P./Schendel, D.E./Teece, D.C.: Fundamental issues in strategy – a research agenda, Boston 1994.

Scheer, W.: Computer integrated manufacturing: der computergesteuerte Industriebetrieb, Berlin 1987.

Shingo, S.: Das Erfolgsgeheimnis der Toyota Produktion, 2. Auflage, Landsberg am Lech 1993.

Song, L.: Beschaffung deutscher Maschinenbauunternehmen in der VR China: Eine praxisorientierte Analyse mit empirischer Untersuchung, Wiesbaden 2004.

Sonnenberg, K.: Die Wahl der Beschaffungsmarketingstrategie, Bergisch Gladbach 1996.

Specht, D./Behrens, S./Kahmann, J.: Roadmapping – ein Instrument des Technologiemanagements und der strategischen Planung, in: Industrie Management, 2. Jg. (2000), H. 5, S. 42-46.

Staudt, E./Kriegesmann, B./Thielemann, F./Behrendt, S./Chalupsky, J.: Kooperation als Erfolgsfaktor ostdeutscher Unternehmen, Ergebnisse einer empirischen Untersuchung zur Kooperationslandschaft in Ostdeutschland, in: Staudt, E.: Berichte aus der angewandten Innovationsforschung, Nr. 132, Bochum 1994.

Voigt, K-I.: Strategische Planung und Unsicherheit, Wiesbaden 1992.

Voigt, K.-I.: Strategische Unternehmensplanung: Grundlagen – Konzepte – Anwendung, Wiesbaden 1993.

Voigt, K.-I.: Strategien im Zeitwettbewerb, Optionen für Technologiemanagement und Marketing, Wiesbaden 1998.

Voigt, K.-I.: Preisbildung für neue Produkte, in: Diller, H./Hermann, A. (Hrsg.): Handbuch Preispolitik, Wiesbaden 2003, S. 691-718.

Voigt, K.-I./Schäfer, J./Thiell, M.: Collective Sourcing – Ergebnisse einer empirischen Untersuchung zum Stand horizontaler Beschaffungskooperationen in der Region Nürnberg, Arbeitspapier Nr. 2, Lehrstuhl für Industriebetriebslehre Friedrich-Alexander-Universität Erlangen-Nürnberg, Nürnberg 2001.

Voigt, K.-I./Weber, R.: Roadmapping – Innovationen und Technologiepfade strukturiert abstimmen, München 2005.

Weber, M.: Wirtschaft und Gesellschaft: Grundriss der verstehenden Soziologie, Tübingen 1922.

Welge, M.K./Holtbrügge, D.: Internationales Management: Theorien, Funktionen, Fallstudien, 3. Auflage, Stuttgart 2003.

Werner, H.: Supply Chain Management, 2. Auflage, Wiesbaden 2000.

Werner, M.: Post-Merger-Integration – Problemfelder und Lösungsansätze, in: zfo, 68. Jg. (1999), Nr. 6, S. 332-337.

Wernerfeld, B.: A Resourced-based View of the Firm, in: Strategic Management Journal, Vol. 5 (1984), Nr. 2, S. 171-180.

Wildemann, H.: Just-in-Time-Produktion, München 1986.

Wildemann, H.: Einführungsstrategien für eine computerintegrierte Fertigung (CIM), in: Informatik – Forschung und Entwicklung, 1988, H. 3, S. 108 -116.

Wildemann, R.: IT-Offshoring von Deutschland nach Indien – Management, Organisation und Personalwesen, München 2007.

Wolfrum, B.: Strategisches Technologiemanagement, 2. Auflage, Wiesbaden 1994.

Wolters, H.: Modul- und Systembeschaffung in der Automobilindustrie, Wiesbaden 1995.

Wulf, T.: Diversifikationserfolg – Eine Top Management-orientierte Perspektive, Wiesbaden 2007.

Kapitel 2.5

Bamberg. G./Coenenberg. A.G.: Betriebswirtschaftliche Entscheidungslehre, 13. Auflage, München 2006.

Bitz, M.: Entscheidungstheorie, München 1981.

Buzzel, R.D./Gale, B.T.: Das PIMS-Programm. Strategien und Unternehmererfolg, Wiesbaden 1989.

Hommel, U./Pritsch, G.: Marktorientierte Investitionsbewertung mit dem Realoptionsansatz: Ein Implementierungsleitfaden für die Praxis, in: Finanzmarkt und Portfolio Management, Vol 13 (1999), No. 2, S. 121-144.

Hungenberg, H.: Strategisches Management in Unternehmen: Ziele, Prozesse und Verfahren, 4. Auflage, Wiesbaden 2006.

Jacob, H.: Unsicherheit und Flexibilität – Zur Theorie der Planung bei Unsicherheit, in: ZfB, 44. Jg. (1974), S. 299-326, S. 403-448 und S. 505-526.

Leslie, K. J./Michaels, M. P.: The Real Power of Real Options, in: The McKinsey Quarterly, 1997, Nr. 3, S. 4-22.

Müller-Stewens, G./Lechner, Ch.: Strategisches Management, Stuttgart 2005.

Peemöller, V.H./Beckmann, C.: Besonderheiten der Bewertungsverfahren: Der Realoptionsansatz, in: Peemöller, V.H. (Hrsg.): Praxishandbuch der Unternehmensbewertung, Berlin 2001, S. 699-713.

Schneeweiß, C.: Planung 1 – Systemanalytische und entscheidungstheoretische Grundlagen, Berlin 1991.

Trigeorgis, L.: Real Options and Interactions with Financial Flexibility, in: Financial Management, Vol. 22 (1993), No. 3, S. 202-224.

Voigt, K-I.: Strategische Planung und Unsicherheit, Wiesbaden 1992.

Voigt, K.-I.: Strategische Unternehmensplanung: Grundlagen – Konzepte – Anwendung, Wiesbaden 1993.

Kapitel 2.6

Deal T.E./Kennedy A.A.: Corporate Cultures: The Rights and Rituals of Corporate Life, Reading 1982.

Heinen, E./Dill P.: Unternehmenskultur aus betriebswirtschaftlicher Sicht – Herausforderung Unternehmenskultur, Stuttgart 1990.

Hinterhuber, H. H.: Strategische Unternehmensführung, II. Strategisches Handeln, 4. Auflage, Berlin 1989.

Hofstede, G.: Culture's Conseqences: Comparing values, behaviors, institutions and organizations across nations, Thousand Oaks/London/New Dehli 2001.

Horváth, P./Kaufmann, L.: Balanced Scorecard – ein Werkzeug zur Umsetzung von Strategien, in: Harvard Business Manager, 1998, H. 5, S. 39-48.

Horváth,P.: Das Balanced-Scorecard-Managementsystem: Das Ausgangsproblem, der Lösungsansatz und die Umsetzungserfahrungen, in: Die Unternehmung., 53. Jg. (1999), H. 5, S. 303-319.

Kaplan, R.S./Norton, D.P.: Balanced Scorecard – Strategien erfolgreich umsetzen, Stuttgart 1997.

Kotter, J.P./Heskett J.L.: Corporate culture and performance, New York 1992.

Schein, E.H.: Coming to a new awareness of organizational culture, in: Sloan Management Review, 25. Jg. (1984), Nr. 2, S. 3-16.

Schein, E.H.: Organizational Culture & Leadership: A Dynamic View, 3. Auflage, San Francisco 1985.

Voigt, K.-I.: Unternehmenskultur und Strategie: Grundlagen des kulturbewussten Managements, Wiesbaden 1996.

Kapitel 2.7

Hungenberg, H.: Strategisches Management in Unternehmen: Ziele, Prozesse und Verfahren, 4. Auflage, Wiesbaden 2006.

Müller-Stewens, G./Lechner, C.: Strategisches Management, Stuttgart 2005.

Piser, M.: Strategisches Performance Management: Performance Measurement als Instrument der strategischen Kontrolle, Wiesbaden 2004.

Steinmann, H./Schreyögg, G.: Management: Grundlagen der Unternehmensführung: Konzepte, Funktionen, Fallstudien, 6. Auflage, Wiesbaden 2005.

3 Der Innovationsprozess

3.1 Einführung und Überblick

3.1.1 Definitorische Eingrenzung

Unter „Innovation" versteht man ganz allgemein eine Neuheit, eine neuartige Verknüpfung von Mitteln und Zwecken. Ihr liegt eine Idee zugrunde.

Viele Ideen erreichen jedoch nie das Stadium der konkreten Anwendung. Deshalb ist man sich in Theorie und Praxis weitgehend einig, nur dann von einer „Innovation" zu sprechen, wenn eine Idee für eine neuartige Verknüpfung von Mitteln und Zwecken – eine Invention – vorliegt, die tatsächlich realisiert, also nachhaltig angewendet bzw. genutzt wird. Wir benutzen deshalb im Folgenden die einfache „Formel":

$$\boxed{\text{Innovation} = \text{Invention} + \text{nachhaltige (wirtschaftliche) Nutzung}}$$

Die **„Invention"** ist eine Erfindung, die Entdeckung bisher unbekannter Problemlösungen. Sie stellt die Vorstufe der Innovation dar. Inventionen erweitern den Bestand des verfügbaren (technologischen) Wissens und sind – sofern sie innerhalb des Unternehmens entstehen – das Ergebnis betrieblicher Forschungs- und Entwicklungsaktivitäten.[1]

Konstitutives Merkmal der Innovation ist – wie eingangs erwähnt – die **Neuheit**. Diese erweist sich jedoch bei näherer Betrachtung als problematisches Merkmal, und das gleich aus mehreren Gründen:

---

[1] Der Unterschied zwischen Inventionen und Innovationen kann man z.B. auf sogenannten „Erfindermessen" erleben: Hier werden zahllose Inventionen (Erfindungen) vorgestellt, von denen aber nur sehr wenige tatsächlich wirtschaftlich genutzt und damit zu „Innovationen" werden.

- Die Neuheit ist ein **mehrdimensionales** Konstrukt und bereitet in der Erfassung ihrer Intensität offensichtlich (Mess-)Probleme.[1]

- Bei komplexen Produkten oder Systemen stellt sich oft ein **Abgrenzungsproblem**, was hier eigentlich neu ist. So baut z.b. ein „neues" Fahrzeugmodell stets auch auf bekannten Modulen, Teilsystemen, Lösungen, Technologien usw. auf.

- Für wen ist die Neuheit eigentlich wirklich neu? Diese Frage betrifft die **Subjektdimension** der Neuheit. Diese Dimension reicht von dem Fall, dass die Neuheit nur für das betrachtete Unternehmen neu ist, bis hin zur Weltneuheit, die offensichtlich für alle Beteiligten (auch Kunden, Konkurrenten, Lieferanten etc.) neu ist. Hiermit im Zusammenhang steht auch die **Raumdimension** der Neuheit (neu in welchem geografischen Gebiet?).

- Wann ist die Neuheit eigentlich nicht mehr neu, sondern „bekannt"? Dies betrifft die **prozessuale Dimension** der Neuheit. Wir kommen auf diese Frage bei der Abgrenzung des Innovationsprozesses noch zurück.

- Schließlich ist noch die **normative Dimension** der Neuheit zu beachten: Ist „neu" mit „erfolgreich" gleichzusetzen? Wir antworten: Offensichtlich nicht! Nur diejenigen Neuheiten (= Inventionen), die nachhaltig wirtschaftlich genutzt und insofern „erfolgreich" sind, nennen wir Innovationen.

Es ist vorgeschlagen worden, den Neuheits- bzw. **Innovationsgrad** von Produkten anhand der folgenden Kriterien zu messen (vgl. Schlaak 1999, S. 230):

- Veränderungen der Produkttechnologie,

- Veränderungen im Absatzmarkt (z.B. Vertriebsformen, Kunden, Kommunikation),

- Veränderungen im Beschaffungsbereich (neue Einsatzfaktoren und/oder Lieferanten),

- Veränderungen im Produktionsprozess (neue Anlagen, Räumlichkeiten, Verfahren, Prozesse),

- Änderungen in der formalen und informalen Organisation und

---

[1] So kann die Neuheit z.B. nominal skaliert sein (durch die Einteilung in „inkrementale" und „radikale" Innovationen), aber auch ordinal (z.B. „niedrig", „mittel" und „hoch") oder kardinal (etwa bei Anwendung der Nutzwertanalyse zur Messung des Neuheitsgrades).

- Höhe des Kapitalbedarfs zur Finanzierung der „Veränderungen".

Interessant ist aber auch der Vorschlag, den von Käufern bzw. Nutzern einer Innovation abverlangten Umstellungsaufwand (einschließlich notwendiger Lernprozesse) als weiteren Indikator für den Innovationsgrad zu verwenden. Welche Kriterien wir auch immer verwenden, so gelingt doch bereits an dieser Stelle eine Unterscheidung von

- **radikalen Innovationen**, die hinsichtlich vieler Neuheitskriterien deutliche Veränderungen aufweisen, und
- **inkrementalen Innovationen**, die hinsichtlich der Messkriterien des Neuheitsgrads nur gering ausgeprägt sind, z.B. weil sie im Vergleich zu dem jeweiligen „Vorgängerprodukt" lediglich marginale Veränderungen aufweisen (vgl. auch Schlaak 1999, S. 230).

Aufbauend auf dieser noch recht groben Klassifikation, wollen wir uns im Folgenden mit den verschiedenen Innovationsarten etwas näher beschäftigen.

3.1.2 Arten von Innovationen

Der Ökonom Joseph A. Schumpeter beschrieb bereits 1912 in seiner „Theorie der wirtschaftlichen Entwicklung" die Leistungen der „dynamischen Unternehmer", die mithilfe von Fremdkapital „neue Kombinationen" durchsetzen[1] und so einen Konjunkturaufschwung herbeiführen, vor allem durch:

1. Erzeugung und Durchsetzung neuer Produkte und Qualitäten von Produkten,

2. Einführung neuer Produktionsmethoden,

3. Schaffung neuer Organisationen der Industrie,

4. Erschließung neuer Absatzmärkte,

5. Erschließung neuer Bezugsmärkte (vgl. Schumpeter 1912, S. 162 ff.).

Die Liste der „Neuheiten" ließe sich, selbst wenn man sich auf die unternehmerische Sphäre beschränkt, noch mühelos erweitern, z.B. um die Einführung neuer Management-Methoden, den Einsatz neuer Informations- und Kommunikationstechnologien usw. In Übereinstimmung mit dem

---

[1] In seinem Buch „Business Cycles" (Schumpeter 1939) definiert Schumpeter die Innovation wie folgt: „Therefore, we will simply define innovation as the setting up of a new production function" (Schumpeter 1939, Vol. I, S. 87).

allgemeinen Sprachgebrauch wollen wir den Innovationsbegriff aber gleich wieder beschränken auf

- **Produktinnovation i.w.S.**, also die Entwicklung und erfolgreiche Einführung neuer bzw. veränderter Produkte und/oder Leistungen, und

- **Prozessinnovationen**, die primär auf eine Senkung der (Produktions-) Kosten zielen, aber auch für die Gewinnung von Zeit- oder Flexibilitätsvorteilen von entscheidender Bedeutung sein können.[1]

Gegenstand und Ziel des **Innovationsprozesses**, wie wir ihn im Folgenden verstehen wollen, ist es also, erstens die Produkte und/oder Leistungen, mit denen der Industriebetrieb seine Werte generieren will, zu konzipieren, marktreif zu entwickeln und erfolgreich in den Markt einzuführen, und zweitens, die Wertschöpfungsprozesse, soweit sie von Unternehmen überhaupt beeinflusst werden können, zu verändern oder neu zu gestalten (was die Produktionsprozesse natürlich einschließt, aber sich nicht auf diese beschränkt).

Wie wir noch zeigen werden, sind Produkt- und Prozessinnovationen nicht unabhängig voneinander und sollten deshalb im Kontext gesehen werden.

Fragt man danach, wie sich die Innovationsanstrengungen und -budgets innerhalb des Felds der Produktinnovationen auf Entwicklungsprojekte mit unterschiedlichem Innovationsgrad verteilen, so zeigt sich in etwa das in Abbildung 3-1 dargestellte Bild.[2]

---

[1] Auch Schumpeter engt das Handlungsfeld des „dynamischen Unternehmers" in diesem Sinne ein und spricht später nur noch von „...the good or the process he introduces" (Schumpeter 1939, Vol I., S. 103).

[2] Basis ist eine Befragung deutscher, österreichischer und schweizer Industrieunternehmen aus dem Jahr 2006. Die Ergebnisse können jedoch über den Tag hinaus als repräsentativ gelten.

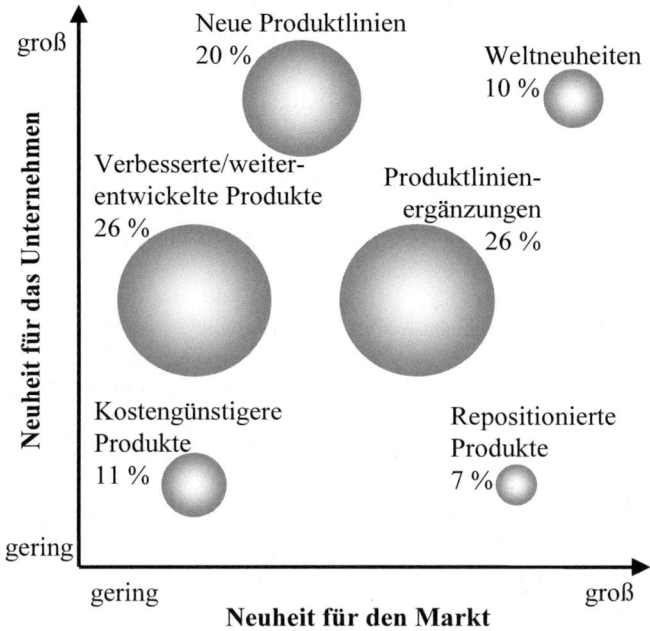

Abb. 3-1. Welche (Produkt-)Innovationen generiert die Praxis? (Quelle: Arthur D. Little (ADL) 2006, S. 384)

Es zeigt sich, dass „Weltneuheiten", also Produkte mit hohem Innovationsgrad, eher die Ausnahme als die Regel darstellen. Rund 50 % der Innovationsanstrengungen beziehen sich auf die Weiterentwicklung bestehender Produkte und Produktlinienergänzungen, also die Entwicklung von Produktvarianten. Rund 20 % der Innovationen sind Produkte, die zwar für das Unternehmen, nicht aber für den Markt neu sind. Nicht zu vergessen ist, dass auch Anstrengungen zur Kosteneinsparung bei Produkten (z.B. durch Anwendung der Wertanalyse) und zur Repositionierung „alter" Produkte (bis hin zum Relaunch, wie z.B. bei dem Erfrischungsgetränk „Afri-Cola" im deutsche Markt) zum Spektrum der Innovationstätigkeiten eines Industrieunternehmens gehören.

Dabei sind sowohl die **Innovationsanstrengungen** (z.B. gemessen am Anteil der F&E-Budgets am Umsatz) als auch der Innovationserfolg (hier gemessen am Umsatzanteil der in den letzten fünf Jahren neu eingeführten Produkte) zwischen den verschiedenen industriellen Branchen deutlich unterschiedlich ausgeprägt. Während im IuK-Sektor und in der Luft- und Raumfahrtbranche relativ viel „in F&E" investiert wird, sind Konsumgüterhersteller deutlich weniger aktiv, und zwar sowohl bei den F&E-Ausgaben als auch bei den Ergebnissen. Die Automobilbranche erzielt mit „durchschnittlichen" F&E-Ausgaben sogar „überdurchschnittlich" hohe Innovationserfolge und zeichnet sich deshalb durch „effiziente Innovatoren" aus. (siehe Abbildung 3-2)

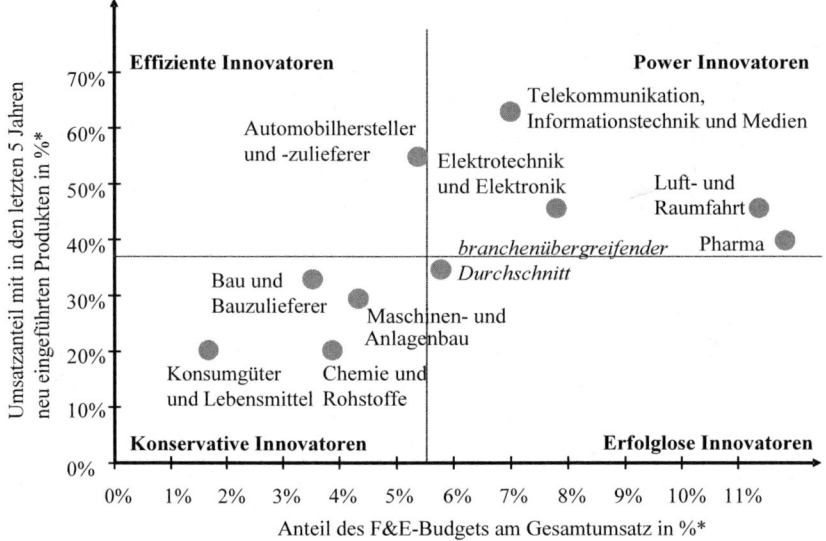

*) Branchendurchschnitt

Abb. 3-2. Innovationsaufwand und Innovationserfolge in verschiedenen Industriezweigen (Quelle: ADL 2006, S. 384)

Innovationen – im hier definierten Sinne – können weiterhin danach unterschieden werden, ob der Impuls für ihre Entstehung eher „aus dem Markt" kommt (etwa in Form eines Kundenwunsches oder eines zu lösenden Problems) oder primär in der Technologie, die eine Anwendung „sucht", begründet liegt. Im erstgenannten Fall sprechen wir von **„Market-pull-Innovationen"**, im zweiten von **„Technology-push-Innovationen"**, die oft durch einen höheren Innovationsgrad, aber auch durch höhere Akzeptanzrisiken gekennzeichnet sind als Market-pull-Innovationen. Weitere Unterschiede zwischen diesen beiden Arten bzw. Kategorien von Innovationen sind in Tabelle 3-1 zusammengefasst.[1]

---

[1] In der Unterscheidung zwischen „Market-pull-" und „Technology-push-Innovationen" spiegelt sich die grundsätzliche Frage nach der Erzielung von Wettbewerbsvorteilen („Market-based-view" versus „Resourced-based-view") wider, hier jedoch auf taktischer Ebene.

Tabelle 3-1. Technology-push- versus Market-pull-Innovationen

	Technology-push	**Market-pull**
Ausgangspunkt	Technisches Merkmal Erfindung	Offenes oder latentes Kundenbedürfnis
Repräsentiert durch…	Technische Produktbeschreibung	Marktlücke, z.B. in der Produktroadmap
Streben nach…	Akzeptanzpotenzialen	Technischer Realisierung
Hilfsmittel	z.B. Technologieportfolio	z.B. Quality Function Deployment
Engpass der Innovation	Marktkommunikation	Entwicklung

Bei jeder Innovation werden Markt- und Technologieaspekte erfolgreich miteinander verknüpft, aber nicht immer sind beide Seiten „neu". Je nachdem, welcher dieser Aspekte tatsächlich neu ist, lassen sich die in Tabelle 3-2 dargestellten Innovations-Arten oder -kategorien unterscheiden:

Tabelle 3-2. Systematisierung von Innovationen nach Markt- und Technologieaspekten

		Technologien von Produkten und Produktionsverfahren	
		bekannt	**neu**
wirtschaftliche Anwendung bzw. Märkte; „Zweck"	**bekannt**	Marketinginnovation (z.B. neue Marke, neue Verpackung)	Potenzialinnovation (Grammophon → Nadelplattenspieler → CD-Player → MP3-Player)
	neu	Anwendungsinnovation (z.B. Aspirin als Herz-Kreislauf-Prophylaktikum zur Vorbeugung gegen Herzinfarkt)	Laterale Innovation (z.B. Internet)

Gelegentlich wird postuliert, Innovationen würden nicht nur neue Zwecke erfüllen bzw. neue Bedürfnisse ansprechen, sondern diese überhaupt erst schaffen. Dies führt uns zu der Frage, ob es tatsächlich neue Bedürfnisse gibt.[1] Betrachtet man z.B. die bekannte „Bedürfnispyramide" von Maslow, so sind die darin enthaltenen Bedürfnisse zweifellos so alt wie der Mensch selbst (siehe Abbildung 3-3).

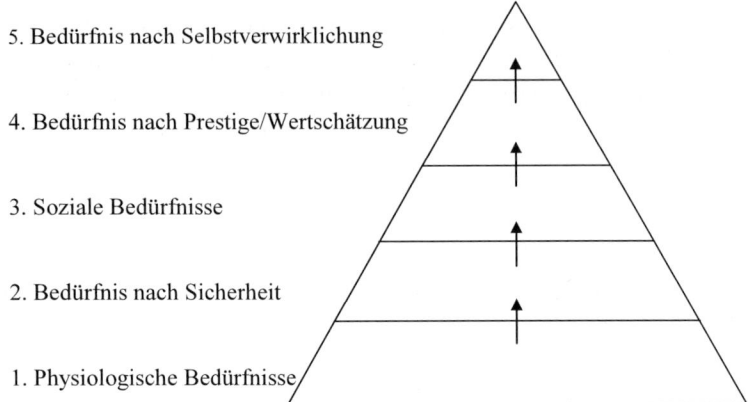

5. Bedürfnis nach Selbstverwirklichung

4. Bedürfnis nach Prestige/Wertschätzung

3. Soziale Bedürfnisse

2. Bedürfnis nach Sicherheit

1. Physiologische Bedürfnisse

Abb. 3-3. Bedürfnishierarchie („Bedürfnispyramide") nach Maslow (Quelle: o.V. 2000, S. 354 f.)

Bei näherer Betrachtung lassen sich viele neue Produkte und Leistungen auf Bedürfnisse zurückführen, die als „menschliche Konstanten" angesehen werden können und keinesfalls neu sind, so z.B. die Nachfrage nach einem neuen Mobiltelefon auf das Bedürfnis nach Kommunikation, das Interesse an einem neuen PKW-Modell auf die Bedürfnisse „Mobilität" und „Prestige/Wertschätzung" usw.

Das soll jedoch nicht heißen, dass sich auf der Ebene der menschlichen Bedürfnisse keine Veränderungen feststellen lassen. So können bestimmte Bedürfnisse – auch als Reaktion auf die (technischen) Möglichkeiten zu ihrer Befriedigung – im Zeitablauf **an Bedeutung gewinnen oder verlieren**. Hat man einen Reisenden vor 300 Jahren eher bedauert, eine Reise in langsamen, unbequemen und zugigen Pferdekutschen unternehmen zu müssen, so hat das Bedürfnis an Mobilität seitdem ohne Zweifel an Bedeutung im menschlichen Bedürfnisspektrum gewonnen. Ähnliches ist für das Bedürfnis nach Kommunikation (über Distanzen), nach Unterhaltung und Zerstreuung usw. festzustellen. Eine „Bedürfnisevolution" ist auch dahin-

---

[1] Ein Bedürfnis ist dabei nicht mit einem Bedarf zu verwechseln, der sich auf ein konkretes Produkt bzw. Leistung bezieht und dementsprechend „neu" sein kann.

gehend festzustellen, dass diese in immer **neuen Kombinationen** angesprochen werden. Betrachten wir dafür eine der wesentlichen technologischen Innovationen der letzten Jahrzehnte: das Internet. Diese „Technology-push-Innovation" ist nicht deshalb so erfolgreich, weil sie völlig neue
Bedürfnisse anspräche. Vielmehr liegt der Reiz des Internets (in Verbindung mit den technischen Möglichkeiten, es zu nutzen) darin, dass mit diesem **einen** Medium **verschiedene** Bedürfnisse fast gleichzeitig befriedigt
werden können, für die es zuvor jeweils getrennte Lösungen gab (siehe
Abbildung 3-4).

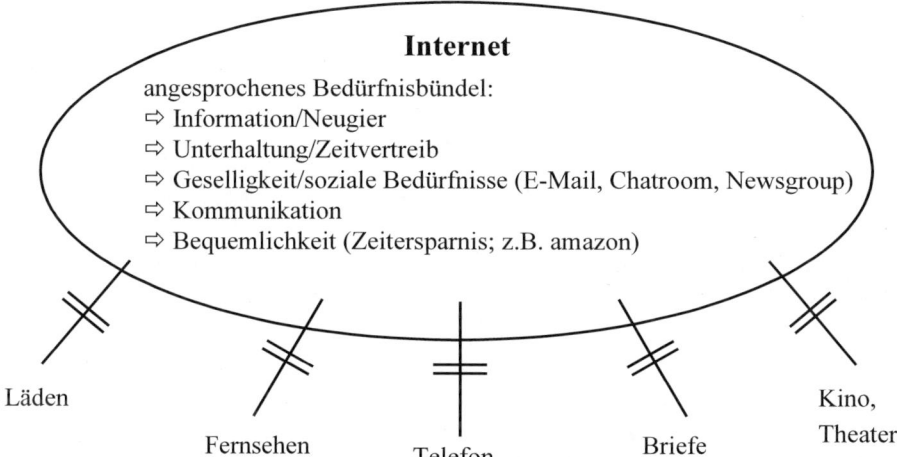

Abb. 3-4. Das Internet und das dadurch adressierte Bedürfnisbündel

Halten wir fest: Während völlig neue Bedürfnisse zwar nicht ausgeschlossen, aber offensichtlich selten sind, erweisen sich viele menschliche
(Grund-)Bedürfnisse als „humane Konstanten", können aber im Zeitablauf
an Bedeutung gewinnen oder verlieren und im Hinblick auf eine bestimmte Innovation (ein neues Produkt oder eine neue Leistung) neu „gebündelt"
werden. Die innovative Leistung des Unternehmens kann folglich damit
beginnen, solche neuen Bedürfnisbündel zu entdecken und dann mit Produkten und Leistungen zu adressieren.[1]

---

[1] Ein weiteres erfolgreiches Beispiel ist das „Fotohandy", da es zwei zuvor se-
parat angesprochene Bedürfnisse – Fotografieren und Telefonieren – in einem
technischen System bündelt.

3.1.3 Struktur des Innovationsprozesses

Auch die Realisierung von Innovationen – also die Generierung neuer Produkte, Leistungen und Prozesse, die der Industriebetrieb für die künftige Werterzielung benötigt – lässt sich als ein Prozess darstellen, der in Abbildung 3-5 skizziert ist.

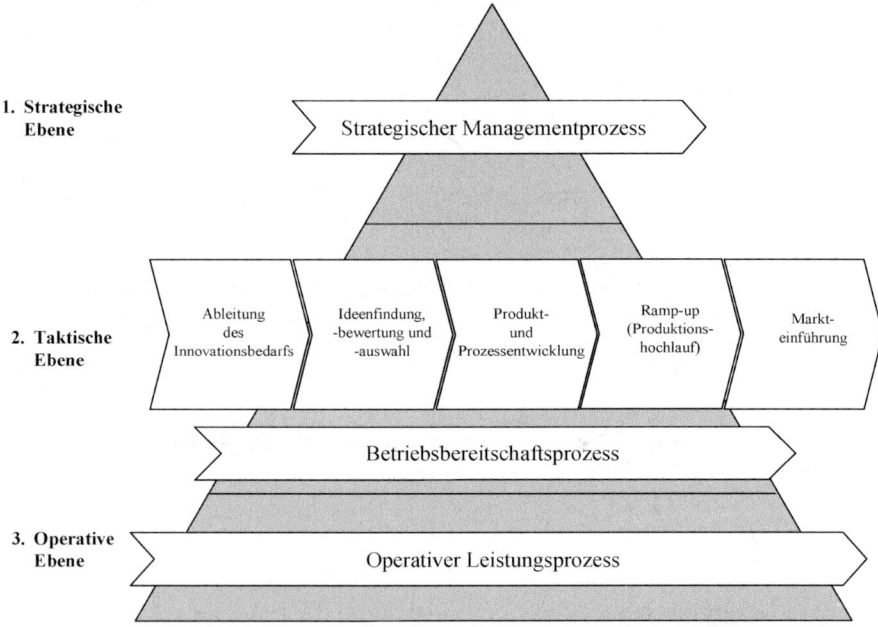

Abb. 3-5. Der Innovationsprozess

Zunächst ist der Innovationsbedarf aus den Zielen, aber auch den Ergebnissen der Ist-Analyse abzuleiten. Im nächsten Schritt geht es darum, Innovationsideen zu finden, zu bewerten und auszuwählen. In der englischsprachigen Literatur ist hier auch vom „(Fuzzy) Front End" des Innovationsprozesses die Rede.

Die ausgewählten Ideen müssen dann „realisiert", d.h. die gewünschten Produkte, Leistungen und Prozesse konkret entwickelt werden. Insbesondere bei Produktinnovationen folgt, auf Basis der Produktionsvorbereitung, schließlich der Produktionshochlauf („Ramp-up") als eine gesonderte Teilphase des Innovationsprozesses, die ihre eigenen „Gesetze" und Probleme hat.

Schließlich und endlich ist die Markteinführung der neuen Produkte und Leistungen vorzubereiten und tatsächlich auszuführen – auch hier gelten besondere Bedingungen, auf die wir noch zu sprechen kommen werden.

Der Innovationsprozess ist – grob gesagt – dann abgeschlossen, wenn sich die „Neuheit" der Innovation in eine „Bekanntheit" gewandelt hat, wenn also das „neue" Produkt im Markt und im Unternehmen so etabliert ist, dass von einem „eingeschwungenen Zustand" gesprochen werden kann.

Die „Eigengesetzlichkeiten" des Innovationsprozesses lassen es als erforderlich erscheinen, ein eigenes, auf diesen Prozess ausgerichtetes „Innovationscontrolling" einzurichten, das den gesamten Prozess begleitet, unterstützt und auf die notwendigen (Zwischen-)Ergebnisse hin kontrolliert. Wir kommen in Abschnitt 3.7 auf diese Problematik noch näher zu sprechen.

Den Innovationsprozess haben wir hier der taktischen Managementebene zugeordnet. Damit baut er, wie in Abschnitt 2.1 erläutert, auf den Ergebnissen der strategischen Planung auf, die hier als „Daten" bzw. „Prämissen" in die im Rahmen des Innovationsmanagements zu fällenden Entscheidungen eingehen. Diesen Aspekt wollen wir noch etwas genauer beleuchten.

3.1.4 „Strategische" Prämissen für den Innovationsprozess

Innovationen entstehen, wie schon angedeutet, im Spannungsfeld zwischen „Technologiedruck" und „Marktsog". Sie entstehen somit auch unter Beachtung der Prämissen, die durch die Technologie- und die Produkt-Markt-Strategie gesetzt werden, wobei die Auswirkungen der Technologiestrategie eher im „Front end" des Innovationsprozesses, die der Produkt-Markt-Strategie dagegen in den späteren, „marktnahen" Phasen dieses Prozesses spürbar sind (siehe Abbildung 3.6).

Die Vorgaben der **Technologiestrategie** für den Innovationsprozess sind insbesondere:

- die in den Innovationen zu inkorporierenden Eigen- und Fremdtechnologien,

- die künftig nicht mehr zu verwendenden Technologien,

- die Herkunft dieser Technologien und damit ihre „Zugriffsform",

- das Timing des Technologieeinsatzes nach Maßgabe der Technologie-Roadmap u.a.m.

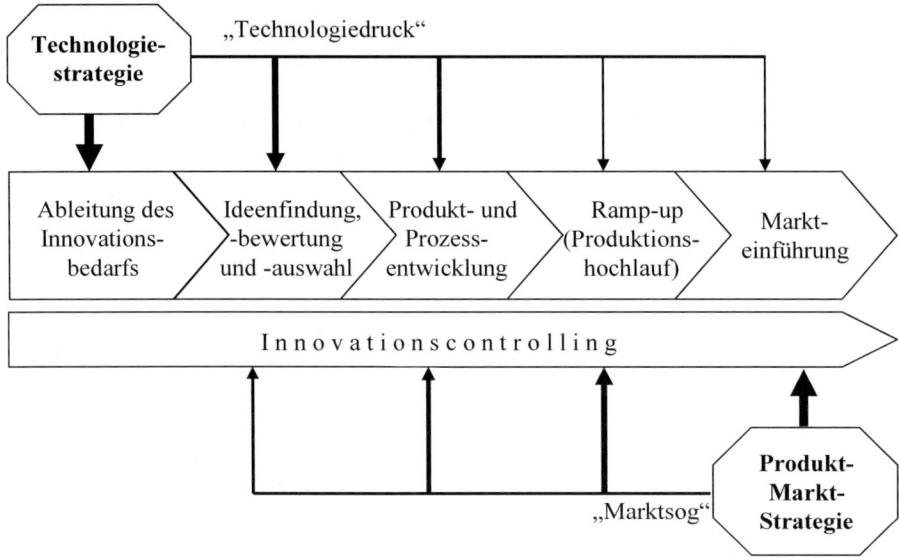

Abb. 3-6. Der Innovationsprozess im Spannungsfeld zwischen „Technologie-druck" und „Marktsog"

Die **Produkt-Markt- bzw. Geschäftsfeldstrategie** setzt für den Innovationsprozess dagegen die folgenden Prämissen:

- die Produkt- und Leistungsfelder, die nun mit konkreten Produkten und Leistungen „gefüllt" und konkretisiert werden müssen,

- die ausgewählten (geografischen) Märkte bzw. Marktsegmente, auf die die Produkte und Leistungen konzeptionell auszurichten sind,[1]

- die wettbewerbsstrategische Ausrichtung: Die Kostenführerschaftsstrategie erfordert andere (auf Kostensenkung ausgerichtete) Innovationsanstrengungen als die Differenzierungsstrategie, die über neue Varianten, zusätzliche Produktmerkmale und -vorteile usw. nachdenken lässt.

Auswirkungen gibt es ferner von den **Unternehmensgesamtstrategien** durch:

---

[1] Fahrzeuge, die erstmalig auch in England oder Japan angeboten werden sollen, benötigen eine „Rechts-Steuerung", Elektrogeräte außerhalb Deutschlands müssen auf andere Netzspannungen eingestellt werden usw.

- die strategische Entscheidung, eine bestimmte Produktinnovation im Rahmen einer F&E-Kooperation oder eines Joint Ventures, also gemeinsam mit einem Unternehmenspartner zu realisieren,

- die Entscheidung für eine Globalstrategie, also eine weltweite Vereinheitlichung des Produkt- und Leistungsangebots u.a.m.

Nicht zuletzt setzen auch **Funktionsstrategien** Rahmenbedingungen, die den Innovationsprozess lenken und steuern, z.B.

- die Produktionsstrategie in ihrer Festlegung der Wertschöpfungstiefe und der Struktur der (verbleibenden) Eigenproduktion, was sich sowohl auf das zu entwickelnde Produkt als auch auf den zu gestaltenden Produktionsprozess auswirken kann,

- die Beschaffungsstrategie mit der Vorgabe bestimmter (z.B. umweltfreundlicher) Materialien oder Komponenten von (gegebenenfalls noch zu findenden) Lieferanten usw.

Schon durch diese wenigen Beispiele wird deutlich, dass die strategischen Entscheidungen (auch) durch den Innovationsprozess konkretisiert und damit ein Stück weit umgesetzt werden. Er stellt eine Brücke zwischen dem strategischen und dem operativen, „unmittelbar wertschöpfenden" Leistungsprozess des Industriebetriebs dar.

Bevor wir uns mit dem Innovationsprozess selbst näher beschäftigen, wollen wir noch einige Anmerkungen zur organisatorischen Zuständigkeit für diesen Prozess vorausschicken.

3.1.5 Organisatorische Aspekte

Zuständig für den Innovationsprozess ist das Innovationsmanagement im institutionellen Sinne. Dieses bildet im Unternehmen jedoch meistens keine eigenständige Organisationseinheit, da unterschiedliche Funktionsbereiche – vor allem F&E, Produktion, Marketing/Vertrieb – an der Realisierung von Innovationen beteiligt sind. Neben den aufbauorganisatorschen Fragen ist auch die Ablauforganisation des Prozesses zu klären. Beginnen wir mit dem erstgenannten Aspekt:

3.1.5.1 Aufbauorganisation

Konzentrieren wir uns zunächst auf die F&E-Tätigkeiten, dann stellen sich vor allem zwei Fragen:

- **Frage 1: Sollen die F&E-Tätigkeiten zentral oder dezentral ausgeführt werden?**

Bei einem **funktional** gegliederten Unternehmen liegt es nahe, auch die F&E-Tätigkeiten organisatorisch zu zentralisieren. Hierfür bieten sich jedoch bei näherer Betrachtung unterschiedliche Möglichkeiten an (vgl. Hauschildt/Salomo 2007, S.125 ff.):

- Zentralisation der Forschung und Entwicklung auf der Ebene der Unternehmensleitung in Stabsfunktionen,

- Zentralisation der Forschung und Entwicklung auf der Ebene der Hauptabteilungen in Linienfunktionen,

- Zentralisation der Forschung und Entwicklung auf der Ebene der Unterabteilungen, eingegliedert in den Bereich Produktion,

- Zentralisation der Forschung und Entwicklung in den funktionalen Bereichen Beschaffung, Produktion und Absatz und Erweiterung um eine zentrale Koordinationsstelle.

Auch bei **divisionaler** Organisation des Unternehmens ist die Frage der Zentralisierung bzw. Dezentralisierung der F&E-Tätigkeiten zu stellen. Es stehen hier die folgenden Gestaltungsformen zur Wahl:

- vollständige Dezentralisation: Jeder Geschäftsbereichseinheit ist eine eigene Forschung- und Entwicklungsabteilung zugeordnet;

- beschränkte Dezentralisation: Die Dezentralisation wird durch eine zentrale Forschungs- und Entwicklungskoordination ergänzt;

- Zentralisation der Forschung und Entwicklung: Es gibt nur eine einzige Forschungs- und Entwicklungsabteilung.

Zwei für die Praxis nicht untypische Organisationsformen sind in der Abbildung 3-7 noch einmal grafisch veranschaulicht: die Zentralisierung der F&E-Aktivitäten auf der Hauptleitungsebene und die beschränkte Dezentralisierung (dieses Modell entspricht in etwa der bei der Siemens AG praktizierten Lösung).

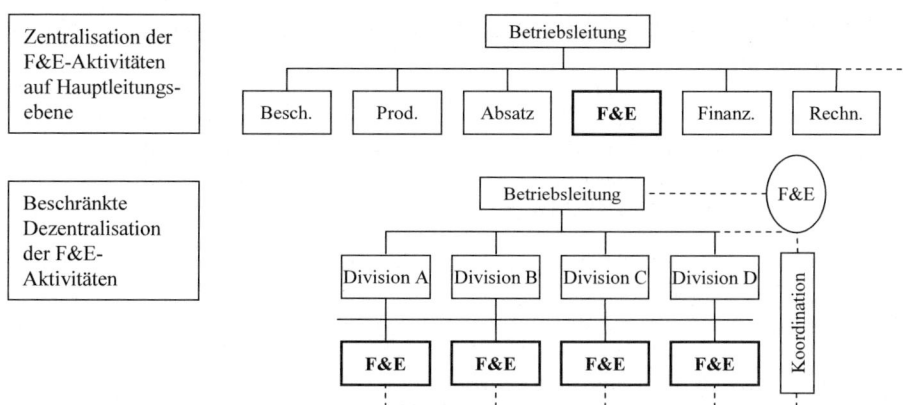

Abb. 3-7. Einordnung der F&E-Aktivitäten in die Aufbauorganisation (Quelle: Kern/Schröder 1977)

Bei der Beantwortung der Frage nach der (De-)Zentralisation der F&E-Aktivitäten im Rahmen der Aufbauorganisation sind noch **weitere Aspekte und Einflussfaktoren** zu berücksichtigen, zum Beispiel:

- Professionalisierung und Spezialisierung sprechen für Zentralisierung,

- Zentralisierung fördert die Kommunikation zwischen den F&E-Mitarbeitern, Dezentralisierung dagegen die mit den anderen Funktionsbereichen bzw. Divisions,

- zentrale F&E ist als „Serviceanbieter" im Unternehmen präsenter und erfährt größere Aufmerksamkeit,

- je divisionaler das Unternehmen (selbstständige Profit Center), desto deutlicher auch die Dezentralisierungstendenzen im F&E-Bereich,

- je unterschiedlicher die Kerntechnologien und je höher der angestrebte Innovationsgrad, desto wahrscheinlicher die Dezentralisierungstendenz,

- je länger die Innovationsprojekte ausgelegt sind und je höher der kritische Mindestbedarf an (finanziellen) Ressourcen ist, desto größer der Trend zu zentralen Einheiten,

- Kundenorientierung stärkt dagegen den Trend zur Dezentralisierung.

Wie Hauschildt/Salomo feststellen, ist eine vollständige Dezentralisierung der F&E im Unternehmen eher selten; in der Praxis dominieren vielmehr die folgenden „Mischformen" (vgl. Hauschildt/Salomo 2007, S. 131):

- zentralisierte Forschung bei dezentraler Entwicklung,

- Kontraktmodell (wettbewerbliche Funktionenaufteilung): Entwicklung und weitgehend auch Forschung dezentralisiert; Inanspruchnahme zentraler Forschungstätigkeiten wird über Marktpreise entgolten,

- Rolle der zentralen F&E-Einheit beschränkt auf administrative Dienste, Koordination der Geschäftsbereichsaktivitäten und Stabstätigkeiten.

- **Frage 2: Welche Formen der Innengliederung von F&E-Abteilungen gibt es?**

Hier kommt zunächst eine **Sachgliederung** in Betracht, und zwar entweder

- inputorientiert (z.B. nach wissenschaftlich-technischen Disziplinen) oder

- outputorientiert (nach Produktgruppen bzw. Projekten).

In der Praxis findet man eine inputorientierte Struktur eher bei der Grundlagen- und der angewandten Forschung, eine outputorientierte Gliederung dagegen häufig in der Vor- und Serienentwicklung.

In größeren Industrieunternehmen ist oft auch über eine **geografische Gliederung** bzw. Verteilung der F&E-Aktivitäten zu entscheiden. Dies kann bei Serienentwicklungen zwecks Anpassung an die lokalen Bedürfnisse regionaler Märkte sinnvoll sein. Heute geht der Trend allerdings eher hin zu einer systematischen Verlagerung ganzer Forschungsgebiete in Länder, in denen günstige Rahmenbedingungen gegeben sind (z.B. weniger restriktive Handhabung staatlicher Genehmigungen für Forschungsprojekte der Gen- und Biotechnologie).

Konkrete Innovationsprojekte werden aber nicht durch die F&E-Abteilung allein, sondern oft unter maßgeblicher Beteiligung weiterer Abteilungen des Unternehmens, vor allem der Bereiche Produktion, Beschaffung und Marketing/Vertrieb, realisiert. Insofern stellt sich die

- **Frage 3: Welche Form der Organisation eignet sich zur Realisierung konkreter Innovationsprojekte?**

Hier wird allgemein die Einrichtung temporärer multifunktionaler Entwicklungsteams favorisiert, die nicht nur alle für die Innovation relevanten betrieblichen Funktionsbereiche einbinden, sondern oft auch Lieferanten und Kunden einschließen. Da solche Teams weitgehend hierarchiefrei und ohne räumliche und organisatorische Schranken arbeiten, wird ein schneller Informationsfluss und eine bessere Koordination der Teilaufgaben ermöglicht. Weitere Vorteile solcher funktionsübergreifender Entwicklungsteams sind (vgl. Voigt 1998, S. 194):

- stimulierende Zusammenarbeit und hohe Kreativität,
- breite Wissensbasis,
- hohe Quantität und Qualität der Ideen und Lösungsalternativen,
- intensiver Know-how-Transfer,
- schnelle Abstimmung (Zeitvorteile) und
- hohe Akzeptanz der gefundenen Problemlösungen.

3.1.5.2 Ablauf- und Projektorganisation

Die Realisation von Innovationen vollzieht sich, wie eingangs erwähnt, in einem Prozess und bedarf insofern auch einer Prozessstrukturierung bzw. Ablauforganisation. In diesen Kontext gehört z.B. die Anwendung des **Simultaneous-Engineering-Konzepts**, das auf eine merkliche zeitliche Überlappung oder – soweit möglich – sogar zeitlich parallele Erledigung komplementärer Entwicklungsschritte abzielt. Weitere Vorteile dieses Konzepts sind (vgl. Voigt 1998, S. 198 ff.):

- die zeitliche Verkürzung einzelner Teilschritte, vor allem dank der annährend simultanen Abstimmung mit anderen Projektschritten,

- die Reduzierung des Änderungsaufwands, auch durch die frühe Einbindung der Anforderungen verschiedener Unternehmensbereiche sowie der Lieferanten und Kunden,

- die Vermeidung des „Throw-it-over-the-wall-Syndroms", das für sequentielle Entwicklungsprozesse typisch ist (vgl. Saad/Rousser/Tiby 1991, S. 22 f.): Gemeint ist das zeitaufwendige „Hin- und Herwerfen" des Produktkonzepts zwischen den Fachabteilungen (F&E, Marketing, Produktion etc.) mit zahlreichen Rückkopplungsschleifen ohne eigentliche Verantwortung für das Projekt.

Eine weitere, zu lösende Frage ist die Einbindung des Projektmanagements in die bestehende Organisation. Als Alternativen kommen in Betracht:

- Fachabteilungsmodell: die hauptsächlich betroffene Fachabteilung übernimmt Federführung (in der Praxis eher abgelehnt!),

- Stabsmodell: eine (Stabs-)Stelle ohne eigene Entscheidungskompetenz übernimmt die Verantwortung für das Projektmanagement,

- reine Projektorganisation nach dem „Task-Force"-Modell: Schaffung einer Spezialgruppe, die – unabhängig von der Funktional- oder Divisionalorganisation – eine Spezialaufgabe zu erfüllen hat,

- Matrix-Projektmanagement: die projektspezifische Arbeitsgruppe wird neben, aber nicht unabhängig von der funktionalen bzw. divisionalen Spezialisierung eingerichtet und fügt sich „quer" in Aufbauorganisation ein (in der Praxis vor allen anderen Modellen favorisiert).

Die Beantwortung der Frage, in welchem Maße die Projektschritte hierarchisch bzw. nicht-hierarchisch koordiniert werden sollten, hängt davon ab, in welchem Ausmaß die Innovationsaufgabe das Unternehmensgeschehen bestimmt (siehe Abbildung 3-8).

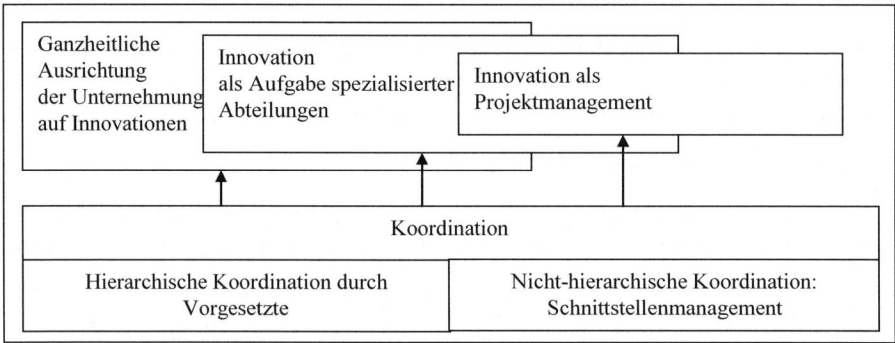

Abb. 3-8. Hierarchische und nicht-hierarchische Koordination im Innovationssystem (Quelle: Hauschildt/Salomo 2007, S. 107)

Im Fall der **hierarchischen Koordination** stellen sich z.B. die folgenden Fragen (vgl. Hauschildt/Salomo 2007, S. 144 ff.):

- Pluralverantwortung: Soll die Verantwortung für Innovationstätigkeiten prinzipiell bei einer Personenmehrheit liegen, also realistischerweise eine Aufgabe des obersten Führungsorgans sein?

- Rang: Wenn nein, welchen hierarchischen Rang soll die höchste für die Innovation zuständige Instanz haben?

- Exklusivität: Soll diese Spitzeninstanz auch noch für andere funktionale Bereiche zuständig sein?

- Kombination: Wenn ja, mit welchen anderen Funktionsbereichen wird die Zuständigkeit für das Innovationsmanagement zusammengefasst?

Die nicht-hierarchische Koordination steht in enger Beziehung zum sogenannten **Schnittstellenmanagement**. Dabei lässt sich eine „Schnittstelle" wie folgt definieren:

Schnittstelle = Interaktionsbeziehung zwischen mindestens zwei gleichgeordneten Teilbereichen; die Austauschbeziehungen betreffen güterliche, finanzielle und informatorische Leistungen; die Interaktion ist zwingend und mit Konflikten verbunden, die nicht durch einen gemeinsamen Vorgesetzten gelöst werden können.

Als Lösungsansätze im Schnittstellenmanagement kommen in Betracht:

- Verbindungspersonen („liason officers" bzw. „liason teams"),

- Lenkungsausschüsse und andere Kommissionen (Herstellung eines einheitlichen Informationsstandes; Abstimmung innerhalb der Gruppe; Erarbeitung von Analysen und kreativen Lösungsvorschlägen),

- die schon betrachteten funktionsübergreifenden Teams.

Nach diesen Vorüberlegungen zur organisatorischen Zuordnung der Aufgaben des Innovationsprozesses wollen wir uns nun den einzelnen Teilphasen näher zuwenden.

3.2 Phase 1: Ableitung des Innovationsbedarfs

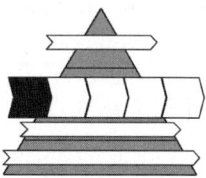

Zunächst muss der Innovationsbedarf des Unternehmens nach Art und Umfang präzisiert werden.

Produkt- und Prozessinnovationen sind kein Selbstzweck, sondern „Mittel zum Zweck" und dienen der Erreichung der gesetzten (Wertsteigerungs-)Ziele. Insofern liegt es nahe, den Innovationsbedarf aus diesen Zielen abzuleiten. So hat z.B. schon die **strategische Lückenanalyse** (siehe

Abschnitt 2.2.6) den Bedarf für ein „Neugeschäft", der nur durch neue Produkte und Leistungen gedeckt werden kann, offen gelegt. Die Konkretisierung des Innovationsbedarfs kann, wie ebenfalls schon ausgeführt wurde, mit dem Instrument der **Balanced Scorecard** erfolgen (siehe Abschnitt 2.6.2): Die Realisierung der gesetzten Wertsteigungs- oder Renditeziele ist z.B. nur dann möglich, wenn der Umsatzanteil der „neuen" Produkte und Leistungen einen bestimmten Prozentsatz nicht unterschreitet. Die konkrete Festlegung der Zielausprägung, wie sie sich im Rahmen von Zielvereinbarungsgesprächen ergibt, kann etwa so aussehen, dass der Anteil der Produkte, die jünger als zwei Jahre sind, über 60 % betragen soll.[1] Ein Vergleich dieser Vorgabe mit der Alterstruktur des bestehenden Produktprogramms (vgl. Jacob 1990, S. 464 ff.) ergibt dann den „Netto-Innovationsbedarf".

Dass im Hinblick auf die Generierung neuer Produkte, Leistungen und Prozesse Handlungsbedarf besteht, lässt sich darüber hinaus noch aus **weiteren Quellen** ableiten. Hinweise auf einen bestehenden Innovationsbedarf geben:

- die **Portfolio-Analyse**: Ein unausgewogenes Portfolio ohne „Question Marks" erzwingt Entscheidungen über gänzlich neue Geschäftsfelder; aber auch der Ausbau eines „Question Mark"-Geschäftsfeld zum „Star" bzw. zur „Cash-Cow" ist i.d.R. ohne Innovationen innerhalb der Geschäftsfelder nicht möglich;

- das **Produktlebenszyklus-Konzept**: Produkte werden i.d.R. nur für eine bestimmte Zeit vom Markt akzeptiert und müssen dann anderen, technologisch besseren Lösungen weichen. Abbildung 3-9 zeigt einen „idealtypischen" Produktlebenslauf bzw. -lebenszyklus, wie er sich in ähnlicher Form in der Praxis vielfach bestätigt hat, weshalb ein solches Lebenszyklusmodell – bei aller Vorsicht – sogar als Prognoseinstrument eingesetzt werden kann (vgl. Hansmann 2006, S. 64 ff.)

---

[1] In der Balanced Scorecard, die wir in Tabelle 2-68 beispielhaft dargestellt haben, diente diese Vorgabe (auch) zur Realisierung des strategischen Zieles „Erreichung eines Innovator-Images".

Umsatz

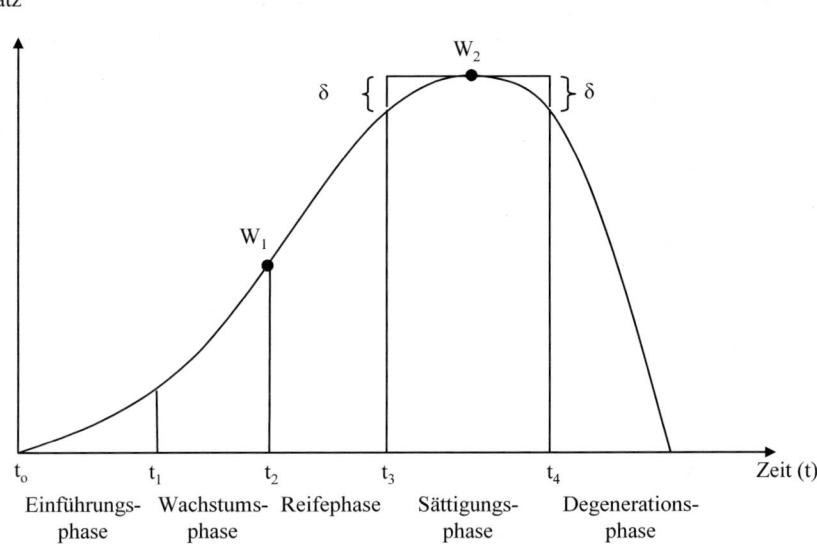

t_0	t_1	t_2	t_3	t_4
Einführungs- phase	Wachstums- phase	Reifephase	Sättigungs- phase	Degenerations- phase

Abb. 3-9. Idealisierter Produktlebenszykus[1] (Quelle: Hansmann 2006, S. 65)

Man mag das hier dargestellte Modell noch um einen Entstehungs- und Auslauf- bzw. Entsorgungszyklus erweitern – die Aussage bleibt jedoch die gleiche: Die Marktverweildauer eines Produkts ist trotz Ausnutzung aller Beeinflussungsmöglichkeiten[2] letztlich begrenzt, das betreffende Produkt muss rechtzeitig **durch ein neues Produkt** ersetzt werden, sofern

---

[1] In der Praxis sind seltener diese „idealtypischen", sondern als Ergebnis diffusionsexterner und -interner Faktoren „schiefe" bzw. „linkssteile" Lebenszyklen zu beobachten, wie sie sich aus den Diffusonsmodellen des Bass-Typs ergeben und wie folgt skizziert werden können:

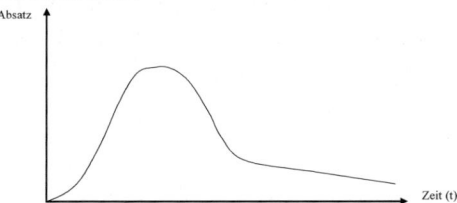

[2] Der Lebenszyklus ist durch Marketingmaßnahmen, z.B. Werbung, Verkaufanstrengungen, Produktverbesserungen, verlängerbar. Interessant ist die vom Volkswagen-Konzern in zwei Fällen erfolgreich angewendete Strategie der geografischen Verlagerung eines „alten" Produkts (einschließlich der Produktionsanlagen) in weniger entwickelte Länder mit lebenszyklusverlängender Wirkung: der VW „Käfer" nach Mexiko und Brasilien und der VW „Santana" nach China. Trotzdem erwiesen sich die Lebenszyklen beider Modelle letztlich als „begrenzt".

man sich nicht völlig aus dem Markt zurückziehen will. Abbildung 3-10 stellt den Lebenszyklus dar, wie er für ein PKW-Modell der oberen Mittelklasse typisch ist.

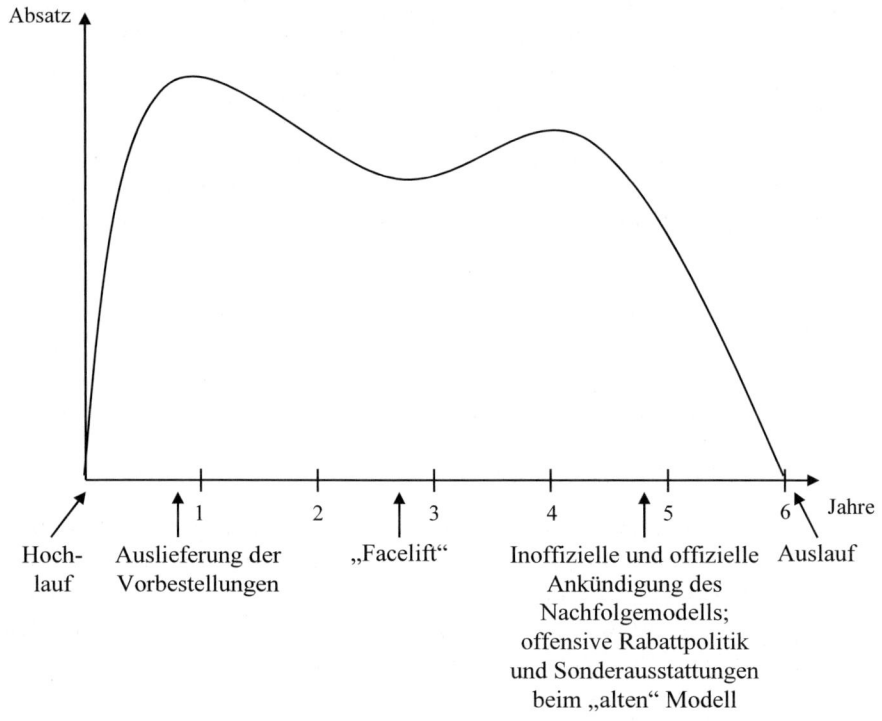

Abb. 3-10. Typischer Lebenszyklus eines PKW-Modells der oberen Mittelklasse

- **Marktnachfrage bzw. neue „Probleme"**: Dieses ist, wie schon erläutert, bei „Market-pull-Innovationen" der typische Impuls. Nicht immer sind die potenziellen Kunden willens oder in der Lage, ihre Wünsche zu artikulieren. Deshalb gehört es zu den Leistungen des innovierenden Unternehmens, die Kundenwünsche zu antizipieren bzw. zu „erspüren" und in ein Produktkonzept umzusetzen. Innovationsbedarf kann aber auch durch ganz offensichtliche Probleme induziert sein: Eine neue Krankheit begründet den Bedarf nach einem neuen Medikament, das von der pharmazeutischen Industrie entwickelt werden muss; die zunehmenden CO_2-Belastung der Atmosphäre ist Anlass für die Automobilindustrie (den Anlagenbau), Fahrzeuge mit geringerem CO_2-Ausstoß (das „CO_2-freie Kraftwerk") zu entwickeln usw.

- neue **Technologien**, die im Sinne der „Technology-push-Innovation" Anwendung suchen, z.B. in neuen Produkten.

- **Konkurrenzmaßnahmen**, insbesondere die Einnahme der Pionierposition durch den Konkurrenten, die der Anlass für die Entwicklung eines „Folger-Produkts" sein kann. Nach aller Erfahrung rufen Pionier-Produkte – auch bei entsprechenden Schutzmaßnahmen (z.B. Patentierungen) – stets Nachahmungen und Weiterentwicklungen hervor.

- **regulative Rahmenbedingungen** bzw. gesetzliche Bestimmungen, etwa das FCKW-Verbot für Kühlschränke oder die politisch erzwungene Senkung des CO_2-Ausstoßes von Kraftfahrzeugen, die entsprechenden (Produkt-) Entwicklungsbedarf induzieren.

- die **Verwendungsanalyse** bereits bestehender Produkte (vgl. Hansmann 2006, S. 83 f.), die auf Mängel der bisher angebotenen Produkte, aber auch auf Verbesserungsmöglichkeiten im Produktkonzept hinweisen kann. Alles in allem induziert die Verwendungsanalyse aber eher inkrementale Innovationen (Produktverbesserungen oder Variantenentwicklungen) und seltener radikale Neuheiten.

Ein Innovationsbedarf kann auch durch die integrierten Technologie- und Produktroadmaps sichtbar gemacht werden. So zwingt ein noch nicht (fertig) ausgearbeiteter Produkt- bzw. Innovationspfad dazu, Produktideen zu finden und mit dem (existierenden oder gleichfalls auszuarbeitenden) Technologiepfad abzugleichen (siehe auch Abschnitt 2.4.3.2 f).

Wir wollen im Folgenden davon ausgehen, dass der Innovationsbedarf unter Zuhilfenahmen der genannten Strukturierungsansätze und Planungsmethoden hinreichend genau bestimmt wurde. Dann geht es im nächsten Schritt darum, „passende" Ideen zu finden, mit denen der Bedarf gedeckt werden kann.

3.3 Phase 2: Ideenfindung, -bewertung und -auswahl

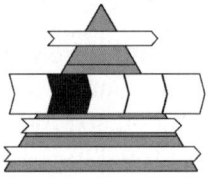

3.3.1 Aufgabe und Methoden der Ideenfindung

Jeder Innovation geht eine Invention (Erfindung) voraus, und jeder Erfindung in der Regel eine Idee.[1] Diese ist ganz allgemein ein schöpferischer Gedanke, in dem hier betrachtenden Konzept also die gedankliche Vorstellung eines neuen Produkts, einer neuen Leistung oder eines neuen Prozesses. Die Idee ist damit eine der Manifestationen der Neuheit, die jede Innovation kennzeichnet.

Das Problem ist, dass sich die Ideen generell einem „direkten Zugriff" entziehen, also nicht erzwingbar sind, sondern nur mit Kreativität und Assoziationsvermögen erschlossen bzw. als Ergebnis einer systematischen Suche (eventuell) gefunden werden können.[2]

---

[1] Hin und wieder gibt es Erfindungen (und Innovationen), die auf Zufallsentdeckungen beruhen und nicht auf einer vorlaufenden Idee. Bekannte Beispiele sind die (historisch allerdings nicht belegte) Entdeckung des Schießpulvers durch den Franziskanermönch Berthold Schwarz bei dem Versuch, auf künstlichem Weg Gold herzustellen, ferner die Entdeckung der blutverflüssigenden Wirkung von Aspirin und die Eignung von Klebestreifen als optisches Speichermedium. In allen diesen Fällen hat immerhin das Erkennen der (ökonomischen) Potenziale der Zufallsentdeckung den Charakter einer Managementleistung.

[2] Für den Philosophen Platon sind Ideen die ewig unveränderlichen, eigentlich seienden Urformen, die irdischen Dinge dagegen nur unvollkommene Abbilder dieser Ideen. Hiermit meint der Philosoph nicht nur abstrakte, ethisch-ästethische Ideen wie die des Guten, Schönen und Gerechten, sondern – wie er in späteren Dialogen (Parmenides und Sophistes) ausdrücklich feststellt – auch konkret „… die Idee des Haares, des Schmutzes, der Läuse und anderer wertwidriger Dinge". In letzter Konsequenz müssten in Platons ewiger und unveränderlicher „Welt der Ideen" also auch bereits die (inzwischen entdeckten) Ideen des Automobils, Kühlschranks oder MP3-Players enthalten gewesen sein – aber auch zahllose weitere, zu denen wir, wie er in seinem „Höhlengleichnis" in bewundernswerter Bildhaftigkeit erläutert, bis heute noch nicht haben vordringen können, die also noch „zu finden" sind.

Allerdings sind – wie in Abbildung 3-1 dargestellt ist – radikale Innovationen, die weltweit den Charakter einer Neuheit besitzen, offensichtlich eher die Ausnahme denn die Regel. Anders ausgedrückt: Viele Ideen, gerade solche für inkrementale Innovationen (Produktverbesserungen, Produktlinienergänzungen), lassen sich – sofern sie nicht ohnehin (z.B. durch explizit geäußerte Kundenwünsche, offensichtliche Probleme oder Konkurrenzmaßnahmen) „auf der Hand" liegen – relativ leicht erschließen. So erbrachte eine Befragung von amerikanischen Gründerinnen und Gründern nach der **Herkunft ihrer Geschäftsideen** die folgenden Ergebnisse:

Got Idea while working in the same industry	43 %
Saw someone else try, figured I could do better	15 %
Saw unfilled niche in consumer marketplace	11 %
Did systematic search for business opportunities	7 %
Can't really explain it	5 %
Got idea from hobby	3 %
Other	16 %

Über 70% der Geschäftsideen entstammten hier der beruflichen bzw. privaten Sphäre der jeweiligen Personen und waren entweder „offensichtlich" oder assoziativ leicht zu erschließen.

Aktuelle Komponenteninnovationen im Automobilbereich – z.B. der „Einpark-" und der „Lichtassistent" – beruhen zumeist auf der technischen Lösung von „Problemen", die allen Autofahrern bekannt sind. Die Liste der Beispiele für Innovationen, die auf „naheliegenden" Ideen beruhen, ließe sich erweitern.

Radikale Innovationen bauen dagegen oft auf Ideen mit hohem Neuheits- (und Überraschungs-)grad auf, die weder „auf der Hand" liegen noch „naheliegend" sind, sondern Erstaunen hervorrufen. So bleibt nur der Schluss, sich die Teilphase der Ideenfindung als letztlich ergebnisoffenen Prozess vorzustellen, der aber gestaltet und methodisch unterstützt werden kann. Diesen Aspekt wollen wir deshalb jetzt weiter vertiefen:

Zunächst ist das **Suchfeld** zu bestimmen, sofern es sich nicht bereits bei der Ableitung des Innovationsbedarfs (Phase 1 des Innovationsprozesses) hinreichend genau ergibt. Bei der anschließenden Ideensuche kommt es darauf an, ob – wie bei „Technology-push-Innovationen" üblich – ein bekanntes, im Technologiemanagement entwickeltes Lösungsprinzip eine Anwendung sucht (siehe Abbildung 3-11a) oder – wie für „Market-pull-Innovationen" typisch – ein Problem eine (technologische) Lösung sucht (siehe Abbildung 3-11b)

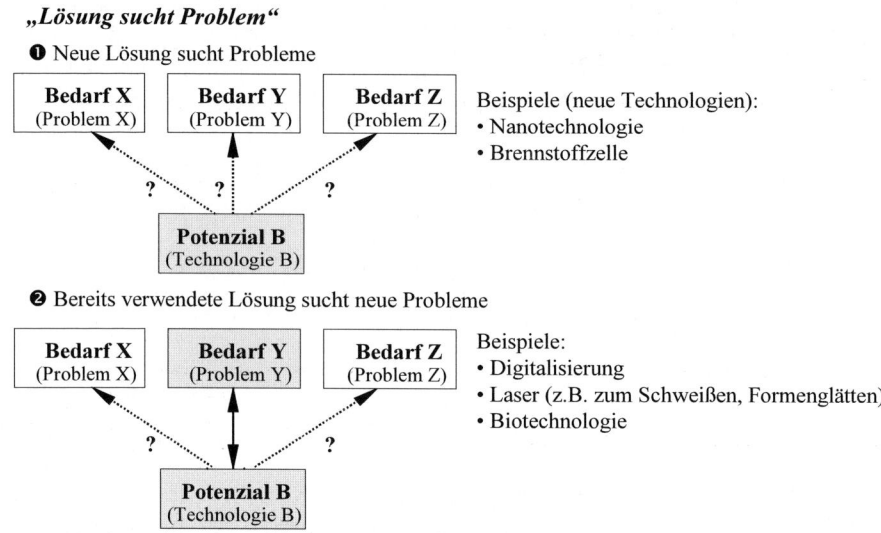

„Lösung sucht Problem"

❶ Neue Lösung sucht Probleme

| Bedarf X (Problem X) | Bedarf Y (Problem Y) | Bedarf Z (Problem Z) |

Beispiele (neue Technologien):
• Nanotechnologie
• Brennstoffzelle

Potenzial B (Technologie B)

❷ Bereits verwendete Lösung sucht neue Probleme

| Bedarf X (Problem X) | Bedarf Y (Problem Y) | Bedarf Z (Problem Z) |

Beispiele:
• Digitalisierung
• Laser (z.B. zum Schweißen, Formenglätten)
• Biotechnologie

Potenzial B (Technologie B)

Abb. 3-11a. Ideensuche: „Lösung sucht Problem"

Bei der Suchrichtung „Lösung sucht Problem" ist also noch danach zu differenzieren, ob eine neue Lösung (eine neu entwickelte Technologie) überhaupt eine Anwendung „sucht" oder ob für schon bekannte Technologien weitere Anwendungsfelder erschlossen werden sollen, wie es z.B. für die Lasertechnologie zu beobachten ist.

Auch bei der umgekehrten Suchrichtung „Problem sucht Lösung" kann das Problem entweder neu oder bekannt sein – im zweitgenannten Fall wird dann nach „besseren" Lösungen gesucht.[1]

---

[1] Bei den schon erwähnten „Zufallsentdeckungen" sind ebenfalls beide Richtungen möglich, nämlich „Lösung findet überraschend ein Problem" (z.B. Aspirin, Klebestreifen) und „Problem findet überraschende Lösung", wobei der erstgenannte Fall für solche Zufallsentdeckungen typischer zu sein scheint.

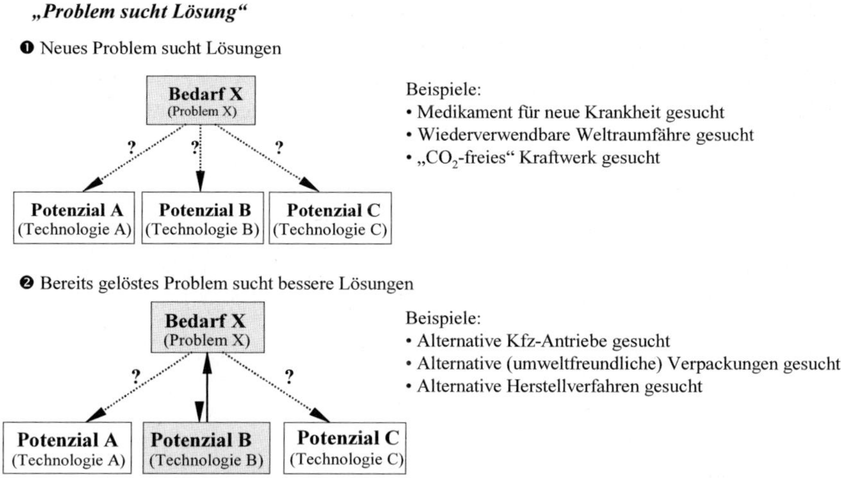

„Problem sucht Lösung"

❶ Neues Problem sucht Lösungen

Bedarf X (Problem X)

? ? ?

| Potenzial A (Technologie A) | Potenzial B (Technologie B) | Potenzial C (Technologie C) |

Beispiele:
- Medikament für neue Krankheit gesucht
- Wiederverwendbare Weltraumfähre gesucht
- „CO_2-freies" Kraftwerk gesucht

❷ Bereits gelöstes Problem sucht bessere Lösungen

Bedarf X (Problem X)

? ?

| Potenzial A (Technologie A) | Potenzial B (Technologie B) | Potenzial C (Technologie C) |

Beispiele:
- Alternative Kfz-Antriebe gesucht
- Alternative (umweltfreundliche) Verpackungen gesucht
- Alternative Herstellverfahren gesucht

Abb. 3-11b. Ideensuche: „Problem sucht Lösung"

Die Ideensuche – unabhängig davon, ob nun ein Problem oder eine Lösung gesucht wird – lässt sich durch sogenannte **Kreativitätstechniken** unterstützen, die dabei helfen sollen, gewohnte Denkmuster zu verlassen. Empfohlen werden vor allem die folgenden Methoden, die entweder die intuitive Ideenfindung mittels Assoziation oder Analogie anregen oder die Ideensuche mehr systematisch-analytisch unterstützen (vgl. z.B. Schlicksupp 1989, S. 930 ff.; Hauschildt/Salomo 2007, S. 439 f.):

- **Brainstorming** und **Brainwriting** („Methode 635"), die auf eine möglichst große Zahl von Ideen abzielen („Quantität vor Qualität"), was dadurch erreicht wird, dass sich die am Verfahren Beteiligten gegenseitig geistig anregen,

- **Synektik** (Ideengenerierung durch Expertendiskussion bei bewusster Verfremdung des Problems),

- **Bionik** (Ideengenerierung durch systematische Suche nach analogen Problemlösungen in der Natur, z.B. die Übertragung des „Lotusblatteffekts" auf Oberflächen und Farben, die Gestaltung von Verpackungsmaterialien in Analogie zu pflanzlichen Strukturen usw.),[1]

- **Morphlogische Analyse** (auch „Morphologischer Kasten"), die auf das Finden „überraschender", bisher nicht bekannter Kombinationen bereits bekannter Parameter und ihrer Ausprägungen zielt. Die Anwendung

---

[1] Vgl. auch Herstatt/Engel 2006 und die dort genannten Beispiele.

dieser Methode zum Auffinden neuer PKW-Varianten ist in Tabelle 3-3 vereinfacht und beispielhaft dargestellt,

Tabelle 3-3. Morphologischer Kasten zum Auffinden neuer PKW-Varianten (Beispiel)

Parameter	Ausprägungen				
Grundtyp	Lim, 2-türer	Lim, 4-türer	Kombi	Van	Cabrio
Innenausstattung	Stoff	Kunstleder	Leder	Kombination	
Antrieb	Otto-Motor	Diesel-Motor	Hybrid-Motor	Wasserstoff-Motor	Brennstoffzelle
Lenkung	ohne Unterstützung	Servolenkung	elektrisch unterstützte Lenkung	Elektromagnetische Lenkung	„Joy-Stick"
Bremse	ohne Unterstützung	Hydraulik-bremse	elektrische Parkbremse	Elektro-hydraulische Bremse	Elektro-magnetische Bremse
Karosserie	Stahl	Stahl/Kunst-stoff	Aluminium	Kohlefaser	Metallschaum
...	...	...	...	...	...

———— gängiges Modell   - - - - - - neue Kombination

- **Funktionsanalyse** (Auflistung von Funktionen eines Objekts und gezielte Herausarbeitung möglicher Alternativen hierzu, wie in Abbildung 2-52 für die Funktion „Identifizierung und Autorisierung von Zugangssuchenden" bei Schließungssystemen beispielhaft dargestellt),

- **Wertanalyse**, d.h. die Auflistung von Funktionen und Kosten eines Objekts und Herausarbeitung möglicher kostengünstigerer Alternativen dazu. Ansatzpunkte für produktbezogene Kostensenkungen ergeben sich durch (vgl. Jacob 1990, S. 455):

  - Fortfall oder Ersetzung eines Teils,
  - Gewichtsverminderung,
  - Werkstoffänderung oder -austausch,
  - Vereinheitlichung bzw. Verwendung von Normteilen,
  - Verminderung von Toleranzen,
  - Wahl anderer Oberflächenbehandlungen,
  - Fremdbezug statt Eigenfertigung,
  - Anwendung kostengünstigerer Produktionsverfahren.

Das Auffinden von **Marktlücken** als mögliche Produktideen kann auch mit formal etwas anspruchsvolleren Methoden, z.B. einer Produktpositionierung mithilfe der multidimensionalen Skalierung (MDS), unterstützt werden (vgl. Hansmann 2006, S. 57 ff. und S. 84 ff.; Herstatt/Lüthje 2005, S. 270 ff.). In dem **Postionisierungsmodell** können nicht nur existierende Produkte, sondern auch das (aus Sicht der befragten Kunden beurteilte) „Idealprodukt" positioniert werden. Ist die Position des Idealprodukts noch nicht durch existierende Produkte „besetzt", ist dies zumindest ein starker Hinweis auf eine potenzielle Marktlücke, zumal aus dem Modell auch konkrete Gestaltungsempfehlungen für das Produktkonzept abgeleitet werden können (siehe dazu das bei Hansmann 2006, S. 85, dargestellte Beispiel, das das Aufspüren der – letztlich erfolgreichen – Marktlücke des Nachrichtenmagazins „Focus" beschreibt).

Generell sind alle „weißen Flecken" des Positionierungsraums potenzielle Marktlücken, wie das folgende Beispiel zeigt: Der (Welt-)Markt für Flugzeuge mit mehr als 100 Sitzen („wide body") lässt sich einigermaßen zutreffend anhand der Dimensionen „Passagierkapazität" und „Reichweite" erfassen (siehe Abbildung 3-12).

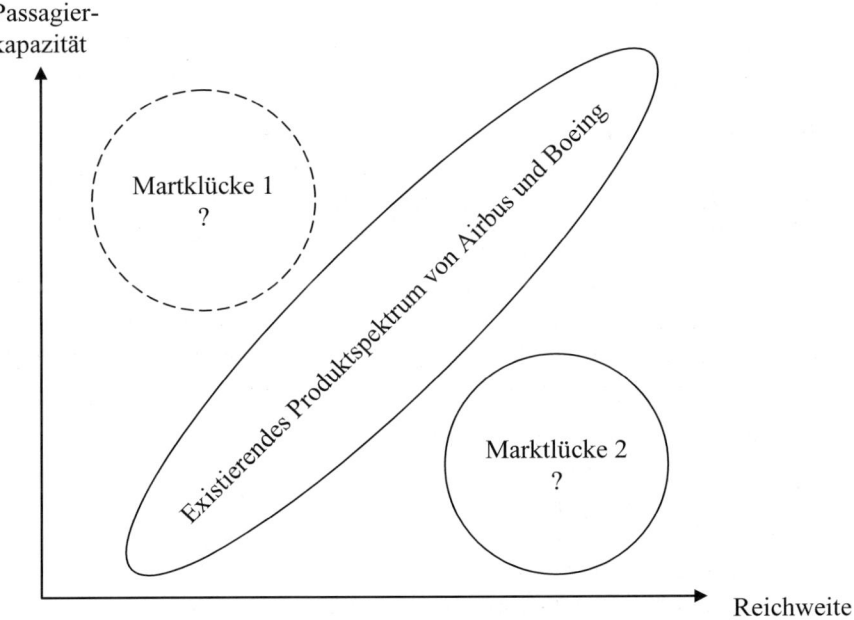

Abb. 3-12. Vereinfachtes Positionierungsmodell für den Flugzeugmarkt (>100 Sitze)

Im aktuellen Produktionsspektrum der beiden verbliebenen Anbieter in diesem Marktsegment sind Passagierkapazität und Reichweite positiv miteinander korreliert. Von den zwei offensichtlichen „weißen Flecken" kann Marktlücke 1 sofort verworfen werden, da sich die großen Flugzeugtypen auch für einen Einsatz auf der Kurzstrecke eignen. Anders sieht es dagegen bei der Marktlücke 2 aus. Im Zuge der Entwicklung, dass die „Drehkreuz-Flughäfen", oder kurz „Hubs", zunehmend an Kapazitätsgrenzen stoßen, lässt sich die erwartete Zunahme des Luftverkehrs (Passage) nur durch verstärkte Direktverbindungen bewältigen (siehe Abbildung 3-13). Hierfür werden jedoch kleinere Flugzeuge mit größerer Reichweite, als sie derzeit angeboten werden, benötigt. Marktlücke 2 hat (im Gegensatz zu Markt-lücke 1) also tatsächlich das Potenzial für erfolgreiche Neuprodukte bzw. Varianten im betrachteten Marktsegment.

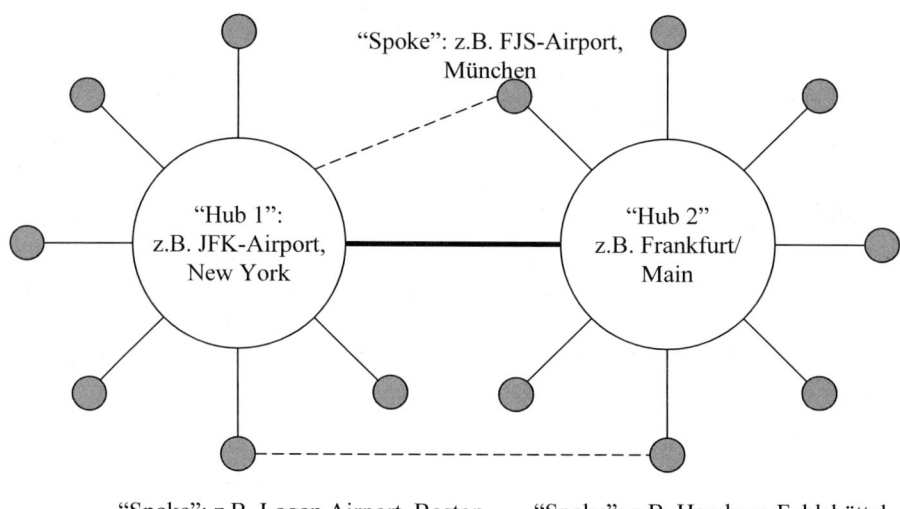

Abb. 3-13. Hub-and-Spoke-Prinzip und Direktverbindungen im Airline-Geschäft

In der Praxis gibt es Bestrebungen, die Frühphasen des Innovationsprozesses, insbesondere die Ideengenerierung, -bewertung und -auswahl, zu professionalisieren und in ein **„Ideenmanagement"-Konzept** einmünden zu lassen (siehe Abbildung 3-14). Dabei lässt sich „Ideenmanagement" definieren als „... ein Teilprozess des Innovationsmanagements mit den Zielen der effektiven und effizienten Ideengenerierung, -bewertung und -auswahl, wodurch die strukturierte Sammlung und Erzeugung von möglichst vielen guten – internen und externen – Ideen sowie die transparente Bewertung und begründete Auswahl der besten Ideen erreicht werden soll" (Voigt/Brem 2005).

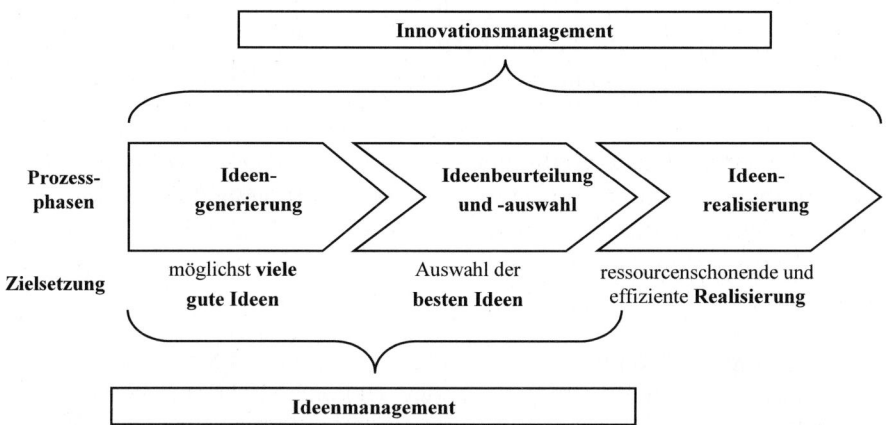

Abb. 3-14. Ideenmanagement als Bestandteil des Innovationsmanagements (Quelle: in Anlehnung an Aeberhard/Schreier 2001)

Dabei kommt es nicht nur auf die (stärkere) Einbindung externer Gruppen, z.B. Kunden, Lieferanten, Wettbewerber und weiterer „Stakeholder", in den Prozess der Ideengenerierung an, sondern vor allem auch darauf, das Ideenpotenzial der eigenen Mitarbeiter in einem höheren Maße zu aktivieren und zu nutzen. Hierfür sind die folgenden Voraussetzungen zu schaffen:

- **„Können"**
Die Mitarbeiter müssen über die notwendigen Kompetenzen zur Bewältigung kreativer Aufgaben verfügen, was z.B. auch durch die Schulung in der Anwendung der eben schon erwähnten Kreativitätstechniken erreicht werden kann. Darüber hinaus sind innovationsfreundliche bzw. kreativitätsfördernde Organisationsformen, IuK-Systeme, Belohnungssysteme usw. einzurichten.[1]

- **„Dürfen"**
Hier geht es darum, den Mitarbeiterinnen und Mitarbeitern die notwendigen Freiräume für die Ideensuche und -verfolgung im Unternehmen zu geben. Konkrete Ansatzpunkte sind:

---

1 Interessant ist in diesem Zusammenhang der Fall eines Maschinenbauunternehmens, das sein neues Entwicklungszentrum „kommunikationsfördernd" gebaut, also mit baulichen Maßnahmen auf die Notwendigkeit des intensiven Informationsaustausch zwischen den Mitarbeiterinnen und Mitarbeitern Rücksicht genommen hat.

- Verwendung eines bestimmten Anteils der Arbeitszeit für die (Weiter-) Entwicklung von Ideen und Flexibilität in der Nutzung dieser Freiräume (Beispiel 3M: 15 % der Arbeitszeit),

- regelmäßige Treffen zum Erfahrungstausch und für Diskussionen; wichtig ist hierbei, dass Mitarbeiter aus den verschiedenen Funktionsbereichen zusammenkommen (Vertrieb, Service, Entwicklung, Produktion etc.),

- Schaffung innovationsfreundlicher Strukturen – formelle wie informelle; Förderung der Eigenverantwortung (Ideengeber an der Realisation beteiligen),

- Fehlertoleranz: Neuerungen entstehen oft im „trial-and-error"-Prozess; Risiko belohnen,

- „Undercover"-Innovationen („Bootlegging") erlauben, denn diese können potenziell erfolgreich sein; Beispiele: Nylon, Audi-Quattro, Polaroid-Kamera,

- Weiterentwicklung des betrieblichen Vorschlagswesens zum Motivationsinstrument im Ideenmanagement.

- **„Sollen"**

Gute Ideen und erfolgreiche Innovationen dürfen nicht das Ergebnis von Zufällen sein, sondern müssen gezielt gefördert, gefordert und belohnt werden. Das bedeutet konkret:

- Zielvereinbarungen der einzelnen Mitarbeiter um Innovationsaspekte erweitern (z.B. mindestens eine Innovationsidee pro Jahr und Mitarbeiter, alternativ pro Team),

- Innovationskennzahlen konkret in der Balanced Scorecard verankern,

- Förderung durch regelmäßige Ideenwettbewerbe,

- Zielvorgaben auch für die Vermarktung von Innovationen setzen,

- Integration von „Innovationsprämien" als Form variabler Gehaltsbestandteile (übliche Prämien für Verbesserungsvorschläge: 25-30% der erzielten Wertsteigerungen),

- Anerkennung und Wertschätzung der Innovationsleistung durch die Unternehmensleitung als Form der nicht-monetären, extrinsischen Motivation berücksichtigen u.a.m.

„Dürfen" und „Sollen" scheinen sich auf den ersten Blick auszuschließen, erweisen sich aber bei näherer Betrachtung als Komplemente: „Dürfen" ohne „Sollen" wäre ziel- und kraftlos, „Sollen" ohne „Dürfen" negiert dagegen die kreativen Spielräume. Erst das aus „Können", „Dürfen" und „Sollen" sich ergebende Spannungsfeld ist in der Lage, das kreative Potenzial des Unternehmens, das vor allem in den Köpfen der Mitarbeiterinnen und Mitarbeiter steckt, voll zu erschließen. Allerdings stellen sich auch nach der Generierung von Ideen typische Probleme ein, vor allem:

- keine Kenntnis über den Neuheitsgrad der Idee („Rad neu erfunden"),

- (noch) keine Aussage über die technische Leistungsfähigkeit oder das ökonomische Potenzial der Idee,

- keine Aussage zum weiteren Vorgehen aus der Idee herauslesbar.

Es stellt sich, anders gesagt, die Aufgabe einer umfassenden Ideenbewertung und -auswahl.

3.3.2 Kriterien, Methoden und Probleme der Ideenbewertung und -auswahl

Der gesamt Prozess der Generierung, Bewertung und Auswahl von Ideen lässt sich auch mit dem Rückgriff auf eine Metapher, die des „Ideentrichters", veranschaulichen. Das Trichter-Modell impliziert, dass nur wenige Ideen tatsächlich ausgewählt werden, die alle in dem Trichter enthaltenen „Filter" erfolgreich passieren (siehe Abbildung 3-15).

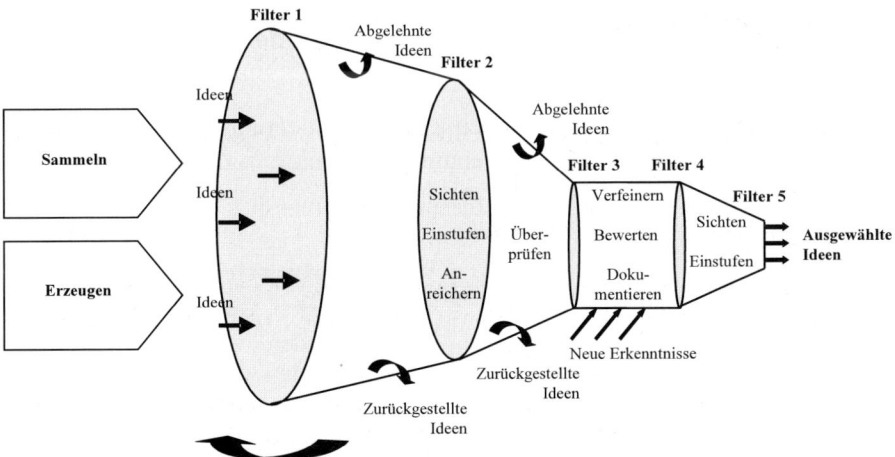

Abb. 3-15. Der „Ideentrichter" zur Veranschaulichung des sequentiellen Ideenauswahlprozesses (Quelle: in Anlehnung an Deschamps et al. 1996, S. 140)

Das sich die Ideen bis hin zur Realisierung in einem mehrstufigen Selektionsprozess befinden und das Gedankenmodell des „Trichters" insofern nicht völlig abwegig ist, verdeutlichen die in Abbildung 3-16 zusammengefassten, empirisch belegten Fälle:

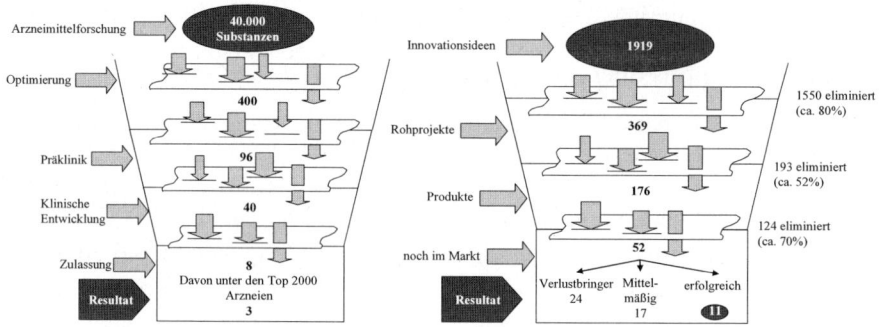

Abb. 3-16. Der Innovationsprozess als sequentieller Auswahlprozess (Quelle: Berth 1993, S. 217, und Trommsdorff/Steinhoff 2007, S. 57)

Gerybadze (2004, S. 10) zitiert eine empirische Untersuchung, nach der von 7 Projektkonzepten 4 Projekte tatsächlich für die Entwicklung ausgewählt werden, von denen 2 die Testphase erfolgreich absolvieren, aber nur eines zu einem erfolgreichen neuen Produkt wird – und nennt dies „Zermürbungskrieg der Innovation".

3.3.2.1 Bewertungskriterien und Auswahlmethoden

Als Bewertungskriterien in dem sequentiellen Ideenauswahlprozess kommen vor allem die in Tabelle 3-4 genannten Aspekte in Betracht.

Tabelle 3-4 . Bewertungskriterien im Ideenauswahlprozess

Kundennutzen	Wettbewerbsvorteil
• erkennbarer Vorteil • Wert für den Kunden	• Zeit, Kosten, Qualität • für Kunden wichtiges Merkmal/ vom Kunden wahrgenommen • Dauerhaftigkeit/Schützbarkeit
Marktvolumen	**Machbarkeit/Risiken**
• Lebenszyklus • Marktvolumen • Marktpartner • Alternativmärkte regional/global	• technisch • ökonomisch

Bei den hier betrachteten Innovationsideen ist es zunächst wichtig, dass dadurch letztlich ein **Kundenutzen** entsteht, der für die potenziellen Kunden auch erkennbar und „werthaltig" sein sollte. Dieser kann darin bestehen, dass die Probleme der Kunden „besser" als bisher gelöst bzw. ihre Bedürfnisse in einem höheren Grade in Bezug auf die Kriterien Kosten/Preis, Zeit, Qualität, Bequemlichkeit, Service usw. erfüllt werden. Erinnert sei auch an die in Abschnitt 3.1.2 erläuterte Möglichkeit, mit Innovationsideen neue „Bedürfnisbündel" zu adressieren.

Entscheidungsrelevant ist weiterhin, ob die Kunden das Problem, das mit der Innovationsidee gelöst werden soll, bereits kennen oder erst darauf aufmerksam gemacht werden müssen. Ob es gelingt, die „Werthaltigkeit" der Idee aus Sicht der Kunden mit den „klassischen" ökonomischen Kriterien (z.B. Gewinn, Deckungsbeitrag, Produktrendite u.ä.) zu erfassen, hängt auch vom Innovationsgrad der Idee ab, erscheint bei radikalen Innovationen aber eher fraglich.

Das hier betrachtete Kriterium „Kundennutzen" soll aber dazu anhalten, eine Idee – z.B. eine technische Neuheit – nicht (allein) aus der Sicht des Ingenieurs, sondern vor allem aus der Sicht der potenziellen Käufer bzw. Anwender zu beurteilen, die über den Markterfolg der Idee letztlich entscheiden.

Weiterhin ist zu fragen, ob das **Marktvolumen** der Idee ausreicht, um die Entwicklungskosten zu amortisieren und das angestrebte Werteziel (z.B. eine bestimmte Produktrendite) zu erreichen. Gerade bei hochinnovativen Ideen kann es problematisch sein, „den Markt" überhaupt abzugrenzen. Bei vielen neuen Produkten bzw. Leistungen gibt es jedoch „Vorgängerlösungen", deren Marktvolumen als Ausgangspunkt für die Marktprognose herangezogen werden kann.

Innovationsideen sind auch im Hinblick auf die **Wettbewerbsvorteile** hin zu beurteilen, die durch sie erzielt werden können. Konkret ist zu fragen, ob bei den für die Kunden wichtigen Produktmerkmalen eine im Vergleich zum Konkurrenzangebot überlegene Leistung geboten werden kann, die von dem Kunden auch wahrgenommen wird und „dauerhaft" ist, also nicht „abbröckelt", von Konkurrenten nur schwer oder gar nicht nachgeahmt bzw. „transferiert" und auch nur schwer von diesen selbst aufgebaut werden kann. Mögliche „Quellen" für derartige Wettbewerbsvorteile sind in Abbildung 3-17 dargestellt.

Abb. 3-17. Mögliche Wettbewerbsvorteile von Innovationsideen

Schließlich und endlich sind die technische und ökonomische **Machbarkeit** sowie die mit der Idee verbundenen **Risiken** zu beurteilen. Eine Idee scheidet aus, wenn sie mit den verfügbaren bzw. beschaffbaren Mitteln bzw. dem existierenden Know-how nicht realisierbar ist oder eine zu diesem Zweck notwendige Kooperation mit anderen Unternehmen nicht möglich erscheint.

In der Praxis wird oft so vorgegangen, für Ideen, die nicht schon aufgrund der vorgenannten Kriterien verworfen worden sind, eine „Machbarkeitsstudie" zu stellen. Zu prüfen ist dabei auch, ob bei Realisierung der Idee Risiken eingegangen werden, die im Falle ihres Eintritts existenzgefährdende Folgen haben.

Gelegentlich wird vorgeschlagen, den technologischen oder technischen Neuheitsgrad der Idee als weiteres Beurteilungskriterium zu berücksichtigen. Hier ist jedoch vor einer möglichen „Technikverliebtheit" zu warnen. Technologie und Technik sind kein Selbstzweck, sondern stets Mittel zum Zweck. In der Regel kauft der Kunde nicht die Technologie bzw. Technik, sondern entlohnt mit dem gezahlten Preis den ihm gebotenen Kundennutzen (den wir bereits als Kriterium betrachtet haben).

Welche Entscheidungskriterien bei der Ideenauswahl auch immer herangezogen werden, es handelt sich hier wieder um ein multikriterielles Entscheidungsproblem, für dessen Lösung die schon betrachtete **Nutzwertanalyse** (Scoring Modell[1]) anwendbar ist (vgl. dazu auch Hansmann 2006, S. 91 ff.). Auf die Problematik, dass die Ideenbeurteilung und -auswahl stark von (qualitativen) Prognosen und Expertenurteilen abhängig ist und beeinflusst wird, wollen wir im Folgenden kurz eingehen.

3.3.2.2 Das Prognose- und Expertenproblem

Die Realisierung der Ideen liegt in der Zukunft und erstreckt sich unter Umständen über einen recht langen Zeitraum. Insofern unterliegt die Ideenbewertung einem **Prognoseproblem**, da die zukünftig relevanten Umstände selbst von „Experten" oft nur unzureichend prognostiziert werden können. Als Beispiele dienen die in Tabelle 3-5 zusammengefassten, oft zitierten „historischen" Fehlprognosen von Experten.

Tabelle 3-5. Historische Fehlprognosen von Experten

• 1876: "This 'telephone' has too many shortcomings to be seriously considered as means of communication. The device is inherently of no value to us." (Western Union international memo)
• 1920s: "The wireless music box has no imaginable commercial value. Who would pay for a message sent to nobody in particular?" (David Sarnoff's associates in response to urgings for investment in the radio)
• 1943: "I think there is a world market for maybe five computers." (Thomas Watson, Chairman of IBM)
• 1977: "There is no reason anyone would want a computer in their home." (Ken Olson, president, chairman and founder of DEC)
• 1981: "640K ought to be enough for anybody." (Bill Gates)

Ebenso ernüchternd sind auch die von Experten in den 80er Jahren abgegebenen Prognosen zur zukünftigen Entwicklung von BTX, Telefax und Mobilfunk (siehe Abbildung 3-18).

---

[1] Siehe dazu Abschnitt 2.4.3.4.e dieses Lehrbuchs.

Bildschirmtext/BTX: mangelnde Betrachtung einer ausreichenden Diffusion führt zu einer Überschätzung von Nutzern und Potenzialen

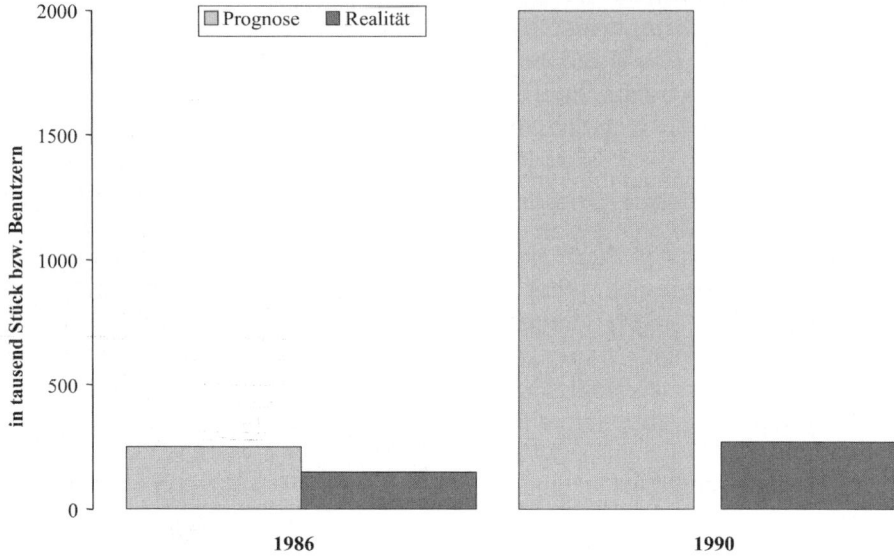

Telefax: Unterschätzung der Funktionalität und Überlegenheit in der praktischen Anwendung gegenüber vorhandenen Übertragungswegen führt zu einer Fehleinschätzung von Erfolgspotenzialen

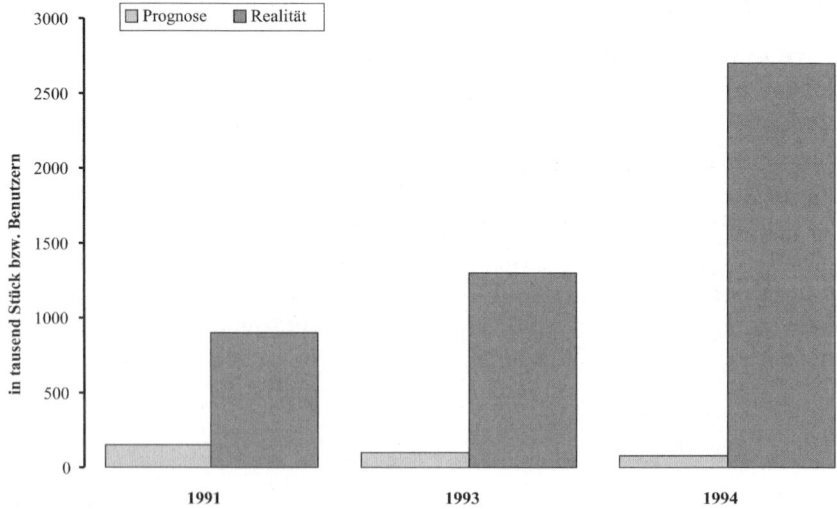

Mobilfunk: Unterschätzen der Leistungsfähigkeit und Anwendungsbreite führen zu Fehlprognosen

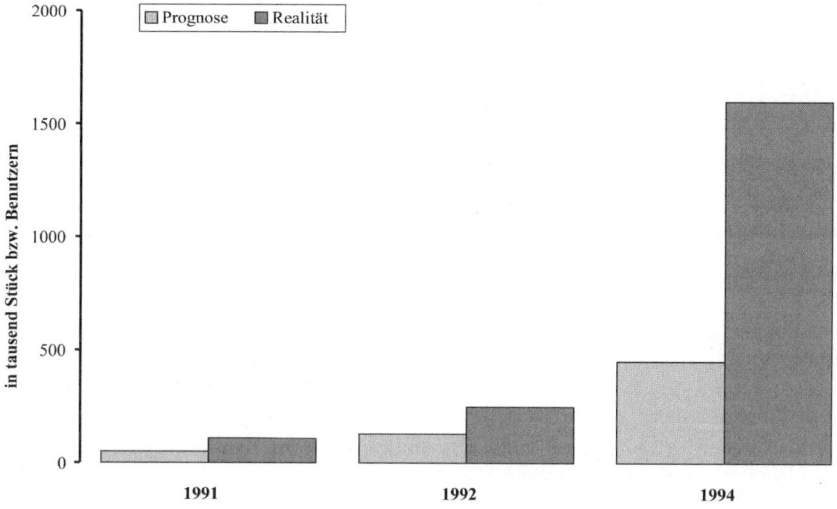

Abb. 3-18. Fehlprognosen in Bezug auf IuK-Technologien (Quelle: Lütge 1997)

Die Gründe für solche Fehlprognosen können vielfältig sein und reichen von methodischen Inkompetenzen bis zu bewusst und „absichtsvoll" gesetzten Prognoseprämissen. Oft nehmen die Fehlprognosen in einer **selektiven Wahrnehmung** („Falschnehmung") ihren Anfang, d.h. man

- bevorzugt bestätigende/erwünschte Informationen,
- überbewertet anschauliche Informationen,
- überbewertet jüngste Trends,
- überschätzt die Stabilität von Zuständen.

Hinzu kommen oft weitere **Denkfehler**, d.h. man

- ist sich zu sicher, erwartet keine Überraschungen,
- ist zu zukunftsoptimistisch,
- ist zu skeptisch („alles schon ausprobiert"),
- überschätzt oder unterschätzt Risiken,
- glaubt, die Dinge unter Kontrolle zu haben,
- schreibt einfache, aber falsche Ursachen zu (Attribution).

Gegenwärtige Konstellationen werden oft als prägend für die zukünftigen Entwicklungen angesehen. Verbreitet ist auch die Schwäche, vergangene Entwicklungen in die Zukunft zu extrapolieren („Extrapolationsfalle").

Auch fehlt es hin und wieder an Fantasie, sich alternative Zukunftsentwicklungen vorstellen zu können. So haben z.B. die für die Prognose der Ölpreisentwicklung beauftragten „Experten" bisher stets nur einen Anstieg des Ölpreises prognostizieren können, obwohl er tatsächlich über einen längeren Zeitraum (nach der 2. Ölkrise 1981) wieder gefallen ist (siehe Abbildung 3-19).

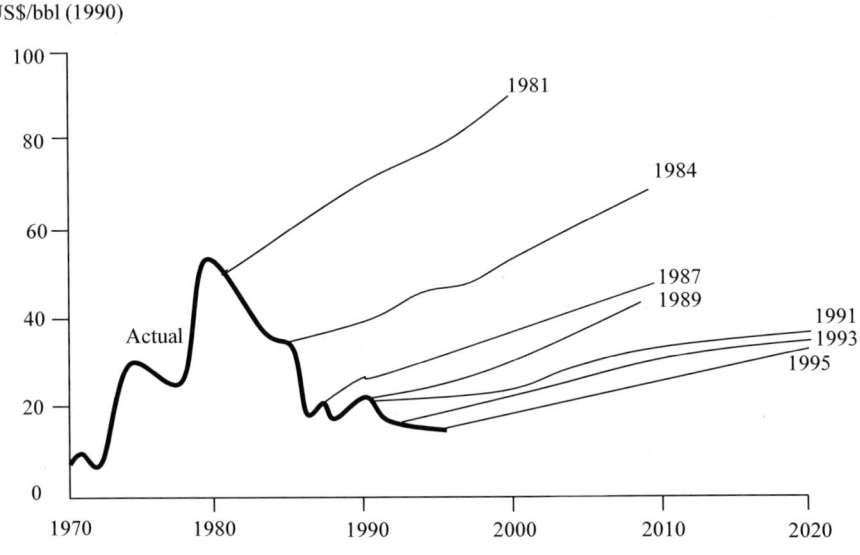

Abb. 3-19. Tatsächliche Ölpreisentwicklung ab 1970 („Actual") und Prognosen (Quelle: Shell 2003, S. 15)

Bewertungsfehler können auch auf einer unzureichend langen bzw. nicht „strategischen" Betrachtungsperspektive beruhen.

So führt z.B. ein kurzfristiger Betrachtungshorizont bei einer Einschätzung der Kostenentwicklung der neuen Technologie T_2 (im Vergleich zur alten Technologie T_1) – analog zu den jeweiligen Technologie-S-Kurven – zu falschen Schlussfolgerungen (siehe Abbildung 3-20).

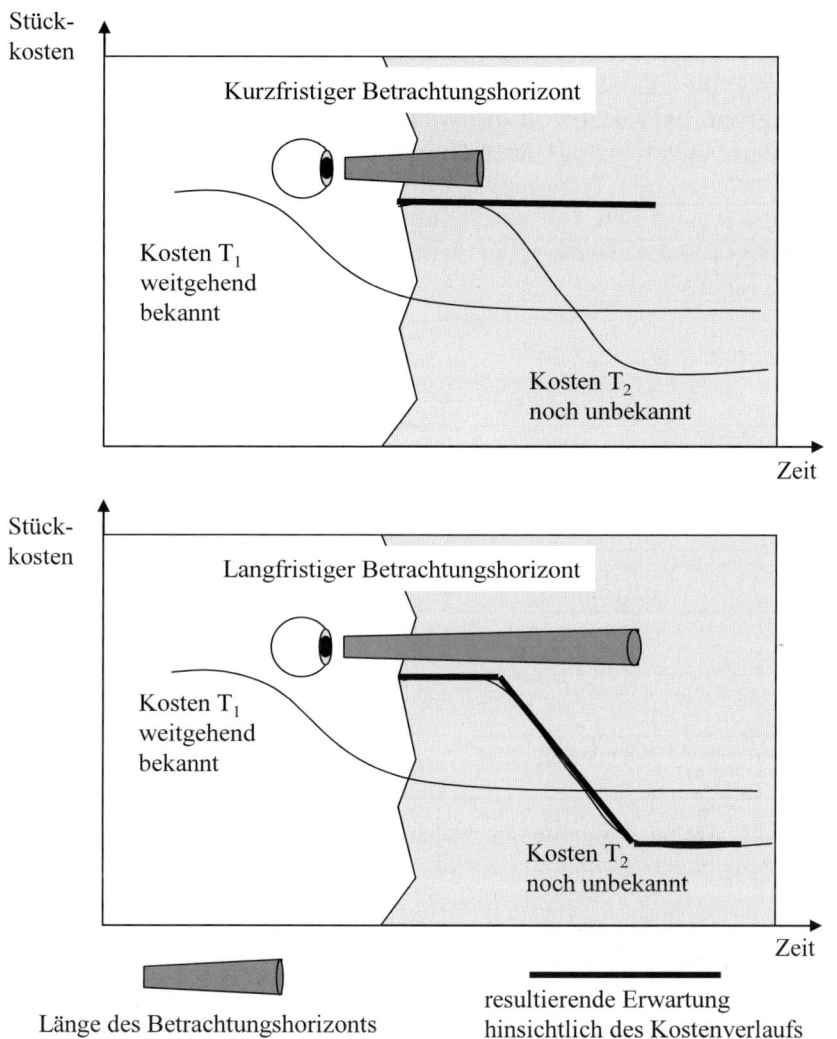

Abb. 3-20. Einfluss des Betrachtungshorizonts auf die ökonomische Bewertung neuer Technologien (Quelle: Pfeiffer et al. 1997, S. 49)

Die zur Prognose und Beurteilung von Innovationsideen herangezogenen Experten, die zur Bewertungs- und Entscheidungsqualität beitragen sollen, sind auf ihr Know-how und ihren „Standort" hin kritisch zu hinterfragen („**Expertenproblem**"). In der Praxis beginnen die Probleme oft schon damit, die für eine bestimmte Frage kompetenten Experten überhaupt zu finden bzw. für die Abgabe einer Expertise zu gewinnen. Dass dem Urteil von Experten mit Skepsis begegnet werden darf, veranschaulicht auch die in Abbildung 3-21 dargestellte Delphi-Prognose von Experten zu Entwicklungen auf dem Gebiet der Automation aus der 1. Hälfte der 70er Jahre, die aus heutiger Sicht eher zu Fehl- als zu zutreffenden Prognosen geführt hat (zur Erfolgsprognose von Produktinnovationen auf Basis von Expertenaussagen vgl. auch Gerpott 2005, S. 448 ff.)

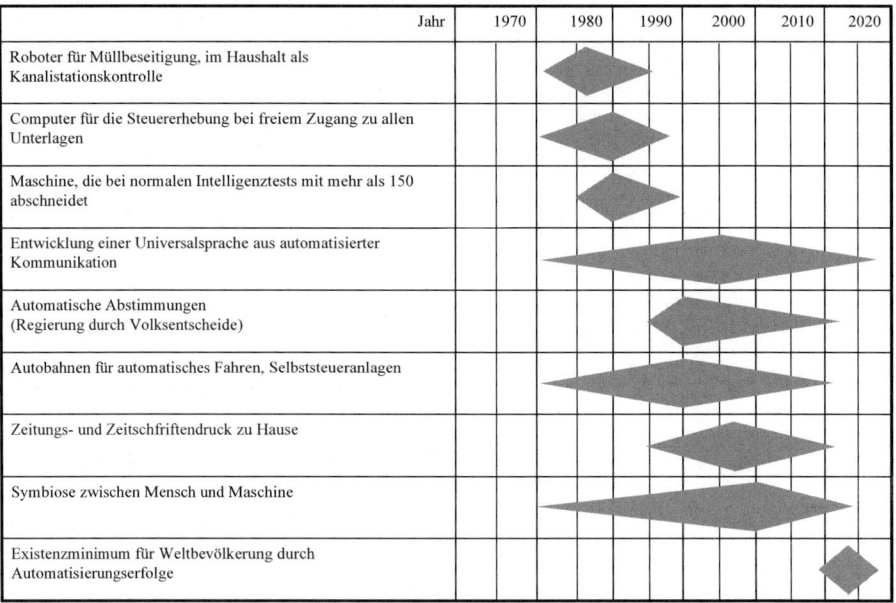

Abb. 3-21. Delphi-Prognose zu bedeutenden Entwicklungen der Automation (Stand: Anfang der 70er Jahre) (Quelle: Albach 1970, S. 16)

Alles in allem erscheint jedoch nicht die (über-)optimistische Darstellung der Chancen, sondern die Ablehnung von und der Widerstand gegen Innovationsideen ein verbreitetes Problem zu sein (vgl. auch Hauschildt/Salomo 2007, S. 173 ff.). Deshalb geht es darum, die auf eine Verhinderung von Innovationen abzielenden „Killerargumente" (und die dahinter stehende Intention) zu erkennen, z.B.:

- „Das funktioniert nicht!"
- „Das zahlt der Kunde nicht!"
- „Die Lösung ist noch nicht ausgereift!"
- „Geben Sie mir eine Garantie, dass Ihre Idee ein Erfolg wird, und Sie bekommen das Budget!"

Eine falsche Bewertung der Ausgangslage kann – in Verbindung mit einer verzerrten Bewertung der Innovation („Kaputtrechnen") und bewuss-

ten Verzögerungen, Verschiebungen oder Vertagungen („Wiedervorlage",
„Frühjahrs-/Herbsttermin" etc.) – schließlich dazu führen, dass wichtige
Innovationen unterlassen werden und so die für das langfristige Überleben
des Unternehmens notwendigen Veränderungen unterbleiben. Sowohl die
schon erwähnten multifunktionellen Projektteams als auch der gezielte
Einsatz von **Promotoren** (Fach-, Macht- und Prozesspromotoren) scheinen geeignete Möglichkeiten zu sein, um die genannten Innovationswider-
stände zu überwinden (vgl. Hauschildt/Salomo 2007, S. 209 ff.). Dass die
Unterstützung der Innovationsprojekte durch Promotoren – vor allem
durch die Unternehmensleitung selbst – wichtig ist, bestätigen auch zahlreiche empirische Untersuchungen zu den Erfolgsfaktoren von (Produkt-)
Innovationen, die sich auf fünf kritische Erfolgsfaktoren verdichten lassen
(vgl. z.B. Balachandra/Friar 1997, Montoya-Weiss/Calantone 1994; He-
nard/Szymanski 2001):

- eine konsequente Markt- und Kundenorientierung,
- die Ausrichtung des Unternehmens und seiner Organisation auf die Innovationsaufgabe (einschließlich der Top-Management-Unterstützung),
- die technologische Kompetenz,
- das „richtige" Timing und
- das Angebot produktergänzender Dienstleistungen.

Nehmen wir im Folgenden an, die für das Innovationsmanagement zuständigen Entscheidungsträger haben die „richtigen" Innovationsideen
ausgewählt. Damit ist der Ausgangspunkt für die nächste Phase im Innovationsprozess erreicht.

3.4 Phase 3: Produkt- und Prozessentwicklung

3.4.1 Überblick

Die Produkt- und Prozessentwicklung lässt sich wiederum als Teilprozess
des Innovationsprozesses interpretieren, der sich aus den folgenden Teilschritten zusammensetzt (siehe Abbildung 3-22):

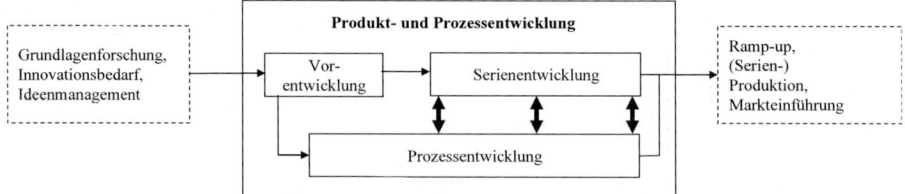

Abb. 3-22. Produkt- und Prozessentwicklung als Teilphase(n) im Innovationsprozess

Dem eigentlichen Serienentwicklungsprozess ist oft eine Vorentwicklung vorgeschaltet, in der produktlinien- und kundenübergreifend „Pilotentwicklungen" betrieben bzw. gemeinsame Funktionsmuster, Plattformen[1] oder Produktstandards erarbeitet werden. Erst auf dieser Basis werden im Rahmen der Serienentwicklung marktgerechte bzw. kundenspezifische Produkte konzipiert. Die parallele Prozessentwicklung zielt auf die Veränderung oder Neugestaltung der Produktionsprozesse ab, die notwendig sind, um die neuen oder veränderten Produkte herstellen zu können.[2] Wir wollen diese Aufgabenfelder im Folgenden noch etwas näher betrachten.

3.4.2 Vorentwicklung

Die Vorentwicklung ist, wie oben angedeutet, ein „Zwischenschritt" auf dem Weg von der Grundlagenforschung bzw. Technologieentwicklung bis hin zur markt- und kundennahen Produktentwicklung. Ihr Ziel ist die Entwicklung eines Produktkonzepts, jedoch nicht bis zur Serienreife, sondern „nur" bis zur erfolgreichen Fertigstellung eines funktionsfähigen Labormusters und/oder eines Lastenhefts als Grundlage zur Entwicklung des Serienprodukts. Neben der Pilotentwicklung hat die Vorentwicklung auch die Standardisierung der nachfolgenden Serienentwicklungen sowie gegebenenfalls auch eine Plattformentwicklung zum Ziel (siehe Abbildung 3-23).

---

[1] Dabei ist unter einer „Plattform" eine technische Basis zu verstehen, die keinen Einfluss auf die äußere Erscheinung des Produkts haben darf und für verschiedene Produkte oder Produktlinien verwendet wird. Ein Beispiel für eine Plattform in der Automobilindustrie stellt z.B. die Bodengruppe (mit Fahrwerk) dar, die in verschiedenen Modellen eingesetzt werden kann.

[2] Ähnliches gilt auch für innovative Dienstleistungen, die oft eine Anpassung oder Neukontigierung der Leistungsentstehungsprozesse erfordern.

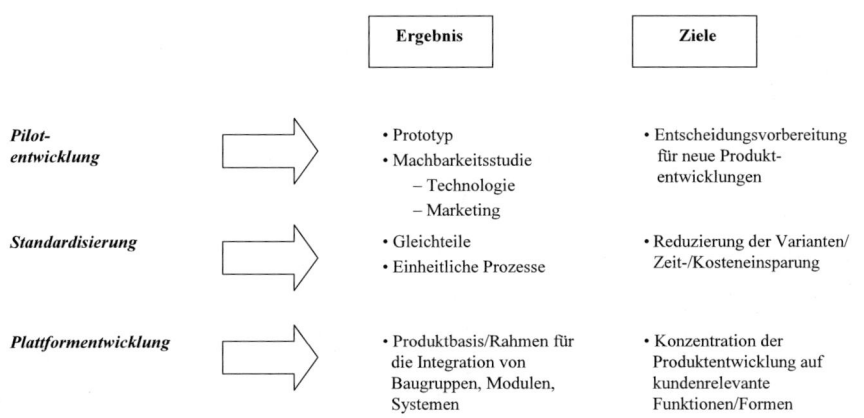

Abb. 3-23. Ziele und Aufgaben der Vorentwicklung

Insgesamt ist die Vorentwicklung durch einen (etwas) geringeren Anwendungsbezug gekennzeichnet als die nachfolgende Serienentwicklung (siehe auch Abbildung 3-24).

Die Bedeutung der Vorentwicklung wird z.B. auch durch die folgenden Erkenntnisse bzw. Zitate aus der fachspezifischen Literatur unterstrichen:

• „75-85% der Produktlebenskosten werden während der Vorentwicklung festgelegt. Gleichzeitig fallen hier nur fünf bis sieben Prozent der Gesamtkosten an" (Bürgel/Zeller 1997, S. 219).

• „The greatest differences between winners and losers were found in the quality of execution of pre-development activities" (Cooper/Kleinschmidt 1994, S. 26).

• „The present study found that the proficiency with which activities are undertaken was closely associated with project success, with the strongest associations involving activities prior to and including product development" (Dwyer/Mellor 1991, S. 47).

• „Vorentwicklung zählt bisher zu den praktisch und theoretisch nur wenig durchdrungenen Problemstellungen des Innovationsmanagements" (Verworn 2005, S. 5).

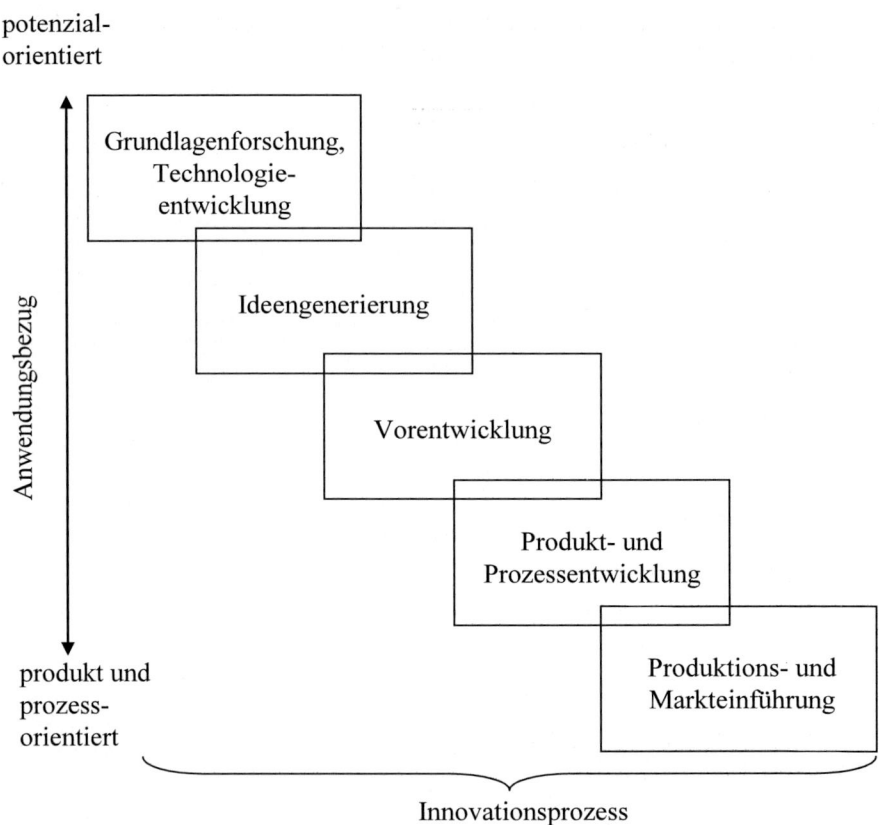

Abb. 3-24. Einordnung der Vorentwicklung in den Innovationsprozess

Am Ende der Vorentwicklung ist noch kein (Serien-)Produkt entwickelt, sondern es wird vielmehr nur geprüft, ob das Projekt „in die richtige Richtung geht".

Den Schlusspunkt der Vorentwicklung illustriert der geometrische Prototyp. An geometrischen Prototypen werden geringere Anforderungen bezüglich der mechanischen Eigenschaften sowie der Maß- und Formgenauigkeit gestellt. Das Material und der Verarbeitungsprozess können beliebig gewählt werden. Dieser Prototyp wird in der Konzeptphase der Serienentwicklung eingesetzt und auch als Designprototyp bezeichnet.

Bei näherer Betrachtung lässt sich noch die projektabhängige von einer projektunabhängigen Vorentwicklung unterscheiden, wobei letztere für die nachfolgende Serienentwicklung noch mehr Freiheitsgrade bzw. Handlungsspielraum belässt (siehe Abbildung 3-25).

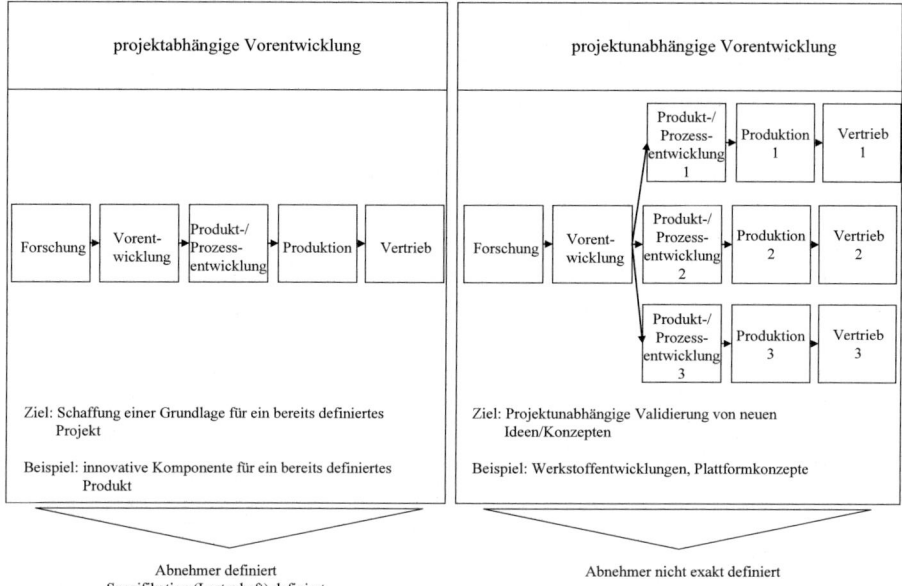

Abb. 3-25. Projektabhängige und projektunabhängige Vorentwicklung (Quelle: Voigt et al. 2005, S. 3)

Die **Vorteile** einer Vorentwicklung sind vor allem in den folgenden Aspekten zu sehen:

- weniger Aufwand in der Serienentwicklung,
- Reduktion der Entwicklungszeiten,
- Entwicklung ausgereifter Produkte mit konstanter Qualität,
- Einwerbung öffentlicher Fördergelder (dies ist für Vorentwicklungsprojekte eher möglich als für solche der Serienentwicklung),
- Kosteneinsparung in der Serienfertigung durch standardisierte Module, Teile usw.

Als mögliche **Nachteile** sind Image- und Erlösnachteile durch die standardisierten Produkte, die Kosten der Vorentwicklung selbst und mögliche Probleme durch die organisatorische Abgrenzung der Vorentwicklung innerhalb der Produktentwicklung („Elfenbeinturmeffekt"; Ressortegoismus) zu sehen. Die Tatsache, dass sich die Vorentwicklung in zahlreichen Industrieunternehmen als Aufgabe und Teilprozess sowie zumeist auch als eigenständige Organisationseinheit[1] etabliert hat, ist ein Indiz dafür, dass die Vorteile der Vorentwicklung gegenüber den Nachteilen überwiegen. Abbildung 3-26 zeigt den Teilprozess der Vorentwicklung im Rahmen des Innovationsprozesses der Kolbenschmidt GmbH sowie dem dort definierten Übergang zur Serienentwicklung, der wir uns jetzt zuwenden wollen.

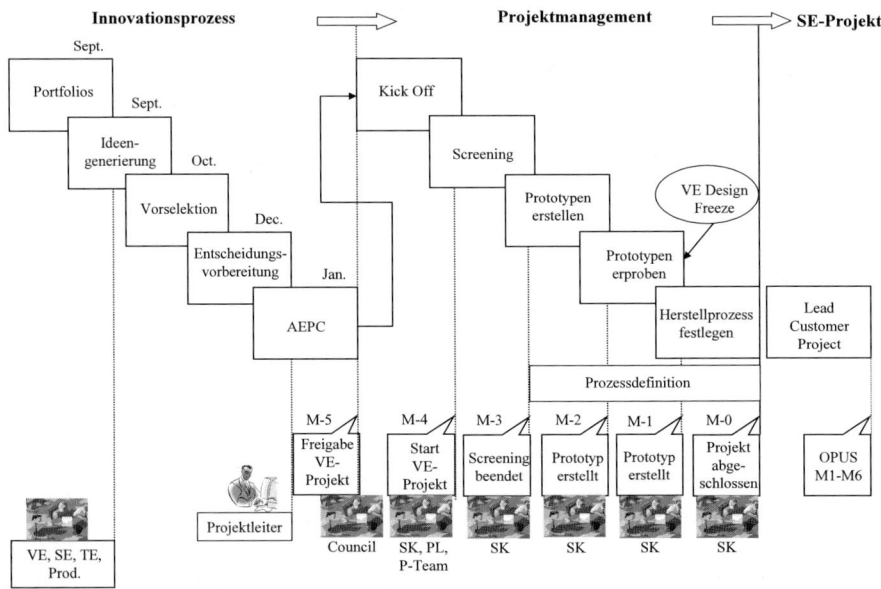

Abb. 3-26. Vor und Serienentwicklung am Beispiel der Kolbenschmidt GmbH (Quelle: Forum Vorentwicklung 2000)

3.4.3 Serienentwicklung

3.4.3.1 Prozessüberblick

In dieser Teilphase des Innovationsprozesses geht es, wie bereits angedeutet, um die konkrete Entwicklung verkaufsfähiger Produkte.[2] Die Serien-

---

[1] Z.B. in Form von Full-Time-Projektleitern für Vorentwicklungsprojekte.

[2] Die folgenden Ausführungen kennzeichnen den Produktentwicklungsprozess i.e.S. Auf die Besonderheiten der Entwicklung von Dienstleistungen wird an anderer Stelle einzugehen sein.

entwicklung knüpft an das Ergebnis der Vorentwicklung an, indem die dort entwickelten Plattformen, Module, Funktionsmuster u.ä. – auch unter Berücksichtigung kundenspezifischer Bedürfnisse und Anforderungen, aber z.B. auch länderspezifischer Besonderheiten – zu Endprodukten weiterentwickelt werden. Dies geschieht wiederum im Rahmen eines (Teil-) Prozesses, der sich aus vier Schritten zusammensetzt (siehe Abbildung 3-27).

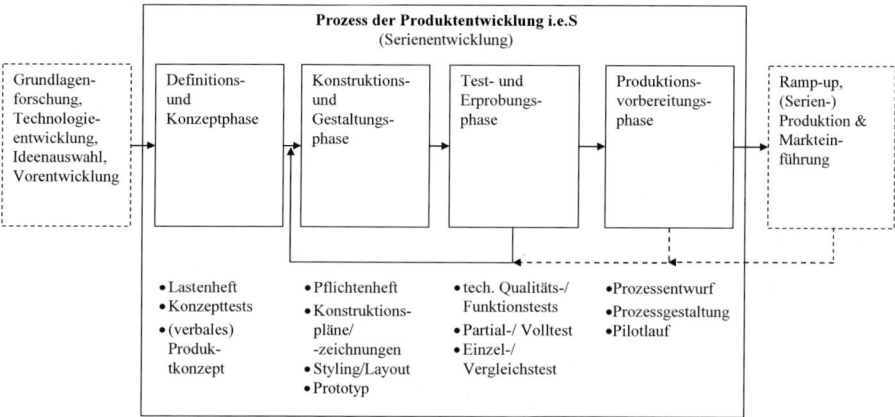

Abb. 3-27. Phasen des Produktentwicklungsprozesses (Serienentwicklung)

In der **Definitions- und Konzeptphase** wird zunächst das Produktkonzept ausgearbeitet und gleichzeitig festgelegt, welchen Grund- und Zusatznutzen das Produkt erbringen, in welche Qualitätsklasse es eingeordnet werden soll usw. Bei der Ausarbeitung des Produktkonzepts können auch methodisch anspruchsvolle Verfahren der Präferenzmessung (vgl. auch Sattler 2005) – z.B. die noch zu betrachtende Conjoint-Analyse[1] – zum Einsatz kommen. Ein Ergebnis dieser ersten Phase ist das Lastenheft, welches die wichtigen Produktanforderungen aus Markt- und Kundensicht enthält (bei der Entwicklung einer neuen Waschmaschine z.B. die Festlegung der Kriterien Fassungsvermögen, Wasser- und Stromverbrauch, Schleudertouren, Programmauswahl, Lautstärke usw.). Bereits die Produktkonzepte sollten bei den potenziellen Käufern bzw. Verwendern auf Akzeptanz hin getestet werden, was aus Praktikabilitäts- und Geheimhaltungsgründen oft nur mit wenigen ausgesuchten und vertrauenswürdigen Kunden („Lead-Usern") möglich ist. Am Ende der Konzeptphase kann

---

[1] Siehe hierzu den nachfolgenden Abschnitt 3.4.3.2 dieses Lehrbuchs.

noch entschieden werden, ob das Projekt abgebrochen oder fortgeführt wird.

Im zweitgenanten Fall beginnt die **Konstruktions- und Gestaltungsphase**: Hier geht es zunächst um die Ausarbeitung des sogenannten „Pflichtenheftes", also um die Übersetzung der im Lastenheft erfassten Produktanforderungen in technische Spezifikationen (das technische Anwendungsprofil des Entwicklungsobjektes). Hier können verschiedene Methoden (QFD, Rapid Prototyping usw.) zum Einsatz kommen. Weitere Aufgaben dieser Phase sind das Produktlayout und -design, die Erstellung der Konstruktionspläne und -stücklisten in Form von Zeichnungen und CAD-Dateien, gegebenenfalls auch die Gestaltung von Verpackungen.

In aller Regel sind von einem Grundprodukt verschiedene **Varianten** zu entwickeln. Der konkreten Variantenentwicklung geht die Bestimmung der Variantenzahl bzw. der Größe der Produktgruppe voraus. Ein typischer Weg der Ableitung von Varianten aus einem Grundprodukt ist die Entwicklung von

- in den Qualitätsmerkmalen verbesserten bzw. erweiterten Produktversionen,
- kostengünstigeren Versionen (z.B. durch Vereinfachung eines Produkts),
- kundenspezifischen Ausführungen,
- Varianten mit veränderter Form-, Farb- oder Verpackungsgestaltung,
- Varianten mit veränderten Einsatzmöglichkeiten,
- verschiedenen Markenversionen eines Grundprodukts etc. (vgl. auch Sabisch 1996, Sp. 1444 f.).

Bei der Entwicklung von Produktionsvarianten ist auf mögliche Komplementäreffekte (z.B. Sortimentseffekt) oder Substitutionswirkungen (z.B. „Kannibalisierungseffekte") zu achten. Auch ist zu bedenken, dass durch die Varianten eine oft überproportionale Steigerung der Fertigungs-, Vertriebs-, Ersatzteil-, Lagerhaltungs- und Verwaltungskosten bewirkt wird, die auch als (überproportional zur Zahl der Erzeugnisvarianten steigende) „Komplexitätskosten" bezeichnet werden (vgl. Adam 1998; Jacob 1990, S. 483). Insofern sind bei der Bestimmung der Variantenbreite die Kosten der Typenvielfalt stets mit zu berücksichtigen (vgl. Pfeiffer et al. 1989).

Formale Planungsmodelle zur Bestimmung der gewinnoptimalen Produktgruppe haben in diesem Kontext eher didaktischen als praktischen

Wert (vgl. dazu auch Jacob 1990, S. 483 ff.) und seien hier deshalb nicht näher betrachtet.

Anzustrebender Meilenstein der Konstruktions- und Gestaltungsphase ist in jedem Fall der **Prototyp**, also das voll funktionsfähige Produkt mit den vorgeschriebenen Materialien, das hier jedoch noch ohne die in der Serienfertigung eingesetzten Produktionswerkzeuge und Anlagen herge-stellt wird. Der (die) Prototyp(en) ist (sind) die notwendige Vorrausset-zung für die nächste Teilphase des Entwicklungsprozess.

In der **Test- und Erprobungsphase** werden das neue Produkt und seine Komponenten ausgiebig getestet, wobei technische Qualitätsabweichungen und Funktionstests ebenso wichtig sind wie die mit (potenziellen) Käufern oder Anwendern vorgenommenen Labor- und Markttests. So werden neue Konsumgüter in Deutschland oft in der rheinland-pfälzischen Kleinstadt Hassloch getestet, weil die dort gewonnenen Testergebnisse etwa zu 90 % mit dem in der gesamten Bundesrepublik zu erwartenden Marktverhalten übereinstimmen.[1] Die Testergebnisse geben oft Anlass für konstruktive Änderungen bzw. Verbesserungen des Produkts, so dass es – wie in Abbil-dung 3-27 angedeutet – mehrere „Rückkopplungsschleifen" zwischen Konstruktions- und Testphase geben kann, bevor das Produkt durch das sogenannte „Product-Freeze" fixiert und für die Serienproduktion freige-geben wird.

Die **Produktionsvorbereitungsphase** wird als letzter Schritt des Pro-duktentwicklungsprozesses angesehen, ist von den Aufgaben her aber weitgehend mit der Prozessentwicklung (siehe Abbildung 3-22) identisch. Hier geht es vor allem um die „Übersetzung" des Neuprodukts in einen Prozessentwurf und die Anpassung oder gar Neugestaltung des Produkti-onsprozesses – denn neue Produkte lassen sich selten ohne jede Änderung mit den bisherigen Produktionsanlagen und in den bisherigen Fertigungs-strukturen und -abläufen herstellen. So hat z.B. die Produktinnovation „Smart" im Automobilbereich den Aufbau eines völlig neuen Produkti-onswerks (mit neu gestaltetem Materialfluss und Fabriklayout) zur Folge gehabt. Bei den notwendigen Änderungen sind generell sowohl die Hard-ware (Werkzeuge, Vorrichtungen, Produktionsanlagen, Lagerplätze usw.) als auch die Software (vor allem die Produktionssteuerungssoftware) zu berücksichtigen. Die Prozesserprobung durch den „Pilotlauf" kann schon als Teil des Anlaufmanagements gesehen werden (siehe dazu Abschnitt

---

[1] Experten schätzen, dass ca. 70 % der hier getesteten Artikel nicht auf den Ge-samtmarkt eingeführt werden (vgl. Süddeutsche Zeitung, 29.1.2006)

3.5). Der Prozess der Serienentwicklung kann mit der endgültigen Freigabe des Produkts für die Serienfertigung als abgeschlossen gelten. Es ist jedoch denkbar, dass die Entwicklung des betreffenden Produkts zu einem späteren Zeitpunkt erneut aufgenommen wird, und zwar

- **ungeplant**, weil überraschend auftretende Probleme oder Produktfehler eine Überarbeitung oder konstruktive Veränderung erfordern, und/oder

- **geplant**, wie es z.B. bei einem „Facelift" im Automobilbereich der Fall ist. Etwa zur Hälfte der Marktverweildauer eines PKW-Modells wird das Produkt (meist äußerlich) „aufgefrischt", um neue Kaufanreize zu schaffen.[1]

Technisch hochkomplexe Produkte, z.B. Passagierflugzeuge, werden oft sogar permanent weiterentwickelt und ändern in sofern ständig ihre Konfiguration, was eine **lebenszyklusbegleitende Entwicklung** („Konfigurationsmanagement") erfordert.

Dass der hier „typisiert" dargestellte Produktentwicklungsprozess in verschiedenen industriellen Branchen tatsächlich in ähnlicher Weise gestaltet ist, verdeutlicht die folgende Tabelle 3-6.

Tabelle 3-6. Phasen der Produktentwicklung in verschiedenen industriellen Branchen (Quelle: Brockhoff/Urban 1988, S. 8 f.)

Branche	Elektro-technik	Luft- und Raumfahrt	Maschinen-bau/Automo-bilindustrie	Chemie/ Grundstoff-industrie
Typische Phasen-gliederung	Konzeptent-wicklung	Durchführ-barkeitsstudie	Konzeptent-wicklung	Konzept-phase/Labor-versuche
	Produktent-wicklung	Konzept-phase	Vorentwick-lung	Definitions-phase
	Qualifika-tionstests	Definitions-phase	Produktent-wicklung (Prototyp)	Entwick-lungsphase (Pilotanlage)
	Serienreif-machung	Entwick-lungsphase	Prozessent-wicklung	Fertigungs-überleitung (Einfüh-rungsperiode)
	Fertigungs-einführung	Serienreif-machung/ Fertigungs-überleitung	Pilotstu-dien/Serien-vorbereitung	

---

[1] Siehe dazu nochmals Abbildung 3-10 dieses Lehrbuchs.

Die Teilphasen des Entwicklungsprozesses, wie wir ihn hier dargestellt haben, werden in der Praxis selten streng sequentiell abgearbeitet. Vielmehr kommt es – auch um dem zunehmenden Druck in Richtung auf eine Verkürzung der Entwicklungszyklen zu entsprechen, der aus einem wachsenden „Zeitwettbewerb" resultiert – immer stärker zu einer Überlappung bzw. Parallelisierung der einzelnen Teilphasen im Entwicklungsprozess nach dem Grundgedanken des „Simultaneus Engineering" (siehe Abbildung 3-28). Jedoch ist zu beachten, dass für eine effiziente Verkürzung der Entwicklungszeit i.d.R. ein ganzes Maßnahmenbündel notwendig ist, das sich aus mehreren Teilaufgaben zusammensetzt (vgl. Voigt 1998, S. 215), insbesondere:

- eine zeitorientierte Gestaltung des Produktkonzepts,
- eine zeiteffiziente Entwicklungsorganisation,
- einen Einsatz „zeitsparender" Sachmittel und Methoden,
- eine Erhöhung der Qualifikation und Motivation der Mitarbeiter sowie
- ein (auch) auf die Zeitbeanspruchung ausgelegtes Entwicklungscontrolling.

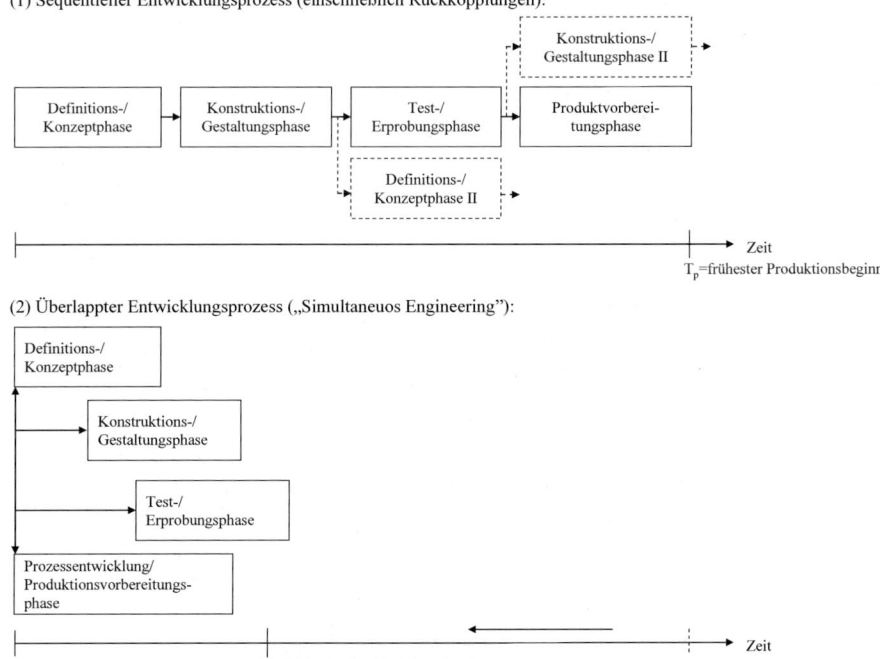

Abb. 3-28. Zeitvorteile durch die Überlappung bzw. Parallelisierung von Entwicklungsphasen (Quelle: Voigt 1998, S. 201)

3.4.3.2 Technische und methodische Unterstützung des Entwicklungsprozesses

a) CAD-/CAE-Systeme

CAD steht für „Computer Aided Design", CAE für „Computer Aided Engineering". CAD-/CAE-Systeme ermöglichen ein rechnergestütztes Konstruieren, die Lösung komplexer Berechnungs-, Optimierungs- und Simulationsaufgaben im Rahmen der Produktentwicklung mithilfe des Computers. Hierdurch werden nicht nur Zeichenarbeiten eingespart und der Aufwand der Zeichnungsverwaltung reduziert, sondern auch Doppelarbeiten vermieden und Entwicklungszeiten reduziert, indem ein schneller Zugriff auf Wiederhol- und Normteile (im Sinne des „Baukastenprinzips") ermöglicht wird. CAD-/CAE-Systeme sind insofern auch eine notwendige Vorraussetzung für arbeitsteilig gestaltete internationale Produktentwicklungsprozesse. Weitere Vorteile dieser Systeme sind:

- schnelle Erstellung und höhere Qualität technischer Unterlagen wie Stücklisten, Arbeitspläne, NC-Programme und technische Dokumentationen;

- schnelle Durchführung technisch bedingter Änderungen bzw. Anpassungen nach Kundenspezifikationen.

b) Rapid Prototyping

Unter „Rapid Prototyping" versteht man die schnelle Herstellung von Musterbauteilen, ausgehend von Konstruktionsdaten. Rapid-Prototyping-Verfahren sind somit Fertigungsverfahren, die das Ziel haben, vorhandene CAD-Daten möglichst ohne manuelle Umwege direkt und zügig in Werkstücke umzusetzen. Die unter dem Begriff des Rapid Prototyping seit den achtziger Jahren des letzten Jahrhunderts bekannt gewordenen Verfahren sind in der Regel Urformverfahren, die das Werkstück schichtweise aus formlosen oder formneutralen Material unter Nutzung physikalischer und/oder chemischer Effekte aufbauen. Auf der Ebene der für die Produktion der Werkstücke benötigten Werkzeuge oder Formen wird das Rapid Prototyping ergänzt durch ein „Rapid Tooling".

c) Conjoint-Analyse bzw. Conjoint Measurement

Die Conjoint-Analyse versucht, mittels Befragung potenzieller Käufer den Teilnutzen bestimmter Produktmerkmale bzw. -eigenschaften oder

-komponenten zu ermitteln. Allerdings wird bewusst nicht nach der Wichtigkeit oder der Präferenz einzelner Produktmerkmale oder -eigenschaften gefragt, sondern – in Analogie zur Kaufentscheidung – nur nach Gesamtprodukten bzw. -konzepten, in denen die Produktmerkmale „im Verbund" (conjoint) enthalten sind.

In einem zweiten Schritt wird dann versucht, im Rahmen eines dekompositionellen Verfahrens unter Anwendung mathematischer Methoden die Teilnutzenwerte der einzelnen Merkmale bzw. -eigenschaften zu ermitteln. Vorgabe ist, dass die so ermittelten Teilnutzenwerte insgesamt – bei der meistens unterstellten linear-additiven Kombination der Teilnutzen zum Gesamtnutzen des Produkts also in der Summe – mit dem von den Befragten angegebenen Präferenzrang möglichst weitgehend übereinstimmen. Zur Illustration betrachten wir folgendes **Beispiel**:

Ein Automobilhersteller erwägt, für sein neues Fahrzeugmodell der Oberklasse zusätzlich folgende Komponenten bzw. „Extras" anzubieten:

- einen „Lichtassistenten", der das Fahrlicht automatisch regelt,

- einen „Einparkassistenten", der die Größe der gewünschten Parklücke erfasst und den Einparkvorgang gezielt unterstützt, und

- Fahrzeugfarben mit „Lotuseffekt", durch den Regen und Schmutzpartikel „abperlen".

Es ergeben sich – einschließlich des Grundmodells ohne zusätzliche Komponenten – $2^3 = 8$ Produktkonzepte, die von den Testpersonen (z.B. potenziellen Käufern) mit 1 bis 8 Punkten zu bewerten sind, wobei das beste Konzept 8 Punkte erhält. Die Conjoint-Analyse interpretiert diese Punkte (P_j) als Gesamtnutzen der einzelnen Produktkonzepte und berechnet die Teilnutzen mithilfe einer Regressionsanalyse, deren unabhängige Variable „Lichtassistent", „Einparkassistent" und „Lotuseffekt" die Werte 1 für „ja" und 0 für „nein" annehmen können. Das Ergebnis der Befragung enthält die folgende Tabelle 3-7.

Das Produktkonzept 1 umfasst alle angebotenen Zusatzkomponenten bzw. Eigenschaften, während das Produktkonzept 8 nur das Fahrzeuggrundmodell ohne die genannten „Extras" vorsieht.

Tabelle 3-7. Befragungsergebnis als Ausgangspunkt der Conjoint-Analyse (Beispiel)

Produktkonzept	Punkte	Zusätzliche Produkteigenschaften		
		Lichtassistent	Einparkassistent	Lotusfarbe
1	7	1	1	1
2	8	1	1	0
3	3	1	0	1
4	4	1	0	0
5	6	0	1	1
6	5	0	1	0
7	2	0	0	1
8	1	0	0	0

Bezeichnet man mit j das Produktkonzept (j = 1, ..., 8) und mit b_0, b_1, b_2 und b_3 die Teilnutzen der „Extras" bzw. Produkteigenschaften, dann kann der Gesamtnutzen y_j additiv aus den Teilnutzen zusammengesetzt werden (b_0 = Nutzen des Grundprodukts):

$$y_j = b_0 + b_1 \cdot \text{Lichtassistent}_j + b_2 \cdot \text{Einparkassistent}_j + b_3 \cdot \text{Lotuseffekt}_j$$

Durch Anwendung der Regressionsanalyse wird nun versucht, die Teilnutzen b_0, b_1, b_2 und b_3 so zu bestimmen, dass der Gesamtnutzen y_j möglichst wenig von dem Werturteil der Befragten (Punkte P_j) abweicht, also

$$\sum_{j=1}^{8} (p_j - y_j)^2 \rightarrow \text{Min!}$$

Als Ergebnis der Regressionsrechnung ergibt sich ein Bestimmtheitsmaß $R^2 = 95\%$ und folgende Regressionskoeffizienten als Teilnutzen:

$b_0 = 1,5$ $b_1 = 2$ $b_2 = 4$ $b_3 = -0,0014$

Die statistische Analyse zeigt, dass die empirischen t-Werte mit

$t_0 = 3,0$ $t_1 = 4,0$ $t_2 = 7,9$ $t_3 = -0,003$

so ausfallen, dass die Teilnutzen b_0, b_1 und b_2 signifikant sind (Irrtumswahrscheinlichkeit $P < 0,05$), während b_3 nicht signifikant ist und somit als „Null" gelten kann.

Das **Ergebnis** der Conjoint-Analyse kann wie folgt interpretiert werden: Die „Lotusfarbe" stiftet aus Sicht der Befragten keinen zusätzlichen Nutzen und kann entfallen. Zu dem neuen Grundmodell sollte auf jeden Fall ein „Einparkassistent" angeboten werden, nach Möglichkeit auch ein „Lichtassistent", der den (potenziellen) Käufern jedoch nur halb so wichtig ist, da sein Teilnutzen $b_1 = 2$ nur halb so groß ist wie der des „Einparkassistenten" ($b_2 = 4$).

Die Anwendung des erweiterten „Conjoint+Cost Ansatzes" (vgl. Hermann 1998, S. 347 ff.) erlaubt es sogar, die Kosten der Komponenten bzw. Produkteigenschaften in die Analyse zu integrieren und (aus Sicht des Anbieters) „gewinnmaximale" Produktkonzepte zu bestimmen. Dem entscheidenden Vorteil der Conjoint-Analyse – der empirischen Überprüfung bzw. Bestätigung von Produktkonzepten – stehen jedoch die folgenden Probleme bzw. Grenzen der Methode gegenüber, die für einen praktischen Einsatz nicht übersehen werden sollten:

- situative Einflüsse können das Antwortverhalten „verzerren";

- die Annahme der linear-additiven Kombination der Teilnutzen ist problematisch;

- die Methode ist nur für eng begrenzte Alternativenmengen und

- nur für Innovationen mit geringem bis mittleren Innovationsgrad geeignet, nicht aber für radikale Innovationen.

d)   Quality Function Deployment (QFD) bzw. „House of Quality"-Konzept

Hierbei handelt es sich um ein Konzept zur stufenweisen Übersetzung von Kundenwünschen im Hinblick auf erfolgskritische Produktmerkmale in quantifizierte technische Spezifikationen für das Produkt und das Produktionsverfahren mithilfe von standardisierten Bewertungsmatrizen. Für die zeitliche Gestaltung des Entwicklungsprozesses ist die QFD-Methode deshalb interessant, weil sie die Übertragung der im Lastenheft registrierten Kundenwünsche in die technischen Spezifikationen des Pflichtenhefts und damit den Übergang von der Definition-/Konzeptphase zur Konstruktions-/Gestaltungsphase beschleunigt und – da die Kundenwünsche von Anfang an berücksichtigt werden – zeitaufwändige und kostenintensive Änderungen vermeiden. Mittlerweile liegen Erfahrungsberichte vor, die darauf hindeuten, dass mit QFD tatsächlich die Entwicklungszeiten und -kosten gesenkt werden können und eine höhere Kundenzufriedenheit erreicht werden kann.

Die **Anwendung** der QFD-Methode kann anhand der folgenden neun Schritte demonstriert werden:

- Erfassen der Kundenanforderungen:
  Durch Marktforschung und Kundenbefragung werden alle für den Kunden bedeutsamen Produktmerkmale ermittelt.

- Gewichten der Kundenanforderungen:
  Da für den Kunden nicht alle Kriterien die gleiche Bedeutung haben dürften, werden zusätzlich die Präferenzen der Kunden und entsprechende Gewichtungen mittels der Multidimensionalen Skalierung oder der oben beschriebenen Conjoint-Analyse erhoben.

- Wettbewerbsanalyse hinsichtlich der Erfüllung der Kundenanforderungen:
  Liegen bereits „ähnliche" Konkurrenzprodukte vor, sind diese näher zu analysieren, wie und in welchem Ausmaß durch sie die Kundenanforderungen erfüllt werden (die Orientierung der Produktentwicklung an Konkurrenzprodukten wird auch als „Product Reverse Engineering" bezeichnet).

- Ableiten der technischen Merkmale:
  Die ermittelten Kundenwünsche werden in technische Merkmale umgesetzt. Diese sollten anforderungsgerecht und möglichst quantifizierbar sein.

- Aufzeigen der Interdependenzen zwischen den technischen Merkmalen:
  Vor allem bei komplexen Kundenproblemen müssen die Abhängigkeiten zwischen den technischen Spezifikationen geklärt werden, um komplementäre, neutrale oder konfliktträchtige Beziehungen offen zu legen.

- Erstellen einer Beziehungsmatrix:
  Als nächstes wird systematisch untersucht, wie stark jede technische Anforderung die einzelnen Kundenwünsche beeinflusst. Hier können Zielkonflikte auftreten, falls ein bestimmtes technisches Detail die Erfüllung eines oder mehrerer Kundenwünsche behindert. Ein Beispiel für eine solche Berechnungsmatrix – hier in Bezug auf eine zu entwickelnde Autotür – ist in der Abbildung 3-29 dargestellt.

- Quantifizieren der technischen Spezifikationen:
  Die technischen Merkmale werden nun unter Angabe quantifizierbarer Messkriterien, z.B. Gewicht in Kilogramm, näher bestimmt.

- Wettbewerbsanalyse von Ausprägungen der technischen Merkmale aus Herstellersicht:

Wenn vergleichbare Konkurrenzprodukte vorliegen, ist es zweckmäßig, einen Vergleich mit diesen durchzuführen. Kundenwünsche mit hoher Priorität sollten dabei möglichst mit technischen Spezifikationen realisiert werden, die dem Konkurrenzprodukt überlegen sind.

• Bewertung der technischen Merkmale bezüglich ihrer Bedeutung für die Erfüllung der Kundenbedürfnisse:
Sie richtet sich nach der Summe der Anteile des jeweiligen technischen Merkmals an der Erfüllung aller Kundenanforderungen.

Dem möglichen (Planungs-)Aufwand bei Anwendungen dieser Methode stehen i.d.R. deutliche **Vorteile** im Hinblick auf eine kundenanforderungsgerechte Produktentwicklung, eine Verkürzung der Entwicklungszeit und einer Verringerung der Anzahl nachträglicher Produktänderungen gegenüber.

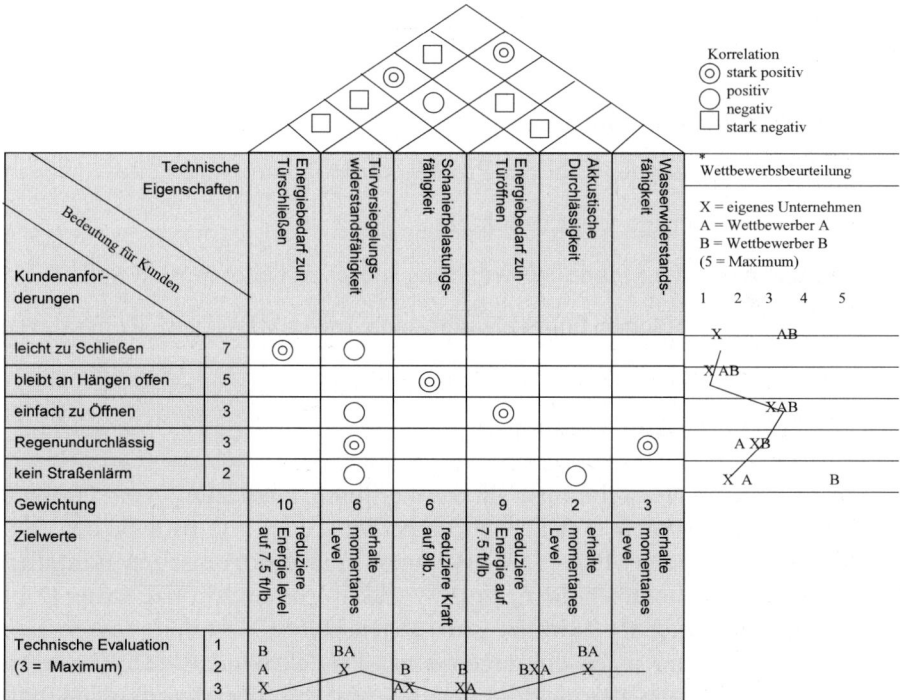

Abb. 3-29. „House of Quality" – Konzept am Beispiel einer Autotür

e)   Fehlermöglichkeits- und -einflussanalyse (FMEA)

Diese Methode zielt auf die vorbeugende Fehlervermeidung bei kritischen Komponenten bzw. Fertigungsschritten neuer Produkte. Die für die Funktionsfähigkeit des Produkts „kritischen" Fehler werden – im Rahmen der sogenannten „Konstruktions-FMEA" – frühzeitig erkannt, hinsichtlich ihrer Auswirkungen in eine Prioritätsrangfolge gebracht und durch konstruktive, fertigungs- und prüftechnische Maßnahmen beseitigt. Es geht also auch hier primär darum, spätere zeit- und kostenaufwändige „Änderungsschleifen" zu vermeiden.

f)   Design for Manufacture and Assembly (DFMA)

Diese Methoden haben zum Ziel, Aspekte der Fertigung, Montage und Wartung von Anfang an in das Produktkonzept einzubeziehen, neuerdings auch verstärkt die Aspekte der Entsorgung. Dies ist umso wichtiger, als in der Konzeptphase zwar nur 3-5 % der produktspezifischen Kosten entstehen, aber bis zu 60 % dieser Kosten determiniert werden, vor allem die Herstell-, Nutzungs-, Wartungs- und Entsorgungskosten. DFMA-Prinzipien empfehlen u.a.

- die Beschränkung der Zahl der Produktkomponenten und Teile,

- die Modularisierung von Produkten,

- die produktübergreifende Verwendung gleicher Teilefamilien und

- den Einsatz einfacher Fügeverbindungen im Hinblick auf Reparaturen und Entsorgung.

g)   Normung und Typung

Unter **Normung** versteht man die einheitliche Festlegung von Größen, Abmessungen, Formen und Farben einzelner Teile, wie es z.B. bei „genormten" Schrauben, Muttern, Werkzeugen und elektronischen Bauteilen der Fall ist. Zu unterscheiden sind Werks-, Verbands-, nationale (z.B. DIN) und internationale Normen (z.B. ISO). Durch Normteile lassen sich in der Produktion Kostensenkungen bzw. Produktivitätsforschritte erreichen. Sie wirken sich aber auch in der Beschaffung, der Materialwirtschaft und – nicht zuletzt – in der Produktentwicklung positiv aus (vgl. Jacob 1990, S. 455 ff.; Hansmann 2006, S. 95).

Im Unterschied zur Normung bezieht sich die **Typung** nicht auf Einzelteile, sondern auf fertige Erzeugnisse und zielt auf eine Vereinheitlichung von Produktvarianten zwecks der Verkleinerung des Sortiments. Um einen Kompromiss zwischen der aus Kostengründen sinnvollen Typung und Vereinheitlichung sowie der aus Marketinggesichtspunkten gewünschten Variantenvielfalt zu finden, empfiehlt es sich die Anwendung des Baukastenprinzips bzw. einer „Plattformstrategie", wie sie vor allem in der Automobilindustrie seit längerer Zeit Anwendung findet (vgl. Jacob 1990, S. 457 f.; Hansmann 2006, S. 95 f.)

h) Target Costing

Hierbei handelt es sich um die vielleicht bekannteste Methode des Innovationskostenmanagements, die auf die Bestimmung und Einhaltung von Kostengrenzen (z.B. für Materialien, Komponenten oder Funktionen) abzielt, die bei der Produktentwicklung beachtet werden sollen (vgl. Seidenschwarz 1993). Nach Bestimmung der Kostenobergrenze bzw. der (aus Marktsicht) „erlaubten" Kosten schließt sich die Phase der Zielkostenplanung an, also die Beantwortung der Frage, wie die vom Kunden gewünschten Produktnutzen, -funktionen und -qualitäten realisiert werden können, ohne die „erlaubten" Kosten zu überschreiten. Dies kann z.B. mithilfe der schon erwähnten Wertanalyse erreicht werden. Eine interessante Variante des Target Costing ist die Technologiekostenanalyse (TKA), die die „erlaubten" Kosten auf die in einem Produkt enthaltenen Technologien „herunterbricht" (vgl. Voigt/Sasse 2001).

i) Product Lifecycle Management (PLM)

Unter diesem Begriff versteht man ein IT-Lösungsprinzip bzw. -system, mit dem alle Daten, die bei der Entwicklung, Produktion, Lagerhaltung, dem Vertrieb und gegebenenfalls auch der Rücknahme eines Produktes anfallen, einheitlich gespeichert, verwaltet und abgerufen werden können. Im Idealfall greifen alle Bereiche oder Systeme, die mit einem Produkt in Berührung kommen, auf eine gemeinsame Datenbasis zu, also auch die Entwicklung mit ihren CAD-/CAE-Systemen, die Produktion mit den (noch zu betrachtenden) PPS-/ERP-Systemen, die Logistik und der Vertrieb mit ihren SCM-/CRM-Systemen und so weiter.

Ein „Product Lifecycle Management" ist also kein Computerprogramm und auch (im engeren Sinne) keine Methode, sondern eher eine **IT-Strategie**, die durch geeignete technische und organisatorische Maßnahmen umgesetzt werden muss. Im Entwicklungsprozess – also dem Prozess der Produktentstehung – ist der hier angesprochene Aspekt der einheitlichen Erfassung aller produktbezogenen Daten nach Möglichkeit schon zu berücksichtigen (vgl. dazu Scheer et al. 2005).

Damit sei unser Methodenüberblick abgeschlossen. Kommen wir nun zur Betrachtung der Beziehung zwischen Produkt- und Prozessentwicklung.

3.4.4 Prozessentwicklung und ihre Abstimmung mit dem Produktentwicklungsprozess

Die Prozessentwicklung ist die Grundlage für Prozessinnovationen, die von veränderten oder neuen Produktionsprozessen bis hin zur völligen Neugestaltung der Geschäfts- bzw. Wertschöpfungsprozesse reichen.[1] Wir wollen die Prozessentwicklung hier zunächst im Sinne der durch die Produktinnovationen erforderlich gewordenen Veränderungen der Produktions- und Geschäftsprozesse näher betrachten. Die im Fertigungsbereich notwendigen Veränderungen betreffen, wie bereits im Rahmen der Teilphase „Produktvorbereitung" der Serienentwicklung erläutert, vor allem:

- den Prozessentwurf (Materialfluss, Fabriklayout, Gestaltung einer Fertigungslinie usw.),
- die Hardwarekonstruktion (Beschaffung von Werkzeugen, Vorrichtungen, Anlagen und deren technische Verknüpfung bzw. Integration),
- die Softwarekonstruktion (z.B. Produktionssteuerungssoftware) und
- die Gestaltung des Arbeitsablaufs.

Wie in Abbildung 3-22 bereits angedeutet, ist die Prozessentwicklung zeitlich nicht nach der Produktentwicklung, sondern möglichst parallel zur Vor- und Serienentwicklung voranzutreiben, was einen intensiven Informationsaustausch zwischen den genannten Teilprozessen erfordert. Die Prozessentwicklung kann aber auch „eigenständig" forciert werden, z.B. zur Erreichung der Ziele:

- Senkung der (Produktions-)Kosten und
- Gewinnung von Zeitvorteilen (z.B. bei der Fertigungsdurchlaufzeit).

---

[1] Letztere haben strategischen Charakter – wir haben sie deshalb im 2. Kapitel des Lehrbuchs bereits betrachtet. Als Beispiele für innovative Wertschöpfungsprozesse bzw. Geschäftsmodelle seien erwähnt: IKEA in der Möbelbranche, DELL in der Computerindustrie, Amazon im Buchhandel bzw. Vertrieb von Medien.

Interessant ist auch der Gedanke, dass Produkt- und Prozessinnovationen sich im Zeitlauf (und damit in langfristig-strategischer Sicht) substituieren können: Während in der Früh- und Wachstumsphase einer Produktinnovation das Unternehmen vor allem von der Neuheit des Produktangebots profitiert, versucht es in den späteren Lebenszyklusphasen, durch Prozessinnovationen (und den entsprechenden Kostenvorteilen) den Wettbewerbsvorsprung zu halten. Dieser Gedanke ist, wie in Abbildung 3-30 dargestellt, sogar auf das Innovationsverhalten ganzer Branchen bzw. Industriezweige ausgedehnt worden.

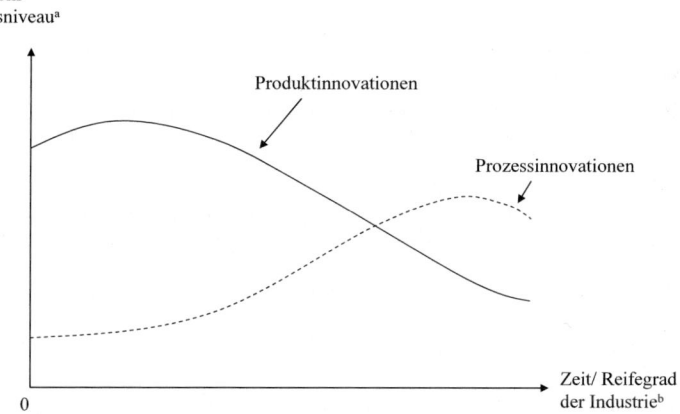

a) Inputs wie vor allem F&E-Aufwendungen und Outputs wie Zahl der in einer Periode neu am Markt bzw. im Unternehmen eingeführten Produkte bzw. Prozesse für den jeweils betrachteten Industriezweige
b) Zur Bestimmung des Reifegrads von Industrien gibt es kein allgemein akzeptiertes Verfahren. Ausgewählte Reifegradindikatoren sind u.a. das Durchschnittsalter, die mittleren F&E-Aufwendungen, die Durchschnittsgröße und die Zahl der Unternehmen in einem Industriezweig.

Abb. 3-30. Veränderte Bedeutung von Produkt- und Prozessinnovationen eines Industriezweigs im Zeitablauf (Quelle: Utterback 1994; zitiert nach Gerpott 2005, S. 40)

Damit wollen wir die Betrachtung der Produkt- und Prozessentwicklung im Innovationsprozess abschließen. Es folgt nun eine Phase, die der Aufmerksamkeit der wirtschaftswissenschaftlichen Literatur lange entgangen ist: der Produktionshochlauf, in der Praxis auch als „Ramp-up" bezeichnet. Die Erfahrung zeigt, dass trotz der gründlichen Produktionsvorbereitung und der Prozessentwicklung ein neues Produkt nicht sofort mit der gewünschten Soll-Kapazität gefertigt werden kann, sondern zeit- und kostenaufwändig auf das geplante Output-Niveau „hochgefahren" werden muss.

3.5 Phase 4: Produktionshochlauf (Ramp-up)

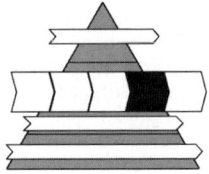

3.5.1 Begriff und Problem

Der Produktionshochlauf bzw. -anlauf stellt das Bindeglied dar zwischen der Produkt- und Prozessentwicklung auf der einen Seite und der „eingeschwungenen" bzw. abgesicherten Produktion sowie der Markteinführung der Produktinnovation auf der anderen Seite. Bei näherer Betrachtung erweist sich die Phase des Produktionshochlaufs als komplexer Teilprozess, wie er in Abbildung 3-31 dargestellt ist.

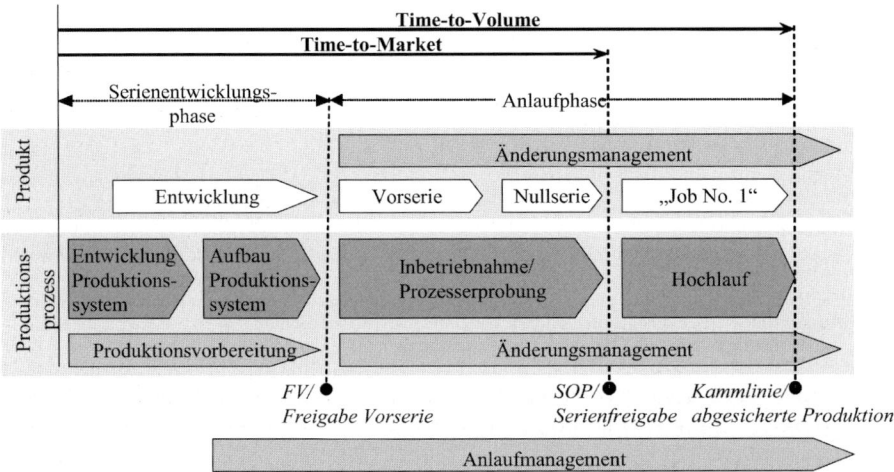

Abb. 3-31. Inbetriebnahme und Produktionshochlauf (Quelle in Anlehnung an: Kuhn et al. 2002, S. 8)

In Bezug auf das neue **Produkt** lässt sich der Produktionshochlauf in die Phasen „Vorserie", „Nullserie" und „Job No. 1" gliedern:

- Die Vorserie dient einer letzten Erprobung bzw. Verbesserung von Produkt, Werkzeugen, Verfahren und Vorrichtungen vor Beginn der Hauptserie. In ihr werden Prototypen in größeren Stückzahlen produziert. Im Gegensatz zum Prototypenbau läuft die Produktion hier bereits unter seriennahen Bedingungen ab und schafft somit den Übergang von der Einzelfertigung zu hohen Produktionsvolumina.

- Im Rahmen der Nullserie sollen bereits sämtliche Komponenten mit Serienwerkzeugen hergestellt werden und die Zulieferteile aus der laufenden Serienproduktion der Lieferanten stammen. Es erfolgt somit die abschließende Integration von Produktionssystem und Produkt mit der Folge, dass die Produktionsprozesse unter realen Bedingungen getestet werden können.

- Im Anschluss an die Nullserie beginnt mit der Serienfreigabe der Produktionshochlauf für die ersten kundenbezogenen Produkte. Daher rührt auch die Bezeichnung „Job No. 1". Diese Phase dient insbesondere dazu, die Distributionskanäle zu füllen.

Auf Ebene der **Produktionssysteme** ist ebenso eine Unterteilung der Anlaufphase möglich, und zwar in die beiden Phasen „Inbetriebnahme/Prozesserprobung" und „Hochlauf":

- Gegenstand der Inbetriebnahme ist das funktionsgerechte Einschalten der Anlage und das Hochfahren der Leistung auf das geforderte Niveau. Die Inbetriebnahme stellt die Funktionsbereitschaft und die funktionale Zusammenwirkung der zuvor montierten Einzelkomponenten des Produktionssystems her und prüft die Korrektheit der Einzelfunktionen sowie deren funktionales Zusammenspiel. Das Ergebnis der Inbetriebnahme ist eine abnahmefertige, technisch funktionsfähige Anlage (DIN 19246 1991).

- Der Hochlauf ist die Phase im Anschluss an die Serienfreigabe, in der das Produktionssystem beim Nutzer unter seinen personellen, organisatorischen und technischen Randbedingungen auf eine dauerhafte Nennleistung – in der Praxis auch „Kammlinie" genannt - gebracht wird. Während der Hochlaufphase werden im Rahmen der Optimierung und Stabilisierung des Verhaltens der „in Betrieb" befindlichen Anlage in organisatorischer und personeller Hinsicht auch die erst jetzt zu erkennenden technischen Unzulänglichkeiten und Frühausfälle behoben (vgl. Schmahls 2001, S. 11; Terwiesch/Xu 2001, S. 72; Kuhn et al. 2002, S. 41).

Inbetriebnahme und Hochlauf werden begleitet von einem produkt- und prozessbezogenen **Änderungsmanagement**. Die Planung, Steuerung und Kontrolle des Produktionshochlaufs wird in der Praxis auch als „Anlaufmanagement" bezeichnet. Dies umfasst alle Tätigkeiten und Maßnahmen zur Planung, Steuerung und Durchführung des Anlaufes mit den dazugehörigen Produktionssystemen ab der Freigabe der Vorserie bis zum Erreichen einer geplanten Produktionsmenge unter Einbeziehung vor- und nachgelagerter Prozesse im Sinne einer messbaren Erreichung der Produkt- und Prozessreife.

Die Phase des Produktionshochlaufs ist zwar nicht in allen, aber in vielen Industriezweigen typisch und relevant, in denen der Produktionstyp der (Groß-)Serienfertigung anzutreffen ist, also vor allem im Maschinen- und Anlagebau, in der Elektroindustrie und in der Automobilindustrie einschließlich der Automobilzulieferindustrie (siehe auch Abbildung 3-32), aber z.B. auch in der Konsumgüterindustrie.

Die Anlaufproblematik stellt sich nicht nur beim Hochlauf neuer Grundprodukte (Modelle) oder Varianten (Derivate), sondern auch bei der schon erwähnten „Modellpflege" (Facelift) und im größeren Maßstab beim Produktionsstart neuer Standorte bzw. Werke oder Produktionslinien.

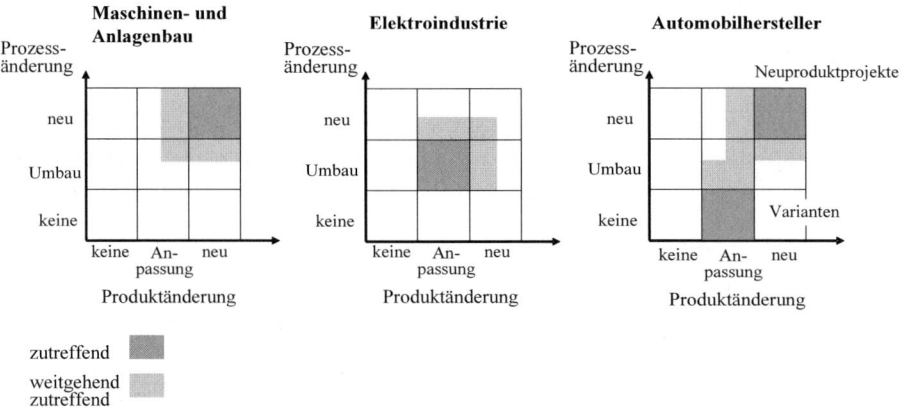

Abb. 3-32. Relevanz der Hochlaufproblematik in verschiedenen Industriezweigen (Quelle: Kuhn et al. 2002, S. 10)

Ein **Problem** stellt die Hochlaufphase nicht nur wegen der zahlreichen kosten- und zeitaufwändigen Änderungen dar (siehe Abbildung 3-33), sondern vor allem auch deshalb, weil während dieser Phase, die oft 10 % oder mehr des gesamten Produktlebenszyklus in Anspruch nimmt, nicht mit „Volllast" produziert werden kann.

In der Automobilindustrie schätzt man, dass der „Ramp-up" über 5 %-Punkte der Modellrendite entscheidet (die je nach Modell zwischen 2 % und 15 % liegt) und dass ein Produktionsrückstand von nur einem Monat rund 2 % der Kapazität der gesamten Produktlaufzeit „kostet". Der Hochlauf eines neuen PKW-Modells beträgt derzeit noch ca. 6 Monate, die Störungsbeseitigung dauert sogar 18 Monate. In der Elektroindustrie ist ein Serienanlauf von durchschnittlich 25 Tagen auch deshalb „zu lang", weil die Lebenszyklen der Produkte oft nicht länger als ein Jahr betragen und in diesem Zeitraum meistens ein Preisverfall von bis zu 80 % zu beobachten ist. Die **wachsende ökonomische Bedeutung** der Hochlaufphase im Innovationsprozess wird auch durch die folgenden Aspekte bzw. Tatbestände unterstrichen:

- generell steigende Zahl von Neuprodukten/Varianten, dadurch steigende Zahl von Produktionshochläufen;

- zunehmende Produkt- und Prozesskomplexität im Wertschöpfungsnetzwerk;

- verkürzte Produktlebenszyklen bedeuten eine verringerte Zeit zur Amortisation;

- verkürzte Entwicklungszeiten bedeuten auch weniger Zeit für Produktionsvorbereitungen und Tests;

- „lost-sales"-Problem:

  - verspäteter Markteintritt, dadurch u.U. dauerhafter Wettbewerbsnachteil,

  - unzureichende Kapazität,

  - mangelnde Qualität,

  - Rückrufaktionen,

  - Imageschaden,

  - Konventionalstrafen;

- Verzögerung in der Realisierung von Erfahrungskurveneffekten, dadurch evtl. Kostennachteil im Wettbewerb.

Unter diesen Gesichtspunkten verwundert es nicht, dass in der empirischen Erfolgsfaktorenforschung für Neuprodukte (z.B. Cooper 1979; Cooper/Kleinschmidt 1988) ein „leistungsfähiger Produktionshochlauf" zu den **zehn wichtigsten Einflussgrößen** auf den Produkterfolg gezählt wird.

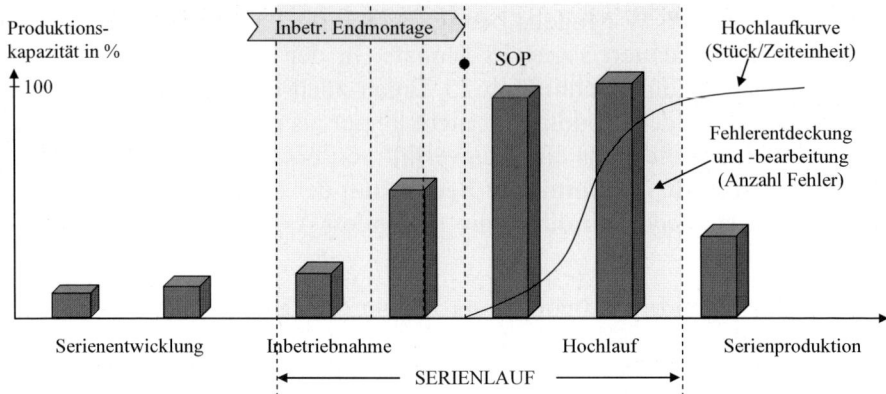

Abb. 3-33. Fehlerentdeckung und -bearbeitung im Hochlaufprozess (Quelle: Flei-scher/Spath/Lanza 2003, S. 51)

Handlungsbedarf in Hinblick auf einen schnelleren und effizienteren Hochlauf ist vor allem auch deshalb gegeben, weil die reale Hochlaufkurve oft noch hinter der geplanten zurückbleibt und so eine noch größere Lücke zu der vom Vertrieb gewünschten Produktionsmenge klafft (siehe Abbildung 3-34).

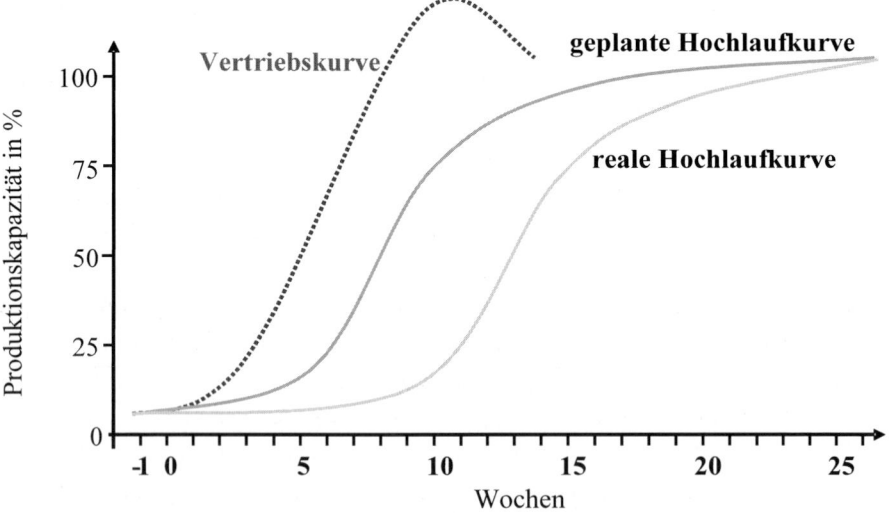

Abb. 3-34. Geplante und reale Hochlaufkurve (Quelle: Fleischer/Spath/Lanza 2003, S. 50)

3.5.2 Handlungsfelder zur Gestaltung der Hochlaufphase

Der Gestaltungsbedarf des Produktionshochlaufs bezieht sich zunächst einmal auf die **Anlaufstrategie** (als Bestandteil der funktionalen Produktionsstrategie) und umfasst vor allem die folgenden Entscheidungstatbestände (vgl. auch Schmahls 2001, S. 15 ff.):

- Anzahl der hochzufahrenden Fertigungslinien;

- Strategien des Generationswechsels (Optionen im Automobilbereich: radikaler Wechsel, Blockumstellung, „Nullhänger"-Methode);

- parallele oder sukzessive Einführung von Grundprodukt und Derivaten, im Automobilbereich oft sukzessiv (Anlaufzeit der Produktfamilie 2,5 Jahre) in den Formen:
  a) sukzessiv i.S.v. mehreren Linien oder
  b) sukzessiv i.S.v. Grundprodukt und Derivaten;

- paralleles oder sukzessives Hochfahren verschiedener Standorte, z.B. Anlaufstrategie Opel: zeitgleich in drei Werken mit intensivem Daten- und Erfahrungsaustausch, um Marktvolumen voll auszuschöpfen und Fehler schnell zu beheben.

Im Rahmen der gewählten Anlaufstrategie geht es im Kontext des operativen Anlaufmanagements nun darum, die konkreten Anlaufprozesse zu optimieren und dabei auch zu verkürzen (was in der häufig zitierten Maxime **„Fast Ramp-up"** zum Ausdruck kommt). Hierfür bieten sich sechs komplementäre Handlungsfelder an (vgl. Voigt/Thiell 2005, S. 21 ff.):

- Einsatz bestimmter Managementmethoden und -instrumente, z.B. Kennzahlensysteme, Simulations- und Sensitivitätsanalysen, Prozessmodellierungen, Methoden zur Kalkulation der Anlaufkosten, Projektmanagementmethoden usw.;

- Gestaltung anlaufrobuster und -flexibler Produktionssysteme, die sich im Sinne einer Varianten-, Volumen- und Technologieflexibilität leicht an veränderte Gegebenheiten anpassen lassen sowie ein frühzeitiges Störungsmanagement erlauben; auch werden hier Verfahren zur Ermittlung von Prozessreifegraden benötigt;

- Entwicklung eines ganzheitlichen, unternehmensübergreifenden und anlauforientierten Änderungsmanagements in Bezug auf das Produkt und den Prozess; dadurch auch

- bessere Synchronisation der Anlaufaktivitäten im Wertschöpfungsnetzwerk, z.B. durch höhere Transparenz und besseren Informationsfluss (so sind beim Hochlauf eines neuen PKW-Modells bis zu 800 Anläufe in eigenen und Zuliefererwerken nötig);

- Optimierung des Wissens- und Personalmanagements in Bezug auf die Anlaufphase, vor allem durch intensivere Anlaufschulung und Förderung von Personalkontinuität zur Vermeidung von Wissensverlusten;

- Anpassung der absatzpolitischen Maßnahmen und damit der Vertriebskurve[1] an die anlaufbedingt restriktive Kapazitätssituation, z.B. durch Einsatz der Skimming-Preisstrategie (siehe hierzu Abbildung 2-45), Reduktion der Intensität der Einführungswerbung, Anpassung der Markteinführungszeitpunkte, Wahl einer sequentiellen Markteinführung in verschiedenen Ländermärkten usw. (siehe auch Abbildung 3-35).

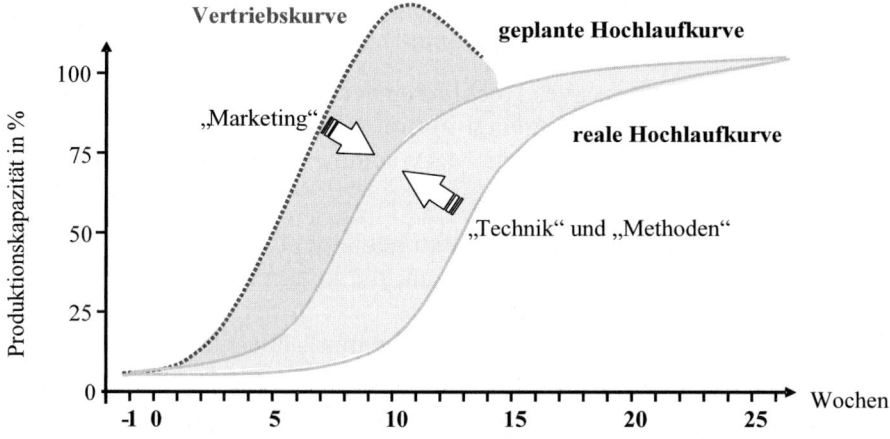

Abb. 3-35. Wirkung der Maßnahmen zur Optimierung des Hochlaufs

Insgesamt gesehen bieten sich also vielfältige methodische und technische Ansätze an, um den Serienanlaufprozess zu analysieren und im Hinblick auf eine Beschleunigung und eine höhere Effizienz zielgerichtet zu gestalten. Allerdings sollte die Phase des Produktionshochlaufs nicht nur als Ausdruck einer (zeitlich begrenzten) Ineffizienz gesehen werden, sondern auch als (kollektiver) **Lernprozess** in Verbindung mit einer Produkt- bzw. Prozessinnovation, der insofern wert- und sinnvoll ist, als durch ihn die nachfolgende Phase der Serienproduktion vorbereitet und stabilisiert wird.

---

[1] Im Automobilbereich liegen bis zur Markteinführung bei einem Volumenmodell üblicherweise 80.000 - 100.000 Vorbestellungen vor, bei Derivaten 20.000 - 40.000.

Damit sind nun alle notwenigen Vorbereitungen getroffen, um das neue Produkt unter Serienbedingungen produzieren und anschließend in den Markt einführen zu können. Welche vorbereitenden und begleitenden Maßnahmen dafür notwendig sind, sei nun näher betrachtet.

3.6 Phase 5: Markteinführung

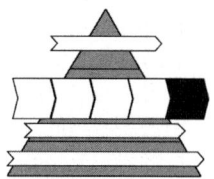

3.6.1 Überblick

Wie bereits angedeutet, beginnen die Vorbereitungen der Markteinführungsphase oft schon in der Ideenphase (Phase 2) und nehmen während der Produkt- und Prozessentwicklung (Phase 3) konkrete Formen an. Die tatsächliche Markteinführung kann hingegen nur auf Basis bereits produzierter Produkte bzw. produzierbarer Leistungen geschehen und betrifft die Phase, in der ein Unternehmen zum ersten Mal ein Produkt, eine Leistung oder ein Produkt-Leistungsbündel für eine bestimmte Bedürfniskonstellation einer in der vorangegangenen Marktabgrenzung und -segmentierung sinnvoll abgegrenzten Gruppe von Nachfragern anbietet.

Dabei geht es zunächst darum, das absatzpolitische Instrumentarium – oder „Marketing-Mix" – für die Markteinführung der Innovation derart vorzubereiten und zu gestalten, dass eine möglichst schnelle Diffusion (= Ausbreitung der Innovation innerhalb des angesprochenen Marktes oder Marktsegments) erreicht wird. Diese Diffusion setzt eine „Adoption", also die individuelle Übernahme der Innovation durch die einzelnen Nachfrager, voraus. Die Tatsache, dass dieser Übernahme- oder „Adoptionsprozess" ein über die Zeit sich erstreckender Prozess ist (siehe Abbildung 3-36), ist verantwortlich dafür, dass auch der Diffusionsprozess selbst Zeit benötigt und sich in dem bereits in Abbildung 3-9 dargestellten Produktlebenszyklus-Verlauf niederschlägt.[1]

---

[1] Zur Prognose der Lebenszyklusverläufe vgl. z.B. Hansmann 2006, S. 66 ff., zur Prognose der langfristigen Marktdurchdringung ebenda, S. 99 ff.; zur Diffusion und Adoption von Innovationen vgl. auch Albers 2005, S. 415 ff.

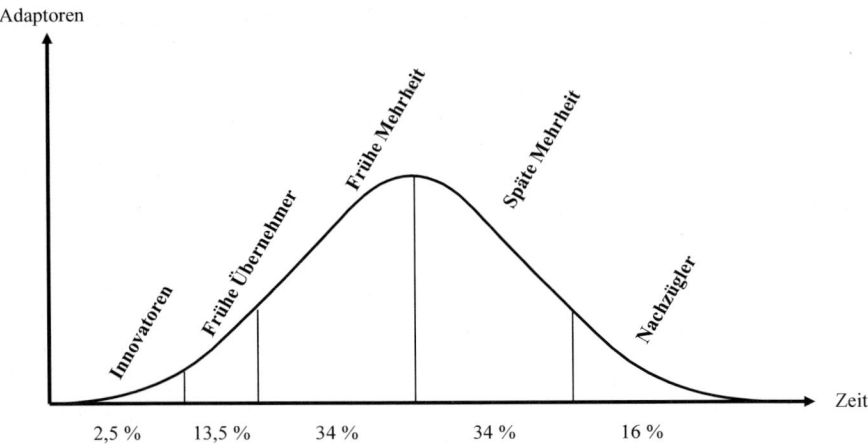

Abb. 3-36. Diffusionsverlauf: Zahl der Adaptoren („Übernehmer") im Zeitablauf (Quelle: Trommsdorff/Steinhoff 2007, S. 25)

Aus der empirischen Erfolgsfaktorenforschung für Produktinnovationen ist bekannt, dass der Diffusionsverlauf ganz maßgeblich von der Erstkäuferrate und der Wiederholkaufrate[1] determiniert werden, wobei die Erstkäuferrate besonders von der Werbe- und Kommunikationspolitik für die betrachtete Produktinnovation, die Wiederholkaufrate dagegen vom bereits im Entwicklungsprozess determinierten relativen Produktnutzen abhängt (vgl. Trommsdorff 2001, S. 664). Um die Markteinführung der Innovation vorzubereiten und zu gestalten, sind vor allem die folgenden, nun näher betrachteten Handlungsfelder relevant:

- das Timing der Markteinführung (Pionier- vs. Folgerposition),

- die Bestimmung der Marktreihenfolge (simultane vs. sequentielle Markteinführung),

- die auf die Innovation bezogene Preis- und Konditionenpolitik,

- die Distributionspolitik und

- die schon erwähnte Marktkommunikation (Werbe- und Kommunikationspolitik).

---

[1] Diese kann in Ausnahmefälle auch annährend „null" sein: Von der Klaviermanufaktur „Steinway & Sons" wird berichtet, dass die Kunden ein Klavier oder einen Flügel von Steinway in der Regel nur „einmal im Leben" kaufen.

3.6.2 Timing der Markteinführung (Pionier- vs. Folgerposition)

3.6.2.1 Formen und Determinanten des „Zeitwettbewerbs"

Wie zahlreiche Beispiele aus der Praxis belegen, ist der Markteinführungszeitpunkt in mehrfacher Weise entscheidend für den Innovationserfolg. Eine Produktinnovation kann schon aus Sicht der potenziellen Käufer „zu früh" oder „zu spät" kommen. So ist z.B. die „Bildplatte" – als früher Vorläufer der DVD – in den 70er Jahren nicht zuletzt an dem mangelnden Interesse und Verständnis der Käufergruppe sowie der fehlenden Vorbereitung auf dieses technische System gescheitert.[1] Auf der anderen Seite hat das Unternehmen Sony erhebliche Absatzeinbußen bei einer der angebotenen Spielkonsolen hinnehmen müssen, weil die Produkte – entgegen der Ankündigung – nicht rechtzeitig zum Weihnachtsgeschäft des betreffenden Jahres erhältlich waren.

Der Begriff „Zeitwettbewerb" hebt allerdings auch darauf ab, wie sich ein Unternehmen mit der Markteinführung einer (Produkt-)Innovation gegenüber seinen Wettbewerbern positioniert.[2] Als Alternativen kommen in Betracht:

- die **Pionierposition**, wenn das Unternehmen als erstes eine bestimmte Innovation in den Markt einführt (oder den Markt dafür überhaupt erst schafft),

- die Position des **„frühen Folgers"**, wenn das Unternehmen mit einem zur Pionierinnovation vergleichbaren Angebot auf den Markt kommt und noch nicht mehr als fünf vergleichbare Produkte auf dem Markt bzw. noch nicht mehr als zwei Jahre nach Markteinführung des Pioniers vergangen sind, und

---

[1] Erinnert sei hier z.B. auch an die bahnbrechenden Erfindungen Leonardo da Vincis (z.B. Fluggeräte, Fallschirme, Pumpen, Brennspiegel und Maschinen zur Tuchherstellung), die er nicht zuletzt deshalb geheim hielt, weil sie von den Menschen des 15. Jahrhunderts mit Unkenntnis und Ablehnung beantwortet worden wären.

[2] „Zeitwettbewerb" besteht nicht nur hinsichtlich der Innovations-, sondern auch hinsichtlich der Auftragsbearbeitungs- bzw. Lieferzeit („order-to-deliverytime"). Diesen Aspekt wollen wir hier aber nicht weiter vertiefen (vgl. dazu Voigt 1998, S. 80 ff.).

- die Position des **„späten Folgers"**, wenn das Unternehmen später als zwei Jahre sein Neuprodukt einführt und/oder bereits mehr als fünf Konkurrenzprodukte am Markt vorfindet.

Da die empirische Erfolgsfaktorenforschung keine dieser Wettbewerbspositionen als „immer und unter allen Umständen vorteilhaft" ausweist, sind die Timingpositionen im Einzelfall zu prüfen. Allerdings bestätigen die empirisch belegten Trends zu immer kürzeren Entwicklungszeiten und Marktlebenszyklen eindeutig, dass die Unternehmen im Sinne eines Zeitwettbewerbs tatsächlich miteinander konkurrieren (vgl. Voigt 1998, S. 75 ff., und die dort zahlreich genannte Literatur).

3.6.2.2 Vorteile, Erfolgsbedingungen und Risiken der Pionierposition

Die Pionierposition hat zunächst den **Vorteil**, dass das Unternehmen für eine bestimmte Zeit den gesamten Markt „für sich allein" hat und diese Zeit nutzen kann, um Markenbekanntheit und (dauerhafte) Kundenbeziehungen aufzubauen.[1] Aller Erfahrung nach verbleiben dem Pionier aber auch nach dem Zutritt weiterer Wettbewerber Mengen- oder Marktanteilsvorteile, die in der Literatur auch als „Remanenz-" oder „Hysterese-Effekte" bezeichnet werden. Damit die Pionierposition im Sinne der (wertorientierten) Unternehmensziele tatsächlich erfolgreich ist, sollten folgende **Voraussetzungen** erfüllt sein:

- die Pionierleistung wird vom Markt entlohnt (Preisprämie),

- die höhere Gesamtabsatzmenge kann zur Erzielung von Kostenvorteilen genutzt werden, dadurch höhere Gewinne oder niedrigere Preise, die ihrerseits Markteintrittsbarrieren darstellen,

- eine effizientere Produktentwicklung im Vergleich zur Konkurrenz (geringere projektbezogene Entwicklungsfixkosten, geringere Beschleunigungskosten)[2],

---

[1] In manchen Fällen wird der Markenname des Pionierprodukts sogar zum Synonym für die gesamte Produktgattung, z.B. „Tempo" auf dem Markt für Papiertaschentücher und „tesa" und „scotch pritt" auf dem Markt für Klebestreifen.

[2] Ein Pionierunternehmen muss, um einen früheren Markteintritt als die Konkurrenten zu ermöglichen, mit der Produktentwicklung früher beginnen und/oder schneller sein als die Konkurrenz (vgl. dazu die bei Voigt 1998, S. 184 f., betrachteten Kategorien). Auch sei auf die Möglichkeit der Zeiteinsparung im Rahmen von F&E-Kooperationen hingewiesen (vgl. Voigt/Wettengel 1999).

- Möglichkeit der Absicherung der grundlegenden Technologie, z.B. durch Patente,

- hohe Gegenwartspräferenz der Nachfrage mit hohen Absatzniveauvorteilen des relativ ersten Angebots,

- großer Unterschied bzgl. Technologie und Qualität zwischen den Produktgenerationen,

- stark ausgeprägte Hysterese-Effekte.

Allerdings ist die Pionierposition auch mit spezifischen **Risiken** verbunden, die in den folgenden Tatbeständen begründet liegen:

- Konkurrenten bringen funktional gleichwertige Lösungen oder das gleiche Produkt zur gleichen Zeit oder sogar früher auf den Markt, so dass den pionierspezifischen Aufwendungen keine entsprechende Preisprämie entgegensteht,

- die geplante Nachfrage tritt nicht ein,

- die Pionier-Absatzvorteil fällt zu gering aus,

- vermeintliche Kostenvorteile können nicht realisiert werden,

- Pionierpreisprämien können aus anderen Gründen nicht realisiert werden,

- Entwicklungs- und Beschleunigungskosten sind „zu hoch",

- die Gegenwartspräferenz der Nachfrage zu gering,

- Auftreten von „Leapfrogging-Behaviour" (Kunden überspringen ganze Produktgenerationen, die „zu dicht" aufeinander folgen),

- Hysterese-Effekte nicht ausreichend,

- Free-rider-Effekte (Folgeunternehmen können von den Pionieranstrengungen unerwartet profitieren),

- Folgeprodukte fallen qualitativ/funktional deutlich besser aus.

3.6.2.3 Vorteile, Erfolgsbedingungen und Risiken der Folgerposition

Ein „Folger" hat im Wesentlichen zwei Vorteile: Er kann von den Anstrengungen des Pioniers profitieren[1] bzw. aus dessen Erfahrungen lernen und die ihm vom Pionier trennende Zeitspanne dazu zu nutzen, ein „ausgereiftes" oder gar verbessertes Produkt zu entwickeln und auf den Markt zu bringen. So wird z.B. im Maschinen-, Anlagen- und Flugzeugbau oft bestätigt, nicht das schnellste, sondern das qualitativ beste und ausgereifteste Produkt sei langfristig am erfolgreichsten („Mehdorn´s law"). Eine Folgerposition kann insbesondere beim Vorliegen der folgenden **Voraussetzungen** interessant sein:

- Die Beschleunigung der Entwicklungsprozesse wäre zu teuer oder hätte Qualitätsnachteile zur Folge („Produkt reift beim Kunden"),

- Nachfrager sind an Produktneuheiten wenig interessiert, weil das betreffende Produkt eine unbedeutende Rolle bei den Verwendern spielt oder die Neuheit aus funktionaler Sicht nicht identifizierbar ist,

- in der betreffenden Branche sind Leistungs- und Qualitätsverbesserungen üblicherweise nur marginal,

- „Kinderkrankheiten" sind typisch für die Pionierprodukte der Branche und/oder durch Imitation leicht zu umgehen,

- Möglichkeit zur „Mitnutzung" der Pionierleistung in Form der Entwicklungsergebnisse (Produktimitation), der Kostensenkungsmaßnahmen und/oder der Markterschließungsmaßnahmen (z.B. Einführungswerbung),

- riskantes Marktumfeld macht erfahrungsgemäß mehrere „Anläufe" notwendig.

Die **Risiken** einer Folgerposition liegen in folgenden Gefahren begründet:

- Der tatsächliche Wettbewerbsvorteil des Pioniers liegt nicht im Produkt oder im Markteintrittszeitpunkt, sondern in systematisch aufgebautem Know-how, welches nicht imitierbar ist und letztendlich Kosten- und Qualitätsvorteile dauerhaft absichert (z.B. in Form von Fertigungsprozess-Know-how), oder in seiner starken Produktbekanntheit bzw. Marke,

---

[1] So tritt ein „Folger" mit seinem Produkt tatsächlich in einen (i.d.R. vom Pionier geschaffenen) Markt ein und profitiert bereits von den Markterschließungsmaßnahmen des Pioniers.

- der Pionier kann mit dem gleichen Erfolgsmuster die nächste Produkt-generation zur Marktreife führen, während der Verfolger noch mit der Imitation des aktuellen Produktes „beschäftigt" ist,

- ausgehend von den verfügbaren Informationen (d.h. dem Produkt), kann nicht auf die verwendeten Prozesstechnologien geschlossen werden, die den vermeintlichen Kosten- oder Qualitätsvorteil erzeugen,

- durch den Verzicht auf eine systematische Produktentwicklung zugunsten einer Imitation bestehender Produkte baut das Unternehmen kein eigenes Problemlösungswissen oder eigene Kreativität auf,

- durch bloßes Imitieren werden auch eventuelle Fehleinschätzungen des Pioniers mit „abgebildet", die durch eigene systematische Suche vermieden worden wären.

In empirischen Untersuchungen wird die Position des „frühen Folgers" oft – wenn auch nicht immer – als die langfristig (auch gegenüber einer Pionierposition) erfolgreichere identifiziert (vgl. Voigt 1998, S. 93 ff.), weil sie die Vorteile **beider** Grundpositionen zu verbinden sucht. Die Position des „späten Folgers" entspricht eher einer konsequenten „Free-rider-" bzw. Imitationsstrategie und erzeugt insofern keine nachfragewirksamen Wettbewerbsvorteile – es sei denn, der „späte Folger" kommt mit einem derart veränderten bzw. verbesserten Angebot auf den Markt, dass er in gewisser Hinsicht schon die Pionierposition der nächstfolgenden Produkt-generation einnimmt.

3.6.3 Bestimmung der Marktreihenfolge (simultane vs. sequentielle Markteinführung)

Ist die Einführung des innovativen Produkts bzw. der innovativen Leistung in mehreren geografischen Ländermärkten oder mehreren (z.B. nach sozio-demografischen Merkmalen abgegrenzten) Marktsegmenten vorgesehen, so stellt sich die Frage, ob dies gleichzeitig oder zeitlich gestaffelt – also sequentiell – erfolgen soll.

Auf strategischer Ebene und mit Bezug auf verschiedene Ländermärkte haben wir bereits die Optionen der „Wasserfall-Strategie" (= sequentielle Markteinführung) und der „Sprinkler-Strategie" (= simultane Markteinführung) betrachtet (siehe Abschnitt 2.4.4.4b und Abbildung 2-121 dieses Lehrbuchs). So sprechen mögliche Lerneffekte – wie in dem schon erwähnten Philips-Fall[1] – eher für eine sequentielle, weltweit homogene Bedürfnisstrukturen dagegen für ein simultane Markteinführung in verschiedenen Ländern, die jedoch auch mit einem entsprechend höheren Management-, Kapitals- und Koordinationsaufwand verbunden ist.

Erinnert sei auch an die Möglichkeit, ein neues Produkt in Zusammenarbeit mit einem oder mehreren anderen Unternehmen (z.B. im Rahmen eines Joint-Ventures) auf den Markt zu bringen und dadurch möglicherweise sogar ein „dominantes Design" oder gar einen (technischen) Industriestandard durchzusetzen. In der Automobilindustrie wird, was die Markteinführung einer ganzen Modellgeneration angeht, dagegen oft der sequentielle Ansatz verfolgt, da sich die Markteinführung (Grundmodell einschließlich der folgenden Derivate, also Kombi, Cabrio etc.) gewöhnlich über einen Zeitraum von ca. 30 Monaten erstreckt.

3.6.4 Innovationsorientierte Preis- und Konditionenpolitik

Hier geht es zunächst um die Preispositionierung der Innovation, die allerdings nicht ohne Rückgriff auf die Qualitätspositionierung und das offerierte Bündel an Grund- und Zusatznutzen erfolgen kann. In zeitlicher Hinsicht ist zudem zu entscheiden, ob die gewählte Premium-, Mittelbzw. Niedrigpreisstrategie dauerhaft beibehalten oder über die Marktverweildauer hinweg bewusste Änderungen des Preises vorgenommen werden sollen, was bei den folgenden preisstrategischen Optionen, die sich auch in Bezug auf eine einzelne Innovation stellen, der Fall ist (siehe dazu auch Abbildung 2-45 und die Ausführungen bei Voigt, 2003, S. 710 ff.):

- **Skimming-Strategie**: Diese Strategie sieht eine „hochpreisige" Markteinführung bei schrittweiser Senkung des Angebotspreises und einer zunehmenden „Abschöpfung der Konsumentenrente" vor. Diese Strategie empfiehlt sich bei Produktinnovationen, deren Mehrnutzen leicht kommunizierbar ist und die deshalb von den Käufern bereits ungeduldig erwartet werden (Beispiel: technische Produkte der Unterhaltungselektronik, im Mobilfunkbereich, bei „Extras" im Automobilbereich usw.). Ein weiterer Vorteil der Skimming-Strategie ist, dass die Diffusion durch eine Beschleunigung der Preissenkung forciert werden kann („Preisspielraum nach unten").

- **Penetrations-Strategie**: Hier wird die Produktinnovation bewusst „niedrigpreisig" in den Markt eingeführt mit dem Ziel, den Angebots-

---

[1] Siehe Abschnitt 2.4.3.2 f dieses Lehrbuchs.

preis dann, wenn Käuferpräferenzen gebildet, Kundentreue erzielt und der beabsichtigte Marktanteil erreicht worden ist, auf ein „profitables Niveau" anzuheben. Empfehlenswert ist diese Strategie vor allem bei Innovationen im Konsumgüterbereich mit typischerweise nur geringem Innovationsgrad (z.B. neue Fernsehzeitschriften, neues Waschmittel, neue Zigarettenmarke), die gegen starke bestehende Konsumpräferenzen ankämpfen müssen und mit dem Niedrigpreis einen Kauf- bzw. Markenwechselanreiz geben wollen. Denkbar ist der Einsatz der Penetrations-Strategie aber auch bei radikalen Innovationen, um einen Käuferanreiz zu geben bzw. dem Käufer entstehende Produktwechselkosten zu „erstatten".

Gerade der letztgenannte Fall kann auch gezielt durch eine bewusste Gestaltung der (Zahlungs-)Konditionen unterstützt werden, z.B.:

- Einräumung eines Sonder- oder Frühbucherrabatts, um insbesondere die Käufergruppe der „Innovatoren" zu stimulieren;

- Verlängerung der Zahlungsziele bzw. Einrichtung einer Teilzahlungs- und/oder Finanzierungsmöglichkeit;

- Angebot einer „Geld-zurück-Garantie" bei Nichtgefallen.

3.6.5 Innovationsorientierte Distributionspolitik

Innovative Produkte benötigen zuweilen auch neue Wege, um an die Kunden bzw. Nutzer oder Verwender gebracht zu werden. Hier sei noch einmal die Automobilmarke „smart" genannt, für die nicht nur eine eigene Produktionsstätte, sondern bewusst auch eine eigene Vertriebsorganisation – die „smart-Center" – eingerichtet wurde, da man aufgrund des Neuheitsgrads des Produkts den Vertrieb nicht über die traditionellen Verkaufsniederlassungen vornehmen wollte.

Innovative Impulse kann die Distributionspolitik auch dann entfalten, wenn mit der Produktinnovation von indirektem auf direkten Vertrieb umgestellt wird (oder umgekehrt).

Gerade bei technischen Neuheiten – auch und vor allem im B2B-Geschäft (z.B. Maschinenbau) – sind Fachmessen ein wichtiger Weg zur Stimulierung des Erstabsatzes. Bei Konsumgütern wird dies eher durch „Probepackungen" oder „Probiermöglichkeiten" als Maßnahmen des persönlichen Verkaufs am „Point of Sale" erreicht.

Bei Konsumgüterinnovationen (z.B. Körperpflegeartikel, Nahrungsmittel, Waschmittel) besteht zudem das „Listungsproblem", also das Problem des Zugangs zum stationären Einzelhandel, das aufgrund der oft feststellbaren Marktdominanz der (wenigen und großen) Einzelhandelsketten nur durch Zahlung einer sogenannten (und oft nicht unerheblichen) „Listungsgebühr" bewältigt werden kann.

3.6.6 Innovationsorientierte Marktkommunikation

Von Bedeutung ist hier zunächst die Gestaltung der Einführungswerbung, die bei einer technischen Neuheit mit hohem Innovationsgrad aufgrund der Erklärungsbedürftigkeit gewöhnlich rationaler, erklärender und ausführlicher ausfällt als bei einer neuen Konsumgütermarke in einer ansonsten altbekannten Produktkategorie, wo man z.B. unter Hinzuziehung von Prominenten als (vermeintliche) Produktnutzer eine eher emotionale Kampagne betreibt.

Darüber hinaus sind für die **Einführungswerbung** zu bestimmen:

- die Werbeziele (hier geht es vor allem um eine Positionierungswerbung),

- die anzusprechende Zielgruppe (bei radikalen Innovationen: bisherige Nicht-Käufer bzw. -Nutzer, bei inkrementellen Innovationen – z.B. neuen Konsumgütermarken – potenzielle Markenwechsler etc.),

- die Werbeobjekte (Einzelprodukt, Produktfamilie, neue Marke oder Dachmarke),

- die einzusetzenden Werbemedien (z.B. Printmedien, Rundfunk- und Fernsehsender),

- die zu gestaltenden Werbemittel (Anzeige, Rundfunk- oder Fernsehspot, bild- oder textdominierte Gestaltung etc.),

- der zeitliche Einsatz der Werbung (Werbetiming), der gerade bei Innovationen darauf hinausläuft, schon vor der eigentlichen Markteinführung die notwendige Bekanntheit und Kaufbereitschaft zu erzeugen.[1]

Bei Innovationen sollte aber auch die über die Einführungswerbung hinausgehende Marktkommunikation nicht unterschätzt werden. So gilt es,

---

[1] Bei dem Film „Jurassic Park I" (Spielfilme sind stets Innovationen!) wurde sogar ein Jahr vor dem Kinostart mit entsprechend „neugierig machenden" Trailern in den Kinos geworben – eine Werbestrategie, die diesen Film zu einem der erfolgreichsten der Filmgeschichte gemacht hat.

durch **Presse- und Öffentlichkeitsarbeit** Zugang zu den redaktionellen Teilen der Medien zu bekommen mit dem Ziel, dass über die Innovation (möglichst positiv) berichtet wird. Auch durch begleitende Maßnahmen – z.B. das immer beliebter werdende Wissenschafts-, Kultur- und/oder Sport-Sponsoring – lässt sich die Einführung eines neuen Produktes oder einer neuen Leistung unterstützen (als Beispiel sei die Einrichtung eines „easycredit"-Hörsaals an der Friedrich-Alexander-Universität Erlangen-Nürnberg durch die TeamBank AG genannt). Und letztlich trägt auch die (schwer zu beeinflussende) Mund-zu-Mund-Propaganda ihren Teil zur wachsenden Bekanntheit und Diffusion einer Produkt- oder Leistungsinnovation bei.

Fassen wir zusammen: Die Markteinführung ist durch eine vorbereitende und prozessbegleitende Gestaltung des absatzpolitischen Instrumentariums (oder „Marketing-Mix") beeinflussbar, wenn auch nicht immer vollständig steuerbar. Denn trotz aller Anstrengungen im Innovationsprozess sind die Flop-Raten – gemessen an der Zahl der Innovationen, die ein Jahr nach Einführung nicht mehr am Markt sind – in allen (industriellen) Branchen größer als „null".[1]

Hält sich die Innovation im Markt, so kann dann, wenn sowohl in der Leistungserstellung als auch -verwertung die durch die Innovation verursachten Veränderungen und Anpassungen bewältigt und „normale" oder „stabile" Bedingungen erreicht sind, vom **Ende des Innovationsprozesses** gesprochen werden. Allerdings kann, wie schon erwähnt, durch geplante oder ungeplante Umstände (eine geplante Produktüberarbeitung oder eine fehlerbedingte Rückrufaktion) der Innovationsprozess auch in Bezug auf ein schon bestehendes Produkt erneut (wenn auch meist in gekürzter Form) beginnen und durchlaufen werden.

Gerade in jüngster Zeit sind Bestrebungen zu verzeichnen, den Innovationsprozess durch ein spezifisch ausgestaltetes Innovationscontrolling zu unterstützen (siehe auch Abbildung 3-6). Diesen Aspekt wollen wir hier kurz näher betrachten.

---

[1] Die Flop-Rate der „Fast Moving Consumer Goods" (z.B Körperpflegeprodukte) beträgt nach einer GfK/Serviceplan-Studie aus dem Jahr 2006 sogar ca. 70 %.

3.7 Prozessbegleitendes Innovationscontrolling

Der Innovationsprozess ist, wie schon ausführlich erläutert, auf die Hervorbringung und Durchsetzung von Neuheiten – insbesondere von Produkt-, Leistungs- und Prozessinnovationen – ausgerichtet. Unter diesem Gesichtspunkt liegt es nahe, nach einem (Controlling-)Instrument zu fragen, das als funktionsübergreifendes Steuerungskonzept die ergebnisorientierte Koordination von Planung, Kontrolle und Informationsversorgung in Bezug auf den Innovationsprozess sicherstellt. Die Aufgabe eines solchen Innovationscontrollings ist es also, „… relevante Verfahren und Methoden zur Steuerung des Innovationsprozesses auszuwählen, damit die von der Unternehmensleitung verfolgten Innovationsziele erreicht werden können" (Littkemann 2005, S. 588). Um diese Aufgabe zu erfüllen, müssen keine völlig neuen Verfahren und Methoden gefunden werden. Es herrscht in der Literatur aber weitgehend Einigkeit darüber, dass für eine effektive und effiziente Steuerung des Innovationsprozesses eine Auswahl, Anpassung und konzeptionelle Bündelung bereits bestehender Verfahren und Methoden notwendig ist, was eine Heranziehung von Instrumenten aus dem innerbetrieblichen Rechnungswesen durchaus mit einschließt.

Ein Innovationscontrolling ist im Unternehmen grundsätzlich in drei Ausprägungen möglich:

- als **Bereichscontrolling**, welches sicherstellen soll, dass das Innovationsmanagement, institutionell verstanden, die ihm übertragenen Aufgaben tatsächlich erfüllt. Da das Innovationsmanagement aber wegen seines funktionsübergreifenden Charakters meistens keine eigenständige Organisationseinheit bildet, läuft das Bereichscontrolling letztendlich auf ein **F&E-Controlling** hinaus (vgl. Leker 2005). Hier ist vor allem der Trend festzustellen, den F&E-Bereich stärker als bisher (auch) anhand von outputorientierten Vorgaben (z.B. bearbeiteten Ideen, abzuschließenden Entwicklungsprojekte, Patentanmeldungen etc.) zu führen;

- als **Prozesscontrolling**; diese Sichtweise liegt den meisten konzeptionellen Überlegungen für ein Innovationscontrolling zugrunde (vgl. Stippel 1999, Littkemann 2005);

- als **Projektcontrolling**, das sich auf konkrete Innovationsprojekte bezieht und mithilfe des Projektmanagements bewältigt werden kann (vgl. Corsten/Gössinger 2006, S. 431 ff.).

Beim Innovationscontrolling (im Sinne eines Prozesscontrollings) sind in jüngerer Zeit Überlegungen angestellt worden, die verschiedenen Ziele, Aufgaben und Subsysteme zu einem „integrierten Innovationscontrolling" zu verbinden (vgl. Voigt/Sturm 2001; Voigt 2002a, Voigt 2002b). Die Integrationsrichtungen sind in Abbildung 3-37 noch einmal grafisch veranschaulicht.

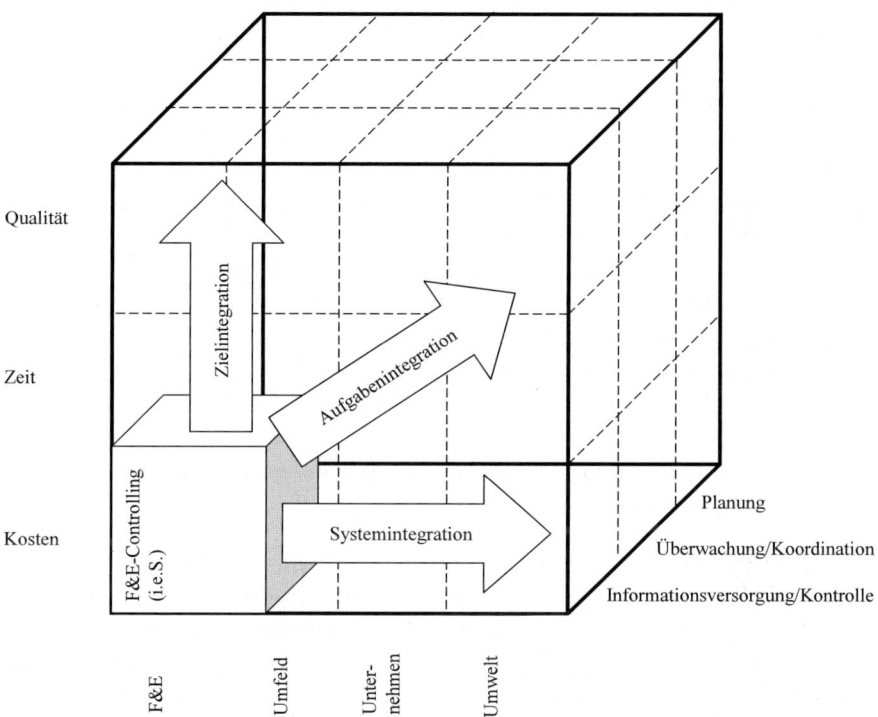

Abb. 3-37. Vom F&E-Controlling zum integrierten Innovationscontrolling

Ausgehend von einem eher „klassischen" Verständnis des F&E-Controllings (bereichs-, kontroll- und kosten- bzw. budgetorientiert), geht es zunächst darum, weitere Zielgrößen in das Controlling-Konzept zu integrieren, und zwar unter Beachtung der zwischen ihnen bestehenden Beziehungen. Dass diese Beziehungen alles andere als banal sind, verdeutlicht Abbildung 3-38 beispielhaft an der Beziehung zwischen den projektbezogenen F&E-Kosten und der Entwicklungszeit.

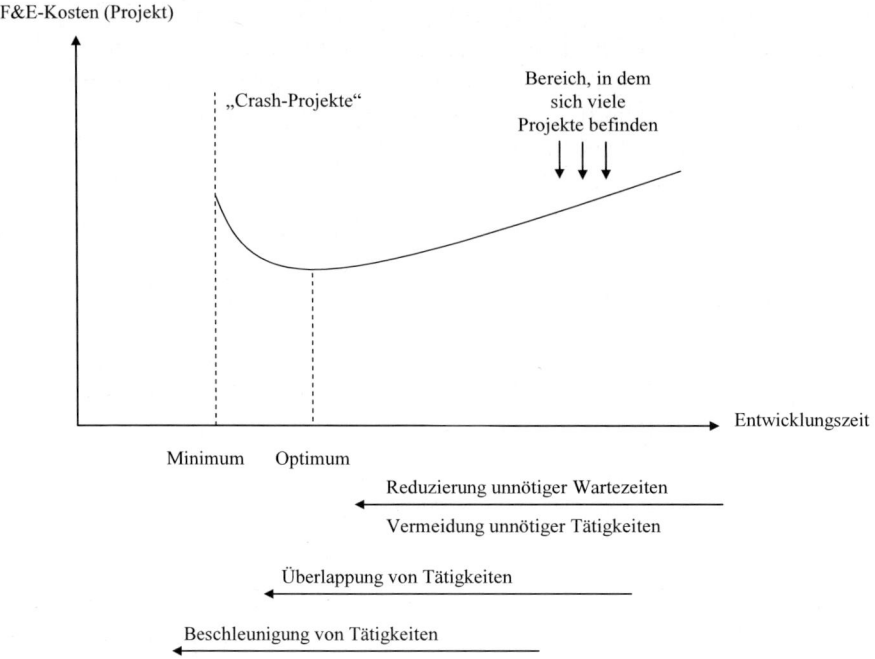

Abb. 3-38. Die Entwicklungskosten in Abhängigkeit der Entwicklungszeit (Quelle: in Anlehnung an Voigt 1998, S. 219)

Eine Integration ist ferner im Hinblick auf die im Innovationsprozess beteiligten Abteilungen bzw. Institutionen anzustreben, wie es bei unseren Erläuterungen zum Innovationsprozess schon an verschiedenen Stellen – z.B. im Rahmen des Ideenmanagements und im Entwicklungsprozess selbst – angesprochen und empfohlen wurde.

Folgt man dem Regelkreis-Paradigma, so gilt es, den „klassischen", auf Einhaltung des F&E-Budgets ausgerichteten Kontroll-Kreislauf (Regelkreis 1) um einen weiteren unternehmensinternen, aber abteilungsübergreifenden und auch auf Planung und Informationsversorgung zielenden Regelkreis 2 sowie einen auch externe Beteiligte integrierenden Kreislauf (Regelkreis 3) zu ergänzen (siehe Abbildung 3-39).

Die Erweiterung der Perspektive erfordert zudem oft auch eine Ausweitung des im Innovationscontrolling eingesetzten Methodenspektrums

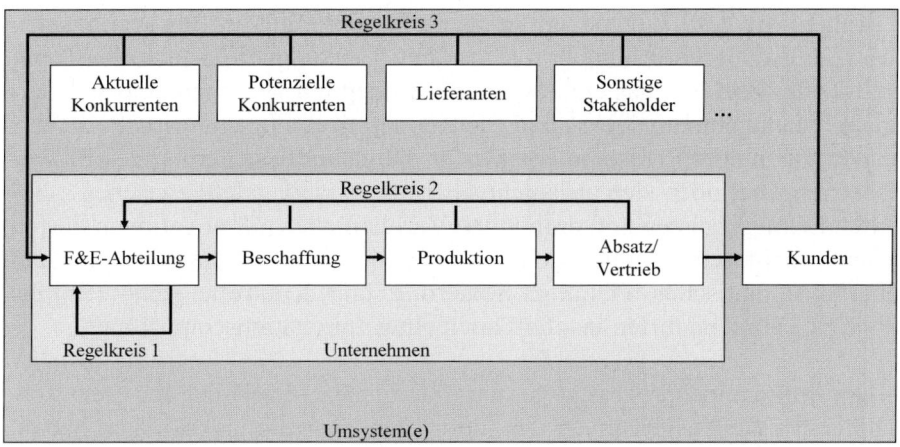

Abb. 3-39. Integration unternehmensinterner und -externer Beteiligter in das Innovationscontrolling (Quelle in Anlehnung an Voigt/Sturm 2001, S. 8).

Da die Integration von Aufgaben, die über die reine Kontrolle hinausgehenden (vor allem Planung, Koordination und Informationsversorgung), für ein modernes Controlling-Verständnis typisch und sinnvoll ist (vgl. z.B. Horváth 1998, S. 6), ist dies auch bei der Ausgestaltung des Innovationscontrolling-Konzepts zu berücksichtigen. Neben den in Abbildung 3-37 angedeuteten Integrationsrichtungen ist z.B. noch über eine (stärkere) Methodenintegration nachzudenken, zumal sich auch die bisher schon vorgeschlagenen Konzepte für ein Innovationscontrolling (vgl. z.B. Stippel 1999) auf eine Vielfalt von Methoden stützen. Zu erwägen ist die Integration von

- strategischen und taktischen/operativen Methoden,
- Analyse- und Planungs- bzw. Entscheidungsmethoden,
- vergangenheits-, gegenwarts- und zukunftsorientierten Methoden,
- quantitativen und qualitativen Methoden,
- monetär und nicht-monetär ausgerichtete Methoden[1],
- technologieorientierte[2] und marktorientierte Methoden.

Wie gezeigt wurde, lässt sich das Konzept des Innovationscontrollings zudem auf bestimmte Controllingobjekte (vgl. Littkemann 2005) oder Unternehmenstypen (z.B. junge Unternehmen und die für sie typischen Innovationsprozesse, vgl. Voigt/Erhard/Ingerfeld 2003) ausrichten bzw. „einstellen".

---

[1] Zu den Kosten- und Erlöswirkungen von Innovationen vgl. z.B. Voigt 2001.
[2] Z.B. die Technologiekostenanalyse (vgl. Voigt/Sasse 2001).

Halten wir fest: Gerade im Industriebetrieb stellt der Innovationsprozess, der die Hervorbringung von Produkt-/Leistungs- und Prozessinnovationen zum Ziel hat, das entscheidende Bindeglied zwischen dem strategischen Managementprozess und dem operativen Leistungsprozess dar. Innovationen sind Erfolgspotenziale für die Zukunftssicherung des Industriebetriebs, befinden sich als solche aber im Spannungsfeld zwischen möglichen Erfolgschancen und drohenden Verlustrisiken. „Innovationen dürfen deshalb nicht dem Zufall überlassen bleiben, sondern müssen Gegenstand einer systematischen Planung, Steuerung und Kontrolle sein" (Stippel 1999, S. 1) und bedürfen insofern auch eines Innovationscontrollings.

Der Innovationsprozess, wie wir ihn bisher (einschließlich der Vorschläge für die Ausgestaltung des Innovationscontrollings) skizziert haben, ist in jüngster Zeit wegen seiner „Abgeschlossenheit" und „Introvertiertheit" in die Kritik geraten. Ein völlig neues Verständnis der Innovationstätigkeit müsse propagiert und „gelebt" werden – das Konzept der „Open Innovation".

3.8 „Open Innovation" – ein neues Paradigma für den Innovationsprozess?

Die Vertreter des Konzepts der „Open Innovation" kritisieren, dass Unternehmen mit der Fokussierung auf interne F&E und „eigene" Innovationen mehr und mehr an ihre Wachstumsgrenzen stoßen.

Das alte „Erfindungsmodell" (auch: „Closed Innovation") laufe dabei wie folgt ab: Die Unternehmen „… verfügen über eine klassische Infrastruktur für Forschung und Entwicklung (F&E). Ihre Manager glauben, dass Innovationen in erster Linie aus den eigenen Labors kommen müssen. Selbstverständlich bemühen sich auch diese Unternehmen, ihre unter Erfolgsdruck stehenden F&E-Abteilungen zu unterstützen. Sie kaufen passende Konkurrenten auf, gehen Partnerschaften ein, erwerben Lizenzen und lagern einzelne Forschungsprojekte aus. Zusätzlich entwickeln sie Geheimprojekte, verbessern die Zusammenarbeit zwischen Marekting und F&E, verschärfen die Kriterien für die Markteinführung und stärken das Management des Produktportfolios. Im Grunde sind diese schrittweisen Veränderungen aber nur oberflächliche Korrekturen an einem grundsätzlich falschen Modell" (Huston/Sakkab 2006, S. 23), das sich mit der Abbildung 3-40 auch grafisch darstellen lässt.

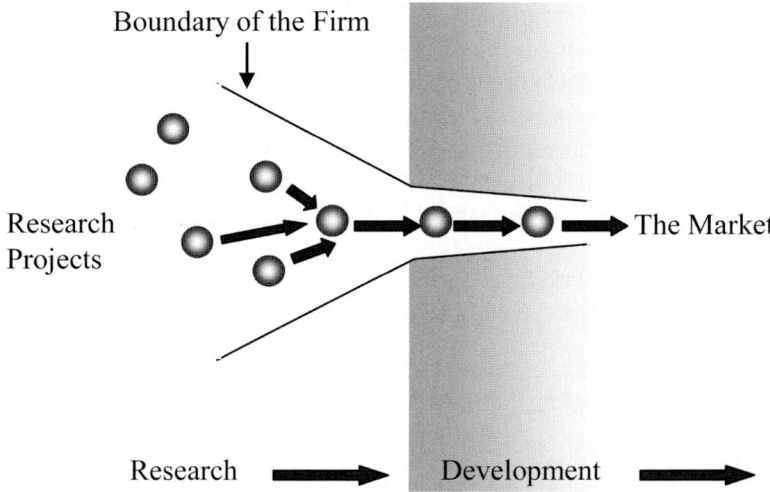

Abb. 3-40. The Closed Innovation Model (Quelle: Chesborough 2003, S. 36)

In dem neuen Modell der „Open Innovation" wird die Grenze zwischen Unternehmen und Umwelt „porös" bzw. bewusst geöffnet: „A Company commercializes both its own ideas as well as innovations from other firms and seeks ways to bring its in-house ideas to market by deploying pathways outside its current business" (Chesborough 2003, S. 37). Das neue Modell ist in Abbildung 3-41 grafisch dargestellt.

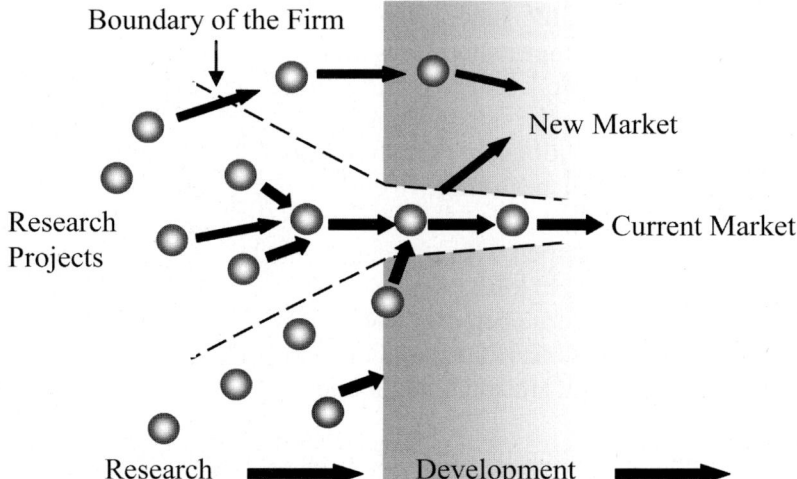

Abb. 3-41. The Open Innovation Model (Quelle: Chesborough 2003, S. 37)

Es geht also um eine Öffnung des Innovationsprozesses, um eine Ergänzung der traditionellen „inside-out-" durch eine „outside-in"-Perspektive. Es wird nicht nur toleriert, sondern sogar gewünscht und im Zielsystem verankert, dass ein nicht unbeträchtlicher Teil der Innovationen „von außen" in das Unternehmen geholt wird. Inwieweit sich die Denkweise des „Open Innovation Model" von den traditionellen Innovationsprinzipien unterscheidet, verdeutlicht Tabelle 3-8.

Tabelle 3-8. Contrasting Principles of Closed and Open Innovation (Quelle: Chesborough 2003, S. 38)

Closed Innovation Principles	Open Innovation Principles
The smart people in our field work for us.	Not all of the smart people work for us, so we must find and tap into the knowledge and expertise of bright individuals outside our company.
To profit from R&D, we must discover, develop and ship it ourselves.	External R&D can create significant value; internal R&D is needed to claim some portion of that value.
If we discover it ourselves, we will get it to market first.	We don't have to originate the research in order to profit from it.
If we are the first to commercialize an innovation, we will win.	Building a better business model is better than getting to market first.
If we create the most and best ideas in the industry, we will win.	If we make the best use of internal *and* external ideas, we will win.
We should control our intellectual property (IP) so that our competitors don't profit from our ideas.	We should profit from others' use of our IP, and we should buy others' IP whenever it advances our own business modell.

Inzwischen liegen positive Erfahrungen – z.B. aus der Konsumgüterindustrie – mit dem Modell der „Open Innovation" vor. So hat das Unternehmen **Procter & Gamble** unter Führung des neuen „Konzernchefs" Alan Lafley durch die Umgestaltung des Innovationsprozesses im Sinne des „Open Innovation"-Modells erreicht, mithilfe von externen Partnern Produktinnovationen schneller und kostengünstiger auf den Markt zu bringen als zuvor – und ist damit einer „Kreativitätskrise" entkommen. Die Innovationsmanager werden beauftragt, weltweit nach neuen Ideen zu suchen und Netzwerke aufzubauen, die Innovationsanregungen liefern und bei der Lösung von Problemen während der Produktentwicklung Hilfestellung leisten sollen. Innerhalb kürzester Zeit stieg der Anteil der Produktinnovationen, bei denen Externe beteiligt waren, von 15 auf 35 % – mit einer Verdopplung der Innovationserfolgsquote und sinkendem Anteil der F&E-Ausgaben am Umsatz (vgl. Huston/Sakkab 2006, S. 22).

Auch wenn die Innovationsprozesse (z.B. aus Sicherheitsgründen oder wegen eines technisch bedingten „Mindestanteils" eigener F&E) nicht in allen Branchen gleichermaßen „offen" sein können, so zeigen doch – nach Ansicht der Vertreter des Modells – z.B. die Computerindustrie, die Pharma- und Automobilindustrie deutliche Optimierungspotenziale durch die Anwendung der „Open Innovation"-Prinzipien. Der vorgestellte Ansatz gibt zumindest Anlass für eine Prüfung der (weiteren) Öffnung der Innovationsprozesse „nach außen" und erscheint schon deshalb begrüßenswert.

Wir wollen unsere Betrachtung der Innovationsprozesse von Industrieunternehmen nicht abschließen, ohne einen Blick auf das Innovationsgeschehen in einer der wichtigsten industriellen Branchen geworfen zuhaben: der Automobilindustrie.

3.9 Exkurs: Das Innovationsverhalten in der Automobilindustrie

3.9.1 Überblick

Die Automobilindustrie gehört, wie in Kapitel 1 schon angedeutet wurde, nicht nur in Deutschland zu den wichtigsten industriellen Branchen. Im Jahr 2002 betrug das Marktvolumen weltweit 645 Mrd. € bei 57 Millionen produzierten PKWs, für das Jahr 2015 werden 903 Mrd. € Marktvolumen und weltweit 76 Millionen abgesetzte PWKs prognostiziert (Mercer 2004, S. 15). Im Jahr 2005 betrug der weltweite PWK-Absatz bereits 61 Millionen Stück. In Deutschland werden derzeit pro Jahr rund 3.5 Millionen Neufahrzeuge zugelassen. Die deutsche Automobilindustrie erzielte 2005 rund 254 Mrd. € Umsatz, wovon 171 Mrd. € auf Automobilhersteller und 72 Mrd. € auf Automobilzulieferunternehmen entfielen (vgl. VDA 2007).

Wie in Abbildung 2-63 bereits dargestellt, betrug der Entwicklungsanteil der PKW-Hersteller („OEM") im Jahr 2005 57 %, der Wertschöpfungsanteil dagegen nur noch 30 %. Im Jahr 2010 werden ein Entwicklungsanteil von 49 % und ein Wertschöpfungsanteil von 25 % prognostiziert. Deutsche Automobilhersteller und -zulieferer wenden etwa 5,5 % vom Umsatz für Forschung und Entwicklung auf, der Anteil der in den letzten 5 Jahren neu eingeführten Produkte liegt bei knapp 60 % (siehe nochmals Abbildung 3-2).

Um das Innovationsverhalten der (weltweiten) Automobilindustrie zu analysieren, ist es sinnvoll, zwischen Prozess- und organisatorischen Innovationen auf der einen und Produktinnovationen auf der anderen Seite zu unterscheiden:

3.9.2 Prozess- und organisatorische Innovationen

Die Automobilindustrie ist in ihrer rund hundertjährigen Geschichte vor allem auf der Ebene der (Produktions-)Prozesse und der Gestaltung der Wertschöpfungsstrukturen durch radikale Innovationen gekennzeichnet, während auf der Produktebene – wie nachfolgend erläutert wird – inkrementale Innovationen dominieren.

Auf der Ebene der **Prozessinnovationen** sind vor allem zwei radikale Veränderungen zu verzeichnen (vgl. auch Fine/Raff 2002, S. 416 ff.):

- Einführung der Massenproduktion, initiiert durch Henry Ford („Fordismus"), mit den Kennzeichen
  - Einführung der Fließbandproduktion und durchgängige Prozessorientierung,
  - Produktion für den Massenbedarf,
  - hohe Arbeitsteilung und Spezialisierung,
  - Trennung von ausführenden und dispositiven Tätigkeiten nach den Prinzipien des „Taylorismus", dadurch
  - niedrig qualifizierte Arbeitskräfte in der Produktion,
  - Einbeziehung der Lieferanten (Ansatz der Wertschöpfungskette),
  - Betonung der Arbeitsvorbereitung für die Quantität und Qualität der Fabrikleistung usw.

- Realisierung des „Lean Production System", initiiert und realisiert durch das Toyota Produktions-System, mit den Aspekten
  - Total Quality Management,
  - Just-in-Time-/Just-in-Sequence-Produktion,
  - Entkopplung von Mensch und Maschine (z.B. durch automatisierte Fehlererkennung),
  - Einsatz flexibler Produktionssysteme,
  - konsequente Vermeidung von „Verschwendung", in diesem Kontext auch
  - Einführung von „kontinuierlichen Verbesserungsprozessen" (KVP bzw. KAIZEN),
  - Synchronisation aller Produktionsprozesse auf eine einheitliche Taktzeit usw.

Die durch die Prozessinnovationen erzielten Vorteile bei den Wettbewerbsfaktoren Kosten[1], Qualität und Zeit haben sie zu Vorbildern für andere industrielle und nichtindustrielle Branchen werden lassen. „The two
radical process innovations discussed ultimately proved to be of the first
order of importance for the whole of the industrialized economy"
(Fine/Raff 2002, S. 431).

Hinzu kommt die ebenfalls vorbildliche innovative Gestaltung des automobilen Wertschöpfungsnetzwerks, das einen hierarchischen Aufbau
(OEM – Tier 1 (System- und Modullieferant) – Tier 2 (Komponentenliefe-
ranten) – Tier 3 (Teilelieferanten)) mit einer Koordination weltweit verteil-
ter Wertschöpfungstätigkeiten verbindet, was nur durch eine entsprechend
effizient gestaltete interne und externe Logistik überhaupt erst möglich
wird.

Der unbestrittenen „Vorreiter-Rolle" der Automobilindustrie bei industriellen Prozess- und organisatorischen Innovationen steht jedoch eine
merkwürdige Starrheit bei den Produktinnovationen im Automobilbereich
gegenüber.

3.9.3 Produktinnovationen

Bei dem Produkt „Automobil" handelt es sich um ein komplexes technisches System, das aus mehreren komplementären Komponenten und Technologien besteht, die durch den Automobilhersteller und seine System-
technologie bzw. -kompetenz integriert werden (siehe Abbildung 3-42).

---

[1] So konnte der durchschnittliche Automobilpreis im US-amerikanischen Markt
von 1906 (52.640 $, gemessen in 1993 US-$) bis 1916 (29.483 $) bereits annäh-
rend halbiert werden (vgl. Fine/Raff 2002, S. 417).

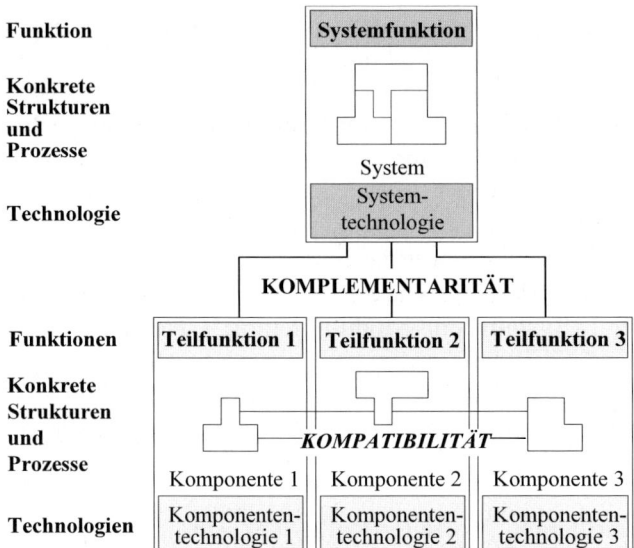

Abb. 3-42. Das Konzept der Systeminnovation (Quelle: Wettengel 1999, S. 20)

Will man den Neuheits- oder Innovationsgrad solcher technischer Systeme messen, so bietet es sich an, den Neuheitsgrad auf Komponentenebene, die Zahl der „erneuerten" Komponenten und den Neuheitsgrad auf Systemebene zu unterscheiden (siehe Abbildung 3-43).

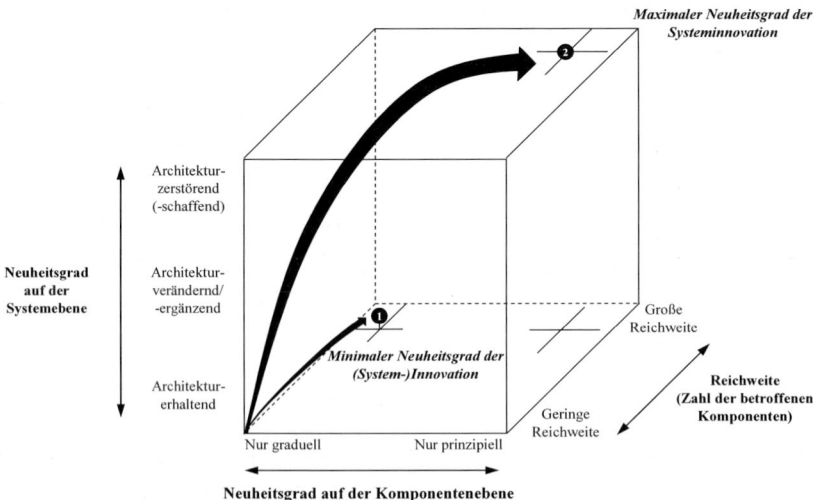

Abb. 3-43. „Innovationswürfel" zur Darstellung des Neuheitsgrades technologischer Systeminnovationen (Quelle: Wettengl 1999, S. 33)

Verfolgt man die Automobilentwicklung der letzten hundert Jahre, so ist festzustellen, dass

- viele Teilsysteme, Module und Komponenten erheblich verbessert bzw. optimiert wurden und
- das „System Automobil" um zahlreiche neue Teilsysteme, Module und Komponenten ergänzt wurde (z.B. ABS, ESP, Navigationssystem, Aktivlenkung, Kurvenlicht usw.),
- die Systemarchitektur im Wesentlichen aber unverändert geblieben ist.

Letztere stellt sich seit etwa 100 Jahren wie folgt dar: Das Automobil besteht aus einer Plattform, bestehend aus der Bodengruppe, einem (Verbrennungs-)motor, meistens vorn, und vier Rädern. Die Insassen sitzen hintereinander, der Fahrer hält das Lenkrad, bedient mit einer Hand die Schaltung, reguliert mit dem rechten Fuß mittels einer Pedale das Tempo und tritt mit dem linken Fuß das Kupplungspedal (sofern keine Automatikschaltung vorliegt). Auch die technologische Lösung der Frontscheibenreinigung, die Anordnung der Scheinwerfer, die Aufhängung der Türen usw. folgen einem „klassischen", über lange Zeit unveränderten Prinzip.

Damit sei folgendes Zwischenfazit gezogen: „Aside from the basic initial idea of connecting an inanimate power source to the wagons once pulled by horses, product innovations in the (automotive) industry have in our opinion been primarily incremental. That is, the basic form of the automobile had not changed abruptly at any point in the past hundred years" (Fine/Raff 2002, S. 431).

Letzteres erstaunt umso mehr, als in anderen technologischen Branchen in den letzten 100 Jahren durchaus radikale Systemveränderungen gelungen sind, so z.B.

- vom Grammophon zum Musikclip im MP3-Format,
- vom Kinematografen zum DVD-Player,
- von der Platten- über die Rollfilm- zur Digitalkamera,
- vom Telegrafen zum Mobiltelefon,
- vom Doppeldecker zum Nurflügler,
- von der Dampflok zur Magnetschwebebahn usw.

Die Tatsache, dass bei dem Produkt „Automobil" – bzw. bei der technologischen Lösung zur Deckung des persönlichen Mobilitätsbedarfs – bisher keine radikale Innovation festzustellen ist, lässt sogar auf ein **Innovationsdefizit** in der (weltweiten) Automobilindustrie schließen, für das es zumindest zwei starke Indizien gibt:

- Wichtige Komponenteninnovationen der letzten Jahre (z.B. Diesel-Rußfilter, Hybridantrieb) sind gerade von der deutschen Automobilindustrie nicht offensiv, sondern eher reaktiv und verzögert aufgegriffen worden; dies gilt auch für die Behandlung der CO_2-Problematik.

- Die weltweit bestehenden Absatzprobleme und Überkapazitäten werden häufig als ein „Marketingproblem" angesehen, lassen sich aber auch als Indizien eines Innovationsdefizits interpretieren: So ist es denkbar, dass die Kunden ihr Bedürfnis nach „frischen" und „innovativen" Lösungen auf dem Gebiet der persönlichen Mobilität durch PKW-Modelle, die relativ lange Lebenszyklen[1] aufweisen und lediglich inkremental veränderte „Neuauflagen" darstellen, nicht mehr erfüllt sehen.

Die Innovationsforschung stellt eine ganze Reihe von theoretischen Ansätzen bereit, die zur **Erklärung** des Innovationsdefizits in der Automobilindustrie herangezogen werden können, insbesondere

- das Konzept des „dominanten Designs" (vgl. Abernathy/Utterback 1978): Mit der Durchsetzung eines solchen „dominanten Designs", so wird postuliert, sinkt die Produktinnovationsrate und die Prozessinnovationsrate nimmt zu. Auch Fine und Raff konstatieren in Bezug auf die Automobilindustrie: „The system forms have not changed abruptly, since the dominant design emerged" (Fine/Raff 2002, S. 431);

- die schon betrachteten Phänomene „Innovator´s Dilemma" und „Incumbent Inertia" (siehe Abschnitt 2.4.3.2 c), die zu erklären versuchen, warum sich gerade etablierte Unternehmen einer Branche mit fundamentalen Technologiewechseln und radikalen Innovationen schwertun;

- das Phänomen der Pfadabhängigkeit, das meistens am Beispiel der Buchstabenanordnung auf Tastaturen illustriert wird, die ihren „Sinn" mit der Überwindung der Schreibmaschine eigentlich verloren hat[2] und dennoch weiter verwendet wird, obwohl es ergonomisch bessere Lösungen gibt;

- mangelnder Innovationswettbewerb in der Automobilindustrie durch oligopolistische Anbieterstrukturen;

---

[1] So verblieb der VW „Käfer" über 60 Jahre im Markt und beendete seinen Lebenszyklus erst im Jahr 2003. Das Nachfolgemodell, der VW „Golf", befindet sich mittlerweile auch im 4. Jahrzehnt seines Lebenszyklus.

[2] Die Buchstabenanordnung der Schreibmaschine war dadurch bedingt, dass sich die Typenhebel beim Einsatz der Schreibmaschine möglichst wenig „verhaken" sollten.

- hohe Produkt- und Systemwechselkosten im privaten, gewerblichen und öffentlichen Bereich, die ein Festhalten an der „alten" Produktarchitektur fördern;

- das schon geschilderte Wertschöpfungsnetzwerk der Automobilindustrie, das nicht nur die produktive Wertschöpfung, sondern auch Entwicklungstätigkeiten in einem immer größeren Maße auf die Lieferanten verlagert (die Lieferanten innovieren ihre Teilsysteme, Module, Komponenten und Teile – aber stellen nicht die Systemarchitektur in Frage);

- eine mögliche Innovationsaversion seitens der Kunden oder Käufer.

3.9.4 Ausblick

Die Tatsache, dass die etablierten Automobilhersteller (bisher) nicht mit radikalen Produktinnovationen auf den Markt gekommen sind, schließt nicht aus, dass andere (neue) Unternehmen solche Innovationen realisieren und die etablierten Wettbewerber existenziell bedrohen. Für diesen Fall gibt es „Vorbilder", denn

- der CD-Player wurde **nicht** von den etablierten Schallplattengeräteherstellern auf den Markt gebracht (diese wurden schließlich verdrängt),

- die PCs wurden **nicht** von den etablierten Schreibmaschinenherstellern auf den Markt gebracht (auch diese wurden ebenfalls weitgehend verdrängt),

- die Digitalkameras kamen zunächst **nicht** von den etablierten Herstellern von Fotokameras, die eher zu den „späten Folgern" gehörten usw.

Was die zukünftige angeht, sind bei nüchterner Betrachtung drei alternative Szenarien denkbar:

- **Szenario 1**: Die Systemkonfiguration „Automobil" stellt auch weiterhin die den Kundenbedürfnissen adäquate Lösung dar[1]; radikale Innovationen (nicht das „Auto der Zukunft", sondern das „Mobilitätsinstrument der Zukunft") werden von den Käufern bzw. Nutzern gar nicht gewünscht.

---

[1] Wie z.B. auch die klassische Zeigeruhr zur Erfüllung des Zeit-Informationsbedürfnisses. Mechanische Uhren, ein seit Jahrhunderten bekanntes Lösungsprinzip, werden sogar neuerdings wieder beliebter.

- **Szenario 2**: Völlig neue Anbieter offerieren ein radikal innovatives Mobilitätskonzept und bringen die etablierten Automobilhersteller existenziell in Bedrängnis.

- **Szenario 3**: Die etablierten Automobilhersteller besinnen sich auch ihre Systemveränderungskompetenz und arbeiten selbst an der kreativen „Zerstörung" der seit über hundert Jahren unveränderten Produktarchitektur bzw. Systemkonfiguration. Sie erkennen und überwinden die Probleme, die etablierte Unternehmen mit fundamentalen Technologiesprüngen und radikalen Innovationen haben, und offerieren selbst ein völlig neues Mobilitätskonzept.

3.10 Fazit

Aufgabe und Ziel des Innovationsprozesses ist die Vorbereitung und Realisierung von Produkt- und Prozessinnovationen, also die Konzipierung neuer Produkte, Leistungen und (Produktions-)Prozesse, die notwendig sind, um die gesetzten (Wert-)Ziele im Industriebetrieb dauerhaft zu erreichen.

Am Ende des Innovationsprozesses verfügt das Unternehmen über (neue) Produkte und Leistungen, deren Abgabe an die Kunden nunmehr gründlich vorbereitet ist. Die Abwicklung konkreter Kundenaufträge bzw. die konkrete Leistungserstellung vollzieht sich hingegen im Rahmen des operativen Leistungsprozesses, den wir in Kapitel 5 eingehend betrachten wollen.

Zuvor jedoch muss die (produktive) Infrastruktur des Industriebetriebs geschaffen, geprüft und gegebenenfalls erneuert, also die **Betriebsbereitschaft** sichergestellt werden. Dies ist die Aufgabe des nun betrachteten Prozesses.

Literatur

Kapitel 3.1

Arthur D. Little: Studie Innovation Excellence 2006 - Erfahrungen im Innovation Management, Wiesbaden 2006.

Hauschildt, J./Salomo, S.: Innovationsmanagement, 4. Auflage, München 2007.

Kern, W./Schröder, H.-H.: Forschung und Entwicklung in der Unternehmung, Reinbeck b. Hamburg 1977.

o.V.: Bedürfnishierarchie, in: Gabler Wirtschaftslexikon, 15. Auflage, Wiesbaden 2000, S. 354-355.

Saad K.N./Rousser P.A./Tiby C.: Management der F&E-Strategie, Wiesbaden 1991.

Schlaak, T.M.: Der Innovationsgrad als Schlüsselvariable – Perspektiven für das Management von Produktentwicklungen, Wiesbaden 1999.

Schumpeter, J.: Theorie der wirtschaftlichen Entwicklung, Berlin 1912.

Schumpeter, J.A.: Business Cycles: A Theoretical, Historical, and Statistical Analysis of the Capitalist Process, Vol. 1, New York 1939.

Steinmann, H./Schreyögg, G.: Management: Grundlagen der Unternehmensführung: Konzepte, Funktionen, Fallstudien, 6. Auflage, Wiesbaden 2005.

Voigt, K.-I.: Strategien im Zeitwettbewerb, Optionen für Technologiemanagement und Marketing, Wiesbaden 1998.

Kapitel 3.2

Hansmann, K.-W.: Industrielles Management, 8. Auflage, München/Wien 2006.

Jacob, H.: Die Planung des Produktions- und des Absatzprogramms, in: Jacob, H. (Hrsg.): Industriebetriebslehre: Handbuch für Studium und Prüfung, 4. Auflage, Wiesbaden 1990.

Kapitel 3.3

Aeberhard, K./Schreier, T.. Management von Innovationsprozessen: Ein erprobtes Verfahren zur Generierung und Beurteilung von Produktideen, http://www.innopool.ch/publikationen.html, 2001.

Balachandra R./Friar J.H.: Factors for Success in R&D Projects and New Product Introduction: A Contextual Framework, in: IEEE Transactions of Engineering Management, 44. Jg. (1997), Nr. 3, S. 276-287.

Berth, R.: Der kleine Wurf, in: Manager-Magazin, 23. Jg. (1993), S. 214-227.

Voigt, K.-I./Brem, A.: Strategisches Innovationsmanagement junger Technologie-unternehmen – Integriertes Ideenmanagement als Erfolgsfaktor, Arbeitspapier Nr. 9, Lehrstuhl für Industriebetriebslehre, Friedrich-Alexander-Universität Erlangen-Nürnberg, Nürnberg 2005.

Deschamps, J.P/Nayak, P. R./Little, A.D. : Produktführerschaft, Wachstum und Gewinn durch offensive Produktstrategien, Frankfurt am Main 1996.

Albach, H.: Informationsgewinnung durch strukturierte Gruppenbefragung – Die Delphi-Methode, in: Zeitschrift für Betriebswirtschaft, 40. Jg. (1970), Ergän-zungsheft, S. 11–26.

Gerpott, T.J.: Prognose des Markterfolgs von Produktinnovationen, in: Albers, S./Gassmann, O. (Hrsg.): Handbuch Technologie- und Innovationsmanage-ment, Wiesbaden 2005, S. 435-454.

Gerybadze, A.: Technologie- und Innovationsmanagement – Strategie, Organisa-tion und Implementierung, München 2004.

Hansmann, K.-W.: Industrielles Management, 8. Auflage, München/Wien 2006.

Hauschildt, J./Salomo, S.: Innovationsmanagement, 4. Auflage, München 2007.

Henard, D.H./Szymanski, D.M. : Why Some New Products Are More Successful Than Others, in: Journal of Marketing Research, Vol. 38 (2001), S. 362-375.

Herstatt, C./Engel, D.: Mit Analogie neue Produkte entwickeln, in: Harvard Busi-ness Manager, 28 Jg. (August 2006), S. 32-41.

Herstatt C./Lüthje C.: The process of user-innovation: a case study in a consumer goods setting, in: International Journal of Product Development, 2. Jg. (2005), Nr. 4, S. 2.

Jacob, H.: Industriebetriebslehre: Handbuch für Studium und Prüfung. 4. Auflage, Wiesbaden 1990.

Lütge, G.: Total verstrickt, in: Die Zeit, Ausgabe vom 21.03.1997.

Montoya-Weiss, M.M./Calantone, R-J./Droge C.: A Metatheorethical Evaluation of Progress: The Case of Research on New Product Development, in: AMA Winter Educators Conference Proceedings, 1994, Nr. 5, S. 246-247.

Pfeiffer, W./Weiß, E./Volz, T./Wettengl, S.: Funktionalmarkt-Konzept zum stra-tegischen Management prinzipieller technologischer Innovationen, Göttingen 1997.

Schlicksupp, H.: Innovation, Kreativität und Ideenfindung, 3. Auflage, Würzburg 1989.

Shell: Scenarios: An Explorer's Guide, Shell International Limited, London 2003.

Trommsdorff, V./ Steinhoff, F.: Innovationsmarketing, München 2007.

Kapitel 3.4

Adam 1998, D.: Produktions-Management, 9. Auflage, Wiesbaden 1998.

Brockhoff, K./Urban C.: Die Beeinflussung der Entwicklungsdauer, in: Zfbf, 5. Jg. (1988), Nr. 23, Sonderheft Zeitmanagement in Forschung und Entwicklung, S. 1-42.

Bürgel, H.D., Zeller, A., Controlling kritischer Erfolgsfaktoren in Forschung und Entwicklung, in: Controlling, Vol. 4 (1997), Nr. 9, S. 218-225.

Cooper R.G./Kleinschmidt E.J.: Determinants of Timeliness in Product Development, in: Journal of Product Innovation Management, 11. Jg., (1994), Nr. 5, S. 381-396.

Herrmann, A.: Conjoint-Analyse zur Produkt- und Preisplanung, in: Diller, H. (Hrsg.), Marketingplanung, 2. Auflage, München 1998, S. 339-358.

Dwyer L./Mellor R.: New product process activities and project outcomes, in: R&D Management, 21. Jg., (1991), Nr. 1, S. 31-42.

Forum-Vorentwicklung: Die Vorentwickung, Präsentation, 2000, www.forum-vorentwicklung.de.

Gerpott, T.J.: Strategisches Technologie- und Innovationsmanagement, 2. Auflage, Stuttgart 2005.

Hansmann, K.-W.: Industrielles Management, 8. Auflage, München/Wien 2006.

Jacob, H.: Die Planung des Produktions- und des Absatzprogramms, in: Jacob, H. (Hrsg.): Industriebetriebslehre: Handbuch für Studium und Prüfung, 4. Auflage, Wiesbaden 1990, S. 405-590.

Pfeiffer, W./Dörrie, U./Gagstetter, S./Wiegand, C./Gerharz, A.: Kosten der Typenvielfalt, Forschungs- und Arbeitsbereicht Nr. 13 der Forschungsgruppe für Innovation und Technologische Voraussage, Nürnberg 1998.

Sabisch, H.: Produkte und Produktgestaltung, in: Kern W./Schröder, H-H./Weber, J. (Hrsg.): Handwörterbuch der Produktionswirtschaft, 2. Auflage, Stuttgart 1996, S. 1439-1451.

Sattler, H.: Präferenzforschung für Innovationen, in: Albers, S./Gassmann, O. (Hrsg.): Handbuch Technologie- und Innovationsmanagement, Wiesbaden, 2005, S. 361-378.

Scheer, W. A./Boczanski, M./Muth, M./Schmitz, W.-G./Segelbacher, U.: Prozess-orientiertes Product Lifecycle Management, Berlin 2005.

Seidenschwarz, W.: Target Costing, München 1993.

Utterback, J. M.: Mastering the Dynamics of Innovation, Boston 1994.

Verworn, B.: Die frühen Phasen der Produktentwicklung: Eine empirische Analyse in der Mess-, Steuer- und Regelungstechnik, Wiesbaden 2005.

Voigt, K.-I.: Strategien im Zeitwettbewerb: Optionen für Technologiemanagement und Marketing, Wiesbaden 1998.

Voigt, K.-I./Sasse, A.: Innovationscontrolling mit Hilfe der Technologiekosten-analyse (TKA), in: Burchert H./Hering, T./Keuper, F. (Hrsg.): Controlling, Aufgaben und Lösungen, München 2001, S. 100-110.

Voigt, K.-I./Glaß, J./Scheiner, C.W.: Vorentwicklung: Ergebnisse einer Benchmarking-Studie und Ableitung von Handlungskonsequenzen, Erfurt 2005.

Voigt, K.-I./Weber, R.: Roadmapping – Innovationen und Technologiepfade strukturiert abstimmen, München 2005.

Kapitel 3.5

Cooper, R.G.: The Dimensions of Industrial New Product Success and Failure, in: Journal of Marketing, Vol. 43 (1979), Nr. 3, S. 93-103.

Cooper, R/Kleinschmidt, E.: Resource Allocation in the New Product Process, in: Industrial Marketing Management, 17. Jg. (1988), Nr. 3, S. 249-262.

Fleischer, J./Spath, D./Lanza, G.: Qualitätssimulation im Serienanlauf, in: wt Werkstatttechnik, 93. Jg. (2003), H. 1/2, S. 50-54.

Kuhn, A./Wiendahl, H.-P./Eversheim, W./Schuh, G.: Schneller Produktionsanlauf von Serienprodukten: Ergebnisbericht der Untersuchung "fast ramp-up", Lehrstuhl für Fabrikorganisation, Universität Dortmund, Dortmund 2002.

Schmahls, T.. Beitrag zur Effizienzsteigerung während Produktionsanläufen in der Automobilindustrie, Chemnitz 2001.

Terwiesch, C./Xu, Y.: The copy-exactly ramp-up strategy: Trading-off learning with process change, in: IEEE Transactions on Engineering Management Vol. 51 (2001), Nr. 1, S. 70–84.

Voigt, K.-I./Thiell, M.: Fast Ramp-Up – Handlungs- und Forschungsfeld für Innovations- und Produktionsmanagement, in: Wildemann, H. (Hrsg.): Synchronisation von Produktentwicklung und Produktionsprozess, München 2005.

Kapitel 3.6

Albers, S.: Diffusion und Adaption von Innovationen, in: Albers, S./Gassmann, O. (Hrsg.): Handbuch Technologie- und Innovationsmanagement, Wiesbaden 2005, S. 415-434.

Hansmann, K.-W.: Industrielles Management, 8. Auflage, München/Wien 2006.

Trommsdorff, V.: Innovationsmanagement, in: Diller, H. (Hrsg.), Vahlens Großes Marketinglexikon, 2. Auflage, München 2001, S. 661-664.

Trommsdorff, V./ Steinhoff, F.: Innovationsmarketing, München 2007.

Voigt, K.-I.: Strategien im Zeitwettbewerb, Optionen für Technologiemanagement und Marketing, Wiesbaden 1998.

Voigt, K.-I.: Preisbildung für neue Produkte, in: Diller, H./Hermann, A. (Hrsg.): Handbuch Preispolitik, Wiesbaden 2003, S. 691-718.

Voigt, K.-I./Wettengl, St.: Innovationskooperationen im Zeitwettbewerb, in: Engelhard, J./Sinz, E. J. (Hrsg.): Kooperationen im Wettbewerb, 61. Wissenschaftliche Jahrestagung des Verbandes der Hochschullehrer für Betriebswirtschaft e.V., Wiesbaden 1999, S. 411-443.

Kapitel 3.7

Corsten, H./Gössinger, R./Schneider, H.: Grundlagen des Innovationsmanagements, München 2006.

Horváth, P.: Das Controllingkonzept: Der Weg zu einem wirkungsvollen Controllingsystem, 3. Auflage, München 1998.

Leker, J.: F&E Controlling, in: Albers, S./Gassmann, O. (Hrsg.): Handbuch Technologie- und Innovationsmanagement, Wiesbaden 2005, S. 567-584.

Littkemann J.: Innovationscontrolling, in: Albers, S./Gassmann, O. (Hrsg.): Handbuch Technologie- und Innovationsmanagement, Wiesbaden 2005, S. 585-602.

Stippel, N.: Innovations-Controlling: Managementunterstützung zur effektiven und effizienten Steuerung des Innovationsprozesses im Unternehmen, München 1999.

Voigt, K.-I.: Strategien im Zeitwettbewerb, Optionen für Technologiemanagement und Marketing, Wiesbaden 1998.

Voigt, K.-I.: Kosten- und Erfolgswirkungen von Innovationen, in: Kostenrechnungspraxis (krp), 45. Jg., Sonderheft 3/2001, S. 60-62.

Voigt, K.-I./Sturm, C.: Integriertes Innovationscontrolling als ganzheitliches Konzept, in: Kostenrechnungspraxis (krp), 45. Jg. (2001), Nr. 1, S. 7-12.

Voigt, K.-I.: Innovationscontrolling; Innovationsbewertung; Innovationsaufwand; Innovationsbedarf, in: Specht, D./Möhrle, M. G. (Hrsg.): Lexikon Technologie-Management, Wiesbaden 2002, S. 99-102.

Voigt, K.-I.: Integriertes Innovationscontrolling, in: Keuper, Frank (Hrsg.): Produktion und Controlling, Festschrift für Manfred Layer zum 65. Geburtstag, Wiesbaden 2002, S. 255-268.

Voigt, K.-I./Erhardt, V./Ingerfeld, M.: Innovationen und Innovationscontrolling in jungen Unternehmen, in: Achleitner, A.-K./Bassen, A. (Hrsg.): Controlling von jungen Unternehmen, Stuttgart 2003, S. 91-115.

Kapitel 3.8

Chesborough, H.W.: The Era of Open Innovation, in: Sloan Management Review, Vol. 45 (2003), S. 35-41.

Huston, L./Sakkab, N.: Open Innovation – Wie Procter & Gamble zu neuer Kreativität fand, in Harvard Business Manager, 28. Jg. (2006), S. 20-31.

Kapitel 3.9

Abernathy, W.J./Utterback, J.M.: Patterns of Industrial Innovation, in: Technology Review, Vol. 50 (1978), S. 41-47.

Fine, C.H./Raff, D.M.G.: Automobiles, in: Steil, B./Victor, D.G./Nelson, R.R. (Hrsg.): Technological Innovation & Economic Performance, Princeton 2002, S. 416-432.

Mercer Management Consulting u. Fraunhofer-Instituten IPA u. IML: Future Automotive Industrie Structure (FAST) 2015 – die neue Arbeitsteilung in der Automobilindustrie, in: VDA – Materialien zu Automobilindustrie Nr. 32, Frankfurt 2004.

VDA (Verband der Automobilindustrie): Jahresbericht 2007, Frankfurt am Main 2007.

Wettengl, S.: Initiierung technologischer Systeminnovationen: Wege zur Vermeidung von Abwarteblockaden in Innovationsnetzwerken, Göttingen 1999.

4 Der Betriebsbereitschaftsprozess

4.1 Einführung und Eingrenzung

Nachdem im Rahmen des strategischen Managementprozesses die konstitutiven Grundlagen des künftigen Unternehmensgeschehens auf hochaggregiertem Niveau gelegt und im Verlauf des Innovationsprozesses die notwendigen Produkte, Leistungen und Produktionsprozesse konzipiert wurden, geht es nun darum, konkret über die notwendigen Kapazitäten zu entscheiden und diese „betriebsbereit" zu halten. Daher wollen wir die **„Betriebsbereitschaft"** als Fähigkeit des Industriebetriebs definieren, im Rahmen der noch zu bestimmenden und zu beschaffenden und/oder gegebenen Kapazität eine Produktionsleistung (Produkte und Dienstleistungen) erbringen zu können.

Die zur Gewährleistung der Betriebsbereitschaft anfallenden Kosten sind i. d. R. fixe Kosten, die unabhängig von der konkret realisierten Ausnutzung der Kapazität in gleicher Höhe anfallen und nur durch Kapazitätsdispositionen (vor allem Investitions- und Desinvestitions-, aber auch Outsourcing-Entscheidungen) beeinflusst werden können.

Die für die Betriebsbereitschaft notwendigen Kapazitäten stellen Potenzialfaktoren im System der Produktionsfaktoren dar, d.h. sie verkörpern ein Nutzungspotenzial, das dem Industriebetrieb über einen längeren Zeitraum zur Verfügung steht, sich daher durch die Beanspruchung im betrieblichen Leistungsprozess abnutzt bzw. verringert. Es gehört deshalb zum Aufgabenspektrum des Betriebsbereitschaftsprozesses, für einen Erhalt bzw. eine Erneuerung der durch die Kapazitäten gegebenen Nutzungspotenziale zu sorgen, so dass die gesetzten (Wert-)Ziele des Unternehmens nachhaltig erreicht werden können.

Im Industriebetrieb (wie in Unternehmen schlechthin) werden für gewöhnlich zwei Arten von Potenzialfaktoren bzw. Kapazitäten eingesetzt, auf die sich der Betriebsbereitschaftsprozess bezieht, und zwar

- die **Personalkapazität**, die quantitativ (z.B. durch Personaleinstellungen) und qualitativ (durch Aus- und Weiterbildungsmaßnahmen) dauerhaft an die betrieblichen Anforderungen angepasst werden muss, und

- die **Anlagenkapazität**, also Vermögensgegenstände, die dem Unternehmen längerfristig zu dienen bestimmt sind und die – sofern wir uns hier auf den betriebsnotwendigen Teil der Anlagen beschränken – zur dauernden Nutzung im Rahmen des Betriebszwecks vorgesehen sind (z.B. Maschinen und maschinelle Anlagen, Produktionseinrichtungen usw.).

Zwar ist die Schaffung und Erhaltung der Personalkapazität auch für den Industriebetrieb eine wichtige Aufgabe, nur unterscheidet er sich darin nicht von anderen Unternehmen. Wir wollen dieses Aufgabenfeld deshalb hier ausklammern und diesbezüglich auf die relevante Literatur verweisen (vgl. z.B. Scholz 2000; Holtbrügge 2005).

Die Schaffung und Erhaltung der Anlagenkapazität verdient hier dagegen eine nähere Betrachtung, denn der Industriebetrieb ist, wie eingangs erläutert, durch die Sachgüterproduktion unter maßgeblichen Einsatz von Maschinen und maschinellen Anlagen gekennzeichnet.[1] Der Betriebsbereitschaftsprozess, wie wir ihn hier eingegrenzt haben, umfasst damit im Wesentlichen drei Phasen (siehe Abbildung 4-1).

---

[1] Der Anlagenbegriff umfasst neben dem technisch bzw. technisch-wirtschaftlich abnutzbaren (Sach-) Anlagen auch immaterielle Anlagen wie Patente, Konzessionen und Urheberrechte, die hier aber Platzgründen ebenfalls nicht weiter betrachtet werden.

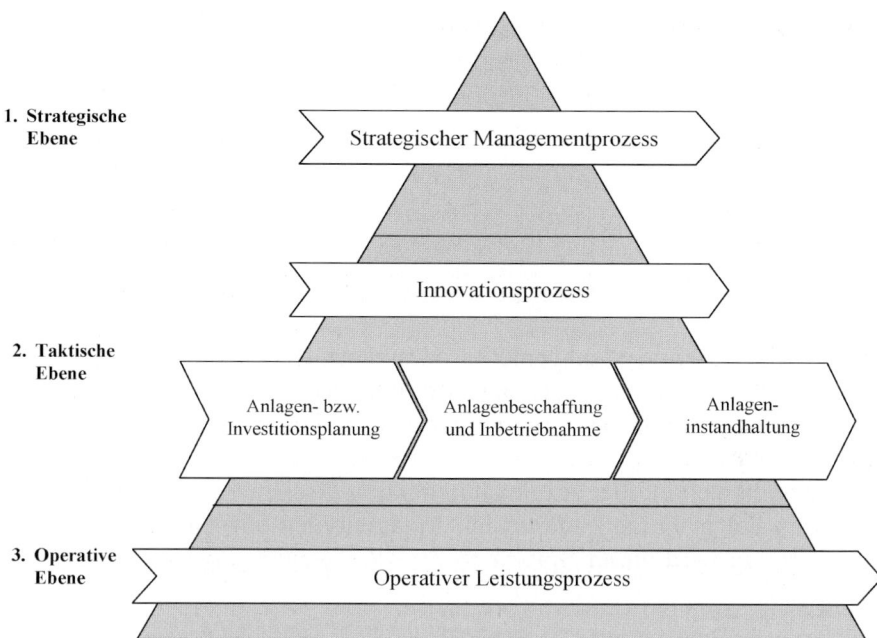

Abb. 4-1. Der Betriebsbereitschaftsprozess und seine Teilphasen

In der 1. Phase ist, auf Basis der im Innovationsprozess erfolgten Prozessentwicklung, über die Beschaffung von maschinellen Anlagen zu entscheiden. Hierbei kommen vor allem Kalküle und Modelle der Investitionsrechnung zum Einsatz.

Nach der Investitionsplanung müssen die benötigten und für sinnvoll erachteten Investitionsobjekte beschafft und in einen betriebsbereiten Zustand versetzt werden (2. Phase). Über den Verlauf der Anlagennutzung ist dann durch geeignete Instandhaltungsmaßnahmen (Phase 3) die Betriebsbereitschaft sicherzustellen.

Die Anlagenausmusterung soll hier keine eigene Phase im Betriebsbereitschaftsprozess darstellen, da sie sich ohnehin ergibt und eine (Ersatz-) Investitionsentscheidung induziert, also in den Phasen 1 und 3 integriert werden kann.

Beginnen wir damit, die genannten Teilphasen eingehender zu betrachten.

4.2 Phase 1: Anlagen- bzw. Investitionsplanung

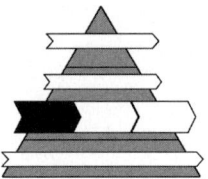

4.2.1 Planungsprämissen aus vorgelagerten Prozessen

Die im strategischen Managementprozess getroffenen Entscheidungen gehen – analog zum Grundgedanken der hierarchischen Planung – als Prämissen auch in die Anlagen- bzw. Investitionsplanung ein.

So engen schon die ausgewählten strategischen Geschäftsfelder das Spektrum der in Frage kommenden Anlagentypen ein. Durch die Produktionsstrategie wird dieser Spielraum oft noch weiter eingeschränkt, vor allem durch

- die Bestimmung der Fertigungstiefe,

- die konzipierten und zu produzierenden Erzeugnisse und

- die (Neu-) Gestaltung der Produktionsprozesse.

Der Betriebsbereitschaftsprozess vollzieht sich nicht sequentiell, sondern teilweise parallel zum Innovationsprozess.[1] So ist die Prozessgestaltung für ein neues Produkt auch der Ausgangspunkt für die Anlagen- und Investitionsplanung, während die konkret beschafften und installierten Anlagen den Ausgangspunkt für den Produktionshochlauf darstellen. Abbildung 4-2 bringt die wechselseitige Abhängigkeit noch einmal grafisch zum Ausdruck.

Im Rahmen der Anlagen- bzw. Investitionsplanung betrachten wir zunächst den Fall, dass eine in Frage kommende Kapazitätseinheit isoliert von anderen betrachtet werden kann und auf ihre Vorteilhaftigkeit hin geprüft werden soll.

---

[1] Siehe dazu auch Abschnitt 3.4.4 dieses Lehrbuchs.

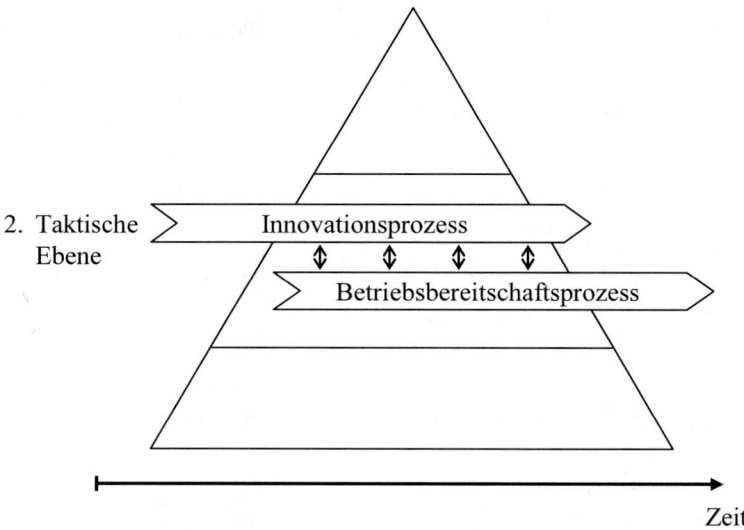

Abb. 4-2. Interdependenz zwischen Innovations- und Betriebsbereitschaftsprozess

4.2.2 Beurteilung der Vorteilhaftigkeit einer einzelnen Investition

4.2.2.1 Vorbemerkungen

Es stellt sich z.B. die Frage, ob eine Produktionsanlage angeschafft, eine Fertigungslinie eingerichtet oder gar ein neues Produktionswerk erstellt werden soll. Das Problem in der Beantwortung der Frage liegt darin, dass sich die relevanten Ergebniswirkungen über einen längeren Zeitraum erstrecken, so dass sich statische Verfahren zur Beurteilung der Vorteilhaftigkeit[1] eigentlich verbieten (vgl. auch Kruschwitz 2007, S. 31 ff.). Im Folgenden werden deshalb nur die dynamischen Verfahren der Investitionsrechnung weiter betrachtet, und zwar

- die Kapitalwertmethode,

- die Annuitätenmethode,

- die Interne-Zinsfuß-Methode.

---

[1] Z.B. Gewinn- oder Kostenvergleichsrechnungen.

Die Daten, die zur Anwendung dieser Methoden benötigt werden, sind in Abbildung 4-3 noch einmal grafisch zusammengefasst.

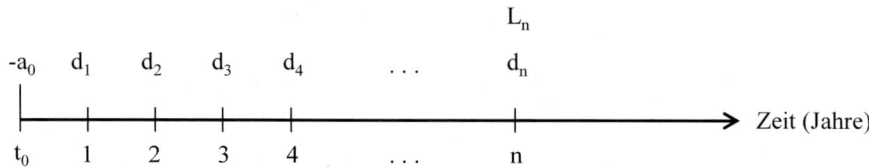

Abb. 4-3. Grundstruktur und Daten einer Investition

Es bedeuten:

a_0 Anschaffungsausgabe (einschließlich Transport-, Montage- und Einrichtungskosten);

d_t Einzahlungsüberschuss am Ende der Periode t als Differenz zwischen den laufenden Einzahlungen (e_t) und den laufenden Auszahlungen (a_t);

n   (optimale) Nutzungsdauer der Investition in Jahren;

L_n Liquidationserlös der Investition am Ende der Nutzungsdauer (z.B. Schrottwert); im Falle einer Schlusszahlung (z.B. Entsorgungsgebühr, Rekultivierungskosten u. ä.) ist L_n negativ;

i   Kalkulationszins.

4.2.2.2 Kapitalwertmethode

Der Kapitalwert einer Investition bestimmt sich wie folgt:

$$C_0 = -a_0 + \sum_{t=1}^{n} d_t (1+i)^{-t} + L_n (1+i)^{-n}$$

Die Kapitalwertberechnung setzt voraus, dass der Anlage laufende Aus- und Einzahlungen zurechenbar sind, die Anschaffungsausgabe in voller Höhe zu Beginn der Investitionsdauer fällig ist und alle übrigen Zahlungen sich auf das Ende des jeweiligen Jahres beziehen.

Als Kalkulationszinssatz i ist anzusetzen:

• bei vollständiger Eigenfinanzierung der interne Zinssatz bzw. die Rendite der besten Alternativinvestition,

- bei vollständiger Fremdfinanzierung der effektive (Fremd-) Kapitalkostensatz,

- bei Mischfinanzierung der gewichtete Durchschnittskapitalkostensatz („weighted average cost of capital" oder kurz „WACC").

Eine Investition in die in Frage kommende Kapazitätseinheit bzw. Anlage ist dann vorteilhaft, wenn die Bedingung

$$C_0 > 0$$

erfüllt ist. Ein positiver Kapitalwert, der in Geldeinheiten (z.B. in €) ausgedrückt wird, hat dabei die folgende **Aussage**:

- bei vollständiger Eigenfinanzierung: Das eingesetzte Kapital wird während der Laufzeit der Investition voll zurück gewonnen. Das jeweils gebundene Kapital verzinst sich zum Kalkulationszinssatz i. Die Investition erbringt darüber hinaus Überschüsse, die abgezinst und summiert dem Kapitalwert entsprechen. Der Kapitalwert ist also der **Mehrgewinn** gegenüber der besten Alternative, bezogen auf den Zeitpunkt t_0.

- bei vollständiger Fremdfinanzierung: Das Fremdkapital kann amortisiert und verzinst werden. Die Investition erbringt dem Investor darüber hinaus Überschüsse, die abgezinst und summiert dem Kapitalwert entsprechen. Der Kapitalwert ist in diesem Fall also der **Gewinn** der Investition, bezogen auf den Zeitpunk t_0.

- bei Mischfinanzierung: Der Kapitalwert ist eine Mischung aus Gewinn und Mehrgewinn des Investors (gegenüber der besten Alternativanlagemöglichkeit seines Eigenkapitals), bezogen auf den Zeitpunk t_0.

Es kann gezeigt werden, dass ein Kapitalwert – bei Gültigkeit der Prämisse des vollkommenen Kapitalmarkts – ein kapitalwertmaximierender maximierender Investor zugleich das Endvermögen maximiert und die Kapitalwertmethode insofern ein Spezialfall der Endwertmaximierungsmodelle darstellt (vgl. auch Kruschwitz 2007, S. 68).

4.2.2.3 Annuitätenmethode

Bei der Annuitätenmethode werden durchschnittliche jährliche Einnahmen (Einnahmenannuität) und durchschnittliche jährliche Ausgaben (Ausgabenannuität) einer Anlage miteinander verglichen. Die positive Differenz zwischen beiden – die Gewinnannuität als durchschnittlicher jährlicher Gewinn der Investition – entspricht einer Rente, die das Objekt über die Verzinsung des jeweils gebundenen Kapitals zum Kalkulationszins i hin-

aus abwirft. Die Berechnung der Gewinnannuität erfolgt mithilfe des sogenannten Wiedergewinnungsfaktors (WGF), der einen Beitrag B in t_0 in
eine uniforme Zahlungsreihe R bis zum Ende des Jahres n transformiert
(siehe Abbildung 4-4) und wie folgt definiert ist:

$$WGF = \frac{i(1+i)^n}{(1+i)^n - 1}$$

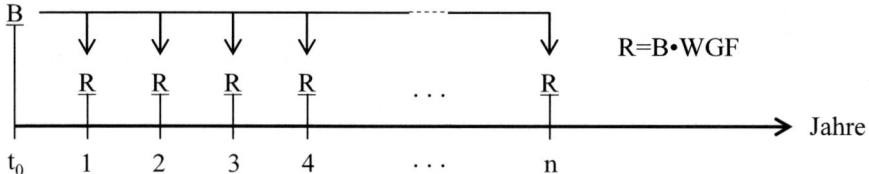

Abb. 4-4. Wirkung des Wiedergewinnungsfaktors (WGF)

Die Gewinnannuität eines Investitionsobjekts bestimmt sich nun wie
folgt:

$$D = C_0 \cdot WGF_i^n$$

Eine Investition ist vorteilhaft, wenn gilt:

$$D > 0$$

Es lässt sich zeigen, dass die Annuitätenmethode ein Spezialfall der
Entnahmemaximierungsmodelle darstellt und dass Endvermögens- und
Entnahmemaximierung auf vollkommenen Kapitalmärkten komplementäre
Ziele sind, oder anders ausgedrückt, dass Kapitalwert- und Annuitäten-
methode bei der hier betrachteten Problematik zum gleichen Ergebnis füh-
ren (vgl. Kruschwitz 2007, S. 88).

4.2.2.4 Interne-Zinsfuß-Methode

Der „interne Zins" – oder die Rendite – einer Anlage bzw. einer Investition
ist derjenige Zinsfuß r, bei dem der Kapitalwert der Investition den Wert
„null" annimmt. Formal bestimmt sich der interne Zinsfuß einer Investition also wie folgt:

$$C_0 = -a_0 + \sum_{t=1}^{n} d_t (1+r)^{-t} + L_n (1+r)^{-n} \overset{!}{=} 0$$

Eine Investition ist dann vorteilhaft, wenn die Bedingung

$$r > i$$

erfüllt ist, die betrachtete Investition (bei Eigenfinanzierung) also eine höhere Rendite erbringt als die beste Alternativinvestition bzw. (bei Fremdfinanzierung) mehr als nur die Fremdkapitalkosten erwirtschaftet.

Es ist gezeigt worden, dass die Interne-Zinsfuß-Methode bei Investitionsobjekten, deren Zahlungsreihe mehrere Vorzeichenwechsel aufweisen, zu mehrdeutigen Ergebnissen führen und insofern fragwürdig sein kann (vgl. Altrogge 1977). Obwohl es sich hier um eine in der Praxis beliebte Methode handelt, wird ihre Verwendung von Vertretern der theoretischen Betriebswirtschaftslehre nicht mehr empfohlen (vgl. auch Kruschwitz 2007, S. 106).

4.2.3 Wahlentscheidung zwischen mehreren Investitionsobjekten

Gegeben ist eine Menge von alternativen Anlage- bzw. Investitionsobjekten, aus der aus Budgetgründen aber nur eine realisiert werden kann. Ein Problem stellt sich nun dahingehend, dass die zuvor betrachteten „klassischen" Methoden – auch wenn die hier schon kritisierte Interne-Zinsfuß-Methode außer Betracht bleibt – zu sich widersprechenden Ergebnissen führen können. Dazu folgendes Beispiel (vgl. Strutz 2003, S. 316), in dem sich folgende Alternativen zur Wahl stellen:

A	-20.000_0	$+10.000_1$	$+10.000_2$	$+10.000_3$		
B:	-20.000_0	$+7.000_1$	$+7.000_2$	$+7.000_3$	$+7.000_4$	$+7.000_5$

Bei einem Kalkulationszinssatz von i = 0,08 ergeben sich folgende Kapitalwerte C_0 und Gewinnannuitäten D (siehe Tabelle 4-1):

Tabelle 4-1. Kapitalwerte und Gewinnannuitäten

Investitionsalternative	C_0	D
A	5.770	2.240
B	7.951	2.000

Nach der Kapitalwertmethode würde Alternative B, nach der Annuitätenmethode Alternative A gewählt. Das Ergebnis der Auswahlentscheidung sollte jedoch nicht von der (zufälligen) Methodenwahl abhängen. Bei näherer Betrachtung der Zahlungsreihen zeigt sich, dass sich die Investitionen sowohl in den Zahlungshöhen vergleichbarer Zeitpunkte („Breiten-diskrepanzen") als auch in der Länge der Zahlungsreihen („Längendiskre-panzen") unterscheiden. Um nun eine willkürfreie und „exakte" Wahlent-scheidung zu fällen, stehen zwei Alternativen offen:

- **1. Möglichkeit**: Es werden sämtliche durch Längen- und Breitendiskre-panzen möglichen Ergänzungsinvestitionen explizit berücksichtigt. Aus den „Grundinvestitionen" A und B – wie oben dargestellt – werden dann „Investitionsbündel". Kapitalwert- und Annuitätenmethode, ange-wendet auf die aggregierte Zahlungsreihe der jeweiligen Zahlungsbün-del, führen dann zum gleichen, nun eindeutigen Wahlergebnis.

- **2. Möglichkeit**: Der Wahlvergleich wird auf die jeweiligen Grundinves-titionen (hier: A und B) beschränkt. Hinsichtlich der Verzinsung der Er-gänzungsinvestitionen werden bestimmte Annahmen getroffen. Hierbei ist jedoch zu beachten, dass die beiden betrachteten Methoden von un-terschiedlichen Annahmen bezüglich der Verzinsung der Ergänzungsin-vestitionen ausgehen, und zwar
  - die **Kapitalwertmethode**: Sämtliche Ergänzungsinvestitionen (aus Breiten- und Längendiskrepanzen) verzinsen sich zu i;
  - die **Annuitätenmethode**: Ergänzungsinvestitionen aus Breitendis-krepanzen verzinsen sich zu i, Ergänzungsinvestitionen aus Längen-diskrepanzen verzinsen sich zum internen Zinssatz r der jeweiligen Grundinvestition (diese kann also mit gleicher Ertragskraft „verlän-gert" werden).

Folgt man der – zweifellos einfacheren – 2. Möglichkeit, so ist zunächst zu fragen, welche der unterschiedlichen Wiederanlageprämissen im kon-kreten Fall eher der Wirklichkeit entsprechen. Sind die betrachteten Inves-titionen „singulär" und Wiederanlagen bzw. Ergänzungsinvestitionen nur zum „marktüblichen Zins" (also zu i) möglich, spricht dies für die Ver-wendung der Kapitalwertmethode, sind die Grundinvestitionen dagegen verlängerbar oder „wiederholbar", sollte die Annuitätenmethode zum Ein-satz kommen (vgl. auch Betge 1998, S. 60). Gewählt wird dann jeweils diejenige Investitionsalternative mit dem höchsten Kapitalwert bzw. der höchsten Gewinnannuität.

4.2.4 Investitionsdauerentscheidungen (optimale Nutzungsdauer und Ersatzproblem)

Im Rahmen des Betriebsbereitschaftsprozesses ist auch zu entscheiden, wie lange eine maschinelle Anlage genutzt werden soll, bevor sie aus dem Produktionsapparat ausgesondert und gegebenenfalls durch eine neue Anlage ersetzt wird. Beschäftigen wir uns zunächst mit der Frage nach der (gewinn-)optimalen Nutzungsdauer.

4.2.4.1 Bestimmung der optimalen Nutzungsdauer

Gehen wir davon aus, dass die technisch-maximale Nutzungsdauer einer Anlage, die bei Durchführung einer sachgemäßen Instandhaltung (siehe Abschnitt 4.4) zu erwarten ist, hinreichend genau (z.B. aus Herstellerangaben oder eigenen Erfahrungswerten) bestimmt werden kann. Es ist offensichtlich, dass es ökonomisch sinnvoll sein kann, eine Anlage **vor** Erreichen der technisch-maximalen Nutzungsdauer aus dem Produktionsapparat auszusondern. Hierzu folgendes Beispiel (siehe Tabelle 4-2).

Tabelle 4-2. Anschaffungsausgabe, Einzahlungsüberschüsse und Liquidationserlöse einer Investition (in Millionen €)

a_0	d_1	d_2	d_3	d_4	d_5	d_6
10	4	4	3	2	1	1
L_0	L_1	L_2	L_3	L_4	L_5	L_6
10	7	5,1	3,5	2	1	0

Wie leicht zu sehen ist, gibt es von den Einzahlungsüberschüssen her keine Veranlassung, die Investition früher als nach sechs Jahren zu beenden, wohl aber, wenn man die Minderung des Liquidationserlöses berücksichtigt. Zur Bestimmung der ökonomisch-optimalen Nutzungsdauer sind die Kapitalwerte für alternative „Laufzeiten" zu berechnen. Die Nutzungsdauer mit dem höchsten Kapitalwert (hier: n = 4) ist optimal (siehe Tabelle 4-3).

Tabelle 4-3. Kapitalwerte (in Millionen €) für i = 0,1

Nutzungsdauer	n=1	n=2	n=3	n=4	n=5	n=6
C_0	0	1,157	1,825	**1,928**	1,803	1,747

In der Regel ist die produktive Aufgabe mit dem Ausscheiden der Anlage nicht erledigt, sondern besteht (dauerhaft) fort. Unter den (allerdings etwas realitätsfernen) Annahmen, dass der Planungszeitraum unendlich lang ist und die betrachtete Investition identisch wiederholt werden soll, ist die optimale Nutzungsdauer einer jeden Anlage in dieser unendlichen Investitionskette dann erreicht, wenn die Gewinnannuität bzw. der Kapitalwert der unendlichen Investitionskette (beides führt zum gleichen Ergebnis) maximal ist. Das Ergebnis für das betrachtete Beispiel ist in Tabelle 4-4 zusammengefasst.

Tabelle 4-4. Gewinnannuitäten und Kapitalwerte bei unendlicher identischer Wiederholung (in Millionen €) für i = 1

Nutzungsdauer	n=1	n=2	n=3	n=4	n=5	n=6
D^∞	0	0,666	0,733	0,607	0,476	0,402
C_0^∞	0	6,664	**7,337**	6,073	4,760	4,018

Im Unterschied zur „einmaligen" Investition ist die optimale Nutzungsdauer der Anlage um ein Jahr kürzer und beträgt nur 3 Jahre.

Realistischer ist hingegen der Fall, dass „endliche" Investitionsketten mit nicht-identischen Investitionsobjekten zu betrachten sind. Hier determiniert das Nutzungsende einer „alten" Anlage A zugleich den Einsatzzeitpunkt einer „neuen", möglicherweise verbesserten oder technisch fortschrittlicheren Anlage B. Wir sind damit also bei der Betrachtung des Ersatzproblems angelangt.

4.2.4.2 Bestimmung des optimalen Ersatzzeitpunkts (Ersatzproblem)

a) Lösung bei begrenzten Planungszeiträumen

In diesem Fall sind zunächst mithilfe vollständiger Enumeration alle möglichen Investitionsketten (oder: Investitionsstrategien) zu ermitteln. Für jede alternative Investitionskette ist dann der Kapitalwert zu berechnen. Aus der Investitionskette mit dem höchsten Kapitalwert sind dann die optimalen Ersatzzeitpunkte und die im Planungszeitraum einzusetzenden Anlagen zu ersehen (vgl. auch Kruschwitz 2007, S. 227). Dies sei an einem kleinen Beispiel demonstriert, das zugleich die Wirkung des technischen Fortschritts – hier in Form von geringeren Betriebsausgaben der technisch fortschrittlicheren Anlagen – demonstriert (vgl. auch Voigt 1993, S. 1024 ff.):

Ein Industriebetrieb sieht sich innerhalb des Planungszeitraums, der zwei Perioden umfasst,[1] folgender Planungssituation gegenüber (siehe Abbildung 4-5).

---

[1] Eine Betrachtung der nach der Planungszeitraumgrenze folgenden Zeitspanne erfolgt hier nicht. Somit wird unterstellt, dass das Unternehmen zum Zeitpunkt E den Betrieb beendet.

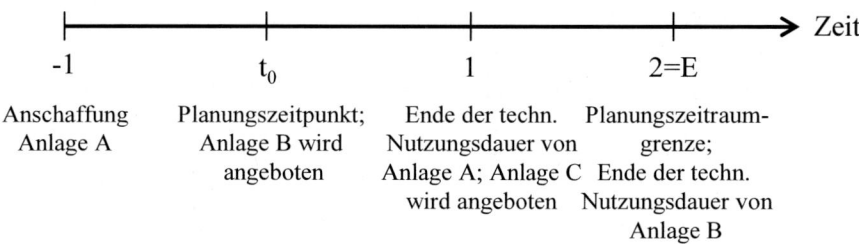

Abb. 4-5. Planungssituation des Ersatzproblems (Beispiel)

Die planungsrelevanten Daten, also die jährlichen Betriebsausgaben (a) und Anschaffungsausgaben (A_0) sowie die Rest- bzw. Liquidationswerte (RW), sind in der Tabelle 4-5 zusammengefasst.

Tabelle 4-5. Planungsrelevante Daten (Beispiel)

		t_0	1	2=E
Einzahlungen (e)		1000	1000	1000
Anlage A:				
(A_{0A}=1000)	a_A	400	400	
	RW_A	500	0	
Anlage B:				
	a_B		260	260
	A_{0B}	1100		
	RW_B		550	0
Anlage C:				
	a_C			160
	A_{0C}		1150	
	RW_C			575

Der technische Fortschritt manifestiert sich in den (gegenüber der vorhandenen Anlage A) geringeren jährlichen Betriebsausgaben der Anlagen B (Kostenvorteil 140 GE) und C (Kostenvorteil 240 GE). Durch „vollständige Enumeration" ergeben sich in diesem Fall drei alternative Investitionsketten (siehe Abbildung 4-6).[1]

---

[1] Die Kette A-B wird durch Alternative 1 dominiert und bleibt deshalb unberücksichtigt.

Alternativen:

1)

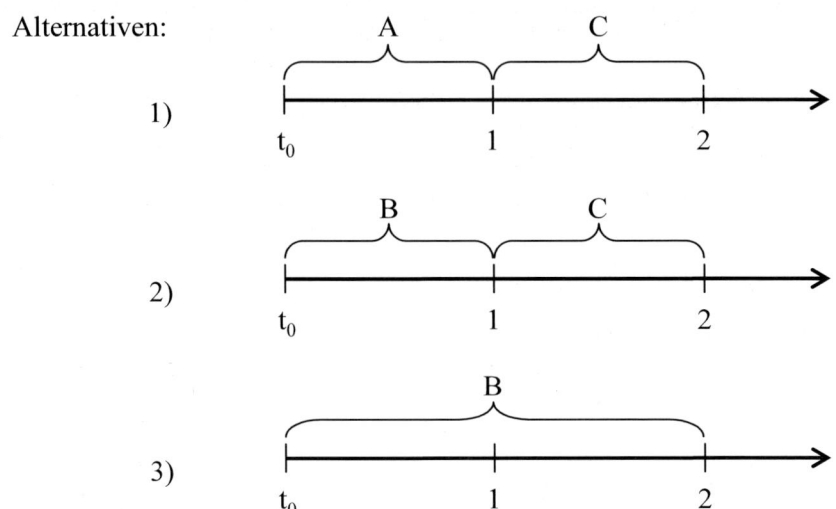

Abb. 4-6. Alternative Investitionsketten (Beispiel)

Aus den genannten Daten ergeben sich die in Tabelle 4-6 aufgeführten Zahlungsreihen und Kapitalwerte (für $i = 0,1$).

Tabelle 4-6. Zahlungsreihen und Kapitalwerte der Investitionsketten (Beispiel)

Alternative	t_0	1	2	Kapitalwert (C_0)
1)	+600	-550	+1.415	$C_0 = 1.269,42$
2)	0	+140	+1.415	$C_0 = 1.296,69$
3)	0	+740	+740	$C_0 = 1.284,30$

Alternative 2 führt zum höchsten Kapitalwert, d.h. Anlage A ist sofort durch B (die den derzeitigen Stand des technischen Fortschritts repräsentiert) zu ersetzen, die zum Zeitpunkt 1 durch die dann beste Anlage C abgelöst wird. Um die Wirkung des technischen Fortschritts auf die Entscheidung zu verdeutlichen, sollen noch die Fälle betrachtet werden, dass

a)   der zukünftige technische Fortschritt, repräsentiert durch die Maschine C, geringer ausfällt als eben angenommen (die jährlichen Betriebsausgaben sinken nur auf $a_c = 200$) oder

b)   der derzeit eingetretene Fortschritt relativ gering ist (Senkung der Betriebsausgaben von Maschine B nur auf $a_B = 350$).

Bei Konstanz aller übrigen Daten ergeben sich Zahlungsreihen und Ergebnisse, die in den folgenden Tabellen zusammengefasst sind:

Tabelle 4-7. Zahlungsreihen und Kapitalwerte (Fall a)

Alternative	t_0	1	2	Kapitalwert (C_0)
1)	+600	-550	+1.375	$C_0 = 1.236,36$
2)	0	+140	+1.375	$C_0 = 1.263,64$
3)	(unverändert)			$C_0 = 1.284,30$

Tabelle 4-8. Zahlungsreihen und Kapitalwerte (Fall b)

Alternative	t_0	1	2	Kapitalwert (C_0)
1)	(unverändert)			$C_0 = 1.269,42$
2)	0	+50	+1.415	$C_0 = 1.214,88$
3)	0	+650	+650	$C_0 = 1.128,10$

In Fall a, in dem der „gegenwärtige" technische Fortschritt dominiert, ist es günstig, Anlage A sofort durch Anlage B zu ersetzen und diese bis zum beabsichtigten Unternehmensende zu nutzen. Im Fall b, in dem der „zukünftige" technische Fortschritt überwiegt, ist es dagegen ratsam, die vorhandene Anlage noch ein Jahr zu nutzen (d.h., den bereits eingetretenen Fortschritt zu „überspringen") und Maschine A dann durch C zu ersetzen.

Damit lässt sich festhalten: Der eingetretene technische Fortschritt wirkt tendenziell ersatzfördernd, der zukünftige Fortschritt dagegen ersatzhemmend; die letztgenannte Wirkung ist umso stärker, je eher der zukünftige Fortschritt eintritt und je größer die Verbesserungen sind. Bei kontinuierlicher, relativ gleichmäßiger Entwicklung können sich die gegensätzlichen Wirkungen des gegenwärtigen und des zukünftigen technischen Fortschritts auf die Ersatzentscheidung kompensieren. Es hängt von den konkreten Daten ab, welche Wirkung im Endergebnis überwiegt. Im Ausgangsfall des obigen Beispiels (Tab. 4-5) überwiegt durch die relativ starke Kostensenkung bei Anlage B der bereits eingetretene Fortschritt und damit die ersatzfördernde Wirkung.

Wie sich leicht errechnen lässt, ist der sofortige Ersatz (= Alternative 2) günstiger als die Weiternutzung der alten Anlage (= Alternative 1), solange die Betriebsausgaben von B nicht über dem „kritischen Wert"

$$a_B^{kr} = (C_{0,BC} - C_{0,AC}) \cdot WGF_i^{nB} + a_B$$

liegen. Hier beträgt der kritischer Wert $a_B^{kr} = (1.296{,}69 - 1.269{,}42) \cdot 1{,}1 +$ 260 = 290 GE. Bewirkt also der derzeitige technische Fortschritt eine Senkung der Betriebsausgaben von B auf a_B = 290 GE (oder darunter), überwiegt – bei sonst unveränderten Daten – die ersatzfördernde Wirkung.

Zu ergänzen ist, dass sich der technische Fortschritt nicht nur in den Auszahlungen (laufende Betriebsausgaben) niederschlägt, sondern darüber hinaus auch Veränderungen folgender planungsrelevanter Daten zur Folge haben kann:

- Einzahlungen (laufende Einzahlungen sowie der Liquidationserlös am Ende der wirtschaftlichen Nutzungsdauer der Investition),

- technische Nutzungsdauer,

- Leistung und Kapazität,

- Verfügbarkeit und Flexibilität (= Anpassungsmöglichkeiten der Anlage auf den Faktoreinsatz- und/oder auf der Ausbringungsseite).

An der grundsätzlichen Vorgehensweise zur Bestimmung der optimalen Ersatzstrategie ändert sich dadurch jedoch nichts.

b) Lösung bei unbegrenzten Planungszeiträumen

Von einem unbegrenzten (unendlich langen) Planungszeitraum auszugehen erscheint – wie schon bei der Bestimmung der optimalen Nutzungsdauer – zunächst nicht besonders realitätsnah. Es geht hier jedoch allein darum, den Tatbestand, dass das Unternehmen „auf Dauer" tätig sein soll, in seiner Wirkung auf die in t_0 anstehende Ersatzentscheidung zu erfassen.

Es stellt sich, so sei angenommen, die Frage, ob die vorhandene Anlage A jetzt oder erst zu einem späteren Zeitpunkt durch die – technisch verbesserte – Anlage B ersetzt werden soll. Über die zukünftige technische Entwicklung herrsche zunächst völlige Ungewissheit. Deshalb wird unterstellt, dass das Investitionsprojekt B für den „restlichen" Planungszeitraum eingesetzt und damit unendlich häufig identisch wiederholt wird.

Gesucht wird nun diejenige Restnutzungsdauer m der „alten" Anlage A, bei der der Kapitalwert der gesamten, unendlich langen Investitionskette sein Maximum erreicht (vgl. Kruschwitz 2007, S. 233)

$$C_{0,AB}^{\infty}(m) = \sum_{t=0}^{m} d_t(1+i)^{-t} + L_m(1+i)^{-m} + \frac{C_0^B \cdot WGF_i^n}{i \cdot (1+i)^m} \to \max$$

Der Kapitalwert dieser Kette setzt sich zusammen aus der Summe der abgezinsten Einzahlungsüberschüsse d_t der Anlage A, ihrem abgezinsten Liquidationserlös L_m und dem Kapitalwert des im Anschluss an A eingesetzten und unendlich oft identisch wiederholten „Nachfolgers" B, bezogen auf den Zeitpunkt t_0. Zur Lösung des Problems ist zunächst die optimale Nutzungsdauer des Investitionsprojekts B zu bestimmen; im zweiten Schritt sind dann die Kapitalwerte der gesamten Investitionskette $C_0^{\infty}(m)$ für alle möglichen Ersatzzeitpunkte $0 \leq x \leq m_{max}$ (= Ende der technischen Nutzungsdauer von A) auszurechnen. Beginnt die gewinnmaximale Investitionskette mit der „neuen" Anlage B, so ist der sofortige Ersatz vorteilhaft, anderenfalls ist es günstiger, A noch mindestens ein Jahr im Unternehmen zu belassen.

Eine gewisse rechentechnische Vereinfachung lässt sich erreichen, wenn man von dem Kriterium der Kapitalwertdifferenz, also

$$\Delta C_0^{\infty} = C_0^{\infty}(m) - C_0^{\infty}(m-1) \geq 0$$

ausgeht. Nach dem Einsetzen der Bestimmungsgleichungen und einigen Umformungen ergibt sich als Kriterium zur Bestimmung der optimalen Restnutzungsdauer m der Anlage A(vgl. auch Kruschwitz 2007, S. 235):

$$d_m - (L_{m-1} - L_m) - L_{m-1} \cdot i \geq D_i^n$$

Die Weiternutzung der Anlage A ist günstig, solange ihr zeitlicher Grenzgewinn (linke Seite), also der Einzahlungsüberschuss d_m abzüglich der Liquidationserlösminderung und des entgangenen Zinses auf den Erlös der Vorperiode, nicht kleiner ist als die Gewinnannuität D der neuen Anlage B. Bleiben die jährlichen Einzahlungen von dem Ersatz unberührt und im Zeitablauf konstant, genügt eine Ausgabenbetrachtung; das Kriterium vereinfacht sich zu:

$$a_m + (L_{m-1} - L_m) + L_{m-1} \cdot i \leq A_i^n$$

mit

$$A_i^n = \left[\sum_{i=1}^{n} a_t(1+i)^{-t} + a_{0B} - L_n(1+i)^{-n} \right] \cdot WGF_i^n$$

Die „alte" Anlage ist weiter zu nutzen, solange ihre „zeitlichen Grenzkosten" – Betriebsausgaben zuzüglich Liquidationserlösminderung und Zinsentgang – nicht höher sind als die Ausgabenannuität A_i^n der neuen Anlage B.

In die bisherigen Überlegungen hat lediglich der **eingetretene** technische Fortschritt – repräsentiert durch die fortschrittlichere Anlage B – Eingang gefunden. Die Vernachlässigung der **zukünftigen** technischen Entwicklung kann jedoch zu einer „falschen" Ersatzinvestition führen – z.B. dazu, A sofort durch B zu ersetzen, obwohl es für den Investor insgesamt günstiger wäre, den zukünftigen technischen Fortschritt (z.B. eine weitere verbesserte Anlage C) abzuwarten.

Um den Tatbestand, dass die heute beste Ersatzanlage schon nach einem Jahr wieder „veraltet" sein kann, zu berücksichtigen, ist vorgeschlagen worden, den Einzahlungsüberschuss der heute besten Anlage B im zweiten Nutzungsjahr um denjenigen Betrag g niedriger anzusetzen, um den der Einzahlungsüberschuss von B aller Voraussicht nach hinter dem der dann besten Ersatzanlage (hier: Anlage C) zurückbleiben wird. Gleichmäßiger technischer Fortschritt unterstellt, beträgt der Leistungsnachteil im dritten Nutzungsjahr 2 g, im vierten 3 g usw. (vgl. Jacob/Voigt 1997, S. 44 f., und die dort angegebene Literatur). Dieser Nachteil entspricht dem Gewinnentgang, verursacht dadurch, dass nicht in jedem Jahr die jeweils „beste" Ersatzanlage zum Einsatz kommt.

Festzuhalten ist zunächst: Der zukünftige technische Fortschritt wird hier bereits in der Zahlungsreihe der **heute** besten Anlage vorweggenommen, so dass ein offener bzw. expliziter Vergleich zwischen dieser Anlage und den „künftig besten" Aggregaten, wie er z.B. im Rahmen von mehrperiodigen Investitionsplanungsmodellen erfolgt (siehe Abschnitt 4.2.5.3), unterbleiben kann. Ein solcher Vergleich wäre – wie leicht einzusehen ist – in dem hier betrachteten Fall des unbegrenzten Planungszeitraums (= unendliche Investitionskette) ohnehin unmöglich.

Weiter ist zu beachten, dass der vorhandenen Anlage A kein Leistungsnachteil zugerechnet wird, da diese ja unmittelbar mit der technisch verbesserten Anlage B konfrontiert wird.

Zu Lösung des erweiterten Ersatzproblems ist das zuletzt genannte Kriterium der Ausgabenbetrachtung anwendbar; die Ausgabenannuität der neuen Anlage B ist jetzt aber wie folgt zu berechnen:

$$A_i^n = \left[\sum_{t=1}^{n}(a_t + (t-1)\cdot g)\,(1+i)^{-t} + a_{0B} - L_n(1+i)^{-n} \right] \cdot WGF_i^n$$

4.2.5 Planung von ein- und mehrperiodigen Investitionsprogrammen

4.2.5.1 Problem und Überblick

Die bisher gesetzte Prämisse, dass zu jedem Zeitpunkt nur eine Investitionsalternative verwirklicht werden kann, ist vergleichsweise unrealistisch. In Industriebetrieben stellt sich vielmehr die Frage, welche Anlagen bzw. Investitionsobjekte aus einer Menge von potenziell vorteilhaften Alternativen ausgewählt und zu einem **Investitionsprogramm** zusammengestellt werden sollen. Bei näherer Betrachtung stellt sicht die Frage in zeitlicher Hinsicht

- in Bezug auf **eine** Periode (einperiodige Investitionsprogrammplanung) oder

- in Bezug auf **mehrere** Planungsperioden (mehrperiodige Investitionsprogrammplanung)[1].

Dabei bilden die verfügbaren finanziellen Mittel den wichtigsten „begrenzenden" Faktor bei der Auswahl der Investitionsprojekte. Beginnen wir mit einem noch recht einfachen Ansatz der einperiodigen Investitionsprogrammplanung, welcher genau diese Restriktion in den Vordergrund stellt.

4.2.5.2 Einperiodige Investitions- und Finanzplanung („Dean-Modell")

Dieser von Joel Dean vorgeschlagene Lösungsansatz (vgl. Dean 1951) sei an folgendem Beispiel demonstriert (vgl. dazu auch Strutz 2003, S. 344 ff.).

Einem Industriebetrieb stehen zu einem Entscheidungszeitpunkt die in Tabelle 4-9 dargestellten vier Investitionsobjekte, die beliebig untereinan-

---

[1] Die simultane Planung der Investitionsprogramme mehrerer Perioden (z.B. für die nächsten 5 Jahre) dient i.d.R. nicht dazu, die Investitionspläne bereits heute für den gesamten Zeitraum festzuschreiben, sondern vorrangig dem Zweck, die Wirkung der zeitlich-vertikalen Interdependenzen auf das erste, verbindlich festzulegende Periodenprogramm zu berücksichtigen (vgl. Jacob/Voigt 1997, S. 84 f.).

der kombiniert werden können, zur Wahl; gleichzeitig stehen die ebenfalls in Tabelle 4-9 aufgeführten Finanzierungsquellen zur Verfügung:

Tabelle 4-9. Ausgangsdaten (Beispiel)

Investitionsobjekte	Anschaffungsausgabe a_0 in Mio. €	Interner Zins (Rendite) in %
A	5	11
B	3	9
C	2	18
D	3	14
Finanzierungsquellen	**Maximal verfügbarer Betrag in Mio. €**	**Interner Zins (Kalkulations-/Kreditzins) in %**
Eigenkapital (EK)	6	6
Kredit K_1	2	9
Kredit K_2	5	13

Der Zinssatz des Eigenkapitals (Kalkulationszins) entspricht der Effektivverzinsung der besten, nicht mehr explizit betrachteten Anlagenalternative. Das Unternehmen steht nun vor der Frage,

- welche Investitionen als „Programm" ausgewählt und realisiert und

- welche Finanzierungsquellen in welchem Ausmaß in Anspruch genommen werden sollen.

Die Lösung kann grafisch erfolgen, indem die Investitionsobjekte (Finanzierungsquellen), beginnend mit der Alternative mit dem höchsten (niedrigsten) Zinssatz, in absteigender (aufsteigender) Reihenfolge in ein Koordinatensystem eingezeichnet werden (siehe Abbildung 4-7).

Der Schnittpunkt der treppenförmig fallenden „Kapitalnachfragekurve" mit der ebenfalls treppenförmig steigenden „Kapitalangebotskurve" markiert dann das optimale Investitions- und Finanzierungsprogramm, hier mit dem Budget von $B_{opt} = 8$ Mio. €.

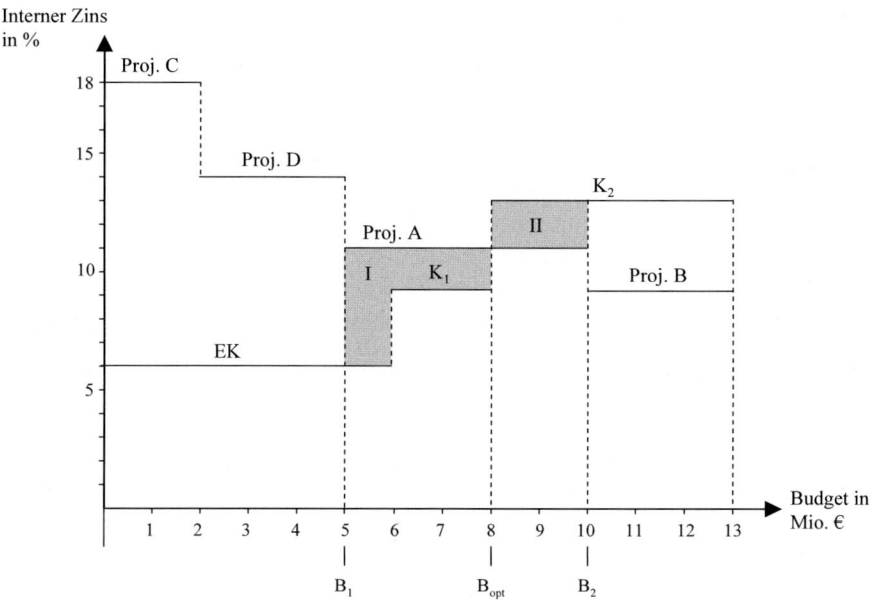

Abb. 4-7. Einperiodige Investitions- und Finanzplanung (Quelle: Strutz 2003, S. 345)

Das gewinnoptimale Investitionsprogramm[1] lautet also:

- Projekt C: voll realisieren (2 Mio. €),
- Projekt D: voll realisieren (3 Mio. €),
- Projekt A: teilweise realisieren (3 Mio. €).

Das entsprechende Finanzierungsprogramm lautet:

- Eigenkapital: voll einsetzen (6 Mio. €),
- Kredit 1: voll einsetzen (2 Mio. €).

Sind die Investitionsobjekte – insbesondere Objekt A – **nicht beliebig teilbar**, was für Sachinvestitionen durchaus typisch ist, so sind die in Abbildung 4-7 markierten Flächen I (= zusätzlicher Gewinn durch Projekt A) und II (= Verlust durch Projekt A) miteinander zu saldieren. In diesem Fall ist die Fläche I (= 90.000 €) größer als Fläche II (= 40.000 €), so dass durch Projekt A ein „Nettovermögenswachstum" von 50.000 € erreicht wird. Die **optimalen Programme** lauten nun:

---

[1] Wie Kruschwitz (2007, S. 255 ff.) analytisch nachweist, führt die geschilderte Vorgehensweise tatsächlich zum Investitions- und Finanzierungsprogramm, dass das Vermögen des Investors am Ende der Periode maximiert. Auf eine Darstellung des Nachweises sei hier verzichtet.

- Projekt C, D, A voll realisieren   (10 Mio. €)
- Eigenkapital voll einsetzen   (6 Mio. €)
- Kredit 1 voll einsetzen   (2 Mio. €)
- Kredit 2 teilweise einsetzen   (2 Mio. €)

Die Ausweitung des hier dargestellten Ansatzes auf den Fall der mehrperiodigen Investitions- und Finanzierungsprogrammplanung ist jedoch mit erheblichen Problemen verbunden (vgl. Kruschwitz 2007, S. 261 ff.). Wir greifen für diesen Fall deshalb auf einen Lösungsansatz der Linearen Programmierung (LP) zurück,[1] der zudem in der Lage ist, weitere der bisher gesetzten Prämissen, die mit der Anwendung der klassischen Methoden der Investitionsrechnung verbunden sind, aufzuheben.

4.2.5.3 Mehrperiodige Investitions- und Finanzplanung mithilfe der Linearen Programmierung („Integrationsmodell")

a) Kennzeichnung der Planungssituation

Wie schon angedeutet gelingt es mit Investitionsprogrammplanungsmodellen vom Typ „Integrationsmodell", auf die recht einengenden Anwendungsvoraussetzungen der klassischen Investitionsrechnungsmethode, insbesondere

- völlige Unabhängigkeit der Investitionsobjekte,

- methodenabhängige Wiederanlageprämissen und

- Vernachlässigung von Absatzbeschränkungen, finanziellen Engpässen und Beschaffungsrestriktionen,

zu verzichten (vgl. Jacob/Voigt 1997, S. 76 f.).

Betreffen die Investitions- oder Ersatzüberlegungen Anlagen, die in einen mehrstufigen Fertigungsprozess eingegliedert werden sollen, ist die bisher gesetzte Prämisse „unabhängige Investitionsobjekte" nicht mehr erfüllt. Den in Frage kommenden Anlagen lassen sich zwar noch Auszahlungs-, aber keine Einzahlungsreihen mehr zuordnen – die Erlöse werden von dem Produktionsapparat „als Ganzem" erbracht. Dies erfordert einen Lösungsansatz, der solche „direkten" Interdependenzen zwischen den Investitionsobjekten, die eine vorweggenommene Zurechnung der Erlöse vereiteln, explizit zu berücksichtigen vermag.

---

[1] Zur Grundstruktur eines LP-Modells siehe Abschnitt 5.3.4.1 dieses Lehrbuchs.

Wegen der vielfältigen Ausgestaltungsmöglichkeiten des Produktionsapparats kann das Produktionsprogramm nicht im Vorwege festgelegt werden. Produktions- und Investitionsprogramm sind wechselseitig voneinander abhängig und deshalb simultan zu planen.

Hinsichtlich der Wiederanlage zwischenzeitlicher Einzahlungsüberschüsse soll – im Gegensatz zu den zuvor betrachteten Planungssituationen – nicht von stillschweigenden Voraussetzungen ausgegangen, sondern explizit entschieden werden, ob ein in Periode q erwirtschafteter Überschuss in Periode q + 1 in konkrete Sach- und/oder Finanzanlagen reinvestiert werden soll. Weiterhin sind Beschränkungen z.B. des Absatz- und Beschaffungsmarkts in die Planung einzubeziehen.

Gefragt ist jetzt, wie viele Anlagen von welchem Typ zu Beginn jeder betrachteten Periode (z.B. Kalenderjahre) q = 1, 2, ..., q* angeschafft oder veräußert werden sollen. Das bedeutet, dass die bisher „isoliert" bzw. sukzessiv gelösten Planungsprobleme, nämlich

- das Vorteilhaftigkeitsproblem,
- das Wahlproblem,
- die Bestimmung der optimalen Nutzungsdauer und
- das Ersatzproblem,

hier simultan für alle in Frage kommenden Anlagen und für alle betrachteten Planungsperioden gelöst werden müssen. Ein formaler Lösungsansatz, der dies zu leisten vermag, ist wie folgt aufgebaut:

b) Der Lösungsansatz (Integrationsmodell)

Integrationsmodelle (vgl. Jacob 1964, S. 584 ff.; Jacob/Voigt 1997, S. 76 ff.) bilden das geschilderte Planungsproblem in einer Zielfunktion sowie in Nebenbedingungen ab:

Zielfunktion

$$G = \sum_q (1 + c'_q / 2)[E\ddot{U}_q] - \sum_{qi} v_{qi} \cdot A^*_{qi} + \sum_{q'qi} a_{q'qi} \cdot L^*_{q'qi} + \sum_q c_q \cdot R_q \rightarrow \max$$

Maximiert werden die über alle Planungsperioden q gebildeten Summen der verzinsten Einzahlungsüberschüsse EÜ, der „Nettoliquidationserlöse"

L* aller zwischenzeitlich wieder veräußerten Anlagen[1] und der Zinsen aus den Finanzinvestitionen Rq, vermindert um die Summe der anteiligen Anschaffungsausgaben A* der im Planungszeitraum angeschafften Anlagen.[2]

$$EÜ_q = \sum_z x_{qz}(p_{qz} - k_{qz}) - \sum_{q'=1}^{q} \sum_i a_{q'qi} \cdot F_{q'qi} \qquad \forall q$$

Der Einzahlungsüberschuss einer Periode q ist die Differenz zwischen dem Gesamtdeckungsbeitrag aller Produkte z und den Fixkosten aller in den Perioden q' = 1 bis q angeschafften und in q noch genutzten Anlagen vom Typ i (Variable: $a_{q'qi}$).

Die Zielfunktion ist unter folgenden Nebenbedingungen zu maximieren:

Absatzbedingungen

$$x_{qz} \leq N_{qz} \quad \forall q, z$$

Die jährlichen Produktions- und Absatzmengen der Produkte z sollen die Absatzgrenzen N_{qz} nicht überschreiten.

Kapazitätsbedingungen

$$\sum_z x_{qz} \cdot \beta_{zi} \leq \sum_{q'=1}^{q} a_{q'qi} \cdot T_{q'qi} \quad \forall q, i$$

Die benötigte Kapazität (linke Seite) darf die vorhandene (rechte Seite) nicht übersteigen.

Finanzierungsbedingungen

$$\sum_i v_{qi} \cdot A_{qi} + R_q = B_q + (1 + c'_{q-1}/2)[EÜ_{q-1}] + \sum_{q'=1}^{q-1} \sum_i a'_{q'qi} \cdot L_{q'qi} + (1 + c_{q-1}) \cdot R_{q-1} \quad \forall q$$

Diese Bedingungen stellen sicher, dass in jeder Periode nicht mehr Anlagen angeschafft werden, als finanzierbar sind. Zugleich steuert die in die-

---

[1] Differenz zwischen dem „vollen" Liquidationserlös und dem Restwert am Ende des Planungszeitraums.

[2] Differenz zwischen den Anschaffungsausgaben und dem Restwert am Ende des Planungszeitraums.

sen Bedingungen erfasste „Gewinnrückkopplung" die Wiederanlage der Einzahlungsüberschüsse der jeweiligen Vorperioden ($EÜ_{q-1}$) in Sachinvestitionen (v_{qi}) und/oder Finanzinvestitionen (R_q). Als weitere „Finanzierungsquellen" sind – auf der rechten Seite der Gleichung – die vollen Liquidationserlöse ($L_{q'qi}$) der zu Beginn der Periode q verkauften Anlagen, die verzinsten Finanzinvestitionen der Vorperiode sowie „autonome" Kapitalbeträge B_q (z.B. aus Kapitalerhöhungen) erfasst. Weiterhin benötigen wir:

Aggregatgleichungen

$$v_{q'i} = a_{q'qi} + \sum_{q''=q'+1}^{q} a'_{q'q''i} \qquad \forall_{q,q',i}$$

Die Zahl der in Periode q' angeschafften Anlagen vom Typ i ($v_{q'i}$) muß übereinstimmen mit den in Periode q noch genutzten zuzüglich der bis einschließlich Periode q wieder veräußerten Aggregaten.

Auf die Darstellung weiterer Nebenbedingungen (z.B. Beschaffungsrestriktionen), die sich problemlos formulieren lassen, sowie der Nichtnegativitätsbedingungen sei hier verzichtet.

Die hier benutzten Symbole habe die folgende Bedeutung:

- Indizes

  i   Produktionsanlagen
  q   Perioden
  z   Produkte

- Variablen

  $a_{q'qi}$ Zahl der in Periode q' angeschafften und in Periode q noch genutzten Anlagen vom Typ i

  $a'_{q'q''i}$ Zahl der in Periode q' angeschafften und in Periode q" veräußerten Anlagen vom Typ i

  R_q Höhe der Finanzanlage in Periode q

  $v_{q'i}$ Anzahl der in Periode q' angeschafften Anlagen vom Typ i

  x_{qz} in Periode q hergestellte und abgesetzte Menge von Produkt z

- Konstanten

  A_{qi} Anschaffungsausgaben für eine Anlage vom Typ i, angeschafft zu Beginn der Periode q

  A^*_{qi} anteilige Anschaffungsausgaben einer Anlage i, angeschafft in q (= Differenz zwischen den vollen Anschaffungsausgaben und dem Restwert am Ende des Planungszeitraums)

  B_q „autonom" verfügbare finanzielle Mittel in Periode q

  $c_q(c'_q)$ Verzinsung der Finanzinvestitionen (der kurzfristig angelegten Mittel) in q

  $F_{q'qi}$ fixe Kosten einer in Periode q' angeschafften und in q noch genutzten Anlage vom Typ i

  k_{qz} variable Stückkosten eines Erzeugnisses z in q

  $L_{q'qi}$ Liquidationserlös bei Veräußerung einer in Periode q' angeschafften Anlage vom Typ i in q

  $L^*_{q'qi}$ „Nettoliquidationserlös" einer in q' angeschafften und in q veräußerten Anlage (= Differenz zwischen dem vollen Liquidationserlös und dem Restwert am Ende des Planungszeitraums)

  N_{qz} Absatzgrenze eines Produkts z in q

  p_{qz} Verkaufspreis eines Produkts z in q

  $T_{q'qi}$ Kapazitätsgrenze einer in q' angeschafften Anlage vom Typ i in q

  b_{zi} Produktionskoeffizient (= benötigte Kapazität einer Anlage i zur Herstellung eines Produkts z)

Der dargestellte Lösungsansatz ist, nebenbei bemerkt, erstaunlich anpassungsfähig, denn er kann

- sowohl bei begrenzten als auch bei unbegrenzten Planungszeiträumen angewendet werden. Im letzteren Fall braucht der Planungshorizont nur so weit ausgedehnt zu werden, bis die Verhältnisse der auf q* folgenden Perioden (voraussichtlich) keinen Einfluss mehr auf das Programm der ersten Periode, das „verbindlich" geplant werden soll, ausüben.

- sowohl für Optimierungs- als auch, nach einigen Umformungen, für Simulationsrechnungen genutzt werden.

- zu einem „flexiblen Planungsansatz" ausgebaut werden und dadurch den Tatbestand der Datenunsicherheit explizit berücksichtigen (vgl. Jacob/Voigt 1997, S. 97 ff.).

Darüber hinaus scheint es erwähnenswert, dass dank der mittlerweile verfügbaren, recht leistungsfähigen Softwarepakete auch Planungsprobleme in praxisrelevanten Größenordnungen auf einem PC gelöst werden können.

Kommen wir abschließend zu der Frage, wie der technische Fortschritt in dieses Modell einbezogen und dessen Wirkung verdeutlicht werden kann (vgl. dazu auch Voigt 1993, S. 1036 ff.)

c) Einbeziehung und Wirkung des technischen Fortschritts

Im Rahmen des Integrationsmodells kommt der technische Fortschritt in den veränderten Leistungsdaten der technisch verbesserten Anlagen zum Ausdruck. Konkret kann das bedeuten, dass eine verbesserte Anlage $i = 2$ gegenüber dem Vorgängermodell $i = 1$ folgende Verbesserungen aufweist oder bewirkt:

- eine höhere Kapazität ($T_{q'qi}$),
- niedrigere Produktionskoeffizienten (β_{zi}),
- höhere Deckungsspannen,
- eine längere technische Nutzungsdauer,
- höhere Liquidationserlöse $L_{q'qi}$ bzw. $L^*_{q'qi}$ und
- veränderte Anschaffungsausgaben A_{qi} bzw. A^*_{qi}.

Die fortschrittsbedingten Veränderungen dieser Daten sind möglicherweise nicht für den gesamten Planungszeitraum exakt prognostizierbar. Der technische Fortschritt kann jedoch auch so sinnvoll einbezogen werden, dass ab einer bestimmten Periode q** bis zum Planungszeitraumende lediglich durchschnittliche Datenänderungen (z.B. Verringerung der Produktionskoeffizienten um jeweils 10% bei jeder künftig verbesserten Anlage) veranschlagt werden.

Inwieweit der technische Fortschritt tatsächlich genutzt wird, lässt sich aus dem Planungsergebnis – der Aufnahme potenziell fortschrittlicher Anlagen in das Investitionsprogramm – ersehen. Dies sei an einem einfachen Beispiel demonstriert:

Ein Investor will drei Produkte z = 1, 2, 3 herstellen. In dem dafür notwendigen dreistufigen Fertigungsprozess kommen Anlagentyp i = 1 ausschließlich auf der ersten Stufe, Typ i = 2 nur auf der zweiten und Typ i = 3 nur auf der dritten Stufe zum Einsatz. Für den Planungszeitraum von drei Perioden (= Jahren) werden folgende Absatzmarktdaten, Stückkosten und Produktionskoeffizienten prognostiziert:

Tabelle 4-10. Planungsrelevante Daten[1]

Produkt	Absatzmarktdaten		Variable Stückkosten und Produktions-koeffizienten					
	Preise	Absatz-grenzen	Stufe 1		Stufe 2		Stufe 3	
			k	ß (ZE/ME)	k	ß in q=1	k	ß
z = 1	55,-	8.000 ME	10,-	0,5	10,-	0,5	3,-	0,7
z = 2	40,-	9.000 ME	12,-	0,2	5,-	0,4	5,-	0,4
z = 3	54,-	6.000 ME	20,-	0,4	8,-	0,4	6,-	0,3

Der zukünftige technische Fortschritt komme hier allein darin zum Ausdruck, dass die auf Stufe 2 einsetzbaren Anlagen jeweils niedrigere Produktionskoeffizienten (bei sonst gleichen Daten) aufweisen, wenn sie erst in q = 2 oder q = 3 beschafft werden (siehe Tabelle 4-11).

Tabelle 4-11: Entwicklung der Produktionskoeffizienten bei Anlagetyp 2

Produkt	Produktionskoeffizienten bei Anschaffung in:		
	q = 1	q = 2	q = 3
z = 1	0,5	0,3	0,25
z = 2	0,4	0,2	0,15
z = 3	0,4	0,2	0,15

Für diese zur Wahl stehenden Anlagen gelten ansonsten die Daten der Tabelle 4-12.

---

[1] Diese Daten gelten – sofern nicht anders ausgegeben – unverändert für alle drei Planungsperioden.

Für die Ermittlung der Restwerte wird eine lineare Abschreibung unterstellt; anzusetzende Liquidationserlöse entsprechen den so ermittelten Restwerten.

Für den Finanzbereich sind folgende Daten kennzeichnend:

- Zinsen für kurzfristig angelegte Beträge: 4 % ($c'_q = 0{,}04$)
- Verzinsung der Finanzinvestitionen: 10 % ($c_q = 0{,}10$)

Tabelle 4-12. Daten der Produktionsanlage (Beispiel)

| Typ | Anschaffungs- ausgaben | Fixkosten/ Periode | maximale | |
			technische Nutzungsdauer (Jahre)	Kapazität ZE/Jahre
$i = 1$	100.000,-	10.000,-	5	2.000
$i = 2$	80.000,-	5.000,-	4	2.000
$i = 3$	90.000,-	6.000,-	6	2.000

- „autonome" finanzielle Beträge (B_q):   B1 = 350.000 €
  B2 = 150.000 €
  B3 = 100.000 €

Gesucht ist nun die - auf Basis dieser Daten - gewinnoptimale Investitionsprogrammfolge. Um die Wirkung des technischen Fortschritts deutlich hervortreten zu lassen, soll die Optimierung für die folgenden (hypothetischen) Fälle durchgeführt werden:

- Fall 1:   kein zukünftiger technischer Fortschritt (d.h., die Produktionskoeffizienten der Periode $q = 1$ gelten für alle drei Perioden);
- Fall 2:   „einmaliger" technischer Fortschritt (= Senkung der Produktionskoeffizienten bei Anlagentyp $i = 2$ nur in Periode $q = 2$);
- Fall 3:   wie Fall 2, aber mit Desinvestitionsmöglichkeit: Anlagen vom Typ $i = 2$, angeschafft in Periode $q = 1$, können zu Beginn der Periode $q = 2$ wieder veräußert werden;
- Fall 4:   „permanenter" technischer Fortschritt (siehe Tabelle 4-11) ohne jede Desinvestitionsmöglichkeit;

- Fall 5:   wie Fall 4, aber mit Desinvestitionsmöglichkeit: Anlagen i = 2 aus Periode q = 1 können zu Beginn der zweiten Periode verkauft werden.

Mit den fallspezifisch formulierten Modellen, die mit den obigen Daten parametrisiert sind, errechnen sich die folgenden **optimalen Investitionsstrategien** (siehe Tabelle 4-13 und 4-14):[1]

Tabelle 4-13. Ergebnisse der Fälle 1-3:

Anlagen	Fall 1: ohne zukünftigen techn. Fortschritt, ohne Desinvestition			Fall 2: „einmaliger" techn. Fortschritt, ohne Desinvestition			Fall 3: wie Fall 2, aber mit Desinvestition		
	q=1	q=2	q=3	q=1	q=2	q=3	q=1	q=2	q=3
$v_{i=1}$	1	1	-	-	1	1	1	-	2
$v_{i=2}$	1	1	-	-	1	1	1_D	1	1
$v_{i=3}$	1	1	1	-	2	1	1	1	2
Zielfunktionswert	235.590 €			270.539 €			328.125 €		

Tabelle 4-14. Ergebnisse der Fälle 4 und 5:

Anlagen	Fall 4: „permanenter" techn. Fortschritt, ohne Desinvestition			Fall 5: „permanenter" techn. Fortschritt, mit Desinvestition		
	q=1	q=2	q=3	q=1	q=2	q=3
$v_{i=1}$	1	-	2	1	-	2
$v_{i=2}$	1	-	1	1_D	1	1
$v_{i=3}$	1	-	3	1	1	2
Zielfunktionswert	279.534 €			332.126 €		

---

[1] Aus Platzgründen sind hier lediglich die Sachinvestitions-, nicht aber die Produktions- und Finanzinvestitionsprogramme wiedergegeben. Eine mit „D" indizierte Zahl bedeutet: Diese Anlagen werden am Ende der jeweiligen Periode wieder veräußert (Desinvestition).

Während es im „**Ausgangsfall**" **Nr.1** lohnenswert ist, sofort mit Sachinvestitionen und damit auch mit Produktionstätigkeiten zu beginnen, ist es
im **Fall 2** günstiger, den technischen Fortschritt in Periode 2 abzuwarten
und in der ersten Periode ausschließlich Finanzinvestitionen zu tätigen.
Anders in **Fall 3**: Dank der Desinvestitionsmöglichkeit ist hier wieder der
sofortige Produktionsbeginn vorteilhafter. Die Anlage vom Typ 2, die in t_0
angeschafft wird, ist zu Beginn der Periode 2 durch eine dann erhältliche
„verbesserte" Anlage zu ersetzen.

Bei „permanentem" technischem Fortschritt sind – im Fall ohne Desinvestitionsmöglichkeit (**Fall 4**) – sofortige Sachinvestitionen zu empfehlen.
Die technische Entwicklung in Periode 2 wird allerdings „übersprungen",
denn erst in Periode 3 sind weitere bzw. verbesserte Anlagen anzuschaf-
fen. Interessant ist: Obwohl die technische Entwicklung nur *eine* Produktionsstufe betrifft, wirkt sie sich aufgrund der direkten Interdependenzen auf
alle Anlagentypen des Investitionsprogramms aus.

Im **Fall 5** ist das Sachinvestitionsprogramm mit dem im Fall 3 identisch,
aber der Zielfunktionswert ist höher. Dies resultiert aus den niedrigen Produktionskoeffizienten der in q = 3 angeschafften Anlagen vom Typ 2 und
den dadurch bewirkten Änderungen im Produktionsprogramm.

Im Rahmen der Simulationsrechung lassen sich nun – ähnlich wie im
Rahmen der klassischen Verfahren – kritische Werte(-kombinationen) ermitteln, die z.B. darüber Auskunft geben, ab welcher Ausprägung (hier:
der Produktionskoeffizienten) ein „Abwarten" des zukünftigen technischen
Fortschritts (wie im Fall 2) oder eine Desinvestition in t = 1 (wie im Fall 3)
lohnenswert sind.

Fassen wir zusammen: Komplexe Wahl- und Anordnungsprobleme im
Rahmen der Investitionsplanung erfordern aufwendige Lösungsmethoden:
Sie können in Form eines Integrationsmodells abgebildet und dann (z.B.
mithilfe eines PCs) gelöst werden. Der technische Fortschritt wirkt dabei –
sei es mit „exakten" Werten oder als Durchschnittsentwicklung – im Modell explizit abgebildet. Die **Wirkung** des technischen Fortschritts ist, vom
Grundsatz her, mit der Wirkung bei Verwendung der „klassischen" (vereinfachten) Entscheidungskalküle identisch:

- Ein bereits eingetretener technischer Fortschritt wirkt ersatz- bzw. in-
  vestitionsfördernd, der zukünftige technische Fortschritt wirkt dagegen im Betrachtungszeitraum ersatz- bzw. investitionshemmend, hat
  also „hinausschiebende" Wirkung – sei es, dass eine Veränderung des

Produktionsapparates (wie in Fall 4) oder die Sachinvestitionstätigkeit an sich (wie im Fall 2) hinausgezögert wird.

- Die Möglichkeit, Desinvestitionen vorzunehmen, fördert ganz allgemein die Nutzung des technischen Fortschritts.

In dem hier betrachteten Modell wurden nur Investitionsobjekte bzw. Anlagen „als Ganzes" erfasst und abgebildet. Bei näherer Betrachtung zeigt sich jedoch, dass gerade maschinelle Anlagen eine komplexe Struktur aufweisen und in Module und Komponenten untergliedert werden können. Dies ist für die Anlagen- bzw. Investitionsplanung deshalb von Bedeutung, weil der eben betrachtete technische Fortschritt sich nur teilweise auf der Ebene ganzer Anlagen, zu einem nicht geringen Teil aber auch auf **Modul- und Komponentenebene** niederschlägt.

Für die Anlagen- bzw. Investitionsplanung bedeutet dies, dass die betrachteten Investitionsmethoden und -modelle so zu verändern sind, dass auch auf Modul- und Komponentenebene optimale Investitions-, Ersatz- und Nutzungsdauerentscheidungen gefällt werden können.

Auf die zu diesem Zweck vorgeschlagenen Modelländerungen kann hier jedoch aus Platzgründen nicht weiter eingegangen werden. Es muss diesbezüglich auf die relevante Literatur (vgl. z.B. Betge 2000) verwiesen werden.

Damit wollen wir die Phase der Anlagen- und Investitionsplanung im Rahmen des Betriebsbereitschaftsprozesses als „abgeschlossen" ansehen.[1] Im Folgenden geht es nun darum, die vorgesehenen Anlagen und Maschinen tatsächlich zu beschaffen und in einen betriebsbereiten Zustand zu bringen.

---

[1] Auf die Behandlung weiterer Probleme im Rahmen der Anlagen- und Investitionsplanung, z.B. das Unsicherheitsproblem und die Berücksichtigung steuerlicher Wirkungen, muss hier aus Platzgründen verzichtet werden (vgl. dazu z.B. Kruschwitz 2007, S. 117 ff. und 317 ff.).

4.3 Phase 2: Anlagenbeschaffung und -inbetriebnahme

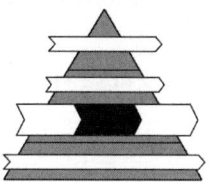

4.3.1 Bildung von Anlagekategorien

Auch wenn wir uns bei der Betrachtung des Betriebsbereitschaftsprozesses auf Anlagenkapazitäten und hier wiederum auf den Produktionsapparat beschränkt haben, ist es an dieser Stelle sinnvoll, zwischen

- einzelnen Anlagen (z.B. Dreh- oder Werkzeugmaschinen) und Anlagenteilen (z.B. Motoren) auf der einen Seite und

- Anlagenkomplexen bzw. Großanlagen (z.B. Kraftwerke, Chemieanlagen, Chip-Fabriken) auf der anderen Seite

zu unterscheiden (vgl. auch Becker 1996, Sp. 39 f.), da sich die Art der Beschaffung und Erstellung der Anlagen in diesen beiden Kategorien unterscheiden. Dabei umfasst die Anlagenbeschaffung generell alle Aufgaben, die mit der effizienten Versorgung des Unternehmens mit Anlagengütern mittels unterschiedlicher Beschaffungsformen, also

- Kauf,
- Leasing,
- Miete bzw.
- Nutzung im Rahmen von Betreibermodellen, aber auch
- Eigenerstellung

verbunden sind. Die Anlagenbeschaffung ist damit integrativer Teil der betrieblichen Anlagenwirtschaft. Diese „... integriert jene Aufgaben, die über die einzelnen Teilphasen des Anlagenlebenszyklus hinweg zu bewältigen sind, um Anlagenkapazitäten erfolgreich nutzen zu können" (Männel 1996, Sp. 72).

In der Praxis ist es durchaus üblich, dass sich die Anlagenbeschaffung im Rahmen der Anlagenwirtschaft auf die Bereitstellung von Sachanlagen mit produktionswirtschaftlicher Nutzung beschränkt, während die Beschaffung weiterer Komponenten des Anlage- und Umlaufvermögens nicht Gegenstand dieser betrieblichen Subfunktion ist.

Betrachten wir die Anlagenbeschaffung in den beiden oben gebildeten Anlagekategorien nun noch etwas genauer.

4.3.2 Beschaffung einzelner Anlagen bzw. Anlagenteile

Ausgangspunkt der Anlagenbeschaffung ist der Anlagenbedarf, wie er sich vor allem aus

- strategischen Vorgaben (z.B. Aufbau eines neuen Geschäftsfelds),

- taktischen Vorgaben (z.B. geplante Produktion eines neuen Produkts) und/oder

- operativen Vorgaben (z.B. Ersatz einer aus Altergründen ausgeschiedenen Anlage)

ergibt. Zur Wahl des günstigsten Bereitstellungswegs – Eigenerstellung, Kauf, Leasing usw. – sind, sofern hier überhaupt Wahlmöglichkeiten gegeben sind, Wirtschaftlichkeitsberechnungen anzustellen, die neben den schon betrachteten Investitionsverfahren auch Kostenvergleichsrechnungen und den Einsatz der Nutzwertanalyse (sofern mehrere Kriterien entscheidungsrelevant sind) umfassen können (vgl. Kalaitzis 1996, Sp. 49 f.). Im (nicht untypischen) Fall des Anlagenkaufs werden von verschiedenen Herstellern (i.d.R. Anbieter aus der Maschinenbauindustrie) Angebote eingeholt und bewertet, wobei

- anlagenbezogene Kriterien (technische und ökonomische Leistungsfähigkeit und Elastizität, Integrationsfähigkeit, Wartungs- und Umweltfreundlichkeit usw.) und

- herstellerbezogene Kriterien (Konditionen, Zuverlässigkeit, Service, Leistungsstärke, technologische Kompetenz usw.)

herangezogen werden können. Nach Abschluss des Kaufvertrags wird die (ggf. an Kundenspezifikationen angepasste) Maschine gefertigt und zum Einsatzort des Kunden transportiert. Dort wird sie dann an einem Standort, der unter logistischen und fertigungsablaufspezifischen, aber auch unter Arbeits-, Unfallschutz- und ökologischen Aspekten zu bestimmen ist, montiert, was auch mit baulichen Maßnahmen (z.B. Schaffung eines Fundaments, Integration in eine Fertigungslinie) verbunden sein kann. Die Inbetriebnahme der neuen Anlage unterliegt den Besonderheiten, die wir bereits in Abschnitt 3.5. („Produktionshochlauf") ausführlich betrachtet haben. Mit der Abnahme der neuen Anlage ist der Beschaffungsprozess abgeschlossen, den wir in Abbildung 4-8 noch einmal zusammenfassen.

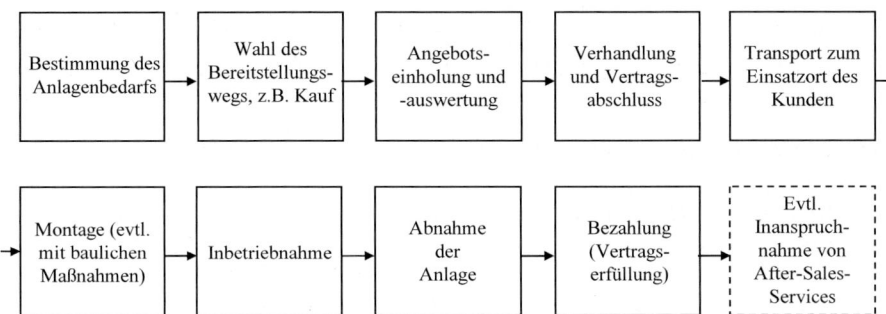

Abb. 4-8. Prozess der Anlagenbeschaffung und -inbetriebnahme bei einzelnen Anlagen bzw. Anlagenteilen

4.3.3 Beschaffung komplexer Anlagen

Derartige Anlagenkomplexe werden nicht „von der Stange" und auch nicht „nach Katalog" gekauft, sondern stets kundenindividuell entwickelt und über einen längeren Zeitraum hinweg an dem vom Kunden gewünschten Ort erstellt. Das **Anlagengeschäft**, wie es hier gegeben ist, unterscheidet sich von dem in Abschnitt 4.3.2 betrachteten „Produktgeschäft" also

- in der noch höheren Individualität der Leistung,

- im Leistungsumfang, da hier einzelne Anlagen oder Aggregate zu integrierten Gesamtanlagen (unter Einbeziehung baulicher Maßnahmen, z.B. Erstellung von Bürogebäuden und Werkshallen, Leitungssystemen usw.) zusammengefügt werden,

- in dem hohen Dienstleistungsanteil, da das Anlagengeschäft i.d.R. Engineering-Leistungen zur Projektierung und Planung der kundenspezifischen Gesamtanlage umfassen, aber auch weitere Dienstleistungen wie Pre- und After-Sales-Services, Feasibility-Studien, Finanzierungs-, Beratungs- und Schulungsleistungen usw. Mit der Zunahme dieser Dienstleistungen wird das Anlagengeschäft mehr und mehr zu einem „Systemgeschäft",

- in der relativ langen Zeitdauer der Anlagenbeschaffung, wobei allein die Ausschreibungsphase einige Monate, die Bau- bzw. Erstellungsphase mehrere Jahre und die Inbetriebnahme wiederum einige Wochen bzw. Monate umfassen kann,

- in den deutlichen höheren Auftragswerten, die besondere Management-probleme mit sich bringen (z.B. aufwändige Vertragsgestaltung, Finanzierungs- und Währungsrisikofragen, Claim-Management usw.),

- in der höheren Interaktionskomplexität, da hier oft mehrere Anbieter ein geschlossenes Angebot erstellen, aber auch in der Anlagenerstellung koordiniert mit dem Kunden zusammenarbeiten müssen,

- in der höheren Internationalität des Geschäfts, da es u.U. weltweit nur wenige Anbieter derart komplexer Anlagensysteme gibt.

Um die Komplexität aus Sicht des beschaffenden Industriebetriebs zu reduzieren, werden diese Anlagen oft als sogenannte **„Turn-Key-Projekte"**, also schlüsselfertige und einsatzbereite Gesamtanlagen, angeboten.

Eine Sonderform der Anlagenbeschaffung stellen **„Betreibermodelle"** dar: Hier gibt der Auftraggeber die Gesamtverantwortung für die Planung, den Bau, die Finanzierung und den Betrieb der Anlage über einen begrenzten Zeitraum an einen oder mehrere Projektträger bzw. eine Betreibergesellschaft, an die ein Betreiberentgelt (bei Produktionsanlagen z.B. nach Anzahl der produzierten Gutteile oder nach Gesamtverfügbarkeit der Anlage im Abrechnungszeitraum) entrichtet wird (siehe Abbildung 4-9).

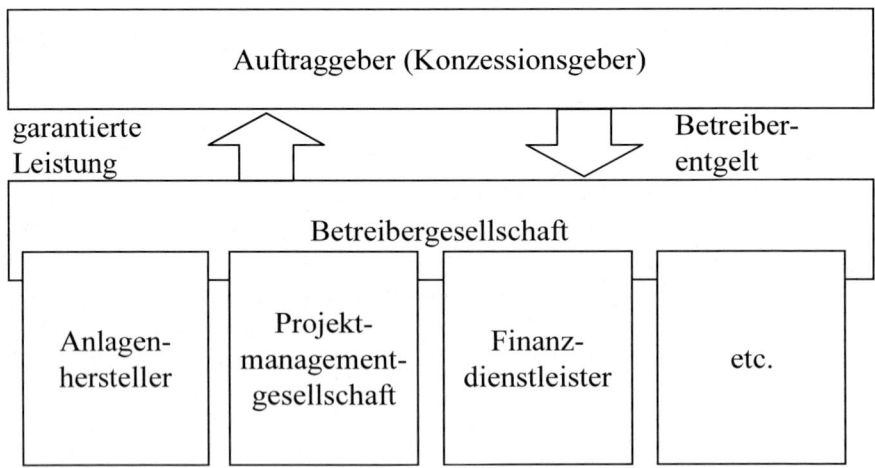

Abb. 4-9. Beispielhafte Struktur eines Betreibermodells (Quelle: Wildemann 2005, S. 141)

Für den Fall der Anlagenbeschaffung mit einem traditionellen „Turn-key-Vertrag", bei dem der Auftraggeber (also der beschaffende Industriebetrieb) die technische und ökonomische Verantwortung für den Anlagenkomplex nach Fertigstellung und Abnahme übernimmt, stellt sich der Beschaffungsprozess in etwa so dar, wie es in Abbildung 4-10 skizziert ist.

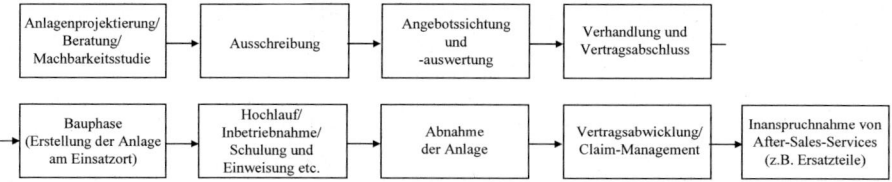

Abb. 4-10. Prozess der Anlagenbeschaffung und -inbetriebnahme bei Anlagenkomplexen (Anlagen- oder Systemgeschäft)

Im Rahmen des Betriebsbereitschaftsprozesses kommt es nun darauf an, durch Instandhaltungsmaßnahmen für die dauerhafte Verfügbarkeit der Anlagenkapazität zu sorgen. Die damit verbundenen Aufgaben wollen wir jetzt näher betrachten.

4.4 Phase 3: Anlageninstandhaltung

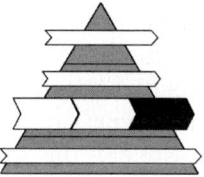

4.4.1 Begriff, Aufgabe und Bedeutung der Instandhaltung im Betriebsbereitschaftsprozess

Unter dem Begriff „Instandhaltung" wird allgemein die Erhaltung der Funktion und der Leistungsfähigkeit einer Anlage (z.B. einer Maschine) verstanden. DIN 31051 definiert den Begriff „Instandhaltung" als „... Kombination aller technischen und administrativen Maßnahmen sowie Maßnahmen des Managements während des Lebenszyklus einer Betrachtungseinheit zur Erhaltung des funktionsfähigen Zustandes oder der Rückführung in diesen, so dass sie die geforderte Funktion erfüllen kann."

Ein „nicht-funktionsfähiger Zustand", z.B. ein Maschinenausfall, bedeutet nicht nur, dass den mit der Investition verbundenen Auszahlungen bzw. Kapitalbindungskosten keine oder verminderte Einzahlungen gegenüberstehen und die Wirtschaftlichkeit einer Anlage dadurch gefährdet sein kann. Ein Maschinenausfall kann zudem aus Markt- und Kundensicht – u.U. sogar längerfristig – von Nachteil sein, wenn Kunden auf die Erfüllung ihrer Aufträge warten müssen, ihnen zustehende Vertragsstrafen (Pönalen) einfordern, sich beim Wiederkauf dem Wettbewerber zuwenden usw. Die **steigende Bedeutung der Instandhaltung** hat aber auch technische und strukturelle Ursachen:

- Maschinen und Anlagen sind aufgrund der vielen Bauteile störanfälliger und müssen folglich öfter instand gesetzt werden,

- die Nutzungszeiträume von Anlagen werden immer länger, die Stillstandszeiten außerhalb der Fertigungszeit, die für die Instandhaltung zur Verfügung stehen, entsprechend kürzer,

- die Fehlersuche und die Instandsetzung dauern aufgrund der Komplexität der Anlagen immer länger und können nur von qualifiziertem Fachpersonal durchgeführt werden,

- bei einer Maschinenstörung fallen aufgrund der Anlagenverkettung häufig gleich mehrere Maschinen aus, was zu einer wesentlichen Steigerung der Ausfallkosten führt.

Die wachsende Bedeutung der Instandhaltung wird schließlich auch durch geänderte gesetzliche Rahmenbedingungen (z.B. Umweltschutzauflagen und Arbeitssicherheitsbestimmungen) unterstrichen. Schon hier wird deutlich, dass es zur Aufrechterhaltung der Verfügbarkeit der Anlage, aber auch zur Erfüllung der genannten gesetzlichen Vorschriften nicht mehr ausreicht, die Anlagen nach einem Maschinenausfall zu reparieren. Es besteht vielmehr die Notwendigkeit **planmäßiger und vorbeugender Maßnahmen** im Rahmen der Instandhaltung, um teure Ausfälle bzw. Risiken für Belegschaft und Umwelt gar nicht erst entstehen zu lassen. Das Ziel der Ausfallvermeidung wirkt sich auch auf den Innovationsprozess aus (siehe Kapitel 3), hier insbesondere auf konstruktive Änderungen von Anlagen im Rahmen der Prozessentwicklung, die auf eine Erhöhung der Zuverlässigkeit der Anlagen abzielen.

Als (nicht konfliktfreie) **Hauptziele** der Instandhaltung sind sowohl die Gewährleistung eines zuverlässigen und sicheren Produktionsapparates als auch die „klassischen" ökonomischen Ziele (Kostenminimierung bzw. Gewinnmaximierung) zu berücksichtigen, die sich jeweils noch in verschiedene technisch-organisatorische, wirtschaftliche und personelle **Sub-Ziele** herunterbrechen lassen (siehe Tabelle 4-10).

Tabelle 4-15. Haupt- und Unterziele der Instandhaltung (Quelle: Matyas 2005, S. 22)

Hauptziele	
• Zuverlässigkeits- und Sicherheitsmaximierung • Kostenminimierung bzw. Gewinnmaximierung	
Unterziele	
Technisch-organisatorische Ziele	• Verbesserung des technischen Zustandes der Betriebseinrichtungen • Reduzierung von Folgeschäden • Reduzierung von Maschinenausfällen • Reduzierung des Instandhaltungsumfangs • Vereinheitlichung des Aufbau- und Ablauforganisation • Verbesserung der Kommunikation mit anderen Betriebsteilen
Wirtschaftliche Ziele	• Reduzierung des Personalkosten • Reduzierung der Materialkosten • Reduzierung von Ausfall- und Ausfallfolgekosten • Erhöhung der Maschinenverfügbarkeit • Werterhaltung der Betriebseinrichtungen
Sonstige Ziele	• Erhöhung der Arbeitssicherheit • Verringerung der Personalfluktuation

Zu erwähnen ist, dass die Verfügbarkeit einer Anlage nicht nur von Art, Umfang und Qualität der Instandhaltung, sondern darüber hinaus noch von weiteren Einflussfaktoren abhängig ist, die sich zudem auch gegenseitig beeinflussen können. Zu diesen Faktoren zählen

- die technisch-konstruktive Auslegung der Anlage, die durch Umrüsten oder konstruktive Maßnahmen veränderbar ist,

- Variablen, die durch die Beanspruchung der Anlagen entstehen (z.B. Temperatur, Intensität) und kurzfristig veränderbar sind, und

- die für die Nutzung der Anlage relevante Qualität der Produktionsfaktoren (Roh-, Hilfs- und Betriebsstoffe, aber auch der Faktor „menschliche Arbeitskraft").

Potenzielle oder aktuelle Anlässe für Instandhaltungsmaßnahmen sind Anlagenausfälle und der Anlagenverschleiß. Als **Ausfallursachen** kommen in Betracht:

- herstellerbedingte Ursachen, z.B.
  - Ausfall aufgrund von Konstruktions- und Entwicklungsfehlern,
  - Ausfall aufgrund von Herstellungsfehlern der Anlage;

- einsatzbedingte Ursachen, insbesondere
  - Erhaltungsfehler durch Instandhaltungsmängel,
  - Bedienungs- und Einrichtefehler,
  - Umgebungsbedingungen (situativ oder generell),
  - Einwirkung äußerer Kraftquellen,
  - Qualitätseinflüsse des Repetitierfaktoreinsatzes (z.B. mindere Werkstoffqualität);

- außergewöhnliche Ursachen (Katastrophen, Unfälle).

Diese Ausfallursachen können auch „gebündelt" auftreten, was die Ausfallanalyse und die Ermittlung Erfolg versprechender Gegenmaßnahmen im Rahmen der Instandhaltung oft erschwert. Ursache für Instandhaltungsmaßnahmen ist jedoch auch die Abnutzung bzw. „Aufzehrung" des durch die Anlagen gegebenen Leistungspotenzials durch planmäßige Nutzung, also Verschleiß, der sich noch wie folgt differenzieren lässt:

- Gebrauchsverschleiß: Ursache ist der plan- und zweckmäßige Einsatz der Anlage; sein Auftreten ist als plötzlicher Anlagenausfall und/oder als allmählicher Leistungsrückgang möglich;

- Zeitverschleiß: tritt unabhängig von Anlageneinsatz und Einsatzart ein.

Die Anlageninstandhaltung manifestiert sich nun in bestimmten Instandhaltungsmaßnahmen, die sich wiederum zu Instandhaltungsstrategien bündeln lassen.

4.4.2 Instandhaltungsmaßnahmen und -strategien

Zu den **Instandhaltungsmaßnahmen** werden insbesondere die folgenden vier Maßnahmengruppen gerechnet:

- Wartung,
- Inspektion,
- Instandsetzung und
- Verbesserung der Anlage.

Unter **„Wartung"** versteht man alle Maßnahmen, die den Abbau des vorhandenen Leistungspotenzials der Anlage (z.B. durch Verringerung der Abnutzungsgeschwindigkeit oder Erhöhung der Lebensdauer) verzögern. Hierzu zählen:

- Reinigen: Entfernen von Fremd- und Hilfsstoffen;
- Konservieren: Durchführung von Schutzmaßnahmen gegen Fremdeinflüsse;
- Nachstellen: Beseitigung einer Abweichung mithilfe dafür vorgesehener Einrichtungen;
- Schmieren: Zuführen von Schmierstoffen zur Schmier- bzw. Reibstellen zur Erhaltung der Gleitfähigkeit;
- Ergänzen: Nach- und Auffüllen von Hilfsstoffen;
- Auswechseln: Ersetzen von Hilfsstoffen und Kleinteilen (kurzfristige, einfach durchführbare Tätigkeiten).

Eine Wartung der Anlage kann im Stillstand oder – sofern technisch möglich – auch im Betriebszustand erfolgen.

Unter dem Begriff **„Inspektion"** sind Maßnahmen zusammengefasst, die der Feststellung und Beurteilung des Funktionszustands der Anlage sowie der Bestimmung der Abnutzungsursachen und der Ableitung notwendiger Instandhaltungsmaßnahmen dienen.

Um einen direkten Soll/Ist-Vergleich zu ermöglichen, sollte der Ist-Zustand immer unter konstanten Betriebs- und Umweltbedingungen festgestellt und unter Beibehaltung von Maßstäben und Toleranzen in den selben Dimensionen wie der Sollzustand angegeben werden. Als Teilmaßnahmen der Inspektion sind zu nennen:

- Festellen des Ist-Zustandes von technischen Einrichtungen;
- Beurteilung des Ist-Zustandes;
- Auswerten der Ist-Zustandsinformationen (Vergleichen, Abweichungsermittlung);
- Veranlassung weiterer Maßnahmen, die aufgrund des beurteilten Ist-Zustandes erforderlich werden;
- auch die Inspektion kann im Betriebszustand oder im Stillstand durchgeführt werden.

Die **„Instandsetzung"** bzw. Reparatur betrifft Maßnahmen zur Rückführung einer Betrachtungseinheit – hier: der Anlage – in den funktionsfähigen Zustand. Als Teilmaßnahmen sind zu erwägen:

- Ausbessern (Instandsetzung durch Bearbeiten) oder
- Austauschen (Instandsetzung durch Ersetzen).

Eine Instandsetzung wird für gewöhnlich im Anlagenstillstand durchgeführt.

Auch „**Verbesserungen**" zählen zum Spektrum der Instandhaltungsmaßnahmen, sofern sie die Steigerung der Funktionssicherheit der Anlage
(ohne Veränderung der Funktion selbst) zum Ziel haben. Hierfür kommen
administrative bzw. Managementmaßnahmen ebenso in Betracht wie auch
technische Veränderungen an der betrachteten Anlage.

Eine **Instandhaltungsstrategie**, die auch auf diese Maßnahmen
(-gruppen) zurückgreift, lasst sich auch als Gesamtheit von Regeln verstehen, die vorgeben, zu welchem Zeitpunkten welche Handlungen an welchen Anlagen oder Bauteilen vorgenommen werden sollen, um dem gefundenen Zielkompromiss aus Wirtschaftlichkeit, Sicherheit und
Verfügbarkeit zu entsprechen. Dabei ist die Instandhaltungsstrategie i.d.R.
eine (noch zu bestimmende) „Mischung" aus Ausfallbehebung, zeitgesteu-
erter, zustandsorientierter und vorbeugender Instandhaltung (siehe Abbildung 4-11).

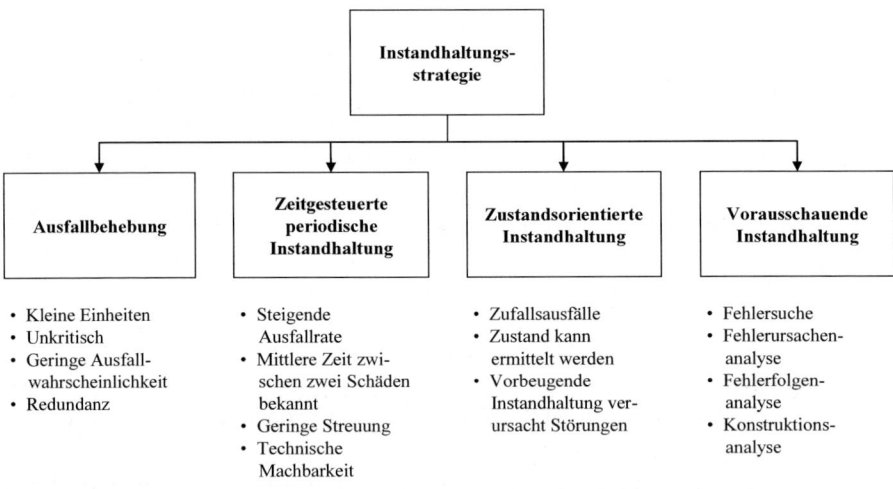

Abb. 4-11. Elementare Instandhaltungsstrategien (Quelle: Matyas 2005, S. 96)

Die Strategie der **Ausfallbehebung** lässt sich wie folgt kennzeichnen
(vgl. Matyas 2005, S. 97 ff.; Rasch 2000, S. 87 ff.):

• Maschinen werden ohne nennenswerten Aufwand für Inspektion und
  Wartung bis zum Schadensfall betrieben. Dies führt häufig zur Zerstörung der Maschine, wodurch aber ein maximales Wartungsintervall er-

möglicht wird. Der Betreiber hat keinen Einfluss auf den Maschinenausfall, der Stillstand erfolgt unvermutet.

- Dieses Konzept ist in modernen Industriebetrieben nur in Ausnahmefällen sinnvoll, z.B. wenn die betreffenden Maschinen redundant vorhanden oder der Produktionsprozess von untergeordneter Bedeutung ist.

Die Strategie der **zeitgesteuerten periodischen Instandhaltung** weist
dagegen folgende Merkmale auf:

- Bestimmte Baugruppen werden unabhängig von ihrem tatsächlichen
  Zustand nach einer festgelegten Lebensdauer vorbeugend überholt oder
  ausgetauscht.

- Eine geplante Überholung oder ein Austausch sind sinnvoll, wenn Auswirkungen auf die Sicherheit und Umwelt befürchtet werden oder die
  ungefähre Lebensdauer der Anlage bekannt ist und der Großteil der übrigen Anlagenkomponenten bis zu diesem Zeitpunkt funktionstüchtig
  bleibt.

- Bei vorbeugenden Methoden muss die optimale Betriebszeit zwischen
  zwei präventiven Instandsetzungen gefunden werden. Hauptunbekannte
  ist das Zeitintervall von Planaktion zu Planaktion. Augrund der folgenden Eigenschaften von Schäden ist die Maßnahmenplanung jedoch sehr
  komplex:
  - unterschiedliche „mittlere Zeit zwischen zwei Schäden": Die Kom-
    ponenten der Instandhaltungsobjekte weisen unterschiedliche „mittle-
    re Zeiten zwischen zwei Schäden" auf, so dass periodisch durchzu-
    führende Instandhaltungsmaßnahmen mit unterschiedlichen Inter-
    vallen ausgeführt werden müssen.
  - unterschiedliche Streuung der Nutzungsdauer: Die Berechnung des
    Instandhaltungsintervalls muss sich nach der Mindestnutzungsdauer
    richten, die kürzer als die „mittlere" Nutzungsdauer ist.
  - schlechte Schadensdokumentation: Dies ist insbesondere bei neuen
    Anlagen der Fall und erschwert die Planung der Instandhaltungsstra-
    tegie.
  - unzureichende statistische Schadenserfahrung: Informationen über
    tatsächlich auftretende Schäden an einzelnen Komponenten sind oft
    nur vereinzelt vorhanden, da eine gleichzeitige Beobachtung und
    Analyse identischer Objekte zur Gewinnung statistisch brauchbarer
    Daten i.d.R. nicht möglich ist. Außerdem sind viele Objekte oft erst
    seit wenigen Jahren in Betrieb, so dass potenzielle Schadenselemente
    erst vereinzelt oder noch gar nicht ausgefallen sind.

- Die periodische Instandsetzung ist fast immer unwirtschaftlich, da sie häufiger als eine zustandsorientierte Instandsetzung ausgeführt werden müsste und entsprechend teurer wäre. Zusätzlich besteht das Risiko, dass bei vorbeugenden Eingriffen andere, funktionsfähige Teile unnötig beeinträchtigt oder beschädigt werden.

- Wirtschaftlich sinnvoll kann eine periodische Instandsetzung allenfalls in folgenden Fällen sein:
  - periodische Wechsel von Flüssigkeitsvorräten,
  - Reinigen und Erneuern von Filtern, an denen keine Zustandskontrollen möglich sind,
  - Austausch von Komponenten, deren Instandsetzungskosten im Verhältnis zu den Ausfallkosten sehr gering sind.

Eine **zustandsorientierte Instandhaltung** lässt sich dagegen wie folgt charakterisieren:

- Die Instandhaltungsmaßnahmen orientieren sich möglichst genau am konkreten Abnutzungsgrad des Instandhaltungsobjekts. Mithilfe von (technischen) Überwachungs- und Diagnosesystemen ist das rechtzeitige Informieren über Abweichungen von der erwarteten Leistungsfähigkeit der Anlage möglich.

- Vor dem Eintritt von Störungen gehen i.d.R. gewisse Warnungen, sogenannte „potenzielle Störungen", voraus. Entsprechend basiert die zustandsorientierte Instandhaltung auf der Annahme, dass sich die meisten Funktionsstörungen über einen gewissen Zeitraum entwickeln und sich vor ihrem Eintreten durch solche Warnsignale ankündigen.

- Das Finden von Wegen, wie man Ausfälle möglichst früh vorhersagen kann, ist die Hauptaufgabe in der zustandsorientierten Instandhaltung.

- Nach Feststellung potenzieller Störungen werden üblicherweise zustandserhaltende Maßnahmen eingeleitet, um die planmäßige Leistung der Anlage beizubehalten. Zu ihnen gehören alle Maßnahmen der vorausplanenden Wartung, zustandsbezogenen Wartung und Zustandsüberwachung.

- Die Wartungs- und Instandhaltungsmaßnahmen orientieren sich bei der zustandsorientierten Instandhaltung möglichst genau am konkreten Abnutzungsgrad des Instandhaltungsobjekts. Dieser kann durch Anlagendiagnose („technische Diagnostik") und -überwachung ermittelt werden.

- Der Einsatz von zustandsorientierten Instandhaltungsstrategien bietet sich an, wenn eine Anlage zu nicht vorhersehbaren Zeitpunkten auszufallen droht und die Möglichkeit besteht, den Zustand der Anlage konkret zu erfassen.

Die **vorausschauende Instandhaltung** lässt sich schließlich wie folgt kennzeichnen:

- Das Ziel ist es, Störungen zu verhindern, bevor sie auftreten. Dies ist insbesondere bei verdeckten Störungen sinnvoll, da diese mithilfe der zustandsorientierten Instandhaltung nicht entdeckt werden können.

- Es ist zu prüfen, ob vorausschauende Maßnahmen technisch machbar sind und ob sie sich lohnen.

- Durch vorwegnehmende Maßnahmen soll das Ausfallrisiko gesenkt werden. Zu ihnen gehören regelmäßige Fehlersuchmaßnahmen, um verdeckte Fehler, die bei der laufenden Zustandsüberwachung nicht entdeckt werden, zu ermitteln und zu beheben.

- Bei der geplanten Fehlersuche werden verdeckte Funktionen regelmäßig auf ihre Funktionsfähigkeit überprüft. Die Anzahl der Überprüfungen, die einen wesentlichen Einfluss auf die Instandhaltungskosten haben, hängt von der angestrebten Verfügbarkeit und Zuverlässigkeit ab.

Dass sich diese elementaren Instandhaltungsstrategien noch **zu komplexeren Strategievarianten** kombinieren lassen, sei an folgendem Fall erläutert, in dem „nur" zwei Instandhaltungsmaßnahmen (Instandsetzung bzw. Reparatur und Ersatz) und „nur" zwei Auslöser (Ausfall und Prävention) miteinander kombiniert werden (siehe Tabelle 4-11).

Tabelle 4-16. Elemente einer Instandhaltungsstrategie

		Aktion	
		Reparatur	**Ersatz**
Auslöser	**Ausfall**	AR	AE
	Prävention	PR	PE

Dabei bedeuten:

- **AE** Ausfallersatzstrategie: Betriebsmittelersatz bei Ausfall;

- **PE** Präventiversatzstrategie: Betriebsmittelersatz vorbeugend ohne vorliegenden Ausfall;

- **AR** Ausfallreparaturstrategie: Reparatur bei Ausfall;

- **PR** Präventivreparaturstrategie: vorbeugende Reparatur ohne Ausfallzustand.

Durch die Kombination dieser Bausteine lassen sich die folgenden zwei-, drei- und vier-elementigen Strategieklassen generieren (vgl. Corsten 2007, S. 369 ff.):

Zwei-elementige Strategieklassen:

1. PE/AE: Ersatzentscheidung, d.h. stets Ersatz bei Ausfall, da Reparatur nicht vorgesehen
   ⇨ festzulegen: Termin des präventiven Ersatzes

2. PE/AR: präventiver Ersatz, im Bedarfsfall Reparatur
   ⇨ festzulegen: Termin des präventiven Ersatzes

3. PR/AE: Reparaturen präventiv, Ersatz bei Ausfall
   ⇨ festzulegen: Zeitpunkt der präventiven Reparatur

4. PR/AR: ausschließlich Reparaturen
   ⇨ festzulegen: Zeitpunkt der präventiven Reparatur

5. AE/AR: reine Ausfallentscheidung, Prävention findet nicht statt
   ⇨ festzulegen: Sequenz von Ersatz und Reparatur bei Ausfall

Drei-elementige Strategieklassen:

6. PE/PR/AE: Ersatz bei Ausfall
   ⇨ festzulegen: Zeitpunkte des Präventiversatzes und der Präventivreparatur

7. PE/PR/AR: Reparatur bei Ausfall
   ⇨ festzulegen: Präventiversatzzeitpunkt und Präventivreparaturzeitpunkt

8. PE/AE/AR: vorbeugender Ersatz, bei Ausfall Reparatur oder Ersatz
   ⇨ festzulegen: Zeitpunkt des Präventiversatzes und Abfolge von Ersatz und Reparatur bei Betriebsmittelausfall

9. PR/AE/AR: ⇨ zu bestimmen sind der Zeitpunkt der präventiven
Reparatur und die Aufeinanderfolge von Betriebsmittelersatz und -reparatur bei Ausfall

Vier-elementige Strategie:

10. PE/PR/AE/AR: ⇨ zu befinden ist hier über die Zeitpunkte des
Präventiversatzes und der -reparatur sowie die
zeitliche Abfolge von Ersatz und Reparatur
bei Ausfall

Die sich in diesem Fall ergebenden Entscheidungsvariablen der Instandhaltungsstrategien sind in Abbildung 4-12 noch einmal grafisch zusammengefasst.

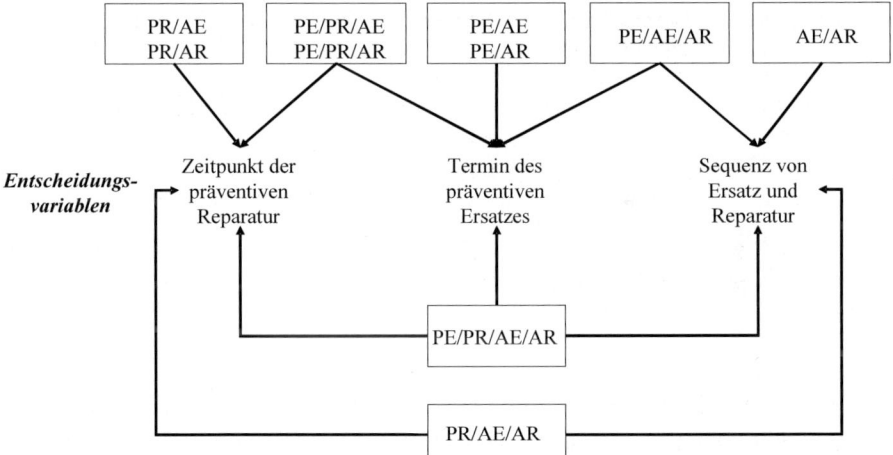

Abb. 4-12. Entscheidungsvariablen der betrachteten zehn Instandhaltungsstrategien (Quelle: Corsten 2007, S. 370)

Welche Strategiealternativen auch immer betrachtet werden – in einem
letzten Schritt müssen diese im Hinblick auf die oben genannten Instand-
haltungsziele bewertet werden. Dabei sind auch folgende Kriterien zu berücksichtigen:

- die Verkettung der Anlagen,
- die Redundanz von Anlagen
- die Gültigkeit von Qualitäts-, Umwelt- und Sicherheitsnormen,
- Arbeitszeitvereinbarungen,
- die benötigte Instandsetzungszeit,

- die Ersatzteilverfügbarkeit,
- vorhandcne Materialpuffer zwischen den Anlagen und
- eventuelle Belastungsspitzen durch saisonal bedingten Marktbedarf und Rohstoffverfügbarkeit.

Da es sich also wieder um ein multikriterielles Entscheidungsproblem handelt, ist der Einsatz der Nutzwertanalyse bei der Entscheidungsfindung zu erwägen. Dass es bei der Instandhaltungsplanung aber auch zum Einsatz weiterer (mathematischer) Methoden und umfassenderer Managementkonzepte kommen kann, soll anschließend näher beleuchtet werden.

4.4.3 Planungsmethoden und Instandhaltungskonzepte

4.4.3.1 Stochastische Optimierungsmodelle der Instandhaltungsplanung

Der Zeitpunkt, wann eine Anlage ausfällt, kann für gewöhnlich nicht exakt vorausgesagt werden. Aus diesem Grund müssen der Anlagenausfall bzw. (als inverse Größe) die Verfügbarkeit als stochastische Variablen behandelt werden. Die Ausfallverteilungsfunktion F(t) benennt die Wahrscheinlichkeit dafür, dass eine Anlage bis zum Zeitpunkt t nach der letzten Instandhaltungsmaßnahme ausfällt, während $G(t) = (1 - F(t))$ die Wahrscheinlichkeit dafür angibt, dass sie bis zum Zeitpunkt t störungsfrei läuft (vgl. Schwinn 1996, Sp. 760 f.).

Auf dieser Basis sind verschiedene Optimierungsmodelle der Instandhaltungsplanung vorgeschlagen worden, und zwar sowohl

- für einen „Anlagentyp A", der mehrere Verschlechterungsgrade zwischen „voll funktionstüchtig" und „ausgefallen" annehmen kann, als auch

- für den „Anlagentyp B", bei dem nur die beiden Zustände „funktionstüchtig" und „ausgefallen" existieren (vgl. Männel 1968).

Die grundsätzlichen Intentionen dieser Modelle sind in der Tabelle 4-12 zusammengefasst.[1] Für das betriebliche Instandhaltungsmanagement schei-

---

[1] Auf die Darstellung der formalen Modellansätze wird hier aus Platzgründen verzichtet.

nen derartige Modelle jedoch bis heute kaum von praktischem Nutzen zu sein.

Tabelle 4-17. Stochastische Optimierungsmodelle der Instandhaltung (Quelle: in Anlehnung an Schwinn 1996, Sp. 762 ff.)

	Anlagentyp A = mehrere Verschlechterungsgrade zwischen „voll funktionstüchtig" und „ausgefallen"	**Anlagentyp B =** nur zwei Zustände möglich („funktionstüchtig" oder „ausgefallen")
Modell 1	**Zielfunktion**: Erwartungswert für Reparatur- und Betriebskosten pro Periode **Variable**: Optimale Länge des festen Reparaturzyklus (= feste Anzahl von Perioden, nach denen jeweils repariert werden soll) **Literatur**: Schwinn 1995	**Zielfunktion**: Quotient aus erwarteten Kosten eines Instandhaltungszyklus und seiner erwarteten Dauer **Variable**: Festlegung der stationären (planungszeitraumunabhängigen) Instandhaltungspolitik, die die Zielfunktion minimiert **Literatur**: Scheer 1979
Modell 2	**Zielfunktion**: Erwartungswert der durchschnittlichen Reparatur- und Betriebskosten pro Periode **Variable**: Betriebskostenniveau b, bei dessen Überschreiten vorbeugend repariert wird; dies ist so zu bestimmen, dass die Zielfunktion minimal wird **Literatur**: Männel 1968	**Zielfunktion**: Maximierung des erwarteten Kapazitätsnutzungsgrades **Variable**: Festlegung der Instandhaltungsstrategie (vorbeugende Instandhaltung/ Reparatur bei Ausfall), die die Zielfunktion maximiert **Literatur**: Scheer 1979; Schwinn 1996

4.4.3.2 „Total Productive Maintenance" (TPM) als übergreifendes Instandhaltungs-Managementkonzept

TPM versteht sich als Konzept der produktivitätsorientierten Instandhaltung, die unter aktiver Teilnahme aller Mitarbeiter die Effizienz der Anlagen im Unternehmen kontinuierlich bis hin zu einer „hundertprozentigen Verfügbarkeit" der Anlagen verbessern soll (vgl. Matyas 2005, S. 212 f.). Analog zum „Total Quality Management"-Konzept soll auch TPM durch alle Ebenen und Abteilungen des Industriebetriebs hindurch praktiziert werden. Als konkretes Ziel von TPM wird auch die „Maximierung der Effizienz der Ausstattung unter Einbeziehung der umfassenden vorbeugenden Instandhaltung" genannt. Dieses Ziel soll insbesondere durch die folgenden drei Maßnahmenbündel erreicht werden (vgl. Matyas 2005, S. 215 f.):

- **„Total Effectiveness"** als Ausdruck des Strebens nach wirtschaftlicher Effizienz bzw. Gewinn; die Anlageneffizienz soll maximiert werden;

- **„Total Maintenance System"** als Bündel aus vorbeugender, zustandsabhängiger und produktiver Instandhaltung sowie einer (z.B. konstruktiv zu erreichenden) Vermeidung von Instandhaltung (z.B. durch Lebensdauerschmierung oder hydraulischer Ventilnachstellung statt manueller Einstellung);

- **„Total Participation of all Employees"** als Integration aller Abteilungen und Hierarchiestufen in die Instandhaltungsaufgabe unter Maßgabe der Philosophie der „autonomen Instandhaltung", also als Problemlösungsprozess, der die betroffenen Mitarbeiter, die mit der Anlage umgehen, unmittelbar einbezieht.

Darüber hinaus bietet das TPM-Konzept mit nur drei Kennzahlengruppen (Verfügbarkeits-, Leistungs- und Qualitätskennzahlen) konkrete Ansatzpunkte (z.B. Verringerung der Rüstzeit, Beseitigung von Anlagenversagen, Verringerung der Leerläufe und Kurzausfälle usw.), um die Anlageneffizienz zu erhöhen.

Von dem TPM-Konzept werden allgemein ähnliche (positive) Wirkungen auf dem Gebiet des Instandhaltungsmanagements erwartet, wie sie von dem TQM-Konzept auf dem Gebiet des Qualitätsmanagements bereits nachweislich erzielt worden sind.

Schließen wir damit die Betrachtung des dritten für den Industriebetrieb typischen Prozesses ab.

Mit der Beschaffung, Bereitstellung und dauerhaften Verfügbarkeit des Produktionsapparats sind nunmehr alle notwendigen Voraussetzungen für den operativen Leistungsprozess erfüllt, dem wir uns jetzt zuwenden werden.

Literatur

Kapitel 4.1

Holtbrügge, D. Personalmanagement, 2., aktualisierte Auflage, Berlin 2005.

Scholz, C.: Personalmanagement: informationsorientierte und verhaltenstheoretische Grundlagen, 5. Auflage, München 2000.

Kapitel 4.2

Altrogge, G.: Investitionen und interner Zinsfuß, in: WISU, 6. Jg. (1977), S. 401-406.

Betge, P.: Investitionsplanung: Methoden, Modelle, Anwendungen, 3. Auflage, München 1998 (4. Auflage 2000).

Dean, J.: Capital Budgeting, New York 1951.

Jacob, H.: Neuere Entwicklungen in der Investitionsrechnung. In: ZfB, Jg. 34, S. 487–507 und S. 551-594.

Jacob, H./Voigt, K.-I.: Investitionsrechnung: mit Aufgaben und Lösungen, 5. Auflage, Wiesbaden 1997.

Kruschwitz, L.: Investitionsrechnung, 11. Auflage, München 2007.

Strutz, H.: Investition, in: Krabbe, E. (Hrsg.): Leitfaden zum Grundstudium der Betriebswirtschaftslehre, 7. Auflage, Gernsbach 2003, S. 287-356.

Voigt, K.-I.: Berücksichtigung und Wirkung des technischen Fortschritts in der Investitionsplanung, in: Zeitschrift für Betriebswirtschaft, 63. Jg. (1993), S. 1017-1046.

Kapitel 4.3

Becker, W.: Anlagen: Arten und Eignung, in: Kern, W. (Hrsg.): Handwörterbuch der Produktionswirtschaft, 2. Auflage, Stuttgart 1996, Sp. 34-47.

Kalaitzis, D.: Anlagencontrolling, in: Kern, W. (Hrsg.): Handwörterbuch der Produktionswirtschaft, 2. Auflage, Stuttgart 1996, Sp. 47-58.

Männel, W.: Anlagenwirtschaft, in: Kern, W. (Hrsg.): Handwörterbuch der Produktionswirtschaft, 2. Auflage, Stuttgart 1996, Sp. 72-87.

Wildemann, H.: Betreibermodelle: Ein Beitrag zur Steigerung der Flexibilität von Unternehmen?, in: Kaluza, B./Blecker, Th. (Hrsg.), Erfolgsfaktor Flexibilität: Strategien und Konzepte für wandlungsfähige Unternehmen, Berlin 2005, S. 137-152.

Kapitel 4.4

Corsten, H.: Produktionswirtschaft: Einführung in das industrielle Produktions-
management, 11. Auflage, München 2007.

Männel, W.: Wirtschaftlichkeitsfragen der Anlagenerhaltung, Wiesbaden 1968.

Matyas, K.: Taschenbuch Instandhaltungslogistik: Qualität und Produktivität steigern, 2. Auflage, München 2005.

Rasch, A. A.: Erfolgspotenzial Instandhaltung: Theoretische Untersuchung und
Entwurf eines ganzheitlichen Instandhaltungsmanagements, Berlin 2000.

Schwinn, R.: Modelle zur Instandhaltung, in: Kern, W. (Hrsg.): Handwörterbuch
der Produktionswirtschaft, 2. Auflage, Stuttgart 1996, Sp. 758-768.

5 Der operative Leistungsprozess

5.1 Einführung und Überblick

5.1.1 Zusammenfassung der durch die vorausgegangenen Prozesse gesetzten Prämissen

Mit dem operativen Leistungsprozess sind wir nun auf der dritten und letzten Stufe im hierarchischen Planungs- und Managementsystem angelangt (siehe nochmals Abbildung 2-2). Der operative Leistungsprozess dient ganz konkret der Erfüllung der Kundenwünsche und umfasst die Produktion und den Vertrieb derjenigen Produkte und Leistungen, die aktuell das Leistungsangebot des Industriebetriebs determinieren. Dabei weist der operative Leistungsprozess, in dem sich planende, disponierende, steuernde und ausführende Tätigkeiten mischen, die bereits in Abschnitt 2.1 erläuterten und begründeten Merkmale der operativen Planungs- und Managementebene auf, nämlich

- desaggregierte, konkrete Handlungsvariablen, deren Vorgaben sich auf dem „Realisationsniveau" befinden, also unmittelbar in Tathandeln umgesetzt werden können (vgl. Voigt 1992, S. 175 f.),

- kurzfristige Planungs- und Dispositionszeiträume (Maximum: 1 Jahr, oft auch kürzere Zeiträume, z.B. Quartale, Monate oder Wochen) und

- eine Zerlegung in Teilprobleme, die jedoch – wie gleich ausführlich erläutert wird – im Rahmen des operativen Leistungsprozesses in einer bestimmten Reihenfolge und damit in koordinierter Weise bearbeitet und gelöst werde müssen, um die Kundenwünsche zu befriedigen und letztlich die gesetzten (Wertgewinnungs-)Ziele des Industriebetriebs zu erreichen.

Der operative Leistungsprozess baut auf Planungs- und Entscheidungs-
ergebnissen der vorgelagerten Prozesse auf, die hier als „Daten" oder
„Prämissen" in die vielfältigen, auf der operativen Eben noch zu lösenden
Planungs- und Entscheidungsprobleme eingehen.[1] Zu nennen sind insbesondere die folgenden Prämissen:

- **aus der strategischen Ebene**: Festlegung der zu bearbeitenden strategischen Geschäftsfelder (Produktfelder und Märkte), auf denen nun ganz
  bestimmte Produkte/Leistungen für konkrete Kunden erstellt und an diese geliefert werden; Festlegung der Produktionsstrategie, die sich konkret in der Art der betrieblichen Leistungserstellung manifestiert; Festlegung der Technologiestrategie, die in den produzierten Produkten und
  den genutzten (Produktions-)Prozessen zum Ausdruck kommt; Festlegung der Wettbewerbsstrategie, die sich in der Ausgestaltung konkreter
  Marketing- und Vertriebsmaßnahmen niederschlägt usw.

- **aus der taktischen Ebene:** die konkret produzierbaren Produkte und
  Leistungen (als Ergebnis des Innovationsprozesses) sowie die aktuell
  verfügbaren Anlagenkapazitäten (als Ergebnis des Betriebsbereitschaftsprozesses).

5.1.2 Phasen des operativen Leistungsprozesses und organisatorische Zuständigkeit

Der operative Leistungsprozess besteht nun aus Teilaufgaben, die sich in
der prozessbezogenen Sichtweise wie folgt darstellt (siehe Abbildung 5-1).

Der erste Schritt des Prozesses stellt die **Absatzplanung** dar, in deren
Rahmen entweder konkrete Kundenaufträge abgeschätzt werden (sofern
der Industriebetrieb in die Kategorie „Auftragsfertiger" fällt) oder aber die
Marktnachfrage prognostiziert wird (sofern der Industriebetrieb seine Produkte, wie bei Konsumgütern üblich, letztlich für den anonymen Massen-
markt produziert). Im Rahmen der **Produktionsprogrammplanung** ist
konkret festzulegen, welche Produkte in welchen Mengen produziert werden sollen (für Leistungen sind ähnliche Überlegungen anzustellen, allerdings unter Beachtung der für Dienstleistungen typischen Unterschiede zu
Sachgütern).

---

[1] Zur Erinnerung: Nur durch Weitergabe und schrittweise Konkretisierung der
Planungsergebnisse wird eine Strategie letztendlich „implementiert" und realisiert,
also in konkretes Tathandeln umgesetzt.

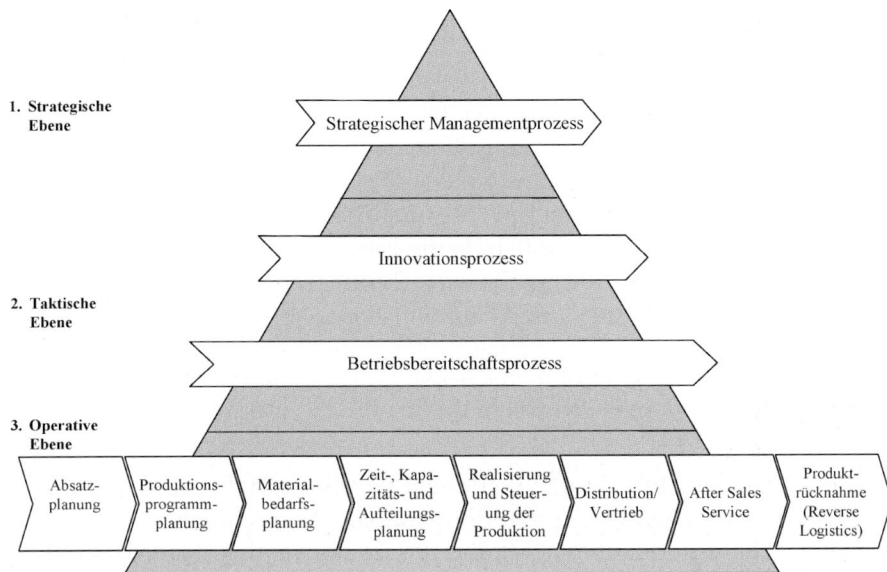

Abb. 5-1. Der operative Leistungsprozess und seine Teilphasen

Ist das kurzfristige Produktionsprogramm (üblicher Planungshorizont: ein Jahr) bestimmt, muss im Rahmen der **Materialbedarfplanung** der Nettobedarf an Modulen und Teilen ermittelt werden, die im Planungszeitraum in noch zu bestimmenden Bestellmengen von Lieferanten beschafft bzw. in „Losgrößen" selbst gefertigt werden müssen, um die im Produktionsprogramm vorgesehenen Produkte für den Vertrieb bereitzustellen.

Eine genauere **Zeit-, Kapazitäts- und Aufteilungsplanung** bereitet schließlich die konkrete **Produktionsausführung** vor, die wiederum mit geeigneten Methoden ökonomisch gelenkt werden muss (**Produktionssteuerung**). Die dann gefertigten Produkte müssen an die Kunden geliefert bzw. (bei anonymer Massenproduktion) zunächst einmal verkauft werden (**Distribution/Vertrieb**). Das Angebot von **Servicedienstleistungen** und einer **Produktrücknahme** (Rücknahme der Verpackung und/oder des Alt-Produkts) runden die Aufgaben des betrieblichen Leistungsprozesses von Industrieunternehmen ab.

Die Frage der **aufbauorganisatorischen Zuständigkeit** für den operativen Leistungsprozess lässt sich nicht eindeutig klären. Für ein Industrieunternehmen, das bisher in „klassischer" Weise funktional gegliedert ist, bieten sich mindestens drei Möglichkeiten an:

- **Möglichkeit 1**: funktional gegliederte Aufbauorganisation ohne Ergänzungen

  In diesem Fall vollzieht sich der operative Leistungsprozess innerhalb der funktionalen Aufbauorganisation ohne gesonderte organisatorische Zuständigkeit für den Gesamtprozess. Die Erfahrung hat jedoch gezeigt, dass der operative Leistungsprozess bei dieser Lösung wegen der vielfältigen (ungelösten) Schnittstellenprobleme und der mangelnden (vor allem zeitlichen) Koordination der Teilphasen, zusätzlich erschwert durch „Ressortegoismen" der Funktionsbereiche, i.d.R. nur **suboptimal** unterstützt wird.[1]

- **Möglichkeit 2:** Matrixorganisation mit Prozesskoordination als „2. Dimension"

  Hier kann die funktionale Gliederung des Industriebetriebs als „1. Dimension" beibehalten werden. Sie wird jedoch durch eine 2. Dimension bzw. Weisungslinie überlagert, die für die notwendige Koordination der Teilfunktionen im Rahmen des operativen Leistungsprozesses zuständig ist. Diese 2. Dimension oder Weisungslinie kann – je nach Produktart und -spektrum des Industriebetriebs – als Produktmanagement (z.B. gegliedert nach Produkt- oder Kundengruppen) oder als Projektmanagement (wie im Anlagengeschäft) gestaltet sein. Trotz der für Matrixorganisationen typischen Probleme (insbesondere ihre Konfliktträchtigkeit) hat sich diese Organisationsform zur organisatorischen Umsetzung des operativen Leistungsprozesses **bewährt**.

- **Möglichkeit 3**: Einführung einer Prozessorganisation als primäre Aufbauorganisationsform

  In diesem Fall wird die gesamte Organisationsstruktur des Unternehmens auf die Geschäftsprozesse ausgerichtet, was – ausgehend von einem bisher funktional gegliederten Industriebetrieb – zwar mit dem größten (Um-)Organisationsaufwand verbunden wäre, aber dagegen den Vorteil hätte, dass die in Abbildung 5-1 dargestellt Prozessstruktur organisatorisch am stringentesten umgesetzt bzw. abgebildet wäre. Bei der Wahl dieser Organisationsform wäre (auch) für den operativen Leistungsprozess ein „Prozessverantwortlicher" zu bestimmen, der im Sinne der Koordination und zieladäquaten Ausführung der Teilschritte weisungsbefugt wäre (zur Prozessorganisation vgl. auch Gaitanides 2006, Osterloh/Frost 2006). Eine derart „radikale" organisatorische Lösung ist

---

[1] Im Falle einer divisionalen Aufbauorganisation wäre die Einführung der Prozessstruktur innerhalb der einzelnen Divisions möglich, wenn auch unüblich.

in der Praxis – vielleicht auch wegen der damit verbundenen Probleme (Verzicht auf Effizienzvorteile durch Funktionsspezialisierung; Probleme bei nicht-überschneidungsfreien Prozessen usw.) – bisher kaum zu beobachten.

Nach diese Vorüberlegungen zur organisatorischen Gestaltung wollen wir uns nun die einzelnen Teilphasen des operativen Leistungsprozesses näher anschauen und uns mit den dort typischerweise anzutreffenden Managementproblemen und Lösungsmöglichkeiten vertraut machen.

5.2 Phase 1: Absatzplanung

5.2.1 Kennzeichnung der Aufgabe

Bei der Absatzplanung handelt es sich nicht bereits um die konkrete Festlegung der im Planungszeitraum (üblicherweise im nächsten Geschäftsjahr) konkret abzuliefernden Absatzmengen, sondern zunächst einmal darum, die **potenziellen** Absatzmengen bzw. -grenzen für jedes Produkt und sogar auch für die für den Verkauf bestimmten Einzelteile (Ersatzteilgeschäft) zu bestimmen. Statt von „Absatzplanung" könnte man hier zutreffender von **„Absatzprognose"** sprechen. Die dafür empfohlene Vorgehensweise unterscheidet sich nun ganz wesentlich danach, ob es sich um einen Industriebetrieb mit Auftragsfertigung oder mit Massenproduktion (für noch unbekannte Käufer) handelt.

5.2.2 Absatzplanung bei Auftragsfertigung

Diese Form der Absatzplanung ist z.B. für den Maschinen- und Anlagenbau und im Flugzeugbau typisch, aber auch für den Konsumgüterhersteller, sofern überwiegend oder ausschließlich größere Auftragsmengen für wenige überschaubare Kunden (z.B. Einzelhandelsketten) realisiert werden.

Grundlage der Absatzplanung für das nächste Jahr sind die bereits angenommenen Kundenaufträge (vgl. Hansmann 2006, S. 263). Bei Aufträgen mit recht langer Durchlaufzeit (wie im Großanlagengeschäft üblich) kann die Absatzplanung für das nächste Geschäftsjahr damit – von möglichen Stornierungen einmal abgesehen – bereits abgeschlossen sein. Für den Fall, dass das „Auftragsbuch" für den anstehenden Planungszeitraum noch nicht „gefüllt" ist, müssen die noch zu erwartenden Kundenaufträge abgeschätzt werden, wobei der derzeitige Auftragsbestand, aber auch die laufenden Ausschreibungsverfahren bzw. Vertragsverhandlungen als Indikatoren dienen können.

Bestelloptionen, wie z.B. im Flugzeugbau üblich, erschweren die Prognosen zusätzlich, da unsicher bleibt, ob diese tatsächlich ausgeübt werden. Der Einsatz quantitativer Prognoseverfahren ist in diesem Kontext eher unüblich – vielmehr kommt es in der Praxis ganz wesentlich auf die Erfahrung der Absatzplaner, Außendienstmitarbeiter und „Produktmanager" an.

5.2.3 Absatzplanung bei Massenfertigung für den „anonymen Markt"

Hier sind die zukünftigen Kunden und Auftragsgrößen noch nicht bekannt – gefertigt wird „auf Lager". Für die Absatzplanung können jetzt **quantitative Prognoseverfahren** zum Einsatz kommen, die auf einer Zeitreihe (= Vergangenheitswerten) beruhen und von der sogenannten „Zeitstabilitätshypothese" ausgehen, also unterstellen, dass die in der Vergangenheit gültigen Grundstrukturen bzw. Datenmuster ohne gravierende Veränderungen auch in der Zukunft Gültigkeit haben werden. Als „praxistauglich" haben sich vor allem die beiden nachfolgend betrachteten Prognoseverfahren erwiesen:

- **Methode der gleitenden Mittelwertbildung**

Der Prognosewert $\bar{y}_{t+1}$ für die Periode t+1 ist hier der Mittelwert der Beobachtungswerte B_t der letzten n Perioden. Als Prognosegleichung gilt damit:

$$\bar{y}_{t+1} = \frac{1}{n}\sum_{t=1}^{n} B_t$$

Betrachten wir dazu folgendes Beispiel, das die Ist-Absatzdaten eines Produktes mit den als „gleitende Mittelwerte" (für jeweils n = 4 Perioden) prognostizierten Absatzdaten gegenüberstellt (siehe Tabelle 5-1).

Tabelle 5-1. Prognose mithilfe der Methode der gleitenden Mittelwerte (n = 4)

Periode	1	2	3	4	5	6	7	8	9	10
Ist-Werte	80	100	90	110	90	120	125	110	100	105
Progno-sewerte					95	97,5	102,5	112,5	111,25	113,75

Das jeweilige Prognoseergebnis lässt sich auch wie folgt grafisch darstellen (siehe Abbildung 5-2).

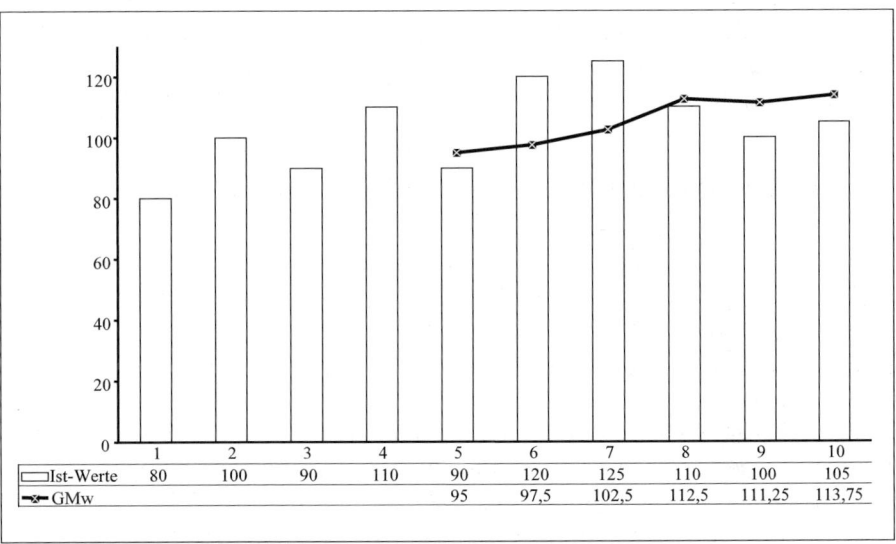

Abb. 5-2. Prognose mithilfe der Methode der gleitenden Mittelwerte (n = 4)

Wie bei zeitreihengestützten Prognoseverfahren üblich, reagieren die Prognosewerte hier nur „mit Zeitverzögerung" auf eine in den Vergangenheitsdaten sichtbare Veränderung der Datenausprägungen. Mit einer bewusst kleinen Zahl an betrachteten Vergangenheitswerten passt sich die Prognose allerdings relativ schnell an diese Entwicklung an, während bei einer großen Zahl an berücksichtigten Vergangenheitswerten die Vorhersagewerte relativ stabil bleiben. Die einfache Berechnung und „Durchschaubarkeit" dieser Methode sind verantwortlich für ihren recht verbreiteten Einsatz in der industriellen Praxis.

• **Methode der exponentiellen Glättung (1. Ordnung)**

Diese Methode beruht auf den folgenden zwei Grundannahmen (vgl. Hansmann 2006, S. 264):

- Der aktuelle Prognosefehler (als Differenz zwischen dem für die letzte Periode prognostiziertem und dem tatsächlich eingetretenen Wert) wird in bestimmtem Maße für die zukünftige Prognose verwendet.

- Das Gewicht der Vergangenheitswerte bei der Prognose soll mit zunehmendem Alter der Werte (exponentiell) abnehmen.

Wie sich zeigen lässt, führen diese Annahmen zu der Prognosegleichung:

$$\overline{y}_{t+1} = \overline{y}_t + \alpha(x_t - \overline{y}_t)$$

Der Prognosewert für die Periode t+1 ergibt sich also aus dem Prognosewert für die Vorperiode t, korrigiert um den Bruchteil α des Prognosefehlers. Für das schon bekannte Beispiel und einen Glättungsparameter α = 0,2 ergeben sich die in Tabelle 5-2 dargestellten Prognosewerte.

Tabelle 5-2. Prognose mithilfe der exponentiellen Glättung 1.Ordnung (α = 0,2)

Periode	1	2	3	4	5	6	7	8	9	10
Ist-Werte	80	100	90	110	90	120	125	110	100	105
Prognosewerte		80	84	85,2	90,2	90,2	96,2	102	103,6	102,9

Das Prognoseergebnis ist in der folgenden Abbildung 5-3 dem der Methode des gleitenden Mittelwertes noch einmal grafisch gegenübergestellt.

Diese Methode ist ebenfalls leicht zu berechnen (man benötigt lediglich den letzten Prognosewert und den neuesten Zeitreihenwert, um den Prognosewert für die nächste Periode zu bestimmen) und ist wohl nicht zuletzt deshalb in der industriellen Praxis recht weit verbreitet. Allerdings gibt es kein logisch-analytisches Verfahren zur Bestimmung des Glättungsparameters α, sondern nur die Faustregel, dass Werte zwischen 0,1 und 0,3 zu „brauchbaren" Prognosen führt. Bei trendförmigen Absatzverläufen ist diese Methode dagegen weniger geeignet, da die Prognosewerte dem tatsächlichen Absatzverlauf stets „hinterherhinken" würden.[1]

---

[1] Methoden, die Trends explizit berücksichtigen können, sind methodisch anspruchsvoller und können hier aus Platzgründen nicht näher betrachtet werden (vgl. dazu z.B. Hansmann 2006, S. 265 ff.).

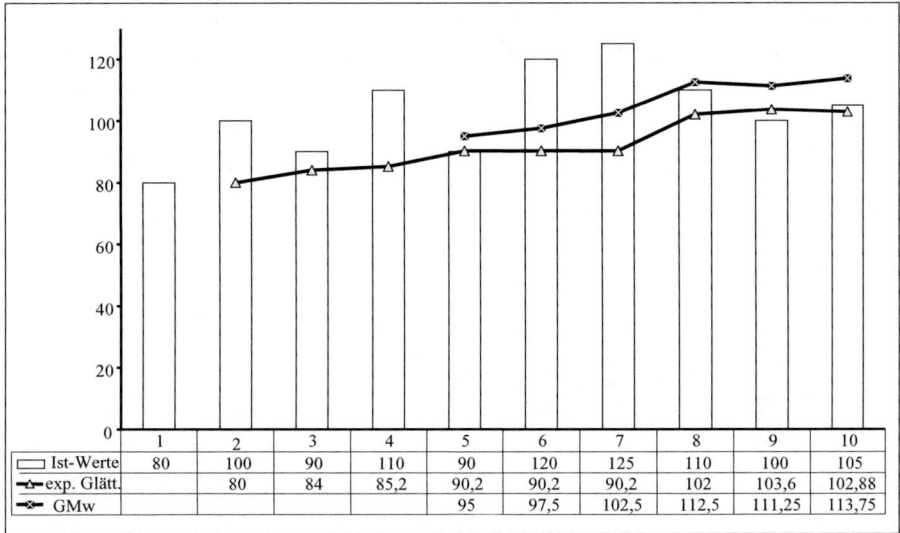

	1	2	3	4	5	6	7	8	9	10
Ist-Werte	80	100	90	110	90	120	125	110	100	105
exp. Glätt.		80	84	85,2	90,2	90,2	90,2	102	103,6	102,88
GMw					95	97,5	102,5	112,5	111,25	113,75

Abb. 5-3. Prognose mithilfe der exponentiellen Glättung ($\alpha = 0,2$)

Zur **Bewertung der Prognosegüte** kann z.B. die mittlere absolute Abweichung (MAD) herangezogen werden. Sie beträgt in unserem Beispiel

- bei der Methode des gleitenden Mittelwertes: 12,08 (=11,7 %, bezogen auf den Mittelwert der Absatzreihe von 103),

- bei der Methode der exponentiellen Glättung: 13,66 (= 13,3 %, bezogen auf den Mittelwert der Absatzreihe von 103).

Die Prognose mit der Methode des gleitenden Mittelwertes ist hier sogar noch etwas besser; beide Verfahren führen hier aber zu durchaus akzeptablen Ergebnissen.

Werfen wir abschließend einen Blick auf die in der Praxis ebenfalls üblichen qualitativen Prognoseverfahren im Rahmen der Absatzplanung.

- **Qualitative Prognoseverfahren (Expertenschätzungen)**

In der Praxis erfolgt die Absatzplanung oft in Form einer implizitqualitativen Prognose durch die Vertriebsbeauftragten, die die Absatzmöglichkeiten eines Produkts unter Abschätzung der erwarteten Konkurrenzmaßnahmen und der Kundenreaktionen, aber auch unter Berücksichtigung eventueller Preis- bzw. Produktänderungen oft recht zuverlässig prognostizieren können.

Zuweilen werden aber auch die für das Geschäftsjahr geplanten Wertsteigerungspotenziale (z.B. geplante Gewinnsteigerung: 10 %) pauschal auf die bisher erreichten Absatzmengen „umgerechnet" und dann je nach der spezifischen Absatz- und Konkurrenzsituation, in der sich die einzelnen Produkte befinden, nach oben oder unten korrigiert. Bei nüchterner Betrachtung ist diese Vorgehensweise der Methode der exponentiellen Glättung nicht unähnlich.

Gehen wir im Folgenden davon aus, dass die potenziellen Absatzmengen der einzelnen Produkte im Rahmen der Absatzplanung „hinreichend genau" bestimmt worden sind. Damit sind die Voraussetzungen für die Produktionsprogrammplanung erfüllt.

5.3 Phase 2: (Kurzfristige) Produktionsprogrammplanung

5.3.1 Aufgabe und Überblick

Hier geht es – wie schon erwähnt – um die Beantwortung der Frage, welche Produkte in welchen Mengen tatsächlich im Planungszeitraum (also z.B. im nächsten Geschäftsjahr) produziert werden sollen. Sofern keine Lagerhaltung vorgesehen ist, entspricht das Produktions- zugleich dem Absatzprogramm des Planungszeitraums. Um das Produktion- (und Absatz-)Programm bestimmen zu können, müssen insbesondere folgende Daten aus den vorgelagerten Phasen bzw. Prozessen vorliegen:

- die grundsätzlich zu produzierenden Produkte,

- Preise und Absatzhöchstgrenzen der Produkte,

- variable Stückkosten,

- die verfügbaren Kapazitäten des Produktionsapparates sowie

- die Kapazitätsbeanspruchung durch die Produktion der verschiedenen Produkte (= Produktionskoeffizienten).

Betrachtet sei zunächst ein Unternehmen der Kategorie „Massenfertiger für den anonymen Markt". Selbst für ein solches Industrieunternehmen können im Rahmen der Produktionsprogrammplanung noch unterschiedliche Planungssituationen auftreten, die in Tabelle 5-3 aufgeführt sind.

Tabelle 5-3. Problemtatbestände im Rahmen der Produktionsprogrammplanung

Problem	Ausprägung		
absatzwirtschaftliche Verflechtung der Produkte	nein		ja
Engpässe in der Produktion	nein		ja
alternative Produktionsprozesse zur Auswahl	nein	einer	mehrere (potenzielle)
alternative Preis-Mengen-Kombinationen	nein		ja

Wir wollen nun einige der sich aus der Kombination der Problemtatstände ergebenden Planungssituationen näher betrachten:

5.3.2 Produktionsprogrammplanung ohne Kapazitätsbeschränkung

In der hier betrachteten Planungssituation wollen wir zusätzlich annehmen, dass

• keine absatzwirtschaftlichen Verflechtungen zwischen den Produkten existieren,

• nur ein Produktionsverfahren zum Einsatz kommt,

• die Kombination aus Preis und Absatzhöchstgrenze für jedes Produkt gegeben ist und

• keine Engpässe in der Produktion auftreten, d.h. alle aus ökonomischer Sicht sinnvollen Produktionsmengen kapazitativ realisierbar sind.

Betrachten wir zur Vorgehensweise ein **Beispiel**, das durch folgende Rahmenbedingungen und Daten gekennzeichnet ist (vgl. Adam 1998, S. 222 f.):

• zweistufige Fertigung,

• Stufe 1: variable Kosten 5 GE/Fertigungsminute,

• Stufe 2: variable Kosten 8 GE/Fertigungsminute,

• Kapazität: max. 5500 Minuten je Stufe,

- Absatzhöchstgrenzen: max. 100 ME je Produkt.

Ansonsten gelten die in Tabelle 5-4 dargestellten Daten. Der Planungszeitraum auf den sich die kurzfristige Produktionsprogrammplanung des Industriebetriebs, der im 2-Schicht-Betrieb arbeitet, bezieht, möge eine Woche betragen.

Tabelle 5-4. Planungsdaten (Beispiel)

Er-zeug-nis	Produktionszeit (Minuten/ME)		Ferti-gungs-kosten	Material-kosten	variable Kosten	Preis	Deck-ungs-spanne
	Stufe 1	Stufe 2	(GE/ME)	(GE/ME)	(GE/ME)	(GE/ME)	(GE/ME)
(1)	(2)	(3)	(4)	(5)	(6) = (5) + (4)	(7)	(8) = (7) - (6)
1	4	5	60,-	50,-	110,-	120,-	10,-
2	10	4	82,-	30,-	112,-	105,-	- 7,-
3	15	3	99,-	25,-	124,-	140,-	16,-
4	5	10	105,-	45,-	150,-	190,-	40,-
5	25	15	245,-	90,-	335,-	390,-	55,-
6	6	8	94,-	46,-	140,-	120,-	- 20,-
7	3	9	87,-	58,-	145,-	155,-	10,-
8	15	20	235,-	70,-	305,-	270,-	- 35,-

In das Produktionsprogramm sind alle Produkte mit positiver Deckungsspanne aufzunehmen. Es zeigt sich die in Tabelle 5-5 zusammengefasste Lösung.

Da hier die Stufe 1 mit 5.200 Minuten und Stufe 2 mit 4.200 Minuten beansprucht werden, ist in keinen der beiden Stufen die maximale Kapazität erreicht. Es besteht insofern kein interner Kapazitätsengpass.

Tabelle 5-5. Optimales Produktionsprogramm (Beispiel)

Erzeugnis	maximale Absatz-menge (ME)	Produktionszeit (Minuten/ME)		Produktionszeit insgesamt (Minuten)	
		Stufe 1	Stufe 2	Stufe 1	Stufe 2
(1)	(2)	(3)	(4)	$(5) = (3)\cdot(2)$	$(6) = (2)\cdot(4)$
1	100	4	5	400	500
2	100	10	4	-	-
3	100	15	3	1500	300
4	100	5	10	500	1000
5	100	25	15	2500	1500
6	100	6	8	-	-
7	100	3	9	300	900
8	100	15	20	-	-
				5.200	4.200

Ob ein Engpass in der Produktion vorliegt, ergibt sich erst im Zuge bzw. am Ende der Produktionsprogrammplanung. In diesem Fall können alle Produkte mit **positiver Deckungsspanne** mit ihren maximalen Absatzmengen produziert werden, ohne dass eine der Stufen an ihre Kapazitätsgrenzen stößt. Der maximal erreichbare Deckungsbeitrag beträgt 13.100,- GE.

5.3.3 Produktionsprogrammplanung bei einem eindeutigen Engpass

Als Beurteilungskriterium für die Aufnahme in das Produktionsprogramm tritt nun statt der absoluten die **relative Deckungsspanne**, die wie folgt definiert ist (vgl. Jacob 1990, S. 509):

$$\text{relative Deckungsspanne} = \frac{\text{Deckungsspanne des Produkts}}{\text{Kapazitätsbeanspruchung je Produkt im Engpass (Produktionskoeffizient)}}$$

Die Engpasskapazität ist in diesem Fall nach Maßgabe der relativen Deckungsspanne auf die Produkte aufzuteilen, bis die knappe Kapazität vollständig zugeteilt ist. Betrachten wir dazu nochmals das in Abschnitt 5.3.2 dargestellte Beispiel, allerdings mit folgender Änderung:

- Kapazität der Stufe 1: max: 4000 ZE

Tabelle 5-6. Optimales Produktionsprogramm bei einem eindeutigen Engpass (Beispiel)

Erzeugnis	Deckungs-spanne	Produktions-koeffizient Stufe 1	Relativer Deckungs-beitrag	Produk-tions-menge	Kapazitätsbe-anspruchung Stufe 1
(1)	(2)	(3)	(4) = (2) : (3)	(5)	(6) = (5)·(3)
1	10,-	4	2,5	100	400
2	- 7,-	10	- 0,7	-	-
3	16,-	15	1,0$\overline{6}$	20	300
4	40,-	5	8	100	500
5	55,-	25	2,2	100	2500
6	- 20,-	6	- 3,3$\overline{3}$	-	-
7	10,-	3	3,3$\overline{3}$	100	300
8	- 35,-	15	- 2,3$\overline{3}$	-	-
					4000 ZE

Das in Tabelle 5-5 dargestellte Produktionsprogramm ist damit unrealisierbar. Nach Maßgabe der relativen Deckungsspanne ergibt sich vielmehr das in Tabelle 5-6 aufgeführte optimale Produktionsprogramm.

Der maximale Deckungsbeitrag beträgt nun 11.820,- GE. Jede andere Aufteilung der knappen Kapazitäten würde zu einem geringeren Gesamtdeckungsbeitrag führen.

5.3.4 Produktionsprogrammplanung bei mehreren möglichen (programmabhängigen) Engpässen

5.3.4.1 Kennzeichnung der Planungssituation

Oft ist nicht im Voraus bekannt, welche Produktionsstufe zum Engpass wird. Betrachten wir dazu folgendes vereinfachtes Beispiel:

Ein Unternehmen kann die Produkte A und B produzieren. Beide Produkte durchlaufen die Stufen 1 und 2, jedoch beansprucht A Stufe 1 besonders stark, während eine Produkteinheit von B Stufe 2 besonders stark in Anspruch nimmt. Je nach ökonomischer Vorteilhaftigkeit der Produkte A und B kann nun Stufe 1 oder Stufe 2 (oder beide) zum Engpass werden.

Ist der Engpass nicht im Vorwege bekannt, kann der relative Deckungsbeitrag (siehe Abschnitt 5.3.3) als Kriterium nicht mehr angewendet werden. Es bietet sich aber an, das Planungsproblem als Modell der linearen Programmierung (oder kurz: LP-Modell) zu formulieren und zu lösen. Ein solches **LP-Modell** ist durch folgende Eigenschaften gekennzeichnet:

- eine zu maximierende (z.B. Gesamt-DB) oder zu minimierende (z.B. Produktions-Gesamtkosten) Zielgröße als Zielfunktion;

- Optimierung unter Beachtung von Nebenbedingungen (z.B. Kapazitätsgrenzen, Absatzgrenzen);

- nur lineare Gleichungen/Ungleichungen (keine multiplikative Verknüpfung von Variablen).

Für die Produktionsprogrammplanung bei mehreren möglichen Engpässen wollen wir im Folgenden zwei Situationen betrachten (siehe Tabelle 5-7).

Tabelle 5-7. Planungsrelevante Fälle

Abschnitt 5.3.4.2	**Abschnitt 5.3.4.3**
- mehrstufige Produktion - programmabhängige Engpässe - in jeder Stufe nur ein Produktionsverfahren einsetzbar	- mehrstufige Produktion - programmabhängige Engpässe - in jeder Stufe mehrere Produktionsverfahren einsetzbar

5.3.4.2 Nur ein Verfahren je Stufe einsetzbar

Für die Formulierung eines dem Problem entsprechenden LP-Modells benötigen wir folgende **Symbole**:

Indizes:
s   Stufe $s = 1, 2\ldots s^*$ [letzte Stufe, z.B. Endmontage und Verpackung]
z   Produkt

Daten:

c_{zs} Produktionskoeffizient; ZE je ME des Produktes z auf Stufe s

C_s Kapazität der Stufe s (in ZE/Periode)

M_z Absatzhöchstgrenze Produkt z (in ME/Periode)

p_z Preis je Produkt z (GE/ME)

k_z variable Stückkosten je Produkt z (GE/ME)

Variable:

x_z herzustellende und abzusetzende Menge von Produkt z in der Planperiode (ME/Periode)

Die Modellformulierung lautet wie folgt:

Zielfunktion: $DB = \sum_z (p_z - k_z) \cdot x_z \rightarrow max$

Nebenbedingungen:

Kapazitätsrestriktion $\sum_z c_{zs} \cdot x_z \leq C_s$ $\forall s$

Absatzrestriktion: $x_z \leq M_z$ $\forall z$

Nicht-Negativitätsbedingung (NNB): $x_z \geq 0$ $\forall z$

Betrachten wir dazu folgendes **Beispiel**: Gegeben sei ein Industriebetrieb, der zwei Produkte herstellt. Gesucht wird das gewinnmaximale Produktions- und Absatzprogramm.

Variablen: x_1 bzw. x_2 = Produktions- und Absatzmenge von Produkt 1/Produkt 2 in ME je Periode

Tabelle 5-8. Daten (Beispiel)

	Produkt 1	Produkt 2	Summen
Preis	120 GE/ME	160 GE/ME	
variable Stückkosten	30 GE/ME	20 GE/ME	
Absatzgrenze	1000 ME/PE	600 ME/PE	
Maschinenkapazität Stufe 1	3 ZE/ME	2 ZE/ME	3300 ZE/PE
Maschinenkapazität Stufe 2	4 ZE/ME	8 ZE/ME	6000 ZE/PE
fixe Kosten	26000 GE/PE		

Das LP-Modell, parametrisiert mit den Daten des Beispielsfalls, lautet dann wie folgt:

Zielfunktion:

$$G = (120 - 30) \cdot x_1 + (160 - 20) \cdot x_2 - 26000 \quad \rightarrow \quad \text{max}$$

Nebenbedingungen:

Absatzgrenzen	$x_1 \leq 1000$
	$x_2 \leq 600$
Maschinenkapazität Stufe 1:	$3x_1 + 2x_2 \leq 3300$
Maschinenkapazität Stufe 2:	$4x_1 + 8x_2 \leq 6000$
NNB:	$x_1 \geq 0$
	$x_2 \geq 0$

Da hier nur zwei Variablen existieren, lässt sich die Lösung auch grafisch bestimmen. Hierzu sind zunächst die Nebenbedingungen als Grenzen in ein Koordinatensystem einzuzeichnen.

In einem zweiten Schritt ist die (für ein beliebiges Zielniveau eingetragene) Zielfunktion so weit parallel nach „rechts oben" zu verschieben (d.h. der Zielwert zu maximieren), bis sie das Lösungsfeld tangiert (siehe Abbildung 5-4).[1]

---

[1] Es ist nicht ausgeschlossen, dass die Zielfunktion im Optimum direkt „auf" einer der das Lösungsfeld begrenzenden Restriktionen liegt. In diesem Fall sind alle auf dem entsprechenden Abschnitt der Restriktion liegenden Lösungen „optimal" – hier wird auch von einer „degenerierten Lösung" gesprochen.

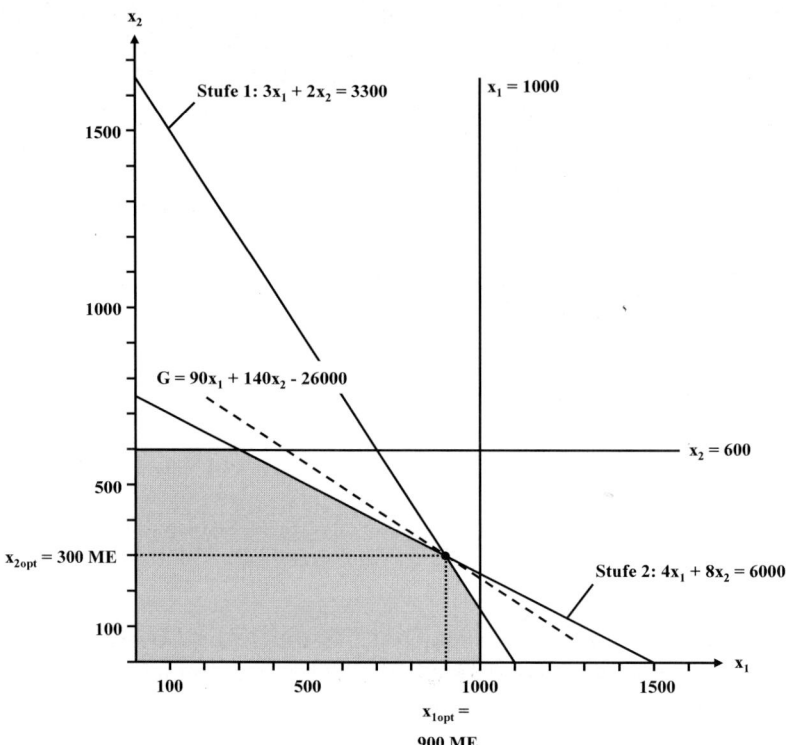

Abb. 5-4. Grafische Bestimmung des gewinnoptimalen Produktionsprogramms (Beispiel)

Das gewinnmaximale Produktionsprogramm lautet $x_1 = 900$ ME und $x_2 = 300$ ME; es führt zu einem Gewinn von 97.000 GE. Bei dieser Lösung sind sowohl Stufe 1 ($3 \cdot 900 + 2 \cdot 300 = 3300$ ZE) als auch Stufe 2 ($4 \cdot 900 + 8 \cdot 300 = 6000$ ZE) voll ausgelastet, also **beide** Produktionsstufen bilden einen Engpass, während die Absatzmöglichkeiten noch nicht voll ausgeschöpft sind.

Nehmen wir an, das Management des Industriebetriebs sei unzufrieden mit „Nichtausschöpfung" des Marktvolumens und erwäge eine Kapazitätsausweitung. Aus Budgetgründen kann aber nur **eine** der beiden Stufen ausgeweitet werden, hier: Stufe 2 von 6000 auf 7600 ZE. Es stellt sich die Frage: Wäre eine Kapazitätsausweitung in nur einer Stufe überhaupt sinnvoll? Wäre sie gegebenenfalls auch lohnenswert, wenn dafür 10.000,- GE aufgewendet werden müssten?

Auf den ersten Blick scheint die Kapazitätsausweitung in nur einer Stufe nicht sinnvoll, wenn beide Stufen voll ausgelastet sind. Betrachten wir jedoch die Veränderung der Planungssituation unter Rückgriff auf die Abbildung 5-4: Die Kapazitätsausweitung in Stufe 2 hätte eine Parallelverschiebung der entsprechenden Kapazitätsgraden „nach oben" zur Folge. Dadurch ergibt sich folgende neue optimale Lösung: $x_1 = 700$ ME, $x_2 = 600$ ME; wieder sind Stufe 1 ($3 \cdot 900 + 2 \cdot 300 = 3300$ ZE) und die erweiterte Stufe 2 ($4 \cdot 700 + 8 \cdot 600 = 7600$ ZE) voll ausgelastet. Der Gewinn nach Abzug der Kapazitätserweiterungskosten erhöht sich auf $90 \cdot 700 + 140 \cdot 600 - 26.000 - 10.000 = 111.000$ GE. Die Kapazitätserweiterung ist also lohnend!

5.3.4.3 Mehrere Verfahren je Stufe einsetzbar

Auf jeder Stufe s sind nun:

- funktionsgleiche, jedoch kostenverschiedene Maschinen i einsetzbar,
- jede Maschine kann mit verschiedenen Intensitätsstufen j
  (= Ausbringungsmenge je ZE) arbeiten.

Um diese Situation in Form eines LP-Modells zu formulieren, benötigen wir folgende zusätzliche **Symbole**:

Indizes:
i   Maschinen/Verfahren
j   Intensität

Daten:
x_{zsij} Leistung (ME/ZE)
      Zahl der bearbeiteten Produkte je ZE auf Stufe s mit Maschine i, eingestellt mit Intensität j

Variable: statt x_z jetzt
t_{zsij} (variable) Einsatzzeit der Maschine i auf Stufe s mit Intensität j zur Produktion von Produkt z (in ZE/Periode)

Aus dem Produkt $x_{zsij} \cdot t_{zsij}$ ergeben sich bei dieser Modellformulierung also die Produktionsmengen, genauer: die von Produkt z auf Stufe s mit Maschine i bei Einstellung der Intensität j gefertigten Stücke. Damit ergibt sich folgende **Modellformulierung** (vgl. auch Jacob 1990, S. 530 ff.; Adam 1998, S. 245 ff.):

Zielfunktion:

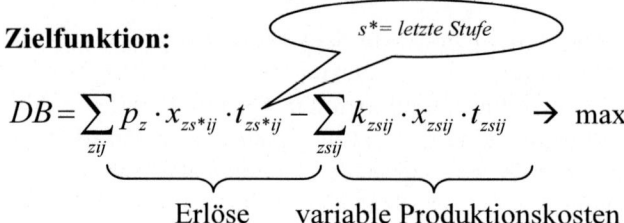

$$DB = \sum_{zij} p_z \cdot x_{zs^*ij} \cdot t_{zs^*ij} - \sum_{zsij} k_{zsij} \cdot x_{zsij} \cdot t_{zsij} \;\rightarrow\; \max$$

$$\underbrace{}_{\text{Erlöse}} \quad \underbrace{}_{\text{variable Produktionskosten}}$$

Nebenbedingungen:

Kapazitätsbedingungen:
$$\sum_{zsj} t_{zsij} \le C_i \qquad\qquad \forall\, i$$

Absatzbedingungen:
$$\sum_{ij} x_{zs^*ij} \cdot t_{zs^*ij} \le M_z \qquad \forall\, z$$

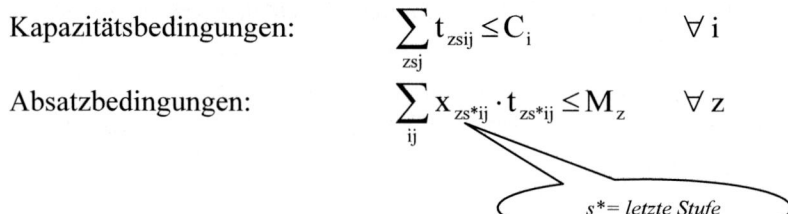

Mengenkontinuitätsbedingungen:

- ohne Ausschuss:

$$\sum_{ij} x_{zsij} \cdot t_{zsij} = \sum_{ij} x_{zs+1ij} \cdot t_{zs+1ij} \qquad\qquad \forall z, s = 1,\dots,s^*-1$$

$$\underbrace{}_{\text{Output Stufe s}} \quad \underbrace{}_{\text{Input Stufe s+1}}$$

- mit Ausschuss: *Ausschussfaktor ≤ 1*

$$\sum_{ij} x_{zsij} \cdot t_{zsij} \cdot \alpha_{zsij} = \sum_{ij} x_{zs+1ij} \cdot t_{zs+1ij} \qquad \forall z, s = 1,\dots,s^*-1$$

$$\underbrace{}_{\text{Input Stufe s}}$$

$$\underbrace{}_{\text{Output Stufe s}} \quad \underbrace{}_{\text{Input Stufe s+1}}$$

Beispiel: 10% Ausschuss je Stufe

    Stufe 1 – Stufe 2: $100 \cdot 0,9 = 90$
    Stufe 2 – Stufe 3: $90 \cdot 0,9 = 81$ etc.

NNB: $t_{zsij} \ge 0$ $\qquad\qquad\qquad\qquad\qquad \forall\, z,s,i,j$

Das so formulierte Problem ist durch folgende Aspekte gekennzeichnet:

- Auf jeder Stufe kann zwischen mehreren Produktionsprozessen gewählt werden;
- die Deckungsspannen sind von den variablen Produktionskosten abhängig, die wiederum durch das jeweils gewählte Fertigungsverfahren determiniert werden;
- somit kann einem Erzeugnis keine eindeutige Deckungsspanne mehr zugeordnet werden;
- nur die Einsatzzeit über die verschiedenen Stufen hinweg identifiziert das einzelne Produkt.

Um die Problemstruktur weiter zu verdeutlichen, wollen wir noch einmal das im vorherigen Abschnitt 5.3.4.2 dargestellte **Beispiel** betrachten, jetzt aber mit folgenden Änderungen:

- Stufe 2 kann alternativ auch mit einer höheren Intensität gefahren werden; damit werden veränderte Produktionskoeffizienten gültig (vgl. Tabelle 5-9);
- auch die variablen Stückkosten variieren damit in Abhängigkeit der Intensität [ME/ZE] in Stufe 2 (vgl. Tabelle 5-9).

Tabelle 5-9. Daten (neu)

	Produkt 1	**Produkt 2**	**Summen**
Produktionskoeffizient Stufe 2 Intensität j=1 („alt")	4 ZE/ME	8 ZE/ME	6000 ZE/PE
Produktionskoeffizient Stufe 2 Intensität j=2 („neu")	3 ZE/ME	6 ZE/ME	6000 ZE/PE
Preis	120 GE/ME	160 GE/ME	
variable Stückkosten (j=1)	30 GE/ME	20 GE/ME	
variable Stückkosten (j=2)	33 GE/ME	24 GE/ME	
Absatzgrenze	1000 ME/PE	600 ME/PE	
Maschinenkapazität Stufe 1	3 ZE/ME	2 ZE/ME	3300 ZE/PE
Maschinenkapazität Stufe 2	4 ZE/ME	8 ZE/ME	6000 ZE/PE
fixe Kosten	26000 GE/PE		

Um das Problem nicht unnötig kompliziert darzustellen, halten wir an der im obigen Beispiel gewählten Mengenvariable fest, also:

x_{zj} = Produktionsmenge von Produkt z, produziert auf Stufe 2 (denn nur diese kann variiert werden) mit Intensität j

In dieser Planungssituation wollen wir noch zwei Fälle unterscheiden:

- **Fall 1:** Auf Stufe 2 kann nur entweder Intensität 1 (j=1) oder Intensität 2 (j=2) gefahren werden

Zielfunktion:

$G = (120\text{-}30) \cdot x_{11} + (160\text{-}20) \cdot x_{21}$ [Intensität 1]
    $+ (120\text{-}33) \cdot x_{12} + (160\text{-}24) \cdot x_{22}$ [Intensität 2]
    $- 26000 \rightarrow \max$

Absatzbedingungen:

$x_{11} + x_{12} \leq 1000$
$x_{21} + x_{22} \leq 600$

Kapazitätsbedingungen:

Stufe 1: $3x_{11} + 3x_{12} + 2x_{21} + 2x_{22} \leq 3300$
Stufe 2: Intensität 1: $4x_{11} + 8x_{21} \leq 6000 \cdot u_1$
        Intensität 2: $3x_{12} + 6x_{22} \leq 6000 \cdot u_2$
        $u_1, u_2 \rightarrow 0/1\text{-Variablen mit } u_1 + u_2 \leq 1$

Ergebnis:

$x_{11} = 0$ $x_{12} = 700$ $\rightarrow x_1 = 700$
$x_{21} = 0$ $x_{22} = 600$ $\rightarrow x_2 = 600$
$G = 116.500$ $DB = 142.500$

Der Gewinn kann also – verglichen mit dem obigen Ausgangsfall (ohne Kapazitätserweiterung) – durch die Nutzung der intensitätsmäßigen Anpassung auf Stufe 2 um 19.500 GE gesteigert werden.

- **Fall 2:** Intensitätssplitting: Auf Stufe 2 kann sowohl Intensität 1 (j=1) als auch Intensität 2 (j=2) gefahren werden

Zielfunktion:

$G = (120\text{-}30) \cdot x_{11} + (160\text{-}20) \cdot x_{21}$ [Intensität 1]
    $+ (120\text{-}33) \cdot x_{12} + (160\text{-}24) \cdot x_{22}$ [Intensität 2]
    $- 26000 \rightarrow \max$

Absatzbedingungen:

$x_{11} + x_{12} \leq 1000$
$x_{21} + x_{22} \leq 600$

Kapazitätsbedingungen:

Stufe 1: $3x_{11} + 3x_{12} + 2x_{21} + 2x_{22} \leq 3300$
Stufe 2: $4x_{11} + 8x_{21} + 3x_{12} + 6x_{22} \leq 6000$

Ergebnis:
$x_{11} = 300$ $x_{12} = 400$ → $x_1 = 700$
$x_{21} = 0$ q $x_{22} = 600$ → $x_2 = 600$
$G = 117.400$ $DB = 143.400$

Die mit einem Intensitätssplitting verbundenen höheren Freiheitsgrade werden hier also (bei der Produktion von Produkt 1) genutzt und führen zu einer nochmaligen Steigerung des Gewinns (gegenüber Fall 1) von 900 GE.

5.3.4.4 Berücksichtigung absatzwirtschaftlicher Verflechtungen der Produkte

Solche Interdependenzen zwischen Produkten können komplementärer oder substitutiver Art sein. Beide Situationen lassen sich in einem LP-Modell z.B. wie folgt berücksichtigen:

- **komplementäre Beziehungen:**
  Nehmen wir an, die Absatzgrenze von Produkt 1 erhöht sich um 1.000 ME, wenn gleichzeitig Produkt 2 in das Programm aufgenommen wird. Die Absatzgrenzen ändern sich dann wie folgt:

$$x_2 \leq u_2 \cdot M_2$$

| 0/1-Variable |
| $u_2 = 1$, wenn Produkt 2 produziert und abgesetzt wird |

$$x_1 \leq M_1 + u_2 \cdot 1000$$

Erhöhung der Absatzgrenze von Produkt 1, wenn Produkt 2 abgesetzt wird

- **substitutive Beziehungen:**
  Verringert sich dagegen die Absatzgrenze von Produkt 1 um z.B. 500 ME, wenn Produkt 2 in das Programm aufgenommen wird, haben die Absatzrestriktionen folgende Struktur:

$$x_2 \leq u_2 \cdot M_2$$
$$x_1 \leq M_1 - u_2 \cdot 500$$

Verminderung der Absatzgrenze von Produkt 1, wenn Produkt 2 gleichzeitig abgesetzt wird

Auch die Modellierung proportionaler Wirkungen – je mehr von Produkt 1 abgesetzt wird, desto mehr (bzw. weniger) von Produkt 2 – ist möglich (vgl. dazu Jacob 1990, S. 539 ff.).

5.3.5 Programmplanung bei Kuppelproduktion

Unter „Kuppelproduktion" versteht man eine technisch zwangsläufige Mehrproduktfertigung. Das bedeutet: Mit der Produktion eines Produkts fallen zwangsläufig auch bestimmte Mengen anderer Produkte an (z.B. Gas, Koks und Teer in der Kokerei; Gichtgas, Schlacke und Abwärme neben Roheisen im Hochofenprozess; Sägemehl und Bretter im Sägewerk usw.). Hierdurch stellen sich unter dem Gesichtspunkt der Produktionsplanung zwei Probleme:

1. Produktionsmengen decken sich **nicht** mit der Relation der Nachfrage nach diesen Produkten;

   Folge: Es entstehen entweder **Fehlmengen** bei einem oder **Überschussmengen** bei einem anderen Produkt.

Beispiel:

Produkt	A	B
Absatz	150	350
Produktion	150	300
Produktion	175	350

⇒ Fehlmenge bei B oder

⇒ Überschussmenge bei A

Eine Überschussmenge verursacht durch Lagerung oder Entsorgung zusätzliche Kosten.

2. Teile der variablen Kosten sind Gemeinkosten, die sich nicht verursachungsgerecht den Einzelprodukten zurechnen lassen.

Lösung: Zusammenfassung zu Produktbündeln; dieses wird definiert als Menge an Einzelprodukten, die sich aus einer bestimmten Menge des eingesetzten Rohstoffs gewinnen lassen.

Im Rahmen der Produktionsprogrammplanung stellen sich damit folgende Planungsprobleme:

- Bestimmung der Anzahl der herzustellenden Produktbündel;
- bei Überschussmengen: Bestimmung, welche Mengen welcher Produkte zu entsorgen sind.

Auch für diesen Fall lässt sich ein **LP-Modell** formulieren (vgl. auch Adam 1998, S. 249 ff.):

Indizes:

z   Erzeugnisse, die in dem Produktbündel enthalten sind;
           $z = 1 \ldots z^*$ mit $z^* \geq 2$

Daten:

d_z Bruttodeckungsspanne des Erzeugnisses z
           (= Preis ./. dem Endprodukt zurechenbare Einzelkosten, z.B. Veredelungskosten)

k   Material und Fertigungskosten je Produktbündel
           (Gemeinkosten aus Sicht der Einzelprodukte)

c_z ME von Fertigprodukt z je Produktbündel
ke_z Entsorgungskosten je ME des Endprodukts z
$MKAP$ Maximalkapazität der Produktion in ME des Produktbündels
M_z maximale Absatzmenge Endprodukt z

Variablen:

b   Anzahl der zu produzierenden Produktbündel (ME/Periode)
x_z Menge der zu entsorgenden Endprodukte z (ME/Periode)

Die Modellformulierung lautet wie folgt:

Zielfunktion:

$$DB = \underbrace{\sum_z d_z \cdot c_z \cdot b}_{\text{Brutto-Deckungsbeitrag}} - \underbrace{k \cdot b}_{} - \underbrace{\sum_z ke_z \cdot x_z}_{\text{Entsorgungskosten}} \to \max$$

variable Produktionskosten
der Produktbündel (Gemeinkosten)

Nebenbedingungen:

Kapazitätsbedingung: $b \leq M_{KAP}$

Absatzbedingungen: $c_z \cdot b - x_z \leq M_z \quad \forall z$

NNB: $b, x_z \geq 0 \qquad \forall z$

5.3.6 Programmplanung bei Auftragsfertigung

5.3.6.1 Kennzeichnung der Planungssituation

Betrachten wir wieder einen Industriebetrieb, der im Großmaschinen- bzw. Anlagenbau, der Flugzeugindustrie oder im Baugewerbe tätig ist und seine Produktion als Auftragsfertigung organisiert hat. Im Hinblick auf die Programmplanung sind folgende **Kennzeichen** wichtig:

- die Produktion erfolgt aufgrund direkter Bestellungen der Kunden;

- jeder Auftrag trägt „spürbar" zum Gesamtumsatz bei;

- in Verhandlungen geht es nicht nur um den Preis, sondern auch um die zu erbringende Leistung.

Für einen Industriebetrieb mit Auftragsfertigung stellen sich im Rahmen der Programmplanung insbesondere zwei Probleme:

- die Auswahl der Aufträge unter Markt- und Kundengesichtspunkten und

- die Frage, ob die Kapazität des Planungszeitraums (also z.B. des nächsten Geschäftsjahres) bereits jetzt voll verplant oder ob ein gewisser Kapazitätsteil für lukrative, aber derzeit noch nicht definitiv vorliegende, jedoch für den Planungszeitraum erwartete Aufträge freigehalten werden soll.

Beide Planungssituationen seien im Folgenden etwas näher betrachtet.

5.3.6.2 Auswahl von Aufträgen unter Markt- und Kundengesichtspunkten

Nehmen wir an, dem Auftragsfertiger liegen folgende drei Aufträge vor (siehe Tabelle 5-10).

Tabelle 5-10. Mögliche Aufträge (Beispiel)

Kunde	Nachfragemenge des Kunden	max. möglicher Verkaufspreis beim jeweiligen Kunden
A	1000	90
B	800	75
C	350	60

Weiter sei angenommen, dass eine Preisdifferenzierung nicht durchsetzbar ist, da die Kunden sich – wie im Maschinen- und Großanlagenbau oder in der Flugzeugindustrie üblich – kennen und Preisinformationen austauschen. Damit stellt sich für den anbietenden Industriebetrieb die Frage, ob ein Auftrag mit einem vergleichsweise „schlechten" Preis hereingenommen werden soll, wenn er zudem die übrigen Kunden zu „Nachverhandlungen" animiert. In unserem Beispiel seien zudem auch die variablen Stückkosten von der Gesamtmenge abhängig (siehe Tabelle 5-11).

Tabelle 5-11. Variable Stückkosten (Beispiel)

Variable Kosten pro ME	bei einer max. Produktionsmenge bis
10	1000 ME
8	2000 ME
6	3000 ME

Die Frage, ob neben dem Kunden A auch die Kunden B und C beliefert werden sollen, lässt sich wie folgt anhand der Deckungsbeiträge bzw. Deckungsbeitragsdifferenz ΔDB beantworten (vgl. Adam 1998, S. 223 f.):

- **Fall 1:** nur Auftrag von Kunde A wird akzeptiert:
  $DB = (90-10) \cdot 1000 = 80.000,- GE$

- **Fall 2:** Aufträge von Kunden A und B werden akzeptiert:
  $\Delta DB = -(90-75) \cdot 1000 + 2 \cdot 1000 + (75-8) \cdot 800 = +40.600,- GE$

- **Fall 3:** Aufträge von Kunden A, B und C werden akzeptiert:
  $\Delta DB = -(75-60) \cdot 1800 + 2 \cdot 1800 + (60-6) \cdot 350 = -4.500,- GE$

Die optimale Lösung ist, die Aufträge von A und B zu akzeptieren und den Auftrag von Kunde C abzulehnen. Dies führt zum maximalen Deckungsbeitrag von 120.600,- GE.[1]

5.3.6.3 Programmplanung unter Berücksichtigung zukünftiger (noch unbekannter) Aufträge

Hier stellt sich, wie oben bereits erwähnt, (auch) die Frage, ob und – wenn ja – welcher Teil der Produktionskapazität noch nicht für derzeit schon vorliegende Aufträge verplant, sondern bewusst für im Planungszeitraum noch eintreffende (aber derzeit noch unbekannte) Aufträge freigehalten werden soll. Für diese nicht uninteressante Frage ist folgender **Lösungsansatz** entwickelt worden (vgl. Jacob 1971, S. 459 ff.):

Indizes:

m	Aufträge
i	Anlagen

Daten:

T_i	verfügbare Kapazitäten der Anlagen i (in ZE)
D_m	Deckungsspanne des Auftrages m
$\sum_i R_{im}$	Summe der zur Fertigstellung des Auftrages m auf allen Anlagen i notwendigen Fertigungsstunden (in ZE = Stunden)

Steuerungsparameter:

q_i	Quasikosten je ZE Anlage i [gleichzusetzen mit dem relativen DB künftig erwarteter Aufträge]
b_i	Anteil der Kapazität der Anlage i im Planungszeitraum, der für bereits vorliegende Aufträge verplant werden kann
$(1-b_i)$	Anteil, der für zukünftig kommende, günstige Aufträge reserviert werden soll

Variablen:

t_{im}	benötigte Produktionszeit von Auftrag m auf Anlage i
t^*_{im}	jetzt schon (für Auftrag m) beanspruchte Produktionszeit des „eigentlich" für künftige Aufträge verfügbar gehaltenen Kapazitätsanteils auf Anlage i
u_m	0/1-Variable ($u_m = 1 \Rightarrow$ Auftrag m ist auszuführen)

---

[1] Allerdings empfiehlt es sich, die Fernwirkung der Ablehnung von Kunden C zu berücksichtigen. Ist er ansonsten und auch zukünftig ein „guter Kunde", wird man die Gewinneinbuße von 4.500 GE angesichts künftiger Gewinnchancen wohl hinnehmen.

Die Modellformulierung lautet wie folgt:

1. Zielfunktion

$$G = \sum_m u_m \cdot D_m \quad - \quad \sum_{im} q_i \cdot t^*_{im} \quad \rightarrow \quad max$$

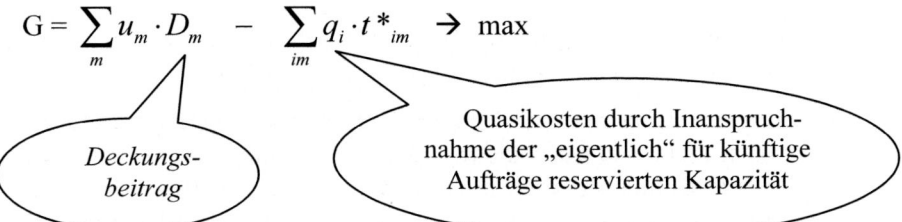

Deckungs-beitrag

Quasikosten durch Inanspruch-nahme der „eigentlich" für künftige Aufträge reservierten Kapazität

2. Nebenbedingungen:

- Zeitbedingung, bezogen auf einen Auftrag

$$\sum_i t_{im} + \sum_i t^*_{im} \quad \geq \quad u_m \cdot \sum_i R_{im} \qquad \forall\, m$$

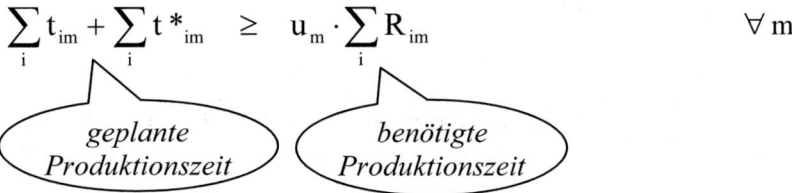

geplante Produktionszeit

benötigte Produktionszeit

- Vollständigkeitsbedingungen/Kapazitätsbedingungen

$$\sum_m t_{im} \quad \leq \quad b_i \cdot T_i \qquad \forall\, i$$

$$\sum_m t^*_{im} \quad \leq \quad (1 - b_i) \cdot T_i \qquad \forall\, i$$

- Einsatzbedingungen

$$t_{im} + t^*_{im} \leq R_{im} \qquad \forall\, i, m$$

Aus der Variablenbelegung t^*_{im} kann in der Lösung des Modells abgelesen werden, ob und in welchem Ausmaß der eigentlich für zukünftige Aufträge freigehaltene Kapazitätsteil schon jetzt verplant werden soll. Wie leicht zu sehen ist, hängt dies aber ganz wesentlich von den Steuerungsgrößen q_i und auch b_i ab. Bei deren Festlegung sind folgende Überlegungen anzustellen:

- **Bestimmung der „Quasikosten" q_i:**

Die Größe q_i stellt – als Rentabilitätsschranke – einen auftragsbezogenen relativen Deckungsbeitrag dar, der wie folgt definiert ist:

$$\text{relativer DB} = \frac{\text{Preis des Auftrags} - \text{variable Kosten}}{\text{Kapazitätsbeanspruchung des Auftrags (in Zeiteinheiten)}}$$

Es ist zu fragen, wie hoch dieser relative Deckungsbeitrag bei den zu-künftig erwarteten, aber derzeit noch nicht (konkret) vorliegenden Aufträ-gen erwartet wird. Dabei muss man sich bewusst sein, dass die Werte für q_i Steuerungsparameter darstellen, die wie folgt wirken:

q_i sehr hoch $\Rightarrow$ Zugang zur „Reserve"-Kapazität ist völlig versperrt;

$q_i = 0$ $\quad\Rightarrow$ gesamte Kapazität ist für Aufträge der Planungsperiode frei verfügbar.

- **Bestimmung des jetzt freigegebenen Kapazitätsanteils b_i:**

Dieser kann bestimmt werden, indem der Kapazitätsbedarf der über der Rentabilitätsschranke liegenden Aufträge abgeschätzt wird (siehe Tabelle 5-12).

Tabelle 5-12. Bestimmung der Größen b_i (Beispiel)

Verfügbare Kapazität	Schätzung des Kapazi-tätsbedarfs für über der Rentabilitätsschranke liegende Aufträge	b_i
Anlage 1: 3000 Std.	Anlage 1: 2000 Std.	$b_1 = (3000-2000):3000 = 0,33$
Anlage 2: 6000 Std.	Anlage 2: 3000 Std.	$b_2 = (6000-3000):6000 = 0,50$
Anlage 3: 4500 Std.	Anlage 3: 2500 Std.	$b_3 = (4500-2500):4500 = 0,44$

Es empfiehlt sich, dieses Modell (auch) im Sinne der parametrischen Programmierung für Simulationsberechnungen zu verwenden:

- Wird in der generierten Lösung eine erhebliche Inanspruchnahme der Reservekapazität für schon jetzt vorliegende Aufträge vorgeschlagen, sind die Rentabilitätsschranken q_i gegebenenfalls heraufzusetzen.

- Wird die Reservekapazität dagegen kaum in Anspruch genommen, ist die Mindestrentabilitätsgrenze gegebenenfalls zu senken – auch um eine bessere Auslastung der vorhandenen Produktionskapazitäten durch die bereits definitiv vorliegenden Aufträge zu gewährleisten.

5.3.7 Die zeitliche Verteilung des Produktionsprogramms („Emanzipationsproblem")

In manchen Industriebetrieben ist der zeitlichen Verteilung des Produktionsprogramms im Planungszeitraum besondere Beachtung zu schenken.

Dies ist insbesondere dann der Fall, wenn es Veranlassung für die Überlegung gibt, die Produktion in der zeitlichen Verteilung vom Absatzverlauf zu „emanzipieren", z.B. weil

- der Absatz saisonalen Schwankungen unterliegt, was bei Verbrauchsgütern (Eiscreme, Getränke, Feuerwerkskörpern, auch Zigaretten), aber auch bei Gebrauchsgütern (Möbel, Haushaltsgeräten, Automobilen) häufig der Fall ist, oder

- bestimmte, nur saisonal verfügbare und nicht lagerfähige Einsatzstoffe eingesetzt werden.

Damit stellt sich die **Grundfrage**, ob die Produktion in der zeitlichen Verteilung dem Absatz folgen („Synchronisation") oder sich von der zeitlichen Entwicklung der Absatzmengen bewusst abheben soll („Emanzipation").[1]

Die mit jeder dieser Optionen verbundenen Nachteile bzw. Probleme sind in Abbildung 5-5 grafisch veranschaulicht.

Um das Problem in ein lineares Planungsmodell zu überführen, muss der Planungszeitraum zunächst in Teilperioden unterteilt werden. Das Planungsmodell ist so ausgelegt, dass das Produktionsniveau innerhalb der Teilperiode konstant bleibt, aber von Teilperiode zu Teilperiode verändert werden kann (siehe Abbildung 5-6).

---

[1] Eine Emanzipation kann auch durch gesetzliche Regelungen „erzwungen" sein, so z.B. bei Feuerwerkskörpern, die (zumindest in Deutschland) nur in einem eng begrenzten Zeitfenster (28. - 31.12. eines jeden Jahres) vertrieben, aber emanzipiert produziert werden.

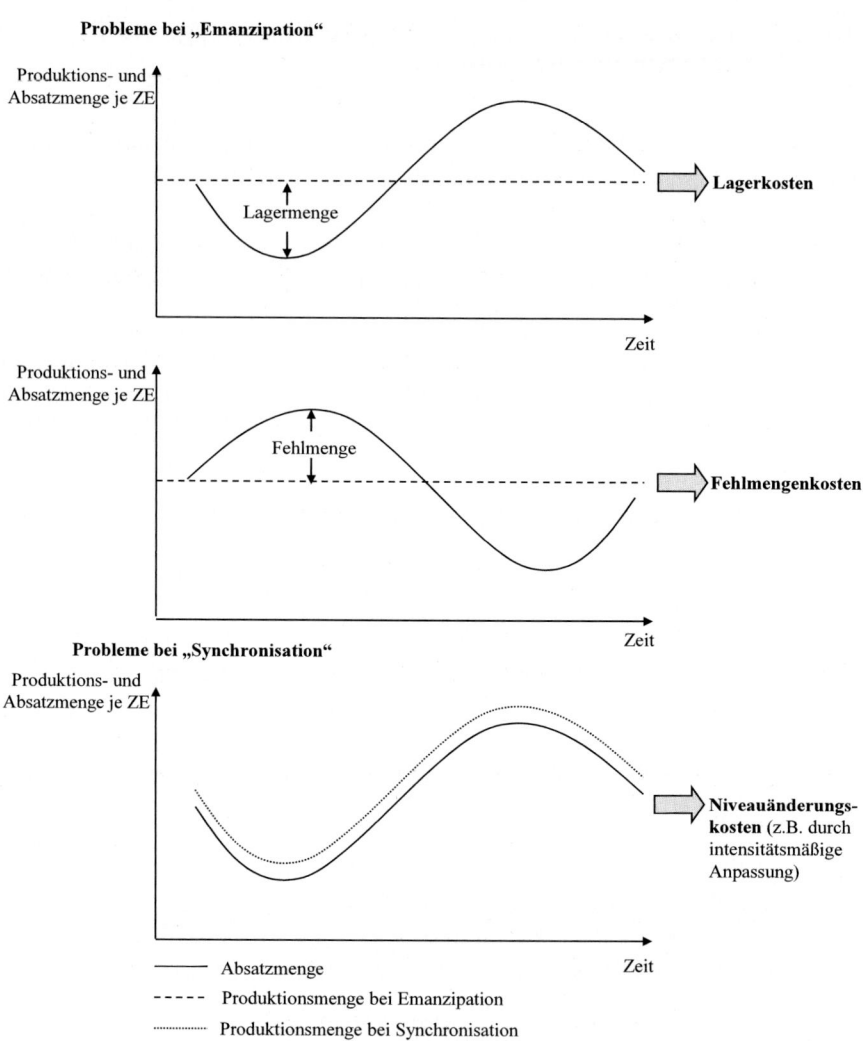

Abb. 5-5. Emanzipation und Synchronisation der Produktion

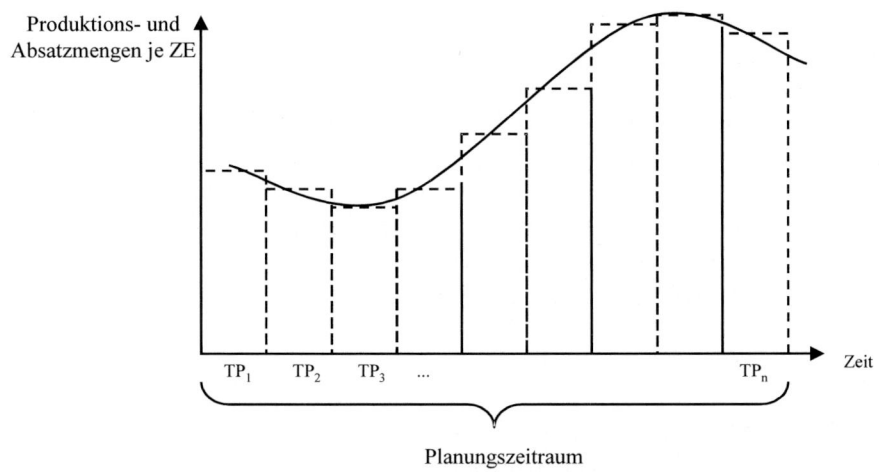

Abb. 5-6. Partielle Emanzipation oder Stufenprinzip[1]

Für das nun betrachtete Planungsmodell gelten folgende **Prämissen**:

- Einprodukt-Unternehmen;
- volle Deckung der Nachfrage (keine Fehlmengen (-kosten));
- Lager- und Niveauänderungskostensatz im Zeitablauf konstant, variable Produktionsstückkosten dagegen je Teilperiode unterschiedlich;
- Niveauänderungskosten proportional zur Änderung der Beschäftigung von einer Teilperiode zur nächsten;
- Produktion auf mehreren funktions- und kostengleichen Anlagen in einstufiger Fertigung (ohne intensitätsmäßige Anpassung);
- Investitionen nur zu Beginn des Planungszeitraums möglich;
- Lageranfangsbestand = Lagerendbestand (= 0).

Zur Modellierung benötigen wir folgende Symbole:

Indizes:
q   Teilperiode

Variable:
x_q Produktionsmenge [ME/TP]
s_q Lagerendbestand in q [ME]
a   Anzahl der zu investierenden Anlagen
y_q Hilfsvariable zur Erfassung der Niveauerhöhung
w_q Hilfsvariable zur Erfassung der Niveausenkung

---

[1] Je stärker der Planungszeitraum in Teilperioden unterteilt wird, um so mehr wird auch die Alternative „vollständige Synchronisation" berücksichtigt.

Daten:

F   Kapitaldienst und sonstige fixc Kosten pro Anlage im Planungs-
           zeitraum [GE/Planperiode]
k_q variable Stückkosten der Produktion [GE/ME]
l   Lagerkosten [GE/(ME · TP)]
d   Niveauänderungskosten [GE/Einheit der Niveauänderung]
c   Produktionskoeffizient/Kapazitätsbedarf pro ME [ZE/ME]
C   Kapazität pro Anlage und Teilperiode [ZE/TP]
N_q Nachfrage in der Teilperiode [ME/TP]

Die Modellformulierung lautet dann:

Zielfunktion

$$K = a \cdot F \qquad \text{Kapazitätskosten}$$

$$+ \sum_q k_q \cdot x_q \qquad \text{variable Produktionskosten}$$

$$+ l \cdot \sum_q s_q \qquad \text{Lagerkosten}$$

$$+ d \cdot \sum_q (y_q + w_q) \quad \text{Niveauänderungskosten}$$

$$\Rightarrow \quad \text{min!}$$

Nebenbedingungen

Kapazitätsbedingungen:
$$x_q \cdot c \leq a \cdot C \qquad \forall\, q$$

Verknüpfung von Produktion, Lager und Absatz:
$$s_{q-1} + x_q = N_q + s_q \qquad \forall\, q$$

Erfassung der Niveauänderung:
$$x_q - x_{q-1} = y_q - w_q \qquad \forall\, q$$

NNB:
$$x_q, s_q, a, y_q, w_q \geq 0$$

Das Modell ist so gefasst, dass in jeder Teilperiode q höchstens nur **eine** der beiden Variablen y_q und w_q positiv belegt werden kann. Hierzu ein Beispiel:

- Erhöhung der Produktion:
  1000 - 500 = 500 - 0 → $y_q = 500$

- Verminderung der Produktion:
  500 - 1000 = 0 - 500 → $w_q = 500$

Zu dieser Modellformulierung seien noch folgende Bemerkungen gemacht:

- Bei konstanten variablen Stückkosten sind die variablen Produktionskosten **nicht** entscheidungsrelevant und könnten im Normalfall entfallen.

- Der angegebene Ausdruck der Lagerkosten gilt nur unter der Voraussetzung, dass
  - Lageranfangs- und Lagerendbestand des Planungszeitraums gleich groß (bzw. gleich 0) sind und
  - der Lagerkostensatz im Zeitablauf konstant ist.

Andernfalls muss der Ausdruck der Lagerkosten lauten:

$$\sum_q l_q \cdot [½ \cdot (s_q + s_{q-1})]$$

Betrachten wir das Modell nun anhand des folgenden **Beispiels**: Das Industrieunternehmen teilt den Planungszeitraum (= 1 Jahr) in vier Teilperioden (= Quartale) q = 1, 2, 3, 4 ein. Für das einzige hergestellte Produkt gelten die in der Tabelle 5-13 aufgeführten Nachfragemengen, die voll bedient werden sollen.

Tabelle 5-13. Nachfragemengen (Beispiel)

	TP 1	TP 2	TP 3	TP 4
Nachfrage	600	300	500	1000

Ansonsten gelten die in Tabelle 5-14 zusammengefassten Planungsdaten:

Tabelle 5-14. Planungsdaten (Beispiel)

Variable	Ausprägung
variable Stückkosten	30 GE
Lagerkostensatz	5 GE
Niveauänderungskostensatz	0,1 GE
Intensität der Produktion	0,5 ME/ZE
Kapazität der Anlage pro Teilperiode	250 ZE
noch vorhandene Anlagen	1 Stück
Anschaffungsbetrag pro Anlage	6000 GE
Nutzungsdauer	4 Jahre
Kalkulationszins	10%
keine sonstigen anlagenfixen Kosten	

Das Produktionsniveau im letzten Quartal des vorherigen Planungszeitraums lag bei 800 ME. Ein Lageranfangsbestand zu Beginn des neuen Planungszeitraums ist nicht vorhanden; für das Ende des Planungszeitraums ist ebenfalls keiner vorgesehen.

Um das Modell aufstellen und lösen zu können, ist zunächst der Kapitaldienst für jede zu Beginn des Planungszeitraums beschaffte Anlage zu berechnen. Er beläuft sich unter Anwendung der Näherungsformel[1]

$$KD = \frac{a_0}{n} + \frac{a_0}{2} \cdot i$$

auf

$$KD = \frac{6000}{4} + \frac{6000}{2} \cdot 0,1 = 1800,- \text{ GE}.$$

Damit ergibt sich folgendes parametrisiertes Modell:

Zielfunktion:

$K = \quad 1800a$

$\quad + 30 \,(x_1 + x_2 + x_3 + x_4)$

$\quad + 5 \,(s_1 + s_2 + s_3)$

$\quad + 0,1 \,(y_1 + y_2 + y_3 + y_4)$

$\quad + 0,1 \,(w_1 + w_2 + w_3 + w_4) \Rightarrow \text{min}!$

---

[1] Die exakte Berechnung des Kapitaldienstes wäre mithilfe des Wiedergewinnungsfaktors möglich: $KD = a_0 \cdot WGF_n^i$

Nebenbedingungen:

Kapazitätsbedingungen:
$q = 1$: $2x_1 \leq 250 + 250a$
$q = 2$: $2x_2 \leq 250 + 250a$
$q = 3$: $2x_3 \leq 250 + 250a$
$q = 4$: $2x_4 \leq 250 + 250a$

Verknüpfungsbedingungen:
$q = 1$: $x_1 = 600 + s_1$
$q = 2$: $s_1 +$ $x_2 = 300 + s_2$
$q = 3$: $s_2 +$ $x_3 = 500 + s_3$
$q = 4$: $s_3 +$ $x_4 = 1000$

Niveauänderungsbedingungen:
$q = 1$: $x_1 - 800$ $= y_1 - w_1$
$q = 2$: $x_2 - x_1$ $= y_2 - w_2$
$q = 3$: $x_3 - x_2$ $= y_3 - w_3$
$q = 4$: $x_4 - x_3$ $= y_4 - w_4$

Die Nichtnegativitätsbedingungen ergeben sich analog zum formalen Modell. Die Lösung des Modells ist in Tabelle 5-15 zusammengefasst.

Tabelle 5-15. Modelllösung (Beispiel)

Variablen	Teilperioden (Quartale)			
	$q = 1$	$q = 2$	$q = 3$	$q = 4$
Produktionsmengen	$x_1 = 600$	$x_2 = 300$	$x_3 = 750$	$x_4 = 750$
Lagermengen	$s_1 = 0$	$s_2 = 0$	$s_3 = 250$	$s_4 = 0$
Niveauerhöhung	$y_1 = 0$	$y_2 = 0$	$y_3 = 450$	$y_4 = 0$
Niveausenkung	$w_1 = 200$	$w_2 = 300$	$w_3 = 0$	$w_4 = 0$
Investitionen	$a = 5$			
Zielfunktionswert	$K_{min} = 82.345,\text{- GE}$			

In diesem Fall ist also eine Kombination aus Produktionsanpassung (in $q = 1$ und $q = 2$) und „Emanzipation" (in $q = 3$ und $q = 4$) optimal.

Um den Planungsansatz noch näher an die in der Realität gegebenen Bedingungen anzupassen, sind folgende Modellerweiterungen zu erwägen:[1]

- Berücksichtigung von Preisdifferenzierungen (als Möglichkeit der „Absatzglättung");

- Anpassung an Mehrproduktunternehmen;

- Verfeinerung der Produktionsbedingungen, z.B. um mehrstufige Produktion ohne bzw. mit intensitätsmäßiger Anpassung;

- Berücksichtigung von Überstunden als Anpassungsmaßnahme im Produktionsbereich;

- Berücksichtigung von Fremdbezug;

- realitätsnähere Erfassung von Niveauänderungskosten als Kosten

  - einer quantitativen Anpassung der Anlagen (sprungfixe Kosten bei Stilllegung bzw. Wiederinbetriebnahme von Anlagen) und/oder

  - einer intensitätsmäßigen Anpassung;

- Berücksichtigung des Personalbereichs, um die Interdependenzen zwischen Produktionsanpassung und personellen Anpassungsmaßnahmen zu erfassen.

Damit wollen wir die Überlegungen zur Produktionsprogrammplanung in Industriebetrieben abschließen. Gehen wir im Folgenden davon aus, dass das Produktionsprogramm (engl. „Master Production Schedule") für den Planungszeitraum (z.B. das nächste Jahr) nach Art und Menge bestimmt ist. Dies ist der Ausgangspunkt für den nächsten Schritt: die Materialbedarfsplanung.

---

[1] Die entsprechenden Modelländerungen können hier aber aus Platzgründen nicht dargestellt werden.

5.4 Phase 3: Materialbedarfsplanung

5.4.1 Aufgabe und Überblick

Auf dem Weg vom Produktionsprogramm zur konkreten Produktionsausführung muss zunächst der Bedarf an Endprodukten in die Bedarfe an Modulen und Einzelteilen aufgelöst werden. Der Abgleich mit den verfügbaren Lagerbeständen im Rahmen der Brutto-Netto-Rechnung führt zu dem im Planungszeitraum gegebenen Nettobedarf, der durch (im Umfang noch zu bestimmende) Bestell- und Produktionsaufträge gedeckt werden muss.

Die Materialbedarfsplanung ist also wiederum als Teilprozess im Rahmen des operativen Leistungsprozesses darstellbar (siehe Abbildung 5-7).

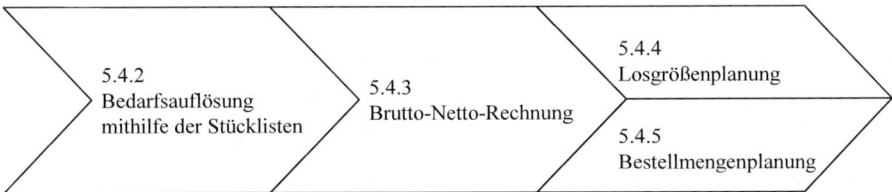

Abb. 5-7. Die Materialbedarfsplanung als Teilprozess des operativen Leistungsprozesses

5.4.2 Bedarfsauflösung mithilfe der Stücklisten

Eine Stückliste gibt an, aus welchen Baugruppen und Einzelteilen ein Produkt besteht und wie viele Mengeneinheiten dieser Baugruppen und Einzelteile benötigt werden, um **eine** Mengeneinheit des Endprodukts herzustellen. Dabei ist ein „Einzelteil" jedes noch so komplexe Teil, das als Ganzes fremdbezogen wird; eine „Baugruppe" wird im Unternehmen aus Einzelteilen montiert und geht in höherstufige Baugruppen oder direkt in das Endprodukt ein.

Die Stückliste wird erstmals im Rahmen der Produktentwicklung (also im Innovationsprozess) erstellt und muss bei (freiwilligen oder unfreiwilligen) Änderungen des Produkts angepasst werden. Die Aktualisierung und Speicherung der Stücklisten (auch von früheren Produktversionen) ist Aufgabe der Stücklistenverwaltung (siehe Hansmann 2006, S. 285 ff.) bzw. des Konfigurationsmanagements.

Die Stückliste lässt sich auch anhand von **Erzeugnisbäumen** visualisieren. Wir wollen dies anhand eines vereinfachten Beispiels verdeutlichen:[1]

Betrachtet wird ein Industriebetrieb der Maschinenbauindustrie. Das Unternehmen hat zunächst nur zwei Produkte im Angebot, und zwar

- P1: eine einfache Fräsmaschine

- P2: eine Fräsmaschine für Zweifach-Bearbeitung.

Die Erzeugnisbäume der beiden Produkte sind in Abbildung 5-8 dargestellt.

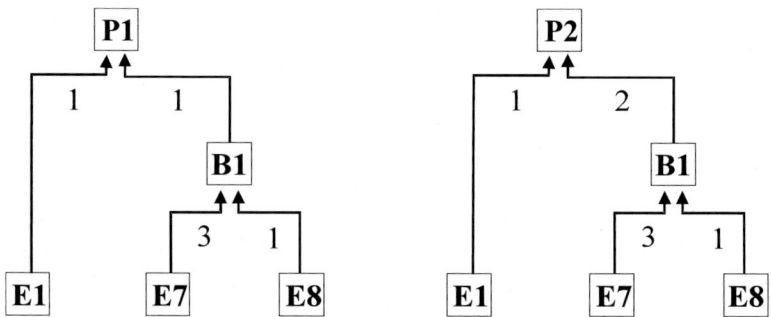

Abb. 5-8. Erzeugnisbäume der Fräsmaschinen P1 und P2 (Quelle: in Anlehnung an Hansmann 2006, S. 286)

Es bedeuten:
E1   Gestell mit Maschinenständer und Antrieb
B1   Fräskopf (Baugruppe)
E8   Werkzeugaufnahme mit Hauptspindel
E7   Klemmschrauben für die Hauptspindel

Aus datenökonomischer Sicht mag man die „redundante" Darstellung der Erzeugnisbäume in Abbildung 5-8 (mit 10 Kästchen oder Teilen und 8 Verbindungspfeilen oder Strukturbeziehungen) bemängeln und stattdessen

---

[1] Das hier betrachtete Beispiel ist strukturgleich mit dem bei Hansmann (2006, S. 286) dargestellten und fortgeführten Fall, an den wir uns hier dankend anlehnen.

den in Abbildung 5-9 dargestellten „Gozintographen" bevorzugen,[1] der jedes Teil nur einmal aufführt.

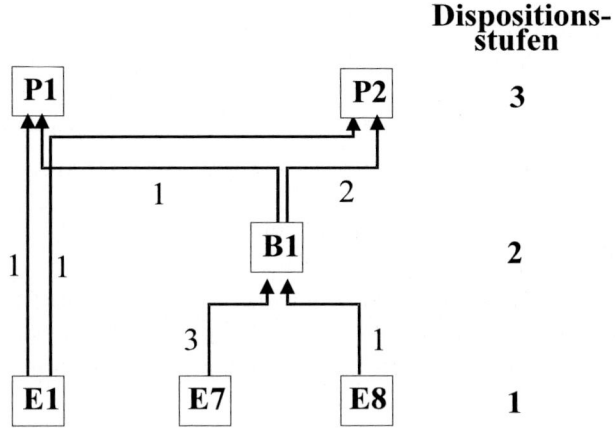

Abb. 5-9. „Gozintograph" der Fräsmaschinen P1 und P2

Die in Abbildung 5-9 genannten Dispositionsstufen berechnen sich als die um 1 erhöhte Zahl der Beziehungspfeile, die von den Einzelteilen auf dem längsten Weg im Gozintographen zu dem betrachteten Teil führen. Auf diese Dispositionsstufen werden wir im Rahmen der Brutto-Netto-Rechnung (Abschnitt 5.4.3) noch zurückkommen.

Mithilfe des Gozintographen bzw. der Erzeugnisbäume lassen sich nun die Einzelteile und Baugruppen je Endprodukt bestimmen (siehe Tabelle 5.16).

---

[1] Eine vom Wirtschaftswissenschaftler Andrew Vazsonyi entwickelte Darstellungsform, die dieser spaßeshalber dem „gefeierten italienischen Mathematiker Zepartzat Gozinto" zugeschrieben hat (ein Fantasiename, der nichts anderes bedeutet als „the part that goes into").

Tabelle 5-16. Baugruppen und Teilebedarf je Endprodukt (Beispiel)

Endprodukt	Teile-Nr.	Bezeichnung	Menge
P1	E1	Gestell	1
	B1	Fräskopf	1
	E7	Klemmschraube	3
	E8	Spindel	1
P2	E1	Gestell	1
	B1	Fräskopf	2
	E7	Klemmschraube	6
	E8	Spindel	2

Die **Stücklistenauflösung** kann nun mit einem Datenbanksystem oder auch mithilfe eines (programmierten) Gleichungssystems erfolgen. Sind z.B. von Produkt P2 10 Stück im Produktionsprogramm vorgesehen, so berechnen sich folgende Bruttobedarfe:

$$x_{P2} = 10$$
$$x_{E1} = x_{P2} = 10$$
$$x_{B1} = 2x_{P2} = 20$$
$$x_{E7} = 3x_{B1} = 3 \cdot 20 = 60$$
$$x_{E8} = x_{B1} = 20$$

An dieser Stelle müssen wir noch eine wichtige Einschränkung machen: Die „exakte" Herleitung der Bruttobedarfe über die Stücklistenauflösung und die nachfolgende Brutto-Netto-Rechnung wird das Unternehmen nicht für alle benötigten Teile und Baugruppen vornehmen, sondern für die A- und B-Teile, wie sie sich aus der unternehmens- oder bereichsweit durchgeführten ABC-Analyse ergeben.[1] Diese Form der Disposition von Teilen und Baugruppen wird auch als **„bedarfsgesteuerte Disposition"** bezeichnet (vgl. Hansmann 2006, S. 293).

Für die C-Teile – z.B. kleine Schrauben, Dichtringe, Verkleidungs- und Verbrauchsmaterial – lohnt die Mühe der „exakten" Herleitung über die Stückliste oft nicht. Es genügt daher, die zukünftigen Bedarfe auf Basis der Verbrauchsmengen der Vergangenheit unter Anwendung eines der schon im Rahmen der Absatzplanung betrachteten quantitativen Prognoseverfahren (z.B. Methode der exponentiellen Glättung)[2] zu schätzen. Dieses Ver-

---

[1] Siehe Abbildung 2-71 und das dort dargestellte Beispiel.
[2] Siehe Abschnitt 5.2.3 dieses Lehrbuchs.

fahren wird deshalb auch **„verbrauchsgesteuerte Disposition"** bezeichnet.

In dem hier betrachteten Beispiel – das Maschinenbauunternehmen, das die Fräsmaschinen P1 und P2 anbietet – werden jedoch alle Teile, so sei angenommen, „bedarfsgesteuert" disponiert. Darum folgt als nächster Schritt die sogenannte „Brutto-Netto-Rechnung".

5.4.3 Brutto-Netto-Rechnung

Bevor wir den Rechenweg selbst betrachten, müssen wir uns zunächst mit einigen **zeitlichen Aspekten** beschäftigen – denn die Einzelteile bzw. Baugruppen müssen

- entweder zu Beginn der Montage des Endprodukts bereits verfügbar sein oder

- erst bei späteren Arbeitsgängen der Endmontage vorliegen, so dass eine Warte- oder „Vorlaufzeit"(= Zeitspanne, die das Teil oder die Baugruppe nach Beginn der Endmontage bereitstehen muss) gegeben ist.

Abbildung 5-10 verdeutlicht diesen Sachverhalt. grafisch.

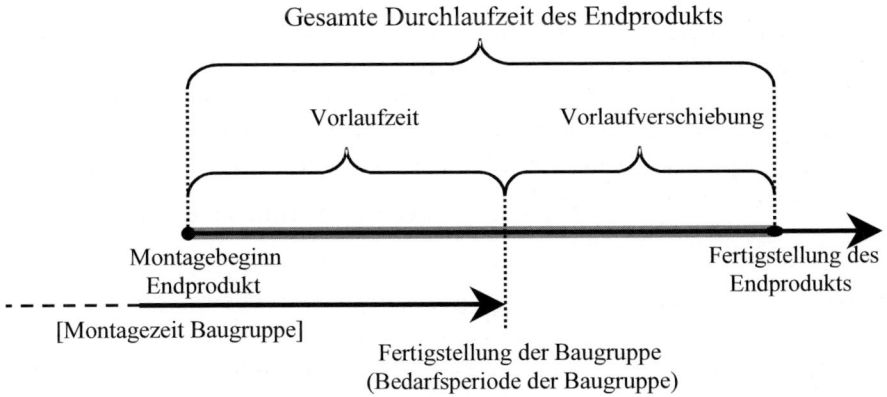

Abb. 5-10. Vorlaufzeit und Vorlaufverschiebung

Die in der Abbildung genannte Bedarfsperiode der Baugruppe bestimmt sich also wie folgt:

Bedarfsperiode der Baugruppe

= Bedarfsperiode des übergeordneten Teils
- Durchlaufzeit des übergeordneten Teils (Endmontagezeit einschl. aller Wartezeiten)
+ Vorlaufzeit des untergeordneten Teils

Die Differenz beider Bedarfsperioden ergibt die

Vorlaufverschiebung
(= Durchlaufzeit des übergeordneten Teils
- Vorlaufzeit des untergeordneten Teils)

Die **Vorlaufverschiebung** sagt also aus, wie viele Perioden vor Fertigstellung des **übergeordneten Teils** die Produktion des untergeordneten Teils **abgeschlossen** werden muss. Beträgt z.B. die Durchlaufzeit eines Bauteils eines Endprodukts 3 Monate und Vorlaufzeit einer Baugruppe 2 Monate, so errechnet sich eine Vorlaufverschiebung von 3 - 2 = 1 Monat.

Kehren wir damit zu unserem Beispiel zurück. Im Rahmen der Produktionsprogrammplanung möge das Maschinenbauunternehmen für die Fräsmaschinen P1 und P2 für den Planungszeitraum von 6 Monaten (von August des laufenden Jahres bis Januar des Folgejahres) die in Tabelle 5-17 dargestellten Produktionsmengen oder „Primärbedarfe" ermittelt haben.

Tabelle 5-17. Primärbedarfe für P1 und P2 laut Produktionsprogrammplanung (Beispiel)

Produkt \ Monat	08	09	10	11	12	01	Σ
P1	4	1	1	2	0	3	11
P2	3	1	2	3	0	2	11

In zeitlicher Hinsicht liegen folgende Informationen über notwendige Vorlaufverschiebungen vor:

Tabelle 5-18. Vorlaufverschiebungen (Beispiel)

(untergeordnetes) Teil	übergeordnetes Teil	Vorlaufverschiebung	Berechnung (Beispiele)
B1	P1	0	
B1	P2	1	
E7	B1	1	DLZ B1 = 0,6 Mon.; VZ E7 = 0 Mon.
E8	B1	0	DLZ B1 = 0,6 Mon.; VZ E8 = 0,2 Mon.
E1	P1	0	
E1	P2	1	

Die Brutto-Netto-Rechnung folgt nun dem folgenden Berechnungsschema:

Primärbedarf	⇨ „Ergebnis" der Produktionsprogrammplanung; Endprodukte und zum Verkauf bestimmte Ersatzteile
+ Sekundärbedarf	⇨ auf den nachfolgenden Dispositionsstufen aus dem Primärbedarf abgeleiteter Bedarf an Baugruppen und Einzelteilen
+ Reservierungen	⇨ bereits freigegebene Produktionsaufträge; gilt auch für untergeordnete Teile
= **Bruttobedarf**	
Lageranfangsbestand	
- Sicherheitsbestand	
+ Lagerzugang	⇨ durch die in der betrachteten Periode eintreffenden offenen Bestellungen bzw. fertig gestellte Produktionsaufträge
= verfügbarer Bestand	
Bruttobedarf	
- verfügbarer Bestand	
= **Nettobedarf**	
+ Mehrverbrauch	⇨ meist prozentualer Aufschlag auf den Nettobedarf, um Ausschuss auszugleichen
= **erweiterter Nettobedarf**	
Losgröße	⇨ Resultat der Zusammenfassung mehrerer erweiterter Nettobedarfe über Teilperioden hinweg (als Stückzahl oder als zeitlich limitierte Losreichweite)
+ Einrichtebedarf	⇨ (einmalig) pro Los anfallend
= tatsächliche Losgröße	⇨ Stückzahl, für die das Vormaterial effektiv geplant werden muss
⇨ Produktionsauftrag	⇨ (zeitliche) Berücksichtigung der Vorlaufverschiebung

Für Endprodukte kann es also definitionsgemäß keinen Sekundärbedarf geben, wohl aber für Teile oder Baugruppen einen Primärbedarf (= Ersatzteile, die zum Verkauf bestimmt sind) und einen Sekundärbedarf (= aus den zu produzierenden Endprodukten abgeleiteter Bedarf).

Wir wollen die Brutto-Netto-Rechnung nun für unser Beispiel durchführen, und zwar unter den folgenden (vereinfachten) Annahmen:

- Die Losgrößen werden zunächst als „gegeben" angenommen;
- kein Ausschuss → kein Zusatzbedarf;
- keine Reservierungen;

- der Primärbedarf von P1 und P2 entspricht dem Bruttobedarf dieser Produkte;
- der Bruttobedarf von B1, E1, E7, E8 entspricht dem jeweiligen Sekundärbedarf;
- die Berechnung setzt im August ein, die infolge der Verlaufverschiebung schon im Juli bereitzustellenden Mengen werden aus Lagerbeständen abgedeckt.
- Damit ergibt sich die in Tabelle 5-19 dargestellte Brutto-Netto-Rechnung:

Tabelle 5-19. Brutto-Netto-Rechnung (Beispiel)

	P1							P2							
Monat 08-01	7	8	9	10	11	12	1	7	8	9	10	11	12	1	
Bruttobedarf		4	1	1	2	0	3		3	1	2	3	0	2	Dispositions-stufe 3
verfügb. Lagerbestand		0	0	0	0	0	0		0	0	0	0	0	0	
Nettobedarf		4	1	1	2	0	3		3	1	2	3	0	2	
Losgröße		5	0	3	0	0	3		4	0	2	3	0	2	
Vorlaufversch. (Mon.)		0		0			0		1		1	1		1	
Produktionskoeffizient		1		1			1		2		2	2		2	
			B1							B1					
Bruttobedarf		5	0	3	0	0	3		0	4	6	0	4	-	Dispositions-stufe 2
Bruttobedarf für P1+P2	8	5	4	9	0	4	3	8	5	4	9	0	4	3	
verfügb. Lagerbestand	8	0	0	0	0	0	0	8	0	0	0	0	0	0	
Nettobedarf	0	5	4	9	0	4	3	0	5	4	9	0	4	3	
Losgröße		9	0	9	0	7	0		9	0	9	0	7	0	
Vorlaufversch. (Mon.)		1		1		1			0		0		0		
Produktionskoeffizient		3		3		3			1		1		1		
			E7							E8					
Bruttobedarf	27	0	27	0	21	0	-	9	0	9	0	7	0		Dispositions-stufe 1
verfügb. Lagerbestand	30	3	3	0	0	0	-	3	0	0	0	0	0		
Nettobedarf	0	0	24	0	21	0	-	6	0	9	0	7	0		
Bestellmenge	0	0	24	0	21	0	-	6	0	9	0	7	0		
	P1							**P2**							
Losgröße		5	0	3	0	0	3		4	0	2	3	0	2	
Vorlaufversch. (Mon.)		0		0			0		1		1	1		1	
Produktionskoeffizient		1		1			1		1		1	1		1	
			E1							E1					
Bruttobedarf		5	0	3	0	0	3	4	0	2	3	0	2	-	
Bruttobedarf P1+P2	4	5	2	6	0	2	3								
verfügb. Lagerbestand	5	1	0	0	0	0	0								
Nettobedarf	0	4	2	6	0	2	3								
Bestellmenge		6	0	6	0	5	0								

In Tabelle 5-19 sind die Losgrößen und „optimalen" Bestellmengen auf Basis der Nettobedarfe schon integriert. Diese sind jedoch noch gesondert zu berechnen. Diesem Problem wollen wir uns jetzt zuwenden.

5.4.4 Losgrößenplanung

5.4.4.1 Problem und Bestimmungsfaktoren

Ein „Fertigungslos" ist eine interne Auftragsgröße. Die **Losgröße** benennt diejenige Menge eines Endprodukts, einer Baugruppe oder eines Teils, die hintereinander auf einer bestimmten Produktionsanlage gefertigt wird, bevor die Produktion unterbrochen und die Anlage zur Produktion eines anderen Produkts, einer anderen Baugruppe oder eines anderen Teils umgerüstet wird. Die Bestimmungsfaktoren der Losbildung sind also die

* Rüstkosten und
* Lagerkosten.

Dabei setzen sich die beiden entscheidungsrelevanten Kostengrößen aus den folgenden Bestandteilen zusammen:

1. Rüstkosten (je Produktwechsel, mengen**unabhängig**):

* Material- und Lohnkosten für Reinigung der Produktionsanlagen,
* Lohnkosten für Justieren der Anlagen und Anbringen spezieller Ausrüstungsteile,
* Werkzeugwechselkosten,
* Anlaufkosten zu Beginn der Produktion (z.B. erhöhter Ausschuss),
* entgangene produktive Zeit während des Anlagenstillstands.

2. Lagerkosten:

* Lohnkosten der Ein- und Auslagerung und Lagerverwaltung,
* Kosten des Platzbedarfs (Raumkosten),
* Kapitalbindungskosten,
* Versicherungskosten,
* Verderb/Schwund/Güterminderung etc.

Wie leicht nachzuvollziehen ist, steigen die Lagerkosten der Planperiode mit steigender Losgröße, während die Rüstkosten der Planperiode sinken. Die „optimale Losgröße" bestimmt sich durch das Minimum der entscheidungsrelevanten Gesamtkosten (siehe Abbildung 5-11).

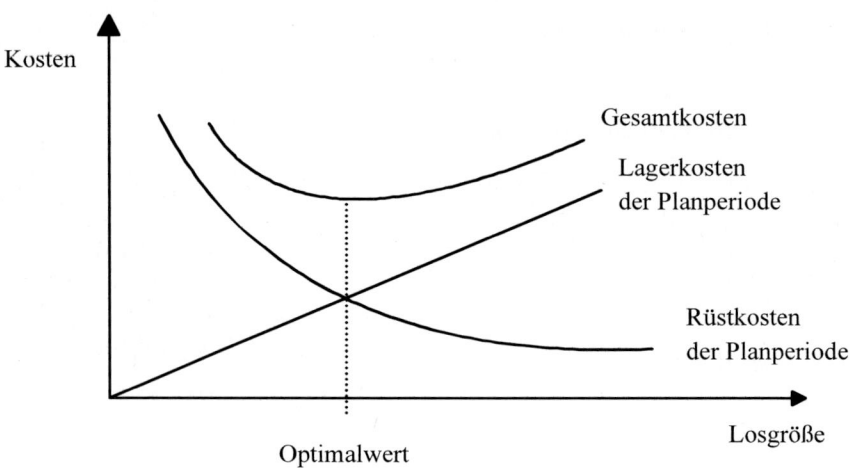

Abb. 5-11. Die optimale (= kostenminimale) Losgröße

Die Losgrößenproblematik, so einfach sie zunächst erscheint, gehört ohne Zweifel zu den intensiv bearbeiteten Feldern der produktionswirtschaftlichen Forschung. Es ist hier weder möglich noch notwendig, alle auf diesem Gebiet gewonnenen Erkenntnisse darzustellen. Wir wollen uns deshalb – auch mit Blick auf die im operativen Leistungsprozess sich konkret stellenden Managementprobleme – auf die Betrachtung der folgenden **Lösungsansätze** beschränken:

- die klassische Losgrößenformel,
- das Wagner-Whitin-Modell,
- drei Heuristiken, die an den Optimalitätseigenschaften der klassischen Losgrößenformel anknüpfen, und
- ein LP-Modell zur simultanen Losgrößenbestimmung auf mehreren Stufen des Produktionsprozesses.

Beginnen wir mit dem erstgenannten Ansatz:

5.4.4.2 Klassische Losgrößenformel (Andler-Harris-Modell)

Das Problem der optimalen Losgröße wurde von dem Engländer F. Harris im Jahr 1913 und im deutschen Sprachraum 1929 von K. Andler erstmals untersucht. Der von ihnen vorgeschlagene Lösungsansatz wird deshalb auch als „Andler-Harris-Modell" bezeichnet. Wir benötigen dafür folgende **Symbole**:

A   Losauflage- bzw. Umrüstkosten (GE)

B_t Nettobedarf des Produkts bzw. der Baugruppe

in Bedarfsperiode t ($\dfrac{ME}{Monat}$)

B   **Durchschnitt**sbedarf pro Bedarfsperiode ($\dfrac{ME}{Monat}$)

⇨ in unserem Beispiel: $B = \dfrac{1}{6}\displaystyle\sum_{t=1}^{6} B_t$

lk   Lagerkostensatz ($\dfrac{GE}{ME \cdot Monat}$)

x   Losgröße (ME)

y   Losauflagehäufigkeit in der Bedarfsperiode (Monat^{-1}) = $\dfrac{B}{x}$

K   Gesamtkosten ($\dfrac{GE}{Monat}$)

Rüstkosten pro Monat: $A \cdot y = \dfrac{A \cdot B}{x}$

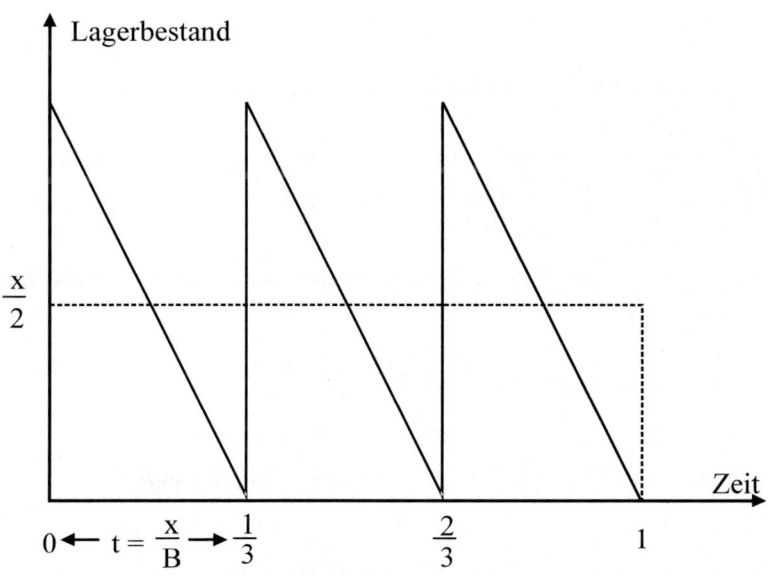

Abb. 5-12. Entwicklung des Lagerbestandes bei linearem Lagerabgang

Es gelten weiterhin folgende **Prämissen:**

- linearer Lagerabgang,
- sofortige Produktion bei Lagerräumung,
- konstanter Periodenbedarf,

- durchschnittlicher Lagerbestand: $\dfrac{x}{2}$ (siehe Abbildung 5-12).

Damit betragen die

Lagerkosten pro Monat: $\dfrac{x}{2} \cdot lk$

Als zu minimierende Gesamtkostenfunktion pro Monat ergibt sich:

$$K = \frac{A \cdot B}{x} + \frac{x}{2} \cdot lk \quad \Rightarrow \text{min!}$$

$$\frac{dK}{dx} = -\frac{A \cdot B}{x^2} + \frac{lk}{2} = 0$$

Lösung: $x_{opt} = \sqrt{\dfrac{2 \cdot A \cdot B}{lk}}$

Allerdings basiert diese Lösung auf einigen eher **unrealistischen Annahmen**, die nicht übersehen werden sollten, nämlich

- linearer Lagerabgang,
- unendliche Produktionsgeschwindigkeit (sofortige Neuproduktion bei Lagerräumung) und
- keine Berücksichtigung schwankender Periodenbedarfe (Prämisse: gleich bleibender Periodenbedarf).

Wenden wir das Modell dennoch auf den hier betrachteten Fall an, und zwar auf den (oben bestimmten) Nettobedarf für die Fräsmaschine P1 (siehe Tabelle 5-20).

Tabelle 5-20. Nettobedarf für P1 laut Brutto-Netto-Rechnung

Monat	08	09	10	11	12	01	Σ
Produkt (P1)	4	1	1	2	0	3	11

Weiterhin mögen folgende Daten gelten:

- Durchschnittsbedarf B pro Monat : $\dfrac{11}{6} = 1{,}83$ ME

- Rüstkosten: 900 GE

- Lagerkosten je Stück und Monat: 290 GE

Damit errechnet sich folgende optimale Losgröße:

$$x_{opt} = \sqrt{\frac{2 \cdot 900 \cdot 1{,}83}{290}} = \sqrt{11{,}358621} = 3{,}37 \text{ ME}$$

Losauflagehäufigkeit: $y = \dfrac{1{,}83}{3{,}37} = 0{,}54$ mal pro Monat

Da nur ganze Fräsmaschinen produziert werden können, soll – gerundet – alle 2 Monate ein Los von x = 3 ME von Produkt P1 produziert werden. Die Lösung muss also wie folgt angepasst werden (siehe Tabelle 5-21).

Tabelle 5-21. Angepasste Lösung nach der Andler-Harris-Formel (Beispiel)

	08	09	10	11	12	01
Nettobedarf	4	1	1	2	0	3
Ergebnis der Andlerformel	3,37	0	3,37	0	3,37	0
gerundet	3	0	3	0	3	0
angepasste Losgröße	**5**	**0**	**3**	**0**	**3**	**0**
					nicht optimal, da der Bedarf für 01 schon in 12 produziert wird ⇨ **unnötige Lagerkosten**	

Festzuhalten ist, dass die Andler-Harris-Formel bei schwankendem Periodenbedarf (wie in unserem Beispiel) nicht zu befriedigenden Ergebnissen führt. Die Lösung weist aber drei Optimalitätseigenschaften auf, an die die (später noch zu betrachtenden) heuristischen Losgrößenverfahren, wie sie in Standard-PPS-Systemen Verwendung finden, anknüpfen, nämlich:

- die Andler-Harris-Formel minimiert die Gesamtkosten pro Zeiteinheit,
- die Andler-Harris-Formel minimiert die Stückkosten,
- die Andler-Harris-Formel gleicht Rüstkosten und Lagerkosten aus.

Alle drei Eigenschaften seien kurz näher erläutert:

a)   Minimierung der Gesamtkosten pro Zeiteinheit

$$K = \frac{A \cdot B}{x} + \frac{x}{2} \cdot lk \quad \Rightarrow \text{min!} \quad \Rightarrow \text{Gesamtkosten pro Monat}$$

$$K_{ges} = (\frac{A \cdot B}{x} + \frac{x}{2} \cdot lk) \cdot T \quad \Rightarrow \text{min!} \quad \Rightarrow \text{Gesamtkosten pro Halbjahr}$$

$$\uparrow T = 6 \text{ Perioden}$$
im Planungszeitraum

Die Konstante T fällt beim Ableiten heraus, die optimale Losgröße bleibt damit **unverändert.**

b)   Minimierung der Stückkosten

Um dies zu zeigen, müssen zunächst die Kosten **pro Losauflage-Zyklus** formuliert werden:

$$\text{Auflagezyklus } j = \frac{1}{y} = \frac{x}{B} \quad (= \frac{3,37}{1,83} = 1,84 \text{ ZE})$$

$$K_{zyklus} = K \cdot \frac{x}{B} = A + \frac{x \cdot lk}{2} \cdot \frac{x}{B} \qquad \text{/dividiert durch x}$$

Kosten   Länge des
pro Monat   Losauflagezyklus

$$k = \frac{K_{zyklus}}{x} = \frac{A}{x} + \frac{x \cdot lk}{2B} \quad \text{(Stückkosten)}$$

$$k' = -\frac{A}{x^2} + \frac{lk}{2B} = 0$$

$$x_{opt} = \sqrt{\frac{2 \cdot A \cdot B}{lk}}$$

Die optimale Losgröße minimiert also auch die Stückkosten!

c)   Ausgleich Rüstkosten / Lagerkosten

s.o.: $x_{opt} = 3,37$

$$\text{Rüstkosten} = \frac{A \cdot B}{x} = \frac{900 \cdot 1,83}{3,37} = 488,72 \approx 488 \text{ GE/Periode}$$

$$\text{Lagerkosten} = \frac{x}{2} \cdot lk = \frac{3,37}{2} \cdot 290 = 488,65 \approx 488 \text{ GE/Periode}$$

Von Rundungsdifferenzen abgesehen, sind Rüst- und Lagerkosten gleich hoch.

5.4.4.3 Der Wagner-Whitin-Algorithmus

Dieses Optimierungsverfahren (vgl. Wagner/Whitin 1958) setzt an der Schwäche der Andler Harris-Formel an und versucht, bei **schwankenden Periodenbedarfen** zu besseren Lösungen zu kommen. Die Autoren gehen begründet davon aus, dass in jeder Periode nur zwei Strategien optimal sein können (wodurch der Lösungsraum eingeengt wird), und zwar:

1. in der Bedarfsperiode wird nicht produziert oder

2. der **gesamte** Bedarf dieser Periode und evtl. zukünftiger Perioden wird produziert.

Die Autoren Wagner und Whitin schlagen zur Losgrößenbestimmung nun folgende fundamentale Rekursionsbeziehungen vor (vgl. auch Hansmann 2006, S. 304):

$$K_j = \text{Min} \left[\quad \underset{1 \le i \le j}{\text{Min}} \left[A + lk \cdot \sum_{t=i+1}^{j} B_t \cdot (t - i) + K_{i-1} \right]; \quad A + K_{j-1} \quad \right]$$

Minimale Gesamtkosten (Rüst- und Lagerkosten), wenn Produktion und Lagerhaltung bis Bedarfsperiode j optimal geplant werden (Planung vorwärts schreitend/rollierend von Periode 1 bis j)	Rüst- und Lagerkosten, wenn der Bedarf der Periode j in einer früheren Periode i erstellt wird	Kosten, die anfallen, wenn in Periode j ein neues Los aufgelegt wird, das den Bedarf der Periode j deckt

Wenden wir den Algorithmus wieder auf einem Beispiel an, und zwar auf den Nettobedarf von Fräsmaschine P1:

Tabelle 5-22. Nettobedarf für P1 laut Brutto-Netto-Rechnung

Monat	08	09	10	11	12	01
Periode	1	2	3	4	5	6
Nettobedarfe P1	4	1	1	2	0	3

Weiterhin wollen wir von folgenden Prämissen ausgehen:

- Das Lager im Monat 07 ist leer.
- Der Bedarf für den Monat 02 des Folgejahres ist unbekannt und wird deshalb = 0 gesetzt.
- Rüstkosten: A = 900 GE
- Lagerkosten: lk = 290 GE je Stück und Monat
- Für den Monat 07 gilt: $K_0 = 0$

Bei **Anwendung der obigen Rekurrsionsbeziehung** auf unser Beispiel wird der Betrachtungszeitraum nun schrittweise von einer auf sechs Perioden erweitert:

- **Periode j=1**

$$K_1 = \text{Min} \left[\underset{x \leq i < 1}{\text{Min}} \; [\text{undefiniert, da } 1 \leq i < 1 \text{ nicht erfüllt}]; A + 0 \right]$$

Lösung: Bedarf $B_1 = 4$ wird in der ersten Periode produziert.

$$\Rightarrow \quad \mathbf{K_1 = 900} \qquad \mathbf{x_1 = 4}$$

- **Perioden 1 und 2**

$$K_2 = \text{Min} \left[\underset{1 \leq i \leq 2}{\text{Min}} \; [A + lk \cdot B_2 + K_0]; A + K_1 \right]$$

$$K_2 = \text{Min} [\underbrace{900 + 290 \cdot 1 + 0]; 900 + 900]}_{i=1}$$

$$\Rightarrow \quad \mathbf{K_2 = 1190} \qquad \mathbf{x_1 = 5}$$

- **Perioden 1, 2 und 3**

$$K_3 = \text{Min} \left[\underset{1 \leq i \leq 3}{\text{Min}} \; [A + lk \cdot (B_2 + 2B_3) + K_0; A + lk \cdot B_3 + K_1]; A + K_2 \right]$$

$$\underbrace{}_{i=1} \qquad \underbrace{}_{i=2}$$

$$K_3 = \text{Min} \left[\underset{1 \le i \le 3}{\text{Min}} \quad [900+290 \cdot (1+2)+0;\ 900+290 \cdot 1+900]; 900+1190 \right]$$

$$= \text{Min} \left[\underset{1 \le i \le 3}{\text{Min}} \quad [\ 1770\ ;\ 2090\ ];\ 2090\ \right]$$

$$\Rightarrow \qquad \mathbf{K_3 = 1770} \qquad\qquad \mathbf{x_1 = 6}$$

> Fazit bisher: Gesamtbedarf von 6 ME der ersten drei Perioden in Periode 1 produzieren

- **Perioden 1 - 4**

$$K_4 = \text{Min} \left[\underset{1 \le i < 4}{\text{Min}} \begin{cases} i = 1 & 1770 + 290 \cdot 3B_4 \\ i = 2 & 2090 + 290 \cdot 2B_4 \\ i = 3 & 900 + 290 \cdot B_4 + 1190 \end{cases} \begin{matrix} = 3510 \\ = 3250 \\ = 2670 \end{matrix} ;\ 900+1770 \right]$$

Hier gibt es 2 Lösungen mit $\mathbf{K_4 = 2670}$:

1.Lösung: $\mathbf{x_1 = 6}$ und $\mathbf{x_4 = 2}$
                 $(=K_3 + A = 1770 + 900)$

2.Lösung: $\mathbf{x_1 = 5}$ und $\mathbf{x_3 = 3}$
                 $(=A + lk \cdot B_4 + K_2 = 900 + 290 \cdot 2 + 1190)$

- **Perioden 1 - 5**

$$K_5 = \text{Min} \left[\underset{1 \le i < 5}{\text{Min}} \begin{cases} i = 1 & 3510 + 290 \cdot 4B_5 = 3510 \\ i = 2 & 3250 + 290 \cdot 3B_5 = 3250 \\ i = 3 & 2670 + 290 \cdot 2B_5 = 2670 \\ i = 4 & 900 + 290 \cdot B_5 + 1770 = 2670 \end{cases} ;\ 900 + 2670 \right]$$

Lösungen weiterhin: $\mathbf{K_5 = 2670}$
$\mathbf{x_1 = 6}$ und $\mathbf{x_4 = 2}$ oder $\mathbf{x_1 = 5}$ und $\mathbf{x_3 = 3}$

- **Perioden 1 - 6 (letzte Iteration)**

$$K_6 = \text{Min} \left[\underset{1 \le i < 6}{\text{Min}} \begin{cases} i = 1 & 3510 + 290 \cdot 5B_6 = 7860 \\ i = 2 & 3250 + 290 \cdot 4B_6 = 6730 \\ i = 3 & 2670 + 290 \cdot 3B_6 = 5280 \\ i = 4 & 2670 + 290 \cdot 2B_6 = 4410 \\ i = 5 & 900 + 290 \cdot B_6 + 2670 = 4410 \end{cases} ;\ 900 + 2670 \right]$$

$\mathbf{K_6 = 3570}$ \qquad\qquad $\mathbf{x_6 = 3}$ (1 Los in der letzten Periode)

Gesamtergebnis: **2 äquivalente Lösungen**

1:    $x_1 = 5$ $x_3 = 3$ $x_6 = 3$ $K = 3570$

2:    $x_1 = 6$ $x_4 = 2$ $x_6 = 3$ $K = 3570$

Es zeigt sich, dass – im Unterschied zur Lösung der Andler-Harris-Formel – hier weder die Lose noch die Losauflagezyklen gleich sind. Auch wird eine „bessere" (da zu geringeren Kosten führende) Lösung gefunden. Der Wagner-Whitin Algorithmus hat allerdings den **Nachteil**, dass er (vgl. Hansmann 2006, S. 307)

- rechenaufwendig und schwer zu programmieren ist (weshalb er i.d.R. nicht in marktgängigen PPS-Systemen implementiert ist) und

- nicht über den Handlungszeitraum „hinausschaut" und deshalb – wie andere Verfahren auch – von dem sogenannten Abbruchproblem betroffen ist. Der Planungszeitraum ist also in jedem Fall so weit auszudehnen, bis keine verändernden Wirkungen mehr auf die Losgröße der ersten, verbindlich zu planenden Perioden ausgehen.

Gerade angesichts des mit dem letztgenannten Einwand verbundenen Aufwands erscheinen die im folgenden betrachteten heuristischen Verfahren zur Losgrößenplanung interessant, die oft mit deutlich weniger Aufwand zur „guten" Planungsergebnissen führen.

5.4.4.4 Heuristische Verfahren

Diese Verfahren knüpfen an die oben genannten Optimalitätseigenschaften der Andler-Harris-Formel an, nämlich

- Minimierung der Stückkosten,
- Gleichheit von Rüst- und Lagerkosten und
- Minimierung der Gesamtkosten pro Zeiteinheit.

Von den nun betrachteten Heuristiken wird jeweils einer dieser Eigenschaften „modelliert":

a) Gleitende wirtschaftliche Losgröße

Dieser Ansatz setzt an der Eigenschaft „Minimierung der Stückkosten" an, die bei variablem Periodenbedarf wie folgt definiert sind:

$$k_{ij} = \frac{A + lk \cdot \sum_{t=i}^{j} B_t \cdot (t-i)}{\sum_{t=i}^{j} B_t}$$

Es handelt sich hierbei also um die Stückkosten, die anfallen, wenn man in Periode i die Produktion beginnt und alle Bedarfe bis Periode j in einem Los zusammenfasst (die Produktionskosten i.e.S. sind, wie in allen bisher betrachteten Losgrößenmodellen, nicht entscheidungsrelevant).

Als **Entscheidungsregel** wird nun vorgegeben:

Suche diejenige Periode j_{opt}, bei der k_{ij} minimal wird.

Dies sei anhand unseres obigen Beispiels mit unveränderten Daten demonstriert (Rüstkosten A = 900 GE, Lagerkosten lk = 250 GE/ME und Monat).

- **i=1 (Produktionsperiode i)**

Bedarfsperiode j	Stückkosten k_{ij}
1	$(900+290 \cdot 4 \cdot 0) / 4 = 225$
2	$(900+290 \cdot 1 \cdot 1) / 5 = 238$
3	nicht weiter betrachtet, da $k_{ij} < k_{ij+1}$

Lösung bisher: In i=1 wird nur der Bedarf der ersten Periode produziert, d.h. $x_1 = 4$.

- **i=2**

Bedarfsperiode j	Stückkosten k_{ij}	
2	$900 / 1$	$= 900$
3	$(900+290 \cdot 1) / 2$	$= 595$
4	$(900+290 \cdot (1+2\cdot2)) / 4$	$= \underline{587{,}5}$
5	$(900+290 \cdot (1+2\cdot2+0\cdot3)) / 4$	$= \underline{587{,}5}$
6	$(900+290 \cdot (1+2\cdot2+0\cdot3+3\cdot4)) / 7$	$= 832{,}9$

Damit ergibt sich:

- In Periode 2 wird also der Bedarf der **Perioden 2-4** hergestellt.
- Der Bedarf in Periode 5 ist null.
- in Periode 6 wird **nur** der Bedarf x_6 **produziert.**

Lösung nach gleitender wirtschaftlicher Losgröße

$$x_1 = 4 \quad x_2 = 4 \qquad x_6 = 3 \qquad \mathbf{K = 4150}$$

Berechnung der Gesamtkosten:

$x_1 = 4 \Rightarrow K_1 = 900$ (1x Rüsten, keine Lagerung)

$x_2 = 4 \Rightarrow K_2 = 2350$ (1x Rüsten, B_3 Lagerung für 1 TP, B_4 Lagerung für 2 TP)

$x_6 = 3 \Rightarrow K_6 = 900$ (1x Rüsten, keine Lagerung)

$\Rightarrow \mathbf{K_{ges} = 4150}$

In diesem Fall wird also nur eine – verglichen mit der Wagner-Within-Lösung (K = 3570) – **suboptimale** Lösung gefunden, da die Zeitinterdependenzen zwischen den Bedarfsperioden hier „zerschnitten" werden, die Optimierung für i = 2 also unabhängig von der Optimierung für i = 1 vorgenommen wird. Dem steht allerdings der Vorteil des begrenzten Rechenaufwands gegenüber.

b) Stückperiodenausgleich

Diese Heuristik knüpft an der Gleichheit von Rüst- und Lagerkosten der Andler-Harris-Lösung an:

$$A = lk \cdot \sum_{t=i}^{j} B_t \cdot (t - i)$$

(Rüstkosten)   (Lagerkosten)

Da hier nur diskrete Perioden betrachtet werden, sind die Bedarfe der Folgeperioden so lange zu einem Los zusammenzufassen, bis folgendes Kriterium erfüllt ist:

$$A \geq lk \cdot \sum_{t=i}^{i} B_t \cdot (t-i)$$

$$A < lk \cdot \sum_{t=i}^{i+1} B_t \cdot (t-i)$$

Dividiert man beide Seiten durch den Lagerkostensatz lk, ergibt sich:

$$\frac{A}{lk} \geq \sum_{t=i}^{i} B_t \cdot (t-i)$$

$$\frac{A}{lk} < \sum_{t=i}^{i+1} B_t \cdot (t-i)$$

$\Uparrow$
Datum

Auch diese Heuristik sei wieder anhand des obrigen Beispiels verdeutlicht:

Berechnung:
- **i=1**

j=1 $\frac{A}{lk} = 3,1 \geq 0$ $3,1 < \underbrace{\sum_{t=1}^{2} B_t \cdot (t-i)}_{=1}$ $\Rightarrow$ n.e.

j=2 $\frac{A}{lk} = 3,1 \geq 1$ $3,1 < \underbrace{\sum_{t=1}^{3} B_t \cdot (t-i)}_{=3}$ $\Rightarrow$ n.e.

j=3 $\frac{A}{lk} = 3,1 \geq 3$ $3,1 < \underbrace{\sum_{t=1}^{4} B_t \cdot (t-i)}_{1+1\cdot2+2\cdot3=9}$ $\Rightarrow$ **erfüllt!**

Lösung: Bedarf der Perioden 1-3 in einem Los $\Rightarrow x_1 = 6$

- **i=4**

j=4 $\frac{A}{lk} = 3,1 \geq 0$ $3,1 < \underbrace{\sum_{t=4}^{5} B_t \cdot (t-i)}_{2\cdot(4-4)+0\cdot(5-4)=0}$ $\Rightarrow$ n.e.

j=5 $\frac{A}{lk} = 3,1 \geq 0$ $3,1 < \underbrace{\sum_{t=4}^{6} B_t \cdot (t-i)}_{2\cdot(4-4)+0\cdot(5-4)+3\cdot(6-4)=6}$ $\Rightarrow$ **erfüllt!**

Lösung: Bedarf der Perioden 4 und 5 in einem Los $\Rightarrow x_4 = 2$

- **i=5**

j=5 $\qquad \dfrac{A}{lk} = 3,1 \quad \geq \quad 0 \quad 3,1 < \underbrace{\sum_{t=5}^{6} B_t \cdot (t-i)}_{3} \Rightarrow$ n.e.

Folge: Lösung $\qquad x_6 = 3$

Gesamtlösung:

$$x_1 = 6,\; x_4 = 2,\; x_6 = 3, \qquad \mathbf{K = 3570}$$

In diesem Fall wird sogar eine Lösung gefunden, die der des Wagner-Whitin-Verfahrens entspricht, also „optimal" ist. Dies kann jedoch – wie bei jeder Heuristik – nicht generell sichergestellt werden.

c) Silver-Meal-Verfahren

Diese Heuristik (vgl. Silver/Meal 1973) setzt auf die Minimierung der Kosten pro Monat, also:

$$\text{Kosten pro Monat} = \frac{\text{Kosten pro Losauflagezyklus}}{\text{Zykluslänge}} \quad \text{oder formal:}$$

$$K_{ij} = \frac{A + lk \cdot \sum_{t=i}^{j} B_t \cdot (t-i)}{j - i + 1}$$

Für unser Beispiel (Bestimmung der Losgröße für die Fräsmaschine P1 für den Zeitraum von Monat 8 bis Monat 1 des Folgejahres) ergibt sich folgende Lösung:

- **Periode 1**

Produktions-periode i	Bedarfs-periode j	Kosten pro Monat K_{ij}	
	1	$900 / 1$	$= 900$
	2	$(900+290 \cdot 1) / 2$	$= 595$
1	3	$(900+290 \cdot (1+1\cdot2)) / 3$	$= \underline{590}$
	4	$(900+290 \cdot (1+1\cdot2+2\cdot3)) / 4$	$= 877{,}5$
	5	$(900+290 \cdot (1+1\cdot2+2\cdot3+0\cdot4)) / 5$	$= 702$
	6	$(900+290 \cdot (1+1\cdot2+2\cdot3+0\cdot4+3\cdot5)) / 6$	$= 1310$

Minimum: $x_1 = 6$ (Der Bedarf der ersten 3 Perioden ist in Periode 1 zu fertigen!).

- **Periode 4**

Produktions-periode i	Bedarfs-periode j	Kosten pro Monat K_{ij}	
	4	$900 / 1$	$= 900$
4	5	$(900+290 \cdot 0\cdot1) / 2$	$= \underline{450}$
	6	$(900+290 \cdot (0\cdot1+2\cdot3)) / 3$	$= 880$

$x_4 = 2$ $x_6 = 3$

Gesamtlösung:

$x_1 = 6$	$x_4 = 2$	$x_6 = 3$	**K = 3570**

Auch in diesem Fall wird durch das heuristische Verfahren also die „optimale Lösung" gefunden, was aber wiederum nicht generell sichergestellt werden kann. Vergleichen wir abschließend noch einmal die betrachteten Verfahren:

d) Effizienzvergleich der Verfahren

Ein genereller Effizienzvergleich der heuristischen Verfahren ist schwierig, da die Struktur der Planungsprobleme das Ergebnis des Verfahrensvergleichs beeinflusst. Für gewöhnlich behilft man sich mit „Referenzproblemen", bei denen die optimale Lösung bereits bekannt ist und als „objektiver Maßstab" für die Güte der heuristischen Verfahren dient. Da dies in unserem Beispiel gegeben ist, können wir folgenden Vergleich anstellen (siehe Tabelle 5-23):

Tabelle 5-23. Ergebnisvergleich der Verfahren zur Losgrößenplanung

	Monat	8	9	10	11	12	01	
	Nettobedarf	4	1	1	2	0	3	
Verfahren	**Vorgehensweise**							**K_{ges}**
Andler-Harris	Minimierung Rüst- und Lagerkosten	5		3		3		4440
Wagner-Whitin	Kostenvergleich zwischen Produktion des aktuellen Bedarfs in früherer Periode oder in aktueller Periode	5		3			3	3570
		6			2		3	3570
Gleitende wirtschaftliche Losgröße	Suche nach minimalen Stückkosten bei Produktion aller Bedarfe bis aktuelle Periode in einem Los	4	4				3	4150
Stückperiodenausgleich	Gleichsetzung von Rüst- und Lagerkosten	6			2		3	3570
Silver-Meal	Minimierung der Kosten pro Teilperiode/Monat	6			2		3	3570

Aus Praxisanwendung sind folgende Erfahrungen bekannt:

- Der Stückperiodenausgleich liefert i.d.R. **bessere Lösungen** als die gleitende wirtschaftliche Losgröße.

- Das Silver-Meal-Verfahren ist bei **sporadischem Bedarf** (typisch für mehrstufige Produktionsprozesse) **sehr effizient.**

Von der Mehrstufigkeit vieler Produktionsprozesse haben wir bisher abgesehen. Gerade für die mehrstufigen Produktionsprozesse sind lineare Planungsmodelle vorgeschlagen worden, die eine simultane Losgrößenbestimmung für alle Stufen des Produktionsprozesses unter Berücksichtigung der zwischen ihnen bestehenden Interdependenzen zum Ziel haben. Auch wenn solche Modelle kaum praxistauglich sind, so verdeutlichen sie doch die Problemstruktur. Deshalb sei eine solche Modellformulierung kurz näher betrachtet.

5.4.4.5 Modell zur simultanen mehrstufigen Losgrößenplanung

Das hier betrachtete Modell zielt auf die Minimierung der Summe aus Rüst-, Lager- und Produktionskosten. Wir verwenden folgende **Symbole:**

Indizes:

t   Perioden

z   Produktindex

w   Baugruppen/Einzelteile ($\overline{w}$: Endprodukt)

i   Produktionsanlagen

Variablen:

u   Rüstvariable (0/1-Variable)

L   Lagerbestand (ME)

x   Losgröße (ME)

Zur Abbildung der Problemstruktur wird folgende Modellformulierung vorgeschlagen (vgl. auch Hansmann 2006, S. 313):

Zielfunktion

$$K = \sum_{tzw} A_{tzw} \cdot u_{tzw} + lk_{tzw} \cdot L_{tzw} + k_{tzw} \cdot x_{tzw} \to \min!$$

Rüstkosten pro Umrüstung   Lagerkostensatz   variable Produktionsstückkosten

Lagerbilanzgleichungen der Endprodukte

Lageranfangsbestand + produzierter Zugang − Abgang durch Bedarf = Lagerendbestand

$$L_{t-1,z\overline{w}} + x_{tz\overline{w}} - B_{tz} = L_{tz\overline{w}} \qquad \forall\ t, z$$

Periodenbedarf Produkt z

Lagerbilanzgleichungen für Baugruppen/Einzelteile

$(t' - t = \text{Vorlaufverschiebung})$

$$L_{t-1,zw} + x_{tzw} - \sum_{t'=t}^{T} a_{tt'zww'} \cdot x_{t'zw'} = L_{tzw} \qquad \forall\ t, z, w$$

Menge von Oberteil w', die in t' fertiggestellt wird

Menge des Unterteils w, die für eine Einheit des Oberteils w' benötigt wird und wegen der Vorlaufverschiebung (= Durchlaufzeit von w') bereits in Periode t fertiggestellt sein muss

Kapazitätsbedingungen der Produktionsstufen

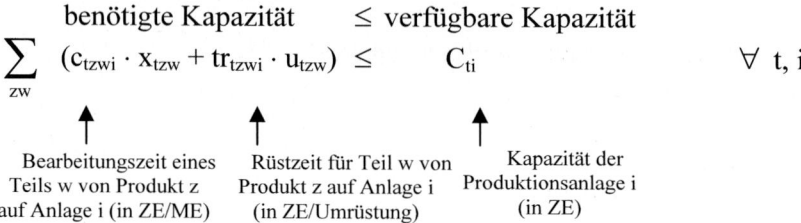

benötigte Kapazität $\leq$ verfügbare Kapazität

$$\sum_{zw} (c_{tzwi} \cdot x_{tzw} + tr_{tzwi} \cdot u_{tzw}) \leq C_{ti} \qquad\qquad \forall\ t,\ i$$

Bearbeitungszeit eines Teils w von Produkt z auf Anlage i (in ZE/ME)　　Rüstzeit für Teil w von Produkt z auf Anlage i (in ZE/Umrüstung)　　Kapazität der Produktionsanlage i (in ZE)

Rüstbedingungen

$$x_{tzw} \leq M \cdot u_{tzw} \qquad\qquad \forall\ t,\ z,\ w$$
$$u_{tzw} = 0 \text{ oder } 1 \qquad\qquad \forall\ t,\ z,\ w$$

NNB

$$x_{tzw},\ L_{tzw} \geq 0 \qquad\qquad \forall\ t,\ z,\ w$$

Zu der Modellformulierung seien noch folgende Anmerkungen gemacht:

- Durch den Periodenindex t kann die zeitorientierte Bedarfsauflösung modelliert werden.

- Durch die Indizes z und w werden die Produktstrukturen (Erzeugnisbäume) abgebildet, also z.B. auch erfasst, dass ein Teil w (z.B. E_1 im laufenden Beispiel) in verschiedene Produkte z eingehen kann.

- Die Produktionskosten $k_{tzw} \cdot x_{tzw}$ könnten entfallen, wenn k_{tzw} im Zeitablauf konstant ist; andernfalls können sie die Lösung (z.B. aufgrund schwankender Material- oder Lohnkosten) beeinflussen.

- Ein solches Modell hätte schon bei „nur" 5 Produkten mit je 20 Teilen und einem Planungszeitraum von 12 Monaten (= Perioden) 1.200, „0/1"-Variablen und 2.400 reelle Variablen für x und L und wäre entsprechend lösungsaufwendig. In der Praxis verwendet man zur Losgrößenplanung in mehrstufigen Prozessen deshalb ebenfalls heuristische Verfahren (vgl. auch Heinrich 1987).

5.4.4.6 Zukünftige Bedeutung der Losgrößenplanung

Die Losgrößenplanung hat – wie schon erwähnt – in der produktionswissenschaftlichen Literatur stets einen breiten Raum eingenommen. Es lohnt sich aber, an dieser Stelle nach der derzeitigen und zukünftigen Relevanz des Problems (und damit auch der Lösungsvorschläge) zu fragen.

Einerseits gibt es Tendenzen, die zu einer Verschärfung der Losgrößen-problematik beitragen, insbesondere

- die z.T. dramatisch steigende Variantenvielfalt (z.B. in der Automobil-industrie) und

- der immer häufigere Variantenwechsel durch die Verkürzung der Le-benszyklen.

Dem stehen jedoch Entwicklungen gegenüber, die die Losgrößenprob-lematik entschärfen, insbesondere

- der Trend zur Fertigungssegmentierung,

- die Verringerung der Rüstkosten und -zeiten durch flexible Fertigungs-systeme mit automatischem Werkzeugwechsel, durch ein Umrüsten im laufenden Prozess usw.

Mit dem vielfach feststellbaren Trend zur „Losgröße 1" (z.B. in der Au-tomobilindustrie und im „Print-on-demand"-Druck bei Büchern), der auch ökonomisch gerechtfertigt ist, scheint sich die Losgrößenproblematik im Rahmen des operativen Leistungsprozesses **insgesamt zu entschärfen**, was eine Beschäftigung mit hochkomplexen Losgrößenmodellen in Theo-rie und Praxis nicht mehr als so dringend erscheinen lässt.

Kommen wir damit zur Planung der „externen" Auftragsgrößen für die-jenigen Teile, die der Industriebetrieb im Rahmen der Materialbedarfspla-nung „von außen" beschaffen und gegebenenfalls einlagern muss.

5.4.5 Bestellmengen- und Lagerhaltungsplanung

5.4.5.1 Problem und Prozess

Ausgangspunkt ist der Bedarf, wie er sich (bei bedarfsgesteuerter Disposi-tion) als Ergebnis der Brutto-Netto-Rechnung bzw. (bei verbrauchsgesteu-erter Disposition) nach Anwendung der bereits geschilderten Prognosever-fahren ergibt.

Die Rechnung des Nettobedarfs an Teilen, die von Lieferanten beschafft werden müssen, erfolgt im Rahmen eines operativen Beschaffungsprozesses, der sich wie folgt typisiert darstellen lässt (siehe Abbildung 5.13).[1]

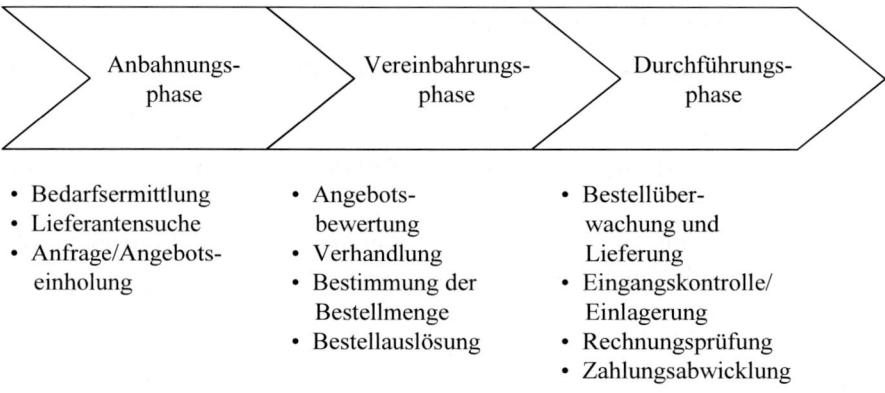

Anbahnungs-phase	Vereinbahrungs-phase	Durchführungs-phase
• Bedarfsermittlung • Lieferantensuche • Anfrage/Angebots-einholung	• Angebots-bewertung • Verhandlung • Bestimmung der Bestellmenge • Bestellauslösung	• Bestellüber-wachung und Lieferung • Eingangskontrolle/Einlagerung • Rechnungsprüfung • Zahlungsabwicklung

Abb. 5-13. Der operative Beschaffungsprozess

Das **Ziel** dieses Prozesses ist es, den Industriebetrieb mit den „von außen" benötigten Gütern und Leistungen

- in der richtigen Menge,
- in der richtigen Qualität,
- zum richtigen Zeitpunkt,
- am richtigen Ort,
- zu einem möglichst geringen Preis

zu versorgen („beschaffungswirtschaftliches Optimum").

Aus Platzgründen können hier nicht alle im operativen Beschaffungsprozess notwendigen Aufgaben und Tätigkeiten näher betrachtet werden. Wir wollen uns – auch wegen der formalen Ähnlichkeit zur Losgrößenplanung – zunächst mit der Planung der „optimalen" Bestellmenge beschäftigen.

---

[1] Im Falle einer Just-in-Time-Beschaffung weicht der Beschaffungsprozess in einigen Punkten von dem hier dargestellten Modell ab. Zu erwähnen sind: Abruf innerhalb eines Rahmenvertrags, Verzicht auf Eingangskontrolle und Einlagerung, Bereitstellung direkt am Verbauort.

5.4.5.2 „Klassische" Bestellmengenplanung (Andler-Harris-Modell)

Aufgrund der formalen Ähnlichkeit des Planungsproblems eignet sich auch in diesem Fall der Andler-Harris-Ansatz zur Bestimmung der (kosten-)optimalen Bestellmenge. Entscheidungsrelevant sind dabei

- die **Beschaffungskosten** (fixe Kosten je Beschaffungsvorgang, z.B. für Lieferantensuche, Verhandlungen, Bestellabwicklung, multipliziert mit der Anzahl der Bestellungen);
- die **Materialeinkaufskosten** (Einkaufsmenge, multipliziert mit Einkaufspreis) und
- die **Lagerkosten** (Raumkosten, Lagerbestands- und Kapitalbindungskosten, Versicherungsprämien, Güterbehandlungskosten, Personalkosten usw.).

Tabelle 5-24. Symbole der Modelle der Bestellmengenplanung

b	Mindest-/Basispreis	p	Einkaufpreis pro Stück
B	fixe Kosten pro Beschaffungs/bestellfixe Kosten/Beschaffungskosten	q	Bestellmenge
k	Stückkosten	q_s	Bestellmenge der Sonderbestellung
K	(Gesamt-)Kosten	$\dfrac{q_s}{v}$	Verbrauchdauer der Sonderbestellung
K_s	Kosten der Sonderbestellung	r	Rabattgrenze
K'_s	Grenzkosten der Sonderbestellung	R	Bedarf in der Planungsperiode
l	Lagerkostensatz	$\dfrac{R}{q}$	Bestellhäufigkeit
lm	mengenabhängiger Lagerkostensatz	T	Länge der Planperiode in Teilperioden
lw	wertabhängiger Lagerkostensatz	$t_s = \dfrac{q_s}{R}$	anteilige Lagerdauer der Sonderbestellungen in der Planperiode
M	Restlagerbestand	$v = \dfrac{R}{T}$	Verbrauchsgeschwindigkeit/ Bedarfsintensität/Bedarf pro Teilperiode
$\dfrac{M}{v}$	Verbrauchsdauer/Lagerdauer des Restlagerbestandes		

Die in den folgenden Bestellmengen-Modellen verwendeten Symbole sind in der Tabelle 5-24 zusammengefasst.

Die optimale Bestellmenge q_{opt} nach der Andler-Harris-Formel wird determiniert durch das Minimum der Summe aus Beschaffungs- und Lagerkosten (siehe Abbildung 5-14).

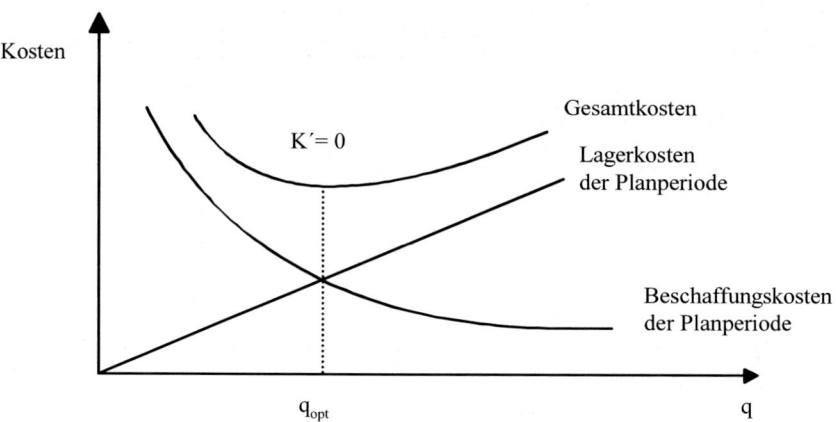

Abb. 5-14. Optimale Bestellmenge

Ausgangspunkt ist folgende zu minimierende Kostenfunktion:

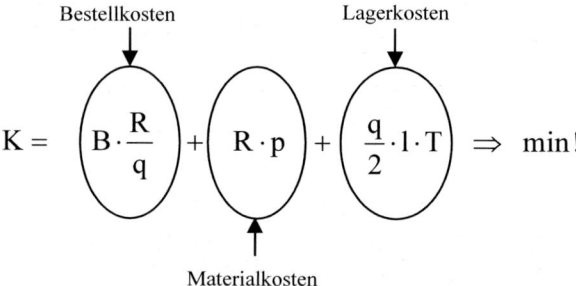

Nach Ableitung und Nullsetzung der 1. Ableitung ergibt sich als Bestimmungsformel für die optimale Bestellmenge:

$$q_{opt} = \sqrt{\frac{2 \cdot B \cdot R}{l \cdot T}}$$

Hierzu betrachten wir ein Beispiel, das auf folgenden Daten aufbaut:

R = 24.000 (ME/PP)   l = 0,1 GE je ME und TP

P = 5   (GE/ME)   T = 12   (TP/PP)

B = 350   (GE)

Als optimale Bestellmenge ergibt sich:

$$q_{opt} = \sqrt{\frac{2 \cdot 350 \cdot 24.000}{0,1 \cdot 12}}$$

$$= 3.742 \text{ ME}$$

Im Planungszeitraum sind also 6,41 Bestellungen im Umfang von 3.742 ME oder – gerundet – 6 Bestellmengen zu je 4.000 ME kostenoptimal.

5.4.5.3 Optimale Bestellmenge bei kontinuierlichem Rabatt

Eine Bestellmengenplanung wäre realitätsfern, ohne die Abhängigkeiten des Preises von der Bestellmenge – also Rabatte – zu berücksichtigen. Im einfachsten Fall ergibt sich ein (in der Praxis eher unüblicher) kontinuierlicher Rabatt. Hier setzt sich der Preis p aus einem Mindestpreis b und einer mengenabhängigen Preiskomponente $\frac{a}{q}$ zusammen, so dass gilt:

$$p = \frac{a}{q} + b$$

Die Zielfunktion lautet (unter Berücksichtigung eines teilweise wertabhängigen Lagerkostensatzes p·lw) wie folgt:

$$K = \quad B \cdot \frac{R}{q} \; + \; R \cdot \left(\frac{a}{q} + b \right) \; + \; \frac{q}{2} \cdot \left(lm + \left(\frac{a}{q} + b \right) \cdot lw \right) \Rightarrow \text{ min!}$$

Die Bestellmenge q ist weiterhin die einzige Variable des Problems. Nach Differenzieren und Nullsetzen der 1. Ableitung ergibt sich nach einigen Umformungen:

$$q_{opt} = \sqrt{\frac{2 \cdot R \cdot (a + B)}{lm + b \cdot lw}}$$

Für einen Beispielfall mögen als Daten gelten:

$R = 24.000 \quad (ME/PP)$

$P = \dfrac{50}{q} + 5 \quad (GE/ME)$

$B = 350 \quad (GE)$

$lm = 0,05 \quad GE\,je\,ME\,und\,PP$

$lw = 0,01 \quad GE\,je\,GE\,und\,PP$

Daraus errechnet sich folgende optimale Bestellmenge:

$$q_{opt} = \sqrt{\frac{2 \cdot 24.000 \cdot (350 + 50)}{0,05 + 5 \cdot 0,01}}$$

$$= \sqrt{192.000.000}$$

$$= \underline{\underline{13.856\ ME}}$$

Nun sind also – gerundet – zwei Bestellungen zu 12.000 ME im Planungszeitraum optimal. Der Preis entspricht in etwa dem Mindestpreis von 5,- GE/ME.

5.4.5.4 Optimale Bestellmenge bei Stufenrabatt

In der Praxis ist jedoch eher ein Stufenrabatt üblich, wie er in Abbildung 5-15 dargestellt ist.

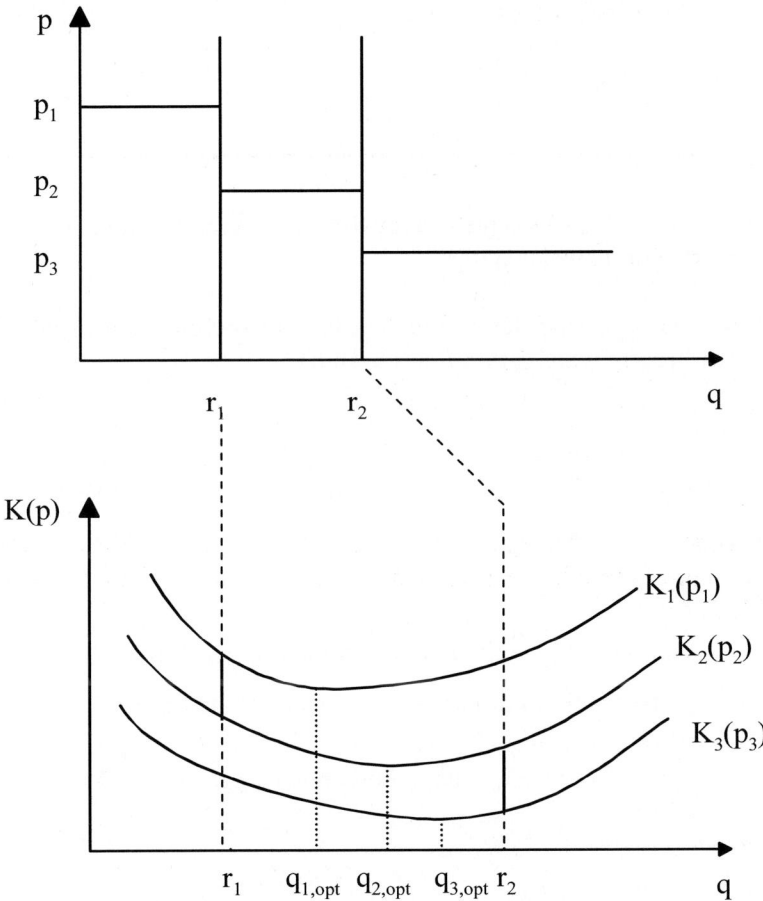

Abb. 5-15. Stufenrabatt und entsprechende Kostenverläufe

Bei zwei Rabattgrenzen und drei Preisen gibt es also keine geschlossene Kostenfunktion mehr, sondern vielmehr folgendes System von Kostenfunktionen:

$$K_1 = B \cdot \frac{R}{q} + R \cdot p_1 + \frac{q}{2} \cdot p_1 \cdot 1 \cdot T \quad \Rightarrow \ \min!$$

$$K_2 = B \cdot \frac{R}{q} + R \cdot p_2 + \frac{q}{2} \cdot p_2 \cdot 1 \cdot T \quad \Rightarrow \ \min!$$

$$K_3 = B \cdot \frac{R}{q} + R \cdot p_3 + \frac{q}{2} \cdot p_3 \cdot 1 \cdot T \quad \Rightarrow \quad \text{min!}$$

Für jede Kostenfunktion lässt sich eine jeweils optimale Bestellmenge berechnen, für K_1 beispielsweise wie folgt:

$$q_{1,opt} = \sqrt{\frac{2 \cdot B \cdot R}{p_1 \cdot 1 \cdot T}}$$

Zur Berechnung der **insgesamt optimalen Bestellmenge** ist folgende **iterative Vorgehensweise** nötig:

1. Berechne $q_{n,opt}$ (n = letzter/niedrigster Preisbereich; die Realisierung dieses Preises wäre *generell* am besten)

   - wenn $q_{n,opt} \geq r_{n-1}$, dann ist $q_{n,opt}$ optimal ⇨ STOP!

   - wenn $q_{n,opt} < r_{n-1}$, dann berechne $q_{n-1,opt}$ ⇨ 2.

2. Berechne $q_{n-1,opt}$ ⇨

   - wenn $q_{n-1,opt} \geq r_{n-2}$,

     dann vergleiche die Kosten von K $(q_{n-1,opt})$ mit K (r_{n-1})

     ⇨ die kostenminimale Lösung ist dann optimal ⇨ STOP!

   - wenn $q_{n-1,opt} < r_{n-2}$, dann berechne $q_{n-2,opt}$ ⇨ 3.

3. Berechne $q_{n-2,opt}$ ⇨

   - wenn $q_{n-2,opt} \geq r_{n-3}$,

     dann vergleiche die Kosten von K $(q_{n-2,opt})$ mit K (r_{n-2})

     und mit K (r_{n-1})

     ⇨ die kostenminimale Lösung ist dann optimal ⇨ STOP!

   - wenn $q_{n-2,opt} < r_{n-3}$, dann berechne $q_{n-3,opt}$ ⇨ usw.

Betrachten wir den Lösungsweg an folgendem **Beispiel**:

r_1	=	500	ME	R =	2.400	ME in PP
r_2	=	1.500	ME	B =	100	GE
p_1	=	10	GE/ME	l =	0,02	GE je GE und TP
p_2	=	9,25	GE/ME	T =	12	TP/PP
p_3	=	9	GE/ME			

1. Schritt: Berechnung von $q_{n,opt}$ (= $q_{3,opt}$)

Zielfunktion:

$$K_3 = B \cdot \frac{R}{q} + R \cdot p_3 + \frac{q}{2} \cdot p_3 \cdot l \cdot T \quad \Rightarrow \text{ min!}$$

⇨   Differenzieren nach der Variablen q:

$$\frac{dK_3}{dq} = -\frac{B \cdot R}{q^2} + \frac{1}{2} \cdot p_3 \cdot l \cdot T = 0!$$

⇨   Umformen und nach q auflösen:

$$q_{3,opt} = \sqrt{\frac{2 \cdot B \cdot R}{p_3 \cdot l \cdot T}}$$

⇨   Zahlen einsetzen:

$$q_{3,opt} = \sqrt{\frac{2 \cdot 100 \cdot 2.400}{9 \cdot 0,02 \cdot 12}} = \underline{\underline{471}}$$

⇨   Vergleich von $q_{3,opt}$ mit r_2:

471 < 1.500

⇨ Die Lösung ist **nicht zulässig** (die optimale Bestellmenge $q_{3,opt}$ liegt unter der Mindestbestellmenge r_2 für diesen Preis) → weiter rechnen!

2. Schritt: Berechnung von $q_{n-1,opt}$ (= $q_{2,opt}$)

$$q_{2,opt} = \sqrt{\frac{2 \cdot B \cdot R}{p_2 \cdot l \cdot T}}$$

⇨   Zahlen einsetzen:

$$q_{2,opt} = \sqrt{\frac{2 \cdot 100 \cdot 2.400}{9,25 \cdot 0,02 \cdot 12}} = \underline{\underline{465}}$$

⇨   Vergleich von $q_{2,opt}$ mit r_1:

  $465 < 500$

⇨   Diese Lösung ist ebenfalls **nicht zulässig**; deshalb weiter rechnen! (Anmerkung: Der 2. Schritt ist im vorliegenden Beispiel redundant, da bereits im 1. Schritt $q_{3,opt}$ (471) bereits kleiner als r_1 (500) war. $q_{2,opt}$ hingegen muss kleiner als $q_{3,opt}$ sein).

3. Schritt: Berechnung von $q_{n-2,opt}$ (= $q_{1,opt}$)

$$q_{1,opt} = \sqrt{\frac{2 \cdot B \cdot R}{p_1 \cdot 1 \cdot T}}$$

⇨   Zahlen einsetzen:

$$q_{1,opt} = \sqrt{\frac{2 \cdot 100 \cdot 2.400}{10 \cdot 0,02 \cdot 12}} = \underline{\underline{447}}$$

⇨   Vergleich von $q_{1,opt}$ mit r_0:

  $447 > 0$

⇨   Die Lösung ist **zulässig**! Es könnte aber eine bessere Lösung existieren! Deshalb:

⇨   Kostenvergleich von K ($q_{n-2,opt}$) mit K (r_1) und K (r_2):
(I)

$$K\left(q_{1,opt} = 447\right) = \frac{B \cdot R}{q_{1,opt}} + R \cdot p_1 + \frac{q_{1,opt}}{2} \cdot p_1 \cdot 1 \cdot T$$

$$= \frac{100 \cdot 2.400}{447} + 2.400 \cdot 10 + \frac{447}{2} \cdot 10 \cdot 0,02 \cdot 12$$

$$= \underline{\underline{25.073 \ GE}}$$

(II)

$$K(r_1 = 500) = \frac{B \cdot R}{r_1} + R \cdot p_2 + \frac{r_1}{2} \cdot p_2 \cdot l \cdot T$$

$$= \frac{100 \cdot 2.400}{500} + 2.400 \cdot 9,25 + \frac{500}{2} \cdot 9,25 \cdot 0,02 \cdot 12$$

$$= \underline{\underline{23.235 \ GE}}$$

(III)

$$K(r_2 = 1.500) = \frac{B \cdot R}{r_2} + R \cdot p_3 + \frac{r_2}{2} \cdot p_3 \cdot l \cdot T$$

$$= \frac{100 \cdot 2.400}{1.500} + 2.400 \cdot 9 + \frac{1.500}{2} \cdot 9 \cdot 0,02 \cdot 12$$

$$= \underline{\underline{23.380 \ GE}}$$

⇨ **Ergebnis**:

---

q = r_1 = 500 ME ist die optimale Lösung, denn

K (r1) < K (r2) < K (q1, opt)

Es werden 4,8 Bestellungen (gerundet: 5) zu je 500 ME ausgelöst. Der erzielte Preis beträgt 9,25 GE/ME. Diese Vorgehensweise führt mit 23.235 GE zu den niedrigsten Gesamtkosten.

5.4.5.5 Optimale Bestellmenge mit Sonderbestellung

Bei einigen zu beschaffenden Einsatzfaktoren, z.B. Rohstoffen, sind (angekündigte) Preiserhöhungen nicht selten. In diesem Fall stellt sich die Frage, ob – und wenn ja, in welchem Umfang – am Tag vor der Preiserhöhung noch eine Sonderbestellung zum alten Preisniveau ausgelöst werden soll. Dies ist dann günstig, wenn die Preisersparnis größer ist als die zusätzlich entstehenden Lagerkosten.

Aus marginalanalytischer Sicht ist die Sonderbestellung so zu bemessen, dass die Grenzkosten der Sonderbestellung K'_s gerade so hoch sind wie die Stückkosten k_2 der – zum erhöhten Preis p_2 – folgenden „Normal-bestellungen" q_2 (siehe Abbildung 5-16).

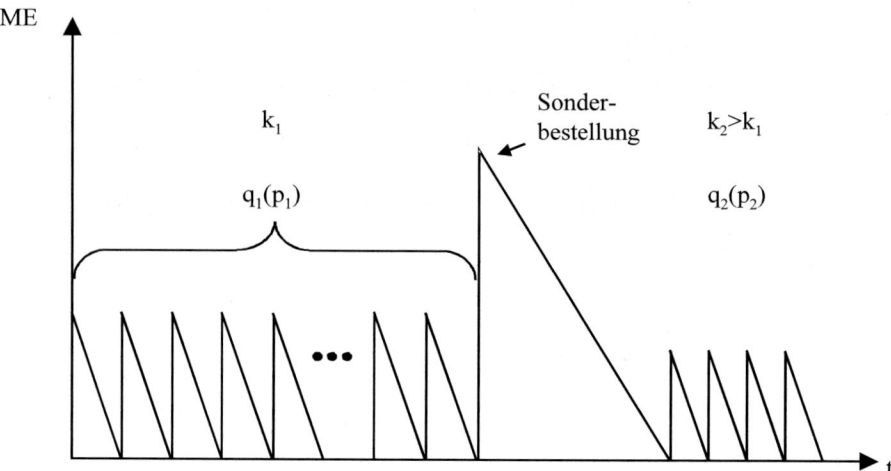

Abb. 5-16. Optimale Bestellmenge mit Sonderbestellung

Dabei wollen wir hier und im Folgenden annehmen, dass das Lager zum Zeitpunkt der Preiserhöhung (wie in Abbildung 5-15 dargestellt) **leer** ist. Die **Ermittlung der optimalen Bestellmengen** erfolgt in dann sechs Schritten:

1. Ermittlung der optimalen Bestellmenge vor der Preiserhöhung,

2. Überprüfung des Lagerbestands am Tag der Preiserhöhung,

3. Berechnung der Grenzkosten der Sonderbestellung (in Abhängig-keit von q_S),

4. Bestimmung der optimalen Bestellmenge nach der Preiserhö-hung,

5. Berechnung der Stückkosten nach der Preiserhöhung,

6. Berechnung der optimalen Höhe der Sonderbestellung.

Dies wollen wir wieder anhand eines **Beispiels** verdeutlichen, das durch folgende Daten gekennzeichnet sei:

$p_1 = 50$ GE/ME $R = 10.000$ ME in PP

$p_2 = 59$ GE/ME $B = 200$ GE

$lm = 10$ GE/ME und PP $T = 300$ TP/PP

$lw = 0,3$ GE/ME und PP

Die Preiserhöhung ($p_1 \rightarrow p_2$) wird für den 120. Tag angekündigt.

Lösungsweg:

1. Schritt: Ermittlung der optimalen Bestellmenge vor der Preiserhö-hung

$$q_{1,opt} = \sqrt{\frac{2 \cdot B \cdot R}{lm + p_1 \cdot lw}} \qquad \left(= \sqrt{\frac{2 \cdot B \cdot v}{\dfrac{lm}{T} + p_1 \cdot \dfrac{lw}{T}}} \right)$$

⇨   Zahlen einsetzen:

$$q_{1,opt} = \sqrt{\frac{2 \cdot 200 \cdot 10.000}{10 + 50 \cdot 0,3}}$$

$$= 400 \text{ ME}$$

2. Schritt: Überprüfung des Lagerbestandes am Tag der Preiserhöhung

Bedarf pro TP = Verbrauchsgeschwindigkeit = $v = \dfrac{R}{T}$

⇨ Berechnung von v:

$$v = \frac{R}{T} = \frac{10.000}{300} = 33,\overline{3} \text{ ME / TP}$$

⇨ Berechnung des Bedarfs bis zum 120. Tag (Tag der Preiserhöhung):

$v \cdot 120 = 33,\overline{3} \cdot 120 = 4000 \text{ ME}$

⇨ Berechnung der Anzahl der Bestellungen bis zum 120. Tag:

$\dfrac{4.000}{400} = 10$ Bestellungen bis zum 120. Tag

Ergebnis:

Das Lager ist am Tag der Preiserhöhung leer.

3. Schritt: Berechnung der Grenzkosten der Sonderbestellung (K´s)

Kosten der Sonderbestellung:

$$K_S = q_S \cdot p_1 + B + \frac{q_S}{2} \cdot \left(lm + p_1 \cdot lw\right) \cdot \frac{q_S}{R}$$

$$= q_S \cdot p_1 + B + \frac{q_S^2}{2R} \cdot \left(lm + p_1 \cdot lw\right)$$

⇨ Grenzkosten der Sonderbestellung:

$$K_S' = \frac{dK_S}{dq_S} = p_1 + 2 \cdot \frac{q_S}{2R} \cdot \left(lm + p_1 \cdot lw\right)$$

$$= p_1 + \frac{q_S}{R} \cdot \left(lm + p_1 \cdot lw\right)$$

⇨ Zahlen einsetzen:

$$K_S' = 50 + \frac{q_S}{10.000} \cdot \left(10 + 50 \cdot 0,3\right)$$

**4. Schritt: Bestimmung der optimalen Bestellmenge nach der Preis-
erhöhung**

$$q_{2,opt} = \sqrt{\frac{2 \cdot B \cdot R}{lm + p_2 \cdot lw}}$$

⇨   Zahlen einsetzen:

$$q_{2,opt} = \sqrt{\frac{2 \cdot 200 \cdot 10.000}{10 + 59 \cdot 0,3}} = \underline{\underline{380 \text{ ME}}}$$

5. Schritt: Berechnung der Stückkosten nach der Preiserhöhung (k_2)

Gesamtkosten einer Bestellung:

$$K_2(q_2) = q_2 \cdot p_2 + B + \frac{q_2}{2} \cdot (lm + p_2 \cdot lw) \cdot \frac{q_2}{R}$$

$$= q_2 \cdot p_2 + B + \frac{q_2^2}{2R} \cdot (lm + p_2 \cdot lw)$$

$\Rightarrow$ Stückkosten **einer** Bestellung:

$$k_2(q_2) = \frac{K_2(q_2)}{q_2}$$

$$= p_2 + \frac{B}{q_2} + \frac{q_2}{2R} \cdot (lm + p_2 \cdot lw)$$

$$= 59 + \frac{200}{380} + \frac{380}{20.000} \cdot (10 + 59 \cdot 0,3)$$

$$= 60,05 \text{ GE}$$

6. Schritt: Berechnung der optimalen Höhe der Sonderbestellung

Optimalitätskriterium:

$$K_S' = k_2$$

Daraus folgt:

$$p_1 + \frac{q_S}{R} \cdot (lm + p_1 \cdot lw) = p_2 + \frac{B}{q_2} + \frac{q_2}{2R} \cdot (lm + p_2 \cdot lw)$$

$$50 + \frac{q_S}{10.000} \cdot (10 + 50 \cdot 0,3) = 60,05$$

$$q_S = \frac{(60,05 - 50) \cdot 10.000}{(10 + 0,3 \cdot 50)}$$

$$= 4.020 \text{ ME}$$

Ergebnis:

Die optimale Höhe der Sonderbestellung am 120. Tag beträgt 4.020 ME.
Die Verbrauchs-/Lagerdauer der Sonderbestellmenge beträgt q_s / v = 4020 / 33,3 = 120,6 (TP).

Das dargestellte Modell lässt sich (mit einigen Veränderungen) auch für den Fall anwenden, dass das Lager am Tag der Preiserhöhung nicht leer ist (vgl. dazu Schulte 2001, S. 193 ff.).

5.4.5.6 Optimale Bestellmenge bei schwankender Bedarfsintensität

Die bisher betrachteten Lösungen beruhen auf dem Andler-Harris-Modell, das jedoch auf der Prämisse des gleichmäßigen Bedarfs beruht und bei schwankenden Periodenbedarfen, wie oben gezeigt, nicht zu befriedigenden Ergebnissen führt. In diesem Fall lassen sich jedoch die bereits bei der Losgrößenplanung betrachteten Modelle wegen der Strukturgleichheit des Problems analog anwenden, also

- der Wagner-Whitin-Algorithmus und

- die heuristischen Verfahren, also
  - gleitende wirtschaftliche Bestellgröße,
  - Silver-Meal-Verfahren und
  - Stückperiodenausgleich.

Während es bei der Losgrößenplanung um die Minimierung der Summe aus Rüst- und Lagerkosten ging, wird hier eine Minimierung der Summe aus Bestell- und Lagerkosten angestrebt. Ansonsten sind die in den Abschnitten 5.4.4.3 und 5.4.4.4 dargestellten Methoden auf die Bestellmengenplanung analog anwendbar und brauchen hier nicht wiederholt zu werden.

5.4.5.7 Optionen umfassender Bestell- und Lagerhaltungspolitiken

Das Entscheidungsfeld im Rahmen der fremdzubeziehenden Teile beschränkt sich nicht nur auf die Bestimmung der Bestellmengen, sondern schließt auch die Bestellintervalle und die Länge der Bestellperioden mit ein (siehe Tabelle 5-25).

Tabelle 5-25. Variablen der Bestellpolitik

Entscheidungs-alternativen	Entscheidungs-kriterien	Entscheidungs-hilfen
▪ Bestellintervall (kurz/lang) ▪ Bestellperiode (fix/variabel) ▪ Bestellmenge (fix/variabel)	▪ Bedarf ▪ Lieferangebot ▪ Einstandspreise ▪ Kosten (Fehlmengenkosten, Lagerkosten, bestellfixe Kosten, Zinskosten) ▪ finanzielle Lage ▪ Lager- und Transportkapazität	▪ Fixierung von Bestandsgrenzen (Mindest-, Melde-, Höchstbestand) ▪ div. Planungsmethoden (Simulation von Bestellpolitiken, Bestellmengenoptimierung)

Kombiniert man die Handlungsvariablen zunächst zu **zwei-elementigen Bestellpolitiken**, so ergeben sich die in Tabelle 5-26 dargestellten Optionen (vgl. Busse von Colbe 1999, S. 599 ff.).

Tabelle 5-26. Zwei-elementige Optionen der Bestellpolitik

Bestellperiode Bestellmenge	fix	variabel
fix	tx-Politik	sx-Politik
variabel	tS-Politik	sS-Politik

Es bedeutet:

t	fixe Periode zwischen 2 Bestellungen,
s	Lagerbestand, der die Bestellung auslöst,
S	Sollbestand,
x	Bestellmenge.

Daneben lassen sich auch drei-elementige Optionen der Bestellpolitik bilden, und zwar:

- die tsS-Politik und
- die tsx-Politik.

Wir wollen uns die sechs genannten Optionen etwas näher betrachten und ihre Implikationen auch für die Lagerhaltung festhalten (vgl. dazu Busse von Colbe 1990, S. 600 ff.).

a) tx-Politik

- Hier werden identische Mengen x_1 nach identischen Perioden t bestellt, unabhängig davon, welcher Bestand S_n damit erreicht wird;
- diese Politik ist sinnvoll bei längerfristig konstanter Bedarfsentwicklung;
- sie erlaubt zudem auch eine gute Verhandlungsposition gegenüber den Materiallieferanten;
- problematisch sind aber die stark schwankenden Lagerbestände (siehe Abbildung 5-17).

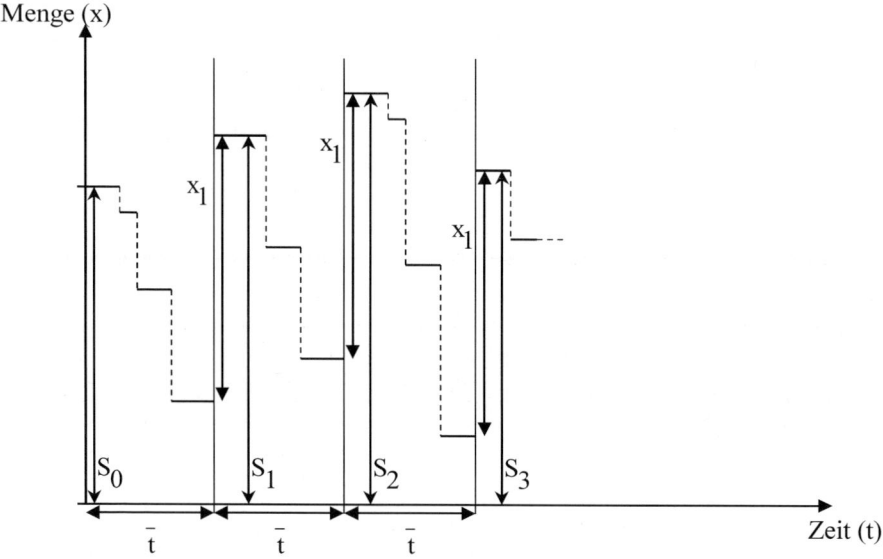

Abb. 5-17. Die tx-Politik

b) sx-Politik

- Identische Mengen x_0 werden nach Unterschreitung des Meldebestandes s bestellt, wobei der Zeitraum zwischen den Bestellungen variabel ist;
- Bedarfsschwankungen werden somit eher berücksichtigt als im Fall der tx-Politik.

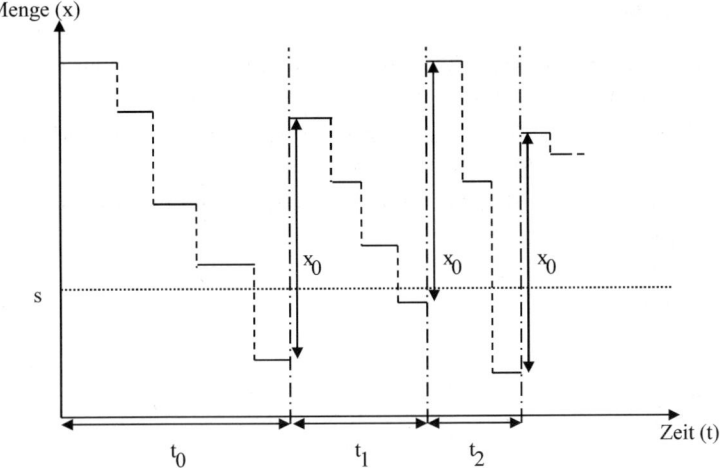

Abb. 5-18. Die sx-Politik

c) ts-Politik

- Nach identischen Zeiträumen t wird der Lagerbestand bis zum Sollbestand S aufgefüllt;
- wegen fehlender Meldegrößen kann bei stark schwankenden Bedarfsverläufen ein Fehlbestand auftreten (hier bei x_2);
- der Sinn bzw. Wert eines immer nur kurzzeitig konstanten Sollbestandes S ist fraglich.

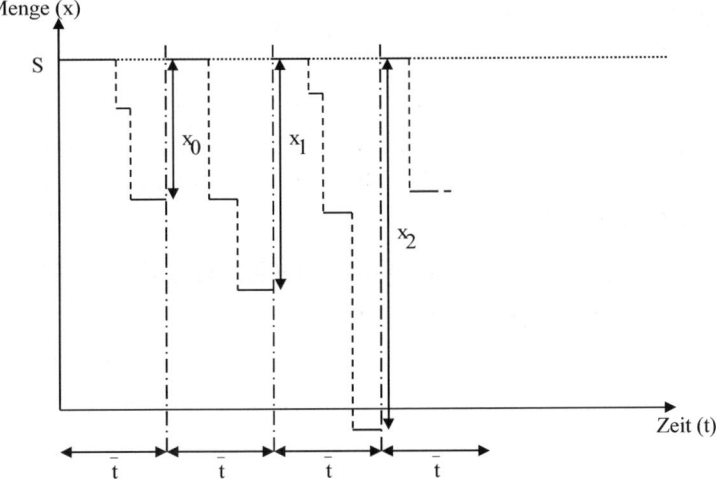

Abb. 5-19. Die ts-Politik

d) sS-Politik

- Nach Unterschreiten des Meldebestandes s wird das Lager auf den Soll-bestand S aufgefüllt;
- variierende Bestellzeitpunkte und -mengen verschlechtern dabei die Verhandlungsposition gegenüber den Zulieferern;
- im Vergleich zur tS-Politik ist die Gefahr von Fehlbeständen jedoch deutlich geringer.

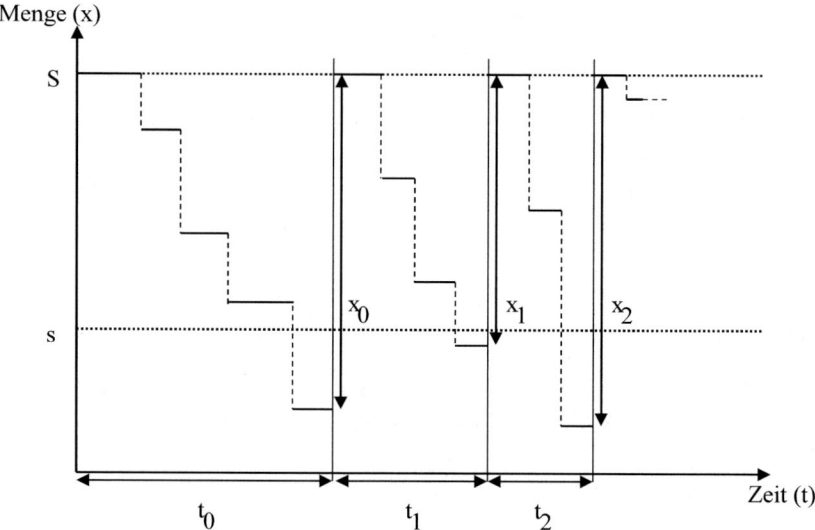

Abb. 5-20. Die sS-Politik

e) tsS-Politik

- Der Lagerbestand wird in konstanten Zeitintervallen t überprüft; es wird nur dann bestellt und auf den Sollbestand S aufgefüllt, wenn ein Melde-bestand s unterschritten ist;
- hier ist tendenziell die Gefahr von Fehlmengen gegeben (hier: bei x_0).

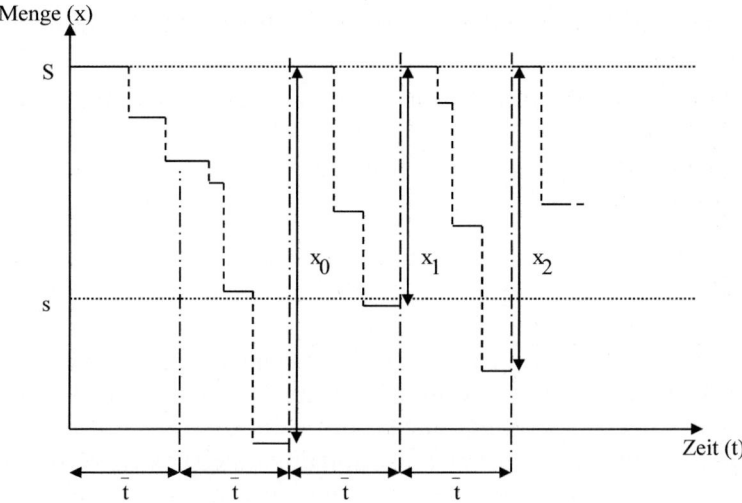

Abb. 5-21. Die tsS-Politik

f) tsx-Politik

- Der Lagerbestand wird auch hier in konstanten Zeitintervallen t überprüft, bei Unterschreitung eines Meldebestands s wird das Lager mit einer konstanten Menge x_0 aufgefüllt;
- auch hier besteht die Gefahr von Fehlmengen.

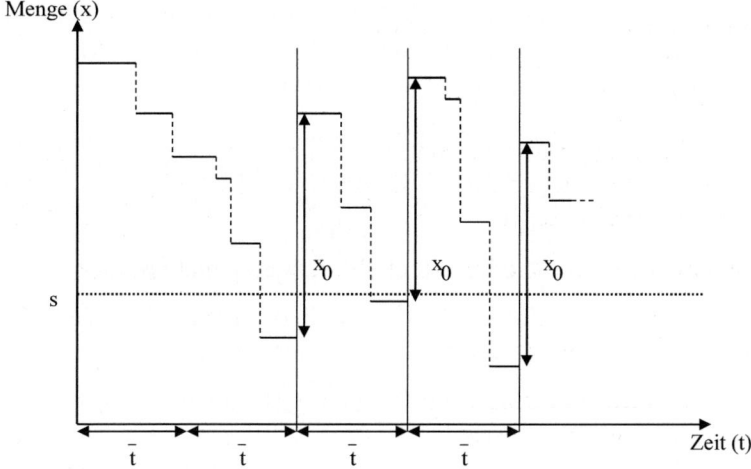

Abb. 5-22. Die tsx-Politik

Die hier dargestellten Optionen müssen nun in Hinblick auf ihre Kostenwirkung unter Berücksichtigung der zu erwartenden

- Lagerkosten,
- Bestellkosten,
- Materialkosten,
- Transportkosten und
- Fehlmengenkosten

bewertet und so die für den Industriebetrieb günstigste Option bestimmt werden. Derartige Politiken können wirkungsvoll zur Komplexitätsreduktion im Lagerbereich eingesetzt werden und sind vor allem für C-Teile gut geeignet, insbesondere wenn die Mindestmengen den Beschäftigten im Lager (z.B. durch farbige Markierungen am Boden) visualisiert werden können. Für A-Teile und (in Grenzen) auch für B-Teile wird man jedoch eine Lagerhaltung wegen der hohen Kapitalbindungskosten völlig zu vermeiden versuchen. Für diese Teile ist eine Just-in-Time-Beschaffung zu erwägen.

5.4.5.8 „Just-in-Time"-Beschaffung

Der Grundgedanke dieses Konzepts ist, dass die zur Produktion eines Teils oder Endprodukts benötigten Einzelteile oder Baugruppen genau zum richtigen Zeitpunkt (oder treffender: „auf den letzten Drücker") am Ort der Produktion zur Verfügung stehen, ohne auf Lagerbestände zurückgreifen zu müssen. Das bedeutet, dass sich die Losgrößen bzw. Bestellmengen der Einzelteile oder Baugruppen an dem zeitorientierten Bedarf der übergeordneten Teile oder Endprodukte ausrichten müssen.

Die Umsetzung dieses Konzepts geschieht für gewöhnlich nicht „fallweise", sondern beruht – wie in Abschnitt 2.4.3.3 bereits ausgeführt – in der Regel auf einer beschaffungsstrategischen Grundsatzentscheidung. Für die erfolgreiche Realisierung dieser Option müssen insbesondere folgende Voraussetzungen erfüllt sein (vgl. auch Wildemann 2000):

1. vollständige **Synchronisation der Produktion** des Zulieferers mit dem Produktionsrhythmus beim abrufenden Unternehmen;

2. enge **Kommunikation**sbeziehungen, ggf. Integration des Lieferanten in das eigene PPS-System;

3. hohe **Qualität** der Zulieferteile, da Qualitätsmängel zum unmittelbaren Stopp der Produktion beim Abnehmer führen;

4. **robuster Produktionsprozess** beim Zulieferer, ggf. Sicherheitsbestände oder Fertigwarenlager in räumlicher Nähe des Kunden.

Die Risiken für den Zulieferer liegen vor allem in

- der Einschränkung der ökonomischen Autonomie und

- den erheblichen Kosten zur Sicherung der Lieferbereitschaft.

Ein solches Lieferverhältnis kann für den Lieferanten aber auch Vorteile haben, da das beschaffende Industrieunternehmen einem Just-in-Time-Lieferanten

- i.d.R. eine Preisprämie zahlt und

- langfristige Abnahmegarantien gewährt.

Die für das beschaffende Unternehmen wichtigen Aspekte, die abzuwägen sind, stellen sich wie folgt dar:

- Reduzierung der Lagerbestände und der Lagerkapazität,

- Verzicht auf Qualitätsprüfung der gelieferten Teile,

- Lieferant muss seine Produktion an den Bedarfsrhythmus des Kunden anpassen,

- Risiken: Lieferverzögerungen durch
  - Produktionsschwierigkeiten beim Lieferanten,
  - Störungen der Transportbeziehungen (Witterung, Verkehr, Streik etc.)

In der Praxis ist der Trend zu einer bedarfssynchronen Beschaffung unübersehbar, ist aber wegen des damit verbundenen Anwachsens logistischer Prozesse und Transportvorgänge in ökologischer Hinsicht nicht unbedenklich.

Damit sei die Teilphase „Materialbedarfsplanung" im Rahmen des betrieblichen Leistungsprozesses hinreichend ausführlich beleuchtet.

Im Folgenden wollen wir den Weg der industriellen Leistungserstellung weiter verfolgen. Obwohl die Netto-Bedarfe auf Basis des Produktionsprogramms berechnet, die Losgrößen bestimmt und die Bestellungen fixiert sind, kann nicht unmittelbar mit der Produktion begonnen werden. Es folgt vielmehr ein weiterer (und letzter) Planungsschritt auf sehr konkreter Beschreibungsebene: die Zeit-, Kapazitäts- und Aufteilungsplanung.

5.5 Phase 4: Zeit-, Kapazitäts- und Aufteilungsplanung

5.5.1 Kennzeichnung und Interdependenz der Teilaufgaben

Die **Zeitplanung** oder **Durchlaufterminierung** dient zunächst der vorläufigen bzw. groben Planung der Fertigungstermine, also der Festlegung, wann welcher Auftrag in welcher Produktionsstufe bearbeitet werden soll, um bis zum geplanten Liefertermin fertig gestellt zu sein. Daraus werden auch die Bereitstellungstermine für die Sekundärbedarfsplanungen bestimmt.

Das Ziel der Durchlaufterminierung ist es, die frühesten und spätesten Bedarfszeitpunkte für Rohstoffe, Teile, Arbeitskräfte und Maschinen bei (zunächst) isolierter Terminplanung für jeden Auftrag zu bestimmen. Hierfür kann z.B. das Instrument der Netzplantechnik eingesetzt werden. Zusätzlich zur „Vorwärtsterminierung" kann auch eine „Rückwärtsterminierung" erfolgen, wobei sich der (späteste) Produktionstermin eines Auftrags auf einer Stufe aus dem Liefertermin abzüglich der Durchlaufzeit ergibt.

Die Durchlaufterminierung erfolgt zunächst ohne Berücksichtigung der Kapazitätsrestriktionen und endet in

- einem Mengen- und Terminplan mit Soll-Durchlaufzeiten (um der „Streuung" dieser Durchlaufzeiten gerecht zu werden, kann man mit empirisch gewonnenen Mittelwerten arbeiten) und

- einer Festsetzung der Anfangs- und Endtermine der durchzuführenden Arbeitsgänge.

Im Rahmen des **Kapazitätsabgleichs** werden diese Grobterminpläne nun in Belastungsprofile der einzelnen Bearbeitungsstationen umgesetzt. Aus der Gegenüberstellung von Kapazitätsbedarf und Kapazitätsangebot pro Bearbeitungsstation und Zeiteinheit (z.B. Tag) können mögliche Kapazitätsengpässe erkannt und behoben werden. Diese können auch dann auftreten, wenn im Rahmen der Produktionsprogrammplanung noch gar kein Engpass ausgewiesen wurde, weil hier nun eine „exakte" Gegenüberstellung von Kapazitätsangebot und –nachfrage erfolgt (siehe Abbildung 5-23).

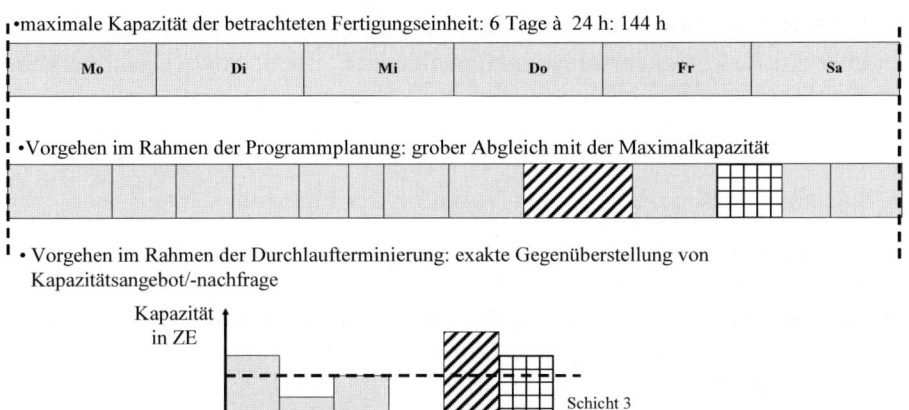

Abb. 5-23. Kapazitätsplanung bzw. Kapazitätsabgleich (Beispiel)

Im Falle eines Engpasses liegt es nahe, in die Durchlaufterminierung zurückzugehen und eine zeitliche Verschiebung der Belastungsspitzen zu prüfen (in obigem Beispiel etwa einen Produktionsbeginn des schraffiert markierten Auftrags in der 3. Schicht am Donnerstag). Hierbei müssen jedoch die Interdependenzen zu vor- und nachgelagerten Stufen beachtet werden. Auch ist eine Aufspaltung der Durchlaufzeit eines Loses bzw. Auftrags in aufeinander folgenden Bearbeitungsstationen (= Abkehr vom Planungsprinzip der geschlossenen Fertigung) zu erwägen.

In aller Regel werden sich Kapazitätsengpässe allein durch solche „Korrekturmaßnahmen" nicht vollständig beheben lassen. Damit stellt sich grundsätzlich die Frage, ob und in welcher Weise die Produktionskapazität im Engpass an die (höhere) Kapazitätsnachfrage angepasst werden kann.

5.5.2 Maßnahmen zur kurzfristigen Kapazitätsanpassung

5.5.2.1 Überblick

Wenn man von Erweiterungsinvestitionen absieht, die sich i.d.R. nicht kurzfristig realisieren lassen, so verbleiben als Möglichkeiten der kurzfristigen Kapazitätsanpassung nur die schon von Gutenberg (1983, S. 361 ff.) vorgeschlagenen Anpassungsarten:

- quantitative Anpassung: Zu- und Abschaltung von funktionsgleichen, aber i.d.R. kostenverschiedenen Anlagen i, i.w.S. auch Fremdvergabe der Arbeitsaufträge;

- zeitliche Anpassung: Variation der Einsatzzeit t_i;

- intensitätsmäßige Anpassung: Variation der Intensität x_i.

Die zu diesem Thema entwickelte „Anpassungstheorie" wollen wir hier in aller Kürze – und soweit sie zur Bewältigung der anstehenden Entscheidungsprobleme als nützlich erscheint – darstellen. Dabei greifen wir zur Verdeutlichung auf das folgende formale Planungsproblem zurück:

Planungsproblem

$$K_t = \sum_i k_i(x_i) \cdot x_i \cdot t_i \Rightarrow min$$

unter den Nebenbedingungen

$$\sum_i x_i \cdot t_i = M \qquad 0 \leq t_i \leq t_{imax} \qquad und \quad x_{imin} \leq x_i \leq x_{imax} \ \forall \ i$$

> vorgegebene Produktionsmenge aus der Programmplanung

Gesucht wird also die kostenminimale Produktion einer bestimmten Produktmenge, die in mehrstufiger Fertigung (= auf allen Anlagen i) hergestellt werden muss. Da die oben genannten Anpassungsarten auch in Kombination eingesetzt werden können und in der Praxis auch kombiniert eingesetzt werden, sind die in Tabelle 5-27 aufgeführten Fälle oder „Falltypen" zu unterscheiden.

Tabelle 5-27. Falltypen der „kombinierten" Anpassung

Typ	Intensität (x_i)		Einsatzzeit (t_i)		Bezeichnung des Prozesses		
	variabel	konstant	variabel	konstant			
1		x	x			zeitlich	
2	x		x		quantita-tiv		intensi-
3	x			x			täts-mäßig
4		x		x			

Wir wollen einige dieser Fälle im Folgenden näher betrachten.

5.5.2.2 Zeitliche und quantitative Anpassung bei einstufiger Fertigung (Typ 1)

Hier ist nur die Einsatzzeit variabel, nicht aber die Leistung. Das obige Planungsmodell verändern sich zu:

$$K_T = \sum_i k_i \cdot x_{iconst} \cdot t_i \Rightarrow min$$

unter den Nebenbedingungen

$$\sum_i x_{iconst} \cdot t_i = M$$

$$0 \le t_i \le t_{imax} \qquad \forall \, i$$

Die dabei geltenden Verläufe der Gesamt- und Grenzkosten sind in Abbildung 5-24 wiedergegeben.

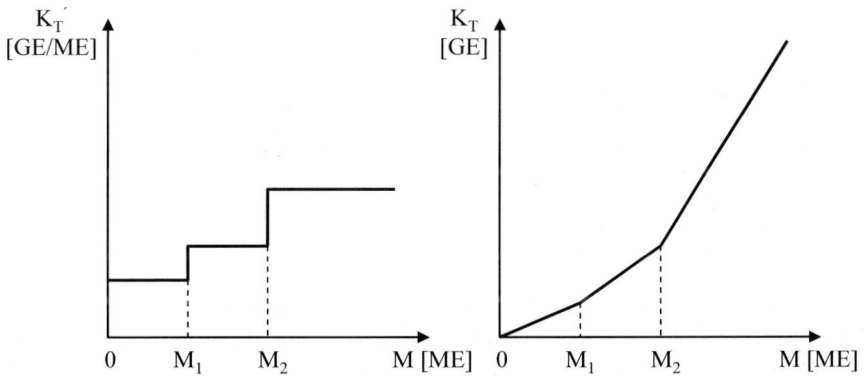

Abb. 5-24. Gesamt- und Grenzkosten bei zeitlicher und quantitativer Anpassung (Quelle: Adam 1998, S. 379)

5.5.2.3 Zeitliche, quantitative und intensitätsmäßige Anpassung (Typ 2)

Dieser von Jacob (1962) erstmals ausführlich beschriebene und untersuchte Fall der „kombinierten Anpassung" geht von folgendem Modellansatz aus:

$$K_T = \sum_i k_i(x_i) \cdot x_i \cdot t_i \Rightarrow min$$

unter den Nebenbedingungen

$$\sum_i x_i \cdot t_i = M$$

$$0 \le t_i \le t_{imax} \qquad \forall\, i$$

$$x_{imin} \le x_i \le x_{imax} \qquad \forall\, i$$

Betrachten wir dazu den folgenden, aus den funktionsgleichen, aber kostenverschiedenen Anlagen I und II bestehenden Produktionsapparat (siehe Abbildung 5-25):

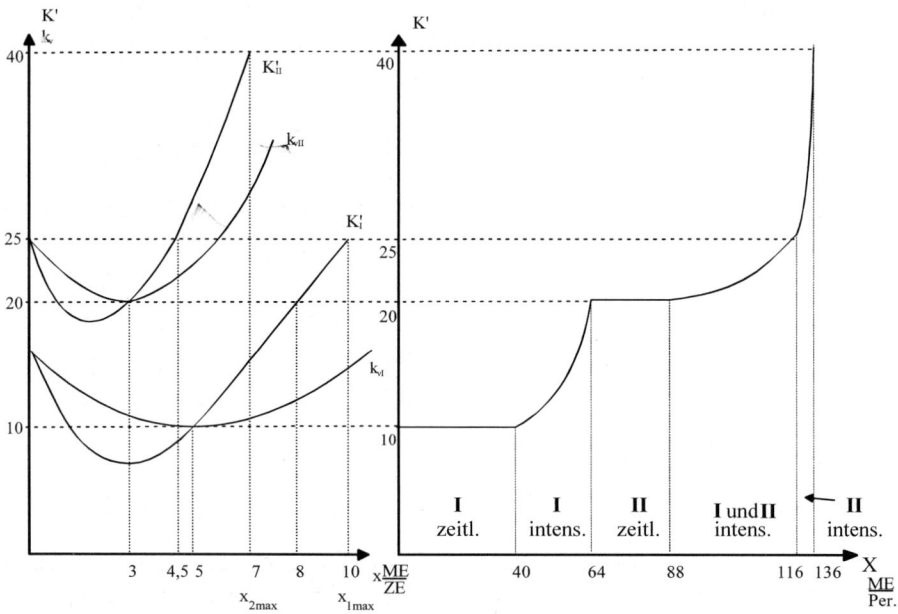

Abb. 5-25. Grenzkostenfunktion bei kombinierter Anpassung (Typ 2)

Während Anlagen I und II in zeitlicher Hinsicht zwischen 0 und 8 ZE (z.B. Stunden) angepasst werden können, ist in intensitätsmäßiger Hinsicht die Anlage I zwischen 0 und 10 ME/ZE in der Leistung variierbar, Anlage II dagegen nur zwischen 0 und 7 ME/ZE. Die „Konstruktion" der Grenzkostenkurve K′ (siehe rechte Seite der Abbildung 5-25) – diese stellt eine „Effizienzlinie" dar, da sie für jede denkbare Produktionsmenge des Produktionsapparats die kostengünstigste Anpassungskombination ausweist – erfolgt in den folgenden fünf Schritten (siehe dazu auch Jacob 1962, S. 212 ff.):

1. Schritt: zeitliche Anpassung von Anlage I im Minimum der variablen Stückkosten
(Menge 5 ME/ZE · 8 ZE = 40 ME) bei K′$_I$ = 10 GE

2. Schritt: intensitätsmäßige Anpassung von Anlage I (entlang der K'_I-Kurve), bis $K'_I = k_{VII}^{min} = 20$ (Menge: 8 ME/ZE · 8 ZE = 64 ME)

3. Schritt: zeitliche Anpassung von Anlage II im Minimum der variablen Stückkosten bis t_{max} = 8 ZE (Menge: AI = 64 ME; AII: 3 ME/ZE · 8 ZE = 24 ME; Summe: 88 ME)

4. Schritt: intensitätsmäßige Anpassung beider Anlagen im Grenzkostengleichschritt, bis das Intensitätsmaximum der Anlage I erreicht ist ($x_I^{max} = 10$ bei $K' = 25$; x_{II} hier: 4,5 ZE/ME; Produktionsmenge: 10 · 8 + 4,5 · 8 = 116 ME)

5. Schritt: intensitätsmäßige Anpassung der Anlage II, bis sie ihr Intensitätsmaximum erreicht: $x_{II}^{max} = 7$ (Produktionsmenge: 10 · 8 + 7 · 8 = 136 ME/PE = maximal produzierbare Menge mit $K' = 40$)

Für eine (vorgegebene) Produktionsmenge von z.B. X = 80 Stück ist folgende „kostenoptimale" Anpassung ablesbar:

- 64 Stück auf Anlage I (mit der Intensität x_I = 8 und 8 ZE);

- 16 Stück auf Anlage II (mit der Intensität $x_{II}^{min} = 3$ und $\frac{16}{3} = 5,3\,ZE$).

Allerdings muss das Modell noch an die Bedingungen des Einzelfalls (z.B. Berücksichtigung höherer Grenzkosten bei zeitlicher Anpassung in der – teureren – Nachtschicht) angepasst werden. Auch ist denkbar, dass eine Variation der Intensität nur diskontinuierlich (durch Einstellung der Anlagen auf bestimmte, diskrete Intensitätsstufen j) möglich ist. In diesem Fall ist die kostengünstigste Anpassung an eine bestimmte zu erbringende Produktionsmenge nicht mit einem marginalanalytischen, sondern z.B. mit folgendem LP-Modell möglich.

Modell:

$$K_T(t_{ij}) = \sum_{ij} k_{ij} \cdot x_{ij} \cdot t_{ij} \Rightarrow \min !$$

unter den Nebenbedingungen:
- Ausbringungsrestriktion $\sum_{ij} x_{ij} \cdot t_{ij} = M$

- Zeitrestriktion $\qquad\qquad \sum_j t_{ij} \le t_{i\,max} \qquad \forall\, i$

  NNB $\qquad\qquad\qquad\qquad\quad t_{ij} \ge 0 \qquad\qquad\quad \forall\, i,j$

Lösung:

$k_{ij} \cdot x_{ij} \cdot t_{ij}$ $\qquad\qquad$ ⇨ Kosten des Prozesses j am Aggregat i

$\sum_j x_{ij} \cdot t_{ij}$ $\qquad\qquad$ ⇨ Gesamtausbringungsmenge auf Aggregat i

---

5.5.2.4 Kombinierte Anpassung bei mehrstufiger Fertigung

Hier müssen die Produkte bzw. Werkstücke nacheinander auf verschiedenen Maschinen bzw. Arbeitsplätzen bearbeitet werden, wobei entweder lineare oder vernetzte Produktionsstrukturen vorliegen können (siehe Abbildung 5-26).

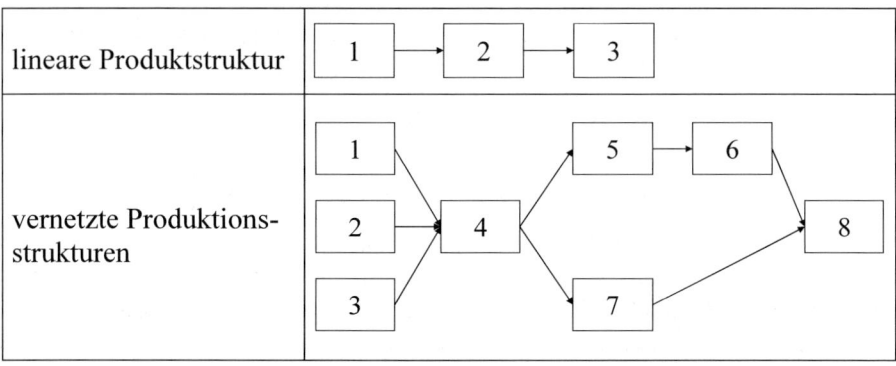

Abb. 5-26 Lineare und vernetzte Produktionsstrukturen (Beispiel)

Nehmen wir weiter an, dass es

- je Stufe s mehrere funktionsgleiche, aber kostenverschiedene Anlagen i gibt, die
- zeitlich und mit den Intensitätsstufen j angepasst werden können,

dann lässt sich die Planungssituation wir folgt abbilden (vgl. Adam 1998, S. 375 ff.):

Modell:

$$K_T(t_{sij}) = \sum_{sij} k_{sij} \cdot x_{sij} \cdot t_{sij} \Rightarrow \min$$

Nebenbedingungen:

Kapazitätsbedingung

$$\sum_{sj} t_{sij} \leq t_{i\,max} \qquad \forall i$$

Produktionsbedingung

$$\sum_{ij} t_{s*ij} \cdot x_{s*ij} = M$$

Mengenkontinuitätsbedingung, **linearer Prozess**

$$\underbrace{\sum_{ij} t_{sij} \cdot x_{sij}}_{\substack{\text{Output der}\\\text{Stufe s}}} = \underbrace{\sum_{ij} t_{s+1ij} \cdot x_{s+1ij}}_{\substack{\text{Output der}\\\text{Stufe s+1}}} \cdot \underbrace{b_{s+1}}_{\substack{\text{Inputkoeffizient}\\\text{der Stufe s+1}}} \qquad \forall s = 1...s_{n-1}$$

Der Inputkoeffizient gibt an, wie viele ME des Outputs der Vorstufe benötigt werden, um 1 ME Output der betrachteten Stufe zu produzieren.

Beispiel: 2 ME Stufe 1 ⇨ 1 ME Stufe 2
⇨ $b_{s=2} = 2$

Mengenkontinuitätsbedingung, **vernetzter Prozess**
⇨ 4 geht in 5 und 7 ein:

$$\underbrace{\sum_{ij} t_{4ij} \cdot x_{4ij}}_{\substack{\text{Output der}\\\text{Stufe 4}}} = \underbrace{\sum_{ij} t_{5ij} \cdot x_{5ij} \cdot b_5}_{\substack{\text{Output der}\\\text{Stufe 5}}} + \underbrace{\sum_{ij} x_{7ij} + t_{7ij} \cdot b_7}_{\substack{\text{Output der}\\\text{Stufe 7}}}$$

⇨ 1,2 und 3 gehen in 4 ein:

$$\underbrace{\sum_{ij} t_{1ij} \cdot x_{1ij}}_{\substack{\text{Output der}\\\text{Stufe 1}}} = \underbrace{\sum_{ij} t_{4ij} \cdot x_{4ij}}_{\substack{\text{Output der}\\\text{Stufe 4}}} \cdot \underbrace{b_{41}}_{\substack{\text{Inputkoeffizienten}\\\text{zwischen Stufe 4}\\\text{und Stufe 1}}} \quad \text{usw.}$$

Nichtnegativitätsbedingungen
$$t_{sij} \geq 0 \qquad \forall s, i, j$$

Damit wollen wir die theoretischen Überlegungen zur kostenoptimalen Anpassungen von Anlagenkapazitäten an eine steigende Auftragslage bzw. Auslastung abschließen. Auch wenn die Ansätze nicht unmittelbar anwendbar sein mögen, so mögen sie doch vom Grundgedanken her in der Phase der Zeit- und Kapazitätsplanung nützlich sein und zur Verdeutlichung der Problemstruktur beitragen. In dieser Phase geht es – zusammenfassend – also vor allem darum, zu prüfen, ob

1. die Anpassungsmaßnahmen technisch und organisatorisch durchführbar sind,

2. der Kapazitätsengpass an der Betriebsmittelgruppe wirklich beseitigt werden kann,

3. die zusätzlichen Kosten gegenüber der verzögerten Fertigstellung aller übergeordneten Teile gerechtfertigt erscheinen (u.U. Konventionalstrafen, Vertrauensverlust; evtl. ist der zeitliche Puffer mit dem Abnehmer verhandelbar).

Der Zeit- und Kapazitätsabgleich wird in der Praxis mit computergestützten, oft auch dialogorientierten Systemen durchgeführt, die den Disponenten (z.B. auf Basis von Simulationsmodellen und -rechnungen) bei der Prüfung von Möglichkeiten der Kapazitätsplanung unterstützen.

Damit sind alle planenden und vorbereitenden Tätigkeiten der Produktion, nämlich

• die Produktionsprogrammplanung (auf Basis der Absatzplanung),
• die Materialbedarfsplanung und
• die Zeit- und Kapazitätsplanung,

erfolgreich bewältigt. Damit können wir in die Phase der Realisierung der geplanten Produktion einsteigen. Die dabei anfallenden dispositiven Aufgaben werden unter dem Begriff „Produktionssteuerung" zusammengefasst.

5.6 Phase 5: Realisierung und Steuerung der Produktion

5.6.1 Aufgabe und Überblick

Die Tatsache, dass die Produktionsplanung nunmehr abgeschlossen ist, bedeutet jedoch nicht, dass es im Produktionsprozess nichts mehr zu entscheiden gäbe – im Gegenteil. Die sich noch stellenden Entscheidungsprobleme sind jedoch zeitlich derart nah an der physischen Produktionsausführung (bzw. sogar mit dieser verwoben), so dass in der Praxis hier nicht mehr von „Planung", sondern von „Produktionssteuerung" gesprochen wird.

Im Rahmen der Produktionssteuerung sind nun noch vier Aufgabenfelder zu unterscheiden, die zeitlich dicht vor bzw. parallel zur Produktionsausführung bewältigt werden müssen (siehe Abbildung 5-27).

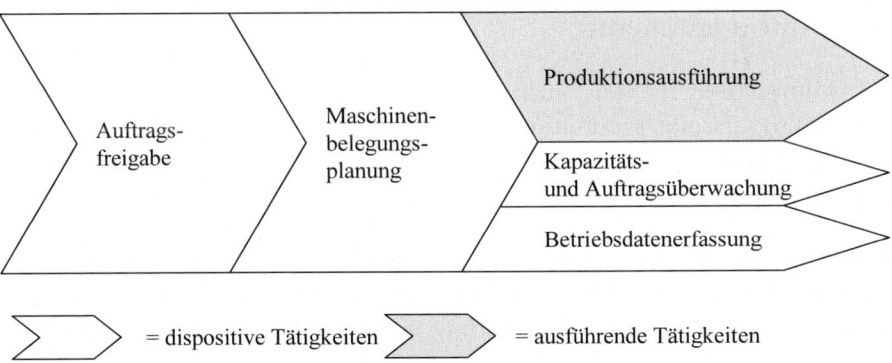

Abb. 5-27. Produktionssteuerung als Teilprozess

Das grundsätzliche **Ziel** der Produktionssteuerung ist dabei wieder am globalen Wertsteigerungs-Ziel des Industrieunternehmens orientiert, ist hier aber entsprechend konkreter gefasst und gibt vor, dass für eine **kostenminimale Ausführung** der vorgegebenen Produktionsaufträge in der vorgegebenen Qualität und unter Beachtung vorgegebener Fertigstellungstermine zu sorgen ist.

Bei noch näherer Betrachtung der Produktionssteuerung – früher auch als „Ablaufplanung der Produktion" bezeichnet – zeigen sich jedoch mehrere Sub-Ziele, die zueinander nicht konfliktfrei sind („Dilemma der Ablaufplanung"), und zwar:

- Minimierung der Durchlaufzeit,

- Minimierung der Zwischenlagerzeit bzw. Wartezeit der Aufträge zwischen den Maschinen,

- Maximierung der Kapazitätsauslastung bzw. Minimierung der Maschinenstillstandszeiten,

- Einhaltung der Ablieferungstermine.

Den Zielkonflikt kann man sich z.B. klarmachen, indem man sich eine Autofahrt (= Auftragserledigung) auf den öffentlichen Straßen (= Anlagenkapazität) vorstellt. Nur auf leeren Straßen (= geringe Kapazitätsauslastung) gelangt man schnell von A nach B (= geringe Durchlaufzeit). Will man dagegen eine hohe Kapazitätsauslastung (= volle Straßen), dann muss man mit Staus und langen Fahrt- (bzw. Durchlauf-)Zeiten rechnen.

Betrachten wir nun die Teilaufgaben der Produktionssteuerung genauer, die auf diesen Zielkonflikt Rücksicht nehmen müssen.

5.6.2 Auftragsfreigabe

Die Auftragsfreigabe wird auch als „Drehscheibe" zwischen der Produktionsplanung und der Produktionssteuerung bezeichnet. Ihr Ziel ist die endgültige Freigabe derjenigen Aufträge, deren Ausführung nun konkret begonnen werden soll. Dies sind diejenigen Aufträge, deren späteste Starttermine (welche in der Zeit- und Kapazitätsplanung ermittelt wurden) innerhalb eines nahen, aber noch festzulegenden Zeitraums liegen, also „dringend" sind. Zur Auftragsfreigabe gehört auch die Prüfung, ob und inwieweit sämtliche zur Durchführung des Produktionsauftrags benötigten Ressourcen tatsächlich verfügbar sind, vor allem:

- Einzelteile und Baugruppen lt. Arbeitsplan/Stückliste,
- vorgesehene Betriebsmittelgruppen,
- Personal für Bearbeitung und Logistik,
- Informationen (NC-Programme etc.).

Nach der Freigabe werden dann die Arbeitspapiere bzw. Datensätze für den Auftrag erstellt und an die Fertigung (genauer: an die Maschinenbelegungsplanung) übergeben.

Als Verfahren der Auftragsfreigabe hat sich inzwischen die sogenannte „Belastungsorientierte Auftragsfreigabe" (BOA) etabliert, die wie folgt kurz gekennzeichnet sei (vgl. Wiendahl 1992):

Betrachtet wird eine Werkstattfertigung mit einer großen Anzahl „kleiner" Aufträge mit relativ kurzen Bearbeitungszeiten und unterschiedlichen Bearbeitungsreihenfolgen – also mit einer nicht unrealistischen, aber komplexen Planungssituation, an der traditionelle Planungs- bzw. Steuerungskonzepte und -systeme nicht nur wegen der Vielzahl an Variablen, sondern auch deshalb scheitern, weil sie die tatsächliche Auslastung der Maschinen bzw. Arbeitsstationen nicht erfassen.

Genau hier setzt das BOA-Konzept an: Die ankommenden Aufträge werden nur noch „summarisch", also als „vor der Arbeitsstation wartender Auftragsbestand" betrachtet. Die Stationen selbst werden als „Trichter" aufgefasst, dessen maximal mögliche Durchflussmenge durch die Kapazität der jeweiligen Station determiniert wird (siehe Abbildung 5-28). Kurzfristig beeinflussbar ist dagegen die „Trichterfüllung", also der Bestand an freigegebenen Aufträgen vor der Arbeitsstation. Wie empirisch vielfach bestätigt wurde, verändert sich

- bei gleicher Leistung die mittlere Durchlaufzeit der Aufträge proportional zum mittleren Bestand der freigegebenen Aufträge, so dass

- durch die **Veränderung des Bestands** (also durch die Zahl der freigegebenen Aufträge) die **Durchlaufzeit der Aufträge** gesteuert werden kann.

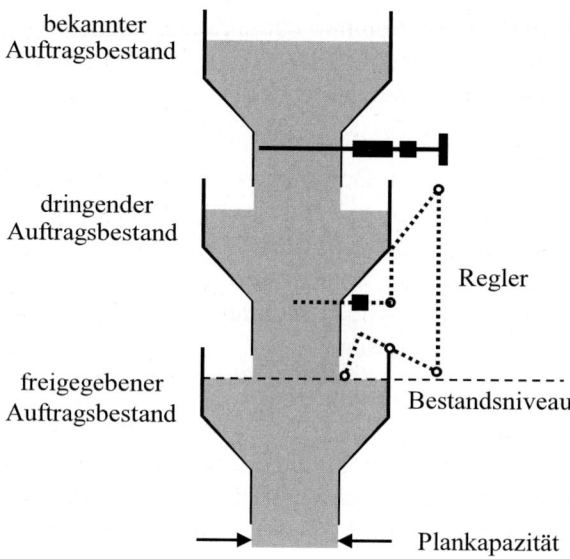

bekannter
Auftragsbestand

dringender
Auftragsbestand

Regler

freigegebener
Auftragsbestand

Bestandsniveau

Plankapazität

Abb. 5-28. Trichtermodell einer Betriebsmittelgruppe (Quelle: Wiendahl 1992, S. 219)

Um den „optimalen" Bestand – die „richtige" Zahl an freigegebenen Aufträgen – zu finden, sind zwei Steuerungsparameter wichtig, und zwar:

• die **Belastungsschranke** (= geplanter Auftragsabgang der Planperiode + geplanter mittlerer Bestand) und

• der **Einlastungsprozentsatz** $= \dfrac{\text{Belastungsschranke}}{\text{geplanter Auftragsbestand}} \cdot 100$

Bei einem geplanten Auftragsabgang von 200 h und einem mittleren Auftragsbestand von 50 h ergibt sich eine Belastungsschranke von 250 h und ein Einlastungsprozentsatz von $\dfrac{250}{200} \cdot 100 = 125\,\%$.

Welche Aufträge werden auf Basis der beschriebenen Steuerungsparameter nun tatsächlich freigegeben? Wichtiger Entscheidungsparameter ist

der erwartete **Kapazitätsbedarf** in der Planperiode für einen Auftrag i am Betriebsmittel j, der wie folgt definiert ist:

$$\text{Erwarteter Kapazitätsbedarf}_{ij} =$$

$$= \text{Durchführungszeit}_{ij} \cdot \dfrac{1}{\left(\dfrac{\text{Einlastungsprozentsatz}}{100}\right)^{j-1}}$$

Je höher der Einlastungsprozentsatz ist, desto höher ist auch die Wahrscheinlichkeit, dass der Auftrag vor den Betriebsmitteln bzw. Arbeitsstationen j = 1, j = 2 usw. warten muss – umso geringer ist der erwartete Kapazitätsbedarf. Die tatsächliche **Auftragsfreigabe** erfolgt nun nach folgender **Regel**:

> Ein Auftrag wird freigegeben, wenn sein erwarteter Kapazitätsbedarf bei keinem Betriebsmittel bzw. bei keiner Arbeitsstation die Belastungsschranke während der Planperiode überschreitet, also eine realistische Chance hat, während der Planperiode auch bearbeitet zu werden.

Zu beachten ist, dass eine Verminderung der Kapitalbindung nur dann erreicht wird, wenn für die nicht freigegebenen Aufträge noch keine Ressourcen bereitgestellt werden (was nur dann möglich wird, wenn Auftragsfreigabe und Materialbedarfsplanung eng miteinander verzahnt werden). Nach den bisherigen Erfahrungen hat sich aber der Einsatz der belastungsorientierten Auftragsfreigabe „... in der Einzel- und Serienfertigung variantenreicher Produkte besonders bewährt. ... Durchlaufzeiten und Bestände wurden im Mittel um etwa 30 Prozent gesenkt, die Terminabweichung verbesserte sich um 50 bis 80 Prozent" (Wiendahl 1992, S. 242).

Mit der Auftragsfreigabe ist jedoch noch nicht über die konkrete Reihenfolge der an einer Maschine oder Arbeitsstation zu bearbeitenden Aufträge entschieden worden. Diesen (vor der Produktionsausführung) letzten Planungsschritt zu vollziehen ist die Aufgabe der Maschinenbelegungsplanung

5.6.3 Maschinenbelegungsplanung

Das Ziel der Maschinenbelegungsplanung ist die Festlegung der Bearbeitungsreihenfolgen einzelner Produktionsaufträge bei aufeinander folgenden Maschinen/Arbeitsstationen/Werkstätten und deren Terminierung. Hierbei handelt es sich jedoch nicht um ein einheitliches Planungsproblem. Je nach Organisationsform der Produktion sind hinsichtlich dieser Aufgabe folgende Teilprobleme zu unterscheiden:

- bei Werkstattfertigung: Maschinenbelegung/Ablaufplanung i.e.S.,

- bei Einzelfertigung: Projektmanagement,

- bei Fließfertigung: Fließbandabstimmung.

Bei der Lösung der erstgenannten Aufgabe verzichtet man i.d.R. auf optimierende Verfahren, schon weil bei n Aufträgen und m Arbeitsstationen $(n!)^m$ Reihenfolgen von Produktionsaufträgen auf ihre Zielwirkungen (z.B. die Durchlaufzeit) hin zu bewerten wären. In der Praxis behilft man sich hier deshalb mit der Anwendung von **Prioritätsregeln**. Mithilfe dieser Prioritätsregeln werden den vor einer Maschine wartenden Aufträgen Prioritäten (Ränge/Dringlichkeiten) zugewiesen; der Auftrag mit der sich ergebenden höchsten Priorität wird als erster bearbeitet usw.

Prioritätsregeln stellen **Heuristiken** dar. Als Suchregeln sind sie der Problemstruktur besonders angepasst und versprechen bei geringem Planungs- und Rechenaufwand durchsetzbare und (mindestens) befriedigende – aber nicht notwendigerweise optimale – Lösungen.

Als wichtigste in der Praxis verwendete Prioritätsregeln können genannt werden (vgl. Adam 1998, S. 566 ff.):[1]

- **KOZ-Regel/SPT-Regel**: kürzeste Operationszeit/shortest processing time

  „Warten mehrere Produktionsaufträge vor einer Maschine auf ihre Bearbeitung, so wird der Auftrag mit der kürzesten Bearbeitungszeit (= Operationszeit) als erster bearbeitet, gefolgt vom Auftrag mit der zweitkürzesten Bearbeitungszeit usw."

- **LOZ-Regel/LPT-Regel:** längste Operationszeit/longest processing time

  „Warten mehrere Produktionsaufträge vor einer Maschine auf ihre Bearbeitung, so wird der Auftrag mit der längsten Bearbeitungszeit (= Operationszeit) als erster bearbeitet, gefolgt vom Auftrag mit der zweitlängsten Bearbeitungszeit usw."

- (längste) **Wartezeit-Regel/FCFS-Regel**: first come, first serve

  „Warten mehrere Produktionsaufträge vor einer Maschine auf ihre Bearbeitung, so wird der Auftrag mit der bisher längsten Wartezeit als erster bearbeitet, gefolgt vom Auftrag mit der bisher zweitlängsten Wartezeit usw."

---

[1] In der Literatur sind auch kombinierte Prioritätsregeln vorgeschlagen worden. Bei diesen Regeln ist der Einfluss auf die Ziele der Ablaufplanung jedoch oft nicht mehr nachvollziehbar, was ihrer Anwendung eher entgegensteht, da die Anwender Regeln bevorzugen, deren „Wirkungsmechanismen" sie (noch) durchschauen.

- (geringste) **Umrüstkosten-Regel/SSC-Regel**: smallest set-up costs

  „Warten mehrere Produktionsaufträge vor einer Maschine auf ihre Bearbeitung, so wird der Auftrag mit den geringsten Umrüstkosten als erster bearbeitet, gefolgt vom Auftrag mit den zweitgeringsten Umrüstkosten usw."

- größte **Gesamtbearbeitungszeit-Regel/TWORK-Regel**: total work

  „Warten mehrere Produktionsaufträge vor einer Maschine auf ihre Bearbeitung, so wird der Auftrag mit der größten Gesamtbearbeitungszeit
  als erster bearbeitet, gefolgt vom Auftrag mit der zweitgrößten Gesamtbearbeitungszeit usw."

- **KF-Regel/EDD-Regel:**
  kürzester/frühester (Soll-) Fertigstellungstermin/Earliest due date

  „Warten mehrere Produktionsaufträge vor einer Maschine auf ihre Bearbeitung, so wird der Auftrag mit dem frühesten Soll-Fertigstellungstermin als erster bearbeitet, gefolgt vom Auftrag mit dem zweifrühesten
  Soll-Fertigstellungstermin usw."

- **Auftragswert-Regel:**
  höchster Produktions-/Endwert

  „Warten mehrere Produktionsaufträge vor einer Maschine auf ihre Bearbeitung, so wird der Auftrag mit dem höchsten Auftragswert als erster
  bearbeitet, gefolgt vom Auftrag mit dem zweihöchsten Wert usw."

Die Anwendung der ersten drei Regeln sei an folgendem **Beispiel** demonstriert:

In dem anstehenden (kurzfristigen) Planungszeitraum und der betrachteten Werkstatt sollen 6 Aufträge (A bis F) auf 5 Maschinen (M1 bis M5)
gefertigt werden. Die Bearbeitungszeiten der Aufträge in den einzelnen
Stufen bzw. an den Maschinen sowie die jeweils zu beachtenden Maschi-
nenreihenfolgen sind in Tabelle 5-28 dargestellt.

Tabelle 5-28. Maschinenfolgen und Auftragsbearbeitungszeiten

Auftrag	Reihenfolge der zu durchlaufenden Maschinen					Bearbeitungszeiten in ZE pro Produktionsstufe					pro Auftrag
						M1	M2	M3	M4	M5	
A	M3	M4	M2	M5	M1	2	3	4	1	6	16
B	M2	M4	M1	M3	M5	4	2	3	3	4	16
C	M3	M1	M5	M4	M2	3	2	4	1	3	13
D	M4	M3	M2	M1	M5	4	2	4	3	1	14
E	M5	M3	M1	M4	M2	1	4	1	5	3	14
F	M1	M2	M4	M5	M3	2	4	2	4	2	14

Produktionszeiten pro Maschine: 16 | 17 | 18 | 17 | 19

Die Anwendung der FCFS-, SPT- und LPT-Regel führt zu folgenden Gantt-Diagrammen (siehe Abbildung 5-29):

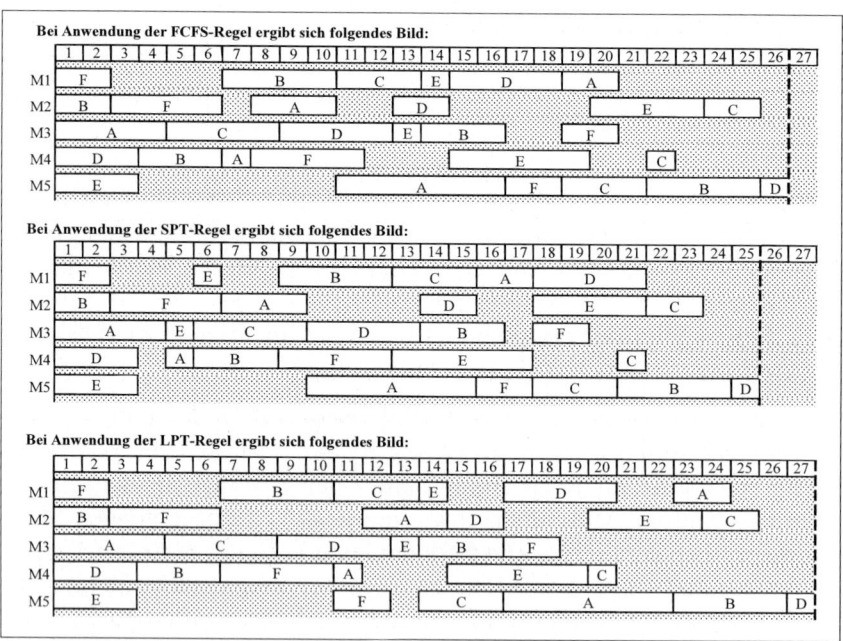

Abb. 5-29. Gantt-Diagramme bei Anwendung der FCFS-, SPT- und LPT-Regel (Beispiel)

Im Hinblick auf die Ziele der Ablaufplanung zeigen die drei Prioritäts-regeln in **diesem** Fall die in Tabelle 5-29 zusammengefassten Wirkungen.

Tabelle 5-29. Vergleiche der Prioritätsregeln

	FCFS		SPT		LPT	
Zykluszeit	26	2.	25	1.	27	3.
∅ Durchlaufzeit pro Auftrag	23,17	2.	21,50	1.	23,83	3.
∅ Maschinenstillstandszeit	8,60	2.	7,60	1.	9,60	3.
∅ Liegezeit	8,67	2.	7	1.	9,33	3.

In diesem Fall ist die SPT-Regel den beiden anderen Regeln in allen Zielwirkungen überlegen und ist für die vorliegende Datenkonstellation also die beste Lösung. Oft ist es aber der Fall, dass eine Regel die mittlere Durchlaufzeit pro Auftrag, eine andere dagegen die mittlere Maschinenstillstandszeit minimiert. In diesem Fall wäre das schon oben genannte „Dilemma der Ablaufplanung" wieder offensichtlich – und die Entscheidungsträger müssen klären, welchem Ziel sie den Vorrang geben wollen.

Bei der Wahl der Prioritätsregel sind schließlich auch die Liefertermine zu beachten. Vergleichen wir zu diesem Zweck noch einmal die bei Anwendung der drei Regeln auftretenden **Liegezeiten** (vom Beginn der Freigabe des Auftrags bis zur Fertigstellung), so zeigt sich ein recht unterschiedliches Bild (siehe Tabelle 5-30):

Tabelle 5-30. Vergleich der Prioritätsregeln anhand der Liegezeiten

Auftrag	FCFS	SPT	LPT
A	4	1	8
B	9	8	10
C	12	10	12
D	12	11	13
E	9	7	9
F	6	5	4

So zeigen insbesondere die Aufträge C und D hinsichtlich der Liegezeiten bei allen drei Regeln schlechte Ergebnisse, die unter Umständen angesichts der zugesagten Liefertermine erneut korrigiert werden müssen.

Schon dieses Beispiel zeigt die Komplexität und Problematik der Maschinenbelegungsplanung, da auch die „Optimalität" der Prioritätsregeln immer nur fallspezifisch bzw. ex post festgestellt werden und ein eventueller Zielkonflikt („Dilemma der Ablaufplanung") durch die Regelanwendung allein nicht gelöst werden kann.

Zu beachten ist weiterhin, dass bei mehrstufiger Fertigung die „Fernwirkungen" auf nachgelagerte Fertigungsstufen durch die Prioritätsregeln i.d.R. nicht erfasst werden. Auch hier bleibt nur der Versuch, die zunächst auf jeder Stufe isoliert bestimmten Lösungen iterativ aufeinander abzustimmen.

Interessant sind an dieser Stelle auch Verfahren, die auf Grundlage einer (mit Prioritätsregeln ermittelten) Ausgangslösung in einem **iterativen Verbesserungsprozess** neue Lösungsvorschläge generieren, die unmittelbar oder nur mittelbar (also auf dem Wege einer zunächst akzeptierten Lösungsverschlechterung) zu letztlich besseren Zielwerten führen (können). Solche Verfahren sind (vgl. Hansmann 2006, S. 357 ff.):

- Akzeptanzalgorithmen („Threshold Accepting-Verfahren") und

- der sogenannte „Ameisenalgorithmus".

Der recht hohe formale und methodische Aufwand dieser Verfahren scheint jedoch angesichts der begrenzten ökonomischen Tragweite des Maschinenbelegungsproblems oft nicht gerechtfertigt. Wir wollen diese Methoden deshalb an dieser Stelle nicht näher betrachten.

Mit der Auftragsfreigabe und der Maschinenbelegung sind alle vorbereitenden dispositiven Tätigkeiten abgeschlossen – die Produktion im eigentlichen Sinne, also die physische Leistungserstellung, kann beginnen. Der Produktionsprozess wird jedoch, wie schon in Abbildung 5-27 angedeutet – durch eine Kapazitäts- und Auftragsüberwachung und eine Betriebsdatenerfassung begleitet und unterstützt.

5.6.4 Kapazitäts- und Auftragsüberwachung sowie Betriebsdatenerfassung

Auch während der Produktion ist eine Auftragsüberwachung im Sinne einer Fortschrittskontrolle sowie eine permanente Zuordnung von Arbeitsschritten zu konkreten Kundenaufträgen (z.B. um noch Änderungswünsche des Kunden einpflegen zu können) notwendig. Dies geschieht bei einem Industriebetrieb mit Auftragsfertigung durch ständige Rückmeldungen der Arbeitsergebnisse an die Auftragsleitstelle. Diese muss auch über die aktuelle Kapazitätssituation informiert sein, um z.B. auf plötzlich auftretende Maschinenausfälle reagieren zu können.

Die Produktionssteuerung ist nur auf Basis zuverlässiger Daten möglich. Insofern ist eine Betriebsdatenerfassung (BDE) notwendig, die alle vor und während der Produktion entstehenden Daten vollständig und rechtzeitig erfasst und bereitstellt, insbesondere

- aktuelle Rückmeldungen (z.B. über Störungen, Maschinenausfall etc.),
- auftragsbezogene Daten (Mengen, Start- und Endtermine),
- betriebsmittelbezogene Daten (Laufzeiten, Störungen, Wartezeiten),
- Materialdaten (Entnahmen, Zugänge, Reservierungen),
- Werkzeugdaten (Entnahmen, Abnutzung, Zugang),
- Mitarbeiterdaten (Anwesenheit, Leistungsdaten für Prämien usw.)

Die Erfassung und die Eingabe der Daten sollten möglichst tätigkeitsparallel und automatisiert erfolgen, also z.B. durch Markierungsleser, Barcodes, Farben oder OCR-Schriften. Auch RFID-Chips werden in diesem Kontext große Möglichkeiten zugesprochen, deren Einführung im Produktionsbereich allerdings einer völlig neuen Prozess-Technologie entspricht.

Die im Rahmen der Betriebsdatenerfassung gespeicherten Daten sind auch nach Abschluss des eigentlichen Produktionsprozesses von Bedeutung, insbesondere

- für die Nachkalkulation von Produkten und Aufträgen (z.B. Material- und Lohnkosten),
- für das Personalmanagement (z.B. Zeiterfassung und Lohnberechnung),
- für die Qualitätssicherung,
- für das gesamte interne und externe Rechungswesen.

Bei längerfristigen Aufträgen, wie im Anlagenbau üblich, werden aktuelle Daten jederzeit zur unmittelbaren Auftrags- bzw. Projektsteuerung benötigt.

5.6.5 Moderne Konzepte zur Produktionssteuerung

Wir wollen uns noch kurz mit zwei Konzepten beschäftigen, die dazu beitragen sollen, die zuvor genannten Teilschritte der Produktion im Rahmen des operativen Leistungsprozesses noch besser zu steuern und aufeinander abzustimmen und zwar:

- die „Just-in-Time"-Produktion und

- das KANBAN-Konzept.

5.6.5.1 „Just-in-Time"-Produktion

Auf das „Just-in-Time"-Prinzip sind wir im Rahmen der strategischen und operativen Beschaffungsplanung bereits eingegangen (siehe Abschnitt 2.4.3.3 f und 5.4.5.8 dieses Lehrbuchs). Es spricht nichts dagegen, den Grundgedanken der spättestmöglichen Bereitstellung der benötigten Produktionsfaktoren auch innerhalb der eigenen Produktion anzuwenden. Dies stellt vielmehr das notwendige Bindeglied einer „Just-in-Time-Wertschöpfungskette" von der Rofstoffgewinnung bis zum Endkunden dar. Eine „Just-in-Time"-Produktion zielt dabei auf eine Synchronisation aller Stufen des Produktionsprozesses im Sinne einer spätestmöglichen Bereitstellung der produzierten Teile, Baugruppen und Zwischenprodukte bis hin zum Endprodukt. Die dadurch angestrebten (positiven) **Wirkungen** sind:

- Verringerung der Lagerbestände,
- Verkürzung der Durchlaufzeiten,
- Aufdeckung der Schwachstellen durch den minimierten Lagerbestand,
- Notwendigkeit eines hohen Qualitätsniveaus,
- Notwendigkeit zur Effizienzsteigerung von Montagevorgängen.

Wie Erfahrungen zeigen, eignet sich eine Just-in-Time-Produktion insbesondere für Industriebetriebe, in denen folgende Rahmenbedingungen gegeben sind:

- **Produkt**: hohe Wertigkeit, u.U. großes Volumen; auf Teilebene vor allem bei großvolumigen und hochwertigen Einbauteilen;

- **Produktionsprogramm**: kontinuierlicher Bedarf, Varianten mit festliegenden Schnittstellen;

- **Layout**: Linienorientierung;

- **Fertigungsprozess**: transparente, stabile Abläufe, kurze Rüstzeiten, hohe Verfügbarkeit der Betriebsmittel, möglicherweise Fertigungssegmentierung;

- **Kapazitäten**: exakte Abstimmung zwischen Produktion, Förderung und Transport, flexible Kapazitätsreserven;

- **Mitarbeiter**: hohe Flexibilität, Fähigkeit zur prozessbegleitenden Qualitätssicherung;

- **Dispositionsanforderungen**: bedarfsgesteuert, hoher organisatorischer Vorab-Aufwand, kleine Losgrößen beim Zulieferer;

- **Lieferant**: geringe räumliche Entfernung, präzise Daten-/EDV-Anbindung, Notfall-Lager/Puffer.

Betrachten wir als Beispiel noch einmal die **Automobilproduktion**, bei der das Just-in-Time-Prinzip in der Beschaffung und in der Produktion für gewöhnlich durchgängig Anwendung findet. Die grundsätzliche Produktionsstruktur und die erfolgskritischen Ansatzpunkte für eine Just-in-Time Produktion der Fahrwerks- und Karosserieteile bei einem Automobilhersteller sind in Abbildung 5-30 auf einen Blick zusammengefasst.

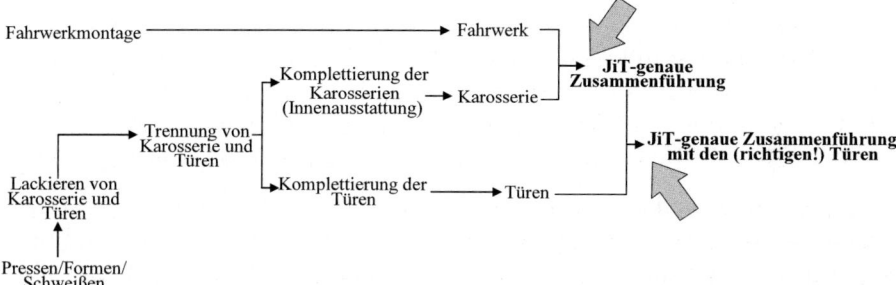

Abb. 5-30. Just-in-Time-Produktion von Fahrwerk- und Karosserieteilen in der Automobilindustrie

Die bedarfsgenaue Bereitstellung von Einzelteilen und Komponenten in dem dargestellten Prozess ist in der folgenden Abbildung 5-31 noch einmal veranschaulicht.

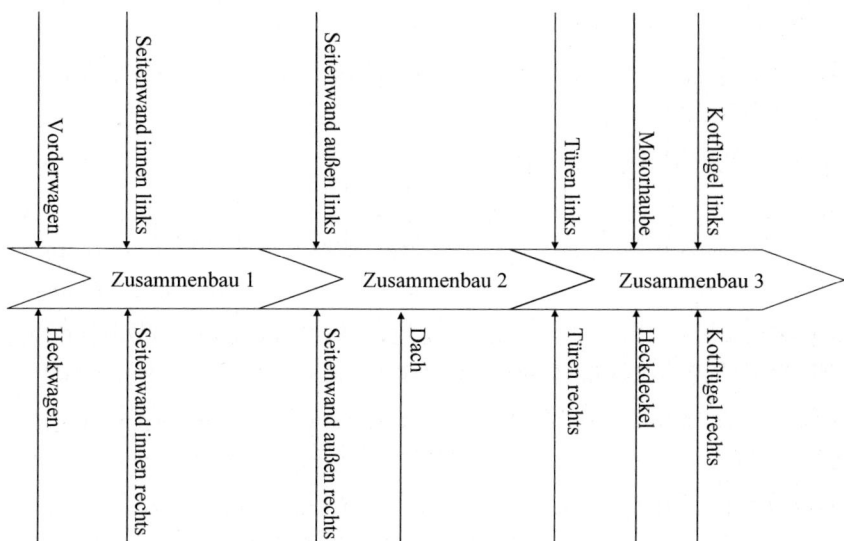

Abb. 5-31. Just-in-Time-Produktion in der Automobilindustrie

Ob und in welchem Ausmaß eine Just-in-Time-Produktion im Industrie-betrieb realisiert wird, ist aber stets unter Abwägung der

- Nutzenwirkungen,
- Kosten (z.B. höhere Preise für Just-in-Time-Lieferanten, für Maßnah-men der Qualitätssicherung),
- Risiken (z.B. Produktions- und Transportschwierigkeiten) und
- Umweltbelastungen

zu entscheiden (vgl. dazu auch Hansmann 1996, Sp. 835 f.).

5.6.5.1 Das KANBAN-Konzept

Zentraler Grundgedanke dieses Konzeptes ist der Ersatz einer zentralen Produktions- bzw. Werkstattsteuerung durch eine dezentrale „Pull"-Steuerung nach dem „Supermarktprinzip" (vgl. Wildemann 1992, S. 190 ff.).

Der „Verbraucher", z.B. eine nachfolgende Produktionsstufe, entnimmt die für einen Auftrag benötigten Teile und meldet rechtzeitig, bevor der Vorrat aufgebraucht ist, mittels einer (tatsächlichen oder virtuellen) Karte – auf Japanisch „Kanban" – den Bedarf an die vorgelagerte Stufe usw. Bei etwas genauerer Betrachtung stellt sich die **KANBAN-Steuerung** etwa wie folgt dar:

- Der verbrauchende Bereich meldet seinen Bedarf mit einem Trans-portkanban (TK) beim Lager;
- im Lager wird der Produktionskanban (PK) durch den eingegangenen TK ersetzt und die Menge an den Nachfrager abgegeben;
- der freigewordene PK geht in eine KANBAN-Sammelbox;
- diese Box wird in regelmäßigen Abständen geleert und es werden Ferti-gungsaufträge entsprechend den inliegenden KANBANs ausgelöst;
- die Mitarbeiter dieses Bereichs verschaffen sich das Vormaterial wie-derum mit anderen TKs usw.;
- die Teile, die durch das auslösende PK erzeugt wurden, werden im lee-ren Behälter in das Zwischenlager transportiert;
- Transportkanbans (TK) steuern den Materialfluss zwischen Lager und dem nachfolgenden Bereich (Bereitstellungsaufträge);

- Produktionskanbans (PK) steuern den Informations- und Materialfluss zwischen dem erzeugenden Bereich und dem Lager (Fertigungsaufträge).

Dass dieses Prinzip durchgängig in die Produktion eines Industriebetriebs (und auch an der Schnittstelle zu Lieferanten) angewendet werden kann, verdeutlicht Abbildung 5-32.

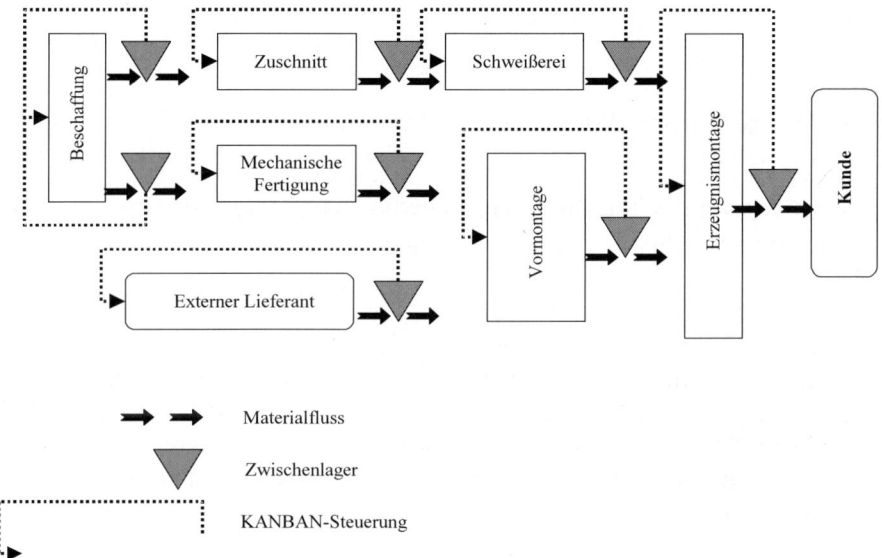

Abb. 5-32. Material- und Informationsflüsse bei Realisierung des KANBAN-Konzepts (Quelle: Wiendahl 1999, S. 14-85)

Die mit Umsetzung dieses Konzeptes erwarteten (positiven) Zielerwartungen sind vor allem:

- Reduktion der Materialbestände,

- DLZ-Verkürzung (der Montage des Endproduktes), verbesserte Liefertreue,

- geringer Steuerungsaufwand, Erhöhung der Transparenz der betrieblichen Abläufe,

- generell „verbesserte Systemeigenschaften",

- höhere Flexibilität.

Um diese Wirkungen zur vollen Entfaltung zu bringen, muss das Produktionssystem jedoch bestimmte **Merkmale** aufweisen, insbesondere:

- Gliederung der Produktion in ein System vermaschter, selbststeuernder Regelkreise, jeweils bestehend aus einem teileverbrauchenden Bereich und einem teileerzeugenden Bereich;

- Zwischenlager (Puffer) zur Entkoppelung, um Unregelmäßigkeiten und Störungen auszugleichen;

- Pull-Steuerung für den verbrauchenden Bereich (Aufträge werden aus dem System vom Ende her „gezogen");

- Nutzung spezieller Informationsträger (KANBANs), die zur eigentlichen Fertigungssteuerung dienen (i.e.S. nur Visualisierung);

- Übertragung der kurzfristigen Steuerungsverantwortung an die ausführenden Mitarbeiter;

- Fertigung und Einlagerung erfolgt i.d.R. kundenanonym, d.h. ohne Bezug zu den auslösenden Kundenaufträgen.

Die KANBAN-Steuerung erweist sich, wie Erfahrungen zeigen, im laufenden Betrieb als sehr aufwandsarm. Jedoch sind zunächst die notwendigen Voraussetzungen in produktionstechnischer, organisatorischer und personeller Art für den Einsatz dieses Konzepts zu schaffen, was mit nicht unbeträchtlichem Aufwand verbunden sein kann. Diese Voraussetzungen sind im Einzelnen:

1. Eignung der Teile:
Auswahl im Allgemeinen abhängig von:

- Produktart, -beschaffenheit, -stückelung,

- logistischen Eigenschaften,

- Verbrauchskonstanz (XYZ), Wert/Menge (ABC),

- Position im Lebenszyklus (möglichst „ruhige" Phase).

2. Harmonisierung des Produktionsprogramms:

- Durch die Produktionsfrequenz werden letztlich Pufferlager und Losgrößen bestimmt und sind daher nicht dauernd veränderbar;

- In der Praxis wird häufig nur ein Teilbereich der Fertigung KANBAN-gesteuert, so z.B. die Produktion auf Halbzeug- und Teileebene (erreichbar durch logistikgerechte Gestaltung der Produkte).

3. permanente Reduzierung von Rüstzeiten:

- Durch die nicht optimierten kleinen Lose steigt die Rüstfrequenz, so dass die Rüstzeiten konsequent reduziert werden müssen.

4. hohe technische Qualität:

- Qualitätsmängel wirken sich direkt auf die Lieferbereitschaft des nachfolgenden Systems aus.

5. Qualifikation und Motivation der Mitarbeiter:

- Mitarbeiter müssen ihr Aufgabenspektrum erweitern (insb. bezogen auf die Lagerverwaltung) und Einblicke in die Steuerungslogik erhalten, um negative Einflüsse von Störungen abschätzen zu können.

6. flussorientierter Produktionsprozess:

- Kapazitäten der an der KANBAN-Steuerung beteiligten Stufen müssen aufeinander abgestimmt sein;

- Eignung für Groß- und Massenfertigung im Fließprinzip, weniger für Werkstattfertigung mit Auftragscharakter.

Zusammenfassend erweist sich die KANBAN-Steuerung als ein originelles und interessantes Konzept der Produktionssteuerung, das in der Praxis schon wiederholt zu den erhofften Zielwirkungen (vor allem eine Senkung der Materialbestände und eine Verkürzung der Durchlaufzeiten) geführt hat. „Die damit verbundene Integration der Produktion führt (auch) dazu, dass sich die Mitarbeiter in weit stärkerem Maße verantwortlich fühlen" (Arnreich 1992, S. 285).

5.6.6 Integration der Produktionsplanung und -steuerung in einem PPS-System

Wir haben uns bisher vor allem mit den Aufgaben und Maßnahmen der Produktionsplanung und -steuerung beschäftigt, die notwendig sind, um die Leistungserstellung im Rahmen des operativen Leistungsprozesses eines Industriebetriebs vorzubereiten und steuernd zu begleiten. Es ist mittlerweile üblich, die einzelnen Aufgabenfelder, die wir schon eingehend betrachtet haben, zu einem „PPS-System" (PPS = Produktionsplanung und -steuerung) zu integrieren und als computergestütztes Planungssystem (unter Nutzung von mittlerweile verfügbarer leistungsfähiger Standardsoftware) zu realisieren. Dabei greift das PPS-System im Idealfall auf eine einheitliche Datenbank zurück, in der

- Teilstammdaten,
- Erzeugnisstrukturdaten,
- Kapazitätsdaten und
- Arbeitspläne

gespeichert sind. Die logische Struktur des PPS-Systems folgt dabei dem bisher schon betrachteten Produktionsplanungs- und Steuerungsablauf im Rahmen des operativen Leistungsprozesses und ist in Abbildung 5-33 noch einmal grafisch veranschaulicht.

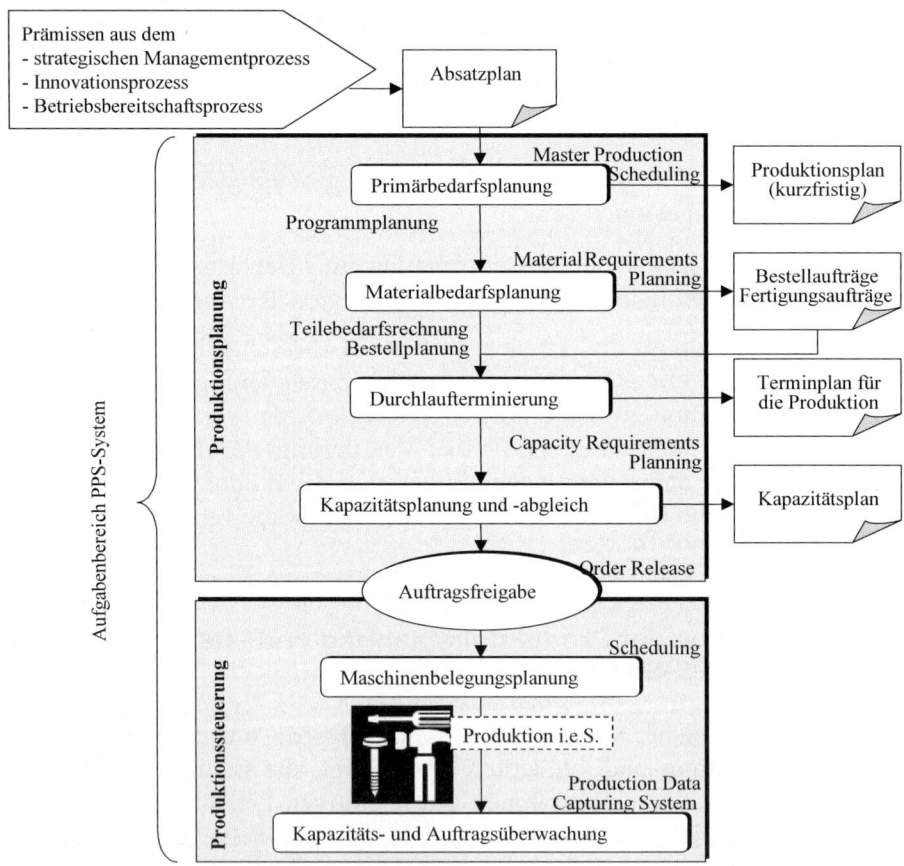

Abb. 5-33. Struktur eines PPS-Systems

Die Umsetzung des PPS-Systems, das zunächst ein Gedankenmodell ist, erfolgt durch sogenannte „MRPII –Systeme" (MRP = Manufacturing Resources Planning), die sich aus den zunächst primär auf die Materialbeddarfsplanung fokussierten „MRPI –Systeme" (MRP stand hier für „Material Requirement Planning") entwickelt haben (siehe auch Abbildung 5-34).

MRP II-Systeme

MRPII-Systeme (Manufacturing Ressource Planning Systems) übernehmen als Weiterentwicklung der MRPI-Systeme (Material Requirements Planning Systems) die Planung aller Ressourcen in produzierenden Unternehmen und stellen die bekanntesten Vertreter zentralisierter PPS-Systeme der 80er Jahre dar. Neben der monetären Geschäftsplanung integrieren MRPII-Systeme auch die marketingorientierte Produktionsprogrammplanung mit der fertigungsnahen Kapazitäts- und Materialbedarfsplanung sowie die Produktionssteuerung mit entsprechender Betriebs- und Maschinendatenerfassung.

Die Arbeitsweise von MRPII-Systemen erfolgt nach dem Sukzessivplanungsansatz. Dabei wird das Planungsproblem zunächst in eine Grobplanung (Produktionsplanung) und eine Feinplanung (Produktionssteuerung) zerlegt. Während im Rahmen der Grobplanung Start- und Endtermine sowie die Losgröße der Aufträge vorgegeben wird, übernimmt die Feinplanung die Reihenfolgeplanung der Aufträge sowie die Zuteilung von Kapazitäten unter Berücksichtigung der in der Grobplanung ermittelten Vorgaben.

Die Produktionsplanung selbst untergliedert sich in drei Planungsschritte, die sukzessiv abgearbeitet werden. Ohne Rückkopplung der Planungsdaten werden die Ergebnisse eines übergeordneten Schritts als Datum akzeptiert und an die nächste Planungsstufe weitergegeben. So werden im Rahmen der Materialdisposition eventuell bestehende wechselseitige Abhängigkeiten zwischen den einzelnen Fertigungsstufen nicht berücksichtigt (z.B. Losbildung ohne Engpassberücksichtigung, keine Berücksichtigung der Interdependenzen zwischen Durchlaufzeit und Kapazitätsauslastung). Ferner erfolgt die Losgrößenoptimierung für jeden Auftrag isoliert und vernachlässigt bestehende Abhängigkeiten zwischen einzelnen Aufträgen.

Generell erweisen sich MRPII-Systeme als geeignete Systeme für gut prognostizierbare Produktionsprozesse mit regelmäßigen Auftragseingängen.

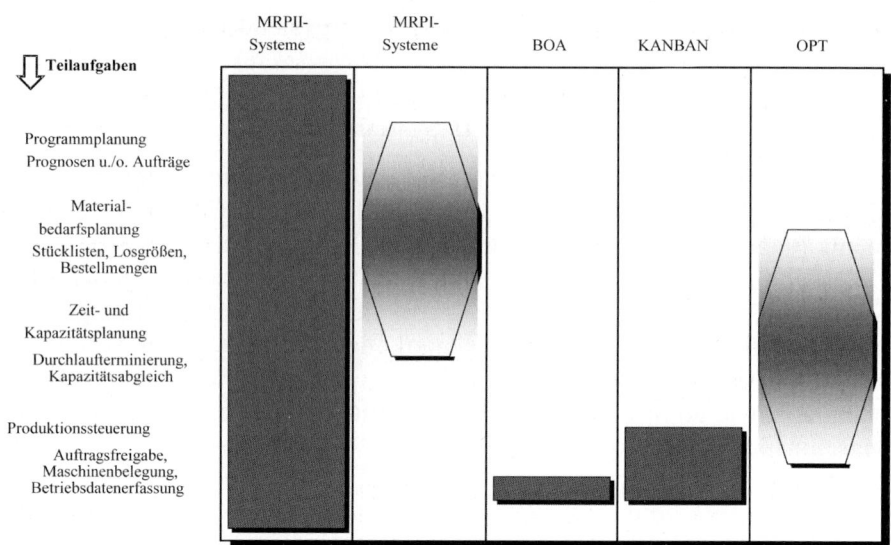

Abb. 5-34. Aufgabenbereich von MRPII-Systemen und ergänzender Konzepte[1]

Dabei ist ein MRPII-System wiederum als Bestandteil eines noch umfassenderen ERP-Systems (ERP = Enterprise Ressource Planning) zu verstehen, wie es z.B. SAP/R3 darstellt.

Ein solches ERP-System zielt auf die Planung, Steuerung und Kontrolle **aller** im Unternehmen vorhandenen Aufgaben- bzw. Funktionsbereiche (siehe Tabelle 5-31), also auch der sich im operativen Leistungsprozess nach der Produktionsplanung und -steuerung ausschließenden Aufgaben, denen wir uns jetzt zuwenden wollen.

---

[1] Die OPT-Philosophie geht davon aus, dass eine Harmonisierung aller Produktionskapazitäten nicht möglich ist und die Ressourcen, die zur Optimierung zur Verfügung stehen, tendenziell knapp sind. Daher wird versucht, aus den gegebenen Ressourcen den höchstmöglichen Output zu erzielen. Gelingt es, bestehende Engpässe dauerhaft auszulasten, hat das Gesamtsystem seine maximale Leistungsfähigkeit erreicht.

Tabelle 5-31. Abdeckungsbereiche von MRPII und ERP- Systemen

Aufgaben- und Funktionsbereich	MRPII-Systeme	ERP-Systeme
Produktion	XX	XX
Materialwirtschaft	XX	XX
Anlagenwirtschaft		XX
Vertrieb	X	XX
Rechnungswesen		XX
Finanzwesen		XX
Personalwirtschaft		XX

5.7 Phase 6: Distribution und Vertrieb

5.7.1 Aufgabenfelder

Der bisher betrachtete Abschnitt des operativen Leistungsprozesses endete mit der Fertigstellung der Produkte und – sofern diese nicht „just-in-time" an die Kunden ausgeliefert werden – ihrer Einlagerung im Fertigwaren- oder Ausgangslager.[1]

Die Aufgabe des **Vertriebs** ist es, Nachfrage für die produzierten Produkte zu schaffen und das erstellte Produktionsprogramm (einschließlich ergänzender Dienstleistungen) zu verkaufen. Hierbei kommen alle Instrumente des absatzpolitischen Instrumentariums zum Einsatz, vor allem

- die Preis- und Konditionenpolitik,
- die Distributionspolitik und
- die Werbe- und Kommunikationspolitik,

---

[1] Der hier und im Folgenden beschriebene Prozess ist vor allem für Industriebetriebe typisch, die bewegliche Ge- und Verbrauchsgüter herstellen und vertreiben. Im Großmaschinen- oder Anlagenbau erfolgt, wie schon erwähnt, bereits die Leistungserstellung teilweise oder vollständig beim Kunden. Die Distribution beschränkt sich hier im Wesentlichen auf das Problem der Faktoreinsatzdistribution zum Produktionsort.

wie wir es im Beispiel der Vermarktung neuer Produkte im Rahmen des Innovationsprozesses bereits schlaglichtartig beleuchtet haben (siehe Abschnitt 3.6 dieses Lehrbuches). Auf alle Marketingmaßnahmen einzugehen, die zum Verkauf der Produkte und Leistungen im Industrieunternehmen notwendig und geeignet sind, ist an dieser Stelle nicht möglich (vgl. dazu z.B. Meffert 2000, Kotler/Bliemel 2001). Wir wollen uns deshalb hier auf die (physische) **Distribution** beschränken, die jedoch auf Grundsatzentscheidungen hinsichtlich der

- Lieferpolitik und
- der Vertriebswege

aufbaut. Hierzu zunächst einige kurze Anmerkungen.

5.7.2 Prämissen der Liefer- und Vertriebspolitik

Grundsatzentscheidungen der **Lieferpolitik** sind vor allem der Grad der Lieferbereitschaft, der sich bereits in dem geplanten Absatz und schließlich auch im Produktionsprogramm niedergeschlagen hat, sowie Art und Umfang des Lieferservices, der sich im Einzelnen aus der Lieferzeit, Lieferschnelligkeit, Lieferhäufigkeit und Lieferqualität zusammensetzt.

Bei der **Vertriebswegepolitik** ist vor allem die Grundsatzentscheidung zwischen direktem und indirektem Absatz relevant, also die Frage, ob die Produkte direkt an die Endkunden vertrieben werden sollen, die an dem Ge- oder Verbrauch der angebotenen Produkte interessiert sind, oder ob ganz bewusst eine oder mehrere Handelsstufen als Absatzmittler eingeschaltet werden sollen (indirekter Vertrieb). Ein indirekter Vertrieb ist bei Konsumgütern (mit Ausnahme des immer beliebter werdenden „Fabrikverkaufs" über „Factory Outlets") weiterhin üblich, aber auch beim Verkauf von Gütern zwischen (produzierenden) Unternehmen. Ein hier tätiger **Produktionsverbindungshandel** als Absatzmittler zwischen Industrieunternehmen hat sich deshalb etabliert, weil er für beide Seiten – den anbietenden und nachfragenden Produzenten – bestimmte Funktionen erfüllt und dafür auch einen Teil der insgesamt erzielten Wertschöpfung als „Entlohnung" erhält.

Die wichtigsten dieser **Handelsfunktionen** im Produktionsverbindungshandel – sie gelten analog auch für den etablierten Groß- und Einzelhandel insgesamt – sind in der Tabelle 5-32 zusammengefasst.

Tabelle 5-32. Funktionen des Produktionsverbindungshandels (PVH) (Quelle: Voigt 2001, S. 58)

Handelsfunktionen des PVH	
Adressat: **Anbietender Produzent (AP)**	**Adressat:** **Nachfragender Produzent (NP)**
• Markterkundung, -erschließung, -beobachtung, -beeinflussung	• Information und Beratung
• Sortimentseffekt	• Sortimentierung
• Anarbeitung/Warenvollendung	• Produkt-/Prozessentwicklung
• Kundenbetreuung/Schulung	• Service
• Risikominderung (Lager-, Finanzierungs-, Verderbsrisiko)	• Sicherheit (Beschaffungssicherheit durch Lagerhaltung, Qualitätssicherheit etc.)
• Komplexitätsreduktion der Distributionsaufgabe	• Komplexitätsreduktion des Beschaffungsvorgangs
• Logistik, Lagerhaltung	• Raum- und Zeitüberbrückung
• Mengenauflösung (Kostenersparnis des AP durch „gleichbleibende" Produktionsaufträge)	• Mengenbündelung (Umformung „kleiner" Abnehmeraufträge in wenige Großaufträge mit entsprechend günstigen Konditionen)
• Umsatzakquisition	• Finanzierung

Es ist offensichtlich, dass das Internet als Vertriebsweg („e-Business") für etablierte Handelsstrukturen eine Bedrohung darstellt. Andererseits muss aber gefragt werden, wer im Falle einer „Desintermediation" die in Tabelle 5-32 genannten und von allen beteiligten Unternehmen auch gewünschten Funktionen letztendlich übernimmt (vgl. im Einzelnen bei Voigt 2001).

Gehen wir aber im Folgenden davon aus, dass die Grundsatzentscheidungen der Liefer- und Vertriebspolitik gefallen sind. Zu lösen ist dann vor allem die Frage der physischen Warenverteilung.

5.7.3 Distributions- und Warenlogistik

Hier geht es ganz konkret darum, unter Beachtung der Anforderungen des Lieferservice die „richtige" Ware in „richtiger" Quantität und Qualität zum „richtigen" Ort zu bringen, und zwar unter Beachtung der gesetzten

(Wert-)ziele des Unternehmens, und das heißt hier: möglichst kostengünstig. Zu entscheiden ist vor allem über (vgl. Deefmann/Art 2001, S. 993 ff.)

*   Zahl und Standorte der Zentral- und Auslieferungslager,
*   die Art und Kombination der Transportmittel,
*   die Organisation der Transportabwicklung,
*   die Wahl der Transportverpackungen usw.

Von zunehmender Bedeutung ist dabei auch eine Kooperation zwischen Unternehmen unterschiedlicher Wirtschaftsstufen im Sinne eines „Efficent Consumer Response" (ECR) sowie die dafür notwendige Datenvernetzung (Electronic Data Interchange oder kurz „EDI"). Zu den operativen Maßnahmen im Rahmen der Distributionslogistik zählen auch

*   Produktivitätsverbesserungen im Transport- und Lagerbereich,
*   Bestandsoptimierung im Ausgangslager,
*   Verbesserung der Tourenplanung und
*   Outsourcing-Entscheidungen.

In jüngster Zeit ist der Trend in Richtung auf eine „Fourth Party Logistics" oder kurz „4PL" unverkennbar, die die Steigerung der logistischen Effizienz nicht nur auf interne Maßnahmen beschränkt sieht, sondern vielmehr eine **Lieferkettenkoordinierung** bzw. die Planung, Koordination und Steuerung von **Liefernetzwerken** zum Ziel hat. Die über die Grenzen des Unternehmens hinausgehende Sicht der Distributionslogistik ist auch Ausgangspunkt für das Konzept des Supply Chain Managements, das abschließend kurz betrachtet sei.

5.7.4 „Supply Chain Management" als umfassendes Konzept des Versorgungsmanagements

Unter „Supply Chain Management" (SCM) wird allgemein eine durchgängige Optimierung aller Güter- und Informationsflüsse „vom Rohstoff bis zum Endkunden", vom Lieferanten des Lieferanten bis zum Kunden des Kunden bezeichnet, und zwar unter Einsatz geeigneter Planungs- und Kommunikationstechnologien. Zu diesen zählen insbesondere sogenannte **„Advanced Planning"-Systeme (APS),** also Softwaresysteme, die durch leistungsfähige Planungsverfahren sämtlicher Dispositionsentscheidungen „entlang der Wertschöpfungskette" unterstützen wollen. APS sind insofern als Ergänzung bzw. Erweiterung der auf den einzelnen (Industrie-)Betrieb beschränkten ERP-Systeme zu verstehen und sind nach Angaben der Softwareanbieter durch folgende Eigenschaften gekennzeichnet:

- modular strukturierte Softwaresysteme zur integrativen Unterstützung einer unternehmensübergreifenden Planung und Steuerung von Leistungsprozessen;

- Basis der Aktivitäten bilden in der Soll-Vorstellung die Bedarfe der Endkunden, ggf. auf Basis von POS-Daten;

- Orientierung an Geschäftsprozessen, unternehmensübergreifend;

- Schwerpunkt des APS als übergreifendes Instrument ist die Entscheidungsunterstützung;

- Einsatz mathematische Lösungsalgorithmen;

- restriktions- und engpassorientierte Planungstools;

- Einsatz von Simulationen;

- Berücksichtigung aller relevanten Datenstämme im Unternehmen, Möglichkeit der permanenten Aktualisierung und darauf basierenden Veränderungsplanung;

- APS benötigt PPS-/ERP-System, um Stamm- und Auftragsdaten zu verwalten.

Das Zusammenspiel von APS und ERP-Systemen sowie die grundsätzliche hierarchische Struktur des APS sind in Abbildung 5-35 verdeutlicht:

Das APS nimmt auf den hierarchischen Aufbau des Unternehmens und der unternehmensübergreifenden Planungs- und Steuerungsaufgaben Bezug, allerdings mit deutlicher Fokussierung auf den eigentlichen Wertschöpfungs- bzw. Leistungsprozess. Hier unterstützt das APS

- auf die **langfristig-strategische Ebene**: die Supply-Chain-Konfiguration durch Optimierung und Simulation von Abläufen und Aktivitäten bis hin zur Betrachtung alternativer „Wertschöpfungsarchitekturen";

- auf der **taktisch-operativen Ebene**: die Koordination von Auftrags-, Bestands-, Kapazitäts- und Transportplanungen über verschiedene Stufen der Supply Chain hinweg;

- im Rahmen der **Steuerung und Kontrolle**: die standort- und unternehmensübergreifende Steuerung und Überwachung konkreter Transaktionen.

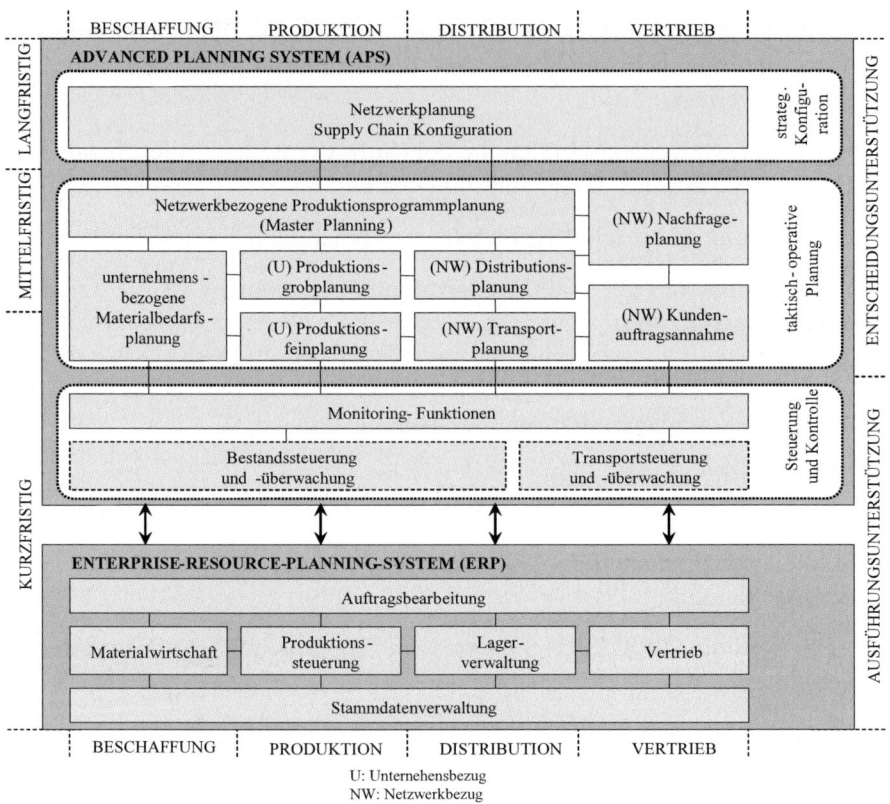

Abb. 5-35. Zusammenspiel von APS und ERP-Systemen (Quelle: in Anlehnung an Schönsleben 2004, S. 434)

Als derzeit modernste und umfassendste Planungsmethodik, die den gesamten Wertschöpfungsprozess (auch über die Grenzen des Unternehmens hinaus) erfassen und unterstützt, integriert das APS auch die Aufgabe des Vertriebs und der Distribution (vgl. Hansmann 2006, S. 393).

Gehen wir also davon aus, dass die Produkte des Industriebetriebs nun in geeigneter Weise beim Kunden angelangt sind und von diesem je nach Produktart ge- oder verbraucht werden. Damit ist der operative Leistungsprozess des Industriebetriebs aber noch nicht abgeschlossen. Gerade in der Konsum- oder Nutzungsphase können (im Sinne der Werterzielung interessante) Dienstleistungen produziert oder abgesetzt werden.

5.8 Phase 7: Angebot von After Sales-Services

5.8.1 Arten und Überblick

Der Industriebetrieb ist – wie eingangs erwähnt – ein Unternehmen, das nicht nur Sachgüter, sondern stets auch Dienstleistungen produziert und anbietet. Auch wenn es nicht ausgeschlossen ist, dass ein Industriebetrieb völlig von seinem Sachgüterangebot losgelöste Primärdienstleistungen anbietet, wollen wir uns hier auf die Gruppe der **produktbegleitenden Dienstleistungen** („Sekundärdienstleistungen") beschränken.

Hierbei handelt es sich um Dienstleistungen, die in Verbindung mit einem Produkt eine Problemlösung für den Kunden darstellen. Während in Deutschland rund 70 % des Bruttoinlandsproduktes durch Dienstleistungen erwirtschaftet wird, beläuft sich der Anteil der produktergänzenden Dienstleistungen aber derzeit nur auf etwa 4 % des Bruttoinlandsproduktes.

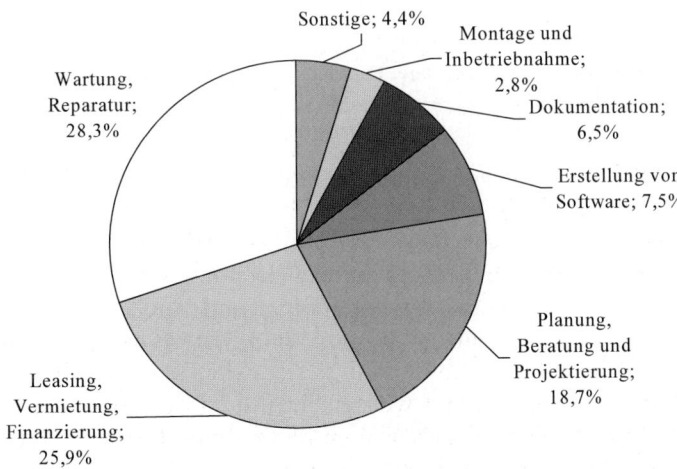

Abb. 5-36. Umsatzanteile produktbegleitender Dienstleistungen (Quelle: Statistisches Bundesamt 2004, S. 29)

In der Maschinenbauindustrie wird geschätzt, dass mit solchen Dienstleistungen zwischen 10 und 15 % des Gesamtumsatzes erwirtschaftet wer-

den. Die Verteilung des Umsatzvolumens auf die verschiedenen produktbegleitenden Dienstleistungen ist in Abbildung 5-36 dargestellt.

Beschränken wir uns weiter auf einen Industriebetrieb im **Investitions-
güterbereich**, so sind hier noch vier Gruppen von After-Sales-Leistungen
zu unterschieden (siehe Abbildung 5-37).

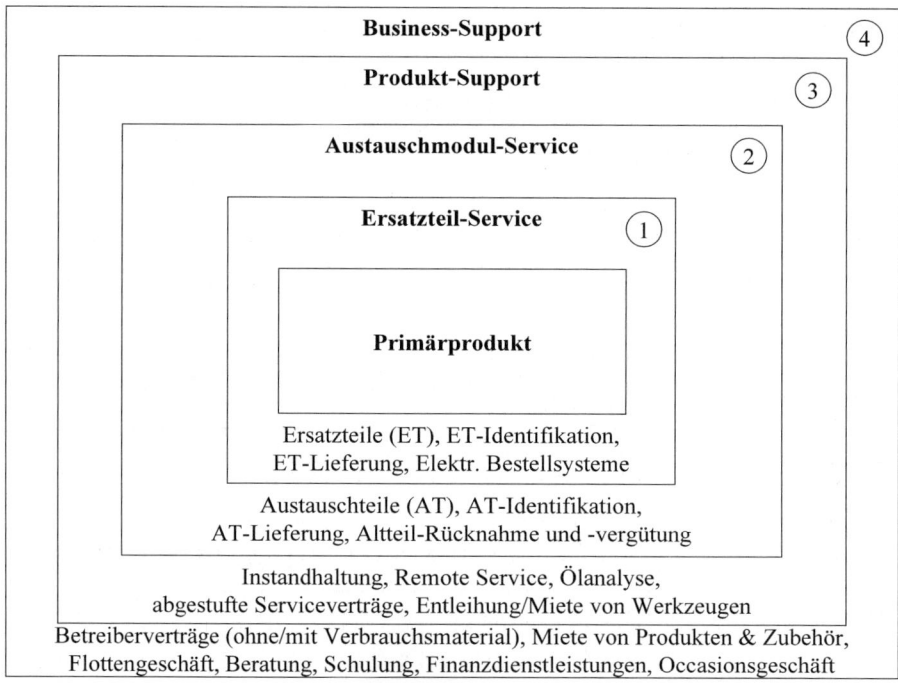

Abb. 5-37. Strukturierung von After-Sales-Leistungen im Industriegüterbereich
(Quelle: Baumbach 2004, S. 16)

Es zeigt sich, dass die verschiedenen Leistungskategorien von unter-
schiedlichen Anbietertypen (A) angeboten und auch von spezifischen
Kundengruppen (K) nachgefragt werden, und zwar (vgl. Baumbach 2004,
S. 16):

- Ersatzteil- und Austauschmodul-Services: von „Teileversorgern" (A)
  und „Selbstinstandhaltern" (K),

- Produkt-Support: von Service Providern (A) und „Serviceoptimierern"
  (K),

- Business Support: von Business Providern (A) und „Nutzenoptimerern"
  (K), die umfangreiche Dienstleistungspakete anbieten bzw. nachfragen.

Produktbegleitende Dienstleistungen weisen in der Regel höhere (und nicht selten **deutlich** höhere) Umsatzrenditen auf als das Sachgütergeschäft des Industriebetriebs. Es gibt also stets ein starkes Renditeargument für das (erweiterte) Angebot solcher Dienstleistungen. Diese weisen daneben aber noch andere Vorteile für das anbietende Industrieunternehmen auf (siehe Tabelle 5-33).

Tabelle 5-33. Nutzenpotenziale des After-Sales-Services für das anbietende Unternehmen (Quelle: Baumbach 2004, S.14)

Marktpotenzial	(Zusätzliche) Umsätze und Erträge aus dem After-Sales-Geschäft
Differnzierungs-potenzial	Differenzierung von Primärprodukten mit ähnlichen Leistungsmerkmalen über den After-Sales-Service
Kundenbindungs-potenzial	Erhöhung der Kundenverbundenheit über den After-Sales-Service
Image-potenzial	Erhöhung von Bekanntheit, Kenntnis, Beachtung und Präferenz des Unternehmens (Markenwert) über den After-Sales-Service
Informations-potenzial	Gewinnung nützlicher Informationen über Kunden, Wettbewerber, Produkte, Probleme, Ideen etc. im After-Sales-Service
Beschäftigungs-potenzial	Schaffung von zusätzlichen Arbeitsplätzen bzw. Beschäftigungsausgleich im After-Sales-Service
Diffusionspotenzial	Ermöglichen oder Vereinfachen des Betriebs und damit des Absatzes von erklärungs- oder serviceintensiven Primärprodukten über den After-Sales-Service
Diversifikations-potenzial	Entwicklung in neue, eigenständige Märkte (z.B. Beratung, industrielle Dienstleistungen, Software etc.) über den After-Sales-Service

Dabei dürfen aber die spezifischen Herausforderungen des Dienstleistungsgeschäfts nicht übersehen werden: Gerade die „umfassenden" Dienstleistungsangebote (z.B. Kategorien 3 und 4 in Abbildung 5-37) verlangen eine starke Kundenintegration und -ausrichtung. Auch darf der Logistik- und Controllingaufwand nicht unterschätzt werden. Zudem sollte darauf geachtet werden, dass die eigentlichen (industriellen) Kernkompetenzen erhalten bleiben.

Trotz der geäußerten Bedenken ist ein Trend zu mehr (produktbegleitenden) Dienstleistungen unverkennbar. Dies wollen wir zum Anlass nehmen, uns kurz den Besonderheiten der Dienstleistungsproduktion zuzu-

wenden und dabei auch die (notwendigen) Unterschiede zur Sachgüterproduktion hervorzuheben.

5.8.2 Besonderheiten der Dienstleistungsproduktion

5.8.2.1 Begriff und Merkmale von Dienstleistungen (im Unterschied zu Sachleistungen)

Unter Dienstleistungen verstehen wir hier für den fremden Bedarf erstellte
immaterielle Wirtschaftsgüter, die unter Einsatz externer Produktionsfaktoren erstellt werden. Dabei lassen sich Dienstleistungen generell als Potenzial, Prozess und Ergebnis einer Faktorkombination interpretieren:

- **Potenzial:** Dienstleistungen sind selbständige, marktfähige Leistungen,
  die mit der Bereitstellung und/oder dem Einsatz von Leistungsfähigkei-
  ten verbunden sind.
- **Prozess:** Interne und externe Faktoren werden im Rahmen des Erstel-
  lungsprozesses kombiniert.
- **Ergebnis:** Die Faktorkombination des Dienstleistungsanbieters wird mit
  dem Ziel eingesetzt, an den externen Faktoren nutzenstiftende Wirkungen zu erzielen.

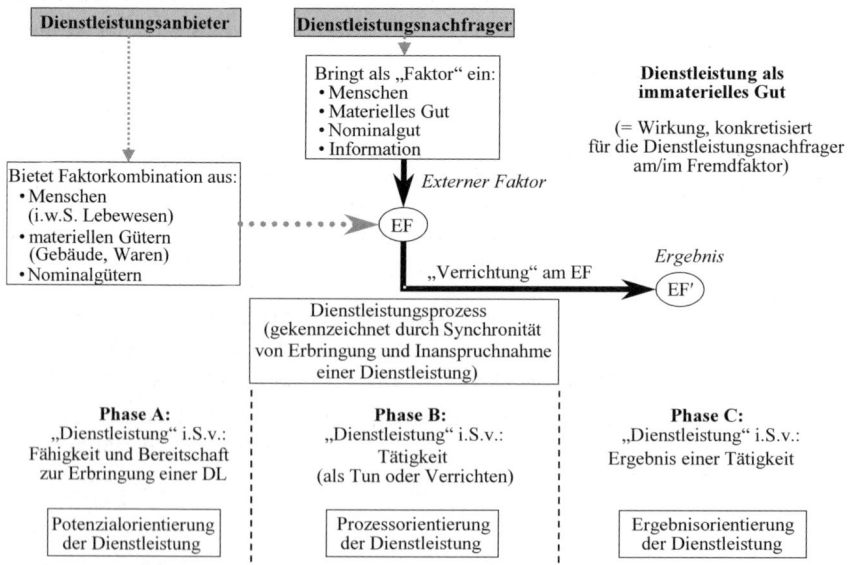

Abb. 5-38. Die konstitutiven Merkmale von Dienstleistungen aus prozessorientierter Sicht (Quelle: Hilke 1989, S. 40)

Diese konstitutiven Merkmale von Dienstleistungen lassen sich in einem typischen Prozess der Leistungserstellung und -verwertung identifizieren (siehe Abbildung 5-38). Der Unterschied zur Sachgüterproduktion besteht also vor allem im Dienstleistungsprozess selbst und in der Einbringung des „externen Faktors", während das Ergebnis einer Dienstleistung durchaus materieller Natur sein kann. Die wichtigsten Unterschiede zwischen Sach- und Dienstleistungen sind in Tabelle 5-34 auf einen Blick gegenübergestellt.

Tabelle 5-34. Unterschiede von Sach- und Dienstleistungen

	Sachleistung	Dienstleistung
Erstellung i.e.S.	Kombination interner Faktoren	Kombination interner & externer Faktoren
Erstellungsort	Produktionsstätte	Interaktionsstelle
Erstellungszeitpunkt	Produktion von Nutzung getrennt	Koppelung Produktion/Nutzung
Erstellungsprozessbeteiligte	nur in Ausnahmefällen wirkt Abnehmer an Produktion mit; Produktionsprozess ist i.d.R. für Abnehmer nicht einsehbar bzw. sichtbar	Abnehmer wirkt an Leistungserstellung signifikant mit, Leistungserstellungsprozess ist z.T. transparent für Abnehmer
Ergebnis	gegenständlich	i.A. immateriell
Leistungsdefinition	Produkt eindeutig mit äußeren Attributen und Funktionen beschreibbar	„Produkt" vorab nicht eindeutig zu definieren; Nutzen teilweise subjektiv, emotional
Preisdefinition	konstante Leistungsparameter, Vergleichbarkeit	intransparent, da individuelle Leistungserfahrung
Eigenschafts- und Qualitätsdefinition	vor dem Prozess möglich	erst nach dem Erstellungsprozess absicherbar
Qualitätskontrolle	Fehler nach Kontrolle korrigierbar	Fehler schwer korrigierbar, für Kunden bereits offensichtlich
Logistik	Lagerfähigkeit	Produktion und Verwertung simultan; nur Vorkombination „lagerfähig"
„Absatz"	Verkauf und damit verbundener Eigentumsübergang	Angebot einer Handlung (d.h. eines Leistungsversprechens) und Inanspruchnahme intellektueller, handwerklicher o.a. Leistungsfähigkeit; Kaufentscheidung damit vor Erhalt

Der „externe Faktor" des Auftraggebers bzw. Dienstleistungsempfängers kann dabei in unterschiedlichen Konkretisierungsgraden in den Dienstleistungsprozess eingebracht werden:

- Güter werden von **außen eingebracht** und für die Zeit der Verrichtung der Verfügungsgewalt des Abnehmers entzogen; dabei kann Leistungsverzehr in Form von zeitlichem Nutzungsausfall entstehen (z.B. Autowerkstatt); oder:

- der Dienstleistungsnachfrager beteiligt sich **passiv** an der DL-Produktion; ein Leistungsverzehr kann hier in dem Opportunitätsverlust der entgangenen Zeit gegeben sein, wobei dieser wiederum davon abhängt, welche Bedeutung die entgangenen Handlungsalternativen im Vergleich zu Wirkung der Dienstleistung haben; z.B. Beratungsgespräch über Finanzdienstleistungen; oder:

- der Dienstleistungsnachfrager beteiligt sich **aktiv**, indem er eine objektbezogene Arbeitsleistung erbringt, die ihm vom Leistungsgeber im Zuge der Externalisierung übertragen wird; ein Leistungsverzehr ist dabei fraglich, wenn der Leistungsnehmer die Arbeitsleistung im Vergleich zu Handlungsalternativen gewichtet, z.B. Schulungsleistung (Erfolg tritt dann ein, wenn der Leistungsnehmer lernt, d.h. aktiv Inhalte erfasst und verarbeitet).

Aus den Spezifika der Dienstleistungen resultieren für den Anbieter noch zahlreiche weitere Probleme, die betrachtet werden müssen:

a) Immaterialität/Nichtlagerfähigkeit:

- Notwendigkeit einer intensiven Koordination zwischen Dienstleistungsproduktion und –nachfrage,
- Flexibilität bei der Planung und Gestaltung der Dienstleistungskapazitäten,
- kurzfristige Nachfragesteuerung erforderlich.

b) Immaterialität/Nichttransportfähigkeit:

- hohe Distributionsdichte bei hochfrequent nachgefragten Gütern,
- Möglichkeit einer breiten räumlichen Abdeckung bei hoher Digitalisierbarkeit der „Produkte".

c) Notwendigkeit von Qualitätssurrogaten:

- Dienstleistungen können i.d.R. nicht vorab getestet werden,
- Qualitätssurrogate sind notwendig und dokumentieren und visualisieren Kompetenzen.

d) Integration des externen Faktors:

- Lager- und Transportprobleme,
- Standardisierungsprobleme,
- Notwendigkeit einer Marketingorientierung schon im Erstellungsprozess wegen unmittelbarer Interaktion,
- Begegnung der wahrgenommenen (oder tatsächlichen) Asymmetrie der Informationsverteilung unmittelbar vor dem Erstellungsprozess,
- Ausschluss unerwünschter Mitnutzung durch Dritte.

Beschäftigen wir uns nun etwas näher mit dem Prozess der Dienstleistungsproduktion.

5.8.2.2 Struktur und Ablauf der Dienstleistungsproduktion

Unter „Produktion" haben wir bisher die zielgerichtete Kombination von Produktionsfaktoren zur Erstellung eines bestimmten Produktionsergebnisses verstanden. Bei der Dienstleistung sind hier aber zwei „Stadien" des Produktionsprozesses zu unterscheiden:

- eine **„Vorkombination"** zur Herstellung der Leistungsbereitschaft und

- eine **„Endkombination"** als Teilprozess der konkreten Leistungserstellung und -verwertung („Uno-actu-Prinzip").

Abbildung 5-39 visualisiert den Dienstleistungsprozess unter Bezugnahme auf die Vor- und Endkombination.

So muss, um ein Beispiel zu nennen, eine Unternehmensberatung zunächst bestimmte Konzepte entwickeln („Vorkombination"), ehe sie in einem Kundenprojekt zur Lösung eines bestimmten betrieblichen Problems angewendet werden können („Endkombination").

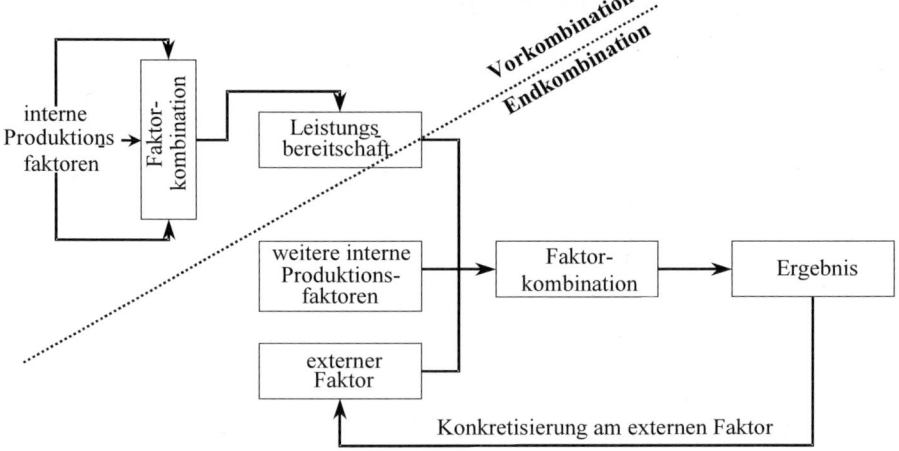

Abb. 5-39. Vor- und Endkombination im Dienstleistungsprozess (Quelle: in Anlehnung an Corsten 1994, S. 61)

Die **internen Produktionsfaktoren**, die der Dienstleistungsanbieter zur Herstellung der Vorkombination einbringt, können sein:

1. reale immaterielle Produktionsfaktoren:

   - menschliche Arbeit,
   - Dienstleistungen,
   - Informationen,
   - ökonomische Potenzen,
   - Rechte auf materielle und immaterielle Güter.

2. reale materielle Produktionsfaktoren:

   - Betriebsmittel,
   - Werkstoffe (ohne Rohstoffe),
   - [Tiere].

3. nominale Produktionsfaktoren:

   - Darlehens- und Beteiligungswerte,
   - Geld.

Der „**externe Faktor**" des Abnehmers kann dagegen folgende Ausprägungen haben:

4. materielle Güter des Abnehmers:

- immobile Sachgüter,
- mobile Sachgüter,
- [Tiere des Abnehmers].

5. immaterielle Güter des Abnehmers:

- abnehmerseitige Arbeitsleistungen,
- Nominalgüter,
- Informationen,
- Gefahren, Risiken, Probleme,
- Rechtsgüter.

6. aktive Mitwirkung und/oder passive Beteiligung des Abnehmers:

- physische und psychische Energie,
- Zeit.

Bei der Planung des Dienstleitungsprozesses geht es vor allem um den Aufbau und die Dimensionierung der „Vorkombination", die Wahl des Produktionsstandorts und die Antizipation und Gestaltung des Zusammentreffens von externen und internen Faktoren. Allerdings können wir, was die dispositiven Tätigkeiten vor und während des Leistungserstellungsprozesses angeht, durchaus Gemeinsamkeiten bzw. Ähnlichkeiten zum Prozess des Sachgüterproduktion feststellen, denn auch hier gibt es

a) eine **Programmplanung** unter Berücksichtigung folgender Aspekte:

- Festlegung quantitativer, zeitlicher und räumlicher Merkmale der zu produzierenden Dienstleistungen;

- Intensität und konkrete Form der Beteiligung des externen Faktors als entscheidende Kosten- und Qualitätsdeterminante;

- räumliche Fixierung durch Erhaltung der Leistungsbereitschaft am Ort der Dienstleistungsproduktion;

- Flexibilität (da keine durch marktanonyme Produktion möglich).

b) eine **Personalplanung** unter Beachtung folgender Besonderheiten:

- Variabilität der personellen Kapazität notwendig wegen Nachfrageunsicherheit;

- durch Qualifikation und Leistungsbereitschaft der Mitarbeiter wird „Personal" zur wesentlichen Erfolgsdeterminante;

- wegen hohem Anteil der Personalkosten sind diese häufig der wichtigste Kostenbestandteil;

- Anstreben einer optimalen Kapazitätsauslastung; wegen spezifischem Anteil „Mensch" schwierig zu quantifizieren;

- mögliche Auffassung: „optimale Kapazitätsauslastung" als Grenze, jenseits derer die Servicequalitätswahrnehmung durch den Abnehmer aufgrund der Überbeanspruchung absinkt;

- Problem: Unterauslastung kann z.B. zu Demotivation und somit ebenfalls zu einem Absinken der wahrgenommenen Servicequalität führen;

- Notwendigkeit hoher Qualifikation und Fähigkeiten, da statt objektiver Qualitätsbeurteilung (wie beim Sachgut) die agierenden Personen und deren Kompetenz zur subjektiven Beurteilung herangezogen werden.

c) eine Planung von **Betriebsmitteln und Werkstoffeinsatz**:

- Planung von Investitionen und Instandhaltung,

- hohe Bedeutung von Speichermedien und deren laufender Wartung bei „digitalen Produkten",

- Dimensionierung und subjektive Qualität der Sachmittel dienen oft als Surrogat für fehlende Objektivierbarkeit der Bewertung der Ausführungsqualität.

d) eine Planung des Einsatzes von **Produktivdienstleistungen**, also:

- Dienstleistungen, die in das Leistungsergebnis direkt eingehen;

- diese sind u.a. bedeutend, wenn die verkaufte Dienstleistung aus einem Bündel von Einzeldienstleistungen besteht, die vorab disponiert und dimensioniert werden müssen.

Der **Ablauf** der Dienstleistungsproduktion gliedert sich nun, wie in Abbildung 5-39 angedeutet, in die Herstellung der Vor- und in den Prozess der Endkombination. Bei der Herstellung der **Vorkombination** sind folgende Aspekte zu beachten:

- Die Planung der Produktion erfolgt hier noch ohne unmittelbaren Bezug zur Leistungserstellung;

- unsichere Fremdbestimmtheit von Art, Umfang und Zeit der Erbringung;

- Orientierung an subjektiven „Leistungsbegehren" der Nachfrage, nicht an konkreten Leistungsdefinitionen (was die Kapazitätsplanung erschwert);

- Entstehen hoher Fixkosten wegen mangelnder Fähigkeit „zur Lagerproduktion" oder unzureichender Antizipation von periodischer hoher Nachfrage.

Die **Endkombination** stellt das dienstleistungs-produzierende Unternehmen dagegen vor folgende Probleme:

- schwierige Optimierung des Verhältnisses Faktoreinsatz/Produktionsergebnis, wenn die eingesetzten Einheiten weder teilbar noch erweiterbar sind (Bsp. Sitzplatzkapazität eines Flugzeuges):

  ⇨ bei Überauslastung der Kapazität keine Ersatzbeschaffung möglich,

  ⇨ bei Unterauslastung der Kapazität Gefahr fehlender Kostendeckung,

- schwierige Preisermittlung wegen unklarer Auslastung,

- Zeitpunkt der Endkombination als einzig möglicher Erfolgszeitpunkt:

  ⇨ Der Veräußerungszeitpunkt liegt meistens fest (Sachgüter sind dagegen vor/während/nach Erstellung absetzbar),

  ⇨ keine Drittverwendungsfähigkeit („Gebrauchtdienstleistung"), deshalb evtl. Einführung eines „Yield-Managements".

Gerade bei der Dienstleistungsproduktion sind die Möglichkeiten zur **Steuerung der Leistungsbereitschaft** und zur **Anpassung** der Kapazitäten an die (unsichere und schwankende) Nachfrage von besonderem Interesse. Auch hier können die schon im Rahmen der Sachgüterproduktion betrachteten drei Anpassungsarten (vgl. Abschnitt 5.5.2) zum Einsatz kommen, und zwar:

a) **intensitätsmäßige Anpassung**, allerdings mit folgenden Besonderheiten:

- Kapazitäten und Nutzungszeiten sind konstant, die Leistungsinanspruchnahme kann variiert werden,

- bei dominantem Anteil menschlicher Arbeitsleistung leicht durchführbar,

- problematisch bei überhöhter Nutzung (unmittelbar wahrnehmbarer Qualitätsverlust),

- problematisch bei häufiger Unterauslastung (fehlende Motivation, fehlende Erfahrung).

b) **zeitliche Anpassung:**

- Kapazität und Leistungsbereitschaft sind konstant, die Nutzungszeiten variieren; realisierbar durch:

- Überstunden, längere Öffnungszeiten,

- Kostenprobleme durch Zuschläge, die wegen hohem Anteil der menschlichen Arbeitsleistung stark wirken können,

- Begrenzung in marktüblichem Leistungsrahmen (z.B. Tageslicht),

- problematisch wegen menschlicher Leistungsfähigkeitsschwankungen.

c) **quantitative Anpassung** durch:

- Veränderung der Anzahl an eingesetzten „Faktoreinheiten" (oft Personen),

- hoher Anteil der Fremdbestimmung der Leistungsausführung verlangt breite Qualifikation, somit hohe Anforderungen an die Leistungsreserven.

Neben diesen „klassischen" Anpassungsarten ist bei der Dienstleistungsproduktion zumindest mittelfristig noch eine „qualitative Anpassung" durch Verbreiterung der Fähigkeiten der einzelnen Mitarbeiter, gegebenenfalls auch durch eine (stärkere) Automatisierung der Dienstleistungserstellung, möglich.

Eine gleichmäßige Kapazitätsauslastung ist schließlich – je nach Marktstellung und Nachfrageelastizität – auch durch die Einführung einer Terminplanung bzw. von Wartelisten möglich. Hierdurch kann der Anbieter oft seine (Maximal-)Kapazität reduzieren und die Kapazitäten besser einplanen. Teilweise werden Wartezeiten von Kunden sogar als Signal für die Güte und Qualität der Leistung angesehen und akzeptiert.

Der Industriebetrieb muss sich also – alles in allem – bei der Produktion von Dienstleistungen, wie sie auch die After-Sales-Services darstellen, auf Besonderheiten und Unterschiede im Vergleich zur Sachgüterproduktion einstellen. Die zehn wichtigsten Herausforderungen für die Dienstleistungsproduktion sind in Tabelle 5-35 noch einmal auf einen Blick zusammengefasst.

Tabelle 5-35. Herausforderungen für die Dienstleistungserstellung

1.	Zunächst lediglich Angebot einer Bereitschaft der Faktorkombination zur Abgabe von Leistungen,
2.	als Produkt kann nur ein „Leistungsziel" versprochen werden,
3.	Vorratsproduktion der Endkombination nicht möglich,
4.	Kapazitätsauslastung und -anpassung problematisch,
5.	Simultanität von Verrichtung, Erstellung und Verwertung, abhängig von der Kundenpräsenz,
6.	Standardisierungsmöglichkeit nimmt mit zunehmender Bedeutung menschlicher Arbeit ab,
7.	rasch wirksame, subjektive Bewertung des Leistungsergebnisses wegen persönlicher Betroffenheit,
8.	Erklärungsbedürftigkeit der Beteiligung des Empfängers als wichtige Voraussetzung zum Eintritt der gewünschten Erfolgswirkung,
9.	häufig Standortbindungen, die durch den Kunden überbrückt werden müssen,
10.	Dienstleistungen häufig in Kombination mit komplementären Gütern; wechselseitige Abhängigkeit (z.B. Maschine – Wartungsleistung).

Damit sind wir bei der letzten Phase im operativen Leistungsprozess eines Industriebetriebs angelangt. Diese resultiert aus dem (gesetzlich erzwungenen) Übergang von der Durchlauf- zur Kreislaufwirtschaft. Für den Industriebetrieb bedeutet dies, dass er auch für die „Reste" der von ihm einst produzierten und verkauften Produkte (z.B. leere Verpackungen, Becher, Flaschen) sowie für das Produkt selbst, sofern es die Phase der Nutzung durch den Käufer bzw. Anwenders beendet hat, die Verantwortung trägt.

Es geht also um eine Produktrücknahme einschließlich der dafür notwendigen Prozesse („Reverse Logistics"), denen wir uns jetzt zuwenden wollen.

5.9 Phase 8: Produktrücknahme und -entsorgung

5.9.1 Aufgabe und Notwendigkeit

Wie in Abbildung 1-1 bereits angedeutet, ist der Industriebetrieb in eine Kreislaufwirtschaft eingeordnet.

Während sich die Industriebetriebe in dem früher praktizierten Modell der „Durchlaufwirtschaft" nicht für die Konsumrückstände (Altprodukte, Verpackungen usw.) ihrer produzierten und verkauften Erzeugnisse verantwortlich fühlten (und oft genug auch die Produktionsrückstände unkontrolliert an die Umwelt abgaben), gehört heute die Produktrücknahme und -entsorgung einschließlich einer kontrollierten Abgabe von Konsum- und Produktionsrückständen zum betrieblichen Aufgabenspektrum und schließt in unserer Betrachtung den operativen Leistungsprozess ab.

Die Verantwortung der Industriebetriebe für die „Reste" ihrer einstmals produzierten Güter wurzelt einerseits in einer (ethischen) Selbstverpflichtung, die sich als „Umweltschonung" oder „Umweltfreundlichkeit" im Zielsystem der Unternehmung niederschlägt,[1] und andererseits in einer vom Gesetzgeber geforderten Verpflichtung, wie sie vor allem im **Kreislaufwirtschafts- und Abfallgesetz** (Krw-/AbfG) zum Ausdruck kommt. So wird in §22 dieses Gesetzes die **Produktverantwortung** der beteiligten Unternehmen – und damit auch der Industriebetriebe als Hersteller – wie folgt definiert:

- **§ 22 Produktverantwortung**
  „Wer Erzeugnisse entwickelt, herstellt, be- und verarbeitet oder vertreibt, trägt zur Erfüllung der Ziele der Kreislaufwirtschaft die Produktverantwortung. Zur Erfüllung der Produktverantwortung sind Erzeugnisse möglichst so zu gestalten, dass bei deren Herstellung und Gebrauch das Entstehen von Abfällen vermindert wird und die umweltverträgliche Verwertung und Beseitigung der nach deren Gebrauch entstandenen Abfälle sichergestellt ist."

---

[1] Auf die in diesem Fall möglichen Zielkonflikte mit dem Gewinn- bzw. Wertsteigerungsziel des Unternehmens haben wir in Abbildung 2-10 bereits hingewiesen.

Die hier genannten Ziele werden in §1 Krw-/AbfG definiert als Förderung der Kreislaufwirtschaft und der Schonung der natürlichen Ressourcen und als Sicherung der umweltverträglichen Beseitigung von Abfällen. Die dabei zu beachtenden Grundsätze und Grundpflichten werden in §§ 4 und 5 Krw-/AbfG wie folgt definiert:

- **§ 4 Grundsätze der Kreislaufwirtschaft**
  „Abfälle sind
  1. in erster Linie zu vermeiden,
  2. in zweiter Linie
     a) stofflich zu verwerten oder
     b) zur Gewinnung von Energie zu nutzen (energetische Verwertung)."

- **§ 5 Grundpflichten des Kreislaufwirtschaftsgesetzes**
  „Soweit sich aus diesem Gesetz nichts anderes ergibt, hat die Verwertung von Abfällen Vorrang vor deren Beseitigung.

  Die wirtschaftliche Zumutbarkeit ist gegeben, wenn die mit der Verwertung verbundenen Kosten nicht außer Verhältnis zu den Kosten stehen, die für eine Abfallbeseitigung zu tragen wären.

  Der Vorrang der Verwertung von Abfällen entfällt, wenn deren Beseitigung die umweltverträglichere Lösung darstellt. Zu berücksichtigen sind:

  1. die zu erwartenden Emissionen,
  2. das Ziel der Schonung der natürlichen Ressourcen,
  3. die einzusetzende oder zu gewinnende Energie und
  4. die Anreicherung von Schadstoffen in Erzeugnissen, Abfällen zur Verwertung oder daraus gewonnenen Erzeugnissen."

Das Gesetz gibt damit der Vermeidung von Abfällen – nach dem Grundsatz des Vorsorgeprinzips – Priorität vor der stofflichen und energetischen Verwertung der Abfälle.

Da solche Abfälle bzw. Rückstände aber selbst bei strenger Beachtung des Vorsorgeprinzips nicht völlig ausgeschlossen werden können, muss sich der Industriebetrieb mit den verschiedenen Formen der Entsorgung dieser Abfälle bzw. Rückstände vertraut machen, wie sie in Abbildung 5-40 dargestellt sind.

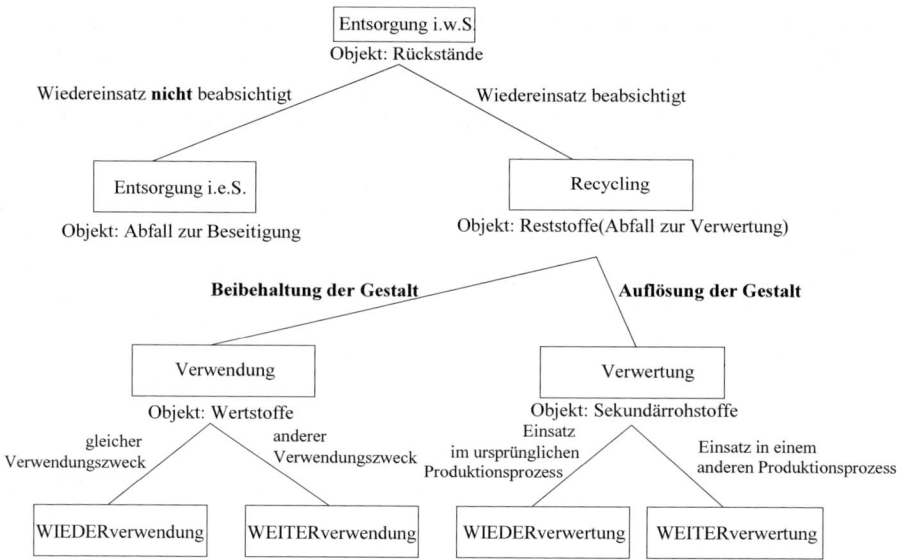

Abb. 5-40. Formen der Entsorgung bzw. des Recyclings (Quelle: in Anlehnung an Isermann/Houtman 1994, S. 230)

Zu den Formen der Wieder- bzw. Weiterverwendung und -verwertung seien folgende Beispiele genannt:

- **Wiederverwendung (Recycling i.e.S.):** Mehrwertverpackungen (ca. 20 Umläufe bei Mehrwegflaschen); teilweise: Austauschmotoren; runderneuerte Reifen;

- **Weiterverwendung:** Senfglas als Trinkgefäß, Kunststoffbehälter als Regentonne, Autoreifen als Schaukelsitz, Eisenbahnschwellen in der Gartengestaltung;

- **Wiederverwertung:** Einsatz von Eisenschrott in der Stahlindustrie, Einschmelzen von Glasscherben in der Glasindustrie, Altpapiereinsatz in der Papierindustrie;

- **Weiterverwertung:** Kompostierung von organischen Stoffen, Herstellung von Spanplatten aus Hobelspänen, Herstellung von Dämmstoffen aus Altpapier.

Obwohl das Recycling in vielen Fällen die umweltverträglichste Form der Entsorgung darstellt, da dadurch Ressourcen auf der Input-Seite gespart und die (zu beseitigten) Abfallmenge auf der Output-Seite reduziert (wenn auch nicht völlig vermieden) werden können, so sind dennoch die

Grenzen des Recyclings zu beachten, die auf folgende Tatbestände zurückzuführen sind:

- Recycling verbraucht Energie und verursacht Rückstände, die beseitigt werden müssen.

- Ist die Recyclingquote kleiner als 100 %, wird der recycelte Stoff nach mehreren Kreisläufen schließlich zu nicht-recylingfähigem Abfall.
  Beispiel: Quote = 50 % $\Rightarrow$ Nach 5 Zyklen sind $1 - (0,5)^5 = 97$ % Abfall zur Beseitigung. Einen vollständig geschlossenen Kreislauf kann es deshalb nicht geben.

- Die Qualität der recycelten Sekundärstoffe ist in der Regel niedriger als die der Primärstoffe.

- Recycling stellt eine „End-of-Pipe-Technologie" dar; integrierte Technologien sind vorzuziehen (Vermeidung und Verminderung von Rückständen im Produktionsprozess und im Produkt).

Erwähnt sei noch, dass Industriebetriebe nach §16 KrW/AbfG auch **Dritte** zur Erfüllung der Pflichten des Gesetzes, also der Produktrücknahme und -entsorgung, beauftragen können, wie es z.B. im Rahmen des Dualen Systems bei Verkaufsverpackungen der Fall ist, die von der „Duale System Deutschland AG" flächendeckend eingesammelt, sortiert und einer Verwertung zugeführt werden.

Für den Fall, dass der Industriebetrieb die Verantwortung für die Produktrücknahme und -entsorgung nicht (vollständig) an Dritte überträgt, muss er sich mit der Entsorgungslogistik selbst beschäftigen und die sich hier stellenden Managementaufgaben lösen.

5.9.2 Entscheidungstatbestände der Entsorgungslogistik (Reverse Logistics)

5.9.2.1 Überblick

Die Entsorgungslogistik umfasst die auf die Unternehmensziele und die (ökologischen) Rahmenbedingungen ausgerichtete Planung, Steuerung und Überwachung der Logistiksysteme für Altprodukte bzw. Produktrückstände im Verantwortungsbereich des Industriebetriebs. Im Einzelnen sind vor allem folgende **Entscheidungen** im Rahmen der betrieblichen Entsorgungslogistik zu fällen (vgl. Isemann/Houtman 1994, S. 234):

- das entsorgungslogistische Leistungsprogramm in Abstimmung mit den Beschaffungs-, Produktions-, Absatz- und Abfallwirtschaftsprogrammen und des versorgungsorientierten Logistiksystems des Unternehmens,

- Art und Umfang der selbst zu erstellenden und fremd zu vergebenen entsorgungslogistischen Leistungen,

- die zur entsorgungslogistischen Leistungserstellung eingesetzten Verfahren bzw. die elementaren Leistungsprozesse,

- die Verknüpfung der elementaren Leistungsprozesse zu entsorgungslogistischen Ketten,

- das Leistungspotenzial im entsorgungslogistischen System (Leistungsprozesse, Produktionsfaktoren),

- die Koordination der Rückstands- und Informationsflüsse in den entsorgungslogistischen Ketten sowie im Logistiksystem,

- die in das entsorgungslogistische System einzubeziehende Entsorgungspartner und den Grad ihrer Integration.

Bei der Gestaltung des entsorgungslogistischen Systems sind jedoch die in diesem Fall gegebenen besonderen **Planungsprobleme** und **Unsicherheitsfaktoren** zu berücksichtigen, vor allem:

- der Grad der Homogenität der Abfallströme (diese bezieht sich auf die Anzahl von Produktarten und -varianten),

- das Ausmaß der Schwankungen im Abfallaufkommen (z.B. saisonale Schwankungen, erhöhtes Aufkommen bei einem Modellwechsel),

- die Quellen der Abfallströme (diese liegen größtenteils außerhalb des Unternehmens, nämlich bei den Konsumenten),

- die Größe des Einzugsbereichs (lokal, Deutschland, global).

Dabei muss eine Produktrücknahme und -entsorgung nicht unbedingt in Widerspruch zu den (Wert-)Zielen eines Industriebetriebs stehen, sondern kann auch aus Kosten- und Wettbewerbsgesichtspunkten interessant und vorteilhaft sein, so dass hier überhaupt kein Konflikt zwischen ökologischen und ökonomischen Zielen besteht.[1] So kann z.B. ein kundenorientiertes Entsorgungskonzept (günstige Rückgabemöglichkeiten für Altprodukte) einen Zusatznutzen für den Kunden bieten und sogar wettbewerbsstrategische Bedeutung einnehmen. Dass eine Produktrücknahme und -entsorgung auch zur Wertgenerierung beitragen kann, sei an folgendem **Modell** demonstriert (vgl. Kirchgeorg 1999; Ivisic 2002):

Symbole

G_U Unternehmensgewinn

U_N Umsatz aus dem Verkauf von Neuprodukten

U_S Umsatz aus dem Verkauf von Sekundärkomponenten und -rohstoffen

E_{RK} Einsparung durch die Reduzierung der Umwelt- und Abfallkosten

K_R Kosten der Rückführung

K_V Kosten der Verwendung und Verwertung

K_B Kosten der Beseitigung

K_{FS} Kosten der Fertigung mit Einsatz von Sekundärkomponenten und -rohstoffen

K_{FP} Kosten der Fertigung mit Einsatz von Primärressourcen

K_G Gemeinkostenblock

Nehmen wir an, zwei Systeme (mit vergleichbaren Gemeinkosten) stehen zur Auswahl, und zwar:

- ein Entsorgungssystem mit Sammlung und Verwertung der Altprodukte und

- ein Entsorgungssystem mit Sammlung und Beseitigung der Altprodukte (ohne Verwertung).

Die Gewinnfunktionen ergeben sich in den beiden betrachteten Fällen wie folgt:

---

[1] Die gerade in Deutschland zahlreich vorhandenen „Umweltgesetze", die (auch) Unternehmen zu einem stärker umweltorientierten Handeln „zwingen", sind allerdings ein Indiz dafür, dass in vielen Fällen noch, wie in Abbildung 2-10 unterstellt, ein Konflikt zwischen ökonomischen und ökologischen Zielen besteht. Der Staat bzw. Gesetzgeber nimmt dann die Rolle des „Anwalts der Umwelt" ein und sorgt dafür, dass ein bestimmtes Maß an Umweltbelastung nicht überschritten wird.

- Entsorgungssystem mit Sammlung und Verwertung der Altprodukte (Modell I)

$$G_U = U_N + U_S + E_{RK} - K_R - K_V - K_B - K_{FS} - K_{FP} - K_G$$

- Entsorgungssystem mit Sammlung und Altproduktbeseitigung ohne eine Verwertung (Modell II)

$$G_U = U_N - K_R - K_B - K_{FP} - K_G$$

Es ist möglich, dass die Kosten der Verwertung geringer sind als die der Beseitigung sind, so dass gilt:

$$K_V^I + K_B^I < K_B^{II}$$

Aber auch dann, wenn das umgekehrte Verhältnis gilt, kann eine Verwertung ökonomisch interessant sein, und zwar wegen des zusätzlichen Umsatzes durch die Vermarktung der Sekundärressourcen und die Reduzierung der Umwelt- und Abfallkosten:

$$U_N^I + U_S^I + E_{RK}^I > U_N^{II}$$

Schließlich können auch die Kostenvorteile bei der Fertigung mit Sekundärressourcen (z.B. Recyclingmaterial) gegenüber einer Fertigung ausschließlich mit Primärressourcen gegeben sein, so dass gilt:

$$K_{FS}^I < K_{FP}^{II}$$

Es kommt also darauf an, die Kosten- und Erlöswirkungen in ihrer Gesamtheit zu erfassen und zu berücksichtigen. Allerdings ist zu beachten, dass zwischen den Kosten- und Erlöswirkungen u.U. beträchtliche Zeiträume liegen können (so kann sich der Zeitraum zwischen der Konstruktion demontagegerechter Produkte und der Rücknahme der Altgräte und den Erlösen aus dem Sekundärrohstoffverkauf über Jahre erstrecken).

Der Aufbau einer entsorgungslogistischen Infrastruktur ist i.d.R. auch mit **Investitionen** verbunden. Die in diesem Fall gegebene Entscheidungssituation sei im Folgenden am Beispiel der Altautoentsorgung demonstriert.

5.9.2.2 Entscheidungsmodell zur Gestaltung industrieller Rücknahme- und Entsorgungssysteme am Beispiel der Altautoentsorgung

Nehmen wir an, ein Industriebetrieb, der Automobile herstellt und vertreibt, sehe sich in dem Planungszeitraum mit dem Altautoaufkommen von

Y_h Produkteinheiten konfrontiert. Der Automobilhersteller steht vor der Frage, welcher Teil des zurückzunehmenden Altautoaufkommens an externe Entsorger gegeben und welcher Teil durch (noch aufzubauende und in der Größe zu dimensionierende) interne Demontage- und Recyclingkapazitäten entsorgt werden sollen (siehe Abbildung 5-41).

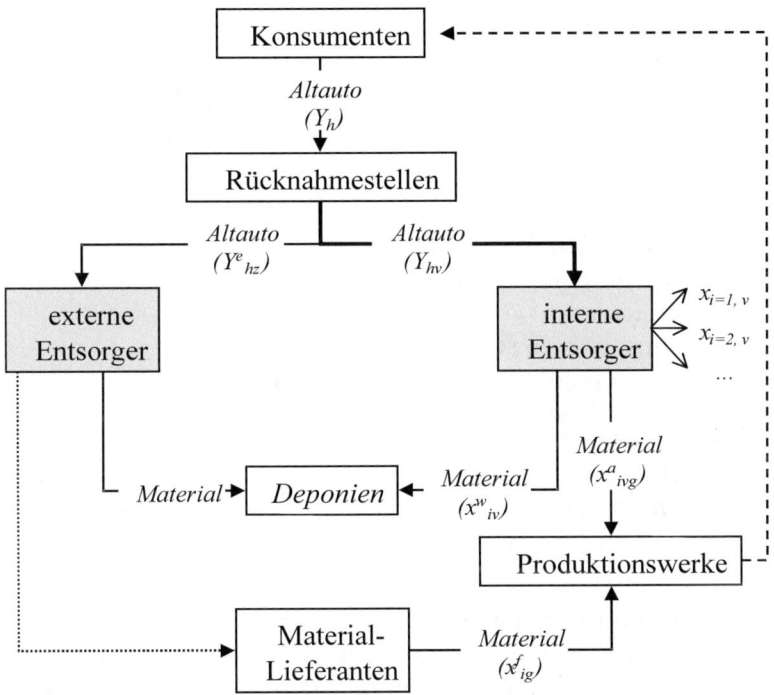

Abb. 5-41. Darstellung der Entscheidungssituation

Um das Problem zu vereinfachen, bleiben die in Abbildung 5-41 gestrichelt bzw. gepunktet dargestellten Materialflüsse zunächst unberücksichtigt. Das **Entscheidungsmodell** enthält damit die folgenden **Symbole**:

- **Indizes**

g	Produktionswerk	h	Rücknahmestelle
i	Material	l	Deponie
s	Lieferant	v	interne Recyclingeinrichtung
z	externer Entsorger		

- **Variablen**

a_V Investitionsvariable für interne Entsorgungskapazitäten (0/1-Variable)

x Materialmenge (kg)

x^a Menge an wieder-einsetzbarem Material (kg)

x^f Material-Fremdbezugsmenge (kg)

x^w Menge an nicht wieder-einsetzbarem Material (kg)

y Altautomenge (Stück)

y^e Altautomenge zur externen Entsorgung (Stück)

- **Daten**

  A Kapitaldienst und sonst. fixe Kosten (GE)

  C^a Recyclingkapazität (kg)

  C^d Demontagekapazität (Stück)

  c Transportkosten (GE/Stück oder kg)

  c^a Recyclingkosten (GE/kg)

  c^d Demontagekosten (GE/Stück)

  c^e Kosten der Fremdentsorgung (GE/Stück)

  c^w Transport- und Deponierungskosten (GE/kg)

  d_i Materialmenge pro Altauto (kg/Stück)

  q Material-Einstandspreis (GE/kg)

  t Entfernung (km)

  X Materialbedarf (kg)

  Y_h Altautoaufkommen (Stück)

  α interne Recyclingquote (%)

  β externe Recyclingquote (%)

  γ gesetzliche Mindestrecyclingquote (%)

  μ Recycling-Emissionskoeffizient (%)

  ε Transport-Emissionskoeffizient (kg pro Tonnen-Kilometer)

Wir wollen im Folgenden noch zwei Fälle und damit auch zwei Modellansätze unterscheiden, und zwar:

- **Fall I (Modell I):** Das Unternehmen ist „umweltavers" eingestellt bzw. betreibt ein defensives Umweltmanagement und sucht bei der Bewältigung der Aufgabe der Altautoentsorgung die **kostengünstigste Lösung**.

- **Fall II (Modell II):** Der Automobilhersteller ist „umweltfreundlich" eingestellt und sucht die Lösung, die zu der **geringsten Umweltbelastung** führt.

Betrachten wir zunächst das Modell I (Kostenminimierung):

Modell I: Zielfunktion - K_{min}

$$K = \sum_h \sum_z c^e_{hz} \cdot y^e_{hz}$$

Kosten der Fremdentsorgung (Pauschalbetrag)

$$+ \sum_h \sum_v \left(c_{hv} + c^d_v \right) \cdot y_{hv}$$

Transport- und Demontagekosten

$$+ \sum_i \sum_v c^a_{iv} \cdot x^a_{iv}$$

Recyclingkosten

$$+ \sum_i \sum_v c^w_{iv} \cdot x^w_{iv}$$

Deponierkosten

$$+ \sum_i \sum_v \sum_g c_{ivg} \cdot x^a_{ivg}$$

Transportkosten des wiedereinsetzbaren Materials

$$+ \sum_i \sum_g q_{ig} \cdot x^f_{ig}$$

Fremdbezugskosten für (Roh-) Material

$$+ \sum_v a_v \cdot A_v$$

Kapitaldienst und sonst. fixe Kosten für interne Kapazitäten

$\rightarrow$ min!

Die Zielfunktion ist unter Beachtung der folgenden **Nebenbedingungen** zu optimieren (vgl. auch Voigt/Thiell, 2001; Voigt/Thiell, 2002):

Mengenkontinuität: Rücknahmestelle - Entsorger

$$Y_h = \sum_v y_{hv} + \sum_z y^e_{hz} \qquad \forall\, h$$

Mengenkontinuität: Altauto - Material

$$\sum_h y_{hv} \cdot d_i = x_{iv} \qquad \forall\, i, v$$

Mengenkontinuität: Material – (nicht) wiedereinsetzbares Material

$$x_{iv} = x^a_{iv} + x^w_{iv} \qquad \forall\, i, v$$

Recyclingbedingung

$$x^a_{iv} \leq \alpha_i \cdot x_{iv} \qquad \forall\, i, v$$

Deponierungsbedingung

$$x^w_{iv} \geq \left(1 - \alpha_i \right) \cdot x_{iv} \qquad \forall\, i, v$$

Erfüllung einer gesetzlichen Mindestrecyclingquote

$$\sum_i \sum_v x^a_{iv} + \sum_i \sum_h \sum_z y^e_{hz} \cdot d_i \cdot \text{ß}_{iz} \geq \sum_i \sum_h Y_h \cdot d_i \cdot \gamma$$

Mengenkontinuität : interner Entsorger - Produktionswerk	$x^a_{iv} = \sum_g x^a_{ivg}$	$\forall\, i, v$
Produktionsbedingung	$\sum_v x^a_{ivg} + x^f_{ig} = X_{ig}$	$\forall\, i, g$
Kapazitätsbedingung: Demontage	$\sum_h y_{hv} \leq a_v \cdot C^d_v$	$\forall\, v$
Kapazitätsbedingung: Recycling	$x^a_{iv} \leq a_v \cdot C^a_{iv}$	$\forall\, i, v$

Das **Modell II** (Minimierung der Umweltbelastung) unterscheidet sich von Modell I lediglich in der Zielfunktion. Dabei haben wir unterstellt, dass sich alle Umweltbelastungen mit einem einheitlichen Maßstab (hier: Gewichtseinheiten, also kg) messen lassen, was in dem betrachteten Fall noch vertretbar erscheint.[1] Damit ergibt sich folgende Zielfunktion:

Modell II: Zielfunktion – E_{min}

$$E=$$

Deponierung	$\sum_i \sum_h \sum_z y^e_{hz} \cdot d_i \cdot (1 - \beta_{iz}) +$	Deponierungsmenge aus externer Entsorgung
	$\sum_i \sum_v x^w_{iv} +$	Deponierungsmenge aus interner Entsorgung
Recyclingprozess	$\sum_i \sum_v x^a_{iv} \cdot \mu_{iv} +$	Emissionen aufgrund des internen Recyclings
	$\sum_i \sum_h \sum_z y^e_{hz} \cdot d_i \cdot \beta_{iz} \cdot \mu_{iz} +$	Emissionen aufgrund des externen Recyclings
Ressourcenentnahme	$\sum_i \sum_g x^f_{ig} +$	Material-Fremdbezugsmenge

---

[1] Wenn sich die Umweltwirkungen nicht auf eine einheitliche (physikalische) Maßeinheit reduzieren lassen, müssen sie mittels Gewichtungsfaktoren „gleichnamig" gemacht werden.

$$\sum_i \sum_h \sum_v y_{hv} \cdot d_i \cdot \varepsilon \cdot t_{hv} \ +$$

Rücknahmestelle - interne Entsorgungseinrichtung

$$\sum_i \sum_h \sum_z y^e_{hz} \cdot d_i \cdot \varepsilon \cdot t_{hz} \ +$$

Rücknahmestelle - externer Entsorger

$$\sum_i \sum_v \sum_l x^w_{iv} \cdot \varepsilon \cdot t_{vl} \ +$$

interne Entsorgungseinrichtung - Deponie

$$\sum_i \sum_h \sum_z \sum_l y^e_{hz} \cdot d_i \cdot \left(1 - \beta_{iz}\right) \cdot \varepsilon \cdot t_{zl} \ +$$

externer Entsorger - Deponie

$$\sum_i \sum_v \sum_g x^a_{ivg} \cdot \varepsilon \cdot t_{vg} \ +$$

interne Entsorgungseinrichtung - Produktionswerk

$$\sum_i \sum_g \sum_s x^f_{ig} \cdot \varepsilon \cdot t_{sg}$$

Lieferant - Produktionswerk

(Transportemissionen)

$\rightarrow$ min!

Die beiden Modellansätze sollen nun auf einen vereinfachten Beispielfall angewendet werden, der durch folgende Rahmendaten gekennzeichnet ist:[1]

Model I & II: Modellrechnung:

- interne Struktur: 3 potenzielle interne Entsorgungseinrichtungen
                        2 existierende Produktionswerke

- existierendes Netzwerk von Rücknahmestellen, externen Entsorgern, Deponien, Lieferanten

- 3 Materialien: Stahl   (70 % Gewichtsanteil)
                     Kunststoff   (15 % Gewichtsanteil)
                     Glas   (15 % Gewichtsanteil)

Die Lösungen, die sich für verschiedene Kostensätze für die externe Entsorgung (von c^e_{hz}=50 GE bis c^e_{hz}=350 GE je Altauto) einstellen, sind in Abbildung 5-42 grafisch veranschaulicht.

---

[1] Zu dem hier verkürzt dargestelltem Beispielfall und den Daten vgl. im Einzelnen Voigt/Thiell 2001, S. 9 ff.

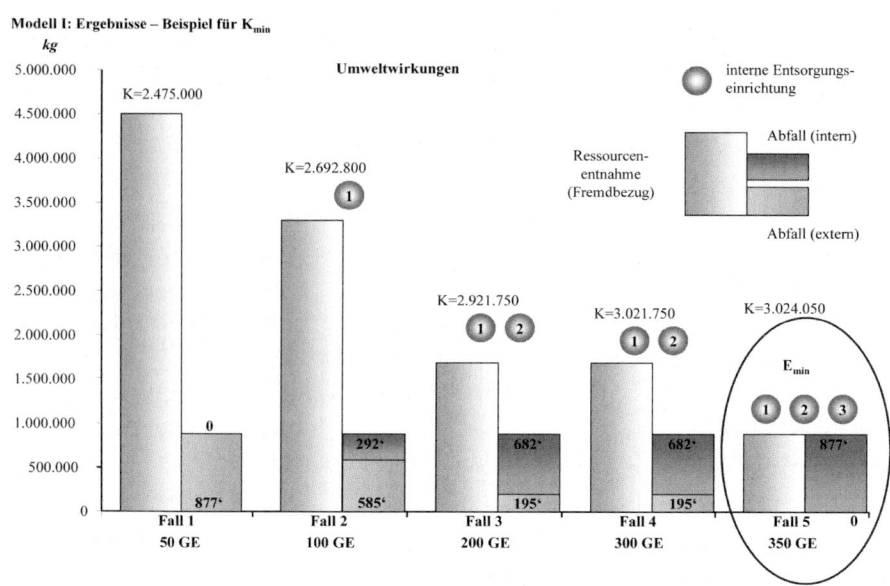

Abb. 5-42. Optimale Lösungen für unterschiedliche Kostensätze der Fremdversorgung (Modell I)

Im Falle einer kostengünstigen Fremdentsorgung (c^e_{hz}=50 GE/Altauto) ist es für ein kostenminimierendes Unternehmen offensichtlich nicht empfehlenswert, eigene Entsorgungseinrichtungen aufzubauen. Dies ändert sich jedoch mit Steigerung des Fremdentsorgungs-Kostensatzes. Bei c^e_{hz}=350 GE je Altauto ist es für das kostenminimierende Unternehmen offensichtlich am günstigsten, alle drei potenziellen internen Entsorgungseinrichtungen aufzubauen und zu betreiben. Diese Lösung (siehe Ellipse) stellt sich auch bei Optimierung von Modellansatz II ein, vor allem da die Ressourcenentnahme „aus der Natur" hier auf das (technisch bedingte) Minimum von 877 Tonnen begrenzt ist.

Aus der Gegenüberstellung der Kosten und Umweltbelastungen, die sich bei Optimierung der Modelle I und II ergeben, erhält das Management des Industriebetriebs eine konkrete Entscheidungsgrundlage: Es muss nun darüber befinden, ob es für die konkrete Senkung der Umweltbelastung die die ausgewiesene Kostendifferenz zu tragen bereit ist oder nicht.

Der hier vorgestellte Modellansatz kann noch in vielfältiger Weise an die realen Bedingungen der Autoentsorgung angepasst werden und insbesondere folgende Tatbestände explizit berücksichtigen:

• mehrere Produkte (Fahrzeugvarianten),
• mehrere Perioden (dynamische Modellierung),

- weitere Formen der Entsorgung (z.B. Wiederverwendung, Weiterverwendung, Weiterverwertung),
- geschlossener Kreislauf auch bei externer Entsorgung,
- alternative Recyclingprozesse („Shredder-Weg", „metallurgischer Weg")
- verschiedene materialbezogene Umweltwirkungen,
- direkte Verwendung des extern recycelten Materials im Unternehmen,
- Unsicherheit,
- Realisierung von Erlösen durch den Verkauf von Ersatzteilen/Recyclat,
- Routenplanung (Konsument ⇨ Rücknahmestelle),
- Einbeziehung der Produktionsprogrammplanung (Gewinnmaximierung als Zielgröße),
- Berücksichtigung von Produktionsrückständen usw.

In der Tat stellt sich die Altautoverwertung schon in technischer Hinsicht weitaus komplexer dar, als wir es in dem vereinfachten Modell angenommen haben (siehe auch Abbildung 5-43).

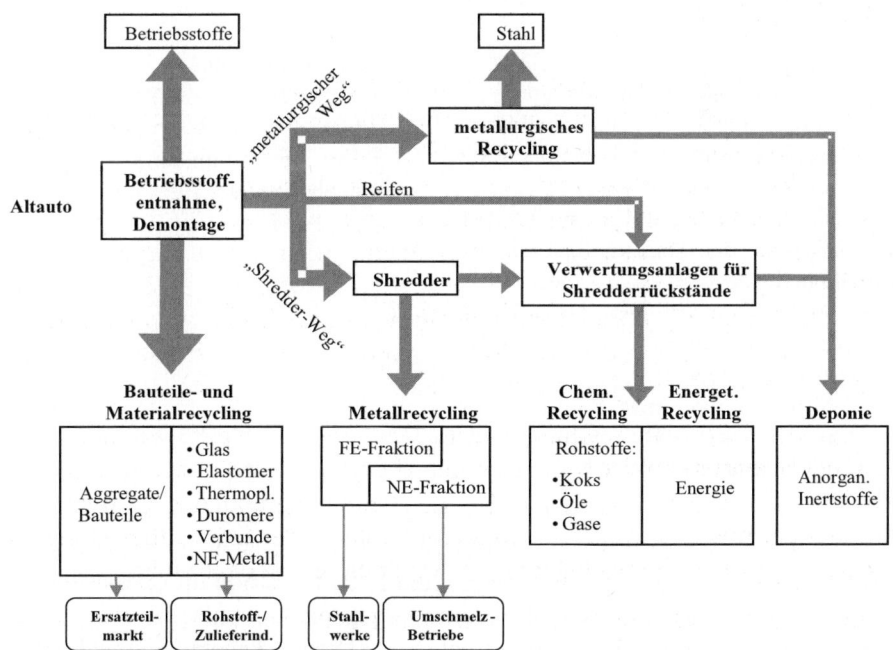

Abb. 5-43. Alternative Konzepte der Altautoverwertung (Quelle: Püchert/Spengler /Rentz 1996, S. 35)

Anhand einer modellgestützten Analyse lassen sich aber – um auf die Ausgangsfrage zurückzukommen – diejenigen Aspekte und Argumente identifizieren, die für eine Eigen- bzw. Fremdentsorgung (in der Automobilindustrie wie auch in anderen Branchen) sprechen (siehe Tabelle 5-36). Schließlich und endlich sind aber auch Kooperationen als „Kompromisse" aus Eigen- und Fremdentsorgung zu prüfen.

Tabelle 5-36. Gründe bzw. Argumente für Eigen- und Fremdentsorgung von Altprodukten

Gründe/Argumente für Eigenentsorgung	Gründe/Argumente für Fremdentsorgung durch externe Entsorger
• Homogenität des Produktionsprogramms • Möglichkeit der Realisierung von Prestige- und Image-Effekten • Verfügbarkeit der Recycling-Technologie und des Know-hows • Bestrebungen des Unternehmens, Kontrolle über die Materialkreisläufe zu erlangen • verfahrenstechnische Verbindung von Montage und Demontage • Notwendigkeit der Geheimhaltung eingesetzter Materialien und bestehender Montageprozesse • Möglichkeit zur Erzielung von Erlösen auf den Märkten für Ersatzteile und Recyclat • Möglichkeit zur Diversifikation in den Bereich des R&E-Managements • Diffusion moderner Eigentumsformen für Pkw (z.B. Leasing, Handel mit Nutzungsrechten)	• hohe Heterogenität des Produktionsprogramms • „Kernkompetenz"-Argument • Existenz kompetenter Entsorgungsunternehmen • unsichere politisch-rechtliche Situation; insbesondere Regulationen in den Bereichen – Güterverkehr – Deponiennutzung – Sanktionen im Fall der Nicht-Einhaltung von Recyclingquoten – politische Globalisierung: z.B. Osterweiterung der EU

Im Rahmen der Entsorgungslogistik stellen sich aber nicht nur strukturelle Fragen, wie wir sie eben beleuchtet haben. Gerade im operativen Prozess sind auch ganz konkret die Demontageprozesse – als „reverse Produktionsprozesse" – zu planen und zu steuern. Dieser Aspekt sei abschließend näher beleuchtet.

5.9.2.3 Demontageplanung

Die Demontageplanung weist formal Ähnlichkeiten zur Kuppelproduktion auf (siehe Abschnitt 5.3.5 dieses Lehrbuchs). Denn die mit der Demontage anfallenden Kosten sind Gemeinkosten und lassen sich nicht verursachungsgerecht den bei der Demontage anfallenden „Fraktionen" (z.B. Baugruppen oder Teilen) zuordnen.

Um wiederum entscheiden zu können, welche Mengen eines zurückzunehmenden Produkts fremdentsorgt und welche (bei jetzt gegebenen Demontagekapazitäten) eigenentsorgt werden sollen, kann ein linearer Planungsansatz formuliert und als Entscheidungshilfe angewendet werden. Um dies zu demonstrieren, wollen wir von dem in Abbildung 5-44 dargestellten Beispiel ausgehen (vgl. dazu Adam 1998, S. 251 ff.):

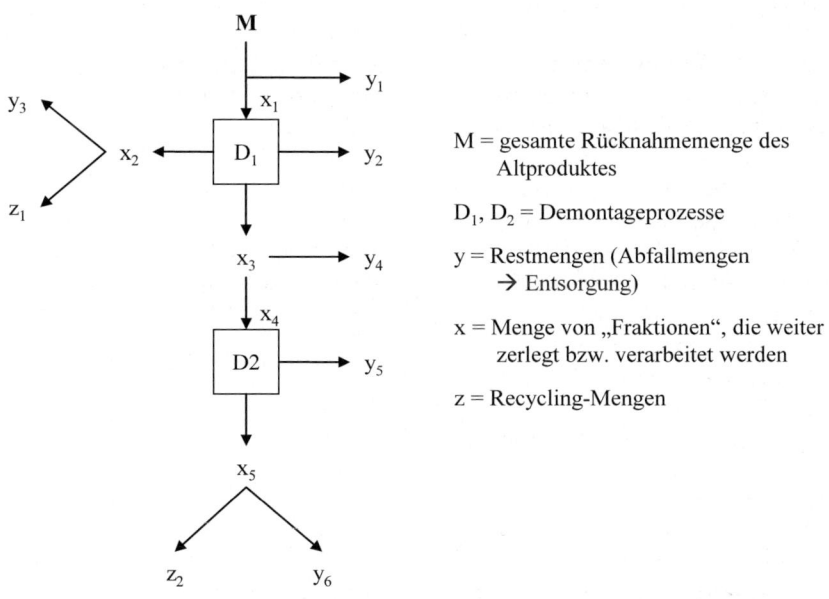

Abb. 5-44. Struktur und Entscheidungsvariablen des Demontageprozesses (Beispiel)

Für den Modellansatz werden noch folgende Symbole benötigt:

kd   Demontagekosten je ME von x

ke   Erlöse (ke > 0) bzw. Entsorgungskosten (ke < 0) je ME von y

ka   Aufbereitungskosten je ME von z

km   eingesparte Material- und Fertigungskosten je ME von z

c   Kopplungsverhältnis der Fraktionen im Demontageprozess

X   Demontage-Höchstkapazität (in ME von x)

Z   Recycling-Höchstmengen (in ME von z)

Die Demontage des Altprodukts hat nun vier ökonomische Implikationen:

1. Jede demontierte Einheit x verursacht variable Kosten kd.

2. Hinsichtlich der zu entsorgenden Mengen y kann das Unternehmen entweder einen Erlös (ke > 0) erzielen oder es müssen Deponierungskosten (ke < 0) entrichtet werden.

3. Für die aufzubereitenden Recyclate z entstehen pro ME Aufbereitungskosten in Höhe von ka.

4. Das Unternehmen kann Material- und Fertigungskosten in Höhe von km (pro ME von z) einsparen, wenn durch den Einsatz der aufbereiteten Recyclate die Verwendung originärer Rohstoffe/Teile reduziert werden kann.

Für ein gewinnmaximierendes Unternehmen kann nun die optimale Aufteilung der Rücknahmemenge M in eigen- und fremdzuentsorgende Teilmengen anhand des folgenden Modellansatzes bestimmt werden:

1. Zielfunktion

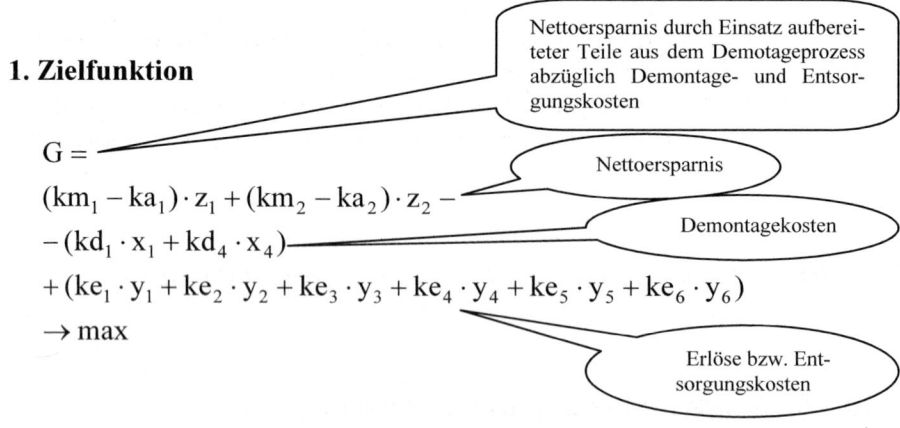

$$G =$$
$$(km_1 - ka_1) \cdot z_1 + (km_2 - ka_2) \cdot z_2 -$$
$$- (kd_1 \cdot x_1 + kd_4 \cdot x_4)$$
$$+ (ke_1 \cdot y_1 + ke_2 \cdot y_2 + ke_3 \cdot y_3 + ke_4 \cdot y_4 + ke_5 \cdot y_5 + ke_6 \cdot y_6)$$
$$\rightarrow max$$

Nettoersparnis durch Einsatz aufbereiteter Teile aus dem Demotageprozess abzüglich Demontage- und Entsorgungskosten

Nettoersparnis

Demontagekosten

Erlöse bzw. Entsorgungskosten

2. Nebenbedingungen

Mengenkontinitätsbedingung

$M = x_1 + y_1$ Gesamtrücknahmemenge

$c_1 \cdot x_1 = x_2$ Demontageprozess 1

$c_2 \cdot x_1 = x_3$

$c_3 \cdot x_1 = y_2$

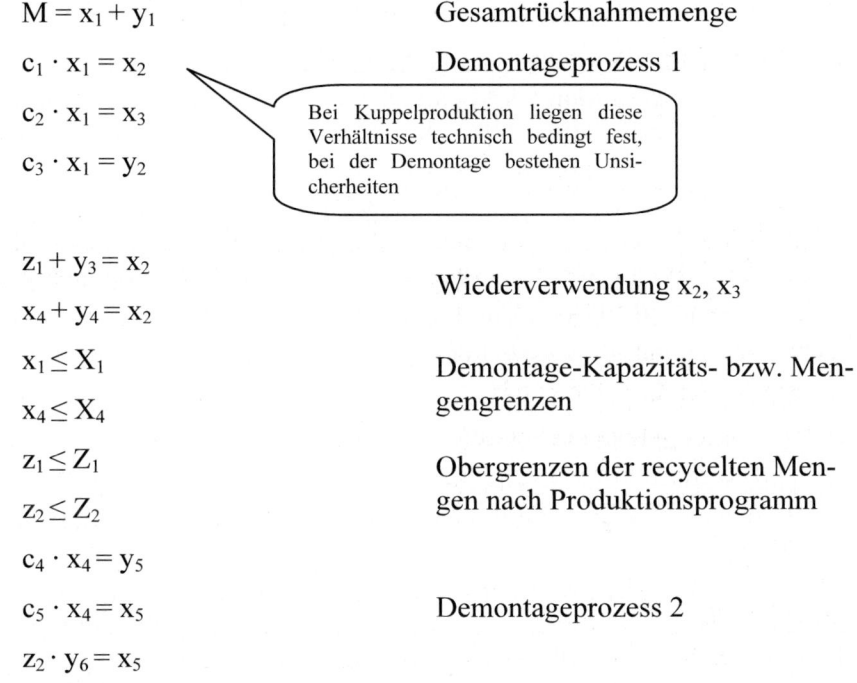

Bei Kuppelproduktion liegen diese Verhältnisse technisch bedingt fest, bei der Demontage bestehen Unsicherheiten

$z_1 + y_3 = x_2$

$x_4 + y_4 = x_2$ Wiederverwendung x_2, x_3

$x_1 \leq X_1$ Demontage-Kapazitäts- bzw. Men-

$x_4 \leq X_4$ gengrenzen

$z_1 \leq Z_1$ Obergrenzen der recycelten Men-

$z_2 \leq Z_2$ gen nach Produktionsprogramm

$c_4 \cdot x_4 = y_5$

$c_5 \cdot x_4 = x_5$ Demontageprozess 2

$z_2 \cdot y_6 = x_5$

Damit wollen wir die Betrachtung der einzelnen Teilschritte im operativen Leistungsprozess abschließen. Dieser Prozess wird jedoch in der Praxis von einem phasenübergreifenden Qualitätsmanagement im Sinne eines „Total Quality Managements" begleitet, das abschließend zu betrachten ist.

5.10 Prozessbegleitendes Qualitätsmanagement

5.10.1 Qualitätsbegriff und Aufgaben des Qualitätsmanagements

Von **„Qualität"** war schon an vielen Stellen dieses Lehrbuchs die Rede, ohne diesen Begriff bisher jedoch genauer zu definieren. Nach DIN ISO 8402 ist Qualität

> „... die Gesamtheit von Eigenschaften und Merkmalen eines Produkts oder einer Dienstleistung, die sich auf deren Eignung zur Erfüllung festgelegter und vorausgesetzter Erfordernisse beziehen."

Diese zwar mehrdimensional angelegte, aber noch recht allgemein gehaltene Qualitätsdefinition wird heute in der Praxis durch einen umfassenden Qualitätsbegriff „ausgefüllt", der folgende Aspekte beinhaltet (vgl. auch Adam 1998, S. 78 f.; Hansmann 2006, S. 218 f.):

- Qualität bedeutet keine Maximierung der Merkmals- oder Eigenschaftsausprägungen, sondern ihre möglichst weitgehende Abstimmung bzw. Deckungsgleichheit mit den Kundenbedürfnissen. Eine vom Kunden nicht gewünschte (und nicht honorierte) „Überqualität" gilt als Verschwendung und sollte vermieden werden.

- Qualität erstreckt sich nicht nur auf das Produkt, sondern auch auf die gleichfalls angebotenen Dienstleistungen.

- Qualität entsteht nicht nur in der Produktion, sondern in allen (Funktions-)Bereichen des Unternehmens und auf allen Stufen der Wertschöpfung.

- Qualität kann nicht „erprüft", sondern nur vorausschauend gestaltet werden. Hierzu ist die Teilnahme aller Mitarbeiter des Unternehmens notwendig.

- Dementsprechend sind „Qualitätskosten" nicht nur die unmittelbaren Kosten der Qualitätssicherung, sondern „... alle Faktorverbräuche in der gesamten Wertschöpfungskette einschließlich die der Endabnehmer, die als Folge von Qualitätsdefiziten anfallen und für die Sicherung der Qualität eingesetzt werden" (Adam 1998, S. 79.) Im Unternehmen zählen also auch entgangene Gewinne durch qualitätsbedingte Produktionsunterbrechungen oder nicht erteilte Kundenaufträge zu den Qualitätskosten.

Unter einem **„Qualitätsmanagement"** ist demzufolge ein Konzept zu verstehen, das

- die Qualität als zentralen wertschöpfenden Aspekt aller Unternehmensaktivitäten versteht,

- auf der Teilnahme aller Mitarbeiter beruht,

- auf die Zufriedenstellung der Kunden durch eine möglichst genaue Entsprechung der Produkt- und Dienstleistungseigenschaften und -merkmale mit den Kundenerfordernissen abzielt und

- proaktiv-verhaltensorientiert (statt reaktiv-sanktionsorientiert) sowie prozessorientiert-kontinuierlich (und nicht funktionsorientiert und singulär) angelegt ist.

Ein derart umfassendes Qualitätsmanagement, wie es das „**Total Quality Management**" (kurz TQM) darstellt, baut sowohl auf bestimmten Qualitätstechniken und -systematiken als auch auf einem bestimmten Qualitätsbewusstsein auf (siehe Abbildung 5-45). Die hier angesprochenen Aspekte seien kurz näher erläutert.

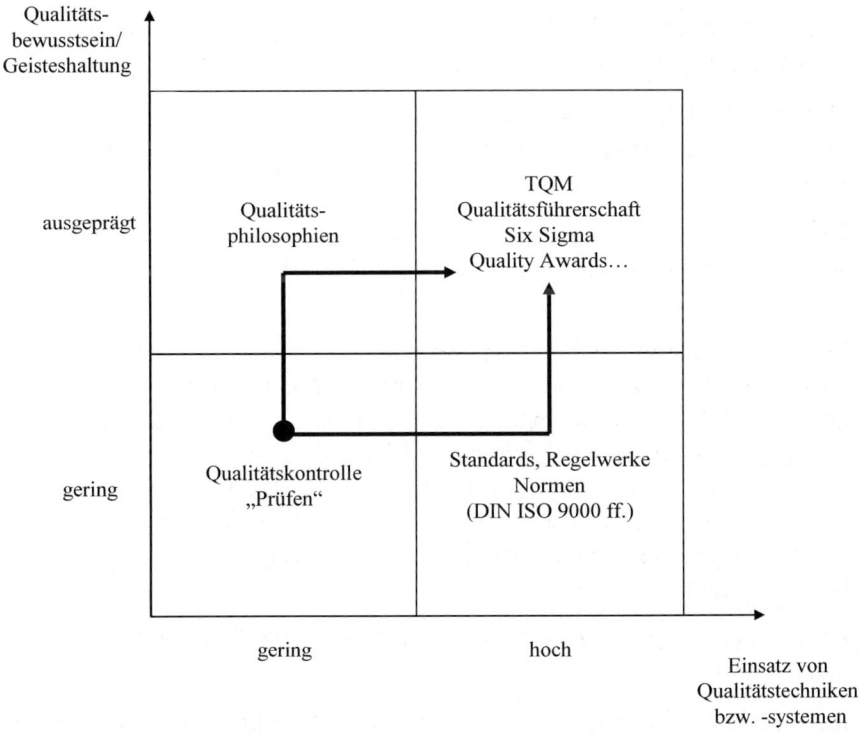

Abb. 5-45. Aspekte und Entwicklungslinien des TQM

5.10.2 Aspekte des „Total Quality Managements"

5.10.2.1 Statistische Qualitätskontrolle

Wie bereits erwähnt, sollte sich ein (modernes) Qualitätsmanagement nicht in einer (nachträglichen) Prüfung des Produktionsergebnisses erschöpfen. Diese ist aber gleichwohl wichtig und gehört zum Maßnahmenspektrum des TQM-Konzepts.

Da der Produktionsprozess als ein stochastischer Prozess aufzufassen ist und die gemessenen Werte (z.B. Gewicht, Größe, Volumen, Prozessgenauigkeit, Anteil defekter Stücke) im Zeitablauf schwanken, werden statistische Methoden verwendet (vgl. z.B. Pfeifer 1993, S. 227 ff.), auf die hier nicht im einzelnen eingegangen werden kann. Ein kleines Beispiel mag jedoch die Vorgehensweise illustrieren (vgl. Hansmann 2006, S. 226 f.):

Für die Produktion eines bestimmten Produkts sei eine maximale Ausschussquote von 5 % vorgegeben. Vier Stichproben im Umfang von jeweils n = 50 Produkten ergaben die in Tabelle 5-37 dargestellten Ausschussquoten.

Tabelle 5-37. Ausschussquoten der Stichproben (Beispiel)

Stichprobe	Anzahl defekter Stücke	Ausschussquote (%)
1	2	4
2	3	6
3	1	2
4	4	8

Es fragt sich, ob angenommen werden kann, dass die Ausschussquote von 5 % insgesamt nicht überschritten wird und der Produktionsprozess damit „stabil" ist. Bei einer erwarteten Ausschussquote von $p = 5\%$ und einer unterstellten Normalverteilung ergibt sich ein Konfidenzintervall von

$$p \pm 1,96 \cdot s,$$

wobei die Standardabweichung s aufgrund der Binomialverteilung für jede Stichprobe[1] wie folgt lautet:

---

[1] Jedes geprüfte Produkt kann nur „defekt" (Wert = 1) oder „in Ordnung" (Wert = 0) sein.

$$s = \sqrt{\frac{p(1-p)}{n}} = \sqrt{\frac{0,05 \cdot 0,95}{50}} = 0,031 = 3,1\%$$

Damit ergibt sich ein Konfidenzintervall von

$5\% \pm 1,96 \cdot 3,1\% =$

$5\% \pm 6,08\%$

mit den Grenzen 0 % und 11,08 %. Da alle tatsächlich ermittelten Teilstichproben im Konfidenzintervall liegen (siehe nochmals Tabelle 5-34), kann der Produktionsprozess als stabil mit dem vorgegebenen Qualitätsniveau von 5 % Ausschuss angesehen werden.

Auf quantitativ-statistischen Methoden beruht auch das sogenannte **„Six-Sigma"**-Konzept. Hierbei handelt es sich um ein systematisches Vorgehen zur Prozessverbesserung unter Anwendung mehrere analytischer und statistischer Methoden, wobei davon ausgegangen wird, dass sich die Geschäftsprozesse als mathematische Funktionen beschreiben lassen.

Die Schritte zur Verbesserung der Prozesse basieren auf quantitativ messbaren Größen und faktenbasierten Entscheidungen.

Trotz des mathematischen Hintergrunds ist der Six-Sigma-Ansatz vor allem als ein **normatives Konzept** zu verstehen, da es mit rund 3,4 Fehlern auf 1 Million Fehlermöglichkeiten gewissermaßen „Null-Fehler-Prozesse" (also z.B. in der Produktion eine „Null-Fehler-Fertigung") fordert und auch als erreichbar postuliert (siehe Tabelle 5-38).

Tabelle 5-38. Ökonomische Konsequenzen der Six-Sigma-Philosophie

Sigma-Niveau	Fehler in ppm	Fehlerkosten
2	308537 („nicht wettbewerbsfähig")	nicht tragbar
3	66807	25-40% des Umsatzes
4	6210 („Durchschnitt")	15-25% des Umsatzes
5	233	5-15% des Umsatzes
6	3,4 („Weltklasse")	<1% des Umsatzes

„Six Sigma" ist damit – ähnlich wie TQM – als umfassendes Qualitätsmanagement-Konzept zu verstehen, das

• die Initiierung und Unterstützung durch die Unternehmensleitung voraussetzt,

• Trainingsprogramme für alle Mitarbeiterinnen und Mitarbeiter erfordert,

- auf den ermittelten Kundenanforderungen basiert,

- den systematischen Einsatz moderner Qualitätstechniken und statistischer Methoden vorsieht und

- durch kontinuierliche Prozessverbesserungen zur Erreichung der obersten Unternehmensziele (Kundenzufriedenheit, Wettbewerbsfähigkeit, Wertsteigerung bzw. Gewinn) beitragen will.

5.10.2.2 Qualitätsphilosophien

Dass der Qualitätsaspekt überhaupt das Potenzial für einen umfassenden Managementansatz, wie TQM ihn darstellt, besitzt, ist weitsichtigen Vordenkern wie den Amerikanern W. E. Deming und J. Juran zu verdanken (vgl. Deming 1982; Juran/Gryna 1980). Der von ihnen bereits in den 30er Jahren entwickelte Qualitätsmangement-Ansatz fand jedoch in der noch vorwiegend tayloristisch geprägten westlichen Welt zunächst keinen Anklang, wurde aber noch vor dem Zweiten Weltkrieg von japanischen Unternehmen aufgegriffen und erfolgreich realisiert (vgl. dazu Adam 1998, S. 79 f.) Der Gedanke eines umfassenden Qualitätskonzepts wurde dann in den 60er Jahren von A. V. Feigenbaum (1961) und später von K. Ishikawa (1985) weiter ausgearbeitet und ist heute in der oben skizzierten Form nahezu in allen Industriebetrieben implementiert.

5.10.2.3 Qualitätsnormen

Für Industriebetriebe ist vor allem die 1987 von der „International Organization of Standardization" erlassene Normenreihe ISO 9000-9004 relevant, deren Inhalt wie folgt zusammengefasst werden kann:

- ISO 9000 und 9004: Leitfaden zur Anwendung von ISO 9001-9003

- ISO 9001:   Modell zur Qualitätssicherung und zur Darlegung des Qualitätsmanagements in Design, Entwicklung, Produktion, Montage und Wartung

- ISO 9002:   wie 9001, aber ohne Design und Entwicklung

- ISO 9003:   Modell zur Qualitätssicherung bei der Endprüfung

Ein Industriebetrieb kann sich z.B. nach ISO 9001 – der umfassendsten und für Industriebetriebe wichtigsten Norm – zertifizieren lassen,[1] wenn er

---

[1] Die Zertifizierung kann z.B. vom TÜV vorgenommen werden, das Zertifikat ist dann jeweils drei Jahre lang gültig.

die Erfüllung der 20 in der Norm niedergelegten Forderungen nachweisen kann. Hierzu zählen die

- Verantwortung der Unternehmensleitung für das Qualitätsmanagement,

- Einführung und Dokumentation eines Qualitätsmanagement-Systems mit detaillierten schriftlichen Verfahrensanweisungen,

- Erarbeitung von Verfahrensanweisungen zur Qualitätsbeurteilung von Zuliefermaterialien und zur Planung und Durchführung der eigenen Produktionsprozesse,

- Durchführung interner Qualitäts-Audits und Dokumentation der Ergebnisse,

- Anwendung von Methoden der statistischen Qualitätskontrolle.

Den unbestrittenen Vorteilen einer Zertifizierung[1] – z.B. als Wettbewerbsvorteil[2] und als „Druckmittel" zur internen Umsetzung von Qualitätsverbesserungen – stehen jedoch die Gefahren einer zu starken Normenorientierung und Bürokratisierung gegenüber.

Jedenfalls ist nicht zu vergessen, dass Qualität letztlich als Übereinstimmung der Produkte und Leistungen mit den Kundenanforderungen definiert wird,– ein Tatbestand, der nicht von Zertifizierungsstellen, sondern nur von den Kunden selbst beurteilt wird.

5.10.2.4 Realisierung des TQM

Um ein „Total Quality Management" als alle Unternehmensbereiche und -aktivitäten betreffendes und von allen Mitarbeiterinnen und Mitarbeiter getragenes Qualitätskonzept im Industriebetrieb umsetzen zu können, müssen zuvor die notwendigen Rahmenbedingungen geschaffen werden, insbesondere (vgl. Adam 1998, S. 82 ff.):

- **organisatorische Rahmenbedingungen**, z.B. Reintegration der Arbeit, Verlagerung von Entscheidungskompetenzen auf die unmittelbar wertschöpfenden Arbeitsplätze (durch Einführung von Qualitätszirkeln),

---

[1] In manchen Branchen wird eine Zertifizierung sogar vom Kunden (z.B. im B2B-Gechäft) vorausgesetzt, so dass an nicht-zertifizierte Lieferanten überhaupt keine Aufträge mehr vergeben werden.

[2] Unter Wettbewerbsgesichtspunkten kann – neben der Zertifizierung – auch die Erlangung eines „Qualitätspreises" interessant sein, z.B. der Deming Prize, der European Quality Award oder der bekannte Malcom Baldrige Award.

Implementierung von Gruppenarbeit, Einrichtung qualitäts- und verbes-
serungsorientierter Entlohnungssysteme usw.;

- **personelle Rahmenbedingungen**, insbesondere Sensibilisierung, Moti-
  vierung und Qualifizierung der Mitarbeiterinnen und Mitarbeiter zu qua-
  litätsorientiertem Denken und Handeln im Industriebetrieb;

- **technische Rahmenbedingungen**, vor allem neue Technologien zur
  (Qualitäts-)Verbesserung von Prozessen, Bereitstellung geeigneter Instrumente, z.B. Produktions- und Entwicklungsinfrastruktur, im weiteren Sinne aber auch IT-Systeme zur Datenerfassung und -speicherung
  usw.

Dabei betrifft das **TQM-Konzept** nicht nur den operativen Leistungsprozess und seine Ergebnisse, sondern **alle betrachteten Prozesse** des Industriebetriebs, also auch den strategischen Managementprozess, den Innovationsprozess und den Betriebsbereitschaftsprozess und die dort jeweils
generierten Ergebnisse.

In noch umfassender Hinsicht ist das Qualitätsmanagement sogar über
die gesamte Wertschöpfungskette hinweg auszudehnen bzw. zu koordinieren und wegen der zeitlichen Friktionen außerdem zu einem Qualitäts-
Frühwarnsystem auszubauen (vgl. Czaja/Voigt 2007) – Handlungsfelder,
auf denen noch Forschungs- und Gestaltungsbedarf besteht. Auch wenn
wir uns auf die vier für den Industriebetrieb typischen und notwendigen
Prozessen beschränken, so ist durch ein begleitendes und integriertes Qualitätsmanagement sicherzustellen, dass

- die „richtigen" strategischen Entscheidungen gefällt,

- die „richtigen" Produkt-, Leistungs- und Prozessinnovationen erzeugt,

- die „richtigen" (Produktions-)Anlagen und Einrichtungen angeschafft
  bzw. erstellt und in der „richtigen" Weise betriebsbereit gehalten und

- die konkreten Kundenaufträge bzw. Wertschöpfungsprozesse in der
  „richtigen" Weise ausgeführt werden,

um den Zweck des Industriebetriebs bestmöglich zu erfüllen und die gesetzten Ziele zu erreichen.

Literatur

Kapitel 5.1

Gaitanides, M.: Prozessorganisation: Entwicklung, Ansätze und Programme des Managements von Geschäftsprozessen, 2. Auflage, München 2006.

Osterloh, M./Frost, J.: Prozessmanagement als Kernkompetenz: Wie Sie Business Reengineering strategisch nutzen können, 5. Auflage, Wiesbaden 2006.

Voigt, K-I.: Strategische Planung und Unsicherheit, Wiesbaden 1992.

Kapitel 5.2

Hansmann, K.-W.: Industrielles Management, 8. Auflage, München/Wien 2006.

Kapitel 5.3

Adam, D.: Produktions-Management, 9. Auflage, Wiesbaden 1998.

Jacob, H.: Investitionsplanung und Investitionsentscheidung mit Hilfe der Linearprogrammierung, Wiesbaden 1971.

Jacob, H.: Die Planung des Produktions- und des Absatzprogramms, in: Jacob, H. (Hrsg.): Industriebetriebslehre: Handbuch für Studium und Prüfung, 4. Auflage, Wiesbaden 1990, S. 405-590.

Kapitel 5.4

Busse von Colbe, W.: Bereitstellungsplanung – Einkaufs- und Lagerpolitik, in: Jacob, H. (Hrsg.): Allgemeine Betriebswirtschaftslehre: Handbuch für Studium und Prüfung, 4. Auflage, Wiesbaden 1990, S. 595-671.

Hansmann, K.-W.: Industrielles Management, 8. Auflage, München/Wien 2006.

Heinrich, C.E.: Mehrstufige Losgrößenplanung in hierarchisch strukturierten Produktionsplanungssystemen, Berlin 1987.

Schulte, G.: Material- und Logistikmanagement, 2. Auflage, München/Wien 2001.

Wagner, H./Whitin, T.: Dynamic version of the optimal lot size, in: Management Science, Vol. 5 (1958), No. 1, S. 89-96.

Wildemann, H.: Das Just-in-Time Konzept, 5. Auflage, München 2000.

Kapitel 5.5

Adam, D.: Produktions-Management, 9. Auflage, Wiesbaden 1998.

Gutenberg, E.: Grundlagen der Betriebswirtschaftslehre, Bd. 1: Die Produktion, 24. Auflage, Berlin/Heidelberg/New York 1983.

Jacob, H.: Produktionsplanung und Kostentheorie, in: Koch, H. (Hrsg.): Zur Theorie der Unternehmung, Festschrift zum 65. Geburtstag von Erich Gutenberg, Wiesbaden 1962, S. 205–268.

Kapitel 5.6

Adam, D.: Produktions-Management, 9. Auflage, Wiesbaden 1998.

Arnreich, R.: Erfahrungen bei Versuchen mit KANBAN, in: Adam, D.(Hrsg.): Fertigungssteuerung, Schriften zur Unternehmensführung (SzU), Doppelband 38/39, Wiesbaden 1992, S. 277-285.

Eversheim, W./Schuh G.: Betrieb von Produktionssytemen, Berlin, 1999.

Hansmann, K.-W.: Industrielles Management, 8. Auflage, München/Wien 2006.

Wiendahl, H.-P.: Die belastungsorientierte Fertigungssteuerung, in: Adam, D. (Hrsg.): Fertigungssteuerung, Schriften zur Unternehmensführung (SzU), Doppelband 38/39, Wiesbaden 1992, S. 207-243.

Wiendahl, H.-P.: Ausgewählte Strategien und Verfahren zur Produktionsplanung und -steuerung, in: Eversheim, W./Schuh, G. (Hrsg.): Betrieb von Produktionssystemen, Berlin 1999, S. (14)1-(14)130.

Wildemann, H.: Produktionssteuerung nach KANBAN-Prinzipien , in: Adam, D. (Hrsg.): Fertigungssteuerung, Schriften zur Unternehmensführung (SzU), Doppelband 38/39, Wiesbaden 1992, S. 189-206.

Kapitel 5.7

Delfmann, W./Art, R.: Marketing Logistik (Distributionslogistik, Physische Distribution), in: Diller, H. (Hrsg.): Vahlens Großes Marketing Lexikon, 2. Auflage, München 2001, S. 993-998.

Hansmann, K.-W.: Industrielles Management, 8. Auflage, München/Wien 2006.

Kotler, Ph./Bliemel, F.: Marketing-Management: Analyse, Planung und Verwirklichung, 10. Auflage, Stuttgart 2001.

Meffert, H.: Marketing: Grundlagen marktorientierter Unternehmensführung; Konzepte, Instrumente, Praxisbeispiele, 9. Auflage, Wiesbaden 2000.

Schönsleben P.: Integrales Logistikmanagement: Planung und Steuerung der umfassenden Supply Chain, 4. Auflage, Berlin 2004.

Voigt, K.-I.: Desintermediation im B2B-Bereich – Perspektiven aus Sicht der Produzenten, in: Albach, H./Wildemann, H. (Hrsg.): E-Business: Management mit E-Technologien, ZfB-Ergänzungsheft 3/2001, Wiesbaden 2001, S. 53-72.

Kapitel 5.8

Baumbach, M.: After-Sales-Management im Maschinen- und Anlagenbau, 2. Auflage, Regensburg 2004.

Corsten, H.: Produktivitätsmanagement bilateraler personenbezogener Dienstleistungen, in: Corsten, H./Hilke, W. (Hrsg.): Dienstleistungsproduktion, Schriften zur Unternehmensführung (SzU), Band 52, Wiesbaden 1994, S. 43-77.

Hilke, W.: Dienstleistungs-Marketing: Grundprobleme und Entwicklungstendenzen des Dienstleistungs-Marketing, Wiesbaden 1989.

Statistisches Bundesamt: Produktbegleitende Dienstleistungen 2002, Wiesbaden 2004.

Kapitel 5.9

Adam, D.: Produktions-Management, 9. Auflage, Wiesbaden 1998.

Isermann, H./Houtman, J.: Entsorgungslogistik in Industrieunternehmen, in: Isermann, H. (Hrsg.): Logistik – Beschaffung, Produktion, Distribution, Landsberg am Lech 1994, S. 227-245.

Ivisic, R.-A.: Management kreislauforientierter Entsorgungskonzepte: Erfolgsfaktoren und Gestaltungselemente, Berlin 2001.

Kirchgeorg, M.: Marktstrategisches Kreislaufmanagement: Ziele, Strategien und Strukturkonzepte, Wiesbaden 1999.

Püchert, H./Spengler, T./Rentz, O.: Strategische Planung von Kreislaufwirtschafts- und Redistributionssystemen: am Fallbeispiel des Altautorecyclings, in: Zeitschrift für Planung, 7. Jg. (1996), H. 1, S. 27-44.

Voigt, K.-I./Thiell, M.: Reverse Logistics in the Automotive Industry – a Quantitative Approach, Arbeitspapier Nr. 1 des Lehrstuhls für Industriebetriebslehre, Friedrich-Alexander-Universität Erlangen-Nürnberg, Nürnberg 1999 (überarbeitet 2001).

Voigt, K.-I./Thiell, M.: Gestaltung industrieller Rücknahme- und Entsorgungssysteme auf Basis der linearen Optimierung – am Beispiel der Altautoentsorgung, in: Fichtner, W./Geldermann, J. (Hrsg.): Einsatz von OR-Verfahren zur Techno-ökonomischen Analyse von Produktionssystemen, Frankfurt am Main 2002, S. 37-52.

Kapitel 5.10

Adam, D.: Produktions-Management, 9. Auflage, Wiesbaden 1998.

Deming, W. E.: Out of the Crisis, Massachusetts 1982.

Feigenbaum, A. V.: Total Quality Control, New York 1961.

Hansmann, K.-W.: Industrielles Management, 8. Auflage, München/Wien 2006.

Ishikawa, K.: What is Total Quality Control, Englewood Cliffs 1985.

Juran, J. M./Gryna, F. M.: Quality Planning and Analysis, Albuquerque 1980.

Pfeifer, T.: Qualitätsmanagement: Strategien, Methoden, Techniken, München 1993.

6 Fazit: Was wir behandelt haben … und was nicht

Ausgangspunkt dieses Lehrbuchs war die Idee, das Unternehmensgeschehen in Industriebetrieben anhand von vier hierarchisch angeordneten Prozessen zu erklären. Die innerhalb dieser Prozesse identifizierten Teilschritte repräsentieren die einzelnen Handlungsfelder, auf die sich das industrielle Management bezieht und die wir ausführlich mit den dafür vorgeschlagenen Lösungskonzepten, Methoden und Modellen betrachtet haben. Abbildung 6-1 fasst die Teilschritte bzw. Handlungsfelder des industriellen Managements noch einmal auf einen Blick zusammen.

Jede Betrachtung ist unvollständig und selektiv – auch die hier vorgenommene Analyse des Industriebetriebs. Die prozessbezogene Sichtweise machte es notwendig, einige in älteren Werken zur Industriebetriebslehre behandelte Themen hier zunächst unberücksichtigt zu lassen – nicht zuletzt auch deshalb, weil sie mehr oder weniger für alle Unternehmen typisch sind. Hierzu zählen

- die Rechtsformwahl und weitere konstitutive Grundlagen,
- das „industrielle" Rechnungswesen,
- Fragen der Aufbau- und Ablauforganisation,
- die Personalwirtschaft des Unternehmens,
- finanzwirtschaftliche Fragen,
- die Gestaltung der Informations- und Kommunikationssysteme,
- die Absatzwirtschaft des Unternehmens u.a.m.

Gerade durch das Ausblenden aller dieser Themenkreise, die sich in jedem Lehrbuch zur Allgemeinen Betriebswirtschaftslehre nachlesen lassen, haben wir versucht, das Typische am Management industrieller Unternehmungen umso deutlicher hervortreten zu lassen, ohne auf eine konsistente, ganzheitliche Sichtweise zu verzichten.

Ob dies gelungen ist, mag der geneigte Leser entscheiden, denn das „Ganze" ist – nach Aristoteles – bekanntlich immer mehr als die Summe seiner Teile, und wem die Ausführungen in diesem Lehrbuch stellenweise schon zu ausführlich erscheinen, den wollen wir mit Goethe trösten, der einst schrieb: „Willst du dich am Ganzen erquicken, so musst du das Ganze im Kleinsten erblicken."

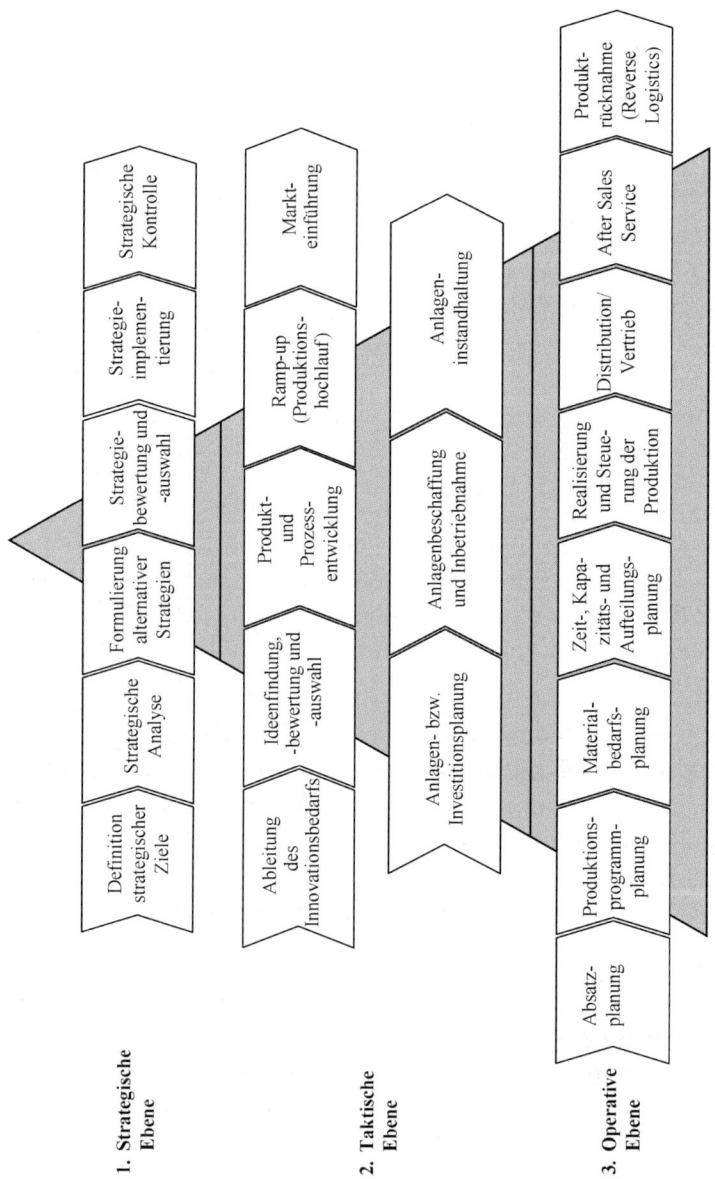

Abb. 6-1. Die vier Prozesse des Industriebetriebs mit ihren Teilschritten bzw. Handlungsfeldern

Stichwortverzeichnis

A

ABC-Analyse 204
Ablauforganisation 381
Absatzplanung 527
Absatzwirtschaftliche Verflech-
  tungen 545
After Sales-Service 645
Akquisition 291
Altautoentsorgung 664
Altautoverwertung 671
Analyse
  Branchen- 79
  Funktions- 396
  , interne 91
  Markt- 86
  , strategische 73
  SWOT- 93
  Wert- 396
Andler-Harris-Modell 570, 589
Anlagen
  -beschaffung 503
  -geschäft 505
  -inbetriebnahme 503
  -instandhaltung 507
Annuitätenmethode 475
Anpassung
  , intensitätsmäßige 613
  , kombinierte 614
  , quantitative 613
  , zeitliche 613
Auftrags-
  fertigung 527, 548
  freigabe 620
  überwachung 628

Automatisierung 223
Automobilindustrie 83, 289, 457

B

Balanced Scorecard 340
Baustellenfertigung 228
Bearbeitungszentrum 226
Bedürfnis
  -bündel 377
  -hierarchie 376
  -pyramide 376
Benchmarking 99
Beschaffungskooperation 200
Beschaffungsobjekt 180
Beschaffungsprozess 588
Bestellmengenplanung 589
Betreibermodell 506
Betriebsbereitschaft 471
Betriebsbereitschaftsprozess 471
Betriebsdatenerfassung 628
Bionik 395
BOA 621
Brainstorming 395
Branche 76
Bruttobedarf 567
Brutto-Netto-Rechnung 565

C

CAD-System 422
CAE-System 422
Cashflow 60
  , free 60
CBV 269
CFROI 63

Chargenfertigung 229
CIM 260
Collective Sourcing 200
Component Sourcing 193
Conglomerate Discount 297
Conjoint-Analyse 422
Corporate Governance 68

D
Delphi-Prognose 410
Demontageplanung 673
DFMA 428
Dienstleistung 4, 648
Dienstleistungsproduktion 648
Differenzierung 117
Diffusion 440
Disposition
, bedarfsgesteuerte 564
, verbrauchsgesteuerte 565
Distributionslogistik 641
Diversifikation
, horizontale 139
, konzentrische 139
, vertikale 139
Diversifikationsgrad 143
Dual Sourcing 191
Due Dilligence 305
Durchlaufterminierung 610

E
EBIT 62
EBITDA 63
Eigenfertigung 181
Eigenkapitalkosten 61
Einführungswerbung 448
Einkaufsportfolio 210
Eintrittsbarrieren 81
Einzelfertigung 229
Emanzipationsproblem 553
Entscheidungsmodelle 18
Entscheidungsregeln 327
Entsorgung 660

Entsorgungslogistik 661
Erfahrungskurveneffekt 117
ERP-System 639
Ersatzproblem 480
Erzeugnisbaum 532
EVA 64
Expertenproblem 405
External Sourcing 194

F
Fehlmengenkosten 554
Fehlprognosen 405
F&E-Organisation 381
Fertigungssegmentierung 234
Fertigungstechnische
  Hauptgruppen 222
Fertigungstechnologie 221
Fertigungstiefe 218
Flexible Fertigungszelle 226
Flexibles Fertigungssystem/
  Fertigungsnetz 226
Flexible Transferstrasse 226
Fließfertigung 228, 233
FMEA 428
Folger
, früher 441
-position 444
, später 441
Fremdbezug 181
Funktionalmarktanalyse 164
Fusion 291

G
Geschäftsfeld
, strategisches 74
Geschäftssystem 96
Geschäftswertbeitrag 64
Global Sourcing 194
Gozintograph 563
Gruppenfertigung 228

H
Handelsfunktion 641
Holding 292
Horizontale Kooperation 293

I
Ideen
  -findung 392
  -management 399
  -trichter 401
Incumbent Inertia 160
Individual Sourcing 200
Industrialisierung 6
Industrie
  , Struktur der 7
Industriebetrieb 1
  , Historische Entwicklung
    des 5
  , Typen des 12
Industriebetriebslehre 15
  , Modelle der 16
Industrielle Revolution 7
  , dritte 7
  , zweite 7
Innovation 369
    Market-pull- 374
    Produkt- 372
    Prozess- 372
    Technology-push- 374
Innovations-
    bedarf 387
    controlling 450
    fähigkeit 11
    pfad 174
    prozess 369
Innovator's Dilemma 160
Inspektion 511
Instandhaltung 510
  , vorausschauende 515
  , zeitgesteuerte 513
  , zustandsorientierte 514
Instandsetzung 511

Integrationsmodell 492
Interdependenz 30
Internal Sourcing 194
Internationales Unternehmen 307
Interne-Zinsfuß-Methode 475
Invention 369
Investitionsplanung 474
Investitionsprogramm-
    planung 489

J
Job No. 1 432
Joint Venture 290
Just-in-Time 198
    -Beschaffung 608
    -Produktion 630

K
KAIZEN 121
Kampagnenfertigung 229
Kanban-Konzept 632
Kapazitätsabgleich 610
Kapazitätsüberwachung 628
Kapitalwertmethode 475
KBV 269
Kernkompetenz 95
Know-how-Transfer 299
Konzern 292
Kooperation 132, 286
Kostenführerschaft 117
Kreativitätstechniken 395
Kreislaufwirtschaft 2
Kulturwandel 350
Kundennutzen 177
Kuppelproduktion 546
KVP-Programm 121

L
Lagerhaltungspolitik 602
Langfristiges Überleben 56
Laterale/konglomerate
    Kooperation 293

Lean Production 260
Leistungstiefe 181
Lernkurveneffekt 119
Lieferantenanalyse 208
Limit-Price-Konzept 120
Lineare Programmierung 245
Local/Domestic Sourcing 194
Losgröße 569
    , gleitende 578
Losgrößenplanung 569
    , Bedeutung der 586
    , mehrstufige 584
Lückenanalyse 72

M
M&A 291
Machbarkeit 404
Management
    , strategisches 39
Informationssystem 104
Marktanteil-Marktwachstum-
    Portfolio 270
Marktattraktivität-
    Geschäftsfeldstärken-
    Portfolio 276
Markteinführung 439
Markteintrittsstrategie 314
Marktorientierter Ansatz 263
Marktsegmentierung 89
Mass Customization 260
Maschinenbelegungsplanung 623
Massenfertigung 229
Materialbedarfsplanung 561
Mehrfaktoren-Portfolio 280
Mehrstufige Fertigung 616
Methode der gleitenden Mittel-
    wertbildung 528
Methode der exponentiellen
    Glättung 529
MVA 66
Monitoring 170
Morphologischer Kasten 318

MRP II-System 637
Multinationale
    Unternehmung 307
Multiple Sourcing 189
Mission Statement 40, 50

N
NC-Maschine 225
Nearshoring 188
Nettobedarf 567
Niveauänderungskosten 554
Normung 428
Nullserie 432
Nutzungsdauer, optimale 480

O
Offshoring 188
Open Innovation 454
Operativer Leistungsprozess 523
OPT 638
Outsourcing 186

P
Parenting Advantage 113
Partiefertigung 229
Penetrations-Strategie 446
PIMS-Programm 281
PIMS-Studie 186
Pionierposition 441
Planung 29
    , hierarchische 32
    Langfrist- 48
    , operative 33
    , strategische 33
    , taktische 33
Planungsmethoden 45
Positionierungsmodell 397
Post-Merger-Integration 306
PPS-System 635
Primärbedarf 567
Prioritätsregel 624

Product Lifecycle
  Management 429
Produkt
    -entsorgung 658
    -lebenszyklus 388
    -rücknahme 658
Produktion 217
Produktions-
    hochlauf 432
    strategie 107, 146
Prognose
    -güte 531
    -problem 322
Promotoren 411
Prozess 23
    Betriebsbereitschafts- 25
    -entwicklung 430
    Innovations- 25
    Operativer Leistungs- 25
    Strategischer
      Management- 25

Q
Qualität 125
Qualitative Prognoseverfahren
  531
Qualitäts
    -kontrolle, statistische 678
    -management 675
    -normen 680
    -philosophien 680
Quality Function
  Deployment 425

R
Rabatt 591
Ramp-up 417, 432
Rapid Prototyping 422
Realoptionsansatz 328
Recycling 660
Relative Deckungsspanne 535
Relativer Marktanteil 271

Residualwert 60
Ressourcenorientierter
  Ansatz 263
Reverse Logistics 661
Risiko 141
Roadmapping 174
ROI 63
Rückwärtsintegration 183
Rüstkosten 569

S
Sanierung 299
Scanning 170
Schnittstelle 387
SCM 260, 642
Scoring-Konzept 180
Scoring-Modell 238
Sekundärbedarf 567
Serienentwicklung 416
Serienfertigung 229
Service 125
Shareholder-Ansatz 57
Shareholder Value 59
Silver-Meal-Verfahren 582
Simultaneous-Engineering-
  Konzept 385
Single Sourcing 190
Six-Sigma 679
S-Kurve 156
Sonderbestellung 597
Sortenfertigung 229
Spielregeln 134
Sprinklerstrategie 316
Stakeholder-Ansatz 57
Standort
    -faktoren 238
    -Modelle 246
    -planung 236
    -Portfolio 237
    -spaltung 236
Starre Transferstrasse 226
Steiner-Weber-Ansatz 241

Stock Sourcing 198
Strategic Fit 325
Strategische
    Allianz 286
    Gruppe 76
    Kontrolle 40, 353
Strategisches Programm 320
Strategie
    Beschaffungs- 107, 146
    Diversifikations- 136
    , emergente/formierte 37
    Finanzierungs- 108
    Funktions- 41
    Geschäftsfeld- 41
    Human-Ressouce- 108
    -implementierung 40, 338
    Instandhaltungs- 510
    Marketing- u. Vertriebs- 108
    Plattform- 293
    Preis- 132
    Produktions- 107,146
    Skimming- 446
    Technologie- 107,146
    Unternehmens- 35
Stückliste 561
Stückperiodenausgleich 580
Stufenrabatt 593
Sukzessivplanung 31
Synektik 395
Synergieeffekt 114
System/Modular Sourcing 192
Szenario-Technik 108

T
Target Costing 429
Technischer Fortschritt 497
Technologie 146
    -bilanz 169
    -erschließung 151
    -frühaufklärung 169
    -pfad 174
    -Portfolio 162

-strategie 107, 146
-verwertung 150
Timingstrategie 315
TPM 519
TQM 260, 678
Turn-Key-Projekt 506

U
Umweltanalyse 75
Unternehmens-
    ethik 69
    kultur 342
    philosophie 40
    wert 336

V
Variante 418
Verfahrenstechnik 221
Vertikale Integration 283
Vertikale Kooperation 293
Vertrieb 639
Vertriebspolitik 640
Vorentwicklung 412
Vorserie 432
Vorsteuergröße, strategische 322
Vorteilhaftigkeitsproblem 475
Vorwärtsintegration 183

W
Wachstum
    , externes 138
    , internes 138
Wagner-Whitin-Algorithmus 575
Wahlproblem 479
Warenlogistik 641
Wartung 510
Wasserfallstrategie 316
Werkstattfertigung 228,233
Wertigkeits-Risiko-Portfolio 213
Wertschöpfungs-
    architektur 103
    kette 97

tiefe 132,181
Wettbewerbsstrategie
    , generische 116
    , hybride 128
Wettbewerbsvorteil 125

X
XYZ-Analyse 208

Z
Zeit 125,126
    -wettbewerb 441
Ziel 50
    -beziehungen 53

Druck: Krips bv, Meppel, Niederlande
Verarbeitung: Stürtz, Würzburg, Deutschland